U0155399

Integrated Circuit
Manufacturing Process Technologies of
Mass Production

集成电路制造

大生产工艺技术

吴汉明　主编

浙江大学出版社
ZHEJIANG UNIVERSITY PRESS
·杭州·

图书在版编目(CIP)数据

集成电路制造大生产工艺技术/吴汉明主编. —杭州:浙江大学出版社,2023.6(2023.11 重印)

ISBN 978-7-308-23349-1

Ⅰ.①集… Ⅱ.①吴… Ⅲ.①集成电路工艺—教材 Ⅳ.①TN405

中国版本图书馆 CIP 数据核字(2022)第 232963 号

集成电路制造大生产工艺技术

JICHENGDIANLU ZHIZAO DASHENGCHAN GONGYI JISHU

吴汉明　主编

策划编辑	黄娟琴
责任编辑	王元新　王　波　黄娟琴
责任校对	沈巧华
营销编辑	蔡　镜　仲崇博
数字编辑	傅宏梁
责任印制	范洪法
封面设计	程　晨
出版发行	浙江大学出版社
	（杭州市天目山路 148 号　邮政编码 310007）
	（网址：http://www.zjupress.com）
排　　版	杭州星云光电图文制作有限公司
印　　刷	杭州宏雅印刷有限公司
开　　本	787mm×1092mm　1/16
印　　张	43
字　　数	1000 千
版 印 次	2023 年 6 月第 1 版　2023 年 11 月第 2 次印刷
书　　号	ISBN 978-7-308-23349-1
定　　价	198.00 元

序

欣闻吴汉明院士主编的《集成电路制造大生产工艺技术》一书即将出版,邀请我作序,作为中芯国际创建时期的老朋友,我欣然命笔为之。

汉明院士1976年毕业于中国科学技术大学,1987年获中国科学院力学研究所博士学位;此后在美国加利福尼亚大学伯克利分校(University of California,Berkeley)从事两年博士后研究并进入美国工业界,曾在英特尔(Intel)等公司从事集成电路研发工作。汉明院士于2001年归国加入由我和张汝京博士发起的、海内外集成电路同仁创建的中芯国际,近20年致力于中芯国际的建设工作,曾任中芯国际研发副总裁,作为项目负责人,与中芯国际的同事们共同开发了65nm、45nm和32nm的三代芯片的工艺技术,为我国集成电路产业和中芯国际的发展做出了重要贡献。汉明院士发表论文116篇,获得67项发明专利授权;作为主要成员,他三次获得国家科学技术进步奖二等奖。2020年,这位从集成电路制造产业走出来的院士担任了浙江大学微纳电子学院院长,致力于集成电路人才培养和产教融合工作的推进。

由他主编的以12英寸技术节点为基础的《集成电路制造大生产工艺技术》,是一本近百万字的著作,依我看它至少有以下三个特色。

1. 系统性

该著作从MOSFET工作原理和尺寸微缩效应开始讲解,内容包括曝光、刻蚀、薄膜、掺杂等各项工艺技术,还包括沟槽隔离、栅极工艺、源漏工艺、金属硅化物工艺、接触孔工艺和互连等诸多方面,另外还有专篇论述集成电路制造的支撑技术(包括TCAD和掩模版制造、制造设计一体化),系统性强,有利于读者掌握集成电路制造的全过程。

2. 可读性

该著作六篇论述中不仅包括一篇集成电路制造实例,而且在每一章都有通过二维码扫描即可学习的相应工艺过程的视频,使读者能够形象地理解课程所讲的内容。据我所知,该著作已作为教材(讲义)在浙江大学教学中使用,基于这种创新之举,我认为该著作有很好的可读性和可理解性。

3. 实践性

该著作一个更大的创举是:浙江大学微纳电子学院在浙江大学杭州国际科创中心建设了一条以 12 英寸 55nm 技术节点为基础的集成电路生产中试线,作为产教融合的平台,即学生可以一边学习课程,一边到工艺线实习,深刻了解集成电路大生产制造工艺全过程,在高校推进产教融合工作中属创新之举。

在现阶段高校环境下,要建设和运营这样一条规范的 12 英寸 55nm 技术节点中试线绝非易事。首先要有一批熟悉集成电路制造工艺并甘愿为培养年轻一代奉献服务的工程师;其次要解决一大笔建设费用和日常运营经费问题。

国际上只有比利时鲁汶市的 IMEC(Interuniversity Microelectronics Centre)成功地做成了这件事。IMEC 原来也是一个为培养人才服务的校际微电子研究中心,由于执行的方针正确,战略战术得当,向全球开放,现在已经成为全球集成电路业界公认的知识创新中心。我国基于浙江大学建设的这条中试线要做到无私向全国各大学和研究单位开放,欢迎各地的学生和青年科技人员来这里实践。"教育的本质在于启迪,科学研究的核心是创新",中试线可以培养出更多具备解决问题能力、有创新创业精神的青年科技人员和工程类人才。

集成电路和软件是信息社会发展的基础,它在国民经济和国防建设中的广泛应用和极大的渗透性,凸显了它的战略重要性。集成电路产业的发展规模和科学技术水平已成为衡量一个国家综合实力的重要指标之一。集成电路具有战略性和市场性的双重特性。市场对集成电路产业发展来说是一种战略资源。我国是全世界最大的集成电路市场,现阶段中国的集成电路市场份额已占据全球市场的 1/3 以上,并且还在不断地发展和扩大,因为 14 亿多中国人民在不断发展的基础上,要求有更好的物质和精神生活,而集成电路是必不可少的基础。当前某些西方国家的政客为了遏制中华民族的伟大复兴,千方百计地围堵中国集成电路产业的快速崛起,试问这是在围堵谁呢? 首先,围堵一个集成电路应用大国是损人不利己的行径,他们生产的芯片如果中国不买不用,无疑将会使他们自己失去发展集成电路产业的很多机会。其次,集成电路产业具有明显的全球化特征,集成电路产业链很长,需要上百种专用设备和上千种专用材料,这本身是全球化发展形成的,如果把这个产业链切断了,对世界相关国家都有百害而无一利。少数西方国家和地区的某些政客，不断推出阻碍我国集成电路产业发展的围堵政策，而中国人民历来不怕围堵，只要我们举国上下同心同德埋头苦干，一定能突破某些西方国家对我们的封锁，使我国集成电路产业得到健康发展。

习近平总书记在党的二十大报告中指出："坚持面向世界科技前沿、面向经济主战场、面向国家重大需求、面向人民生命健康，加快实现高水平科技自立自强。"[①]中国人民致力于发展集成电路产业和科学技术的决心绝不动摇，也绝不会改变。发展过程中有了困难，我们就克服困难。一切精密仪器、专用装备和材料，都是人造出来的，其他国家能造出来，我国也一定能造出来。所以，人才是决定性的因素，从人变为"人才"，教育是必然的途径！

北宋的胡瑗曾讲："致天下之治者在人才，成天下之才者在教化，教化之所本者在学校。"所以我认为，只要人类社会存在，教育就是永恒的主题；只要人的生命存在，学习就是不竭的任务。

汉明院士从2014年开始就是北京大学的客座教授，任北京大学软件与微电子学院集成电路与智能科学系主任，他对北大软微学院工程类高素质人才，特别是工程硕士与工程博士的培养教育真谛应当深有体会，这对他建设发展浙江大学微纳电子学院，培养工程类人才不无重要借鉴和参考价值。

我由衷地为汉明院士在浙江大学创新性地将中试线和人才培养紧密结合形成"书线融合"的势态而高兴。我真诚地期待汉明院士以该中试线为平台，开展我国集成电路领域高质量的科学研究、技术创新、产品研发和人才培养，建设有国际竞争力的"东方IMEC"，为国争光！

祝愿从集成电路产业中走出来的吴汉明院士，在教学岗位上，能为集成电路产业的发展培养并输送更多德才兼备的优秀人才！

任重而道远！

---

① 习近平.高举中国特色社会主义伟大旗帜 为全面建设社会主义现代化国家而团结奋斗——在中国共产党第二十次全国代表大会上的报告[M].北京：人民出版社，2022.

前　言

　　集成电路是信息产业的核心。芯片强则国家强。全球集成电路产业近二十年的高速发展,带动了发达国家和地区的经济迅速发展。进入21世纪以来,我国的集成电路产业发展也相当迅猛,但与世界先进水平相比,差距依然明显,尤其是在集成电路芯片制造领域。在今后很长一段时间内,我国集成电路制造产业还将以追赶为主要任务目标。

　　在曲折的追赶发展道路中,需要大量的工程技术人员参与这场艰巨的中华民族伟大复兴的马拉松追赶运动。工程师的职业发展像一棵大树,要枝繁叶茂且花果累累,就必须从学习时期就开始了解集成电路在大生产中的制造工艺基本过程,理解芯片制造的基本方法,学习芯片是如何在复杂的物理和化学过程中制造出来的。集成电路制造领域的特点决定了产教融合的教学方式是最有效的工程师培养途径。为此,在浙江大学和各级政府的支持下,我们用了不到三年的时间,建设了国内用于支持教学的第一条12英寸(300mm)中试生产线,积极推进从理论到实践的工程师培养体系,极力弘扬工程师文化,激情打造集成电路产业人才培养高地。

　　集成电路制造涉及面很广,包括工艺、装备、材料、EDA/IP核等。本书主要聚焦大生产芯片制造工艺技术,围绕现有集成电路大生产线的成套工艺涉及的各个主要技术环节,介绍基本工艺、工艺集成和相关技术,尝试让读者在读了本书后可以系统了解芯片在生产线上制造出来的全过程。同时,读者也可以根据兴趣选择相关章节阅读,从而对成套工艺流程中的单元问题有所了解。

　　在这一宗旨下,我们编写了本书,旨在依托芯片制造平台较为直观的芯片制造流程,从基础工艺到短流程工艺模块,演示整个芯片大生产制造的成套工艺过程,尽量避免一些较为复杂的原始公式推导,使读者可以较为直观地了解并掌握芯片制造成套工艺的基本知识。大生产成套芯片制造工艺涉及相当冗长且复杂的流程和极为广阔的交叉学科,仅仅依靠主编一己之力是无法完成的。庆幸的是,在本书编写过程中,浙江大学微纳电子学院先进制造研究所大部分老师都呈现了极大的热情,并积极参与了编写工作。其中部分老师既有坚实的集成电路基础知识,又有产业生产线上丰富的研发工作经验。与此同时,我们还从企业邀请了具有丰富产业研发经验的工程技术专家作为兼职教授授课并参与教材编审工作。主编审阅各相关章节,并提出修改建议,但具体如何修改,还是由各相关章节的编写者考虑。各章编写者与主编共同享有相关章节的知识产权,实现文责自负。这样既有系统的格局和主题,又有各章的相对独立性和自由度。这种架构将有助于读者根据工作需要选择相关的独立章节自行学习。这种编写方案得以实现,还得益于微纳电子学院各位老师的不懈努力。

本书贯穿了丰富的集成电路主流大生产的内容,依托现有的较为成熟的55nm 成套工艺公共平台,介绍了芯片在大生产工艺流程中各个环节的相关知识。对更先进的制造工艺技术也作了简要介绍。除了大生产制造工艺技术外,一些支撑技术也包括在本书中,例如本书讨论了以工艺实验优化的统计数学为基础的实验设计方法(DOE),这是大生产工艺实验非常有价值的技术手段。另外,通过一些实例,介绍了包括封装在内的芯片制造全部流程。在最后篇章介绍了芯片设计的基本知识,为了解制造与设计的互相关系作了注解。从制造设计一体化技术发展趋势解释了制造为设计服务、设计依靠制造的发展理念。介绍了协同制造和设计的设计制造一体化(DTCO)技术,该技术同时考虑器件结构、标准单元库以及设计规则三条优化途径,可以让电路设计者协同工艺制造者从新工艺创建初期就进行干涉,尽可能早地将工艺信息和电学性能要求结合起来。

本书共有六篇(24 章),分别对晶体管工作原理,基础工艺技术,大生产制造工艺流程中的相关技术、工艺集成和工艺模块(短流程),芯片制造中的一些实例,以及制造与设计的互相支撑关系等,作了较为系统的介绍。为了让读者得到更多的感性认识,我们在每一章都附上了一个视频,介绍相应的技术原理和芯片制造现场工作场景。希望读者可以通过观看视频得到身临芯片制造生产线的感受。

第一篇主要介绍了集成电路器件与制造基础,共有四章内容,包括 MOSFET器件工作原理、尺寸微缩、器件设计到微缩的工艺挑战与突破,较为系统地介绍了集成电路的基本元素 MOSFET 的发展概况。其中第 1 章由张睿老师编写,以NMOSFET 为对象阐述器件的电学性质,从器件物理的角度简要介绍了其工作原理和特性。第2章由张睿老师编写,介绍了MOSFET器件尺寸微缩时,器件电学性质发生改变的原理。第3章举例介绍了器件典型参数的设计原则和设计方法。主笔的张睿老师具有坚实的物理学基础,能将器件特点通过简洁精准的描述,完美展示给读者。第4章由高大为博士和吴永玉老师编写。这两位老师具有非常丰富的产业经验,对大生产集成电路制造的理解相当深刻,曾作为核心人员参与了从90nm和65nm/55nm技术代的关键技术研发。他们介绍了微缩工艺发展中涉及的众多学科交叉的领域,以及发展历程中被攻克的一系列工艺核心问题,同时对微缩工艺的挑战进行讲解,并讨论了取得的突破和将来可能的发展趋势。

第二篇详细介绍了在芯片制造工艺流程中的四个基本核心工艺,即光刻工艺、刻蚀工艺、薄膜工艺和掺杂工艺。第5章光刻工艺系统介绍了如何把设计好的图形精密转移到光敏特性材料覆盖的晶圆上的工艺技术,由程志渊和任堃两位老师执笔完成编写。程志渊博士是国家"千人计划"专家,在工艺研发方面具有丰富的经验,早期开发的应变硅工艺技术有偿转让给世界龙头企业。任堃博士在新型存储器制造工艺上造诣颇深。本章内容编写得到了我国光刻专家复旦大学伍强博士的大力指导。第6章介绍的刻蚀工艺是一项利用物理或者化学方法,从表面去除半导体结构中的部分材料的工艺技术。刻蚀工艺的主要目标是把光刻工艺后留在光敏材料上的图形精准复制到硅片上。主笔的程然博士长期从事刻蚀工艺和半导体器件的科研和教学工作,有非常丰富的理论和实践基础。我国的刻蚀技术专家中芯国际的张海洋博士给了很多有益的指导。第7章介绍的薄膜工艺是在集成电路制造过程中最为常用的薄膜制备技术。在硅片表面增加其他材料的过程都可以称为薄膜沉积,产业主流通常可以归类为氧化或者氮化、化学气相沉积和物理气相沉积三大类。该章对先进工艺中的原子沉积(ALD)工艺技术也作了简要的介绍。主笔的张睿博士同时编写了第一篇中的前三章。第8章介绍的掺杂工艺是集成电路制造中材料改性的主要技术。掺杂是在半导体材料(单晶体、多晶体、非晶体)中引入外来杂质原子,以产生载流子(电子或空穴)的工艺技术。根据载流子的不同类型,掺杂又可以分为P型空穴导电掺杂和N型电子导电掺杂,在硅基上掺入不同的元素组合可以改变其电特性。该章由高大为博士和吴永玉老师执笔完成编写,他们同时编写了第4章微缩技术介绍。

第三篇包含五章,也是本书特色之一,主要讨论了芯片制造成套工艺在大生产环境中的一些关键支撑技术,也是产业大生产制造教材中的重要但容易被忽视的环节。第 9 章介绍的工艺及器件仿真技术是大生产线中的重要支撑技术环节,也是设计和制造的衔接桥梁。缺少仿真工具的工艺技术无法为设计提供支撑。该章主笔人是从事半导体工艺及器件仿真工具 TCAD(technology computer aided design)教学数十年的韩雁教授。她具有丰富的教学和科研经验。由于 TCAD 涉及技术相当宽广,具体内容的细节描述大大超出了本教材范围。因此,该章主要聚焦在目前产业主流的仿真 TCAD 技术介绍和实际应用,以便读者在学习该章后可以利用目前的主流工具解决设计中的具体问题。第 10 章介绍的量测技术是大生产线必配的技术手段。检测技术主要由两大部分组成,即掩模版检测和晶圆检测,其水平高低决定了大生产线的研发能力和制造水平、生产成本和质量控制能力。主笔的任堃博士具有良好的基础知识和与芯片制造龙头企业长期合作的实践经验,对产业技术的理解既深入又系统。第 11 章介绍的实验设计(design of experiments,DOE)方法论是统计学中一门博大精深的分支学科。越来越多的集成电路工艺研发实验需要依靠 DOE 方法优化。因为制造工艺是由大量的工艺步骤完成的一个非常庞大、复杂的过程,它由一系列子工艺所组成。每个子过程的性能输出都有特别的规格要求。在通过一系列实验获得最佳工艺参数的过程中,科学地运用统计规律、科学地安排实验是很重要的科学方法。其核心目的就是用最少的实验成本获得最佳的实验结果。该章由国内集成电路产业领域的 DOE 领军人才杨斯元博士主笔完成,他具有三十多年成功的产业研发经验,相信读者在阅读该章后,可以在工艺实验设计上获得有产业价值的知识。第 12 章讨论了集成电路工艺可靠性。生产线上的产品可靠性是最后能否控制生产成本的关键因素。该章讨论了集成电路工艺可靠性相关的基本概念,阐述了前段工艺(晶体管)与后段工艺(互连等)中典型的失效现象与失效机理。本章作者陈冰、李云龙、薛国标,主笔人陈冰博士在可靠性研究领域造诣很深,有些可靠性研究工作成果具有里程碑式的意义。第 13 章讨论良率提升,这是每条生产线的终极任务。集成电路制造是一个复杂的过程,有数百上千个步骤,其中一个步骤的微小错误都会使成套工艺脱靶,显著影响产品功能,甚至使产品报废,导致良率降低。所以可以认为在难免有错误的情况下如何提高良率是所有晶圆厂商追求的无止境永恒目标。该章由陈一宁博士执笔完成。陈博士在世界龙头芯片企业工作多年,具有相当丰富的产业经验。希望读者可以通过阅读该章得到陈博士的经验分享。

第四篇主要讨论了芯片制造工艺集成,在上述基本工艺(见第二篇)的基础上,介绍了在大生产中成套工艺研发时的关键工艺模块集成。第14章给出了逻辑器件和存储器工艺流程简介,全部工艺流程中每个工艺模块几乎都会用到第二篇中提到的不同基本工艺手段,成套工艺中涉及的各个工艺模块,包括浅沟槽隔离模块、栅极模块、源极和漏极模块、硅化物模块、接触柱模块和后端金属互连模块,都一一介绍了。章末还讨论了未来先进工艺技术的发展趋势。该章由陈一宁博士编写,他同时兼第13章良率提升主笔。第15章至20章详细介绍了芯片制造成套工艺中的各个关键短流程工艺模块。第15章介绍了浅沟槽隔离工艺。由于电路中不同器件部分的电压条件不同,必须要对器件进行绝缘即隔离处理,以保证器件在工作过程中不会发生相互干扰。隔离工艺涉及薄膜沉积、光刻、刻蚀、CMP、填充等多个步骤。良好的隔离技术能够有效提高良率及可靠性。该章的主笔程然博士还是第6章的作者。第16章介绍的栅极工艺是集成电路制造的核心,可以认为栅极是器件的心脏。通常在 MOSFET 中,栅极线宽长度(gate length)是所有工艺结构中最细小同时也是最难制作的,因此在引入三维鳍式晶体管(FinFET)结构之前的二维平面晶体管技术时代,一般以栅极的长度大小来表征半导体制程的水平。本章作者张睿、李胜,主笔人张睿博士对栅材料和结构有多年的研究经验和大量成果,同时还是第1、2、3和7章的作者。第17章介绍的源漏工艺是栅极工艺后的关键工艺,实质上就是利用自对准工艺和离子注入分别对 NMOS 和 PMOS 晶体管的源漏区掺杂形成源漏极。NMOS 器件制备 N+/P 结,PMOS 器件制备 P+/N 结。随着器件尺寸逐步缩小,热载流子(注入)效应(HCI)和短沟道效应(SCI)等小尺寸效应愈加明显,更具挑战性。其技术核心是通过加速器将使材料改性的元素离子注入或通过热扩散的方法将其渗透到晶圆表层下面,除了需要精准控制深度外,还需要精确掌握掺杂的计量,同时要极为小心地控制由此引起的晶格损伤。本章由许凯博士、张运炎博士和张亦舒博士合作编写。这是本书最富有朝气的年轻编写团队。许凯博士具有极好的器件物理基础,对掺杂改性的物理过程有独特的认知。张运炎博士和张亦舒博士对离子注入物理有相当深的造诣。第18章介绍了金属硅化物工艺。金属硅化物具有降低接触电阻的功能,是金属与有源层的黏合剂,同时具有高温稳定性好及抗电迁移性好的特性。更重要的是,该工艺可以直接在多晶硅上沉积难熔金属,经加温处理形成硅化物,与现有产业主流硅栅工艺兼容。该章介绍了半导体工艺从亚微米到深亚微米并逐渐向纳米级的发展,并围绕金属硅化物的应用,介绍了多晶硅金属硅化物(poly-silicide,polycide)、自对准金属硅化物(self-aligned-silicide,salicide)、自对准硅化物阻挡层(self-aligned block,SAB)的工艺流程,较为系统地阐述了金属硅化物从 Ti、Co 到 Ni 的发展历程,展望了未来技术发展趋势。该章主笔人是陈一宁博士。接下来的工艺模块就是第 19 章接触孔工艺。接触孔工艺是衔接前段用晶体管制作工艺和后段晶体管之间的金属布线互连工艺。在这个过程中,接触孔工艺作为前后段工艺衔接的重要部分,用于连接晶体管有源区与第一金属层。接触电阻(contact resistance,RC)和套刻对准(overlay)是接触孔工艺中最需要重点关注的两个参数指标。高大为博士和吴永玉老师是该章的编写者。第 20 章介绍了金属互连工艺。在完成了接触孔工艺后,成套工艺进入后段互连工艺流程。多层金属布线和过孔进行电气互连,早先的芯片用铝布线,现在的芯片多用铜布线。用于连接晶体管等器件的多层金属布线的制造工艺主要包括互连线间介质沉积、金属线的形成、引出焊盘形成。金属互连中采用的导体有铜、铝等金属,绝缘体则有氧化硅、氮化硅和低介电常数膜等。在后段互连工艺中有大量的材料科学问题,产业最关注的是可靠性。所以该章重点介绍铜互连的集成工艺以及工艺与可靠性的相互作用,并简要介绍了未来互连技术的发展趋势。本章作者薛国标、陈冰、李云龙,薛国标博士曾在英特尔从事关键工艺研发多年,是浙江大学"百人计划"研究员。陈冰博士具有多年集成电路芯片可靠性研究经验,有非常深厚的可靠性物理基础。李云龙博士现任浙江大学求是特聘教授,是国家级人才计划入选者,他曾在欧洲 IMEC 从事 20 多年研发工作,是后段互连工艺专家。

第五篇介绍了集成电路芯片制造实例。第 21 章主笔陈一宁博士在前面四篇的基础上介绍了一些芯片制造的例子。以主流 40nm 节点互补金属氧化物半导体(complementary metal oxide semiconductor,CMOS)成套工艺为例,介绍了基于嵌入式闪存工艺技术的单片机芯片晶粒制造过程,重点介绍在基准逻辑工艺(见第 14 章)的基础上增加的部分,例如高压器件和闪存器件的制阱特殊工艺处理技术。封装是芯片制造的最后阶段,其中晶粒裸片块被封装在支撑壳中,以防止物理损坏和腐蚀。该章介绍了传统封装技术后,还简要介绍了先进封装技术,包括 2.5D 和 3D 封装技术以及芯粒(chiplet)技术。在印刷电路板组装工艺中介绍了封装后的芯片如何装到系统中。集成电路产品系统往往需要许多颗芯片组装在印刷电路板(printed circuit boards, PCB)上一起来发挥复杂的产品功能。该章简要介绍了在 PCB 上如何实现芯片支持产品功能的工艺技术。第 22 章介绍的芯片产品工作场景中以单片机 MCU 为例展示了一个特定芯片产品中各个分单元的功能,有助于读者了解单片机芯片如何支持实际应用。然后讨论了集成电路芯片制造的未来发展,主要介绍未来的芯片技术发展趋势,展示给读者集成电路技术在后摩尔时代的发展趋势。

第六篇介绍的制造设计一体化也是本书的特点之一。在传统的集成电路教材中制造和设计基本上是分别讨论的。如今集成电路已发展到后摩尔时代,设计和制造割裂的现象将得到融合,尤其是模拟芯片的制造和设计的关联性显得越来越明显。所以本书尝试将设计的基本思想融合到制造的教科书中。陈一宁博士编写的第 23 章集成电路芯片设计,主要介绍芯片设计的几个关键步骤和环节,包括市场调研、设计流程、工艺设计包(PDK)和标准单元库。其中 PDK 需要由芯片制造企业的工程师提供,也是工艺与设计的衔接桥梁。在设计过程中需要考虑到设计方案的可制造性。陈一宁博士还执笔了第 24 章中"可制造性设计"部分,介绍了制造设计的紧密关系,这在当今物理尺寸逼近极限的后摩尔时代显得尤为重要。可制造性设计本质上是一种基于软件的方法,用于开发新的半导体工艺节点,全面考虑技术元素如何影响电路性能。张培勇博士编写了第 24 章中"制造与设计的协同性"部分。该章简要介绍了制造设计协同性。随着技术节点进入后摩尔时代,设计制造一体化(design technology co-optimization, DTCO)也随之诞生。该章从 DTCO 的原理、传统平面工艺 DTCO 技术、鳍形结构(FIN-based field effect transistor, FINFET)工艺 DTCO 技术以及环栅器件(gate all a-round field effect transistor, GAAFET)工艺 DTCO 技术等方面具体介绍 DT-CO。主笔的张培勇博士在我国设计领域耕耘多年,拥有包括国家科技奖在内的一系列重大产业成果,希望读者可以从该章获得丰富的经验分享。

在本书的编写过程中,浙江大学信息与电子工程学院的丁扣宝老师帮助主编做了大量的内容协调工作。总共六篇 24 章,内容之宏大、涉及领域之宽广鲜有先例,需要将各章的内容和格式统一起来,工作量冗长而琐碎,丁老师为此付出了大量的时间和精力。韩雁老师作为参加本书编写的组织协调人,每一至两周都要召集全体编写人员协调工作进度,工作态度负责又严谨。CMOS 工艺平台的周佳佳老师,认真负责地安排繁多细碎的编写工作会议和推进措施。参加编写的 14 位老师为本书的顺利完成投入了大量的精力。没有上述各位老师的付出,完成本书的编写是不可思议的。主编向参加编写工作的各位老师一并表示衷心的感谢!

　　本教材的编写尝试瞄准产业大生产技术应用,以产教融合理念支持新工科建设教材编写。内容涉及集成电路制造工艺、设计制造一体化、装备材料、PDK 等众多领域。本教材的各篇章既相互关联,又具有相对的独立性,读者可以根据自己的兴趣和需要选择相关章节学习。由于编写团队知识的有限性,编写过程中难免有些谬误及不妥之处,还望广大读者批评指正!

2023年 4月 20日 于杭州

目　录

第一篇　集成电路器件与制造基础

第二篇 集成电路基本工艺

第三篇 集成电路制造支撑技术

第四篇　工艺集成技术

第五篇　集成电路芯片制造实例

第六篇　制造设计一体化

第一篇 集成电路器件与制造基础

金属氧化物半导体场效应晶体管（metal-oxide-semiconductor field-effect transistor，MOSFET）是现代超大规模集成电路最基本的元器件之一。集成电路的制造围绕着如何实现更高的 MOSFET 器件性能展开，基于给定的 MOSFET 器件性质进行集成电路的设计。MOSFET 器件利用半导体材料在不同电位下导电类型的转变，实现器件状态"0"和"1"之间的转变，产生由布尔代数描述的逻辑，成为当前集成电路的基础。MOSFET 器件自发明以来不断向着尺寸更小、工作电压更低的方向发展，这一趋势也成为电路性能提升的主要推动力。本篇内容将探讨究竟是何种原理使得尺寸、电压微缩成为 MOSFET 器件发展的主要趋势，以及器件尺寸微缩过程中需考虑何种结构、材料和电压因素。针对集成电路"性能、功耗、面积"需求，分析如何在工作电压、功耗、电流驱动能力等诸多相互关联的参数间寻找合理、可行的解决方案，进而阐明 MOSFET 器件的关键电学参数设计规则，明晰器件物理结构和电学性质设计的极限。

第 1 章

MOSFET 器件工作原理

MOSFET 器件是构成现代超大规模集成电路的最基本元件。MOSFET 器件分为 P 型沟道和 N 型沟道两种类型（PMOSFET 和 NMOSFET），分别通过空穴和电子的输运形成电流。由于 PMOSFET 和 NMOSFET 的电学性质具有对称的特性，因此本章以 NMOSFET 为对象来阐述器件的电学性质。

1.1 MOSFET 器件的结构

MOSFET 器件的基本结构如图 1.1 所示。典型的 MOSFET 器件是 4 端器件，分别是栅极（gate，G）、源极（source，S）、漏极（drain，D）和衬底电极（substrate，Sub）。NMOSFET 器件在 P-Si 衬底表面制备，包含重掺杂的 N^+ 区域作为器件的源极和漏极；在源极和漏极之间具有 MOS 电容结构，作为栅极。P-Si 衬底上通过 SiO_2 形成浅沟槽隔离（shallow trench isolation，STI）结构实现不同器件间的电学隔离。器件的源、漏重掺杂 N^+ 区域常采用离子注入

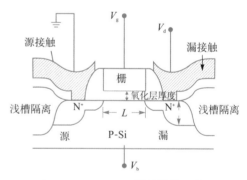

图 1.1 MOSFET 器件结构示意

的方式制备，在 90 nm 技术代后先进技术节点中也采用外延生长 SiGe 的方式实现。源极和漏极间的区域称为器件的沟道。沟道上方为 MOS 电容结构，采用 SiO_2、SiON 或高介电常数（high-κ）介质作为栅绝缘层，并以重掺杂的多晶硅或金属为栅电极材料。

MOSFET 器件的工作原理很容易通过 MOS 电容的电学性质推断。由于 MOSFET 器件在沟道长度方向上可以看作两个背靠背的 PN 结二极管，因此当不施加栅极电压或栅极电压为零时，P-Si 的表面处于耗尽或积累状态，源极和漏极间仅有极小的漏电流。

当栅极上施加一个足够大的正电压(对于 NMOSFET)时,沟道表面的 Si 会发生反型,形成 N 型导电沟道。这时源极和漏极间的电势差将在沟道中产生很大的电流。MOSFET 器件的栅极与衬底是电学绝缘的,栅极中不存在直流电流,沟道通过电容耦合的方式由栅极电压在栅绝缘层中产生的电场感应产生。

1.2　MOSFET 器件中的电流

为了定量描述 MOSFET 器件的电学特性(以 NMOSFET 为例),需要阐明器件的电流-电压关系,这一过程需要求解泊松方程(1.1)、电荷传输方程(1.2)和电流连续性方程(1.3):

$$\nabla^2 \varphi = -\frac{\rho}{\kappa_s \varepsilon_0} \tag{1.1}$$

$$\vec{J}_n = q\mu_n n \vec{E} + qD_n \nabla n \tag{1.2}$$

$$\frac{\partial n}{\partial t} = \frac{1}{q} \nabla \cdot \vec{J}_n - R_n + G_n \tag{1.3}$$

其中,φ、ρ、κ_s、ε_0、$\vec{J}_n$、q、μ_n、n、$\vec{E}$、D_n、R_n 和 G_n 分别为电势、电荷密度、半导体的相对介电常数、真空的介电常数、电子电流密度、电子电荷电量、电子迁移率、电子体密度、电场、扩散系数、电荷复合速率和电荷产生速率。在忽略载流子产生—复合过程的情况下,可以不考虑方程(1.3)。对于 MOSFET 的真实构造实际上需要求解三元方程,但由于 MOSFET 在沟道宽度方向具有相同的构造(对于传统的平面结构器件),因此只需要考虑图 1.2 中垂直于栅绝缘层/沟道界面的 x 方向以及沿沟道长度的 y 方向,就能够求解出 MOSFET 的电学特性。

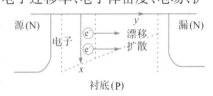

图 1.2　MOSFET 器件沟道中的载流子电流成分示意图

为了方便地推导 MOSFET 器件的电学特性,首先需要引入渐变沟道近似(gradual channel approximation,GCA),即沿沟道长度方向的电场变化 $\left(\frac{\partial^2 \varphi}{\partial y^2}\right)$ 相比垂直沟道平面方向的电场变化 $\left(\frac{\partial^2 \varphi}{\partial x^2}\right)$ 非常小。GCA 的实质是电荷仅在垂直于沟道平面方向产生电场。在这个近似下,泊松方程(1.1)能够简化为一元方程:

$$\frac{\partial^2 \varphi}{\partial x^2} = -\frac{\rho}{\kappa_s \varepsilon_0} \tag{1.4}$$

本章不讨论泊松方程(1.4)的解,而将利用平板电容的性质(电容 C、电势差 V 和电荷积累 Q 的关系 $Q=CV$)去代替求解泊松方程(1.4)。

1.2.1　漏极电压几乎为 0 的情况($V_d \approx 0$)

在漏极电压十分小的情况下,源极和漏极的电位几乎相同。在这里,定义阈值电压

V_{th} 为半导体/栅绝缘层界面上开始积累少量电荷时所需要的栅极-衬底间的电势差。当栅极电压逐渐上升并超过 V_{th} 时,半导体表面发生反型,少数载流子(电子)在沟道表面积累。用栅极电容(C_g)表示半导体衬底和栅电极间的电容密度,单位面积上反型层中积累的电荷为 $-C_g(V_g-V_{th})$。这里,V_{th} 是半导体衬底表面开始反型所需要的电压,V_g-V_{th} 为反型开始后以栅极电容积累电荷所经历的电压。用栅绝缘层的介电常数 $\kappa_{ox}\varepsilon_0$ 和厚度 t_{ox} 表示栅极电容 C_g,可以写作:

$$C_g = \frac{\kappa_{ox}\varepsilon_0}{t_{ox}} \tag{1.5}$$

其中,ε_0 为真空的介电常数;κ_{ox} 为栅绝缘层的相对介电常数。由于 $V_d\approx 0$,沟道中任意点的单位沟道长度的电荷密度 $-qn$ 与该点在沟道中的位置无关:

$$-qn = -WC_g(V_g-V_{th}) \tag{1.6}$$

用 v_e 表示沟道中电子移动的速率,则沟道中的电流 I_d(沟道内任意一点单位时间内通过的电荷量)为:

$$I_d = WC_g(V_g-V_{th})v_e \tag{1.7}$$

在电场强度较低时,半导体内部电子的速率与电场强度呈线性关系,线性比例称为迁移率 μ。电场强度为 V_d/L,则:

$$v_e = \mu \frac{V_d}{L} \tag{1.8}$$

因此,当 V_d 很小的时候($V_d\approx 0$)漏极电流 I_d(由于电场产生的电流,即为漂移电流)为:

$$I_d = \mu C_g \frac{W}{L}(V_g-V_{th})V_d \tag{1.9}$$

这一表达式实质上为电荷传输方程(1.2)中的第一项(漂移电流)。

1.2.2　漏极电压有限的情况

当 V_d 增大时,沟道中的电位与位置 y 呈现出线性关系,有必要考虑这种电位变化对沟道中载流子浓度的影响。如图 1.3 所示,以源极和沟道的交点为原点,沿沟道方向定义位置 y 的值。定义任意一点 y 处的电位为 $V(y)$,则在这一点的电荷密度为 $-C_gW[V_g-V_{th}-V(y)]$,载流子漂移速度为 $\mu dV(y)/dy$。因此,MOSFET 沟道中流过的电流 I_d 为:

$$I_d = C_gW[V_g-V_{th}-V(y)]\mu \frac{dV(y)}{dy} \tag{1.10}$$

两侧同时乘以 dy,则式(1.10)变为:

$$I_d dy = \mu C_g W[V_g-V_{th}-V(y)]dV(y) \tag{1.11}$$

将方程(1.11)从源极至漏极进行积分:

$$\int_0^L I_d dy = \mu C_g W \int_0^{V_d}[V_g-V_{th}-V(y)]dV(y) \tag{1.12}$$

由于沟道中的电流(I_d)不随位置变化,在积分过程中可以看作常数,因此可以得到:

$$I_d = \mu C_g \frac{W}{L}\left[(V_g-V_{th})V_d - \frac{1}{2}V_d^2\right] \tag{1.13}$$

与式(1.9)比较,式(1.13)中增加了有关 V_d 的二次项。

考虑方程(1.13)的适用范围,当 V_d 逐渐增大到比 V_g-V_{th} 大(即 $V_d>V_g-V_{th}$)时,栅极-漏极间的电势差(V_{gd})将小于 MOSFET 的阈值电压($V_{gd}=V_g-V_d<V_{th}$)。因此,漏极附近的半导体表面将无法形成反型层,而是处在耗尽状态。如图 1.3 所示,按照式(1.10),漏极附近积累的电荷量为负值,这种情况实际上是不会出现的。也就是说,式(1.13)只有在满足下面的条件时才适用:

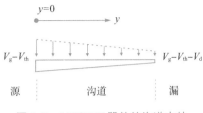

图 1.3　MOSFET 器件的沟道内的电势分布变化情况

$$V_d \leqslant V_g-V_{th} \tag{1.14}$$

这时,称 MOSFET 工作在线性区。

当 $V_d>V_g-V_{th}$ 时,以沟道区域内半导体表面的电位为 V_g-V_{th} 的点(称为夹断点,pinch-off point)分界,源极一侧形成反型层,漏极一侧不形成反型层而是处在耗尽状态。从夹断点到漏极的距离记作 ΔL。在夹断区域中很短的距离(ΔL)上施加了大小为 $V_d-(V_g-V_{th})$ 的电压,因此夹断区域中的电场强度很大。从源端到达夹断点的电子在这一强电场的作用下向漏极传输。将式(1.11)修改为从源极到夹断点的积分:

$$\int_0^{L-\Delta L} I_{d,drift} dy = \mu C_g W \int_0^{V_g-V_{th}} [V_g-V_{th}-V(y)]dV(y) \tag{1.15}$$

因此:

$$I_d = \frac{1}{2}\mu C_g \frac{W}{L-\Delta L}(V_g-V_{th})^2 \tag{1.16a}$$

对于长沟道 MOSFET,有 $L \gg \Delta L$,所以:

$$I_d = \frac{1}{2}\mu C_g \frac{W}{L}(V_g-V_{th})^2 \tag{1.16b}$$

可以看出,漏极电流不随漏极电压变化。这种使得漏极电流饱和的 $V_d>V_g-V_{th}$ 的工作区域称为饱和区。

另外,当沟道长度很小的时候,无法忽视 ΔL 的影响,ΔL 将使得沟道的实际长度减小并导致电流增加。ΔL 随着 V_d 的增大将逐渐变大,因此电流将逐渐增大。在这样的短沟道 MOSFET 中,饱和区中的电流随漏极电压的增加而增大的现象,称为沟道长度调制效应。需要指出的是,在目前量产级的极短沟道长度 MOSFET 中,漏极电流随漏极电压的增加而增大的现象,并非单纯来源于沟道长度调制效应,稍后将讨论漏致势垒降低(drain induced barrier lowering,DIBL)效应也起到了很重要的作用。

综上所述,MOSFET 中的漏极电流可以概括为:

$$I_d = \begin{cases} \mu C_g \dfrac{W}{L}\left[(V_g-V_{th})V_d-\dfrac{1}{2}V_d^2\right], (V_d \leqslant V_g-V_{th}) \\ \dfrac{1}{2}\mu C_g \dfrac{W}{L}(V_g-V_{th})^2, (V_d > V_g-V_{th}) \end{cases} \tag{1.17}$$

图 1.4 中总结了通过计算得到的 MOSFET 的电学特性。夹断点出现的条件为 $V_d = V_g - V_{th}$，因此 MOSFET 工作在饱和区时的电流（饱和电流）与 V_d（或 $V_g - V_{th}$）的平方呈线性关系，在图中表现为抛物线形式。此外，线性区电流的解析式同样是一条抛物线，夹断点位于抛物线的顶点。

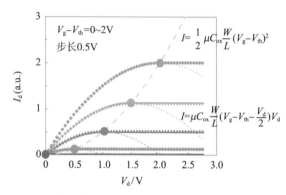

图 1.4　长沟道 MOSFET 器件的输出特性（I_d-V_d）示意

在上述有关 MOSFET 工作原理的探讨中，需要注意以下问题：

（1）我们认为沟道中的电荷量是栅极电压或沟道电位的函数，通过栅极电容计算电荷量。但是，更加准确的器件模型需要考虑耗尽层电荷，这时必须求解包含耗尽层电荷的泊松方程［式（1.1）］。

（2）此外，上述推导中我们假设载流子的漂移速率随沟道长度方向的电场强度线性变化。实际上，随着电场强度的增加载流子的漂移速率不能无限制地增大（速度饱和效应），在沿沟道方向的电场强度很大（漏极电压很大或沟道长度很短）的情况下，本节中器件模型的精度较低。

（3）本节中器件模型的前提是渐变沟道近似，这一近似 $\left(\dfrac{\partial^2 \varphi}{\partial x^2} \gg \dfrac{\partial^2 \varphi}{\partial y^2}\right)$ 在高电场范围内不成立。

（4）为了调节 MOSFET 的电学特性，通常需要改变衬底的掺杂浓度（或阱的掺杂浓度），但是本节并没有探讨衬底浓度在 MOSFET 器件模型中的作用。

1.3　短沟道 MOSFET 器件

在上节对 MOSFET 器件电流-电压特性的讨论中，实际上包含了两个重要的假设——渐变沟道近似和片电荷模型（charge sheet model）。渐变沟道近似认为 MOSFET 器件中沿沟道长度方向的电场变化远远小于垂直于沟道平面方向的电场变化[1]。片电荷模型认为 MOSFET 器件沟道中的反型层电荷以二维电子气的形式集中在沟道表面，并且在反型层内部不存在电位变化。因此在 V_d 很小时可以近似认为器件沟道中的电位仅受到栅极电压的影响，获得式（1.9）、式（1.13）和式（1.16）。但是渐变沟道近似和片电荷模型成立的条件实质上是 MOSFET 器件沟道长度远远大于栅氧化层厚度,因此在器件 V_d 和 V_g 相差不大时,漏极电压产生的电场强度远小于栅极电压产生的电场强度。随着 MOSFET 器件的沟道长度 L_g 持续缩短,渐变沟道近似和片电荷模型将逐渐失效。因此,短沟道 MOSFET 器件的电学特性有可能与长沟道器件显著不同。

1.3.1　短沟道效应

图 1.5(a)和(b)分别展示了沟道长度为 $2\mu m$ 和 350nm 的 MOSFET 器件中的电势等能面。可以很明显地看出两方面的区别:

(1)长沟道 MOSFET 器件中的等能面与沟道表面平行,在沟道内部电位仅在垂直于沟道平面的 x 轴方向发生变化。而在短沟道器件中,等能面在垂直于沟道平面的 x 轴方向和平行于沟道长度的 y 轴方向都发生改变,呈现出二维分布的特征。

(2)以衬底电位为 0V,在器件上施加 3V 漏极电压,并将器件栅极电压置于接近阈值电压的程度。在长沟道器件中,在接近沟道表面的区域电势约为 0.45V,而短沟道器件中沟道表面处的电势超过 0.65V,远大于长沟道器件中的情形。

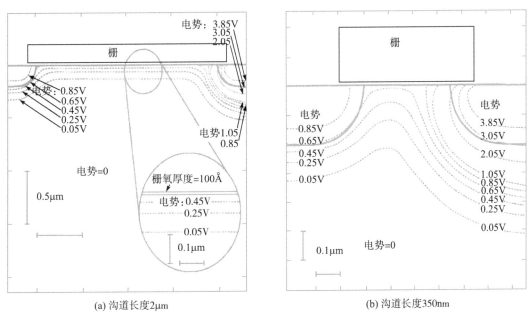

(a) 沟道长度2μm　　　　　　　　(b) 沟道长度350nm

图 1.5　长沟道和短沟道 MOSFET 器件中的电势等能面分布

导致这两种现象的原因是长沟道器件沟道中的电位仅受到栅极电压的调制,而在短沟道器件沟道内的电位同时受到栅极电压和漏极电势的调制。在短沟道 MOSFET 中,沟道长度已经与 Si 中的耗尽区宽度相当(甚至比耗尽区宽度更小)。由于源/漏区域的掺杂类型与衬底相反,因此沿源/漏外侧将存在由源/漏-衬底 PN 结导致的耗尽区。在短沟道器件中,该耗尽区将导致器件沟道内的能带弯曲加剧,使得器件的阈值电势降低。在短沟道 MOSFET 器件中,阈值电势随沟道长度缩短而降低的现象称为短沟道效应。

短沟道效应也可以从电荷守恒的角度解释。MOSFET 器件达到阈值状态时,器件

沟道的表面势 φ_s 与体电势 φ_B 间存在关系：

$$\varphi_s = 2\varphi_B \tag{1.18}$$

这时，沟道中的表面电荷密度 Q_s 与电离掺杂离子密度 Q_d 数量相等、符号相反：

$$Q_s = -Q_d = Q_i + Q_d \tag{1.19}$$

因此栅极电压感应出的电荷密度 Q_i 等于 Q_d 的 2 倍：

$$Q_i = -2Q_d \tag{1.20}$$

即当沟道内感应出的电荷 Q_i 达到 $-2Q_d$ 时，器件处于阈值状态。

由于器件沟道内的电位实际上受到栅极、源极和漏极三个电极共同调制，因此沟道内的感应电荷 Q_i 可以分为两部分[2]：①由 V_g 通过栅极堆叠 MOS 电容结构感应出的电荷 Q_{gate}；②由 V_s 和 V_d 通过源漏 PN 结结构感应出的电荷 $Q_{Junction}$。随着器件沟道长度缩短，栅极堆叠的电容值与沟道长度呈线性正比，因此在相同的 V_g 下，栅极堆垛结构提供的感应电荷 Q_{gate} 与沟道长度呈线性正比。另外，PN 结的耗尽区宽度仅与源漏和沟道区域的掺杂浓度相关，不会随着沟道长度的缩短而减小，源漏 PN 结结构提供的感应电荷 $Q_{Junction}$ 将维持恒定。因此，如图 1.6 所示，当 MOSFET 器件的沟道长度缩短，器件达到阈值电压状态所需的感应电荷中 Q_{gate} 的比例将逐渐下降，导致短沟道器件中的阈值电压 V_{th} 下降。这一现象称为短沟道效应（short channel effect，SCE），也称为阈值电压回滚（V_{th} roll-off）。

短沟道效应的成因可以简单地理解为当场效应晶体管器件沟道长度缩短时，栅极对沟道电位的调制作用被削弱。因此，为克服短沟道效应而研发出的高介电常数栅氧/金属栅（high-κ/metal gate）、鳍型场效应晶体管（fin field effect transistor，FinFET）、绝缘层上硅（silicon on insulator，SOI）等技术，都是以提升栅极的经典控制能力为出发点的。

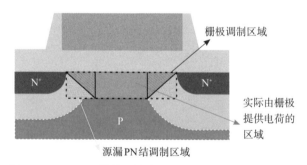

图 1.6　MOSFET 器件阈值电压受源/漏 PN 结影响示意图

1.3.2　漏致势垒降低

当 MOSFET 器件的沟道长度缩短时，除了栅极电压（V_g）对器件电学性能的调控作用出现差异，漏极电压（V_d）对器件的电学特性也将产生巨大影响（假设器件的源极总是接地）。MOSFET 器件是热载流子发射器件，在关断状态下沟道区域的势垒阻止载流子从源极流向漏极。当 $V_g < V_{th}$ 时只有少数载流子从源极出发，越过势垒形成漏极电流

I_d。沟道区域的势垒高度同时受到栅极电压 V_g、源极电压 V_s 和漏极电压 V_d 共同调制，其中源极电压 V_s 和漏极电压 V_d 主要对源极/沟道边缘区域和沟道/漏极边缘区域的势垒起到调制作用。如图 1.7 所示，在长沟道情况下沟道中远离源漏的区域势垒高度仅由 V_g 调制。但是，随着沟道长度缩短，源极电压 V_s 和漏极电压 V_d 能够调制的区域占比越来越大，导致源极和漏极间的势垒高度降低。这导致了在沟道长度相等时，漏极电压更大的情况下器件具有更小的阈值电压；在漏极电压相等时，沟道长度更短的情况下器件具有更小的阈值电压，如图 1.8 所示。这种现象称为漏致势垒降低（DIBL）效应。

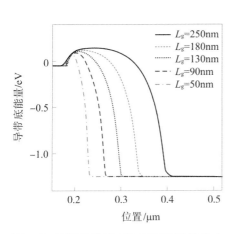

图 1.7　不同沟道长度的 MOSFET 器件中
导带底能量随位置变化情况

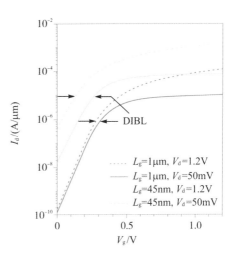

图 1.8　不同沟道长度 MOSFET 器件的
转移特性（I_d-V_g）对比

1.3.3　速度饱和效应

在长沟道 MOSFET 器件中，I_d 随着漏极电压的增加而增大，并在沟道夹断后达到饱和，在上文中通过式（1.13）和式（1.16）描述。但需要注意的是，在式（1.13）和式（1.16）的推导过程中实际上隐含着一个假设——载流子的漂移速率与沟道内的电场强度成正比，即：

$$v = \mu \frac{V_d}{L} \tag{1.21}$$

图 1.9 给出了常见半导体材料中载流子漂移速率与电场强度的关系。可以看出，当电场强度很大时，载流子漂移速率趋于饱和，不再随电场强度的增加继续线性增大。据文献报道，硅中电子的饱和速度 v_{sat} 约为 $(7\sim8)\times10^6\,\mathrm{cm/s}$，空穴的饱和速度 v_{sat} 约为 $(6\sim7)\times10^6\,\mathrm{cm/s}$[3-4]。这将导致器件中的饱和电流 I_{dsat} 脱离式（1.13）和式（1.16）。图 1.10 所示为实验测量的沟道长度 65nm 的 Si NMOSFET 的 I_d-V_g 曲线，可以看出器件中的电流远小于通过式（1.13）和式（1.16）理论计算出的电流，且 I_d 在 $V_d<V_g-V_{th}$ 时即达到饱和。这些现象的产生可以归因于速度饱和效应，速度饱和效应严重地限制了短沟道器件中的饱和电流 I_{dsat}。

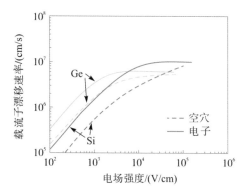

图 1.9 常见半导体材料中载流子
漂移速率与电场强度的关系

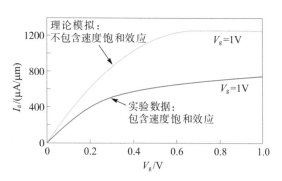

图 1.10 不考虑载流子速度饱和效应时 Si MOSFET
器件中的电流与实际情况下的对比

实验表明,载流子的漂移速率 v 与电场 E 间存在如下的经验表达式[5]:

$$v = \frac{\mu E}{\left[1 + \left(\frac{E}{E_c}\right)^n\right]^{\frac{1}{n}}} \tag{1.22}$$

其中,E_c 是常数,定义为特征电场强度。参数 n 衡量了载流子以多快的速度接近饱和,硅中的电子和空穴对应的 n 值分别可以取 2 和 1。在低电场下,载流子漂移速率 $v = \mu E$;在高电场下(E 与 E_c 可比拟或比 E_c 大时),速度饱和变得重要,$v = v_{sat} = \mu E_c$。

可以分析在一个较简单($n=1$)的情况下速度饱和效应对 MOSFET 器件中电流 I_d 的影响。考虑速度饱和效应,结合式(1.22)和式(1.10),I_d 的表达式可以转变为:

$$I_d = WC_{ox}(V_g - V_{th} - mV)\frac{\mu\frac{dV}{dy}}{1 + \left(\frac{\mu}{v_{sat}} \cdot \frac{dV}{dy}\right)} \tag{1.23}$$

$$m = 1 + \frac{C_d}{C_{ox}} \tag{1.24}$$

其中,m 是表达漏极电压对栅极堆垛电容影响能力的参数。将式(1.23)对 V 从 0 到 V_d 积分,对 y 从 0 到 L 积分,得到:

$$I_d = \frac{\mu C_{ox}\left(\frac{W}{L}\right)\left[(V_g - V_{th})V_d + \frac{m}{2}V_d^2\right]}{1 + \left(\frac{\mu V_d}{v_{sat}L}\right)} \tag{1.25}$$

当器件的漏极电压 $V_d = V_{dsat}$ 时,电流 I_d 达到饱和,有 $dI_d/dV_d = 0$,这时:

$$V_{dsat} = \frac{2\frac{(V_g - V_{th})}{m}}{1 + \sqrt{1 + \frac{2\mu(V_g - V_{th})}{mv_{dsat}L}}} \tag{1.26}$$

将式(1.26)代入式(1.25),得到器件中的饱和电流:

$$I_{\text{dsat}} = C_{\text{ox}} W v_{\text{sat}} (V_{\text{g}} - V_{\text{th}}) \frac{\sqrt{1 + \dfrac{2\mu(V_{\text{g}} - V_{\text{th}})}{m v_{\text{dsat}} L}} - 1}{\sqrt{1 + \dfrac{2\mu(V_{\text{g}} - V_{\text{th}})}{m v_{\text{dsat}} L}} + 1} \qquad (1.27)$$

对于长沟道器件,L 很大,式(1.27)退化为

$$I_{\text{dsat}} = \mu C_{\text{ox}} \frac{W}{L} \frac{(V_{\text{g}} - V_{\text{th}})^2}{2m} \qquad (1.28)$$

与长沟道器件中的电流表达式(1.16b)相同。对于短沟道器件,L 很小,式(1.27)退化为

$$I_{\text{dsat}} = C_{\text{ox}} W v_{\text{sat}} (V_{\text{g}} - V_{\text{th}}) \qquad (1.29)$$

可以看出在速度饱和效应的影响下,短沟道 MOSFET 器件中的饱和电流 I_{dsat} 与沟道长度无关(完全速度饱和极限)(见图 1.11)。

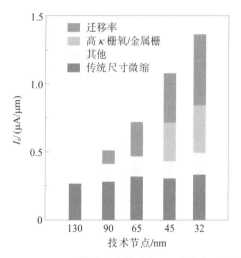

图 1.11　不同技术节点下 Si PMOSFET 器件电流的来源,尺寸微缩对器件电流的贡献几乎不变[6]

1.3.4　沟道长度调制

在长沟道器件中,当漏极电压 $V_{\text{d}} > V_{\text{dsat}}$ 时,器件中的漏极电流 I_{d} 达到饱和。在短沟道器件中,夹断或速度饱和之后漏极电流 I_{d} 可能继续以不为 0 的电导缓慢增加,如图 1.12 所示。短沟道效应是导致这个现象的原因之一。从本节"1.3.2 漏致势垒降低"中的讨论得知,当漏极电压 V_{d} 增大时,MOSFET 器件的阈值电压将减小,因此在栅极电压 V_{g} 不变时 $V_{\text{g}} - V_{\text{th}}$ 增大,导致电流上升。

除了短沟道效应,沟道长度调制也使得漏极电流 I_{d} 在器件达到夹断或速度饱和之后继续增大。当漏极电压 V_{d} 增大时,器件逐渐进入夹断状态,并在沟道/漏极交界处出现夹断点,此时夹断点的电压为 V_{dsat}。随着漏极电压 V_{d} 继续增

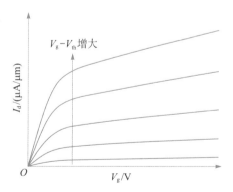

图 1.12　短沟道 MOSFET 器件的典型
输出特性示意

大,夹断点将向源极方向退缩,夹断点的电压将保持在 V_{dsat} 不变。这时夹断点和漏极间的电场强度极大,夹断点处的载流子将以饱和漂移速率传输并直接到达漏极,因此夹断点至漏极边缘的区域内可以认为电阻极小($R \approx 0\Omega$)。这时夹断点至源极间的区域仍然可以通过 MOSFET 器件中的电流方程描述,而夹断点至漏极间的区域可以简化为一个约为 0Ω 的串联电阻(见图 1.13)。

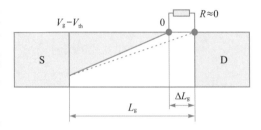

图 1.13　MOSFET 器件在夹断状态时的
反型层示意图

假设夹断点到漏极边缘的距离为 ΔL,则器件的实际沟道长度为 $L-\Delta L$,即:

$$I_{\text{d}} = \frac{I_{\text{dsat}}}{1 - \dfrac{\Delta L}{L}} \tag{1.30}$$

对于短沟道器件,ΔL 相对 L 而言不能忽略。由于 ΔL 随漏极电压 V_{d} 的增加而增加,因此即使器件已经到达夹断或速度饱和状态,随着漏极电压增大,饱和漏极电流 I_{dsat} 也继续增大。

1.3.5　热载流子效应

以一个 Si NMOSFET 器件为例,图 1.14 展示了器件中沟道热载流子效应产生的物理过程。假设器件的栅极电压 $V_{\text{g}} > V_{\text{th}}$,漏极电压为 V_{d}。强电场空间电荷区建在漏极附近的区域中,当电子向漏极漂移时,它们通过空间电荷区中的电场获得能量。高能量的电子在漏极附近与硅晶格发生碰撞,导致碰撞电离,生成电子空穴对。其中,碰撞产生的空穴将在电场作用下流向衬底,形成衬底电流 I_{sub}[7-8]。出现碰撞电离现象时,电子的能量应大于产生电子空穴对所需的能量,即漏极电压应大于硅的禁带宽度对应的电压

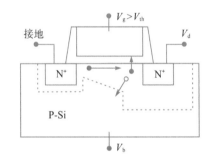

图 1.14　MOSFET 器件中沟道热载流
子效应产生的物理过程示意

($V_{\text{d}} > E_{\text{g}}/q$)。但是,即使是 $V_{\text{d}} < E_{\text{g}}/q$ 的情况,仍然可以观察到与 V_{d} 相关的衬底电流产生,说明碰撞电离尚未发生时,也存在电子能够从电子-电子或电子-声子碰撞中获得额外的能量[9]。

沟道电流和衬底电流作为栅极电压 V_{g} 的函数的典型曲线如图 1.15 所示。衬底电流 I_{sub} 在亚阈值区随着栅极电压增大而增大,达到最大值后,随栅极电压的继续增大而减小。衬底电流对于栅极电压的依赖关系可以按如下的机理定性地解释:发生碰撞电离现象的电子来自漏极电流。当 $V_{\text{g}} < V_{\text{th}}$ 时,沟道表面还没有形成反型层,且硅中靠近漏端的最大电场与栅极电压无关。因此,衬底电流基本上与漏极电流呈比例增长。当 $V_{\text{th}} < V_{\text{g}} < V_{\text{d}}$ 时,沟道表面形成反型层,而栅极电压相比漏极电压较小,沟道在漏极附近夹断。当表面反型层沟道夹断时,从源极到夹断点沿反型层沟道存在电压降 V_{dsat},从夹

断点到漏端的空间电荷区有一个电压降 V_d-V_{dsat}，硅中空间电荷区的最大电场由 V_d-V_{dsat} 决定。对于给定的漏极电压 V_d，随着 V_g 的增大，V_{dsat} 也增大，因此 V_d-V_{dsat} 减小，从而使得硅中的最大电场减小。随着电场强度的降低，碰撞电离率下降很快，导致衬底电流 I_{sub} 在达到最大值后，随着 V_g 的继续增大而减小。

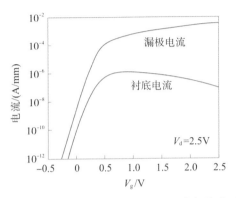

图 1.15　MOSFET 器件中 I_{sub} 和 I_d 随 V_g 变化的典型曲线

　　对于 $V_g>V_{th}$ 的情况，热电子主要产生在漏极附近，并在漏极附近注入栅绝缘层，产生栅极漏电流 I_g。栅极漏电流可能导致硅内部和栅绝缘层/硅界面处产生缺陷，而且一部分注入电子将被漏极区域附近的栅绝缘层内部的缺陷俘获。由于这种器件退化现象来源于沟道内电流产生的热电子，因此被称为热电子效应。对于 PMOSFET，同样的器件退化机制称为热空穴效应。

　　一般的，减小热载流子损伤的方法有：

　　(1)降低硅中的电场峰值以降低热载流子能量，例如采用较低掺杂浓度的源漏结构(low doping drain，LDD)。在 LDD 结构中，靠近沟道的漏极区域掺杂浓度较低，而远离沟道的漏极区域掺杂浓度较高，这种渐变的漏极掺杂降低了漏极附近的峰值电场[10]。对于衬底热载流子效应，可以通过采用轻掺衬底起到抑制作用[11]。

　　(2)减小栅绝缘层中的缺陷密度。栅绝缘层的缺陷密度和栅绝缘层对热载流子的敏感性都与栅绝缘层的生长过程有关，也与完成集成电路制造的后续工艺有关。

　　热载流子效应不能提前进行足够精确的预测，对于每一代互补 MOS(complementary metal oxide semiconductor，CMOS)制造技术，都需要对这些热载流子效应进行拟合、模拟和建立模型，并体现在电路设计中。

1.3.6　负温度偏压不稳定性

　　研究发现，在 MOS 电容上施加负电压且升高温度的情况下，可能同时导致栅氧化层中出现正电荷缺陷和表面态密度的增加，该现象称为负偏压温度不稳定性(negative bias temperature instability，NBTI)[12]。为了开启 PMOSFET，栅极上需要施加负电压。另外，器件在开启状态下沟道内的电流导致器件温度升高。因此在 PMOSFET 器件工作时通常将产生 NBTI 效应，导致开启晶体管需要的栅极电压随时间增加而增大。NBTI 导致的器件退化与栅绝缘层制造工艺有关，并随着氧化层电场和温度的增大而恶化[13-14]。如果 PMOSFET 器件上施加的 V_d 为 0 或很小，则器件中的热载流子效应很弱，可以认为只存在 NBTI。在这种电压模式下，器件退化或 NBTI 效应对沟道长度的缩短不敏感。但是，当 CMOS 电路中的 PMOSFET 处于关断状态时，源极和漏极间的电压较大（以 CMOS 反相器为例）。因此短沟道 PMOSFET 的退化通常同时包含热载流子效应和 NBTI 效应[15]。对于每一代工艺节点，需要对 NBTI 效应进行表征，并将其体现在电路设计中，尤其是在必须良好匹配 PMOSFET 阈值电压的 CMOS 电路中，这一点更加重要。

本章小结

本章讲解了 MOSFET 器件的工作原理，探讨了半导体性质在 MOSFET 器件中产生作用的物理机制。随着 MOSFET 器件电压、尺寸的变化，器件的电学性质展现出多种变化，说明器件电学特性的预测需要根据实际应用场景具体确定。

参考文献

［1］ Pao H C，Sah C T. Effects of diffusion current on characteristics of metal-oxide（insulator）-semiconductor transistors［J］. Solid-State Electronics，1966，9（10）：927-937.

［2］ Nguyen T N，Plummer J D. Physical mechanisms responsible for short-channel effects in MOS devices［C］. IEEE IEDM Technical Digest，1981：596-599.

［3］ Coen R W，Muller R S. Velocity of surface carriers in inversion layers on silicon［J］. Solid-State Electronics，1980，23（1）：35-40.

［4］ Taur Y，Hsu C H，Wu B，et al. Saturation transconductance of deep-submicron-channel MOSFETs［J］. Solid-State Electronics，1993，36（8）：1085-1087.

［5］ Caughey D M，Thomas R E. Carrier mobilities in silicon empirically related to doping and field［J］. Proceedings of IEEE，1967，55（12）：2192-2193.

［6］ Kuhn K J. Moore's crystal ball：Device physics and technology past the 15nm generation［J］. Microelectronic Engineering，2011，88（7）：1044-1049.

［7］ Abbas S A. Substrate current-a device and process monitor［C］. IEEE IEDM Technical Digest，1974：404-407.

［8］ Abbas S A，Dockerty R C. Hot-carrier instability in IGFETs［J］. Applied Physics Letters，1975，27（3）：147-148.

［9］ Chung J E，Jeng M C，Moon J E，et al. Low-voltage hot-electron currents and degradation in deep-submicrometer MOSFETs［J］. IEEE Transactions on Electron Devices，1990，37（7）：1651-1657.

［10］ Ogura S，Codella C F，Rovedo N，et al. A half-micron MOSFET using double-implanted LDD［C］. IEEE IEDM Technical Digest，1982：718-721.

［11］ Ning T H，Cook P W，Dennard R H，et al. 1μm MOSFET VLSI technology：part Ⅳ. hot-electron design constraints［J］. IEEE Transactions on Electron Device，

1979,26(4):346-353.

[12] Deal B E, Sklar M, Grove A S, et al. Characteristics of the surface-state charge of thermally oxidized silicon[J]. Journal of Electrochemical Society,1967,114(3): 266-274.

[13] Jeppson K O, Svensson C M. Negative bias stress of MOS devices at high electric fields and degradation of MNOS devices[J]. Journal of Applied Physics,1977,48 (5):2004-2014.

[14] Blat C E, Nicollian E H, Poindexter E H. Mechanism of negative-bias-temperature instability[J]. Journal of Applied Physics,1991,69(3):1712-1720.

[15] La Rosa G, Guarin F, Rauch S, et al, Crabbe E. NBTI-channel hot carrier effects in pMOSFETs in advanced CMOS technologies[J]. Proceeding on IEEE International Reliability Physics Symposium,1997:282-286.

思考题

1. Si NMOSFET 器件的栅极电容密度 C_{ox} 为 $1\mu F/cm^2$,沟道长度为 $10\mu m$,沟道宽度为 $1\mu m$,沟道中电子迁移率为 $200cm^2/(V \cdot s)$,栅极电压 $V_g - V_{th} = 1V$。计算 $V_d = 0.05V$ 和 $1V$ 时,器件中的漏极电流 I_d。

2. 画出 Si CMOS 反相器的结构图,并标出各电极的含义。

3. 列举 4 种缩短沟道长度导致的 MOSFET 器件性能变化,说明这些现象产生的物理原因。

致谢

本章内容承蒙丁扣宝、程然、伍宏等专家学者审阅并提出宝贵意见,作者在此表示衷心感谢。

作者简介

张睿:教授,博士生导师,毕业于日本东京大学电子工程专业。主要从事集成电路制造工艺、半导体器件物理领域的研究,曾获北京市科学技术奖三等奖、IEEE Paul Rappaport Award、VLSI Sympsia 最佳论文奖等学术奖励十余项。研发成果被《日本产业经济》、*Semiconductor Today* 等多家主流媒体专题报道,并被国际电子器件会议(IEDM)评价为"世界上运算速度最快的 Ge PMOSFET"。

第 2 章
MOSFET 器件中的尺寸微缩效应

（本章作者：张睿）

在集成电路发明以来的几十年中，MOSFET 器件的尺寸微缩一直是电路性能提升的主要推动力。器件尺寸的微缩不但使单个器件的性能提升，而且使器件能够有效地构成更大规模的电路结构。MOSFET 器件尺寸微缩过程中，理想情况下更倾向于遵循等电场微缩的规则，但实际微缩过程中往往采用折中方案。本章主要讲解在平面二维情况下 MOSFET 器件尺寸微缩时，器件电学性质发生改变的原理。

2.1 等电场微缩

等电场微缩是减小 MOSFET 器件尺寸的一种较好方案。等电场微缩规则由 Dennard 等人提出，缩小器件投影尺寸的同时缩小器件的纵向尺寸（如栅氧化层厚度、耗尽区宽度等），此外等比例降低器件中的栅极偏压和漏极偏压，此过程中器件中的电场强度保持恒定（见图 2.1）[1]。保持恒定电场使得器件在缩小尺寸后不会出现额外的击穿或可靠性下降等问题。

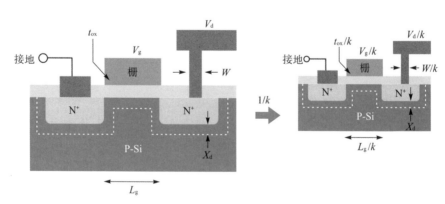

图 2.1 等电场微缩规则下 MOSFET 器件尺寸和电压变化的情况

　　按照等电场的准则缩小器件尺寸和电压时,假设器件尺寸缩小至原来的 $1/k$,则器件沟道长度 L、器件宽度 W、栅氧化层厚度 T_{ox}、栅极电压 V_g 和漏极电压 V_d 均缩小至原来的 $1/k$。源漏结的耗尽区宽度为:

$$W_d = \sqrt{\frac{2\varepsilon_{Si}(\varphi_b + V_d)}{qN_a}} \qquad (2.1)$$

　　当 V_d 比 φ_b 大很多时,可以近似地认为 $\varphi_b + V_d \approx V_d$,因此如需使 W_d 缩小至 W_d/k,衬底的掺杂浓度 N_a 需增大 k 倍。

　　在沟道内电场强度恒定的情况下,沟道中的载流子迁移率将维持恒定,而栅极电压感应出的载流子密度维持恒定,因此器件中的漂移电流将缩小至原来的 $1/k$[式(2.2)]。但由式(2.3)可知,器件中的扩散电流不随器件尺寸的减小而减小,反而随着器件尺寸的微缩而增大。这一现象使得 MOSFET 器件的亚阈值电流不能等比例缩小,也从另一个角度解释了短沟道效应的产生原因。

$$I_{drift} = Q_i\mu E \qquad (2.2)$$

$$I_{diff} = D_n\frac{dQ_i}{dx} = \mu\frac{kT}{q}\frac{dQ_i}{dx} \qquad (2.3)$$

　　表 2.1 列出了 MOSFET 器件进行等电场微缩时器件参数变化的情况。器件尺寸缩小至 $1/k$ 后沟道电阻将保持不变,在忽略寄生电阻的情况下电路的延迟将正比于 CV/I 而缩小至 $1/k$。芯片中的器件集成度将增大至 k^2 倍,但得益于器件功耗(正比于 VI)缩小至 $1/k^2$,单位面积中电路的功耗将维持不变。芯片进行单次运算所需的能量(正比于功率与延迟的积)将缩小至 $1/k^3$。从这些推论可以看出,在等电场微缩规则下,MOSFET 器件的尺寸微缩将带来单次运算功耗降低、运算速度变快、芯片面积减小等一系列优点。

表 2.1　等电场微缩规则下 MOSFET 器件性能参数改变

	器件与电路参数	缩放因子($k>1$)
缩放假设	器件尺寸(t_{ox}, L_g, W, x_j)	$1/k$
	掺杂浓度(N_a, N_d)	k
	电压(V)	$1/k$
	电场(E)	1
	载流子速度(υ)	1
器件参数微缩	耗尽层宽度(W_d)	$1/k$
	电容($C = \varepsilon A/t_{ox}$)	$1/k$
	反型层载流子浓度(Q_i)	1
	漏极电流(I_d)	$1/k$
	沟道电阻(R_{ch})	1
电路参数微缩	电路延迟时间($\tau \sim CV/I_d$)	$1/k$
	单位电路功耗($P = VI_d$)	$1/k^2$
	单位电路单次运算功耗($P\tau$)	$1/k^3$
	电路密度($\frac{1}{WL_g}$)	k^2
	功率密度(P)	1

2.2 一般化比例微缩

尽管等电场微缩规则为短沟道 MOSFET 器件的设计提供了基本的理论指导,但是实际情况中器件中的栅极电压和漏极电压并没有随着沟道长度的缩短而等比例减小,导致器件中的电场强度逐渐增大。Baccarani 等人提出了一种更一般化的微缩规则描述 MOSFET 器件性质随尺寸减小的变化,称为一般化比例微缩[2]。在一般化比例微缩规则中,器件的纵向电场和横向电场要求以相同的倍数改变,这将导致器件中的短沟道效应不会随着尺寸微缩而增强。

在一般化比例微缩过程中,假定电场强度按照因子 α 增加,即 $E \rightarrow \alpha E$,而器件尺寸按照因子 k 缩小,那么器件中的电压将以因子 α/k 变化。这时,为保证源漏结的耗尽区宽度缩小至 $1/k$,衬底的掺杂浓度 N_a 需变为 $\alpha k N_a$。由于电场强度总是增加,载流子漂移速率也将随之增加,并取决于器件中速度饱和的情况。在长沟道极限下,载流子漂移速率将和电场一样按照因子 α 增加,漂移电流按照因子 α^2/k 增加。另外,在短沟道器件中,如果已进入速度饱和阶段,电场的增大不会使载流子的漂移速率增加,因此电流将仅仅按照因子 α/k 增加。根据速度饱和的程度,电路的延迟将缩短至 $1/k \sim 1/(\alpha k)$,单位面积中电路的功耗将变化为 $\alpha^3 \sim \alpha^2$,芯片进行单次运算所需的能量(正比于功率与延迟的积)将缩小至 α^2/k^3。一般化比例微缩规则下器件的参数变化情况在表 2.2 中详细列出。

表 2.2　一般化比例微缩规则下 MOSFET 器件电学参数变化

	器件与电路参数	缩放因子($k>1$)	
缩放假设	器件尺寸(t_{ox}, L_g, W, x_j)	$1/k$	
	掺杂浓度(N_a, N_d)	αk	
	电压(V)	α/k	
	电场(E)	α	
器件参数微缩	耗尽层宽度(W_d)	$1/k$	
	电容($C = \varepsilon A/t_{ox}$)	$1/k$	
	反型层载流子浓度(Q_i)	α	
		长沟道	速度饱和
	载流子速度(v)	α	1
	漏极电流(I_d)	α^2/k	α/k
	电路延迟时间($\tau \sim CV/I_d$)	$1/(\alpha k)$	$1/k$
电路参数微缩	单位电路功耗($P = VI_d$)	α^3/k^2	α^2/k^2
	单位电路单次运算功耗($P\tau$)	α^2/k^3	
	电路密度($\frac{1}{WL_g}$)	k^2	
	功率密度(P)	α^3	α^2

2.3　集成电路产业中的器件微缩情况

　　实际集成电路中,MOSFET 器件的尺寸既没有按照等电场微缩规则变化,也没有简单地遵循某一种特定的一般化比例微缩规则发展。图 2.2 展示了实际集成电路技术中,随技术节点减小 MOSFET 器件沟道长度的变化情况。需要注意的是,在 $0.35\mu m$ 技术节点之后,器件沟道长度的演进实际上开始逐渐偏离摩尔定律的预测。这种情况的产生是由于在 $0.35\mu m$ 技术节点之后,集成电路性能的提升除了依赖 MOSFET 器件沟道长度的减小,也开始越来越多地借助引入新技术的方式实现。因此,实际 MOSFET 器件的尺寸微缩还需要根据当前半导体材料、器件物理、制造工艺水平的进展确定。

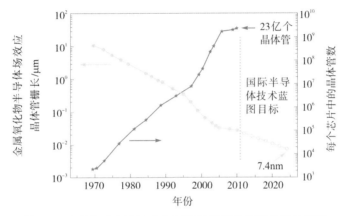

图 2.2　实际集成电路技术中 MOSFET 器件沟道长度的演变

2.4　非微缩成分

　　等电场微缩或一般化比例微缩规则实际上为 MOSFET 器件在提升集成密度和运算速度的同时不增大功耗指出了技术迭代方向。但实际上,器件的微缩路径很难遵循理论指导理想化地演变下去,这是由于器件中仍然存在几个因子既不随物理尺寸缩小,也不随工作电压降低。这种不可缩小效应的主要原因在于载流子热能量(kT/q)和硅的禁带宽度(E_g)不随器件尺寸缩小而变化。前者导致器件电学特性中的亚阈值区不可缩小,即阈值电压不能像其他参数那样等比例缩小;后者导致内建电势、耗尽区宽度等参数不能缩小。

　　MOSFET 器件的静态电流($V_g=0V$,$V_d=V_{dd}$时的电流)可以由下式给出:

$$I_d = \mu_{eff}C_{ox}\frac{W}{L}(m-1)\left(\frac{kT}{q}\right)^2\exp\left(-\frac{qV_{th}}{mkT}\right) \tag{2.4}$$

kT/q 不随器件尺寸变化的重要影响是器件的阈值电压无法减小。器件中的静态电流与阈值电压呈指数关系,因此阈值电压的减小将导致静态电流的显著增大。实际上,即使阈值电压保持恒定,当器件的物理尺寸缩小至 $1/k$ 时,器件中的静态电流仍然会增大至 k 倍。这一现象严重限制了器件在实际电路中应用时的阈值电压设计。阈值电压首先对电源电压 V_{dd} 提出了要求,这是由于电路的延迟按 V_{th}/V_{dd} 的比例快速增大。与 kT/q 相关的另一个重要现象是反型层厚度不能减小。由于反型层电容和栅氧化层电容是串联关系,因此器件中栅极电容密度 C_{ox} 的实际变化程度总小于尺寸微缩因子 k。这降低了反型层电荷密度,进而导致电流减小。

对于给定的半导体材料(比如 Si),PN 结的内建电势或最大表面势都受限于半导体的禁带宽度 E_g,并且不随器件尺寸的微缩而改变。因此,耗尽区宽度的减小总是比器件的微缩比例 k 要小,这会使得器件中的短沟道效应变强。为了弥补 E_g 恒定导致的非微缩效应,半导体的掺杂浓度必须比等电场微缩或一般化比例微缩法则建议的值要大。

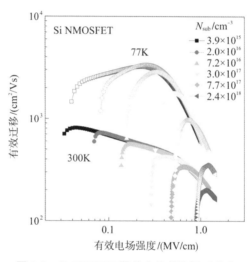

图 2.3　Si MOSFET 器件中的载流子迁移率

实际上,除了 V_{th}、耗尽区宽度等与载流子热能量和禁带宽度等物理常数直接相关的非微缩成分,MOSFET 器件中还存在其他不随器件尺寸变化的参数。由于器件的亚阈值区不能按比例缩小,因此器件中的电压不能以线性尺度等比例微缩,造成的后果就是器件中实际上并没有严格按照等电场微缩的原则维持恒定,而是随着器件的微缩逐渐增强。电场增强将导致载流子迁移率下降等现象的产生[3-4]。由图 2.3 可以看出,载流子迁移率随电场强度的增大而减小,这是由于 MOSFET 器件在工作状态下(N_s 约 8×10^{12})载流子主要受到表面粗糙度散射的影响。当垂直于沟道平面的电场强度增大,载流子将分布于更靠近反型层沟道表面的区域,使得迁移率下降,器件中电流和延迟改善的效果都比表 2.2 中根据一般化比例微缩法则给出的预测要小。当沿沟道长度方向的电场增大时,器件将更容易工作在速度饱和区域,意味着器件中的电流增益和延迟改善更加接近表 2.2 中速度饱和限制给出的预测,在更高的电压下工作时几乎没有任何增益。

在 CMOS 技术发展进程中,还有一类与材料特性相关的非微缩成分。例如在 MOSFET 器件的栅极区域,栅极堆叠的电容是栅绝缘层电容 C_{ox} 和反型层电容 C_p 的串联。在表面电荷浓度恒定的前提下,C_{ox} 和 C_p 需要同时以因子 k 增大,才能够满足等电场微缩的要求。但是,实际上受限于 Si 中掺杂元素的固溶度限制,C_p 增大的比例要比 C_{ox} 增大的比例小很多。这导致反型层电荷密度的增大不及预期。此外,由于器件中存在一些寄生成分,例如源漏寄生电阻、互连寄生电阻/寄生电容等,并不随器件尺寸的微缩而等比例缩小,甚至实际上出现增大的情形。因此,小尺寸器件中的电流驱动由于寄生效应的增强而受到严重影响。

最后,制造工艺的一致性也有可能导致 MOSFET 器件中出现非微缩成分。按比例缩小的全部益处只有当所有的工艺波动容限也按照器件参数等比例减小时才能实现,包括沟道长度、栅氧化层厚度等。在尺寸缩小过程中保持工艺波动容限为器件参数的固定比例是现代 VLSI 技术开发中的关键要求和挑战。

本章小结

本章讲解了 MOSFET 器件在不同微缩规则下的电学性质变化规律,探讨了在实际的集成电路技术节点进展过程中,器件尺寸微缩需要考虑的结构、材料和工作电压等因素。

参考文献

[1] Dennard R H. Scaling limits of silicon VLSI technology[M]//Kelly M J, Weisbuch C. The Physics and Fabrication of Microstructures and Microdevices. Berlin: Springer-Verlag,1986.

[2] Baccarani G, Wordeman M R, Dennard R H. Generalized scaling theory and its application to a 1/4 micrometer MOSFET design[J]. IEEE Transactions on Electron Devices,1984,31(4):452-462.

[3] Takagi S, Toriumi A, Iwase M, et al. On the universality of inversion layer mobility in Si MOSFET's: Part Ⅰ-Effects of substrate impurity concentration[J]. IEEE Transactions on Electron Devices,1994,41(12):2357-2362.

[4] Takagi S, Toriumi A, Iwase M, et al. On the universality of inversion layer mobility in Si MOSFET's: Part Ⅱ-Effects of surface orientation[J]. IEEE Transactions on Electron Devices,1994,41(12):2363-2368.

思考题

1. 对比等电场微缩和一般化比例微缩两种方式的异同,分析按一般比例微缩时芯片的功耗如何随技术节点推进发生变化。

2. 列举 MOSFET 器件微缩过程中的非微缩成分,并说明非微缩成分如何限制 MOSFET 器件性能的提升。

3. 65nm 技术节点之后的下一个技术节点是 45nm 技术节点,分析这时集成电路的微缩规则是等电场微缩还是一般化比例微缩。

致谢

本章内容承蒙丁扣宝、程然、伍宏等专家学者审阅并提出宝贵意见，作者在此表示衷心感谢。

作者简介

张睿：教授，博士生导师，毕业于日本东京大学电子工程专业。主要从事集成电路制造工艺、半导体器件物理领域的研究，曾获北京市科学技术奖三等奖、IEEE Paul Rappaport Award、VLSI Sympsia 最佳论文奖等学术奖励十余项。研发成果被《日本产业经济》、*Semiconductor Today* 等多家主流媒体专题报道，并被国际电子器件会议（IEDM）评价为"世界上运算速度最快的 Ge PMOSFET"。

第3章

MOSFET 器件设计

（本章作者：张睿）

在集成电路的制造过程中，常常需要根据电路的实际需求进行 MOSFET 器件参数的设计，在工作电压、功耗、电流驱动能力等诸多相互关联的参数间寻找折中方案。本章将讨论一些器件典型参数的设计原则和设计方法。

3.1　阈值电压设计

阈值电压是 MOSFET 器件设计时的最关键参数之一，它决定了 CMOS 电路的功耗、运算速度、驱动能力和工作电压等一系列重要参数。

在器件阈值电压的设计过程中，首先需要考虑的是器件中的关态电流（I_{off}）和开态电流（I_{on}）特性。MOSFET 器件的关态电流 I_{off} 是指栅极电压 V_g 为 0V、漏极电压 V_d 为电源电压 V_{dd} 时，源极和漏极间的亚阈值泄漏电流。当 $V_d = V_{dd} \gg kT/q$ 时，关态电流的表达式为：

$$I_{off} = \mu_{eff} C_{ox} \frac{W}{L} (m-1) \left(\frac{kT}{q}\right)^2 \exp\left(-\frac{qV_{th}}{mkT}\right) \tag{3.1}$$

由 I_{off} 产生的待机功耗可以写作 $V_{dd} I_{off}$。对于当前典型的数字电路，V_{dd} 约为 1V 量级，因此如果要求一个含有 10^8 个 MOSFET 的集成电路芯片待机功耗不超过 1W，那么每个 MOSFET 的关态电流不能超过 10nA。对于公式（3.1），前半部分实际上是器件在阈值电压时的源漏电流，即：

$$I_d(V_g = V_{th}) = \mu_{eff} C_{ox} \frac{W}{L} (m-1) \left(\frac{kT}{q}\right)^2 \tag{3.2}$$

由于 MOSFET 中的载流子迁移率 $\mu_{eff} \propto T^{-3/2}$，因此器件在阈值电压时的源漏电流对温度不敏感，一般依赖于具体的器件制造技术。对于 $0.1\mu m$ 工艺下的 NMOSFET 而言，$t_{ox} \approx 3nm$，$\mu_{eff} \approx 350 cm^2/Vs$，$m \approx 1.3$，因此当器件的宽度 W 为 $1\mu m$ 时，器件的 $I_d(V_g - V_{th})$ 约为 $1\mu A$。集成电路芯片常常需要确保工作在 100℃ 的极端条件下的能力，这时器件中的关态电流要比室温时高得多，因为不仅仅器件的阈值电压 V_{th} 随温度升高而降低，器件 I_d-V_g 曲线中的亚阈值摆幅也随温度升高而变大。在 100℃ 时，器件的亚阈值摆幅将达到 100mV/dec 左右。这时通过公式(3.1)预测，器件中需要达到 $I_{off}=10\text{nA}$，则 100℃ 时的阈值电压 V_{th} 最少需要达到 0.2V。考虑到 V_{th} 具有 $-0.7\text{mV}/℃$ 的负温度系数，器件在 25℃ 时的阈值电压需要不小于 0.25V。对于要求更小 I_{off} 的动态随机存储器(dynamic random access memory，DRAM)技术而言，MOSFET 中的关态电流要求达到 $10^{-13}\sim10^{-14}$ A 量级。这意味着 DRAM 中的存取晶体管(access transistor，假设 $W=L=1\mu\text{m}$)，要求器件在 25℃ 时的阈值电压 V_{th} 不小于 0.65V。需要指出的是，这些估算是在一些简化的假设下(如长沟道器件、均匀掺杂)得到的结论，仅能作为量级的估算。对于真实情况下的器件设计，关态电流 I_{off} 的精确计算需要借助数值模拟得到。

MOSFET 器件的待机功耗决定了阈值电压的下限，阈值电压的上限由开态电流 (I_{on}) 或开关延迟决定。MOSFET 器件的开态电流 I_{on} 是指栅极电压 V_g 和漏极电压 V_d 为电源电压 V_{dd} 时，源极和漏极间的导通电流。假设一个 NMOSFET 器件初始处于关态，此时源端接地、漏端电压为 $V_d=V_{dd}$。如果栅极电压偏置为 $V_g=V_{dd}$，使得器件开启，那么漏端将以初始电流 I_{on} 开始放电，同时漏端电压将以式(3.3)中的速率降低：

$$C\frac{\mathrm{d}V_d}{\mathrm{d}t}=-I_{on} \tag{3.3}$$

其中，C 是源端的总有效电容。对于逐步增大的 V_d，开关延迟 Δt 等于 $-C_dV_d/I_{on}$，与 I_{on} 成反比。因此阈值电压越小，驱动电流 I_{on} 越大，器件的放电越快。从器件运算速度角度看，阈值电压 V_{th} 要尽可能低。

由于输入端 V_g 存在一定的上升时间，因此器件中放电的实际电流要比式(3.3)中的期望值更小。通常采用电路模拟分析延迟对阈值电压的敏感程度。利用集成电路仿真程序(simulation program with integrated circuit emphasis，SPICE)模型仿真等方法，可以得到归一化的 CMOS 延迟时间与 V_{th}/V_{dd} 间的关系，如图 3.1 所示。对于 $V_{th}/V_{dd}=0.5$，CMOS 延迟时间的倒数与 V_{th}/V_{dd} 间的关系可以拟合为线性关系。当 V_{th}/V_{dd} 从 0.2 增加到 0.3 时，将损失大约 30% 的性能。正因为延迟对阈值电压存在很高的敏感性，对于高性能CMOS 电路，V_{th}/V_{dd} 通常保持在 0.25 以下。

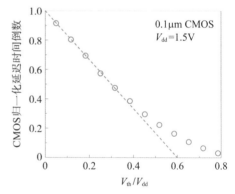

图 3.1 不同 V_{th} 时，CMOS 反相器的
延时示意图

通过以上分析可以看出，阈值电压 V_{th} 在 I_{off} 和 I_{on} 之间的折中存在紧密的关系，在实际的分析中常常直接画出 I_{off} 与 I_{on} 间相互依存的关系图，如图 3.2 所示。图中给出了 65nm 节点 NMOSFET 器件的 I_{on}-I_{off} 实验特性。对于正向的阈值电压增加($\Delta V_{th}>0$)，I_{off} 降低为原来的 $1/\exp[q\Delta V_{th}/(mkT)]$，而 I_{on} 则减小了大约 $g_m\Delta V_{th}$，其中 $g_m=\mathrm{d}I_d/\mathrm{d}V_g$，是器件的饱和跨导。因此，通常使用的 I_{on}/I_{off} 并不是一个有意义的性能指标，它会随着 ΔV_{th} 的变化而变化。事实上，为了在给定的 V_{dd} 下获得最大化的 I_{on}/I_{off}，往往希望尽可能地提高阈值电压，使得整个 $0<V_g<V_{dd}$ 的区域都处于亚阈值区。当然这并不是一个高

性能 MOSFET 器件的工作方式,因为 I_{on} 会随着 ΔV_{th} 的增大而急剧降低,从而导致器件开关延迟显著增大。

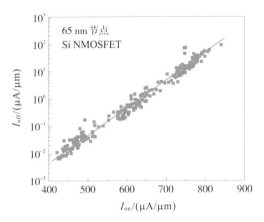

图 3.2　65nm 技术节点器件在不同 V_{th} 下工作时的 I_{on}-I_{off} 特性[1]

3.2　电场强度设计

当 MOSFET 器件的沟道长度缩短时,需要减小栅氧化层厚度以抑制短沟道效应。当器件的沟道长度缩短至 20～30nm 时,栅氧化层的厚度必须缩小到 1nm 左右。如果能够通过提高工艺水平,使得该栅氧化层厚度有可能实现,则在这种原子量级的栅氧化层厚度下,栅极隧穿电流可能会高到不可接受。这里我们先考虑栅绝缘层材料并没有限定为 SiO_2,而是一般绝缘层材料时的情况。假设栅氧化层材料的厚度为 t_i,相对介电常数为 ε_i。当硅中纵向电场和栅极电容保持一致的情况下:

$$\frac{t_i}{\varepsilon_i} = \frac{t_{ox}}{3.9} \tag{3.4}$$

其中,t_{ox} 为栅绝缘层材料为 SiO_2 时的绝缘层厚度,因子 3.9 为 SiO_2 的相对介电常数。在栅极电压和漏极电压的共同作用下,栅氧化层中的电场可以分解为垂直于沟道平面的竖直电场和平行于沟道平面方向的水平电场两个分量。定义特征长度 λ 为将整个栅氧化层和耗尽区域等效为平板电容器极板时的极板厚度,则特征长度 λ 满足以下公式:

$$\frac{1}{\varepsilon_i}\tan\left(\frac{\pi t_i}{\lambda}\right) + \frac{1}{\varepsilon_{Si}}\tan\left(\frac{\pi W_{dm}}{\lambda}\right) = 0 \tag{3.5}$$

当两个器件的特征长度 λ 相等时,器件中具有相同的短沟道效应。式(3.5)有从大到小无穷多个解,且这些解按照系数 $\exp\left(\frac{-\pi L}{2\lambda}\right)$ 等比例增大。因此,最低阶特征值或最大的 λ 在式(3.5)中占主导作用。对于几个 $\varepsilon_i/\varepsilon_{Si}$ 的典型值,图 3.3 给出了不同 λ 取值情况下 t_i 和 W_{dm} 的对应关系。λ 的重要性在于它表明了最小沟道长度,即 $L_{min}=2\lambda$。

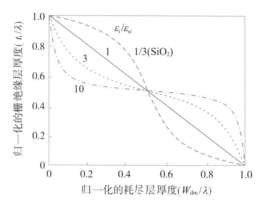

图 3.3　采用不同介电常数的栅氧化层材料时,保持同样的 Si 耗尽区宽度时需要的栅氧化层物理厚度

从图 3.3 中可以得到如下结论:

(1)$\lambda > W_{dm}$,且 $\lambda > t_i$,即 λ 大于 W_{dm} 和 t_i 中的较大者;

(2)对于 $\varepsilon_{Si} = \varepsilon_i$ 的特殊情况,$\lambda = W_{dm} + t_i$,与 ε_{Si} 和 ε_i 无关;

(3)对于 $W_{dm} = t_i$ 的特殊情况,$\lambda = 2W_{dm} = 2t_i$,与 ε_{Si} 和 ε_i 无关;

(4)如果 $t_i \ll W_{dm}$,$\lambda = W_{dm} + (\varepsilon_{Si}/\varepsilon_i)t_i$,解位于图 3.3 的右下角;

(5)如果 $t \gg W_{dm}$,$\lambda = t_i + (\varepsilon_i/\varepsilon_{Si})W_{dm}$,解位于图 3.3 的左上角。

需要注意的是,尽管式(3.5)和与之对应的图 3.3 关于 W_{dm} 和 t_i 是对称的,但是在 MOSFET 器件中 $\Delta V_g / \Delta \varphi_s = (W_{dm} + 3t_{ox})/W_{dm}$,即 $t_i/\varepsilon_i < W_{dm}/\varepsilon_{Si}$。只有在图 3.3 右下角的 λ 的解是可以接受的。在这个区域,增大栅绝缘层的介电常数是有帮助的,在较大的 $\varepsilon_i/\varepsilon_{Si}$ 下 t_i/λ 更大,意味着 λ 更小。λ 的减小使得 MOSFET 器件在不损失栅极静电控制能力的情况下能够微缩至更短的沟道长度。从物理上理解,这是由于水平电场和竖直电场不同,前者不受材料的介电常数的影响。在具有厚度、介电常数很高的栅绝缘层的器件中,短沟道效应主要由横向电场控制,因此特征长度主要由膜的厚度决定。

3.3　工作电压设计

MOSFET 的工作电压是满足器件在电路中性能需求的重要手段,同时工作电压的设计也与器件中的栅极长度、掺杂浓度和栅氧化层厚度等参数紧密相关。电路的不同特性通过器件参数相互关联,在各项参数中取得平衡折中是非常重要的。例如,减小最大耗尽区宽度 W_{dm} 能够抑制短沟道效应,但会降低衬底的敏感度;减小栅氧化层厚度 t_{ox} 可以增加器件的电流驱动能力,但会降低器件的可靠性。对于特定的技术代,尽管没有唯一的 CMOS 器件设计方法,但建立一个通用性的指导原则仍然非常实用。

在上一节的讨论中我们已经知道,阈值电压对 I_{off} 和 I_{on} 有显著影响,因此降低阈值电压涨落,即缩小集成电路芯片中各个 MOSFET 器件高阈值电压与低阈值电压间的差异十分重要。MOSFET 器件中最主要的阈值电压涨落来源于短沟道效应。在集成电路制造过程中,工艺不完美导致的沟道长度、栅氧化层厚度、材料均一性等参数的波动都

将引起阈值电压的涨落。以沟道长度波动导致的影响为例,短沟道阈值电压与长沟道阈值电压间的差异为:

$$\Delta V_{\text{th}} = \frac{24t_{\text{ox}}}{W_{\text{dm}}}\left[\sqrt{\varphi_{\text{bi}}(\varphi_{\text{bi}} + V_{\text{d}})} - a(2\varphi_{\text{B}})\right]\exp\left(-\frac{\pi L/2}{W_{\text{dm}} + 3t_{\text{ox}}}\right) \tag{3.6}$$

其中,$a \approx 0.4$,W_{dm} 是阈值电压($\varphi_{\text{s}} = 2\varphi_{\text{B}}$)下的最大耗尽区宽度。对于典型值 $\varphi_{\text{bi}} \approx V_{\text{d}} \approx 2\varphi_{\text{B}} \approx 1\text{V}$,$3t_{\text{ox}}/W_{\text{dm}} = m - 1 \approx 0.3$,当短沟道器件的 V_{th} 减小 100mV 时,$L = 2(W_{\text{dm}} + 3t_{\text{ox}})$。在现代 CMOS 工艺中,能够接受的最大 V_{th} 漂移是 100mV,因此最短的可接受的沟道长度为 $L_{\text{min}} \approx 2(W_{\text{dm}} + 3t_{\text{ox}})$。阈值电压对沟道长度的敏感性表示为 $\Delta V_{\text{th}}/\Delta L$,与 ΔV_{th} 紧密相关。由于 $\varphi_{\text{bi}} \approx 2\varphi_{\text{B}} \approx 1\text{V}$,当 $V_{\text{d}} = V_{\text{dd}}$ 且 V_{dd} 取值范围为 $1 \sim 5\text{V}$ 时,式(3.6)中方括号内的部分取值范围为 $1 \sim 2\text{V}$。根据前面讨论的最大 ΔV_{th} 是 100mV 的情况,$L = 2(W_{\text{dm}} + 3t_{\text{ox}})$,可以得到 $24t_{\text{ox}}/W_{\text{dm}} = 8(m - 1)$。由于式(3.6)中存在指数因子,$\Delta V_{\text{th}}$ 对 $L/(W_{\text{dm}} + 3t_{\text{ox}})$ 十分敏感。假设 m 的中间值为 1.3,可以取 $L > 2(W_{\text{dm}} + 3t_{\text{ox}})$,从而使 $V_{\text{dd}} = 1\text{V}$ 时,$\Delta V_{\text{th}} < 100\text{mV}$;而在 $V_{\text{dd}} = 5\text{V}$ 时,$\Delta V_{\text{th}} < 200\text{mV}$。

这些考虑都能够在图 3.4 中的 t_{ox}-W_{dm} 设计平面中得到体现。其中 $W_{\text{dm}} + 3t_{\text{ox}} = L/2$ 和 $3t_{\text{ox}}/W_{\text{dm}} = m - 1 = 0.4$ 两条线的交点定义了氧化层厚度的上限为 $t_{\text{ox,max}} \approx L/20$。而 t_{ox} 的下限则由工艺技术约束的 $V_{\text{dd}}/E_{\text{ox,max}}$ 决定,其中 $E_{\text{ox,max}}$ 是基于击穿和可靠性考虑的氧化层最大电场。对于给定的 L 和 V_{dd},t_{ox}-W_{dm} 设计平面上允许的参数空间是一个由短沟道效应、氧化层电场和亚阈值摆幅(或衬底敏感度)需求所限定的三角形区域。

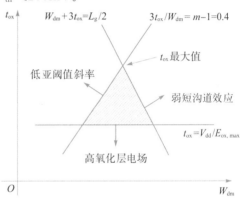

图 3.4　MOSFET 器件关键尺寸设计平面

对于图 3.4 中表示的设计窗口,要求 $V_{\text{dd}}/E_{\text{ox,max}} \leqslant t_{\text{ox,max}} \approx L/20$,这对电源电压提出了上限要求:

$$V_{\text{dd}} \leqslant LE_{\text{ox,max}}/20 \tag{3.7}$$

当 CMOS 技术处于较大技术节点时,栅氧化层较厚,$E_{\text{ox,max}} \approx 3\text{MV/cm}$。根据式(3.5),$V_{\text{dd}}$ 为 15V。因此,存在足够的空间来选择电源电压和阈值电压以满足器件性能与关态电流的需求。电源电压、阈值电压和栅氧化层厚度的变化趋势如图 3.5 所示,其中对于 $20\text{nm} \sim 1\mu\text{m}$ 的沟道长度,$V_{\text{dd}} = 5\text{V}$,$V_{\text{th}}$ 的取值范围为 $0.2 \sim 0.8\text{V}$[2]。对于较短沟道长度,V_{dd} 必须降低。因此要同时满足性能和关态电流的需求变得越来越难。幸运的是,当 L 缩短时,$E_{\text{ox,max}}$ 随着栅氧化层的减薄而增加。这使得 V_{dd} 可以比沟道长度以更慢的速度减小。实验结果表明,厚度为 3nm 以下的栅氧化层中的最大电场 $E_{\text{ox,max}}$ 可以适度增大,约为 6MV/cm。因此,对于 $L = 50\text{nm}$ 的 CMOS 技术,$V_{\text{dd}} \leqslant 1.5\text{V}$。在如此低的电压下,通常需要在电路速度和关态电流间做出选择。若降低阈值电压 V_{th},器件中的关态电流 I_{off} 将以指数律急剧增大。保持 V_{th} 不变的情况下,I_{off} 依然会增加,这是由于器件在阈值电压时($V_{\text{g}} = V_{\text{th}}$,$V_{\text{d}} = V_{\text{dd}}$)的漏极电流 I_{d} 随着器件沟道长度缩短而增加,这也是亚阈值参数无法按比例缩小的一个具体表现。基于这样的理由,同时考虑到与上一代系统保持标准化电源电压的兼容性，V_{dd}不随着 L 减小的相同比例减小，V_{th}也同样不以 V_{dd}减小的比例减小。在 $L=20\text{nm}$ 时，对于 $V_{dd}=1\text{V}$ 的工作电压，$E_{ox,max}$将会增大至 10MV/cm。

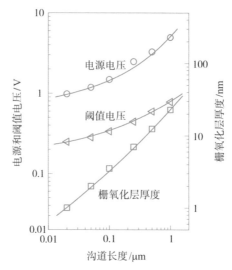

图 3.5　随沟道长度变化时，量产级 MOSFET 器件中关键参数的改变情况

V_{dd}不按比例缩小的后果不仅仅是造成电场强度的增加，而且使得功耗密度的增长变得越来越难以控制。MOSFET 的动态功耗可表示为：

$$P = CV_{dd}^2 f \qquad (3.8)$$

其中，C 是一个时钟周期中充放电的总等效电容；f 是时钟频率。V_{dd}-V_t 设计平面中的 CMOS 性能（CMOS 延时的倒数）、动态功耗和静态功耗的权衡如图 3.6 所示[3]。更高的性能需求，例如更短的延迟，需要有更高的 V_{dd} 或更低的 V_{th}，而提升 V_{dd} 和降低 V_t 将不可避免地引起更高的动态功耗或者静态功耗。根据特定的应用需求，CMOS 技术可以通过选择合适的电源电压和阈值电压来进行调整。高性能 CMOS 电路通常工作在上述设

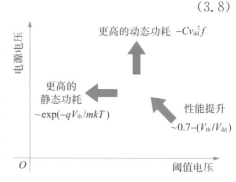

图 3.6　MOSFET 器件电压设计平面

计平面的左上角，一定程度上忽略两种功耗限制从而获得更大的运算速度。如果静态功耗是主要的考虑因素，那么低功耗 CMOS 电路可以工作在较低的电源电压和较高的阈值电压下。现代先进的 CMOS 技术中通常采用的做法是在单一芯片中提供多种阈值的器件来针对不同的功能模块（如存储和逻辑电路）进行设计。当然，这种做法是以增加制造工艺的复杂度和提高制造成本为代价的。

本章小结

本章讲述了 MOSFET 器件在微缩过程中的关键电学参数设计需要遵循的规则，探讨了器件电学参数设计的规律，以及这些规律的物理成因。通过本章的学习，可以明晰

器件物理结构和电学性质设计的极限,进而对集成电路芯片的性能极限做出合理预测。

参考文献

[1] Steegen A,Mo R,Mann R,et al. 65nm CMOS technology for low power applications[C]. IEEE IEDM Technical Digest,2005:64-67.

[2] Taur Y,Mii Y J,Frank D J,et al. CMOS scaling into the 21th century: 0. 1μm and beyond[J]. IBM Journal of Research and Development,1995,39:245-260.

[3] Mii Y,Wind S,Taur Y,et al. An ultra-low power 0. 1μm CMOS[C]. Proceedings of 1994 VLSI Technology Symposium,1994:9-10.

思考题

1. 当栅氧化层从足够厚逐渐减薄时,MOSFET 器件的电学设计会依次面临哪些因素的挑战?

2. 在图 3.1 中,随着 V_t/V_{dd} 逐渐增大,CMOS 反相器的延迟逐渐偏离线性规律,分析这一现象产生的原因。

3. 分析增大 CMOS 反相器的工作电压 V_{dd} 会对器件性能产生何种有利和不利的影响。

致谢

本章内容承蒙丁扣宝、程然、伍宏等专家学者审阅并提出宝贵意见,作者在此表示衷心感谢。

作者简介

张睿:教授,博士生导师,毕业于日本东京大学电子工程专业。主要从事集成电路制造工艺、半导体器件物理领域的研究,曾获北京市科学技术奖三等奖、IEEE Paul Rappaport Award、VLSI Sympsia 最佳论文奖等学术奖励十余项。研发成果被《日本产业经济》、*Semiconductor Today* 等多家主流媒体专题报道,并被国际电子器件会议(IEDM)评价为“世界上运算速度最快的 Ge PMOSFET”。

第4章
微缩的工艺挑战与突破

（本章作者：高大为　吴永玉）

几十年来,半导体产业一直遵循摩尔定律高速发展。芯片集成度的不断提高,需要不断微缩器件尺寸,目前半导体制程节点正在逐渐向 3nm 演进,这给集成电路制造工艺带来了诸多挑战。微缩工艺涉及众多学科交叉的领域,包括力学、物理、化学、数学、材料和系统控制等。按照摩尔定律技术发展的节奏,60 年来基本是每两年以×0.7 的速度微缩,从 0.13μm 代的铜互连、90nm 代的氮氧化栅、65nm 代的应变硅、45nm 代的浸没式光刻、32nm 代的高 κ 金属栅(HKMG)、22nm 代的三栅(FinFET)到当前 3nm 的全环栅(GAA),中间包含大量的工艺技术突破。

本章将对微缩工艺的挑战进行阐释,并论述已取得的突破和将来的突破方向,并从微缩的技术基础、浅沟槽隔离技术、栅氧与栅工程、源漏工程、应力工程、金属硅化物(silicide)技术、接触孔技术及金属互连等角度,综合论述了微缩工艺面临的挑战、已取得的突破和将来可能的突破方向。

4.1　微缩的技术基础

集成电路器件尺寸的不断微缩,最先受到挑战的是光刻技术,它是尺寸微缩的技术基础。光刻是利用光化学反应原理和化学、物理刻蚀方法将掩模版(mask)上的图案传递到晶圆上的工艺技术,其中光刻系统的分辨率代表了工艺能够做到的最小尺寸,由瑞利公式决定:

$$R = \frac{k_1\lambda}{\text{NA}} \tag{4.1}$$

式中:k_1 为工艺因子;λ 为光的波长;NA 为透镜的光学数值孔径。可以看出,要想得到更小的关键尺寸(critical dimension,CD),就必须减小波长和增大数值孔径。如图 4.1 所示为不同工艺节点下的光刻技术的变化,在 0.35μm 工艺之前,业界采用波长为 436nm 的 G 线和 365nm 的 I 线作为曝光光源,但随着工艺节点发展到 0.25μm,此时要求曝光的最小线宽为 200nm,而传统的 I 线光刻极限只能做到 350nm,为此业界开发了波长更短的深紫外(deep ultra-violet,DUV)光刻技术——248nm(KrF 准分子激光)和 193nm(ArF 准分子激光)。除此之外,通过应用一些分辨率增强技术(resolution enhancement technology,ERT),如离轴照明、相移掩模(phase shift mask,PSM)、光学邻近修正(optical proximity correction,OPC)等,使得 I 线光刻分辨率达到了 0.25μm 的工艺要求。此后,分辨率增强技术也一直应用在 KrF 和 ArF 光刻中,并顺利将工艺节点做到了 65nm,这也是 193nm ArF 光刻的极限。

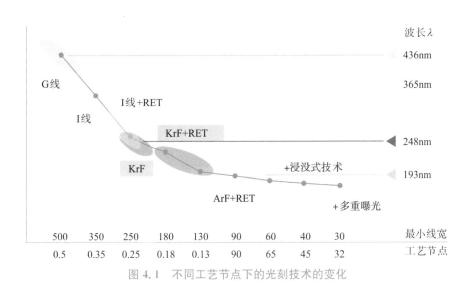

图 4.1　不同工艺节点下的光刻技术的变化

正当众多研究者在 157nm 光刻面前踌躇不前时,TSMC 提出了 193nm 浸入式光刻的概念。浸没式技术,就是在镜头和晶圆之间加入水(纯净水折射率 n 为 1.33),以代替空气(折射率 n 为 1),可以让原本 193nm 光波等效缩短为 134nm,从而获得更高分辨率。现在 193nm ArF＋浸没式(immersion)技术和多重曝光(multiple patterning)技术以其投入小、成本低、研发导入周期短等优点被广泛应用在

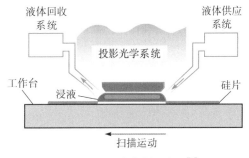

图 4.2　浸没式光刻示意图[1]

45nm 及以下工艺中。图 4.2 为浸没式光刻示意图。多重曝光技术主要包括 LELE[litho-etch-litho-etch,光刻-蚀刻-光刻-蚀刻(双重成像技术)]、SADP(self-aligned double patterning,自对准双重成像技术)、SAQP(self-aligned quadruple patterning,自对准四重成像技术)等[2]。如图 4.3(a)所示为 LELE 技术,是将设计图形分解成两套独立的低密度图形,分两次光刻,先将一部分图案转移到硬掩模版(hard mask),再涂胶曝光,然后将另一部分图案转移到硬掩模版上,最终得到两倍图案密度的图形;如图 4.3(b)所示为 SADP 技术,即一次光刻完成后,形成光刻图案,再使用原子层沉积技术(atomic layer deposition,ALD)沉积一层薄膜(称为 spacer),然后经过刻蚀工艺处理,由于侧壁的几何效应,最终只会留下侧壁上的间隔物(spacer),最后通过选择性的刻蚀,把间隔物之外的牺牲层刻蚀

掉,这样就实现了图形密度的加倍。SAQP 和 SADP 的流程基本一样,只是又增加了一次光刻。通过 193nm ArF+浸没式技术+多重曝光技术已经能将工艺节点推到 10nm,再往下的工艺节点就需要使用波长为 13.5nm 的极紫外(extreme ultra-violet,EUV)光刻,比如三星的 7nm 工艺、台积电的 5nm 工艺等。文献[1]伍强团队针对 5nm 逻辑工艺流程提出了一种基于严格耦合波分析(rigorous coupled wave analysis,RCWA)算法和时域有限差分(finite difference time domain,FDTD)算法程序对 EUV 光刻工艺参数进行优化的方法[1]。

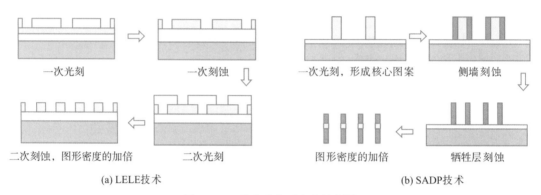

(a) LELE技术　　　　　　　　　　　(b) SADP技术

图 4.3　两种主流多重曝光技术[2]

CMOS 工艺一般包含多道光刻,在每个工艺节点中,一般会根据所需曝光的尺寸来使用不同的光刻分辨率,仅有少数关键的光刻步骤才需要使用最高分辨率。如图 4.4 所示为 55nm CMOS 工艺中主要光刻步骤使用的光刻情况,它会同时使用 I 线、KrF 以及 ArF 三种光刻,只有像 AA/GATE/CT/M1/VIA1/M1/MX/VIAX 这些 CD 很小的工艺步骤才会使用分辨率最高的 ArF 光刻,其他步骤根据 CD 情况使用相对应的光刻即可。多种光刻同时使用,这不仅能节省大量的成本,而且能缩短新工艺研发导入的周期。除了遵循 CD 匹配的原则之外,还会考虑光刻的对准精度,比如 CMOS 后段工艺的金属互连,就要求极高的对准精度,像顶层通孔(top via)和顶层金属线(top metal)虽然 CD 较大,I 线光刻可以实现,但为了更高的对准精度,一般会选择 KrF 光刻。

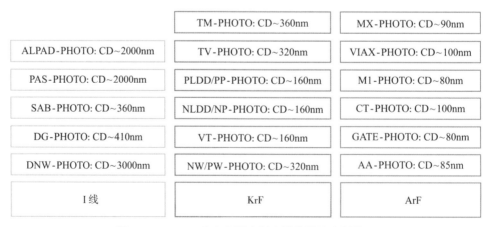

图 4.4　55nm 工艺中主要光刻步骤使用的光刻情况

4.2　浅沟槽隔离技术

在 CMOS 逻辑芯片中往往集成了数以亿计的器件,器件之间必须互不干扰,且每个器件的工作也是独立的,从而实现芯片的功能。为了解决这个问题,隔离技术应运而生。在 20 世纪 70 年代,硅的局部氧化(local oxidation on silicon,LO-COS)隔离技术被广泛应用在 0.35μm 及以上的工艺中,但是 LOCOS 技术是通过热氧化的方式形成氧化物的,这会导致部分的氧原子经由横向扩散进入有源区,形成类似于鸟嘴状的氧化物(见图 4.5),

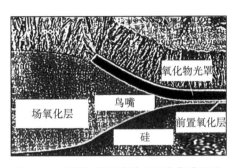

图 4.5　局部氧化隔离技术形成鸟嘴形貌

这会减小有源区的有效长度,比如在 0.35μm 工艺中,鸟嘴的长度在 0.1～0.15μm,所以设计时通常需要故意做大有源区来抵消鸟嘴效应,这也造成了空间的浪费。进入深亚微米后,LOCOS 技术已不能满足工艺的要求,浅沟槽隔离技术(STI)以其突出的隔离性能、平坦的表面形貌以及完全无"鸟嘴"等特点,成为 0.25μm 及以下工艺中的主流隔离技术[2],图 4.6 为 STI 结构示意图。在 CMOS 工艺中,浅沟槽隔离主要用于隔离 NMOS 与 PMOS(N^+ to N-well/P^+ to P-well)、两个 PMOS(P^+ to

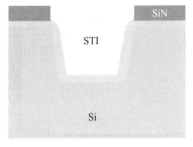

图 4.6　STI 结构示意图

P^+/N-well to N-well)以及两个 NMOS(N^+ to N^+/P-well to P-well),如图 4.7 所示为 STI 在 CMOS 工艺中的应用。

STI 技术是整个 CMOS 工艺中一项关键的技术,其中沟槽形貌的刻蚀是 STI 成功的基础,如 STI 的倾斜角、深度、拐角圆滑(corner rounding)、边缘凹陷(divot)以及台阶高度(step height)的控制都非常重要。如图 4.8(a)所示为 STI 形貌的关键参数:①侧壁要倾斜适当角度,一般在 80°～89°,太大会使得侧壁太直,填充时容易形成空洞(void);②深度应能满足良好的隔离效果,在每个工艺节点中,都需要在工艺能力(刻蚀、填充等)和器件性能(抗击穿、抗闩锁等)之间取平衡,设计一个合适的深度;③顶角和④底角需要圆滑,避免电场在尖角处集中,否则容易造成击穿和漏电增大;⑤STI 边缘凹陷,是因为 STI 拐角处应力较大,在湿法刻蚀过程中刻蚀速度较快,很容易凹下去形成凹陷,后面多晶硅栅沉积时也容易凹下去,使得电场在这里发生变化,局部沟道提前导通,形成双峰现象(double hump);⑥台阶高度定义为 STI 最上面到有源区之间的距离,其高度需要整合后面工艺对氧化层造成的损失量来评估,以保证多晶硅栅沉积时高度的一致性,防止出现多晶硅栅残留问题。此外,随着器件尺寸的不断微缩,为了保证隔离效果,沟槽深度并没有随之变浅,这就使得沟槽的深宽比(aspect ratio,AR)越来越大,这给沟槽填充带来了很大的挑战,如图 4.8(b)所示为 STI 深宽比随工艺节点的变化。

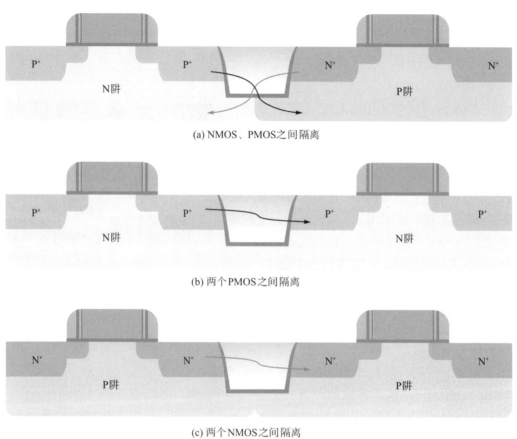

(a) NMOS、PMOS之间隔离

(b) 两个PMOS之间隔离

(c) 两个NMOS之间隔离

图 4.7　STI 在 CMOS 工艺中的应用

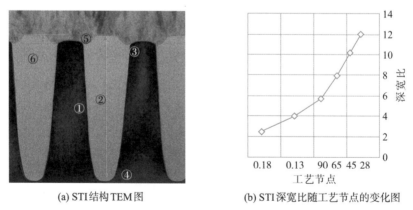

(a) STI结构TEM图　　　　(b) STI深宽比随工艺节点的变化图

图 4.8　STI 工艺要求

4.2.1　STI 形貌控制

STI 刻蚀倾斜角的控制,主要通过调节刻蚀气体中 O_2 流量实现。因为 O^{2-} 会和 Si 反应生成 SiO_2,从而阻止 Si 被刻蚀,又因为 STI 中央受到的轰击较强,侧壁受到的轰击较弱,所以 O^{2-} 会对侧壁形成保护,从而形成一定倾斜角。

STI 圆角化处理包括顶角和底角圆滑化(top corner rounding and bottom corner rounding)。对于顶角圆滑化,一般会在 STI 刻蚀之前先通入 $HBr/O_2/He$ 进行顶角圆滑处理的预刻蚀。除此之外,还通过在沟槽填充之前先生长一层衬里氧化层(liner oxide),到了 $0.13\mu m$ 以下工艺,还加了一道 SiN 回刻工艺(pull back),以及到了 45nm 及其以后,工艺中采用原位水汽氧化法(in-situ steam generation,ISSG)取代炉管热氧化方式来生长衬里氧化层,这些都是为了进一步使尖角圆化。而对于底角圆滑化,一般会在 STI 刻蚀之后再通入 $HBr/O_2/He$ 对底角进行处理,以及衬里氧化层也会改善底角圆滑化。通过回刻和衬里氧化层技术来圆滑化尖角具有良好的效果,如图 4.9 所示的 STI 结构截面。

 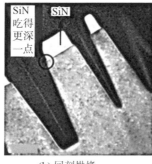 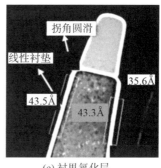

(a) STI 刻蚀 (b) 回刻烘烤 (c) 衬里氧化层

图 4.9 通过回刻和衬里氧化层来圆滑化尖角的效果切片图

STI 边缘凹陷现象主要通过湿法刻蚀工艺来调节,比如在 45nm 时,采用稀释的氢氟酸(diluted HF,DHF)替换原来的 HF。相比于 HF,DHF 对 STI 的刻蚀率低很多,从而改善凹陷情况。而到了 28nm 时,就换成了 SiCoNi(silicon-cobalt-nickel,硅-钴-镍,一种预清洗工艺),相比于 DHF 的沉浸工艺,SiCoNi 是一种低强度的干法化学刻蚀,具有更好的保形性,能减少 STI 边缘处氧化物的损失。

STI 的台阶高度主要受 STI CMP(chemical mechanical polish,化学机械研磨)、SiN 移除、GOX 预清洗以及 GOX 湿法刻蚀等后面制程的影响,其中 STI CMP 是主要影响因素,而 STI CMP 的阻挡层(stop layer)是 SiN,所以 SiN 的厚度也是影响台阶高度的因素。所以,对于台阶高度的调节,需要通过工艺整合的思想,充分考虑前后工艺制程对其的影响。

4.2.2 STI 填充(gap fill)

无空洞(void)的填充是 STI 保证良好隔离关系的必要条件,而孔隙填充因为顶部拐角处沉积速率大,会导致提前封口,从而常常出现无空洞问题。早期 STI 填充采用一种名为高密度等离子体化学气相沉积(high density plasma CVD,HDP CVD)技术实现。如图 4.10 所示为 HDP 工艺模式,它采用沉积(deposition)+溅射(sputter)刻蚀循环的工艺模式,使得 STI 填充时顶部保持开放的状态,从而增强间隙填充能力。

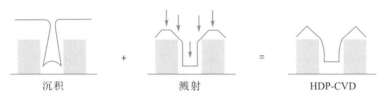

图 4.10　HDP 工艺模式

　　然而在深宽比大于 8∶1 的 65nm 及以下工艺中[3]，使用 HDP 填充 STI 时，对于避免拐角处提前封闭变得越来越困难，为了克服这个问题，可采用填充能力更好（可以填充 AR>10 的孔隙）的高深宽比工艺（high aspect ratio process，HARP）。它是一种使用大流量臭氧（O_3）和正硅酸乙酯（tetraethyl orthosilicate，TEOS）的次大气压化学气相沉积（sub-atmospheric chemical vapor deposition，SACVD），使得薄膜沿着侧壁逐渐沉积，具有很好的保形性，如图 4.11(a) 所示为不同 AR 下 HARP 的填充情况。HARP 不同于 HDP 的特殊性，使得 STI 沟槽的形貌设计应该如图 4.11(b) 所示的小于 86° 的"V"字形槽，而对于先前节点普遍应用的"U"字形槽，会导致 HARP 填充 STI 时，经常在沟槽内部形成空洞。

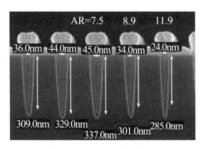

(a) 不同 AR 下 HARP 的填充情况 SEM 图

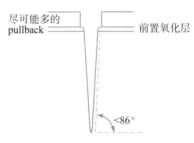

(b) STI "V" 字形槽示意图

图 4.11　HARP 的填孔情况

　　HARP 除了具备高深宽比填充能力之外，还不会对衬里氧化层产生等离子轰击，但是 HARP 沉积薄膜之后需要进行约 1000℃ 退火（anneal）处理，以去除水分含量和降低湿刻蚀速率（wet etch rate，WER），从而获得高致密的氧化膜，但这也会带来活性 Si 损失和热预算减少等问题。

4.3　栅氧与栅工程

4.3.1　栅氧介质层

　　栅介质层厚度作为 CMOS 工艺最关键的技术指标之一，通常跟随 CMOS 器件尺寸的缩小而缩小。SiO_2 因优异的电绝缘特性、耐击穿性、稳定的表面性质以及丰富而简单的制备方法等优点成为一直以来的首选栅介质层材料。在 130nm 技术节点以前,SiO$_2$ 的电性厚度 EOT(equivalent oxide thickness,等效氧化层厚度)跟随晶体管特征尺寸以 70% 的微缩速率减小。但随着工艺节点进一步减小,SiO$_2$ 电性厚度减小速率开始降低。如图 4.12 所示为 Intel 发布的技术路线图[4],从中可以看到,130nm 时代实际应用的栅氧厚度最低达到了 2nm 以下,90nm 时代栅氧厚度已经低至 1.2nm,45nm 时代更是需要 1nm 厚度以下的栅氧厚度。实际上当 SiO$_2$ 的厚度降至 2nm 以下,SiO$_2$ 厚度只有十几个原子层,由于量子隧穿效应,沟道中的电子有一定的概率越过绝缘层能带势垒产生泄漏电流,此时 SiO$_2$ 不再是理想的绝缘介质。器件泄漏电流的大小随着栅氧厚度的减小而呈指数级上升,当栅氧厚度降低至 1nm 以下时,隧穿泄漏电流引起的静态功耗将会增大至无法接受的程度。此外,继续减薄栅介质会减弱对杂质的阻挡作用,杂质更容易从栅电极扩散到衬底,造成器件阈值电压漂移[5]。为了延续摩尔定律的发展,业界提出减小特征尺寸但不减小栅介质层厚度的发展策略。

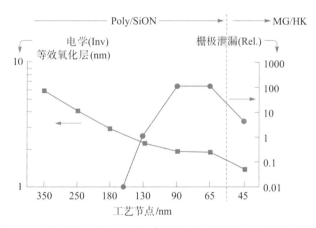

图 4.12　Intel 关于栅介质层变迁与电学厚度和栅漏电控制的技术路线图[4]

鉴于 SiO$_2$ 栅氧厚度进一步降低带来的漏电流和阈值电压漂移等不利影响,提高栅介质的介电常数成为 130nm 节点以后提高栅电容的主要途径。为此,提出了等效氧化层厚度 EOT 概念。EOT 的定义为:high-κ 介质和纯 SiO$_2$ 栅介质达到相同栅电容时纯 SiO$_2$ 栅介质的厚度,由公式 $\text{EOT}=(\kappa_{SiO_2}/\kappa_{high-\kappa})T_{high-\kappa}$ 表示,可以看出,高 κ 介质的介电常数比 SiO$_2$ 大,在 EOT 相等的情况下,高 κ 介质的物理厚度 $T_{high-\kappa}$ 可以大幅提升,换言之,实现电学厚度减小的同时可以维持物理厚度不变,从而达到既保证电学厚度等比微缩,又抑制栅隧穿漏电的目的。对于不同线宽的深亚微米 CMOS 电路,业界采用两种不同的技术实现栅介质介电常数的提高[3]:第一种是采用 N 掺杂的方法将传统的 SiO$_2$ 薄膜向 SiON 薄膜转变,主要应用于 130nm 到 65nm 技术节点;第二种是采用介电常数高于 SiO$_2$ 的绝缘层材料 HfO$_2$ 替代 SiO$_2$,主要用于 45nm 及更小线宽的技术节点。如图 4.13 所示为 SiO$_2$、SiON 和 HfO$_2$ 三种材料的栅极漏电流随 EOT 变化的对比[6-7]。

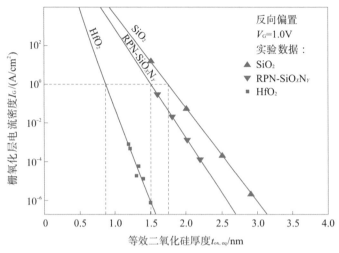

图 4.13 SiO_2、SiON 与 HfO_2 三种材料栅极漏电流随 EOT 变化对比图(其中 SiON 薄膜中 N 掺杂量为 7.4%)[6-7]

对于第一种技术,纯 SiO_2 的 κ 值为 3.9,而 Si_3N_4 的 κ 值为 7,因此掺 N 后的 SiON 薄膜具有更高的介电常数,同时 N 原子的掺入还能有效抑制栅极掺杂 B 原子往衬底扩散,且该技术仍然采用 SiO_2 作为栅介质主体,与已有的 CMOS 工艺制程保持良好的兼容性。在 130nm 技术节点,N 掺杂采用的是高温氮化法。高温氮化法通常有两种方式:第一种方式是在炉管沉积 SiO_2 薄膜的过程中直接引入 NO 气体参与 SiO_2 薄膜生长,采用这种方式可以获得很高的 N 掺杂浓度,能有效阻止多晶硅掺杂原子 B 的扩散,但是很难控制掺杂氮的均匀性,不适合半导体生产的要求;第二种方式是在炉管中预先沉积 SiO_2 薄膜,然后以 NO 或 N_2O 等气体作为 N 源对 SiO_2 薄膜进行高温退火掺杂,这种掺杂方式需要很高的热预算,同时 N 掺杂不均匀,主要集中在沟道界面处,会产生大量的界面缺陷成为载流子运动的散射中心,从而降低载流子迁移率,影响器件性能。

随着工艺节点进入 90nm 及以下,栅介质层厚度进一步减薄,这就要求 SiO_2 薄膜中 N 掺杂量进一步提高,同时 N 掺杂位置尽量靠近 SiO_2 表面,从而减少 Si/SiO_2 界面态生成。为此,更为先进的等离子体氮化工艺开始被广泛采纳和应用。等离子体氮化工艺主要分为三步:①采用原位水汽氧化(in-situ steam generation,ISSG)生长一层超薄 SiO_2 介质层;②采用去耦等离子体氮化(decoupled plasma nitridation,DPN)工艺进行 N 掺杂;③采用氮化后热退火处理(post nitridation anneal,PNA)工艺稳定掺杂氮的同时修复等离子体损伤。等离子体氮化可以采用连续波射频(continuous wave RF)或脉冲射频(pulsed RF)等离子体。相比于连续波射频,脉冲波射频采用在射频周期内叠加高频脉冲的方法,可以有效降低等离子体中高能活性粒子的占比,从而抑制等离子体在氮掺杂过程中穿透栅介质层损伤沟道界面,因此,65nm 技术节点开始全面应用脉冲波射频法。此外,对于 90nm,PNA 在 N_2 环境中一步完成,N_2 高温退火可以增加掺杂氮与 Si 成键的概率,从而稳定 N 在介质中的存在,但是对沟道界面的缺陷修复作用不明显。到了 65nm,一步氮退火工艺开始被两步法取代:第一步仍然是在 N_2 氛围中高温退火,提高 N 与 Si 的键合率;第二步则是在 O_2 氛围中进行高温退火,O_2 的存在可以有限修复沟道界面的缺陷,提高器件电学性能[8]。

当工艺节点发展到 45nm,通过 N 掺杂 SiO_2 形成 SiON 薄膜做栅介层已经无法满足器件漏电控制需求。2007 年,Intel 公司创造性地在其 45nm 技术节点使用了 κ 值更高的 HfO_2 来替代传统的 SiO_2 栅介质。在这代技术中,HfO_2 介质层在 Si 衬底上的沉积是在伪多晶硅栅沉积前完成的。当技术节点发展到 32nm,Intel 公司将 HfO_2 介质层的沉积过程移到了伪多晶硅栅(dummy poly)移除之后,消除了源漏掺杂激活和金属硅化物形成过程中高温退火对栅介质层产生的不利影响,有利于提高器件的电性和可靠性[9]。经过十多年的研究,综合考虑势垒高度、介电常数、热稳定性和界面质量等诸多因素,采用 Hf 基氧化物(如 HfSiO、HfO_2 等)作为 45nm 及以下先进工艺节点的高 κ 栅介质材料已经在业界达成了共识[10]。但是,Hf 基氧化物与栅电极以及 Si 衬底之间的晶格不匹配,往往会引入大量的界面态,如何进一步改善和发展制备工艺,获取优异的界面特性仍将是今后很长一段时间内的研究焦点。

4.3.2　栅工程

MOSFET 器件的工作速度随着晶体管尺寸的减小逐步提升,为了与 MOSFET 器件不断提升的工作速度相匹配,新的栅工艺和栅材料在不同的技术节点被开发出来。MOS 诞生之初,金属铝因其优异的导电性能、稳定的化学性质而被用作栅材料。但是铝的熔点仅有 660℃,不能承受扩散掺杂或源漏离子注入退火激活的高温,因此铝栅的制备是在源漏形成后经过二次光刻和刻蚀形成的,这样会造成栅与源漏之间的套刻不齐,寄生电容随之产生。随着晶体管尺寸的减小,栅与源漏之间的套刻不齐问题愈发严重,寄生电容加剧。1968 年,多晶硅栅工艺被开发,开始取代铝栅。多晶硅栅可以承受高温退火,其制备是在源漏形成之前完成的,然后作为源漏离子注入的阻挡层,此时源漏区只会在多晶硅栅两侧形成,因此源漏区和硅栅之间是自对准的,可以极大减弱套刻不准带来的寄生电容。另外,多晶硅用作栅材料与已有的硅工艺技术具有很好的兼容性,而且多晶硅与衬底硅能带结构相同,因此可以通过简单地改变多晶硅的掺杂来调节晶体管的阈值电压。

虽然多晶硅栅具有上述诸多优点,但是多晶硅栅本身电阻率很高。以厚度为 3000Å 的多晶硅栅为例,它的方块电阻高达 $36\Omega/\square$,对于一个宽度为 $10\mu m$ 和沟道长度为 $0.35\mu m$ 的器件,栅极的串联电阻为 $1028\Omega/\square$,因此外加栅压输入时,多晶硅栅上存在很大的压降,严重影响器件的栅压-电流特性,尤其是在超高频和大功率器件中。为了减小多晶硅栅接触电阻,需要在外接金属输入/输出电极与硅栅之间形成非整流的欧姆接触,即不产生明显的附加阻抗,同时不会使半导体内部的平衡载流子浓度产生明显变化。由于 Si 具有很高的表面态密度,因此目前 Si 接触互连形成欧姆接触的方法是采用难熔金属与 Si 反应在 Si 表面形成一定厚度的金属硅化物。多晶硅栅表面金属硅化物制备工艺随着半导体工艺节点的推进而迭代更新。在 $0.35\mu m$ 技术节点以前,硅栅表面金属硅化物的形成采用的是多晶硅金属氧化物工艺[11]。该工艺是在多晶硅栅预沉积完成后,通过 CVD 再沉积一层 WSi_2 薄膜。WSi_2 与多晶硅之间通过高温退火可以相互扩散融合,同时 WSi_2 只在多晶硅表面沉积,因此可以在不改变多晶硅能带结构的前提下有效降低多晶硅栅的接触电阻。随着技术节点减小,源漏区的结深逐渐减小,可掺杂杂质浓度受到限制,源漏区的接触电阻也开始对器件的电阻电容(resistive capacitors,RC)

延迟产生重要影响,为了同时在有源区和多晶硅栅上形成欧姆接触,业界开发了新的自对准金属硅化物(salicide)工艺,具体内容详见第18章。

除接触电阻高之外,多晶硅耗尽效应是多晶硅用作栅极材料所需解决的另一重要问题。多晶硅耗尽效应产生的原因是在沟道开启状态下,外加栅压与衬底之间存在的电势差会在靠近氧化层界面两侧的多晶硅栅与衬底之间产生静电场,静电场的存在会造成界面附近两侧能带弯曲,从而造成多晶硅一侧电荷耗尽,形成多晶硅栅耗尽区。多晶硅栅耗尽区的存在,相当于在栅介质层额外串联了一个栅电容。以NMOS为例,在多晶硅栅外加正向偏置电压,界面附近的多晶硅耗尽效应与等效串联栅电容如图4.14所示。对于NMOS,栅等效电容厚度通常为2~4Å的SiO_2厚度;对于PMOS,栅等效电容厚度通常为3~6Å的SiO_2厚度。但是随着栅介质层的减薄,耗尽层的影响就变得不可忽略。如图4.15所示为根据等效栅氧厚度降低趋势估算的多晶硅栅耗尽等效电容占比随EOT变化的趋势(NMOS),可以看到,当工艺节点推进到65nm,多晶硅栅耗尽层等效电容占比已经超过30%。为了抑制多晶硅栅耗尽效应,业界在65nm工艺节点开始对多晶硅栅进行预掺杂以提高栅中的杂质浓度(65nm节点以前多晶硅栅都只是通过后续源漏离子的注入来进行掺杂)。预掺杂是在多晶硅栅沉积完成后先进行注入掺杂,然后再刻蚀硅栅。

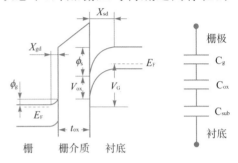

图4.14 NMOS多晶硅栅外加正向偏置电压下多晶硅耗尽效应与串联栅电容

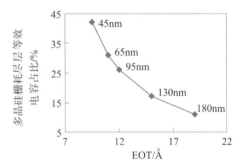

图4.15 多晶硅栅耗尽层等效电容占比随EOT变化示意图

对于PMOS,预掺杂通常选用硼元素,对于NMOS预掺杂则选用磷元素。但是,由于硼原子在后续离子退火激活过程中容易发生穿透现象进入栅介质层,所以大部分半导体公司仅对NMOS预掺杂,采用双掺杂多晶硅栅工艺的仅有STM、飞利浦和三星等少数几家公司。

随着工艺节点进入45nm,Intel公司在提出采用HfO_2作为栅介质层后,发现多晶硅栅与高κ栅介质层不兼容,导致多晶硅耗尽效应愈发严重,同时Hf与Si之间会反应生成HfSi,费米能级钉扎效应十分显著,阈值电压变得不可调节,严重影响了MOSFET的性能。为了解决上述问题,Intel率先提出采用金属栅替代多晶硅栅的方案。金属栅可以从根本上消除多晶硅耗尽效应和硼穿透现象,有利于器件响应速度的提高。历经十多年的发展,业界不断对金属栅材料、金属栅堆叠结构以及工艺进行优化,推动金属栅技术发展并成功应用到14nm及其他更先进的制程中。由于金属栅的有效功函数受工艺影响十分显著,因此各半导体公司在不同的技术节点都推出了自己独特的金属栅堆叠结构和工艺。

目前金属栅主流制备工艺主要有"后栅"(gate-last,又称为RMG,replacement metal gate,替换金属栅)和"前栅"(gate-first,又称为MIPS,metal inserted poly-silicon,金属插入多晶硅)两种。"后栅"和"前栅"是根据金属栅是否经历源漏掺杂离子高温退火过程来定义的。后栅工艺的常规做法是先沉积伪多晶硅栅,在源漏离子激活退火后刻蚀除去伪多晶硅栅,然后沉积所需的金属栅。该工艺首先由 Intel 公司在 45nm 工艺节点开发,并成功用于量产。在 45nm 技术节点,Intel 公司采用两种不同的金属栅堆叠结构分别调节 PMOS 和 NMOS 的有效功函数,如图 4.16 所示。对于 PMOS,金属栅由多晶硅栅移除前沉积的 2nm TiN 加上多晶硅栅移除后的 1nm Ta 基金属组成。对于 NMOS,在伪多晶硅栅移除后沉积了约 2nm 的 TiAlN 用作金属栅功函数调节层。

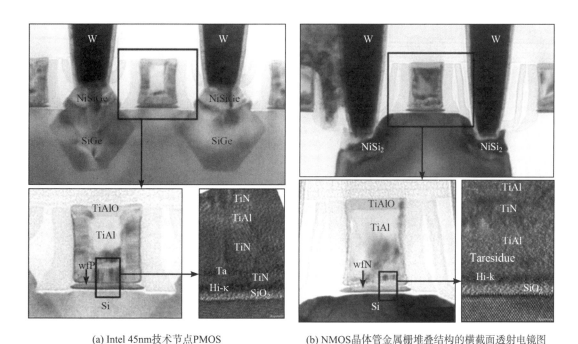

(a) Intel 45nm技术节点PMOS　　　　　(b) NMOS晶体管金属栅堆叠结构的横截面透射电镜图

图 4.16　Intel 45nm 技术节点 PMOS 和 NMOS 晶体管金属栅堆叠结构的横截面透射电镜图

随着工艺发展到 32nm 技术节点,具备使用金属栅技术进行量产的公司不再只有 Intel,还包括以 IBM 为首的芯片制造技术联盟 Fishkill Alliance 所属成员,如松下、IBM、格罗方德、三星等。Intel 在金属栅制造上延续了上一代的后栅极工艺,而松下则开发了前栅极工艺流程,具体做法是在由 1.6nm 的 SiO_2 和 1nm 的 HfO_2 堆叠的高 κ 介质层上沉积一层 TiN 同时作为 NMOS 和 PMOS 晶体管的功函数层,通过向 HfO_2 层中掺杂镧系金属实现对 NMOS 晶体管栅阈值电压的调节,然后再沉积多晶硅栅,相当于在高 κ 介质层和多晶硅之间沉积了金属插层,如图 4.17 所示。前栅极工艺在该技术节点被 Fishkill Alliance 所属成员采用,通常做法是在高 κ 介质与多晶硅栅之间沉积一层 TiN 作为金属栅材料,然后在 TiN 上覆盖一层超薄的 Al_2O_3

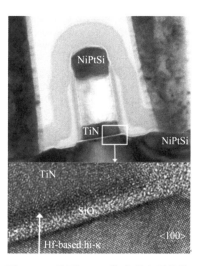

图 4.17　松下 32nm 技术节点晶体管金属栅堆叠结构的横截面透射电镜图

和 LaOX 分别解决 PMOS 和 NMOS 的阈值电压漂移问题。

当工艺技术节点进一步推进到 28nm,除上述已经采用高 κ/金属栅工艺技术的公司外,全球最大的半导体芯片制造厂商 TSMC 也开始推出自己的 28nm 高 κ/金属栅工艺。赛灵思(Xilinx)的 Kintex-7 FPGA 芯片是 TSMC 采用高 κ/金属栅工艺发布的第一款高性能低功耗(high performance low power,HPL)商用芯片。TSMC 采用了与 Intel 类似的后栅工艺技术,且选择的功函数调节层金属材料与 Intel 相同,分别以 TiN 做 PMOS 的功函数调节层和 TiAlN 做 NMOS 的功函数调节层(见图 4.18)。与 Intel 略有不同的是,在伪多晶硅栅移除后,TSMC 的 NMOS 金属栅堆叠结构形成是先于 PMOS 的。

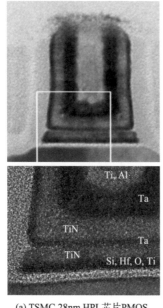

(a) TSMC 28nm HPL芯片PMOS

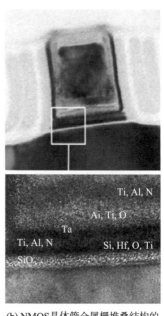

(b) NMOS晶体管金属栅堆叠结构的
横截面透磐电镜图

图 4.18　TSMC 28nm HPL 芯片 PMOS 和 NMOS 晶体管金属栅堆叠结构的横截面透射电镜图

与后栅极工艺相比,前栅极工艺流程更简单,与现有制程的融合度更高,缺点是存在严重的阈值电压漂移;而后栅工艺在阈值电压控制方面具有绝对优势,但工艺复杂度极大增加了。对于诸如 DRAM 等这类对性能并不十分敏感的低功耗器件,采用前栅极工艺尚可满足生产要求。但随着工艺节点发展到 28nm 及以下,对于以追求性能为主的半导体制造商,后栅极工艺的优越性逐步体现。由于后栅极工艺无须经受高温步骤,因此可以更加灵活地设置和调配栅极材料的功函数值,严格控制晶体管的阈值电压 V_{th}。后栅工艺目前已经成为 28nm 及以下金属栅工艺主流。

4.4　源漏工程

为了抑制短沟道效应,需要提高栅对沟道的控制能力,通常有三种途径:一是降低栅氧化层厚度(见 4.3 节);二是减小源漏结深与栅垂直距离;三是缩短源漏与衬底间的 PN 结宽。基于减小源漏与栅垂直距离的目的,发展了超浅源漏扩展结构。该结构是在源漏区形成前,采用低能量大束流离子注入工艺形成的一个结深很浅的连接源漏与沟道的轻掺杂区域(lightly doped drain,LDD)。形成超浅源漏扩展结的工艺步骤包含接近表面离子注入和控制杂质离子退火激活再扩散最小化。为了满足表面离子注入,新的工艺技术如预非晶化、低温注入、分子注入和共同离子注入等已经得到了应用。为了激活掺杂离子同时抑制离子再扩散,注入后的退火热预算变得十分关键,推动着新型快速退火技术不断发展。不同的退火方式对源漏区结深和方块电阻具有显著影响。目前业界生产采用的快速退火技术主要有浸入式退火、尖峰退火和激光退火三类,退火温度与时间的曲线如图 4.19 所示。浸入式退火是在利用大功率卤素灯间接照射到晶圆上对其加热,在晶圆升高到所需的温度后,继续保持一段时间以促进注入离子活化,主要应用于 $0.13\mu m$ 及更早几代 CMOS 器件制备。尖峰退火是一种有别于传统均温退火的新型热处理技术,其特点是升温速度非常快,作业温度峰值为 $1000 \sim 1100℃$,作业时间一般控制在 1.4s 左右,因此可以在短时间内激活掺杂离子,同时避免长时间退火造成的杂质大幅扩散。尖峰退火主要应用在 $0.13\mu m$ 以下的 CMOS 器件制造工艺中。激光退火法是目前纳米级工艺节点较为常用的离子激活技术。该技术用激光束照射在半导体表面,可在照射区内产生极高的温度,并且可以实时测量晶圆表面的温度峰值,然后根据测量结果实时调整激光功率,从而实现对温度峰值的精确控制。激光退火能有效激活注入离子,消除晶格缺陷同时获得超浅结结构,在制备 45nm 节点以下的高性能器件中得到了广泛应用。尽管杂质激活方式不断改进,但是工艺成本随着工艺节点的急剧推进,低功耗、低成本和高性能的热处理方式仍在不断研发中。超浅源漏扩展结除提高栅控能力外,还能削弱源漏有源区与沟道之间的横向电场强度峰值,并改变场强分布,使场强峰值出现在 LDD 结构内部,可以有效改善热载流子注入(hot carrier injection,HCI)效应。

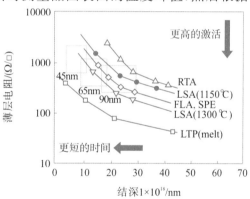

图 4.19　不同退火工艺对源漏区结深和方块电阻的影响

为了达到缩短源漏与衬底间的 PN 结宽的目的,在深亚微米 LDD 结构形成中增加了口袋(晕环)离子注入工艺。口袋离子注入方向与晶圆表面呈一定角度,并同时转动晶圆,形成一个类似口袋的掺杂区,如图 4.20 所示。口袋离子的注入深度比 LDD 离子注入更深,其通过注入与衬底区同型的掺杂来提高衬底与源漏交界处的浓度,从而降低源漏与衬底间的 PN 结宽,减小由于源漏 PN 结展宽甚至交叠引起的短沟道效应。

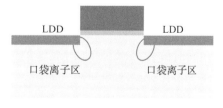

图 4.20　口袋离子注入示意图

4.5　应力工程

根据第 1 章所述,提高 MOSFET 电流,除了单纯依靠物理尺寸上的微缩外,还可以通过提高载流子迁移率来实现。为此,开发了各种新方法(包括新材料、新结构、新技术等),其中应力技术以其能显著提高载流子迁移率而成为主流工艺,张应力能提高NMOS 的电子迁移率,压应力能提高 PMOS 的空穴迁移率。表 4.1 中比较了不同应力技术对器件的改善状况。

表 4.1　不同应力技术对器件改善状况的比较

应力技术	应力	改善的器件
单应力层技术(SSL)	张应力或压应力	NMOS 或 PMOS
双应力层技术(DSL)	张应力和压应力	NMOS 和 PMOS
应力临近技术(SPT)	为了使应力薄膜更接近沟道	NMOS 和 PMOS
应力记忆技术(SMT)	张应力	NMOS
源漏嵌入式 SiGe	压应力	PMOS
源漏嵌入式 SiC	张应力	NMOS

(1)单应力层技术(single stress liner,SSL),即通过在器件表面沉积一层高应力的薄膜(如 SiN),利用薄膜将张应力或压应力施加到 MOS 管的沟道,提升其迁移率,从而改善器件的性能。目前使用比较多的是张应力 SiN 薄膜,比如 65/55nm、45nm 等工艺,通过沉积张应力 SiN 作为接触孔刻蚀的停止层(contact etch stop layer,CESL),既起到提供刻蚀阻挡层的作用,又可以提升 NMOS 的电子迁移率。随着工艺制程的发展,需要更大的应力提升器件性能,为此业界引进了紫外光照射工艺来解决这个问题,即通过紫外光照射 SiN 薄膜,使得原有的 Si—H 键和 N—H 键被打断,从而使得相邻的断裂键中的 H 原子相结合,形成 H_2 并从 SiN 中逸出,这就导致 SiN 薄膜中会形成众多的悬挂键和微孔,这些悬挂键彼此交联形成拉伸的 Si—N 键,而微孔导致 SiN 薄膜变得更疏松,从而使得 SiN 薄膜的应力大大增加。

(2)双应力层技术(dual stress liner,DSL),其区别于 SSL 的是只改善 NMOS 的性能。DSL 通过在 NMOS 区域使用张应力的薄膜和在 PMOS 区域使用压应力的薄膜,达到同时改善 NMOS 和 PMOS 的效果。当工艺发展到 40nm 以下时,PMOS 性能的提升成了迫切要解决的问题。如图 4.21 所示为采用 DSL 的 CESL 结构示意图,该工艺开始先沉积一层张应力的 SiN 薄膜,然后把 PMOS 上方的薄膜去掉后再沉积一层压应力的SiN 薄膜,最后去除掉 NMOS 上方压应力的 SiN 薄膜。对于 SiN 薄膜呈现张应力还是拉应力,主要是通过调节反应气体流量比及射频频率的方法获得。

(3)应力临近技术(stress proximity technology,SPT)[12],是在 SSL 和 DSL 基础上发展起来的,目的是让高应力薄膜距离器件沟道更近,从而增大沟道处的应力;工艺流程是通过刻蚀的方式将侧墙变薄,使得应力薄膜更加靠近沟道。如图 4.21 所示为利用 SPT 的 CESL 结构示意图。DSL 和 SPT 虽然都改善 NMOS 和 PMOS 的性能,但是改善的效果并不相同,如图 4.22 所示为 DSL 和 SPT 对 NMOS 和 PMOS 的性能改善情况,从中可以看出 SPT 对 PMOS 性能改善更突出。

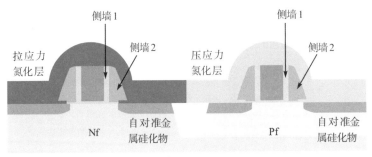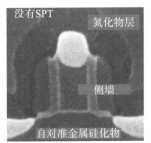

(a)采用 DSL 的 CESL 结构示意图

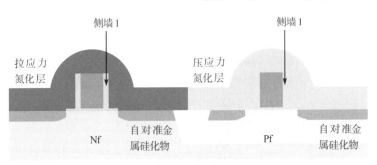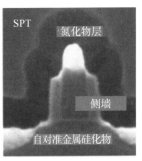

(b)采用 SPT 的 DSL 的 CESL 结构示意图

图 4.21　传统 DSL 和采用 SPT 的 DSL 的 CESL 结构示意图[12]

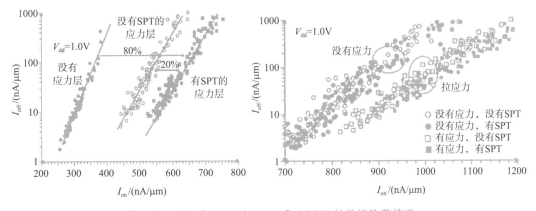

图 4.22　DSL 和 SPT 对 PMOS 和 NMOS 的性能改善情况

(4)应力记忆技术(stress memorization technique,SMT),也是一种提高 NMOS 性能的应力技术,广泛应用在 45nm 及以下工艺中。如图 4.23(a)所示为 SMT 工艺流程,它通过在器件表面生长一层张应力 SiN 薄膜,然后通过高温退火,使应力被"记忆"到沟

道中,从而提升 NMOS 性能,最后把 SiN 去掉。但是,由于张应力 SiN 薄膜会使 PMOS
性能变差,所以在进行高温退火之前先去掉 PMOS 区域的张应力 SiN 薄膜。如图 4.23
(b)(c)所示为 SMT 对器件性能的影响[13],从中可以看出 SMT 可以提升 NMOS 10%左
右的饱和电流,并且通过去除 PMOS 区域的 SiN,使得 SMT 也不会影响到 PMOS 性能。

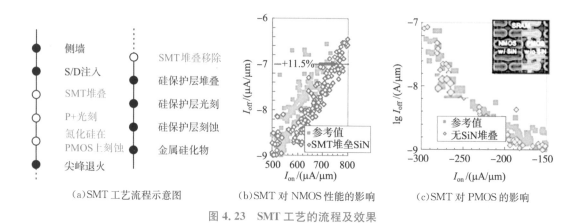

(a)SMT 工艺流程示意图　　(b)SMT 对 NMOS 性能的影响　　(c)SMT 对 PMOS 的影响

图 4.23　SMT 工艺的流程及效果

　　(5)源漏嵌入式 SiGe 技术,其利用 Ge 的晶格常数大于 Si 的特点,使得 SiGe 的晶格
常数大于 Si,从而对沟道产生压应力,这可以有效提高 PMOS 的性能,先在器件源漏区
刻蚀一定形状凹槽,再采用选择性外延技术在凹槽处生长 SiGe。源漏嵌入式 SiGe 技术
的关键是它的形状和 Si/Ge 的比例。在 45nm 工艺节点,采用如图 4.24(a)所示的"Σ"
状的源漏嵌入式 SiGe[14],而到了 32nm 及以下时,沟道需要更大的应力来提升器件的性
能。为此,业界开发了一种两步源漏嵌入式 SiGe 结构,工艺流程如图 4.24(b)所示,在
SiN 侧墙形成之后先刻出一个较浅的凹槽,然后在侧墙之后再刻出一次较深的凹槽,最
后通过选择性外延技术生长 SiGe。这种形状的 SiGe S/D 不仅具有良好的衰减特性,还

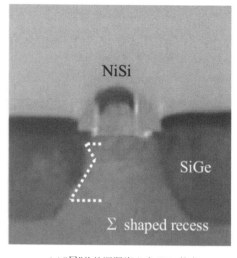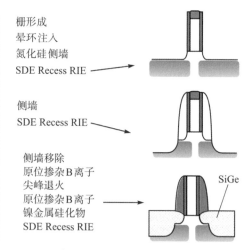

(a)"Σ"状的源漏嵌入式 SiGe 技术　　　　(b)两步源漏嵌入式 SiGe 技术工艺流程

图 4.24　两种源漏嵌入式 SiGe 技术

能增大沟道的应力。除了形状之外,Si/Ge 的含量也非常重要,Ge 的含量越高对沟道的应力就越大,通常在 45nm 工艺中 Ge 占 25%,而到了 32nm 时,为了进一步增大对沟道的应力,Ge 的含量上升到 30% 左右。

(6)源漏嵌入式 SiC 技术,是利用 C 的晶格常数小于 Si,使得形成的 SiC 的晶格常数小于 Si,从而对沟道产生张应力,提高 NMOS 的性能,其工艺过程和源漏嵌入式 SiGe 类似,只不过它是在 NMOS 的源漏端嵌入 SiC。

4.6　金属硅化物技术

寄生电阻一直是影响器件速度和高频特性的关键,而金属硅化物(silicide)是一种减少栅极和源漏电阻的有效方法,如图 4.25(a)所示为金属硅化物技术的演变。自从多晶硅(poly)栅取代铝栅之后,业界一开始采用重掺杂的方式减小栅极方块电阻,但随着工艺尺寸的不断微缩,方块电阻高达 $36\Omega/\square$ 的多晶硅栅极已不能满足高性能集成电路的要求。为此,业界开发了多晶硅金属氧化物工艺,即在多晶硅栅上形成金属硅化物($MoSi_2$ 和 WSi_2),从而降低多晶硅的方块电阻。当工艺发展到 $0.25\mu m$ 工艺时,源漏区宽度以及接触孔尺寸都在不断减小,使得源漏有源区方块电阻和接触电阻都不断增大,造成了严重的 RC 延迟。为了解决这个问题,在多晶硅金属氧化物工艺的基础上,业界开发了一种自对准金属硅化物技术,它通过物理气相沉积(physical vapor deposition,PVD)在 Si 表面沉积一层金属(Ti、Co 和 Ni 等),然后经过两次快速热退火处理(rapid thermal anneal,RTA),使金属与硅反应生成金属硅化物,从而同时减小栅极和源漏的电阻。如图 4.25(b)所示为自对准金属硅化物技术的工艺流程。

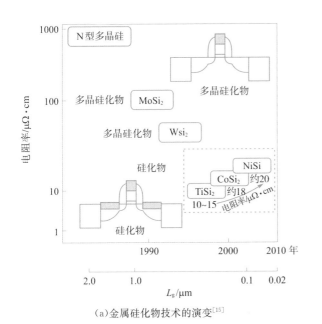

(a)金属硅化物技术的演变[15]

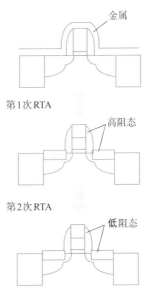

(b)自对准金属硅化物技术的工艺流程

图 4.25　硅化物技术的演变及自对准金属硅化物技术工艺流程示意图

钛硅化物(Ti silicide)因工艺简单、高温稳定性好以及电阻率低等优点而被广泛应用在 0.35~0.25μm 工艺中,该工艺首先将 Ti 金属溅射沉积在器件表面,然后在 600~700℃进行第一次 RTA,形成高阻态的 C49 相 TiSi(方块电阻约 60μΩ·cm),然后再通过湿法选择性刻蚀去除未反应的 Ti,最后进行 800~900℃的第二次 RTA,促使 C49 相转变为低阻态的 C54 相 TiSi₂(方块电阻约 15μΩ·cm)。然而随着工艺尺寸的微缩,钛硅化物遇到了几个问题:其一是高阻态的 C49 相转化到低阻态变得很困难,导致电阻急剧增大,这个现象也称为"窄线宽效应",如图 4.26 所示为钛硅化物电阻随线宽的变化。解决这个问题需要采用很高的温度[16],而过高的温度会使扩散加剧造成漏电。其二是在钛硅化物形成过程中,Si 是主要的扩散物质,它会扩散到侧壁上的 Ti 膜中并形成硅化物,造成栅极与源漏之间发生如图 4.26 所示的桥接现象(bridging failure)。

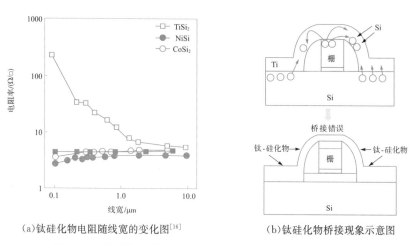

(a)钛硅化物电阻随线宽的变化图[16]　　(b)钛硅化物桥接现象示意图

图 4.26　钛硅化物电阻随线宽的变化图及其桥接现象示意图

在 0.18~90nm 工艺节点中,钴硅化物(Co silicide)逐渐取代了钛硅化物。相比于钛硅化物,钴硅化物在该尺寸条件下没有线宽效应,且形成过程中的退火温度也相对较低,第一次高温退火大约在 500℃,会形成高阻态的硅化钴(CoSi),第二次大约在 700℃,形成低阻态的二硅化钴(CoSi₂)。但当工艺技术来到 65nm 及以下时,有源区掺杂深度不断变浅,钴硅化物形成过程中会过度消耗表面高掺杂的硅。此外,700℃的第二次高温退火所产生的热预算是先进制程不能接受的。

从 65nm 以后,镍硅化物(Ni silicide)因为有更低的热预算和更少的硅消耗逐渐取代了钴硅化物 CoSi₂。如图 4.27 所示为镍硅化物与钛硅化物和钴硅化物的退火温度和耗硅量的比较。镍硅化物的第一次高温退火温度大约为 350℃,第二次高温退火温度大约为 450℃,相比于钴硅化物 CoSi₂ 具有更低的退火温度,因而热预算更低。而且形成金属硅化物时,镍硅化物所消耗的 Si 最少,仅为 0.82nm[15]。除此之外,当线宽在 40nm 以下时,钴硅化物的电阻率会明显升高,即也会发生"窄线宽效应",如图 4.27 所示为钴硅化物和镍硅化物的电阻随着不同线宽的变化情况。虽然镍硅化物具有很多优点,但是其在高温下的不稳定性及其在硅中的过度扩散所引起的漏电流增加等问题,给工艺带来了很大的挑战。

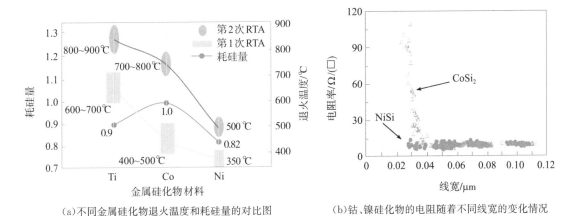

（a）不同金属硅化物退火温度和耗硅量的对比图　　（b）钴、镍硅化物的电阻随着不同线宽的变化情况

图 4.27　不同自对准金属硅化物技术的工艺概况

在镍硅化物工艺中，两次高温退火后会形成低阻态的 NiSi，但是当温度高于 700℃时，低阻态的相 NiSi 会因为团聚又相变成高阻态的相 NiSi₂，使得接触电阻变大，因此对后面热处理工艺提出了严苛的要求，如图 4.28（a）所示为镍硅化物随温度的相变情况。为了解决这个问题，在 45nm 及以下工艺中，业界通过在 Ni 中掺入少量 Pt 形成镍铂合金硅化物（NiPt silicide），Pt 原子能使高阻态相 NiSi₂ 出现的温度变高，从而提高硅化物的高温稳定性[17]。如图 4.28（b）所示为镍铂合金硅化物随温度的电阻变化。

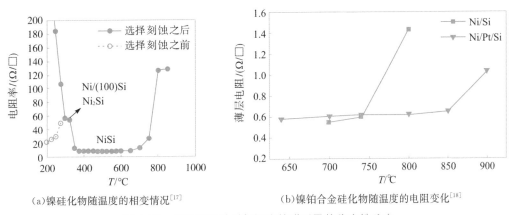

（a）镍硅化物随温度的相变情况[17]　　（b）镍铂合金硅化物随温度的电阻变化[18]

图 4.28　镍硅化物性质与温度的联系及热稳定性改良

镍硅化物工艺中，Ni 是主要的扩散物质，它会在硅中过度扩散进入源漏边缘，引起漏电从而导致器件失效，如图 4.29 所示为 Ni 过度扩散在边缘形成硅化物。业界为了降低镍的过度扩散，通常会通过调节退火温度和时间来解决，如图 4.29 所示为不同退火条件下的漏电情况。除此之外，掺入 Pt 也能抑制 Ni 在高温下的过度扩散，且 Pt 的含量和扩散速率息息相关，45nm 工艺之前一般 Pt 含量在 5%，45nm 之后 Pt 含量就提高到了 10%。

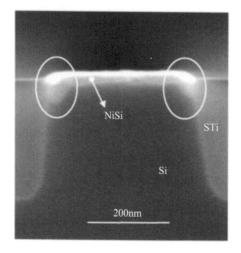
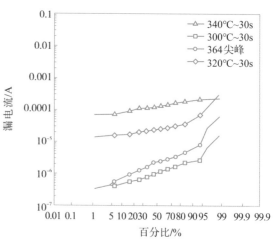

(a)Ni 过度扩散在边缘形成金属硅化物的 SEM 图[19]　　　　　(b)不同退火条件下漏电情况[19]

图 4.29　Ni 的过度扩散及退火改良

4.7　接触孔技术

接触孔技术是通过光刻、刻蚀、沉积等工艺在层间介质层(inter layer dielectric，ILD)中形成一个连接器件和金属互连层的接触孔，是芯片制造中非常关键的工艺。

4.7.1　层间介质层

层间介质层一方面用于器件与金属互连层之间的隔离，另一方面还要阻挡可移动粒子(比如 Na⁺离子)等杂质，防止影响器件性能，并作为接触孔间以及器件与外界的隔离层，随着特征尺寸逐渐微缩也面临着诸多挑战。

在 $0.25\mu m$ 工艺之前，硼磷硅玻璃(doped B and P silicate glass，BPSG)广泛应用在 ILD 中，掺 P 是为了吸附金属离子(主要是 Na⁺离子)，防止金属离子扩散进入栅极而损害器件；掺 B 是为了降低回流温度(由 1100℃降到 800～950℃)，过高的温度会导致杂质扩散等缺陷产生。高温回流就是让 BPSG 在高温下软化流动，从而使得表面平坦化。但是在 $0.25\mu m$ 工艺以后，通过高温回流进行的平坦化已无法满足光刻的工艺要求，所以业界开始采用化学机械研磨(chemical mechanical polish，CMP)工艺来实现 ILD 平坦化，如图 4.30 所示。

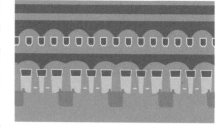

图 4.30　CMP 平坦化 SEM 图

当器件尺寸不断微缩,深宽比 AR 越来越大,无空洞的填充结构成为 ILD 层的主要挑战,并且器件的热预算也越来越低,BPSG 的 $800\sim950℃$ 的高温回流已无法满足器件热预算的要求。为此,业界开始采用沉积(deposition)＋溅射刻蚀(sputtering etching)循环运作的高密度等离子体化学气相沉积(HDP CVD)工艺制备 PSG 薄膜和 CMP 工艺进行平坦化来完成 ILD 层的制备,其中 HDP CVD 可以保持顶部一直处在开放的状态,从而能够填充高深宽比的间隙,而 CMP 平坦化解决了高温回流造成的热预算太大的问题,并且薄膜中不再需要加入 B,简化了工艺流程。采用 HDP CVD 沉积 PSG,P 的含量是十分重要的指标,P 含量越高,刻蚀选择比也就越高,但是过高的 P 含量会使 PSG 薄膜更加容易吸收空气中的湿气生成偏磷酸,腐蚀金属线,影响器件的性能,一般 P 含量控制在 9% 左右。然而随着工艺节点来到 45nm,AR 更大,而且 HDP CVD 会带来等离子损伤,所以业界采用一种能让薄膜沿着侧壁逐渐沉积的 HARP(high aspect ratio process)工艺来取代 HDP CVD,HARP 可以填充 $AR>10$ 的间隙,并且不会产生等离子损伤。

4.7.2　钨栓(W plug)

接触孔(contact,CT)作为连接器件和金属互连层的桥梁,是整个芯片制造中非常关键的工艺,如图 4.31(a)所示为接触孔结构示意图。在集成电路发展早期,铝因其电阻率较低、制造工艺简单等原因,被作为接触孔填充的材料,而随着工艺节点来到深亚微米,接触孔的深宽比逐渐增大,PVD 铝接触孔工艺过程中容易产生空洞,而且铝的抗电迁移能力较弱,这些都会影响器件性能。钨因其较低的电阻率($7\sim12\mu\Omega\cdot cm$)、较高的热稳定性以及很强的抗电迁移能力和抗腐蚀性能,而使得钨取代铝成为接触孔填充的材料。钨的沉积采用具有良好的台阶覆盖率和孔隙填充能力的钨化学气相沉积(W chemical vapor deposition,WCVD)技术,其工艺步骤包括 WF_6 和 SiH_4 反应的成核阶段以及 WF_6 和 H_2 反应的大量沉积阶段。但钨与硅的氧化物黏附性很差,直接沉积很容易脱落,所以业界在钨沉积之前先长一层 Ti 作为黏附层,一方面 Ti 与硅的氧化物有很好的黏附性,另一方面 Ti 在高温下还能和二氧化硅反应,生成低电阻值的金属硅化物。可是沉积钨时用到的 WF_6 会和 Ti 反应,形成缺陷,因此还需要一层阻挡层来阻挡两者发生反应。TiN 因其良好的阻挡能力被广泛使用在接触孔阻挡层上。虽然铜的电阻率比钨低,但是铜很容易扩散到衬底硅,因此不适合作为接触孔的填充材料。

随着特征尺寸不断微缩,接触孔的深宽比越来越高,对钨填充能力的挑战越来越大,若填充不好,经常会出现空洞和缝隙问题,可参照图 4.32(b)铝制程中的 W 通孔(Via)缺陷,铜制程中的 W 接触孔孔隙缺陷与其类似,铜会顺着接触孔隙扩散到器件中,造成器件失效。除此之外,接触孔对多晶栅和接触孔对有源区的光刻对准以及接触孔刻蚀工艺也是难点。

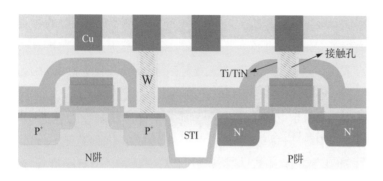

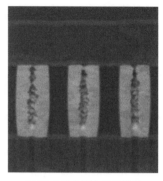

(a)接触孔结构 (b)W 中的空洞和缝隙缺陷

图 4.31　接触孔的结构及缺陷 SEM 图

1. 钨填充

Ti/TiN 层作为钨的黏附层和阻挡层,其沉积效果会直接影响钨的填充,在 $0.18\mu m$ 工艺以前,Ti 沉积采用自离子化等离子体(self ionized plasma,SIP)PVD,它通过将晶圆和靶材的间距做大,提升离子化比例。此外,还通过 RF Bias 在晶圆表面形成负的偏置电压,它会吸引金属离子沿着几乎垂直的路径沉积到接触孔中。在 $0.18\mu m$ 工艺及以下,接触孔的深宽比越来越大,SIP 已经无法满足工艺要求,经常会在洞口转角的地方,由于薄膜沉积的角度广,容易造成突悬(overhang)的现象,突悬会导致后面钨沉积时顶部提前封口,造成空洞。为此业界开始用离子化金属等离子体(ionized metal plasma,IMP)取代之前的 SIP 来沉积 Ti 薄膜。IMP 通过在腔体中间增加 RF 线圈用于电离金属原子,提高金属离子化率,同样会使用 RF Bais 在晶圆表面形成负的偏置电压,使得金属离子更加垂直地进入接触孔中,提高底部台阶覆盖。如图 4.32 所示为不同 PVD 工艺溅射入射角分布。TiN 沉积用 MOCVD(metal-organic chemical vapor deposition,金属有机化合物化学气相沉积)取代了传统的 PVD,因为 MOCVD 具有更好的台阶覆盖性,能很好地进行侧壁的沉积。目前一般采用 MOCVD 的方法将四二甲基氨基钛(tetrakis dimethyl amino titanium,TDMAT)热分解产生 TiN 薄膜。该工艺的优点是阶梯覆盖率高,薄膜比较均匀,顶部突悬现象不明显,而且反应温度也相对较低。但是通过 MOCVD 形成的 TiN 容易受到环境因素的影响,如果长期暴露在空气环境中,它会吸附一些水汽等环境杂质,从而对阻值和阻挡能力带来影响,所以工艺中需要严格控制 TiN 薄膜长完后的等待时间(Q-time)。此外,TiN 层厚度对钨填充也有很大的影响,如果太薄则不能起到阻挡作用,太厚容易造成提前封口问题,所以工艺中需要调试出一个适当的厚度。

钨的填充除了受 Ti/TiN 层影响,WCVD 工艺本身也是影响钨填充的主要原因。随着工艺尺寸的微缩,在 $0.13\mu m$ 工艺以后,传统的 WCVD 的工艺在接触孔填充中遇到了瓶颈,经常出现如图 4.32 所示的突悬现象。为此业界开发了一种脉冲成核层(pulsed nucleation layer,PDL)WCVD,即使用几个重复的脉冲方式进行一层一层的钨沉积,大大提升了填充能力。除此之外,成核阶段的反应温度、WF_6 和 SiH_4 的气体比例等也是影响填充能力的因素。当到了 40nm 工艺及以下时,业界就完全采用 B_2H_6 代替 SiH_4 进行成核层的制备,它不仅能提高钨薄膜的台阶覆盖率,还能增大晶粒,降低钨栓电阻率。

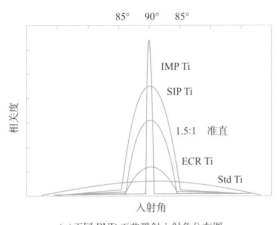

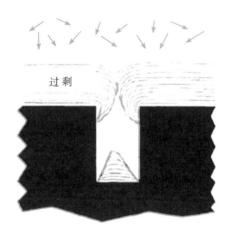

(a)不同 PVD 工艺溅射入射角分布图　　　　　(b)突悬现象示意图

图 4.32　不同 PVD 工艺的溅射入射角分布图及缺陷示意图

2. 光刻对准

接触孔是用来连接器件和金属互连层的,它的下端连接着栅极和有源区(active area,AA),光刻要严格对准该区域,否则会导致器件连接出现故障,直接导致整个器件的失效,所以其光刻的对准十分重要。

3. 刻蚀工艺

随着工艺尺寸的微缩,栅极与接触孔的间距也随之减小,刻蚀形貌不好很容易使得多晶硅栅和接触孔之间发生桥联短路;此外,刻蚀选择比也是一个重要的挑战,在CMOS工艺中,栅极要高于有源区,所以在刻蚀的时候会遇到栅极上面的氧化层已经刻完但有源区上的氧化层还没刻完的问题,所以在氧化层下面会有一层刻蚀停止层(stop layer),这里就要求氧化层和刻蚀停止层的选择比要高,然后继续刻蚀,直到有源区也刻到了停止层,然后再进行停止层的刻蚀,这里就要求金属硅化物和停止层的选择比要高,以免对金属硅化物产生损伤,造成接触电阻变大,影响器件性能,如图 4.33 所示为接触孔的刻蚀流程。

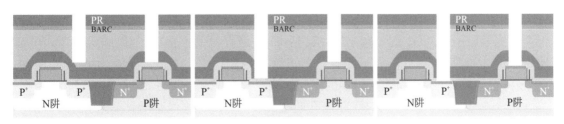

(a)刻蚀到栅极停止层　　　　　(b)刻到有源区停止层　　　　　(c)停止层的刻蚀

图 4.33　接触孔刻蚀流程示意图

4.8 金属互连

随着集成电路尺寸微缩到深亚微米级,金属互连导致的 RC 延迟(RC delay)、信号串扰以及功耗等问题给芯片性能的提升带来了很大的挑战,如图 4.34 所示为栅延迟和互连延迟与工艺节点的关系。为了克服这些挑战,推动集成电路继续向前发展,业界主要从三个方面进行了改善:第一,采用电阻率更低的金属材料,用铜取代铝;第二,用低介电常数(low-κ)材料代替二氧化硅;第三,增加布线层数,从 $0.13\mu m$ 时的 $7\sim8$ 层,到现在的十几层,如 Intel 10nm 工艺就含有 13 个互连层。

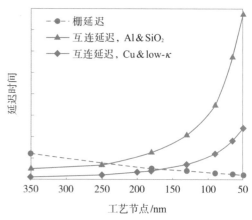

图 4.34 栅延迟和互连延迟与工艺节点的关系

4.8.1 铜互连

互连技术最初采用的金属是铝,但当工艺发展到 $0.13\mu m$ 及其以下时,铝就被铜所取代,使得 RC 延迟减小了约 40%。当节点进入到 28nm 及以下,会添加少量的 Mn 以提高铜的 EM(电质迁移性能)性能。相比铝,铜具有如下优点:一是电阻率低,铜的电阻率为 $1.67\mu\Omega\cdot cm$,铝的电阻率为 $2.66\mu\Omega\cdot cm$,铜的电阻率比铝小了约 65%;二是抗电迁移能力强,铜发生电迁移的电流密度上限是 $5.5\times10^6 A/cm^2$,而铝在电流密度达到 $2.5\times10^5 A/cm^2$ 时就发生迁移;三是熔点较高、散热能力好,载流能力远强于铝。但在铜互连工艺发展过程中遇到了两大挑战:一个是铜污染问题;另一个是沉积问题。

铜污染是指铜原子(离子)易在介电质层中扩散,对其造成污染,导致铜互连线之间的电压衰减,甚至会引起互连层间的电压击穿。为此,人们开发了阻挡层工艺,通过氮化钽/钽(TaN/Ta)结构包裹铜,来阻挡铜原子(离子)的扩散,Ta 对铜起到很好的黏附作用和定型效果,而 TaN 对铜有很好的阻挡作用且与介电层黏附性很好,如图 4.35 所示为铜互连的示意图。所以,铜互连的电阻值就变成了铜加阻挡层 TaN/Ta 的电阻,因铜电阻率为 $1.67\mu\Omega\cdot cm$,钽为 $30\mu\Omega\cdot cm$,氮化钽为 $210\mu\Omega\cdot cm$,所以互连线阻值 $R\approx R_1+R_3$,如图 4.35 所示为铜互连电阻等效图,如果想要降低铜互连的电阻,一个办法就是降低金属线的电阻;另一个就是减小阻挡层的电阻,最直接的方法就是减小 TaN/Ta 阻挡层的厚度。如图 4.36 所示为不同工艺节点下阻挡层厚度的变化。阻挡层厚度不断变薄,使得台阶覆盖性变差,同时对铜的黏附力也会相应减弱。此外,随着特征尺寸不断微缩,深宽比也逐渐变大,填充沟槽和通孔时极易产生空洞,这些都会严重影响器件的可靠性。所以,目前业界主要通过新工艺(如原子层沉积)来改善填充效果。但是,阻挡层厚度不能无限减薄,它必须保持一定的厚度才能起到很好的阻挡作用,所以在 10nm 及以下工艺节点,采用新材料钴作为阻挡层材料。

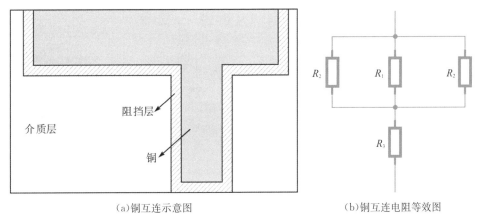

(a)铜互连示意图　　　　　　　　(b)铜互连电阻等效图

图 4.35　铜互连示意图及电阻等效图

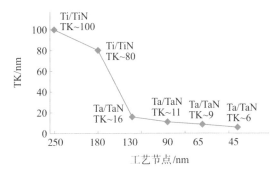

图 4.36　不同工艺节点下阻挡层厚度的变化

　　先前铝的沉积,是通过铝与氯气产生的氯化物实现对铝互连线的刻蚀来得到想要的图形,而铜的氟化物和氯化物在低温下都是难以挥发的,所以不能采用传统干法刻蚀工艺。为了解决这个问题,人们发明了大马士革工艺(详见第 20 章)和化学机械平坦化抛光研磨工艺(CMP),其方法是先沉积介质层,再刻蚀出铜互连线的图案,然后再填充铜,最后通过 CMP 磨平。大马士革工艺一般分为单大马士革工艺和双大马士革工艺,其中单大马士革工艺比较简单,就是介质层刻蚀然后金属填充,像后段互连中的第一层金属(M1)就是采用这种方式;而双大马士革工艺需要刻蚀出通孔(via)和沟槽(trench),然后再填充金属,像 M1 之后的金属层都是采用该方式。双大马士革工艺发展初期又分为先通孔(via first)和先沟槽(trench first)两种方式,如图 4.37(a)所示为先通孔,即先进行通孔的刻蚀再进行沟槽刻蚀,这种方法能很好地控制通孔的尺寸,但缺点是:①沟槽的深度控制难度大;②通孔中填充介质的高度需要精密控制,否则上部介质形貌变差;③需要两次刻蚀动作,容易形成等离子体损伤。如图 4.37(b)所示为先沟槽,即先进行沟槽刻蚀后进行通孔刻蚀,这种方法制程较为简单,但缺点是:①对光刻工艺套准精度要求较高;②通孔底部尺寸很难控制;③沟槽的深度控制难度比较大;④也需要两次刻蚀,容易形成等离子体损伤。

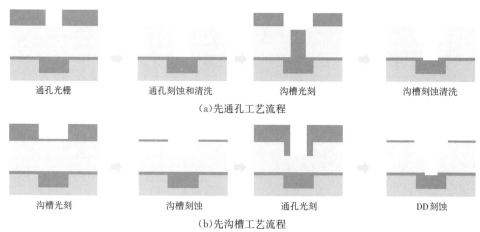

通孔光栅　　　通孔刻蚀和清洗　　　沟槽光刻　　　沟槽刻蚀清洗

(a)先通孔工艺流程

沟槽光刻　　　沟槽刻蚀　　　通孔光刻　　　DD刻蚀

(b)先沟槽工艺流程

图 4.37　双大马士革工艺的两种流程

随着器件尺寸的不断微缩,大马士革工艺面临着如何控制沟槽尺寸以及降低介质层损伤的严峻挑战。为了解决这个问题,业界开发了如图 4.38 所示的金属硬掩模层一体化刻蚀工艺(hard mask all-in-one),其方法是先将沟槽图案转移到硬掩模上,然后再光刻定义出通孔形貌并通过一体化刻蚀形成通孔和沟槽,最后就是金属填充和 CMP 平坦化。金属硬掩模层一体化刻蚀工艺,具有以下优点:①只需将沟槽图案转移到硬掩模上,无须在刻蚀介质层中刻出沟槽,所以使用的光刻胶(photoresist,PR)厚度较薄,光刻分辨率会更高;②相比于光刻胶,硬掩模与介质层的选择比更高,能够有效控制关键尺寸,使刻蚀形貌更好;③一体化刻蚀,能够有效地避免等离子体损伤。

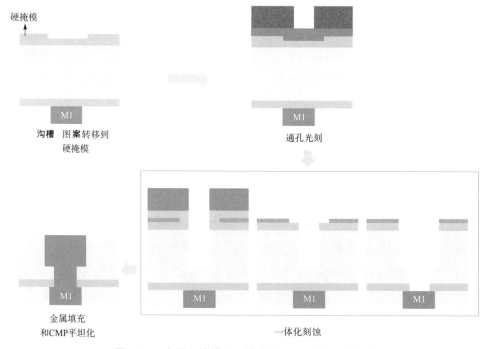

硬掩模

沟槽 图案转移到
硬掩模

通孔光刻

金属填充
和CMP平坦化

一体化刻蚀

图 4.38　金属硬掩模层一体化刻蚀工艺流程示意图

4.8.2　low-κ 材料

在铜互连技术中,互连层之间的电容模型如图 4.39 所示。由于电容的大小与介电常数成正比,所以业界采用了比传统二氧化硅介电常数(κ值)低的 low-κ 材料来减小互连层之间的电容,从而改善 RC 延迟。如图 4.40 所示为不同工艺节点下互连介质层的 κ 值大小。

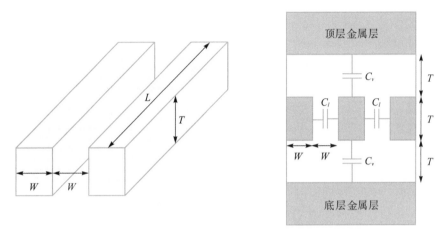

图 4.39　互连线寄生电容示意图

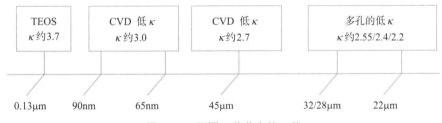

图 4.40　不同工艺节点的 κ 值

目前 low-κ 材料的制备主要有三种方式:①在材料中掺入强电负性的元素,如氟、碳、氢等来降低材料极性,从而降低材料的 κ 值,常见的有氟硅酸盐玻璃(fluorosilicate glass,FSG)、掺碳氢氧化硅(SiCOH)等,这些在 0.13μm～45nm 工艺上广泛使用;②通过多孔技术,降低材料的分子密度来降低 κ 值,如多孔 SiO₂、多孔 SiCOH 等;③气隙(air gap)技术,即将超低 κ 值空气隙插入互连介质层中,也可以显著地降低介电常数。32/28nm 及其以下工艺中,因为需要更低的 κ 值来降低 RC 延迟,常用多孔和气隙的技术来制备超 low-κ 介质层。

4.8.3　Cu/low-κ 互连的电迁移问题

随着大规模集成电路的不断发展,特征尺寸不断微缩,金属导线通入的电流密度急剧上升。另外,随着芯片集成度的提高,单位面积功耗增大,Cu/low-κ 互连结构中的电迁移问题已经成为影响集成电路可靠性的主要因素之一。金属导线中,沿电场反方向运动的电子与金属离子进行动量交换,导致金属离子沿着电子流方向移动,这种现象被称为电迁移,从而引起金属线开路或断路(详见第 12 章)。虽然铜材料本身比铝具有更强的抗电迁移能力,但是双大马士革工艺使得铜的电迁移问题变得复杂,通孔的工艺、阻挡层的质量以及铜表面的处理等都会对铜互连电迁移产生影响。

对于铜互连结构来说,通孔由于深宽比高、台阶覆盖性差、通孔内部的电流密度大、应力集中等因素,远比沟槽互连线更易发生电迁移失效。其中,通孔的倾斜角以及通孔底部的形貌是两个主要影响因素。具有一定倾斜角的通孔结构相比于垂直的结构,其更易于后续阻挡层和金属铜的填充,使得台阶及侧壁覆盖性更好,从而提高互连线的可靠性,如图 4.41(a)所示为不同通孔倾角的互连寿命变化。通孔底部是整个通孔工艺中最为脆弱的地方,也是最容易失效的位置,通孔底部刻蚀形貌的均匀性、阻挡层 TaN 是否完全反溅射,以及后续铜填充的形貌等都会对电迁移造成很大的影响,如图 4.41(b)所示为通孔底部因电迁移形成的空洞。其中,阻挡层 TaN 的完全反溅射(re-sputter)是工艺的一个难点,它通过轰击通孔底部的阻挡层 TaN,使底部 TaN 溅射到侧壁上,从而达到增加侧壁阻挡层厚度和减薄底部厚度的目的。因为阻挡层比铜的电阻率大得多,如果反溅射不完全,会造成通孔底部的接触电阻变大,电流在流经这个地方时会因为电阻不均匀而造成局部电流密度不一致,导致出现空洞,造成电迁移失效。阻挡层一方面要阻止铜扩散,另一方面要保证介质层与铜界面良好黏附性。好的黏附性能降低沿铜/阻挡层界面的铜扩散速度。

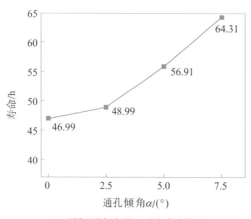

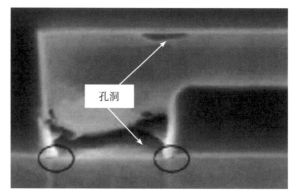

(a)不同通孔倾角的互连寿命变化图　　　　(b)通孔底部因电迁移形成空洞的 SEM 图

图 4.41　不同通孔倾角的互连寿命变化图及电迁移所形成的空洞的 SEM 图

铜互连另外一个容易产生电迁移失效的地方就是铜的表面,因为沿表面的铜扩散比沿晶粒间界的快。为了解决这个问题,业界在铜 CMP 后在铜线上沉积一层覆盖层,覆盖层能很好地阻止铜扩散,增加抗电迁移能力,并且两者之间的黏附性越强,这种效果越好。对铜表面进行处理是提升铜线和覆盖层之间黏附性的一个有效办法,一般通过 H⁺ 等离子体对铜表面进行处理,从而改善铜与覆盖层的黏附性。

本章小结

　　本章从微缩的技术基础、浅沟槽隔离技术、栅氧与栅工程、源漏工程、应力工程、金属硅化物技术、接触孔技术及金属互连等角度，综合论述了微缩工艺面临的挑战、已取得的突破和将来的突破方向，文献[20-24]给出了有关微缩工艺挑战的精彩评述，建议感兴趣的读者查看。具体工艺将在本书后续相关章节详细介绍。

参考文献

[1] Wu Q，Li Y，Yang Y，et al. A Photolithography Process Design for 5 nm Logic Process Flow[J]. Journal of Microelectronic Manufacturing，2019,2(4):1-8.

[2] 吴连勇.浅沟槽隔离(STI)刻蚀工艺条件研究[D].上海:复旦大学,2009.

[3] Tilke A T，Hampp R，Stapelmann C，et al. STI Gap-Fill Technology with High Aspect Ratio Process for 45nm CMOS and beyond[C]. IEEE/SEMI Advanced Semiconductor Manufacturing Conference,2006.

[4] Hoffmann T. Integrating high-κ/metal gates:Gate-first or gate-last[J]. Solid State Technology,2010,53(3):20-23.

[5] 许晓燕,谭静荣,黄如,等.氮注入多晶硅栅对超薄 SiO_2 栅介质性能的影响[J].半导体学报,2003,24(1):76-79.

[6] Wenger Ch，Lukosius M，Costina I，et al. Investigation of atomic vapor deposited $TiN/HfO_2/SiO_2$ gate stacks for MOSFET devices[J]. Microelectronic Engineering,2018,85(8):1762-1765.

[7] Yeo Y C，King T J，Hu C. MOSFET gate leakage modeling and selection guide for alternative gate dielectrics based on leakage considerations[J]. IEEE Transactions on Electron Devices,2003,50(4):1027-1035.

[8] Olsen C. Two-step post nitridation annealing for lower EOT plasma nitrided gate dielectrics:US2004006974[P]. 2004-03-05.

[9] Yu H Y，Kang J F，Ren C，et al. HfO_2 Gate Dielectrics for Future Generation of CMOS Device Application[J]. Journal of Semiconductors,2004,25(10):1193-1204.

[10] Kol S，Oral A Y. Hf-Based High-κ Dielectrics:A Review[J]. Acta Physica Polonica A,2019,136(6):873-881.

[11] 温德通.集成电路制造工艺与工程应用[M].北京:机械工业出版社,2019.

[12] Chen X，Fang S，Gao W，et al. Stress Proximity Technique for performance improvement with dual stress liner at 45nm technology and beyond[C]. Symposium on VLSI Technology Digest of Technical Papers,2006.

[13] Ortolland C，Morin P，Chaton C，et al. Stress memorization technique (SMT) optimization for 45nm CMOS[C]. Symposium on VLSI Technology Digest of Technical Papers,2006.

[14] Ohta H，Kim Y，Shimamune Y，et al. High performance 30nm gate bulk CMOS

for 45nm node with ∑-shaped SiGe-SD[J]. IEEE International Electron Devices Meeting，IEDM Technical Digest，2005.

[15] Iwaia H，Ohgurob T，Ohmi S. NiSi salicide technology for scaled CMOS[J]. Microelectronic Engineering，2002，60(1/2)：157-169.

[16] Kittl J A，Hong Q Z，Yang H，et al. Advanced salicides for 0. 10mm CMOS：Co salicide processes with low diode leakage and Ti ilicide processes with direct formation of low resistivity C54 $TiSi_2$[J]. Thin Solid Films，1998，332(1/2)：404-411.

[17] Liu J F，Chen H B，Feng J Y. Enhanced thermal stability of NiSi films on Si (1 1 1) substrates by a thin Pt interlayer[J]. Journal of Crystal Growth，2000，220(4)：488-493.

[18] Lauwers A，Kittl J A，Van Dal M，et al. Low temperature spike anneal for Ni-silicide formation[J]. Microelectronic Engineering，2004，76(1/4)：303-310.

[19] Lai J，Chen Y W，Ho N T，et al. NiPt salicide process improvement for 28nm CMOS with Pt (10％) additive[J]. Microelectronic Engineering，2012，92：137-139.

[20] Huang R，Wu H M，Kang J F，et al. Challenges of 22nm and beyond CMOS[J]. Science in China (Series F：Information Sciences)，2009，52(9)：1491-1553.

[21] Wu H M，Wang G H，Huang R et al. Challenges of process technology in 32nm technology node[J]. Journal of Semiconductors，2008，29(9)：1637-1653.

[22] 吴汉明，吴关平，吴金刚，等. 纳米集成电路大生产中新工艺技术现状及发展趋势[J]. 中国科学：信息科学，2012，42(12)：1509-1528.

[23] Wang G H，Wu H M. Process challenges in CMOS FEOL for 32nm node[C]. ICSICT. 2008，Beijing，20-23 Oct. 2008 (Invited).

[24] Wu H M，Gao D，Mo M X，et al. Study of nitridation plasma for ultra-thin gate dielectrics of 65nm technology node and beyond[C]. Solid-State and Integrated Circuits Technology，2004. Proceedings 7th International Conference，18-21，Oct. 2004.

思考题

1. 请简述浅沟槽隔离技术的作用以及影响因素。
2. 抑制晶体管短沟道效应的主要方式有哪些？
3. 请简述应力工程如何提高晶体管性能。
4. 如何改善芯片制备过程中金属互连导致的 RC 延迟、信号串扰以及功耗等问题？

致谢

本章内容承蒙丁扣宝、程志渊、卜伟海、张亦舒等专家学者审阅并提出宝贵意见，作者在此表示衷心感谢。也感谢汪海、盛丽萍等同事在本章编写过程中提供的帮助。

作者简介

高大为：研究员，博士生导师。1998 年毕业于日本九州大学电子工程专业。浙江大学微纳电子学院先进集成电路制造技术研究所所长，主要负责浙江省集成电路创新平台的建设。曾在东芝半导体、中芯国际等公司担任技术及管理职务。获杭州市特聘专家称号（"521"计划）。研发项目曾获教育部科学技术进步一等奖、国家科学技术进步二等奖；项目成果得到了高通的认证和订单，开创了国产芯片成功打入世界顶级手机市场的先例。

吴永玉：浙江省 CMOS 集成电路成套工艺与设计技术创新中心、浙江创芯集成电路有限公司资深研发总监。长期工作在集成电路制造领域，深度参与国内首套拥有自主知识产权的 55 纳米低漏电逻辑工艺研发和产线建设。共参与和主持 10 余项逻辑工艺和特色工艺平台的研发，具半导体产业界技术研发的丰富经验，获授权专利 20 余项。

第二篇 集成电路基本工艺

本篇主要介绍集成电路制造过程中所涉及的四个最常用且最重要的基本工艺。

光刻工艺是图形转移的关键工艺,通过对光刻胶进行曝光和显影,在衬底上形成芯片设计需要的图案。本篇着重介绍了光刻工艺的基本流程、重要光刻工艺参数以及光刻技术演进等。

刻蚀工艺利用物理或者化学方法,从表面去除半导体结构中的部分材料。刻蚀通常是在光刻工艺之后进行,从而实现永久的图案转移。本篇重点介绍了干法刻蚀技术。

薄膜工艺可在衬底表面沉积微米/纳米厚度的薄膜材料,薄膜沉积主要包括氧化或氮化、化学气相沉积和物理气相沉积等方法。本篇着重讲述了薄膜沉积工艺的原理流程,并介绍芯片制造中常见薄膜材料的制备方法。

掺杂工艺指通过离子注入或热扩散方法渗透可控数量的某种元素进入半导体特定区域,以改变半导体材料原有电性,形成 P 型或 N 型半导体的过程,是制作特定功能半导体器件和电路的基本工艺。本篇主要介绍扩散掺杂和离子注入掺杂两类主要方法,并对退火工艺进行了介绍。

第5章

光刻工艺

(本章作者:程志渊　任堃)

　　IC 制造过程本质上是在半导体晶圆上进行各种物理和化学过程,包括薄膜沉积、图形转移和掺杂等平面工艺。复杂的集成电路制造是依靠平面工艺一层一层堆叠起来的。图形转移工艺是集成电路制造工艺的核心,复杂细微的三维结构全部依赖于图形转移工艺。光刻工艺(optical lithography,或称 photo lithography)是指把设计好的图形转移到光敏特性材料覆盖的晶圆上,是最为典型的图形转移工艺。光刻工艺本质上是照相工艺的延伸,该工艺通过对光刻胶或称光致抗蚀剂进行曝光和显影,在衬底(substrate)上形成 3D 浮雕图像。在典型的集成电路制造工艺中,光刻工艺的成本约为整个芯片制造工艺的 35%,耗费时间占整个芯片工艺的 40%~60%。

　　本章将介绍光刻的基本原理、光刻工艺流程、光刻机技术随工艺节点的演进、光刻的工艺参数与工艺窗口(分辨率、曝光能量宽裕度、对焦深度、线宽等)、光刻掩模版及计算光刻技术等。

5.1　光刻工艺概述

5.1.1　集成电路制造中光刻工艺的作用

　　图 5.1 所示是集成电路从原材料到芯片封装测试的主要工序,主要包括 IC 设计、IC 制造、封装和测试等。光刻工艺是 IC 制造中的一步重要工序。

　　光刻的基本原理是通过将对光敏感的光刻胶旋涂在晶圆上,在晶圆表面形成一层薄膜,光源透过掩模版照射在光刻胶上,使光刻胶进行选择性曝光,接着对光刻胶显影,完成掩模上电路特定层图形的转移。具体而言光刻又可以分为光刻胶图形化和晶圆图形化两次图形转移过程[1]。

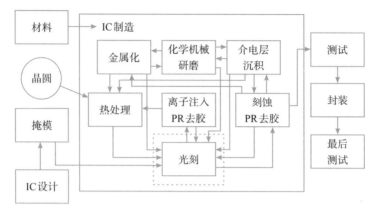

图 5.1 集成电路制造的主要工序

第一次图形转移过程:光刻胶图形是通过复制掩模图形而产生的,图 5.2 描述了使用成像镜头进行的掩模复制过程。反射聚焦系统收集来自光源的光,以照亮掩模图形。利用成像投影透镜对光刻胶抗蚀剂进行选择性曝光,最后得到设计要求的光刻胶图形。

第二次图形转移过程:曝光后剩余的光刻胶在接下来的刻蚀、离子注入等工艺中充当掩模层,然后通过刻蚀、剥离等工艺将光刻胶掩模上的图形转移到所在衬底上。图 5.3 说明了从光刻胶抗蚀剂到底层薄膜的各种形式的图形转移,包括各向同性刻蚀、各向异性刻蚀、外延生长、剥离或离子注入。

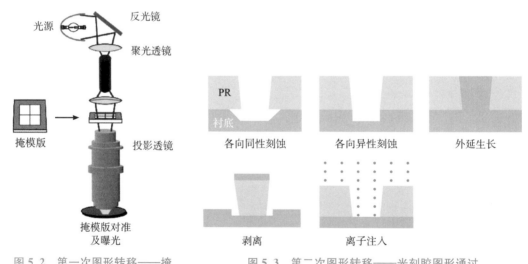

图 5.2 第一次图形转移——掩　　　图 5.3 第二次图形转移——光刻胶图形通过
模图形复制形成光刻胶图形[1]　　　　刻蚀、生长、剥离等工艺形成晶圆图形[1]

IC 制造过程所涉及的复杂结构通常需要不断进行可对准校正的光刻层堆叠获得,换而言之,每个掩模层都需要使用不同的掩模版进行一遍光刻流程。例如,在具有 4 个金属层的典型 0.13μm CMOS 集成电路制造过程中,包含 474 个处理步骤,其中 212 个步骤与光刻曝光相关,105 个步骤与使用抗蚀剂图像的图形转移相关。对于更小技术节点的 CMOS 工艺,掩模层数就更多了,这就对光刻关键技术提出了更高的要求。

5.1.2　摩尔定律技术节点与光刻技术的关系

集成电路产业一直遵循摩尔定律高速发展,光刻技术是摩尔定律尺寸微缩的技术基础,光刻机是芯片制造的核心装备,光刻机的技术水平决定了集成电路制造工艺技术节点。

提高光刻机的分辨率,一方面需要波长足够短的光源,从高压汞灯(G 线 436nm、I 线 365nm)作为曝光光源开始,到准分子激光(KrF 248nm、ArF 193nm)的应用,再到等离子体激光(13.5nm)问世,光刻机的分辨率从微米级别降低到了几个纳米,如图 5.4 和图 5.5 所示。另一方面光刻机的曝光方式也在不断演进——从接触/接近式曝光到投影式曝光技术,从扫描投影式、分步投影式到步进投影式曝光技术,不仅提高了光刻机的分辨率精度,而且增大了曝光区域,提高了光刻机产能。

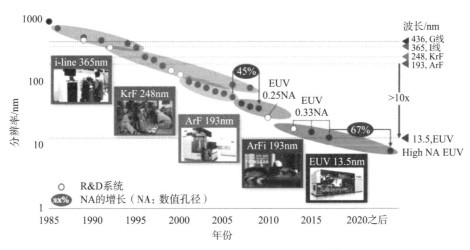

图 5.4　光刻机波长及分辨率发展进程[2]

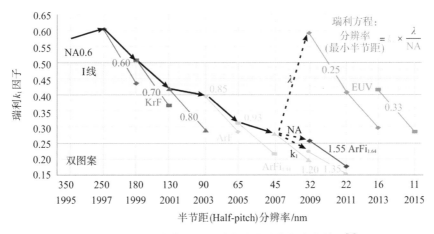

图 5.5　各工艺节点中光刻技术的关键参数变化情况[3]

5.1.3　光刻基本原理

本节以产业主流的投影式曝光为例简述光刻过程,如图 5.6 所示。

光刻系统是以光为媒介转移信息的,因此需要光源,一般是单色性较好的激光。光源放在照明透镜的焦平面上,因此会成像在无穷远处,从而形成平行光,使得掩模版被均匀照亮。掩模版是根据每次光刻特制的模板,上面有一些镂空的图形,如果不考虑光的衍射和干涉,掩模版上的图形就是等比放大的光刻到光刻胶上的图形,目前业界常用的成像比例为 4∶1,即在光刻胶上会形成缩小至 1/4 的掩模版图形,但是考虑到衍射与干涉后,掩模版图形常常会有细微改变,并且也不仅

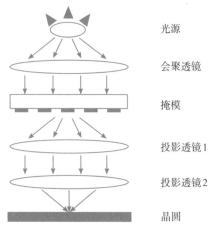

光源

会聚透镜

掩模

投影透镜1

投影透镜2

晶圆

图 5.6　投影式曝光光刻系统示意图[4]

仅是镂空图样,而是有一些用作改变光相位的透明介质图样。掩模版被照亮后就可以通过透镜组成像的方式,在光刻胶上成像,图 5.6 中仅仅利用了两个透镜的透镜组实现对掩模版成像。实际上,为了减少光衍射带来的影响,透镜的尺寸往往较大,从而引入非傍轴光导致的像差,因此实际的透镜组为了减少像差,往往有两位数的镜片。另外值得一提的是,对于最新的 EUV 光刻机,由于对其使用的激光找不到合适的透明介质,投影镜组不是透镜组,而是反射镜组。掩模版上的图像在光刻胶上成像后经过曝光显影过程成功转移到光刻胶上。最后需要注意的是,像空间介质直接影响了成像时光的波长,因此选择合适的像空间介质有助于减少衍射引入的误差。投影式曝光光刻的关键要素包括光源、掩模、成像镜组、像空间介质、光刻胶。

由于光刻是集成电路工艺中往晶圆上转移图样的第一步,光刻的结果直接影响后续工艺和最终产品的质量,因此需要不断改进光刻工艺中的各个要素,以使得光刻的成像质量进一步提高。

5.2　光刻工艺流程

5.2.1　光刻工艺流程概述

理想的光刻胶图形在衬底平面上具有预期设计图形的精确形状,并且具有贯穿抗蚀剂厚度的垂直壁。最终的光刻图形应该满足衬底的一部分被光刻胶覆盖,而其他部分完全不被覆盖的要求。图形转移过程需要这种二元图形,覆盖光刻胶的衬底部分将受到保护,免受刻蚀、离子注入及其他图形转移机制的影响。

产业主流的光刻工艺流程的一般顺序是:衬底表面清洗、涂胶、曝光前烘焙、掩模版

对准及曝光、曝光后烘焙、显影及冲洗、显影后烘焙。除此之外,光刻流程还包含烘焙后进行的测量和检查,刻蚀或离子注入,以及去胶工艺。典型的光刻工艺流程在图 5.7 中给出,针对各步骤中一些实际问题的简要讨论将在本章后面给出。

衬底表面清洗	曝光后烘焙
涂胶	显影及冲洗
曝光前烘焙	显影后烘焙
掩模版对准及曝光	测量及刻蚀
	去胶

图 5.7　典型光刻工艺流程[4]

整套光刻流程需要用到许多专用设备和材料。专用设备通常包括匀胶显影机、光刻机、套刻误差测量仪、扫描电子显微镜以及去胶清洗机等,如图 5.8 所示。专用材料包括抗反射涂层、光刻胶、显影液以及各种有机溶剂等。光刻工艺中,掩模、曝光系统和光刻胶三者的相互作用决定了光刻胶上图形的形状。掩模供应商不断提高掩模制备技术,并对掩模上的图像进行修正,使得掩模上的图形在晶圆上更好地成像。光刻机供应商则不断降低曝光系统的像差(aberration),优化光照条件,使得曝光分辨率不断提高。光刻胶供应商则对光化学反应机理进行了不断探索。

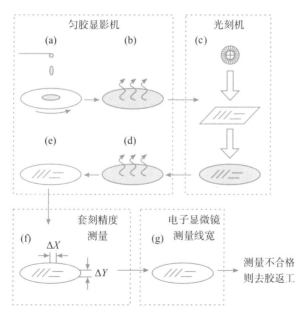

(a)涂胶;(b)曝光前烘焙;(c)掩模版对准及曝光;(d)曝光后烘焙;(e)显影;(f)套刻精度测量;(g)线宽测量

图 5.8　现代光刻的基本流程及光刻工艺涉及的主要设备[4]

5.2.2 表面清洗

衬底表面清洗旨在提高光刻胶材料对衬底的附着力,并提供无污染的抗蚀剂膜。典型的衬底污染是由有机或无机的微粒或薄膜造成的,微粒污染主要来源于空气或液体残留,会导致光刻胶图形出现缺陷;薄膜污染可能来自真空泵和其他机械、人体油脂和汗水,以及先前加工步骤留下的各种聚合物沉积物,会导致附着力差和线宽控制损失。以上衬底污染通常通过湿法清洗和去离子水清洗去除。

另一类常见的衬底污染物:吸附水。吸附水可以通过在 $200\sim400℃$ 的温度下烘烤长达 60min 的脱水烘烤过程去除,脱水烘烤过程也可以有效去除有机残留;然后让衬底在干燥环境中冷却并尽快进行涂胶。一般衬底的表面清洗过程如图 5.9 所示[5]。然而,典型的脱水烘烤并不能完全去除硅基衬底(包括硅、多晶硅、二氧化硅和氮化硅)表面的水分。表面硅原子与单层水分子紧密结合形成硅烷醇基团(—SiOH),—OH 基团的出现使得光刻胶附着性能大幅下降。只有超过 $600℃$ 的烘烤温度才能去除表面单层结合的水分子,同时当基材在非干燥环境中冷却时,硅烷醇会迅速重新形成。

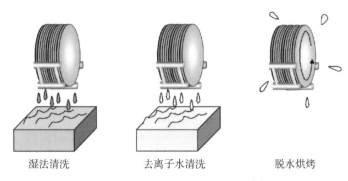

湿法清洗　　　　去离子水清洗　　　　脱水烘烤

图 5.9　一般衬底表面清洗过程[5]

所以,硅基衬底表面清洗会用到疏水化处理,常用到六甲基二硅烷(hexamethyldisilazane,HMDS)。采用 HMDS 时可以将稀释溶液($10\%\sim20\%$ HMDS 溶于醋酸溶纤剂、二甲苯或氟碳化合物)直接旋涂到晶圆上并让 HMDS 旋转干燥,然而 HMDS 在室温下极易挥发,只能有效地取代一小部分硅烷醇基团。迄今为止,施加黏合促进剂的优选方法是将衬底置于高温和减压下的 HMDS 蒸气中,以将亲水性—OH 基团置换为疏水性—OSi(CH$_3$)$_3$。HMDS蒸气预处理的温度控制在 $200\sim250℃$,时间一般为 30s。HMDS 气体预处理腔一般连接在光刻胶处理的轨道机上,如图 5.10 所示[5]。

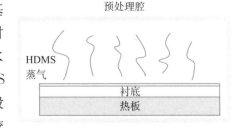

图 5.10　HDMS 气体预处理[5]

5.2.3　涂胶

完成表面清洗工艺后,衬底宜在短时间内涂敷光刻胶。旋转涂胶工艺可以在特定的厚度下完成薄且均匀的光刻胶涂层,通过将固体成分溶解在溶剂中而使光刻胶变成液体形式被倒在晶圆上,然后在转盘上高速旋转产生所需的薄膜。常见的光刻胶有以下几种:有机树脂、抗刻蚀基团、化学溶剂、光敏感化合物(photo-active compound,PAC)、光致产酸剂(photo acid generator,PAG)等。而光刻胶按照用途又可以分为正性光刻胶(positive toned photoresist)和负性光刻胶(negative toned photoresist),简称正胶和负胶。聚合物的长链分子因光照而解链成为短链分子的为正性光刻胶,聚合物的短链分子因光照而交联(cross linking)成为长链分子的为负性光刻胶。从图形上来说,正胶在曝光完成后在显影液中溶解率显著提升,负胶在完成曝光后则难以溶解于显影液中。正负胶的图形转移机理如图 5.11 所示[6]。

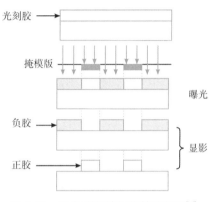

图 5.11　正负光刻胶图形转移机理[6]

负胶是最早使用的光刻胶,具有良好的黏附能力、良好的阻挡作用、感光速度快;但是显影时会发生变形和膨胀,限制了负胶的分辨率,因此一般来说负胶只用在线宽较大的领域。一般来讲,正胶具有分辨率高、台阶覆盖好、对比度好的特点,然而一般也有黏附性差、抗刻蚀能力差、成本高的问题。负胶包括环化橡胶体系负胶及化学放大型负胶(主体树脂不同,作用原理不同);正胶包括传统正胶(DNQ-Novolac 体系)和化学放大光刻胶(chemical amplified resisit,CAR)。

在实际应用中,光刻胶的性能需要满足多种要求,一般来讲光刻胶的性能要求包括以下几点:

(1)分辨率:光刻胶层能够产生的最小图形或其间距通常被作为光刻胶分辨率。越细的线宽需要越薄的光刻胶膜来产生,因而光刻胶膜必须足够厚以实现阻挡刻蚀的功能,并且保证不能有真空,光刻胶的选择是这两个目标的权衡。

(2)黏结能力:光刻胶必须与晶圆表面很好地黏结,否则刻蚀后的图形会发生扭曲。不同的表面光刻胶的黏结能力也是不同的,光刻胶的很多工艺都是为了增加光刻胶的黏结能力而设计的,负胶通常具有比正胶更强的黏结能力。

(3)曝光速度及敏感度:光刻胶反应的速度越快,加工速度也就越快。而光刻胶的敏感度与导致聚合或者光致溶解发生所需的能量总和相关,能量与曝光源特定的波长相关,紫外光、可见光、无线电波、X 射线,这些都是电磁辐射,波长越短则能量越高,因此从能量的角度来讲,能量从高到低依次为 X 射线、极紫外、深紫外、紫外、可见光。

(4)工艺容宽度:工艺的每一个步骤都可能出现内部偏差,有些光刻胶对工艺变异裕度更大,具有更宽的工艺范围。而工艺范围越宽,在晶圆表面达到所需尺寸规范的可能性就越大。

(5)针孔:是光刻胶层尺寸非常小的空洞。针孔会允许刻蚀剂渗过光刻胶层进而在晶圆表面层刻蚀出小孔。针孔是在涂胶工艺中由环境中的微粒污染物造成的,也可以由光刻胶层结构上的空洞造成。光刻胶层越薄,针孔越多,由于正胶具有更高的深宽比,一般允许正胶用更厚的光刻胶膜。

(6)台阶覆盖率:晶圆在进行光刻工艺前,表面已经存在很多层,随着晶圆工艺的进行,表面产生更多的层,为了使光刻胶有阻挡刻蚀的作用,它必须在原有层上保有足够的膜厚。

(7)热流程:光刻工艺中包含软烘焙和硬烘焙,由于光刻胶是类似于塑料的物质,在烘焙中会变软甚至流动,影响最终的图形尺寸。因此光刻胶必须在烘焙中保持它的性质和结构。

此外,在生产工艺中还有很多其他因素需要考虑,比如掩模版中的亮场(曝光的区域)很容易受到玻璃裂痕及污垢的影响,如果使用负胶刻蚀的话则易出现针孔,而暗场部分则不容易出现针孔,为了减少针孔出现,正胶是更好的选择。在去除光刻胶的过程中也会发现,去除正胶比去除负胶要容易。

涂胶工艺一般分为三步:①光刻胶的输送;②加速旋转衬底匀胶;③匀速旋转直至厚度稳定在预设值。光刻胶厚度控制主要与光刻胶的黏度和匀速旋转速度有关,而光刻胶的均匀性以及缺陷密度与众多参数有关,例如涂胶模块的排气流量和压力、环境温度和湿度控制、光刻胶温度、旋转台几何形状等。

光刻胶旋涂的流变学特性是复杂的,这种特性已经被仔细地研究过[1],这里仅讨论基本的流体力学原理。旋转会产生离心力,将液体光刻胶推向晶圆边缘,多余的光刻胶被甩掉。随着光刻胶薄膜变薄,离心力减小。此外,干燥也会导致光刻胶溶剂的蒸发,使得黏度急剧增加。最终,增加的黏性力超过减小的离心力,光刻胶停止向外流动,导致光刻胶无法铺满整片衬底,这种情况通常发生在加速旋转过程中。所以,涂胶工艺需要维持高匀速旋转速度,以提供足够的离心力。匀速旋转速度也并非越高越好。一方面,过高的旋转速度会甩掉大量光刻胶,造成浪费;另一方面,产生均匀光刻胶涂层的离心力也会导致副作用——边缘胶滴(edge bead)。如图 5.12 所示,边缘胶滴是由于边缘处光刻胶与空气界面的表面张力形成的,它通常存在于晶圆外部 1~2mm 内,并且可能比光刻胶膜的其余部分厚 10~30 倍。

边缘胶滴的存在不利于后续光刻加工的清洁度,在边缘抓取晶圆的过程可能会造成胶滴脱落并引起严重的微粒污染。因此,如图 5.13 所示,硅片边缘去胶(edge bead removal,EBR)工艺可以有效去除边缘胶滴,即喷管将边缘的 1.5~2mm 处光刻胶冲除[6]。

图 5.12 边缘胶滴的产生

图 5.13 硅片边缘去胶工艺[6]

由于光刻胶黏度会随着温度改变而改变,可以通过改变晶圆或光刻胶温度来获得不同的厚度。

5.2.4　曝光前烘焙

涂胶后,所得光刻胶层将仍然含有 20%～40% 质量分数的溶剂。此时需要进行曝光前烘焙(post-apply bake,PAB)过程,简称前烘,也称为软烘(soft bake,SB),以去除旋涂后光刻胶中的绝大部分多余溶剂。减小溶剂含量的主要原因是为了稳定光刻胶抗蚀剂膜。在室温下,未烘烤的光刻胶薄膜由于蒸发失去溶剂,从而改变薄膜的特性。从光刻胶薄膜中去除溶剂有四个主要效果:①薄膜厚度减小;②曝光后烘焙和显影性能改变;③附着力提高;④薄膜黏稠度降低,更不容易受到颗粒污染。典型的前烘工艺会在光刻胶薄膜中留下 3%～10% 的残留溶剂(取决于光刻胶、溶剂类型和烘烤条件),这些溶剂足够少可以在后续光刻工艺流程中保持薄膜稳定。对于 193nm 光刻胶,典型的前烘温度为 90～110℃,时间约为 60s。前烘完成后晶圆要转移到低于室温的冷板上。冷却后,晶圆准备好进行光刻曝光。

5.2.5　掩模版对准及曝光

前烘完成后的工艺是掩模版对准和曝光(alignment and exposure)。根据对准方式的不同,曝光又可以分为接触式曝光(contact exposure)、接近式曝光(proximity exposure)和投影式曝光(projection exposure),三种曝光方式之间的区别如图 5.14 所示。接近式和接触式曝光,掩模版上的图形将由紫外光源直接曝光到芯片上。但是由于接触式曝光的缺陷密度高和接近式曝光的分辨率差,所以目前为止最常见的曝光方法是投影式曝光。投影式曝光的名称来源于将掩模的图像投影到晶圆上的事实,掩模版被移到晶圆上预先定义的恰当位置,然后由投影透镜将图形转移到硅片上。

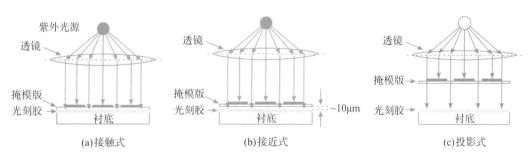

图 5.14　半导体制造中光刻曝光方式分类[6]

对于第一层图形,由于衬底原先没有图形,可直接将掩模版移到预先定义的(芯片区域的划分方式)大致位置。对第二层及以后层的图形转移,光刻机需要对准前层曝光留下的对准标记,将本层掩模套印在已有的图形上。套刻的工艺流程如图 5.15 所示[5],套刻工艺不仅可以实现多层图形的先后转移,以实现不同器件的结构,而且套刻精度也可以达到原光刻机最小图形尺寸的 25%～30%,从而实现更高精度的光刻。

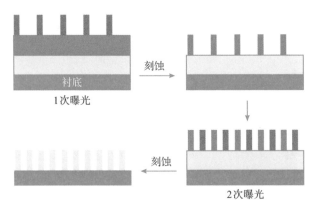

图 5.15　套刻流程[7]

5.2.6　曝光后烘焙

曝光完成后,光刻胶需要再进行一次烘焙,称为曝光后烘焙(post exposure bake,PEB),简称后烘。曝光后烘焙旨在通过加热使光化学反应完全,同时可以有效减小驻波效应(standing wave)。驻波效应可以通俗解释为曝光时光线透过光刻胶照射在衬底上,在光刻胶和衬底的界面处的光线会被反射,而这些反射光和入射光会形成干涉,使得光强沿胶深方向的分布不均匀。驻波本质上降低了光刻胶成像的分辨率。驻波效应破坏了光刻胶图形侧壁的垂直性,也导致了光刻胶线宽测量的不稳定。而曝光后烘焙的高温(100~130℃)可以导致光敏化合物扩散,从而使驻波脊变得平滑。而对于化学放大型光刻胶,PEB起到催化光刻胶树脂的去保护反应(deprotection reaction)[5]。这个催化反应可以将原先光剂量本身能够激活的化学反应放大10~30倍,节省了曝光所需的光的剂量。同时,适当的光酸扩散还可以增加对焦深度(depth of focus),使得在一定垂直范围内,因曝光而产生的光化学反应得以均一化(见图5.16)。

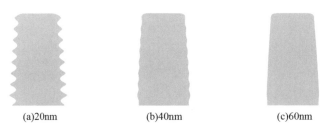

(a)20nm　　　　(b)40nm　　　　(c)60nm

图 5.16　PEB扩散长度函数的光刻胶轮廓模拟[5]

同时也要注意高温和烘焙时间对光刻胶的不利影响,因此优化烘焙条件变得非常重要。对于化学放大型光刻胶,过高的烘焙温度和过长的烘焙时间可能会导致光酸的过度扩散,损害原先的像对比度。

5.2.7　显影与冲洗

完成曝光后烘焙工艺后,光刻胶必须显影。由于常用的光刻胶呈酸性,所以使用强碱性溶液作为显影剂。一般使用质量比为 2.38% 的四甲基氢氧化铵(tetra methyl ammonium hydroxide,TMAH)水溶液,使用浓度为 0.2～0.26mol/L。显影无疑是光刻胶工艺中最关键的步骤之一。光刻胶—显影剂相互作用的特性在很大程度上决定了光刻胶轮廓的形状和线宽的控制。如图 5.11 所示,对于正性光刻胶,曝光区域被显影液洗去,留下的区域就显示出从掩模版转移到光刻胶薄膜上的二元图形。对于负性光刻胶,显影区域恰好相反,显影液一般使用溶剂,如乙酸叔丁酯(tert-butyl acetate,TBA)。显影工艺一般又可以分为:

预润湿(pre-wet):晶圆表面喷淋去离子水,以提高显影液附着能力;

显影喷淋(developer dispense):将显影液喷淋到晶圆表面;

显影液表面停留(puddle):显影液表面停留一段时间(十几秒到一两分钟),显影液与光刻胶充分反应;

显影液清洗(rinse):去离子水喷淋清洗显影液;

旋转甩干(spin dry):高速旋转晶圆甩干水分。

5.2.8　显影后烘焙

显影后烘焙(post bake),又称坚膜烘焙(hard bake),用于最终固化光刻胶图像,使其能够承受离子注入或刻蚀的恶劣环境。使用的高温(120～150℃)会使光刻胶中的树脂聚合物交联,从而使光刻胶图像更加稳定。如果使用的温度太高,光刻胶会流动,导致图像质量下降。流动开始的温度基本上等于光刻胶的玻璃化转变温度。除了交联之外,显影后烘焙还可以去除残留的溶剂、水和气体,并且通常会提高光刻胶对基材的附着力。去除这些挥发性成分使得光刻胶薄膜更适合真空,这是离子注入的一个重要考虑因素。

其他方法也被用于硬化光刻胶图像。暴露在高强度深紫外光下会交联光刻胶表面的树脂,在图形周围形成坚固的表层。深紫外硬化光刻胶可以承受超过 200℃ 的温度而不会发生尺寸变形。等离子体处理和电子束轰击已被证明可以有效地硬化光刻胶,大多数硬化技术与高温烘焙可以同时使用。由于干法刻蚀被广泛应用于刻蚀工艺中,所以在刻蚀工艺中坚膜烘焙工艺通常被省去。

5.2.9　测量

在显影后烘焙完成之前或之后,出于质量控制的目的,对光刻胶图形的一些样本进行检查和测量。在扫描电子显微镜中,测量图像的关键特征以确定它们的关键尺寸(critical dimension,CD)以及转移到光刻胶上的图形是否与掩模版上的图形重叠。如图 5.17 所示,测量图像中可能会出现关键尺寸缺失、斜边等情况,还可以检查晶圆是否存在可能干扰后续图形转移步骤的随机缺陷,以上检查和测量过程被称为显影后检测(after develop inspection,ADI),而在掩模版图形转移到光刻胶上之后进行的测量与检查,则被称为最终检查(final inspection,FI)。在图形转移之前检查给晶圆检测提供了一一个独特的机会:不符合 CD 或图形有重叠的晶圆(或整批)可以返工。当晶圆被返工时,图形化的光刻胶被剥离,晶圆重新进行表面清洗,并进入新的光刻流程中。不符合 FI 规格(图形转移完成后)的晶圆不能返工,必须报废。

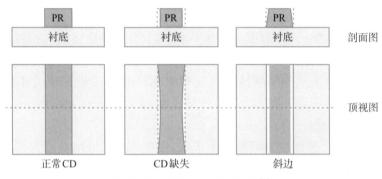

图 5.17 关键尺寸(CD)检测[5]

5.2.10 刻蚀及去胶

刻蚀是最常见的图形转移方法,首先将需要图形化的材料薄膜均匀地沉积在衬底上,然后进行光刻,使得待刻蚀的区域未被光刻胶保护(未覆盖)。刻蚀是使用湿化学物质(如酸)进行的,或者更常见的是在等离子体环境(干法刻蚀)中进行。光刻胶保护被覆盖的材料部分不被刻蚀。

刻蚀完成后,需要剥离光刻胶,留下刻蚀到沉积层中的所需图形。有两类抗蚀剂剥离技术:使用有机或无机溶液的湿法剥离和等离子干法剥离。有机湿法剥离光刻胶的一个简单例子是丙酮,通常用于实验室环境,但丙酮往往会在晶圆上留下残留物,因此不适用于半导体加工。大多数商业有机去胶剂都是苯酚基的,在避免浮渣残留物形成方面稍好一些。然而,最常见的正性光刻胶湿剥离剂是在高温下使用的无机酸基体系剥离剂。

湿法剥离存在几个固有的问题。虽然为各种应用选择合适的剥离剂通常可以消除明显的浮渣,但几乎无法只通过湿法剥离从晶圆上去除最终的单层光刻胶。通常需要在湿法剥离后进行等离子"除渣"步骤,以完全去除晶圆上的抗蚀剂残留物。此外,经过深紫外硬化的光刻胶几乎不可能化学剥离。由于以上原因,等离子体剥离已成为半导体加工的标准。氧等离子体虽然对有机聚合物具有高度反应性,但不会影响大多数无机半导体材料。

5.3 光刻机技术演进

5.3.1 光刻机关键技术发展概述

光刻机是决定集成电路关键尺寸、集成度以及终端产品性能的关键设备。其曝方式先后经历了接触式曝光、接近式曝光和投影式曝光三个阶段,而投影式曝光又经历了扫描投影、分步重复投影与步进扫描投影等几个阶段。步进扫描投影光刻机解决了大曝光场和高分辨率之间的矛盾,将光刻机的发展带入一个崭新的阶段。

早期的光刻机主要是接触式光刻机和接近式光刻机。20 世纪六七十年代,接触式光刻机是集成电路制造的主流光刻设备。接触式光刻机曝光过程中,掩模版与硅片上的光刻胶直接接触,光透过掩模图形对光刻胶曝光,掩模上的图形被 1∶1 地直接投射到晶圆表面的光刻胶上,如图 5.14(a)所示[4]。接触式曝光的优点是掩模版和光刻胶直接接触,可以有效减少光衍射效应的影响;但掩模版和光刻胶直接接触会污染、损坏掩模版和光刻胶层,缩短掩模版的使用寿命,且极易形成图形缺陷,影响产品良率。

为了解决上述问题,20 世纪 70 年代半导体工业开始采用接近式光刻机。与接触式光刻机不同,接近式光刻机在掩模版和硅片之间留有微小的距离,有效减少了掩模版和光刻胶层的污染和损坏。接近式光刻机与接触式光刻机结构相似,主要区别仅在于掩模版和硅片是否接触,因此接触式光刻机和接近式光刻机通常合称为接触/接近式光刻机。为了得到更高的分辨率,需要减小掩模版与硅片的间距,但当间距接近几十微米时就很难再减小了。由于光学衍射效应的影响,接近式光刻机的分辨率在当时只能达到 $3\mu m$ 左右。

为了解决接触/接近式光刻机存在的掩模版和光刻胶污染、损坏以及光刻分辨率低等问题,1973 年首台扫描投影光刻机问世。与接近式光刻机不同,扫描投影光刻机在工作过程中,通过额外添加的透镜组将掩模上的图形投影成像到硅片表面,其原理如图 5.18(b)所示[4]。汞灯发出的光经过狭缝后成为均匀的照明光,经反射镜照射到硅片上。由于狭缝尺寸较小,为了实现全硅片曝光,需要在整个硅片面上进行扫描曝光。投影式光刻机通过把掩模版和硅片分开,解决了掩模版和光刻胶污染、损坏等问题,因此它逐渐取代了接触/接近式光刻机,成为集成电路制造的主流机型。其中,步进扫描曝光的运动轨迹如图 5.18(c)所示。随着曝光波长的不断减小、投影物镜数值孔径的持续增大以及各种分辨率增强技术的应用,步进扫描投影光刻机的分辨率持续提升。

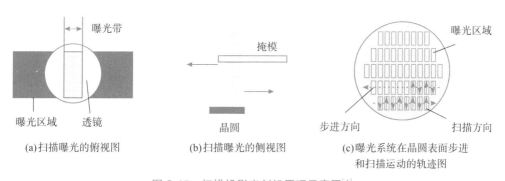

图 5.18　扫描投影光刻机原理示意图[4]

　　如图 5.19 所示[4]，扫描投影曝光通过一次扫描过程完成整个硅片的曝光。但扫描投影光刻机采用的是 1∶1 的缩放比例，掩模版上的图形随着芯片关键尺寸同步缩小，使得掩模的加工制作越来越困难，由扫描过程中微小震动导致的图形失真等问题也不容忽视。分步重复式投影机采用缩小倍率(4∶1、5∶1 或 10∶1)的投影物镜系统，每次曝光一个场，然后步进到下一个场进行曝光，直至完成整个硅片的曝光，因此掩模板的设计制造难度和成本显著降低。此外，在曝光过程中，工作台与掩模台保持静止，减小了振动引起的图形失真。随着集成电路的发展，芯片的集成度越来越高，尺寸也越来越大，这要求分步重复投影光刻机具备大视场和大数值孔径的投影物镜系统。而步进扫描投影曝光结合了扫描投影曝光和分步重复投影曝光的特点。与分步重复曝光方式相同，步进扫描投影曝光方式每次曝光一个场，但是每个场的曝光通过扫描的方式完成。相比分步重复式投影光刻机，步进扫描投影光刻机可以在大数值孔径下，以较小的视场实现更大的曝光场。这种曝光方式大幅放宽了对投影物镜视场大小的要求，减小了投影物镜的研发难度。

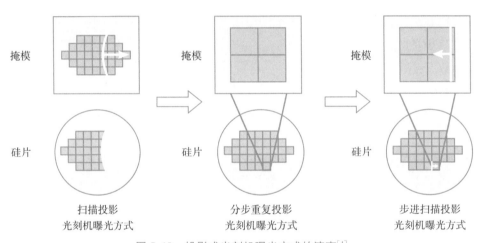

图 5.19　投影式光刻机曝光方式的演变[4]

　　现代曝光系统所产生的像受衍射效应的限制，而衍射效应又与曝光辐射的波长有很强的联系。为实现高分辨率光刻，需要用短波长光作为光源，早期光刻机多用高压汞灯作为光源，其中最常用的是 436nm(G 线)和 365nm(I 线)两种波长的光。在 20 世纪 90 年代早期，多数光刻机使用 G 线，随着线宽的缩小，I 线逐渐成为主流。I 线步进式光刻机主要应用于 $0.35\mu m$ 及以上技术节点，而在 $0.35\mu m$ 技术节点以下采用准分子激光。准分子激光中最受关注的是 KrF(248nm)和 ArF(193nm)光源。在 ArF 光源也不能提供足够的分辨率之后，等离子体激光源出现了。通过将等离子体激光照射在锡靶材上，激发出波长为 13.5nm 的光。

5.3.2　1μm 以上技术节点——接触式光刻机、接近式光刻机

　　严格意义上来讲，早在 1947 年贝尔实验室发明点接触晶体管起，光刻技术就开始发展了。世界上第一台光刻机出现于 1961 年，也称为重复曝光机(图 5.20)，其最小精度

只能达到 1μm 左右,但需要手动调节以实现准确定位。这种接触式光刻机将掩模直接放在晶圆上进行曝光,掩模与光刻胶多次触碰容易产生污染和磨损。

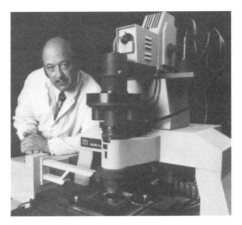

图 5.20 重复曝光机

相较于接触式光刻机,20 世纪 70 年代出现的接近式光刻技术,掩模版与光刻胶不直接接触,但掩模版和晶圆之间的间距会导致光产生衍射效应,因此分辨率极限约为 2μm 左右。

5.3.3 1μm~350nm 技术节点——G 线与 I 线步进式光刻机

1978 年,全球首台步近重复光刻机问世,该设备采用波长为 436nm 的 G 线光源作为曝光光源,按照 1:10 的投影缩小比例,对 10mm×10mm 的区域进行曝光,实现分辨率 1μm。步进重复曝光技术解决了基于接触、接近式光刻机的污染问题,且覆盖面更大,良率更高。

采用波长为 365nm 的 I 线曝光光源的步进式光刻机进一步提高了分辨率,如图 5.21 所示,该光刻机的分辨率达到 350nm 以下。

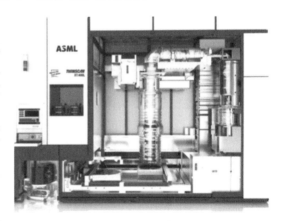

图 5.21 I 线曝光光源步进式光刻机

5.3.4 250~65nm 技术节点——KrF 及 ArF 步进扫描光刻机

20 世纪 80 年代,芯片制造制程工艺节点持续缩小,G 线和 I 线光刻机已经无法满足集成电路发展的需求,波长更短的深紫外波段准分子激光——KrF 光源(波长 248nm)和 ArF 光源(波长 193nm)开始成为光刻机的光源。同时在步进重复曝光技术基础上,发展出了步进扫描技术。

1988 年出现了 KrF 步进式光刻机,其最高分辨率可达 80nm,配备数值孔径可变

(0.50~0.65)的 4 倍缩小物镜,投影透镜的数值孔径在 0.45~0.86,最高每小时可处理 240 片以上的 12 英寸晶圆。

1998 年出现了 ArF 步进式光刻机,配备数值孔径可变(0.65~0.93)的 4 倍缩小物镜,并通过与先进照明器技术结合,将 ArF 技术扩展到 65nm 技术节点。该系统可以通过偏振照明实现低至 57nm 的分辨率,每小时可处理 205 片以上的 12 英寸晶圆。

5.3.5　45~22nm 技术节点——ArF 浸没式光刻机

当光源波长进一步缩小,如 157nm F2 激光,空气的吸收效果显著增强,为此需要在光刻工具上安装真空泵和吹扫设备,但这对于光刻机来说难以实现。通过使用 ArF 准分子激光和液体浸没技术,可以进一步缩小光刻器件的特征尺寸,这种技术是利用折射率大于 1 的液体介质(通常是超纯的去离子水)替换透镜和晶片表面之间的空气间隙。经过折射,ArF 波长可以由 193nm 变为 132nm,并且注入高折射率的浸没液体可以使更高空间频率的光波入射到光刻胶上,因此成像分辨率得以提高。液体浸没技术完善了 193nm 干式光刻技术,因此迅速成为光刻技术中的焦点。

2006 年推出的浸没式步进扫描光刻系统使用 6kHz 60W 频率可变 ArF 光源,配备数值孔径为 1.2 的投影物镜,分辨率为 50nm,场曝光区域为 26mm×33mm。同一光刻机的重合精度小于 7nm,同一型号光刻机重合精度小于 11nm。该系统可在 45nm 节点生产 12 英寸晶圆,每小时产量超过 122 片。

如图 5.22 所示的光刻系统,光源为 6kHz ArF 准分子激光器,配备数值孔径 0.85~1.35 可变的投影物镜,按 1:4 比例缩小,场曝光区域为 26mm×33mm,分辨率可达 38nm。同一光刻机的重合精度小于 2.5nm,同一型号光刻机重合精度小于 4.5nm。该系统

图 5.22　光源为 6kHz ArF 准分子激光器的光刻机

的传感器可对投影狭缝的光学像差进行平行测量,从而实现精度更高的对准。该系统可在亚 20nm 技术节点生产 12 英寸晶圆,每小时产量超过 250 片。

5.3.6　22~3nm 技术节点——EUV 极紫外光刻机

极紫外(extreme ultraviolet,EUV)光刻是指使用极短波长为 13.5nm 的 EUV 光源的光刻系统。通过将二氧化碳激光照射在锡等靶材上,激发出 13.5nm 波长的光。它可以曝光半节距小于 20nm 的精细电路图案,这是传统 ArF 准分子激光光刻系统无法曝光的。

如图 5.23 所示的光刻机系统配备了数值孔径为 0.33 的反射投影物镜,按 1:4 比例缩小,分辨率可达 13nm,场曝光区域为 26mm×33mm。该系统可以在 7nm 以及 5nm 节点生产 12 英寸晶圆,每小时产量超过 125 片。同一光刻机的重合精度小于 1.4nm,同

一型号光刻机重合精度小于 2nm。该系统使用对准传感器和相位光栅对准技术进行目标检测。

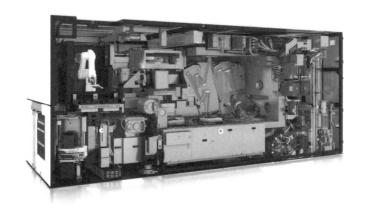

图 5.23　EUV 极紫外光刻机

5.4　光刻工艺参数与工艺窗口

光刻工艺是主导半导体集成电路线宽的重要工艺。现代光刻工艺通过光学成像系统使用紫外光将掩模版上的电路设计图样,投影到覆有光刻胶的硅片上,使光刻胶感光,并通过显影工艺和后续的刻蚀工艺将掩模版图样复制到带有电介质或者金属层的硅片上。这样,通过一步步地将氧化物隔离层、栅层、离子注入层、接触孔层、金属连线层和通孔层层层叠加上去,形成集成电路。

表 5.1[8] 列举了 7～250nm 的各技术节点关键层次的参考线宽、空间周期值和套刻精度要求。可见,套刻精度一般为节点/线宽的 1/4～1/3。随着光刻技术的发展,光刻成像线宽逐渐减小,变得与曝光光源的波长可以比拟甚至更小,光的衍射作用也因此变得显著,掩模版上的图形不能完美地成像。为了描述此时的成像质量,需要引入一系列参数,而其中最为重要的参数就是分辨率。分辨率是指两个物成像后能区分它们的最小的像间距,因此分辨率决定了光刻工艺中片上元素的最小线度,反映了光刻工艺可以实现的最大集成度。

表 5.1　各逻辑节点关键层次的线宽、周期值和套刻精度要求(供参考)[8]

逻辑技术节点:线宽/nm	栅极		接触孔		金属		套刻精度/nm
	线宽/nm	周期/nm	线宽/nm	周期/nm	线宽/nm	周期/nm	
250	250	600	300	640	300	640	70
180	180	460	230	460	230	460	60
130	130	310	160	340	160	340	45
90	110	245	160	240	130	240	25
65	90	210	130	200	90	180	15

续表

逻辑技术节点：线宽/nm	栅极		接触孔		金属		套刻精度/nm
	线宽/nm	周期/nm	线宽/nm	周期/nm	线宽/nm	周期/nm	
45	70	180	90	180	80	160	12
40	62.5	130	85	130	65	120	10
28	55	118	65	100	45	90	8
16	45	90	45	90	32	64	6
14	42	84	40	84	32	64	4.5
10	33	66	18	66	22	44	3.5
7	27	54		54	20	40	<3

在实际的光刻中，一定存在着偶然或系统的偏差，成像结果也一定会偏离完美，事实上，一次成功的光刻只需要成像的偏差在一定的范围内，这个偏差范围的大小描述了光刻系统成像的质量。而为了确保成像的偏差在这个范围内，光刻系统需要有尽可能小的分辨率以及控制各个部分的误差也在一定的范围内，这些范围意味着光刻机各个结构量的浮动空间，也因此称为光刻的工艺窗口。

5.4.1 分辨率

为了得到光刻系统的分辨率，需要引入一部分衍射的原理。衍射是指由于光的波动性，光在经过障碍时偏离直线传播的现象，如图 5.24 所示。

在最早的光刻系统中，采用接触式曝光，即掩模版与光刻胶直接接触，光经过掩模版后直接来到光刻胶上成像，因此不用考虑衍射，成像是完美的。但由于接触式曝光容易损伤光刻胶，所以接近式曝光开始渐渐被采用。

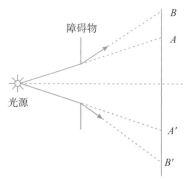

图 5.24 光的衍射，在 BB' 内可看到光

在接近式曝光中，掩模版与光刻胶间的距离为有限远，光经过掩模版后将产生菲涅耳衍射。菲涅耳衍射的数学计算较为复杂，为了简单描述接近式曝光的分辨率，考虑以下特殊情况：掩模版上的一个单缝经平行光照射后在光刻胶上成像，其成像结果大致如图 5.25 所示。半定性地来说，当单缝宽度减小时，衍射现象会变得更加显著，到某一宽度时，继续减小单缝宽度，由于衍射，成像反而将变宽，因此成像宽度存在一个最小值：

$$W'_{min} \approx \sqrt{g\lambda} \qquad (5.1)$$

其中，g 代表掩模版与光刻胶的间距；λ 代表成像使用的波长。这个最小值描述了平行光单缝成像允许的最小线度，因此就是接近式曝光的分辨率。在实际的光刻中，图形更加复杂，分辨率通常在此基础上多一个 1~2 的因子。以 450nm 光刻机为例，g 通常大于 $10\mu m$，因此分辨率约为 $3\mu m$。可见，接近式曝光分辨率受很大限制，因此随着技术节点的推进，人们开始采用投影式曝光。

对于投影式曝光，掩模版上的图形经过一个透镜成像在光刻胶上，此时产生夫琅禾费衍射,衍射的来源是透镜本身有限的孔径(光瞳大小)。为了分析投影式曝光的分辨率,应考虑一个点经过透镜所成的像,如图 5.26 所示。

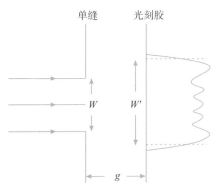

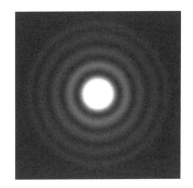

图 5.25　平行光单缝衍射图样　　　　图 5.26　点光源经过圆形透镜成的像

由透镜孔径造成的圆孔衍射,物点会成像为一个斑图,由外圈较暗的亮环围绕中央最亮的亮斑,中央亮斑也称为艾里斑。艾里斑半径对应透镜光心的张角 θ_0 满足:

$$\sin\theta_0 = 1.22\frac{\lambda}{D} \tag{5.2}$$

其中,D 为透镜的孔径;λ 是成像时的波长。现在考虑两个距离很近的物点成像,两个艾里斑将产生重叠,如图 5.27[9] 所示。其中,$\delta\theta$ 为两个像斑中心对透镜中心的张角。当重叠部分过多时,将无法区分,恰能分辨两个像时的张角记为 $\Delta\theta_0$。如采用瑞利判据,则认为当一个亮斑的中心与另一个亮斑的边缘重合时,恰能分辨两点。根据定义,此时两个像点的间距就是此投影系统的分辨率。因此投影式曝光的分辨率,也称关键尺寸(critical dimonsion,CD)为:

$$CD \approx \theta_0 \cdot l \approx 0.61\frac{\lambda}{\dfrac{D}{2l}} \approx 0.61\frac{\lambda}{\sin\alpha} \tag{5.3}$$

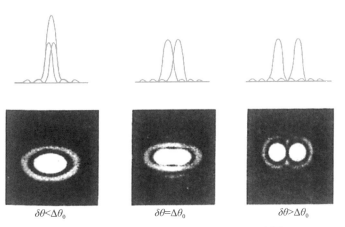

$\delta\theta < \Delta\theta_0$　　　　$\delta\theta = \Delta\theta_0$　　　　$\delta\theta > \Delta\theta_0$

图 5.27　两个靠近的物点经过透镜成的像[9]

其中,l 为透镜到光刻胶的距离;α 为透镜半径对像点的张角。考虑到成像时如果在折射率为 n 的介质中,波长与光源真空波长的关系为 $\lambda = \lambda_0/n$;同时,在实际的光刻系统中,根据不同的技术和分辨判据,分辨率公式中的 0.61 因子常替换为一个 0.25~1 的因子 k_1。式(5.3)可进一步改写为:

$$CD = k_1 \frac{\lambda_0}{n\sin\alpha} = k_1 \frac{\lambda_0}{NA} \tag{5.4}$$

其中,$NA = n\sin\alpha$,称为光刻系统的数值孔径。

从式(5.4)中可以看到想要提升投影式曝光分辨本领可以通过减小光源波长、增加数值孔径或者减小 k 因子。接下来介绍光刻机迭代时是如何通过这三个参数改进分辨率的。

理论上讲,通过减小波长可以无限地提高成像系统的分辨本领,但是在寻找更短波长的光源的同时也必须考虑光源的其他重要参数,如出光功率(光强)、单色性(频率宽度)、相干度等。同时,在之后可以看到,光刻的重要工艺窗口之一——对焦深度同样与光源波长呈正相关,越短的波长意味着更窄的工艺窗口,因此在选择光源时也希望对焦深度大小合理。各代光刻机的命名正是根据其采用的光源波长确定的,它们随着工艺节点发展的变化情况如图 5.28 所示,从中可以看到光源波长跟随工艺节点不断减小。

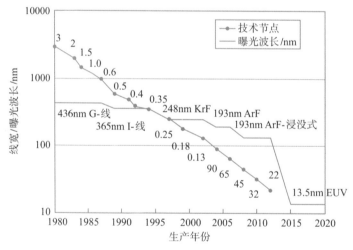

图 5.28　曝光波长随工艺节点发展的变化情况[10]

减小分辨率的第二个方法是增加光刻系统的数值孔径。从数值孔径的公式来看,可以通过增大像空间的折射率和透镜的孔径来实现,但是随着透镜孔径的增加,由于非傍轴光的作用变得显著,控制透镜的像差将变得困难,镜头加工难度将显著上升,因此通过这种方法改进分辨率依赖于镜头的加工技艺。另外,增加像空间的折射率可以通过将像空间浸没在高折射率的液体中来实现,在此基础上发展了浸没式光刻机(见 5.3.5 节)。

最后是关于减小 k_1 的方式。原始的分辨率公式是基于两点成像结果以及瑞利判据。实际上,在瑞利判据下两个艾里斑连线中心的亮度约为艾里斑中心亮度的 80%,在实际的光刻工艺中,还需要考虑具体的图像形貌,以及根据曝光能量宽裕度等工艺窗口进行考量。接下来以离轴照明为例介绍 k_1 的改进方式。

如图 5.29 所示[10]，考虑一块一维光栅，上面分布均匀的透光条纹，如果用平行光进行照明，光栅将在特定的方向产生干涉极大，而在足够远处可以用接收屏观察到这些亮纹。如果用透镜对该光栅成像，由于透镜的尺寸有限，只能接收有限的干涉极大，对于接收到不同数量干涉极大的系统，最终成像如图 5.30 所示[10]（仅展示中心附近一个缝的像）。

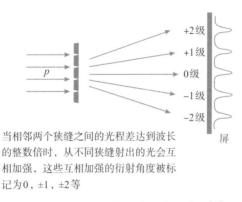

当相邻两个狭缝之间的光程差达到波长的整数倍时，从不同狭缝射出的光会互相加强，这些互相加强的衍射角度被标记为 0，±1，±2 等

图 5.29 一维（周期性）光栅衍射示意图[10]
注：衍射角标为 θ。

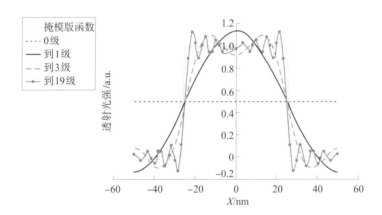

图 5.30 一维二元等间距的线条掩模版在相干照明下的振幅傅里叶级数累加计算图
注：其中空间周期 P 为 100nm。

可以看到，当透镜接收到的干涉极大越多，成像越接近完美，反过来讲，当透镜只接收到 0 级亮纹时，由于丢失了高级的亮纹信息，成像为均匀的亮度，即图 5.30 中相对强度为 0.5 的水平直线。引入调制传递函数 MTF 来描述成像的对比度：

$$\text{MTF} = \frac{I_{\max} - I_{\min}}{I_{\max} + I_{\min}} \tag{5.5}$$

其中，$I_{\max}$ 和 $I_{\min}$ 分别表示成像后的最大亮度与最小亮度。可以看到，当透镜只能接收 0 级极大时，MTF 为 0，即完全看不到掩模的形貌。

事实上，对于平行光照射的掩模，大角度出射的光线对应于掩模中高空间频率的成分,如掩模的棱角等,当透镜丢失这部分信息后,成像无法再现掩模上的细节,将会变得圆滑,不再棱角分明,这样就从另一个角度解释了透镜口径造成的衍射效应。反过来说,如果想要提高分辨率,就要尽可能多地接收掩模上的信息,离轴照明(off axis illumination,OAI)正是基于这样的考量。

如图 5.31[10] 所示,同样考虑平行光照射的一维光栅,如果采用近轴照明,由于透镜尺寸限制,只能接收到 0 级干涉极大,光刻胶上就会接收到均匀的光;如果采用离轴照明,透镜就能同时接收到 0 级和 +1 级的干涉极大,光刻胶上就是两束平行光干涉,就能形成均匀的亮暗条纹。理论上,极限的情况下 0 级与 +1 级干涉极大恰好射在透镜边缘,可以看到此时的分辨率就是最终形成的条纹半周期:

$$CD = 0.25 \frac{\lambda}{NA} \tag{5.6}$$

可以看到,为了使高空间频率的图形能够成像,需要使得各个方向存在离轴照明光线,这意味着光刻系统中的光源是扩展的。但是同样的,对于较大线度的图形,即空间频率低的图形,由于很大一部分光线射出了光瞳,会减小成像对比度,在极限分辨率与成像对比度之间需要权衡。光源的扩展度可以用掩模平面照明光的相干度 s 表征,定性地说,光源扩展越大,照明光线入射方向变化越大,相干度越低。图 5.32[11] 画出了在照明光源有着不同相干度时,不同线度图形对应的调制传递函数 MTF。可见,随着照明光相干度的减小,系统极限的分辨率有所增加,对应地会牺牲一些大线度图样的 MTF。实践中常使用部分相干度为 0.5~0.7 的照明。

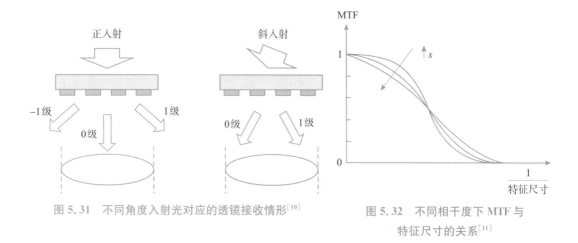

图 5.31　不同角度入射光对应的透镜接收情形[10]

图 5.32　不同相干度下 MTF 与
特征尺寸的关系[11]

从上面的例子中可以看到,改进成像方式有助于减小 k_1,进而提高光刻机分辨能力。而随着计算光刻的发展,人们可以通过优化掩模版的构型来进一步提升成像质量,这部分将在 5.5 节和 5.6 节中详细讨论。这些通过改进掩模和光照系统以增强光刻成像分辨率的方式统称为分辨率增强技术,除了上面描述的离轴照明技术外,还有掩模的光学邻近修正(OPC)、添加亚分辨率的辅助图形(sub-resolution)和使用具有相移掩模(PSM)等。表 5.2[4] 列出了主要的分辨率增强技术。

表 5.2　一些典型的分辨率增强技术[4]

技术名称	应用位置	分辨率 k_1 因子	意义
光学邻近效应修正	掩模版	0.5	改善工艺窗口,可与任意其他分辨率增强技术配合使用
离轴照明	照明系统	0.25	为特定周期图形提供最优的照明角度
衰减型相移掩模	掩模版	0.5(传统照明下) 0.25(离轴照明下)	利用干涉效应改善成像保真度;改善离轴照明的曝光宽容度
亚分辨率辅助图形	掩模版	0.5(传统照明下) 0.25(离轴照明下)	扩大适用于某种离轴照明的周期图形范围;降低掩模图形对相差的敏感度
交替型相移掩模	掩模版	0.25	利用干涉效应提高成像保真度,可将分辨率提高一倍

5.4.2　曝光能量宽裕度、归一化图像光强对数斜率(NILS)

曝光能量宽裕度是指在线宽允许变化范围内(比如线宽的±10%范围),曝光能量允许的最大相对偏差。它是衡量光刻工艺的一项基本参数。

1. 曝光能量宽裕度与焦距

图 5.33(a)显示了光刻图形(线宽横截面)随着曝光能量和焦距的变化规律。图 5.33(b)显示了在一片硅片上曝出不同能量和焦距测试图案的二维分布(横轴为能量变化,纵轴为焦距变化),因为像矩阵一样,所以又叫焦距能量矩阵(focus energy matrix, FEM)。此矩阵用来测量光刻工艺在某个或者某几个图形上的工艺窗口,如曝光能量宽裕度和对焦深度。如果加上掩模版上的特殊测试图形,通过焦距能量矩阵采集的数据还可以用来测量其他有关工艺和设备的性能参数,如光刻机镜头的各种像差、杂射光(flare)、掩模版误差因子、光刻胶的光酸扩散长度、光刻胶的灵敏度、掩模版的制造精度等[10]。

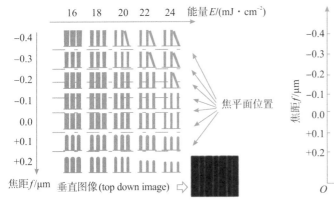

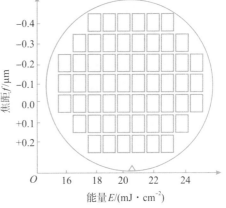

(a)光刻胶断面形貌随曝光能量和焦距的变化示意图　　(b)焦距-能量矩阵在一片硅片上的分布示意图

图 5.33　在密集线条光刻中,像对比度和曝光能量宽裕度的关系[10]

在图 5.33(a)中,灰色的图形代表光刻胶(正性光刻胶)经过曝光和显影后的横断面形貌。随着曝光能量的不断增加,线宽变得越来越小。随着焦距的变化,光刻胶垂直方向的形貌也发生着变化。这里先讨论随能量的变化。如果选定焦距－0.1μm,也就是定义(仅仅是定义,实际上要比定义的值负得更多一点,下面会讲到)为光刻机令掩模版图样投影的焦平面在光刻胶顶端往下 0.1μm 的位置。

2. 曝光能量宽裕度与线宽

如果测量线宽随曝光能量变化,则可以得到这样一条线,如图 5.34 所示。

根据曝光能量宽裕度的计算定义,有

$$EL = \frac{\Delta CD(\text{Total CD to Lerance})}{\text{Best Energy}} \frac{d\text{Energy}}{dCD} \times 100\% \tag{5.7}$$

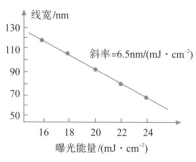

图 5.34 线宽随曝光能量变化[10]

在这个例子中,如果选定线宽全部容许范围(total linewidth to lerance)为线宽 90nm 的±10%,即 18nm,而线宽随曝光能量的变化斜率为 6.5nm/(mJ·cm^{-2}),最佳曝光能量为 20mJ·cm^{-2},则能量宽裕度 EL 为 18/(6.5×20)=13.8%。够不够呢?这个问题与光刻机的能力强弱、工艺生产控制的能力、器件对线宽的要求高低等因素有关。能量宽裕度与光刻胶对空间像的保真能力也有关系。一般来讲,在 90nm、65nm、45nm、32nm、28nm、20nm、14nm 等节点,栅极层光刻的 EL 要求为 18%~20%,金属连线层光刻的 EL 要求为 13%~15%。

3. 曝光能量宽裕度与像对比度

这里的像不是来源于镜头的空间像,而是经过光刻胶光化学反应的"潜像"(latent image)。光刻胶对光的吸收以及发生光化学反应需要光敏感成分,如 KrF 和 ArF 光源的带化学放大的光刻胶中的光酸产生剂在曝光生成光酸后,光酸的阳离子会在光刻胶薄膜内扩散,催化光化学反应。这种光化学反应所必需的扩散会降低像的对比度。对比度(contrast)的公式如下(见图 5.35):

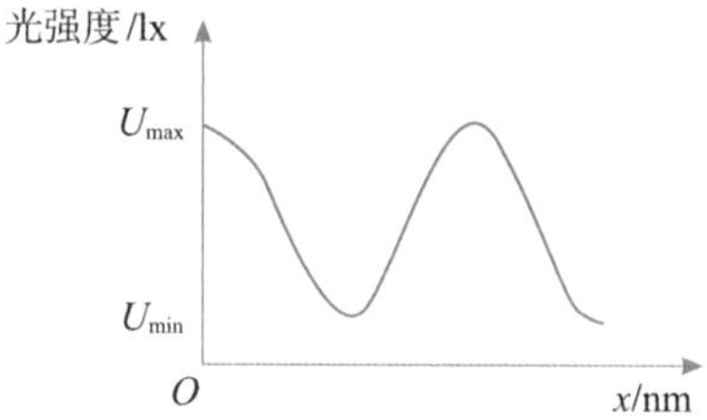

图 5.35 像对比度定义[10]

$$C = \frac{U_{max} - U_{min}}{U_{max} + U_{min}} \tag{5.8}$$

其中,C 为对比度;U 为"潜像"的等效光强(其实是光敏感成分的密度)。

对于密集线条,如果空间周期 P 小于 λ/NA,那么它的空间像等效光强 U(x) 一定为正弦波或余弦波,可以写成如下形成:

$$U(x) = \frac{(U_{max} + U_{min})}{2} + \frac{(U_{max} - U_{min})}{2} \cos\frac{2\pi x}{P} = U_0\left(1 + C\cos\frac{2\pi x}{P}\right) \tag{5.9}$$

根据 EL 的定义,结合式(5.9)和图 5.36,可以将 EL 写成如下表达式:

$$EL = \frac{1}{U_0}\left|\frac{dU(x)}{dx}\right| dCD(3\sigma) = C\frac{2\pi}{P}\sin\left(\frac{\pi CD}{P}\right)dCD \tag{5.10}$$

其中,CD 为关键尺寸,一般也被称为线宽。对于等间距的线条(equal line and space),线宽 CD=P/2,其中 P 为周期。式(5.10)与下面式(5.13)中的 dCD 均指选定线宽全部允许范围(total CD to lerance),一般为线宽 90nm 的±10%。

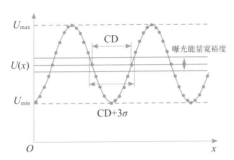

图 5.36　在密集线条光刻中,像对比度和曝光能量宽裕度的关系[10]

4. 曝光能量宽裕度与归一化图像光强对数斜率

如果 dCD 使用一般的 10%CD,那么,对比度(contrast,C)约等于 3.2 倍的 EL。式 (5.10)中的斜率为:

$$\frac{1}{U_0}\left|\frac{dU(x)}{dx}\right|=\frac{d\{\ln[U(x)]\}}{dx} \tag{5.11}$$

又称为像对数斜率(image log slope,ILS),由于与像对比度或者 EL 的直接联系,它也被作为一个衡量光刻工艺窗口的重要参数。如果再对其进行归一化,即乘以线宽 CD,可以得到归一化图像光强对数斜率(normalized imgae log slope,NILS)

$$NILS=\frac{CD}{U(x)}\frac{dU(x)}{dx} \tag{5.12}$$

一般 $U(x)$ 指的是镜头投影在光刻胶内的空间像,这里指的是经过光刻胶光—化学反应的"潜像"。对于等间距的密集线条,CD$=P/2$,而且空间周期 P 小于 λ/NA,NILS 可以写成:

$$NILS=\pi C=EL\frac{CD}{dCD} \tag{5.13}$$

例如,对于任何一个等间距的光刻工艺,如果对比度 C 为 50%,则 NILS 为 1.57。对于 90nm、65nm、45nm、32nm、28nm、20nm、14nm 等节点,栅极层光刻的 EL 要求大于 18%,金属连线层的 EL 要求大于 13%。假设线宽等于周期的一半,则对于栅极层和金属层,NILS 分别为 1.8 和 1.3[10]。

5.4.3　对焦深度

对焦深度(depth of focus)简称焦深,是在线宽允许的变化范围内,焦距(focus)的最大可变化范围。影响对焦深度的因素主要有几点:系统的数值孔径、照明条件(illumination condition)、图形的线宽、图形的密集度、光刻胶的烘焙温度等。

1. 对焦深度与光刻胶

光刻胶随着焦距的变化不仅会发生线宽的变化,还会发生形貌变化。一般来讲,对透明度比较高的光刻胶(如 193nm)和分辨率较高的光刻胶(如 248nm)而言,当光刻胶硅片平台处于负焦距,也就是空间像焦平面靠近光刻胶顶部位置,由于光刻胶底部远离胶平面而离焦,导致光斑的横向范围较大。对于密集图形,在一定的阈值下,可能导致线宽较大,会出现底部内切(undercut)。当光刻胶界面高度比大于 2.5～3 时,容易发生机械不稳定而倾倒。同理,当光刻机硅片平台处于焦距正值时,由于光刻胶顶部远离焦平面而离焦,导致光斑的横向范围较大,顶部的方角会变得圆滑(top rounding)。这种"顶部变圆"有可能会被转移到刻蚀后的材料形貌中,所以"内切"和"变圆"都需要避免。

2. 对焦深度与线宽

如果将图 5.34 的线宽数据作图,会得到一张在不同曝光能量下线宽随焦距的变化曲线图,如图 5.37 所示。

如果限定线宽的容许变化范围为±9nm(见图 5.37 中的虚线),那么可以从图 5.37上根据对数据的拟合,找出在最佳曝光能量时最大允许的焦距变化,大约为 0.6μm。不仅如此,由于在实际工作中,能量和焦距都是同时发生变化的,如光刻机的漂移,所以需要得到在能量有漂移的情况下的焦距的最大允许变化范围。如图 5.37 所示,可以以一定的线宽容许变化范围 EL(如±5%)为标准(EL＝10%),计算所允许的最大焦距变大范围,即 19～21mJ/cm²。可以将 EL 数据与焦距允许范围作图,如图 5.38 所示。可以发现,在 90nm 工艺中,在 10%EL 的变化范围下,最大的对焦深度范围在 0.35μm 左右。那够不够? 一般来讲,对焦深度与光刻机有关,如焦距控制精度,包括机器的焦平面的稳定性、镜头的场曲、像散、调平(leveling)的精度以及硅片平台等。当然也与硅片本身的平整度、化学机械平坦化(CMP)工艺所造成的平整度降低程度有关。对于不同技术节点,典型的对焦深度的要求由表 5.3 列出。确定对焦深度还要看光刻胶的形貌,确认形貌足够光滑,不会对后续的刻蚀造成诸如刻不开、线宽离开目标很远、沟槽底部有残留物等影响就可以。

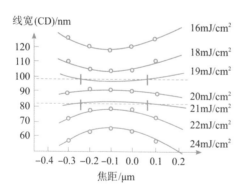

图 5.37　工艺窗口示意图

注:在曝光能量为 16mJ/cm²、18mJ/cm²、19mJ/cm²、20mJ/cm²、21mJ/cm²、22mJ/cm²、24mJ/cm² 下线宽随焦距的变化,又称为泊松图(Bossung Plot)[8]。

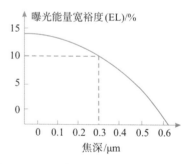

图 5.38　工艺窗口示意图:能量宽裕度随对焦深度(焦深)的变化[8]

表 5.3　在不同技术节点上的典型的对焦深度要求[8]

对焦深度/μm	技术节点/nm						
	250	180	130	90	65	45	32
波长/nm	248	248	248	193	193	193i	193i
前道	0.5～0.6	0.45	0.35	0.35	0.25	0.15	0.1
后道	0.6～0.8	0.6	0.45	0.45	0.3	0.2	0.12

3. 对焦深度与调平

由于对焦深度十分重要,所以光刻机上的重要一环——调平就显得十分关键了。当今工业界最常用的调平方式是通过测量斜入射的光在硅片表面反射光点的位置确定硅片的垂直位置 z 和沿水平方向上的倾斜角 R_x、R_y,如图 5.39(a)和(b)所示。

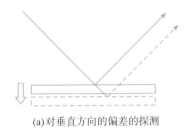
(a)对垂直方向的偏差的探测

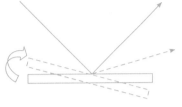
(b)对 x 或 y 方向上的倾角的探测

图 5.39　调平探测方法原理的简单示意图[8]

由于需要同时测量这 3 个独立的参数,所以一束光是不够的(只有横向偏移两个自由度),至少需要两束光。而且,如果需要探测在曝光场或者曝光缝(slit)上的不同点的 z、R_x、R_y,还需要增加光点的数量。一般对于一个曝光场,可以有多达 9~17 个测量点。但是,这种调平方式有它的局限性。因为是使用斜入射的光,比如 15°~20°掠入射角(或者相对垂直硅片表面方向上的 70°~75°入射角),对于白光折射率为 1.55 左右的光刻胶、二氧化硅等表面,平均只有 18%~25% 的光是被反射回来(见图 5.40)进入探测器,其他 75%~82% 的光会穿透透明介质表面。

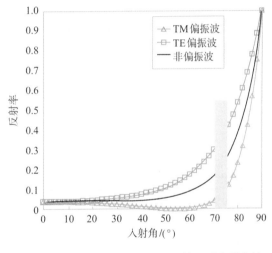

图 5.40　入射光在折射率为 1.55 的平面介质上的反射率随入射角的变化[8]

注:TE 代表横电波,即偏振方向垂直于入射光平面;
TM 代表横磁波,即偏振方向平行于入射光平面。

这部分透射光会继续传播,直到遇到不透明介质或者反射介质,如硅、多晶硅、金属、高折射率介质(如氮化硅等)才被反射上来。因此,由调平系统(leveling system)实际探测到的"表面"是在光刻胶表面下表面的某个地方。由于后段工艺(back-end-of-the-line,BEOL)主要是相对比较厚的氧化物层,如各种二氧化硅或者低介电常数材料,前段(front-end-of-the-line,FEOL)与后段之间会存在一定的焦距偏差,一般为 0.05~0.20μm,具体取决于透明介质的厚度和不透明介质的反射率。所以在后段,芯片的设计图案需要尽量均匀,否则由于图形密度的分布不均匀,会造成调平的误差,以至于引入错误的倾斜补偿,造成离焦(defocus)。

光刻机的调平一般有如下两种模式:

(1)平面模式(步进式光刻机专有)。在曝光场或者整片硅片上测量若干点的高度,然后根据最小二乘法定出平面。

（2）动态模式（扫描式光刻机专有）。对扫描的狭缝区域内若干点进行动态的高度测量，然后沿着扫描方向在扫描过程中不断地补偿。调平的反馈是通过硅片平台的上下移动和沿非扫描方向（x 方向）的倾斜实现的，它的补偿只能够是宏观的，一般在毫米级。不可能对局域的几微米或几十微米级别的高低起伏进行补偿，光刻机的焦平面是固定的，现在还没有技术能够对光刻机的焦平面进行任意改变，而且，即便是对扫描方向，即 y 方向，也是硅片平台整体的运动。由于曝光缝在 y 方向的长度约为 5.5mm/10.5mm（193nm 浸没式/193nm 干法，248nm 等），任何 y 方向上的高度补偿，都要与这个 5.5mm 或者 10.5mm 进行卷积，或者叫作窗口平均。而且在非扫描方向（x 方向），只能够按照一阶倾斜处理（前面说到的镜头的焦平面和硅片平面都是固定的，无法任意变形）。任何非线性的弯曲（比如镜头场曲和硅片翘曲）都是无法补偿的，如图 5.41 所示。所以，对于精度最高的 193nm 浸没式光刻机，动态调平空间分辨率大约在 5.5mm（扫描方向，即 y 方向）和 26mm（非扫描方向，即 x 方向）。

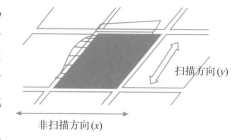

图 5.41　光刻机调平的动态模式，只能够对扫描狭缝经过的地方进行高度和沿非扫描方向（x 方向）倾角的补偿[8]

4. 对焦深度与数值孔径

如图 5.42 所示，根据波动光学，在最佳焦距点 F 点，所有会聚到焦点的光线都具有同样的相位。但是在离焦的位置上，即 F' 点，经过镜头边缘的光线同经过镜头中央的光线走过不同的光程，它们的差为（$FF' - OF'$）。当数值孔径变大时，光程差也变大，实际在离焦处的焦点光强也就变小，或者对焦深度也就变小。在平行光照明条件下，对焦深度（瑞利，Rayleigh）一般由式（5.14a）给出：

$$\Delta z_0 = \frac{\lambda}{2n(1-\cos\theta)} \qquad (5.14a)$$

其中，θ 为镜头在像空间的最大张角；n 为像空间的折射率（实部），对应数值孔径 NA。在 NA（NA $= n\sin\theta$）比较小时，可以近似写成：

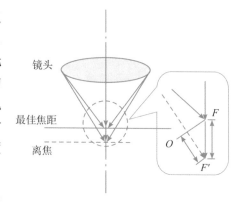

图 5.42　光刻对焦深度与镜头数值孔径的联系[8]

$$\Delta z_0 = \frac{\lambda}{4\sin^2\frac{\theta}{2}} \approx \frac{\lambda}{n\sin^2\theta} = \frac{n\lambda}{\mathrm{NA}^2} \qquad (5.14b)$$

从式（5.14b）可以看出，NA 越大，对焦深度越小，对焦深度与数值孔径的平方成反比。

5. 对焦深度与照明条件

不仅数值孔径会影响焦深，照明条件也会影响焦深。比如，对密集图形，其空间周期小于 λ/NA，离轴照明会增加对焦深度。要了解为什么离轴照明会增加对焦深度，需要知道离轴照明如何增加分辨率。

图 5.43 展示了垂直照明(傍轴照明)和离轴照明经过掩模版上一维周期性结构的衍射情况。可以发现,垂直照明的情况下,经过一维周期性的结构后,干涉光分布在相对光轴对称的位置上,即分布在 0 级干涉极大的两侧。我们知道,像平面的图像实际上就是干涉光的干涉图样,而干涉图样至少需要两束光。对于垂直入射的情况,如果需要成像,镜头的光瞳需要收入至少一级干涉级(0 级干涉极大在光轴上,总是能够被镜头的光瞳收入的)。在垂直入射的情况下,由于干涉光分布的对称性,一旦收入了一个干涉级,如 +1 级,就会同时收入其对称的另外一个干涉级,即 -1 级。而 0 级干涉极大与 +1 级干涉极大之间的最大张角,就是镜头孔径的一半,决定了最小能够分辨的空间周期。因为张角 θ 与空间周期 P 之间的关系是:

$$\sin\theta=\frac{\lambda}{P} \tag{5.15}$$

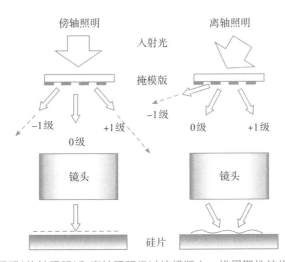

图 5.43 垂直照明(傍轴照明)和离轴照明经过掩模版上一维周期性结构的干涉示意图[8]

如图 5.43 所示,如果采用斜入射,0 级干涉极大与 +1 级干涉极大之间的最大张角就可以超过镜头孔径的一半,而接近镜头的整个孔径。这样就可以获得相对正入射两倍的分辨率。同时,由于两束光成像,没有了沿着光轴传播的光线,如果选择适当的入射角度,就可以使得入射光和干涉光相对光轴有着相同的夹角。这样在离焦的情况下,入射光和干涉光走过相同的距离,也就是说,对焦深度可以变成无限大。当然实际应用中,不可能存在这样的情况,不过尽量采用对称的两束光成像(必须采用离轴照明),这样可以大大增加对焦深度。

以上通过调整照明角度提升对焦深度的方法其实已经包括了图形的密集度对对焦深度的影响,也就是图形的周期。此外,图形的线宽也会影响对焦深度,比如细小的图形的对焦深度一般比粗大的图形要小。这是由于细小的图形的干涉波角度比较大,它们在焦平面的会聚相互之间的夹角比较大,如前所述,对焦深度会因此比较小。除此之外,对于化学放大型光刻胶(chemically amplified resist,CAR),烘焙温度也会在一定程度上影响对焦深度。这是因为较高的曝光后烘焙(post exposure bake,PEB)会造成光酸的扩散增加,导致在光刻胶厚度范围内空间像对比度在垂直方向(z 方向)上的平均,形成增大的对焦深度。不过,这是以降低成像对比度为代价的。

5.4.4 线宽均匀性

光刻工艺线宽均匀性一般分为:芯片区域内、曝光区域内、硅片内、批次内、批次到批次之间。分析线宽均匀性的影响因素可以发现:

(1)光刻机及工艺窗口造成的问题影响比较广。

(2)涂胶或衬底造成的问题一般局限于硅片内。

(3)掩模版制造误差或光学邻近效应造成的问题一般仅局限于曝光区域内。

CMOS器件对线宽均匀性的要求一般为线宽的±10%左右,栅极一般控制精度为±7%。由于0.18μm节点以下的工艺中,一般在光刻后和刻蚀前都有一步修剪刻蚀工艺,使得光刻线宽被进一步缩小为器件线宽或接近器件线宽,一般为光刻线宽的70%。由于对器件线宽的控制为±10%,则光刻线宽成为±7%。根据曝光区域内曝光的均匀性的测量结果,对曝光能量分布在光刻机的照明分布做补偿,可以改进光刻线宽均匀性。

1.图形区域内的线宽均匀性改进

1) 优化工艺窗口

对于密集图形,可以采用离轴照明来提高对比度和对焦深度,通过相移掩模版来提高对比度;对于孤立图形,可以采用亚衍射散射条来提高孤立图形的对焦深度;对于半孤立图形(空间周期小于2倍的最小空间周期且稍大于最小的空间周期)的工艺窗口会达到几乎困难的状态,又叫作"禁止空间周期"。禁止空间周期的产生是由于在逻辑电路的光刻中,在不同的空间周期或图形邻近情况下,需要维持固定的最小线宽而导致的严重的非等间距成像的对比度不足,它主要是由离轴照明对半密集图形的局限性造成的。离轴照明只对最小空间周期有帮助,对处于最小空间周期和2倍最小空间周期的所谓"半密集"图形反而起到一定的负面影响。为了改善禁止空间周期内的工艺窗口,离轴照明的离轴角度要适当缩小,以取得平衡的线宽均匀性。

2) 改善光学邻近效应修正

光学邻近效应修正的基本流程是:

①将校准图形(见图5.44)设计在测试掩模版上[10]。

②曝光获得硅片上光刻胶的图形尺寸。

③根据模型定出相关参量并算出修正量。

④根据实际图形同定标图形的相似性进行修正。

光学邻近效应修正的精度取决于以下因素:硅片线宽数据测量精确度、模型拟合精确度以及模型对电路图形修正算法的合理性和可靠性等。对于光刻胶的模型,一般包括高斯扩散的阈值模型和可变阈值模型。高斯扩散的阈值模型假设光刻胶为光开关,当光照强度达到一定阈值时,光刻胶在显影液中的溶解率发生突变。可变阈值模型认为光刻胶的反应阈值同最大光强和最大光强的梯度(会造成光敏感剂的定向扩散)都有关系,而且可能是非线性关系。而且后者还可以描述一些刻蚀方面的在密集到孤立图形上的线宽偏差。随着光刻工艺的不断发展,光刻邻近效应修正模型会不断吸收具有物理含义的参量。为了增加模型的精确度,可以通过增加测量点的次数,扩大测量图形的代表性。

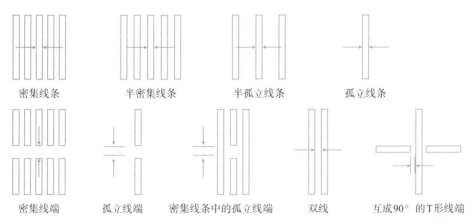

图 5.44 常用的光学邻近效应修正模型建立所用的定标图形以及线宽测量位置[10]

（密集线条　　半密集线条　　半孤立线条　　孤立线条）

（密集线端　　孤立线端　　密集线条中的孤立线端　　双线　　互成90°的T形线端）

3) 优化抗反射层的厚度

由于光刻胶同衬底的折射率($n+ik$)的差异，一部分照明光会从光刻胶和衬底的界面被反射回来，造成对入射成像光的干扰。光刻胶曝光时，光线透过光刻胶照射在硅衬底上，在光刻胶和衬底的界面处，反射光和入射光会形成干涉，使得光强沿胶深方向的分布不均匀，形成驻波效应，如图 5.45 所示[1]。曝光后，光刻胶侧面是由过曝光和欠曝光形成条痕，破坏了光刻胶图形侧壁的垂直性，也导致了光刻胶线宽测量的不稳定。消除光刻胶底部的反射光一般采用底部抗反射层，如图 5.46(a)所示[1]。在图 5.46(a)中，加入底部抗反射层后增加了一个界面。通过调节抗反射层的厚度

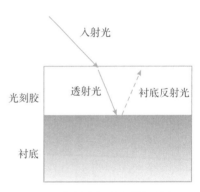

图 5.45 光刻胶与衬底的折射率不匹配导致反射光和驻波产生[10]

可以调节抗反射层与衬底之间反射光的相位，以抵消光刻胶和抗反射层之间的反射光，起到消除光刻胶底部反射光的作用。对于抗反射层，如果要在 1/4 波长的厚度附近做到严格的抗反射，需要精确地调节抗反射层的折射率 n，使得它介于衬底的 $n_{衬底}$ 和 $n_{光刻胶}$ 之间，即

$$n_{抗反射层} = \left(n_{衬底} \times n_{光刻胶} \right)^{\frac{1}{2}} \tag{5.16}$$

一般情况下，抗反射层的折射率只能够做到接近理想值。人们在抗反射层加入一些吸收紫外光的成分，以减少反射光。光刻胶底部反射率随抗反射层的厚度变化一般会经历几个波峰和波谷，如图 5.46(b)所示。由图可见，在第二极小点的波动明显比在第一极小点的波动小很多，这是因为抗反射层对光的吸收和对多次反射的抑制。如果刻蚀允许，抗反射层的厚度可以选在第二极小点，因为反射率对抗反射层的厚度不敏感，有利于工艺控制。单层底部抗反射层可以将反射率控制在 2% 以下，当单层抗反射层已经不能满足工艺的要求时产生双层抗反射层。双层抗反射层可以进一步减小反射

率到 0.2% 以下。选定合适的抗反射层和厚度,有利于大幅减少光刻胶底部的反射,提高成像对比度,从而提高线宽均匀性。

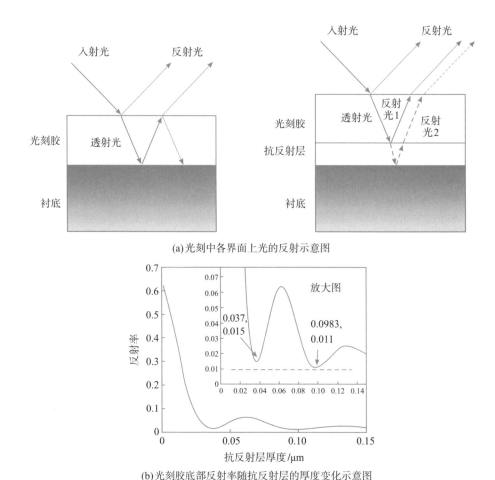

(a)光刻中各界面上光的反射示意图

(b)光刻胶底部反射率随抗反射层的厚度变化示意图

图 5.46　光刻胶界面光反射示意图与反射率变化示意图[10]

4) 优化光刻胶的厚度和波动线

尽管有了底部抗反射层,还是会有一定量的剩余光从光刻胶底部反射上来。这部分光会同光刻胶顶部的反射光发生干涉[1]。由于随着光刻胶的厚度变化,反射光与反射光 1[见图 5.46(a)]的相位发生周期性的变化,因而产生干涉,而干涉对能量的重新分配,会导致进入光刻胶内部的能量随着光刻胶的厚度变化发生周期性的变化,于是线宽便会随着光刻胶的厚度变化而发生周期性的变化。解决线宽随光刻胶厚度波动的方法一般有:优化抗反射层的厚度和折射率、选用两层抗反射层、加顶抗反射层将光刻胶顶部的反射光去除。但增加一层抗反射层将使工艺变得更加复杂和昂贵,在工艺窗口还能够接受的情况下,一般会选取在线宽最小时的厚度。因为光刻胶的厚度发生偏移时,线宽会变大一些,而不是变小,导致工艺窗口急剧变小。

2. 其他改善线宽均匀性的方法

其他改善线宽均匀性的方法还包括:改进光刻机的狭缝照明均匀性、像差、焦距及找平控制、平台同步精度以及温度控制精度;改进掩模版线宽的均匀性;减小衬底对光刻的影响(增加对焦深度、改进抗反射层)等。

图形的边缘粗糙程度一般由以下几个因素造成:

(1)光刻胶的固有粗糙程度。

(2)光刻胶的显影溶解率随光强增加的对比度。

(3)光刻胶的灵敏度。

(4)光刻像的对比度或能量宽裕度。

对于化学放大的光刻胶,每一个光化学反应生成的光酸分子会在以生成点为圆心,扩散长度为半径的范围内进行去保护催化反应。一般来讲,光刻胶的扩散长度越长,在像对比度不变的情况下,图形粗糙程度越高。不过,在分辨极限附近,扩散长度的增加会导致空间像对比度的下降,从而导致图形粗糙程度的增加。

光刻胶的显影溶解率一般随光强增大有阶跃式变化。如果阶跃式变化比较陡峭,会缩小所谓的"部分显影"区域,也就是阶跃变化中间的过渡区域,从而降低图形粗糙程度。但是显影对比度太大,也会影响对焦深度。稍小的显影对比度在一定程度上可以延伸对焦深度[1]。

光刻胶的灵敏度越高,通常伴随着较短的光酸扩散长度(空间像的保真程度越高,分辨率越高),因为这种光刻胶一般不太依赖曝光后烘焙,因而可能导致一定的图形粗糙程度。不过,如果同时提高光酸产生剂浓度,这种情况可以得到改善。光刻图像的对比度的提高可以降低图形粗糙程度[1]。接触孔和通孔的圆度同图形粗糙程度类似。它也跟光酸扩散、光酸的浓度,以及空间像对比度和光刻胶显影对比度相关。

5.4.5　光刻胶形貌

光刻胶形貌的异常情况包括底部站脚、底部内切、顶部变圆、T形顶、侧墙角、驻波、厚度损失、底部残留等[1]。

(1)底部站脚:由光刻胶与衬底之间的酸碱不平衡导致。如果衬底相对偏碱性,或亲水性,光酸会被中和或被吸收到衬底中,降低光刻胶底部保护效果。解决该问题的方法一般有增加衬底的酸性、提高光刻胶及抗反射层的曝光前烘焙温度,从而限制光酸在光刻胶和衬底中的扩散。但是,这样会影响图形的粗糙度、对焦深度等。

(2)底部内切:与底部站脚相反,内切是由于光刻胶底部的酸性较高,底部的去保护反应比其他地方的高。解决方法与底部站脚相反。

(3)顶部变圆:一般由于在光刻胶顶部照射到的光强比较大,而当光刻胶的显影对比度不太高时,这部分增加的光会导致光刻胶溶解率增加,造成顶部变圆。

(4)T形顶:T形顶是由于空气中含有碱性成分,如氨气、氨水、胺类有机化合物,对光刻胶顶部的渗透中和了一部分光酸,导致顶部局部线宽变大,严重时会导致线条黏连。解决方法是严格控制光刻区空气的碱含量,通常要小于 20ppb(十亿分之一),并且缩短曝光到后烘的时间。

(5)侧墙角:一般是因为进入光刻胶底部的光比在顶部的光弱,解决方法一般是减小光刻胶对光的吸收同时提高光刻胶对光的灵敏度;也可以增加光敏感成分的添加以及增加光酸在去保护反应中的催化作用。侧墙角会对刻蚀产生一定影响,严重时会将侧墙角转移到衬底材料中。

(6)驻波:通过增加抗反射层、适当提高光敏感剂(通过提高后烘的温度或延长时间来增加光酸的扩散)的扩散可以有效地解决驻波效应。

(7)厚度损失:由于光刻胶顶部接受的光最强且顶部接触到的显影液也最多,在显影完毕后,光刻胶的厚度会有一定程度的损失。

(8)底部残留:一般为底部光刻胶对光的吸收不够而造成的部分显影现象。为了提高光刻胶的分辨率,需要尽量减小光酸的扩散长度,而由光酸扩散带来的空间显影均匀化便减少且空间的粗糙程度加大。底部残留一般可以通过优化照明条件、掩模版线宽偏置、烘焙温度、时间和提高单位面积的曝光量来减少。

5.4.6　对准、套刻精度

对准指的是层与层之间的套准。一般来讲,层与层之间的套刻精度需要在硅片关键尺寸(最小尺寸)的 25%～30%。

套刻流程分为第一层对准记号制作、对准、对准解算、光刻机补值、曝光、曝光后套刻精度测量以及计算下一轮对准补值,如图 5.47 所示[1]。套刻的目的是将硅片上的坐标与硅片平台(光刻机的坐标)最大限度地重合。对于线性的部分,有平移(T_X,T_Y)、围绕垂直轴(Z)、旋转(R)、放大率(M)四个参量。可以对硅片坐标系(X_W,Y_W)与光刻机坐标系(X_M,Y_M)建立以下联系:

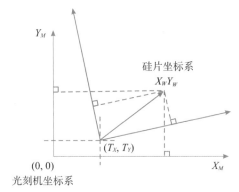

图 5.47　硅片坐标系与光刻机硅片平台坐标系的关系示意图[10]

$$\begin{cases} X_M = T_X + M\left[X_W \cos(R) - Y_W \sin(R)\right] \\ Y_M = T_Y + M\left[Y_W \cos(R) - X_W \sin(R)\right] \end{cases} \quad (5.17)$$

若 R,T_X,T_Y 都比较小,还可以将补正值写成如下的简化公式(仅保留到线性项):

$$\begin{aligned} \Delta X = T_X + M_X - R_Y + \text{高阶项} \\ \Delta Y = T_Y + M_Y + R_X + \text{高阶项} \end{aligned} \quad (5.18)$$

此公式被称为 4 参量模型。随着技术发展,光刻技术的套刻逐渐发展出了 6 参量模型、10 参量模型,对套刻精度的要求越来越高,已经开始进入个位数领域,即小于 10nm,已经不能满足线性补偿的能力。

通常高阶的套刻误差由如下的原因导致:

1. 曝光区套刻

镜头畸变(二阶、三阶畸变),是指镜头由温度控制问题产生的畸变(二阶、三阶畸变),以及掩模版扫描时的有规律摆动,如沿着 x 方向的摆动。

2. 网格套刻

硅片受热不均匀,如在浸没式光刻中水在硅片表面的制冷作用,或硅片受到非均匀应力,如电磁或真空吸附,硅片表面快速受热产生永久性范性形变,如快速退火工艺。

解决曝光区高阶套刻偏差需要调整镜头的像差和畸变。ASML 推出"网格地图曝光区内版"软件。它通过调整镜头的畸变来去除二阶(D_2)、三阶(D_3)畸变。而且,当镜头受热时,会伴二阶、三阶畸变。通过对像差进行实时测量,然后使用镜头模型进行计算,得出最佳镜片空间位置组合可以解决镜头畸变问题。

套刻一般通过光学位置对准和测量的方法来实现。对准分为通过透镜的对准和离轴对准。由于通过镜头的对准需要在镜头的设计上不仅对曝光波长优化,而且要能够照顾到对准波长,造成对分辨率的损害,所以现代的光刻机都使用离轴对准。离轴对准一般通过使用与镜头中央位置定标过的离轴空间像探测器。一般有明场和暗场探测两种类型;同时,又有直接成像型和扫描成像型。

影响套刻精度的因素有很多,主要原因是设备漂移以及硅片和对准记号变形。对于离轴对准系统来讲,一般有硅片平台、镜头或掩模版平台的激光干涉计系统发生漂移,对准显微镜系统相对曝光镜头位置发生漂移,还有硅片温度控制系统发生漂移。镜头漂移主要针对像差的漂移,如低阶的二阶、三阶的畸变 D_{2x}、D_{2y}、D_{3x} 等。而像差的漂移分为两部分:长期的漂移和短期的漂移。长期的漂移一般是由于系统在长期使用当中不断被磨损、老化。短期漂移一般由于某种突发的情况,如光学探测器的沾污、平台反射镜系统内的应力释放、干涉计激光器光束输出不稳定、硅片和掩模版平台的沾污造成硅片和掩模版吸附不良等。硅片和对准记号的变形主要是由热过程、化学机械平坦化等其他工艺带来的。

5.5　光刻掩模版

光刻工艺的作用是将掩模版上的图形转移到硅片上,而掩模版的发展也经历了从接触式(接近式)到投射式的演变。图形转移通过涂胶曝光并显影来完成。根据光刻胶在图形转移过程中化学反应不同,将光刻胶分为正性光刻胶和负性光刻胶,正性光刻胶曝光区在显影过程中被溶解并去除,负性光刻胶则反之,在显影过程被留下。如图 5.48 所示,以正胶工艺为例展示了接触式光刻机和投射式光刻机的工艺流程。早期的接触式光刻机采用掩模版和涂上光刻胶的硅片接触后,通过曝光将掩模版图形按照 1∶1 比例转移到硅片上。接触式光刻的优点是所需的光刻机结构简单、体积小,同时操作和安装维护都很方便;缺点是接触过程中引入大量污染,需要每次曝光后进行缺陷检测和清洗,掩模版的使用寿命短、加工效率低,且无法保证良率。为了避免污染,光刻板采用接近式曝光,光刻时保持光刻板和硅片表面 $2\sim3\mu m$ 的距离,但是分辨率极限在 $0.7\mu m$,无法满足精密图形光刻的要求。因此,接触式光刻机多见于对光刻加工要求不高的实验室中。

投射式光刻技术通过透镜将掩模版上图形按照一定比例(一般为 4:1)投射到硅片上,无接触、污染少,分辨率极限小,目前已经在集成电路制造领域占主导。应用于投射式光刻技术的掩模版主要分以下几类:双极型掩模版、衰减相移掩模版、交替相移掩模版。

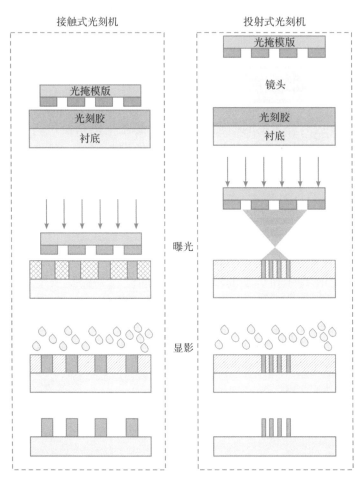

图 5.48　接触式光刻机和投射式光刻机正胶工艺流程

5.5.1　掩模版的种类

1. 双极型掩模版(binary masks, BIM)

双极型掩模版(BIM)是指掩模版上区域只存在透光和不透光两种情况(见图 5.49),按照光阻挡材料,可分为采用铬材料的(chrome on glass, COG)双极型掩模版和采用不透明硅化钼的(opaque moSi on glass, OMOG)双极型掩模版。

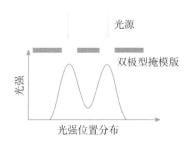

图 5.49　双极型掩模版光强度的空间分布

COG 掩模版是最早出现的,同时也是应用最广的一类掩模版,从波长 365nm 到 193nm 的光刻工艺中都有使用。Cr 作为光阻挡层具有以下几个优点:具有金属的透光率低特性;与石英基板黏附性好;化学性质稳定;图形化工艺简单,可以采用湿法腐蚀或反应离子刻蚀完成。COG 掩模版的制作流程如下:在石英基板上通过物理气相沉积 PVD 方法沉积光阻挡层,并旋涂光刻胶;通过激光或者电子束对光刻胶进行图形写入,使部分区域光刻胶溶解在显影液中;通过湿法刻蚀或者反应离子刻蚀将裸露在光刻胶外的含 Cr 光阻挡层去除;最后完成去胶并清洗。但是,Cr 光阻挡层也有缺点:反射率高,图形化过程中过多反射光将对周围的光刻胶进行曝光,使图形精度降低。为了减少反射光,厚度约为 55nm 的金属铬上方会沉积约 18nm 的氧化铬层抗反射层,使含 Cr 的薄膜厚度总体达到约 73nm。

随着掩模版上图形尺寸变小,光阻挡层薄膜厚度引起的三维散射光更加显著,会造成如半密集图形的焦距偏移现象,光刻工艺的关键工艺窗口聚焦深度(depth of focus,DOF)减小。在 28nm 节点,采用衰减相移掩模版的三维效应会导致 EL 下降 20%～30%,DOF 减少 25%～40%(20～30nm)[12]。为了减小三维效应,掩模版采用了更薄的光吸收效果更好的材料,这一类掩模版被称为 OMOG。OMOG 掩模版通过减小光阻挡层的厚度,降低三维散射效应,提升光刻工艺窗口。OMOG 掩模版采用不透明硅化钼 MoSi 作为光阻挡层,因为 MoSi 在 193nm 时有非常强的吸收特性,可以在更薄的厚度阻挡与 COG 相同的光。值得一提的是,通过调节 MoSi 中元素的比例,可以对材料的折射率和消光系数进行调节,OMOG 的消光系数可超过 2.4,相比消光系数为 1.7～2.2 的 Cr 具有更强的光阻挡能力,同时不同光学性质的 MoSi 形成多层膜系统作为光阻挡层,光阻挡效果更好也更薄,有效降低了三维散射效应。采用 OMOG 替换衰减相移掩模版之后,DOF 损失由 25%～40%减少到 10%～15%,但是 EL 损失反而更严重了,这是由 OMOG 的双极型成像本质决定的[12]。

2. 相移掩模版(phase shift masks)

双极型掩模版只存在完全透光和完全不透光的区域,其目的是在完全透光区域获得最大光强,在完全不透光区域下方获得零光强。双极型掩模版的结构和衍射光栅相似,由于光的衍射,在完全不透光区域下方并不能实现零光强,使得光刻图形转移分辨率受到限制,因此双极型掩模版转移到硅片上的图形线宽需要大于光刻机光源波长。而相移掩模版可以允许将转移到硅片上的图形线宽小于光刻机光源波长,提供更高的分辨率,同时增加工艺窗口,是当今将实现硅片图形小于光源波长的标准光刻技术。

相移掩模版提供更高光刻分辨率的关键在于除了利用光强度进行成像外,还额外引入了光的相位进行成像。图 5.50(a)显示了强度衰减的相移掩模版(attenuated phase shift mask,Att. PSM),它采用 MoSi 材料作为光衰减层和相移层,使透射光强度衰减为入射光的约 6%,同时透过 MoSi 的光与仅透过石英基板的光相位差异为 180°,如图 5.50(b)所示。在 MoSi 的边缘处,透过石英衬底的光由于受到振动方向相反的 MoSi 部分透过光的抵消作用,光强快速减弱,图像边缘更加锐利清晰。相比 COG,Att. PSM 的图像光强对数斜率更大,分辨率更高;对焦深度和曝光能量宽裕度也更大,工艺窗口更宽,如图 5.51 所示。

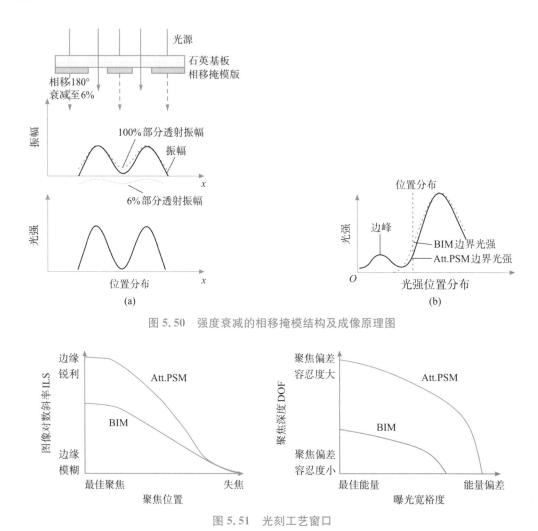

图 5.50　强度衰减的相移掩模结构及成像原理图

图 5.51　光刻工艺窗口

值得指出的是,OMOG 和 Att. PSM 掩模版上 MoSi 材料并不相同:OMOG 需要 MoSi 更薄且更不透光,因此材料具有更强的光吸收能力,即消光系数 k 较大;Att. PSM 需要在更薄的厚度实现半波长的光程差,因此材料的折射率 n 更大,在此厚度下同时需要满足 6%透射率,需要消光系数 k 较小。举个例子,现阶段某掩模版厂商用于 ArF 光源的 Att. PSM 和 OMOG 掩模版使用的 MoSi 的折射率和消光系数(n,k)分别为(2.49,

0.66)和(1.24,2.25)。MoSi 薄膜中元素比例和制造工艺是实现材料光学特性控制的关键。表 5.4 显示了 MoSiO 薄膜中元素比例变化对光学参数的影响,其中 O 含量通过薄膜制备工艺中氧气分压调节。

表 5.4 MoSiO 薄膜在不同组分下的光学系数[13]

Si：Mo/O₂ 分压	折射率 $n(193)$	消光系数 $k(193)$	薄膜厚度单位 $d(180\sim193)$	透射系数 $T(180\sim193)$	消光系数 $k(500)$	透射系数 $T(500)$
2/4.76%	1.52	0.28	0.1856	0.0339	0.028	0.8776
2.1/4.76%	1.44	0.117	0.2193	0.1881	0.016	0.9156
2.2/4.76%	1.46	0.06	0.2098	0.4406	0.001	0.9947
2/3.85%	1.75	0.52	0.1287	0.0128	0.07	0.7974
2.1/3.85%	1.84	0.623	0.1149	0.095	0.099	0.7514
2.2/3.85%	1.63	0.26	0.1532	0.0748	0.065	0.7786
2/2.91%	1.99	0.766	0.0975	0.0077	0.3	0.4795
2.1/2.91%	1.912	0.623	0.1058	0.0137	0.28	0.4749
2.2/2.91%	2.08	0.54	0.0894	0.0432	0.275	0.5393

相移掩模版目前业界以 Att. PSM 掩模版为主,也出现过交替相移掩模版(alternating phase shift mask,Alt. PSM)、无铬相移掩模版(chromeless phase shift mask,CLM)等。Alt. PSM 是为了突破光刻极限而出现的一项新技术,结构和原理如图 5.52 所示,以 COG 为对照。Alt. PSM 采用交替的 Cr 和 180°相移的石英在晶圆上形成图形。在掩模版上 Cr 线条的一侧石英的相位是 0°,另一侧相位是 180°,两侧相位差异通过调整石英刻蚀深度控制。对于 ArF、KrF、I-line 光源,石英的折射率约 1.5,空气折射率为 1,为了实现光程差为二分之一光波长,两侧石英高度差约等于光源的波长。位置由 Cr 的一侧移动到另一侧,由于两侧光的相干相消,部分区域光的振幅将出现 0,光强也出现 0,这使晶圆上产生了没有光照射边缘锐利的线条。相比而言,COG 中 Cr 线条两侧的光并没有相干相消,在晶圆上的成像不如 Alt. PSM。利用相干相消成像也决定了 Alt. PSM 只能

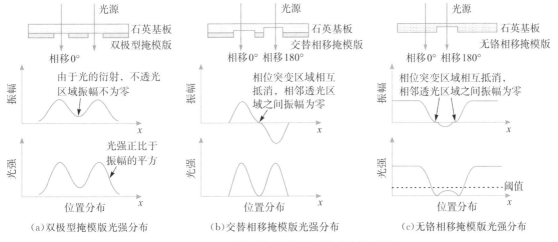

(a)双极型掩模版光强分布 (b)交替相移掩模版光强分布 (c)无铬相移掩模版光强分布

图 5.52 三种掩模版断面结构及成像原理图

在两个透光区域之间实现小尺寸的黑色图形成像。图 5.52(b)中 Alt. PSM 相比图 5.52(a)中 COG 成像分辨率更高,工艺窗口更大,反映出更大的曝光能量宽裕度、对焦深度,如图 5.53 所示。

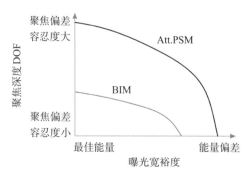

图 5.53　双极型掩模版和交替相移掩模版的光刻工艺窗口 DOF

　　虽然 Alt. PSM 具有更好的成像效果和更大的工艺窗口,但是有许多因素限制了它的广泛应用。第一,Alt. PSM 的制造过程涉及 Cr 线条的光刻刻蚀、两侧石英各一次光刻刻蚀,相比双极型掩模版制作工艺更复杂,要求也更高,且费用更高。第二,Alt. PSM 的使用必须伴随第二块将线条进行修剪的掩模版(trim mask),导致额外成本产生,同时 Alt. PSM 所采用的较小的常规光源与修剪掩模版采用的较大的离轴光源之间需要频繁切换,也减少了光刻机的使用时间,降低了成本。第三,Alt. PSM 仅适合制作单走向的图形,无法实现相互垂直的线条,对于线条密集且单走向的存储器件而言是一个不错的选择,但是无法满足逻辑器件的需要。第四,Alt. PSM 光刻成像质量对光学系统中透射光强不平衡、畸变十分敏感。第五,对相位不符合设计的缺陷位置的检测和修复也是目前面临的挑战。

　　无铬相移掩模版结构如图 5.52(c)所示,CLM 与 Alt. PSM 成像原理相同,图形区域通过相位相反区域干涉相消成像,但是 CLM 相位相反区域之间没有不透明区域,相位相反区域直接相邻。无铬相移掩模版一般只能做明场成像,不透明的区域由相位相反区域定义,例如需要在晶圆上制作孔状结构,可以采用负性光刻胶,同时通过控制 CLM 上相位相反的区域线宽足够小,相位相反区域的光线透过率会急剧下降,形成低于光刻胶曝光阈值的光强,该未曝光区域的负性光刻胶在显影过程中溶解,形成孔状结构,并通过刻蚀传递到晶圆上。相反,如果需要制作岛状结构,可以采用正性光刻胶,该未曝光区域的正性光刻胶在显影过程中不溶解,形成岛状结构。

　　CLM 相比 BIM 的优点是能提供更高的分辨率和更大的聚焦深度,但也存在明显缺点,阻碍了其广泛应用:第一,掩模版检测对比度低、检测缺陷的难度增加。第二,光刻邻近效应修正实现方式变化,由于图形是由反相区域决定的,与 BIM 和 Att. PSM 中采用的调整不透光图形线宽实现修正的方式不同。第三,反相区域的相位精确度对刻蚀速率的均匀性要求更高,如何克服反相区域图形密度差异伴随的刻蚀负载效应是面临的挑战。

3. 极紫外掩模版

极紫外光刻是指利用波长为 13.5nm 的极紫外光完成曝光，极短波长可以提供极高的光刻分辨率。但是几乎所有的光学材料对 13.5nm 波长的极紫外光的吸收都很强，因此 EUV 的光学系统采用反射镜，掩模版也采用反射式。EUV 掩模版反射光带有掩模版上的图案信息，经过光刻机的光学系统将图案投射到晶圆表面实现光刻。对于 EUV，任何材料的反射率都不高，一般不足 1%，例如硅的反射率仅为 1.25×10^{-4}，对光刻胶曝光时无法提供足够的反射光。因此需要采用多层膜结构提升 EUV 反射率。EUV 掩模版的结构如图 5.54 所示。

（a）EUV 掩模版空白基板结构　　　　　　（b）入射光以入射角 6° 照射到掩模版上

图 5.54　EUV 掩模版结构和成像原理示意图

图 5.54(a) 所示是 EUV 掩模版空白基板结构，顶部的 60nm 氮化钽（TaN）吸收层，不反射 EUV 光。EUV 掩模版图形制备过程是将吸收层去除，露出下方的约 2.5nm 厚钌（Ru）保护层，以及硅钼（Si/Mo）高反射层，如图 5.54(b) 所示。EUV 光以 6° 入射角照射到掩模版上并反射。硅钼高反射层由 40~50 个周期的 4.2nm 硅和 2.8nm 钼交替组成，反射率可达 70%。EUV 的反射率随着硅钼反射层周期数目增加而增加，并在 40 个周期左右达到最大值，这与 EUV 的穿透深度对应。钌保护层可以保护硅钼反射层免受 EUV 光源内锡滴的污染，并且对多层膜系统反射率影响很小。硅钼高反射层下方是低热膨胀系数衬底（low thermal expansion material，LTEM），衬底背面为 60nm 左右的铬导电层，用于光刻机掩模工件台对掩模的静电夹持。

EUV 光刻机采用 0.33NA 的光学系统，用来制作 22nm 及以下线宽的图形。为了进一步提升光刻分辨率，下一代 EUV 的光刻机将采用 0.55NA 的光学系统，将支持 2nm 及更小线宽图形的光刻，预计在 2023 年交付。随着 NA 提升，EUV 掩模版的三维光学效应也会增加，因此采用新的吸收层材料降低吸收层厚度是 EUV 掩模版的发展方向，类似于 DUV 光刻中由 COG 朝 OMOG 发展。同样，EUV 掩模版另一个发展方向是朝着相移掩模版发展，即利用吸收层反射部分 EUV 光，其相位与硅钼多层反射光相反，通过光的干涉相消提升分辨率和聚焦深度，类似于 DUV 光刻中掩模版由 COG 向 Att. PSM 发展。通过光刻技术的进步支撑集成电路尺寸进一步微缩。

5.5.2 掩模版图处理

电路设计工程师完成设计的版图和用于晶圆制造的掩模版上的图案并不相同,需要集成电路制造公司 Fab 的工程师将设计版图处理成掩模版图形,具体的流程如图 5.55 所示。

1. 设计规则检查(design rule check,DRC)

电路设计需要按照工艺厂商提供的设计规则(design rule)进行设计,完成设计后流片厂家会对版图进行 DRC,其检查内容主要以版图层为目标,对相同版图层及相邻版图层之间的关系和尺寸进行规则检查。DRC 的目的是保证版图满足流片厂家的设计规则,一般情况下满足设计规则的版图才有可能被成功制造。当然对于违反设计规则的图形,经过设计者和工艺整合工程师之间相互沟通,在确定不影响晶圆制造和芯片功能的前提下,也可以进行流片。DRC 需要借助 EDA 工具完成,DRC 的过程是:由流片厂商提供 DRC 的检查文件,并依据芯片设计对检查文件进行配置,例如需要配置金属连线层数目和器件种类等信息;利用 Calibre 软件的 nmDRC 功能(或者 Tachyon LMC 功能)对版图进行检查,并通过 RVE 功能进行审阅,可以实现对违反规则的图形进行定位、观察,并显示对应的规则信息,如图 5.56 所示。

从设计部门得到GDS文件

↓

设计规则检查(DRC)

↓

逻辑运算(logic operation)

↓

填入Dummy图形

↓

Dummy相关DRC

↓

版图缩小到90%(针对半节点工艺)

↓

OPC

↓

完成数据处理

图 5.55 设计版图转换成掩模版图形的具体流程

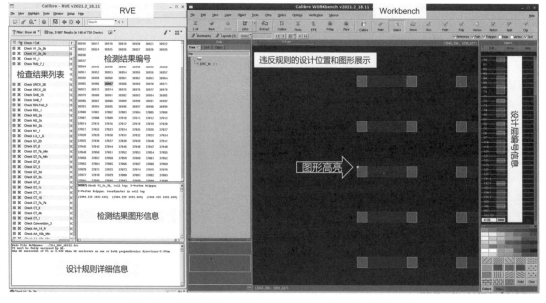

图 5.56 利用 Calibre 软件进行设计规则检查和审阅的界面

2. 逻辑运算（logic operation）

逻辑运算以现有版图设计为基础，对现有版图层进行线宽变化，或者生产新的版图层。对现有版图层进行线宽变化可以实现以下目的：首先，调节器件电学特性。通过调节有源区掩模版上线条的宽度来调节沟道的长度，而调节栅极掩模版上图形的宽度可以调节沟道的宽度，通过沟道长度和宽度的调整实现器件电学特性的调控。以 55nm 节点逻辑电路为例，这是 65nm 之后的一个半节点，两者共用一个工艺设计套件（process design kit，PDK），但是前者版图尺寸是后者的 90%，线宽更小，晶体管密度更高。55nm 和 65nm 节点的芯片中晶体管的电学特性是相同的，但是同比例缩小沟道的长度和宽度会引起晶体管电学特性的变化，需要通过逻辑运算对沟道的长度和宽度尺寸进行调整，保证晶体管电学特性不变。其次，清理尺寸大小违反设计规则的图形。当版图中出现小于设计规则规定的最小尺寸的图形时，可以通过缩小图形尺寸，再扩大相同尺寸，使违反规则的图形消失，同时保证正常图形尺寸不变。例如在最小线宽为 90nm 的规则下出现了 70nm 线宽的图形，可以先减小线宽 80nm，使 90nm 图形缩小为 10nm 线宽，70nm 线宽图形消失，再通过增加 80nm 线宽使 10nm 图案恢复到 90nm 线宽，从而实现 70nm 图形的清理。通过逻辑运算生产新的版图层，通常被用于生成离子注入区域。例如用于核心器件的 P 阱（P well，PW）区域可以基于已有的 N 阱设计计算得出，如图 5.57 所示，同样芯片顶部用于扎针的 Al Pad 也可以基于钝化层通孔的设计版图运算得到。

图 5.57　通过 N 阱版图设计
计算出 P 阱版图

3. 版图缩小

一般将晶体管面积缩小到原来的一半，即尺寸缩小到原有的 70%，是集成电路工艺节点进步一代的表现，例如 130nm、90nm、65nm、45nm、32nm、22nm、14nm、10nm、7nm、5nm，当然随着节点尺寸的缩小，每一代的命名已经和实际的尺寸存在差距。然而，这些不同的工艺节点之间还存在着半节点，例如 65nm 之后存在 55nm 节点，并且具备 65nm 制程能力的集成电路制造企业基本把产能投入 55nm，而非 65nm，同样的情况也适合 40nm 节点、28nm 节点等。集成电路制造企业通过提高晶体管密度可以降低芯片成本，使产品更具市场竞争力。在工艺不足以支撑晶体管整体面积缩小一半面积的情况下，集成电路制造企业会选择在晶体管最关键的沟道尺寸不变的基础上，缩小沟道外围的尺寸，使通孔和金属互连线排布更加紧密，从而实现整体面积缩小至 81%。半节点产生的基础是工艺制程改进并提升图形密度后仍能保证足够的工艺窗口，例如线条周期减短后相互之间不会产生桥接，第一金属层仍能准确覆盖通孔。采用半节点的集成电路制造在设计阶段仍按照原工艺节点的规则，设计完成后在版图处理过程中会加入缩小 90% 这一操作，而逻辑运算保证沟道尺寸在版图缩小前后保持不变。

4. Dummy 图形添加

在版图设计过程中，除了放入与电路逻辑或者功能相关的图形外，为了提高可制造性也会放入一些与逻辑功能无关的图形,称之为 Dummy 图形。Dummy 图形对可制造性的提高包括:①提高光刻均匀性。Dummy 图形可以提升掩模版图形的均匀性,提升曝光系统内光分布的均匀性,避免局部曝光剂量过多或过少,以及额外的光干涉和衍射对关键图形尺寸产生影响。②降低刻蚀过程的负载效应。反应离子刻蚀采用反应气体和刻蚀材料进行化学反应,同时结合离子物理轰击实现刻蚀材料去除。局部刻蚀材料图形密度大,化学反应消耗反应气体多,导致反应气体浓度降低,刻蚀速度降低,这就是刻蚀的负载效应。负载效应导致刻蚀速率受到图形密度的影响,刻蚀均匀性下降。通过加入 Dummy 图形可以对图形密度进行控制,降低负载效应对刻蚀工艺的影响。在前道工艺中,有源区和多晶硅栅极是影响器件特性的关键层,制备过程对关键尺寸要求最高,因此这两层需要引入 Dummy 图形抑制刻蚀过程的负载效应。③降低化学机械研磨(CMP)的负载效应。在后段工艺中,铜互连工艺中采用的 CMP 也存在负载效应。CMP采用的研磨液中含有与研磨物质反应的化学物质,以及与研磨物质进行物理研磨的磨料,在研磨物质图形密度高的区域消耗化学物质多,浓度

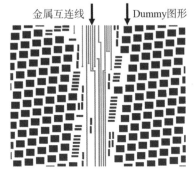

降低快,研磨速度降低显著。晶圆上需要研磨的物质种类和图形密度差异,会引起明显的负载效应,使 CMP 均匀性降低,晶圆表面起伏增加。通过在金属层加入Dummy 图形,不仅可以改善用来形成通孔 Via 和金属线的双大马士革结构的刻蚀均匀性,也可以改善 Cu 研磨过程中研磨速率均匀性和晶圆平整性。由此可见,Dummy 图形主要应用于有源区(AA)、栅极(GT)、金属互连层(Mx)。图 5.58 列举了一种金属互连线周围的 Dummy 图形,Dummy 图形为规则排布的矩形。

图 5.58　金属互连线周围的 Dummy 图形

5. 光学邻近修正(OPC)

光刻工艺过程可以分光学和化学两部分;其中光学部分是指光照射到掩模版上发生衍射,被投射透镜收集,然后汇聚到光刻胶表面;化学过程是指光刻胶在光的照射下发生光化学反应,并在烘烤过程中产生物质扩散,最终使光刻胶特定的图形在显影后保留在晶圆上,其余部分溶解在显影液中。

从 180nm 技术节点开始,光刻的关键尺寸开始小于光源波长,由于掩模版曝光时产生的衍射光空间频率高频部分增加,而大于一定空间频率的衍射光被光瞳挡住,衍射光的部分损失导致光刻图形失真,必须进行光学修正。随着工艺节点缩小,掩模图形的线宽和厚度尺寸接近时,掩模版图形不能作为二维图形进行近似,掩模三维效应的存在使掩模的最佳聚焦平面受到图形尺寸和密度的影响,掩模的三维效应对光刻的影响也需要光学修正。

光刻胶光化学反应的过程和反应生成物的分布会影响显影完成后光刻胶形貌,因此光刻工艺的化学部分对图形的影响也需要通过相应的模型进行修正。以化学放大胶为例,曝光时局部曝光的强度越大时间越长,光酸产生就越多,曝光后的烘烤温度越高时间越长,光酸扩散的距离就越远,化学效应使光刻胶图形偏离版图设计。这些光刻工

艺对图形的影响需要通过实验收集数据并建立模型,并依据模型对版图进行修正,补偿化学过程的影响。

OPC 修正需要依据光刻工艺相关的 OPC 模型(model)和配方(recipe),而 OPC 模型和配方的建立需要经历如图 5.59 所示流程:①光刻工艺确定,包括光源工艺参数和光刻胶工艺参数;②设计并制作 OPC 测试掩模版;③用 OPC 掩模版曝光晶圆并显影,收集光刻胶尺寸信息;④依据部分光刻胶尺寸信息,结合掩模版图形设计建立 OPC 模型;⑤依据另一部分光刻胶尺寸信息对模型进行验证;⑥优化并验证 OPC 修正的配方(数据处理相关,例如计算过程采用的图形切割方式等);⑦采用 OPC 模型和配方对掩模版图形进行修正;⑧通过修正后的掩模版用光刻实验验证 OPC 模型和配方并进行优化,直至 OPC 修正符合工艺集成的要求。

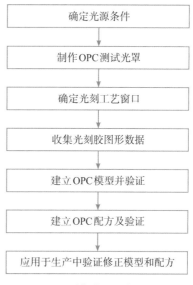

图 5.59　OPC 模型和配方的建立流程

5.6　计算光刻

随着光刻图形不断微缩,光刻分辨率和工艺窗口对光源形式的敏感度不断提升,按照图形选择光源形式,保证足够的光刻分辨率和工艺窗口是光刻研发的关键。拥有不同特征的图形在某一特定光源曝光时产生的图形畸变和工艺窗口也会有差异,尤其以密集图形和孤立图形之间的工艺窗口差异最为明显。通过添加辅助图形可以减小密集图形和孤立图形之间的工艺窗口差异,通过光学邻近效应修正可以矫正曝光中产生的图形畸变,反演光刻技术可以提供更高的修正自由度以解决光刻图形中的难点,最终实现光刻图形误差小且光刻工艺窗口大的目标。

5.6.1　光源-掩模的协同优化

当某个光刻层的版图确定后,光刻工艺的研发第一步需要确定使用什么样的光源条件。基于确定的光源条件,光刻工程师才能对 OPC 测试图形曝光并收集数据。从测试图形上收集的数据,将被用于建立 OPC 光学和化学模型。如果初始光源条件并不理想,光刻工程师还可以重新设置光源条件。分辨率增强技术(resolution enhancement technique,RET)实际上就是根据已有的掩模版设计图形,通过模拟计算确定最佳光源条件,采用合适的光掩模技术,加入辅助图形和 OPC 修正,以实现最大共同工艺窗口(common process window),流程如图 5.60 所示。确定最佳光源条件这部分工作一般是在光刻工艺研发的早期进行。

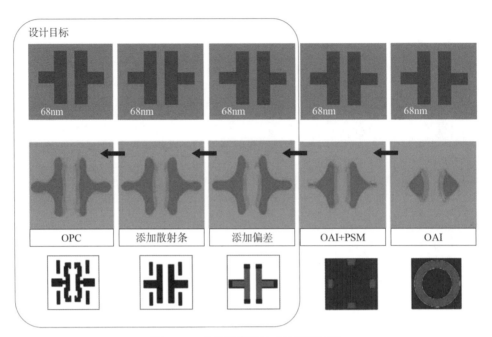

图 5.60　分辨率增强技术流程示意图

在新技术节点中需要研发的只是关键层（包括 AA/Poly、CT/Via、M_1/M_x）的光刻工艺，非关键层的工艺一般可以直接参考上一个技术节点的工艺；在新建立且没有光刻技术转让的 Fab 中光刻工艺确定过程初期，也可以对已有的经验性的光刻工艺进行模拟分析，寻找更优的光源条件，实现更宽的光刻工艺窗口。

光刻工艺研发初期的主要任务就是针对芯片版图设计、衬底薄膜结构、光刻胶和抗反射层的厚度和光学参数等提出最佳光源条件，并初步确定在此条件下的工艺窗口。特别是要在现有设计中找出光刻工艺困难的部分，这些图形被称为"坏点"（hot spots）。通过将坏点反馈给版图设计者。通过修改版图设计可以使下一轮的设计便于光刻。

寻找最佳光源条件的工作流程如下：首先，从版图中找出有代表性和光刻难度的部分并截取出来，称为"图形片段（clips）"；其次，使用仿真软件对这些图形片段做各种光源条件下的光刻工艺窗口计算，通过对比确定实现最佳共同工艺窗口的光源条件，以及在此光源条件下工艺窗口最小的图形。显然 clips 选取得越多，计算结果就越能代表整个设计图形，但是也将需要更多计算资源。综合考虑计算结果的全面性和计算时间长短，一般选取 10~20 个 clips 来计算。对于传统光源，能优化的光照参数主要是 σ_{in}、σ_{out}、NA，这种光源条件的优化又被称为光源参数的优化。近几年，先进光刻机的光照系统实现了自由形式的像素式照明，光的强度和入射角可以实现以像素为单位的调整。目前先进的 193nm 浸没式光刻机都配备像素式光照系统。自由形式的照明在 14nm 工艺以下受到广泛应用，并且在 28/22nm 节点也有少量应用，为光源-掩模协同优化（source mask optimization，SMO）提供了更先进的硬件条件。

SMO 的目的是寻找最佳的光源条件，而 OPC 是对掩模上的图形做修改得到最佳的光刻工艺窗口。显然，SMO 的结果与 OPC 是相关联的，光源条件不一样，掩模上 OPC 对图形修改就会不同。光源条件的复杂程度从标准的参数式光照（diffractive optical element,DOE)、定制的 DOE,再到无限制的 DOE(即像素式的光照)逐步升高;OPC 的复杂程度则从基于经验的修正,基于模型的修正,再到无限制的修正。但是,DOE 的选取受光刻设备条件的限制,而 OPC 的选取则受掩模制造能力的限制。如果 OPC 修正不够理想,可以用较复杂的光源条件来补偿,以保证一定的光刻工艺窗口;反之,如果光刻机不够先进,没有配置复杂的光照系统,那么可以使用具有较复杂 OPC 的掩模来补偿,以保证光刻工艺窗口。

图 5.61 所示是 SMO 计算的数据流程。使用一个参考光源条件作为起点开始迭代计算,直到新的光源条件能实现所要求的工艺窗口。

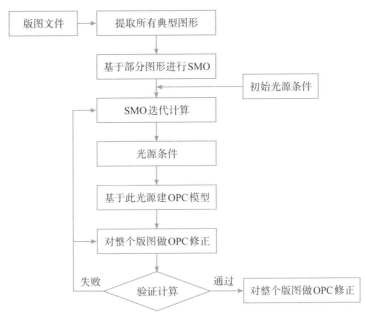

图 5.61　SMO 计算的数据流程

clips 的选择是优化光源条件的基础,可以依靠经验选取,或使用软件从版图文件中自动选取。自动选取 clips 的软件依据图形在光照下的衍射级分布,从空间频率分布的角度判断新增的 clip 是否与已存在的 clips 重复,这样既保证所选的 clips 能充分代表整个版图设计,又使计算时间降到最短。

不同 clips 达到最优工艺窗口需要不同的光源条件:

(1)对于密集图形要保证尽可能高的分辨率,所以选择离轴照明以最大限度地利用数值孔径,如图 5.62 所示,比如环形(annular)、偶极(dipole)、交四极(cross quadrupole,C-Quad)等。其好处是提高空间像对比度,主要表现在较高的光能量宽裕度、较小的掩模版误差因子和较大的对焦深度。

(2)对于孤立图形要保证空间像对比度,所以选择傍轴照明使强度高的低阶衍射光更多通过光瞳被用于成像。也就是说,对于孤立图形,离轴照明会导致相当一部分强度高的低阶衍射光无法通过光瞳而被阻挡,造成空间像对比度的损失,这种损失会导致曝光能量宽裕度下降和因此导致的对焦深度变小。所以对于孤立图形需要傍轴照明。

(3)对于半密集图形,为了兼顾分辨率和空间像对比度,则需要介于离轴和傍轴照明中间的某种照明形式。

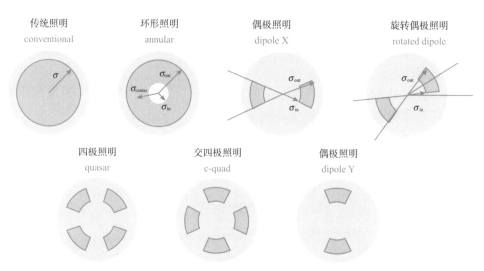

图 5.62　光刻机常见光源类型

SMO 仿真计算基于曝光能量、聚焦度、掩模版上图形尺寸扰动对应的晶圆上目标图形的边缘位置误差(edge placement error,EPE)。评价函数被用来评价和确定最佳的光源条件,其计算方式为加权平均。不同的工艺扰动对不同成像评价图形产生边缘偏差,而不同的成像评价图形依据研发过程中的需求会配置不同的权重。评价函数达到最小即对应了最佳的光源条件。

经过大量光源优化工作,业内总结出了不同典型图形在满足对比度、掩模版误差因子和对焦深度工艺窗口时对光源的要求,如表 5.5 所示。必须指出的是,现阶段的光源优化已经成为一个复杂的工程问题,实际中无法通过主观调整得到很好解决,而更依赖于 EDA 软件的帮助。表 5.5 中图中有阴影的区域代表相似的要求,即离轴照明,因此确定了 SMO 后的光源都是离轴照明。但是可以发现表中有 4 项白色区域,代表了傍轴照明的要求,需要通过表 5.6 的策略使其在离轴照明下仍满足足够的工艺窗口。

表 5.5　典型图形在满足对比度、掩模版误差因子和对焦深度工艺窗口时对光源的要求[8]

光刻工艺参数	一维图形			二维图形
	大周期(＞波长/数值孔径)	中等周期(波长/数值孔径附近)	小周期(＜波长/数值孔径)	
	孤立图形	半密集图形	密集图形	线端—线端线端—线条
实现线宽目标值	小 Sigma(傍轴,相干)	中等 Sigma	离轴	离轴(以减小线/槽端缩短)

续表

光刻工艺参数	一维图形			二维图形
	大周期(>波长/数值孔径)	中等周期(波长/数值孔径附近)	小周期(<波长/数值孔径)	线端—线端 线端—线条
	孤立图形	半密集图形	密集图形	
对比度(contrast)/能量宽裕度(EL)/像光强梯度(ILS)	小 Sigma(傍轴,相干)	中等 Sigma	离轴	小 Sigma(傍轴,相干)
焦深(DOF)	小离轴	中等离轴	离轴	离轴(以实现线宽目标值)
掩模版误差因子(MEF)	大 Sigma(非相干)	中等 Sigma	离轴	大 Sigma(非相干)

表 5.6 特定图形在离轴照明下实现足够工艺窗口的要求[8]

光刻工艺参数	如果因少数服从多数采用离轴照明,少数图形(主要是孤立图形)应采取如下方法以维持工艺窗口			
	一维图形			二维图形
	大周期(>波长/数值孔径)	中等周期(波长/数值孔径附近)	小周期(<波长/数值孔径)	线端—线端 线端—线条
	孤立图形	半密集图形	密集图形	
实现线宽目标值	增加线宽,添加亚分辨辅助图形(SRAF)	增加线宽,添加亚分辨辅助图形(SRAF)	不需要	不需要
对比度(contrast)/能量宽裕度(EL)/像光强梯度(ILS)	增加线宽	增加线宽	不需要	添加装饰线(serif)、榔头(hammer head)以及增加图形之间的间隙
焦深(DOF)	增加线宽,添加亚分辨辅助图形(SRAF)	增加线宽,添加亚分辨辅助图形(SRAF)	不需要	不需要
掩模版误差因子(MEF)	增加线宽	增加线宽	不需要	不需要

光源的条件也随着技术节点的推进(空间周期缩小)而演变。

(1)在 0.18μm 技术节点或者以前,用到最多的照明条件就是传统照明,照明在光瞳上是一个具有一定半径的圆。圆的半径由密集图形的最小空间周期和孤立图形的线宽决定。在光瞳上的半径代表离轴角,所以密集图形希望有较大的半径,而孤立图形希望有较小的半径。

(2)到了 0.18μm 节点,由于传统照明已经不能很好地支持密集图形,环形照明开始被应用。出现这个情况实际上是因为需要制作的图形线宽比曝光波长小。在 0.25μm 技术节点,曝光波长是 248nm,线宽是 250nm;但是在 0.18μm 节点,线宽更小,曝光波长还是 248nm。这个情况导致传统照明无法继续支持更加小的线宽。在光刻工艺中,衡量分辨率使用 k_1 因子(CD=k_1×λ/NA),一般来说,k_1 因子很少小于 0.4。对于 0.6NA、248nm 的光学系统,相干照明和非相干照明有不同的调制传递函数。图 5.63 显示了三种不同照明方式的调制传递函数:相干照明(σ=0,即傍轴照明),完全非相干照明(σ=1,即傍轴照明),部分相干照明(以 σ=0.6 为例,也称传统照明)。在 0.25μm 技术节点,最小约 600nm 的周期可以处在传统照明的可分辨区域中。到 0.18μm 技术节点时,最小的周期 430nm 已经处在传统照明的分辨率边缘。一般会开始采用环形照明,如外圈半径为 0.85、内圈半径为 0.42 的环形照明,以提高在 430nm 周期的分辨率。

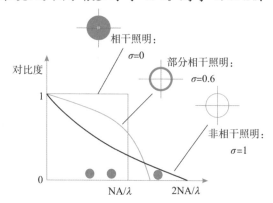

图 5.63　相干、部分相干、非相干照明方式调制传递函数示意图[8]

(3)到了 0.13μm 的技术节点,最小空间周期到达 310nm,传统照明已经完全无法支持了。即便采用 σ=1 的非相干照明,对比度也不到 30%,而为了支持栅极很好地成像,通常需要 60% 的对比度。这时,不仅需要采用较大角度的离轴照明和提升数值孔径,相对 0.18μm 节点,还要采用光酸扩散长度更短的光刻胶。典型的 0.13μm 节点的照明条件是:0.7NA,0.75~0.375 环形。

(4)到了 90nm 技术节点,由于采用了 193nm 光刻技术,离轴照明的要求比之前宽松一些。同样的 193nm 光刻技术沿用到 65nm/55nm 节点,空间周期达到了 160nm,数值孔径因此到了 0.93 后,就无法再往下发展了。

(5)在 45nm/40nm 节点,浸没式 193nm 光刻技术引入,等效地将波长缩短到了 134nm。即便如此,线宽仍然比波长小得多。在 45nm/40nm 节点,线宽等于 60~80nm。于是环形照明也无法继续支持了,由此开始采用四极照明和偶极照明。这样的照明条件一直持续到 32nm/28nm 节点。

(6)到了 20nm/14nm 后,虽然最小周期不再有大幅度的缩小,但线宽和线宽均匀性还是被要求继续缩小。于是,开始了对照明条件的整体优化,而不是以一定的几何形状作为限制,即自由形式的照明。这种系统不仅可以模拟出不同形状的照明光形状,还可以为光源不同位置提供强弱不同的光强,这样可以给需要的图形增强照明,以提升其工艺窗口,如对比度或者对焦深度。

下面将举个 55nm M1 层参数式光源优化的例子。

(1)输入初始光源条件。包括:光刻机型号,这里采用 ArF Dry 光刻机,型号为 1450H;初始环形(annular)光源条件,数值孔径 NA=0.9,环形光源外径 σ_{out}=0.85,环形光源内径 σ_{in}=0.55。

(2)掩模版种类。包括:掩模版类型为 Att. PSM,透射率为 0.06,相位移为 180°;光刻掩模薄膜的三维信息(M3D),MoSi 和石英的折射率、消光系数、厚度、刻蚀角。

(3)硅片薄膜信息。包括:各层光刻胶、抗反射层、介质层等薄膜的折射率、消光系数、厚度。

(4)选择典型图形。依据设计规则(design rule)进行典型图形的设计和选择,图形包括周期性线条(through pitch)、线端到线端(tip-to-tip)、线端到线(tip-to-line)、多线条(multiple bar,3~5bar)、SRAM 局部版图(设计版图中的特征图形),如图 5.64 所示。

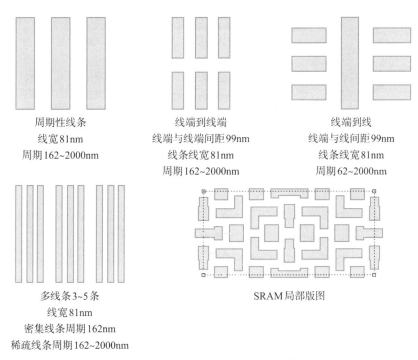

周期性线条
线宽81nm
周期162~2000nm

线端到线端
线端与线端间距99nm
线条线宽81nm
周期162~2000nm

线端到线
线端与线间距99nm
线条线宽81nm
周期62~2000nm

多线条3~5条
线宽81nm
密集线条周期162nm
稀疏线条周期162~2000nm

SRAM 局部版图

图 5.64　用于金属层 M1 进行 SMO 的典型图形

经过 SMO 之后,光源条件 NA,σ_{out}、σ_{in} 由 0.9、0.85、0.55 变成 0.93、0.85、0.64,优化后工艺评价参数在图 5.65 显示,包括聚焦深度(DOF)、最大掩模误差增强因子(maximum mask error enhancement factor,Max. MEEF)、最小图像光强对数斜率(minimum image log slope,Min. ILS)和最小归一化图像光强对数斜率(minimum normalized image log slope,Min. NILS)。初始光源条件下,线端到线端图形的最大掩模误差增强因子(6.39)、最小图像光强对数斜率(11.46)和最小归一化图像光强对数斜率(1.13)都最差,是限制光刻工艺的瓶颈,同时 SRAM 在初始光源下掩模误差增强因子(5.21)偏大,图像光强对数斜率偏小(12.82)。

依据表 5.6 中线端到线端图形掩模误差增强因子降低所需要的大 σ(非相干),SMO 将 σ_{in} 由 0.55 增加到 0.64。由于 ILS 增加需要小 σ,这与掩模误差增强因子优化的需要相反而无法满足,因而 SMO 采用增加数值孔径的方式增加图形分辨率,在 σ 增加的情况下也能实现图像光强对数斜率的增加。通过 SMO 优化后,线端到线端图形的最大掩模误差增强因子(5.57)、最小图像光强对数斜率(12.93)和最小归一化图像光强对数斜率

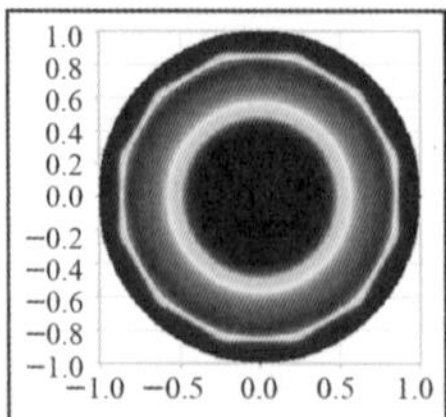

		DOF	Max.MEEF	Min.ILS	Min.NILS
	Anchor	>299.95	2.47	20.66	1.67
	Line	264.30	2.47	20.19	1.67
	Tip-to-tip	223.54	6.39	11.46	1.13
	Tip-to-line	173.00	3.87	14.49	1.37
	MPBar	209.30	2.68	20.11	1.63
	SRAM	280.58	5.21	12.82	1.25
	Overall	173.00	6.39	11.46	1.13

参考光源条件：
NA 0.9
σ 0.55/0.85

		DOF	Max.MEEF	Min.ILS	Min.NILS
	Anchor	>299.98	2.36	21.65	1.75
	Line	247.86	2.36	19.56	1.76
	Tip-to-tip	225.82	5.57	12.93	1.28
	Tip-to-line	183.24	3.40	15.69	1.48
	MPBar	205.96	2.49	20.39	1.70
	SRAM	249.14	4.61	14.04	1.39
	Overall	183.24	5.57	12.93	1.28

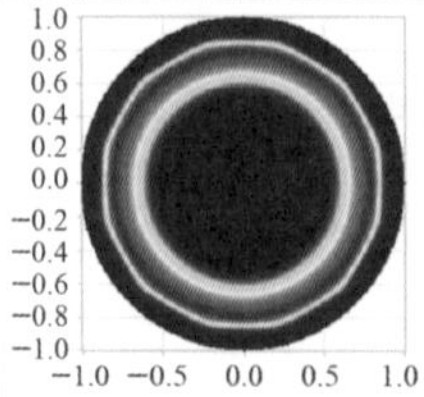

SMO光源条件：
NA 0.93
σ 0.64/0.85

图 5.65　针对金属层 M1 进行 SMO 前后光源条件以及对应的工艺窗口

(1.28)都有不同程度的改善，同时也使 SRAM 局部版图的光刻工艺参数同步改善。而 SMO 之后虽然部分图形的聚焦深度有所降低，例如线条的聚焦深度由 264.30nm 下降到 247.86nm，SRAM 的聚焦深度由 280.58nm 下降到 249.14nm，但是 SMO 考虑整体图形的工艺窗口，我们会发现整体的聚焦深度反而因为线端到线端图形的聚焦深度提升而由 173.00nm 提升至 183.24nm。经过 SMO 后，聚焦深度、掩模误差增强因子、图像光强对数斜率和归一化图像光强对数斜率实现了全面的改善。当然，当 SMO 不能将所有评价参数进行优化时，需要通过权衡，通过牺牲某个较宽裕的工艺参数，提升较差工艺参数。

5.6.2　光学邻近效应修正

掩模上的图形通过光刻机曝光系统投影在光刻胶上，由于光学系统的不完善性和光的衍射效应，会产生光学邻近效应(optical proximity effect，OPE)，使光刻胶上的图形偏离掩模上的图形。光学邻近效应修正(OPC)的目标是通过对掩模图形修正使得光刻胶上的图形符合设计要求。一般来说，当晶圆上图形的线宽小于曝光波长时，光学邻近效应对光刻图形的影响变得不可忽视，必须采用 OPC 对掩模上的图形做邻近效应修正。例如，用 248nm 波长的 KrF 光刻机进行曝光，当图形线宽<250nm 时，掩模开始使用简单的修正；当线宽<180nm 时，则需要非常复杂的修正。使用 193nm 波长 ArF 光刻机进行曝光，当最小线宽<130nm 时，就必须做图形修正。

光学邻近效应最主要的体现形式是禁止周期，在禁止周期范围内图形的衍射信号与光学系统匹配最差，导致光刻工艺窗口小、成像质量差，具体为低阶衍射信号部分被光瞳阻挡强度损失大，同时高阶衍射信号仍被光瞳阻挡无法参与成像。以实际版图为例，一个版图中通常既有密集图形也有稀疏图形，逻辑器件的设计相比存储器件具有更大的任意性。密集图形与稀疏图形的光刻工艺窗口不一致，适用的光源条件也不一致。

从图 5.66 可以看到,对于固定的光源条件,随着周期的增加线宽快速下降,到了大约两倍最小周期(最小周期由版图设计规则决定),线宽达到极小值,然后线宽又慢慢变大。这个线宽随空间周期的变化结果对于所有节点都是类似的。图 5.67 通过一维线条的空间像光强分布随着空间周期的变化解释了禁止周期现象。

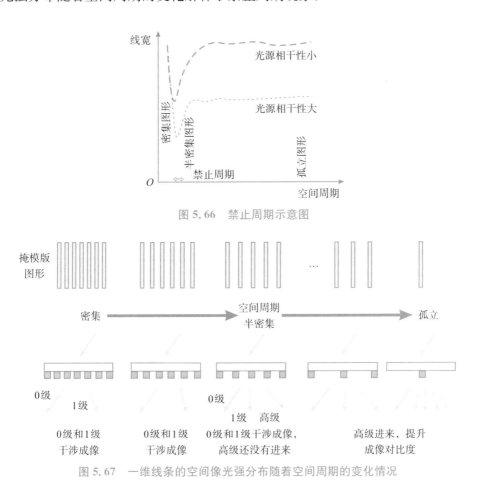

图 5.66　禁止周期示意图

图 5.67　一维线条的空间像光强分布随着空间周期的变化情况

　　首先,我们看空间周期对线宽的影响。空间周期从最小逐渐增大的示意图,大致显示了衍射光的光强和角度随着空间周期的变化。随着空间周期的逐渐增大,由于线宽不变,掩模透射率逐渐增高,也就是 0 级衍射光逐渐增强,空间像光强整体变大,在光刻胶阈值以下的区域逐渐减小,线条线宽在逐渐减小。随着空间周期继续增加,相邻衍射级之间的相隔角度逐渐减小,更高阶衍射光进入光瞳参与成像,空间像的对比度将有比较大的提升,线宽会有所增加。在高阶衍射光进入光瞳前的临界点便是禁止周期对线宽影响最大的时候。当周期继续增加,空间像的对比度和线宽将不会有大的增加,这是由于更高阶的衍射光的强度显著减小,对成像贡献不断降低。

　　其次,我们看离轴角对线宽的影响。离轴角由 σ 决定,σ 越大离轴角度越大,低阶衍射光更多被光瞳阻挡,而高阶衍射光更容易通过光瞳参与成像。离轴角度变大,成像信号主要集中在低阶衍射光的孤立的图形,其线宽会因为衍射总光强损失而减小。当离轴角增大时,孤立图形的工艺窗口会变小,线宽也会变小;反之,当离轴角减小,孤立图形的工艺窗口会变大,其线宽也会变大。所以,孤立图形成像需要尽量采用垂直照明,但是为了提高密集图形分辨率和对比度需要采用离轴照明,两种图形具有相反的需求,需要按照工艺需求进行权衡。

我们再来看光学邻近效应对复杂图形结构的影响。图5.68列举了一些常见图形由OPE影响产生的图形畸变,其中包括:线端缩短、线端凸出、边缘变窄、边缘凸出、桥装连接、无法曝光出设计图形、产生设计中没有的图形、辅助图形被曝光出图形等。可以看到,由于OPE的作用,完成光刻的光刻胶的图形和目标图形相差非常大,图形畸变严重,这也说明了光学邻近效应修正的必要性,就是通过改变掩模图形的形状,补偿并修复光学邻近效应产生的图像失真。

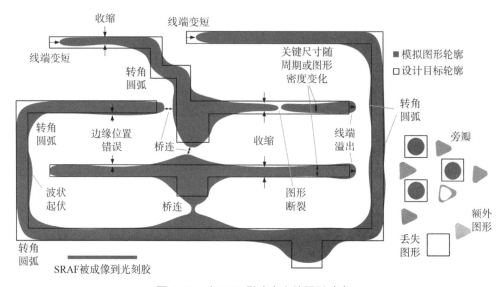

图5.68　由OPE影响产生的图形畸变

光学邻近效应修正的发展经历了基于规则的简单光学邻近效应修正和基于模型的光学邻近效应修正。"邻近"是指一定范围内的图形在曝光时会对此图形的成像产生影响,用光学直径(optical diameter,OD)来定量表示这个范围。在OD之外的图形被认为对本图形成像的影响可以忽略。OD可以通过公式(5.19)估算,其中20是一个估算因子,是兼顾OPC计算量和计算精度的结果,太大会导致计算量过大,太小会导致精度不足。对于0.93NA的193nm光源干法光刻机,OD约为2.0μm;对于1.35NA的193nm光源浸没式光刻机,OD约为1.5μm。

$$OD \approx 20 \times \frac{\lambda/NA}{1+\sigma_{max}} \tag{5.19}$$

基于规则(经验)的简单光学邻近效应修正(rule-based OPC)被应用于0.25μm到0.13μm技术节点。流程如图5.69所示,首先制作测试掩模版并光刻,量测硅片上的不同测试结构的线宽数据,通过对比硅片上的图形和设计图形之间的差距建立用于修正的数据表格,再根据需要修正的图形的特征用查表的方式进行修正。图5.69中第2步是一个如何修正一维图形的规则表格,它规定了在一定线宽与线间距时的修正值。例如,线宽在 150~180nm、间距在 185~210nm 的一维图形,线宽必须增加 11nm。二维图形的修正规则因为图形形式多样而显得比较复杂,例如拐角、线条的端点和接触图形等。

1. OPC测试掩模版设计制造
光刻后硅片上图形线宽信息收集

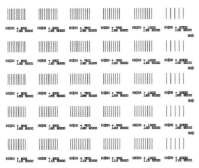

3. 查表对图形进行修正

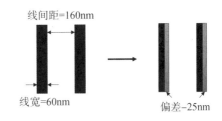

2. 建立修正规则表格

线宽/线间距	65	80	95	300	500	700	1900
<72	0	0	0	0	3	4	6
90	0	0	0	0	0	0	0
110	-7	0	0	0	0	0	0
130	-7	0	0	0	0	0	0
150	-15	0	0	0	0	0	0
180	-25	-10	0	0	0	0	0
200	-25	-10	0	0	0	0	0
220	-25	-10	0	0	0	0	0
250	-32	-17	-2	0	0	0	0
300	-40	-25	-10	0	0	0	0

*备注:以表格中框选的数据为例,该数据表示线间距<65nm,150≤线宽<180nm时,线宽应添加偏差-25nm。

图 5.69 基于规则(经验)的简单光学邻近效应修正流程

基于规则的修正规则是从大量实验数据中归纳出来的,随着计算技术的发展,修正规则演变为由计算产生。通过截取设计中最关键的部分,将其输入一个专用软件中,例如,ProlithTM 或 S-LithoTM。对计算出的修正做分析就可以写出比较好的修正规则。最终的修正规则都需要经过实验验证,而且修正规则仅对应某一光刻工艺条件,包括光源条件、光刻胶、掩模版等,其中任一工艺变化都需要修正规则重新修订。基于经验的光学邻近效应修正广泛应用于 250nm 和 180nm 技术节点,但是随着图形尺寸的变小和图形结构的增加,修正规则复杂度和数量不断增加,这使得基于规则的 OPC 在 130nm 节点光刻研发中达到极限。

基于模型的光学邻近效应修正(model-based OPC)从 90nm 技术节点开始被广泛使用,通过实验数据建立光学模型和光刻胶光化学反应模型,依靠模型将掩模图形计算成曝光后硅片上的光刻胶图形,并通过光刻胶图形和设计的目标图形边缘放置误差判断修正的效果,如图 5.70 所示。边缘放置误差是用来衡量修正质量的指标,边缘放置误差小就意味着曝光后的图形和设计图形接近。OPC 修正软件基本的运算过程是通过移动掩模边缘的某一段,计算出对应的边缘放置误差,这个过程不断迭代直到计算出的边缘放置误差达到可以接受的值。掩模边缘移动的最小步长必须与计算精度需求和掩模版制造能力匹配,步长太大会导致计算精度不足,步长太小导致计算时间长,而且对掩模版制造精度要求提高。

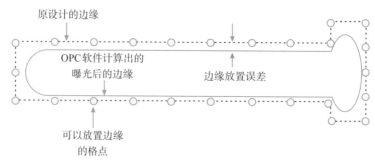

图 5.70　边缘放置误差定义

　　OPC 修正大量集中在线条的拐角和两端等光刻畸变更显著的二维结构处,这些地方需要设置更小的格点,使得在这些位置处 EPE 的计算更加密集,修正更完善。OPC 所需要的结果是整个图形的 EPE 达到极小值,而不同位置由于其重要程度不同会设置不同的计算权重,计算过程通过评价函数来综合评估整个图形的 EPE。OPC 的计算方式就是对格点做扰动,以寻找何时评价函数才能达到最小值。基于模型的光学邻近效应修正的工作流程如图 5.71 所示。首先是设计测试图形并制作测试掩模,曝光并收集晶圆上光刻胶图形的线宽数据,建立修正模型。使用模型对设计图形做修正,并对修正后的图形做验证。验证过程中遇到问题可以对模型(model)和修正配方(recipe)进行修改,同时将修正效果不佳的图形记录下来,供后续晶圆监控使用。最后,经 OPC 处理后的版图发送给掩模厂,以制备掩模版。

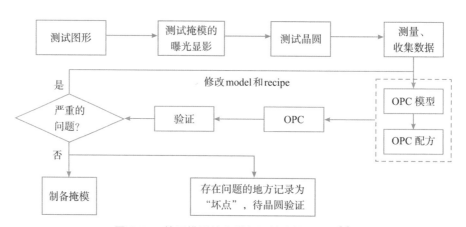

图 5.71　基于模型的光学邻近效应修正流程[4]

　　精确模型的建立是光刻胶图形 OPC 修正的关键,不仅要求精度高而且要求计算速度快,通常在收集大量数据的基础上对近似模型拟合实现所需精度和速度。表 5.7 列举了一些基本的 OPC 测试图形。测试图形被放置在一个测试掩模上,按照事先选定的光源条件进行 FEM 曝光。FEM 的中心能量、聚焦值以及步长都必须进行合理选择,以符合建模时数据的需要。通过将 CD-SEM 量测的光刻胶图形的线宽实验数据输入软件中实现对模型调整,通过模型调整尽量使计算出的结果与实验数据吻合,即边缘放置误差尽可能小。最后对建立的模型进行验证,主要验证方法有两个:一是对比光刻胶图形的电镜照片和模型计算出来的图形;二是对比建模时没有使用过的实验数据和模型计算的结果。验证可以发现软件中存在的缺陷和设计中的错误,并能找出可能存在的坏点。

表 5.7　OPC 基本测试图形[4]

名称	类型	掩模与光刻胶图形尺寸的关系	测量值
独立线条(isolate lines)	1-D	线性	线宽
密集线条(dense lines)	1-D	线性	线宽
周期变化的线条(pitch lines)	1-D	均匀性	线宽
双线条(double lines)	1-D	线性	线条之间的间距
独立沟槽(inverse isolate lines)	1-D	线性	沟槽的宽度
双沟槽(inverse double lines)	1-D	线性	沟槽之间的距离
孤立的方块(island)	2-D	线性	方块的直径
孤立的孔洞(inverse island)	2-D	线性	孔洞的直径
密集的方块(dense island)	2-D	线性	中间方块的直径
线条的端点(line end)	2-D	线性	线条端点之间的距离
密集线条的端点(dense line end)	2-D	线性	线条端点之间的距离
沟槽的端点(inverse line end)	2-D	线性	沟槽端点之间的距离
T 形结构(T junction)	1.5-D		线条中部的宽度
双 T 形结构(double T junction)	1.5-D		线条中部的宽度
拐角(corners)	2-D	线性	拐角之间的距离
密集拐角(dense corners)	2-D	线性	拐角之间的距离
桥结构(bridge)	2-D		桥的宽度

刻蚀过程中图形侧壁不是理想的垂直,使刻蚀后晶圆上线宽和光刻胶的线宽存在差异,需要建立刻蚀模型补偿刻蚀这个线宽差异,也称刻蚀偏差。补偿刻蚀偏差有两种方式:一种是对版图上所有的边缘改变一个固定的线宽,被称为全片刻蚀偏差;另一种是建立一个刻蚀模型,将刻蚀偏差与深宽比/图形密度进行精确关联,然后依据刻蚀模型对设计版图做修正,最后再做光刻的 OPC 修正,如图 5.72 所示。决定刻蚀模型的现象主要是可见性效应和负载效应,前者是指在较大的没有光刻胶的区域,横向和纵向的刻蚀速率都较大;后者是指图形密度较低区域的刻蚀速率大于密度较高区域。

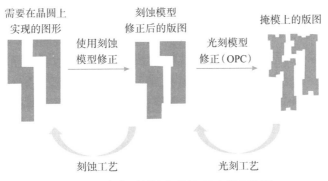

图 5.72　考虑到刻蚀偏差的 OPC 修正流程

5.6.3 辅助图形计算

随着集成电路尺寸不断微缩,为了提供足够的曝光分辨率,光源条件朝着大 σ 的离轴照明方向发展,但是半密集图形和孤立图形的光刻工艺窗口随之减小,对焦深度无法满足光刻工艺的要求。从 90nm 节点开始,辅助图形被引入掩模图形中用于增加工艺窗口。曝光辅助图形是一些很细小的亚分辨图形,被放置在稀疏图形的周围,对入射光起到散射作用,使得稀疏图形在光学的角度上看像密集图形,因此曝光辅助图形也称为散射条(scattering bar,SB)。一般而言,辅助图形尺寸越大,散射效果越好,对孤立图形的工艺窗口的提升也越大。但是,按照设计辅助图形不能在光刻胶中显影出来,因此它的尺寸要小于光刻机的分辨率,即亚分辨率(sub-resolution)。同时,辅助图形太小将增加掩模制造的难度,使掩模的成本大幅度上升。综合来看,辅助图形的设置应该是确保不曝到光刻胶上的前提下尺寸尽可能大。图 5.73 列举了在主图形(main feature)周围添加不同的辅助图形的情况。主图形作为孤立图形,由于周围透射光强,衍射光多,曝光后在光刻胶上的图形位于曝光阈值下方的区域小,线宽偏小。当在主图形周围加入辅助图形时,由于主图形周围光被散射掉一部分,光刻后主图形相比于孤立图形线宽更大。当增加辅助图形的线宽,整体更接近密集线条,除了主图形,辅助图形也被曝光出来。由此可见,辅助图形是在不被曝光出来的前提下尽可能线宽变大。添加辅助图形的方法分为基于规则和基于模型两种,基于规则的辅助图形插入方法利用特殊设计的测试掩模,曝光后收集图形量测数据,确定最佳放置位置和宽度。基于模型的辅助图形插入方法通过模型计算实现自动插入,软件不断调整辅助图形尺寸、位置参数,直到获得最大的图像对数斜率。

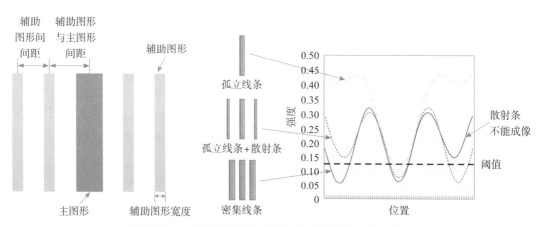

图 5.73　主图形周围添加不同的辅助图形的光刻胶曝光

辅助图形添加可以有效增加光刻工艺窗口。图 5.74 是一个模型计算 DOF 的结果。掩模上有线条图形,其周期从 180nm 连续增大到 540nm。线宽是固定的 90nm。曝光光源是 ArF,光源条件已经用周期 180nm 的密集图形进行优化。随着线条周期的增大,光刻工艺的窗口聚焦深度 DOF 变小。在周期等于 300nm 时,一个 60nm 的 SRAF 被放置在相邻的线条中间。SRAF 的插入使得聚焦深度由 70nm 左右增大到 180nm,有效地增大了光刻工艺的窗口。同样,当周期增加到 420nm 时,放置两个 60nm 的 SRAF 在相邻的线条中间。SRAF 的插入使得聚焦深度由 100nm 左右增大到 160nm。对于 55nm 节点分辨率要求最高的栅极层,量产工艺中 DOF 需要达到 180nm。

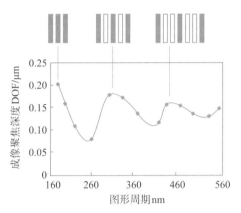

图 5.74　SRAF 对工艺窗口 DOF 的影响[4]

辅助图形的添加分为基于规则的辅助图形添加、基于模型的辅助图形添加和基于模型自由形式的辅助图形添加,各自的图形在图 5.75 中展示。

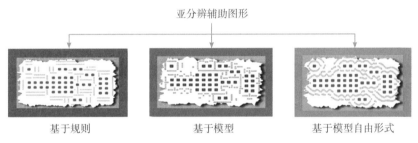

图 5.75　基于规则的、模型的、自由形式的辅助图形

基于规则的辅助图形(rules-based SRAF)添加使用在 90nm 到 55nm 节点,通过建立一些辅助图形插入的规则来实现辅助图形加入,该规则确定了辅助线条的宽度,与主图形之间的距离,辅助线条之间的距离,在周期等于多少时插入第一个辅助线条,周期等于多少时插入第二个辅助线条,等等。而辅助图形设置参数通过实验来确定,在 OPC 测试掩模版中会按照不同的规则添加辅助图形,通过曝光确定工艺窗口的大小,从中选择最佳窗口对应的规则作为辅助图形的设计规则。实验结果显示线宽增加 5nm,DOF 可以增大 15%。实验确定的规则还需要在后续光刻胶图像中验证,确定辅助图形在所有位置都不会曝出。辅助图形添加的规则是和光刻工艺条件密不可分的,工艺参数改变需要重新开发辅助图形设计规则。表 5.8 列出了用于 90nm 栅极层的 SRAF 规则。

表 5.8 用于 90nm 栅极层的 SRAF 规则举例[4]

SRAF 宽度=60nm	周期=180nm	周期=300nm	周期=420nm	周期=540nm	独立线条
1st SRAF	否	是	是	是	是
2nd SRAF	否	否	是	是	是
3rd SRAF	否	否	否	是	
4th SRAF	否	否	否	是	
图形					

基于模型的辅助图形（model-based SRAF）添加在 45nm 节点被首先使用，并在 32nm/28nm 及以下的光刻工艺中被广泛接受。根据已有的模型，EDA 软件根据 SRAF 的初始设计规则插入并计算主图形的成像对比度，然后不断调整设计规则中的参数，直到获得最大的对比度。图 5.76 显示了孤立线条成像对比度随辅助线条距离变化的计算结果，在距离主图形某个距离的主图形成像对比度达到极大值。

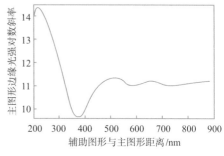

图 5.76 孤立线条边缘成像对比度随 SRAF 距离变化模拟图[4]

5.6.4 反演光刻技术

虽然反演光刻技术（inverse lithography technology，ILT）和前面介绍的 OPC 技术都是基于模型的计算技术，目的都是使曝光后晶圆上的图形尽量和设计图形一致，但是两者的思路却完全不同。OPC 技术对设计图形做修正在晶圆上得到目标图形，ILT 是把在晶圆上的目标图形进行反演计算得出掩模图形。反演光刻基于复杂的反演数学计算，以取得理想的工艺窗口为目标，计算出掩模图形，结果已经包括 OPC 和 SRAF。用这种方法设计出的掩模在曝光时能提供更高的图形对比度。ILT 优势明显，相比传统 OPC 工艺窗口可以提升近 100%，缺点就是计算资源需求高，不适合整块掩模版的修正。目前主要的应用场景还是在于对坏点（hot spot）修正和掩模关键图形区域的修正，如图 5.77 展示的案例，其余掩模区域仍采用 OPC 修正，兼顾了整体的工艺窗口和修正的计算时间。

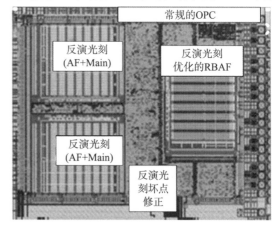

图 5.77 应用案例：仅工艺窗口最小的区域进行 ILT 处理[14]

如图 5.78 所示是 ILT 对掩模图形进行处理的流程。首先对芯片进行分割,作为运算单元进行 ILT 计算生成理想版图,一般计算时间是 OPC 处理时间的十倍以上;其次理想的版图图形按照掩模版可制造性要求进行清理,消除无法制造的图形;再次将清理后的版图图形进行曼哈顿化,即将图形切割成由矩形构成,满足掩模版图形写入要求,图形在曼哈顿化过程中发生了大幅改变,需要进行再次优化以确保硅片光刻胶图形的准确性和工艺窗口的幅度足够;最后将原本分割的图形进行缝合。整个过程耗时长,是 ILT 面临的挑战。

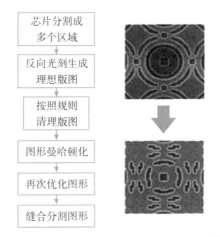

图 5.78　ILT 对掩模图形进行处理的流程[15]

5.6.5　版图仿真计算

经 OPC 处理后的版图需要经历验证,通过仿真计算确定工艺窗口符合要求。不符合工艺窗口要求的图形被称为坏点,必须进行特殊处理以保证整个掩模图形符合工艺要求。如图 5.79 所示是数据验证的流程。

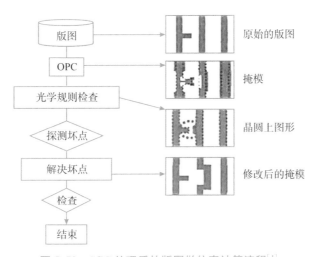

图 5.79　OPC 处理后的版图做仿真计算流程[4]

解决坏点的过程被称为"hot spot fixing"。第一次 OPC 做完后的坏点可能有十几万个到几十万个,一般由工程师通过调整 OPC 的设置来解决。全局性的坏点可以通过修改 OPC 里的评价函数和规则解决。有些特殊的坏点不能通过修改 OPC 的设置修复,因为会导致版图其他部分产生新的坏点,这时需要通过局部的修改来解决。图 5.80 归纳了一些常用的解决坏点的办法。如果仿真没有显示坏点,而硅片上仍出现了坏点,那可能是由以下原因造成的:OPC 近似模型不准确,可以通过严格的仿真进行验证;光刻工艺问题;掩模版制作缺陷。

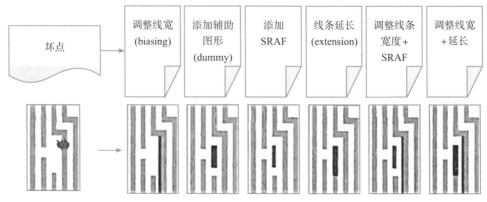

图 5.80　常用的解决坏点的办法[4]

5.6.6　光刻工艺研发模式

上述基于模型的各类计算和验证必须先建立模型,包括光学模型和光刻胶模型,而模型中包含了光刻工艺中的各种参数,如光源条件、光刻胶和抗反射涂层的厚度及光学性质(n,k),硬掩模的厚度及其光学性质等,任何一部分工艺的变动必然会导致已有模型的偏差或失效。例如在新的光刻胶被采用,或者采用新的掩模供应商时,都需要对模型进行再次开发和验证,具体流程如图 5.81 所示。图 5.81 是光刻工艺的研发和 OPC 学习循环的示意图。当模型确定后,掩模图形被修正并制造出掩模版,之后可以调整的光刻工艺参数主要就剩下曝光能量和聚焦,刻蚀参数也仅可以对线宽进行小范围的调整。任何其他参数的变动都会影响到 OPC 模型的准确性。因此,光刻工艺的研发是围绕着 OPC进行的,称之为 OPC 学习循环。

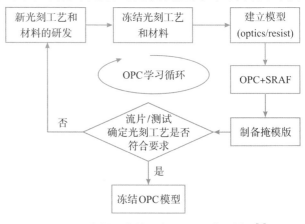

图 5.81　光刻工艺的研发和 OPC 学习循环[4]

计算光刻中有两类软件:一类被称为光刻仿真软件,另一类就是 OPC 软件。光刻仿真软件一般使用严格的光学模型,对严格的光学模型求数值解,因此,只能用于计算比较小的局部版图。光刻仿真软件的主要使用者是光刻工艺工程师,而非 OPC 工程师。他们使用这种仿真软件做一些不涉及版图变动的工艺优化,例如,光刻材料厚度的优化,对局部版图光源条件的优化。OPC 软件使用简化了的光学模型,把原来模型中的复杂过程使用一些简化的经验公式来代替。经验公式中包含多个参数,这些参数通过实验数据来校正,使这一简化的模型与实验结果相吻合。OPC 软件提供对整个光刻层版图的修正,因此,其数据处理量特别大,占用多个 CPU,需要专门的 OPC 工程师使用。由于光刻仿真软件是对严格的光学模型求解,其结果常被用来检验 OPC 模型的精确度。

经过 OPC＋SRAF 处理,原来的设计图形就变得很复杂,这为掩模版的制备增加了难度。因为先进掩模的制备工艺是基于电子束曝光(e-beam lithography),其分辨率也是有限的。太复杂的 OPC 图形还会导致电子束书写的时间太长,影响掩模制备的良率和产能。设计图形经 OPC 处理后(post-OPC),在被发送到掩模生产厂之前,必须要做所谓的掩模规则检查(mask rule check,MRC)。MRC 检查 post-OPC 数据,确认其中的所有图形适合掩模版制备工艺。MRC 中的规则是由掩模版厂提供的,OPC 工程师将这些规则输入 MRC 软件中。

MRC 的规则主要包括如下内容:

(1)对图形的最小线宽(min width)、线间距(min space)做出规定;也可以对亚分辨率辅助图形(SRAF)的线宽和间距限定最小值。

(2)对图形拐角之间(corner-to-corner)距离的最小值做出规定;也可以对亚分辨率辅助图形(SRAF)与主图形之间的距离做出限定。

(3)对辅助图形的最小面积(minimum SRAF area)做出限定。

图 5.82 以 M 等级掩模版为例展示了 MRC 规则,图中尺寸为掩模版上的图形尺寸。对于同一等级的掩模版,工艺能力更优秀的供应商可以允许更小尺寸,例如辅助图形的线宽 A 家的 MRC 限制 120nm 以上,而工艺能力更强的 B 家的 MRC 限制 108nm。比较不同等级的掩模版,等级更高的掩模版 MRC 允许的图形尺寸更小。

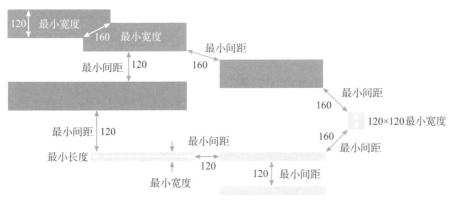

图 5.82　M 等级掩模版 MRC 规则举例

本章小结

本章系统性地介绍了产业主流光刻工艺的流程、发展及关键技术,具体涵盖了光刻的基本原理、光刻流程、光刻机技术的演进、光刻工艺中的工艺参数与工艺窗口、光刻掩模版、计算光刻技术等内容,也介绍了以更高的光刻分辨率和更大的工艺窗口为目标,光刻掩模版和计算光刻的技术发展过程及其原理,为从事相关研究及工作的读者提供理论指导和知识扩展。

参考文献

[1] Shim S,Shin Y. Physical Design and Mask Synthesis for Directed Self-Assembly

Lithography[M]. Chambridge：Springer,2018.

[2] Wang B. TSMC 7＋ Nanometer Chips Are in High Volume Production With 5,6nm in 2020[EB/OL]. [2020-09-08]. https://www.nextbigfuture.com/2019/10/tsmc-7-nanometer-chips-are-in-high-volume-production-with-5-6-nm-in-2020.html.

[3] Cheang P. Advanced Semiconductor Material Lithography[R]. EUV Update for UBS Korea Conference,2019.

[4] 韦亚一. 超大规模集成电路先进光刻理论与应用[M]. 北京:科学出版社,2016.

[5] Chris M. Fundamental Principles of Optical Lithography[M]. John Wiley & Sons,2007.

[6] Hong X. Photolithography[M]. SPIE,2012.

[7] Erdmann A. Optical and EUV Lithography：A Modeling Perspective[M]. SPIE,2021.

[8] 伍强. 衍射极限附近的光刻工艺[M]. 北京:清华大学出版社,2020.

[9] 钟锡华. 现代光学基础[M]. 北京:北京大学出版社,2012.

[10] 张汝京. 纳米集成电路制造工艺[M]. 北京:清华大学出版社,2017.

[11] Plummer, James D. Silicon VLSI technology：Fundamentals, Practice and Modeling[M]. Pearson Education,2003.

[12] Wu Q, Li Y, Yang Y, et al. A Photolithography Process Design for 5nm Logic Process Flow[J]. Journal of Microelectronic Manufacturing,2019,2(3):45-55.

[13] Butt S. Materials for attenuated phase mask application at 193nm[D]. Rochester Institute of Technology,1997.

[14] Advanced Correction of Optical Proximity Effects[EB/OL]. [2022-11-23]. https://www.synopsys.com/silicon/mask-synthesis/proteus-ilt.html.

[15] Pang L L, Ungar P J, Bouaricha A, et al. TrueMask ILT MWCO：full-chip curvilinear ILT in a day and full mask multi-beam and VSB writing in 12 hrs for 193i[C]//Optical Microlithography XXXIII. SPIE,2020,11327:145-158.

思考题

1. 什么是光刻？对光刻工艺总的质量要求是什么？

2. 为什么在旋涂过程中需要进行边缘去胶？

3. 如果在套刻过程中添加错误的光刻胶(PR)剂量,会产生什么后果？

4. 在检测过程中,为什么不能用光学显微镜进行 $0.25\mu m$ 的特征检查？

5. 光刻机曝光方式的发展经历了哪几个阶段？优点和缺点分别是什么？

6. 光刻机是如何推动摩尔定律技术节点发展的？

7. 随着光刻机的分辨率越来越高,光刻机的光源经历了哪些变化？

8. 简述光刻胶工艺线宽均匀性的影响因素,并说明其主要的改进措施。

9. 简述光刻胶形貌异常情况的分类及主要特征。

10. 简述造成套刻误差的主要原因。

11. 根据光刻的曝光能量宽裕的含义和计算公式,如果选定线宽 90nm 的全部容许范围是

$\pm10\%$,即 18nm,而线宽随曝光能量的变化斜率为 6nm/(mJ·cm^{-2}),最佳曝光能量为 25mJ/cm^2,则能量宽裕度 EL 是多少? 能量宽裕度与什么有关?

12.列举光刻工艺中掩模版种类,并对它们的特点及优缺点进行简要概述。

13.OMOG 双极型掩模版和强度衰减的相移掩模版中硅化钼材料相同吗? 如不同请简述两者的区别。

14.简述设计版图处理成掩模版图形的流程。

15.什么是 OPC? 简述 OPC 模型和配方的建立流程。

16.孤立图形、半密集图形与密集图形照明方式选择依据是什么?

17.什么是 ILT? 如何运用 ILT 技术?

18.简述 MRC 针对哪项制备工艺及 MRC 规则。

致谢

本章内容承蒙丁扣宝、吴永玉、独俊红、伍强等专家学者审阅并提出宝贵意见,作者在此表示衷心感谢。

作者简介

程志渊:浙江大学微纳电子学院教授、博士生导师、国家高层次人才特聘专家。先后获得清华大学电子工程学士学位、新加坡国立大学电子工程博士学位、哈佛大学肯尼迪政府学院公共管理硕士学位。2000—2003 年在美国麻省理工学院(MIT)从事博士后研究,在美国多家研发公司工作十余年。在半导体和集成电路领域拥有 100 多项中国和美国发明专利,广泛应用于当代主流产品中。曾获 IEEE 年度学术奖 IEEE EDS George E. Smith Award。

任堃:博士,硕士生导师,浙江大学微纳电子学院特聘研究员。获复旦大学和中国科学院大学学士和博士学位。从事集成电路制造相关图形化工艺研发与应用工作。主持承担国家自然科学基金、浙江省重点研发计划、浙江省自然科学基金等项目多个。作为主要作者发表期刊论文 24 篇,获授权专利 14 项。

第6章
刻蚀工艺

（本章作者：程然）

刻蚀工艺是一项利用物理或者化学方法，从表面去除半导体结构中的部分材料的过程。除了材料减薄这种情况以外，大部分刻蚀工艺的目标是完成对掩模图形的完全复制。在刻蚀的过程中，有图形的光刻胶层将保护被其覆盖的材料，而暴露于刻蚀气体/溶液中的材料部分将被侵蚀去除，最终形成和掩模形态类似的图形。因此，在绝大部分的 CMOS 工艺流程中，刻蚀都是紧跟在光刻工艺之后的图形转移工艺步骤，是在半导体衬底上复制所想要的图形的最后一道工艺步骤。在大规模半导体生产制造中，刻蚀工艺按照刻蚀条件，主要分为湿法刻蚀和干法刻蚀两大类，干法刻蚀是本章着重介绍的内容。

6.1 刻蚀技术的简介

6.1.1 刻蚀技术概述

图 6.1 展示了一个常见的光刻步骤后的通过刻蚀形成图形的过程。在刻蚀的过程中，图形化后的掩模/光刻胶层将覆盖待刻蚀的材料 1，而掩模/光刻胶外的材料 1 部分将被侵蚀去除，最终将掩模/光刻胶上的图形传递至衬底表面的材料上。

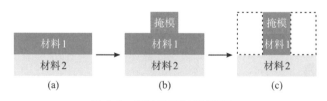

图 6.1 刻蚀工艺过程示意图

湿法刻蚀中用于刻蚀的反应材料是液态化学试剂。通常，操作人员会将硅片浸没于反应试剂中。暴露于试剂中的部分会通过化学反应被刻蚀溶解，有掩模保护的部分将保持硅片原有的材料结构。因此,湿法刻蚀主要是一个化学反应的过程,在硅片清洗和薄膜减薄过程中,被广泛采用。和湿法刻蚀不同,干法刻蚀的主要反应源为气体,或者更准确地说,是反应等离子体。由于这些等离子体中,充满了能够发生化学反应的分子和自由基,同时,带电离子在电场的加速作用下,能够轰击硅片表面,使得没有掩模保护的部分发生刻蚀。因此,干法刻蚀是一个化学反应和物理溅射双重反应同时发生的复杂过程。对于制造微缩化小尺寸器件的工艺流程,干法刻蚀被广泛用于小尺寸深沟槽的刻蚀、栅极的形成等。在干法刻蚀中,按照被刻蚀材料的不同,可以进一步细分为金属刻蚀、介质刻蚀和硅刻蚀。金属刻蚀则主要是在金属层上去掉铝合金复合层,制作出互连线,以及对于 32nm 后的技术节点中的金属栅极刻蚀。介质刻蚀是用于介质材料如二氧化硅、低 κ 和高 κ 介质等的刻蚀。在后段工艺中,大量互连层之间连线需要在介质层(intermediate layer)上刻蚀出高深宽比的通孔并填入金属材料来完成。硅刻蚀主要应用于需要去除硅材料的场合,如刻蚀多晶硅栅极和硅槽电容等。

除此之外,刻蚀还可以分为有图形刻蚀和无图形刻蚀。有图形刻蚀采用掩模保护衬底上不需要刻蚀的部分并暴露衬底上需要刻蚀的区域。有图形刻蚀可用于在硅片制造过程中形成多种特定功能的图形,包括栅结构、沟槽、通孔、接触孔、金属互连线等。无图形刻蚀、薄膜减薄(反刻)或者剥离是在整个硅片没有掩模的情况下进行的。这种刻蚀工艺可用于剥离硬掩模和光刻胶。反刻是在想要把某一次膜的总厚度减薄时采用的刻蚀技术。两种刻蚀根据需要去除的材料不同,可以选择湿法刻蚀或者干法刻蚀的方式去除。本章主要探讨有图形刻蚀的工艺技术。

6.1.2 刻蚀参数的整体考量

刻蚀工艺必须通过一系列的调整,才能达到接近完美的图形复制。一个理想的刻蚀后截面(见图 6.2),拥有 90°陡直的光滑侧墙;同时,侧墙和光刻胶之间没有任何横向台阶。

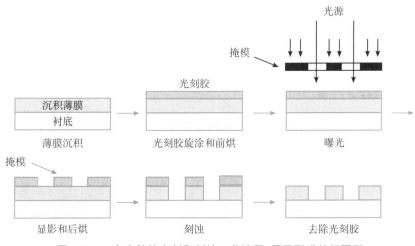

图 6.2　一个完整的光刻和刻蚀工艺流程,用于形成特征图形

然而,在真实的刻蚀过程中,这样完美的截面曲线是非常难实现的,其截面曲线更倾向于图 6.3(a)所展示的示意图。从图中可以看出,刻蚀会在横向和纵向上同时进行,可以看到光刻胶保护下的 Si 衬底有一部分已经被反应气体刻蚀,形成了一个钻蚀(undercut)形貌。此外,这种现象对形成沟槽侧壁的陡直度也有所牺牲。除了刻蚀的各向同异性问题,光刻胶本身存在的非理想性,也会在刻蚀过程中反映出来。如图 6.3(b)所示,光刻胶的形状并非理想状况下的长方形——它的边角呈现圆弧形态,这就导致边缘光刻胶的厚度低于中间部分的光刻胶厚度。由于光刻胶本身也会和刻蚀剂发生反应,因此,在刻蚀过程中,边缘的光刻胶会被部分刻蚀,这就加重了钻蚀现象。综上可以看出,要达到较为理想的刻蚀效果,无论是湿法刻蚀还是干法刻蚀,都需要考虑以下几个重要的刻蚀参数的工艺优化,它们分别是刻蚀速度、选择比、方向性、均一性、生成物的去除。

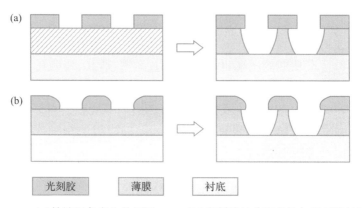

（a）钻蚀现象产生的原因　　　（b）光刻胶的非理想性加重了钻蚀现象

图 6.3　干法刻蚀后的硅片结构

(1)刻蚀速度,是刻蚀过程中反应物侵蚀被刻蚀物的速度。如图 6.4 所示,假设刻蚀反应耗时为 Δt,刻蚀掉的表面材料厚度为 Δx,则刻蚀速度可通过下式计算:

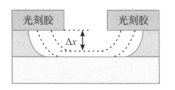

$$刻蚀速度 = \frac{\Delta x}{\Delta t} \tag{6.1}$$

图 6.4　刻蚀速度计算的结构示意图

通常情况下,刻蚀速度的单位为 Å/min。从产量角度考虑,刻蚀速度较高会比较好。在采用单片工艺的设备中,这是一个很重要的指标,当然,刻蚀速度过快也会增加表面粗糙度,同时降低工艺的可控程度。通常情况下,刻蚀速度由工艺选择和设备参数共同决定,如被刻蚀的材料结构、化学成分、刻蚀气体的成分、刻蚀工艺参数等。一般来说,刻蚀速度和刻蚀剂(etchant)的浓度成正比,直到刻蚀反应进入"反应受限"(reaction limited)模式。类似的,刻蚀速度也和待刻硅片的表面积大小有关,即负载效应(loading effect)。以湿法刻蚀为例,如果区域过大,就会导致刻蚀溶液浓度下降,刻蚀速度逐渐变慢;如果刻蚀区域过小,则会导致刻蚀速度比标准配方(recipe)中的更快。由于负载效应带来的刻蚀速度变化是刻蚀终点检测(end-point detection)技术存在的一项重要原因。

（2）刻蚀选择比，指的是在同一刻蚀过程中，刻蚀剂刻蚀不同表面材料的刻蚀速率的比值。如图 6.5 所示，假设刻蚀剂对衬底的刻蚀速度为 r_1，对掩模的刻蚀速度为 r_2，则该刻蚀剂刻蚀衬底相对于刻蚀光刻胶的选择比，可以表示为：

$$S=\frac{r_1}{r_2} \tag{6.2}$$

其中，S 为材料 1 相对于材料 2 的刻蚀选择比。如该刻蚀剂对光刻胶的刻蚀速度为 0，对衬底有可观的刻蚀速度，则选择比会非常高，即为刻蚀选择比的最理想状态。因此，高选择比意味着在不牺牲掩模厚度的情况下，可以达到完全去除目标材料的目的。由于图形微缩化导致掩模材料厚度也随之减薄，高选择比是小尺寸先进工艺节点中需要重点考虑的一个参数。通常情况下，选择比在 25～50 是一个合理的参数区间。对于化学刻蚀来说，针对不同刻蚀剂和被刻蚀材料，选择比会不同。而对于物理刻蚀而言，不同被刻蚀材料的速率变化不大，因此选择比也相对接近。对于选择比较低的刻蚀工艺，终点检测系统可以敏锐地感知过刻蚀，进而立刻停止进行中的刻蚀工艺。

图 6.5　选择比的计算示意图

（3）方向性，指的是刻蚀工艺中，横向刻蚀和纵向刻蚀的速度差异。图 6.6 展示了不同刻蚀工艺中，横向刻蚀和纵向刻蚀速度差异不同导致的截面形貌变化。图 6.6（b）为各向同性情况下的结构剖面图。在这种情况下，刻蚀剂在刻蚀表面横向和纵向的刻蚀速度相同，被刻蚀材料在掩模下面产生的钻蚀现象会导致衬底沟槽的左右拐角呈现四分之一圆形的状态，图形复制后的线宽也因此改变。而各向异性的刻蚀，横向和纵向刻蚀速度不同，如图 6.6（a）和（c）所示，通常，纵向刻蚀的速度更大。在极为理想的刻蚀条件下，横向刻蚀速度为 0，则刻蚀结构可以完美复刻掩模的图形，并且掩模下没有任何钻蚀现象发生，如图 6.6（a）所示。刻蚀的方向性 A_f 可以用下式计算：

$$A_f=1-\frac{r_{lat}}{r_{ver}} \tag{6.3}$$

其中，r_{lat} 为横向刻蚀速度；r_{ver} 为纵向刻蚀速度。如横向刻蚀速度为 0，则 A_f 为 1，即最理想的情况。如横向刻蚀速度等于纵向刻蚀速度，也就是各向同性的情况下，A_f 为 0，即最差情况。刻蚀方向性的好坏通常取决于刻蚀过程中，化学刻蚀和物理刻蚀两者的比例。其中，如离子轰击等物理刻蚀，由于离子在直流电场作用下方向性极强，不存在横向刻蚀的情况，因此 A_f 接近于 1。对于化学刻蚀，通常由于刻蚀剂与被刻蚀材料的反应不具备方向选择性，因此 A_f 接近于 0。基于这些原因，在一个刻蚀工艺中，如果物理刻蚀的比例较高，则 A_f 更高；反之，如果刻蚀工艺中的化学刻蚀比例较高，则 A_f 会减小，刻蚀方向性会变差。

(a)各向异性刻蚀   (b)各向同性刻蚀   (c)各向异性刻蚀

图 6.6   各向异性和各向同性的衬底剖面图

(4)刻蚀均一性,是指刻蚀衬底表面的过程中,刻蚀效果在表面不同区域以及批次与批次之间的差异大小。以刻蚀速度为例,在刻蚀过程中,图形的局域部分,如图 6.7 中的沟槽底部,会存在刻蚀速度不均匀引起的凹凸不平。均一性可分为整体均一性和局部均一性。前者指晶圆中心、中部、边缘等不同位置的刻蚀差异,而后者指一个晶片(die)中相同图形的差异,比如,孔型结构在一个晶片里孔型的局部形貌波动,就和所采用刻蚀配方里的聚合物相关蚀刻气体强相关。在同一片硅片不同位置上的沟槽,也存在刻蚀速度的不均匀问题。利用同一个刻蚀工艺,每次刻蚀的批次不同,也有可能导致沟槽的深度不同。因此,单就刻蚀速度而言,整个硅片和硅片间的刻蚀均一性存在差别。刻蚀速度的均匀性 U,可以通过以下公式衡量:

$$U=\frac{R_{\mathrm{S}}-R_{\mathrm{F}}}{R_{\mathrm{S}}+R_{\mathrm{F}}} \tag{6.4}$$

其中,R_{S} 为刻蚀速度最慢点的刻蚀速率;R_{F} 为刻蚀速度最快点的刻蚀速率。类似地,刻蚀均一性和选择比也有着密切关系。通常情况下,选择比差的刻蚀条件会导致更糟糕的均匀性问题,而均一性不佳的刻蚀也会导致额外的过刻。刻蚀均一性对于集成电路的大生产至关重要。只有保证高度的刻蚀均一性,才能保证制造器件性能的高度一致性。因此,刻蚀均一性是刻蚀工艺的难点:不仅在相同的图形中,即使是在不同的图形区域,不同的图形密度的硅片上,都要保持较好的均一性。部分均一性的问题,是由刻蚀速度和刻蚀选择比与图形的尺寸和密度的相关性导致的。通常图形密度分布导致的称为宏观负载效应(macro-loading effect),刻蚀剖面深宽比导致的称为微观负载效应(micro-loading effect)[1]。例如,刻蚀速度在小尺寸图形表面会低于大尺寸图形表面,从而导致在这两种图形中沟槽的刻蚀速度相差较大。为了提高刻蚀的均一性,必须把刻蚀工艺中的微观负载效应降至最小。

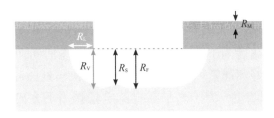

图 6.7   均一性对刻蚀结构剖面的影响示意图

(5)生成物的去除。其他关于刻蚀工艺的考量因素还包括残留物、反应生成的聚合物、刻蚀引起的表面损伤、颗粒污染等[2]。刻蚀残留物是刻蚀以后留在硅片表面的副产品和杂质材料。它通常覆盖在腔体内壁和被刻蚀图形的底部。这些残留物包括刻蚀的副产品、反应腔体材料本身以及腔体中的污染物等。刻蚀以后的残留物,如长细线条,是一些没有完全去除干净的细小的被刻蚀材料残留物,具有电活性,因此会造成图形之间的短路连接问题。由于这些刻蚀残留物会严重影响集成电路的良率,为了去除刻蚀残留物,有时会在刻蚀完成后进行一定时间的过刻蚀,或者在去除光刻胶的过程中通过氧化反应或者腐蚀效应去掉。

　　刻蚀的残留物,有些是为了增加侧壁陡峭度的碳基聚合物。如图 6.8 所示,这些聚合物能够抵挡反应气体的蚀刻,从而阻止横向刻蚀的发生,增强刻蚀的方向性,实现对图形关键尺寸的良好控制。在刻蚀过程中,光刻胶(碳基有机物)会和刻蚀气体发生反应,并通过和刻蚀生成物结合在一起,而形成上述聚合物侧壁刻蚀阻挡层。当然,并非所有的刻蚀过程都能形成侧壁聚合物,这一过程取决于光刻胶和刻蚀气体的成分。因此,这些侧壁聚合物的成分也相对复杂,聚

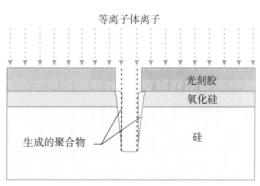

图 6.8　等离子体轰击过程中在刻蚀结构侧壁
形成碳基聚合物,用于阻挡横向刻蚀

合物链有很强的难以氧化和去除的碳氟键。在刻蚀完成后的下一步工序之前,这些聚合物必须被完全去除,否则器件的成品率和可靠性都会受到影响。通常,等离子体清洁工艺,通过将样品放入化学气体,如 O_2 中,进行等离子体反应,可以有效去除这些碳基残留物。湿法清洁方面,也可以用强溶剂进行湿法清洗后再用去离子水进行清洗。此外,由于这些聚合物会覆盖刻蚀机腔体,因此,刻蚀工艺腔也需要定期清洗或者替换零部件来去除聚合物对批次和批次间的刻蚀质量的影响。

　　刻蚀引起的损伤方面,主要衬底是等离子体干法刻蚀对衬底表面结构的损伤。如等离子体轰击硅衬底表面时,会在表面形成缺陷,影响后序栅结构的界面质量;非均匀等离子体在晶体管栅电极产生陷阱电荷,也会引起氧化硅介质层的击穿;能量离子对暴露的栅氧化层的轰击也会导致栅介质质量的降低[3]。这些损伤可以通过后续的退火和界面处理得以改善。

6.2　湿法刻蚀技术的发展和原理

　　前面提到,按照刻蚀环境的不同,可以将刻蚀分为湿法刻蚀和干法刻蚀两大类。在大生产的早期阶段,湿法刻蚀是大生产工艺中用到的主导刻蚀方法。总的来说,和干法刻蚀相比,湿法刻蚀工艺简单,成本低廉,过程更容易控制。在选对刻蚀剂的情况下,还可以实现选择性刻蚀。然而,随着微缩化进程不断推进,微米级以下的线宽和沟槽陡直度的要求越来越高,使得刻蚀工艺必须以满足上述需求为前提。因此,当今的刻蚀技术已经过渡到了以干法刻蚀为主的阶段。本节主要讲述湿法刻蚀的发展历程和基本原理。

在集成电路大规模生产制造的历程中,首先是液态或者湿法刻蚀剂出现于刻蚀反应的过程里。操作方式上,通过将硅片浸没于化学液体中,让暴露的衬底表面和刻蚀剂反应,反应物通过扩散被带离衬底表面,来实现图形从掩模到衬底上的复制。在早期工艺流程中,湿法刻蚀是所有刻蚀步骤都采用的刻蚀方法。一个最常见的刻蚀工艺就是利用 HF 对 SiO_2 进行刻蚀,反应化学方程式如下[4]:

$$SiO_2 + 6HF \longrightarrow H_2SiF_6 + 2H_2O \qquad (6.5)$$

在整个刻蚀过程中,化学刻蚀产生的表面材料剥离是主要的刻蚀原因。液态刻蚀剂通过和衬底表面材料的化学反应生产溶于刻蚀剂的反应物或气体,如反应式(6.5)中水溶化合物 H_2SiF_6,从而实现对这些表面固体材料的侵蚀和去除。在一些湿法刻蚀工艺中,会有中间产物的形成。如刻蚀剂可能会氧化衬底表面,形成一层氧化物。而刻蚀剂中的某些成分恰好可以去除这些氧化物,从而通过两种化学反应,实现对于某些表面材料的刻蚀。此处以刻蚀 Si 衬底举例。通过硝酸中的 NO_2 可以氧化 Si 材料[4]:

$$Si + 2NO_2 + 2H_2O \longrightarrow SiO_2 + H_2 + 2HNO_2 \qquad (6.6)$$

而为了进一步去除形成的二氧化硅,可在刻蚀剂中添加氢氟酸,以达到刻蚀的效果,其反应原理可以参考反应式(6.5)。因此,通过硝酸和氢氟酸的混合溶液,可以实现 Si 衬底的表面刻蚀。其反应式如下[4]:

$$Si + HNO_3 + 6HF \longrightarrow H_2SiF_6 + HNO_2 + H_2O + H_2 \qquad (6.7)$$

在刻蚀剂的调配中,缓释剂通常会被引入,用于稳定刻蚀溶液中刻蚀有效成分的浓度水平,使得刻蚀速率均一性良好。例如,在刻蚀 SiO_2 时,氟化铵(NH_4F)会被加入原有的 HF 溶液中用于为刻蚀剂溶液补充反应消耗掉的 F 离子。这种常见溶液被称为缓释 HF,或者缓释氧化物刻蚀剂(buffered oxide etch,BOE)。对于反应式(6.7)的刻蚀剂来说,醋酸 CH_3COOH 通常被作为缓蚀剂,用于限制硝酸的分解。

湿法刻蚀由于依靠化学反应实现表面材料的去除,其选择性效果通常比较好。只要找到能够和刻蚀材料发生反应的溶液,并且生成物为气体或者溶于刻蚀剂溶液,湿法刻蚀就可以实现。湿法刻蚀的选择比可以通过式(6.2)进行计算。通常 r_1 指的是被刻蚀材料的刻蚀速度,r_2 为掩模的被刻蚀速度。选择比 S 越高,说明刻蚀的选择比越好。此外,为了保证表面需要刻蚀的材料已经完全去除,过刻是刻蚀步骤中通常会采用的解决方法。这就需要在挑选刻蚀剂时,待刻蚀材料和其下面的材料之间的选择比也要相对较高,以保证在过刻过程中,下层材料不会在过刻的时间内产生较多的消耗。湿法刻蚀由于是化学腐蚀起主导作用,因此,在湿法刻蚀通常呈现各向同性的刻蚀速率。当然,其中也有一些例外的情况。比如,一部分的刻蚀剂对于在晶体硅的不同晶格方向上的刻蚀速率差别较大。在硅晶圆〈111〉方向上的刻蚀速率要明显低于其他方向。不过,对于大部分湿法刻蚀反应而言,刻蚀速率在不同晶格方向上基本一致,因此,在刻蚀后的截面上会观察到较多的横向刻蚀,如图6.9所示。

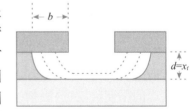

图 6.9　横向刻蚀的结构示意图

　　在前面我们提到,刻蚀过程中存在局域均一性的问题,导致当一部分材料已经完全去除时,在该区域内的其他位置,可能仍然存在未去除完全的材料。在这种情况下,通常引入过刻蚀以保证刻蚀材料的完全剥离。如图 6.9 所示,为了让中间层的材料被完全去除,需要对图中沟槽进行过刻处理。假设被刻蚀层的刻蚀选择比相对于掩模和最底层的材料为无穷大,进一步过刻就会导致钻蚀宽度 b 增加。因此,过刻的时间需要根据刻蚀材料的刻蚀速率、下层材料的刻蚀速率以及刻蚀的均一性指标综合决定。通常,相对于原有刻蚀时间的额外 10%～20% 的时长作为过刻的时间是一个比较理想的经验值。在实际操作过程中,仍然需要根据刻蚀结构的薄膜厚度均一性、不同材料的刻蚀选择比再进行调整。

　　此外,在图 6.9 的例子中,刻蚀剂对掩模的刻蚀速率假设为 0,而在实际刻蚀过程中,刻蚀选择比不会如此理想。如图 6.10 所示,当掩模的刻蚀速率从图 6.10(a) 的 0 变成图 6.10(b) 中大于 0 的刻蚀速率时,光刻胶的形态会发生改变。大部分的情况下,由于光刻胶的刻蚀也是各向同性的,所以被刻蚀的光刻胶会呈现图 6.10(b) 中的梯形截面甚至圆形截面。此外,光刻胶的横向刻蚀会导致更严重的钻蚀,也就是复制图形的横向宽度增加。梯形的光刻胶边缘也会导致刻蚀剂对于被刻蚀材料的刻蚀速度不匀,这也是刻蚀均一性降低的一个重要原因。

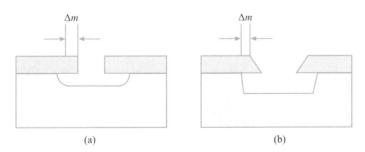

图 6.10　刻蚀剂对掩模的刻蚀会导致刻蚀均一性的进一步退化

　　表 6.1[4] 总结了在目前的大规模集成电路生产中,几种常见的刻蚀工艺仍然用到的刻蚀剂以及这些刻蚀剂的特点。刻蚀剂的刻蚀速度和有效成分的浓度高度相关,不同的成分浓度会导致刻蚀速度产生数量级的差别。刻蚀速度和刻蚀反应的发生温度也存在很强的依存性关系。例如,刻蚀 SiO_2 的 BOE 溶液温度每变化 10℃,其刻蚀速率会变化 2 倍。另外,当刻蚀溶液保持不变时,不同方式形成的被刻蚀材料也会导致刻蚀速度的不同。例如,无掺杂 CVD 生长的 SiO_2 在 BOE 溶液中的刻蚀速率为 5nm/s,而磷掺杂的 CVD 生长的 SiO_2 在 BOE 溶液中的刻蚀速率为 9nm/s。而无掺杂同时致密处理后的 CVD 生长的 SiO_2 在 BOE 溶液中的刻蚀速率仅为 1.5nm/s,和热氧化形成的 SiO_2 刻蚀速率相当。因此,被刻蚀材料的组分、形成方式和密度都会影响刻蚀速度。此外,刻蚀速度和被刻蚀材料的晶格方向也有一定关系。如表 6.1 所示,当用 KOH 刻蚀单晶硅时,⟨100⟩ 晶向的刻蚀速率是 ⟨111⟩ 晶向的 100 倍,这主要是由于 ⟨111⟩ 晶向的原子密度要大于其他方向。利用这一特性,我们可以在 (100)Si 晶面上形成夹角约 70° 的 V 形沟槽,如图 6.11 所示。

表 6.1　目前的大规模集成电路生产中几种常见的刻蚀工艺仍然用到的刻蚀剂以及这些刻蚀剂的特点

材料	刻蚀剂	注释
SiO₂	HF(49％水溶液) "纯 HF" NH₄F：HF(6：1) "稀释后 HF"或"BOE"	选择在 Si 上刻蚀(如相对于其他材料在 Si 刻蚀会非常慢)。刻蚀速率取决于薄膜密度,掺杂浓度。 约为纯 HF 中的刻蚀速率的 $\frac{1}{20}$。刻蚀速率取决于薄膜密度、掺杂浓度。不会像纯 HF 腐蚀光刻胶
Si₃N₄	HF(49％) H₃PO₄：H₂O (沸点@130~150℃)	刻蚀速率很大程度上取决于 O、H 在薄膜的浓度。 选择在 SiO₂ 上使用需要氧化物掩模
Al	H₃PO₄：H₂O：HNO₃：CH₃OOH (16：2：1：1)	选择在 Si、SiO₂ 和光刻胶上使用
多晶硅	HNO₃：H₂O：HF(+CH₃OOH) (50：20：1)	刻蚀速率取决于刻蚀剂的组成
单晶硅	HNO₃：H₂O：HF(+CH₃OOH) (50：20：1) KOH：H₂O：IPA (23wt.％ KOH,13wt％ IPA)	刻蚀速率取决于刻蚀剂的组成
Ti	NH₄OH：H₂O₂：H₂O(1：1：5)	结晶选择性;相对刻蚀速率为(100)：100(111)：1
TiN	NH₄OH：H₂O₂：H₂O(1：1：5)	选择在 TiSi₂ 上使用
TiSi₂	NH₄F：HF(6：1)	选择在 TiSi₂ 上使用
光刻胶	H₂SO₄：H₂O₂(125℃) 有机剥离剂	对于无金属的晶圆 对于含有金属的晶圆

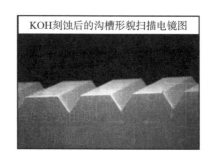

图 6.11　扫描电镜图

注:(100)Si 晶面上的 KOH 溶剂刻蚀使得衬底表面产生了约 70°的夹角,刻蚀停留在了(111)面上。

6.3　干法刻蚀技术的发展进程和原理

　　干法刻蚀也称为等离子体刻蚀。利用增强活性的等离子体对特定物质进行刻蚀。在前面我们讲到,早期的刻蚀主要是由湿法刻蚀实现的。随着尺寸微缩化的推进,在大规模制造的当下,干法刻蚀,也就是等离子刻蚀已经逐渐取代湿法刻蚀,作为制造中的主要刻蚀途径,原因主要有两个[5]:

　　(1)相比于没有等离子体参与的化学刻蚀反应,等离子的引入可以让化学刻蚀反应更活跃。在 20 世纪 70 年代,等离子体增强化学气相沉积(plasma enhanced chemical va-por deposition,PECVD)形成的 SiN 通过传统的湿法刻蚀非常难以去除。用 HF 湿法刻蚀,其刻蚀率非常低,和 SiO_2 的选择比也不理想。而用加热的磷酸较易刻蚀去除 SiN,同时也容易刻蚀表面的光刻胶。因此,如果使用磷酸作为刻蚀剂,则要在 SiN 表面额外增加 SiO_2 作为硬掩模的生长和去除工艺。因此,湿法刻蚀对于 SiN 的去除极为不理想。之后,人们发现 CF_4/O_2 的混合等离子气体中,带能量的 F 原子能够较为容易地刻蚀 SiN 薄膜,同时,该方法对光刻胶的选择比较好。因此,在之后的工艺中,人们逐渐采用等离子体刻蚀法来去除薄膜层。

(2)和湿法刻蚀相比,等离子体刻蚀具有一个微缩化进程中前者无可比拟的优点,即各向异性的刻蚀特性。首先,如图 6.12 所示,等离子体中的离子,在电场加速下,具有很好的方向性。在离子轰击的过程中,具有方向性的刻蚀可以让横向刻蚀引起的钻蚀和光刻胶的横向刻蚀的概率降低,这对于复制小尺寸图形具有重要的意义。

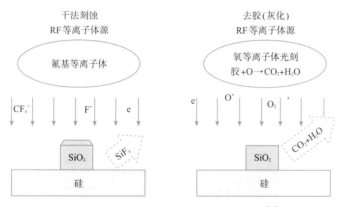

图 6.12　干法刻蚀外加去胶的工艺原理[6]

在各种等离子体刻蚀工艺中,大规模生产工艺中的设备系统采用的是低温非平衡态等离子体。芯片制造工艺中的等离子体刻蚀主要采用两种放电模式,即电容放电和电感放电。在电容耦合放电模式中,等离子体在两块平行板电容中通过外加 RF 电源产生和维持放电,通常的气压在几十毫托至几托,电离率小于 10^{-5}。在电感放电模式中,需要在较低气压下(几十毫托),通过电感耦合输入能量来产生和维持高密度等离子体,故又称高密度等离子体,这样可产生较多的离子轰击。电离率通常可达到 10^{-5} 甚至更高。高密度等离子体源也可以通过电子回旋共振(electron cyclotron resonance,ECR)和螺旋波(helicon)等离子体放电得到。高密度等离子通过外加 RF 或微波的功率和基片上的射频偏压功率,能独立控制离子流量和离子轰击能量,以优化刻蚀工艺的刻蚀率和选择比,同时降低刻蚀损伤。最早的等离子体刻蚀是基于 CF_4/O_2 的气体对硅基材料进行刻蚀。这个技术的主要内容一直延伸到当今的主流产业 7nm 芯片制造刻蚀工艺中。刻蚀完成后,需要将剩余的光刻胶去除,通常也是用氧等离子体进行干法去除清洗。等离子体刻蚀和清洗工艺如图 6.12 所示。将刻蚀气体注入真空反应腔,压力稳定后,利用射频辉光放电产生等离子体,由于电子的质量远小于离子,电子对高频电场以及微波源的响应更快,因此更容易获得能量,并且该能量远高于离子的能量。高速电子不断撞击中性离子,分解产生自由基,并扩散到晶圆表面被吸附。这些被吸附的自由基和晶圆表面的原子或分子发生反应从而形成气态副产品,该副产品从反应室被排出。

图 6.13 展示了一个典型的等离子体刻蚀系统的示意图。在这个系统中,腔体的气压通常在几毫托到 1 托之间,紫色的等离子体中包含了气体分子、原子、离子和自由基。通过在电极间施加一个外界电压,使得电极间的部分气体发生电离,产生带正电的粒子和自由电子。在工业化设备中,一般是通过一个 RF 电源提供等离子体的能量。由于等离子体中的电子和离子运动速度不同会在形成的等离子体和电子之间形成一个电势差。由于电子质量较小,因此,运动速度更快,更容易到达电极,而相对地,离子质量较大,速度较慢,当电子到达电极时,离子仍处于等离子体内部,因此等离子体内的电势通常高于电极的电势。对于一个电极对称的 RF 等离子体系统来说,由于两个电极面积相等,因此,系统的电势分布如图 6.14 中的实线所示。由于电极接地,因此,等离子体中间部分的电势最高,在到达电极附近时,发生下降,这个下降的区域就是鞘层区域。从物理层面来说,鞘层区域的形成能够减缓电子的迁移速度,也可以等效为离子在每个周期中的能量损失,这样可以保证每个周期中的平均电流为 0。由于等离子体的自偏置现象,电子在鞘层区域的运动受到鞘层厚度、电场强度和 RF 周期的限制。在大部分的 RF 频率下,电子在最终到达鞘层前会在电势作用下返回,导致鞘层区域出现电子的耗散,由于缺乏电子撞击引起的光子发射,进而导致了鞘层附近暗区的出现。而在等离子体内部,不断的电离和激发产生了大量的光子发射,因此,等离子体内部通常会出现亮光,如图 6.14 所示。如果电极的面积不对称,左边的电极面积更小的话,则较小电极一边为了维持更大的电荷密度,电势下降更多,中心电势相较对称电极的情况下更小,如图 6.14 虚线所示。

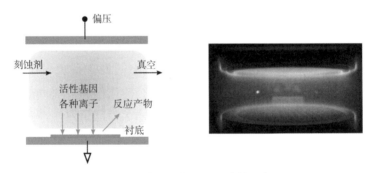

图 6.13　等离子体刻蚀系统的示意图

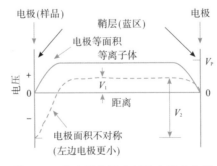

图 6.14　等离子体腔内部的电势分布图

等离子体中的刻蚀气体,除了用于去除光刻胶的氧气以外,以卤族元素气体居多,如 CF_4、Cl_2 和 HBr 等,有时也会引入少量的 H_2、O_2 和 Ar。等离子体中的高能量电子可以引起一系列的反应气体活动,如电子引起的电离、反应气体的分解、重组和激发等。因此,等离子体中,通常会出现自由电子、电离分子、中性分子、电离分子的片段和自由基等。例如,在 CF_4 等离子体中,通常会有电子、CF_4 分子、CF_x 分子片段、CF_3^+ 和 F 等。其中 CF_3 和 F 的存在形式为自由基,一种非常活跃的反应成分。在等离子体中,通常的中性成分为 10^{15} cm^{-3},其中 1%～10% 为自由基,10^8～10^{12} cm^{-3} 为离子和电子。在标准的等离子体系统里,等离子体的密度和离子能量是相耦合的。当 RF 功率增加时,生成更多的离子,因此,离子密度增加,鞘层电压也随之增加,因此离子的能量也随之增加。

6.3.1　干法刻蚀的分类和机理

1. 干法刻蚀工艺分类

(1)物理溅射刻蚀:主要依靠等离子体中的载能离子轰击被刻蚀材料表面。溅射出的原子数量取决于入射粒子的能量和角度。当能量和角度不变时,不同材料的溅射率通常只有 2～3 倍的差异,因此对于不同材料的选择性特征不明显,反应过程以各向异性为主。

(2)化学刻蚀:等离子体提供气相的刻蚀原子和分子,与物质表面产生化学反应后产生挥发性气体,例如[6]:

$$Si(s) + 4F \longrightarrow SiF_4(g) \tag{6.8}$$

$$光刻胶 + O(g) \longrightarrow CO_2(g) + H_2O(g) \tag{6.9}$$

这种纯化学的反应具有良好的选择性,在不考虑晶格结构时呈现各向同性特征。

(3)离子能量驱动的刻蚀:离子既是产生刻蚀的粒子,又是载能粒子。这种载能粒子的刻蚀效率比单纯的物理或化学的刻蚀要高一个数量级以上。其中,工艺的物理和化学参数的优化是控制刻蚀过程的核心。

(4)离子-阻挡层复合刻蚀:主要是在刻蚀过程中有复合粒子产生聚合物类的阻挡保护层。等离子体在刻蚀工艺过程中需要有这样的保护层来阻止侧壁的刻蚀反应。例如在 Cl 和 Cl_2 刻蚀中加入 C,可以在刻蚀中产生氯碳化合物层,保护侧壁不被刻蚀。表 6.2 是上述几种干法刻蚀条件下的效果对比。

表 6.2　化学和物理干法刻蚀法对比[6-7]

刻蚀参数	物理刻蚀(RF 电场垂直于硅片表面)	物理刻蚀(RF 电场平行于硅片表面)	化学刻蚀	物理和化学刻蚀
刻蚀机理	物理离子溅射	等离子体中的活性基与硅片表面反应*	液体中的活性基与硅片表面反应	在干法刻蚀中,刻蚀包括离子溅射和活性元素与硅片表面反应
侧壁剖面	各向异性	各向同性	各向同性	各向同性至各向异性
选择比	差/难以提高(1∶1)	一般/好（5∶1 至 100∶1）	高/很高(高于 500∶1)	一般/高（5∶1 至 100∶1）
刻蚀速率	快	适中	慢	适中
线宽控制	一般/好	差	非常差	好/非常好

2. 干法刻蚀工艺机理

下面将针对上述四种机理进行逐一讲解。

1）化学刻蚀机理

等离子体系统中材料的化学蚀刻通常由自由基完成。自由基是电中性的物质，具有不完全的键合，具有不成对的电子。例如氟和中性 CF_x 自由基，这两种物质都可以通过在等离子体和 CF_4 中的无反应自由电子上产生：

$$e+CF_4=CF_3+F+e \tag{6.10}$$

由于自由基的化学键结构不完整，因此，它们通常非常活跃。自由的 F，由于外围只有 7 个电子，会倾向于和其他原子形成共价键以维持自身的稳定。因此，这些自由的 F 和周围的原子结合得更为积极。等离子体刻蚀中的化学反应，反应气体和刻蚀材料的副产品应易挥发，从而能够持续暴露刻蚀材料表面于等离子体中，以维持刻蚀反应的进行。图 6.15 展示了一个简单的化学刻蚀过程：自由基通过扩散的方式到达反应材料表面，通过表面吸收和衬底材料反应，在反应消耗衬底的同

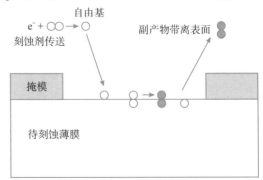

图 6.15　干法刻蚀中的化学反应过程示意图

时产生了气态产物，再通过扩散的方式带离衬底表面，但是真实的刻蚀过程通常更为复杂。

除了卤族元素气体，其他气体的加入可以用于调节刻蚀速度和化学刻蚀在等离子体刻蚀中的占比。例如，在 CF_4 中引入 O_2 有利于产生更多的 CF_x 自由基，从而降低这些成分和 F 的结合。因此，更多的 F 自由基将和衬底材料反应，提高整体的化学刻蚀速率。然而，过度添加 O_2 将会稀释反应气体，导致硅表面被 O_2 氧化，从而降低刻蚀速率。此外，和湿法刻蚀类似，等离子体刻蚀中的化学刻蚀部分是各向同性的刻蚀方法，这主要是自由基到达衬底表面时的方向具有各向同性，并且反应成分的附着系数较低导致的。而相比于前者，后者的作用更重要。此处，我们定义该附着系数为：

$$S_c=\frac{F_{reacted}}{F_{incident}} \tag{6.11}$$

其中，$F_{reacted}$ 为反应气体占比；$F_{incident}$ 为入射气体占比。较高的系数表明这些成分第一次到达衬底表面就发生了化学反应，而较低的系数则说明这些成分在反应前，在衬底表面发生了一系列碰撞，即角度变换。实验表明，自由基的附着系数相对降低，通常在 0.01～0.05(F 刻蚀 Si)。这就表明在发生刻蚀反应前，F 的自由基已经在 Si 衬底上发生了多次自由角度的碰撞，这就导致了刻蚀的各向同性可能性较高。因此，总的来说，单纯的化学等离子体刻蚀的各向同性特征显著，但是相比于纯物理刻蚀，化学等离子体刻蚀的选择性也相对较好。有些时候，反应等离子体中的中性反应成分也可以是化学等离子体刻蚀的主要刻蚀剂成分，同样具有各向同性以及高选择比的特点。

2）物理刻蚀机理

纯物理刻蚀，就是通过等离子体产生高能粒子(轰击的正离子)在强电场下朝硅片表面加速，通过溅射刻蚀作用去除未被保护的硅片表面材料。为了避免化学刻蚀，一般

采用惰性气体,如氩(Ar)来实现这一过程。通过这种物理刻蚀,获得较好的刻蚀方向性,即优越的各向异性,进而能够很好地控制线宽。这种溅射的速度取决于等离子体的能量。其存在的缺点主要是选择性差,对于掩模版和衬底不具有选择性。另一个问题是刻蚀后的表面清洁。由于用于刻蚀的气体是惰性气体,因此,被溅射后的副产物很可能不易挥发或被气体带走。这些残留物会重新积淀到硅片表面,带来颗粒和化学污染。

3) 离子能量驱动刻蚀的机理

第三种刻蚀机制为离子能量驱动刻蚀[8]。在实验中,人们发现,等离子体中的离子和中性反应成分在刻蚀过程中并不是独立完成其对应的物理和化学刻蚀反应的。如图 6.16 所示,单纯的 XeF_2 化学刻蚀和 Ar^+ 离子的物理刻蚀的刻蚀速度总和,远远低于两者都存在于等离子体刻蚀中的刻蚀速度。在这个实验中,开始时系统通入 XeF_2 气体并且没有引入 RF 电压,刻蚀速度小于 1nm/min,在通入 Ar 气体并引入 RF 电压后,刻蚀速率提高至 6nm/min;之后,XeF_2 气流关闭,只有物理轰击,刻蚀速率接近于 0。从这个实验中可以看出,在离子能量驱动刻蚀中,化学成分和物理成分协同工作。同时,由于化学和

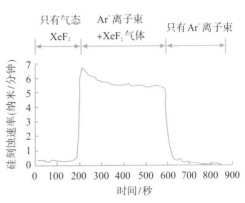

图 6.16 反应离子刻蚀即离子能量驱动刻蚀的反应速率和单纯化学刻蚀、物理刻蚀的刻蚀速率对比[9]

物理刻蚀机制同时存在,离子能量驱动刻蚀可以同时实现各向异性和高选择性的刻蚀效果。

产生这种刻蚀速率的协同效果的原因解释主要有:

①离子轰击导致键断裂,使表面与自由基的化学反应更强烈。

②离子轰击加速挥发性副产物的形成。

③离子轰击溅射掉刻蚀副产物,使其不会停留在表面,阻碍刻蚀过程。

4) 离子-阻挡层复合刻蚀的机理

离子-阻挡层复合刻蚀通过溅射基底材料在侧壁上形成缓蚀剂膜(见图 6.17),从而实现各向异性刻蚀。其中,和离子能量驱动刻蚀类似,化学刻蚀剂提高刻蚀速率和选择性,而离子轰击可以有效去除停留在衬底表面的缓蚀剂层。由于离子轰击方向性较好,因此,侧壁的缓蚀剂能够避免被轰击,得到很好的保护。CF_2、CF_3、CCl_2 和 CCl_3 等碳基反应剂,可以形成氟碳或氯碳聚合物薄膜,能有效地阻挡刻蚀剂对侧壁的化学刻蚀。因此,相比于上一种刻蚀机制,

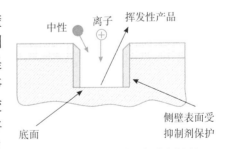

图 6.17 离子-阻挡层复合刻蚀的结构横截面示意图

离子阻挡层复合刻蚀的各向异性更好。在微纳尺寸器件的加工过程中,可以有效维持微纳器件的特征尺寸,因此得到了广泛的应用。

尽管后两种机制从原理上可以产生更加陡直的侧壁,然而在实际刻蚀工艺中由于种种原因侧壁的陡直度并非理想的 90°。此外,由于入射粒子束在衬底的边缘的入射角度并非 90°,因此在刻蚀过程中会出现阴影效应。此外,阻挡层的形成速度过快,高于底

部的刻蚀速度,也会让侧壁呈现更为明显的阶梯状截面,如图 6.18 所示左面组图。调整刻蚀气体和惰性气体的比例,以及其他刻蚀参数,是调整侧壁角度的重要方法。

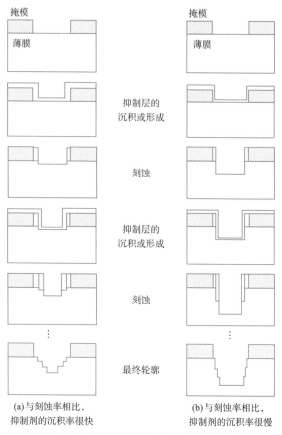

图 6.18　不同的刻蚀速度对阻挡层复合刻蚀形成的沟槽的侧壁形貌的影响[4]

6.3.2　等离子体刻蚀设备

根据不同刻蚀工艺的需求,不同的刻蚀机台厂商的设计各不相同,因此,等离子体刻蚀机台也是种类繁多。由于等离子体是通过外加能量输入来维持刻蚀气体的等离子体态的,不同的能量输入方式以及机台结构的设计对等离子体的性能及应用会产生很大的影响。在超大规模集成电路生产中,比较常用的等离子体刻蚀机台包括:电容耦合等离子体刻蚀机台(capacitively coupled plasma,CCP)、电感耦合等离子体刻蚀机台(inductively coupled plasma,ICP)、电子回旋共振等离子体刻蚀机台(electron cyclotron resonance,ECR)、远距离等离子体刻蚀机台(remote plasma,RP)和等离子体边缘蚀刻机台(plasma bevel etch,PBE)。其中,CCP、ICP 和 ECR 较为常见。远距离等离子体蚀刻机台通过过滤掉等离子体的带电粒子,利用自由基与待蚀刻材料进行反应。可以看出,远距离等离子刻蚀系统是利用纯化学反应实现材料刻蚀,因此属于各向同性刻蚀。最后一种等离子体边缘刻蚀机台则是通过反应腔室结构的特殊设计,用于清洁刻蚀后的晶圆边缘区域,有利于降低缺陷数目,提升产品的良率。

1. 电容耦合等离子体刻蚀机台

如图 6.19 所示,电容耦合等离子体刻蚀机台主要是在两个平行板电容器上施加高频交流电场,刻蚀气体在反应腔体中被反复加压,电子在交流电场作用下获得较高的能量,加速轰击刻蚀气体,导致刻蚀气体快速电离,产生更多的电子、离子以及中性的自由基粒子。通过这一过程,刻蚀机台在反应腔体中形成动态平衡的低温等离子体。如图 6.19(b)所示,在交流电场的作用下,腔体内部会形成垂直于晶圆方向的自偏压,进而使得离子可以获得比较大的轰击能量。交流源的功率将决定离子轰击的能量大小。在电容耦合等离子体刻蚀机的发展早期采用的是单个交流源,其功率的变化会同时影响到等离子体密度和离子轰击能量,两者不能独立控制,所以单频 CCP 的可控性较差。多频容性耦合等离子体刻蚀机(multiple-frequency capacitively coupled plasma etchers)通过引入外加电源,使得 CCP 刻蚀机的性能获得大幅提升。对于多频外加电场来说,高频电场可以用于调控等离子体密度,低频电场用于控制离子轰击能量。两者可以实现独立控制。目前半导体工业生产中的主流的 CCP 机台都是这种双频-多频电容性耦合等离子体刻蚀机台。电容耦合刻蚀机台的另外一个特点是两个电极面积不同。在前面我们也提到,对于电容耦合等离子体,面积较小的电极会由于自偏压不变而电荷密度增加,从而显示出更高的电势差。如图 6.19 所示,待刻蚀晶圆会被置于面积较小的电极之上,由于两个电极板的电压和对应电极的面积成反比,因此,这样的设计可以获得较快的刻蚀速度,同时降低上电极的损耗。

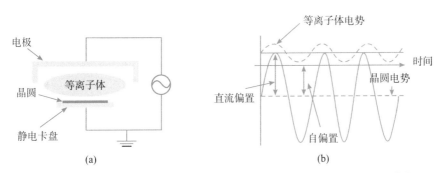

图 6.19 CCP 的结构示意图及晶圆和等离子体的电势随时间变化的曲线[10]

2. 电感耦合等离子体机台

电感耦合等离子体机台是通过在反应腔室外的电磁线圈上加交流电压,产生感应磁场,而急剧变化的感应磁场会在腔室中产生感应电场,使得初始电子获得能量轰击刻蚀气体,继而产生低温等离子体。如图 6.20 所示,初始电子在感应电场中获得能量轰击中性粒子,产生稳定的等离子体。电感耦合等离子体中电子会围绕着磁力线回旋运动,相比于电容性耦合机台中,其自由程更大,可以在更低的气压下激发出等离子体。因此,等离子体密度可比电容耦合等离子体高出约两个数量级,电离率可以达到

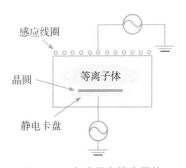

图 6.20 电感耦合等离子体
刻蚀机的结构设计示意图

1%~5%。等离子体的直流电位以及离子体轰击能量约为20~40V。与电容耦合等离子体相比,电感耦合等离子体的离子通量和离子能量可以得到更好的独立控制。在电感耦合等离子体刻蚀机台中,线圈的布局对机台的性能影响比较大。不同生产厂家的感应线圈的设计通常也差别很大。主要的线圈布局结构有盘香形结构和圆柱形结构。

3. 电子回旋共振等离子体刻蚀机台

电子回旋共振等离子体机台是利用高频微波产生稳定等离子体的刻蚀设备,其结构设计如图6.21所示。在磁场作用下,电子的回旋半径远小于离子,所以电子更容易受到磁场约束,而环绕磁力线做回旋运动。电子的回旋频率是由磁场强度决定的。对于特定的外加高功率微波,当微波的频率与电子回旋频率一致时,电子就会产生共振,从而获得磁场所传递的微波能量。在微波频率固定的前提下,在反应腔室,磁力线自上而下向周围发散。磁场强度相应地逐渐降低,在一定的位置产生等离子体。对于频率为2.45GHz的微波能量,电子回旋共振的磁场强度为875G(高斯)[10]。微波能量和磁场强度是电子回旋共振等离子体刻蚀腔室的两个最重要的调控参数。微波能量的大小可以决定等离子体密度。通过调节磁场强度,就可以调节等离子体的产生区域与晶圆的距离。

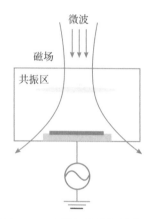

图6.21 电子回旋共振等离子体刻蚀机台结构设计

4. 远距离等离子体刻蚀机台

在传统的与图形传递相关的刻蚀工艺中,等电离子体中各种成分都是非常重要的。而有些工艺只需要将晶圆表面所暴露出来的物质去除或者有选择性地刻蚀掉,并不需要带电粒子所产生的物理轰击以及方向性刻蚀。远距离等离子体刻蚀机台就可以满足这些工艺的需要。如图6.22所示,远距离等离子体刻蚀机台的等离子体产生以及蚀刻反应是在不同的腔室中完成的。反应气体进入等离子体激发腔室(上面),在外加电场或者微波的作用下电离产生等离子体,然后通过一个管道或者特定的过滤装置进入刻蚀腔室。其中,带电粒子在传输的过程中会被管道器壁或者特定装置吸附掉,而只有中性的自由基会进入反应腔室与待刻蚀晶圆进行反应。通过这种方式,可以让整个刻蚀过程中只有化学反应发生而没有带电离子轰击的过程,因此,对衬底材料表面不会造成损坏。该工艺可以用于光刻胶灰化、多晶硅回刻等。

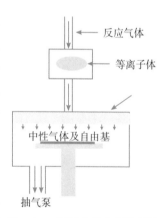

图6.22 远距离等离子体刻蚀机台的结构设计

5. 等离子体边缘刻蚀机台

等离子体边缘刻蚀是指采用等离子体刻蚀去除晶圆边缘处所不需要的薄膜,起到降低缺陷数目、提升良率的作用。随着技术节点按照摩尔定律延伸到65nm及更先进的工艺节点,与晶圆边缘及侧面相关的缺陷对良率的影响就变得尤为突出。如图6.23(a)中展示了一片300mm直径的晶圆,其厚度约为0.8mm,晶圆边缘各区域如图6.23(b)所示。这一区域受曲面的影响不会形成有效晶粒,也是很多传统工艺无法精确控制的区域。在超大规模集成电路制造过程中,薄膜沉积、光刻、蚀刻和化学机械研磨之间复杂的相互作用,容易在晶圆的边缘造成不稳定的薄膜堆积。而这些不稳定的薄膜可能会在后续的工艺中脱落,影响到后续的曝光、刻蚀或者填充工艺,进而造成良率损失。例如,在接触孔刻蚀后,边缘区域的氧化硅薄膜可能会在金属填充过程中脱落并掉落到晶圆的表面。这将导致化学机械研磨后接触孔内部分金属缺失,造成器件失效。在后段形成金属连线的工艺中,金属填充物在边缘区域的残留还会在等离子体相关的工艺中引起放电(arcing)问题,可能导致整片晶圆报废。因此在器件制造过程中,需要对边缘区域进行控制,去除这些在晶圆边缘堆积起来的薄膜,可以减少缺陷以及生产过程中的良率损失。

(a)电子显微镜下晶圆边缘切面图　　　(b)晶圆边缘各区域对照的示意图

图 6.23　300mm 直径的晶圆的边缘各区域示意图[10]

对晶圆外边缘及斜面清洁的方法主要包括 3 种:

(1)通过化学机械研磨工艺对外边缘及斜面进行研磨清洁;

(2)湿法刻蚀及清洁;

(3)等离子体边缘刻蚀。

等离子体边缘刻蚀具有诸多优势,包括可控的边缘刻蚀区域和较多的刻蚀气体种类选择等。图 6.24 为等离子体边缘刻蚀机台结构设计示意图。刻蚀机台通过上下两部分的覆盖装置来保护晶圆大部分区域,而暴露在保护装置外的边缘及侧面都在等离子体的作用范围内。覆盖装置与晶圆之间的距离通常会控制在 0.3~0.5mm。针对清除的

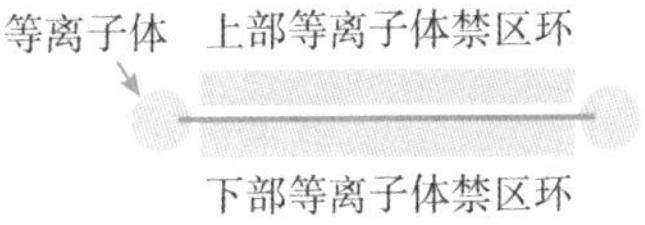

图 6.24　边缘等离子体刻蚀
机台结构设计示意图

材质的不同,等离子体边缘刻蚀机台可以有不同的刻蚀气体组合。例如,对聚合物的清除需要氧基或者氮基等离子体,对介质层则需要以含氟的等离子体为主,对钛、钽、铝、钨等金属层则需要含氯元素的刻蚀气体。等离子体边缘刻蚀可以改善很多和边缘区域薄膜沉积相关的缺陷以及良率问题。在良率优化过程中,需要从工艺整合的角度考虑引入边缘刻蚀后对后续工艺所带来的影响并进行综合评估。

6.4　刻蚀技术的展望

过去近半个世纪,低温等离子刻蚀技术的发展是一个逐渐加速的过程。随着器件

尺寸的逐渐微缩化,早期的湿法刻蚀只能用于晶圆清洁等对尺寸要求较低的工艺步骤。为了维持图形的精确度,方向性更好的等离子体干法刻蚀是集成电路制造的必然选择。伴随着后摩尔定律时代的开启,更大的晶圆尺寸以及更高的器件结构标准,都对刻蚀工艺提出了更高的要求和挑战[11]。例如,多电极、多 ICP 源功率等设计理念已经被提出来以避免 450mm 晶圆上驻波效应。此外,Ⅲ/Ⅴ族复合材料、石墨烯、黑磷、二硫化钼、碳纳米管等新型沟道、互连材料的引入也逐渐进入产业界的视野。这些新材料的刻蚀如何进行对于等离子体刻蚀技术而言是全方位的考验。随着工艺节点向着亚 10nm 的发展,需要具有原子级保真度的刻蚀技术,原子层刻蚀(atomic layer etching,ALE)有望达到这一性能水平[12],ALE 采用了 ALD 中的许多既定概念,将刻蚀过程分离为自限步骤,打破了离子和中性粒子通量同时存在时反应离子刻蚀(reactive ion etch,RIE)中产生的平衡,改善了整个晶片的均匀性和表面平滑度。

图 6.25 展示了针对不同阶段刻蚀需求而制造的刻蚀设备发展历程。除了刻蚀技术逐渐往原子层刻蚀方向发展以外,特种气体的合理使用会给等离子体刻蚀工艺起到画龙点睛的作用。例如,无定型碳掩模刻蚀的时候,利用硫化羰(COS)刻蚀出来的无定型碳线条图形侧壁几乎完美无缺,而用传统的刻蚀气体则会出现侧壁局部凹陷的问题。然而,当 COS 用来做双图形的无定型碳核的时候,虽然核侧壁形貌很完美,但是在后续的侧墙沉积刻蚀过程中容易出现爆裂问题。这是 COS 吸附在无定型碳核上导致的。因此,对于刻蚀工艺技术中的物理模型的研究以及对于新型刻蚀反应气体的探索,是后摩尔时代面对新型晶体管材料和更微缩化的晶体管尺寸时,需要着力发展的两个方向。

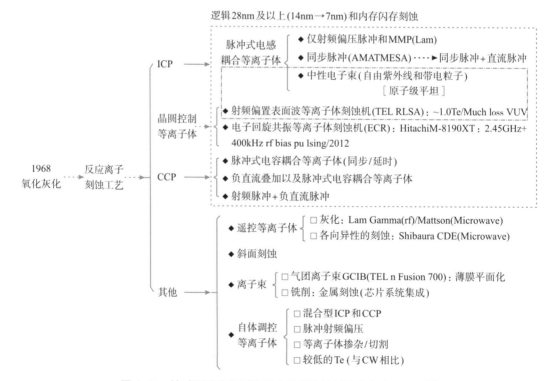

图 6.25　针对不同阶段刻蚀需求而制造的刻蚀设备发展历程[5]

本章小结

本章着重介绍了集成电路中的主要单步工艺——刻蚀工艺。首先介绍了刻蚀的基本概念以及用于考量刻蚀工艺质量的多个参数。之后,按照湿法刻蚀和干法刻蚀的分类方法,分别讲解了两种不同刻蚀方法的发展过程和原理。其中,相比于湿法刻蚀,干法刻蚀的过程更为复杂多变,牵涉多种化学模型和等离子体物理模型,因此是本章讲解的重点。在介绍基本刻蚀原理的基础上,本章还针对现代刻蚀工艺中常见的几种刻蚀机台,如ICP、CCP等,分别做了机台工作原理和应用场景的介绍。在本章的最后,我们对刻蚀技术在微缩化时代的发展方向做了讨论和展望。

参考文献

[1] Choi J S, Chung I S. A test structure for monitoring micro-loading effect of MOS-FET gate length[C]. Proceedings of International Conference on Microelectronic Test Structures,1996,3.

[2] Lii Y. Etching[M]//Eds. Chang C Y, Sze S M. ULSI Technology New York:McGraw-Hill,1996,364.

[3] Quirk M, Serda J. Semiconductor Manufacturing Technology[M]. New York:Pearson Education,2001.

[4] James D P, Michael D, Peter B G. Silicon VLSI Technology-Fundamentals, Practice and Modelling[M]. Upper Saddle River:Prentice Hall,2000.

[5] 张海洋. 等离子体蚀刻及其在大规模集成电路制造中的应用[M]. 北京:清华大学出版社,2018.

[6] 中国信息与电子工程科技发展战略研究中心. 中国电子信息工程科技发展研究,集成电路芯片制造工艺专题[M]. 北京:科学出版社,2019.

[7] Morgan R A. Plasma Etching in Seminconductor Fabrication[M]. Amsterdam:Elsevier Science,1985.

[8] Gorowitz B, Saia R J. Reactive Ion Etching[M]//Einspruch N G, Brown D M. Plasma Processing for VLSI. Eds. New York:Academic Press,1984,304.

[9] Coburn J W, Winters H F. Ion and Electron Assisted Gas-Surface Chemistry-An important Effect in Plasma Etching[J]. Journal of Applied Physics, 1979,50(5):3189-3196.

[10] 张海洋. 等离子体蚀刻及其在大规模集成电路制造中的应用[M]. 北京:清华大学出版社,2018,15.

[11] Runyan W R, Bean K E. Semiconductor Integrated Circuit Processing Technology[M]. Hoboken:Addison-Wesley,1990.

[12] Kanarik K J, Lill T, Hudson E A, et al. Overview of atomic layer etching in the semiconductor industry[J]. Journal of vaccum science and technology,2015,A 33:020802,1-14.

思考题

1. 请比较物理刻蚀法和化学刻蚀法的不同。

2. 如果一个刻蚀过程需要很高的选择比，请问应该推荐哪种刻蚀法？

3. 请简述刻蚀过程中的 under cut 产生的原因。

4. 请简述沟槽刻蚀过程中 trench 现象产生的位置和原因。

5. 芯片制造产业主流等离子体刻蚀设备有哪三种？各有什么特点？相应的应用场景是什么？

6. 为什么要用等离子体(干法)刻蚀？与化学液体(湿法)刻蚀相比，其有什么优势和劣势？

7. 工艺中低温等离子体中的颗粒呈现什么电性？为什么？

8. 等离子体刻蚀中的主要挑战是什么？

致谢

本章内容承蒙丁扣宝、张睿、张海洋等专家学者审阅并提出宝贵意见，作者在此表示衷心感谢。

作者简介

程然：浙江大学微纳电子学院副教授，博导。本科(荣誉学士)和博士毕业于新加坡国立大学计算机与电气工程系，从事新型 IV 族 MOS 器件领域的模型、工艺和先进测试技术方面的研究工作。在纳米级器件工艺研发以及超快速测试领域有着丰富的经验和突出的成果，发表论文及大会报告 50 余篇，曾多次受邀为国际半导体相关器件会议做大会报告，担任 IEEE 多个会议的 TPC 成员，主持多项国家级和省级科研项目，并获得过多项国内和国际教学和科研奖项。

第7章

薄膜工艺

（本章作者：张睿）

集成电路制造过程本质上是多步平面工艺的组合。在硅衬底表面增加材料时，增加材料的厚度往往在纳米或微米量级，远小于硅衬底自身的厚度或直径，因此这类工艺常被称为薄膜沉积工艺。在集成电路制造过程中，薄膜沉积是最为常用的工艺方法之一，在硅片表面增加其他材料的过程都可以称为薄膜沉积。薄膜沉积通常可以归类为氧化或者氮化、化学气相沉积和物理气相沉积等方法。本章将讲授常见的薄膜沉积工艺的原理和过程，并举例阐述集成电路制造过程中常见薄膜材料的制备方法。

7.1 薄膜沉积概述

早期集成电路芯片的设计和加工过程包括在硅片上加工半导体器件以及将半导体器件相互连接形成电路的金属导电层制备。图 7.1(a)展示了一个具有代表性的早期大节点 NMOSFET 器件。该器件除了硅衬底和扩散源漏极区域之外，其他添加在硅片上的器件结构基本来源于薄膜沉积工艺。随着集成电路制造技术的不断进步，MOSFET 器件的特征尺寸虽不断缩小，但是薄膜沉积仍然是制备器件结构的主要方法。图 7.1(b)

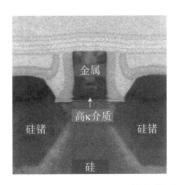

(a)大节点器件　　　　　(b)45 纳米节点 MOSFET 器件电镜照片

图 7.1　大节点(130 纳米)和小节点(45 纳米)MOSFET 器件的结构

展示了 Intel 45nm 技术节点中典型器件的结构。该器件在极度微缩的集成电路器件中,薄膜技术仍占主导,只是厚度大幅度减薄。薄膜沉积工艺不仅在以上集成电路制造前端工艺中应用广泛,在后端工艺中的作用也同样重要。在目前典型的集成电路芯片中,普遍需要六层甚至更多层的金属将数量庞大的 MOSFET 器件相互连接构成电路,并且通常需要开发新的金属材料和绝缘层材料来降低寄生电阻和电容,并在金属互连间形成充分的绝缘保护,从而确保芯片良好的电学性能。所以,薄膜沉积在集成电路制造过程中极其重要。

薄膜是在衬底上生长的固态薄层物质,通常某一维度尺寸(通常是厚度)远远小于其他二维上的尺寸。薄膜附着在比自身厚度大得多的硅衬底上,因此薄膜距离衬底表面非常近,衬底表面对薄膜的物理和化学性质有重要影响。集成电路制造过程中的薄膜沉积是指在硅衬底表面形成一层薄膜的工艺。其材质可以是导体、绝缘体或半导体中的一种或几种的组合。该薄膜沉积工艺一般关注如下特性:

7.1.1　薄膜的三维表面覆盖能力

沉积的薄膜一般需要对衬底表面的各类结构进行厚度均匀的覆盖。在实际的集成电路制造过程中,衬底表面大多数情况下包含前一步工艺中制备的器件结构,呈现出多个台阶组合的三维表面形貌。如果薄膜沉积工艺在台阶表面过度变薄或变厚,就容易在薄膜中产生应力,使得衬底发生翘曲、产生电学短路或在器件中产生固定电荷。因此,在沉积过程中,尤其是在三维结构表面上进行时,保证薄膜沉积速率的各向均匀性非常重要(见图 7.2)。

图 7.2　薄膜对三维表面覆盖能力示意图

7.1.2　薄膜的厚度可控性

集成电路制造过程中,通常对薄膜厚度有特定要求,以完全覆盖下层材料同时达到特定功能。例如,沉积 MOSFET 栅绝缘层时,为确保栅极电容密度满足器件电学性能的要求,薄膜厚度通常不能大于 2nm,但是太薄就会产生更多的如针孔之类的缺陷,也容易造成表面粗糙。因此,薄膜沉积工艺要求能够精确控制厚度,以在尽可能薄的情况下保证薄膜的物理、化学性质稳定。

7.1.3　薄膜的纯度和致密度

获得高纯度薄膜对保证薄膜质量非常关键。高纯度的薄膜意味着其中没有影响其性能的化学成分,因此需要避免沾污和颗粒导致薄膜性质退化;同时,薄膜的致密度也是影响薄膜质量的重要指标,用于显示其中含有真空空位和孔洞的多少。致密度的提高能使绝缘层薄膜具有更优异的电绝缘性,使金属薄膜具有更高的电导率。

7.1.4　薄膜的化学计量

理想的薄膜应当具有均匀的化学成分。在化学反应中,薄膜的化学计量受到生长过程中当前时刻反应物浓度的影响。薄膜沉积过程中通常伴随着复杂的化学反应。随着反应物的浓度局部区域内波动或随时间改变,薄膜中可能出现化学计量偏差或不均匀的情况。因此薄膜的组分有可能偏离理论值。薄膜沉积工艺的一个重要目标是要在反应过程中对薄膜组分进行精确控制,使薄膜具有预先设计好的化学计量。

7.1.5　薄膜的应力

薄膜的物理结构会对其质量产生重要影响,如结晶现象或晶粒的尺寸等。薄膜沉积过程中总是趋于形成晶粒,并且这一过程通常伴随着薄膜密度或体积的改变,因此容易在薄膜内部残留应力,从而导致薄膜的机械特性改变,并且影响薄膜的长期可靠性(尤其是电迁移特性)。同时,薄膜中残留的应力的积累还将导致硅衬底发生翘曲变形,诱发薄膜开裂、分层或形成孔洞。

7.1.6　薄膜的附着力

为了避免薄膜分层和开裂,薄膜材料和衬底间必须具有良好的附着力。尤其是在多层薄膜叠加的情形下,热膨胀系数等参数的不匹配将导致多层薄膜界面处存在大量应力,在芯片工作导致温度上升等使衬底发生形变的情况下,可能出现薄膜开裂或剥离的情形。为了保证器件的电学和机械可靠性,金属薄膜与衬底间必须具有良好的附着力。

薄膜沉积的过程可以概括为三个不同的阶段。第一阶段是形核过程,这一阶段发生在薄膜沉积工艺起始时,少量原子或分子反应物结合,形成附着在衬底表面的分离的团簇。在衬底表面形成薄膜材料的团簇,是薄膜进一步生长的基础。第二阶段是晶核聚集过程,也称为岛状生长。衬底表面的薄膜原子或分子团簇通过反应物在衬底表面的迁移或吸附不断增大,形成岛状的薄膜材料。第三阶段是成膜过程,岛状的薄膜材料不断增大,直至相互连接铺满整个衬底表面,在衬底表面形成固态的薄膜。相互独立的岛状团簇在遇到相邻团簇之前,其大小取决于反应物在衬底表面的迁移速度以及成核密度。高的表面迁移速率或低的成核密度会导致更大的岛状团簇。对应地,低的表面迁移速率和高的成核密度将使得薄膜成长呈现出短程无序的非晶薄膜生长行为。例如,降低沉积温度通常导致无定形膜的生成,这是由于较低温度下反应物在衬底表面的迁移速率降低。

集成电路制造过程中,需要沉积的薄膜包含非晶、多晶和单晶形态。起隔离作用的绝缘层薄膜通常是非晶的。金属薄膜由于结晶温度低,通常以多晶形态应用,而需要传导电流的半导体薄膜(如外延沟道层)需要以单晶形态制备,以充分抑制晶界导致的载流子散射现象,提升电导率。集成电路制造过程中常用的薄膜沉积工艺包含物理气相沉积(physical vapor deposition,PVD)、化学气相沉积(chemical vapor deposition,CVD)和电沉积等几大类。

7.2 硅的氧化

7.2.1 概述

硅基集成电路制造技术的基础之一是在硅衬底表面通过热氧化的方法生长 SiO_2 薄膜。通过适当的工艺控制，SiO_2 薄膜具有电绝缘性好、热稳定性高等一系列优点，因此热氧化直至今日仍然在硅基集成电路制造中广泛应用。利用热氧化方法在硅衬底表面生长的 SiO_2 薄膜是非晶状态的。以下是热氧化 SiO_2 薄膜的一些典型物理性质：

(1)非晶态。

(2)密度：$2.2g/cm^3$。

(3)是良好的绝缘体。

①电阻率$>10^{20}$ Ohm · cm

②禁带宽度$>8eV$

③击穿电压$>10MV/cm$

(4)完美的钝化层。

SiO_2/Si 界面态密度$<10^{11} cm^{-2} · eV^{-1}$。

可以看出，热氧化法得到的 SiO_2 是良好的绝缘体，具有优异的电绝缘性。同时，热氧化 SiO_2 的禁带宽度很大，并且对于 Si 的导带和价带一侧都具有很高的势垒。这些性质使得热氧化 SiO_2 能够在很长一段时期内作为 MOSFET 器件的栅绝缘层使用。即使在先进技术节点中采用了高 κ/金属栅极技术增大 MOSFET 器件的栅极电容密度、抑制漏电流，由于 SiO_2/Si 界面具有极低的界面态密度，SiO_2 仍然作为界面钝化层材料被填充至 Si 衬底和高 κ 薄膜间，形成高质量 MOS 界面。

由于 SiO_2 制备方便并且具有一系列优异性质，SiO_2 对于硅基集成电路制造工艺很重要，也成为最普遍应用的膜材料之一。SiO_2 的应用主要有以下几个方面：

1. 器件保护和隔离

硅衬底表面生长的 SiO_2 可以作为一种有效的阻挡层材料，以保护芯片内部的半导体器件。热氧化生长的 SiO_2 是一种坚硬、致密的薄膜，可以有效阻挡硅衬底表面的器件在制造过程中发生划伤或损害。同时，SiO_2 具有优异的电学绝缘性，能够阻止硅衬底上制备的不同器件间发生信号串扰。例如，采用 LOCOS 工艺制备的典型隔离结构，通过在特定区域生长厚的热氧化 SiO_2 薄膜，在硅衬底表面定义出了制备器件的具体位置。对于 $0.25\mu m$ 以下技术节点，已无法采用 LOCOS 工艺进行器件隔离，作为替代工艺的浅沟槽隔离(STI)技术仍然采用 SiO_2 作为隔离结构中填充的介质材料。

2. 栅绝缘层或界面钝化(缓冲)层

热氧化 SiO_2 的一个重要优点是能够有效减小 Si MOS 界面上的硅悬挂键数量，起到界面钝化的作用。典型的热氧化 SiO_2/Si 界面在生长结束后即可具有低至

$10^{11} \mathrm{cm}^{-2} \cdot \mathrm{eV}^{-1}$ 量级的界面态密度。在进行氢气退火工艺后,界面态密度可以进一步减小至 $10^{10} \mathrm{cm}^{-2} \cdot \mathrm{eV}^{-1}$ 甚至 $10^{9} \mathrm{cm}^{-2} \cdot \mathrm{eV}^{-1}$ 量级。由于热氧化 SiO_2 与 Si 间的界面具有高质量和高稳定性的特点,早期的 MOSFET 器件普遍采用热氧化 SiO_2 薄膜作为器件的栅绝缘层。随着技术节点的推进,即使 SiO_2 厚度减薄的程度不足以满足器件对栅极电容密度的需求,在采用 SiON 或高 κ 栅绝缘层材料的栅极堆垛结构中,仍然保留 SiO_2/Si 界面来提升器件的电学特性和可靠性等关键指标。

3. 硬掩模

SiO_2 可以作为硅表面选择性掺杂的掩模材料。由于掺杂离子在 SiO_2 中的扩散系数比 Si 中小 3 个数量级以上,因此在硅表面制备 SiO_2 薄膜,并通过光刻定义出掺杂窗口,可以有效地选择杂质注入的位置。薄的 SiO_2 薄膜也可以用于需要离子注入的区域,用来减小离子注入工艺中的沟道效应,避免过多的表面晶格损伤。此外,在某些刻蚀工艺中 SiO_2 与 Si 具有极大的选择比,因此 SiO_2 也可以作为 Si 刻蚀过程中的研磨材料。

4. 金属层间隔离

SiO_2 具有良好的电绝缘性,因此它是芯片金属层间有效的绝缘材料。SiO_2 能够防止上、下层金属间的短路。通过优化沉积工艺、利用掺杂获得更好的流动性,能够获得填充致密并且无针孔的 SiO_2 介质层。

表 7.1 概括了 SiO_2 在集成电路制造工艺中的部分应用实例,包括早期晶体管隔离的鸟嘴技术等,由此可以看出 SiO_2 在硅基集成电路技术中具有重要地位。

表 7.1 SiO_2 薄膜在集成电路制造中的应用

应用	目的	结构
栅氧化层	在 MOS 器件的栅极和衬底间形成电学绝缘	
场氧化层	在相邻晶体管间的电学形成隔离	
掺杂阻挡层	作为热扩散或离子注入杂质到硅中的硬掩模	
表面钝化层	用于保护器件免受后续工艺的损伤	
金属层间绝缘层	用于隔离金属配线形成绝缘结构	

7.2.2 热氧化 SiO_2 生长工艺流程

热氧化 SiO_2 的生长可以通过把硅衬底暴露在高纯氧的高温气氛中实现。热氧化设备的结构如图 7.3 所示。

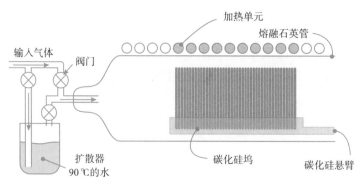

输入气体
阀门
加热单元
熔融石英管
扩散器
90℃的水
碳化硅坩
碳化硅悬臂

图 7.3　典型的热氧化炉结构示意图

Si 的氧化可以分为干法氧化和湿法氧化两类。如果生长过程中没有水蒸气参与，仅有氧气参与，则称为干法氧化，对应的化学反应方程式为：

$$Si + O_2 \longrightarrow SiO_2$$

如果反应中有水蒸气参与，称为湿法氧化，对应的化学反应方程式为：

$$Si + 2H_2O \longrightarrow SiO_2 + 2H_2$$

对于湿法氧化，用携带水蒸气的氧气代替干氧作为氧化气体，通过将干氧通过 90℃的水使其携带一定量的水蒸气。水蒸气在 SiO_2 中的溶解度比氧气更大。同时，湿法氧化过程中，生成 SiO_2 薄膜的过程中同时产生氢分子，氢分子会束缚在固态的 SiO_2 薄膜内部，使得 SiO_2 的密度比干法氧化获得的 SiO_2 更小，进而导致水蒸气具有更大的扩散速率。因此湿法氧化比干法氧化的 SiO_2 薄膜生长速率更大。无论采用干法氧化还是湿法氧化工艺，SiO_2 的生长都需要消耗硅，如图 7.4 所示，硅消耗的厚度占氧化物总厚度的 0.46，即每生长 100nm 的 SiO_2，需要消耗 46nm 的硅。

硅
54%
46%
硅

图 7.4　Si 热氧化生成 SiO_2 过程中消耗 Si 的示意图

硅的热氧化工艺通常借助热处理炉实现，包括卧式炉、立式炉和快速热处理炉等。卧式炉是最早被广泛采用的设备，它采用将石英管水平方向放置的形式，硅衬底放置在石英管中进行氧化。在 20 世纪 90 年代初期，卧式炉开始逐渐被立式炉取代，这主要是由于立式炉更容易控制温度和均匀性，并减少颗粒沾污。立式炉和卧式炉都可以同时处理大量的硅衬底（100～200 片），并以 20℃/min 左右的速率升高或降低衬底温度。快速热处理炉是一种小型的快速加热系统，带有辐射热源和冷却源，通常每次处理一片硅衬底。快速退火炉能够在局部区域产生非常快的升温速度，可以达到每秒几十摄氏度的升降温速率，在采用双面加热的方式时，升温速度甚至可以超过 250℃/s。对于集成电路制造产业,根据产能的需求通常采用卧式炉或立式炉进行热氧化工艺。卧式炉相对立式炉具有更低的成本,因此在大于 $0.5\mu m$ 图形的硅衬底的氧化中具有优势。因此,晶圆加工厂通常采用卧式炉和立式炉配合使用的方式,要求较苛刻的步骤采用立式炉,要求不太苛刻的步骤采用卧式炉。

对立式炉和卧式炉的结构进行分解,可以将它们分为工艺腔、衬底传输系统、气体分配系统、尾气系统和温控系统 5 个部分。工艺腔(或炉管)是对硅衬底进行加热的场所,它由石英管(或钟罩)、热电阻丝和加热套管组成。对于立式炉,硅衬底在炉管中水平放置在垂直硅舟上,硅舟和炉管元件是用耐高温的石英或碳化硅等材料制造的。炉管被热电阻丝包围,可以沿炉管的中轴方向形成数个加热区。对于 12 英寸的立式炉,加热区数量可达 9 个。多个加热区的相互配合可以在炉管中间附近获得一个恒温区。恒温区两端的加温区用于优化硅衬底的升降温过程。炉管温度的精准控制是热氧化工艺最关键的因素之一,通常情况下即使热氧化温度超过 $1000℃$,恒温区内的温度波动也能被控制在 $0.25℃$ 以内。热氧化工艺中,硅衬底通过衬底传输系统装载至炉管中,并通过气体分配系统在炉管中产生所需的气氛。氧化工艺结束后,利用尾气系统彻底清除气体及其副产物。所有与工艺步骤相关的操作,包括工艺时间、温度控制、工艺步骤的顺序、气氛和升降温速率等,均由微控制器控制,其他功能如诊断技术和数据收集也由微处理器执行。近年来,也出现能够将硅片迅速升温至加工温度、工艺结束后快速冷却的新型快速升温立式炉。利用快速升温立式炉能够缩短热氧化工艺过程中加热炉体和冷却炉体所需的时间,提升产量、降低成本。

7.2.3　Si 热氧化的动力学原理

硅表面在热氧化工艺下生长 SiO_2 的动力学过程可以由 Deal-Grove 模型描述。尤其是在 SiO_2 厚度较大(如 $30\sim2000nm$)、温度较高(如 $700\sim1300℃$)和氧分压不太大(如 $0.25\sim25atm$)的情况下,Deal-Grove 模型可以很精确地描述硅表面 SiO_2 薄膜的生长过程。Deal-Grove 模型将硅表面热氧化反应分解为以下几个步骤(见图 7.5)。

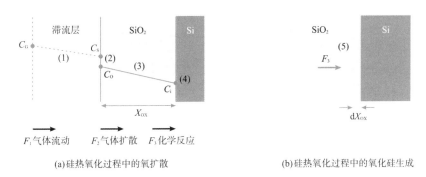

(a)硅热氧化过程中的氧扩散　　　　(b)硅热氧化过程中的氧化硅生成

图 7.5　热氧化机理示意图

1. 氧气从环境中扩散至气体/SiO_2 界面

氧气被导入反应腔后,由反应腔中的大气环境扩散至衬底表面。这个转移过程中,氧气传质密度 F_1 随着大气中氧气浓度 C_g 与 SiO_2 表面的氧气浓度 C_s 的差成正比,比例

常数为 h_g，称为气相质量转移系数，是一个与氧气的扩散率 D 以及滞留层厚度有关的常数。传质密度 F_1 可以表示为：

$$F_1 = h_G(C_G - C_s) \tag{7.1}$$

2. 氧气在 SiO$_2$ 表面的溶解

氧气到达 SiO$_2$ 表面后，并不能完全扩散进入 SiO$_2$ 薄膜内部，而是以一定比例溶解进入 SiO$_2$ 表面。该过程遵循亨利法则，即平衡态下溶解在固体中的物质浓度与物质在固体表面的分压成比例关系。因此，溶解进入 SiO$_2$ 的氧气浓度 C_o 与 SiO$_2$ 表面的氧气浓度 C_s 间的关系可以表示为：

$$C_o = H \cdot P_s = H \cdot (kT \cdot C_s) \tag{7.2}$$

其中，P_s 为 SiO$_2$ 表面的氧气分压；H 为亨利系数。

3. 氧气向 SiO$_2$/Si 界面扩散

氧气从 SiO$_2$ 表面向 SiO$_2$/Si 界面扩散，这一过程中氧气的传质密度 F_2 遵循菲克定律。当处于稳态条件时，使用菲克第一定律描述：

$$F_2 = -D \frac{\partial C}{\partial x} = D \cdot \left(\frac{C_o - C_i}{X_{OX}} \right) \tag{7.3}$$

其中，D 为 SiO$_2$ 中氧气的扩散系数；C_i 和 C_o 分别为 SiO$_2$/Si 界面和 SiO$_2$ 表面的氧气浓度。

4. 氧气从 SiO$_2$/Si 界面处溶解至 Si 表面

与氧气在 SiO$_2$ 表面的溶解过程类似，氧气到达 SiO$_2$/Si 界面后，会有一定比例溶解进入 Si 表面。这一过程中的氧气传质密度 F_3 与界面处的氧化物浓度 C_i 成正比关系：

$$F_3 = k_s \cdot C_i \tag{7.4}$$

其中，k_s 是界面发生的化学反应的反应速率常数。

5. 溶解在 Si 表面的氧气与硅发生反应生成 SiO$_2$

假设每生成单位体积 SiO$_2$，需要消耗 N_1 个氧气分子，那么在 Δt 时间内生成的氧化层厚度 ΔX_{OX} 间存在如下对应关系：

$$\frac{F_3}{N_1} = \frac{\Delta X_{OX}}{\Delta t} \tag{7.5}$$

在干法氧化工艺中，N_1 为 $2.2 \times 10^{22}\,\text{cm}^{-3}$；在湿法氧化的情形下，$N_1$ 为 $4.4 \times 10^{22}\,\text{cm}^{-3}$。

在稳态条件下，反应过程中的氧气传质是守恒的，即：

$$F = F_1 = F_2 = F_3 \tag{7.6}$$

将式(7.1)至式(7.6)联立，可以得到热氧化过程中 SiO$_2$ 厚度 X_{OX} 与时间 t 的关系：

$$X_{OX} = \frac{A}{2} \left[\sqrt{1 + 4B\left(\frac{t+\tau}{A^2}\right)} - 1 \right] \tag{7.7}$$

其中，τ 是假设硅衬底表面具有初始氧化层时，获得该氧化层厚度时所需的热氧化时间；系数 A 和 B 分别为：

$$A \equiv 2D\left(\frac{1}{k_s} + \frac{1}{h_G}\right) \tag{7.8}$$

$$B \equiv \frac{2DHkTC_G}{N_1} \tag{7.9}$$

根据式(7.7)可以预测热氧化工艺过程中的 SiO_2 薄膜生长速率(见图 7.6)。假设 SiO_2 的初始厚度为 0,当氧化时间很短时,SiO_2 厚度与氧化时间呈线性关系,如公式(7.10);当氧化时间较长时,SiO_2 厚度与氧化时间呈抛物线关系,如公式(7.11)。当氧化时间较长时,我们可以看到系数 B 与氧化物通过已形成氧化层的扩散常数 D 是成比例关系的,这说明以抛物线方式进行的氧化是受扩散过程控制的。

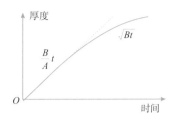

图 7.6　热氧化工艺中 SiO_2 厚度与时间的关系

$$X_{OX} \longrightarrow \frac{B}{A}t \tag{7.10}$$

$$X_{OX} \longrightarrow \sqrt{Bt} \tag{7.11}$$

式(7.7)在很大范围的温度、压力以及氧化剂种类的条件下都是成立的,但是它在氧化的初始阶段误差较大。在氧化的初始阶段通常会观察到比理论计算更大的 SiO_2 厚度。许多模型已被提出来解释薄 SiO_2 层氧化速率加快的原因,这些模型可以被分为四类:①基于空间电荷作用的模型,指出氧化速率的加快实际是由于电化学的原因;②基于氧化层结构作用的模型,指出的原因是氧化剂传输速率的加快;③基于氧化层应力作用的模型,指出的原因是氧化剂扩散系数的增大;④假设氧化剂在氧化层中溶解度提高的模型,指出 O_2 的浓度超过它的固溶度极限是氧化速率加快的原因。

7.2.4　Si 热氧化过程的影响因素

热氧化过程中 SiO_2 薄膜的生长速度实际上取决于 Si 与 O_2 发生化学反应的速率。显而易见,氧化温度、氧气纯度等因素都会影响 SiO_2 的生长速度。如图 7.7 所示是(100)取向的 Si 在不同温度下热氧化时,SiO_2 厚度随时间变化的关系。

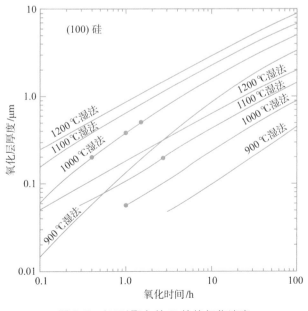

图 7.7　(100)取向的 Si 的热氧化速率

除了温度、氧气分压等常规因素外，还有一些其他原因能够导致 SiO_2 生长速率的变化。

1. 掺杂效应（见图 7.8）

重掺杂硅比轻掺杂硅的氧化速率快。另外，在氧化时间较长时，硼掺杂的硅比磷掺杂的硅氧化速率更快。这是由于 SiO_2 中的硼倾向于出现偏析，这导致 SiO_2 中的化学键强度削弱，使 O_2 在 SiO_2 中的扩散速率增大。当氧化时间很短时，硼掺杂或磷掺杂对硅氧化速率的影响不大。

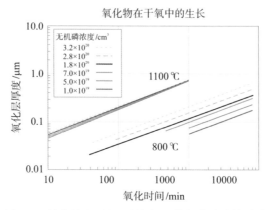

图 7.8　掺杂浓度对(100)取向 Si 热氧化速率的影响

2. 晶向（见图 7.9）

对于单晶硅衬底，(111)取向的衬底氧化速率比(100)取向衬底的氧化速率更慢。这是由于(111)面是硅晶格的密排面，具有较大的硅原子面密度。因此 O_2 与(111)取向硅发生反应的过程更慢，导致更小的氧化速率。这一效果在 SiO_2 薄膜很薄时较为明显，但是在反应时间较长时逐渐消失。因为当 SiO_2 厚度较大时，热氧化的速率由通过已生成的 SiO_2 薄膜的氧气扩散过程决定，而非 SiO_2/Si 界面处的化学反应决定。

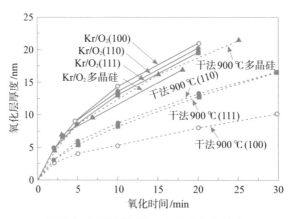

图 7.9　不同晶体取向 Si 的热氧化速率

3. 等离子增强氧化

等离子增强氧化是一种能够在低温下提高氧化速率的方法。给硅衬底施加比等离子体区低的偏压,可以使等离子区内的电离氧飞向硅衬底表面,这种行为实际上增大了氧化剂的反应活性。在等离子体增强氧化中,SiO_2 薄膜能够在低于 600℃ 的低温下形成,有效降低工艺过程的热预算。当然,由于生长温度过低,也将导致 SiO_2 薄膜中产生应力、SiO_2/Si 界面或 SiO_2 薄膜内部缺陷含量升高等问题。

7.3　化学气相沉积

化学气相沉积(CVD),是将含有构成薄膜元素的气态反应源材料或者液态反应源,通过一定的条件控制,以气相的形式通入反应腔体内完成化学反应,从而实现薄膜沉积的一种单项工艺[2],是一种最为常见的,也是最重要的形成薄膜的方式,在集成电路工艺中得到了非常广泛的应用,特别是绝缘介质薄膜(比如电解质隔离、离子注入阻挡层、抗反射镀膜层、光刻硬掩模版、覆盖层、刻蚀停止层以及电路钝化保护层等)、多晶半导体薄膜等宽范围材料的薄膜制备方面,已经成为首选的沉积手段。另外,超大规模集成电路的金属互连中用到的钨和硅化物等薄膜中,也采用了 CVD 工艺。作为 CVD 工艺得到的薄膜,成膜种类较多,附着性好,台阶覆盖性好,工艺可操作性强,而近年来逐步成为主流工艺技术之一的原子层化学沉积(atom layer deposition,ALD)技术在微小接触孔或高深宽比结构的衬底表面实现均匀覆盖尤为出色。

7.3.1　CVD 的基本原理和常见分类

CVD 就是气相反应物(气体或者蒸汽)通过化学反应在晶片表面沉积形成一层固体薄膜。首先它是一个化学反应。其次反应物一定是气相反应物(气体或者蒸汽形式),不过只要求在到达腔室时是气相的,对于到达之前的状态没有要求。最后它是在目标衬底由于衬底高温或有其他形式的能量的激发,形成固态的薄膜,而生成的其他副产物质以气相的形式被排出腔室。

CVD 基本可以分为以下几个步骤(见图 7.10):

(1)反应气体以及载气以合理的流速进入反应腔室内;

(2)反应气体通过扩散的形式到达硅片衬底表面,并且在物理吸附或者化学吸附的作用下,吸附在硅片表面,成为吸附原子(分子);

(3)在一定的温度条件下,或者加以等离子体的辅助作用,吸附原子(分子)在硅片表面发生化学反应,聚集沉积最终形成薄膜;

(4)反应生成的副产物以及未参与反应的气体通过解吸附离开硅片表面,并通过抽气系统排出腔室。

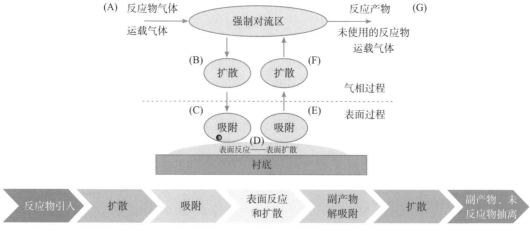

图 7.10　CVD 反应的基本过程

CVD 本身的反应过程非常复杂,以上的描述只是很简略地描述大致的反应流程。不同的 CVD 也有自己独有的特点与过程。不过总体而言,要完成一个化学反应,必须满足几个必要条件。首先是在沉积的温度下,反应气体必须具备一定的蒸气压,沉积物本身也需要有一定的蒸气压,以保证薄膜能始终留在衬底表面。而除了沉积物之外,其他产物需要具有挥发性,这样才容易被排出反应系统。最重要的是化学反应需要发生在衬底表面,如果在气相发生反应,将过早核化,产生大量的副产物颗粒,薄膜的附着性和密度也将受到影响,总体的沉积速率将大幅度降低。对于反应所需要的激活及维持反应继续的能量,可以是热能,也可以是其他能量,比如光能、等离子体等。

如果薄膜沉积速率由表面化学反应速率决定,那么沉积速率对于温度的改变很敏感。温度升高,表面化学反应速率呈指数增加。在较低温度下,薄膜沉积速率随温度增加显著提升。温度升到一定程度后,到达表面的反应气体数量低于该温度下表面化学反应所需要的数量,沉积速率转变为由质量输运控制,沉积速率对温度不再敏感,即高温反应多为质量输运控制,低温反应受表面化学反应控制。而质量输运系数 h_g 受气相参数决定,在 CVD 工艺中通过气相扩散完成输运,扩散速度和扩散系数 (D_g, $D_g \propto T^{1.5 \sim 2.0}$) 和边界层内的浓度梯度成正比,因此质量输运受温度影响较小。具体如图 7.11 所示。

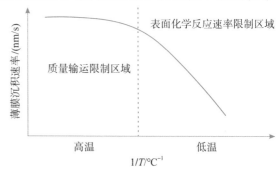

图 7.11　沉积速率与温度的关系

在反应气体浓度较低时,Grove 模型和实际得到的结果相吻合,但当反应气体浓度较高时就不适用了。这是因为气相质量输运除了到达衬底表面的过程外,还有反应解吸附后离开衬底表面的过程。Grove 模型忽略了解吸附的过程。另外,Grove 模型也忽略了温度梯度对于气相质量输运的影响。当然,影响薄膜沉积速率的因素除了温度和反应气体浓度外,还有很多其他因素,不同的工艺方法和设备种类,以及反应腔室的结构等,都会对沉积速率产生影响。

CVD 的种类繁多,以实现不同的薄膜工艺特性需求。通常可以按照工艺特点、工艺温度、反应室内部压力以及沉积薄膜化学反应的激活方式等进行分类,具体如表 7.2 所示。

表 7.2　CVD 的常见类型

分类标准	类型
压力	大气压化学气相沉积(atmospheric pressure CVD,APCVD)
	次大气压化学气相沉积(sub-atmospheric pressure CVD,SACVD)
	低压化学气相沉积(low pressure CVD,LPCVD)
温度	高温化学气相沉积(high temperature CVD,HTCVD)
	低温化学气相沉积(low temperature CVD,LTCVD)
	快速升温的化学气相沉积(rapid thermal CVD,RTCVD)
	热化学气相沉积(thermal CVD)
	金属有机物化学气相沉积(metal organic CVD,MOCVD)
能量	等离子体增强化学气相沉积(plasma enhanced CVD,PECVD)
	高密度等离子化学气相沉积(high density plasma CVD,HDP)
	激光诱导化学气相沉积(laser-induced CVD,LCVD)
	微波化学气相沉积(micro-wave CVD,MWCVD)

其中,LPCVD 和 PECVD 目前应用较广,多用于制备介质薄膜和多晶硅薄膜等。如 MOCVD、LCVD 和 MWCVD,属于新型的 CVD 工艺技术,在传统的微电子工艺中应用还不是很多。下面介绍几种常用的 CVD 工艺方法,并就几种应用较为广泛的工艺技术阐述其主要的应用领域。

7.3.2　常压化学气相沉积(APCVD)

APCVD 是最早出现的 CVD 工艺[3],沉积过程都在大气压力下进行,操作简单,速率较快,所以可用于沉积较厚的介质薄膜(比如二氧化硅薄膜)。但是,APCVD 在此反应压力下碰撞频率很高,属于均匀成核,极易发生气相反应,产生颗粒杂质而产生沾污问题。另外,APCVD 的台阶覆盖性和均匀性比较差。APCVD 多采用反应室外侧缠绕的热电阻丝辐射热能,或者射频线圈直接对基座(易感器)加热,根据反应室结构的不同,可以分为水平反应系统、垂直反应系统和桶形反应系统。目前常用的 APCVD 采用可以连续供片连续沉积的设备系统进行薄膜制备:硅片在传送装置的作用下连续通过沉积区和非沉积区(沉积区和非沉积区通过流动的惰性气体进行隔离),实现多片薄膜均匀制备。具体结构如图 7.12 所示。

APCVD 的薄膜沉积速率对于衬底表面反应物浓度较为敏感,对衬底温度的精准度要求不高,所以精确控制反应物成分、计量和输运过程对于所沉积薄膜的均匀性起着重要的作用,这就对反应室结构和气流的传输模式提出了更高的要求。因为 APCVD 的局限性,目前 APCVD 已经大范围地被 LPCVD 取代。

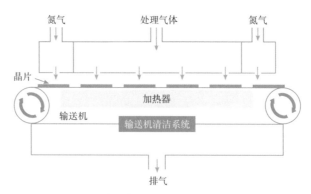

图 7.12　连续供片-沉积的 APCVD 装置示意图

7.3.3　低压化学气相沉积(LPCVD)

LPCVD 是在 APCVD 之后出现的又一种以热激活方式沉积薄膜的 CVD 工艺方法,其在真空系统中进行薄膜沉积,反应气压控制在 10Torr(1Torr≈133.32Pa)以下[4]。其沉积的某些薄膜在均匀性和台阶覆盖方面均优于 APCVD 得到的薄膜,而且粒子污染更少,所以成了 APCVD 很好的替代品。另外,在不使用稀释气体的情况下,只需要降低反应压力就可以减少气相成核,从而得到更高质量的薄膜。这是因为当把工作气压降低时,反应气体密度大幅度降低,分子平均自由程增长,反应剂在气相和腔室壁面发生反应的现象会明显减少,而且即使产生了颗粒物,也很容易被真空抽气系统抽走,从而显著降低颗粒污染程度。另外,因为在低压环境下,分子的碰撞频率变得很低,所以具备良好的台阶覆盖能力。但同时带来的问题是,由于反应压力降低,反应速率同时也大幅度下降。

和 APCVD 不一样的是,LPCVD 的沉积速率主要受到表面反应控制,如反应气压和反应温度,而不是反应物的浓度或反应物的质量输运。在较低的气压下,气体扩散速率大幅度增强,极大地加快了反应气体输送到衬底表面的速度,如气压由常压降至几十帕时,反应气体的扩散速率能提高上百倍,气相质量输运时间大幅度缩短,因此表面反应的快慢是决定整体反应速率的主要因素。表面反应对于温度非常敏感,但是温度的精准控制(比如控制温度精度在±0.5℃)相对比较容易实现。因为反应气体的质量输运不再是影响反应的主要因素,这就大幅度降低了对于反应腔室结构的要求,通过对于反应腔室的结构优化,就可以实现更高质量的薄膜。包括多晶硅、氮化硅、二氧化硅、PSG、BPSG 和钨等多种材料薄膜的制备,都可以通过 LPCVD 实现。

LPCVD 设备也有多种结构类型,根据反应腔室的结构不同,常用的也有立式和水平两种,结构如图 7.13 和图 7.14 所示。水平式 LPCVD 的衬底装载量比 APCVD 大很多,可以达到数百片,适合大批量生产;气体的用量较少,节约了原材料;使用结构简单功耗低的电阻加热器,降低了生产成本。但是,水平式 LPCVD 由于自身结构的特点,气体从反应腔室一端进入,从另一端被排出,存在的问题就是沿着气流方向反应气体浓度将逐渐降低,所沉积的膜也沿气流方向变薄,称之为气缺效应。气缺效应可以通过沿气流方向提高工艺温度来补偿缓解,也就是反应气体较稀薄的地方温度升高,但是不太容易控制。另外就是增加入气口,增强气流均匀性,又或者提高气流速度,实现更多的反应气体输运到下游,薄膜相对可以更均匀一些。但这些方法都有自身的局限性。立式 LVCVD 相较于水平式 LPCVD 而言,主要的优点就在于薄膜的均匀性更佳:一是气缺效应没有水平式 LPCVD 那么明显;二是硅片水平放在基座上,气体入口在硅片上方,反应气体可以均匀扩散到达硅片表面进行沉积。

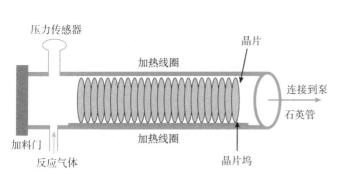

图 7.13　水平式 LPCVD 装置示意图　　　　图 7.14　立式 LPCVD 装置示意图

7.3.4　次常压化学气相沉积(SACVD)

在介于 APCVD 和 LPCVD 的反应压力之间还有一种薄膜沉积反应,就是 SACVD,它的反应压力稍低于大气压(20~200Torr)。相比 APCVD,SACVD 降低了反应压力,分子间碰撞概率变小,产生颗粒杂质的概率小,可以得到更高质量的薄膜;而和 LPCVD 相比,SACVD 的压力更高,薄膜沉积速率增大,生产率提升。另外,SACVD 可以实现较好的保形生长,台阶覆盖率好,具有很强的填孔能力,但是对于衬底材料有较强的敏感性[5],即不同的衬底材料会带来不同的沉积速率和填充效果。SACVD 系统的整体构造和 APCVD、LPCVD 区别较小。这里介绍 SACVD 一种非常广泛的应用:高深宽比工艺(high aspect ratio process,HARP)技术。

HARP 技术是经过优化的 SACVD 工艺,最早由美国应用材料公司开发,利用臭氧和四乙氧基硅烷(TEOS)作为反应源进行反应沉积。TEOS 是一种有机物质,常温时为液态,凝固点为−77℃,沸点为 167.1℃,液态 TEOS 源通常置于源瓶中用载气鼓泡方式携带,同时采用自身独立的加热器加热控温,进入反应腔室的 TEOS 的浓度主要受到载气流速和加热温度控制。在较低温度下,臭氧就可以让 TEOS 实现分解,因此沉积速率明显快于普通的 SACVD 技术,可以达到 100~200nm/min。

臭氧和 TEOS 在高温时的反应呈现底部向上特性,从而实现高深宽比(可以达到 10∶1,甚至更大)沟槽的填充。如图 7.15 所示,对于深宽比从 7.5 到 11.9,HARP 都能实现良好的填充效果,没有沟槽空洞或者夹断的产生,并且呈现良好的均匀性和电学性质。这些特性使得 HARP 技术代替高密度等离子体化学气相沉积(HDP,将在后面做具体介

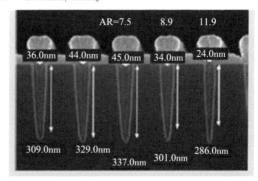

图 7.15　运用 HARP 技术实现不同深宽比的沟槽填充

绍)进行沟槽填充成为可能。另外,SACVD 本身就是一种纯热过程,没有用到等离子体等额外的能量来源,是一种比较温和的化学沉积手段,而随着尺寸的减小,器件对于等离子体造成的损伤越来越敏感,SACVD 在 45nm 以后比诸如 HDP 技术有更大的优势。

目前,HARP 技术主要用于浅沟槽隔离(STI)和金属沉积前的介电质层(pre-metal dielectric,PMD)的填充。STI 过程没有温度的限制,可以通过高温(>500℃)获得高质量、高填充能力的薄膜,而 PMD 由于有使用温度的限制,需要降低沉积温度,如降低至 400℃进行沉积。这里主要针对 STI 中使用 HARP 技术进行沟槽填充进行阐述。HARP 的沉积法主要可以分为三步,即通过不断调节臭氧和 TEOS 的含量比例,保证沉积速率和填充效果:第一步是 TEOS 由底部向上沉积的过程,在沉积的初始阶段,保持非常高的臭氧和 TEOS 的比例,以较低的速率得到非常薄的成核层,并逐步提高 TEOS 的含量;第二步是在 TEOS 达到一定的浓度含量后,保持 TEOS 含量,保证在较低的速率下,薄膜填满整个 STI 沟槽间隙;第三步是继续提高反应中 TEOS 的流量,提高沉积速率,并最终填满沟槽。除了沉积中臭氧和 TEOS 的含量比值对于沟槽填充能力会产生至关重要的影响外,沟槽的轮廓形状也会产生影响。目前 HARP 工艺主要采用坡度在 86°以下的 V 形沟槽形貌,保证 STI 沟槽的上方处于开口状态,完成自下而上的填充。对于 U 形或者凹角沟槽,STI 被填满之前容易形成上端堵塞,结果就会在沟槽中间形成孔洞、锁眼或者裂缝。

对于 SACVD 形成的氧化硅薄膜,反应方程式如下:

$$Si(C_2H_5O)_4 + 8O_3 \longrightarrow SiO_2 + 10H_2O + 8CO_2$$

反应过程中可以看出产物有水汽,通常需要在薄膜沉积进行高温退火后处理来提高薄膜致密度和吸潮性,同时也让填充效果更好,但无疑增加了工艺成本和能耗。

常用的退火方式有两种:水蒸气退火和干法退火。两种退火方式各有利弊,水蒸气退火过程中,由于薄膜中残留的氧的存在,有源区很容易被进一步氧化而使得活性硅区域大面积损耗。这种情况下需要降低水蒸气退火温度或者减少退火时间来缓解,但是这样退火效果又会受到影响;但同时,干法退火容易导致 HARP 薄膜收缩,进一步促使裂缝产生,而水蒸气退火的效果相反,它可使得 HARP 收缩减少,从而实现更好的填充效果。在高温退火以及表面化学机械研磨(chemical mechanical polish,CMP)处理以后,HARP 薄膜从拉应力向压应力转变,但是会对有源区产生明显的拉应力。通过对 HARP 退火应力的回滞研究(见图 7.16)可以发现,当退火温度上升时,HARP 薄膜的拉应力先上升,从而对有源区起到拉伸应变作用,即使冷却以后,HARP 转变为压应力,这种拉应力效果也会被记忆并保留在硅基中。另外,对于干法退火来说,HARP 在退火后产生薄膜收缩,为硅提供了另一种强大的拉伸应变。有

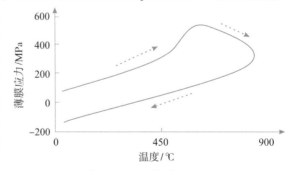

图 7.16 540℃ HARP 的薄膜应力-温度变化曲线

研究指出,这种对有源区产生的拉伸应变作用有效地增强了 NMOS 和 PMOS 的载流子迁移性能[6]。

7.3.5　金属有机物化学气相沉积(MOCVD)

MOCVD 是以低温下易挥发的金属有机化合物为前驱体,在一定的温度条件下转变为气态并随载气(氢气、氮气、氩气等)进入化学反应腔室,扩散至衬底表面后,在预加热的衬底表面发生化学反应从而沉积成膜的过程[7]。MOCVD 之所以受到重视,是因为有以下特点:①可以精确控制气体流量来控制沉积薄膜的组分、导电类型、载流子浓度、厚度等,可以生长薄到几埃的薄层和多层结构;②反应腔室内气体流速快,可以实现多层结构界面以及杂质分布陡峭;③可通过热分解形式进行沉积,只需要将衬底温度控制好就可以了,适用于批量生长;④沉积温度低,并且可以在不同的衬底表面进行沉积;⑤选择比较灵活,原则上只需要选取合适的原材料就可以进行包含该元素的材料的MOCVD 生长;⑥对于真空度要求低,反应室结构简单;⑦可以对 MOCVD 生长过程进行实时监测。但是 MOCVD 采用的金属有机物和氢化物都比较昂贵,另外部分源易燃易爆或者有毒,有一定的危险性,因此在反应后需要进行无害化处理,避免环境污染。目前主要应用于生长Ⅲ-Ⅴ、Ⅱ-Ⅵ、Ⅳ-Ⅵ族半导体材料。这项技术多用于外延生长,因此又被称为金属有机物气相外延。

用于 MOCVD 的金属有机化合物有以下特点:室温下化学性质稳定;蒸发温度低,饱和蒸气压高,蒸发速率稳定;分解温度低,沉积速率可控;分解过程中无其他杂质产生;纯度高。常用的金属有机物原材料如表 7.3 所示。

表 7.3　制备半导体材料的金属有机物前驱体

	Ⅱ	Ⅲ	Ⅳ	Ⅴ	Ⅵ
前驱体	DEZn DECd DMHg	TMGa TEGa TMAl TEAl TMIn TEIn	TEPb TESn	TMP TMAs TMSb TEAs TESb DEAs	DMSe DETe MATe DIPTe

注:DE 为 Diethyl(二乙基);DM 为 Dimethyl(二甲基);TM 为 Trimethyl(三甲基);TE 为 Triethyl(三乙基);MA 为 Methylallyl(甲代烯丙基);DIP 为 Diisopropyl(二异丙基)。

MOCVD 设备主要可以分为四个部分:气体操作系统、反应腔室、加热系统和尾气处理系统。气体操作系统主要包括各种阀门、泵和设备管路,以及各种控制器[质量流量控制器(MFC)、压力控制器(PC)和控制温度的水浴恒温槽]等。反应腔室有冷壁式和热壁式两种,热壁式一般采用电阻加热炉加热,反应腔室器壁和衬底都被加热,但是会造成腔室器壁沉积反应物;冷壁式有感应加热、射频加热和红外加热等,只加热衬底本身。尾气处理是指将尾气先通过微粒过滤器,再通入气体洗涤器采用解毒溶液进行解毒,也可以采用燃烧室进行解读,即在 900~1000℃条件下将尾气中的物质进行热解氧化,从而实现无害化。

7.3.6 等离子体化学气相沉积

在化学气相沉积中,除了上述提到的不同压力下的热反应(APCVD、LPCVD、SACVD)外,往往需要用到额外的能量来源来实现反应速率或者薄膜质量的提升,如等离子体在 CVD 中的应用,常见的比如 PECVD[8,9]和 HDP CVD[10]。

1. 等离子体的基本概念

等离子体(plasma)的生成需要三大要素:气体、自由电子和电场。在一定的压力条件下,反应装置内的气体整体呈现电中性,但是存在微量的自由电子,称之为自由电子种子。这样的自由电子可能来源于紫外线、宇宙射线以及阴极放电装置。在外电场的作用下,这些自由电子开始做加速运动,并且能量不断增大至气体电离阈值(ionization threshold energy,例如 Ar 约为 15eV)以上时,气体分子和自由电子碰撞而离子化,产生更多

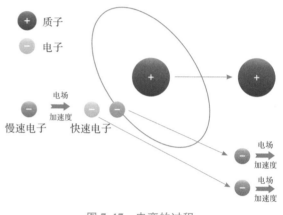

图 7.17 电离的过程

的自由电子,如图 7.17 所示。这样倍增的自由电子又和周围的气体碰撞。不断循环往复,自由电子犹如雪崩般产生,这就是电子崩效应(electron avalanche)。将反应装置变成真空容器,充入特定气体并且两端接入电极,在高电压电场$\left(E=\dfrac{V}{d}\right)$作用下,自由电子种子加速并且与气体碰撞就会形成等离子体。等离子体是电子、离子和中性原子三种粒子的混合物,宏观上等离子体呈电中性。根据外加电源的不同,等离子体可以分为直流等离子体(DC Plasma)和交流等离子体(AC Plasma)。交流等离子体常被称作射频等离子体(radio frequency plasma,RF Plasma)。RF Plasma 又可以分为电容耦合等离子体(capacitive coupled plasma,CCP)和电感耦合等离子体(inductively coupled plasma,ICP)。电容耦合等离子体电子在两相对电极形成的电场中加速产生等离子体,均一性比电感耦合等离子体好,但是离子化率低。电感耦合等离子体有一个线圈和一个电极,交流电流流过线圈产生诱导磁场,进而产生诱导电场,电子在诱导电场中加速产生等离子体。电感耦合等离子体离子化率高,但是等离子体均一性比电容耦合差。

直流等离子体是最简单的低温辉光放电等离子体。图 7.18 是直流气体辉光放电 I-V 曲线图。DC 辉光放电主要可以分为四个区域:暗流区、汤森放电区、辉光放电区和电弧放电区。首先是暗流区,电流在 $10^{-16}\sim10^{-14}$ A,电压从零开始逐步增加,产生的离子和自由电子的定向运动也逐步加快,形成电流并且逐步增加。在此期间气体为无光放电,所以称之为暗流区。随着电压继续增大,电子运动速度进一步增强,电子与中性气体分子之间不再是简单的弹性碰撞,而是产生电离,形成电子崩效应,电流呈现指数上升趋势,形成汤森放电区。在汤森放电之后,气体发生电击穿现象,产生着火点,电压下降,电流增加,进入辉光放电区。发生汤森放电区和辉光放电区突变的电压就是击穿电

压,击穿电压所在的时刻就是着火点,着火点通常在阴极的边缘和不规则处出现。达到击穿电压前腔体内部黑暗或者只有微弱丝状放电。辉光放电区的电压可以分为三个阶段,即先下降,随着保持一定的电压,最后又上升:第一阶段是前期辉光放电区,这时候气体刚被击穿;第二阶段是正常辉光放电区,电压保持不变,电流受阴极有效辉光放电面积的不断增加而继续增大。在正常辉光放电区,导电粒子数目不断增加,相互碰撞,形成明亮的辉光;当整个阴极区域都成为有效放电区域以后,此时阴极都被辉光所覆盖,只有增加功率才能进一步增大电流密度,这时候电压和电流同步增加,进入反常辉光放电区域(即第三阶段)。反常辉光放电区是 DC 等离子体的主要表现区域,也是 PECVD、刻蚀等主要使用的区域。在此期间辉光已经布满阴极整个区域,再增加电流也无法让离子层向四周扩散,使得正离子层向阴极靠拢轰击,阴极也产生更多的二次电子。最后因为阻抗的继续降低,电流进一步增加,电压再次突然大幅度下降,这时候进入电弧放电区。

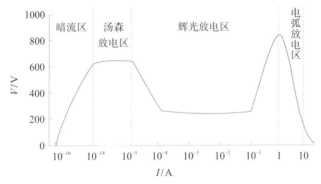

图 7.18　DC 等离子体辉光放电 I-V 曲线

　　辉光放电时,整个腔体呈现明暗相间的辉光强度,暗区是离子和电子从电场获得能量的区域,明区是粒子之间不断相互碰撞、电离的区域。在辉光放电时气体被击穿,形成由离子、电子、光子和原子、原子团、分子以及它们的激发态所组成的气态混合物,这就是等离子体,等离子体内正负电荷数目相等,宏观呈现电中性。在覆盖等离子体的腔体中,电子的平均速率远大于离子,电子对于等离子体中物体的碰撞频率也就远高于离子,使得物体表面聚集了电子,形成负电位,这种现象称之为等离子体鞘。

　　直流辉光放电产生的等离子体密度有限,并且电极必须是导体,如果带有绝缘体成分(如氧化硅和氮化硅),外加电压就无法保证阴极电压恒定,容易造成等离子体熄灭,因此 CVD 中用直流辉光放电的较少,而多数使用交流辉光放电,也就是射频气体辉光放电。在交变电场作用下,阴极和阳极交替变换极性,形成两个不同极性下放电的叠合。带电粒子在到达电极后会因为电极的转变而继续向反方向运动,比如阴极在正离子充分蓄积前改变电性,从而继续向等离子体覆盖区域运动,这样即使阴极材料带有绝缘体,只要保证一定的交流频率,就可以保持等离子体的稳定,放电得以维持,并且也减少了带电粒子的损失。另外,电子在两极之间不断来回振荡运动获得足够的能量从而实现更有效的碰撞。离子化率远高于直流放电,使得电子和离子浓度都要高于直流辉光放电;即使没有碰撞,电子也能在等离子体鞘区域发生非碰撞加热,从而只要有较低的电场就可以生成并维持辉光放电。

2. 等离子体增强化学气相沉积(PECVD)

PECVD 是一种电容耦合等离子体沉积,具体是指在低真空的条件下,利用反应气体、惰性气体,通过射频电场产生辉光放电形成等离子体,以增强化学反应,从而降低沉积温度,可在较低温度条件下(如 350~400℃)沉积薄膜。在辉光放电的低温等离子体内,"电子气"的温度约比普通气体分子的平均温度高 10~100 倍,即当反应气体接近环境温度时,电子的能量足以使气体分子键断裂并导致化学活性粒子(活化分子、离子、原子等基团)的产生,使本来需要在高温下进行的化学反应由于反应气体的电激活而在相当低的温度下即可进行,也就是反应气体的化学键在低温下就可以被打开,所产生的活化分子、原子集团之间的相互反应最终沉积生成薄膜。简单来说,PECVD 就是利用等离子体来增强较低温度下的反应速率。一般来说,采用 PECVD 技术制备薄膜材料时,主要包含以下三个基本过程:首先,在非平衡等离子体中,电子与反应气体发生初级反应,实现气体的分解,形成离子和活性基团的混合物;其次,这些生成的活性基团向硅片表面以及四周扩散输运,形成一系列的次级反应;最后,初级反应和次级反应产物在硅片表面进一步反应,同时伴随着气相分子物的再放出。典型的双腔体 PECVD 反应装置如图 7.19 所示。

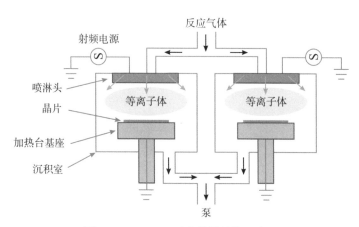

图 7.19　PECVD 反应装置结构示意图

目前在集成电路工艺中,只要是需要在较低温度下进行的薄膜沉积,通常都采用 PECVD 工艺,从而降低热负载[9]。PECVD 本身可以实现更高的沉积速率,达到高生产率。就沉积机理而言,因为等离子体的使用,在形成薄膜层之后表面所吸附的原子还在不断地受到离子和电子的轰击,从而容易迁移发生重新排列,保证了 PECVD 得到的薄膜具有良好的均匀性。具有较高的沉积速率,生产率高。另外,PECVD 沉积的薄膜还具有良好的附着性和低针孔密度,也能实现较好的阶梯覆盖和电学性能,精密图形可以进行很好的转移,可以在不同的基体上沉积各种不同类型的薄膜,扩大了 CVD 工艺的应用范围。最关键的是,除了温度,RF 也成了一个很好的调控手段,可以通过调节 RF 的大小、频率(常用的在 50kHz 到 13.56MHz)和轰击作用等参数实现相应的工艺需求,如薄膜应力的改善、薄膜厚度的平整度的提升以及杂质颗粒的减少等。PECVD 已经可以实现绝大多数薄膜的沉积,比如氧化硅、氮化硅、低 κ 材料、无机抗反射层(DARC)和无定形碳薄膜等。

以硅基薄膜沉积过程中等离子体内的化学反应进行描述和讨论。在辉光放电条件下,由于硅烷等离子体中的电子能量较高(通常在几电子伏特以上),因此 H_2 和 SiH_4 在电子的有效碰撞作用下发生裂解,形成初级反应。具体如下:

$$e+SiH_4 \longrightarrow SiH_2+H_2+e$$
$$e+SiH_4 \longrightarrow SiH_3+H+e$$
$$e+SiH_4 \longrightarrow Si+2H_2+e$$
$$e+SiH_4 \longrightarrow SiH+H_2+H+e$$
$$e+H_2 \longrightarrow 2H+e$$

以上各裂解过程所需能量自上而下分别为 2.1eV、4.1eV、4.4eV、5.9eV 和 4.5eV。

在裂解的同时,也发生了电离的过程。具体如下:

$$e+SiH_4 \longrightarrow SiH_2^+ +H_2+2e$$
$$e+SiH_4 \longrightarrow SiH_3^+ +H+2e$$
$$e+SiH_4 \longrightarrow Si^+ +2H_2+2e$$
$$e+SiH_4 \longrightarrow SiH^+ +H_2+H+2e$$

以上各电离过程所需能量自上而下分别为 11.9eV、12.3eV、13.6eV 和 15.3eV。

比较裂解和电离所需要的能量差异,可以看出硅烷裂解反应比电离所需要的能量低得多,因此裂解更容易发生。当然实际过程中,最终在进行有效碰撞之后是形成硅烷的裂解还是电离是由高温电子的温度决定的,常规 PECVD 中仍旧以裂解为主,所以原子基团比离子多得多。原子基团非常活跃,一旦生成就开始与硅片表面发生相互作用并被吸附生成薄膜。硅片的表面温度对于薄膜的质量会产生影响,比如氢含量以及薄膜密度和折射系数等。PECVD 因为在相对较低的温度下进行,所以反应生成的薄膜会有较高的含氢量,薄膜相对疏松,可以在沉积之后进行高温热处理来降低氢含量,并使薄膜致密,同时也可以改变薄膜应力。离子的表现方式主要是对硅片表面进行撞击,在台阶覆盖以及填孔上起作用,同时也对薄膜应力产生影响。

3. 高密度等离子体化学气相沉积(HDP CVD)

受益于 PECVD 较好的沟槽填充能力,在较长一段时间内,PECVD 被用来进行绝缘介质的填充。不过这种工艺主要还是适用于 0.8μm 以上的沟槽间隔的填充。而随着器件尺寸的逐步微缩,填充深宽比的进一步增大,PECVD 的薄膜会在间隔中部出现明显的夹断(pinch-off)和空洞(void)。这是因为通常顶部比底部沉积更快。为了解决这个难题,沉积-刻蚀-沉积工艺被开发出来用以填充更小尺寸的沟槽,简单来说就是在进行初步沉积之后且尚未发生夹断或空洞的时候,紧跟着进行刻蚀工艺将沟槽顶部多余沉积薄膜去除从而重新打开沟槽入口,之后再进行二次沉积从而完成整个沟槽间隙的填充,如图 7.20 所示。最开始的工艺尺寸节点较大,一次沉积-刻蚀-沉积就可以满足要求,而随着器件特征尺寸的不断减小,工艺流程需要被不断循环使用,从而满足填充更小沟槽间隔、更大深宽比的要求。

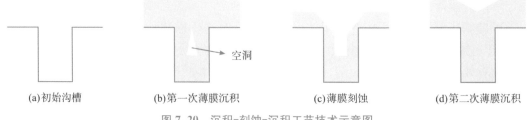

(a)初始沟槽 (b)第一次薄膜沉积 (c)薄膜刻蚀 (d)第二次薄膜沉积

图 7.20 沉积-刻蚀-沉积工艺技术示意图

使用多次循环的沉积-刻蚀-沉积技术可以解决沟槽填充过程中的空洞问题,但是工艺步骤的增多大幅度增加了生产成本,同时生产效率低下。另外,由于本身工艺的局限性,当沟槽尺寸微缩到一定大小(小于 500nm),即使使用沉积-刻蚀的循环工艺,PECVD也无法实现良好的填充。除了 PECVD,对于传统热化学气相沉积,如 APCVD 和 SACVD,虽然可以提供相对更小沟槽的无孔填充,但是这些缺乏等离子体辅助沉积产生的薄膜,对沉积表面具有强烈的选择性,并且密度偏低,容易吸潮,因此也不是一个优良的选择。在探索如何同时满足高深宽比沟槽填充和高效的工艺生产的过程中,HDP CVD 应运而生[11]。HDP CVD 进一步完善了沉积-刻蚀-沉积的工艺思路,实现了在同一个反应腔室内完成沉积与刻蚀同步进行(见图 7.21)。

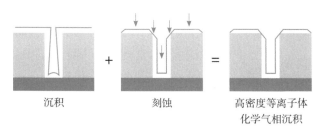

沉积 刻蚀 高密度等离子体
化学气相沉积

图 7.21 HDP CVD 示意图

HDP CVD 的一大特点就是高密度等离子体的运用。为了形成高密度等离子体,需要有激发混合气体的射频源,并且直接使高密度等离子体到达硅片表面。前面提到 PECVD 利用的是电容耦合 CCP,而 HDP CVD 运用的是电感耦合等离子体反应装置(见图 7.22),因为 ICP 是可以产生并且维持高密度等离子体的。当射频电流流过线圈时会产生交流磁场,经由电感耦合即产生随时间变化的电场。在电感耦合产生的电场中电子可以不断加速并且形成离子化碰撞。由于感应电场方向是回旋型的,因此电子也往回旋的方向加速,从而实现长距离的回旋运动而不碰到反应腔内壁或者电极,平均自由程大幅度增加,从而制造出高密度的等离子体,密度可以达到 $10^{11} \sim 10^{12}$ cm^{-3}(2~10mT)。一般在电感耦合等离子体腔体内部同时施加 RF 偏压来推动高能离子脱离等离子体并直接轰击硅片表面,同时偏压还可以控制离子的轰击能量。偏压射频装置通过静电卡盘被直接施加于硅片上。高密度的等离子体在偏压的定向作用下,实现高深宽比沟槽的填充。另外,由于在高密度等离子体中的离子轰击会产生大量的热能,设计了一个背面氦气冷却系统来控制温度(见图 7.22)。

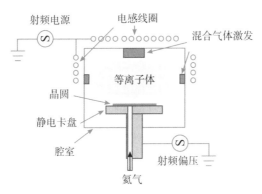

图 7.22　HDP CVD ICP 反应装置结构示意图

目前除了常用的 ICP 反应装置制备 HDP CVD 薄膜外,还有一种基于 ICP 改良的电子回旋共振(electron cyclotron resonance,ECR)反应装置,结构如图 7.23 所示。它们主要的区别是 ECR 反应装置加入了微波装置提供能量,并且外加磁场。带电粒子在磁场中回旋转动,转动的频率称为螺旋转动频率(由磁场强度决定)。当使用的微波频率等于电子的螺旋转动频率时,电子就发生回旋共振。电子通过微波增加能量,进而发生碰撞,而离子化碰撞又产生更多电子。螺旋转动的电子平均自由程比反应腔室距离长很多,这些电子会先和气体分子发生多次碰

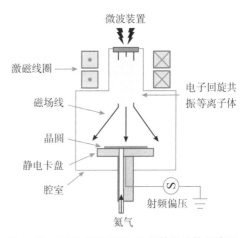

图 7.23　HDP CVD ECR 反应装置结构示意图

撞,之后才会和反应腔内壁或者电极碰撞,最终形成高密度等离子体。ECR 系统和 ICP 系统一样都由射频偏压系统控制粒子轰击能量,也同样具有静电卡盘和背面氦气冷却系统。但是 ICP 主要通过射频功率控制粒子轰击的流量,而 ECR 则通过微波功率控制。ECR 还可以通过改变磁场线圈电流调整共振位置,从而控制等离子体位置,提升工艺均匀性。

HDP CVD 最初用来沉积衬底与金属间介质层(inter layer dielectric,ILD)的薄膜,后来主要用来沉积 STI 层,以及后段工艺中金属间介质层(inter-metal dielectric,IMD)和顶部金属线间的沟槽间隙填充等,比如非掺杂硅酸盐玻璃(un-doped silicate glass,USG)、氟硅酸盐玻璃(fluorosilicate glass,FSG)和磷硅玻璃(phospho silicate glass,PSG)等(见图 7.24)[12]。

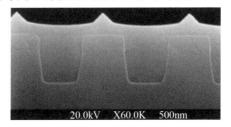

图 7.24　HDP CVD 沉积 STI 层

HDP CVD 已经是 $0.25\mu m$ 以下先进工艺的主流沟槽填充工艺。HDP CVD 不像一般的薄膜填充,如 HARP 等,仅仅是利用沉积工艺的特殊性来实现高深宽比的沟槽填

充,它主要是加入了刻蚀对已沉积薄膜进行不断修正。业界普遍采用沉积刻蚀比(DS ratio)作为衡量 HDP-CVD 的工艺填充能力的指标。沉积刻蚀比就是指总的沉积速率和刻蚀速率的比值。总的沉积速率由薄膜净沉积速率和刻蚀速率两者相加得到。比如某区域沉积刻蚀比是 1,就代表着该区域的净沉积速率为 0。在 HDP CVD 沉积过程中我们希望沟槽顶部永远保持开口状态,也就是沟槽间隙的顶部拐角处沉积刻蚀比为 1。但实际情况下,顶部拐角处比沟槽底部和顶部沉积速率更高,更容易生成薄膜。不过刻蚀速率也会随着离子对于衬底表面轰击角度的改变而发生变化,在顶部拐角处的刻蚀速率刚好呈现最大范围。随着沟槽间隙开口尺寸的不断变小,必须在顶部封口之前,把沟槽填满,或者调控顶部拐角处的沉积刻蚀比来扩大开口。但是,如果刻蚀速率过高,会因形成顶部削角现象而造成短路,还容易对金属层造成损伤;如果刻蚀速率不够,则很快就形成沟槽的夹断或者空洞。因此需要优化沉积刻蚀比来实现最好的填充效果,具体就是调控反应气体流量、射频(包括电感耦合和偏压)功率、硅片温度、反应腔体压力等参数来满足对应的工艺需求。

在早期,不同的器件尺寸节点,HDP 采用离子的物理轰击作用实现刻蚀,轰击气体经历了 $Ar \rightarrow O_2 \rightarrow He \rightarrow H_2$ 的变化,主要的变化趋势就是轰击原子质量的降低,从而减少轰击之后造成的再沉积。在 90nm 以后,引入化学刻蚀对填充结构轮廓进行修正。其中 NF_3 的干法刻蚀是一个比较有效的方法。以硅基氧化层薄膜填充为例,NF_3 在等离子体作用下电离生成含氟活性基团,在沉积薄膜中发生反应,Si—O 键断裂,生成具有挥发性质的 SiF_4,并被抽离反应腔室,从而实现沟槽顶部的开口和完整的填充。

4. 原子层沉积(ALD)

原子层沉积[13],也被称为原子层外延技术,是一种基于有序、表面自饱和反应的化学气相薄膜沉积技术,是指气相前驱体交替脉冲通入反应室并在沉积基体表面发生气固相化学吸附反应,并多次循环沉积后形成非常薄的膜。其最早起源于 20 世纪六七十年代,一直到 90 年代随着半导体工业的兴起,对器件尺寸、集成度等方面的要求不断提高,ALD 技术才迎来快速发展。

ALD 工艺可以分为 A、B 两个半反应,一共四个基本步骤:首先是气体 A 进入反应腔室并被吸附在硅片衬底表面反应;然后清洗反应腔室,将多余的反应物和副产物抽离;之后将气体 B 送入反应腔室和气体 A 进行反应而形成分子层,在气体 A 分子反应完全消耗以后自动停止化学反应;继续清洗反应腔室抽离多余的反应气体 B 和副产物;重复以上工艺流程开始下一次沉积反应并以此循环,最终达到所需求的工艺参数目标。过程如图7.25 所示。

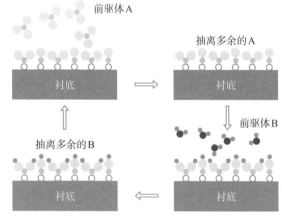

图 7.25　原子层沉积技术基本步骤

ALD 工艺的一大特点是逐层生长,所以可以精准控制厚度,生成大面积均匀性好的薄膜,并且具有非常好的台阶覆盖性,适用于三维复杂结构,或高深宽比的衬底的表面薄膜制备。为了实现良好的 ALD 工艺制程,也需要满足以下条件:反应气体需要有良好的挥发性和高反应活性以及一定的热稳定性,在沉积温度下不能分解;反应过程中脉冲时间能保证实现单层饱和吸附;沉积温度要保持在 ALD 工艺窗口内,避免引发 CVD 副反应而影响薄膜质量和均匀性。当然 ALD 也有自身的缺点,如薄膜生长速率慢(沉积速率一般为 10nm/min),产量低,并且反应气体利用率低。所以,ALD 工艺制备的薄膜对于厚度有较大的限制。

ALD 可用于制备高 κ 栅介质或者电容介质、金属栅的金属化合物,以及后段金属互连层的阻挡层材料等。如 CMOS 晶体管金属栅中使用的高 κ 栅介质层二氧化铪 (HfO_2),就可以通过 ALD 工艺方法沉积得到。$HfCl_4$ 作为反应气体 A,H_2O 作为反应气体 B,具体反应方程如下:

$$HfCl_4 + 2H_2O \longrightarrow HfO_2 + 4HCl$$

ALD 属于 CVD 工艺的一种,但是工艺步骤和反应原理和前面介绍的 CVD 工艺有较大的区别,表 7.4 做了一个简单的比较。

表 7.4 ALD 和常规 CVD 的工艺技术对比

沉积方式	前驱体	均匀性	沉积速率	厚度
ALD 技术	高反应活性 不同前驱体在衬底表面分别发生反应 沉积温度下不能分解 可接受过量前驱体	由表面化学饱和吸附、自限制生长机制决定 表面控制	低(每分钟几纳米)	由反应循环次数决定
其他 CVD 技术	低反应活性 不同前驱体在衬底表面同时发生反应 沉积温度下分解 需控制前驱体量	由各工艺参数决定,如气流、温度、压力等 工艺参数控制	高(每分钟几百纳米)	较为精确的工艺控制

在前面具体介绍了多种 CVD 工艺技术,这里做一个简单的总结比较(见表 7.5)。

表 7.5 不同 CVD 工艺的总结

种类	主要特点	应用领域
APCVD	成本较低,结构简单,生产效率高	多晶硅、二氧化硅、PSG 等
LPCVD	提升了薄膜均匀性,适用于批量生产	二氧化硅、多晶硅、PSG、BPSG 等
SACVD	提高了沟槽覆盖填充能力	STI、PMD 等
MOCVD	外延生长,实现对于孔隙和沟槽的台阶覆盖	用于 GaN 等半导体材料的外延生长和发光二极管芯片的制造
PECVD	反应温度低,提高了薄膜纯度、密度,降低成本,提高产能	STI、侧壁隔离、ILD、IMD 等
HDP CVD	改善薄膜致密性和沟槽填充能力	STI、ILD 等
ALD	生长温度低,薄膜均匀性好,致密性好,台阶覆盖性强	栅极介电层、金属栅电极等

7.3.7 CVD薄膜基本特性

不同的薄膜会有不同的工艺需求,比如薄膜的厚度和密度的不同要求,填充能力是否满足要求,需要薄膜呈现张应力还是拉应力。评判所制备的薄膜是否满足工艺要求需要从不同维度进行表征,如薄膜厚度均匀性、透光性、台阶覆盖能力、高深宽比间隙填充能力、薄膜应力大小、电学特性、薄膜致密性以及附着黏附性等。对于这些工艺参数的具体目标的设定决定了制备的薄膜质量的好坏。这一部分对台阶覆盖能力和应力做简单介绍。

1. 台阶覆盖能力

薄膜的台阶覆盖形式主要可以分为两类:保形覆盖和非保形覆盖,如图 7.26 所示。保形覆盖是指无论衬底表面是什么样的结构图形,都能沉积相同厚度的薄膜,这是薄膜沉积工艺所希望得到的结果。非保形覆盖就是最后薄膜沉积出现沟槽顶部、底部以及侧壁不一致。具体的覆盖情况受多方面因素影响,如薄膜的种类、硅片表面的状态、深宽比的大小、反应系统的类型以及沉积条件等。各种因素的影响作用最后体现在薄膜的沉积速率上,薄膜不同位置的沉积速率是否一致就决定是否能实现保形覆盖,而薄膜不同位置的沉积速率主要由衬底温度和表面反应剂浓度决定(等离子体沉积中等离子体对沉积速率产生巨大影响)。衬底表面到达角的大小会影响该位置的沉积速率。到达角是指反应剂能够从各个方向到达衬底某一点区域表面的角度之和:如薄膜水平表面(如图 7.26 中 A 区域)的到达角为 180°,竖直沟槽顶端开头处(如图 7.26 中 B 区域)的到达角为 270°,竖直沟槽底部角落(如图 7.26 中 C 区域)的到达角为 90°。一般情况下,到达角越大,说明能够到达这个位置的反应气体分子(或原子团)就越多,该位置的沉积薄膜相对就越厚。这也是为什么沟槽顶部开头区域沉积速率明显快于底部沉积,在填充过程中通常还没有实现充分填充开头就因为过多的沉积而闭合。

图 7.26 两种台阶覆盖形式

除了到达角的影响,反应气体分子在到达衬底表面之后,如果发生再发射或者表面迁移,那么也更容易实现保形性生长。不同反应系统和薄膜材料的再发射能力和表面迁移特性相差甚大。比如 TEOS 分子的黏滞系数很低(约比硅烷小一个数量级),因此拥有很强的再发射能力,沉积得到的二氧化硅薄膜比使用硅烷沉积得到的二氧化硅具有更好的保形覆盖。较高的衬底温度和离子对吸附原子的轰击都能加强吸附原子的再发射和表面迁移能力,使得同一衬底不同位置的薄膜沉积分布趋于均匀。例如通过高温 LPCVD 沉积得到的多晶硅和氮化硅薄膜台阶覆盖性明显优于低温 APCVD 得到的薄膜;一些 PECVD 工艺由于等离子体的作用,吸附原子有更好的迁移能力,因此可以获得更好的阶梯覆盖效果。另外,反应气体分子的平均自由程的大小也会改变台阶覆盖能力。常压环境下,反应气体分子平均自由程很小(约为 10^{-5} cm),所以分子间的相互碰撞使得它们的速度矢量完全随机化。但如果通过一定的条件增大分子的平均自由程(例如降低压力),分子之间碰撞概率降低,使得气体分子速度矢量不再随机化,因而可以在与表面不发生任何碰撞的情况下直接进入沟槽内部,从而有利于沟槽底部的薄膜生长。但是如果反应气体分子在两次碰撞之间的直线距离接近于衬底表面的结构尺寸,在碰撞点附近的衬底表面就会阻挡反应气体分子的直线运动,从而影响保形生长,称之为"遮蔽效应"。这种效应会随着深宽比的增加而增强。

影响薄膜台阶覆盖能力的因素有很多,针对特定的薄膜沉积工艺,需要找出最主要的影响因素,并综合考虑其他因素带来的影响,从而实现精准的工艺控制,达到满足需求的台阶覆盖效果。

2. 应力

薄膜应力按成因可以划分为本征应力和非本征应力,并且通常同时存在。本征应力来源于薄膜沉积工艺本身。沉积薄膜时,在衬底表面反应生成的薄膜分子(或原子)缺乏足够的动能或者时间迁移到合适的位置,因此无法呈现最低的能量状态,并且有更多的分子(或者原子)在周边生成,相互影响,冻结了彼此的迁移,进而产生应力作用,这就是本征应力。本征应力的具体成因方式比较复杂,与原材料以及沉积过程中的工艺参数密切相关。一般可以通过高温退火的方式来释放本征应力:退火过程中分子重新获得足够的能量得以重新排列,从而减小沉积过程中累积的应力作用。非本征应力主要是由薄膜和衬底的热膨胀系数不同造成的。在沉积过程中,硅片衬底和薄膜同时被加热到一定的温度,在沉积结束后,衬底和薄膜同时降温到初始温度,由于两者的膨胀系数不同,使两者的收缩程度不一致。当衬底的热膨胀系数小于薄膜材料的膨胀系数时,产生张应力,反之则产生压应力,具体形状如图 7.27 所示。

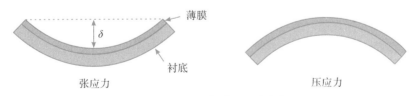

图 7.27　沉积薄膜的两种应力

薄膜应力可以通过测量硅片衬底曲率在薄膜沉积前后的改变量进行计算。公式如下:

$$\sigma = \frac{E}{1-\upsilon} \frac{T^2}{6t} \left(\frac{1}{R_2} - \frac{1}{R_1} \right) \tag{7.12}$$

其中,σ 是薄膜应力(Pa),E 是衬底的杨氏模量,υ 是衬底的泊松比,T 是衬底厚度(μm),t 是薄膜厚度(μm),R_1 是沉积前的衬底曲率半径,R_2 是沉积后的衬底曲率半径。

在实际半导体工艺生产中,薄膜的牢固度跟应力有直接的关系,如果薄膜应力过大,会导致薄膜从衬底表面脱落,或者导致硅片弯曲而影响后续光刻工艺的对齐,严重的甚至导致碎片的发生。尤其在三维芯片器件结构中,比如 3D NAND 中,因为沉积的薄膜整体较厚,如无定形碳硬掩模薄膜的厚度可以达到 $2\sim3\mu m$,应力达到几百甚至一千多兆帕,极大地增加了工艺集成的难度。薄膜的应力通常是和其他工艺参数背道而驰,比如 PECVD 中等离子体的离子轰击增强了薄膜的致密性,但是同时也加大了应力效果。采用脉冲等离子体可以大幅度降低沉积薄膜的应力大小。

但是薄膜应力的存在也不全是不利的影响。在先进工艺中,合理地利用薄膜应力的作用可以提升器件载流子迁移率,即应变硅应力工程技术,它主要是指通过应变材料产生应力,并把应力引向器件沟道,改变载流子有效质量或者散射速率,从而达到提高载流子迁移率的目的。具体有源漏区嵌入技术(在源漏区嵌入锗硅或者碳硅)、应力记忆应变技术以及接触刻蚀阻挡层应变技术等。

7.3.8 化学气相沉积法的典型应用

1. 多晶硅的沉积

多晶硅在集成电路工艺中应用广泛,如可以用于栅电极,因为它耐高温,与热生长的二氧化硅薄膜的接触性能好,界面态密度低[14]。多晶硅由大量的单晶硅颗粒(晶粒,100nm 量级)和晶粒间界(晶界宽度 $0.5\sim1nm$)构成。多晶硅薄膜特性和单晶硅类似,内部呈现压应力,但是因为晶界的存在,又呈现出一些特有的性质。非晶在一定条件的热处理后可以形成多晶。

常用的多晶硅薄膜有本征多晶硅和掺杂多晶硅,由掺杂类型和浓度可以分为 N 型掺杂和 P 型掺杂。晶界的存在对掺杂产生重大影响,它本身是一个具有高密度缺陷和悬挂键的区域,影响杂质的扩散及分布:晶界处掺杂原子的扩散系数和扩散速率明显高于晶粒内部,使得多晶硅整体的扩散速率明显增加;高温时存在于晶粒内的掺杂粒子,在低温时由于分凝作用会运动到晶界区域,温度升高后又会迁移回晶粒[15]。

在同样的掺杂浓度下,一般情况下多晶硅的电阻率要明显高于单晶硅,主要是因为以下几个原因:部分掺杂原子会跑到晶界处导致晶粒内的掺杂浓度降低,而晶界处的掺杂粒子难以有效贡献自由载流子;晶界中悬挂键和缺陷的存在都会捕获自由载流子,造成晶粒耗尽,并且引起内部电势的变化,阻碍载流子的迁移。但是重掺杂的情况下,多晶硅和单晶硅的电阻率接近。

多晶硅多采用 LPCVD 制备,在低压热壁式反应腔室中,$580\sim650℃$ 温度条件下热分解硅烷制备成膜。硅烷首先被吸附到衬底表面,然后进行热分解,逐步形成多晶硅和氢气。反应式如下:

$$SiH_4 \longrightarrow SiH_2 + H_2$$
$$SiH_2 \longrightarrow Si + H_2$$

如果硅烷还没有被吸附到衬底表面就发生气相分解,容易形成粗糙的多孔硅层,即不再是致密的、无缺陷的多晶硅薄膜。为了避免气相反应,需要使用稀释气体,氢气可以作为稀释气体抑制气相反应的发生,因为氢气本身是产物的一种。另外,LPCVD 容易发生气缺现象,因此多设定一个温度梯度(30℃),或者采用分布式入口的 LPCVD 装置。

温度的控制是至关重要的,低于 580℃ 会形成非晶态薄膜,高于 580℃ 才能沉积得到多晶态。580~600℃ 形成⟨311⟩晶向,625℃ 左右得到的是⟨110⟩为主,675℃ 左右得到的是⟨100⟩为主;低温得到的非晶薄膜在 900~1000℃ 重新晶化后趋向于⟨111⟩,并且晶粒结构和尺寸重复性都非常好。

集成电路制造中实际应用的主要还是掺杂多晶硅,掺杂工艺主要可以分为扩散、离子注入和原位掺杂。扩散和离子注入都属于两步工艺,即先沉积得到多晶硅薄膜,再进行掺杂。扩散掺杂温度高(900~1000℃),对于 N 型掺杂,主要采用 $POCl_3$、PH_3 等,掺杂浓度高,可以实现低电阻率薄膜。但是由于扩散工艺温度高,薄膜表面粗糙度会增加。离子注入的优点是可以精准控制掺入杂质的数量,适合不需要掺杂浓度过高的薄膜,但是电阻率比扩散得到的多晶硅高得多(将近 10 倍)。在离子注入后需要加入快速热退火工艺[16],使得掺入的杂质实现重新分布和激活。原位掺杂是在薄膜沉积的同时进行掺杂工艺[17],即在反应腔室中除了输入反应气体、稀释气体以外,还需要掺杂粒子的反应气体。原位掺杂对于多晶硅薄膜的生长动力学和薄膜结构、形貌都影响显著,而且 P 型掺杂和 N 型掺杂对薄膜沉积速率影响不同。

2. 二氧化硅的沉积

在超大规模集成电路工艺薄膜中,CVD 制备的二氧化硅薄膜占据很大比例。沉积得到的薄膜基本由 Si—O 四面体组成无定型网络结构,和热氧化生长的二氧化硅相比,密度略低,硅氧含量比例不一,因此宏观表现出来的电学和力学等性能也有所不同。可应用于衬底与金属间介质层、后段工艺中金属间介质层、栅极介质层、扩散和离子注入工艺中的掩模以及防止杂质外扩的覆盖层或钝化层等。

CVD 制备二氧化硅层的方法多样。前文中提到的因为掺杂种类的区别有 USG、FSG 和 PSG,以及硼磷硅玻璃(BPSG)等。根据沉积温度可以分为低温、中温和高温二氧化硅。高温二氧化硅温度接近 900℃,目前已鲜有使用。低温和中温分别在 250~450℃ 和 650~750℃,是最常使用的制备方法。目前常用的反应气体主要可分为硅烷系统和 TEOS 系统,前者有硅烷和氧气,硅烷和 N_2O;后者有 TEOS,TEOS 和氧气,TEOS 和臭氧等。

具体的制备方法如下。

1) 低温制备二氧化硅

(1)硅烷(SiH_4)为源沉积二氧化硅:利用硅烷和氧发生反应,在低温下可以沉积得到二氧化硅薄膜。硅烷本身不稳定,因此多采用大量的氮气或者氩气稀释硅烷,使硅烷的体积比到 2%~10% 左右。沉积反应式如下:

$$SiH_4 + O_2 \longrightarrow SiO_2 + 2H_2$$

此反应可在 APCVD 反应系统中进行,反应温度在 250~450℃,其中氧气过量。在 310~450℃ 时,沉积速率随着温度的上升而缓慢增加,当升高到 450℃ 时,衬底表面吸附作用或者气相扩散又将限制沉积过程。温度恒定时可以通过改变氧气含量来调控反应速率,但是过量的氧又会抑制硅烷的分解而不利于反应的进行。升高温度后,氧气浓度也要进一步提高才能获得最大的反应速率。如在 325℃时,氧气对硅烷的比例选择 3∶1,但是在 475℃下,比例增加到 23∶1 效果更好。APCVD 反应速率可以达到 1400nm/min,不过在实际沉积反应中一般控制到 500nm/min 以下。低温生成的二氧化硅密度低于热氧化二氧化硅(两者折射系数:前者约为 1.44,后者约为 1.46)。APCVD 形成的薄膜台阶覆盖能力和沟槽填充能力都较差,因此应用受限。

利用 PECVD 制备二氧化硅的反应温度更低。与 APCVD 相比,PECVD 薄膜应力可控,不易开裂,保形性更好,薄膜均匀性好。多采用硅烷和 N_2O 作为反应气体,反应温度在 200～400℃,反应式如下:

$$SiH_4 + N_2O \longrightarrow SiO_2 + 2N_2 + 2H_2$$

但是沉积得到的薄膜含有少量的氢和氮,其中的 O—H 基团对 CMOS 结构电学特性有不良影响,再加上 O—N 的存在,薄膜致密性和稳定性都受到影响,而且台阶覆盖性较差。高温退火可以降低氢含量、提高致密性,但是氮很难以去除[18]。

利用 HDP CVD 工艺可以实现优良的台阶覆盖性,以硅烷为反应剂,能够在低温下得到高质量薄膜。高密度等离子体可以直接分解或分裂反应气体,如将氮气分解为原子氮,从而在较低温度下就可以实现更高的反应速率:在 120℃的低温下就可以沉积得到质量很好的二氧化硅薄膜。

(2)TEOS 为源沉积二氧化硅:由于硅烷本身极不稳定,容易自燃,因此存在一定的安全隐患。通常使用 TEOS 取代硅烷作为反应源。前文中也提到,利用 TEOS 制备得到的薄膜具有更好的保形性,因此尤其适用于在高深宽比结构的衬底上沉积氧化层。前文中的 HARP 技术就是一个低温工艺技术,反应温度约为 400℃。

利用 PECVD 沉积的氧化硅薄膜称为等离子体增强正硅酸乙酯(plasma enhanced tetraethyl ortho silicate,PETEOS),沉积温度在 250～425℃,沉积速率为 250～800nm/min,氢含量在 2%～9%。反应式如下:

$$Si(C_2H_5O)_4 + O_2 \longrightarrow SiO_2 + 副产物$$

PETEOS 可以实现深宽比为 0.8 的沟槽填充[19],但是更小的沟槽容易形成空洞。

2) 中温制备二氧化硅

中等温度下利用 TEOS 作为反应源,采用 LPCVD 工艺沉积二氧化硅薄膜,是目前最常用的中温工艺,具有优良的薄膜保形性,并且薄膜致密度高于低温制备的二氧化硅,可作为 ILD 层薄膜等材料。温度在 650～750℃,反应速率在 25nm/min 左右,反应式如下:

$$Si(C_2H_5O)_4 \longrightarrow SiO_2 + 4C_2H_4 + 2H_2O$$

在以上反应中,沉积速率随着温度升高而指数增加,但是当吸附在衬底表面的TEOS 趋于饱和时,沉积速率也趋于饱和。也可以加入氧气作为反应气体,并且足够的氧气会改变薄膜应力(从较大的张应力转为较小的压应力)。氧气在衬底表面的扩散作用有利于均匀性的提升。

$$Si(C_2H_5O)_4 + 12O_2 \longrightarrow SiO_2 + 8CO_2 + 10H_2O$$

3) 掺杂二氧化硅薄膜

在以上制备二氧化硅薄膜的工艺中可以加入其他物质元素来进一步优化薄膜的特

性。这里主要简单介绍 PSG 和 BPSG。

加入硼或者磷后形成的 PSG 和 BPSG 具有更低的软化温度。在反应气体中加入磷烷（PH_3），可以反应生成氧化磷（P_2O_5），与氧化硅形成一种二元玻璃网络结构的 PSG。P 替代 Si 和 O 成键，形成 P—O 键，键能比 Si—O 小，因此应力降低，软化温度降低（软化温度在 $1000\sim1100℃$，USG 在 $1400℃$ 左右），可以通过在软化温度的退火让 PSG 发生回流从而形成更加平坦的表面，实现更好的台阶覆盖。但是 PSG 对水汽的阻挡能力下降，这是因为 P_2O_5 遇水反应生成磷酸，因此多控制磷含量在 $6\sim8wt\%$。如果在沉积 PSG 的过程中再加入硼源[如 B_2H_6 或者三甲基硼（TMB）]就可以得到氧化硼-氧化磷-氧化硅（B_2O_3-P_2O_5-SiO_2）三元网络结构的 BPSG。BPSG 软化温度更低（$750\sim850℃$），因此工艺可操作性更强。BPSG 随着磷含量的增加，软化温度进一步降低，但是一般控制在 $5wt\%$ 以下，因为超过这个含量将发生结晶现象，BPSG 更容易吸潮，并且极不稳定。值得注意的是，对于 PETEOS 薄膜的掺杂通常使用有机化合物，如四丁基磷烷和硼酸三甲酯，以减少氢化物的使用。PSG 和 BPSG 的一大优势均在于可以回流实现平坦化，可用于 ILD/IMD 以及 DRAM 中电容介质等。但是近年来随着 CMP 技术的成熟，回流平坦化技术的使用已逐渐减少。

P_2O_5 和 B_2O_3 的反应式如下：

$$4PH_3+5O_2\longrightarrow2P_2O_5+6H_2$$
$$2B_2H_6+3O_2\longrightarrow2B_2O_3+6H_2$$

3. 氮化硅的沉积

除了二氧化硅，氮化硅是另一种应用广泛的介质薄膜材料，尤其在一些不适合使用氧化层的结构中。和二氧化硅相比，氮化硅具有诸多优点：抗钠抗水汽，硬度较大，耐磨耐划，致密性高，薄膜针孔少；化学稳定性强，耐酸耐碱性强；掩蔽能力强，可以作为氧的掩蔽层；介电常数高，适合作为电容的介质层等。主要应用有集成电路的最终钝化层和机械保护层、接触电极刻蚀阻挡层、DRAM 中 O—N—O 结构中的介电层、选择性氧化的掩蔽层、CMOS 晶体管侧墙、STI 工艺技术中的 CMP 阻挡层等。

氮化硅的制备主要可以通过 LPCVD 和 PECVD 两种方法，前者反应温度在 $700\sim850℃$，属于中温工艺，后者在 $200\sim400℃$，属于低温工艺。对于不同的工艺需求可以选择不同的沉积方法。如对于选择氧化的掩蔽层和 DRAM 的电容介电层，通常选择 LPCVD，因为薄膜均匀性更好，工艺成本低；当作为最终钝化层，不能选择温度过高的工艺技术，以防止破坏铝金属薄膜，所以一般选择低温 PECVD 工艺。一般来说，工艺温度越高，薄膜质量越好，密度越高，硬度、抗钠和耐腐蚀性也就越强，因此 LPCVD 制备得到的称为硬氮化硅，PECVD 得到的称为软氮化硅。另外 PECVD 得到的氮化硅薄膜通常含有氢，化学式记为 $Si_xN_yH_z$。氮化硅在制备过程中如果发生气体污染或者真空度受到破坏时，会掺杂氧元素，形成 Si—O 键存在于薄膜中。含有氧的氮化硅的折射系数降低（低于理想折射系数 2.0），刻蚀速率加快。

LPCVD 最常用的反应气体为 SiH_2Cl_2 和 NH_3，沉积温度为 $700\sim800℃$，其中 NH_3 需要保持过量以保证 SiH_2Cl_2 完全消耗，反应如下：

$$3SiCl_2H_2 + 4NH_3 \longrightarrow Si_3N_4 + 6HCl + 6H_2$$

在反应中,温度、气压、反应气体比例以及反应腔室内的温度梯度都会影响沉积薄膜质量。气压增大会提高沉积速率,NH_3 含量增加会降低沉积速率。温度到达 700℃后,沉积速率在 10nm/min。考虑到气缺效应,腔室内沿着气流方向需要有一定的温度梯度才能得到均匀性更好的薄膜。薄膜密度可以达到 $2.9\sim3.1g/cm^3$,介电常数为 6,并且粒子污染少,台阶覆盖性较好。但是薄膜具有很大的应力,约为 $10^5 N/cm^3$,容易发生薄膜破裂。

PECVD 最常用的反应气体为 SiH_4 和 NH_3(或者 N_2),沉积温度为 200~400℃。反应如下:

$$SiH_4 + NH_3(N_2) \longrightarrow Si_xN_yH_z + 6H_2$$

如果反应气体是 NH_3,SiH_4 和 NH_3 配比一般为 1:5 到 1:20;但是如果是 N_2,SiH_4 和 N_2 配比要低很多,一般为 1:100 到 1:1000。这是因为 NH_3 比 N_2 容易分解得多,沉积速率随之也快很多,生成的薄膜台阶覆盖性也更好。但是 NH_3 生成的薄膜含氢量高(约 18%~22%),应用于 CMOS 晶体管会有阈值电压漂移的现象,也影响耐腐蚀性。利用 N^2 反应生成的薄膜含氢量低(约 7%~15%),薄膜致密度有所提高,近年来与 HDP 工艺(如 ECR)相结合,可以获得均匀、应力小且含氢量低的氮化硅薄膜。

PECVD 中氮化硅的沉积速率受到射频功率和频率、气体流量、反应压力以及温度等因素影响。如在一定范围内,沉积温度上升,沉积速率和折射系数上升,薄膜更致密耐腐蚀。另外,等离子体频率可以通过改变内部成键和原子含量等改变氮化硅薄膜应力状态,如在 50kHz 的低频等离子体作用下,生成的薄膜呈现压应力;在 13.56MHz 的高频等离子体下,则变成张应力。因此氮化硅薄膜是应力工程中很好的应用材料之一。

表 7.6 是对氧化硅和氮化硅有关反应的总结。

表 7.6 氧化硅和氮化硅反应工艺总结

薄膜	反应气体	沉积工艺	温度/℃	备注
二氧化硅	SiH_4 和 O_2	APCVD	250~450	台阶覆盖性差
	SiH_4 和 N_2O	PECVD	200~400	台阶覆盖性差
	SiH_4	HDP CVD	120	填充性能好
	TEOS 和 O_3	SACVD	400	填充性能好
	TEOS 和 O_2	PECVD	250~425	
	$TEOS(O_2)$	LPCVD	650~750	保形性好
氮化硅	SiH_2Cl_2 和 NH_3	LPCVD	700~800	
	SiH_4 和 $NH_3(N_2)$	PECVD	200~400	

4. 金属及其化合物的化学气相沉积

集成电路工艺中的金属薄膜多用物理气相沉积(后面章节作具体介绍)进行制备生长,但是也有不少是通过 CVD 工艺生长得到的,55nm 工艺中最典型的如钨(W)、氮化钛(TiN)等。这里介绍 W 和 TiN 的 CVD 工艺。

1)钨

W 主要有两个用途,第一个是最主要的应用,即作为填充插塞(plug),比如铝互连系统中铝层之间的通孔以及接触孔填充,这得益于 CVD 制备的 W 具有较好的台阶覆盖能力和通孔填充能力。90nm 及以上工艺节点的通孔会使用 W,但是 55nm 工艺中不使用 W 作为通孔填充,主要是因为 W 的电阻率为 $10\mu\Omega\cdot cm$,作为接触孔是可以接受的,但是对于通孔来说相对较高,尤其当尺寸不断缩小时,W 的电阻就更大了,因此被铜取代。第二个是也可以作为局部互连材料,因为其具有所有金属最高的熔点(3410℃),热稳定性高,而且具有很强的抗电迁移的能力,但是同样由于 W 的电导率较低,而且厚膜有较大的应力,因而只适用于短程互连。另外,W 在氮化物和氧化物薄膜上附着性较差,并且温度高于 400℃,W 会氧化,超过 600℃ 的条件下与硅接触后会形成 W 的硅化物。

目前 CVD 制备 W 通常采用冷壁 LPCVD 系统。反应源主要有 WF_6、WCl_6、$W(CO)_6$ 等,WF_6 使用最多,其沸点为 17℃,较低的汽化温度就可以让 WF_6 以气态方式向反应腔室中输送,并且容易控制流量。可以由 W 和氟气反应制得高纯度的 WF_6。但是 WF_6 成本很高,并且从容器到反应腔室通过的所有管道都需要加热,以防止凝聚。

制备方式主要有选择性沉积和覆盖性沉积,但是由于前者选择性差以及会对衬底造成损伤,后者是目前主要的沉积方式。

选择性沉积的反应温度是 300℃,WF_6 与硅发生还原反应。反应式如下:

$$2WF_6 + 3Si \longrightarrow 2W + 3SiF_4$$

表面裸露的硅发生了反应,而覆盖有二氧化硅(W 和氧化物附着性不好)的区域不发生反应,从而实现选择性沉积。硅表面需要相当洁净(表面自然氧化层小于 1nm),反应才能进行。副产物 SiF_4 以气体形式被排除腔外。当沉积的薄膜达到 10^{-15} nm 时,反应自动停止,因为此时 WF_6 已经无法扩散进入 W 薄膜。选择性沉积还可以用氢气还原 WF_6,衬底温度控制在 450℃,氢气过量:

$$WF_6 + 3H_2 \longrightarrow W + 6HF$$

选择性沉积的反应需要有好的成核表面,硅、金属以及硅化物可以提供这样的表面,氮化物和氧化物则不能满足要求。在反应开始时,先在氩气环境中,WF_6 和硅发生反应,当 W 达到停止厚度时,停止氩气的通入,改成氢气,从而继续发生氢气与 WF_6 的还原反应。

覆盖沉积也是选取 WF_6 和氢气作为反应气体,采用 LPCVD 在整个衬底上进行沉积。因为 W 在氧化物和氮化物表面附着性差,需要在表面先沉积一层附着层(如 TiN),然后在附着层上沉积钨膜。除了氢气,还可以用硅烷,反应温度 300℃,但是 WF_6 必须过量,否则会生成硅化钨(WSi_x)薄膜。

$$2WF_6 + 3SiH_4 \longrightarrow 2W + 3SiF_4 + 6H_2$$

在做覆盖式沉积 W 的过程中,尤其填充接触孔时必须全部填满,否则会形成空洞。一般情况下,氢气还原反应比硅烷还原反应得到的 W 有更好的台阶覆盖性,尽管前者沉积速率慢于后者。但是氢气还原反应在 TiN 上没办法稳定凝聚,所以实际上覆盖沉积分为两步:首先使用硅烷还原形成一层薄 W,大约在几十纳米,然后利用氢气进行还原反应沉积余下的 W;前者反应压力较低(约 133.3Pa),后者反应压力较高(约 3～10kPa)。

2）氮化钛

前文中提到 W 在作为接触孔时候需要沉积一层 TiN 作为附着层（黏附层）。另外，TiN 还可以防止底层的 Ti 与 WF_6 接触发生反应，造成沉积表面的突起。

$$2WF_6 + 3Ti \longrightarrow 2W + 3TiF_4$$

硅是无法透过 TiN 的，并且 TiN 还可以阻挡其他材料向硅中扩散。TiN 的化学稳定性和热稳定性都很好，熔点为 2950℃，电阻率为 $25 \sim 75\mu\Omega \cdot cm$。与 Ti 相比，TiN 与硅的接触电阻率要高一些，所以不直接与硅接触，下面有一层 Ti。Ti 主要起到黏附的作用，同时有一定的清洁作用；TiN 主要起阻挡的作用，避免 Ti 与 WF_6（钨的反应材料）发生反应，并且作为缓和层减缓 TiN 的应力作用，提高接合力。

CVD 制备的 TiN 台阶覆盖性较好，主要通过 $TiCl_4$ 和 NH_3 反应，在热 LPCVD 中完成。得到的薄膜质量好，保形性高，但是沉积温度高于 600℃，如果衬底有铝膜，则无法耐受如此温度。而且反应得到的 TiN 薄膜含有 Cl（约 1%），会侵蚀铝膜。因此该反应不适合铝互连系统中。

$$6TiCl_4 + 8NH_3 \longrightarrow 6TiN + 24HCl + N_2$$

另一种方法是金属有机化合物化学沉积，如采用四二甲基氨基钛（$Ti[N(CH_3)_2]_4$，TDMAT）或者四二乙基氨基钛（$Ti[N(CH_2CH_3)_2]_4$，TDEAT），沉积温度低于 500℃，并且没有 Cl 的掺入。制备得到的薄膜应力低，保形性较好，并且阻挡效果好。但是薄膜中碳含量较高，分别有 25%（TDMAT）和 15%（TDEAT），并且容易反应导致电阻率增加，但可以通过在硅烷中退火解决（300℃）。反应式如下：

$$6Ti[N(CH_3)_2]_4 + 8NH_3 \longrightarrow 6TiN + 24HN(CH_3)_2 + N_2$$
$$6Ti[N(CH_2CH_3)_2]_4 + 8NH_3 \longrightarrow 6TiN + 24HN(CH_2CH_3)_2 + N_2$$

7.3.9 CVD 工艺技术的发展

随着工艺器件尺寸的不断缩小，CVD 工艺也在不断地发展改变以达到相应工艺节点的要求。为了有效抑制短沟道效应，栅氧化层厚度要求不断减小以提高栅电极电容。然而不断降低栅极氧化层厚度会导致隧穿漏电流指数提升，大幅度增加功耗。因此在 45nm 以后开始使用高 κ 电介质材料。前文中提到的 Hf 为基础的介电层材料成为首选，HfO_2 的 κ 达到 25，远高于氧化硅的 3.9，并使用金属栅极替代多晶硅栅（将在后续章节具体介绍高 κ metal-gate 工艺技术）。为了减少后端金属互连工艺中的 RC 延迟问题，不断降低介电层介电常数：从 90nm、55nm 使用 3.0，到 45nm 使用 $2.5 \sim 2.8$，再到 28nm 以下使用低于 2.5 的介电层材料，具体从低 κ 材料（κ 为 $2.7 \sim 3.0$），到多孔超低介电常数材料（κ 为 $2.2 \sim 2.5$），再到空气隙（air gap）结构（κ 低于 2.0）。低 κ 电介质阻挡层也被逐步开发应用于铜互连工艺中。传统的阻挡层使用 κ 为 7 的氮化硅材料，后续使用 κ 为 4.8 的硅氮化碳（SiCN，称为 NDC）。κ 为 $2 \sim 3.6$ 的无定形碳化硅（a-SiC∶H）也逐渐受到关注。

另外，沟槽深宽比也随着工艺节点尺寸的缩小而逐渐增大，CVD 工艺也要相应改变以实现最好的填充效果。如前文中提到，对于大于 $0.8\mu m$ 的沟槽间隙，可以选择 PECVD 工艺；间隙缩小以后开始使用 HDP CVD 工艺，可以用于深宽比在 6∶1 左右的沟槽；HARP 技术可以进一步实现更大深宽比填充，可以超过 12∶1；在 2010 年，又进一步开发出了流动式化学气相沉积技术(FCVD)，能够满足深宽比达到 30∶1。

7.4　物理气相沉积

物理气相沉积(PVD)是一个物理反应过程[20]。它是形成薄膜的重要一环，主要用于生长金属及金属硅化物薄膜。集成电路制造技术中的多数金属、合金及金属化合物薄膜多采用 PVD 工艺来制备。

7.4.1　PVD 概述

除了化学气相沉积，物理气相沉积是另一种主要的薄膜沉积方式。PVD 是利用物理过程实现物质转移，将固态或者液态物质气化后将原子和分子由源转移到衬底硅片表面形成薄膜。PVD 的衬底温度可以从室温到几百摄氏度不等，常见的沉积速率在 1～10nm/s[21]。其工艺原理简单，主要用于集成电路后段工艺的金属类薄膜的制备，如金属接触电极、互连系统里的金属布线、附着层和阻挡层等金属或者金属化合物薄膜，以及其他化学气相沉积难以沉积的薄膜。在先进工艺前段使用的金属栅的沉积也主要通过 PVD 工艺实现。与化学气相沉积相比，PVD 工艺温度相对较低，生长机理简单，但是所制备的薄膜的台阶覆盖性、附着性和薄膜致密性相对较差。

常见的 PVD 工艺有真空蒸镀(vacuum evaporation)[22]、溅射沉积(sputter deposition)[23]和离子镀(ion plating)[24]等。

真空蒸镀，也被称为真空蒸发或者热蒸发，是一种在高真空环境下，加热源材料使之气化后，通过气相转移从热蒸发源到达基板或者衬底，并在衬底表面形成薄膜的过程。在该过程中，材料很少或不与源和基板之间空间中的气体分子发生碰撞，从而减少了杂质粒子的产生。真空环境提供了将沉积系统中的气体污染降低到低水平的能力。通常，真空蒸镀使用的气体压力范围在 10^{-9}Torr 到 10^{-5}Torr 之间。一般采用加热源，如钨丝线圈，按照对材料源的不同加热方式可以分为电阻蒸镀、电子束蒸镀、激光蒸镀以及高频率感应加热蒸镀等。按照是否对衬底进行加热可以分为热蒸和冷蒸。通常，衬底安装在距离蒸发源相当远的地方，以减少蒸发源对衬底的辐射加热。

溅射沉积是通过物理溅射工艺将靶材表面形成颗粒并沉积成膜。物理溅射是一种非热蒸发过程，指在等离子体作用下加速形成的高能轰击粒子(通常是气态离子)轰击靶材表面，实现动量转移，从而使靶表面原子从固体表面物理喷射而出的过程。通常，与真空蒸镀相比，溅射沉积的源到衬底的距离较短。溅射沉积可以通过在真空中使用离子枪或低压等离子体(<5mTorr)对固体表面(溅射靶)进行高能离子轰击来进行，其中溅射粒子在靶和衬底之间的空间中不经受或者很少经受气相碰撞。溅射也可以在较高的等离子体压力(5～30mTorr)下进行，其中从溅射靶溅射或反射的高能粒子在到达衬底表面之前通过气相碰撞被"热化"。溅射中使用的等离子体可以被限制在溅射表面附

近,或者可以填充源和衬底之间的区域。溅射源可以是元素、合金、混合物或化合物。溅射靶提供了长寿命的蒸发源,该蒸发源可以安装成在任何方向蒸发。诸如氮化钛(TiN)和氮化锆(ZrN)的复合材料通常通过在等离子体中使用反应活性气体来实现"反应性溅射沉积"。等离子体的存在"激活"了这些反应气体(等离子体激活),使其更具化学反应活性。溅射是目前PVD工艺技术中最为常用的方法,形成的薄膜比蒸镀膜有更好的附着性和台阶覆盖能力,而且所形成的化合物合金薄膜化学成分更可控。但是薄膜沉积速率是个问题,不过随着溅射设备和工艺技术的提升,如使用磁控溅射技术,薄膜沉积速率和质量得到显著提升。

离子镀,通过利用原子大小的高能粒子对沉积膜进行持续或周期性轰击来改变和控制沉积膜的性质。在离子镀中,轰击物质的能量、通量和质量以及轰击粒子与沉积粒子的比率是重要的工艺变量。沉积薄膜可以通过蒸发、溅射、电弧侵蚀或化学气相前驱体的分解等手段来得到。用于轰击的高能粒子通常是惰性或反应性气体的离子,或者在某些情况下是冷凝膜材料的离子("膜离子")。离子镀可以在等离子体环境中进行,其中用于轰击的离子从等离子体中提取;或者可以在真空环境中进行,其中用于轰击的离子在单独的"离子枪"中形成。后一种离子镀通常被称为离子束辅助沉积(ion beam-assisted deposition,IBAD)。通过在等离子体中使用反应气体,可以沉积复合材料膜。离子镀可以在相对高的气压下提供致密的涂层,其中气体散射可以增强表面覆盖。

接下来主要针对以上三种PVD工艺进行详细介绍。

7.4.2 真空蒸镀

真空蒸镀制备得到的薄膜纯度比较高,生长机理简单,但是薄膜附着性、工艺重复性和台阶覆盖性都比较差,因此使用受限。真空蒸镀设备比较简单,主要可分为三个部分:真空系统、蒸发系统和基板加热系统。真空系统提供真空环境,蒸发系统放置蒸发源,基板和加热系统放置硅片衬底和加热(测温)装置,如图7.28所示。蒸镀基本满足以下工艺步骤:准备,抽真空,预蒸,蒸发,取片。

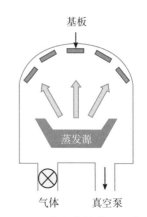

图7.28 真空蒸镀装置示意图

真空蒸镀可以简单分为三个过程:蒸发、气相输运和成膜。蒸发源分子或者原子从蒸发源表面逸出形成蒸气,就是蒸发。在一定的温度下,封闭容器中的物质蒸气与固体或者液体达到平衡时的压力称为饱和蒸气压。在平衡状态下,返回到表面的原子和离开表面的原子一样多。只有当环境中被蒸发物质分压低于饱和蒸气压时,才能促使该物质的净蒸发。饱和蒸气压和温度密切相关,随温度升高迅速增大。图7.29显示了不同材料的蒸气压随温度变化的函数[25]。蒸气压曲线的斜率与温度有很强的相关性,如Cd约为10Torr/100℃,W约为10Torr/250℃。不同物质的饱和蒸气压差距很大,可以差几个数量级。对于真空沉积,只有当蒸发速率相当高时,才能得到合理的沉积速率。10^{-2}Torr的蒸气压通常被认为是给出有效沉积速率所必需的值。一般的金属及其化合物加热熔化后开始蒸发,少数物质可以直接升华,如镁、锌等。

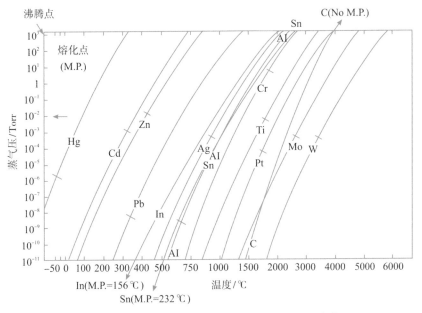

图 7.29　常见金属材料的饱和蒸气压温度曲线[26]

　　气相输运是指形成的蒸气从源到衬底表面的质量输运的过程。在输运过程中,蒸气原子可能会和真空腔室内的残余气体分子发生碰撞,碰撞次数和真空度以及蒸发源和衬底的距离有关。比如,如果真空度不高,残余气体分子数量多,碰撞次数明显增多,形成杂质粒子污染薄膜,或者由于残余分子的阻挡难以形成连续均匀的薄膜;另外残余气体中的氧气或者水汽也会与输运中的蒸发原子或者衬底表面吸附原子发生化学反应,生成氧化膜杂质层。真空沉积通常需要大于 10^{-4} Torr 的真空,以便在粒子碰撞之前有较长的平均自由程。气体分子平均自由程和气体压强的关系如下:

$$\lambda = \frac{kT}{\sqrt{2}\pi d^2 p} \tag{7.13}$$

其中,λ 为气体分子平均自由程,k 为玻尔兹曼常数,T 为绝对温度(K),d 为气体分子直径,p 为气体压强。由式(7.13)可以得出,气体平均自由程与气压成反比,即压力越小,真空度越高,分子自由程越高。但是在 10^{-4} Torr 压力下,仍有大量潜在的有害残留气体同时撞击基片,污染薄膜。如果膜污染是一个问题,高(10^{-7} Torr)或超高($<10^{-9}$ Torr)真空环境可用于生产所需纯度的膜,具体真空度的选择主要取决于沉积速率,残余气体和沉积物质的反应活性,以及沉积物中可容忍的杂质水平。

　　成膜过程是指蒸气原子到达衬底后成核成膜。由于衬底表面温度远低于蒸发源温度,蒸气原子不能从衬底表面获得能量,因此蒸气原子到达衬底后就附着在表面不再离开。部分附着后的原子可发生扩散作用在表面移动,与其他原子碰撞后便凝聚成核。成核容易先从应力高的位置开始,随着蒸气原子的不断沉积,原子团进一步增多增大,最终形成薄膜。前文中提到,真空蒸镀的薄膜台阶覆盖性较差,为了解决这个问题,通常采用衬底加热或者旋转的方法加以改善。当蒸气原子到达不平坦衬底后,由于高形貌差存在一定的阴影区,也就不能完成薄膜的全覆盖。这时候如果加热衬底,则蒸发原子向周围的扩散速率得到提升,若此时同时转动衬底,阴影区减少甚至消失,则可以实现全覆盖的薄膜沉积并且提升薄膜均匀性。不过加热衬底也会提高沉积薄膜的饱和蒸气压,导致到达衬底的原子重新返回气相的比例增大,从而影响最终成膜。另外,温度过高使得多晶薄膜晶粒尺寸增大,影响薄膜平坦度。因此,衬底温度的选取需要综合考虑沉积薄膜的材料特性。

对于单质材料的沉积,由饱和蒸气压温度曲线就可以确定大概的蒸发温度。但是在集成电路工艺中,通常需要制备多组分薄膜。制备多组分薄膜主要有三种方法:单源蒸发法、多源同时蒸发法和多源顺序蒸发法,如图 7.30 所示。如果原材料各组分的饱和蒸气压接近,可以直接采用单源蒸发法。如果各组分饱和蒸气压和蒸发温度相差较大,则需要使用多源蒸发法,即将各个原材料放入多个坩埚,并进行同时或依次加热蒸发。

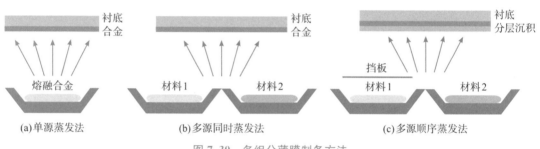

(a)单源蒸发法　　　　　(b)多源同时蒸发法　　　　　(c)多源顺序蒸发法

图 7.30　多组分薄膜制备方法

7.4.3　溅射沉积

溅射是一个通过动能转移实现靶材原子沉积到衬底成膜的过程,即在溅射过程中入射离子与靶材之间有很大能量的传递,溅射出来的原子获得巨大的动能,其值可以达到 $10\sim50eV$,而蒸镀过程中原子只获得 $0.1\sim0.2eV$ 的能量。也正是因为和蒸镀相比,溅射能量的提升显著,溅射原子在衬底表面有很强的表面迁移能力,具有更好的台阶覆盖性和附着力。起初溅射沉积在工业上没有得到广泛的应用,直到生产需要可再生的、稳定的、长寿命的蒸发源,以及各种类型的磁控溅射的出现。

溅射沉积需要在良好的真空环境中进行($<10^{-5}Torr$)。如果需要在一个低压气体环境中(即压力小于 5mTorr)实现溅射沉积,溅射粒子从目标被输送到基板,不能发生气相碰撞,并且使用等离子体作为离子源。如果是一个高压气体环境中(即压力大于约 5mTorr,但小于约 50mTorr),其中会发生气相碰撞和喷射粒子的"热化",但压力足够低,气相成核影响不大,则也可以实现溅射沉积。溅射沉积可以通过从一个复合靶溅射或从一个元素靶在反应气体的分压下溅射沉积复合材料薄膜,也就是反应溅射沉积。在大多数情况下,从一个复合目标溅射沉积另一个复合材料会导致一些挥发性更强的材料的损失(如二氧化硅产生的氧气),这种损失通常通过沉积在一个包含反应气体分压的环境中来弥补,这个过程可以称为"准反应溅射沉积"。在准反应溅射沉积中,所需要的反应气体分压小于反应溅射沉积所用的分压。

1. 溅射沉积的过程和影响因素

前面提到真空蒸镀的三个主要过程，类似的，溅射沉积也可以细分为几个基本过程：产生等离子体、离子轰击靶材、靶原子气相输运和沉积成膜。

在一定真空气体环境中加载电极电场击穿气体可以形成等离子体。溅射工艺利用等离子体中的高能粒子（气态离子）轰击靶材，离子浓度直接影响沉积速率。升高工作压力和极板之间的电压都可以提升离子浓度。因此，溅射工艺的气体压力一般较高，控制在 1～100Pa。同 CVD 类似，溅射沉积也基本使用交流电场击穿气体形成等离子体。在等离子体内加入磁场，称之为磁控溅射，自由电子就会在磁场和电场的双重作用下进行方向运动，运动轨迹就由直线变成了曲线，增加了电子的运动路程，提高了有效碰撞和电离的概率。平面磁控溅射是目前应用最广泛的一种溅射方式，它利用磁场将二次电子的运动限制在平面靶表面附近。

高能粒子轰击物质表面会产生一系列物理过程，如造成衬底损伤、形成注入离子、产生反射离子与中性粒子、产生二次电子或者溅射原子等。因此，溅射只是其中一种物理现象。入射粒子的能量高低决定出现哪种物理现象：能量很低的粒子直接被靶材表面反射回归气相；能量低于 10eV 的粒子会吸附到靶材表面，以热能形式释放；能量大于 10keV 的粒子将直接穿越固体表面数层原子，成为注入离子。所以，能量在 10eV 和 10keV 之间的粒子会与靶材表面原子发生碰撞，产生一定的热能并且造成原子逸出，逸出原子的能量在 10～50eV。逸出过程是一个非常复杂的物理化学过程，涉及多种粒子的产生，不过主要还是以原子为主。通常使用溅射产额来衡量溅射效率，也称之为溅射率，即射出的原子数与入射轰击粒子数的比值，取决于目标原子的化学键和碰撞传递的能量。溅射产额的大小与入射粒子的能量和种类、靶材的种类以及入射角度等因素密切相关。

各种材料在各种离子质量和能量轰击下的溅射产额已被实验测定[26]，并已使用蒙特卡罗技术从第一流原理计算出来[27]。表 7.7 显示了气体离子和目标物质的质量以及在给定能量下轰击溅射的近似产额。表中数据表明溅射产额与入射离子原子量有强相关性，原子量大的，溅射产额普遍更高。另外，电子壳层填满的元素，溅射产额大。因此惰性气体的溅射率普遍高于其他气体。通常选择氩气作为工作气体，除了高溅射率外，还可以避免与靶材发生反应。

表 7.7　500eV 能量的离子轰击下的溅射产额

	Be(9)	Al(27)	Si(28)	Cu(64)	Ag(106)	W(184)	Au(197)
He^+ (4 amu)	0.24	0.16	0.13	0.24	0.2	0.01	0.07
Ne^+ (20 amu)	0.42	0.73	0.48	1.8	1.7	0.28	1.08
Ar^+ (40 amu)	0.51	1.05	0.50	2.35	2.4～3.1	0.57	2.4
Kr^+ (84 amu)	0.48	0.96	0.50	2.35	3.1	0.9	3.06
Xe^+ (131 amu)	0.35	0.82	0.42	2.05	3.3	1.0	3.01

图 7.31 显示了氩离子轰击下不同材料的溅射产额与离子能量的函数关系。可以看出，入射粒子的能量大小对于物质的溅射率有很大的影响，只有达到一定的能量值才能

发生溅射。这个发生溅射的最低能量值就是溅射阈值。对于每一种靶材,都存在一个溅射阈值,低于这个值就不会发生溅射现象。每种物质的溅射阈值和入射离子种类关系不大,它是一个相当模糊的数字,一般认为小于 25eV 的入射粒子能量不会引起元素的物理溅射。这大约是固体辐射损伤中原子位移所需的能量。从图 7.31 中也可以看到随着入射离子能量的增加,溅射产额先显著增加,而后进入一个平缓区,当离子能量继续增加时,溅射产额有可能出现下降的趋势,这是因为发生了离子注入现象。

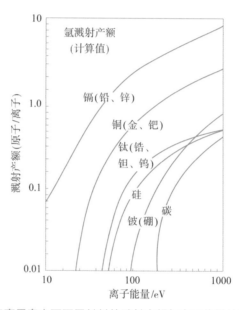

图 7.31　氩离子轰击下不同材料的溅射产额与离子能量的函数关系[28]

溅射产额和入射角(θ)的关系主要呈现为:随着入射角的增加,溅射产额规律增加,所以倾斜入射更有利于提高溅射产额,但是当入射角达到某个值后,溅射产额急剧下降。氩的最大溅射产率通常发生在 70°左右,但这随轰击物和目标物的相对质量而变化。溅射产率从垂直入射到最大值可提高 2～3 倍。

2. 溅射方法

溅射方法有很多,如直流溅射、射频溅射、磁控溅射、反应溅射和偏压溅射等。下面就几种溅射方法作具体介绍。

1) 直流溅射

直流溅射又被称为阴极溅射或者直流二极管溅射。图 7.32(a)为直流溅射装置示意图。阴极电极是溅射靶,基片通常放在阳极上,阳极通常处于地电位。应用电势出现在一个非常接近阴极的区域,等离子体在非常接近阴极表面的区域产生。通常使用氩气作为放电气体,气体压力必须大于约 10mTorr,并且放电区和等离子体产生区域约1cm 宽。和 CVD 工艺类似,在直流二极管放电阴极必须是一个电导体,因为绝缘表面将发展表面电荷,将防止离子轰击表面。如果目标最初是一个良好的导电体,但由于与等离子体中的气体反应,形成了一个不导电或导电不良的表层,表面电荷积累将导致表面电弧。靶表面的这种"中毒"可能是由于系统中的污染物气体,也可能是由于有意引入的工艺气体在反应溅射沉积过程中产生的。

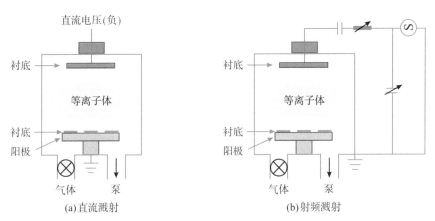

(a) 直流溅射   (b) 射频溅射

图 7.32　溅射装置示意图

直流二极管结构用于溅射沉积简单的导电材料,尽管与真空蒸镀相比,该过程相当缓慢和昂贵。但有一个优点是可以在大范围内均匀地建立等离子体,从而可以建立大面积的固态蒸发源。这个表面不必是平面的,但可以被塑造成与衬底表面共形。例如,溅射靶可以是与在靶前面旋转的锥形表面共形的锥形表面的一段。

一个问题可能存在于溅射靶的边缘,那里为了限制等离子体产生而存在的屏蔽,导致等电位表面的曲率产生。离子在垂直于等势表面的方向上加速,这种曲率引起离子轰击的聚焦和表面的不均匀溅射侵蚀。通过设置一个大于基板尺寸的目标区域,使用移动夹具和/或沉积掩模,可以将问题最小化。

工作气压对于直流溅射的溅射产额以及薄膜质量有很大的影响。在低电压下,阴极鞘层厚度较大,离子运动到靶材的概率小;另外,低压电子自由程长,电离概率也很低。随着气体压力的上升,电子平均自由程增加,原子电离概率增加,溅射速率提高。但如果压力过高,靶材原子在气相输运过程中会受到过多的散射,沉积成膜的概率反而下降。因此,随着气体压力的变化,沉积速率会出现一个极大值。工作气压较低时,原子平均自由程长,靶材原子到达衬底之前没有经过多次的碰撞而消耗能量,所以到达衬底的时候能量较高,表面迁移能力也更强,沉积得到的薄膜更致密;而工作气压较高时,则到达衬底的原子能量相对较低,不利于薄膜的致密化。一般来说,沉积速率和溅射功率成正比,与靶材到衬底的距离成反比。

直流溅射设备简单,但是各个工艺参数难以独自控制,工作气压也相对较高(约10Pa),溅射速率相对于其他溅射方法较低。因此随着工艺方法的进步,直流溅射多被其他方法取代。

2) 射频溅射

直流溅射要求靶材有良好的导电性,而对于导电性差的非金属材料的溅射则无能为力。射频溅射则可以适用于各种金属和非金属靶材。图 7.32(b)为射频溅射装置示意图。当一个射频电势具有较大的峰-峰电压,电容性地耦合到电极上,一个交替的正/

负电势出现在表面上。电子获得足够的能量在电极之间的空间中引起电离碰撞,因此等离子体在电极之间的整个空间中产生。在每个半周期,离子被加速到表面,有足够的能量导致溅射,而在交替的半周期内,电子到达表面,以防止任何电荷积聚。溅射沉积所用的射频频率在 $0.5\sim30\mathrm{MHz}$,$13.56\mathrm{MHz}$ 是常用的商业频率。射频溅射可以在比直流(非磁控)溅射更低的气体压力($<1\mathrm{mTorr}$)下进行。由于目标是电容耦合等离子体,所以目标表面导电或绝缘没有区别,尽管目标是绝缘体,但也会有一些介质损耗。如果使用由金属电极支撑的绝缘目标材料,绝缘体应该覆盖整个金属表面,因为暴露的金属会使金属-绝缘体-护套-等离子体区域形成的电容短路。另外,射频溅射可以产生自偏压效应,即靶材会处于负电位,从而实现气体离子的自发轰击。

射频溅射可用于电绝缘材料的溅射,但溅射速率较低。介质靶射频溅射的一个主要缺点是大多数电绝缘材料导热性差,通常是脆性材料。由于大多数轰击能量会产生热量,如果使用高功率级,可能会产生较大的热梯度,从而导致压裂目标。高速率射频溅射一般仅限于从二氧化硅靶材溅射沉积,对热冲击不太敏感。在某些情况下,射频溅射沉积一层数微米厚的二氧化硅薄膜需要 48 小时。

3)磁控溅射

从直流溅射和射频溅射的分析可以得出,溅射沉积有两个缺点:沉积速率慢和工作气压高。这两个因素的结果就是薄膜受污染程度高。磁控溅射技术沉积速率快,工作气压低,因此是目前集成电路制造技术中实际应用最多的 PVD 工艺。

通过在阴极靶材区域建立与电场正交的环形磁场,电子可以偏转到目标表面附近,通过磁铁的适当安排,电子可以在目标表面的一个封闭路径上循环,从而可以控制离子轰击靶材所产生的二次电子的运动轨迹,并且局限于靶材附近呈螺旋环形运动。这种高通量的电子产生高密度等离子体,从中提取离子溅射靶材料,产生磁控溅射结构。最常见的磁控管源是平面磁控管,其中溅射侵蚀路径是一个封闭的圆或拉长的圆("跑道")在一个平面上。

磁控溅射结构的主要优点是在阴极附近可以在低压下形成稠密的等离子体,这样离子可以从等离子体加速到阴极,而不会因物理和电荷交换碰撞而损失能量。与直流二极管配置相比,这允许在靶上以更低的电位(几百伏)实现高溅射速率。该方法延长了运动路径,碰撞效率和电离概率显著提升,从而提高溅射效率和沉积速率。大幅度降低反应腔室内的工作气体的压力,在 $10^{-5}\mathrm{Pa}$ 都可以形成等离子体,因此得到的薄膜纯度更高。磁控溅射也有一定的缺点,如平面磁控管结构的一个缺点是等离子体在靶表面不均匀。因此,沉积模式取决于衬底相对于目标的位置。这意味着必须使用各种类型的夹具来建立基板的位置等效性。等离子体的不均匀性也意味着靶材的利用率是不均匀的,有时只有 $10\%\sim30\%$ 的靶材在被回收之前被使用。目前已经在通过进一步的工艺技术加以改善。

4)反应溅射

溅射沉积可以利用化合物靶材实现多组分薄膜沉积,但是容易发生化合物的分解,如溅射氧化物材料时容易造成含氧量偏低的情况。通过调节腔内气体组成和压力可以改善化合物的分解情况。另外也可以使用纯金属作为靶材,然后通入适量活性气体,如氧气、氮气、氨气等,实现溅射的同时通过合成反应生成相应的化合物。这种在溅射沉积过程中同时生成化合物的溅射技术就是反应溅射。反应溅射可以适用于多种化合物薄膜的沉积,如氧化物(Al_2O_3、SnO_2 等)、碳化物(WC、TiC 等)和氮化物(TiN、AlN 等)等。

反应溅射可以使用直接溅射或者磁控溅射设备,但是需要有两个气体引入口,分别通入惰性工作气体和反应活性气体。化学反应发生在衬底表面。通过控制活性气体压力可以控制薄膜的组分是混合物还是化合物。一般提高活性气体分压有利于化合物的产生。

5) 偏压溅射

在一般溅射的基础上,在衬底和靶材之间施加一定大小的偏置电压,从而改变入射到衬底表面的带电粒子数量和能量,即偏压溅射。偏压的应用可以改善薄膜性能,如偏压的存在可以提高原子在衬底表面的表面迁移和扩散能力,从而提高薄膜的均匀性;衬底受到正离子轰击后,表面反应能力加强,薄膜密度得以增强;偏压有助于去除衬底表面的多余吸附气体,从而提升薄膜纯度和附着力;偏压溅射还可以改善其他多种工艺参数,如电阻率、硬度、介电常数、折射率等。总之,偏压溅射是改善 PVD 薄膜性能和组织最常用的方法之一。

3. 溅射沉积薄膜保形性的提升

前面提到,溅射沉积的薄膜保形性优于真空蒸镀。不过在后段金属互连结构中,台阶覆盖性要求很高。因此,即使溅射沉积有更高的保形性,也仍旧任重而道远。目前主要的改善方法有以下几种:升高衬底温度、加射频偏压、采用强迫填充技术或者准直溅射技术。

升高衬底温度可以增强衬底表面靶原子的表面扩散和迁移能力,这一点和真空蒸镀基本一致。所以,过高的温度也会导致多晶薄膜粗糙度增加,或者薄膜与衬底的互相扩散现象。加载射频偏压有助于溅射材料的再沉积,一定程度上可以改善薄膜台阶覆盖特性。强迫填充技术是指在具有高深宽比接触孔结构的衬底表面上溅射沉积时,金属薄膜更容易在接触孔顶端拐角处沉积从而形成空洞,这时候对衬底加压加热,压力超过金属的抗曲强度时,沟槽顶部区域金属薄膜就会塌陷,从而重新形成沟槽开口,实现进一步沟槽填充。不过强迫填充技术只对一定范围的尺寸有效。准直溅射技术是利用准直器进行溅射沉积的技术。准直器是一种金属蜂窝结构并带有环形或者多边形孔的接地阵列,竖直插在衬底正上方。从靶材溅射出来的大角度方向(硅片法线方向与原子入射方向的夹角)原子被准直器捕获并被吸附在准直器侧壁或表面。因此,只有小角度的靶材原子才能通过准直器到达衬底表面,并且更容易沉积到沟槽底部。准直器的深宽比会影响台阶覆盖性,随着深宽比的增大,沟槽底部覆盖率增加,常用的准直器深宽比在 1∶1 到 3∶1 之间。不过因为很大一部分溅射原子被捕获,因此沉积速率明显下降,并且随着溅射次数增加,准直器侧壁覆盖越来越多的薄膜,导致准直器孔径变小,沉积速率更低了。还有一种不用准直器的准直溅射技术,即长投准直溅射技术,也可以改善沟槽台阶覆盖率。在这种方法中,靶与硅片之间的距离比传统溅射系统长很多(长投准直溅射距离为 25～30cm,磁控溅射约为 5cm)。使用低压等离子体,因此原子从靶材表面溅射逸出以后基本以直线的形式到达衬底表面,并且几乎全程无碰撞。它就像是只有一个孔的准直器,大角度的原子被吸附到腔室内壁上。不过由于内壁对于靶材原子的吸附,容易造成腔体污染,并且低压获得等离子体本身存在一定难度。

7.4.4 离子镀

离子镀是一种利用原子大小的高能粒子连续或周期性轰击衬底,从而在薄膜材料上沉积原子的原子沉积工艺。沉积溅射前的粒子轰击有助于清洁表面;在沉积过程中,在粒子轰击作用下,薄膜可以获得良好的附着力和致密性,并且可以改善残余应力,或者改变沉积薄膜的结构、形貌和性能。为了获得最好的沉积效果,清洗和沉积部分之间的轰击是连续的,以保持一个原子层上的干净界面。离子镀又称离子辅助沉积(ion-assisted deposition or ionization-assisted deposition,IAD)、离子气相沉积(ion vapor deposition,IVD)、离子物理气相沉积(ionized physical vapor deposition,IPVD)[28]。上述反应过程基本上以物理反应为主,所以也可以统称为物理气相沉积(PVD)。

离子镀工艺主要有基于等离子体的离子电镀和真空离子镀。在基于等离子体的离子电镀中,典型的负偏压衬底与等离子体接触,轰击的正离子从等离子体加速到达衬底表面,并具有光谱能量。衬底基板可以被放置在等离子体产生区或在有源等离子体产生区之外的远端或下游位置。衬底可以作为阴极电极在系统中建立等离子体。图7.33显示了使用电阻加热汽化源的基于等离子体的离子镀的简化示意图。

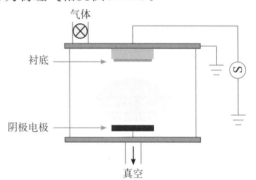

图 7.33　基于等离子体的离子镀装置示意图

在真空离子镀(IBAD)中,薄膜材料是在真空中沉积,利用离子源(枪)对衬底表面进行轰击。真空离子镀首次报道在1973年[29]。当时它被用于用碳离子(薄膜离子)束在真空中沉积碳膜,其中气化源和用于轰击的高能离子源可能是分开的。离子束被加入的电子中和了,所以离子束在体积上是中性的。这就避免了束中的库仑斥力和被轰击表面上的电荷积聚。图7.34为简单的IBAD系统示意图。

在反应性离子电镀中,等离子体激活了在离子源或等离子体源中产生的反应性和惰性离子。轰击强化了化学反应并使沉积膜致密化。轰击增强的表面相互

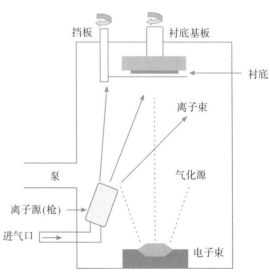

图 7.34　真空离子镀系统示意图

作用是复杂的,而且人们对其了解甚少。在某些情况下,例如当使用低电压、大电流电子束蒸发、电弧蒸发、高功率脉冲磁控溅射等条件时,相当一部分薄膜原子蒸发后又被电离形成"离子膜",它们也可以用来轰击衬底表面和不断增长的薄膜。在非反应性离子电镀中,轰击粒子的质量和能量分布以及轰击粒子与沉积原子的通量比是重要的反应参数[30]。如果使用高能(>500eV)离子,则通量比(轰击粒子∶沉积原子)为 1∶10,如果使用低能(<10eV)离子,则通量比(轰击粒子∶沉积原子)大于 10∶1。一般来说,在一定的能级以上,通量比比轰击能量对薄膜性质的改变更为重要。

高能轰击与低能轰击有不同的效果。例如,低能(约 5eV)轰击促进了表面吸附原子的迁移,并有助于外延生长,而高能轰击一般促进了高核化密度和细粒沉积的形成。在等离子体基离子镀中,气体压力控制是一个重要的工艺参数。在反应离子电镀中,高能轰击和沉积物质的化学反应性是重要的工艺参数。

离子镀的主要特点包括:在适当的条件下具有良好的表面覆盖能力;能够对基材表面进行原位清洁;薄膜具有良好的黏附能力;通过控制轰击条件可以改变薄膜性能、形貌、密度和残余应力等;设备要求与溅射沉积要求相当;沉积材料的来源可以是热汽化、溅射、电弧汽化或化学蒸汽前驱气体;强化反应性沉积过程,活化反应气体,轰击强化化学反应,吸附反应物质;在 IBAD 过程中,轰击离子与沉积原子的相对比例是可以控制的。

离子镀的一些可能的缺点是:许多工艺参数必须控制;等离子体-表面相互作用解吸过程会产生污染;污染在等离子体中被"激活",并可能成为一个重要的过程变量;从等离子体轰击电绝缘材料生长的薄膜,表面必须达到高的自偏置或必须在 RF 或脉冲直流电压下偏置;薄膜沉积很大程度上依赖于衬底的几何形状,并且在复杂的表面上难以获得均匀的轰击;如果使用过高的轰击能量,轰击气体可能结合到衬底表面和沉积膜中;基板可能加热过度;在薄膜中容易形成高的残余压缩生长应力;在 IBAD 中,衬底附近没有等离子体来"激活"活性物质,所以激活通常使用辅助等离子体源或等离子体或离子源来完成,有一定的局限性。

离子镀通常比真空蒸镀和溅射沉积更复杂,因为它需要在复杂的表面上进行粒子轰击。其一般用于需要体现离子镀优势的地方。基于等离子体的离子镀相对更常用一些,常用于填充半导体表面的通孔和沟槽。通过薄膜原子的后气化以及轰击粒子加速到表面,与溅射沉积时没有电离和加速相比,离子的方向性更好,其离子的入射角更接近于正常入射角。在适当的条件下,离子镀膜具有良好的附着力和表面覆盖,且比真空蒸镀和溅射沉积镀膜致密。一般情况下,同时轰击增加了反应的概率,因此与反应溅射沉积或反应真空蒸镀沉积相比,反应离子镀沉积的材料在高沉积速率下更容易实现化学计量化。在三维结构上,离子镀薄膜"前后"覆盖良好,并且沉积通量的入射角对薄膜生长的影响被轰击抵消。然而人们发现,如果轰击能量过大且衬底温度较低,高气体掺入、高缺陷浓度、高残余压应力和空隙的形成会导致薄膜质量大幅度降低。

7.4.5　几种 PVD 工艺薄膜的介绍

PVD 常用于制备金属及其化合物薄膜,比如先进工艺中用到的金属栅极(将在第

16 章中做具体介绍),后段互连结构中用到的金属布线和扩散阻挡层(金属及其化合物),以及一些有良好附着特性的黏附层。本节将介绍几种常见工艺流程中 PVD 技术的使用。

1. 接触窗工艺中的 PVD 技术

接触窗工艺主要包含黏附层,即钛/氮化钛(Ti/TiN),也有阻挡的作用,另一部分是接触孔填充材料钨(W)。主要的工艺步骤有六步:表面原位预清洁处理;沉积黏附层(Ti);沉积附着/阻挡层(TiN);覆盖式化学气相沉积 W(两步沉积);W 膜的回刻;附着层和接触层刻蚀。

W 主要采用 CVD 进行制备。黏附层是为了增加钨和二氧化硅介质层的结合力,主要有 Ti 和 TiN 两层。Ti 的制备一直采用 PVD 工艺,早期入射粒子的方向性没有很好的控制,接触孔顶部接触角比底部大,而且由于侧壁对于底部存在遮蔽效应,因而顶部沉积明显多于底部,但是早期器件尺寸大,所以没有形成大问题。后续随着接触孔的尺寸不断缩小,沉积的不均匀性成为一个大问题。控制入射粒子的方向是一个主要的方向,主要是为了有更多的粒子能到达沟槽底部。主要的方法就是准直器的使用或者采用长投准直溅射技术,但如前所说,这会降低沉积效率。进一步地,运用磁控溅射技术和偏压溅射技术,增强电子离化率,进一步改善台阶覆盖率。TiN 可以用 PVD($>0.25\mu m$) 和 CVD($<0.18\mu m$)工艺生长。PVD 主要采用反应溅射方法,利用 Ar 和 N_2 分别做工作气体和活性气体。CVD 工艺主要采用 MOCVD,由四二甲基氨基钛(TDMAT)在一定温度($380\sim450℃$)和压力下分解,生成 TiN,并进行原位等离子体处理,去除杂质,得到低电阻致密的薄膜。

2. 铜互连工艺中的 PVD 技术

铜的电阻率低,只有传统铝铜合金的一半左右(如铝铜合金的电阻率为 $2.9\sim3.3\mu\Omega\cdot cm$,而铜约为 $1.7\mu\Omega\cdot cm$)。但附着、扩散以及刻蚀困难等技术瓶颈,长期阻碍了铜工艺的发展应用。不过随着器件尺寸的不断缩小,RC 延迟问题日益严重,铜的扩散阻挡层的开发应用(目前使用钽及氮化钽),以及铜电镀(electrochemical plating,ECP)和化学机械研磨技术的发展,铜互连工艺已经成为 90nm 以下工艺的主流。

在铜互连技术中,由于铜很难进行刻蚀,通常采取包含 ECP 工艺的大马士革镶嵌技术。对于铜的大马士革镶嵌工艺技术,后面章节将会做详细的介绍,这里仅针对其中用到的 PVD 工艺作简单的描述。铜布线薄膜采用两种不同的工艺形成,先利用 PVD 技术制备铜种子层,然后通过 ECP 技术填充沟槽形成铜的金属布线膜。采用 PVD 或者 CVD 工艺都无法实现在高深宽比通孔沟槽中沉积无空洞全填充的铜,这两步工艺的整合可以解决这个问题。对于铜种子层,因为要实现最好的保形生长,通常采用磁控溅射工艺,并且要求靶材纯度高(杂质含量低于 10^{-6})。互连技术中在铜种子层前还需要生长一层阻挡层,一方面阻挡铜原子的扩散,另一方面也和铜金属和介质层都具有较好的附着能力,可以作为黏附层使用。传统的钛和氮化钛已经无法满足阻挡需求,目前使用最多的是金属钽和氮化钽(TaN),不仅导电性和阻挡效果好,还可以与通孔界面形成低阻欧姆接触,降低接触电阻。TaN 通常采用反应溅射法制备:Ta 作为靶源,N_2 作为反应活性气体,使用 Ar 作为工作气体(过量)。因为阻挡层和种子层要实现很好的台阶覆盖率,因此需要控制入射粒子的方向性来提升填充能力,偏压溅射或者准直溅射技术会应用到阻挡层的薄膜生长中。除了入射粒子方向性的控制,利用反溅射(离子轰击衬底)也可以提高覆盖率。在等离子体环境中衬底表面存在的偏压如果超过一定大小,入射粒子能量超出衬底表面物质的溅射阈值,对衬底起到溅射作用,这就是反溅射。反溅射实现需要满足两个条件:靠近衬底表面有足够的离子;衬底上有足够的偏压。反溅射的存在可以使得本来沉积到沟槽底部的原子发生表面迁移而转移到侧壁,从而实现更好的保形生长。不过过量的反溅射也会破坏沟槽和通孔形貌,形成粗糙的介质表面,另外低介电常数和超低介电常数介质层对于物理轰击的抵抗力很小,因此更加需要严格控制反溅射的用量。

3. 自对准硅化物

在 CMOS 集成电路工艺流程中,通常会在接触孔和栅极以及源漏极的接触区域沉积一层金属形成金属硅化物(silicide,导电性介于金属和硅之间),以降低多晶硅和有源区的方块电阻,减少 RC 延迟,也就是自对准金属硅化物(salicide)技术。使用的金属包括钴(Co)、镍铂合金(NiPt)等,利用 PVD 溅射工艺沉积成膜,不会和介质材料反应,只会与直接接触的多晶硅和有源区反应,然后再进行两次快速热退火处理。Co 主要应用于 $0.18\mu m$ 到 65nm 工艺,65nm 以下工艺技术需要特别考虑热量的问题,而且 Co 生成的金属硅化物在小尺寸(40nm 以下)下方块电阻明显增大,所以选择 NiPt、NiPt-Salicide 工艺所需的热退火温度比 Co 低。选取 NiPt 合金的原因是如果使用纯 Ni,由于 Ni 的强扩散能力,会在源漏极出现侵蚀缺陷,增加漏流,降低良率。Pt 可以很好地防止 Ni 迁移,一般使用含铂 5~10atom% 的合金。

在 PVD 制备 NiPt 中,同样存在遮挡效应而导致台阶覆盖不均匀,尤其两边侧壁。较厚的一边严重的话会渗到栅极下面,增加漏电。业界采取先进低压溅射方法制备 NiPt 合金:增加硅片与靶源的距离,这样只有小角度的粒子才能到达衬底表面;降低反应压力,提高气体平均自由程,形成更具方向性的沉积;硅片与靶源之间安装基环(由若干个同心圆构成,原理类似于准直器),过滤大角度离子,在 45nm 以下将基环升级成聚焦环(由近百个六边形集合而成),以便实现更小尺寸的台阶覆盖率和侧壁对称性。

本章小结

本章介绍了典型的薄膜工艺方法以及对应的集成电路制造装备;重点讲述了热氧化、物理气相沉积和化学气相沉积三大类工艺方法,并从三种方法的特点讲授了各自在集成电路制造中的应用。

参考文献

[1] Mistry K,Allen,Auth C, et al. A 45nm logic technology with high-κ+metal gate transistors, strained silicon, 9 Cu interconnect layers, 193nm dry patterning, and 100% Pb-free packaging[C]. IEDM Tech. Dig. ,2007:247-250.

[2] Carlsson J O, Martin P M. Chapter 7-Chemical Vapor Deposition[M]//Martin P M. Handbook of Deposition Technologies for Films and Coatings (3rd Edition). Boston: William Andrew Publishing,2010.

[3] Kern W, Ban V S. III-2-Chemical Vapor Deposition of Inorganic Thin Films[M]// Vossen J L, Kern W. San Diego: Thin Film Processes, Academic Press,1978.

[4] Kern W, Schnable G L. Low-pressure chemical vapor deposition for very large-scale integration processing-A review[J]. IEEE Transactions on Electron Devices, 1979,26(4):647-657.

[5] Saki K, Shimizu T, Mori S, et al. Influence of the atmosphere on ultra-thin oxynitride films by plasma nitride process[C]. IEEE International Symposium on Semiconductor Manufacturing,2005.

[6] Tseng H, Jeon Y, Abramowitz P, et al. Ultra-thin decoupled plasma nitridation (DPN) oxynitride gate dielectric for 80-nm advanced technology[J]. IEEE Electron Device Letters,2002,23(12):704-706.

[7] Thompson A G. MOCVD technology for semiconductors[J]. Materials Letters, 1997,30(4):255-263.

[8] Batey J, Tierney E. Low-temperature deposition of high-quality silicon dioxide by plasma-enhanced chemical vapor deposition[J]. Journal of Applied Physics,1986,60 (9):3136-3145.

[9] Stoffel A, Kovács A, Kronast W, et al. LPCVD against PECVD for micromechanical applications[J]. Journal of Micromechanics and Microengineering,1996,6(1): 1-13.

[10] Yota J, Janani M, Camilletti L E, et al, Comparison between HDP CVD and PECVD silicon nitride for advanced interconnect applications[C]. Proceedings of the IEEE 2000 International Interconnect Technology Conference,2000.

[11] Korczynski E, Low-k Dielectric Integration Cost Modeling[J]. Materials Science, 1997,476:177-182.

[12] Anchuan W, Bloking J, Linlin W, et al. Extending HDP for STI fill to 45nm with IPM[C]. 2007 International Symposium on Semiconductor Manufacturing,2007.

[13] Puurunen R L. A Short History of Atomic Layer Deposition: Tuomo Suntola's Atomic Layer Epitaxy[J]. Chemical Vapor Deposition,2014,20(10-11-12):332-344.

[14] Reisman A, Osburn C M, Critchlow D L. 1μm MOSFET VLSI technology. I. An overview[J]. IEEE Journal of Solid-State Circuits,1979,14(2):240-246.

[15] Mandurah M M, Saraswat K C,Kamins T I. A model for conduction in polycrystalline silicon-Part I: Theory[J]. IEEE Transactions on Electron Devices,1981, 28(10):1163-1171.

[16] Wilson S R, Gregory R B, Paulson W M, et al. Properties of Ion-Implanted Polycrystalline Si Layers Subjected to Rapid Thermal Annealing[J]. Journal of The

Electrochemical Society,1985,132(4):922-929.

[17] Sternheim M, Kinsbron E, Alspector J, et al. Properties of Thermal Oxides Grown on Phosphorus In Situ Doped Polysilicon[J]. Journal of The Electrochemical Society,1983,130(8):1735-1740.

[18] Gorczyca T B, Gorowitz B, Chapter 4: Plasma-Enhanced Chemical Vapor Deposition of Dielectrics[M]//Einspruch N G, Brown D M. VLSI Electronics Microstructure Science. Elsevier,1984(8):69-87.

[19] Hills G W, Harrus A S, Thoma M J. The effect of non-reactive ions on the properties of PECVD (plasma enhanced chemical vapor deposition) TEOS (tetraethoxysilane) oxides[J]. Pure & Appl. Chern. ,1990,62(9):1757-1760.

[20] Mattox D M. Physical vapor deposition (PVD) processes[J]. Metal Finishing,2002,100(1):394-407.

[21] Mattox D M. Chapter 6-Vacuum Evaporation and Vacuum Deposition[M]//Mattox D M. Handbook of Physical Vapor Deposition (PVD) Processing (Second Edition). Boston: William Andrew Publishing,2010.

[22] Bunshah R, Vacuum Evaporation-History, Recent Developments and Applications [J]. International Journal of Materials Research,1984,75:840-846.

[23] Depla D, Mahieu S, Greene J E. Chapter 5-Sputter Deposition Processes[M]//Martin P M. Handbook of Deposition Technologies for Films and Coatings (Third Edition). Boston: William Andrew Publishing,2010.

[24] Mattox D M. Fundamentals of Ion Plating[J]. Journal of Vacuum Science and Technology,1973,10(1):47-52.

[25] Mattox D M. Chapter 6-Vacuum Evaporation and Vacuum Deposition[M]//Mattox D M. Handbook of Physical Vapor Deposition (PVD) Processing (Second Edition), William Andrew Publishing, Boston,2010.

[26] Laegreid N, Wehner G K. Sputtering Yields of Metals for Ar^+ and Ne^+ Ions with Energies from 50 to 600eV[J]. Journal of Applied Physics,1961,32(3):365-369.

[27] Yamamura Y, Matsunami N, Itoh N. Theoretical studies on an empirical formula for sputtering yield at normal incidence[J]. Radiation Effects and Defects in Solids,1983,71(1-2):65-86.

[28] Helmersson U, Lattemann M, Bohlmark J, et al. Ionized physical vapor deposition (IPVD): A review of technology and applications[J]. Thin Solid Films,2006,513(1-2):1-24.

[29] Aisenberg S, Chabot R W. Physics of Ion Plating and Ion Beam Deposition[J]. Journal of Vacuum Science & Technology,1973,10(1):104-107.

[30] Fancey K S, Porter C A, Matthews A. Relative importance of bombardment energy and intensity in ion plating[J]. Journal of Vacuum Science & Technology A,1995,13(2):428-435.

思考题

1. 化学气相沉积主要分为哪几种？

2. 化学气相沉积和物理气相沉积的主要区别是什么？分别有什么特点？

3. 什么叫气缺效应？应如何改善？

4. 简述 HARP 工艺的主要应用场景及其优缺点。

5. 射频等离子体主要分为哪两类？特点分别是什么？

6. PECVD 的优势是什么？

7. ALD 的基本原理是什么？ALD 和 CVD 工艺有哪些共同点和不同点？并请分析 ALD 的优越性和应用范畴。

8. 薄膜应力的产生和哪些因素有关？请进行具体分类。

9. 分别简述多晶硅/二氧化硅和氮化硅的制备方法及各自的优势和劣势。

10. 接触孔工艺中 TiN/Ti 各自的用途有哪些？

11. PVD 的主要分类和各自的应用范畴有哪些？

12. 如何有效提高溅射工艺中薄膜的保形性？

13. PVD 的主要应用场景是哪些？优势是什么？

致谢

本章内容承蒙丁扣宝、陈冰、吴正隆等专家学者审阅并提出宝贵意见，作者在此表示衷心感谢。

作者简介

张睿：教授，博士生导师，毕业于日本东京大学电子工程专业。主要从事集成电路制造工艺、半导体器件物理领域的研究，曾获北京市科学技术奖三等奖、IEEE Paul Rappaport Award、VLSI Sympsia 最佳论文奖等学术奖励十余项。研发成果被《日本产业经济》、*Semiconductor Today* 等多家主流媒体专题报道，并被国际电子器件会议（IEDM）评价为"世界上运算速度最快的 Ge PMOSFET"。

第8章

掺杂工艺

掺杂就是通过离子注入或热扩散方法使可控数量的某种元素进入半导体特定区域，以改变半导体材料原有电性，形成 P 型或 N 型半导体。它是制作各种半导体器件和 IC 的基本工艺。利用掺杂工艺，制作 PN 结、晶体管的源漏区、电阻和欧姆接触等，是制造集成电路的基础。本章主要介绍扩散掺杂和离子注入掺杂两种主要方法，也对退火工艺进行了介绍。

8.1　硅掺杂基础知识

硅最外层电子数为 4，在化学元素周期表上位于金属与非金属中间的Ⅳ族，如图 8.1 所示，是常用的半导体材料。在单质硅晶体内，每个硅的四个外层电子分别与四个邻近硅原子的一个外层电子形成稳定的共价键，因此硅晶体本身不导电，但是经掺杂其他原子后，导电性会发生变化。

第3族　　第5族

ⅠA																	Ⅷ
H	ⅡA											ⅢB	ⅣB	ⅤB	ⅥB	ⅦB	He
Li	Be											B	C	N	O	F	Ne
Na	Mg	ⅢA	ⅣA	ⅤA	ⅥA	ⅦA		Ⅷ A		ⅠB	ⅡB	Al	Si	P	S	Cl	Ar
K	Ca	Sc	Ti	V	Cr	Mn	Fe	Co	Ni	Cu	Zn	Ga	Ge	As	Se	Br	Kr
Rb	Sr	Y	Zr	Nb	Mo	Tc	Ru	Rh	Pd	Ag	Cd	In	Sn	Sb	Te	I	Xe
Cs	Ba	La-Lu	Hf	Ta	W	Re	Os	Ir	Pt	Au	Hg	Ti	Pb	Bi	Po	At	Rn
Fr	Ra	Ac-Lr	Rf	Db	Sg	Bh	Hs	Mt	Ds	Rg	Cn						

图 8.1　化学元素周期表

如图 8.2 所示，根据载流子不同类型，掺杂又可以分为：P 型空穴导电掺杂和 N 型电子导电掺杂[1-2]。

P 型掺杂：B、In 等Ⅲ族元素原子仅可供应 3 个电子，即使加上硅原有的 4 个电子依然有一个电子的空缺，该空缺称为空穴。当外加一个电压时，电信号通过空穴移动，形成电的传导。此掺杂的区域即称为 P 型掺杂区。

N 型掺杂：P、As、Sb 等Ⅴ族元素原子可提供 5 个电子，加上硅原有的 4 个电子就多出了一个电子。当外加一个电压时，该电子发生移动，形成电信号的传导。此掺杂的区域即称为 N 型掺杂区。

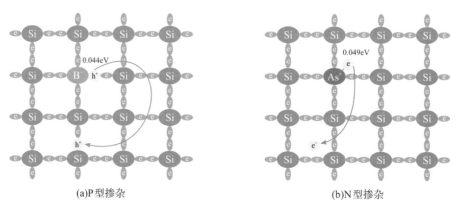

(a)P 型掺杂　　　　　　　　　　　　　(b)N 型掺杂

图 8.2　P 型掺杂和 N 型掺杂

随着集成电路制造工艺的发展，掺杂源的种类越来越多，性质和相态也不完全相同，因此采用的掺杂系统和方法就存在很大区别，按掺杂的工艺方法分类有扩散（diffusion）掺杂和离子注入（ion implant）掺杂两大类。

在 20 世纪 70 年代中期以前，半导体掺杂是通过固态、液态或气态的掺杂源扩散实现的。掺杂源通过高温扩散从硅片表面引入。掺杂原子的深度和分布取决于预沉积的条件和杂质扩散的时间、温度和环境条件。70 年代后，离子注入技术开始应用于集成电路制造，其能够通过注入剂量和能量对掺杂原子的浓度和深度进行控制。然而，离子注入过程中会不可避免的对晶格造成注入损伤。同时，注入离子也需要从间隙位置转入晶格替位位置才能实现电激活（形成可移动自由电子或空穴）。因此离子注入之后的热处理步骤，如图 8.3 和图 8.4 所示，目的是激活掺杂原子并同时修复因离子注入对硅晶体造成的晶格损伤。早期，激活是依靠高温炉扩散实现的，随着器件要求的热预算越来越小，发展出了快速热退火技术（Rapid Thermal Process，简称 RTP）。

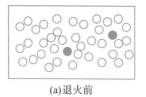
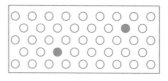

(a)退火前　　　　　　　　　　　　　(b)退火后

图 8.3　退火前后晶格变化

图 8.4　退火后掺杂原子从间隙转变为晶格原子

8.2　扩散掺杂

扩散是伴随分子热运动的物理过程,宏观上表现为物质由高浓度向低浓度的定向迁移,通常可以发生在任何地方及任何时间。自 1952 年范恩(Pfann)提出了应用扩散对半导体进行掺杂以后,扩散掺杂就被广泛应用于半导体制造。但随着集成电路器件尺寸的微缩,扩散掺杂已无法精确地控制阱和其他掺杂区的浓度分布和轮廓,离子注入是目前主要的掺杂技术。本节简单介绍扩散掺杂,以使读者对掺杂的发展历史有基本的了解。

硅集成电路制造中,利用扩散可以向半导体中掺入一定数量的某种杂质,并使得掺入的杂质按要求分布。由于掺杂源在室温下以不同相态存在,如果按掺杂源在室温下的相态加以分类,则可分为液态源、气态源、固态源,实际可以根据器件对杂质浓度分布的要求和杂质源的特性进行选择。

8.2.1　气态源掺杂

气态源掺杂是将气体杂质源或杂质源反应所需要的气体通入扩散反应室的方式,其掺杂系统如图 8.5 所示。气态杂质源有两种主要的掺杂方式:①先在硅片表面进行化学反应生成掺杂氧化层,杂质再由氧化层向硅中扩散;②随化学反应沉积过程通入掺杂气体,典型的过程是掺杂多晶硅(doped poly)和掺硼磷硅玻璃(BPSG)的形成。

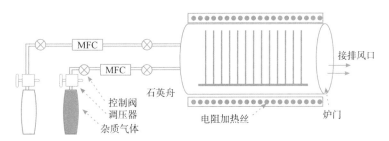

图 8.5　气态源掺杂系统

多晶硅沉积一般采用硅烷(SiH_4)进行化学反应。在高温条件下,硅烷将分解并在加热的硅片表面形成硅沉积,反应方程式为:

$$SiH_4 \longrightarrow 2H_2 + Si \tag{8.1}$$

通过将砷烷(AsH_3)、磷烷(PH_3)或乙硼烷(B_2H_6)等掺杂气体直接和硅烷一起通入反应室中,就可以进行临场低压化学气相沉积(low pressure chemical vapor deposition, LPCVD)的多晶硅掺杂。

对气态源掺杂来说,虽然可以通过调节各气体流量来控制掺杂浓度,但因为实际杂质气体必须过量,所以通过调节杂质气体流量来控制表面浓度的方式并不灵敏。

8.2.2 液态源掺杂

液态源一般都是杂质化合物,在高温下杂质化合物与硅反应释放出杂质原子,或者杂质化合物先分解产生杂质的氧化物,氧化物再与硅反应释放出杂质原子。其掺杂系统如图8.6所示,特定流量的载气通过源瓶,将液态源带入管路,通过管路控制温度将液源汽化使其进入反应腔室。

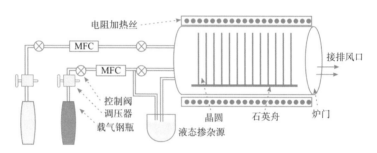

图 8.6　液态源掺杂系统

进入扩散炉管内的气体除载气外,还有一部分稀释气体不通过源瓶而直接被通入炉内,由此进行稀释,同时进行浓度控制,对某些杂质源还必须通入进行化学反应所需要的气体。

8.2.3 固态源掺杂

固态掺杂源大多数是杂质的氧化物或者其他化合物。在高温下固态源会蒸发使掺杂原子被气体携带至硅片表面,如图8.7所示。当气相在固态源表面达到稳定后,相同温度下气体中的杂质化合物的分压将会与此源的蒸发气压相同。也可以将固态源做成片状,其尺寸接近硅片。掺杂过程中将源片和硅片相间并均匀地放在石英舟上,固态源蒸气包围硅片并发生化学反应释放出杂质向硅内部扩散。

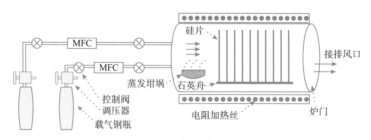

图 8.7　固态源掺杂系统

因为扩散时掺杂物浓度和结深都与温度密切相关,很难单独控制,而且扩散过程是各向同性的过程,掺杂原子也会扩散至硬掩蔽层下方。因此先进工艺中几乎所有的掺杂都不采用扩散掺杂,而是采用下面将论述的离子注入技术。

8.3　离子注入掺杂

如上节所述,在离子注入工艺出现之前,掺杂原子是通过扩散炉进行掺杂的。掺杂原子的深度和分布取决于预沉积的条件以及掺杂的时间、温度和环境条件。如图 8.8 (a)所示,以含 P 的 $MoSi_2$ 作为掺杂源对硅进行 P 掺杂为例,扩散不能独立控制掺杂物的浓度和深度。而离子注入工艺,[见图 8.8(b)],相比扩散掺杂,其可通过控制注入能量在一定程度上控制 P 在 Si 内的分布。

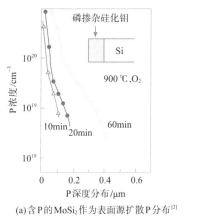
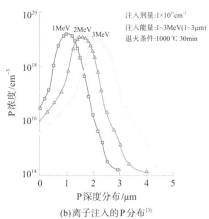

(a)含 P 的 $MoSi_2$ 作为表面源扩散 P 分布[2]　　　　(b)离子注入的 P 分布[3]

图 8.8　表面源扩散与离子注入掺杂对比

离子注入工艺专利是由晶体管的发明者之一 W. Shockley 在 1949 年提出。与热扩散相比,该方法在扩散区域、深度、浓度准确可控方面具有优势[4](见表 8.1)。离子注入首先被用于 MOS(Metal Oxide Semiconductor)晶体管的阈值电压控制,并逐渐被用于其他掺杂步骤。

表 8.1　热扩散与离子注入对比

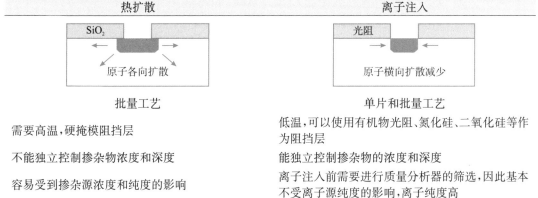

热扩散	离子注入
批量工艺	单片和批量工艺
需要高温,硬掩模阻挡层	低温,可以使用有机物光阻、氮化硅、二氧化硅等作为阻挡层
不能独立控制掺杂物浓度和深度	能独立控制掺杂物的浓度和深度
容易受到掺杂源浓度和纯度的影响	离子注入前需要进行质量分析器的筛选,因此基本不受离子源纯度的影响,离子纯度高

续表

热扩散	离子注入
传统扩散掺杂浓度只能控制在 5%～10%水平	离子注入剂量范围较宽,可以在 $10^{11}\sim10^{16}\ cm^{-2}$ 内,且同一平面内掺杂均一性好(约±1%)
只能从表面进行高温扩散,难以控制浓度和深度,高温扩散会引起热缺陷以及掺杂离子的横向扩散	离子注入深度和浓度可以通过注入能量和剂量进行控制,且可以多次注入相同或者不同的掺杂原子,掺杂工艺灵活多样,能实现多种的掺杂分布以满足器件要求
离子扩散的深度主要受温度和时间的影响,温度越高,时间越长,扩散深度越深	离子束不能无限加速,导致注入深度受到限制,难以实现深结,且注入会对晶格造成损伤,在后续工艺中无法全部消除

离子注入技术已是目前集成电路制造中的主要掺杂工艺。在 20 世纪 70 年代离子注入应用的初期,一个简单的 N 型金属氧化物可能只需 6～8 次离子注入,现在成熟的 55nm 技术节点逻辑产品,其离子注入多达 40 多次,28nm 技术节点更是达到 60 多次。

8.3.1 离子注入设备简介

离子注入设备主要构造如图 8.9 所示,主要包括离子源部、质量能量分析部、加速器、束流计测部[法拉第(Faraday)探针]、传片系统、控制系统、真空系统、电源和其他动力系统等。

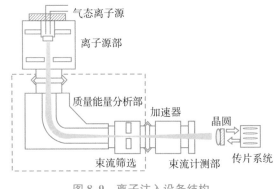

图 8.9 离子注入设备结构

1. 离子源部

在离子源部,所需的掺杂物质以气体或固体源被蒸发器加热后,以气化的形式通过管道引入到电弧 ARC 腔室。其原子外层的电子受到灼热灯丝发射出的电子碰撞后,失去了 1 个或多个电子,形成了正离子。进入 ARC 腔室的掺杂源仅有 3% 被离子化,其他部分都被真空泵排出。ARC 腔室的引出电极处是负电位,因此正离子源源不断地向负极处移动,通过狭缝形成条状束流。ARC 腔室和引出电极的电位差决定了离子的移动速度,而离子的移动速度决定了其注入硅片表面的深度,因此可以通过控制离子能量大小来控制离子注入深度。

2. 质量能量分析部

离子注入机使用分析磁场(analyze magnetic unit,AMU)来进行离子筛选。当带电离子经过磁场时,带电离子同时受到离心力和洛伦兹力的作用,只有速度和能量合适的离子才能通过,而不是撞击在设备内部。因此,控制磁场强度的大小就可以选出所需能量/质量的离子。

在质量能量分析部内,当两种力平衡,即 $mv^2/r=qvB$ 时,由于设备内部结构固定,

故转弯半径 r 为固定值,故可转变为 $r=mv/(qB)$,并根据所需要的离子带电荷情况,以及离子质量,调节磁场强度,选出目标离子。

3. 加速器

要使离子能够获得更大的能量,正离子从质量能量分析部出来后还要受到加速器的高压而得到所需要的速度。加速器是由一系列介质隔离的电极组成的。电极上的负电压依次增大。当正离子进入加速器后,各个负电极为离子加速,离子的运动速度是各级加速的叠加,因此总的电压越高,离子的运动速度越快,则动能越大。部分设备则先加速,再筛选。

4. 束流计测部

由于质量能量离子束是由很多个离子组成的,因此被称为束流,通常通过使用法拉第装置测量束流电流值的大小来间接测量正离子的数量(见图 8.10)。在正离子进入法拉第装置撞击到其表面后,就会从地电位过来一个电子与其中和。因此,通过测量电子的数量就可以得到离子

图 8.10　法拉第格挡

的数量。法拉第装置安装在束流经过的路径上。在调整束流、装载晶圆时,法拉第装置会伸出阻挡束流,使束流不能打到硅片表面。在需要注入时,法拉第装置会缩回让束流通过。

5. 传片系统

传片系统将需要作业的硅片从晶圆载具传送到真空腔室,并控制注入的整个过程,包括机械手臂传送装置和晶圆固定装置,一般采用静电吸附方式固定晶圆。

6. 真空系统

从束流的产生、分析、计测到注入部整个路径都是由真空腔体组成的,需要各种干泵、分子泵、冷泵来维持腔室的真空。

7. 控制系统

主控制器一般是工控机或可编程逻辑控制器(programmable logic controller,PLC),各部分之间通过光纤通信。计算机作为人机接口,负责文件存储和数据处理。

8. 电源和其他动力系统

注入机需要大功率的供电支持。为了避免停电的影响,需配备不间断电源(UPS)。其他如冷却水、压缩空气、氮气、氩气和通畅的排气功能也是注入机运行必需的动力条件。

离子注入从离子能量和束流的角度,通常将离子注入器分为三类(见表 8.2):中束流系统,主要用于源漏注入、栅阈值调整等;高束流系统,主要用于超浅结、ESD 掺杂等;高能系统,用于形成栅阈值调整、轻掺杂漏区等。

表 8.2　离子注入机类型

机型	能量范围	剂量范围	应用
中束流 middle current	100~1000keV	$10^{11} \sim 10^{14}\,\mathrm{cm}^{-2}$	栅阈值调整，阱掺杂，源漏注入等
高束流 high current	0.2~100keV	$10^{14} \sim 10^{16}\,\mathrm{cm}^{-2}$	超浅结、多晶硅栅极注入，ESD 掺杂等
高能 high energy	~MeV	$10^{11} \sim 10^{14}\,\mathrm{cm}^{-2}$	深阱掺杂、高压器件阱掺杂等

离子注入设备按晶圆设置方式分成单片类型和批类型。在批处理类型中，晶片被放置在一个快速旋转的磁盘上，其结构如图 8.11 所示，上面放置约 13 片晶圆。考虑到对晶圆内掺杂的均匀性要求，尤其在高压器件应用上，目前业内更倾向于使用单片类型以获得更好的均匀性。

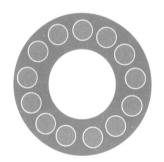

图 8.11　批处理类型设备结构[7]

8.3.2　离子注入工艺参数

注入离子在硅晶圆内的分布情况决定器件的性能，而分布情况与离子注入工艺的主要参数直接或间接相关。

1. 离子注入工艺参数

离子注入的主要工艺参数包括离子源的种类、离子注入的剂量、注入离子的能量、注入离子的角度和硅片的旋转等。

1）剂量

掺杂离子的整体浓度主要受离子注入的剂量影响，由束流密度（每平方厘米面积上的离子数）和注入时间调整，其大概范围和离子注入设备的能力直接相关。一般来说，中束流/高能注入机剂量范围为 $10^{11} \sim 10^{14}\,\mathrm{cm}^{-2}$，高束流注入机剂量范围为 $10^{14} \sim 10^{16}\,\mathrm{cm}^{-2}$。注入剂量的理论计算公式如下：

$$N_{\mathrm{s}} = \int_0^T I(t)\,\mathrm{d}t / (A n e) \tag{8.2}$$

其中，N_{s} 表示离子注入剂量（cm^{-2}）；I 表示注入的电流大小；T 表示注入时间；A 表示注入面积；n 表示电荷数；e 是基本电荷常数，为 $1.602 \times 10^{-19}\mathrm{C}$。

这里需要注意的是,离子注入剂量采用的是束流密度,即每平方厘米面积上的离子数,而实际浓度分析中常用的二次离子质谱测定法(secondary ion mass spectroscopy,SIMS)分析采用的是体浓度,即每立方厘米体积中的离子数,需要注意两种方法计算单位的区别。

2)能量

注入离子的能量,最终反映离子的速度,直接影响离子的注入深度。集成电路中离子注入的能量量级一般在 $10^{-1} \sim 10^3 \, \text{keV}$。

原子注入的深度与注入能量、注入剂量相关。如图 8.12 所示为 Sb 离子在不同能量注入下的深度分布 SIMS 分析结果。注入的能量越高,注入深度越深,但是相应的浓度峰值略有降低。

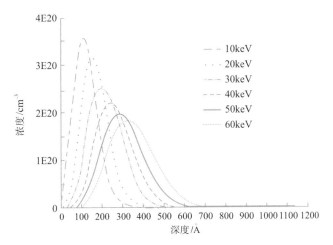

图 8.12　SIMS 分析 Sb 离子在不同能量(10~80keV)注入下的深度分布曲线[3]
注:晶面(100),倾角 7°,扭角 0°,注入剂量 5×10¹⁴cm⁻²

图 8.13 是 B,P、As 在非晶硅中离子注入深度随注入能量变化曲线[10]。可见,注入深度与注入能量呈正比关系。同时可以看出,对于相同注入能量的不同种类离子,离子的相对原子量越大,注入深度投影射程(R_p)越小。

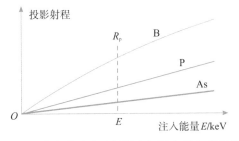

图 8.13　B、P、As 在非晶硅中离子注入深度随注入能量的变化曲线

3)角度

离子注入的角度包括倾角(tilt)和扭角(twist),如图 8.14 所示。其中倾角对离子注入的深度影响较大,扭角则需要基于实际产品结构方向进行调整。

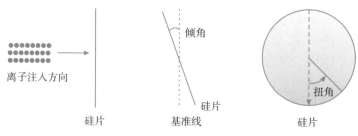

图 8.14　离子注入的倾角和扭角

实际晶圆工艺中的硅晶体结构是单晶,呈现一定的晶体结构。因此从不同的晶向看时,其晶格投影会有较大差异。如图 8.15 所示,沿⟨110⟩方向观看形成较多且尺寸较大的沟道,当偏离一定角度时,虽然通道数量增加,但尺寸明显减少。故当离子沿着⟨110⟩晶向进行注入时,部分离子将沿着通道前进,受到原子核和电子的阻挡很小,注入深度就会大于目标深度,形成沟道效应。实际在沟道效应影响下,离子注入的深度和浓度将会形成第二个峰值,如 8.16 所示,导致注入深度不受控制。目前主要采用两种方法来避免沟道效应:①注入时使硅晶体主轴方向偏离注入方向,即调整倾角(一般 3°～7°),让硅晶体呈现无定形状态。观察 As、Sb、B、P 等掺杂离子在不同倾角下(5°、30°、60° 和 80°)的 SMIS 深度分布曲线[5],随着倾角增大,注入深度越小,峰值越接近表面,且峰值浓度越低。②在硅晶体表面覆盖无定形的介质膜,如二氧化硅、氮化硅或者表面非晶化处理(注入锗 Ge 或 Si 等离子)。

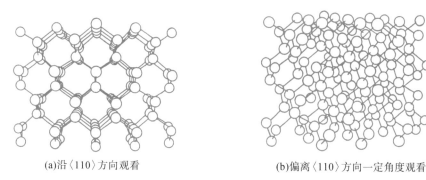

(a)沿⟨110⟩方向观看　　　　　　　(b)偏离⟨110⟩方向一定角度观看

图 8.15　观看方向

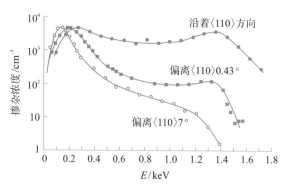

图 8.16　P 在 110keV 能量注入下通道效应对浓度分布的影响[3]

4）旋转

实际硅片注入时，表面通常会有一定的结构图形，导致注入时会有部分区域被遮挡，形成阴影效应。因此，需要旋转硅片，以改善面内均一性，比如在某些离子注入应用中，硅片按总剂量的 1/4 和 90°旋转四次，以消除阴影效应（见图 8.17）。

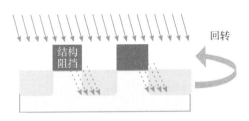

图 8.17 离子倾角注入结构阻挡

注：虚线部分为阴影区域

5）离子源（source）

掺杂元素主要有硼（B）、磷（P）、砷（As）、铟（In）、氧（O）、氢（H）、氟（F）、锗（Ge）等，需要根据实际产品的不同用途掺杂不同元素。

硼：离子源是三氟化硼（BF_3）或者硼烷（B_2H_6），P 型掺杂，用于形成 P 型阱、调节 P 型器件阈值电压、P 型器件掺杂、源漏形成等。由于硼原子较轻，所需能量较低，通常使用 BF_2^+ 离子进行注入。

磷：离子源是磷烷（PH_3）或者固态红磷，N 型掺杂，用于形成 N 型阱、调节 N 型器件阈值电压、N 型器件掺杂、源漏形成等。

砷：离子源是砷烷（AsH_3）、固态砷或者 As_2O_3，和磷一样属于 N 型掺杂，砷也可用作深埋层注入。

铟：离子源为碘化铟（InI），和 B 一样属于 P 型掺杂，属于重离子，用于轻掺杂注入。

氟：离子源为 BF_3，用于中和 Si/SiO_2 界面的 Si 悬挂键[6]，以降低界面状态，也可以减少漏电流和随机电信号噪声干扰[7]。

锗：高剂量注入打乱硅晶格结构形成非晶化层，可以降低通道效应，这将在后面解释。它还有助于离子注入后退火过程中的再结晶和电激活[8]。

2. 离子注入工艺的监控

离子注入工艺的每个参数对产品器件都有较大的影响，因此需要对工艺进行持续监控，主要包括以下几种监控方法。

1）热波损伤监控（见图 8.18）

实际硅片在经过离子注入后，晶格受到损伤，因此可以通过检查晶格损伤程度来监控离子注入的稳定性。在用一束激光加热晶圆表面后，晶圆表面的反射率会发生变化。用另一束激光测量晶圆表面区域，其反射信号会随反射率发生变化，检测到的变化信号称为热波（thermal wave，TW）信号。热波信号和晶格的损伤程度有关。通过监控热波损伤可以监控晶圆的损伤程度。该方法的反应比较直接，速度快，无须破坏晶圆，用于生产线上可监控离子注入工艺的稳定性。

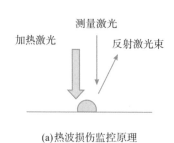
(a)热波损伤监控原理

(b)测量结果损伤程度等高线分布

图 8.18 热波操作监控

2）方块电阻测量

离子注入后的晶圆,通过快速热退火激发掺杂物的电子活性。方块电阻(sheet resistance,RS)测试机台通过在两根测试针之间加一个电流并测出另外两根测针电压的方法(称为四探针法)来测量晶圆的方块电阻值。RS 是离子注入机台常用的监控方法。RS 值与注入剂量、角度相关。通常剂量越大,RS 值越小。RS 测量结果也会受到快速热退火工艺稳定性的影响。该方法虽然没有热波损伤直接,但结果较为准确,也被广泛应用于生产线上进行在线量测监控。

3）二次离子质谱测定法

通过重离子束轰击晶圆表面,收集不同时间溅射的二次离子质谱,可以测量掺杂元素种类、浓度以及注入深度。这也是目前最准确反映离子注入情况的监控方法。然而,SIMS 分析无法对整个硅片进行分析,需要单独的实验室和 SIMS 分析设备进行分析,而且需要破坏硅片取样分析,无法在线量测,结果反馈时间相对较长。

4）表面颗粒监控

表面颗粒对于离子注入来说,其主要危害在于表面的大颗粒会阻隔掺杂注入区,产生不完全掺杂结构,最终导致产品良率低。所以,需采用电子显微镜等方法监控。

8.3.3 离子注入工艺的应用

目前晶圆离子注入工艺主要流程如下(见图 8.19):经过光刻涂胶曝光和显影形成掩模层遮盖不需要离子注入的地方,只需暴露出需要进行离子注入的区域,再进行离子注入,然后使用干法和湿法去掉光刻胶,最后退火处理激活注入的原子。

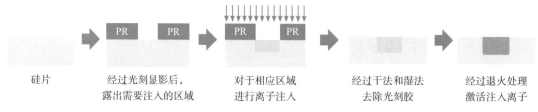

| 硅片 | 经过光刻显影后,
露出需要注入的区域 | 对于相应区域
进行离子注入 | 经过干法和湿法
去除光刻胶 | 经过退火处理
激活注入离子 |

图 8.19 光刻胶作为阻挡层的注入流程

部分离子注入因非注入区域本身有阻挡物,或者硅片表面所有区域均需要注入,因此无须用光刻工艺进行保护,但是注入工艺完成后,也需要用湿法清洗去除离子注入过程中产生的沾污以及表面颗粒,最后同样经过退火处理激活注入的原子。

自对准(self-alignment)离子注入工艺流程如图 8.20 所示。

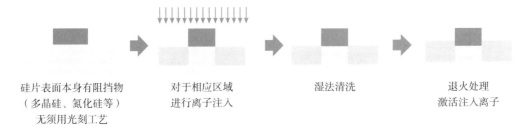

| 硅片表面本身有阻挡物
(多晶硅、氮化硅等)
无须用光刻工艺 | 对于相应区域
进行离子注入 | 湿法清洗 | 退火处理
激活注入离子 |

图 8.20 自对准离子注入流程

以 55nm 逻辑 CMOS 工艺为例,离子注入工艺包括 N 型深阱注入(deep N well)、N/P 型阱(N well/P well)、阈值电压调整注入(VT IMP)、源(source)漏(drain)端轻掺杂(lightly doped drain,LDD)和源漏端重掺杂注入、晕环(halo)或口袋(pocket IMP)注入,以及根据产品设计需求采用静电放电离子注入(ESD)注入等[9]。

(1)N 型深阱注入:阱是形成 MOS 器件的区域,需要在硅衬底中反型掺杂 N 型或 P 型杂质。主要采用高能(量级为 10^3 keV)较低剂量(量级为 10^{13} cm^{-2})注入掺杂 P 元素形成 N 型深阱。

(2)P 型和 N 型阱注入:在 N 型衬底中掺杂 P 型杂质(B/BF$_2$),在 P 型衬底中掺杂 N 型杂质(As/P),这种注入相对于深阱注入能量较低,主要防止 PMOS 或者 NMOS 之间的穿通(punch through),因此采用中束流注入,注入能量在 10^2 keV 量级,注入剂量约为 10^{12} cm^{-2} 量级。

(3)PMOS 和 NMOS 阈值电压调整注入(见图 8.21):在阱形成后,采用倒阱掺杂工艺,即 NMOS 制造在 P 阱中,PMOS 制造在 N 阱中,以精确控制掺杂的深度和横向扩散。需要使用中束流注入机,进行低能量(量级为 10^1 keV)和低剂量(量级为 10^{11} cm^{-2})注入,在 PMOS 中注入 As/P,在 NMOS 中注入 B/BF$_2$。

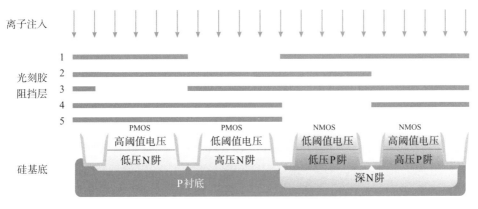

图 8.21 N 阱和 P 阱及阈值电压调整注入
注:1,2,3,4,5 表示不同区域注入用的阻挡层。

（4）漏端轻掺杂注入（见图 8.22）：也称浅结注入，在多晶硅栅极形成后，需要对 NMOS 和 PMOS 进行轻掺杂注入，以抑制漏致势垒降低（drain induced barrier lowering，DIBL）效应和降低热载流子注入（hot carrier inject，HCI）效应。在 0.8μm 及以上尺寸工艺中，由于 NMOS 器件的 HCI 效应比 PMOS 更严重，通常只在 NMOS 中进行 LDD 离子注入，当尺寸缩小到 0.5μm 以下时，NMOS 和 PMOS 都需要 LDD 离子注入。由于所需注入深度较浅，需要低能大束流即高束流的离子注入设备实现。在 LDD 注入之前需要注入 Ge 形成非晶化层，以消除通道效应。对于 NMOS，注入重离子 As 形成浅结，能量为 10keV 量级，注入剂量约为 $10^{14}\,cm^{-2}$ 量级。对于 PMOS，由于 B 原子质量小，注入深度较深，需要改用注入 BF_2 重离子团来实现浅结，能量一般在 0～10keV 量级，注入剂量约为 $10^{14}\,cm^{-2}$ 量级，或者注入 In。此时由于注入时带有倾角，多晶硅栅极会形成遮挡效应，注入时需要旋转硅片来消除。LDD 注入的深度随着器件尺寸不断缩小也逐渐变浅，这就需要更低的能量注入，也是后续 10nm 以下制程离子注入的主要挑战。同时 LDD 注入后的退火需要更短的工艺时间，以减少离子的热扩散。但是 LDD 注入作为源漏有源区与沟道的交接处，电阻率增加，增加了源漏额外的寄生电阻，且提高了工艺的复杂性，使得成本上升。

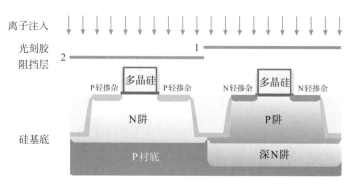

图 8.22　NMOS 和 PMOS 源漏端轻掺杂注入

注：1,2 表示不同区域注入用的阻挡层。

（5）晕环注入：主要是为了提高衬底与源漏交界面的掺杂浓度，从而减小源漏耗尽区宽度以抑制短沟道器件的 DIBL 效应。晕环注入区域由于形状类似口袋状，因此也叫口袋离子注入（pocket IMP）。它的注入区域与 LDD 一样，但注入离子与衬底相同，且注入带有一定的倾角（一般为 20°～45°），需要旋转硅片来消除多晶硅栅极对离子注入的遮挡效应。

（6）源漏端重掺杂注入：如图 8.23 所示，多晶硅栅极长完侧墙后需要进行源漏端重掺杂注入，需要采用高束流注入，能量高于 LDD 注入。NMOS 需要利用高束流注入 As 或者 P，剂量约为 $10^{14}\sim10^{15}\,cm^{-2}$ 量级；PMOS 一般采用高束流注入 BF_2，能量为 10keV 量级，剂量约为 $10^{14}\sim10^{15}\,cm^{-2}$ 量级。与 LDD 一样，如果注入时带有倾角，则要旋转硅片来消除多晶硅栅极对离子注入的遮挡效应。

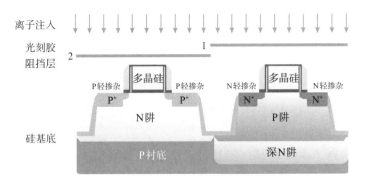

图 8.23　NMOS 和 PMOS 源漏端重掺杂注入

注:1,2 表示不同区域注入用的阻挡层。

（7）静电放电离子注入（ESD IMP，见图 8.24）技术：和上述几种离子注入不同，ESD IMP 会根据产品应用规格决定是否采用。ESD IMP 在 90nm 及以下 CMOS 工艺流程中主要应用在 ESD NMOS 器件上。ESD NMOS 器件是利用自身寄生的 BJT NPN 特性进行 ESD 放电保护。如图 8.24 所示为两种 ESD IMP 方式：

①源漏极 ESD 离子注入：如图 8.24（a）所示，注入一道较深的 N 型磷离子从而增加 LDD 厚度以消除在亚微米级器件普遍应用 LDD 结构下存在的尖角放电效应缺陷。

②漏极 ESD 离子注入：如图 8.24（b）所示，在漏极进行 P 型硼离子中束流注入，在 55nm 工艺制程中，能量在 40～60keV，这样可使其深度超过漏极的深度，让漏极的击穿电压降低，在 LDD 尖角发生击穿之前先从漏极击穿导走从而保护漏极和栅极。

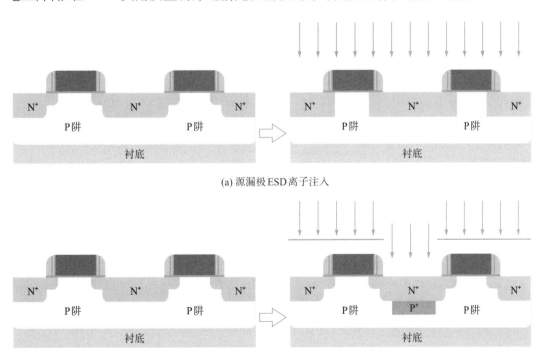

(a) 源漏极 ESD 离子注入

(b) 漏极 ESD 离子注入

图 8.24　ESD 离子注入

此外,离子注入除了用于 P 型和 N 型掺杂,在其他方面也有应用。例如,通过注入氧离子到硅晶圆衬底,形成富含氧的硅层,再通过高温退火让氧与硅充分反应形成二氧化硅深埋层,表面的硅恢复单晶结构,称为注氧隔离技术(separation by implantation of oxygen,SIMOX),主要用于绝缘体上硅(SOI)晶圆制备[10]。其相对于传统 CMOS 电路,由于相邻的晶体管不与硅衬底相连,完全消除了交叉干扰,可在一般芯片无法运行的极端条件下工作。

同时,可以利用离子注入对晶体结构的注入损伤,调整酸液对二氧化硅、氮化硅的刻蚀速率。例如,常用的是通过离子注入破坏二氧化硅、氮化硅等原有的晶体结构。此外,光刻胶的硬化可以利用离子注入使光刻胶等有机物性状发生转变。

8.3.4 离子注入的未来趋势

从 20 世纪 70 年代至今,随着光刻技术的进步,器件特征尺寸从毫米级到纳米级不断微缩,其性能也需要更精确地进行控制,离子注入技术也因此成为 MOS 和 CMOS 器件发展的关键推动因素之一。由于器件尺寸的缩小,在平面 CMOS 中增加沟道掺杂会产生难以接受的高泄漏电流问题,离子注入技术的发展需要从"平面路线图的末端",转变到目前完全耗尽的 Fin FET 和 FDSOI 等 3D 结构的"几何控制"通道。

当器件的物理尺寸小到二维约束开始生效的尺度[电子的玻尔(Bohr)半径,Si 为 4.9nm]时,就会发生量子限制效应。量子限制效应一个明显的影响就是物质导电、原子价态和声子带密度强烈降低(相应的,电和热导率也降低)。同时,沟道电导率会受到量子约束的影响,因此需要开发新的注入设备,例如使用 100eV 以下的低能离子注入技术、单离子注入技术或者中性束流工艺。

(1)100eV 以下低能离子注入:Ensinger 等人[11]在 1998 年就采用了等离子体浸没离子注入器(plasma immersion ion implantation,PIII),其结构如图 8.25 所示,他们对 MOS 器件进行低能掺杂,证明了低能注入掺杂的可行性。

目前栅极二氧化硅氮化工艺中也使用了类似的等离子体渗氮工艺。但在这个尺寸范围内的器件不仅更小,而且其运作原理有根本性的不同。如图 8.26 所示,从动力学的角度所得计算结果来看,离子注入能量接近 100eV,已经与沉积的条件相近[13]。不仅离子穿透深度的数量减小到几纳米,而

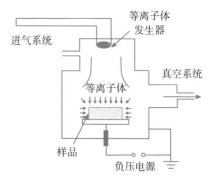

图 8.25 等离子体浸润离子
注入器结构[11]

且硅晶体内空穴-间隙对、背散射离子和溅射的基底硅原子都会大幅度降低。这就需要考虑量子限制效应,例如离子注入损伤积累就与以往的大尺寸器件有较大差异。

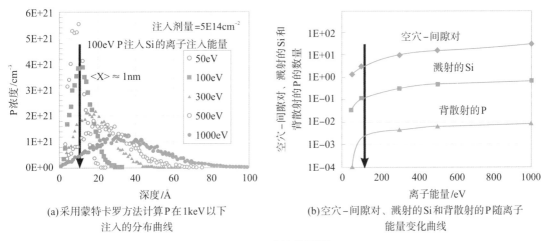

(a)采用蒙特卡罗方法计算P在1keV以下
注入的分布曲线

(b)空穴-间隙对、溅射的Si和背散射的P随离子
能量变化曲线

图 8.26　计算结果[12]

(2)中性束流工艺：通过栅格阵列，在离子壁碰撞过程中通过电子转移将离子束转化为高能中性粒子束注入。如图 8.27 所示，上部等离子体室类似于"等离子体浸没离子注入器"的设计，可以在提取栅（extract）偏置约为 100eV 及以下的情况下高效运行，用于纳米级处理。该方法已被开发用于中性束刻蚀（NBE），并应用于 Fin FET[14] 和量子点阵列[15]的制备。

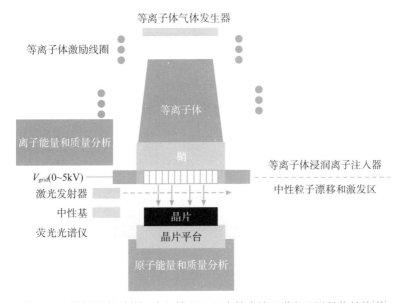

图 8.27　用于沉积、刻蚀、注入的 100eV 中性束流工艺(NBP)腔体结构[12]

总之，离子注入技术提供了一种直接、可控和成本效益比高的方法，在特定的器件位置，精确地掺杂所需浓度的原子。在向纳米和量子尺度控制 IC 器件的转变过程中，离子注入将继续在许多领域发挥关键作用。

8.4 激 活

8.4.1 注入晶格损伤修复和电激活

离子注入是把欲掺杂原子离化后强行射入硅晶体的工艺。注入原子的动能会对其所经路径的硅晶体造成破坏,使规则排列的晶体硅产生畸变,造成大量的晶格损伤并产生高密度的缺陷,这会对电学性质产生严重影响。经注入后的非晶态半导体具有比其相应的晶态材料更高的晶格位能,处于亚稳状态,在一定条件下可以向晶态转化。

尽管在理论和实验研究硅晶体在离子注入损伤形成和退火修复中都投入了大量的努力[15-18],对损伤特征的不断深入了解也让许多现象能够被理解和模拟,如掺杂剂的瞬态增强扩散和扩展缺陷演化,但是关于缺陷聚集和退火过程中缺陷演化的许多问题仍未得到解决,如缺陷团簇,以及它们如何演变为贯通缺陷。这些都是涉及器件性能变化的基础。

不同种类离子、不同剂量对硅衬底的损伤如图8.28所示。如果注入的是轻离子(这里主要指相对原子质量比硅原子小的离子),通常只产生较为简单的晶格损伤。因为在初始阶段,能量损失主要由电子碰撞阻挡引起,不产生位移原子,当运动过程中能量减小到 E_c 以下,原子核碰撞阻挡起主导作用后才会形成位移原子,形成简单晶格损伤;当注入为重离子时,主要受原子核碰撞阻挡。由于离子质量与硅原子相近,容易将能量传递给晶格上的硅原子,同时被碰撞的硅原子将发生运动并传递给周边硅原子,形成局部区域的缺陷和晶格损伤。当注入离子剂量较低时,受到影响的区域较小,形成简单的晶格损伤;当注入剂量较高时,整个注入区域的硅晶体结构受到破坏而转变为无序状态,形成非晶化层。

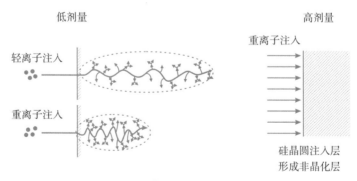

图 8.28 不同种类离子、剂量产生的注入损伤

离子注入造成的晶格损伤,对硅晶圆的电学性能会产生极大的影响,例如载流子迁移率下降、缺陷中心增加、PN结的泄漏电流增大。由于掺杂原子是被强行注入晶格内的,大多数并不是替代原有晶格硅原子,而是位于晶格间隙,起不到提供自由电子或者

形成空穴的作用。如果注入区域已经非晶化,也就没有置换和间隙的概念。因此,这就需要通过热退火来修复此类损伤。

由于注入损伤与注入离子种类、注入剂量以及能量都具有相关性,因此所需要的退火温度也存在差异。以 10^3 keV 量级注入硅离子为例[19],不同注入剂量、退火温度下损伤缺陷特征如图8.29 所示。当注入剂量低于 10^{10} keV 量级时,主要形成的晶格损伤是点缺陷;当注入剂量为 $10^{10} \sim 10^{12}$ keV 时,这一区域的主要缺陷是类点状缺陷以及迁移形成的缺陷团簇;当注入剂量高于 10^{13} keV 时,开始形成区域非晶化(也称为非晶态);注入剂量进一步增加,非晶化区域连接在一

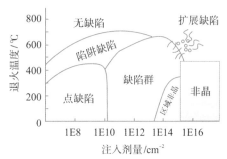

图 8.29　不同剂量硅离子注入下的注入损伤特征与退火温度的关系(注入能量 MeV 级)[19]

起形成非晶层。对于不同的缺陷,其修复的退火温度也不完全一致,普通点缺陷在 $400 \sim 600$℃ 退火即可修复;对于缺陷群或者缺陷团簇则需要 600℃ 以上退火;对于非晶化区域,虽然可以通过 $400 \sim 600$℃ 退火恢复,但可能在退火中形成其他扩展缺陷。

此外,注入离子大多数存在于晶格间隙,不能起到施主或受主的作用,必须使注入离子进入晶格位置实现电激活。需要额外说明的是,硅中杂质只有一部分能真正被激活,并提供用于导电的电子或空穴,大多数杂质经退火后仍处于间隙位置,并没有被电激活。

退火时,将待退火的晶圆放置在真空或者氮、氩等高纯惰性气体保护氛围下,加热至一定温度进行热处理。热处理时晶圆温度较高,原子振动能大,移动能力增强,因而可以使复杂的损伤分解为简单的缺陷,例如空位和间隙原子等。这些简单的缺陷在热处理温度下可以获得较高的迁移率,互相靠近时就可能复合而使缺陷消失。当温度下降之后,部分杂质原子就嵌落在替位晶格处被电激活。

集成电路制造过程中,与退火工艺紧密相关的是热积存。源漏工艺后的高温过程可能造成掺杂物的扩散而改变掺杂分布,掺杂分布的变化可能对元器件的功能造成影响。源漏工艺后,晶圆在加热工艺花费的时间和温度的乘积即为热积存。热积存取决于栅极尺寸,栅极尺寸较小的元器件源漏扩散的空间小,只有较小的热积存。

8.4.2　退火工艺简介

1. 炉管退火(Furnace Anneal)

炉管高温退火发生于扩散炉。扩散炉具有稳定性好、温度控制精确、低微粒污染、高生产率、高可靠性和低成本等特征。除用于退火和扩散外,扩散炉还被用于热氧化工艺(thermal oxidation)及中高温(通常>500℃)的低压化学气相沉积(LPCVD)。通常根据扩散炉装载区(loading area)和炉管主体(furnace body)在系统的位置关系分为直立式炉管和水平式炉管两种。水平式炉管是将炉管炉体和晶圆装载系统水平放置(见图8.30[20]),通常占地面积大,均匀性差,随着工艺演变逐渐被直立式炉管替代(见图

8.31[21]）。直立式炉管通过将装载区与炉管主体直立堆叠放置,节省了占地空间;晶圆直立堆叠放置时,可在工艺时控制晶舟旋转（rotate）以保证均匀性（uniformity）;工艺过程中的微粒缺陷（particle）只会落在最上层的晶圆表面,炉体整体清洁度得到有效改善。

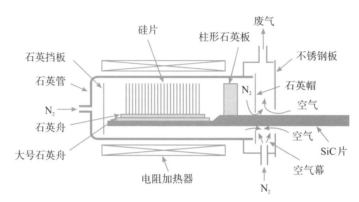

图 8.30　水平式炉管

图 8.31　立式炉管石英舟

　　扩散炉退火通常是批量处理,在充满惰性气体的环境下在 700～1200℃ 的高温范围保持一定时间,如图 8.32（a）所示。扩散炉闲置时的温度仍维持在 400～700℃,所以晶圆必须缓慢推进或退出扩散炉以避免热应力导致晶圆弯曲。由于缓慢进出的原因,晶圆载舟两端会有不同的退火时间,从而导致晶圆退火的不均匀问题。炉管的另一个问题是热积存效应和退火过程中掺杂物扩散问题。由于注入区存在的晶格损伤,间隙原子及其他各种缺陷,会使扩散系数增大,扩散效应增强。在扩散炉的长时间热退火会导致离子注入的分布严重偏离注入时的分布（见图 8.32（b）:硼的浓度分布与退火时间的关系[22]）,一般在阱区注入后退火继续使用炉管退火工艺进行驱入。对于源漏注入等,由于注入离子的扩散会影响沟道长度,尤其是小尺寸器件,实现退火时需要尽量减少掺杂原子的扩散,快速热退火工艺应运而生。

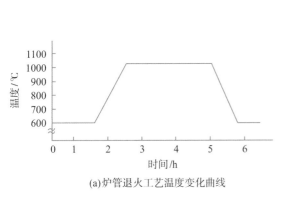

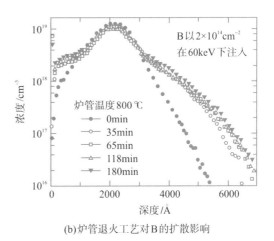

(a)炉管退火工艺温度变化曲线　　　　　(b)炉管退火工艺对B的扩散影响

图 8.32　炉管退火工艺[23]

2. 快速热退火(RTP)

　　目前业界使用的快速热退火设备均为单片式作业,相对前面的扩散炉管批量式作业,具有较好的均一性和稳定性。其机台结构与单片式薄膜沉积工艺设备相近,主要包括传片系统、作业腔室、加热和温控系统以及辅助电气系统。RTP 工艺主要加热原理是基于热辐射原理。晶圆被自动放入一个有进气口和出气口的反应室中。在内部,加热源在晶圆的上面、下面或双面皆有,使晶圆被快速加热。热源包括石墨加热器、微波、等离子体和卤钨灯。卤钨灯因为较为稳定,故最常见。图 8.33 为蜂窝状卤灯管,以热辐射晶圆表面使其以每秒 50～250℃的速率达到 800～1100℃工艺温度,而在传统的扩散炉管工艺里,需要几分钟甚至数小时才能达到同样的温度。

图 8.33　应用材料公司大生产 RTP 采用了蜂窝状卤灯管排列加热

同样的,RTP 的冷却速度也很快,在几秒之内就可以冷却下来。由于加热时间很短,可使离子注入之后的晶格损伤得到修复,而注入的原子基本还保持原位。

　　RTP 技术发展的核心和挑战主要是硅晶圆温度控制部分。温度控制要求晶圆内均匀性、同类型晶圆之间的重复性,以及任意类型晶圆之间的重复性要好。在对晶圆进行辐射加热时,晶圆温度均匀性取决于晶圆不同位置上辐射功率和热损失之间的平衡。其中辐射功率主要受到卤钨灯的加热和作业腔室的结构影响,而晶圆上不同位置由于形成的膜层和结构图形存在差异,会对热辐射造成不同的反射,从而导致吸收效率出现差异。由于上述两方面的影响,晶圆上不同位置的辐射热损失不一样。一般来说,由于晶圆边缘表面积更大,与腔室壁距离更近,且反应气体引起的对流热损失集中在边缘最大,因此边缘比中心损失的热量更多。由于目前主要晶圆工艺是 200mm 或 300mm 晶圆,晶圆本身面积较大,差异更为明显。此外,较快的升温速率也是对 RTP 设备的一个重大挑战,因为 RTP 工艺开发之初就是需要尽量低的热预算以减少注入离子的扩散。

RTP 主要工艺过程[23]及参数如下:

(1)预热:RTP 的设备作业腔体,在连续作业时基本都保持在 $100\sim400℃$,而 wafer 则是从室温($25\sim30℃$)环境进入作业腔体,一开始通常受热不均匀,需要对 wafer 进行预热,使 wafer 整体达到一定温度。

(2)稳定过程:wafer 在预热时会加热到一定温度(约 $500\sim600℃$)并保持一定时间(约 $10\sim60s$),确保 wafer 均匀受热。

(3)快速升温:RTP 工艺的升温时间通常只有几秒钟的时间,因此需要较快的升温速率,一般可以达到 $100℃/s$ 以上,而传统退火工艺加热速度最快也只有 $10\sim20℃/s$。升温速率是退火工艺中的一个重要参数。

(4)退火工艺:主要工艺流程为 wafer 被加热到目标温度后,根据实际需要保持($10^{-1}\sim10^{2}s$),以达到修复损伤,激活注入离子的过程,整体在惰性气体中完成。退火时间是主要工艺参数,对离子激活和扩散起主要作用。

(5)降温:与升温过程相反,在退火工艺完成后,需要进行快速降温以达到稳定温度,一般降温速率在每秒数十摄氏度,同时通入 N_2 等惰性气体降温。降温速率也是重要工艺参数之一。

(6)冷却:wafer 降温离开作业腔室后,仍然保持较高的温度(约 $200\sim500℃$),此时会离开作业腔体到冷却区域冷却到室温,以进行后续其他工艺。

如图 8.34 所示为 RTP 工艺温度变化曲线及 RTP 前后离子的分布图。对比上述炉管退火,RTP 在更高的温度下($950℃$),B 元素的扩散明显减少,基本保持了注入后的分布。

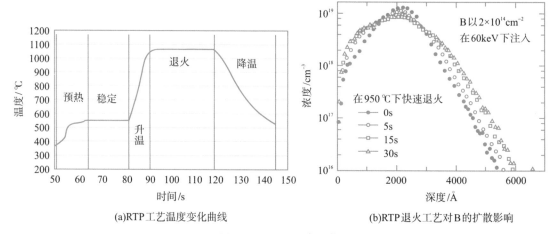

(a)RTP 工艺温度变化曲线　　　　(b)RTP 退火工艺对 B 的扩散影响

图 8.34　RTP 退火工艺

RTP 整个工艺流程都在常压下进行,同时晶圆在实际作业中需要旋转,以保证不同区域尤其是晶圆边缘区域受热的均匀性。如图 8.35 所示,转速越低,晶圆边缘区域温度差异越大;转速越快,温度越均匀,不同区域实际采用的转速大约在每分钟 $150\sim250$ 转。此外,退火的气体流量也对温度有一定的影响。

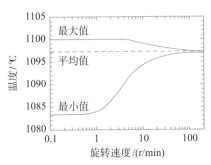

图 8.35　RTP 不同转速下晶圆边缘区域温度差异变化[41]

　　实际工艺中根据退火气氛及退火时间分为快速热氧化(rapid thermal oxidation, RTO)、原位水汽氧化(in-situ steam generation oxidation, ISSG)。根据退火时间、退火技术可分为尖峰退火技术(spike anneal)和激光退火技术(laser anneal)。

　　(1)快速热氧化工艺：在退火气氛中通入惰性气体与氧气的混合气体或者纯氧气进行快速氧化形成二氧化硅薄膜。其机理与干氧过程一样，但是由于其温度高，氧化速率快，因此氧化膜质量以及与 Si 的界面态都较差。与热氧化类似，通入 NH_3、NO、N_2O 等代替 N_2 进行退火，即快速氮化工艺，其形成的二氧化硅薄膜具有较高的 N 含量，介电常数增大。

　　(2)尖峰退火(spike anneal，见图 8.36 和图 8.37)：随技术节点缩短到 0.13um 以下，栅极尺寸缩小，源漏之间的沟道越来越短，在提高注入离子的激活率的同时需要尽

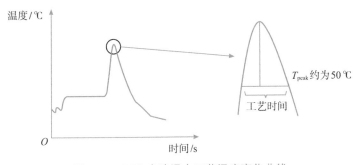

图 8.36　RTP 尖峰退火工艺温度变化曲线

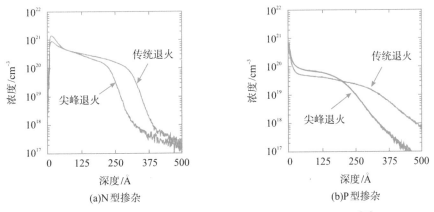

(a)N 型掺杂　　　　　　　　　　(b)P 型掺杂

图 8.37　RTP 尖峰退火工艺和传统退火工艺对扩散的影响[23]

可能地减少注入离子扩散,因此工艺时间需要不断缩小到1s以下,此时退火温度曲线出现一个尖峰,称为尖峰退火工艺。峰值工艺时间设定上为0s,故实际通常以接近低于峰值温度30~100℃的温度区间工艺时间来代替。为了进一步缩短工艺时间,通常需要较高的升温速率(>150℃/s),同时通入大流量的氮气或大热容的氦气来加快降温速率。其设备与传统RTP工艺设备相同,但可大幅降低掺杂离子的热扩散。

(3)激光退火(Laser Anneal):当技术节点缩小到45nm以下时,结深越来越浅,因此对应的电阻要尽量小,以降低源极到漏极氧化层的串联电阻,这就需要较高的退火温度以提高注入离子活性,但温度提高后,注入离子扩散也会增加,传统的炉管退火及尖峰退火已无法达到要求。因此,开发出了毫秒级的激光退火工艺。图8.38为应用材料公司的激光退火设备,其激光加热器可在一毫秒内将晶圆表层顶部的几个原子层加热到1000℃以上,瞬时的高温以高度激活注入离子,同时实现快速冷却,尽可能降低离子扩散。

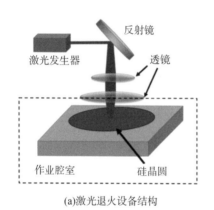

(a)激光退火设备结构

(b)产业主流激光退火设备

图8.38　激光退火设备

激光退火采用局部区域加热的方式。评价的主要工艺参数为单位面积上的能量,一般为mJ/cm^{-2}。其工艺温度曲线如图8.39(a)所示,工艺时间为毫秒级,对元素的扩散效应远低于传统RTP热退火,如图8.39(b)所示。

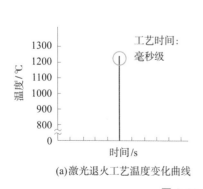

(a)激光退火工艺温度变化曲线

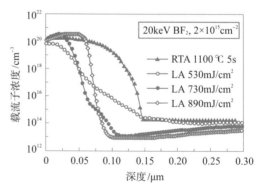

(b)B在不同能量时激光退火与RTA退火的分布曲线[24]

图8.39　激光退火工艺与对元素分布的影响

(4)退火工艺过程的监控:和离子注入工艺一样,退火工艺各项参数对产品器件都有较大的影响,因此需要对工艺进行持续监控,一般使用以下几种监控方法:

①方块电阻测量(RS):原理等同离子注入后的晶圆 RS 量测,使用未经任何工艺的控片,经过特定条件离子注入后,再经过特定的快速热退火工艺以激发参杂物的电子活性,再测量晶圆的方块电阻值。方块电阻测量也是快速热退火机台最常见的监控方法,被广泛应用于生产线上进行在线量测监控。方块电阻值与退火温度、退火时间和升降温速率直接相关。相同注入条件下,通常温度越高,时间越长,方块电阻值越小,故可以以此来反映快速热退火工艺以及设备的稳定性,但因为经过离子注入,所以一定程度上受离子注入工艺的影响。

②二氧化硅膜厚测量:因快速热退火设备用于快速热氧化,故采用类似薄膜工艺的监控方式来测量控片,经过快速热氧化工艺后的薄膜厚度变化来监控快速热退火设备和工艺的稳定性。与方块电阻相比,该方法主要受快速热退火工艺温度和气体流量的影响。

③表面颗粒监控:表面颗粒也是快速热退火设备和工艺需要监控的项目。对于快速热退火工艺而言,表面颗粒可能影响产品的结构,以及表面退火时温度场的分布,亦或者颗粒对产品后续工艺会有影响,造成产品良率低。

(5)退火工艺的应用:目前 RTP 工艺在集成电路制造工艺中是不可或缺的,以 55nm 逻辑 CMOS 产品工艺为例,主要使用的 RTP 工艺包括深阱注入退火(WELL anneal)、多晶硅氧化修复(gate poly re-oxidation)、NMOS 和 PMOS 轻掺杂退火(LDD anneal)、源漏(S/D IMP)注入退火、金属硅化物(silicide anneal)退火等。

RTP 工艺(见图 8.40):主要应用于前面 IMP 涉及的 layer,如深阱注入退火、P 型和 N 型阱注入、源漏注入后的退火,以修复因注入造成的晶格损伤,同时激活注入的离子。根据需要通常在多步注入完成后一起退火,温度在 1000℃ 以上,时间在 10～60s。由于温度高,时间相对较长,掺杂离子会发生一定的扩散。

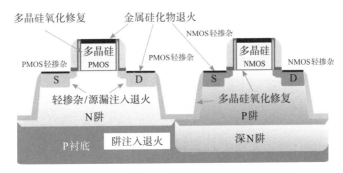

图 8.40 RTP 在 55nm 逻辑产品工艺中的应用

在 LDD 以及 S/D 形成后,因为 55nm 的沟道较短,需要进一步减少离子扩散,故采用尖峰退火工艺,峰值温度在 900～1100℃,峰值±50℃ 范围内的时间约 1～3s,同时修复因注入造成的晶格损伤,离子基本不扩散。

金属硅化物的退火工艺也采用快速热退火工艺,但由于金属硅化物承受温度相对较低,因此退火温度也较低。如 55nm 逻辑产品工艺采用的硅化镍(NiSi),其退火温度大概在 300～500℃,升降温速率也相对较低,在 25～50℃/s。

此外,快速热氧化工艺(RTO)也得到广泛的应用,如栅极多晶硅氧化修复(gate poly re-oxidation),温度在 900～1050℃,以修复刻蚀对多晶硅 Poly 造成的损伤,同时通入氧气,形成 10～50Å 的二氧化硅薄膜作为缓冲层保护多晶硅。该工艺也可用于 CVD 工艺沉积的二氧化硅薄膜的致密化。例如,浅沟槽隔离填充使用的 PECVD 沉积的二氧化硅通常需要 RTO 工艺处理以进行致密化,同时亦可消除 PECVD 工艺中高密度 Plasma 轰击对二氧化硅造成的损伤。

8.4.4 退火工艺的未来趋势

目前,快速热加工技术(RTP)是半导体制造中的主流技术。随着 CMOS 技术的不断缩小,掺杂原子的分布控制已成为 CMOS 器件制造中的主要技术挑战之一。其中,PN 浅结和低电阻对于短沟道效应(SCE)控制和优异的器件性能起着至关重要的作用。在 55nm 以上的 CMOS 工艺中主要利用低能离子注入和尖峰退火工艺形成超浅结。这种方法的主要问题是掺杂原子的扩散较大,而激活率较低。目前 45nm 以下工艺,制造超浅结的主要方法是毫秒退火技术,如激光退火或者脉冲退火。这些技术利用脉冲对硅晶圆表面进行加热,相比于尖峰退火,能够进一步减少掺杂原子扩散和获得更高的掺杂原子激活。虽然与传统的尖刺退火相比,毫秒退火具有许多优点,但毫秒退火在 CMOS 制造中的成功实现仍存在一些问题,毫秒退火后的残留缺陷将不可避免地导致 CMOS 器件的结漏电问题。在这种情况下,需要结合使用尖峰退火,以规避这些问题。

此外,热分布不均匀等问题依然是快速热退火工艺中主要面临的问题。晶圆表面本身的结构材料,如 Fin FET(field effect transistor)等 3D 结构材质、Ⅲ族Ⅴ族半导体材质、金属电极、嵌入式锗硅,以及边缘的散热和加热灯的不均匀分布都会导致温度分布不均匀,因此需要更精确的温度控制系统的模型和控制方法,如 3D-FLC 控制[25]、线性变参数(LPV)模型[26]、K-L 模型[27]等不断地被改进以更精确地反映和控制 RTP 工艺中的实际温度变化。以上这些不仅要求半导体设备制造商更进一步地提高设备性能,也要求芯片设计商、制造商在设计时加以考虑和平衡,以提高快速热退火的均一性。

本章小结

本章聚焦掺杂工艺,分别介绍了扩散掺杂和离子注入掺杂两大类工艺。扩散掺杂根据掺杂源的不同分为液态源、气态源和固态源三大类。离子注入掺杂是指为利用动能而将等离子体萃取的离子强行注入半导体的技术,其最大的优点是能够通过注入的剂量和能量控制掺杂原子的浓度和深度。

由于离子注入是把欲掺杂原子离化后强行射入硅晶体的工艺,注入原子的动能会对其所经路径上的硅晶体造成破坏,形成大量的晶格损伤并产生高密度的缺陷,因此退火修复就成了离子注入后必不可少的一道工艺,本章最后一节对退火工艺进行了介绍。

参考文献

[1] 萧宏. 半导体制造技术导论[M]. 北京:电子工业出版社,2013.

[2] Inoue S，Toyokura N，Nakamura T，et al. Phosphorus doped molybdenum silicide technology for LSI applications[C]. 1980 International Electron Devices Meeting. IEEE,1980.

[3] Rupprecht H S. New advances in semiconductor implantation[J]. Journal of Vacuum Science and Technology,1978,15(5):1669-1674.

[4] Shockley W. Semiconductor Translating Device[P]. U. S. Patent 2,666,814,1949-04-27.

[5] Duffy R，Curatola G，Pawlak B J，et al. Doping fin field-effect transistor sidewalls：impurity doe retention in silicon due to high angle incident ion implants and the impact on device performance[J]. Journal of vacuum scienceand technology B,2008,26(1):402-407.

[6] Ohyu K，Itoga T，Natsuaki N. Advantages of fluorine introduction in boron implanted shallow p+/n-junction formation[J]. Japanese Journal of Applied Physics,1990,29:457-462.

[7] Ha M L，Kang M K，Yoon S W，et al. Temporal noise improvement using the selective application of the fluorine implantation in the CMOS image sensor[C]. Proceedings of the International Image Sensors Workshop (IISW),2017.

[8] Sadana D K，Myers E，Liu J，et al. Germanium implantation into silicon an alternate pre-amorphization/rapid thermal annealing procedure for shallow junction formation[J]. Journal of the Electrochemical Society,1984,131:943-945.

[9] 温德通. 集成电路制造工艺与工程应用[M]. 北京:机械工业出版社,2018.

[10] Izumi K，Doken M，Ariyoshi H. CMOS devices fabricated by SiO_2 layers formed by oxygen implantation into silicon[J]. Electronics Letters,1978,14:593-594.

[11] Ensinger W. Semiconductor processing by plasma immersion ion implantation[J]. Materials Science and Engineering,1998,A253(1/2):258-268.

[12] Current M I. Ion implantation of advanced silicon devices：Past，present and future[J]. Materials Science in Semiconductor Processing,2017,62:13-22.

[13] Samukawa S. Ultimate top-down etching processes for future nanoscale devices：advanced neutral-beam etching[J]. Japanese Journal of Applied Physics,2006,45(4A):2395-2407.

[14] Igarashi M，Hu W G，Rahman M K，et al. Generation of high photocurrent in three-dimensional silicon quantum dot superlattice fabricated by combining bio-template and neutral beam etching for quantum dot solar cells[J]. Nanoscale Research Letters,2013,8(1):228-235.

[15] Hummel R E. Implantation damage and epitaxial regrowth of silicon studied by

differential reflectometry[J]. Materials Science and Engineering：A，1998，253(1-2)：50-61.

[16] Motooka T. The role of defects during amorphization and crystallization processes in ion implanted Si[J]. Materials Science and Engineering：A，1998，253(1-2)：42-49.

[17] Williams J S. Ion implantation of semiconductors[J]. Materials Science and Engineering：A，1998，253(1-2)：8-15.

[18] Bernas H. Materials Science with Ion Beams[M]. Berlin：Springer，2010.

[19] 北京市辐射中心，北京师范大学低能核物理研究所离子注入研究室. 离子注入原理与技术[M]. 北京：北京出版社，1982.

[20] Ehara K. Thermal Oxidation Due to Air Back-Diffusion in Horizontal Furnaces [J]. Journal of the Electrochemical Society，1997，144(1)：326-334.

[21] Fong D S. Evaluation of Continuous Batch Processing for Vertical Diffusion Furnaces[D]. Massachusetts Institute of Technology，1998.

[22] Michel A E，Rausch W，Ronsheim P A，et al. Rapid annealing and the anomalous diffusion of ion implanted boron into silicon[J]. Applied physics letters，1987，50(7)：416-418.

[23] Mehrotra M，Hu J C，Jain A，et al. A 1. 2V，sub-0. 09/spl mu/m gate length CMOS technology[C]. International Electron Devices Meeting，1999.

[24] Fortunato G，Mariucci L，Stanizzi M，et al. Ultra-shallow junction formation by excimer laser annealing and low energy (＜1keV) B implantation：A two-dimensional analysis[J]. Nuclear Instruments and Methods in Physics Research Section B：Beam Interactions with Materials and Atoms，2002，186(1-4)：401-408.

[25] Zhang X X，Li H X，Wang B，et al. A hierarchical intelligent methodology for spatiotemporal control of wafer temperature in rapid thermal processing[J]. IEEE Transcations on Semiconductor Manufacturing，2017，30(1)：52-59.

[26] Trudgen M，Velni J M. Linear parameter-varying approach for modeling and control of rapid thermal processes[J]. International Journal of Control，Automation and Systems，2018，16(1)：207-216.

[27] Xiao T F，Li H X. Learning control approach for thermal regulation of rapid thermal processing system[C]. IEEE International Conference on Systems，2015.

思考题

1. 简单梳理离子注入的物理过程，其中哪些因素会影响离子注入的深度和杂质的分布情况？

2. 在硅技术中有哪些常用的掺杂剂？

3. 分析离子注入和扩散掺杂相比有哪些优劣势。

4. 解释什么是电子阻滞，它与核阻滞有什么区别，在对晶格损伤的影响方面有什么异同？

5. 为什么用于掺杂扩散的扩散炉只能用于单一杂质掺杂，而离子注入机却可以更换掺杂杂质进行不同杂质的掺杂？

6. 在离子注入中,靶硅片的温度会怎样变化? 应如何选择和控制靶温度?

7. 简析离子注入沟道效应以及它对器件制造的影响。思考可以采取什么方法减小其影响。

8. 不同的离子注入的能量与剂量会如何影响硅片的晶格损伤? 不同的离子注入分布情况与晶格损伤之间又是否有关系?

9. 为什么要在离子注入后进行热退火? 退火温度由什么因素决定? 为什么注入剂量会影响退火效果? 怎样判断退火效果? 什么是逆退火现象?

10. 为什么亚微米芯片制造需要运用快速热退火技术? 简述快速热退火的历史发展过程。

11. 离子注入杂质瞬态增强扩散(transient enhanced diffusion,TED)效应是如何产生的? 什么方法可以抑制 TED 现象?

12. 分析离子注入点缺陷与扩展缺陷的演变,瞬态增强扩散效应与氧化增强扩散(oxidation enhanced diffusion,OED)效应之间有什么相同点和不同点?

13. 查阅资料调查微波退火技术近年的研究进展,解释为什么微波可以用于低温退火,其未来发展及应用前景怎样?

致谢

本章内容承蒙丁扣宝、张运炎、任堃、刘佑铭等专家学者审阅并提出宝贵意见,作者在此表示衷心感谢。也感谢余晴、何刚博等同事在本章编写过程中提供的帮助。

作者简介

高大为:研究员,博士生导师。1998 年毕业于日本九州大学电子工程专业。浙江大学微纳电子学院先进集成电路制造技术研究所所长,主要负责浙江省集成电路创新平台的建设。曾在东芝半导体、中芯国际等公司担任技术及管理职务。获杭州市特聘专家称号("521"计划)。研发项目曾获教育部科学技术进步一等奖、国家科学技术进步二等奖;项目成果得到了高通的认证和订单,开创了国产芯片成功打入世界顶级手机市场的先例。

吴永玉:浙江省 CMOS 集成电路成套工艺与设计技术创新中心、浙江创芯集成电路有限公司资深研发总监。长期工作在集成电路制造领域,深度参与国内首套拥有自主知识产权的 55 纳米低漏电逻辑工艺研发和产线建设。共参与和主持 10 余项逻辑工艺和特色工艺平台的研发,具半导体产业界技术研发的丰富经验,获授权专利 20 余项。

第三篇 集成电路制造支撑技术

本篇将讲述与第二篇集成电路基本工艺相关的一些重要的支撑技术。

工艺及器件的仿真是一项重要的提升半导体产品质量可靠性的技术。它利用建立在半导体物理基础之上的数值仿真工具对半导体工艺流程和器件电学特性进行计算机辅助设计与仿真,是对芯片的制造过程进行保障,保障分立器件或电路管芯的良率的重要手段。

光刻掩模版与具有光刻图形的晶圆需要通过相应的量测手段来进行评价与分析。量测的对象包括光刻掩模版与晶圆的缺陷。通过这些量测及时发现缺陷并采取应对措施是保证良率的必要手段。

集成电路设计、研发与生产中大量的实验的目的是优化型的,试验设计与分析方法是实现最优化的一个非常高效的方法。本篇在介绍基本概念、回顾试验设计发展简史之后详尽讲解了三种最常用的试验设计方法与应用示例。还简要地介绍了相关更多的试验设计方法。

集成电路工艺可靠性是保证 IC 产品可靠性的关键一环。本篇将介绍集成电路工艺可靠性相关的基本概念,阐述前段工艺(晶体管)与后段工艺(互连等)中典型的失效现象与失效机理。此外,还探讨和分析半导体集成电路的应用条件,探讨不同环境中集成电路器件失效、性能退化而出现的物理反应和诱发应力,以出现的诱发应力与物理反应参数对集成电路产品的可靠性进行设计。

良率是集成电路制造中最为重要的指标之一,它的提升是一门综合性很强、与集成电路基本工艺紧密相关的支撑技术。本篇介绍了良率的定义,列举了造成良率损失的主要来源,介绍了集成电路制造中缺陷的概念和缺陷对于良率的影响。最后介绍了对于良率控制非常重要的制造工艺的统计过程控制方法,提出了未来良率提升面临的挑战,展望了人工智能技术提升良率的应用前景。

第9章
半导体工艺及器件仿真工具 TCAD

（本章作者：韩雁）

TCAD(technology computer aided design)是一种针对半导体工艺流程和器件电学特性方面的计算机辅助设计与仿真技术，是建立在半导体物理基础之上的数值仿真工具。它可以对不同工艺条件进行仿真，取代或部分取代昂贵、费时的工艺流片，也可以对不同器件结构进行优化，获得更为理想的特性。在管芯设计过程中如何对芯片的制造过程进行保障，保障分立器件或电路管芯的良率，已是半导体产品制造业必须面对的问题。

在竞争激烈的半导体行业内，流片验证耗费的时间必然会推迟产品市场化的进程。因此，工艺和器件仿真工具的使用越来越被重视。首先，工艺和器件 TCAD 仿真工具代替了手工求解半导体器件的物理方程，使得通过迭代运算得出器件的性能参数成为可能；其次，在设计阶段，我们在研究器件相关尺寸对器件性能参数的影响时，TCAD 仿真工具能为我们指明方向；最后，在器件失效时，我们可以通过器件仿真，找出器件内部的电场分布、电流密度和流向、温度分布及其他相关物理参量的变化情况，分析器件的工作机理及失效原因，这对产品开发具有重要的指导意义[1]。

TCAD 技术最早出现在 20 世纪 50 年代，最初只是采用一些简单的模型来解释和预测器件的物理行为。最早商业化的 TCAD 软件是工艺仿真工具 Tsuprem 和器件仿真工具 Medici，它们多用于硅基器件，模型较为成熟。随后的 TCAD 软件 Athena 和 Atlas 多用于 GaAs 等异质结材料的器件仿真；另外，还有工艺仿真工具 Dios 和器件仿真工具 Dessis。这些软件自推出后不断改进，更加符合当前微电子工艺技术水平。目前产业界先进主流的 TCAD 软件是 Sentaurus。本章尝试通过对该软件功能的使用介绍，让读者了解 TCAD 是如何支持主流芯片研发和生产的。

Sentaurus TCAD 是最新的可制造设计(design for manufacturability，DFM)软件。Sentaurus TCAD 全面继承了 Tsuprem-4、Medici 和 ISE TCAD 的特点和优势，可以用来模拟集成器件的工艺制程、器件物理特性和互连线特性等。Sentaurus TCAD 提供了全面的产品套件，其中包括 Sentaurus Process、Sentaurus Structure Editor、Sentaurus Device、Sentaurus Visual、Sentaurus Workbench 等，下面逐一给出具体介绍。

9.1 集成工艺仿真系统 Sentaurus Process[2]

9.1.1 Sentaurus Process 工艺仿真工具简介

Sentaurus Process 是当前最为先进的工艺仿真工具,它将一维、二维和三维仿真集成在同一平台中,并面向当代纳米级集成电路工艺制程,全面支持小尺寸效应的仿真与模拟。Sentaurus Process 在保留传统工艺仿真软件运行模式的基础上,还做了以下重要的改进:

(1)增加了模型参数数据库浏览器(parameter database browser,PDB),为用户提供了修改模型参数和增加模型的方便途径。

(2)增加了小尺寸模型,提高了工艺软件的仿真精度,适应了半导体工艺发展的需求。这些小尺寸模型主要有高精度刻蚀模型、基于蒙特卡罗(Monte Carlo,MC)的离子扩散模型、注入损伤模型和离子注入校准模型等。

9.1.2 Sentaurus Process 基本命令介绍

用户可以通过输入命令来指导 Sentaurus Process 的执行。这些命令可以通过命令文件或用户终端直接输入。∗ 或 ♯ 表示该行其后内容为注释,程序不执行该注释内容。命令语句对大小写敏感。

1. 文件说明及控制语句

下面的语句用于控制 Sentaurus Process 的执行。

exit:终止 Sentaurus Process 的运行。

fbreak:使仿真进入交互模式。

fcontinue:重新执行输入文件。

fexec:执行系统命令文件。

interface:返回材料的边界位置。

load:从文件中导入数据信息并插入当前网格。

logFile:将注释信息输出到屏幕及日志文件中。

mater:返回当前结构中的所有材料列表,或在原列表中增加新的材料。

mgoals:使用 Mgoals 引擎设置网格参数。

tclsel:选择预处理中的绘图变量。

2. 器件结构说明语句

下面的语句用于描述器件结构。

init:设置初始网格和掺杂信息。

region:指定结构中特定区域的材料。

line:指定网格线的位置和间距。

grid：执行网格设置的命令。

substrate_profile：定义器件衬底的杂质分布。

polygon：描述多边形结构。

point：描述器件结构中的一个点。

doping：定义线性掺杂分布曲线。

profile：读取数据文件并重建数据区域。

refinebox：设置局部网格参数，并用 Mgoals 库进行细化。

bound：提取材料边界并返回坐标列表。

contact：设置电极信息。

transform：执行转换步骤。

3. 工艺步骤说明语句

下面的语句用于仿真工艺步骤。

deposit：淀积一个新的层次。

diffuse：用于高温扩散和高温氧化。

etch：用于刻蚀。

implant：实现离子注入。

mask：定义掩模版。

photo：淀积光刻胶。

strip：去除表面的介质层。

stress：计算应力。

4. 模型和参数说明语句

下面的语句用于指定仿真模型和相关参数。

arrhenius：用于描述常规的指数分布模型。

beam：给出用于离子束刻蚀的模型参数。

equation：完成一个模型的测试和一个方程的求解。

gas_flow：设置扩散步骤中的气体氛围。

kmc：设定蒙特卡罗模型。

math：设置数字和矩阵参数。

pdbDelayDouble：用于检索扩散过程中的双参数表达式。

pdbDopantLike：用于创建新的掺杂杂质。

pdbGet：用于提取数据库参数。

pdbSet：用于完成数据库参数的修改。

pdbUnSetString 和 pdbUnSetDouble：用于删除由 pdbSetString 和 pdbSetDouble 创建的参数。

SetFastMode：忽略扩散和蒙特卡罗注入模型，加快仿真速度。

SetTDRList：设置文件中以 TDR 格式保存的求解列表。

SetTemp：设置温度。

SetTS4MechanicsMode：设置与 Tsuprem-4 相匹配的机械应力参数和氧化参数。

solution：求解或设置求解参数。

strain_profile：定义由掺杂引入的张力变化。

temp_ramp：定义扩散过程中的温度变化。

term：定义方程中使用的新表达式。

reaction：定义反应材料。

5. 输出说明语句

下面的语句用于打印和绘制仿真结果。

alias：设置和打印用户指定的命令缩写。

contour：设置二维浓度剖面等值分布曲线的图形输出。

graphics：启动或更新 Sentaurus Process 已经设置的图形输出。

layers：打印器件结构材料的边界数据和相关数据。

print. 1d：沿器件结构的某一维方向打印相关数据。

plot. 1d：沿器件结构的某一维方向输出某些物理量之间的变化曲线。

plot. 2d：输出器件结构中二维浓度剖面分布曲线。

plot. xy：配置二维剖面绘图。

point. xy：在现有曲线中再添加一段曲线。

print. data：以 x、y、z 坐标的格式打印数据。

SetPlxList：设置 WritePlx 中要保存的求解列表。

WritePlx：设置输出一维掺杂数据文件。

select：确定后续工艺流程中需要输出的变量。

slice：基于二维、三维结构提取一维杂质分布数据。

struct：设置网格结构及求解信息。

sheetResistance：用于计算表面薄层电阻和 PN 结结深。

9. 1. 3 Sentaurus Process 中的小尺寸模型

1. 离子注入模型

在 Sentaurus Process 中，解析注入模型或蒙特卡罗（MC）注入模型可以用来计算离子注入的分布情况及仿真所造成的注入损伤程度。解析注入模型使用经典的高斯分布、泊松分布及近代的双泊松分布建模，来模拟离子注入掺杂的行为和过程。使用解析模型模拟注入后形成的损伤是根据 Hobler 模型进行估算的。蒙特卡罗注入模型使用统计方法来计算体内的注入离子的分布，通过计算点缺陷浓度对注入损伤进行分析。

为满足现代集成工艺技术发展的需求,Sentaurus Process 添加了很多小尺寸模型,如掺杂剂量控制模型(beam dose control)、杂质剖面改造模型(profile reshaping)、有效沟道抑制模型(effective channelling suppression)和无定型靶预注入模型(preamorphization implants)等。

在掺杂剂量控制模型中,最后的注入剂量会随注入倾角和旋转角的改变而改变。有效沟道抑制模型和杂质剖面改造模型描述了短沟道效应和在器件特征尺寸缩小过程中所产生的次级效应。无定型靶预注入模型可以用来修正注入损伤所造成的沟道尾部效应。

2. 扩散模型

在集成电路制造工艺过程中,将杂质掺入半导体材料中的方法有很多,如离子注入和高温扩散等。Sentaurus Process 仿真高温扩散的主要模型和依据有杂质激活模型、缺陷对杂质迁移的影响、表面介质的移动、掺杂对内部电场的影响等。

Sentaurus Process 给出的杂质选择性扩散模型和杂质激活模型,可以用来模拟杂质的扩散和迁移行为。杂质选择性扩散模型基于蒙特卡罗数值分析,适用于模拟特征尺寸小于 100nm 的扩散工艺。杂质选择性扩散模型引入了杂质活化效应对杂质迁移的影响,也间接地覆盖了热扩散工艺中产生的缺陷对杂质的影响。杂质激活模型主要考虑了在掺杂过程中的缺陷、氧化空位及硅化物界面态所引发的杂质激活效应。杂质激活模型可以对由杂质激活效应引起的理论分布的偏差进行补偿或修改。此外,Sentaurus Process 通过点缺陷平衡浓度修正模型,可对应力引发的点缺陷浓度变化规律进行分析,从而更加精确地计算杂质迁移过程中点缺陷的影响,满足纳米器件对点缺陷激活杂质迁移的仿真要求。

3. 基于原子动力学的蒙特卡罗扩散模型

对于大尺寸器件而言,用连续性的扩散方程来描述杂质的传输及体内杂质剂量的守恒是有意义的。然而,对于特征尺寸小于 100nm 的器件而言,则很难保持高的仿真精度。

基于扩散仿真的蒙特卡罗为数值算法提供了一个有价值的连续方法。蒙特卡罗仿真所需要的计算机资源随器件尺寸的减小而减少,因为它们与器件中的杂质和缺陷是成比例的。同时,连续仿真所需的资源在增加。因为需要更多的、更复杂的、不平衡的现象来建模,因此,就所需要的计算机资源而言,这种趋势使基于原子动力学理论的蒙特卡罗扩散方法在与现在最详细的连续扩散方法竞争时占有优势。

4. 对局部微机械应力变化计算的建模

器件结构内部机械应力的变化在器件制造工艺制程中起着非常重要的作用,它决定着器件结构在加工过程中是否能保持完整性,也决定着热加工工艺过程的效益,同时还决定着热加工过程引发的载流子迁移率及扩散率的变化等。

在现代工艺制程中,精确计算器件内部机械应力的变化是十分重要的。现在的一个趋势是在器件设计过程当中都会对器件结构施加一定的机械应力,这是因为合适的微机械应力可以有效地改善器件的性能。

Sentaurus Process 对机械应力计算的仿真基于以下 4 个步骤:①定义微机械力学平衡方程;②定义微机械力学平衡方程的边界条件;③定义微结构的材料特性;④定义驱动微机械应力变化的机制。

Sentaurus Process 包含了很多引起微机械应力变化的机制,包括热失配、晶格失配以及由材料淀积、刻蚀所引起的应力变化等。

9.1.4 Sentaurus Process 仿真实例

本节将结合功率器件垂直双扩散 MOS 管(Vertical Double Diffuse MOS,VDMOS)的工艺制程仿真来介绍 Sentaurus Process 的基本应用,主要包括命令文件的编写规则和常用工艺仿真语句。

1. 定义二维初始网格

二维初始网格定义语句如下:

```
line x  location = 0.00    spacing = 0.01    tag = SiTop
line x  location = 0.50    spacing = 0.01
line x  location = 0.90    spacing = 0.10
line x  location = 1.30    spacing = 0.25
line x  location = 4.00    spacing = 0.25
line x  location = 6.00    spacing = 0.50
line x  location = 10.0    spacing = 2.50
line x  location = 15.0    spacing = 5.00
line x  location = 44.0    spacing = 10.0    tag = SiBottom
line y  location = 0.00    spacing = 0.50    tag = Mid
line y  location = 7.75    spacing = 0.50    tag = Right
```

line 命令定义了网格线的位置和间距。对于二维仿真,网格线的方向一般是沿 x 轴和 y 轴的。网格间距由关键字 location 和 spacing 来定义。location 确定了某一网格点的起始位置,而 spacing 则定义了两条网格线之间的距离。其中,位置和间距的默认单位为 μm。

通常,在仿真的初始阶段,不需要对网格定义太多的网格节点,否则会影响整体的仿真速度。

2. 激活校准模型

激活校准模型的语句如下:

```
AdvancedCalibration
```

这个命令包括点缺陷的扩散、硼扩散、硼质聚类过程(激活和失活的硼)和表面捕获等模型的校准。

3. 开启自适应网格

开启自适应网格的语句如下：

pdbSet Grid Adaptive 1

在仿真过程中，自适应网格会自动添加网格点到器件结构中。

4. 定义仿真区域并对仿真区域进行初始化

region silicon xlo = SiTop xhi = SiBottom ylo = Mid yhi = Right

init field = As resistivity = 14 wafer.orient = 100

对于二维仿真而言，初始仿真区域是通过指向 x 和 y 方向的标记符来定义的。这些标记符由前面的 line 命令语句定义。在本例中，定义衬底为砷掺杂，电阻率为 $14\Omega \cdot$ cm。硅片的晶向为 $\langle 100 \rangle$。

5. 定义网格细化规则

定义网格细化规则的语句如下：

mgoals accuracy = 2e-5

grid set.min.normal.size = 10⟨nm⟩

      set.normal.growth.ratio.2d = 1.2

工艺制程中的氧化、淀积或刻蚀等步骤会改变原有的结构网格。在设置了网格辅助调整功能的前提下，系统将依据需要对网格进行重新设置。在 Sentaurus Process 中用 grid 命令在初始网格的基础上来重新定义网格。设置网格划分参数，执行网格操作，并计算网格的统计数据。grid 命令中的 min.normal.size 用来定义边界处法线网格的最小尺寸，离开边界后将按照 normal.growth.ratio 确定的速率变化。

6. 在重要区域进一步优化网格

完成局部区域网格优化的语句如下：

refinebox min = {2.5 0} max = {3 1} xrefine = {0.1} yrefine = {0.1} all add

refinebox min = {2 1} max = {2.5 3} xrefine = {0.1} yrefine = {0.1} all add

refinebox min = {0 1.7} max = {0.2 2.9} xrefine = {0.1} yrefine = {0.1} all add

refinebox min = {0 3} max = {2.5 5} xrefine = {0.1} yrefine = {0.1} all add

min 参数和 max 参数用来定义网格优化的窗口。xrefine 参数和 yrefine 参数用来定义网格的间距。

7. 生长薄氧层

在离子注入之前，需要先生长一层薄氧，用来缓冲随后进行的离子注入，可有效避免注入损伤。

gas_flow name = O2_HCL pressure = 1⟨atm⟩ flows = { O2 = 4.0⟨l/min⟩ HCl = 0.03⟨l/min⟩}

diffuse temperature = 950⟨C⟩ time = 25⟨min⟩ gas_flow = O2_HCL gas_flow 命令用来定义气体的混合成分。其中,周围气压定义为一个大气压,而 O_2 和 HCl 的流量分别定义为 4.0L/min 和 0.03L/min。diffuse 命令用来定义热氧化步骤的时间、温度等参数。

8. 结型场效应管(JFET)注入

结型场效应管(JFET)注入的工艺步骤可以有效减小器件的导通电阻,增加器件的驱动能力。该工艺步骤的定义语句如下:

mask name = JFET_mask left = 0⟨um⟩ right = 6.75⟨um⟩

implant Phosphorus mask = JFET_mask dose = 1.5e12 energy = 100⟨keV⟩

diffuse temp = 1150⟨C⟩ time = 180⟨min⟩

mask clear

mask 命令用来定义掩模版信息。在本例中,选用正性光刻胶(若用负性光刻胶,则用 negative 参数表示),0~6.75μm 的光刻胶在曝光后会被留下作为掩模版。implant 命令用来完成磷的注入,其中注入剂量为 $1.5 \times 10^{12}\,cm^{-2}$,注入能量为 100keV。diffuse 命令用来执行热退火过程,clear 用来将掩模版去除。

9. 保存一维掺杂文件

保存一维掺杂文件的语句如下:

SetPlxList {AsTotal PTotal} WritePlx epi.plx y = 7 silicon

在 SetPlxList 命令中,将砷和磷的掺杂分布进行保存。在 WritePlx 命令中,指定保存 $y=7\mu$m 处的掺杂分布曲线。最终保存的一维掺杂分布曲线如图 9.1 所示。

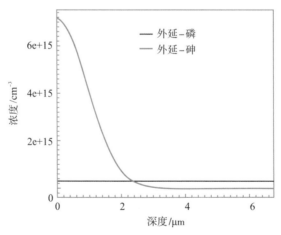

图 9.1　砷和磷的一维掺杂分布曲线

10. 生长栅氧化层

在生长栅氧化层之前,需要将之前使用的薄氧层去除,etch 命令用来完成这一工艺步骤。其中关键字 thickness 定义的厚度需要大于之前薄氧层生长的厚度,这样才能完全去除。而 gas_flow 和 diffuse 命令则定义了生长栅氧化层的工艺条件。定义生长栅氧化层的语句如下:

```
etch oxide type = anisotropic thickness = 0.5〈um〉
gas_flow name = O2_1_HCL_1_H2 pressure = 1〈atm〉 flows = \
              {O2 = 10.0〈l/min〉H2 = 5.0〈l/min〉HCl = 0.03〈l/min〉}
diffuse temperature = 1000〈C〉 time = 17〈min〉 gas_flow = O2_1_HCL_1_H2
```

11. 制备多晶硅栅极

制备多晶硅栅极的语句如下：

```
deposit poly type = anisotropic thickness = 0.6〈um〉
mask name = gate_mask left = 2.75〈um〉 right = 8〈um〉
etch poly type = anisotropic thickness = 0.7〈um〉 mask = gate_mask
mask clear
```

首先,使用 deposit 命令淀积一层多晶硅,厚度为 $0.6\mu m$。然后,使用 mask 命令定义刻蚀多晶硅栅的光刻板,即 $0\sim2.75\mu m$ 的多晶硅会被刻蚀掉。接着,使用 etch 命令完成刻蚀步骤,其中刻蚀类型定义为各向异性,即只在垂直方向进行刻蚀,最终将光刻板去除。

12. 形成 P-Body 区域

形成 P-Body 区域的语句如下：

```
implant Boron dose = 2.8e13   energy = 80〈keV〉
diffuse temp = 1150〈C〉 time = 120〈min〉
```

P-Body 区域的注入是通过穿透栅氧层实现的。先注入剂量为 $2.8\times10^{13}\,cm^{-2}$ 的硼,然后在1150℃的高温条件下,进行 120min 的退火实现。implant 命令不指定 tilt 的话,默认是 7°角。

13. 形成 P⁺ 接触区域

形成 P⁺ 接触区域的语句如下：

```
mask name = P+_mask left = 0.85〈um〉 right = 8〈um〉
implant Boron mask = P+_mask dose = 1e15   energy = 60〈keV〉
diffuse temp = 1100〈C〉 time = 100〈min〉
mask clear
```

为了在 P-Body 区域形成良好的欧姆接触,P⁺ 注入剂量需要很大,一般为 $1\times10^{15}\,cm^{-2}$。

14. 形成源区域

形成源区域的语句如下：

```
mask name = N+_mask left = 0〈um〉    right = 1.75〈um〉
mask name = N+_mask left = 2.75〈um〉 right = 8〈um〉
implant As mask = N+_mask dose = 5e15   energy = 60〈keV〉
mask clear
```

15. 制备侧墙区

制备侧墙区的语句如下：

```
deposit    nitride   type = isotropic     thickness = 0.2⟨um⟩
etch       nitride   type = anisotropic   thickness = 0.25⟨um⟩
etch       oxide     type = anisotropic   thickness = 100⟨nm⟩
diffuse temperature = 950⟨C⟩ time = 25⟨min⟩
```

16. 制备铝电极

制备铝电极的语句如下：

```
deposit Aluminum type = isotropic thickness = 0.7⟨um⟩
mask name = contacts_mask left = 0⟨um⟩ right = 2.5⟨um⟩
etch Aluminum type = anisotropic thickness = 2.5⟨um⟩ mask = contacts_mask
mask clear
```

17. 定义电极

定义电极的语句如下：

```
contact   name = Gate     x = -0.5   y = 5   replace   point
contact   name = Source   x = -0.5   y = 1   replace   point
contact   name = Drain    bottom
```

上述语句分别定义了栅电极、源电极和漏电极。其中，漏电极在器件结构的背面形成。

18. 保存完整的器件结构

保存完整器件结构的语句如下：

```
struct tdr = n@node@_vdmos_final
```

使用 struct 命令来保存完整的器件结构信息。最终的器件结构如图 9.2 所示。

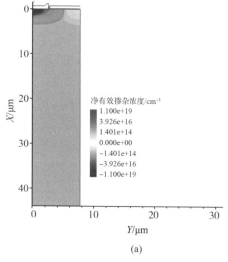

(a)

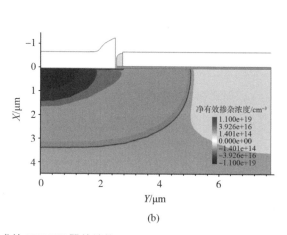

(b)

图 9.2　最终形成的 VDMOS 器件结构

9.2　器件结构编辑工具 Sentaurus Structure Editor[3]

9.2.1　Sentaurus Structure Editor(SDE)器件结构编辑工具简介

Sentaurus Structure Editor(也称 Sentaurus Device Editor,简称 SDE)是基于二维和三维器件结构编辑的集成环境,可生成或编辑二维和三维器件结构,用于与 Process 工艺仿真系统的结合。如果单独使用 Sentaurus Structure Editor,仅可实现三维器件的工艺级仿真。在 Sentaurus Structure Editor 中,用户可以通过图形用户界面(graphical user interface,GUI)来生成或编辑器件结构。同时,用户还可以根据需要定义器件的掺杂分布和网格优化策略。Sentaurus Structure Editor 可以产生网格引擎所需要的输入文件(DF-ISE 格式的边界文件或 TDR 格式的边界文件),并使用网格引擎产生 TDR 格式的器件网格和掺杂数据文件或 DF-ISE 格式的器件网格和掺杂数据文件. gdr 和. dat文件。

(1)Sentaurus Structure Editor 提供以下工具模块:

①二维器件编辑模块;

②三维器件编辑模块;

③Procem 三维工艺仿真制程模块(后被 Sprocess 的 3D 仿真所取代)。

(2)Sentaurus Structure Editor 具有以下特点:

①具有优秀的几何建模内核,为创建可视化模型提供了保障;

②拥有高质量的绘图引擎和图形用户界面;

③具有基于 Scheme 脚本语言的工具接口;

④共享 DF-ISE 和 TDR 输入及输出文件格式。

(3)二维和三维器件编辑模块提供了图形用户界面(GUI)和脚本语言的交互,支持以下功能:

①产生器件的几何图形结构;

②定义器件的电极区域;

③定义和设置外部因素产生的杂质分布;

④定义局部网格细化策略。

此外,Sentaurus Structure Editor 还设置了高级功能模块,可将 GIF 格式的图片载入图形用户界面中。

9.2.2　完成从 Sentaurus Process 到 Sentaurus Device 的接口转换

在 Sentaurus TCAD 系列仿真工具中,Sentaurus Structure Editor 工具是十分重要的。在使用 Sentaurus Process 执行完工艺仿真后,所产生的器件结构信息和网格、掺杂数据信息的文件需要进行电极激活和网格细化处理后,才能进行下一步的器件物理特性仿真。这一步骤可以直接使用 Sentaurus Process 完成,也可以使用 Sentaurus Structure Editor 来完成。

下面将简单介绍如何在 Sentaurus Structure Editor 中调用工艺仿真（Sentaurus Process）所产生的文件，并对其进行电极激活、掺杂信息的调入以及网格的优化。

（1）在命令提示符下输入小写字母 sde，启动 Sentaurus Structure Editor 工具。

（2）调入边界文件："File"→"Import"，该结构文件可以是 DF-ISE 格式的，也可以是 TDR 格式的。

（3）激活电极。

①在选取类型列表中选择"Select Face"；

②在电极列表中选择需要激活的电极名；

③在器件结构中选择电极区域；

④在菜单中选择"Device"→"Contacts"→"Contact Sets"，电极设置对话框如图 9.3 所示；

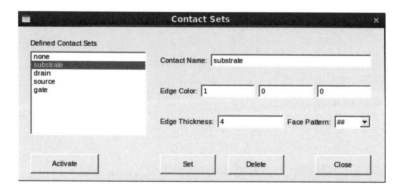

图 9.3 "电极设置"对话框

⑤在"Defined Contact Sets"中选择"电极"，同时可以设置电极颜色、边缘厚度和类型等信息；

⑥单击"Activate"按钮；

⑦单击"Close"按钮关闭对话框。

重复以上步骤，可以完成对其他电极的定义和激活。

（4）保存设置。选择"File"→"Save Model"即可。

（5）载入掺杂数据信息。因为之前载入的边界结构文件中不包含工艺仿真后生成的掺杂信息，所以需要将掺杂信息重新载入 Sentaurus Structure Editor 中，以便进行后续的处理。

载入方法为："Device"→"External Profile Placement"。"外部掺杂信息设置"对话框如图 9.4 所示。在"Name"栏中输入"Doping"。在 Geometry File 栏中载入工艺仿真后生成的网格数据文件（若保存格式为 DF-ISE，应选择. gds 文件；若保存格式为 TDR，应选择. tdr 文件）。在 Data Files 栏中单击"Browser"按钮并选择掺杂数据文件（若保存格式为 DF-ISE，应选择. dat 文件；若保存格式为 TDR，应选择. tdr 文件），单击"Add"按钮，载入掺杂数据文件。最后，单击"Add Placement"按钮，关闭对话框。

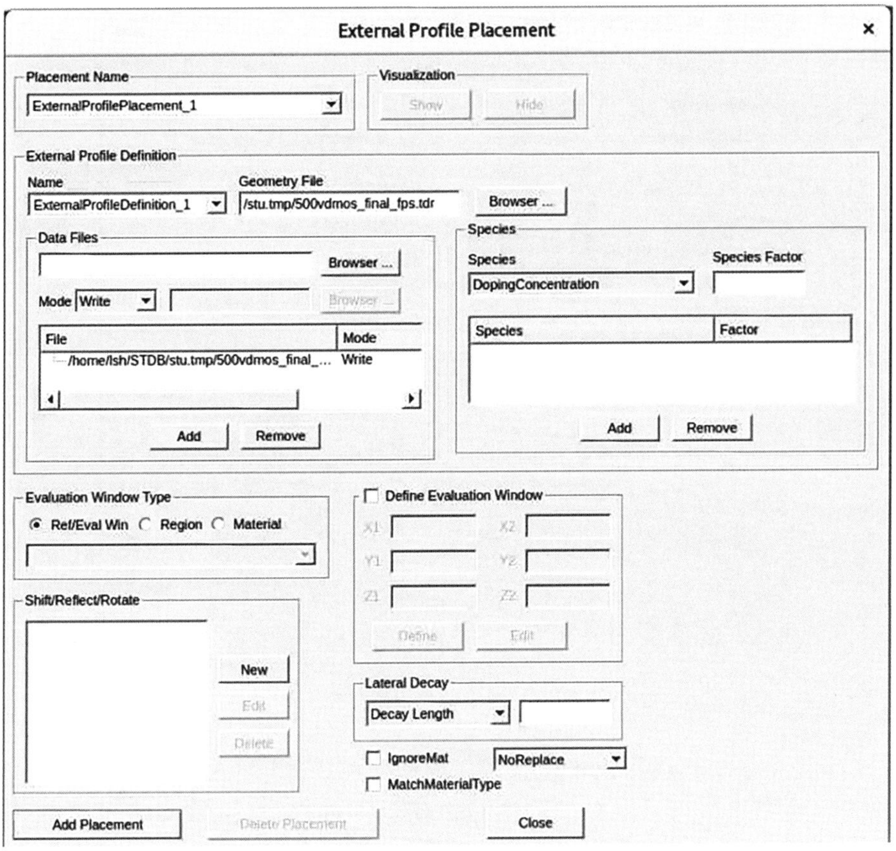

图 9.4　外部掺杂信息设置对话框

　　(6)定义网格细化窗口。用户可以对重点研究区域进行网格的重新设置,以提高仿真精度和收敛性。操作如下:"Mesh"→"Define Ref/Eval Window"→"Cuboid"。"网格细化窗口定义"对话框如图 9.5 所示。

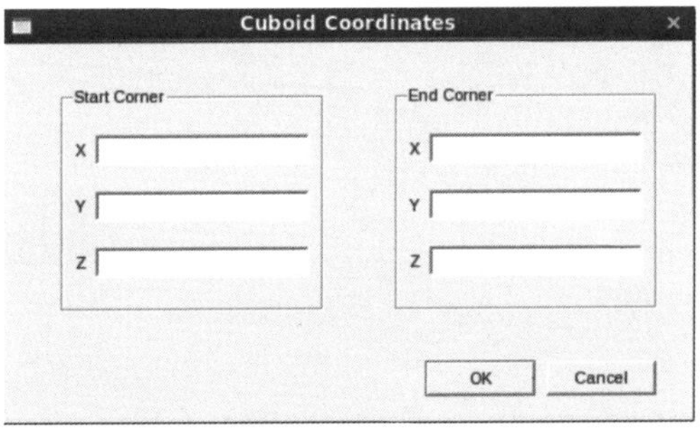

图 9.5　"网格细化窗口定义"对话框

　　(7)定义网格细化方案。选择菜单栏中的"Mesh"→"Refinement Placement"。"网格细化设置"对话框如图 9.6 所示。在对话框中,选择"Ref/Eval Window"选项,并选择上一步定义的网格细化窗口。然后根据仿真精度要求,设置"Max Element Size"和"Min Element Size"参数。最后,单击"Change Refinement"按钮,关闭对话框。

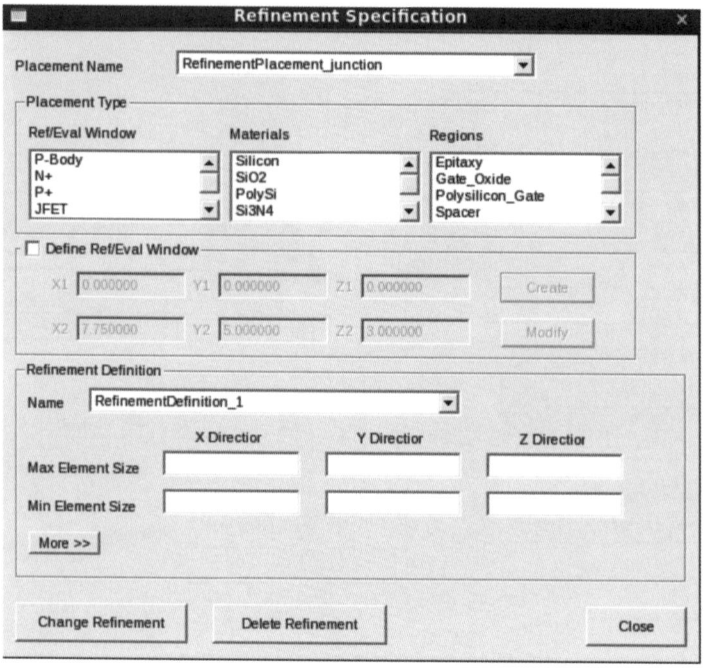

图 9.6　"网格细化设置"对话框

（8）执行设置方案。选择菜单栏中的"Mesh"→"Build Mesh"，网格化窗口如图 9.7 所示。输入网格细化执行后保存的网格数据信息文件名，并选择网格引擎，单击"Build Mesh"按钮，Sentaurus Structure Editor 会根据设置的网格细化方案执行网格的细化，执行完成后会生成 3 个数据文件：_msh. grd、_msh. dat 和_msh. log。

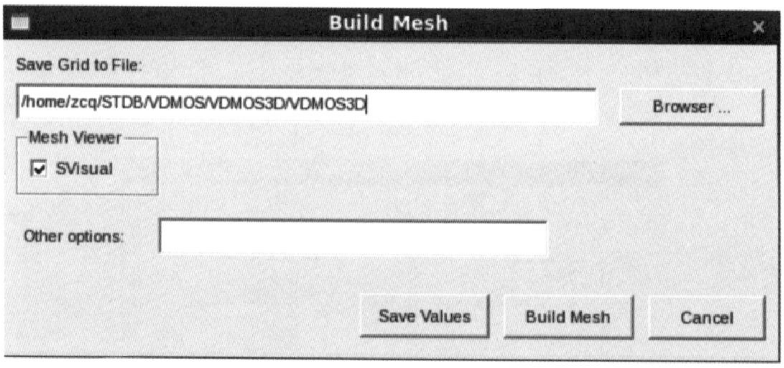

图 9.7　网格化窗口

9.2.3　创建三维结构

下面以三维 MOS 结构为例，介绍如何在 Sentaurus Structure Editor 中创建新的结构。

1. Sentaurus Structure Editor 环境初始化

Sentaurus Structure Editor 环境初始化就是要清除已经定义过的所有设计内容。操作如下：“File”→“New”。

2. 设置精确坐标模式

在 Sentaurus Structure Editor 中,用户可以直接绘制器件的几何结构。但是,为了保证绘制的精确性,需要开启精确坐标模式。操作步骤如下:"Draw"→"Exact Coordinates"。

3. 选择器件材料

Sentaurus Structure Editor 所使用的材料都可在 Material 列表中进行选择。

4. 选择默认的 Boolean 表达式

在菜单中选择"Draw"→"Overlap Behavior"→"New Replaces Old"。

5. 关闭自动命名器件结构区域模式

因为用户习惯自己来定义新建器件结构区域的名称,所以需要关闭自动命名器件结构区域模式。操作方法如下:"Draw"→"Auto Region Naming"。

6. 创建立方体区域

(1)选择 Isometric View(ISO),改为三维绘图模式;

(2)在菜单栏中选择"Draw"→"Create 3D Region"→"Cuboid";

(3)在窗口中单击并拖动鼠标,将出现一个"立方体区域定义"对话框,如图 9.8 所示。输入(−0.25,−0.2,0)和(0.25,0.2,−1.0),然后单击"OK"按钮。

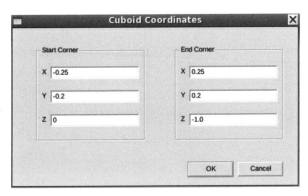

图 9.8 立方体区域定义对话框

(4)在"SDE"对话框中输入结构区域的名称"SubsSilicon",如图 9.9 所示。单击"OK"按钮,则最初的立方体器件结构就形成了,如图 9.10 所示。

7. 改变 Boolean 表达式

在菜单栏中选择"Draw"→"Overlap Behavior"→"Old Replaces New"。

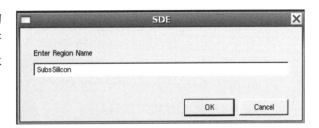

图 9.9 "SDE"对话框

8. 创建其他区域

器件的其他区域如栅氧层、多晶硅栅、侧墙以及电极区域都可以用同样的方法来创建,使用的参数值如表 9.1 所示。

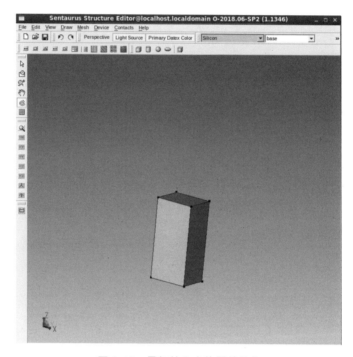

图 9.10　最初的立方体器件结构

表 9.1　器件其他区域的坐标值

名称	材料	坐标
SubsSilicon	硅	(−0.25 −0.2 0),(0.25 0.2 −1.0)
TrenchOxide_Right	二氧化硅	(−0.2 −0.2 0),(0.2 −0.1 −0.2)
TrenchOxide_Left	二氧化硅	(−0.2 0.1 0),(0.2 0.2 −0.2)
GateOxide	二氧化硅	(−0.15 −0.2 0),(0.15 0.2 0.002)
PolyGate	多晶硅	(−0.1 −0.1 0.002),(0.1 0.2 0.1)

9. 完成侧墙边缘的圆化

如图 9.11(a)所示为侧壁未倒角的器件结构。

(1)在 Selection Level 列表中选择 Select Vertex;

(2)选择侧墙顶点,按住"Ctrl"键可同时选择多个顶点;

(3)选择菜单栏中的"Edit"→"3D Edit Tools"→"Fillet";

(4)输入 0.03,并单击"OK"按钮。

该步代码如下:

(sdegeo:fillet　(list (car (find‐vertex‐id (position 2.5　−0.68 3)))

(car (find‐vertex‐id (position　2.5‐0.08 3)))) fillet‐radius)

侧壁倒角之后的三维 MOS 器件结构如图 9.11(b)所示。

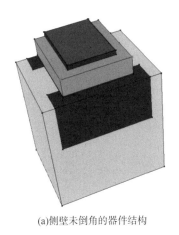 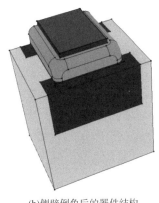

(a)侧壁未倒角的器件结构　　　　　　(b)侧壁倒角后的器件结构

图 9.11　3D MOS 器件结构

10. 定义电极

电极定义的方法在 9.2.2 节中已经介绍。在这里,栅极、源极和漏极都需要定义。

11. 定义外延层中的均匀杂质浓度分布

定义外延层中的均匀杂质浓度分布的方法如下:

(1)选择菜单栏中的"Device"→"Constant Profile Placement"。"均匀杂质浓度分布设置"对话框如图 9.12 所示。

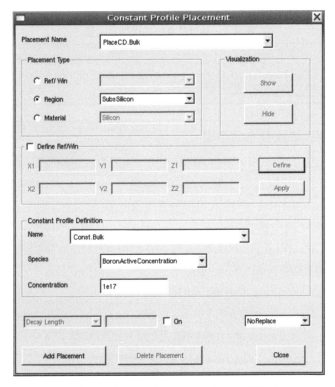

图 9.12　"均匀杂质浓度分布设置"对话框

(2)在 Placement Name 栏中输入"PlaceCD. bulk";

(3)在 Placement Type 框中,选择"Region",并在列表中选择"Subs Silicon";

(4)在 Constant Profile Definition 框中,输入"Const. Bulk"到 Name 栏中;

(5)在 Species 栏中选择"BoronActiveConcentration";

(6)在 Concentration 栏中输入"1e17";

(7)单击"Add Placement"按钮;

(8)单击"Close",关闭对话框。

12. 定义解析杂质浓度分布

定义解析杂质浓度分布包括两个步骤:第一步,定义杂质分布窗口;第二步,定义解析杂质浓度分布。

定义杂质分布窗口的步骤如下:

(1)选择菜单栏中的"Draw"→"Exact Coordinates";

(2)选择"Mesh"→"Define Ref/Eval Window"→"Rectangle";

(3)在视窗中,拖出一个矩形区域;

(4)在"Exact Coordinates"对话框中,输入(0.30 −0.25)和(0.15 0.25)定义杂质分布窗口坐标;

(5)输入"BaseLine. Source"作为基准线的名称;

(6)单击"OK"按钮;

(7)利用表 9.2 中的参数值,重复以上步骤,定义其他杂质基准线。

表 9.2　杂质基准线的坐标定义值

沟道	基准线名称	起始点	终点
Source	BaseLine. Source	(0.30 −0.25)	(0.15 0.25)
Drain	BaseLine. Drain	(−0.15 −0.25)	(−0.30 0.25)

13. 定义解析杂质浓度分布的步骤

(1)选择菜单栏中的"Device"→"Analytic Profile Placement","解析杂质浓度分布设置"对话框如图 9.13 所示;

(2)在 Placement Name 栏中输入"PlaceAP. Source";

(3)在 Ref/Win 列表中选择"BaseLine. Source";

(4)在 Profile Definition 区域中,输入"Gauss. SourceDrain"到 Name 栏中;

(5)在 Species 列表中选择"ArsenicActiveConcentration";

(6)在 Peak Concentration 栏中输入"1e+19";

(7)在 Peak Position 栏中输入"0";

(8)在 Junction 栏和 Depth 栏中分别输入"1e+17"和"0.1";

(9)在 Lateral Direction Diffusion 的 Factor 栏中输入"0.8";

(10)单击"Change Placement"按钮;

(11)重复以上步骤,分别定义其他区域的解析分布。

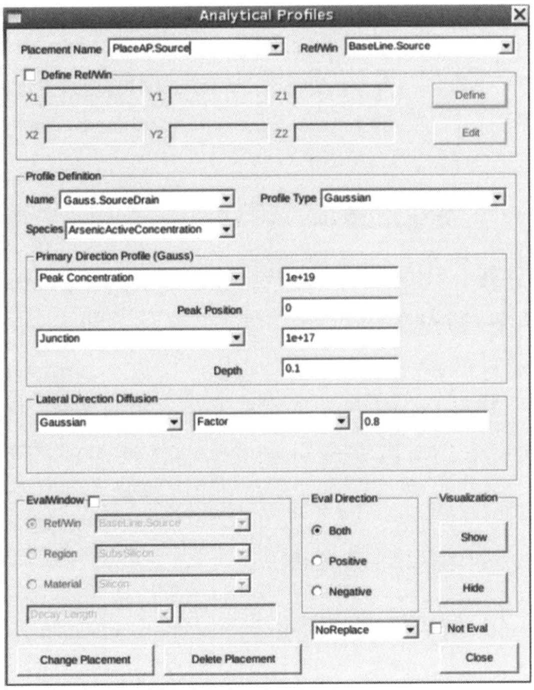

图 9.13　解析杂质浓度分布设置对话框

14. 定义网格细化方案

详见 9.2.2 节。

15. 保存设置

在 SWB 中选中需要运行的节点,使用"Nodes"→"Run ..."运行以上保存的设置。

器件的网格信息和掺杂信息将保存在两个文件中,即_msh. grd 和_msh. dat,这些文件可以导入 Sentaurus Device 中进行后续仿真。最终的三维 MOS 器件结构如图 9.14 所示。

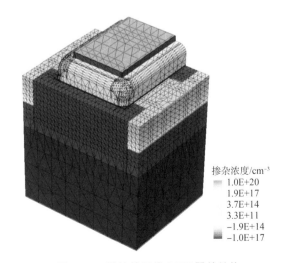

图 9.14　最终的三维 MOS 器件结构

9.3 器件仿真工具 Sentaurus Device[4]

9.3.1 Sentaurus Device 器件仿真工具简介

Sentaurus Device 是新一代的器件物理特性仿真工具。Sentaurus Device 内嵌一维、二维和三维器件物理模型,通过数值求解一维、二维和三维泊松方程、连续性方程和运输方程,可以准确预测器件的众多电学参数和电学特性。Sentaurus Device 支持很多器件类型的仿真,包括量子器件、深亚微米 MOS 器件、功率器件、异质结器件和光电器件等。此外,Sentaurus Device 还可以实现对由多个器件所组成的单元级电路的物理特性的分析。

9.3.2 Sentaurus Device 主要物理模型

实现 Sentaurus Device 器件物理特性仿真的器件物理模型仍然是泊松方程、连续性方程和运输方程。

泊松方程:

$$\nabla \varepsilon \nabla \varphi = -q(p-n+N_D-N_A)-\rho_{trap} \tag{9.1}$$

其中,ε 为介电常数;q 为电子电荷;n 和 p 为电子和空穴浓度;N_D 为电离施主浓度;N_A 为电离受主浓度;ρ_{trap} 为陷阱贡献的电荷密度。

连续性方程:

$$\nabla J_n = qR_{net} + q\frac{\partial n}{\partial t} \tag{9.2}$$

$$-\nabla J_p = qR_{net} + q\frac{\partial p}{\partial t} \tag{9.3}$$

其中,R_{net} 为净电子空穴复合率;J_n 为电子电流密度;J_p 为空穴电流密度。

运输方程:

$$J_n = -qn\mu_n \nabla \varphi_n \tag{9.4}$$
$$J_p = -qp\mu_p \nabla \varphi_p \tag{9.5}$$

其中,μ_n 和 μ_p 分别为电子和空穴迁移率;φ_n 和 φ_p 分别为电子和空穴的准费米电势。

以上物理模型派生出了很多二级效应和小尺寸模型,均被添加到 Sentaurus Device 中。

1. 产生-复合模型

产生-复合模型描述的是杂质在导带和价带之间交换载流子的过程。杂质在导带和价带之间交换载流子的过程在器件物理特性的分析中是非常重要的,特别是对于双极型器件的物理特性分析更为重要。Sentaurus Device 中所设置的产生-复合模型不包括电荷的空间运输,对于每个独立的产生和复合过程,与之相关的电子和空穴将在同一个位置出现或消失。

产生-复合模型主要包括肖克莱复合模型(Shockley-read-hall,SRH)、CDL(coupled defect level)复合模型、俄歇复合模型、辐射复合模型、雪崩产生模型和带间隧道击穿模型等。

2. 迁移率退化模型

Sentaurus Device 基于经典的迁移率模型来描述载流子的迁移率变化行为。在最简单的情况下,迁移率是晶格温度的函数。对于掺杂半导体来说,载流子的散射行为会造成其迁移率的退化。Sentaurus Device 提供了 3 种描述迁移率与掺杂行为有关的模型,即 Masetti 模型、Arora 模型和 University of Bologna 模型。

使用迁移率退化模型描述界面位置处载流子迁移率的退化行为,可以模拟出由表面的声子散射和表面粗糙引起的载流子散射。Sentaurus Device 收录了增强的 Lombardi 模型和 University of Bologna 表面迁移率模型,用于描述界面位置处载流子迁移率的退化行为。

载流子-载流子散射模型是用来模拟载流子-载流子散射效应的,包括 Conwell-Weisskopf 模型和 Brooks-Herring 模型。

Philips 统一迁移率模型是一个用于校准体硅中多子和少子迁移率的模型,它可以用来模拟杂质的常规散射行为和载流子-载流子散射行为。

另外,高内电场条件下的饱和模型可用来模拟高电场条件下载流子迁移率的退化行为,包括 Canali 模型、转移电子模型、基本模型、Meinerzhagen-Engl 模型、Lucent 模型、速率饱和模型和驱动力模型等。

3. 基于活化能变化的电离模型

在常温条件下,浅能级杂质被认为是完全电离的。然而,对于深能级杂质(能级深度超过 0.026eV)而言,则会出现不完全电离的情况。因此,铟(受主杂质)在硅中,氮(施主)和铝(受主)在碳化硅中,都呈现深能级状态。另外,若要研究低温条件下的掺杂行为,则会有更多的掺杂剂处于不完全电离状态。针对这种研究需求,Sentaurus Device 嵌入了基于活化能变化的电离模型。

Sentaurus Device 支持所有常规的掺杂剂,包括 As、P、Sb、N、受主杂质 B 和 In。

4. 与热有关的模型

1) 热容量

Sentaurus Device 仿真器中用到的热容量值如表 9.3 所示。

表 9.3　器件结构常用材料的热容量值

材料	$c[\text{J}/(\text{K} \cdot \text{cm}^3)]$	材料	$c[\text{J}/(\text{K} \cdot \text{cm}^3)]$
硅	1.63	陶瓷	2.78
二氧化硅	1.67	多晶硅	1.63

与温度有关的晶格热容量是根据经验方程建模的:

$$CL = cv + cv\_bT + cv\_cT^2 + cv\_dT^3 \tag{9.6}$$

方程中的系数可以在参数设置文件中按如下格式定义：

```
LatticeHeatCapacity {cv = 1.63 ♯ [J/(K cm^3)]
                cv_b = 0.0000e+00 ♯ [J/(K^2 cm^3)]
                cv_c = 0.0000e+00 ♯ [J/(K^3 cm^3)]
                cv_d = 0.0000e+00 ♯ [J/(K^3 cm^3)]
                }
```

2）热传导率

Sentaurus Device 在硅中的与温度有关的热传导率可以表示如下：

$$k(T) = \frac{1}{a+bT+cT^2} \tag{9.7}$$

其中，$a=0.03\,\text{cm} \cdot \text{kW}^{-1}$，$b=1.56\times10^{-3}\,\text{cm} \cdot \text{kW}^{-1}$，$c=1.65\times10^{-6}\,\text{cm} \cdot \text{kW}^{-1}$，适用温度为 200～600K。

3）热电能

理论上，非退化的电子和空穴的绝对热电能 P_n 和 P_p 可以表示为

$$P_n = -k_n \frac{k}{q} \left[\left(\frac{5}{2} - S_n \right) + \ln \frac{N_C}{n} \right] \tag{9.8}$$

$$P_p = -k_p \frac{k}{q} \left[\left(\frac{5}{2} - S_p \right) + \ln \frac{N_V}{n} \right] \tag{9.9}$$

其中，k_n 和 k_p 分别为电子和空穴的热电导率；S_n 和 S_p 分别为电子和空穴的能通量密度；N_C 和 N_V 分别为导带和价带的态密度。

5. 热载流子注入模型

热载流子注入模型是用于描述栅漏电流机制的。该模型对于描述电可擦除可编程只读存储器件（electrical erasable PROM，EEPROM）执行写操作时可能发生的载流子注入行为来说尤为重要。Sentaurus Device 提供了两种热载流子注入模型和一个用户自定义物理模型接口（physical model interface，PMI）。

1）经典的 lucky 电子注入模型

在经典的 lucky 电子注入模型中，从一个分界面到栅极接触的总电流可以表示为

$$I_g = \iint J_n(x,y) P_s P_{ins} \left(\int_{E_B}^{\infty} P_\varepsilon P_r \mathrm{d}\varepsilon \right) \mathrm{d}x \mathrm{d}y \tag{9.10}$$

其中，P_s 为电子不缺失任何能量而向分界面通过 y 距离的概率；$P_\varepsilon \mathrm{d}\varepsilon$ 是电子能量在 ε 和 $\varepsilon + \mathrm{d}\varepsilon$ 之间的概率；P_{ins} 是在镜像力势阱中散射的概率；P_r 是电子改变方向的概率。

2）Fiegna 热载流子注入模型

根据 Fiegna 热载流子注入模型，总的热载流子注入电流可以表示为

$$I_g = q \int P_{ins} \left(\int_{E_B}^{\infty} v_{\perp}(\varepsilon) f(\varepsilon) g(\varepsilon) \mathrm{d}\varepsilon \right) \mathrm{d}s \tag{9.11}$$

其中，ε 为电子能量；E_B 为半导体-绝缘体的势垒高度；$v_{\perp}$ 为正常情况下电子向界面通过的速率；$f(\varepsilon)$ 为电子能量分布；$g(\varepsilon)$ 为电子的态密度；P_{ins} 为在镜像力势阱中散射的概率。

6. 隧道击穿模型

在目前的微电子器件中,隧道击穿已经成为一个非常重要的效应。因为在一些器件中,隧道击穿的发生会导致漏电流的形成,对器件的电学性能造成影响。Sentaurus Device 提供 3 种隧道击穿模型,包括非局域隧道击穿模型、直接隧道击穿模型和 Fowler-Nordheim 隧道击穿模型。其中,最常用的模型是非局域隧道击穿模型。该模型考虑了载流子的自加热因素,能够进行任意形状势垒下的数值求解,描述价带至导带之间的隧道击穿行为等。

7. 应力模型

应力的模拟对小尺寸 CMOS 器件的结构设计与分析是很重要的。器件结构内部机械应力的变化可以影响材料的功函数、界面态密度、载流子迁移率能带分布和漏电流等。局部区域应力的变化往往是因高温热驱动加工的温变作用或材料属性的不同而产生的。

应力变化引起的能带结构变化,可以由以下模型进行分析:

$$\frac{\Delta E_{\mathrm{C}}}{kT_{300}} = -\ln\left[\frac{1}{n_{\mathrm{C}}}\sum_{i=1}^{n_{\mathrm{C}}}\exp\left(\frac{-\Delta E_{\mathrm{C}i}}{kT_{300}}\right)\right] \tag{9.12}$$

$$\frac{\Delta E_{\mathrm{V}}}{kT_{300}} = \ln\left[\frac{1}{n_{\mathrm{V}}}\sum_{i=1}^{n_{\mathrm{V}}}\exp\left(\frac{-\Delta E_{\mathrm{V}i}}{kT_{300}}\right)\right] \tag{9.13}$$

其中,n_{C} 和 n_{V} 为导带和价带中的子能谷数目;$\Delta E_{\mathrm{C}i}$ 和 $\Delta E_{\mathrm{V}i}$ 分别为应力引起的子能谷的导带和价带的能量变化量;T_{300} 为绝对温度 300K。

应力变化引起的载流子迁移率的变化由以下公式描述:

$$\mu_{\mathrm{ii}}^{\mathrm{N}} = \mu_{\mathrm{p}}^{0}\left\{1 + \frac{1 - m_{\mathrm{nl}}/m_{\mathrm{nt}}}{1 + 2\left(m_{\mathrm{nl}}/m_{\mathrm{nt}}\right)}\left[\exp\left(\frac{\Delta E_{\mathrm{C}} - \Delta E_{\mathrm{C}i}}{kT}\right) - 1\right]\right\} \tag{9.14}$$

$$\mu^{\mathrm{p}} = \mu_{\mathrm{p}}^{0}\left\{1 + \left(\frac{\mu_{\mathrm{pl}}^{0}}{\mu_{\mathrm{p}}^{0}} - 1\right)\frac{\left(m_{\mathrm{pl}}/m_{\mathrm{ph}}\right)^{1.5}}{1 + m_{\mathrm{pl}}/m_{\mathrm{ph}}}\left[\exp\left(\frac{\Delta E_{\mathrm{C}} - \Delta E_{\mathrm{C}i}}{kT}\right) - 1\right]\right\} \tag{9.15}$$

其中,μ_{n}^{0} 和 μ_{p}^{0} 为无应力影响条件下的电子和空穴迁移率;m_{nl} 和 m_{nt} 分别为电子的横向有效质量和纵向有效质量;m_{pl} 和 m_{ph} 分别为轻空穴和重空穴的有效质量。

8. 量子化模型

Sentaurus Device 提供了 4 种量子化模型。

1) Van Dot 模型

Van Dot 模型仅适用于硅基 MOSFET 器件的仿真。使用该模型可以较好地描述器件内部的量子化效应及其在最终特性中的反映。

2) 一维薛定谔方程

一维薛定谔方程可以用来进行 MOSFET 器件、量子阱和超薄 SOI 特性的仿真。

3) 密度梯度模型

密度梯度模型用于 MOSFET 器件、量子阱和 SOI 结构的仿真,可以描述器件的最终特性及器件内的电荷分布。该模型可以描述二维和三维的量子效应。

4）修正后的局部密度近似模型

修正后的局部密度近似模型可用于体硅 MOSFET 器件和超薄 SOI 结构的仿真。该模型数值计算效率较高，比较适用于三维器件的物理特性仿真。

9.3.3　Sentaurus Device 仿真实例

一个标准的 Sentaurus Device 输入文件包括 File、Electrode、Physics、Plot、Math 和 Solve，每一部分都执行一定的功能。输入文件默认的扩展名为_des. cmd。本节将介绍 VDMOS 器件雪崩击穿电压和漏极电流特性的仿真。

1. VDMOS 器件雪崩击穿电压的仿真

器件的雪崩击穿电压相比于其他电学参数比较难模拟。因为器件在即将击穿时，即使是很小的电压变化，也可能导致漏电流急剧增加，有时甚至会产生回滞现象。因此，在这种情况下，进行雪崩击穿电压模拟计算时很难获得一个收敛解。而在漏电极上串联一个大电阻可以有效地解决这个问题。

在本节的例子中，Sentaurus Device 调用了之前 9.1.4 节中 Sentaurus Process 产生的输出文件，该文件包含掺杂信息、网格信息和电极定义信息。

1）文件（File）

文件定义部分指定完成器件模拟所需要的输入文件和输出文件。

```
File {
    * input files：
                Grid = "n@node@_VDMOS_fps.tdr"
    * output files：
                Plot = "BV_des.tdr"          //可看结构
                Current = "BV_des.plt"       //可看曲线
                Output = "BV_des.log"        //可看运行情况
}
```

Plot 文件用来存放 Sentaurus Device 仿真生成的模拟结果，可转换为二维或三维绘图文件。Current 文件用来存放一维的电学输出数据。Output 为运行时产生的日志文件，包含器件模拟过程的相关参数。

2）电极（Electrode）

电极定义部分用来定义 Sentaurus Device 模拟中器件所有电极的偏置电压起始值以及边界条件等。

```
Electrode {
        { Name = "Source" Voltage = 0.0 }
        { Name = "Drain" Voltage = 0.0 Resistor = 1e7 }
        { Name = "Gate" Voltage = 0.0 Barrier = -0.55 }
}
```

其中，Voltage 参数定义了电极的起始条件。Resistor 表示在漏电极上串联一个大电阻，电阻为 $10^7\,\Omega$。Barrier 参数定义了多晶硅电极的功函数差。

3）物理模型（Physics）

物理模型命令段定义了 Sentaurus Device 模拟中选定的器件物理模型：

```
Physics { EffectiveIntrinsicDensity( OldSlotboom )
            Mobility ( DopingDep
                        eHighFieldsaturation( GradQuasiFermi )
                        hHighFieldsaturation( GradQuasiFermi ) Enormal
                      )
         Recombination ( SRH ( DopingDep )
                          eAvalanche( Eparallel)
                          hAvalanche( Eparallel )
                        )
        }
```

EffectiveIntrinsicDensity 表示使用禁带变窄模型（包含 OldSlotboom 模型）。Mobility 定义了迁移率模型，包括迁移率与掺杂浓度的关系（DopingDep）、迁移率与高电场的关系（eHighFieldsaturation 和 hHighFieldsaturation）和 PMI（用户可在该界面自定义模型中的系数或使用缺省值 Enormal）模型。Recombination 定义了复合模型，包括肖克莱复合以及与碰撞离化相关的复合模型等。

4）绘图（Plot）

Plot 命令段用于完成设置所需的 Sentaurus Device 模拟输出绘图结果。这些输出结果可以通过调用 Tecplot SV 来查阅。

```
Plot {
      *－－Density and Currents，etc      //看载流子密度与电流等
      eDensity hDensity TotalCurrent/Vector eCurrent/Vector hCurrent/Vector
      eMobility hMobility
      eVelocity hVelocity
      eQuasiFermi hQuasiFermi
      *－－Temperature
      eTemperature hTemperature
      *－－Fields and charges
      ElectricField/Vector Potential SpaceCharge
      *－－Doping Profiles
      Doping DonorConcentration AcceptorConcentration
      *－－Generation/Recombination
      SRH Band2Band Auger
      AvalancheGeneration eAvalancheGeneration hAvalancheGeneration
      *－－Driving forces
```

```
        eGradQuasiFermi/Vector hGradQuasiFermi/Vector
        eEparallel hEparallel eENormal hENormal
*--Band structure/Composition
        BandGap
        BandGapNarrowing
        Affinity
        ConductionBand ValenceBand
        eQuantumPotential
    }
```

5）Math

Math 命令段用来设置数值求解算法。

```
Math Extrapolate {
                Avalderivatives
                Iterations = 20
                Notdamped = 100
                RelErrControl
                BreakCriteria{ Current(Contact = "Drain" AbsVal = 0.8e-7) }
                CNormPrint
                }
```

Extrapolate 表示引入外推算法。Avalderivatives 参数表示开启计算由雪崩击穿产生的解析导数。Iterations 定义了牛顿计算中最大的迭代次数。Notdamped=100 表示在前 100 次牛顿迭代计算中采用无阻尼计算模式，在大多数情况下不需要使用该参数。RelErrControl 表示在迭代过程中，采用该方法对求解过程进行参数误差控制。BreakCriteria 表示仿真计算的终止条件，在本例中定义了当漏极电流达到 $0.8 \times 10^{-7} A/\mu m$ 时，即终止仿真模拟。CNormPrint 表示获得基本的错误信息。

6）Solve

Solve 命令段用于设置完成数值计算所需要经过的计算过程。

```
Solve { *-Build-up of initial solution:
        Coupled (Iterations = 100) { Poisson }
        Coupled { Poisson Electron Hole }
        Quasistationary (
                        InitialStep = 1e-4 Increment = 1.35
                        MinStep = 1e-5 MaxStep = 0.025
                        Goal { Name = "Drain" Voltage = 600 }
                        )
        { Coupled{ Poisson Electron } }
    }
```

Poisson 启动并调用泊松方程。Coupled{Poisson E-lectron Hole}调用了泊松方程、电子连续性方程和空穴连续性方程。Quasistationary 定义了用户要求得到的准静态解。InitialStep 定义了起始扫描电压步长。如果前一步电压偏置计算收敛,则下一步的扫描电压步长将乘以系数 Increment,但最大步长不会超过 MaxStep 定义的参数值;如果前一步电压偏置计算不收敛,则扫描电压的步长将会不断减小,但最小不能小于 MinStep 定义的参数值。Goal 参数则定义了电极的最终电压偏置值。高压 VDMOS 器件的关态雪崩击穿电压仿真值如图 9.15 所示。

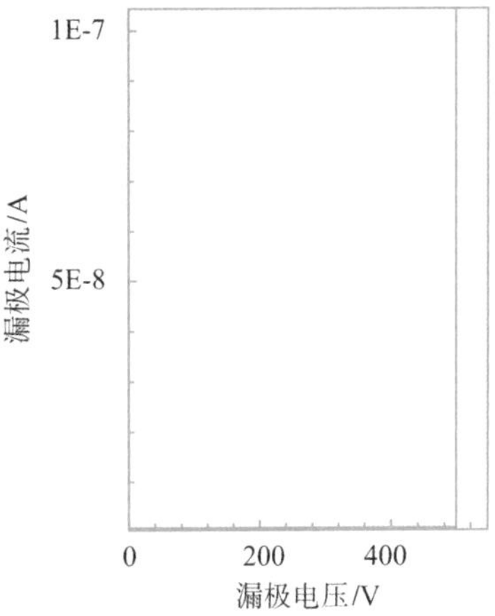

图 9.15　高压 VDMOS 器件的关态雪崩击穿电压仿真值($V_{\text{gs}}=0$V)

2. VDMOS 器件漏极电学特性仿真

本例模拟了 VDMOS 器件的 V_d-I_d 特性。其中栅极偏置电压定义为 10V,漏极偏置电压从 0V 扫描到 10V。

1) 文件(File)

```
File {
    * input files:
grid     = "n@node|sprocess@_VDMOS_fps.tdr"
    * output files:
current  = "@plot@"
output   = "@log@"
plot     = "@tdrdat@"
parameter = "@parameter@"
    }
```

2) 电极(Electrode)

```
Electrode {
        { Name = "Source" Voltage = 0.0 }
        { Name = "Drain"  Voltage = 0.1 }
        { Name = "Gate"   Voltage = 0.0 Barrier = -0.55 }
    }
```

3) 物理模型(Physics)

```
Physics { AreaFactor = 3258200
        IncompleteIonization
        EffectiveIntrinsicDensity (BandGapNarrowing (OldSlotboom))
        Mobility ( DopingDependence
                HighFieldSaturation
                Enormal
                Carriercarrierscattering )
```

```
        Recombination ( SRH (DopingDependence Tempdep)
                        Auger
                        Avalanche (Eparallel) )
    }
```

其中，AreaFactor 参数定义了器件的宽长比；IncompleteIonization 定义了与不完全碰撞离化有关的载流子迁移率模型。

4）绘图（Plot）

```
Plot {
        eDensity hDensity
        eCurrent/vector hCurrent/vector
        Potential SpaceCharge ElectricField
        eMobility hMobility eVelocity hVelocity
        Doping DonorConcentration AcceptorConcentration
    }
```

5）计算（Math）

```
Math {
        Extrapolate
        RelErrcontrol
        directcurrentcomput
    }
```

其中，directcurrentcomput 参数定义直接计算电极电流。

6）求解（Solve）

```
Solve {
        #- initial solution:
          Poisson
          Coupled { Poisson Electron hole}
        #- ramp Gate：给栅加步进电压
          Quasistationary (
          MaxStep = 0.1 MinStep = 1e-8
          Increment = 2 Decrement = 3
          Goal{ Name = "Gate" Voltage = 10 } )
          { Coupled{ Poisson Electron } }
        #- ramp Drain：给漏端加步进电压
          Quasistationary (
          MaxStep = 0.1 MinStep = 1e-8
          Increment = 2 Decrement = 3
          Goal { Name = "Drain" Voltage = 10 } )
          { Coupled{ Poisson Electron } }
    }
```

最终的漏极电学特性曲线如图 9.16 所示。

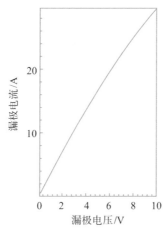

图 9.16　VDMOS 器件漏极电学特性曲线(V_{gs}＝10V)

3. 三维 MOS I_{d}-V_{d} 曲线仿真

对于 Sentaurus Device 来说，并不区分三维仿真和二维仿真，但是三维仿真可能需要更加精细地划分网格和调整物理模型。

1）文件（File）

```
File {
    grid      = "n@node|sde@_msh.tdr"
    current   = "@plot@"
    output    = "@log@"
    plot      = "@tdrdat@"
    parameter = "@parameter@"
}
```

2）电极（Electrode）

```
Electrode {
    { Name="drain"      Voltage= 0.0 }
    { Name="source"     Voltage= 0.0 }
    { Name="control"    Voltage= 0.0 }
    { Name="substrate"  Voltage= 0.0 }
}
```

3）物理模型（Physics）

```
Physics {
    Fermi
    eQCvanDort
    EffectiveIntrinsicDensity( OldSlotboom )
```

```
        Mobility(
        DopingDep
        eHighFieldsaturation( GradQuasiFermi )
        hHighFieldsaturation( GradQuasiFermi )
        Enormal)
        Recombination(
        SRH( DopingDep ))
        }
```

4) 画图(Plot)

```
   Plot {
        eDensity hDensity
        eCurrent/vector hCurrent/vector
        Potential SpaceCharge ElectricField
        eMobility hMobility eVelocity hVelocity
        Doping DonorConcentration AcceptorConcentration
        }
```

5) 数学模型(Math)

```
   Math {
        Extrapolate
        Derivatives
        Avalderivatives
        RelErrControl
        Digits=5
        RHSmin=1e-10
        Notdamped=100
        Iterations=50
        DirectCurrent
        ExitOnFailure
        method=ILS
        TensorGridAniso
        * NumberOfThreads= 8
        }
```

6) 求解(Solve)

```
    Solve {
        *- Build-up of initial solution:
          NewCurrentFile="init"
          Coupled(Iterations=100)
          { Poisson }
```

```
       Coupled{ Poisson Electron }
   *-Bias drain to target bias
       Quasistationary(
       DoZero
       InitialStep=0.01 Increment=2
       MinStep=1e-6 MaxStep=0.02
       Goal{ Name="drain" Voltage= 5 }
       ){ Coupled{ Poisson Electron } }
               }
```

最终结果如图 9.17 所示。

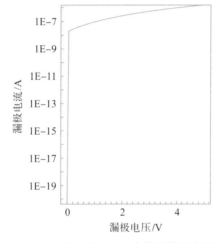

图 9.17 三维 MOS I_d-V_g 电学特性仿真结果

4. 三维 MOS I_d-V_g 曲线仿真

1）文件（File）

```
File{
    grid      = "n@node|sde@_msh.tdr"
    current   = "@plot@"
    output    = "@log@"
    plot      = "@tdrdat@"
    parameter = "@parameter@"
}
```

2）电极（Electrode）

```
Electrode{
    { Name="drain"     Voltage= 0.0 }
    { Name="source"    Voltage= 0.0 }
    { Name="control"   Voltage= 0.0 }
```

```
          { Name="substrate"   Voltage= 0.0 }
             }
```

3) 物理模型(Physics)

```
Physics {
        Fermi
        eQCvanDort
        EffectiveIntrinsicDensity( OldSlotboom )
        Mobility(
        DopingDep
        eHighFieldsaturation( GradQuasiFermi )
        hHighFieldsaturation( GradQuasiFermi )
        Enormal)
        Recombination(
        SRH( DopingDep ))
        }
```

4) 画图(Plot)

```
Plot {
        eDensity hDensity
        eCurrent/vector hCurrent/vector
        Potential SpaceCharge ElectricField
        eMobility hMobility eVelocity hVelocity
        Doping DonorConcentration AcceptorConcentration
        }
```

5) 数学模型(Math)

```
Math {
        Extrapolate
        Derivatives
        Avalderivatives
        RelErrControl
        Digits=5
        RHSmin=1e-10
        Notdamped=100
        Iterations=50
        DirectCurrent
        ExitOnFailure
        method=ILS
        TensorGridAniso
        *NumberOfThreads= 8
        }
```

6）求解（Solve）

```
Solve {
       * - Build - up of initial solution：
       NewCurrentFile= "init"
       Coupled(Iterations=100){ Poisson }
       Coupled{ Poisson Electron eQuantumPotential}
       ###Ramp drain to VdLin
       Quasistationary(
       InitialStep=1e - 2 Increment=1.5
       MinStep=1e - 6 MaxStep=0.5
       Goal { Name="drain" Voltage=0.05 }
       ){ Coupled { Poisson Electron eQuantumPotential } }
       Save ( FilePrefix="n@node@_VdLin" )

       * - Bias drain to target bias
       NewCurrentPrefix="IdVg_VdLin_"
       Load ( FilePrefix = "n@node@_VdLin" )
       * - Bias drain to target bias
       Quasistationary(
       DoZero
       InitialStep=0.01 Increment=1.2
       MinStep=1e - 6 MaxStep=0.05
       Goal{ Name= "gate" Voltage= 5 }
       ){ Coupled{ Poisson Electron eQuantumPotential} }
    }
```

最终仿真结果如图 9.18 所示。

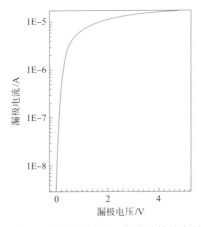

图 9.18　三维 MOS I_d-V_g 电学特性仿真结果

9.4 器件仿真调阅工具 Sentaurus Visual 简介[5]

9.4.1 Sentaurus Visual(SVisual)简介

Sentaurus Visual 是一种调阅工具,用于对来自 TCAD 仿真和实验的数据进行可视化展示。用户可以使用图形用户界面以交互方式处理数据,并可以使用基于 Tcl 或基于 Python 的脚本自动执行任务。Sentaurus Visual 用于对 TCAD 模拟工具在一维、二维和三维中创建的结果进行可视化。为了帮助用户更好地理解模拟中捕获的物理过程,Sentaurus Visual 提供了用于探测数据字段、制作切割线和切割平面、对数据字段执行分析以及作为以 ASCII 格式导出数据以供第三方软件进一步分析的工具。它还配备了工具,可以方便地叠加结构、查看解决方案差异、检查带状图等。

9.4.2 启动工具和数据输入输出

1. 启动 Sentaurus Visual 工具的方式

(1)使用命令行直接输入"svisual"启动 SVisual。

(2)在主菜单栏中选择"Extensions"→"Run Sentaurus Visual Tcl Mode",从 Sentaurus Workbench 进入 SVisual。

2. 仿真结果文件导入调阅 SVisaul 图像

在主菜单栏"File"→"Open"中选择需要调阅的文件即可在 SVisual 中图形化地调阅该文件。图 9.19 是导入文件时调阅文件的窗口,图 9.20 是调阅的器件显示图。

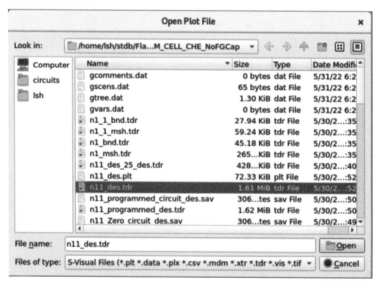

图 9.19 选取调阅文件的窗口

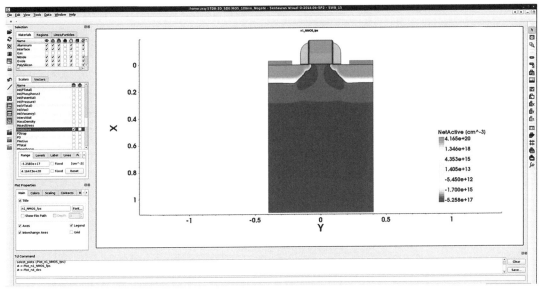

图 9.20　器件显示图

3. SVisual 数据输出

（1）图像导出：选择主菜单栏的"File"→"Export Plot"或者使用快捷键 Ctrl＋E，然后选择适合的导出设置即可实现图像的输出。

（2）打印图像：选择主菜单栏的"File"→"Print Plots"或者使用快捷键 Ctrl＋P，选择打印机或者输出为 PDF 文件，然后选择"打印"选项。

（3）创建动画：选择主菜单栏的"Tools"→"Movies"→"Start Recording"，选择动画录屏范围开始录屏。

选择主菜单栏的"Tools"→"Movies"→"Add Frames"，可以选择图像作为框架添加到动画中。

选择主菜单栏的"Tools"→"Movies"→"Stop Recording"，结束动画录制。

9.4.3　查看器件结构

导入一维曲线或者二维和三维图像之后得到的界面如图 9.21 右边所示，细分 SVisual 功能模块如图 9.21 左边所示。整个界面包括应用工具栏、可视数据选择、绘图区域、画面工具栏、Tcl 窗口等。应用工具栏的使用即 9.4.2 节内容的图形化操作，本部分不再赘述。

1. 数据选择面板

二维或三维图由分布在显示区域中的各种材料组成。数据选择面板提供结构中存在的材质列表，并允许控制这些材质的渲染方式。如图 9.22 所示是数据选择面板。其中，Material 栏控制图像中的材料显示，Regions 栏控制图像中的区域显示，Lines/Particles 栏控制接触的显示方式和特殊线（PN 结和耗尽区域边界）的显示方式。

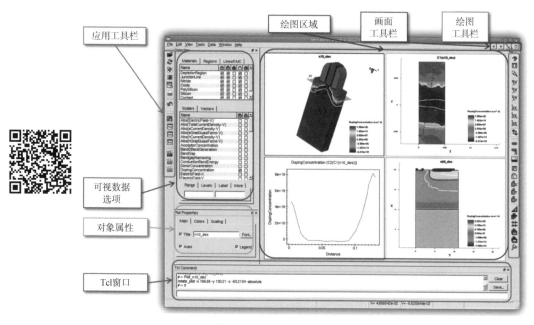

图 9. 21　Sentaurus Visual 功能区域

数据选择面板上半部分的选项控制材料和区域中的 Bulk、Field、Mesh、Boarder 以及 Translucency 是否显示。

数据选择面板下半部分选项可以控制数据字段的显示方式。标量图和矢量图都可以在 Sentaurus Visual 中显示。要创建等值线图，请在标量选项卡上选择要绘制的必需属性。范围和级别是自动设置的，但可以使用 Range 和 Levels 选项卡进行自定义。

Scalars 栏中包含很多 SDevice 命令行 Plot 语句中输出的内容，其可以通过选择每个输出数据的彩色等高带和等高线设置各个数据是否显示以及显示方式。

2. Sentaurus Visual 图像工具栏

表 9. 4 为工具栏图标及其功能。截面分为二维图像截面和三维图像截面，三维图像截面为该截面的二维图像，二维图像截面为该截面的一维曲线图，图中可以看到掺杂浓度变化和 Scalar 面板中的数据变化曲线。二维图像截面如图 9. 23 所示，其中 C1 为二维结构图像 n98_des 中垂直于 Y 轴的截面，Plot_1 图像中红色曲线为 C1 截面的掺杂浓度分布。三维图像截图如图 9. 24 所示。

图 9. 22　数据选择面板

表 9.4　工具栏图标及其功能

图标	功能	图标	功能
	重置图像显示为整窗口显示		旋转坐标轴
	框选放大		显示三维图像的 XZ 平面
	最适应显示图像		快速绘图
log X	设置 X 轴为 log 刻度		创建非正交和精准截面
log Y	设置 Y 轴为 log 刻度		自由截面
log Y2	设置 Y2 轴为 log 刻度		平行轴截面
	以 CSV/PLX 的格式输出数据		刻度尺
	链接图像		数据过滤显示
	特殊链接到图像		流线
	图像探针		图像重叠
	数据分析仪		图像差分
	能带图绘制	$\int dr$	积分
	选择并旋转三维模型		

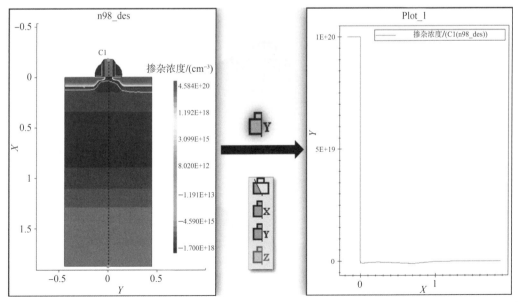

图 9.23　二维图像截面

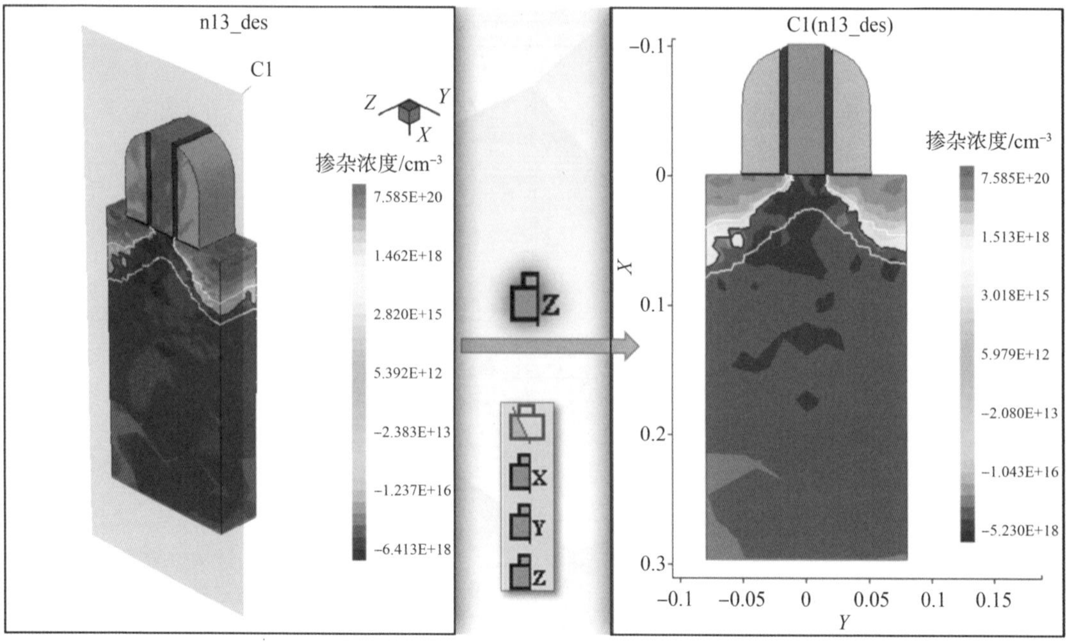

图 9.24 三维图像截面

9.5 集成电路虚拟制造系统 Sentaurus Workbench 简介[6]

9.5.1 Sentaurus Workbench(SWB)简介

Sentaurus Workbench 基于集成化架构模式来组织、实施 TCAD 仿真项目的设计和运行,为用户提供图形化界面,是可完成系列化仿真的工具软件。其以参数化形式实现 TCAD 项目的优化工程。Sentaurus Workbench 支持实验设计优化、参数提取、结果分析和参数优化等,实现了集成化的任务安排,从而最大限度地利用了可计算资源,加速了 TCAD 仿真项目的运行。

9.5.2 创建和运行仿真项目

下面将介绍如何在 Sentaurus Workbench 环境中建立和运行新的仿真项目。

1. 建立新的仿真项目

在菜单中选择"Project"→"New"→"Traditional Project"或单击 ▫ 按钮,选择"Traditional Project"。

2. 构造仿真流程

在如图 9.25 所示的 Project 视图下,在 No Tools 处单击鼠标右键,然后在弹出的对话框中,单击"Add"按钮,在 Name 菜单中选择 sprocess 工具,如图 9.26 所示。在本例中,工艺命令文件是由 Sentaurus Process 生成的。

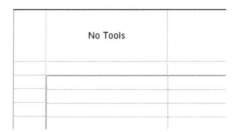

图 9.25　Project 视图

图 9.26　"Add Tool"对话框

3. 编写命令文件

(1)在 Sentaurus Process 图标按钮处单击鼠标右键,选择"Edit Input"→"Commands"。

(2)在弹出的 sprocess 命令文件编写窗口中,编辑工艺命令文件。

(3)单击"Save"按钮保存工艺命令文件。

另外,在工艺文件中,最终的器件结构信息文件应该保存为节点格式,即 struct tdr
＝n@node@。

4. 添加其他仿真工具

重复以上操作步骤,依次添加所需要的仿真工具,如 Sentaurus Structure Editor、
Sentaurus Device 和 Svisual 等,并依次编写对应的命令文件。需要注意的是,在 Sentau-
rus Structure Editor 中,最终的结构需要保存为 n@node@_msh 格式,而在 Sentaurus
Device 中,该文件可以由 Grid＝"@tdr@"语句导入。

5. 添加实验参数

在 Sentaurus Workbench 中,用户可以定义和添加实验参数。一个实验参数即代表

一个实验,若有多个实验参数,则分解为多个实验。

(1)在命令文件中,将需要定义的相应参数值改为@ parameter name @格式,例如, dose = @bodydose@。

(2)单击菜单栏 Parameter 菜单中的"Add"选项,打开"添加实验参数"对话框,如图 9.27 所示。然后在 Parameter 栏中输入实验参数名,在 List of Value 栏中输入相应的实验参数值。

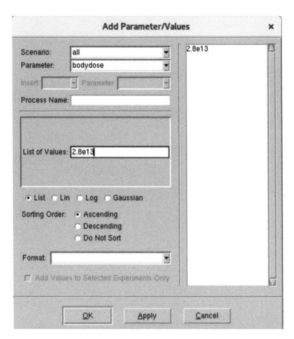

图 9.27 "添加实验参数"对话框

(3)单击"OK"按钮。

(4)重复以上步骤,可以继续添加其他所需的实验参数。

添加实验参数后的 Sentaurus Workbench 视图如图 9.28 所示。

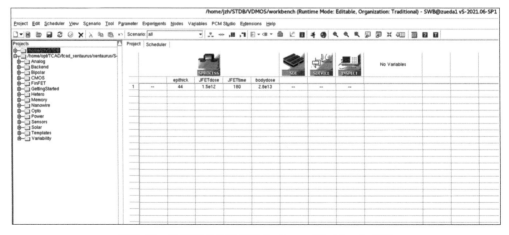

图 9.28 添加实验参数后的 Sentaurus Workbench 视图

6. 保存设置

选择菜单栏中的"Project"→"Save"。

7. 建立若干仿真实验

（1）选择菜单栏中的"Experiments"→"Add New Experiment"。

（2）在弹出的对话框中输入相应的参数值，如图 9.29 所示。

8. 清除之前的仿真数据文件

所有实验参数都定义完毕后，需要清除之前的仿真数据文件。单击需要清除数据的节点，右击鼠标，在弹出的菜单中选择"Clean Up Node Output"，单击需要清除的数据文件，如图 9.30 所示。

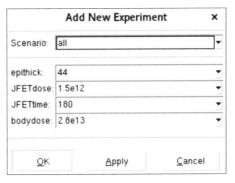

图 9.29　"添加新实验"对话框

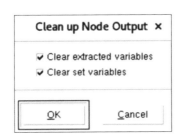

图 9.30　"清除设置"对话框

所有参数都设置完毕后，最终的 Sentaurus Workbench 视图如图 9.31 所示。

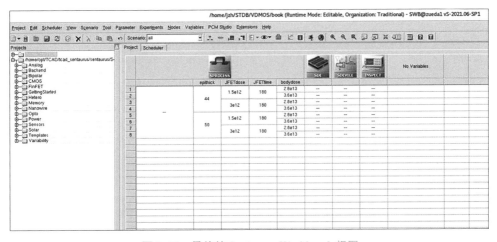

图 9.31　最终的 Sentaurus Workbench 视图

9. 仿真项目预处理

选择菜单栏中的"Project"→"Oerations"→"Preprocess"。

10. 运行仿真项目

选择菜单栏中的"Project"→"Operations"→"Run"。

11. 查阅输出结果

当仿真项目运行完之后,Sentaurus Workbench 会产生相应的输出文件,包括运行日志文件和仿真结果输出文件等。

1)调阅项目运行日志文件

选择菜单栏中的"Project"→"Logs"→"Project"。日志文件可以帮助用户找到某一节点失败的原因。此外,日志文件还显示其他仿真过程中产生的标准错误信息。

2)查看项目概要

选择菜单栏中的"Project"→"Project Operations"→"Project Summary"。项目概要提供了正在运行的项目的简述,在文件中可以得到以下信息:

(1)项目的当前状态;

(2)项目最近的修改时间;

(3)修改项目的用户名;

(4)项目的节点总数;

(5)项目运行总时间。

3)查阅仿真输出结果

边界文件、掺杂信息文件和电学特性仿真文件等输出文件可以通过 Sentaurus Workbench Visualization 调阅和分析。Inspect 是一维模拟结果调阅工具,Tecplot SV 是二维、三维模拟结果调阅工具。仿真结果调阅工具也可以使用 SVisual,SVisaul 集合了 Inspect 和 Tecplot SV 的功能,可以调阅一维、二维和三维仿真结果,使用更加便捷。这些调阅工具都可以通过选中节点之后右击鼠标,在弹出的菜单中选择"Visualize"选项中的不同工具来打开(见图 9.32),或选中需要查看的节点之后单击工具栏中的 <👁▼> 按钮。

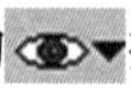

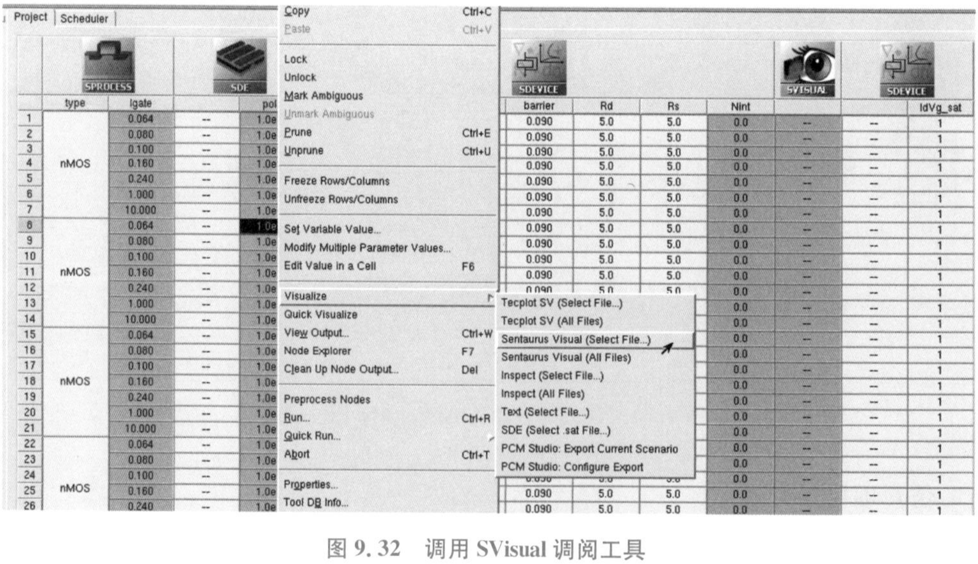

图 9.32 调用 SVisual 调阅工具

本章小结

Sentaurus TCAD 可以支持的仿真器件类型非常广泛,包括 CMOS、功率器件、存储器、图像传感器、太阳能电池和模拟/射频器件。此外,它还提供互连线建模和参数提取工具,为优化芯片性能提供了关键的寄生参数信息。本章系统地介绍了 Sentaurus TCAD 的主要分支 Sentaurus Process、Sentaurus Structure Editor、Sentaurus Device、Sentaurus Visual 和 Sentaurus Workbench 的功能和使用方法。

参考文献

[1] 李惠军. 现代集成电路制造技术原理与实践[M]. 北京:电子工业出版社,2009.
[2] Sentaurus Process User Guide. Version S-2021. 06.
[3] Sentaurus Structure Editor User Guide. Version S-2021. 06.
[4] Sentaurus Device User Guide. Version S-2021. 06.
[5] Sentaurus Visual User Guide. Version S-2021. 06.
[6] Sentaurus Workbench User Guide. Version S-2021. 06.

思考题

1. 用 Sprocess 工具制造出一个 NMOS 管(提供 cmd 文件);用 Structure Editor 优化网格,激活电极;用 Sdevice 仿真出直流击穿电压(器件关断时,漏端扫描直流电压,漏端电流刚好大于等于1×10^{-7} A 时的漏端电压即为击穿电压);用 SVisual 观察漏端电压-电流曲线,从电压-电流曲线数据中得到精确的直流击穿电压值;优化改进器件参数,使器件的直流击穿电压值刚好提高 20%。

2. 用 Sprocess 仿真出一个 NMOS 器件,器件长度定为 $12\mu m$,栅光刻位置为 $3.5 \sim 8.5\mu m$,铝电极光刻位置为 $1 \sim 3\mu m$ 和 $9 \sim 11\mu m$。

(1)采用晶向为⟨100⟩的 P 型硅作衬底,电阻率为 $100\Omega \cdot cm$。

(2)注入硼。10nm SiO_2,$\Phi = 2.5e12/cm^2$,$E = 50keV$,做衬底调制。

(3)隔离退火。退火时间:$T = 1100℃$,$t = 20min$。

(4)栅氧化。$D_{ox} = 0.065\mu m$。$T = 1160℃$,$t = 15min$,干氧,3% HCl。

(5)淀积多晶硅。$D_{ox} = 0.5\mu m$。

(6)多晶硅注入磷。$\Phi = 6.5e16/cm^2$,$E = 30keV$

(7)栅光刻。匀胶、显影、刻蚀、去胶。

(8)Gate Reoxidation。LDD 注入,砷,6keV,$2.65e15/cm^2$。侧墙。

(9)源、漏注入。磷,$\Phi = 5e15/cm^2$,$E = 80keV$。去胶。

(10)退火。$T = 9500C$,$t = 20min$,O_2。

(11)溅铝。$D = 2\mu m$。

(12)铝光刻。

要求:按上述工艺制作出所要求的 NMOS 器件,并在结构图中调取磷的等浓度线。

致谢

本章内容承蒙丁扣宝、陈一宁、董金珠等专家学者审阅并提出宝贵意见,承蒙研究生蒋孜恒、李思宏提供程序源代码及校对,作者在此表示衷心感谢。

作者简介

韩雁：博士、博导，浙江大学微纳电子学院教授。长期从事微电子学与集成电路设计相关领域的教学科研工作。完成国家863 IC设计重大专项、核高基重大专项、国家自然科学基金、教育部博士点基金、浙江省自然科学基金、海外合作开发、重大横向课题以及企业委托课题在内的科研项目70项；出版论著八部、译著三部；发表论文150篇，获授权发明专利（含美日专利）135项；指导研究生获全国IC设计相关大赛一等奖六项、浙江大学十大学术进展一项。

第 10 章
光刻掩模版及晶圆量测

（本章作者：任堃）

量测是光刻工艺评价和分析的必需手段,其包括对光刻掩模版图形的量测和晶圆光刻图形的量测。光刻掩模版的缺陷包括图形的线宽大小、放置位置的误差、相移角度误差,污染物颗粒附着,其中前三者是掩模版制造厂商引起的,最后一个缺陷在掩模版制造和使用时都可能产生。掩模版上的缺陷、光刻工艺窗口小、环境污染都会引起晶圆缺陷,从而可能引起晶圆良率下降。通过量测及时发现缺陷并应对是保证良率的必要手段。本章介绍光刻掩模版和晶圆上常见的缺陷类型和危害,以及相应的量测技术和原理。

10.1　掩模版的检测

在对掩模版制作完成后需要对关键图形进行量测,确定其是否满足出厂技术规格。量测的流程(见图 10.1)包括放置误差的量测、CD 量测、缺陷检测。

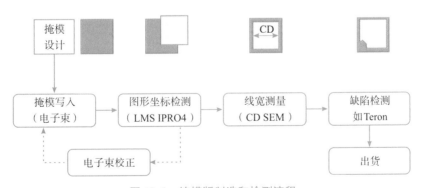

图 10.1　掩模版制造和检测流程

工艺节点越先进,晶圆图形的尺寸、套刻(overlay)精度要求越高,掩模版的尺寸精度和放置要求也越高,对应的掩模版等级(A—Z 逐渐升高)越高,部分掩模版等级的规格如表 10.1 所示。可以看出,掩模版的规格主要分为以下几个内容。

表 10.1 部分掩模版等级的规格

分类/等级			A	B	C	D	E	F	G	H	I	J	K	L	M	N	O	P	Q	R	S
双极型掩模版 & 相移掩模版	线宽	公差(±nm)	200	150	120	100	70	50	40	30	25	20	15	12	10	8	7	6	5	4	4
		均值偏差(±nm)	200	150	120	100	70	50	40	40	30	25	20	15	12	10	9	8	7	6	5
		均匀性(范围≤nm)											16	14	12	10	9	8	7	4	4
		邻近效应误差(范围≤nm)																			
		对准精度(±nm)	300	250	150	120	100	80	70	50	40	30	25	20	18	16	14	13	12	11	11
	缺陷	缺陷尺寸(<nm)	1500	1000	500	350	350	300	250	250	200	200	150	150	120	120	100	100	90	72	50
	颗粒	10~30μm	≤10	≤10	≤10	≤10	≤10	≤10	≤10	≤10	≤10	≤10	≤10	≤10	≤10	≤10	≤10	≤10	≤10	≤10	≤10
		≥30μm	0	0	0	0	0	0	0	0	0	0	0	0	0	0	0	0	0	0	0
	保护膜	总数	0	0	0	0	0	0	0	0	0	0	0	0	0	0	0	0	0	0	0
相移掩模版		透射率/%							6±0.5	6±0.5	6±0.5	6±0.5	6±0.3	6±0.3	6±0.3	6±0.3	6±0.3	6±0.3	6±0.3	6±0.3	6±0.3
		相位角公差(180±度)							3	3	3	3	3	3	3	3	3	3	3	3	3
相移掩模版		透射率/%							6.3±0.5	6.3±0.5	6.3±0.5	6.3±0.5	6.3±0.3	6.3±0.3	6.3±0.3	6.3±0.3	6.3±0.3	6.3±0.3	6.3±0.3	6.3±0.3	6.3±0.3
		相位角公差(180±度)							3	3	3	3	3	3	3	3	3	3	3	3	3

10.1.1　CD 误差

关键尺寸规格细分为三项：线宽公差（tolerance）是掩模单点量测线宽值与设计线宽值之间的差别；均值偏差（mean-to-target，MTT）是掩模上相同线宽和周期的多点量测线宽平均值与设计线宽值之间的差别；均匀性是掩模上相同线宽和周期的多点量测线宽值组成的一组数据中，最大和最小量测线宽值之间的差别。

量测的图形一般需要包括各种影响线宽均匀性的最敏感的图形，其中包括：①密集、半密集图形和孤立图形；②相同线宽不同周期的线条（through pitch）；③二维图形，如线端-线端、线端-线边、方角圆化半径等；④辅助图形，如亚分辨辅助图形（sub-resolution asistant feature，SRAF）。

掩模版线宽量测设备为 CD-SEM，其结构如图 10.2（a）所示。成像的基本原理是采用电子枪产生电子，通过电磁透镜将电子束汇聚并扫描样品表面，样品表面受到电子激发而产生二次电子和散射电子，利用接收器捕获这些电子信号，再将信号图像化得到扫描图形，根据图形，并通过软件得出线宽尺寸，量测示意图如图 10.2（b）所示。相比形貌观察用的 SEM，CD-SEM 对线宽量测的精度更高，体现在对线宽量测校准有更高要求和采用标准的设备量测参数设置，电子束的加速电压、电流、图像放大倍率等参数都会对线宽量测产生影响，采用标准量测参数可以减小实验误差，提高量测精度。

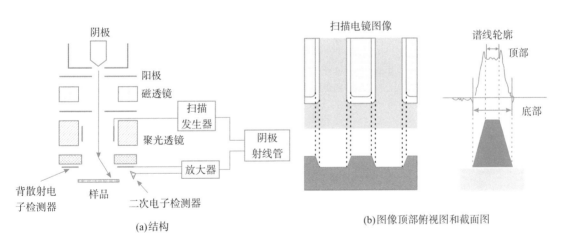

图 10.2　CD-SEM 工作示意图

以 55nm 逻辑工艺最高阶的 M 级掩模版为例，出厂规格中均值偏差需要满足小于 10nm，而均匀性需要满足小于 12nm。工艺成熟稳定的掩模版厂生产的 M 级掩模版，其实际均值偏差可以达到 6nm 以下。

值得一提的是，掩模版制作过程中产生的线宽误差如果是系统性的，即误差大小分布集中，后期光刻工艺和刻蚀工艺则可以通过调整工艺参数进行误差补偿。但是如果线宽误差是随机性的,即误差变化范围很大,线宽误差就无法通过工艺优化进行补偿。如图 10.3 所示,空心点 MTT 相比实心点分布更集中,CD 误差可以通过工艺优化补偿,而实心点掩模版的误差难以补偿。

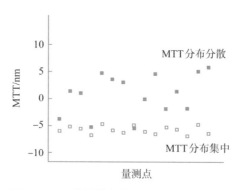

图 10.3　两片掩模版的 MTT 量测数据分布

10.1.2　放置误差(registration errors)

放置误差是指同一套掩模之间图形的对准偏差,直接影响晶圆上的套刻精度。版图设计要求金属线必须将接触孔和通孔完全覆盖,如图 10.4 所示中的浅色图形必须包覆前一层掩模版的深色图形。放置误差过大将引起深色图形偏移出浅色图形区域,如图 10.4 所示。放置误差引起接触孔或通孔仅部分或者完全不被金属线覆盖,将导致线路中电阻增加,甚至短路,使器件失效。

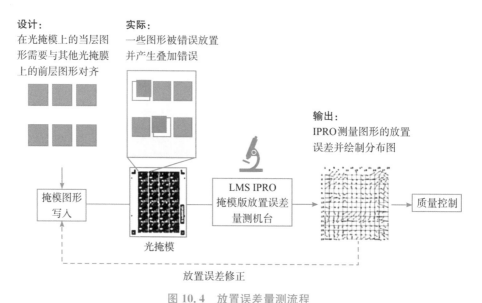

图 10.4　放置误差量测流程

放置误差量测一般采用与版图数据库对比的方法。对于 55nm 逻辑工艺采用的 M

等级掩模版,放置偏差的规格为 18nm。放置误差量测结果如图 10.4 右侧所示,以十字交叉坐标显示偏离的大小和方向。

以 IPRO 机台为例,放置误差量测模式分为两种:基于边缘识别的量测模式和基于模型的量测模式。基于边缘识别的量测模式如图 10.5 所示,其原理是通过工件台移动和图形边缘识别计算图形在掩模版上的实际位置,并与掩模版图数据库中的位置进行对比,确定放置误差。基于模型的量测模式如图 10.6 所示,其原理是选定版图上特征图形,采集光学图像用于建立成像模型,依据成像模型将整个掩模版图模拟光学图像,检测过程中通过比对量测的光学图像和模拟的光学图像之间的差别确定放置误差。

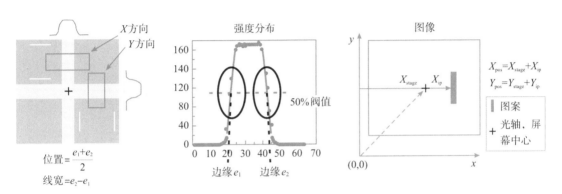

图 10.5　基于边缘识别的量测模式

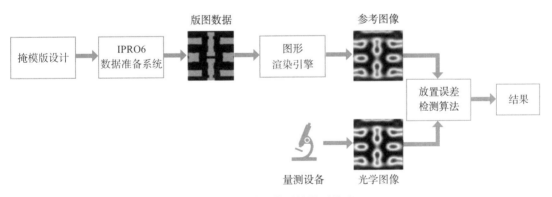

图 10.6　基于模型的量测模式

放置误差的量测结果有三方面用途:①用以判断掩模版制造厂的出厂质检是否满足规格要求;②用于掩模图形写入机台(e-beam writer)的修正,提升后续掩模版图形放置精度;③用于光刻机曝光条件修正,减小放置偏差引起的套刻偏差。

10.1.3　缺陷尺寸

掩模版缺陷是指掩模图形化过程中的缺陷,如图形的缺失、图形多出、显著的线宽误差。55nm 逻辑工艺采用的 M 等级掩模版,缺陷尺寸的规格为 120nm。

缺陷检测主要采用 193nm 光源和 257nm 光源,前者具有更高分辨率。检测方式分三种:①芯片与设计版图之间的比较(die to database,DB);②芯片与芯片之间的比较(die to die,DD);③图像反射-透射特征(STARlight,SL)。

DB 模式如图 10.7 所示,其检测原理是:选定版图上特征图形,采集光学图像用于建立成像模型,依据成像模型用整个掩模版图模拟光学图像,检测过程中通过观察量测的光学图像和模拟的光学图像之间的差别确定缺陷位置和大小。优点是严格按照版图设计对掩模版进行检测;缺点是成像模型设置复杂,耗时长,过程中消耗计算资源多,检测慢。DB 模式适用于掩模版的出厂质量检测。

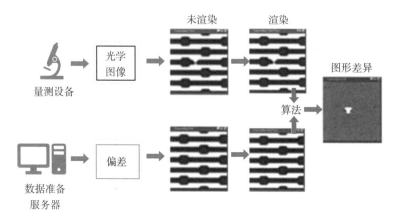

图 10.7　Die to DataBase 模式检测流程

DD 模式如图 10.8 所示,其限制条件是掩模版上存在相同设计的晶粒,并且位置排布在同一水平线上。其检测原理是:采集两个相同晶粒的光学图像进行对比,通过两个光学图像之间的差别确定缺陷位置和大小。优点是检测参数配方设置简单,耗时短,检测灵敏度高,检测速度快;缺点是检测结果仅指出两个对比晶粒的差异,无法确定缺陷在哪个晶粒上,需要人工审阅,同时 DD 模式无法检测出在两个晶粒相同位置出现的形状相同的缺陷。DD 模式适用于集成电路制造过程中的掩模版健康状况检测。

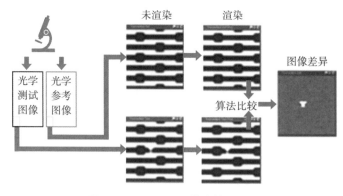

图 10.8　Die to Die 模式检测流程

SL 模式如图 10.9 所示,其检测原理是:选定掩模上特征图形,采集反射和透射光学图像,用于建立掩模材料的成像特性规律,其中检测过程中出现的违反成像特性规律的图形被标记为缺陷。SL 模式检测的物理基础如图 10.10 所示,在特定波长光的照射下,一种材料的透射率和反射率是固定的,出现异常透射率和反射率的区域被认为存在外来材料,即污染或掉落颗粒。SL 模式的优点是检测参数配方设置简单,耗时短,污染或掉落颗粒检测灵敏度高,检测快;缺点是无法检测掩模图形缺陷。SL 模式适用于集成电路制造过程中的掩模版健康状况检测。

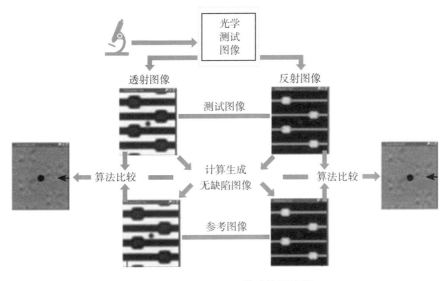

图 10.9　STARlight 模式检测流程

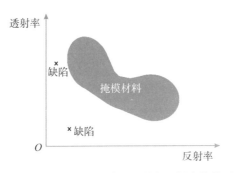

图 10.10　STARlight 模式基于透射率反射率的检测原理

10.1.4　掩模版保护膜上的污染颗粒数量

制造掩模版最后阶段为粘贴掩模保护膜(pellicle),它可以阻挡外来颗粒落到掩模图形上,落在保护膜上的小颗粒会因成像平面偏离硅片表面而不会影响光刻,如图 10.11 所示。但是,保护膜上颗粒过大会影响光的均匀性,可能导致光刻图形的尺寸变化,因此保护膜上尺寸为 $10\sim30\mu m$ 的颗粒数量不能多于 10 个,同时不允许存在 $30\mu m$ 以上的颗粒。

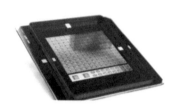

(a)带有保护膜的掩模版实物

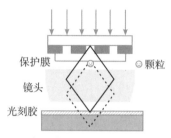

(b)保护膜上防止颗粒成像的原理

图 10.11 带有保护膜的掩模版实物和保护膜上防止颗粒成像的原理

如图 10.12 所示,保护膜上颗粒检测可以通过 Horiba PR-PD3 设备进行,其基本工作原理为散射光检测颗粒。PR-PD3 采用 633nm He-Ne 激光作为探测光源,激光照射到待检测表面,在光路上的颗粒会使激光产生散射,可以通过激光镜面反射光路外的探测器进行信号采集。由于颗粒材质不同,用这个方法检测对颗粒尺寸的判断并不是非常精准。若散射光检测颗粒检测采用偏振光差分法和低通差分法,则检测精度进一步提升,可以识别的颗粒尺寸达到 $0.5\mu m$。

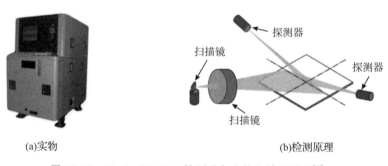

(a)实物

(b)检测原理

图 10.12 Horiba PR-PD3 检测设备实物和检测原理[1]

10.1.5 透光率和相移度

透光率和相移度测试针对相移掩模版。采用 Lasertec MPM 系列机台,从 G 到 S 等级的 Att. PSM 掩模版的透射率规格都为 $(6.3\pm0.3)\%$,相移度规格为 $(180\pm3)°$。以 193nm 的 Att. PSM 为例,检测光斑大小为 $4\mu m\times16\mu m$,而用于检测的区域大小为边长大于 $100\mu m$ 的方形区域。

相移度检测采用马赫-曾德尔干涉仪(Mach-Zehnder interferometer),它可以观测从单独光源发射的光束分裂成两道准直光束之后,经过不同路径与介质所产生的相对相移变化。图 10.13 为马赫-曾德尔干涉仪光路,其将样品置入样品光束路径,由于样品增加了所在路径的光程,在检测器处两束光的干涉产生变化,则检测器会感受到不

同的辐照度,由此可以计算出样品造成的相移。实际测试相移的设备实物和光路如图
10.14 所示。

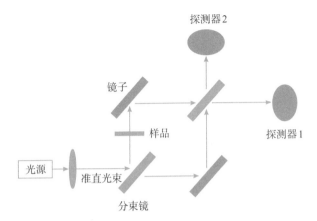

图 10.13　马赫-曾德尔干涉仪光路

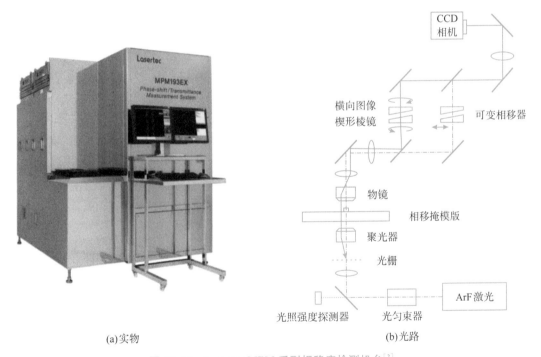

(a)实物　　　　　　　　　　　　　　　　　(b)光路

图 10.14　Lasertec MPM 系列相移度检测机台[2]

　　透光率检测同样利用光的干涉原理,原理和检测过程如图 10.15 所示。首先对透明
石英区域进行检测,通过移动光路中的楔形棱镜控制两束相同检测光之间的相位差,通
过光强曲线获得光强的变化幅度 V_{Qz};然后对 Att.PSM 的衰减区域进行检测,利用同样
的方法获得光强的变化幅度 $V_{Att.}$;最后通过计算干涉条纹的幅度比 $V_{Att.}/V_{Qz}$,得到相移
层相比石英层的透射率。

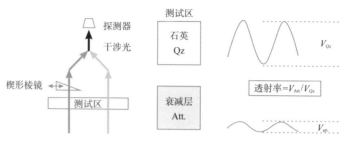

图 10.15　透光率检测原理和检测过程

10.2　晶圆检测

10.2.1　关键尺寸量测

关键尺寸的在线量测采用的设备包括 CD-SEM 和 OCD(optical critical dimention, 光学关键尺寸)量测设备。其中前者依靠电子束成像,量测精度高,可以探测局部区域尺寸变化,是量测线宽的主要手段;但是电子束对光刻胶的照射会导致光刻胶线宽缩小约 4nm,这对于光刻胶而言是破坏性检测,一般不会对产品区域进行检测,而对切割道中的监测图形进行量测。后者依靠光学计算得到线宽,检测光斑尺寸大,需要对尺寸约为 $50\mu m$ 的监测 OCD 图形区域进行量测,计算得到平均线宽。该设备优势在于不需要真空检测环境,采用可见光检测不会受电荷累计效应的影响,量测过程不会对光刻胶的线宽造成影响;缺点是只能检测光栅形式的测试图形,不能检测其他形式的图形。线宽的线下量测采用的透射电子显微镜,可以提供更高的量测精度以及图形截面信息,其高分辨率可以实现对原子排布和界面镜像进行观察,结合能谱还可以进行元素分布分析,是失效分析采用的主要设备之一,但是制样过程对硅片是有破坏性的。

CD-SEM 结构如图 10.16 所示,其利用二次电子信号成像来观察样品的表面形态,即用极狭窄的电子束去扫描样品,由电子束与样品的相互作用产生各种效应,激发出各种物理信息,通过对这些信息的接受、放大和显示成像,获得测试样品表面形貌。

扫描电子显微镜由三大部分组成:真空系统、电子束系统、成像系统。当一束极细的高能入射电子轰击扫描样品表面时,被激发的区域将产生二次电子、俄歇电子、特征 X 射线、连续谱 X 射线、背散射电子、透射电子,以及在可见光、紫外光、红外光区域的电磁辐射,同时可产生电子-空穴对、晶格振动(声子)、电子振荡(等离子体)。由于边缘效应,电子在尖细、粗糙的表面功函数小,释放的二次电

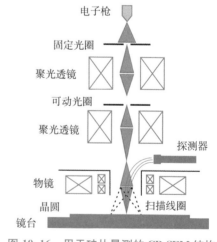

图 10.16　用于硅片量测的 CD-SEM 结构

子数量大。在图形的侧面由于倾斜角度大,侧面积大,放出的电子数量也大。因此,硅片表面的不同形貌位置发射的二次电子的数量不一样,会形成对比度。探测器通过二次电子信号对比度进行成像,软件通过计算边缘之间的距离得到线宽、周期、孔径等信息,量测结果如图 10.17 所示。目前 CD-SEM 精度可达 1.35nm 以下。

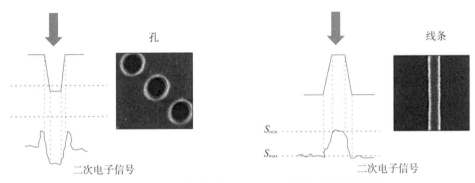

图 10.17 用于硅片量测的 CD-SEM 对孔和线条量测结果

OCD 的基本原理是利用内部的偏振式反射测量仪,使宽波段的偏振光垂直射入晶圆表面的 OCD 检测区域[见图 10.18(a)],即周期排布的线条,收集散射光信息[见图 10.18(b)],包括光强、传播方向、偏振状态、相位信息,通过严格耦合波分析(rigorous coupled-wave analysis,RCWA)获取线条的线宽、高度、周期等截面轮廓信息[见图 10.18(c)]。OCD 检测区域的设计一般包括三种,即设计规则规定的最密集图形、半密集图形(约 1.8 倍的最小周期)和孤立图形(5 倍以上的最小周期,但小于约 4μm 周期,保证至少存在 10 个周期)。OCD 主要用途包括量测薄膜厚度、线条 CD、沟槽深度、Cu 的高度和 CD、侧墙厚度等。

标准 SEM 设备分辨率范围在 20~30Å,无法应对高精度量测需求障碍,而透射电子显微镜(TEM)量测分辨率增加至 2Å,是一种高精度的离线量测方式。TEM 的原理是把经加速和聚集的电子束投射到非常薄的样品上,电子与样品中的原子碰撞而改变方向,从而产生立体角散射。散射角的大小与样品的密度、厚度相关,因此可以形成明暗不同的影像,影像将在放大、聚焦后在成像器件上显示出来。大型透射电镜一般采用 80~300kV 电子束加速电压,不同型号对应不同的电子束加速电压,其分辨率与电子束加速电压相关,可达 0.2~0.1nm,高端机型可实现原子级分辨。由于电子束的穿透力很弱,因此用于电镜的标本须制成厚度约为 50nm 的超薄切片。TEM 样品制样一般采用聚焦离子束设备,通过 Ga 或者 Xe 离子束进行切割,定点提取样品并减薄到 100nm 以下,可供 TEM 观察,具体流程如图 10.19 所示。

10.2.2 缺陷检测

在集成电路制造工艺中,尤其是先进的工艺制造过程中,晶圆上微小的缺陷没有被检测到而进入下一步的工艺很可能就意味着数批晶圆的工艺须重做,严重的甚至可以导致报废。因此,复杂的图案需要更精细的缺陷检测技术。缺陷检测包括晶圆的缺陷检测和检测之后在扫描电子显微镜下的观察回看(SEM review)。其中,缺陷的检测分为明场检测和暗场检测两种。

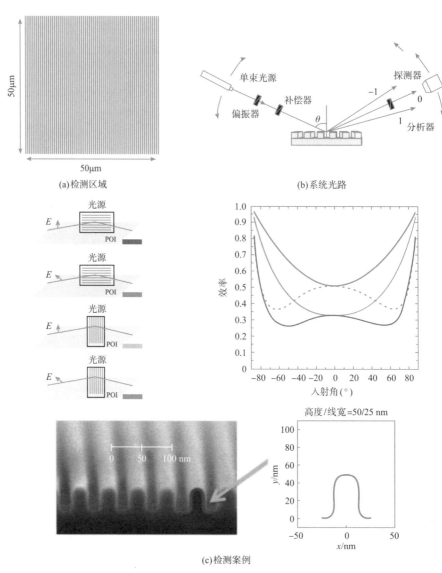

(a) 检测区域

(b) 系统光路

高度/线宽=50/25 nm

(c) 检测案例

图 10.18 OCD 量测[3]

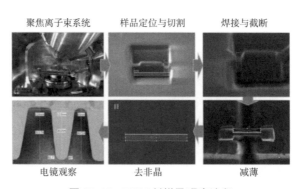

聚焦离子束系统   样品定位与切割   焊接与截断

电镜观察   去非晶   减薄

图 10.19 TEM 制样及观察流程

明场缺陷检测(bright field inspection,BFI)是一种严密的检测方法,可以及早发现问题并作出改善,避免因缺陷而导致晶圆报废或返工的情况,从而避免成本和时间的浪费。BFI 的检测原理(见图 10.20)是通过激光直射晶圆表面,利用探测器收集表面的反射光并分析,由于反射光信号强,因此检测的灵敏度很高。检测机台是通过左右芯片单元图像对比(die to die comparison)和差异来确认是否存在缺陷。BFI 检测设备相比,基于散射光的暗场缺陷检测(dark field inspection,DFI)设备灵敏度更高,但是 BFI 处理的数据较多,使得机台的检测速度较低,通常用于制程中关键层的检测。

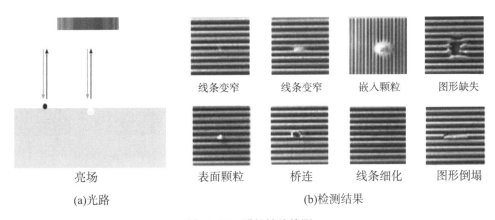

(a)光路
亮场

线条变窄　　线条变窄　　嵌入颗粒　　图形缺失

表面颗粒　　桥连　　线条细化　　图形倒塌

(b)检测结果

图 10.20　明场缺陷检测

DFI 是一种利用散射光进行检测的技术,其检测原理(见图 10.21)是通过激光照射晶圆表面,用探测器收集表面的散射光,因此 DFI 主要分析的是晶圆表面的缺陷,通过左右芯片单元图像对比和差异来确认是否存在缺陷。DFI 处理的光数据较少,检测的灵敏度与 BFI 相比有一定的差距,但是机台的检测速度更高,可以达到 BFI 的 3～4 倍。

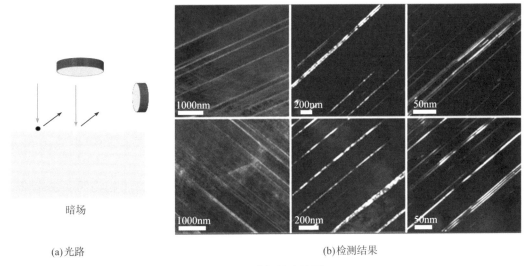

暗场

(a)光路

(b)检测结果

图 10.21　暗场缺陷检测

最新的光学检测技术,已经不再简单地依靠解析晶圆上的图案来捕捉其缺陷,而是通过复杂的信号处理和软件算法等手段,在图像对比的过程中寻找"异常"。检测结果也从曾经的晶圆图案,演变成了如今的"亮斑"和"暗斑"。尽管这些方法在 20nm 及以上的工艺中依然有效,但在今天的工艺中已经不再像之前那样可靠。相比于真正的缺陷,噪声在检测结果中的比例急剧提高——有些甚至可以达到 90% 以上,且简单地通过观察结果中的光斑,无法判断所捕捉到的信号是否为真实缺陷。于是第二轮的高精度 SEM review 回看 BFI 和 DFI 检测出来的缺陷,并进行人工分类,这也成为另一个不可或缺的步骤,如图 10.22 所示。SEM review 的优点是电子波长短,成像分辨率高,可以对形貌、材质以及元素成分进行检测,可旋转或多角度倾斜检测缺陷,为缺陷的形成原因提供直接依据。

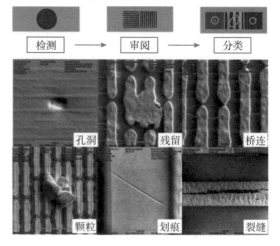

图 10.22 缺陷检测—审阅—分类流程

注:列举了部分审阅缺陷图像

10.3 缺陷处理

光刻工艺中影响良率的因素一般分两类:工艺窗口和缺陷。

在确定最佳光源条件后,光刻工艺工程师可以调节的参数一般仅为能量和焦距,不同产品的能量和焦距应按照图案特点进行微调,保证足够的工艺窗口。当掩模版上局部图形和整体差别较大,导致局部和整体的最佳光刻参数要求不同时,就需要工程师对光刻参数进行取舍,使不同位置曝光的图形即使不是最佳,也在目标范围内。当不存在可以满足所有位置的曝光图形都在要求范围内的光刻参数时,就需要对局部图形重新进行 OPC 修正,使整个曝光区域都具有足够的工艺窗口,从而保证良率。

光刻过程中的缺陷会对后续的刻蚀过程造成影响,导致在刻蚀过程中的氧化物残留或者图形掉落,进而在电路连线中形成短路或断路,使最终的良率降低。缺陷的类型主要有表面缺陷、光刻胶残留、聚焦误差和薄膜剥落。如果是当前光刻工艺中产生的缺陷,可以通过光刻工艺返工进行补救。下面列举了常见缺陷的产生原因和处理手段。

表面缺陷,其产生的原因一般是在制造工艺过程中机台部件受到污染或者损坏。当扫描结果中的缺陷数量没有超过设置的数量标准(一般为 10 颗)时,对最后的良率影响不大,可正常进行后续的制程。但是当缺陷数量超过了设置的数量标准时,就需要进行返工,去除表面的缺陷,提升良率。并且对可能存在相同影响的晶圆进行缺陷扫描,确认是否存在类似情况。此外,还需光刻工艺工程师查找造成缺陷的原因,确定是单一偶然事件还是由机台或原材料造成的多次重复事件。如果原因是机台损坏或者是原材料受到污染,则需要及时停止机台工作,并进行维修调整或者更换原材料。

聚焦误差通常是晶圆表面不平导致的,单片单点的离焦,其产生原因可能是晶圆背面存在颗粒,如果是整批性的相同坐标离焦,原因就是在曝光的工件台上存在一个颗粒,使得每片晶圆在显影过程中表面有凸起,此时需及时通知光刻设备工程师停机并清理机台,确认前后批次晶圆的影响,避免在最终良率上体现出整批性的良率损失。晶圆边界的离焦,其产生可能是前面的制程差异造成晶圆边界的厚度不同,使得曝光过程中光线无法聚焦到晶圆表面。这类情况会导致光刻胶显影不彻底,通孔底部有光刻胶残留,使得后续刻蚀过程深度不足,无法连接上下金属层,造成断路。针对晶圆边界的离焦,需要光刻工程师与薄膜工程师沟通并制订方案来调整晶圆边界的薄膜厚度,光刻工程师依据曝光的焦距能量矩阵(focus energy matrix,FEM)数据调整晶圆边界显影时的能量,将通孔中的光阻显影完全,确保良率。

本章小结

量测是光刻工艺评价和分析的重要手段,本章介绍了光刻掩模版和晶圆上常见的缺陷类型和危害,以及相应的量测技术和原理。通过量测及时发现缺陷并应对是保证良率的必要手段。

参考文献

[1] Kanzaki T. PR-PD3 reticle/mask particle detection system details of a method to discriminate between particle and pattern signals[EB/OL]. https://www. horiba. com/uploads/media/RE09-19-102. pdf.

[2] Nozawa H,Ishida T,Kato S,et al. Phase-shift/transmittance measurements in a micro pattern using MPM193EX[C]//Photomask and Next-Generation Lithography Mask Technology XVI. SPIE,2009,7379:618-627.

[3] Wurm M,Endres J,Probst J,et al. Metrology of nanoscale grating structures by UV scatterometry[J]. Optics Express,2017,25(3):2460-2468.

思考题

1. 简述光刻掩模版的量测流程。其中线宽量测规格包括什么?

2. 什么是放置误差? 举例说明放置误差过大造成的后果。

3. 简述三种缺陷检测方式及其原理和优缺点。

4. 晶圆检测中关键尺寸量测设备有哪些? 它们有什么差异?

5. 简述明场缺陷检测、暗场缺陷检测以及两者之间的差异。

致谢

本章内容承蒙丁扣宝、陈一宁、独俊红等专家学者审阅并提出宝贵意见,作者在此表示衷心感谢。

作者简介

任堃：博士，硕士生导师，浙江大学微纳电子学院特聘研究员。获复旦大学和中国科学院大学学士和博士学位。从事集成电路制造相关图形化工艺研发与应用工作。主持承担国家自然科学基金、浙江省重点研发计划、浙江省自然科学基金等多个项目。作为主要作者发表期刊论文 24 篇，获授权专利 14 项。

第 11 章

试验设计与分析在 IC 制造中的应用

(本章作者:杨斯元)

　　半导体制造是由大量的工艺步骤组成的一个非常复杂且庞大的过程。每个子过程的性能输出都有特别的规格要求。其规格有的是匹配目标型,即需要相应指标落在规格上下限范围里(或称望目型);有的是望大型,即越大越好,而且有一个必须满足的下限值要求;有的是望小型,即越小越好,而且有一个必须满足的上限值。每一工艺步骤都有一个指定的配方(recipe)为每个子过程步骤生成一组符合相应规格所需的结果。它们应该是最优的配方:对匹配目标型,不仅要落在规格上下限范围内,而且越靠近目标值越好;对望大型,不仅要大于要求的最低下限,而且越大越好;对望小型,不仅要小于要求的最高上限,而且越小越好。关于如何获得这样的配方,是否有一个系统的科学方法可以遵循?

　　本章将先介绍基本概念并回顾试验设计发展简史,之后将详尽讲解三种最常用的试验设计方法与应用,最后介绍相关更多的试验设计方法。初次接触试验设计的读者可以从试验设计简史中了解试验设计的不同方法与发展历史,学习本章挑选出的最常用的三种试验设计与分析的具体方法(需要结合统计软件的使用),并应用到实际工作中;具有试验设计培训经历与一定应用经验的读者则能从本章的试验设计简史中学到更多的新知识,以及各种试验设计方法的要点、优劣和注意事项,从而进一步优化试验设计,实现科学的应用。

11.1　试验设计:基本概念、定义与发展简史

　　因一个系统的一些可控输入因子(或称自变量)可以影响系统的输出结果(或称因变量或响应变量),人们希望用最少的试验次数获得最佳的输出结果。试验设计(或实验设计)(design of experiments,DOE)就是这样的一种方法。它对各个参与试验的输入因子的众多可能的水平组合进行科学的结构化选取,进行实验并对实验数据进行分析,从而帮助实验者从众多的自变量中筛选出其中的重要自变量,对它们追加可以用于建模预测的响应曲面设计(有时需要使用添加新设计点的扩充设计等序贯试验),最终以最

少的试验次数和最短的时间获得实验者期望的结果,包括受噪声因子(当其影响不可忽略时)影响最小的最优响应变量输出。该系统可能是某产品、半成品或某过程。其中,过程可以是制造、物理化学、生物成长、服务或管理等过程。

传统的试验设计本质上是试错法。比如,一次一个自变量法,即通过一次改变一个自变量并保持其他所有自变量水平不变的方法来获得最优结果。该方法利用之前已获得的趋势图中的斜率来计算下一步实验时此变量需要改变的步长,以获得新的试验水平进行下一次试验。也有 Z 字法,即一次同时改变两个(或多个)自变量,依据还是前面获得的这两个(或多个)自变量在各自趋势图中的斜率。这种方法只有在实验对象的真实模型非常简单,即没有自变量之间的交互作用项(又称交叉项)或高阶的交互作用模型项,以及没有平方或更高次幂模型项时才是适用的。然而,现实场景通常不能套用这么简单的模型。于是传统的试验方法常常被比作"瞎子摸象"。传统的试错法在遇到稍微复杂一些,尤其有多个响应变量的情况时,会把试验者带入"迷宫",使其久久出不来,即使有时试验者通过大量试验后凭着偶然运气得到勉强落在规格范围内的结果,通常也得不到最优的结果。比如,对望大型的实验,经常也是仅获得比要求的最低限稍高的结果,缺乏足够宽的工艺窗口来维护稳定生产。

科学的统计试验设计方法与试错法完全不同。它是从多个自变量的筛选设计试验中筛选出少量重要自变量后,依靠后续不同的结构化的设计(常用的响应曲面方法)去做试验;然后对获得的试验数据进行建模;最后通过对模型进行优化分析(使用常用的非线性规划法),找到最优结果对应的自变量的水平组合。

相对于有较高盲目性的低效试错法,科学的统计试验设计与分析可以给出现象/问题的全貌,因此相当于给出了一个城市的地图,用于导航到要去的任何目的地和任何一个建筑。

试验设计是统计学的一个重要分支,是常用的统计方法,在人们认识与了解自然以及优化产品性能方面都是不可缺少的重要手段。最早的试验设计开拓性研究源于英国现代统计之父费希尔(Fisher)的农业实验站的先驱工作。他出版的两部巨著 *The Design of Experiments*[1] 和 *Statistical Methods for Research Workers*[2] 曾经对农业、生物科学的发展产生了重要的影响。第二次世界大战后,试验设计有了快速的发展。Fisher 提出的析因设计(factorial experiments)在 20 世纪 20 年代的英国洛桑(Rothamsted)实验站得到了大量的应用。Frank Yates[3] 也做出了重大贡献,特别是在析因设计的设计与分析方面。

在 20 世纪 40 年代,该领域出现了一系列开创性论文[4,5,6]。其中,Rao 引入了某些组合排列并应用于构造正交阵列[或 OA(orthoyonal array)]。之后,许多统计学家和数学家都在这一领域做出了重大贡献,比如 Cochran 和 Cox[7]、Box 和 Hunters 等[8,9] 提出了二水平部分析因设计。二水平部分析因设计在真实模型中没有平方项存在时(含重复中心点的失拟检验结果不显著时),如果能无歧义地确定主效应与交互作用,则得到的模型可用于预告或者优化。然而,大部分情况下分辨度 III 和 IV 的设计[9,10] 都有无法澄清的不确定性,即效应(主效应或交互作用效应)之间存在着混淆关系,除非扩充到试验次数更高的分辨度 IV 或者试验次数非常高的分辨度 V 的析因设计来彻底澄清。因此,二水平部分析因设计大多数用于变量筛选,即从初期阶段认知的对产品性能可能会有影响的众多变量中筛选出少数、重要的变量，然后针对这少数、重要的变量进行后续的响应曲面设计，进行实验，进而实现建模。二水平的变量筛选设计只能根据没有歧义估计出的主效应的大小来筛选变量。

Plackett 和 Burman[10] 在 1946 年提出一种非正规的非常经济的二水平 Plackett-Burman(P-B)设计用于筛选试验。试验规模不是 2 的幂次方的 Plackett-Burman 设计倾向于具有复杂的别名结构(alias structure)，尤其是主效应可能与几个双因子交互作用有部分别名关系。这一类 P-B 筛选试验设计需要假设交互作用可以忽略。这类变量筛选设计比正规的二水平部分析因设计试验次数更少、更加经济。早期的应用中是不能估计出可能存在的任何交互作用的。后来，Hamada 与 Wu[11] 针对这种具有复杂的部分混淆(partial confounding)别名关系的 P-B 设计的数据分析，使用逐步回归等分析方法，可以在效应足够稀疏时估计主效应的同时还能估计少量交互作用。

比较下来，分辨度Ⅳ的部分析因设计是一种常用而有效的变量筛选设计选择(它不需要假定交互作用可以忽略)，尽管还有其他后来研发出来的不同的二水平变量筛选设计，比如主效应筛选设计、超饱和筛选设计等[12]。主效应筛选设计是主效应的正交设计或者接近正交的设计，需要假设交互作用可以忽略时才有优良且经济的效果。超饱和筛选设计的试验次数少于因子数，是假设交互作用可以忽略的一种贝叶斯修正的最优设计，使用时需要假定高度的效应稀疏。这些方法的试验次数都比分辨度Ⅳ的部分析因设计低不少，但是我们使用这些设计时必须了解它们相应的前提假设。

Box 等[13] 在解决化学工业问题时遇见了超出过去的统计比较与变量筛选的要求，从而提出了响应曲面方法(response surface method，RSM)。RSM 设计应用在生产过程中，通过对 RSM 实验数据建立数学模型，并寻求最优化性能对应的自变量的条件。其中有代表性的是中心复合设计(central composite design，CCD)。Kiefer 和 Wolfowitz[14,15] 提出了一种基于特定客观最优化标准的选择设计方法[设计前需要假定某种特定的模型(系数未知)，比如二阶全模型]，其在最优设计准则及方法上有重要贡献。后来，Meyer 和 Nachtsheim 在 1995 年使用快速的计算机程序坐标交换算法[16] 搜寻最优设计。最优设计的应用因此更加可行，并开始流行起来。最优设计的响应曲面的试验设计比经典的响应曲面设计的规模要小(即试验次数更少)，而且具有可容纳分类变量的响应曲面设计以及扩充设计等灵活性。

响应曲面设计在通过试验数据分析获得数学模型后，通常需要在这个模型中给定的自变量空间里找到相对应的响应变量作为所期望的最优化(望目、望大或者望小型的优化目标)的空间点(即自变量的水平组合)。然而，这样的点在多维空间里并不容易被找到，尤其是当响应变量有多个的时候，更需要使用正规的最优化方法。对单个响应的优化，许多数值方法可用于求解最优点的问题，被称为非线性规划法，例如有约束时的优化法。对多重响应的优化，需要采用一种叫意愿函数的方法[17]。各响应有一个自己的意愿函数，多个响应的意愿函数合并成一个总的意愿函数，这时的最优化问题归结为对这个总的意愿函数使用非线性规划法来寻找多维空间中的最优点。

有的产品是通过混合多种成分制造出来的。当一些成分的相对量(即比例)对产品性能有影响，而这些成分的总量并不影响产品性能时，新颖的混料设计法可以达到更高效的试验设计。Scheffe 首次提出了一种叫单纯形-格子设计法[18]，开启了混料设计的历史。这类设计法在混料实验较多的化工和医药等领域有着广泛的应用。

正交设计除了二水平完全析因与部分析因设计之外，多水平(三水平或更多水平)的正交设计也曾经获得大量的研究与应用，尤其是在中国和日本这样的东方国家。比如，三变量三水平的 L9 设计就是日本著名的试验设计大师田口玄一(Taguchi)常用的，是被后人称为田口设计的几个正交设计之一。多水平的正交设计绝大多数都是高度部分(highly fractionated)的部分析因设计。它是假定变量为定性变量(或称分类变量)而设计出来的正交设计，其试验数据适用于方差分析(须假设没有交互作用)。这类设计也适用于连续的定量变量。这种多水平正交设计的应用需要假定交互作用可以忽略。然而，这类多水平、多变量的正交设计在实践中仍然获得了较大的成功。它的成功不是来自像响应曲面方法那样通过对试验数据进行建模，而是来自简单的直观分析[19]，即在趋势图中使用极差分析寻找对应可能的更优结果的最佳自变量水平组合。这种设计与寻优方法里暗含的假定是真实模型没有交互作用。在中国，从 20 世纪 60 年代起，它曾经被大量使用，有许多正交设计实践者报道他们使用简单的直观分析获得了优良的结果。然而，他们声称的优良结果常常不是最优的结果，而大部分人并不知晓这一点，因为他们不了解该方法需要假设没有任何交互作用。现实中，交互作用往往不可忽略，其会造成来自这种试验的预告失败，虽然其中许多失败的案例并没有被实践者报道出来。如果预告值在验证后失败，实践者只好在已有的正交设计点的实验数据中找出最好的结果，如果它比过去的基准结果更好(属大概率事件)，则可被选为替代基准结果的新配方。所以这种方法有时也被称为"pick the winner"(冠军挑选)方法。如何弥补这一缺陷？如果要考虑交互作用，正交设计将会变得极其庞大，因此实用性差，尤其是在针对多水平的定性变量时。比如说，变量个数为 s，水平数为 q 的正交设计的试验次数 $n \geqslant s(q-1) + (1/2)s(s-1)(q-1)^2$，当 $s=6$，$q=10$ 时，正交设计的次数 $n \geqslant 1269$。

1978 年，我国科学家在巡航导弹的研发中就遇到了多水平多变量(比如 6 个变量，10 个水平)的试验中采用正交设计导致试验次数太多的难题。我国统计学家方开泰教授和数学家王元院士合作研发出一种称为均匀试验的全新设计，大大减少了巡航导弹指挥仪在快速计算中的试验与计算次数，成功地解决了巡航导弹控制系统的参数设计难题，使得"海鹰一号"巡航导弹的首发命中率达到 100%。这种高效的试验设计方法最早于 1978 年发表[20]，于 20 世纪 90 年代发表著作[21]并开始在全国大量推广。2019 年，方开泰等又出版了《均匀试验设计的理论和应用》专著[22]。中国数学会均匀设计分会于 1994 年成立，并得到了中国人民解放军原总装备部等单位的支持，均匀试验设计法被列入重点推广计划。均匀试验设计法在军事实验、航天、兵器、舰船、石油、化工、冶金、电子医药、水利等行业产出了大批新的科研成果，并带来了巨大的经济、军事和社会效益。

这种均匀试验设计法放弃了正交性及其相应的方差分析的要求，使用很少的试验次数就可以容纳交互作用与平方项(若是定量变量)，而且不像最优设计那样需要假定特定模型后才能设计，也就是说多水平的均匀设计有不需要事先假定模型这一个重要优势。由于有些实践者基于成本考虑倾向于使用试验次数非常少(过度超饱和)的均匀设计，而现实的效应稀疏程度不够时会导致试验数据分析与预告的失败。方开泰的学生周永道教授和他的研究生在均匀设计基础上又研发出了扩充均匀设计[23,24]。该方法在未获得成功的过度超饱和均匀设计的基础上进行扩充设计或多次扩充设计，后面的数据分析建模回收利用了失败的前期均匀设计的数据进行再次建模，直到这些序贯设计数据获得成功的建模。这种方法允许以最少的试验次数完成试验的目标，大大地提高了设计的经济性与灵活性，给非常昂贵的实验提供了不可或缺的新选项。

1986 年，田口玄一[25]提出了稳健参数设计（robust parameter design）。它是田口三次设计（第一次设计：系统设计；第二次设计：参数设计；第三次设计：容差设计）中的第二个设计步骤。它首先确认会影响过程或产品性能的可控变量和噪声变量，对可控变量和噪声变量分别设计（内表与外表），并将两个设计表进行叉积获得完整的设计表，再使用田口设计的信噪比响应变量进行试验数据分析与优化，然后找到能使得噪声变量带来的产品性能变异最小化的可控变量的水平设置。田口的设计方法称为田口稳健设计（有别于前面的田口正交设计），是第一次处理含有噪声变量的一种稳健设计（有时也称鲁棒设计）。田口思想与技术方法曾经引起了工程师和统计学家的兴趣，在 20 世纪 80 年代被许多大型企业采用，诸如 AT&T 贝尔实验室、福特以及 Xerox。田口的概念虽是合理正确的，然而，其内表与外表多数只是分辨度Ⅲ的部分析因设计，而且还完全忽略了可控变量与噪声变量可能有的交互作用。他的统计数据分析方法和试验设计方式过于复杂、低效，而且有时会失效。后来有多个西方的统计学家提出组合表（combined array）设计来改进田口的稳健参数设计，最早的是 Lucas[26]、Box 和 Jones[27]。

容差设计起源于田口三次设计中的第三次设计[28]。田口的质量损失函数用作容差设计的优化目标。容差设计的目的是在参数设计确定了最优参数值之后决定重要"噪声"变量的可允许范围。实践中规格限有时太"紧"以致要求过分昂贵的生产设备。通过研究容差范围与质量成本之间的关系，从经济角度考虑允许质量特性值的波动范围，对质量和成本进行综合平衡，确定各个参数合适的容差。它采用的两个策略是：①尽可能使用低成本的元件、更宽的容差；②紧缩容差时升级元件只升级到达到所需要的产品性能即可。在实践中，容差设计常用来调查如何通过控制输入因子的变异性来控制缺陷率，通常结合试验设计与计算机模拟方法进行统计容差设计[29]。

2011 年，Jones 和 Nachtsheim[30]发明了一种新的（三水平）确定性筛选设计[（three-level) definitive screening designs，DSD]，其有如下重要特性：①它不像分辨率Ⅲ的设计，DSD 的主效应完全独立于二阶交互作用（即二因子交互作用），使得主效应的估计不会因为二阶交互作用的存在而生成有偏的主效应估计值；②与分辨率Ⅳ的设计不同，该设计的二因子交互作用不会与其他二因子交互作用完全混淆，尽管它们之间可能有些相关；③在仅包含主效应和二次项的模型中，所有二次效应（即平方项）也都可估计，不像增加中心点的分辨率Ⅲ、Ⅳ和Ⅴ的二水平筛选试验设计中失拟检验无法识别引起失拟的是哪些因子；④二次效应与主效应正交，且不与双因子交互作用完全混杂。二次效应可能与交互作用效应相关。"确定性筛选试验设计"的称呼来源于这种设计能够无歧义地确认主效应。在效应非常稀疏时，DSD 还能够确认少量活跃的平方项和二因子交互作用。但是在这个实践中罕见的特殊情况下已经不再需要做变量筛选，因为可以通过直接建模，使用获得的模型来寻找最优的结果。

由于篇幅有限,还有不少试验设计方法没能囊括进来,而且随着试验设计领域的数学家和统计学家的不断努力,会有更多的新的设计方法产生。读者可以从本章提供的参考文献中去了解、学习更多的试验设计方法。

总而言之,试验设计方法针对的试验对象的目标是优化型(望目型、望大型和望小型),它适用于各种实体实验(physical experiment)、试验(trials)、测试(tests)或算法优化,包括模拟器、计算机实验等。大学生和研究生的课程中没有这些方法,主要是因为大学生、研究生和科学家研究或从事的大多数科学试验(或实验)的目的是揭示研究对象的内在的一般的规律,并且提出一套能够对研究对象进行充分描写和解释的抽象理论。其科学研究最根本的目的往往是发展理论,而不是优化。而工业界等工程领域的大多数实验的目的是优化试验的响应变量,而且要求使用最少的试验次数与最短的时间完成优化。这样,科学的试验设计方法就成了工程师必不可少的重要手段。

试验设计是统计学中一门博大精深的分支学科。随着时代的变化,越来越多的科学实验属于优化型的实验。2019 年的一项调查显示,一所大学里的集成电路实验室里的实验约 70% 以上的目标是优化型。为了提高国家整体的竞争力,学习、掌握科学的试验设计与分析方法已成为大学和企业共同承担的一项义不容辞的任务。

试验设计与分析的学习与应用离不开统计软件。目前常见的有 SAS-ADX[31]、JMP[32]、Design Experts[33]、Minitab[34] 以及 SPSS[35] 等。这些软件不仅提供试验的各种设计方法,还提供相应的数据分析平台。

本章使用 JMP 软件来演示、讲解在实用上有代表性的示例,跳过繁杂的数学与统计理论,将重点放在概念与方法的正确理解、软件的正确使用与结果的正确解释上。建议读者阅读本章时不仅要学习其中的原理,还要使用统计软件进行实际练习。软件不限于 JMP,也可以是其他同类型的含有试验设计的统计软件。后面的习题也是实际操作有关的例子,可帮助大家巩固本章的内容,并应用到实际工作中。

11.2 节介绍单变量比较试验,11.3 节介绍二水平析因设计,11.4 节介绍经典响应曲面设计。试验设计的方法很多,但由于篇幅的关系,我们在 11.2 到 11.4 节只能介绍最常用也是基础的三种试验设计方法。11.5 节扼要地介绍了其他常见的设计方法。最后的 11.6 节将提供给读者试验设计指南,指出一些注意事项。

11.2 单变量比较试验

单变量比较试验是常见的一种统计比较试验。例如,工程师要找到一个蚀刻配方(recipe)使得氧化物/硅(oxide/silicon)的蚀刻率比值(etch rate ratio)最大。工程师经过文献调查挑选了基准配方(baseline)之外的三个新配方(采用不同化学气体)。这里是一个单变量四水平的比较试验。自变量为配方,其四个水平分别为基准实验(baseline),3 个新的实验配方(splits)分别为 Split♯1、Split♯2 和 Split♯3。工程师决定用一个批(lot)中的 20 片晶圆(wafer)(每个配方重复次数为 5 次,即一个配方重复使用 5 片晶圆)来做这个比较试验。图 11.1 给出了 JMP 软件中的定制设计的选项。

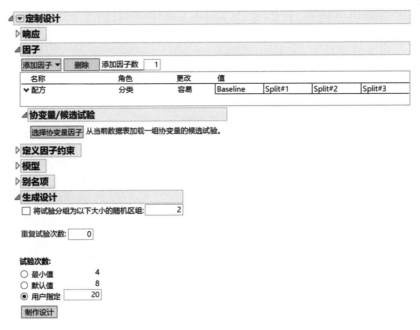

图 11.1 蚀刻率比值的四个配方的比较试验设计的界面

表 11.1 为在制作设计时将试验顺序随机化后得到的包含实验数据的设计表。第一列是插槽编号(slot ID),第二列是配方名,第三列是收集的实验数据。

表 11.1 蚀刻率比值的比较试验设计与实验数据

编号	配方	蚀刻率比值
1	Baseline	1.9
2	Split#1	2.097
3	Split#2	1.997
4	Split#3	1.917
5	Split#1	2
6	Baseline	1.797
7	Split#2	1.883
8	Baseline	1.917
9	Split#1	2.033
10	Split#3	1.883
11	Split#2	1.967
12	Split#3	1.833
13	Baseline	1.767
14	Split#1	2.123
15	Split#3	1.933
16	Split#2	1.93
17	Split#3	1.967
18	Split#1	2.17
19	Split#2	2.033
20	Baseline	1.807

在"分析"的菜单下选择"以 X 拟合 Y",然后按照图 11.2 选择"X,因子"和"Y,响应",再点击"确定"。

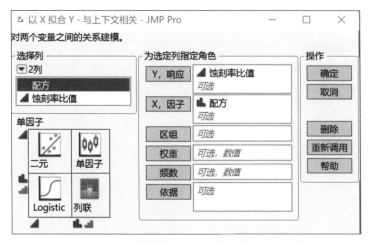

图 11.2　JMP 软件中"以 X 拟合 Y"的界面与选择

点击报表的红三角按钮,选择"比较均值""带控制组的 Dunnett 检验",然后选择 Baseline 为控制组,就可以获得分析结果报表(见图 11.3)。

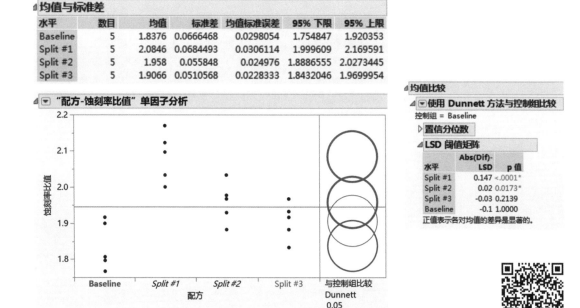

图 11.3　单因子分析的报表与相应结果

图 11.3 中的"均值与标准差"报表虽然给出了各个配方的均值,然而仅用均值大小比较缺乏统计意义。图中的"配方-蚀刻率比值"单因子分析和"均值比较"报表使用不同方法给出一致的统计比较结论。"配方-蚀刻率比值"单因子分析右边是带颜色的圆圈

（在软件上显示的图可以看到如下描述的颜色）。一个圆圈代表一个配方。其中"Base-line"配方为控制组，是红色的最底部的一个圆圈。其他三个配方，如果圆圈的颜色与"Baseline"的红色相同，则在统计水平 0.05 上与"Baseline"没有显著差别。配方"Split♯3"是红色的，为从下往上数第二个圆圈，它的均值与"Baseline"没有显著的统计上的差别。其他两个配方是灰色的，指示它们的均值与配方"Baseline"在统计水平 0.05 上有显著差别。"均值比较"报表给出的 p 值是其他配方相对于配方"Baseline"的。根据 p 值得出的结论与"配方-刻蚀率比值"单因子分析给出的一致。

　　这里的带控制组的 Dunnett 方法比较的结论是：Split♯3 与 Baseline 比较在统计水平 0.05 上没有显著改进（p 值为 0.2139），尽管它的均值 1.9066 比 Baseline 的均值 1.8376 高。Split♯2 与 Baseline 比较有统计上的显著改进，p 值为 0.0173。Split♯1 的均值最大，它与 Baseline 比较也是统计上更显著，其 p 值＜0.0001，远比 Split♯2（相对于 Baseline）的 p 值小。如果 Split♯1 的化学气体的成本与 Split♯2 相近，工程师会偏向选择 Split♯1 作为新的配方，替代 Baseline 配方。

　　统计检验的好处在于两组数据看上去似乎有差别（比如 Split♯3 与 Baseline 的比较、Split♯2 与 Baseline 的比较），但是仅使用简单的均值大小比较无法得出可靠的结论，因为数据有一定的随机涨落，此时通过统计检验（使用 p 值）可以给出明确的比较结论。此外，确认 Split♯2 比 Baseline 有统计上显著的改进，给后续进一步改进指明了方向，比如可以在 Split♯2 的某个化学成分更多的方向继续增大（如果工程上可能）来设计新的配方以获得更多的改进。

　　单变量比较试验适合于变量为分类变量的多个水平的比较。这个例子中的四个配方使用的气体可能完全不同，这四个配方之间的关系是不同类的关系。如果上例中的四个（或更多个）配方的差别在于两个（或多个）气体的含量不同，那么这两种气体的含量就是两个定量（连续）的变量。此时更为有效的试验设计是后面介绍的析因设计或者响应曲面设计。

11.3　二水平析因设计

　　二水平析因设计（two level factorial design）是经典试验设计的一个重要基础分支，始于二水平完全析因设计（two level full factorial design）。

11.3.1　二水平完全析因设计

　　设有 k 个自变量（$X_1, X_2, \cdots, X_k$）用来做试验。当每个变量取二水平时，k 个变量的所有可能的水平组合数目为 2^k 个。这种设计称为完全析因设计，能够独立估计所有可能的主效应（X_i）和二阶交互作用（$X_i X_j, i \neq j$），直到最高阶交互作用（$X_1 X_2 \cdots X_{k-1} X_k$）。

　　假定一个实验有两个自变量：温度和时间。工程师除了主效应外，还想要了解交互作用。我们可以使用完全析因设计。表 11.2 显示这个重复了三次的完全析因设计。

表 11.2 二变量二水平的重复三次的完全析因设计与试验数据

温度/℃	时间	Y
365	25	7
335	25	4
335	35	9
365	25	5
335	35	11
335	35	13
365	35	18
365	25	9
335	25	6
335	25	5
365	35	18
365	35	15

$$温度主效应=温度在高水平时的均值-温度在低水平时的均值 \quad (11.1)$$
$$时间主效应=时间在高水平时的均值-时间在低水平时的均值 \quad (11.2)$$

根据表 11.3 列出的从表 11.2 获得的分别对时间和温度的响应平均值的数据,使用式(11.1)和式(11.2)可得,温度主效应的估计为 12-8=4。同理,时间主效应估计为 14-6=8。

表 11.3 分别对时间和温度的响应平均值

温度/℃	响应平均值	时间	响应平均值
335	8	25	6
365	12	35	14

交互作用的计算公式为:
$$AB 交互作用效应=[``对应 B(+)时的 A 的效应''-``对应 B(-)时的 A 的效应'']/2$$
$$(11.3)$$

其中,B(+)表示 B 变量处在高水平;B(-)表示 B 变量处在低水平。

根据表 11.4 列出的从表 11.2 获得的每个时间温度组合的响应平均值数据,使用公式(11.3)可得,该例子里的温度×时间交互作用效应估计值为[(17-7)-(11-5)]/2=2。图 11.4 可以用来直观演示该交互作用的统计意义。

表 11.4 每个时间温度组合的响应平均值

时间	温度/℃	响应平均值
25(-)	335(-)	5
25(-)	365(+)	7
35(+)	335(-)	11
35(+)	365(+)	17

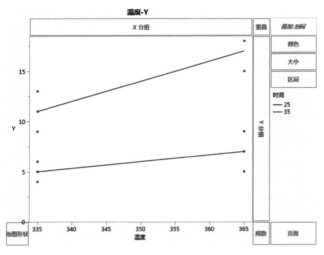

图 11.4　显示温度×时间交互作用效应

这里时间是 25 时的响应变量 Y 随温度变化的斜率与时间是 35 时的响应变量 Y 随温度变化的斜率是不同的。它显示了温度与时间的交互作用。斜率相差越大,交互作用就越大。

11.3.2　二水平部分析因设计

由于完全析因设计所需要的试验次数太多,它随着变量个数 k 的变化而呈几何级数般迅速增加,于是数学家想出试验次数更少的部分析因设计(fractional factorial design)。

部分析因设计基于三个因子效应中的前两个基本原则。

1. 效应等级原则(effect hierarchy principle)

(1)低阶效应很可能比高阶效应更重要(例如 A 或 B 主效应很可能比 AB 交互作用效应更重要)。

(2)同阶效应的重要性是相同的(例如主效应 A、B、C 和 D 同等重要,AB、AC、AD、BC、BD 和 CD 同等重要)。

2. 效应稀疏原则(effect sparsity principle)

众多的可能的效应中通常只有少数的效应才是活跃的。

因子效应的第三个基本原则是效应遗传原则(effect heredity principle):父系主效 A 和 B 应至少有一个是显著时,它们的交互作用 AB 才会是显著的。它可用在部分析因设计的数据分析上,处理一个交互作用与它的父系因子之间的关系。效应遗传原则可以用父母身高与子女身高的关系来帮助记忆。父母一方(A 或 B)或双方(A 和 B)个子都高的,其子女(AB)大概率是高个子。这里要强调的是,这三个原则是相对的大概率事件,会有些例外[36]。因此,任何使用这三个原则的设计与数据分析最后都要用实验来验证所推测、预告的结果。

以一个三个变量的二水平部分(1/2)析因设计为例,其设计如表 11.5 所示。其中"—"代表变量的低水平,"＋"代表变量的高水平。

表 11.5　三个变量的二水平部分(1/2)析因设计

设计点	A	B	C
1(c)	−	−	+
2(b)	−	+	−
3(a)	+	−	−
4(abc)	+	+	+

三个变量的二水平完全析因设计的试验次数是 $2^3=8$ 次。因此,这个设计是 1/2 部分析因设计,在图 11.5 中用实心点(a,b,c 和 abc)表示,与表 11.5 中 4 个设计点的代号相同。

表 11.6 包含所有二阶交互作用水平的列。AB 列的水平由 A 和 B 的水平"+""−"符号相乘而得。AC 和 BC 的 $+/−$ 同理获得。AB 的效应大小可以由该列的"+"的均值减去该列的"−"的均值获得。AC 和 BC 的效应大小估计也同理获得。

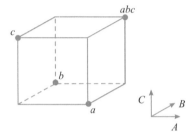

图 11.5　三个变量的 1/2 部分析因设计几何示意

表 11.6　为设计表 11.5 扩展到包含交互作用的所有列

A	B	C	AB	AC	BC	Y
−	−	+	+	−	−	(c)
−	+	−	−	+	−	(b)
+	−	−	−	−	+	(a)
+	+	+	+	+	+	(abc)

根据前面的主效应与交互作用效应的估计方法,可以获得变量 A 的效应估计 $[A]=\frac{1}{2}[(a+abc)-(c+b)]$;同理其他两个主效应估计分别为 $[B]=\frac{1}{2}(-a+b-c+abc)$,$[C]=\frac{1}{2}(-a-b+c+abc)$。交互作用效应估计分别为 $[AC]=\frac{1}{2}[(abc-c)-(a-b)]$,$[BC]=\frac{1}{2}[(abc-c)-(b-a)]$,$[AB]=\frac{1}{2}[(abc-b)-(a-c)]$。这些计算结果也可以从表 11.6 中根据前面效应计算公式获得,比如 AB 的效应值为两个 AB 在高水平时响应值的平均 $[(c+abc)/2]$ 减去两个 AB 在低水平时响应值的平均 $[(b+a)/2]$ 所得的值。

仔细观察可以发现:$[A]=[BC]$,$[B]=[AC]$,$[C]=[AB]$。计算出的 A 效应与 BC 交互作用效应完全相同,因为这两列的 $+/−$ 水平设计是完全相同的(见表 11.6),因而所谓计算出的效应大小无法确定是 A 效应、BC 效应,还是它们之和。如果采用其他途径,比如效应等级原则,我们认为 BC 没有 A 重要,那么可以认为这时获得的效应计算值是 A,不是 BC。同理,B 效应与 AC 交互作用、C 效应与 AB 交互作用在这个设计中是无法区分的,也需要其他的途径来确定。这种关系是这种设计的一个特点,称为别名结构(alias structure)。$[A]=[BC]$ 的关系有时也叫作 A 与 BC 混淆或混杂(confounding)。注意,这里的 $[A]=[BC]$ 不是说 A 和 BC 的系数相等,而是表示它们的高低水平设计是相同的,无法区分它们。因为这个混淆关系,由这种部分析因设计计算出的效应估计实际上是它们的总和,因此$[A]=[BC]$的混淆关系可以用$A+BC$这个别名链来表示,其表示前面用$\frac{1}{2}[(a+abc)-(c+b)]$计算出来的是$A$和$BC$的效应之和。

不同的部分析因设计会有不同的别名结构。下面列出三种描述别名结构的分辨度的定义。

(1)分辨度Ⅲ设计:主效应之间没有混淆,但是主效应与二阶交互作用有混淆,而且一些二阶交互作用与其他二阶交互作用有混淆。

(2)分辨度Ⅳ设计:主效应之间没有混淆,而且主效应与任何二阶交互作用也没有混淆,但是一些二阶交互作用与其他二阶交互作用有混淆。

(3)分辨度Ⅴ设计:主效应之间没有混淆,主效应与任何二阶交互作用也没有混淆,而且二阶交互作用与其他二阶交互作用也没有混淆。

前面的这个三变量二水平$1/2$部分析因设计2^{3-1}就是一个分辨度为Ⅲ的设计。如果变量是定量变量(也称连续变量),这些变量取-1和$+1$水平是因为已经做了编码(标准化)处理。编码后建模得到的系数或效应的大小可以直接用来比较它们在这些给定的实际水平范围内的相对重要性。如果X_i是原始变量,其变化范围上限为HL_i,下限为LL_i,则编码后的变量Z_i为:

$$Z_i=\frac{X_i-均值}{(HL_i-LL_i)/2} \tag{11.4}$$

其中,

$$均值=\frac{(LL_i+HL_i)}{2} \tag{11.5}$$

此时Z_i的变化范围为-1到$+1$。下面的设计是四个编码过的变量A、B、C、D的二水平$1/2$部分析因设计2^{4-1}。

在主菜单中的"试验设计(D)"中选择"经典"→"两水平筛选"→"筛选设计",便可获得如图 11.6 所示的设计界面。

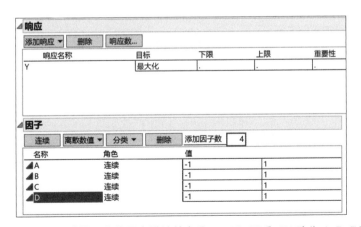

图 11.6　在这设计界面中将原来默认的名称 X1,X2,X3 和 X4 改为 A,B,C 和 D

在图 11.7 中,选择第一行的试验次数为 8、分辨度为 4(Ⅳ)的部分析因设计。

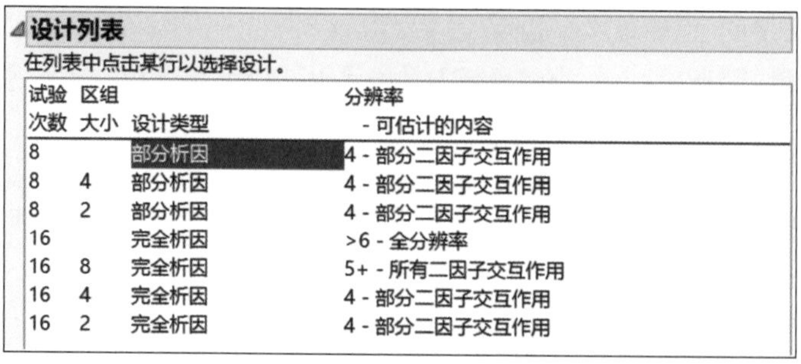

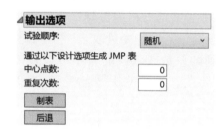

图 11.7　选择试验次数为 8、分辨率为 4 的部分析因设计

在图 11.8 中，点击"制表"便可获得设计表。要注意的是，因为试验顺序是随机的，每次同样的设计的试验顺序都会不相同。设计后按设计表进行实验，并收集数据（见表 11.7）。

图 11.8　设计过程中需要选择的输出选项

表 11.7　四个变量的二水平 1/2 部分析因设计（2^{4-1}）的设计与数据

A	B	C	D	Y
−1	−1	−1	−1	45
−1	−1	1	1	75
−1	1	−1	1	45
−1	1	1	−1	80
1	−1	−1	1	100
1	−1	1	−1	60
1	1	−1	−1	65
1	1	1	1	96

图 11.9 给出该设计的别名矩阵。

这里的别名矩阵指出了分辨度 IV 的别名结构，即 $[AB]=[CD]$，$[AC]=[BD]$ 和 $[AD]=[BC]$。或者我们称为该设计具有别名链 $AB+CD,AC+BD$ 和 $AD+BC$。

我们使用 JMP 软件的"拟合两水平筛选"平台对 2^{4-1} 实验的数据进行分析。

在图 11.10 的"拟合两水平筛选"界面按此分别输入 Y 和 X（A、B、C 和 D）后点击"确定"，获得的数据分析报表如图 11.11 所示。

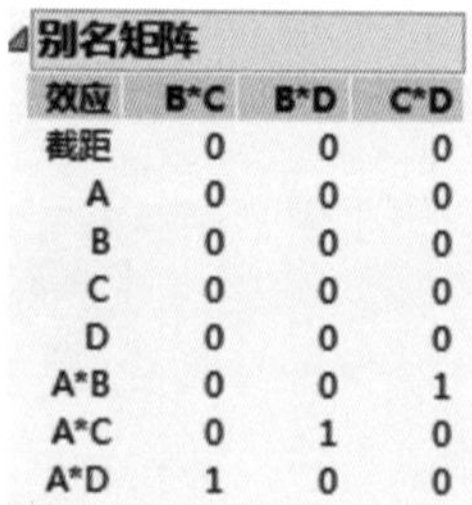

效应	B*C	B*D	C*D
截距	0	0	0
A	0	0	0
B	0	0	0
C	0	0	0
D	0	0	0
A*B	0	0	1
A*C	0	1	0
A*D	1	0	0

图 11.9　四变量的二水平 1/2 部分析因设计的别名矩阵

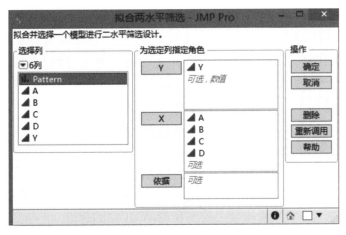

图 11.10 "拟合两水平筛选"的选项

项	对比		Lenth t 比	个体 p 值	联合 p 值	别名
A	9.50000		0.77	0.3831	0.9940	
D	8.25000		0.67	0.4690	1.0000	
C	7.00000		0.57	0.6377	1.0000	
B	0.75000		0.06	0.9588	1.0000	
A*D	9.50000		0.77	0.3831	0.9940	C*B
A*C	-9.25000		-0.75	0.3942	0.9963	D*B
D*C	-0.50000		-0.04	0.9723	1.0000	A*B

"Y" 的筛选 / 对比

图 11.11 "拟合两水平筛选"的报表

这里别名链 $DC+AB$ 的对比估计值非常低（-0.50000），可以判断 DC 和 AB 都很弱（参见文献[38]，281 页），即两者都可以忽略。别名链 $AD+CB$ 中可以根据遗传效应原则忽略其中的 CB，因为 A 和 D 主效应相对较大，B 相对很弱，所以根据效应遗传原则，交互作用 AD 要比 CB 大许多。同理，我们也可以忽略别名 $AC+DB$ 中含 B 的 DB，留下 AC。于是我们获得活跃的模型效应，如图 11.12 所示。

项	估计值	标准误差	t 比	概率>|t|
截距	70.75	0.637377	111.00	<.0001*
A	9.5	0.637377	14.90	0.0045*
D	8.25	0.637377	12.94	0.0059*
C	7	0.637377	10.98	0.0082*
A*D	9.5	0.637377	14.90	0.0045*
A*C	-9.25	0.637377	-14.51	0.0047*

参数估计值

图 11.12 "拟合两水平筛选"的分析结果

在这个例子里，我们不仅从四个自变量中筛选出了三个活跃的 A、C 和 D，而且无歧义地确认了两个交互作用 AD 和 AC。然而，我们的设计是二水平，无法获得可能存在的平方项模型项的任何信息。如果要判断在这些二水平范围内没有显著的任何平方项，则需要添加重复的中心点收集数据，并做失拟检验。具体的失拟检验例子可以参见蒙哥马利（Montgomery）的第 6 版中译本[37]或他的第 10 版英文版[38]图书。在确认没有任何平方项后，该模型便可用来预告，获得优化的结果。如果无法无歧义地区分相互混淆的交互作用，该部分分析因设计也还是完成了变量筛选的任务，即从四个变量中为后面的响应曲面设计找到了三个活跃的主效应（A、D 和 C，按图 11.12 中的参数估计值大小从大到小排列）。如果要选两个变量进行后续的响应曲面设计，则选择排在前面的 A 和 D。

以上例子因为相对于模型项个数的总试验次数不高，其"拟合两水平筛选"给出的

报表中的个体 p 值和联合 p 值都很高,不能使用通常的统计水平 0.05 或 0.1 来选取模型项。在 p 值都比较小时,"拟合两水平筛选"平台会自动挑选出 p 值小的模型项(见后面的习题),此时不需要自行挑选,只需点按报表下面的"运行模型",就可以得到图 11.12 中的各项统计上显著的"参数估计值"报表。在上例的个体 p 值和联合 p 值都很高的情形下,我们也可以按 p 值大小挑选出 p 值最小的若干项,比如先后删除 p 值为 0.95 和 0.97 的两个模型项后直到获得的新的"参数估计值"报表中的所有项的新的 p 值都显著时停下,不再删除更多的项。用这种方法获得的模型项 A、D、C、AD、AC 最后还需要使用因子效应三原则来分析、澄清已知的别名结构,比如说确认估计出的是 AD,而不是 CB,估计出的是 AC,而不是 DB。最后这点是许多试验设计实践者,包括一些资深统计软件顾问甚至一些试验设计书籍常常忽略、犯错的地方。

11.4 经典响应曲面设计

响应曲面方法(RSM)是这样的一种数学统计技术:它对受一些变量影响的人们感兴趣的响应进行分析与建模,目的是要优化该响应。在多数 RSM 问题中,响应与自变量之间的关系常常是未知的。RSM 的第一步就是要找到响应变量与一组自变量之间函数关系的合适的近似表达。比如二阶模型:

$$y = \beta_0 + \sum_{i=1}^{k} \beta_i X_i + \sum_{i=1}^{k} \beta_{ii} X_{ii}^2 + \sum_{i<j} \sum \beta_{ij} X_i X_j + \varepsilon \qquad (11.6)$$

示例:一个蚀刻工艺的蚀刻率与非均匀度的优化。

目标:找到满足 $1095\text{Å/min} <$ etch rate(蚀刻率)$< 1135\text{Å/min}$ 和 WIW non-uniformity(晶圆内非均匀度)$< 108\text{Å}$ 的实验条件。在蚀刻率等于 1115Å/min 的同时找出最小的非均匀度的实验条件。

实验变量与范围为:gap(间距)$(1\text{cm}, 1.4\text{cm})$,power(功率)$(350\text{W}, 400\text{W})$。

响应曲面的设计有多种,这里以经典响应曲面设计为例进行介绍。在 JMP 软件的试验设计平台中,选"经典",再选"响应曲面设计"(见图 11.13)。

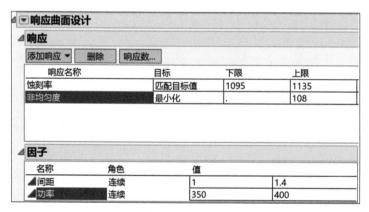

图 11.13　响应曲面设计的响应、因子界面

在图 11.13 的"响应"一栏中,将响应变量名与目标及其上下限填入。这将构成后面在优化时要用到的意愿函数(desirability)。在蚀刻率等于中间值 1115[=(1095＋1135)/2]时的意愿函数值最大,为 1.0。若 etch rate 落在(1095,1135)之外,则意愿函数值为 0。当响应变量"非均匀度"数值落在 108 之上时,意愿函数值为 0,落在往下偏离 108 的范围,意愿函数值大于 0,而且非均匀度数值越小,其意愿函数值越大。

在图 11.13 的"因子"一栏里,将因子的名称及其高低水平填入。之后在图 11.14 中选择带有 5 个重复中心点的 CCD-均匀精度的响应曲面设计。

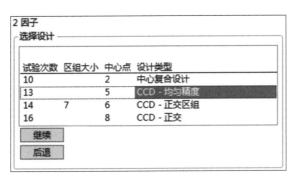

图 11.14　二因子响应曲面设计选项

在这个实验中,如果不想任何实验点超出上述给定的范围,就选择轴值"位于表面"(见图 11.5),然后点击"制表",就可获得响应曲面设计与实验数据(见表 11.8),然后进行分析建模。

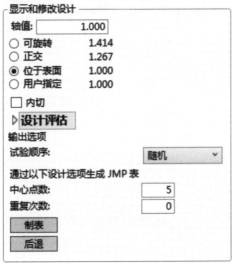

图 11.15　轴值、试验顺序及中心点数的选项

表 11.8　二变量响应曲面设计与实验数据

间距	功率	蚀刻率	非均匀度
1.4	375	1333.1	116.69
1.2	375	1145.0	108.15
1.2	375	1148.6	107.55
1.4	400	1565.3	109.53
1	400	1222.7	112.48
1.2	375	1138.6	107.73
1	350	1080.4	86.49
1	375	1196.4	110.87
1.2	400	1283.0	104.41
1.2	375	1146.1	107.50
1.4	350	1036.7	104.13
1.2	350	933.6	89.95
1.2	375	1141.7	106.62

在"分析"平台下选择"拟合模型",出现如图 11.16 所示界面。

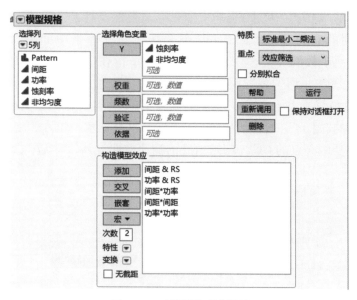

图 11.16 "模型规格"界面

勾选"分别拟合",点击"运行"将获得如图 11.17 所示的蚀刻率和非均匀度的各自的分析报表。

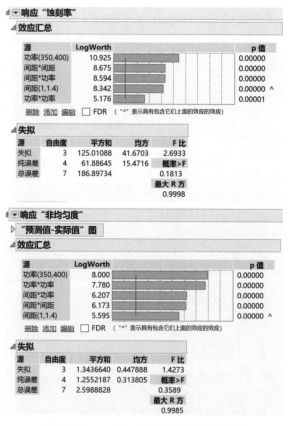

图 11.17 蚀刻率和非均匀度的分析报表

　　从报表中可以看到,蚀刻率和非均匀度的所有模型项都具有非常小的 p 值,在统计上都是显著的效应,于是都保留下来(通常大于 0.1 的模型项要被删除,之后再建立模型)。它们的失拟检验的 p 值分别为 0.1813 和 0.3589(都大于 0.05),说明蚀刻率模型和非均匀度模型都没有严重的失拟现象。在这个二阶响应曲面模型下,意味着真实模型里没有高于平方项或高于二阶的交互作用模型项。这样在后面介绍的对模型健康诊断正常后使用这样的模型来预告是安全的。

　　单击"拟合组"的红三角按钮,在弹出的下拉菜单里选择"刻画器",得到如图 11.18 所示的两个响应变量的联合刻画器。

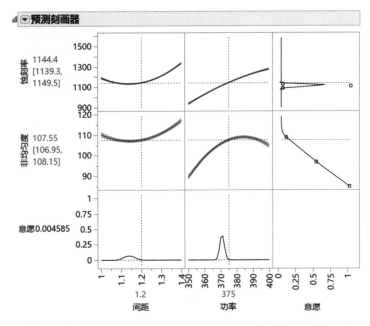

图 11.18　优化前响应变量蚀刻率和非均匀度的联合刻画器(一)

　　此时两个变量的水平放在中心点上,即间距为 1.2,功率为 375。在这个设置条件下对应的意愿函数值(0.004585)非常低。要找到在该实验范围内的最大意愿函数值以及对应的自变量的水平,则单击"预测刻画器"的红三角按钮,在弹出的下拉菜单中选择"优化和意愿",再选择"最大化意愿",结果如图 11.19 所示。

　　此时找到的在这个范围内最大的意愿函数值为 0.769295,对应的响应变量蚀刻率为 1114.3,非常接近目标值 1115(这点差异是正常的,重复性实验误差常常比这差别还大)。此时的非均匀度为 94.55,远远小于上限值 108。图 11.19 还提供了预告值的置信区间大小。预告的蚀刻率值 1114.3 的置信上下限分别为 1123.5 和 1105.0。预告的非均匀度值 94.55 的置信上下限分别为 95.65 和 93.46。

　　为了进一步确定模型是否健康,单击"响应'蚀刻率'"的红三角按钮,在弹出的下拉菜单中选择"行诊断",然后分别选择标绘"预测值-实际值"图、标绘"行号-残差"图,以及标绘残差正态分位数图,结果如图 11.20 至图 11.22 所示。

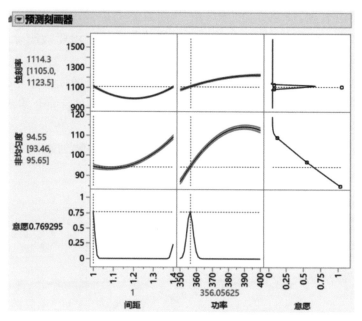

图 11.19 优化后响应变量蚀刻率和非均匀度的联合刻画器(二)

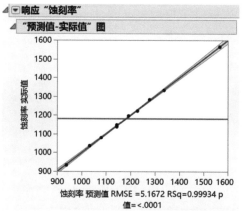

图 11.20 蚀刻率的"预测值-实际值"图

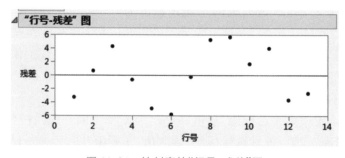

图 11.21 蚀刻率的"行号-残差"图

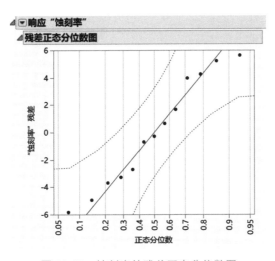

图 11.22　蚀刻率的残差正态分位数图

图 11.23 至图 11.25 分别是非均匀度的三张诊断图。

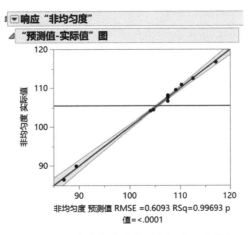

图 11.23　非均匀度的"预测值-实际值"图

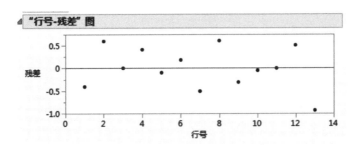

图 11.24　非均匀度的"行号-残差"图

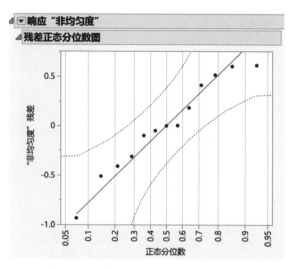

图 11.25　非均匀度的残差正态分位数图

从上面六张图可以看到,蚀刻率和非均匀度的 R^2 分别为 0.99934 和 0.99693。它们的"行号-残差"图都是健康的,因为对应从小到大的行号(设计表格中的行号)变化,残差的变化都近乎于随机模式(没有非随机模式与趋势出现)。它们的残差正态分位数图显示它们的残差没有明显地偏离正态分布,即没有超出置信区间,而且基本上落在直线附近。这些都显示所建模型是健康的,可以用于预告与优化。

11.5　试验设计实践的更多讨论

11.5.1　试验设计的流程

如何选取自变量? 这是一个非常重要也是极具挑战性的问题,它不是前面介绍的变量筛选方法所能全部解决的问题。举例来说,集成电路的制造中有几百个步骤,有上千种可以调控的自变量。这么多的变量是无法使用也没有必要采用任何类型的变量筛选设计的,哪怕是分辨度Ⅲ的非常经济的设计或者后来发展出来的更加经济的超饱和筛选设计。因此,试验设计流程的第一步应该是工程上的变量筛选。工程上的变量筛选需要依据众多工程师与技术专家对工程技术的现有认知。在集成电路制造领域,每个步骤都涉及很深的专业技术,通常每个领域都有自己的专家,也有一些擅长整合、处理部分流程的技术专家,即工艺整合工程师(process integration engineers,PIE)。工程上的变量筛选需要相关领域的各方面专家的集体经验与智慧来列出所有可能相关的变量,然后将这些众多的自变量进行影响程度排序,从中挑选出排在前面的大约十个或者十多个最重要的自变量,接着使用试验设计中的变量筛选设计对它们作进一步的筛选,最后筛选出的一般为 3~5 个或者更多(但一般少于 10 个)的变量用于后面的响应曲面设计。

在使用变量筛选设计时的水平范围的选取也不是一件简单的事情。范围选错了,即使后面的响应曲面设计帮助找到了最优结果,这些最优结果有时也不一定达标,即与目标还有一些距离。如果最优结果发生在该实验范围的边界上,则可以找到在自变量空间中指向更优结果的方向,然后在新的中心点重新设计一个新的响应曲面设计,以期找到更优的结果,直到完全满足目标为止。

如果第一次响应曲面的最优结果是发生在原始实验范围内部而且不达标,则说明所选的自变量个数太少或者选出的不都是排在前列的重要的变量(变量筛选设计与分析有问题)。此时往往需要重新设计一个自变量个数更多的响应曲面设计。这时前面的响应曲面的数据就不可再利用了。避免这个结局的一个办法是刚开始尽量不要使用过少的自变量。前面使用较少的自变量个数是因为经典响应曲面设计的试验次数很高,迫于节省成本的压力而选择少量的自变量个数。然而我们可以使用 11.1 节提到的非常经济的超饱和响应曲面的均匀设计或最优设计,在同样试验次数的条件下能容纳更多的自变量。这样做的条件是试验次数的多少要满足一定程度的效应稀疏的要求,即试验次数要高于真实模型中的参数的个数,即活跃模型项的个数,这样可以一步获得健康的模型与可靠的预测和优化。

然而真实的效应稀疏程度是未知的。当因为选择的均匀设计的试验点数过于经济,或者说真实的效应稀疏程度没有超饱和响应曲面的均匀设计假设的那么稀疏,选择的设计的试验数据太少造成建模失败时,我们可以采用前面 1.1 节提到的扩充均匀设计,在原有失败的均匀设计的基础上添加新的试验点,构成新的更大的均匀设计。在收集这些新添加的试验点的实验数据之后,结合原有的失败的第一次均匀设计实验数据重新建模,以获得成功的建模。如果这次建模仍然失败,则可以继续扩充设计,直到建模成功并找到最优结果。此时找到的最优结果应该比前面自变量个数过少时的经典响应曲面设计在相同的试验范围内找到的最优结果更好,其最优结果也有可能最终达标。一般来说,自变量个数越多,找到的最优结果会越好。

11.5.2　试验设计的步骤

关于试验设计的步骤,不同作者会给出不同的步骤数,但是内容大同小异。这里我们推荐如下十个步骤。

步骤一:进行问题描述与当前性能说明;

步骤二:制定实验的目标/确认成功的准则;

步骤三:建立团队,分析历史数据;

步骤四:列出可控、不可控的相关变量;

步骤五:通过头脑风暴、深入持续讨论来选择变量与范围;

步骤六:确定试验设计类型;

步骤七:对该设计是否合乎情理进行检查(注意可能的最坏角落);

步骤八:执行实验,收集数据;

步骤九:分析实验数据;

步骤十:验证,得出结论,跟进计划,进行文件记录与归档。

试验项目主持人是启动这个试验设计的相关项目负责人。第一步主持人要写下后面要呈现给团队进行讨论的问题的描述,包括当前已达到的性能(有时称 baseline)。第二步要列出要求性能达到的目标,明确地列出各个响应变量的成功的准则。第三步是项目负责人建立一个包含各个相关领域的资深技术人员或专家的团队(有条件的最好要有一位试验设计专家)。遗漏任何一个领域的专家的参与都有可能给这个项目造成致命的影响。项目负责人除了呈现给团队成员项目的问题描述、项目的目标外,还要呈现先前已有历史数据的分析与结论。第四步列出已知的可控、不可控的相关变量。第五步使用头脑风暴的手段来深入并多次持续讨论,帮助选择自变量及其范围。第六步是确定试验设计类型。是变量筛选设计还是响应曲面设计?选变量筛选设计的话,使用分辨度Ⅲ还是分辨度Ⅳ,是其他筛选设计类型,还是序贯的变量筛选设计?响应曲面设计是使用经典的响应曲面设计还是选择最优设计,或是选择均匀设计或扩充均匀设计?第七步是在执行实验之前需要仔细检查该设计是否合理,是否有遗漏的因素,设计中自变量空间的一些角落设计点是否会出问题。这些角落点通常是极端点,在多个自变量在不利的方向上的共同极端点上有可能无法获得任何有意义的结果,甚至无法进行实验,或者结果是已经超出通常假设的二阶模型所能描述的。如果以往的经验使你怀疑一些极端点会有问题,应先将这些设计点进行实验,检查是否有所担心的问题。第八步是如果没有问题,则将剩余的设计点一气呵成完成所有实验。如果第七步有问题,则需要缩小、修改现有的试验范围,再继续第八步。第九步是对收集的实验数据进行分析。最后的第十步是验证数据分析给出的你感兴趣的结果。若采用的是响应曲面设计,则验证优化后预告的最优结果,通常用重复两三次试验来验证。在投入正式大量生产之前,还需要用生产线上的十批(10 lots)到三十批的晶圆再次验证。项目成功后需要撰写总结报告,记录实验的过程、数据与结论等。如果是序贯实验的一部分,则需要写出下一步跟进计划(follow up plan),并将相关文件归档。

11.5.3 更多的讨论

这里介绍更多的设计方法,并简要地讨论相关的重要方面。

1. 单变量的统计比较试验的更多讨论

前面11.2节的例子是一个常见的多水平的带控制组的多重统计比较。常见的还有单样本的统计比较和双样本的统计比较。它们比11.2节例子中的多重统计比较更简单。单样本的统计比较可以以测量仪器的均值检验为例来说明,即一测量仪器定期监测同一件标本(比如一薄膜标准件),获得薄膜厚度的大量历史数据。假如这些监测数据在过去一段足够长的时间内是稳定的,仪器现在需要进行定期保养。仪器在保养之后需要确认新的测量的均值和原来是否保持一致。一种常见的检验方法是在同一标本上重新采集一组重复一定次数的测量数据,然后与历史数据的均值(相当于总体的均值)进行统计比较,看看这两个均值在统计上有没有显著差异。这里只有一个样本(即保养后测量的一组数据)。保养前的历史数据的均值只是一个均值参数,不算作样本,所以称单样本的统计比较。

双样本的统计比较分两种:两独立样本的均值统计比较和两非独立(又称配对数据)样本的均值统计比较。两台不同的测量仪器对同一标准件的重复测量的数据比较属于两独立样本的均值统计比较。两台不同的测量仪器测量尺度不同的多个不同标准件(比如不同薄膜厚度的标准片)时的数据需要使用配对样本的均值统计比较方法来比较这两台不同的测量仪器的差别。

此外,除了均值比较,还有方差比较,以及为了测出均值和方差的一定差异所需要的最小样本大小的确定都是单变量统计比较的内容。想学习这些方法的读者可以参考 Montgomery 的著作[37,38]和 JMP 软件的基本分析文档[39]。

2. 变量筛选的更多讨论

在 11.3 节中我们介绍了一个实践中常用的二水平分辨度为Ⅳ的部分析因设计。其实试验次数更少的分辨度Ⅲ的部分析因设计也是一种较常用的变量筛选方法。在它要求的效应稀疏程度被满足的情况下,这种设计有可能一次性完成变量筛选任务。但是因为在这个设计中主效应是和一些交互作用混淆的,当效应稀疏程度不够时这种混淆关系无法澄清(尤其是一些主效应与一些交互作用混淆),需要将原设计进行折叠,即添加新的另一半的设计进行实验。将新旧数据整合在一起成为更高的分辨度Ⅳ的设计,此时可以无歧义地获得主效应的估计进而完成变量筛选。

三水平正交设计在二阶交互作用不存在的情况下也可以进行变量筛选,而且还可以确定平方模型项。但是要求二阶交互作用不存在的条件太苛刻,所以这种变量筛选设计的实用价值很低。过去这种多水平(含三水平)正交设计的使用获得的成功不是在变量筛选方面,而是在寻找优良结果方面。这个应用方面的成功主要是因为这种设计的正交试验的均衡分散性。正交条件的均衡分散性,增加了条件的代表性[40]。部分实施的正交表舍弃对交互作用的计算而容纳多因子、多水平的试验方法被实践证明效率高,常常通过较少试验就能找到优良的生产条件(但通常不能通过建模来获得最优的试验结果)。这种设计只有针对有较大影响的多种因子,试验较多水平的实验才有机会选出较好的水平组合,从而达到提高实验效率的目的。这些多水平的正交表的威力在于当因子多时,能节省大量的试验。这在实践中获得过不少成功案例的证实。然而它有它的局限性,最大的问题就是无法容纳交互作用来进行建模。

在 11.1 节中提到的新型(三水平)确定性筛选设计(DSD),它的优点与分辨度Ⅳ一样,主效应不与交互作用混淆,不管效应是否足够稀疏,它都能准确地估计出所有活跃的主效应。此外,如果效应足够稀疏,并且效应大小超过标准差的两倍,则最小试验规模的 DSD 还能够高概率地正确标识这些少量的活跃的平方项与交互作用项。标识活跃的平方项是二水平析因设计无法获得的性质。然而,在常见的效应稀疏程度不能满足的情形下,DSD 是无法可靠地建模的,结果常常是失败的,需要进行扩充,于是统计学家们正在研究如何对 DSD 进行扩充。

至此为止,人们一直以主效应的大小作为变量筛选的准则。杨斯元[41]指出了它的不足,提出了一个新的准则以及使用十字型设计作为连续变量筛选的新方法。该准则同时考虑了平方项的影响,将平方项效应和主效应共同产生的响应变量的变化幅度作为变量筛选的一个准则。它比传统准则更完备。以 Z_1 和 Z_2 变量(已编码化)为例,假设它们在模型中的表达式分别为 $3Z_1$ 和 $Z_2 - 10Z_2^2$。如果只比较主效应大小,则原有传统的变量筛选准则会首选 Z_1 作为重要变量留下,因为该变量的主效应比 Z_2 的主效应更大;但是,如果筛选设计能够侦测并准确估计出平方项的大小,则按照新的更完备的准则,当响应变量是望小型(要求越小越好)时,Z_2 这个变量会成为首选重要变量,因为这个变量引起的变化幅度要比 Z_1 引起的变化大许多,可以获得很低的响应变量结果。传统的部分析因设计变量筛选法只有两水平,无法估计平方项,只能估计主效应,而后来的三水平的 DSD 虽然在特定条件下可以同时估计其少量的平方项和交互作用,但是该特定条件要求非常苛刻,它要求很高程度的效应稀疏,而这在实践中是罕见的,不现实的。此外,DSD 的设计仍然使用传统的根据主效应大小筛选变量的准则。然而杨斯元提出的新型的十字型变量筛选设计没有对效应稀疏有任何要求,因为它可以估计出所有主效应和所有平方项,正好可以使用新的更完备的变量筛选准则。十字型变量筛选设计的一个重要特点是它不受任何交互作用存在的影响,即它估计所有的主效应和平方项的能力不受是否存在任何阶交互作用的影响。即使存在大量交互作用、不满足效应稀疏的要求时它照样准确地估计主效应和平方项效应。这些与 DSD 比较时的性质的差别可以从别名矩阵的比较中得到很好的解释。为了简化,这里假定只有 4 个变量。

首先我们看如图 11.26 所示的 DSD 的别名矩阵。

效应	Z1*Z2	Z1*Z3	Z1*Z4	Z2*Z3	Z2*Z4	Z1*Z2*Z3	Z1*Z2*Z4	Z1*Z3*Z4	Z2*Z3*Z4	Z1*Z2*Z3*Z4
截距	-0.85	0	0.848	0.848	0	0	0	0	0	0
Z1	0	0	0	0	0	-0.14	-0.14	-0.14	0	0
Z2	0	0	0	0	0	-0.14	-0.14	0	-0.14	0
Z3	0	0	0	0	0	0.143	0	-0.14	0.143	0
Z4	0	0	0	0	0	0	0.143	0.143	-0.14	0
Z1*Z1	-0.24	0	0.242	-0.76	-1	0	0	0	0	0
Z2*Z2	-0.24	-1	-0.76	0.242	0	0	0	0	0	0
Z3*Z3	0.758	0	-0.76	0.242	1	0	0	0	0	0
Z4*Z4	0.758	1	0.242	-0.76	0	0	0	0	0	0

图 11.26　DSD 的别名矩阵

以上别名矩阵告诉我们,所有主效应一般是可估的,不受二阶交互作用的影响。三阶和四阶交互作用的存在会影响主效应的评估,然而通常三阶和四阶交互作用存在的可能性较低,所以主效应一般是可估的。但是 DSD 中的平方项的估计需要假定绝大多数二阶交互作用不活跃。

下面显示的十字型筛选设计的别名矩阵(见图 11.27)具有相当优良的性质。

效应	Z1*Z2	Z1*Z3	Z1*Z4	Z2*Z3	Z2*Z4	Z3*Z4	Z1*Z2*Z3	Z1*Z2*Z4	Z1*Z3*Z4	Z2*Z3*Z4	Z1*Z2*Z3*Z4
截距	0	0	0	0	0	0	0	0	0	0	0
Z1	0	0	0	0	0	0	0	0	0	0	0
Z2	0	0	0	0	0	0	0	0	0	0	0
Z3	0	0	0	0	0	0	0	0	0	0	0
Z4	0	0	0	0	0	0	0	0	0	0	0
Z1*Z1	0	0	0	0	0	0	0	0	0	0	0
Z2*Z2	0	0	0	0	0	0	0	0	0	0	0
Z3*Z3	0	0	0	0	0	0	0	0	0	0	0
Z4*Z4	0	0	0	0	0	0	0	0	0	0	0

图 11.27　十字型筛选设计的别名矩阵

十字型筛选设计的别名矩阵告诉我们主效应和平方项是可估的,并且它们的可估性不受任何阶数的交互作用的影响(所有别名关系系数为零)。

十字型筛选设计还有更多的好处。比如,它在从多个变量中筛选出少数重要的变量之后,这些少数重要变量对应的在十字型设计中的实验数据可以被回收到后续的扩充响应曲面设计中再次利用。

在混有分类变量的变量筛选中,以上的连续变量的十字型筛选设计可照样使用,此时所有的分类变量可以单独使用一个分类变量筛选设计。十字型变量筛选设计的更多好处与应用上的细节可以参考文献[41]。

3. 响应曲面设计的更多讨论

11.4 节介绍了用于建模优化的经典响应曲面设计。这种经典设计有两个不足:一是试验次数还是多了些。它能估计所有可能存在的二阶交互作用,但现实中的模型都具有一定程度的效应稀疏,于是这么多的试验常常造成浪费。试验次数更少的响应曲面设计方法有最优设计、均匀设计和扩充均匀设计。这些设计的试验次数可以灵活选择,它们可以提供可估的所有二阶交互作用与平方项(当然包括所有主效应)的最小设计,即试验次数等于 $k+k+k(k-1)/2+1$,即 k 个主效应、k 个平方项、$k(k-1)/2$ 个交互作用、1 个截距参数。有的最小设计还包含一个噪声的自由度。这种规模的试验次数远远小于经典响应曲面设计的试验次数。贝叶斯修正的最优设计和均匀设计还能进行超饱和的二阶模型的响应曲面设计,即试验次数比二阶全模型中所有可能的模型项数目还要少的设计。研究表明,均匀设计具有优于贝叶斯修正的最优设计的许多性质,包括均匀设计不需要像最优设计那样事先假定某种特定的模型类型。经典响应曲面的另一个不足是它要求所有自变量必须是定量变量(即连续变量)。在实践中往往还会有分类变量需要被响应曲面设计所包含。最优设计和均匀设计解决了这一问题。更详细的信息可以参阅文献[39,42,43]。

4. 有一些共同变量的两个器件的优化试验设计的策略

半导体领域的试验设计有一些与其他领域不一样的特点,它们对应的设计与数据分析方法是已有试验设计软件里所没有的,需要实验者根据其对应原理通过手动操作来定制与应用。例如,如何同时优化芯片中的两个或更多的器件? 以两个器件为例。它们虽然落在芯片中两个不同的区域,但是它们还是有一些共同的工艺变量的,比如芯片的退火(anneal)温度高低与时长等。不同器件通常由不同组的技术人员负责优化。于是容易出现工程师找到的器件 A 的最优条件和器件 B 的最优条件在这些共同工艺变量上不一致的情况,即共同工艺变量的最优水平组合不相同。这时,就只好降低自己找到的最优水平组合对应的最优性能来达到双方的匹配,即约定使用同样的双方能接受的共同的变量水平组合。于是往往造成这样找到的最优性能大打折扣。为了把这折扣降低到最低,我们需要将这些共同变量融进所有器件的试验设计中。在试验设计与建模完成后,我们得到了两个器件各自的模型。在我们优化这两个器件时,需要将两个模型的所有自变量(包括共同变量)和模型都放进同一数据表中,在同一数据表中进行联合优化。这样找到的共同变量的水平是联合最优的。

5. 其他

试验设计是一门博大精深的学科。在许多领域有广泛的应用。需要了解更多的设计方法,进行更深入的讨论,除了前面列出的文献外,还可以阅读学习以下著作:Wu 等的《试验设计与分析及参数优化》[44],Rao 等的 *Handbook of Statistics*,*Vol*. 13,*Design and Analysis of Experiments*[45],Khattree 等的 *Handbook of Statistics*,*Vol* 22,*Statistics in Industry*[46],以及 Hinkelmann 等的三卷 *Design and Analysis of Experiments*[47-49]等。

本章小结

本章在介绍了试验设计发展简史之后,选择介绍三个常用的试验设计方法,并使用实例进行了详尽的讨论,包括产业主流采用的统计软件工具的操作与使用,希望读者结合软件的使用将所学知识应用到实践中。最后作者利用有限的篇幅简要地描述了与这三种设计相关的更多的试验设计方法。此外,书中也给出了重要而相对全面的参考书与文章,以供读者获取更详尽的知识。

参考文献

[1] Fisher A. The Design of Experiments[M]. London：Oliver and Boyd,1935.

[2] Fisher A. Statistical Methods for Research Workers[M]. New York：Hafner Publishing Company,1954.

[3] Yates F. The design and analysis of factorial experiments[J]. Bulletin 35，Imperial Bureau of Soil Science，Harpenden Herts，England，Hafner (Macmillan),1937,35：96.

[4] Rao C R. Hypercubes of strength d leading to confounded designs in factorial experiments[J]. Bulletin Calcutta Mathematical Society,1946,38：67-78.

[5] Rao C R. Factorial experiments derivable from combinatorial arrangements of arrays[J]. Journal of Royal Statistical Society,1947,9：128-139.

[6] Rao C R. On a class of arrangements[J]. Proceedings of the Edinburgh Mathermatical Society,1949,8：119-125.

[7] Cochran W G，Cox G M. Experimental Designs[M]. Canada：Asia Publishing House,1950.

[8] Box G E P, Hunters N R. The 2^{k-p} fractional factorial designs, Part Ⅰ[J]. Technometrics,1961,3：311-351.

[9] Box G E P, Hunters N R. The 2^{k-p} fractional factorial designs, Part Ⅱ[J]. Technometrics,1961,3：449-458.

[10] Plackett R L, Burman J P. The design of optimum multifactorial experiments[J]. Biometrika,1946,33：305-325.

[11] Hamada M，Wu C F J. Analysis of designed experiments with complex aliasing[J]. Journal of Quality Technology,1992,24：130-137.

[12] Dean A，Lewis S. Screening Methods for Experimentation in Industry, Drug Discovery，and Genetics[M]. Berlin：Springer,2006.

［13］ Box G E P，Wilsosn K B. On the experimental attainment of optimum conditions［J］. Journal of Royal Statistical Society,1951,13(1):1-38.

［14］ Kiefer J，Wolfowitz J. Optimum Designs in Regression Problems［J］. Annals of Mathematical Statistics,1959,30:271-294.

［15］ Kiefer J. Optimum Designs in Regression Problems Ⅱ［J］. Annals of Mathematical Statistics,1961,32:298-325.

［16］ Meyer R K，Nachtsheim C J. The coordinate exchange algorithm for constructing exact optimal designs［J］. Technometrics,1995,37:60-69.

［17］ Derringer G，Suich R. Simultaneous optimization of several response variables［J］. Journal of Quality Technology,1980,12:214-219.

［18］ Scheffe H. Experiments with Mixtures［J］. Journal of Royal Statistical Society,1958,20:344-360.

［19］ 正交设计编写组编. 正交试验法［M］. 北京:国防工业出版社,1976.

［20］ 王元,方开泰. 均匀设计——数论方法在试验设计中的应用［J］. 概率统计通讯(中国科学院数学研究所内部资料),1978,(1):56-97.

［21］ Fang K T，Wang Y. Number-Theoretic Methods in Statistics［M］. London:Chapman and Hall,1994.

［22］ 方开泰,刘民千,覃红,周永道. 均匀试验设计的理论和应用［M］. 北京:科学出版社,2019.

［23］ Yang F，Zhou Y D，Zhang X R. Augmented uniform designs［J］. Journal of Statistical Planning and Inference,2017,182:61-73.

［24］ Yang F，Zhou Y D，Zhang A J. Mixed-level column augmented uniform designs［J］. Journal of Complexity,2019,53:23-39.

［25］ Taguchi G. Introduction to Quality Engineering［M］. Tokyo:Asian Productivity Organization,1986.

［26］ Lucas J. M. How to achieving a robust process using response surface［J］. Journal of Quality Technology,1989,26(4):248-260.

［27］ Box G E P，Jones S. Designing products that are robust to the environment［C］. Washington DC:ASA Conference,1989.

［28］ Taguchi G. Taguchi's Quality Engineering Handbook［M］. New York:John Wiley & Sons,2005.

［29］ Derringer G，Suich R. Simultaneous optimization of several response variables［J］. Journal of Quality Technology,1980,12(4):214-219.

［30］ Jones B，Nachtsheim C J. A class of three-level designs for definitive screening in the presence of second-order effects［J］. Journal of Quality Technology,2011,43(1):1-15.

［31］ SAS Institute. SAS Software［EB/OL］. (2022-9-30)［2022-12-1］. https://go.documentation. sas. com/doc/en/qcug/15. 3/qcug_overview_sect002. htm.

[32] SAS/JMP 事业部. JMP China[EB/OL]. [2022-12-1]. http://www.jmp.com/china.

[33] Design Ease. Design Experts[EB/OL]. [2022-12-1]. https://www.statease.com/software/design-expert/.

[34] Minitab. Minitab 统计软件[EB/OL]. [2022-12-1]. https://www.6xigema.com/.

[35] IBM. SPSS 软件[EB/OL]. [2022-12-1]. https://www.ibm.com/cn-zh/spss.

[36] Li X, Sudarsanam N, Frey D D. Regularities in data from factorial experiments [J]. Complexity, 2006, 11(5): 32-45.

[37] 蒙哥马利. 实验设计与分析[M]. 6 版. 傅珏生译. 北京: 人民邮电出版社, 2009.

[38] Montgomery D C. Design and Analysis of Experiments[M]. 10th ed. New York: John Wiley & Sons, 2020.

[39] SAS/JMP 事业部. JMP 文档[EB/OL]. [2021-9-1]. https://www.jmp.com/zh_cn/support/jmp-documentation.html.

[40] 中国现场统计研究会三次设计组. 正交法和三次设计[M]. 北京: 科学出版社, 1985.

[41] 杨斯元. 响应曲面实验的变量筛选及扩充的方法、介质及电子设备: 202210664597. 4[P]. 2022-06-13.

[42] Goos P, Jones B. Optimal Design of Experiments-A Case Study Approach[M]. New York: John Wiley & Sons, 2011.

[43] 方开泰, 刘民千, 周永道. 试验设计与建模[M]. 北京: 高等教育出版社, 2011.

[44] Wu C F J, Hamada M. 试验设计与分析及其参数优化[M]. 张润楚, 等译. 北京: 中国统计出版社, 2003.

[45] Ghosh S, Rao C R. Handbook of Statistics, Vol. 13, Design and Analysis of Experiments[M]. Amsterdam: Elsevier Science B. V., 1996.

[46] Khattree R, Rao C R. Handbook of Statistics, Vol 22, Statistics in Industry[M]. Amsterdam: Elsevier Science B. V., 2003.

[47] Hinkelmann K, Kempthorne O. Design and Analysis of Experiments: Vol. 1, Introduction to Experimental Design [M]. 2nd ed. Hoboken: Wiley-Interscience, 2008.

[48] Hinkelmann K, Kempthorne O. Design and Analysis of Experiments: Vol. 2, Advanced Experimental Designs[M]. Hoboken: Wiley-Interscience, 2005.

[49] Hinkelmann K, Kempthorne O. Design and Analysis of Experiments: Vol. 3, Special Designs and Applications[M]. Hoboken: Wiley-Interscience, 2012.

思考题

1. 一位蚀刻工程师需要改进蚀刻剖面(etch profile)中的弯曲(bowing)。他找到了定量评估弯曲的方法。他想尝试两个不同的新的配方(使用不同化学气体的组合的配方),与目前的基准配方"DC"进行比较。Recipe ＃2 是 DC＋MK 化学气体组合,Recipe ＃3 是全新的气体 MC。计划各用 8 片晶圆作统计比较,确定新配方是否更好(弯曲值更低),哪个配方最好。考虑到同一个批可能会有弯曲慢慢朝一个方向漂移,需要在同一个批里将不同配方在批中的顺序打乱,达到随机化。请使用 JMP 设计这个单变量的试验。你可以效仿本章 11.2 节中的单变量比较试验的设计方法来从头设计,按照讲义中的截图样本对你的设计进行相应截图。

2. 习题 1 设计好后进行试验,收集试验数据。下表为收集到的试验数据(你的设计表的随机顺序会与这里的顺序不同,可以将这两列的数据拷贝到习题 1 生成的设计表中)。请对该数据进行相应分析,给出分析的结果与相应的结论。

配方	弯曲度
DC+MK	97.1
DC	92.9
DC+MK	93.5
DC+MK	98.9
DC+MK	100
DC+MK	101.1
MC	94.7
DC	98.6
DC	100.9
MC	90.7
MC	93.8
DC	100.1
MC	95.7
DC+MK	99.8
MC	94.6
DC	100.8
DC	100.6
DC+MK	102.6
MC	98.7
DC+MK	104.5
DC	100.6
MC	94.8
DC	101.9
MC	98.8

3. 工程师希望通过找到最优的变量组合来最大限度地减少某半导体器件的漏电流 I_{ds}。其中有如下 6 个变量及水平范围。

变量名	因子的意义	水平 1	水平 2
$X1$	CD	60	80
$X2$	氧化膜厚度/Å	1	3
$X3$	IMP 剂量/10^{13}	2	6
$X4$	IMP 能量/keV	20	40
$X5$	退火温度/℃	700	800
$X6$	退火时间/s	40	70

他们希望从这 6 个变量中找到影响最大的前 3 个变量,用于后续的响应曲面设计,以此来最小化漏电流。请使用一个分辨度Ⅳ的部分析因设计来做变量筛选。可以效仿本章 11.3.2 的二水平部分析因设计示例来做这个部分析因设计。

4. 根据习题 3 的设计进行试验,收集的漏电流 I_{ds} 数据如下表所示。请使用这些数据进行分析,筛选出最重要的 3 个变量。

$X1$	$X2$	$X3$	$X4$	$X5$	$X6$	I_{ds}
60	1	2	20	700	40	−186.612
80	1	2	20	700	70	−167.914
80	3	6	20	700	40	−140.872
80	1	6	20	800	40	−157.749
60	1	6	20	800	70	−174.027
60	1	2	40	800	70	−183.444
80	1	6	40	700	70	−157.309
60	3	2	40	700	70	−169.026
80	1	2	40	800	40	−167.733
60	3	6	20	700	70	−156.981
60	3	2	20	800	40	−170.21
60	1	6	40	700	40	−173.986
80	3	2	20	800	70	−153.399
80	3	6	40	800	70	−140.566
60	3	6	40	800	40	−156.851
80	3	2	40	700	40	−152.848

5. 根据习题 4 筛选出的 3 个重要变量,在同样的水平范围内采用经典响应曲面设计(采用轴值位于表面的中心复合设计,CCD-均匀精度)进行响应曲面设计,给出设计表(实验中需要将被剔除的 3 个变量的水平放置在原来的中间水平)。

6. 下面为含有实验数据的习题 5 给出的设计表,意愿函数为最小化,请对数据进行分析,给出 I_{ds} 最小值及其对应的 3 个自变量的水平值。

$X1$	$X2$	$X3$	I_{ds}
70	2	6	−159.124
60	3	6	−157.542
70	2	4	−164.552
70	3	4	−157.306
60	1	2	−184.585
70	2	4	−165.676
70	2	4	−165.748
70	2	4	−167.128
80	1	6	−156.929
70	2	4	−166.591
60	2	4	−170.273
80	3	6	−141.185
80	2	4	−154.574

续表

$X1$	$X2$	$X3$	I_{ds}
70	1	4	−173.008
70	2	4	−165.87
60	3	2	−171.008
80	3	2	−150.932
60	1	6	−173.341
70	2	2	−171.306
80	1	2	−168.259

致谢

本章内容承蒙丁扣宝、张运炎等专家学者审阅并提出宝贵意见,作者在此表示衷心感谢。

作者简介

杨斯元:浙江大学微纳电子学院兼任教授。上海财经大学应用统计硕士学位兼职研究生导师。中国数学学会均匀设计分会第六届常务委员。获复旦大学核物理学士与硕士学位,在美国伊利诺伊大学香槟分校获核工程硕士及材料科学与工程博士。曾任职于美国应用材料、Intel 和中芯国际等公司。先后从事工艺、工艺整合、质量与可靠性、应用统计学等教学研究工作,发表 50 多篇技术文章、20 多项专利。2018 年加入 SAS 软件 JMP 事业部任数据分析专家。2019 年创立上海捷省优质量技术服务有限公司(siyuanfrankyang@aliyun.com)。

第 12 章

集成电路工艺可靠性

集成电路工艺可靠性是保证集成电路产品可靠性的关键因素。通过在线量测和工艺控制消除限制良率的因素，在不断提高工艺水平和工序能力的基础上，加强工艺参数的监测和工艺过程的统计控制，可保证持续地生产出高可靠的 IC 产品。随着时间的推移，集成电路产品会不可避免地出现损坏。集成电路中的元器件制造完后便开始退化，直到某些关键元件退化到一定程度后集成电路就不可再使用了。利用被动筛选方式检测产品可靠性的方法成本高、周期长，也无法根本性地提高半导体集成电路可靠性。因此，需探讨和分析半导体集成电路的应用条件，探讨不同环境中因集成电路器件失效、性能退化而出现的物理反应和诱发应力，以出现的物理反应与诱发应力参数对集成电路产品的可靠性进行设计。

本章将介绍集成电路工艺可靠性相关的基本概念，阐述前段工艺（晶体管）与后段工艺（互连等）中典型的失效现象与失效机理。

12.1　集成电路工艺可靠性概述

随着时间的推移，集成电路产品会不可避免地出现损坏。材料与元器件的退化和最终的芯片失效是集成电路可靠性物理和工程实践的主题，需要理解失效机制的动力学过程（例如温度和应力依赖性）。在集成电路领域，可靠性与制造工艺紧密相关，需要适当的设计规则、可靠的材料选择标准，以及可靠的制造设备和使用指南。

集成电路失效，无论是电学失效还是机械失效，通常可以归因于材料与元器件在"应力"（stress）作用下的退化。此处术语"应力"并不仅仅局限于狭义的机械应力，例如，电容器可能会因电场应力导致的介质击穿而失效；高电流密度应力可诱发金属的电迁移现象，造成互连线的失效；金属氧化物半导体场效应晶体管（metal-oxide-semiconductor field-effect transistor，MOSFET）在电压/电场应力作用下因产生大量新生界面态而失效；集成电路封装部件可能会由于高拉伸应力引起的蠕变而失效；高湿度应力可能会导致芯片金属的腐蚀;封装部件可能会因周期性机械应力导致的疲劳而失效;芯片表面可能会因剪切摩擦应力而磨损以及在温度循环过程中,因热机械应力而导致芯片裂纹扩展,最终破裂等。

传统工业领域一般通过对最终产品的老化测试来评估其可靠性。但随着设计厂商"Fabless"和制造厂商"Foundry"的出现,集成电路产业分工进一步细化。另外,随着超大规模集成电路的诞生,对上亿纳米级晶体管所组成的集成电路产品用传统方法进行可靠性评估的复杂度与经济成本是难以接受的。目前集成电路产业公认的方法是从工艺的角度出发,建立制造产线内建(build-in)的可靠性评估与优化方法。也就是在工艺上保证集成电路材料、晶体管等元器件以及互连线的高度一致,在此基础上对材料与元器件进行加速老化的测试评估,保证其在正常工作年限内的失效概率小于亿分之一,甚至百亿分之一。从而把烦琐的集成电路产品可靠性测试验证降低到最低水平,极大地提高了集成电路产业的经济效益。正是集成电路制造厂商对工艺可靠性的高度保障,才使得设计厂商能够在特定工艺及规则的基础上设计出丰富多彩的集成电路产品。

材料在某种应力作用下的可靠性强度通常被定义为预期的材料瞬间失效的应力水平。瞬间失效的定义时间从几秒到几年不等(在集成电路领域一般为秒的量级),一般定义为材料在瞬间应力作用下有大于 50% 的失效概率。在实际生产实践中发现,即使在远低于材料强度的固定应力水平下,材料仍然会随着时间的推移而退化,预计最终会出现集成电路失效。所观察到的时变退化(time failure)行为将取决于温度所施加应力的大小。为了确保在产品的预期寿命内将时变退化的失效最小化,一般认为一个良好的工程设计需要深入计算加工/制造过程中材料所能够承受的应力强度,然后在保持设计的工作条件下,应力水平远低于这些强度值,这通常称为提高可靠性裕度的冗余安全方法。

然而,从实际工程需求角度看,相对于较为精确的时变退化模型,冗余安全方法只是定性的,并且越来越难以满足先进集成电路设计的需求。例如,根据摩尔定律,节点尺寸缩小通常导致器件电流密度和电场增加,在保证集成电路性能指标提升的基础上,也导致晶体管正常工作条件越来越接近栅介质材料的击穿可靠性强度。此外,芯片制造和封装过程中所使用的不同材料的热膨胀系数不匹配,通常会导致较大的热机械应力越来越接近于其可靠性极限。

由于更高的性能和材料成本降低的要求,集成电路也倾向于激进的设计,这将使芯片正常工作条件越来越接近材料与元器件的可靠性强度。为了实现集成电路可多年稳定运行同时保证高性能指标,需要得到材料与元器件的可靠性范围,并从可靠性出发定义设计规则。可靠性范围取决于材料和元件的退化速率。研究退化速率的应力和温度依赖性是可靠性物理学的主题,由于实际集成电路应用需要正常工作十年以上,在研究与可靠性评估中通常使用加速测试的方法进行研究。

12.1.1 材料退化的原因

无论制造过程多么精细,集成电路中大部分材料都处于"亚稳态"。在可靠性物理中,如果一种状态只是暂时稳定且容易发生变化或退化,则称为亚稳态状态。推动材料退化的原因是更低的吉布斯势(Gibbs potential)的材料状态的存在,比如在对一种材料

施加应力 ξ 时,它倾向于增加而不是降低吉布斯势。因此,在应力作用下,材料将趋于不稳定,也更容易发生退化。由于集成电路产品是由材料与元器件组成的,因此芯片也会随着时间的推移而失效。在这种条件下,工程上必须减小退化速率,以防止集成电路出现故障。

集成电路工艺可靠性的一个重点是理解退化的物理机制,包括更好地理解退化的驱动因素,以及广义上的应力 ξ 和温度 T 在退化过程中所起的作用。此外,材料的缺陷对退化也起着关键作用。因此,有必要首先从相对无缺陷的材料出发,对可靠性物理进行初步的了解。从这点出发,就有一个有价值的问题——基于集成电路大生产工艺是否有可能制造一种无缺陷的材料来提高产品可靠性?

12.1.2　可靠性退化

一个工业产品无论在开始制造的时候有多小心,该产品中的材料依然会随着时间的推移而退化。材料退化,即材料的性能随着时间的推移而变差,在生活中似乎无处不在。例如建筑物地基或土壤遭到侵蚀,砖墙上容易出现裂缝;无论油漆的质量如何,油漆刷完后都会退化,最终会开裂和脱落;一个金属装饰品,最初熠熠闪亮,但随着时间的推移还是会被氧化或腐蚀而逐渐暗淡。

1. 材料和器件退化的时间依赖性

退化似乎是自然界所有物质的基本性质,这通常被描述为热力学第二定律的结果之一:孤立系统的熵(无序)会随着时间的推移而增加。退化的证据显然在自然界中无处不在。房子上再涂一层油漆最终也会开裂脱落;新车的表面处理会随着时间的推移而氧化;与精细啮合齿轮相关的紧密公差会随着时间的推移而恶化;集成电路中精密半导体器件相关的关键参数,如阈值电压、驱动电流、互连电阻、栅介质漏电等,会随着时间的推移而退化。要了解集成电路产品的使用寿命,模拟关键的材料和元器件参数如何随时间退化是很重要的。

2. 集成电路材料与元器件关键参数的退化

材料的退化会导致一些至关重要的元器件参数 S 随着时间的变化而退化,如图 12.1 所示。关键器件参数可以是增加或减少,当参数 S 退化级别太大,芯片无法正常工作时,芯片就会失效。因此,材料会随着时间的推移而退化,而材料的退化会导致重要的器件参数发生偏移和退化。通过仔细地记录和模拟这种退化的时间依赖性,可以推断出芯片寿命。这虽然不能阻止芯片退化,但可以模拟退化过程,可以更好地理解退化速率及其对芯片失效的影响。

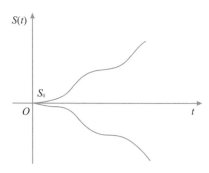

图 12.1　元器件参数 S 随时间的变化规律

3. 先进集成电路的工艺可靠性

先进集成电路 IC 无论在设计方面,还是在不同材料(半导体、绝缘体、金属等)的使用方面,都非常复杂。为了降低每个器件的成本并且提高性能,器件几何尺寸不断缩小,器件特征尺寸以当前节点的 0.7 进行微缩,遵循摩尔定律,在半导体中发挥了至关重要的作用。这种微缩导致材料中的电场升高,使材料更接近其击穿强度及金属中的电流密度升高,从而引起电迁移(electrical migration,EM)问题。更高的电场会加剧可靠性问题,例如介质经时击穿(time dependent dielectric breakdown,TDDB)、热载流子注入(hot carrier injection,HCI)和偏压温度不稳定性(bias temperature instability,BTI)。此外,在芯片制造过程中使用不同的材料会产生大量的热膨胀不匹配,从而导致较大的热机械应力。这些热机械应力会导致失效机制,例如应力迁移(stress migration,SM)、蠕变、磨损、开裂、界面分层等。下面将分别介绍前段工艺和后段工艺中典型的失效现象与机理。

12.2　集成电路前段工艺的可靠性

12.2.1　栅介质的经时击穿(TDDB)

由于 MOSFET 器件的栅极介质具有非常高的工作电场,栅介质经时击穿(TD-DB)[1,2]是一种重要的常见集成电路失效现象,它是指在强电场下,MOS 器件栅介质层由不同原因引起漏电或击穿,导致器件失效。一般认为其失效机制为:如图 12.2(a)所示,经过一段相对较长的缺陷累积期,键断裂及空位形成,严重的电流问题导致灾难性热失控,电介质层最终发生击穿。这种局部的高密度电流和相关的严重焦耳热会导致电介质中形成丝状导电通路,使 MOSFET 器件中原本隔离的多晶硅栅极与衬底短路,从而使阳极和阴极短路,如图 12.2(b)所示。历史上,有两种 TDDB 模型被广泛用于描述氧化物介质中随时间变化的电介质击穿失效机制。一种模型是电场驱动模型(E-Model 或 E-模型)[3,4],另一种是电流驱动模型($1/E$-Model 或 1/E-模型)[5]。

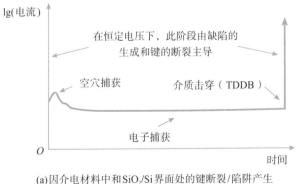

(a)因介电材料中和SiO_x/Si界面处的键断裂/陷阱产生
而发生介电退化

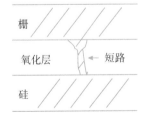

(b)局部焦耳热产生熔丝,使多晶栅和
硅衬底短路

图 12.2　失效机制

1. E 模型

E 模型也称为热化学击穿模型,是建立在共价键断裂基础上的分子模型。SiO_2 中的 Si—O 键具有很强的极性,大部分电子电荷被从 Si 原子吸附到 O 原子附近,带正电的 Si 离子和带负电的 O 离子之间存在电偶极子运动。当外加电场 E_{ox} 在栅氧化层上时,电偶极子运动将在电场方向产生极化电场 P。此时,电子穿越氧化层时所承受的电场将是外加电场和极化电场的累加,近似是外加电场的两倍。在局部电场的作用下,分子的共价键将逐渐退化,最后发生断裂。可见,在外加电场作用下,即使没有电流通过,栅氧化层最后也会退化、被击穿。

2. 1/E 模型

1/E 模型也称为空穴击穿模型,建立在福勒-诺德海姆(Fowler-Nordheim,F-N)隧穿电流基础上,在早期栅氧化层比较厚,工作电压较大时,1/E 模型的物理解释是阴极端的电子借助 F-N 隧穿效应进入栅氧化层的导带,在外加电场的作用下被加速并获得足够的能量与 SiO_2 晶格发生碰撞电离,导致 Si—O 键损伤,产生电子陷阱和空穴陷阱。这些空穴陷阱的存在使局部缺陷处的电场及隧穿电流增加,并形成正反馈,导致缺陷不断增加,形成导电通道,将栅氧化层击穿。

实际上,两种机制同时存在于栅介质击穿中,因此,目前先进集成电路工艺中评估栅介质可靠性一般采用将两者结合的电场-电流互补击穿模型。

3. V_g 模型

V_g 模型也称为陷阱产生模型,该模型认为,缺陷的产生正比于穿过栅氧化层的电子的影响,从而测量到的缺陷产生率是加在栅氧化层上电压的指数函数。超薄氧化层的经时击穿模型服从幂指数模型。隧穿电子在阳极端 SiO_2 和 Si 交界面释放出 H 离子,H 离子在外加电压的作用下穿过氧化层并与氧化层内的缺陷发生交互作用,对氧化层造成损伤,最后形成欧姆导电通道,氧化层被击穿。

4. 电场-电流互补击穿模型

考虑电场诱导和电流诱导的电介质层退化机制在栅介质击穿过程中的同时作用,将场致退化和电流引起的退化都包含在一个单一的 TDDB 模型中,就形成"电场-电流互补击穿模型"[6],其与测试结果有很好的匹配。这一失效模型一般认为 TDDB 的根本原因是价键断裂、氧空位及陷阱形成,单位时间内价键断裂概率方程为:

$$\frac{\mathrm{d}N}{\mathrm{d}t} = -kN(t) \tag{12.1}$$

其中,N 是沟道与栅介质界面区域中 Si—O 键的数量;k 是键断裂率常数。将上述方程中的变量分离并积分,得到:

$$\int_{N_0}^{N_{crit}} \frac{\mathrm{d}N}{N} = -k \int_0^{TF} \mathrm{d}t \tag{12.2}$$

其中,TF 是失效时间。$f_{crit} = (N/N_0)_{crit}$ 是价键被破坏最终导致器件失效的临界比例,一般认为只要相对少数的键被打破就会导致介质击穿,因此 f_{crit} 预计仅略小于 1。

由式(12.2)得到

$$TF = \frac{\ln \dfrac{1}{f_{crit}}}{k} \tag{12.3}$$

若有两个相互独立的键断裂机制 k_1 和 k_2,则假设总反应速率常数 k 是它们的叠加,即 $k = k_1 + k_2$,那么总反应速率变为:

$$k = k_1 + k_2 = \left(\ln\frac{1}{f_{crit}}\right)\left[\frac{1}{(TF)_1} + \frac{1}{(TF)_2}\right] = \left(\ln\frac{1}{f_{crit}}\right)\left[\frac{(TF)_1 + (TF)_2}{(TF)_1 (TF)_2}\right] \tag{12.4}$$

其中,$(TF)_1$ 和 $(TF)_2$ 分别为对于键断裂机制 k_1 和 k_2 的失效时间。结合式(12.3)和(12.4),得到:

$$TF = \frac{(TF)_1 (TF)_2}{(TF)_1 + (TF)_2} \tag{12.5}$$

上述失效时间(TF)方程对于独立但同时作用的退化机制成立。可以看出,如果 $(TF)_1$ 大于 $(TF)_2$,则失效时间 TF 完全由 $(TF)_2$ 支配,反之亦然。对于 TDDB 来说,假设电场 E 高于 10MV/cm,基于电流的 $1/E$ 模型可能主导 TDDB 过程。而电场 E 在 10MV/cm 以下时,阳极空穴注入相对较小,电场主导的 E 模型可能占 TDDB 的主导地位。因此,栅介质击穿时间(结合 E 模型和 $1/E$ 模型的物理特性)可由式(12.6)描述:

$$TF = \frac{(TF)_{E\text{-Model}} (TF)_{1/E\text{-Model}}}{(TF)_{E\text{-Model}} + (TF)_{1/E\text{-Model}}} \tag{12.6}$$

如图 12.3 所示为单一失效时间 TF 模型,其将基于场的 E 模型和基于电流的 $1/E$ 模型合并为一个模型,在很高的电场($E >$ 10MV/cm)下,电流诱导的退化占主导地位,而在较低的电场($E <$ 10MV/cm)下,电场诱导的退化占主导地位。

虽然 E 模型已被广泛使用,并且在描述大于 4.0nm 厚膜的低场 TDDB 数据方面非常成功,然而,对于非常薄的氧化物(<4.0nm)来说,这些薄膜中的直接隧道电流可能显著高于传统氧化物介质,这可能意味着超薄氧

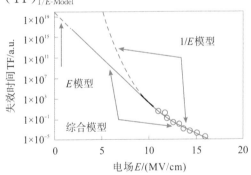

图 12.3　E 模型和 $1/E$ 模型合并后得到的单一失效时间模型[6]

化物薄膜中的失效更多的是由电流注入而非电场作用导致的。此外,不应仅将 TDDB 视为 MOSFET 栅极氧化物或电容器氧化物独有的问题。实际上在后段工艺中,随着低介电常数电介质的引入,互连的 TDDB 问题也同样需要被关注。

栅电流主导的介质内部的空穴捕获可催化化学键断裂过程,因此在缺陷形成与介质击穿中发挥重要作用。空穴捕获会导致 Si—O 键结合能显著降低。键能的降低使得键在电场与热的作用下发生断裂。由于 E 模型几乎在任何情况下都适用,所以普遍认为 E 模型是最保守的 TDDB 模型。相对而言,互补模型成了人们评估 TDDB 的最佳选择。

互连电介质的 TDDB 数据通常使用梳状-梳状或梳状-蛇形测试结构获取,如图 12.4 所示,该结构是一种具有最小间距(最小线宽加最小间距)的梳状蛇形测试结构。对其进行的击穿强度测量或 TDDB 数据,可以作为判断该互连-介电结构性能好坏的指标。虽然低介电常数介电材料可减少电路延迟,实现互连性能的显著提升,但在泄漏电流和击穿强度方面,相对于传统氧化物介质,它们的电学可靠性面临着严峻的挑战。

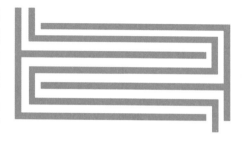

图 12.4 一种互连电介质测试结构

12.2.2 热载流子注入(hot carrier injection,HCI)

当载流子在强电场下运动时,从电场获得的能量大于散射过程中与晶格原子碰撞损失的能量,载流子的平均动能显著超过热平衡载流子平均动能,具有高于热能(kT)的能量,这种好像被"加热"了的载流子称为热载流子。沟道热载流子注入(HCI)描述了电子(或空穴)沿着 MOSFET 的沟道加速获得足够动能(见图 12.5),越过存在于 Si/SiO$_2$ 界面的 3.1eV 势垒(对于电子)或 4.7eV 势垒(对于空穴)进入氧化层陷阱的过程[7,8]。当沟道电子从源极加速到漏极时,它们可以获得进入 SiO$_2$ 层所需的能量,尤其是那些位于玻尔兹曼分布尾部附近的幸运电子[9]。由于 MOSFET 器件漏极附近的沟道电场最大,晶格电子亦有可能发生碰撞电离,这些热载流子被散射到栅极氧化物。HCI 会在界面上造成损坏,可能会生成界面态。

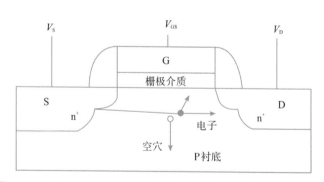

图 12.5 沿 NMOSFET 沟道移动的载流子从源极到漏极的加速过程

这种 HCI 机制作用下的界面态生成和电荷捕获会导致晶体管参数退化,特别是使载流子加速的沟道电场的增加速度快于工作电压降低的先进技术。因此,HCI 可能是一种重要的 MOSFET 退化机制。由于 MOSFET 是场效应器件,硅衬底和 SiO$_2$ 栅介质之间的界面至关重要。通常,该界面处的键断裂退化,会导致器件不稳定,如图 12.6 所示。

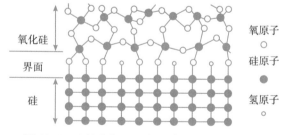

图 12.6 硅衬底和 SiO$_2$ 栅极电介质之间的界面

硅衬底中的硅原子在晶格中形成金刚石结构。SiO_2 层是非晶结构，一个硅原子与四个相邻的氧原子之间形成化学键，每个晶格拐角处的氧与相邻的两个硅原子相连。由于界面处晶格结构的不匹配，并非所有的硅键都会得到匹配，从而产生硅悬空键。通常在 MOSFET 制造过程中引入氢，以钝化这些悬空键并防止它们带电。此处将讨论 Si/SiO_2 界面处的化学键断裂对 MOSFET 的影响。

最初，在 SiO_2 形成之后，在 SiO_2 内部和 Si/SiO_2 界面就存在一些断裂的键，同时一些 Si—O 键结合能较弱。根据费米能级的位置，可以将这些悬空键视为电子陷阱、空穴陷阱，这些悬空键也可能保持中性。

这些陷阱、悬挂键在 MOSFET 工作期间会被电子、空穴填充，然后，MOSFET 的性能参数会退化。界面稳定性对于 MOSFET 的可靠运行极其重要。如果热载流子注入，破坏界面处的 Si—H 键，形成 Si 悬空键并带电，将使 MOSFET 工作参数退化。因此，为了使 MOSFET 稳定，界面必须保持相对稳定。

将某种特性 P（如 V_{th}、g_m、I_{dsat} 等）按时间 t 进行泰勒级数展开，由 HCI 引起的晶体管特性退化可以描述为

$$\Delta P = B_0 t^m \tag{12.7}$$

其中，B_0 是与材料和器件相关的参数；m 是 HCI 时间相关性的幂律指数，是可调拟合参数，一般取 $m \approx 0.5$。

如图 12.7 所示，在 N 沟道 MOSFET 中，当高能电子在器件漏极附近发生碰撞电离时，碰撞期间会产生电子和空穴，这些高能电子中的一部分将被重新定向到 Si/SiO_2 界面，在靠近漏端的局部区域将产生界面损伤。空穴则可以被衬底收集，形成衬底电流 I_{sub}，衬底电流是 HCI 诱导损伤的间接指标。虽然栅极电流会导致晶体管损坏，但衬底电流测量通常更容易。因此，尽管衬底电流是伪应力，但它是实际应力（栅极电流）测量的替代选择。

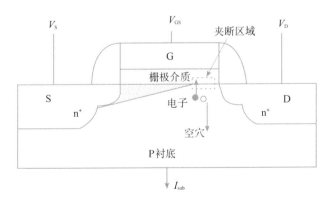

图 12.7　当电子从源极加速到漏极时，MOSFET 漏极端的碰撞电离产生电子-空穴对

因此，峰值 I_{sub} 电流成为一个易于测量的材料/器件应力指标，该应力将在沟道热载流子测试期间发生。通常用于计算 N 沟道晶体管的失效时间（TF）的表达式为

$$\text{TF} = A_0 \left(\frac{I_{\text{sub}}}{w} \right)^{-n} \exp\left(\frac{Q}{kT} \right) \tag{12.8}$$

其中,I_{sub}是应力期间的峰值衬底电流;w是晶体管的宽度;n是幂律指数,大约等于 3;Q是激活能,与沟道长度有关,一般约为$-0.25 \sim +0.25\text{eV}$;$A_0$是与器件相关的参数,且因器件而异,并会产生和失效时间相关的分布;k是玻尔兹曼常数;T为绝对温度。

将峰值衬底电流I_{sub}除以晶体管宽度w以使I_{sub}/w成为真正的应力,也就是大致与器件宽度无关。HCI 的激活能很小,根据沟道长度可以为正也可以为负。通常仅在栅极长度小于$0.25\mu\text{m}$时观察到正值激活能。

历史上,由于较低的空穴迁移率和空穴注入势垒高度的增加,P 型 MOSFET 的 HCI 不太受关注。对于 P 沟道器件,有时栅极电流I_{gate}是器件实际应力的更好指标。因此,对于 P 沟道器件,HCI 的失效时间方程通常写成

$$\text{TF} = A_0 \left(\frac{I_{\text{gate}}}{w} \right)^{-n} \exp\left(\frac{Q}{kT} \right) \tag{12.9}$$

其中,I_{gate}是应力期间的峰值栅极电流;w是晶体管的宽度;n为幂律指数,一般为 2~4;Q为激活能,一般为$-0.25 \sim +0.25\text{eV}$。

总之,至少对于长沟器件来说,通过使用 N 沟道的峰值衬底电流I_{sub}和 P 沟道的峰值栅极电流I_{gate},可以较为准确地模拟 HCI 引起的晶体管退化。先进节点下的 MOSFET 器件的驱动电流在 HCI 应力作用后趋于降低,这是因为 HCI 应力趋于产生电子俘获,从而降低 N 沟道器件的迁移率。

虽然 HCI 引起的晶体管退化测量和建模似乎相当准确,但从晶体管退化到电路级退化的推断通常很困难,并且使得 IC 失效时间预测变得困难。首先,必须考虑 IC 中的晶体管实际经历最大峰值衬底电流(或最大栅极电流)条件的实际时间分数(占空比)。对于快速开关的晶体管来说,这可能不到 10% 的时间。其次,在某些关键电路参数(速度、功率、泄漏电流等)开始改变之前,电路可以容忍多少晶体管退化(5%、10%、20% 或更大?)也需要从电路与架构方面来评估。

由于上述原因,有时简单地采用经验方法来确定 HCI 对电路工作的影响会更容易、更精确。在这种经验方法中,对 IC 中的器件进行采样,并在升高的电压水平(高于预期的工作电压)下对器件和电路进行工作寿命测试。然后可以将器件与电路级退化记录为应力时间的函数。使用从上述模型中很容易提取的加速因子,可以预测电路在正常运行期间预计会如何退化。

12.2.3 负偏压温度不稳定性退化

负偏压温度不稳定性(negative bias temperature instability,NBTI)效应是影响集成电路可靠性的重要因素之一[9],它是指 MOSFET 晶体管在高温和栅极负偏置下产生的器件退化现象,主要表现为 PMOS 晶体管阈值电压绝对值增加,迁移率、漏电流和跨导下降。

对于 MOSFET 器件,Si 和 SiO$_2$ 界面的钝化是非常重要的。硅衬底和栅极电介质之间的 Si/SiO$_2$ 界面如图 12.8 所示,如果界面处的 Si—H 键在器件工作过程中断裂,则会形成悬挂键导致器件性能下降,最终造成器件失效。

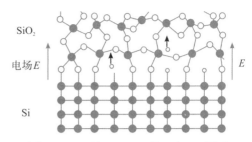

图 12.8　P 型 MOSFET 的 Si/SiO$_2$ 界面

由于 P 型 MOSFET 在负栅极电压下工作,因此 SiO$_2$ 层中的电场从界面指向栅电极。如果在器件工作期间 Si—H 键断裂,从而释放出 H$^+$ 离子,则它的漂移方向是远离 Si/SiO$_2$ 界面的。这说明了为什么 P 型 MOSFET 中的 NBTI 通常比 N 型 MOSFET 中的正偏置温度不稳定性(positive bias temperature instability,PBTI)的问题更严重。然而,当电介质不是 SiO$_2$ 时,PBTI 仍然是需要关注的问题,例如高 κ 栅介质 MOSFET 器件。

Si—H 键的断裂机制被认为是器件工作期间捕获空穴的结果,可能的反应为:

$$\text{Si—H} + (\text{hole})^+ \longrightarrow \text{Si}^- + \text{H}^+$$

其中,Si—H 代表正常的 Si—H 键;hole 代表空穴;Si$^-$ 代表硅悬挂键;H$^+$ 代表释放的氢离子(质子)。由于存在电场作用,如图 12.8 所示,P 型 MOSFET 在负栅极电压下工作,因此 SiO$_2$ 层中的电场远离界面。如果在器件工作期间 Si—H 键断裂,从而释放出 H$^+$,那么它的漂移方向是远离 Si/SiO$_2$ 界面的,也即由上述反应产生的任何 H$^+$ 都倾向于离开 Si/SiO$_2$ 界面。一旦 H$^+$ 产生,其输运方程为:

$$J(x,t) = \mu\rho(x,t)(qE) - D\frac{\partial\rho(x,t)}{\partial x} \tag{12.10}$$

其中,$\rho(x,t)$ 是 H$^+$ 在任意时刻 t、在距界面 x 处的浓度;qE 是作用在 H$^+$ 上的电场力;D 是 H$^+$ 的扩散系数;μ 是 H$^+$ 的迁移率,D 和 μ 通过爱因斯坦关系与扩散系数相关:

$$\mu = \frac{D}{kT} = \frac{D_0\exp\left(-\dfrac{Q}{kT}\right)}{kT} \tag{12.11}$$

从式(12.10)可以看出,由于电场 E 的存在,H$^+$ 倾向于远离界面,SiO$_2$ 中 H$^+$ 的浓度开始增加。随着 H$^+$ 浓度在 SiO$_2$ 电介质中的增长,可能会出现 H$^+$ 朝向界面的回流。事实上,如果电场变为零,电场力消失,那么 H$^+$ 的回流就将发生,从而导致一些器件恢复。通常 H$^+$ 不会完全回到界面处,因为在 SiO$_2$ 栅极电介质中,一些 H$^+$ 可能会发生还原反应。可能有以下几种还原反应:

$$\text{H}^+ + \text{e} \longrightarrow \text{H}$$
$$\text{或 } \text{H}^+ + \text{H} + \text{e} \longrightarrow \text{H}_2$$
$$\text{或 } \text{H}^+ + \text{H}^+ + 2\text{e} \longrightarrow \text{H}_2$$

NBTI 对 P 型 MOSFET 器件电学特性的影响非常明显:器件的阈值电压可能发生变化,反型沟道中的空穴迁移率降低,V_{th} 偏移和迁移率的下降,都会导致器件沟道中的电流(I_d)降低,从而导致器件性能下降。阈值电压 V_{th} 随时间变化,其形式为:

$$\frac{\Delta V_{th}}{(V_{th})_0} = B_0(E,T)t^m \tag{12.12}$$

其中，$B_0(E,T)$ 是与电场 E 和温度 T 有关的因子；m 是时间 t 的幂指数；通常，m 为 $0.15\sim$ 0.35，一般采用 $m=0.25$。

由于与时间相关的指数 m 小于 1，随时间的退化将趋于饱和。从图 12.8 所示的模型中可以完全推测到这种退化的饱和。由于 Si—H 键的数量有限，未断裂的 Si—H 键的数量随着时间的推移而减少，因此由 Si—H 键断裂引起的器件退化速率也减小。

12.3 集成电路后段工艺的可靠性

12.3.1 电迁移

电迁移历来是基于铝和铜金属互连的重要可靠性问题，高密度的电子流会驱动内部的金属原子作定向迁移，原子移动与电子流动方向相同。电迁移驱动某些金属原子从阴极向阳极迁移，进而在阴极附近逐渐形成空洞，并在阳极附近出现原子累积形成的小丘，造成电迁移引起的失效。

如图 12.9 所示，由于载流子与金属晶格之间的动量交换，金属离子会在"电子风"[10] 的影响下发生漂移。金属原子在受到电场作用时不断碰撞，从而产生力，电子运动方向决定了力的方向；库仑力是指电场对金属原子所产生的外场力，其方向与电场平行，两者共同作用称为

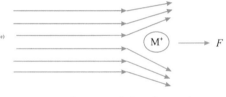

图 12.9　电子风导致金属离子 M^+
从阴极向阳极漂移

"电子风力"。对于高电子电流密度 $J^{(e)}$ 而言，电子风对金属离子施加足够大的力 F，导致金属离子 M^+ 从阴极向阳极漂移。由于电子风作用与电子电流密度 $J^{(e)}$ 成正比，作用在金属离子上的力 F 为

$$F = \rho_0 z^* e J^{(e)} \tag{12.13}$$

其中，ρ_0 是金属的电阻率；$z^* e$ 是金属离子的有效电荷。

最终，由于散度通量（表示材料粒子流入或流出受影响区域的净流量，由微观结构、温度、应力和杂质梯度等引起，可导致受影响区域中金属离子的累积或耗尽），空位开始聚集，从而形成空洞。空洞增长将继续进行，导致金属线或引线的电阻上升，直至导体达到高阻或开路条件，最终影响器件功能。对于金属条或引线中的电流密度很容易接近甚至超过 $1MA/cm^2$ 的集成电路来说，这可能是一个重要的失效机制。如图 12.10 所示为一个金属导体，应力为 $2MA/cm^2$ 和 150℃约 100 小时的失效时限。可以看到，此测试线/引线中出现了严重的电迁移引起的缺陷。此例中，金属离子通量 $J_{out} > J_{in}$，因此产生空洞。

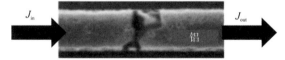

图 12.10　电迁移诱导的输运（和最终的散度通量）
在金属铝中产生了严重的空洞

对于铝合金而言,金属离子迁移主要沿晶界进行。两种理想的规则或均匀晶粒结构如图 12.11 所示。电子风引起的金属离子传输,加上微结构梯度引起的散度通量会导致空洞或堆积发生。空洞集结通常对金属条中的电阻升高几乎没有影响。然而,空洞增长会导致局部电流堵塞和金属条的电阻增加。

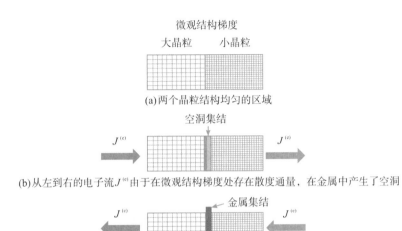

图 12.11　电迁移诱导的输运主要沿铝合金导体晶界进行

如果金属互连是铝合金/阻挡层金属薄片,那么电阻上升可能会先表现一个时间延迟 t_0 然后再逐渐上升,如图 12.12 所示。例如,Al—Cu/TiN 在一段时间内呈轻微或无电阻上升趋势,然后逐渐上升。TiN 层作为一个抗电迁移分流层,可防止灾难性的电阻上升(开路条件)。当然,这种电阻的逐渐上升是假定了阻挡金属层是抗电迁移的。集成电路工艺中一些常用的抗电迁移阻挡层包括 TiW、TiN 和 TaN。如果没有

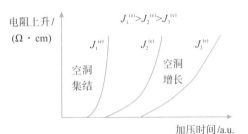

图 12.12　层状金属条纹中电迁移
引起的电阻升高

阻挡层参与电流的分流,对于电迁移诱导的损坏,铝合金的电阻上升可能非常突然。阻挡层的使用如图 12.13 所示。

对于纯铜金属互连,电迁移测试中主要的扩散路径通常是沿界面,而不是像在铝合金中那样沿晶界。铝会在表面形成一层紧密结合的铝氧化物(Al_2O_3),与铝不同,铜氧化物与铜表面的结合相对较差,这为 Cu 离子的迁移提供了一个高迁移率的界面。为了降低 Cu 离子沿界面的迁移率,Cu 应该被良好黏附的阻挡层紧紧地包围。通常情况下,Cu 引线的底部和侧壁被 TiN 或 TaN 阻挡层包围,而 Cu 引线的顶部有一个如 SiN、Si-COH 或 SiCON 的电介质层。在电迁移过程中,Cu 离子会选择一个或多个弱界面,典型的失效位置如图 12.14 所示。

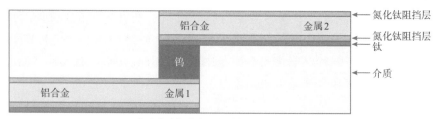

(a)集成电路铝合金互连系统,晶界输运通常主导电迁移现象

(b)集成电路铜互连系统,与Cu/阻挡层界面相关的界面输运通常主导电迁移现象

图 12.13　阻挡层的使用

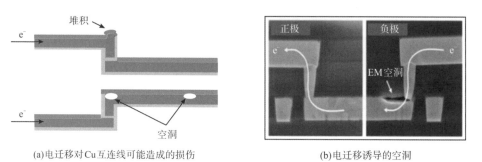

(a)电迁移对Cu互连线可能造成的损伤　　　　(b)电迁移诱导的空洞

图 12.14　典型的失效位置

　　虽然 Cu 和 Al 之间材料性能的差异可以主导质量传输机制,但 Cu 金属互连也不同于 Al,因为它是使用所谓的大马士革或双大马士革工艺流程制备的(参见第 20 章)。之所以采用大马士革工艺,而不是采用物理溅射沉积和减法刻蚀工艺来制造铝合金互连线,是因为 Cu 的填充特性更好,另外也是由于难以开发用于铜金属互连的等离子体刻蚀工艺。

　　在大马士革工艺流程中,首先在最终将进行金属互连的电介质层中刻蚀沟槽,然后在沟槽中沉积阻挡层金属材料(如 Ta 基金属)和一层薄的、物理气相沉积的 Cu 晶体层。然后使用电镀工艺(electroplating process,EP)对该沟槽填充铜。接下来进行化学机械研磨(chemical mechanical polish,CMP)和随后的清洗,以定义互连几何形状。随后,铜被密封阻挡层覆盖,通常是介质阻挡层材料。

　　在双大马士革工艺过程中,除了沟槽外,还形成通孔,这样通孔和沟槽就不会像单个大马士革互连那样被阻挡层金属隔开。在双大马士革铜中,由于使用了阻挡层,通孔底部存在通量阻挡。这种有点复杂的互连结构,利用了具有不同界面性质的介质和阻挡层金属,表现出许多在铝金属互连中看不到的散度通量位置。当电子向上流入通孔(向上方向的电迁移)时,在沟槽的上角存在散度通量。对于向下方向的电迁移,散度通量位置沿着下金属沟槽的顶面,在此处通孔的金属阻挡层和电介质层(在下金属沟槽上)相遇。这两种情况下引起严重电阻升高所需的空洞体积也有所不同,因此通常可以观察到向下电迁移失效比向上电迁移失效发生得更快。此外,通孔内存在的缺陷可能导致向上互连的过早电迁移失效(早期或弱模式失效)。

Cu 金属互连过程中,由于 Cu 没有形成强附着力的天然氧化物,因而存在弱界面,这意味着优化 Cu 与覆盖层之间的界面附着力至关重要,界面结合强度的提高将改善电迁移现象。随着激活能 Q 的增加,Cu 的电迁移主要受到体扩散的限制。

由于电迁移传输是一个质量守恒过程,因此除了空洞问题之外,还会发生传输的金属离子的累积,从而增加金属互连层和周围电介质中的机械应力。金属互连层中应力的这种局部累积将有助于产生金属离子的回流,称为布莱克(Blech)效应[11]或短长度效应。对于较短的引线(通常为几十微米),Blech 效应可能非常强,以至于金属离子的回流将抵消漂移分量,并且可以延迟电迁移引起的失效。然而,金属引线中机械应力的累积也伴随着周围电介质中相反机械应力的累积,这可能导致周围电介质的潜在破裂。周围电介质的断裂会促使测试引线与相邻金属引线的短路。对于需要机械强度相对较弱的低 κ 电介质的高级铜金属互连,可能需要考虑这种潜在的短路失效机制。

通常采用以下模型描述电迁移失效时间:

$$TF = A_0 [J^{(e)} - J_{crit}^{(e)}]^{-n} \exp\left(\frac{Q}{kT}\right) \tag{12.14}$$

其中,A_0 是工艺/材料相关系数,该系数可能因器件而异,这也是失效时间 TF 实际上是失效时间分布的原因。器件间的差异(A_0 差异)可以像金属互连中的微小微观结构差异一样微妙。对数正态 TF 分布通常用于电迁移失效机制。$J^{(e)}$ 是电子电流密度,$J^{(e)}$ 必须大于 $J_{crit}^{(e)}$ 才能产生失效。$J_{crit}^{(e)}$ 是临界(阈值)电流密度,它在预期出现显著的电迁移损坏之前必须被超过。n 是电流密度指数,若是铝合金,则 $n=2$;若是铜,则 $n=1$。Q 是激活能,若是 Al 和 Al—Si,通常 $Q=0.5\sim0.6eV$;若是 Al—Cu 合金,$Q=0.9\sim0.12eV$;若是纯 Cu,通常 $Q=1.0eV$。

$J_{crit}^{(e)}$ 由 Blech 长度方程($(J^{(e)} \cdot L)_{crit} = A_{Blech}$)决定,Blech 长度 L_{crit} 是互连线发生电迁移现象的临界长度。若是铝合金,则 A_{Blech} 约等于 $6000A/cm$;若是铜,则在 $1000A/cm$ 到 $4000A/cm$ 之间,取决于金属阻挡层和介质层的机械强度。举例来说,假设流经铝合金导体的电流密度为 $J^{(e)} = 1 \times 10^6 A/cm^2$,则其 Blech 长度 L_{crit} 可通过如下方法求得:$(J^{(e)}L)_{crit} \leqslant 6000A/cm$,从而 $L_{crit} \leqslant 6000/(1.5 \times 10^6) = 4 \times 10^{-3} cm$。也就是说,这种情况下,对于长度小于 $40\mu m$ 的导体,电迁移引起的损伤应相对较小。

如果测试条长度大于 $250\mu m$,则 J_{crit} 与大于 $1MA/cm^2$ 的正常电迁移应力电流密度相比通常较小。出于这个原因,$J_{crit}^{(e)}$ 经常被忽略。然而,Blech 效应对于非常短的导体长度而言,则可能是一个重要的设计考虑因素。

铝合金,其失效时间通常与金属宽度有关,最坏情况(最小失效时间)发生在金属宽度约为平均晶粒尺寸 2 倍的情况下。至于铜,最坏情况下的电迁移现象通常出现在宽度最小的金属处。

与通孔相关的电迁移显示出与由焊盘馈送的单个引线不同的特性。例如,根据电子电流的流动方向,通孔可以显示出不同的退化率,上层金属 M2 到下层金属 M1 可能与 M1 到 M2 完全不同。

由焊盘终止且没有阻挡金属层的铝合金条带,其总失效时间由成核决定,观察到 n 等于 2[通常称为布莱克(Black)方程[12]]。然而,对于具有阻挡金属并由钨塞填充的铝合金条,可能会看到由 $n=2$ 主导的孵化(成核)期和由 $n=1$ 主导的电阻上升(漂移)期,如图 12.12 所示。此外,在高电流密度测试条件下,未考虑的焦耳热会产生远大于 $n=2$ 的表观电流密度指数。类似的观察结果适用于 Cu 金属互连,其中空隙成核和空隙生长贡献的混合物经常同时存在。然而,趋势似乎更倾向于生长控制的电迁移,并且 $n=1$ 通常用于 Cu。总之,在将高度加速的数据外推到预期的工作条件时,可能需要谨慎一些。

在 CMOS 技术中,IC 金属互连必须用于与浅($<0.25\mu m$)N^+ 和 P^+ 结接触。建立稳定可靠的接触需要在互连金属和浅结之间使用阻挡金属。经常使用的一些常见阻挡金属是 TiW、TiN 和 TaN。在接触电迁移传输期间,导致接触失效的主要扩散物质是来自接触区域的硅。除了势垒类型很重要之外,硅化物结对于延迟传输过程也很重要。

式(12.14)也可用于描述由电迁移导致的 IC 接触(金属到硅或硅化物)失效。然而,在这里,导致失效的扩散物质通常是硅。当接触窗口中出现硅堆积(假设硅最初位于铝合金金属互连层中)导致电阻接触形成时,就会发生接触电迁移失效;或者,来自接触窗口的硅腐蚀会导致结泄漏和失效。由于在浅接触中电流拥挤可能很严重,因此接触窗口上的实际电流密度是不均匀的,可能很难具体说明。出于这个原因,通常接触面积被纳入依赖于过程的前因数 A_0 并且失效时间方程通常写为:

$$TF = A_0 I^{-n} \exp\left(\frac{Q}{kT}\right) \tag{12.15}$$

其中,I 是电迁移测试期间流入或流出接触窗口的电流。铝合金与硅的接触,激活能 Q 通常在 $0.8 \sim 0.9 eV$ 范围内。

12.3.2 应力导致的集成电路失效

与机械应力相关的失效对于 IC 器件非常重要。当金属承受超过其屈服点的机械应力时,金属会随着时间发生塑性变形。弹性变形往往不会对材料造成损坏,而塑性变形则会对材料造成一定程度的永久性变化。在冶金学中,称这种与时间有关的现象为蠕变。蠕变将持续到应力水平低于屈服点或直到金属失效。这种金属失效机制对于面临以下情况的 IC 尤其重要:片上铝合金或铜金属互连、金球键合和导线、铁合金或铜引线框架、焊点等。

IC 中的应力迁移是用于描述金属原子在机械应力影响下的流动的术语。通常,这种失效机制是由在固定应变条件下蠕变驱动的,因此,它是芯片上金属互连的一种应力释放机制。通常,金属会倾向于流动以减轻材料中的应力。不幸的是,这种质量流会导致金属中出现缺口或空洞。这种导致 IC 金属互连中的空洞形成的应力释放机制通常会持续到金属互连中的机械应力释放到其屈服点以下。

1. 铝互连中的应力迁移

实际上,质量流的发生是由材料中的应力梯度,而不仅仅是由材料中施加的应力引起的。通常,假定应力梯度与施加的机械应力 σ 成正比。该应力 σ 的来源可以是内在应力和热机械应力。

在应力 σ 超过金属互连屈服点之前,发生的永久原子运动相对较少。移动金属原子的通量主要沿晶界流动,如图 12.15 所示,具有高比能晶界的小晶粒 C,可能被晶粒 A 和 B 吸收,以促进应力松弛。至于铜,主要的扩散路径可能是沿着铜/阻挡层界面。但如果金属引线非常窄且晶粒结构可以认为是像竹节状的(即几乎垂直于金属条带长度的晶界),就可能发生在晶粒内。

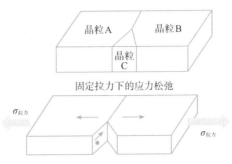

图 12.15　机械应力梯度导致金属原子流动(蠕变)以减小应力能量

与金属移动相关的不可避免的散度通量会导致 IC 金属引线或金属条中出现缺口/空洞(见图 12.16)。应变能的减少与释放大于与新表面产生相关的能量增加。

图 12.16　应力迁移已在铝合金金属引线中产生缺口/空洞

与空洞形成相关的电阻上升会导致电失效。蠕变导致的失效时间(TF)由下式描述:

$$TF = A_0 \sigma^{-n} \exp\left(\frac{Q}{kT}\right) \qquad (12.16)$$

其中,σ 是恒定应变下金属中的拉伸应力。由于金属互连周围的硬电介质,芯片上的金属互连受到限制(固定应变)。在这种情况下,蠕变是固定应变下的应力松弛机制,可导致空洞形成。n 是应力迁移指数。若是对于铝和铜等软金属,则 $n = 2\sim4$;若是低碳钢,则 $n = 4\sim6$;若是非常坚固硬化的金属,则 $n = 6\sim9$。Q 是激活能,$Q \approx 0.6\sim0.8\text{eV}$ 用于铝中的晶界扩散,$Q \approx 1\text{eV}$ 用于铝中的晶内(竹节状)扩散。

对于芯片金属互连来说,主要的机械应力是由金属和受约束的周围材料的热膨胀失配产生的。因此,应力被称为热机械应力,σ 与温度的变化成正比,即

$$\sigma \propto \Delta T \qquad (12.17)$$

因此,如果金属蠕变是由热机械应力引起的,那么失效时间方程可以表示为[12]:

$$TF = A_0 (T_0 - T)^{-n} \exp\left(\frac{Q}{kT}\right) \qquad (12.18)$$

其中,T_0 为金属的无应力温度。应力和应力松弛的作用在铝合金互连中空洞的成核和生长中非常重要。铝中的铜掺杂在抑制晶界扩散方面有些效果,但如果与线宽相比,晶粒尺寸大,则效果要差得多。在这些竹节状引线中,可以观察到由晶粒内扩散而形成的狭缝状空隙。

为了测试应力迁移,通常将长(长度 $>1000\mu\text{m}$)且窄(宽度 $<2\mu\text{m}$)的细条在 $150\sim200\text{℃}$ 的温度范围内储存 $(1\sim2)\times10^3\text{h}$,然后进行电阻增加(或击穿电流减小)的电气测试,即通过将电流斜升至击穿来确定。如果金属条中有缺口或空隙,则击穿电流应该较低。应力迁移烘烤温度应谨慎选择,因为正如从式(12.18)预测的那样,退化速率存在最

大值,这通常发生在 150~200℃ 范围内,如图 12.17 所示。由于较低温度下的高应力(但迁移率低)和高温下的低应力(但迁移率高),会出现蠕变速率的最大值。由于机械应力与温度有关,因此很难直接确定扩散激活能。通常,$Q \approx 0.5 \sim 0.6$ eV 用于晶界扩散,$Q \approx 1$ eV 用于单晶体扩散。

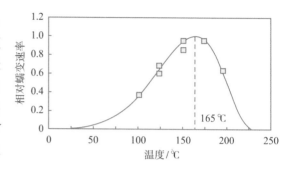

图 12.17 应力迁移引起的蠕变/空隙率在临界温度(铝合金通常在 150~200℃ 范围内)下具有最大值[13]

2. Cu 互连中的应力迁移

Cu 金属互连中的应力迁移(见图 12.18),也是一个问题,尽管人们期望 Cu 优越的电迁移能力转化为显著改善的应力迁移性能。

类似于 Al 和 Cu 电迁移之间的比较,因为它涉及其在先进 IC 技术中的使用,所以用于 Cu 和 Al 的制造方法在应力迁移问题的类型上,不同金属互连会有显著差异。Cu 和 Al

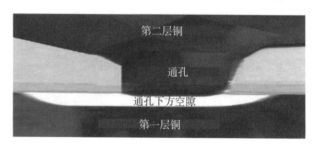

图 12.18 铜互连系统中单个通孔下的应力引起的空洞,宽铜线在通孔旁边

之间的基本区别在于它们的熔点不同,分别为 1083℃ 和 660℃。集成电路制造过程中的正常互连处理温度可高达 400℃,这离 Al 熔化温度很近,但对 Cu 而言则较低。因此,Al 金属互连的处理会导致互连布线内的晶粒较大且结构良好(所谓的窄金属引线的竹节状结构),但类似的处理温度在 Cu 达到一定程度的稳定性后不会显著改变 Cu 的微观结构。因此,Cu 互连布线内的晶粒结构变化更大,无论是晶粒尺寸还是纹理。电镀铜也极大地影响演化的微观结构,使得窄线保持小颗粒,而较宽的线形成更大的颗粒。

与 Al 条纹一样,Cu 条纹可以显示出应力迁移引起的空洞。然而,由于存在一些多余的金属屏障以及铜颗粒缺乏足够的类似竹节的特性,它对可靠性的总体影响可能不那么强烈。在一个芯片上,可以有多个金属互连层相互堆叠,金属层之间有一层电介质。通孔是通过介电层从上金属层到下金属层的电连接。然而,当通孔下方或内部形成空洞时,如图 12.18 和图 12.19 所示,这个空洞对可靠性的影响可能很大,尤其是当通孔是互连路径上的电气薄弱环节时。空洞是一种应力消除机制。空洞的增长是由应力梯度引起的空位流动导致的。与窄铜引线相比,宽铜引线有更多的空位。当宽引线放置在单个通孔上方和/或下方时,通孔空洞的影响最为严重。如图 12.19 所示,由于在加工过程中至少进行了一些镀铜退火处理,而铜完全受阻挡层和电介质层约束,因此铜金属互连变得过饱和,沿晶界和界面存在空位。这些空位可以在存在应力梯度的情况下移动,并且通常从拉伸区域流向压缩区域。一旦空洞成核,就可以在宽的范围内提供充足的空位。铜导致通孔内或通孔下方的空隙扩大,并能够形成高电阻或开路。空洞继续增长,直到局部应力松弛到其屈服点以下为止。

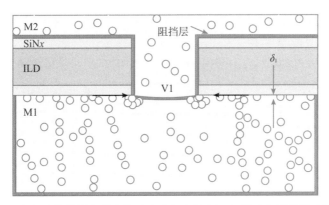

图 12.19　当宽引线放置在单个通孔上方和/或下方时,通孔空洞的影响最为严重

12.3.3　low-κ 介质可靠性

在氧化硅作为后段金属间电介质层(inter-metal dielectric,IMD)的互连技术中,由于其相对宽松的布线尺寸以及稳定的物理化学性质,氧化硅在芯片互连中没有表现出明显的可靠性问题。然而,在 IMD 从氧化硅($κ≈4.0$)过渡到 low-κ 电介质材料($κ≤3$)后,由于 low-κ 材料具有相对较差的导热性和机械强度,其与金属层的黏合力与传统的氧化硅材料相比也较差,导致含有 low-κ 电介质材料的芯片互连层可靠性会潜在地降低。这是因为,首先,low-κ 电介质的电学、热学、机械和结构性能通常都逊于氧化硅。其次,集成后 low-κ 材料的 TDDB 寿命可能会受到金属线间缺陷的严重影响。其他可能导致互连结构和电学性能过早失效的因素还包括通过互连导线的高密度电流(导致电迁移)、导线中相应产生的过高的热应力(导致应力迁移,见图 12.20),以及金属线之间更高的工作电场。此外,low-κ 材料在互连层的引入还给芯片封装中的划片(dicing saw)和焊线(wire bonding)工艺带来了挑战,比如在划片工艺中金属层与电介质层的分层和剥离。

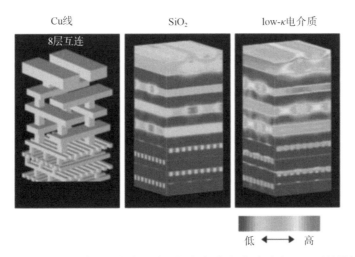

图 12.20　具有 8 层铜互连层的芯片后段热应力随层间电介质(氧化硅对比 low-κ 材料)的仿真结果比较[14]

由于芯片互连层中的氧化硅有着出色的机械物理特性和相对宽松的布线间距,传统上互连导线间漏电流是芯片后段电介质电绝缘性能的最重要参数。随着 low-κ 电介质和 $0.18\mu m$ 技术节点的到来,集成电路后段的电介质电击穿可靠性作为一个潜在的可靠性问题,引起了越来越多的关注。早期一项关于 low-κ 电介质漏电流特性的开创性研究工作表明[15],在 $0.30\mu m$ 线宽、$0.35\mu m$ 线间距的铝互连中,几种具有良好间隙填充特性的 low-κ 电介质可与等离子增强型 CVD(PECVD)氧化物相媲美,但集成于互连结构中的 low-κ 电介质的电绝缘特性取决于其上的氧化物覆盖层,未做表面钝化处理的 low-κ 电介质材料容易吸收水分,从而会降低其绝缘特性进而增加导线间的漏电流。

随着互连线间距的持续微缩和铜大马士革技术的引入,low-κ 可靠性的研究开始蓬勃发展,人们关注的焦点逐渐从漏电流逐渐转移到 TDDB,这同时也是晶体管栅极氧化硅介质的主要可靠性失效机制。铜大马士革工艺中造成 low-κ 电介质可靠性降低的主要原因有三个,即铜污染、吸湿性和孔隙率增加而导致的 low-κ 材料本征性能的退化。

1. 铜污染

金属间电介质如果受到铜污染的话,会显著降低经时电介质击穿 TDDB 寿命。MIS 电容结构中的 CVD 氧化硅,当其铜污染浓度增加时,可以发现其 TDDB 寿命有明显下降的趋势。在铜大马士革结构中,铜污染主要是由不完善的集成工艺步骤引起的,例如没有充分清洗干净的研磨表面或有缺陷的金属间扩散屏障层。对于具有完整的金属扩散阻挡层的铜大马士革结构而言,金属间电介质的 TDDB 寿命降低主要是铜元素沿研磨面扩散引起的,研磨面的表面状况对 TDDB 寿命有显著影响。通过控制 CMP 与后续钝化层工艺之间的等待时间、硅片的存储和清洁研磨面可以抑制铜元素沿 CMP 研磨面表面的迁移,从而提高电介质 TDDB 寿命。此外,铜互连沿研磨面的电场增强(细线效应)也会进一步加速铜元素沿研磨面的扩散[16]。而当金属扩散阻挡层存在明显缺陷时,金属间电介质 TDDB 寿命的降低则主要是由体扩散引起的。通过有缺陷的阻挡层扩散的铜不仅会造成 TDDB 寿命的缩短,还会导致金属导线间漏电流的升高。此外,当扩散屏障层存在缺陷时,金属间电介质的失效可能不是硬击穿(hard breakdown),而是一种伪击穿(pseudo breakdown),这种伪击穿也会影响芯片中器件的电学性能。

2. 吸湿性

对于多孔 low-κ 电介质而言,导致 TDDB 寿命退化的另一个重要因素是 low-κ 电介质的吸湿性。吸湿会导致介电常数增加、漏电流增加和击穿电场降低。虽然 low-κ 电介质薄膜自身有很强的抗湿性,但经过工艺集成后的 low-κ 电介质更容易吸收水分,这是因为集成后的 low-κ 电介质具有与初始 low-κ 电介质不同的特性。对集成于 MIS 电容结构中的基于 $SiO_x(CH_3)_y$ 的金属间电介质的漏电流测量表明,low-κ 薄膜吸收水分后会促使导电性提高。通过热解质谱分析发现,在氧化硅基 low-κ 电介质薄膜中存在多种与水分相关的分子键。而在芯片后段温度控制范围(<450℃)内进行退火处理并不能完

全去除所有水分[17]。

3. 孔隙率影响

low-κ 电介质的本征电击穿可靠性会随着 low-κ 材料自身的孔隙率的增加而降低。如图 12.21 所示,虽然不同 low-κ 电介质材料的 TDDB 可靠性模型的加速因子与孔隙率没有明显的相关性,但是其可靠性模型的韦布尔(Weibull)分布的斜率却随着孔隙率的增加而迅速减小,这会造成 low-κ 材料的使用寿命的缩短。

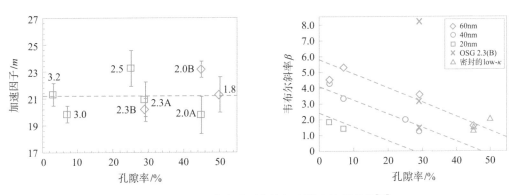

图 12.21　low-κ 电介质可靠性与孔隙率的相关性[18]

注:OSG 为有机硅酸盐玻璃(organo silicate glass)。

当前两个因素(铜扩散、吸湿性)的影响最小化时,low-κ 电介质的最大工作电场 E_{max} 会随着孔隙率的增加而降低(见图 12.22),但其失效机理是相似的,所以基于栅极氧化物可靠性建立的渗透模型仍然能适用[19]。因此,在互连中引入 low-κ 电介质以及连续的尺寸微缩显著缩小了金属间电介质的可靠性裕度,需要在集成工艺开发的同时进行更深入的相关可靠性研究。

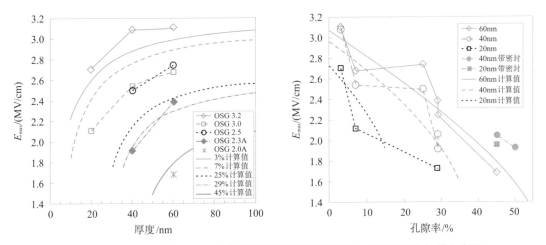

图 12.22　后段互连中 low-κ 电介质的可靠性(能够满足 10 年使用寿命的最大应用
条件电场 E_{max})与关键尺寸和介电常数的相关性[18]

本章小结

集成电路工艺可靠性是保证集成电路产品可靠性的关键一环,本章介绍了集成电路工艺可靠性相关的基本概念,阐述了前段工艺(晶体管)与后段工艺(互连等)中典型的失效现象与失效机理。

参考文献

[1] Barrett C R,Smith R C. Failure models and reliability of dynamic RAMS[C]. IEEE International Electron Devices Meeting,1976.

[2] McPherson J W,Baglee D A. Acceleration factors for thin gate oxide stressing[C]. 23rd IEEE International Reliability Physics Symposium,1985.

[3] Crook D L. Method of determining reliability screens for time dependent dielectric breckdown[C]. 17th IEEE International Reliability Physics Symposium,1979.

[4] Anolick E S,Nelson G R. Low field time dependent dielectric integrity[C]. Proceedings of the International Reliability Physics Symposium,1979.

[5] Chen I C,Holland S,Hu C A. Quantitative physical model for time-dependent breakdown in SiO_2[C]. Proceedings of the International Reliability Physics Symposium,1985.

[6] McPherson J W,Khamankar R B,Shanware A. Complementary model for intrinsic time-dependent dielectric breakdown in SiO_2 dielectrics[J]. Journal of Applied Physics,2000,88(9):5351-5359.

[7] Ning T H,Cook P W,Dennard R H, et al. $1\mu m$ MOSFET VLSI technology:Part Ⅳ-Hot-electron design constraints[J]. IEEE Transactions Electron Devices,1979,26(4):346-353.

[8] Hu C,TAM S C,Hsu F C, et al. Hot-electron-induced MOSFET degradation-model,monitor,and improvement[J]. IEEE Transactions Electron Devices,1985,32(2):375-385.

[9] Deal B E,Sklar M,Grove A S, et al. Characteristics of the surface-state charge of thermally oxidized silicon[J]. Journal of the Electrochemical Society,1967,114(3):266-273.

[10] Ho P S,Huntington H B. Electromigration and void observation in silver[J]. Journal of Physics & Chemistry of Solids,1966,27(8):1319-1329.

[11] Blech I A. Electromigration in thin aluminum films on titanium nitride[J]. Journal of Applied Physics,1976,47(4):1203-1208.

[12] Black J R. Electromigration-a brief survey and some recent results[J]. IEEE Transactions on Electron Devices,1969,16(2):338-347.

[13] McPherson J W，Dunn C. A model for stress-induced metal notching and voiding in VLSI Al-Si（1 percent）metallization[J]. Journal of Vacuum Science & Technology,1987,5(5):1321-1325.

[14] Ohba T. A study of current multilevel interconnect technologies for 90 nm nodes and beyond[J]. Fujitsu Scientific & Technical Journal,2002,38(1):13-21.

[15] Zhao B，Wang S，Fiebig M，et al. Reliability and electrical properties of new low dielectric constant interlevel dielectrics for high performance ULSI interconnect [C]. Proceedings of International Reliability Physics Symposium (IRPS),1996.

[16] Noguchi J，Miura N，Kubo M，et al. Cu-ion-migration phenomena and its influence on TDDB lifetime in Cu metallization[C]. Proceedings of International Reliability Physics Symposium,2003.

[17] Li Y，Ciofi I，Carbonell L，et al. Influence of absorbed water components on Si-OCH low-κ reliability[J]. Journal of Applied Physics,2008,104:034113.

[18] Barbarin Y，Croes K，Roussel P，et al. Reliability characteristics of thin porous low-κ silica-based interconnect dielectrics[C]. Proceedings of International Reliability Physics Symposium (IRPS),2013.

[19] Yeoh T，Kamat N，Nair R，et al. Gate oxide breakdown model in MOS transistors [C]. Proceedings of International Reliability Physics Symposium (IRPS),1995.

思考题

1. 该如何根据实际情况选取合适的 TDDB 模型？

2. 什么是热载流子效应？以 NMOS 为例,简述热沟道载流子是如何产生的。

3. 什么是 NBTI 效应？

4. 以金属铝为例说明什么是电迁移。集成电路应用中采取哪种方式减缓电迁移现象？

5. 铜大马士革工艺中造成 low-κ 电介质可靠性降低的主要原因有哪些？

6. 简述铜和铝做金属互连的区别。

7. 简述大马士革工艺的填充采用电镀完成的优点。

8. 理想的铜扩散阻挡层采用什么材料？为什么？

9. 假设流经铝合金导体的电流密度为 $J^{(e)} = 1 \times 10^6 \text{A/cm}^2$，求其 Blech 长度。

10. 为什么 low-κ 电介质的引入会潜在降低金属间电介质 IMD 的可靠性？

致谢

本章内容承蒙丁扣宝、张亦舒、黄宏嘉等专家学者审阅并提出宝贵意见,作者在此表示衷心感谢。

作者简介

陈冰：浙江大学微纳电子学院副教授，先进集成电路制造技术研究所副所长。北京大学博士，美国密歇根大学博士后。长期从事新型存储器模型模拟、阵列电路设计优化及存算一体化器件及其应用方面的工作。发表期刊和会议论文 100 余篇，其中在集成电路器件领域最具权威的国际会议 IEDM 上发表论文 10 篇；在专业顶级期刊 IEEE EDL/TED 上发表论文 20 篇，获授权专利 30 余项。

李云龙：浙江大学求是特聘教授、博士生导师，国家级人才计划入选者。本科和硕士毕业于清华大学，博士毕业于比利时鲁汶大学(KUL)。曾在比利时微电子研究中心(IMEC)从事了 20 年芯片前沿领域的研发工作，涉及先进芯片工艺流程中的多个关键环节，在先进芯片互连工艺与可靠性、晶圆 3D 堆叠技术与可靠性、基于标准晶圆工艺和"芯粒"先进封装技术的特殊成像器件集成等领域做出了突出成绩，著有 100 余篇国际期刊和会议论文以及完成多项专利申请和授权。

薛国标：浙江大学和普渡大学联合培养博士，从事集成电路制造领域半导体薄膜沉积和工艺集成研发工作。曾任浙江大学微纳电子学院新百人计划研究员，Intel 半导体研发工程师等。发表高影响因子论文 15 篇（他引次数＞450，h 因子 12）。曾作为英特尔第五代 3D NAND 产品研发中最重要的一步 CVD 工艺的负责人，成功实现业内第一台同类型设备的引进和试生产；曾作为 55nm CMOS 工艺集成负责人，两个月实现 SRAM 通线。

第 13 章

良率提升

(本章作者：陈一宁)

良率是集成电路制造中最为重要的指标之一。本章介绍良率的定义及良率损失的主要来源、集成电路制造中缺陷的概念和缺陷对于良率的影响、对于良率控制非常重要的制造工艺的统计过程控制方法，并提出未来良率提升的挑战。最后对人工智能技术提升良率的应用前景进行展望。

13.1 良率的定义和简介

集成电路制造厂需持续进行工艺和设备评估，以确保所有单项工艺都达到目标，也就是每个步骤结果都控制在生产所需的过程窗口内。这个窗口可以是缺陷密度范围，薄膜厚度范围的最小和最大可接受值，等等。集成电路制造是一个复杂的过程，有数千个步骤，一个步骤的微小错误都可能会显著影响最终产品的功能，甚至导致产品报废，良率降低。提高良率是所有晶圆厂商的目标。

在大多数制造行业中，良率的定义通常为，生产出的可用产品数量总数除以生产的产品数量总数。在集成电路制造行业中，良率由晶圆片上生产出的集成电路器件的功能性和可靠性来表示。良率定义主要分为四种，如表 13.1 和图 13.1 所示。

表 13.1　四种良率的定义

名称	定义
晶圆制造良率	出厂晶圆片总数/总晶圆片数
电气测试良率	正常工作裸片数/裸片总数
封装良率	通过最终测试的芯片数/进行封装的裸片总数
产品应用良率	(应用装配芯片总数－客户退品数)/应用装配芯片总数

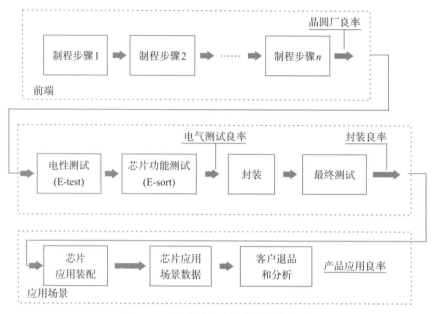

图 13.1　制造过程中的各种芯片良率

（1）晶圆制造良率（或晶圆厂良率）：计算方法为从晶圆厂成功制造出来（在所有单个制程结束之后，包括测量步骤）的出厂晶圆片总数，除以开始制造的总晶圆片数。

（2）电气测试良率：计算方法为通过电气测试后能正常工作的具备良好功能的裸片数量，除以晶圆片中裸片的总数。

（3）封装良率：计算方法为将晶圆片上的裸片切割并封装成芯片后，通过最终电气测试（final test，FT）的芯片数量，除以总芯片的数量。

（4）产品应用良率：是考虑芯片在实际装配后实际使用的良率。一般是将在应用场景使用中不达标的芯片数扣除而得到的良率。计算方法为应用装配芯片总数减去客户退品数，得到的值再除以应用装配芯片总数。产品应用良率理论上应该达到100%，当不能达到（即产品发生性能问题而被客户退回）的时候，需要重新做产品失效分析，即从设计、制造、测试、封装等环节的各个步骤找到根本原因。

通常，在半导体集成电路芯片制造中，良率一般为电气测试良率，这也是所有良率中最复杂、最难提高的部分。另外3种良率在很多情况下是可以做到接近和达到100%的，而要使得电气测试良率达到100%几乎是不可能的。本章中，除非特别说明，否则"良率"一词均表示电气测试良率。

提高良率是所有半导体集成电路制造厂商运营中最关键的目标，它反映了可以实际销售的产品数量相对于生产数量的比例。良率也是整个晶圆加工成本中最重要的一个因素。在集成电路芯片产品的产量巨大的情况下，任何良率提升的微小增量（比如0.5%或1%）都能显著降低每片晶圆的制造成本。在晶圆制造厂中，良率与设备性能（工艺能力）、操作员培训、整体组织效率以及晶圆厂设计和建造等因素密切相关。

13.2　良率损失的来源和分类

13.2.1　良率损失的来源

在集成电路的制造过程中,良率损失的原因五花八门,可能是由缺陷、故障、工艺变化或者设计等因素引起的。表 13.2 列举了在某条工艺线上的晶圆片电气测试良率损失的总体来源。

表 13.2　各阶段良率损失范例

良率损失来源	良率损失额/%
污染物	10
设计	4
工艺参数变化	5
光刻误差	3
材料缺陷	8

注:晶圆片电气测试良率=100%-总良率损失额=70%。

良率损失可以大致分为两种类型:硬性损失(灾难性)和软性损失(参数性)。硬性损失,即灾难性的良率损失,指严重芯片功能故障。例如开路或短路,导致部件根本无法工作。除了人为重大失误(比如用错离子注入程式)的因素外,额外的材料颗粒缺陷或缺失的材料缺陷是此类故障的主要原因。图 13.2 显示了一个典型的铜互连金属线桥接故障。可以看出金属线边缘多余的材料导致相邻金属线桥接,造成短路。

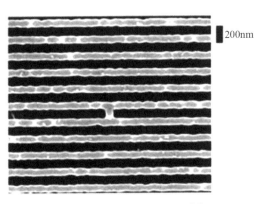

200nm

图 13.2　金属线桥接故障[1]

软性损失,即参数性良率损失,指芯片基本功能正常,但未能满足某些功率或性能标准。参数性故障是由一个或一组电路参数的变化引起的,它们在设计中的特定分布使芯片最终的指标不符合规格。例如,芯片可以在特定的工作电压下工作,但在整个所需电压范围内的其他电压下失效。参数性良率损失的另一个示例是深亚微米工艺技术中的漏电流:单个晶体管由于工艺不够完善产生微小的漏电流,当足够多数量的晶体管的微小漏电流累积达到某一个临界值时,会导致芯片发生故障和失效。另一个因工艺变化而引起的参数性良率损失的例子是微处理器芯片:因为处理器是速度分档的(即按性能分组),即使在同样设计的微处理器中,由于工艺的差异性导致晶体管性能存在差异,反映在微处理器芯片上,自然也是处理速度性能较低的产品最终出售的价格较低。因此,在这里,即使良率损失很小,也会给厂商造成重大的经济损失。在更严重的情况下,微处理中的应用专用集成电路(ASIC),如果性能低于某个阈值(例如由于符合标准),会导致明显的处理器性能受限,从而引起软性良率损失,这可能会直接导致产品无法出售,损失更大。

此外,还有与测试相关的良率损失。因为没有测试过程可以检测到所有可能的故障和潜在故障。这种产量损失与测试程序的合理度、覆盖度以及工艺的缺陷水平有关。此类良率损失不是制造工艺所致,不在本章讨论范围内。

13.2.2 良率损失的分类

上面提到,引起良率损失的原因五花八门,涵盖了集成电路制造和封装的所有环节。对于良率损失的分类可以采取以下几种方法。

1. 工艺变化性良率损失 vs. 环境变化性良率损失

发生在集成电路工艺制造过程的变化(例如掩模未对准、步进器聚焦等)是物理性的,此类工艺变化性良率损失可以借由提高工艺稳定性来减少。集成电路工作期间发生的周遭物理系数的变化(例如温度、电压等)本质上是环境变化,某些特种芯片要求器件在极端环境下工作(如高温、高气压、高电压等)。此时,在普通工作环境中能正常工作的集成电路在面对极端环境时可能会失效而造成良率损失。减少环境变化性良率损失对工艺的稳定性和精确性提出了更高的要求。

工艺变化性损失引起的良率损失,一般在早期对芯片的功能性电气测试中便能检查到,这样工程师能更早地采取行动发现根因。而环境变化性引起的良率损失有可能在成品芯片应用阶段才会发现,并引发成品退回事件。这种情况下的良率学习周期(yield learning cycle)会更长。

2. 系统性良率损失 vs. 随机性良率损失

系统性良率损失(例如金属凹陷、光刻邻近效应等)通常影响的是一批而非单片晶圆,此类良率损失更容易被发现并找出根因,并且可以建模和预测。而随机变量变化(例如材料变化、掺杂剂波动等)本质上是不可预测的,对此类良率损失找出根因从而提高良率的难度也更大。

3. 晶粒裸片间良率损失 vs. 晶粒裸片内良率损失

根据工艺变化的空间尺度,良率损失可以分为晶粒裸片与晶粒裸片间(例如材料变化)或晶粒裸片内(例如依赖光刻而布局图案变化)。不同晶粒裸片间的参数值变化可能发生在同一片晶圆片的不同裸片之间,也可能是晶圆片与晶圆片之间,甚至是批次与批次之间。就如同世界上没有两片完全相同的树叶,这种晶粒裸片间的细微变化是不可避免的,通常在芯片设计环节就考虑这种变化,并允许芯片对某些参数具有一定的容忍度。当参数变化超过容忍度时,便会产生良率损失。同时,晶粒裸片内的变化是指同一片晶粒裸片内相同的电路元件的参数波动,例如同一类型的晶体管。在设计中通常通过保护带和变化补偿等来处理和预防晶粒裸片内扰动。

4. 尺寸变化性良率损失 vs. 拓扑变化性良率损失

尺寸变化包括器件边缘变化、裸片内横向尺寸变化、跨裸片线宽变化等,这些变化通常会导致器件性能参数的差异。在这一类良率损失中,最常见的原因是栅极长度变化、线端回拉、连接柱重叠。这种变化发生的最常见的情景是光刻工艺和刻蚀工艺。尺寸变化性良率损失在很大程度上与芯片的布局模式紧密相关。器件尺寸持续缩小的情况下,即使尺寸变化微小也可能对电路产生危害。例如,线边缘粗糙度(line edge roughness,LER)在 32nm 及其以下节点是一个影响器件性能和良率的重大问题。拓扑变化性良率损失通常由化学物质引起的介电质腐蚀和金属凹陷引发。最常见的是,生产线后段金属互连线的拓扑变化缺陷和在生产线前段(FEOL)中不完善的浅沟槽隔离(STI)结构。不完善的化学机械研磨(CMP)工序也往往会造成拓扑变化。拓扑变化不仅导致互连电阻和电容变化,也会造成连续层的光刻工序的对焦不准,从而导致线宽变化,引发良率损失。

13.3　缺陷与检测

13.3.1　正确认识集成电路制造的缺陷

在集成电路制造中,缺陷的来源与多种工序有关。比如在离子注入、刻蚀、沉积、化学机械研磨、清洗和光刻等工艺过程中,会发生导致良率损失的缺陷。几个典型的导致良率损失的缺陷示例为:由空气传播的分子污染缺陷;由人员、环境或工具引起的,有机或无机物质的特殊污染缺陷;由芯片加工引发的缺陷,如划痕、应力引起的裂纹和颗粒、覆盖层缺陷。缺陷类型可分为以下几类。

(1)随机缺陷,这是随机分布在晶圆表面的缺陷,没有明显的规律可循。随机缺陷主要由附着在晶片表面的颗粒引起,因此无法预测它们的位置。晶圆缺陷检测系统的主要作用是检测晶圆上的缺陷并找出它们的位置坐标。

(2)系统缺陷,这是有规律可循的并且可以预见的缺陷。系统性缺陷大部分是由掩模和曝光工艺的条件引起的,并且会出现在所有投射的晶圆裸片的对应电路图案上的相同位置。它们大部分发生在曝光条件非常差且需要微调的地方。另外可能发生的系统性缺陷有化学机械研磨造成的划痕、光刻胶图案塌陷等。

需要注意的是,随机缺陷和系统性缺陷都可能导致软性良率损失和硬性良率损失。各种缺陷和良率损失的关系如图 13.3 所示,可以看出缺陷和良率损失的人为分类方法并不意味着两者的唯一对应关系。

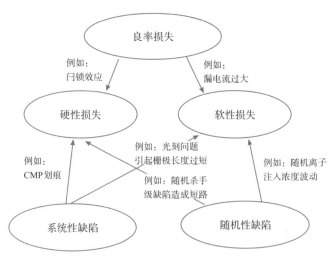

图 13.3　各种良率损失和缺陷的关系范例

在一条成熟的工艺中,良率很大程度上取决于缺陷密度。一般来说,至少 50% 的良率损失与随机缺陷(也就是晶片表面的污染物体)有关。然而,尽管存在这种关系,尽管有很多种基于缺陷密度的良率模型,将产品良率和器件表现与实际污染水平直接一一对应的方法几乎不存在。此外,良率始终是和机台以及工艺步骤息息相关的。随着器件尺寸的持续缩小,许多以前在传统实验室中用于故障分析和器件表征的工具被引入集成电路制造行业中,这就形成了晶圆片量测学。

13.3.2　晶圆缺陷检测技术

晶圆量测是观察、检测分析缺陷的最直接的方法。量测学一般是指使用量测设备对目标物体进行测量数量、体积和密度等物理数值的方法,所取得样本测量点数量因设备制造商或设备而异。量测虽然通常被认为是测量的同义词,但它是一个更全面的概念,它不仅指测量本身,还指通过考虑误差和准确度以及量测设备的性能和机制进行的测量。例如,在集成电路制造行业,如果图案测量不在给定的规格范围内,则所制造的器件不会按设计的参数正常工作。在这种情况下,需要光刻部门对电路图案的曝光转移进行重新加工(rework)。晶圆测量取样点的数量因半导体设备制造商或设备而异,一般常见的取样方法为:每个芯片内取 10 到 100 个样本点;每片晶圆取 5 到 20 个裸片样本;每批晶圆片取 1 到 2 个晶圆。在一个需要新工艺制造,并且是新设计的集成电路芯片中,一片晶圆可能会经历数千道量测步骤。

在集成电路制造行业中,大量的量测工具不仅被用于测量器件的物理尺寸(如线宽、倾斜角、厚度等),也被用于专门识别制造过程中晶圆片上的缺陷以及表征缺陷的物理与化学性质,例如表面颗粒、图案缺陷和其他可能对这些设备的性能造成不利影响的条件。图 13.4 列举了量测工具对于晶圆表面关键信息的量测,包括对于上下层套刻精度、金属线缺陷、通孔形貌和薄膜表面的量测。在量测系统中,专门针对晶圆缺陷的量测系统,一般被称为晶圆检测系统。

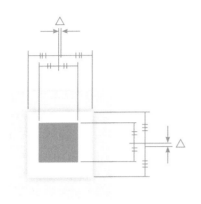

(a)量测工具对于上下层的对齐度的量测

(b)量测工具对于金属线表面颗粒缺陷的量测

(c)量测工具对于连接柱填充样貌的量测（发现空洞缺陷）

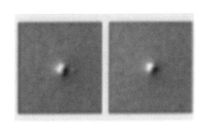

(d)量测工具对于薄膜表面的量测（发现气泡缺陷）

图 13.4　量测工具对于晶圆表面关键信息的量测

　　晶圆缺陷检测系统的主要作用是检查晶圆在特定标准下的合规性或不合规性，以及异常或不适用性。该系统具体检测晶圆上的污染物和图形异常，这些缺陷包括随机缺陷和系统缺陷，同时，系统还会获得缺陷的位置(X,Y)。对于系统缺陷性来说，晶圆缺陷检测系统通过比较相邻管芯的电路图案图像来检测缺陷。因此，使用传统的晶片缺陷检测系统有时无法检测到系统性缺陷。解决的方法是可以在不同批次的图案化的晶圆片上进行检测，并且每一次都有不同的系统配置。晶圆缺陷检测系统的更重要的任务是对于随机缺陷的检测。此类缺陷的产生的最常见原因之一是灰尘或颗粒的黏附。前面提到过，对于此类随机缺陷，无法预测缺陷将在何处发生。如果晶圆表面出现大量随机缺陷，则电路需要的光刻图案无法正确创建，从而导致图案丢失。随机缺陷密度的增加也会阻止器件电路正常运行，从而使晶圆片出现良率和可靠性问题。检测缺陷并指定其位置（位置坐标）是晶圆检测设备的主要作用。

　　一般的晶圆检测系统能准确识别晶圆上的缺陷，然而，这些系统目前并不能立刻将缺陷对于器件的危害程度分为"杀手级"和"无害级"。此外，目前的量测硬件系统并不能完全处理大量的量测数据（因为所有的晶圆制造厂都是 24 小时不间断地在运行着的）。于是，复杂的软件系统被建立用以构建全设施的信息系统，以收集、存储、管理和分析来自晶圆厂和/或封装厂中多个来源的有价值的良率信息。良率提升管理所需的数据包括来自测试台的探针参数电气测试数据和功能测试数据、来自机台设备的信息、来自图案化晶圆片的实时监测数据，以及来自工厂底层管理系统的在制品（work-in-process，WIP）数据。晶圆制造厂普遍使用带有数字图像处理系统的量测设备，这些设备的检测系统通常基于激光或者白光来进行测量。这些已经被使用多年的系统，直到最近才能够对监测过程产生的海量缺陷进行实时处理。良率提升管理要求工艺产线上的工程师能理解并权衡量测的成本（每增加一个量测步骤就会增加生产成本）和缺陷未被发现可能导致的良率损失的潜在成本。通过对量测结果数据进行合理的和接近实时的快速分析，可以做到对最终良率在一定程度上的预测，并且在发生重大缺陷时提前决定是否报废晶圆片。

　　量测技术随着每个半导体集成电路工艺节点的进步都变得越来越复杂和昂贵。总体而言，从 130nm 节点到当今的领先工艺，晶圆厂的工艺控制采样率提高了 80%。特别是 3D NAND 和 FinFET 等三维器件结构，对于量测方法和技术的要求存在许多差距。例如，在 FinFET 中，给定的量测工具必须进行 12 次或更多不同的测量，例如栅极高度、鳍片高度和侧壁角度。这些部件中的每一个还需要一个或多个单独的测量。3D NAND 的要求也略有不同，并且过程复杂。今天的量测工具能够在有限的程度上测量二维和三维结构，但这对于后摩尔定律时代市场上新芯片架构和材料的浪潮来说还远远不够。通常，集成电路晶圆制造厂需要一个单一的三维量测工具，该工具可以通过 3D 成像测量小于 1nm 的结构并提供成分分析，并且该系统必须快速且相对便宜。在某个时间点，尤其是在 5nm 或更小的节点上，可能需要知道每个原子的三维器件结构，并且需要了解是哪种类型的原子，以及它的电特性是什么。但现实情况是，目前市场上不存在这种基于三维的量测工具，并且在可预见的未来都很难出现。因此，就目前而言，集成电路芯片制造商必须使用当今的工具，或用新设备与当前系统混合搭配，这可能是一个烦琐且昂贵的过程。集成电路行业对于量测技术的需求正在提高市场上各个量测工具和技术的能力，这反过来又有助于降低集成电路芯片工艺控制流程中的成本和时间周期。迄今为止，没有一种工具可以同时满足所有需求，因为每种技术都有各自的缺点。比如 CD-SEM 技术存在分辨率瓶颈；AFM 技术在 10nm 到 20nm 的空间范围内很难得到可靠的数据；OCD 技术需要极其复杂的 3D 建模技术；等等。

　　为了解决这些问题，一种称为混合量测的概念被提出来。在这种方法中，集成电路芯片制造商使用多种不同量测工具技术的混合搭配，将每种技术的数据结合起来。在混合流程中，FinFET 结构由 CD-SEM 和 AFM 测量。然后，将结果提供给 OCD 工具以验证模型。这里的一个实际问题是，市场上没有任何一家量测提供商能提供所有的全套量测工具。所以，混合量测的挑战在于将竞争对手的量测工具放在同一流程，并需要竞争对手间进行数据分析和协作。

　　与此同时，集成电路芯片制造商正在寻找最终的 3D 量测解决方案。候选的方案包括原子探针层析技术（atom probe tomography，APT）、特征尺寸小角度 X 射线散射仪（critical dimension small angle X-ray scattering，CD-SAXS）、氦离子显微镜等。CD-SAXS 与 OCD 非常相似，因为它是一种非破坏性和基于模型的技术，可提供周期性纳米结构的整体平均形状,CD-SAXS 的参数相关性问题较少,并且由于波长更短,因此分辨率更高。CD-SAXS 对俯仰和俯仰行走特别敏感。它还可以测量深部或掩埋结构。CD-SAXS 的问题是 X 射线源有限且速度慢导致的吞吐量小的问题。CD-SAXS 最终受限于可用的紧凑型 X 射线源技术。未来的新高亮度 X 射线源技术有可能大幅减少 CD-SAXS 的测量时间。APT 和氦离子显微镜的研究仍处于起步阶段,距离实际应用尚远。

13.4　基于缺陷的良率模型

并非所有的芯片良率损失都是由缺陷造成的,本节假设所有的良率损失的来源均为缺陷,并且构建良率损失的模型。通过这种方法,可以得到芯片制造工艺线的缺陷信息和最终良率的关系。常见的基于缺陷的良率模型有以下三种。

13.4.1　泊松模型

假设每个晶粒裸片的平均缺陷数为 λ_0,根据泊松概率分布函数,一个晶粒上有 k 个缺陷的概率为

$$P(k)=\frac{\mathrm{e}^{-\lambda_0}\lambda_0^k}{k!},k=0,1,2,\cdots \tag{13.1}$$

某个晶粒为良好的概率为 $P(0)$,所有晶粒良率 DY 为

$$\mathrm{DY}=P(0)=\mathrm{e}^{-\lambda_0} \tag{13.2}$$

将缺陷密度表述为 D_0(即每平方厘米内缺陷的数量),晶粒面积为 $A\mathrm{cm}^2$,每个晶粒裸片的平均缺陷数 λ_0 为 D_0A,则

$$\mathrm{DY}=\mathrm{e}^{-D_0A} \tag{13.3}$$

这就是泊松晶粒良率模型。所以,当要获得缺陷密度时,可以通过测量良率来实现:

$$D_0=-\frac{\ln\mathrm{DY}}{A} \tag{13.4}$$

泊松模型的一个非常有用的特征是缺陷的可加性。如果将总缺陷密度 D_0 分解为不同的步骤或不同的掩模层缺陷贡献相加,例如:

$$D_0=D_1+D_2+D_3+\cdots+D_n \tag{13.5}$$

那么能精确识别每个步骤或掩模层缺陷贡献的良率损失,则最终晶粒的良率为:

$$\mathrm{DY}=\mathrm{e}^{-AD_0}=\mathrm{e}^{-A\sum\limits_{i=1}^{n}D_i}=\prod_{i=1}^{n}\mathrm{e}^{-AD_i} \tag{13.6}$$

当通过改善工艺减少了某一步骤或者某一层的缺陷密度时,可以计算出这项改善对最终良率的贡献。比如,假设第 j 掩模层的缺陷密度从 D_j 减少为 $D_j-\Delta D_j$,则新的最终良率为:

$$\mathrm{DY}^{\mathrm{NEW}}=\mathrm{e}^{A\Delta D_j}\prod_{i=1}^{n}\mathrm{e}^{-AD_i}=\mathrm{e}^{A\Delta D_j}\mathrm{DY} \tag{13.7}$$

在实际应用中,泊松模型在晶粒面积较小和晶粒缺陷数量很低的时候可提供准确

的良率预测,当晶粒面积变大时,它往往会低估良率数值。

13.4.2 二项式模型

假设整个晶圆片上总共有 n 个缺陷。设 p 为随机缺陷落在给定的晶粒裸片上的概率,假设所有的随机缺陷都是相互独立的,则根据二项分布,n 个缺陷中的 k 个缺陷落在特定晶粒的概率为:

$$p(k) = \frac{n!}{k!\,(n-k)!} p^k (1-p)^{n-k} \tag{13.8}$$

晶粒正常工作的概率为:

$$p(0) = (1-p)^n \tag{13.9}$$

假设整个晶圆的面积为 A_w,晶粒的面积为 A,如果缺陷密度为 D_0,则预期的缺陷总数为:

$$n = A_w D_0 \tag{13.10}$$

而预期在某一个晶粒上的缺陷数为 AD_0,则所有特定缺陷落在给定晶粒上的概率为一个比率,即

$$p = \frac{A_w D_0}{A D_0} = \frac{A_w}{A} \tag{13.11}$$

所有晶粒正常工作的概率 $P(0)$,也即晶粒良率,就变为:

$$DY = P(0) = \left(1 - \frac{A}{A_w}\right)^{D_0 A_w} \tag{13.12}$$

通常晶圆的面积 A_w 要比晶粒面积 A 大得多,以上等式可以近似为:

$$\lim_{A_w \to \infty} \left(1 - \frac{A}{A_w}\right)^{D_0 A_w} = e^{-D_0 A} \tag{13.13}$$

可以看到二项式模型给出了泊松模型相同的芯片良率的数值答案。由于泊松模型在数学上更易处理,所以一般优先使用。

13.4.3 混合分布模型

前面的两种模型均认为缺陷是均匀随机落在晶圆片上的,然而在集成电路芯片制造中缺陷的实际数据表明,缺陷和颗粒密度在晶粒和晶粒间,晶圆和晶圆间,甚至在批次和批次间的变化很大。事实上,缺陷往往会聚集在一起而不是均匀分布的。如上面所提到的,当预期数量的每个晶粒的缺陷数量大于一个,或当晶粒面积相对较大时,泊松模型会低估良率。这是因为,当缺陷聚集在某个晶粒中时,其他晶粒可能相对无缺陷(均正常工作),这种情况下整体的良率比缺陷均匀分散时的情况要高。

处理这个问题的一种方法是,假设缺陷密度 D 本身根据概率分布 $f(D)$ 变化。在这种情况下,预期的芯片良率表示为:

$$DY = \int_0^\infty e^{-DA} f(D)\,dD \tag{13.14}$$

我们可以认为晶圆表面缺陷分布的平均缺陷密度为 D_0,但是缺陷的实际分布情况信息并不明确。这里假设缺陷密度 D 是从 0 到 2 倍 D_0 值之间均匀分布的,则 DY 可以

简化为：

$$DY = \left(\frac{1 - e^{-AD_0}}{AD_0} \right)^2 \tag{13.15}$$

如果已知缺陷密度 D_0 和晶粒面积 A，可以计算出预期的晶圆片上的芯片良率。反之，如果已经得到了良率数值 DY 和晶粒面积 A，可以计算出缺陷密度 D_0。

若缺陷分布 $f(D)$ 呈现不同的方式，那么式(13.14)会简化为不同的等式模型。

13.5　工艺能力和统计过程控制的作用

在理想情况下，集成电路制造厂的综合良率管理系统将自动收集来自多处的数据（包括工艺设备、量测设备和电气测试工具等），反馈到公共源进行实时分析，自动分类缺陷形成的原因和产品良率的影响，以及快速消除限制良率的问题。

良率提升的关键实质上取决于持续改进工艺能力，同时降低每个主要工艺步骤的缺陷密度。然而实际上，大多数现有的晶圆厂没有先进的软件解决方案或工作站来满足这样的实时良率管理和数据处理的需要。此外，另一个制约良率的一个主要因素是晶圆制造厂如何控制工艺关键参数的变化。在许多先进的晶圆制造厂，统计过程控制（statistical process control，SPC）系统现在变得越来越受欢迎，因为它帮助工程师更专注于关键流程，而避免过度花费时间在使用过程控制图等工具上，统计过程控制实例如图 13.5 所示。市面上有各种各样的统计过程控制功能能够协助工艺工程师在最小的数据量上作出最优的统计学决策。最有用也是最常见的统计过程控制功能包括测量系统分析、图像化过程控制和工艺能力分析。必须注意的是，这些工具的有用性直接关系到工程师如何针对特定情况应用它们。

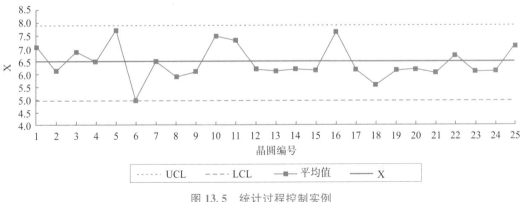

图 13.5　统计过程控制实例

测量系统分析是确保工艺过程变量控制的关键部分，它的基本概念是能够分析任何测量系统以确定其对测量变化的敏感程度。测量在本质上可以看成只是众多制造工艺步骤中的一步。和其他所有的工艺步骤一样，多次进行同一个步骤时会产生误差，那么同样的，多次测量同一个工艺参数时也会产生误差。测量系统分析的目标是量化并分析目标测量的误差,以确定要避免的关于变化量的无效结论。也就是说,当量测结果显示变化时,必须弄清楚来源是测量误差,还是真实的工艺参数变化。如果结果变化是由测量误差引起的,那对于工艺作出的不必要的调整反而可能会造成良率损失。此外,通过执行测量系统分析,也可以找到测量系统的弱点(比如某量测步骤对于某一步的缺陷尺寸的侦测误差值过大,造成假警报),并可以预测未来何时可能会出现问题。一条比较常用的规则为,一般要求测量系统的误差范围小于测量目标参数的 10% 作为容忍范围。

当良率低于可接受的水平时,制造工厂通常利用 SPC 中的超出规格的工艺参数数据、探针电气测量数据和现场产品故障数据来确定良率损失的来源。通常使用工厂底层管理系统来做分析,这类系统中,操作员需要手动输入后续对低良率批次晶圆片进行分析所需要的机台、工艺步骤、生产时间等。除了这些市售的普通解决方案,许多服务厂商已经开发了针对现代晶圆制造工厂的良率管理和工厂运营的专用解决方案,包括智能控制在制品(WIP)、物流库存和机台设备等,亦有专有的达到一定水平的缺陷监测方法。这些包含先进的统计过程控制的解决方案理论上能大大提高晶圆制造工厂的运营效率和产品良率。

统计学上的正态分布很好地代表了许多自然现象。根据统计理论(特别是中心极限定理),即使个体值本身来自非正态分布过程,样本均值也近似正态分布。当对一个恒定的工艺参数进行多次测量时,所得到的值也应当呈现正态分布。如图 13.6 标准正态分布曲线所示,分布曲线的高度代表了数值落在相应区

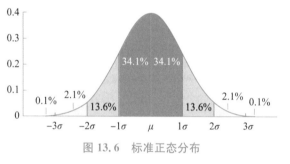

图 13.6　标准正态分布

间的可能性,曲线的宽度代表均方差,数学符号为 σ。如果数据是呈标准正态分布的,则 99% 的数值落在平均值的平均正负 3 倍 σ 内。统计过程控制使用统计技术将工艺变化与良率联系起来,最基本的方法是通过初步分析,选择影响工艺变化和工艺能力的关键参数进行监控。作为工艺能力研究的一部分,可以构建直方图来验证参数是否符合统计学的正态分布,并且筛选出不符合正态分布的随机数据进行量化分析。

例如,某一项工艺参数的直方图如图 13.7 所示,可以看出参数的分布大致符合正态分布。在理想情况下,此工艺参数的直方图应该能完美拟合正态分布曲线,而此例中位于一倍均方差 σ 内的数值分布略高,工程师可以节选此部分数据进行根因分析。

晶圆厂使用统计过程控制评估工艺功能的时候通常会使用工艺性能指数,例如 C_p 和 C_{pk}。C_p 是指工艺满足技术要求的能力,计算方法为工艺参数允许的最大值除

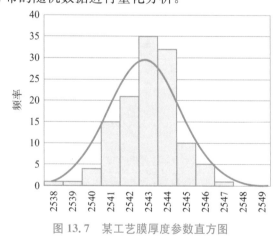

图 13.7　某工艺膜厚度参数直方图

以 6 倍的均方差 σ。

$$C_p = \frac{\text{USL} - \text{LSL}}{6\sigma} \tag{13.16}$$

其中,USL 为 upper spec limit 的简称,代表参数规格上限;LSL 为 lower spec limit 的简称,代表参数规格下限。

C_{pk} 是指过程平均值与产品标准规格发生偏移 ε 的大小,常用客户满意的上限偏差值减去平均值所得的值和平均值减去下限偏差值所得的值中较小的一个,再除以 3 倍的均方差 σ 的结果来表示:

$$C_{pk} = \frac{\min(\text{USL} - \mu, \mu - \text{LSL})}{3\sigma} \tag{13.17}$$

或者

$$C_{pk} = (1 - k) C_p \tag{13.18}$$

工艺参数中心值,也就是目标值 T 为:

$$T = \frac{\text{USL} - \text{LSL}}{2} \tag{13.19}$$

工艺参数偏差 ε 为:

$$\varepsilon = |T - \mu| \tag{13.20}$$

则式(13.18)中的 k 为工艺参数偏差除以工艺参数目标值:

$$k = \frac{\varepsilon}{T} \tag{13.21}$$

数值 k 可以量化工艺参数的偏差,数值为 0 到 1 之间。在理想情况下,工艺参数的平均值达到和目标值一致,ε 和 k 值均为 0,这时候 C_p 和 C_{pk} 值相同。

一般工艺参数的 USL 和 LSL 由晶圆片上集成电路芯片产品特性决定,并且不会轻易变动,晶圆制造厂能做的就是尽量减小 σ,σ 越小,其 C_p 值越大,则工艺精密度越好。

总的来说,C_p 和 C_{pk} 都是工艺能力指标。C_p 是精度指标,代表了工艺的精密度;C_{pk} 是综合精准度指标,代表了工艺的精准度。图 13.8 展示了三种工艺参数的分布情况及对应的工艺性能。

通常一条优良的工艺产线的 C_p 和 C_{pk} 值要求在 1.33 以上。需要注意的是,C_p 和 C_{pk} 值并不是越高越好。当 C_p 和 C_{pk} 达到 2.0 以上时,通常认为这条工艺线已经在控制工艺精密度和工艺能力上

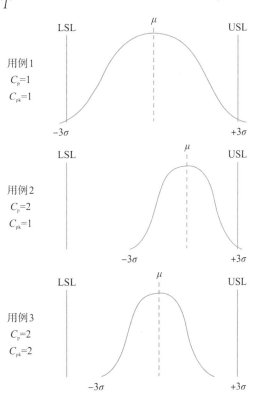

图 13.8　三种工艺参数的分布情况及对应的工艺性能

做了过多的工作,导致投入过高的成本,可以考虑采取一些降低成本的措施。普遍的工艺能力指数等级评定和处理原则如表 13.3 和表 13.4 所示。

表 13.3　C_{pk} 等级评定和处理原则

等级	C_{pk} 值	评价	处理原则
A++	$C_{pk} \geq 2.0$	特优	可以考虑成本的降低
A+	$2.0 > C_{pk} \geq 1.67$	优	应该保持
A	$1.67 > C_{pk} \geq 1.33$	良	能力良好,状态稳定,但应尽力提升为 A+ 级
B	$1.33 > C_{pk} \geq 1.0$	一般	能力一般,制程因素稍有变化就会产生危险,应该尽快提升为 A 级
C	$1.0 > C_{pk} \geq 0.67$	差	制程不良较多,必须立刻提升能力
D	$C_{pk} < 0.67$	不可接受	能力太差,可以考虑重新设计制程

表 13.4　C_p 等级评定和处理原则

等级	C_p 值	评价	处理原则
A+	$C_p \geq 1.67$	优	可以考虑降低成本
A	$1.67 > C_p \geq 1.33$	良	状态良好,维持现状
B	$1.33 > C_p \geq 1.0$	一般	制程偏移过多,建议尽快提升为 A 级
C	$1.0 > C_p \geq 0.67$	差	制程精密度太低,必须立刻加以改进
D	$C_p < 0.67$	不可接受	制程精密度太差,可以考虑重新设计制程

使用统计过程控制系统对工艺进行持续的改进这项工作正变得越来越困难。由于工艺步骤数量和需要分析的数据越来越多,工程师往往只能专注于某些重要的工艺参数测量(确定产品最终良率的重要参数)。比较常见的良率管理方法是,工程师通过统计过程控制分析关键层量测扫描结果的缺陷分布,构建缺陷帕累托图,找出良率损失的原因与发生的频率。然后回溯分析重要缺陷产生的原因(比如使用失效热点切片分析、元素分析等失效分析手段找出罪魁祸首)。数据也可以回溯到机台、制程、操作员、周期维护时间表等信息。有的时候,芯片的良率不仅仅与制造加工、封装和测试相关,也与芯片的原始设计有关,此处不再展开讨论。

13.6　未来的挑战

13.6.1　致命缺陷的检测和判定

对于集成电路制造量测学来说,目前的关键挑战之一是同时检测多个致命缺陷和降低信噪比。如何提高量测系统的性能,在侦测到多个致命缺陷的同时,高捕获率、低成本地正确区分和对这些缺陷分类将是一项挑战。目前的量测系统很难在实时处理庞大数据量的情况下进行精确识别,即将良率相关的缺陷与虚假信号(比如噪声和干扰引起的虚假缺陷)区分开来。另一个更紧迫的重要挑战是对三维结构对象的正确量测。后摩尔时代的集成电路器件正从平面二维结构向立体三维结构转变。三维结构的量测不仅需要量测工具能够检测高深宽比的结构，也需要侦测非视觉对象，例如空洞、嵌入式的缺陷以及亚表面缺陷。因为对三维类型缺陷的正确量测的重要性日益增加，对高效的量测工具的需求和高速、经济的量测系统的需求会长期存在。

13.6.2　有机污染物

正确检测晶圆片有机污染物是集成电路制造量测的另一个关键挑战。很少有晶圆制造厂能正确检测和表征表面上的非挥发性有机物。事实上，除了飞行时间二次离子质谱仪（time-of-flight secondary ion mass spectrometry，ToF-SIMS）和 X 射线光电子能谱仪（X-ray photoelectron spectroscopy，XPS），在实际集成电路量产过程中，很少有实验室仪器可实施在制造产线中。有机物污染物颗粒造成良率损失不仅仅是因为它们的物理尺寸，更多的是化学成分，例如，斑点状金属材料污染。这些纳米尺度粒子对于光的低散射效率使得对它们的测量变得非常困难。目前业界的晶圆侦测系统在小样本量的低浓度颗粒的环境下，侦测结果间的差异很大。用于监测集成电路制造用超纯净水中的有机污染物和一些常见的无机污染物的一般测试方法在表 13.5 中列出，需要注意的是，此表已经去除了被证明了达不到集成电路制造的灵敏标准的一些方法。可以看出，很多缺陷的测试并不能在生产线上完成，而需要把晶圆片下线，送入线下实验室环境。这样做的缺点是影响了生产效率，并有可能带来新的污染源。基本上，对于活菌、溶解于溶液的气体、离子、总有机物含量和金属杂质的测试方法仍然非常有限，现有的方法无法拥有足够的灵敏度。虽然有机颗粒测量对关键尺寸的质量验证不够敏感，但它仍然是现阶段检测过滤故障的宝贵工具。到目前为止，仍然需要更灵敏的有机颗粒测量工具，以及具有足够测量统计数据的有机颗粒测量方法，来满足集成电路制造预计的纯净度目标。

表 13.5　现阶段较难检测的有机污染物和常见无机污染物的检测方法

项目	测量环境	测量手段
有机离子	线下，实验室环境	离子色谱法
其他有机物	线下，实验室环境	液相色谱法-质谱法联用、气相色谱法-质谱法联用
硅化物杂质总量	线下，实验室环境	电感耦合等离子体质谱法、石墨炉原子吸收分光光度法
能发生化学反应的硅化物杂质	线下，实验室环境	色度测量法
溶解的氧气	线上	电解法
溶解的氮气	线上	电解法
阴离子和阳离子	线下，实验室环境	电感耦合等离子体质谱法、离子色谱法
金属微粒	线下，实验室环境	电感耦合等离子体质谱法、离子色谱法
颗粒表征	线上	扫描电镜

目前，有机污染的程度是用其总有机碳含量来衡量的，这种有机物含量的测量没有考虑到有机物的类型和它们可能与晶圆各个表面发生的化学反应，或是这种反应如何影响芯片良率。为了代替这种衡量方式，可以通过有机污染物在超纯净水中的临界沸腾点来区分重要污染物和非重要污染物。沸点＞200℃的非挥发性有极性有机化合物，

可视为重要污染物。重要污染物与晶圆表面氧化物形成氢键的能力更强,包括栅极、隧穿层或原生氧化物的表面。

13.6.3 空气传播分子污染物问题

空气传播分子污染物(airborne molecular contamination,AMC),特指超净间空气环境中的各种气态污染物,通常包括酸、碱、可冷凝的有机物(指可以凝结在晶圆片、仪器或者光罩表面的有机化合物)、金属和杂质,特别是改变半导体材料电学性能的化学品。随着时间的推移,挥发性有机物和难熔化合物(可能会改变光学的折射率,影响光刻)渐渐成为关注点。AMC 类别里还有许多未分类的,但已知会导致工艺质量恶化的化学物。一些重要的未分类化合物,如贫硫硫化物和臭氧分子,也可以包含在 AMC 里[2],表 13.6 列出了常见的 AMC 及其分类。

表 13.6　AMC 种类和例子

酸类	胺类	可凝物	挥发性物	未分类
HF、HBr、HCl、H_2SO_4、HNO_2、H_3PO_4、HCOOH、CH_3COOH	NH_3、NMP、TMA、DMA、吗啉	苯/C6、Toluene、BHT、DEP、硅氧烷类、C26	IPA/Acetone、TMS、氟化制冷剂、溶剂苯/C6	O_3、H_2O_2、H_2S、DMS、DMDS、硫醇、BF_3、AsH_3

AMC 来源可以有多种,包括超净间内部和外部。内部的来源可以是人(会带来氨和有机酸等)、材料(如墙壁、天花板)、设备和机台本身。还有一个来源是处理晶圆用的各类化学品。如果这些化学品泄漏,它们会变成 AMC 源,就算没有泄漏,AMC 污染物也有可能通过晶圆传输到其他制程和地点。即使在适当排气的情况下,在通风设计不当或超净间周围局部气流处在不利风方向的情况下,AMC 也有可能被拉回晶圆超净间内。外部 AMC 来源包括周围的环境内,有很多气体通过化学反应释放,或者以光化学方式累积。另外的来源是超净间周围的点源,如道路、停车场、交通工具、附近的电力工业设施、化工设施等。即使是自然的湖泊、沼泽、森林和农场也可能会贡献大量的 AMC。

最可能直接收到 AMC 的一个地方是离子发生器的尖端。基于电晕的空气离子发生器可用于中和电荷以防止静电放电损坏,并且阻止颗粒在晶圆、掩模或其他表面的静电吸附。热发生器尖端和紫外线灯形成的高能电子和离子可以与含有 Si、S、P、B、Cl、Sn 或其他选定元素的 AMC 发生反应,形成纳米级非挥发性颗粒(例如氧化物),并且在发生器尖端上形成较大的达到毫米级别的沉积物。这可能会使离子发生器失去平衡或导致离子发生器产生故障。虽然可能很少见,但如果发生这种情况,则这些沉积物会是工艺产线的一个潜在故障危险。由于与多余能量相互作用,AMC 还可以与其他能量源发生反应,沉积不仅发生在离子发生器尖端上,还可能发生在其他能量源表面上,例如 193nm 光刻的光源、激光和检测工具或热表面。生成的化合物可能会降低光学器件、光掩模、扫描显影器或其他表面的性能。目前可以通过扫描电子显微镜-能量色散 X 射线谱法(scanning electron microscopy-energy dispersive X-ray spectroscopy,SEM-EDS)、电感耦合等离子体质谱法(inductively coupled plasma mass spectrometry,ICP-MS)或其他方法分析离子发生器尖端沉积物,并且探测空气中存在哪些元素。这些方法帮助缩小污染物的范围(而不是大半个元素周期表),以便选择下一步方法,追溯这些微小含量的污染物的可能来源。这些方法也可用于更快地找到一些当前没有其他测试方法可用的 AMC 问题,例如有机硅、硅烷醇、卤素、有机金属、某些氢化物、有机磷酸盐、氨等。

13.6.4　敏感性问题

一般的检测设备,可用于超纯净水和液体化学品中的缺陷颗粒侦测的最高激光灵敏度约为 20nm。即使在这个尺寸下,检测效率也只有 2%～5%。大多数尺寸在 20nm 或更小的颗粒是无法被侦测到的。颗粒计数器灵敏度的改进是可以通过增加激光功率实现的,虽然这样是可行的,但这会显著提高量测成本。因此,开发光学颗粒计数器的替代技术或许是未来的一个发展方向。

前面提到,统计过程控制被大量用在集成电路制造行业,用于监控工艺过程参数的一致性。统计过程控制亦要求量测过程本身具有稳定性和一致性,这就和工艺所用化学品的纯度的一致性对于良率的影响一样重要。因此,需要考虑如何使用最少的量测步骤检测到足够数量的事件样本,以确保对量测得到的缺陷浓度的可信度。可以开发其他具有统计意义的颗粒计数方法,或单位时间内可以获取更高样本量的颗粒计数器。

为了估计超纯净水和化学溶剂中较小缺陷颗粒的浓度,目前采取颗粒尺寸外推的方法,即假设缺陷颗粒计数和颗粒尺寸之间的关系为 $1/d^3$(d 代表颗粒的直径)。测量的颗粒尺寸和实际尺寸的误差增大,所推算出的颗粒浓度的数值与实际数值的误差也会成倍放大。此外,$1/d^3$ 关系式中的幂律系数实际会受到颗粒测量尺寸上限的影响,使得由颗粒尺寸来推断颗粒浓度变得非常困难。因此,集成电路行业开发一种更灵敏的方法来测量颗粒浓度非常重要,以更精确地验证颗粒计数(也就是颗粒浓度)与颗粒尺寸的关系,同时这种推算关系是可靠的,并且可以继续保持使用的。目前不使用/不推荐使用 $1/d^3$ 关系式来推算用于关键液体化学品和超纯净水的纯净规格。但是,这个关系式对那些不受颗粒测量尺寸上限的影响所产生的污染物为主体的化学品有效。

13.6.5　良率和环境绝对污染水平的关联分析

随着器件尺度的缩小,器件性能对环境污染水平的容忍程度也越来越苛刻。对污染水平引起的良率损失的分析需要工程师对于良率测试结构、测试方法和数据处理方式与对应的正确缺陷水平进行相关联。对于工艺参数的控制范围(control limit)的精确确定,需要用数据、测试方法和结构对关键机台的质量和工艺流程中产生的绝对环境污染的类型和水平进行强关联。这个挑战的关键问题是如何精确定义不同污染物对晶圆良率的相对重要性,确定良率损失和器件参数偏移的标准化测试,以及确定最大过程变量,即控制范围。更深层次地讲,根本的挑战是如何精确建立杂质缺陷与关键工艺步骤、芯片良率、芯片可靠性和芯片性能的关系。这种相关性的建立将决定是否确实需要进一步提高环境绝对污染限值。随着集成电路制造工艺中用到的元素和材料范围越来越广,工艺复杂程度越来越大,这项挑战的难度越来越大,这项挑战正变得越来越困难。我们要取得有意义的良率分析管理的进展,必须扩大分析中选用的材料范围,并优先选择对良率最敏感的工艺步骤。

传统的良率管理侧重于利用足够的产线检测能力获得足够的工艺产线数据和缺陷数据,以检测和分析所有相关的缺陷类型,建立短反馈回路,以及建立缺陷和良率损失的关联。在未来,随着良率提升的困难性的提高,需要采用更主动的方法。需要使用完整范围的产线生成的内联数据,并且在硬件受到影响之前获取信号。一种可以完美分析和主动预测产品良率的系统需要有能力实时获得全面的晶圆制造厂的整体数据,这些数据包括制造执行系统(manufacturing execution system,MES)数据、晶圆跟踪数据、来自机台的流数据、量测数据、缺陷率、PCM 数据、良率数据(包括晶圆探针电气测试、芯片电路功能性测试、封装后最终测试)、消耗品/原材料数据、设施数据、环境数据、材料释放数据、设备和产品数据、故障分析数据、可靠性数据和设备维护数据(日志文件等)。目标是通过数据分析的整体方法提高工艺稳定性、良率和可靠性。这种系统的建立的主要挑战是:如何建立对所有相关数据源的无缝连接;如何建立系统从未知中持续学习的智能能力;如何整合各个部门和人员的主题专业知识(subject matter expertise,SME);如何定义、构建和促进获取相关信息的方法[例如,故障检测和分类(fault detection and classification,FDC)系统的跟踪数据],为数据的分析、可追溯性、所有权和责任带来价值,克服数据所有权的孤岛现象。

13.7　人工智能技术提升良率的应用前景

良率学习和优化对于先进集成电路设计和制造来说至关重要,随着制程的发展,半导体制造工艺越来越复杂。晶圆的制造涉及数百个工艺步骤、工艺设备以及电气、物理测量,而设备中又有大量的传感器检测不同的状态信息,这种复杂性导致在制造过程中产生海量的数据。传统的分析方法需要使用多种不同的分析软件对数据进行处理,且往往是在制程结束后才对问题进行检测。为了提高数据利用的效率和实现预见性分析,人工智能技术近年来被逐渐引入半导体制造领域,人工智能技术能够从大量制造数据中分析出改善制造工艺的方法以提高良率,还可以将专家的经验和专业技能进行整合,实现良率诊断分析,也就是出现问题后可以通过系统的方法快速追踪问题源头,从而进行诊断分析,改善良率。同时,人工智能技术也可以用于实时推断返回的生产数据,监控可能会出现的问题和指标异常,从而起到早期预警的作用。

目前人工智能技术在半导体制造过程中的主流应用包括高级制程控制、缺陷自动检测、晶圆模式分类、智能根因分析等,许多大型晶圆厂已经将人工智能技术应用到制程中对良率提升进行辅助,并取得了显著的成果。然而,人工智能应用只是刚刚起步,提升良率仍然需要大量依靠经验工作,人工智能技术的进一步提升在未来还要依靠学科交叉研究、晶圆厂与相关数据分析企业的合作来实现。

本章小结

本章介绍了良率的定义,列举了良率损失的主要来源,介绍了集成电路制造中缺陷的概念和缺陷对于良率的影响。最后介绍了对于良率控制非常重要的制造工艺的统计过程控制方法,提出了未来良率提升面临的挑战,展望了人工智能技术提升良率的应用前景。

参考文献

[1] Helfenstein P,Mochi I,Rajeev R,et al. Coherent diffractive imaging methods for semiconductor manufacturing[J]. Advanced Optical Technologies,2017,6(6):439-448.

[2] Semiconductor Industry Association. International technology roadmap for semiconductors 2.0 2015 edition[EB/OL]. http://www. semiconductors. org.

思考题

1.芯片电气测试良率损失的来源有哪些?

2.什么是缺陷? 请各举一个随机缺陷和系统缺陷的例子。

3.某工程师经过完善工艺步骤,成功地把第 j 掩模层的缺陷密度从 D_j 减少为 $D_j - \Delta D_j$,根据泊松模型,最终良率可以提高多少?

4.根据混合分布模型,已知最终良率为 Y,晶粒面积为 A,问缺陷密度 D_0 是多少?

5.集成电路制造工艺的 C_p 和 C_{pk} 各代表什么意义?

致谢

本章内容承蒙丁扣宝、任堃、刘瑞盛等专家学者审阅并提出宝贵意见,作者在此表示衷心感谢。

作者简介

陈一宁: 新加坡南洋理工大学博士,浙江大学微纳电子学院特聘研究员。从事超大规模集成电路相关的电子器件大数据研究和开发工作,在 *Applied Physics Letters,IEEE Transactions on Electron Devices* 等期刊发表论文多篇。主导开发多个大生产工艺项目,如 65/55 纳米和 45/40 纳米节点 CMOS 低功耗逻辑工艺优化和良率提升,Smart Analysis 全套芯片良率大数据解决方案等。

第四篇 工艺集成技术

　　本篇主要基于集成电路最重要也是最典型的应用工艺 CMOS 工艺来介绍集成电路的工艺集成技术。由于先进 CMOS 工艺全部流程有上百步,业界通常会将集成电路的制造流程按照功能划分为有一定独立性的宏模块,在每个宏模块内通过组合各种集成电路基本制造工艺,完成从尺寸形貌到模块功能的定义和实现。

　　本篇共有 7 章。首先在第 14 章以鸟瞰的视角,对 CMOS 逻辑器件和常见存储器的成套工艺流程做了简单的介绍,既涵盖了目前主流的成熟工艺,也对更先进技术节点和未来的技术发展方向做了概述。从第 15 章开始到第 20 章按集成电路的制造流程顺序介绍了 CMOS 器件的基本宏工艺模块,包括浅沟槽隔离工艺(STI)、栅极工艺(Gate)、源漏工艺(Source-Drain)、金属硅化物工艺(Silicide)、接触孔工艺(Contact)和金属互连工艺(Interconnect)。相较于第二篇更注重各基本工艺的物化原理和硬件机台的结构,本篇的各章对各宏模块中所涉及的关键工艺都有针对该模块的实际应用场景的特别介绍,从而帮助读者对基于模块的特定需求而做的工艺优化有更充分而全面的认识,能够加深对工艺与应用之间的相互作用的理解。

第 14 章

工艺流程简介

（本章作者:陈一宁）

本章将集成电路芯片的制造工艺按照先后顺序分为几个工艺模块,介绍整个集成电路制造的工艺流程,每个工艺模块几乎都会用到第二篇中提到的不同工艺手段。本章将讨论下列主题:集成电路芯片制造成套工艺流程。涉及的关键短流程工艺模块,包括浅沟槽隔离工艺模块、栅极工艺模块、源漏工艺模块、金属硅化物工艺模块、接触孔工艺模块和金属互连工艺模块,将在后面第 15 至 20 章中详细介绍。

14.1 CMOS 逻辑工艺简介

CMOS(complementary metal oxide semiconductor,互补金属氧化物半导体)是产业主流的、典型的逻辑产品,所以我们将其作为例子来介绍工艺集成。典型的现代 CMOS 逻辑芯片的结构,包括 CMOS 晶体管和多层金属互连。图 14.1 显示了 CMOS 晶体管的多晶硅和硅化物栅层叠等(图上看不出具体细节),由多层铜结构实现互连(这里只画了 3 层金属作为实例,实际的互连铜层数根据最终芯片产品的需求而改变)。顶层是一层铝层,用于制造封装时的键合焊盘。

下面简单介绍 CMOS 成套工艺流程,其中不包括几乎每步工艺后均有的清洗工艺和众多检测工艺。

14.1.1 定义和隔离有源区域

CMOS 逻辑工艺的第一步是要在硅晶圆片上定义器件区域,并且将器件与器件隔离开来,防止邻近的器件相互影响。典型的 CMOS 器件所用的晶圆片是 P 型硅或绝缘体上硅(SOI),直径为 200mm(8 英寸)或 300mm(12 英寸)。集成电路芯片需要的所有晶体管几乎都形成在硅晶圆晶片表面附近。为了保证每个晶体管独立工作,需要防止其他相邻晶体管的干扰。因此,形成晶体管的区域(被称为有源区)是隔离的。

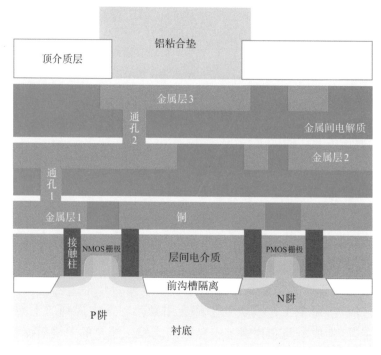

图 14.1　CMOS 逻辑芯片器件横截面

实现隔离有多种方法,包括 PN 结隔离、硅局部氧化(local oxidation of silicon,LO-COS)和浅沟槽隔离(STI)。由于 STI 技术能实现非常高的集成度,在特征尺寸 $0.25\mu m$ 及以下的 CMOS 工艺中得到广泛的应用,这里着重介绍这种工艺技术。STI 技术包括以下工艺步骤:

(1)牺牲氧化物+氮化物薄膜生长:首先通过热氧化硅晶圆衬底片形成氧化硅薄膜层,然后使用化学气相沉积(chemical vapor deposition,CVD)的方法形成氮化硅薄膜层作为有源区刻蚀阻断层,如图 14.2 所示。

(2)形成有源区图案:旋涂底部抗反射涂层(back anti-reflection coating,BARC)和光刻胶,通过光刻步骤定义有源区图案,如图 14.3 所示。

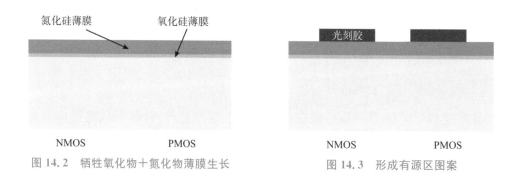

图 14.2　牺牲氧化物+氮化物薄膜生长

图 14.3　形成有源区图案

(3)浅沟槽形成:使用光刻胶图案作为掩模,通过刻蚀氮化硅膜、氧化硅膜和硅衬底形成浅沟槽,如图 14.4 所示。

(4)浅沟槽氧化物填充:通过 CVD 的方法沉积厚二氧化硅层来填充沟槽,如图 14.5 所示。

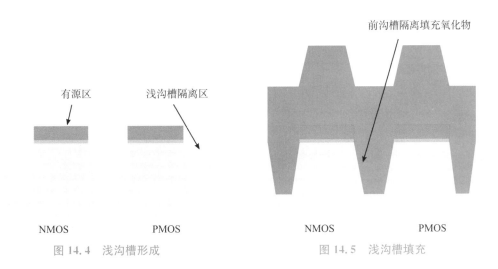

图 14.4　浅沟槽形成　　　　　　图 14.5　浅沟槽填充

(5)填充氧化膜磨平:通过化学机械研磨(chemical mechanical polish,CMP)工艺将表面磨平,去除多余的二氧化硅,使得二氧化硅膜填充仅留在沟槽中,如图 14.6 所示。

(6)氮化物去除:使用化学溶液处理的方法去除氮化硅膜,如图 14.7 所示。

图 14.6　浅沟槽填充氧化膜磨平　　　图 14.7　去除浅沟槽牺牲氮化物

14.1.2　形成阱和载流子通道

适用于 NMOS 晶体管和 PMOS 晶体管的掺杂物分别以适当浓度,通过离子注入的方式将其注入硅晶圆片。在制作具有两种或更多种不同电压和特性的晶体管时,另外使用不同种类的掺杂物进行不同剂量和能量的离子注入。

(1)P 阱:用光刻形成光刻胶图案以覆盖 PMOS 区域,并且在 NMOS 区域中注入 P 型杂质(例如,硼 B)。完成后,去除表面光刻胶,如图 14.8 所示。

(2)N 阱:用光刻形成光刻胶图案以覆盖 NMOS 区域,并且在 PMOS 区域中注入 N 型杂质(例如,磷 P)。完成后,去除表面光刻胶,如图 14.9 所示。

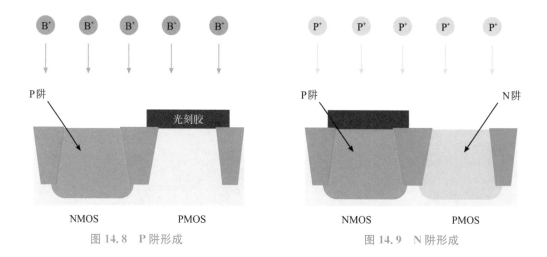

图 14.8 P 阱形成　　　　　　　　图 14.9 N 阱形成

（3）NMOS 载流子通道：运用光刻形成光刻胶图案以覆盖 PMOS 区域，并且在 NMOS 区域中注入 P 型杂质（例如，硼 B）。完成后，去除表面光刻胶，如图 14.10 所示。

（4）PMOS 载流子通道：运用光刻形成光刻胶图案以覆盖 NMOS 区域，并且在 PMOS 区域中注入 N 型杂质（例如，砷 As）。完成后，去除表面光刻胶，如图 14.11 所示。

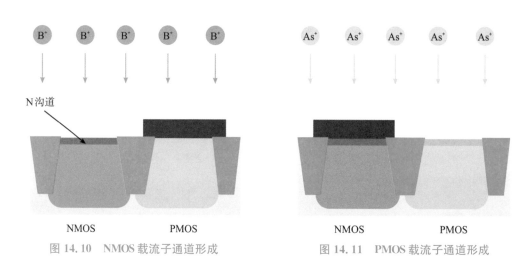

图 14.10 NMOS 载流子通道形成　　　　图 14.11 PMOS 载流子通道形成

14.1.3 形成栅极氧化物薄膜层和栅极

从晶体管特性的角度来看，这一步是最重要的。栅极氧化物薄膜对晶体管的性能和可靠性影响很大，因此它应该是均匀分布在晶圆表面的高密度薄膜。由于形成的栅极尺寸也会对晶体管的性能产生很大影响，因此在光刻胶图形化步骤以及接下来的栅极刻蚀步骤中都需要严格控制尺寸。

（1）栅极氧化物薄膜：硅表面经过清洗后，通过热氧化工艺步骤，形成栅极氧化物薄膜,如图 14.12 所示。这种氧化膜的厚度和质量对晶体管的性能和可靠性有很大影响,因此它必须足够薄、高密度,并且分布均匀。

(2)多晶硅的生长:在栅极氧化物薄膜形成后,使用化学气相沉积法形成多晶硅,将其作为栅极,如图 14.13 所示。

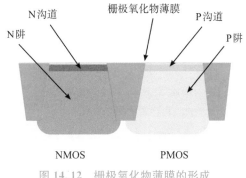

图 14.12　栅极氧化物薄膜的形成

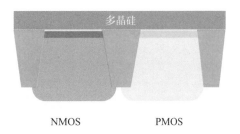

图 14.13　多晶硅的生长

(3)栅极图案的形成:光刻形成栅极光刻胶图案,如图 14.14 所示。

(4)栅极刻蚀:使用栅极光刻胶图案作为掩模,通过刻蚀多晶硅和栅极氧化物薄膜形成栅极,如图 14.15 所示。刻蚀后,去除光刻胶。栅极尺寸对晶体管性能有重大影响,因此在栅极光刻胶图案化和栅极刻蚀中都需要严格控制尺寸。

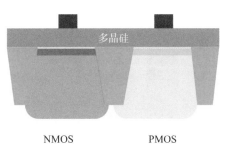

图 14.14　栅极图案的形成

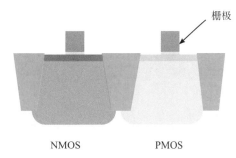

图 14.15　栅极刻蚀

14.1.4　形成轻掺杂源漏极(LDD)

为了避免短沟道效应带来的不利影响,需要进行轻掺杂源漏极(lightly doped drain,LDD)离子注入。LDD 也被称为源漏极扩展。

(1)NLDD:形成光刻胶图案以覆盖 PMOS 区域,并在 NMOS 区域中注入 N 型杂质(例如,磷 P 和砷 As)。完成后,去除光刻胶图案,如图 14.16 所示。

(2)PLDD:形成光刻胶图案以覆盖 NMOS 区域,并在 PMOS 区域中注入 N 型杂质(例如,硼 B)。完成后,去除光刻胶图案,如图 14.17 所示。

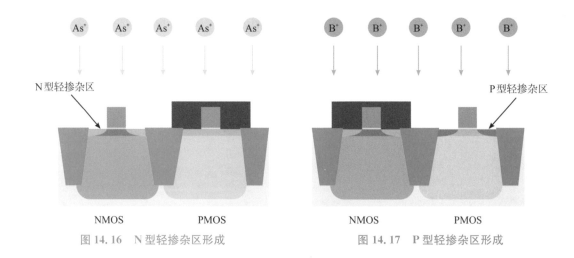

图 14.16　N 型轻掺杂区形成　　　　　图 14.17　P 型轻掺杂区形成

14.1.5　形成栅极侧壁间隔条

采用栅极侧壁间隔条工艺,可以增大栅极与漏极 LDD 区宽度,有效控制寄生电容影响。

(1)侧壁氧化膜生长:使用化学气相沉积方法在硅晶片的整个表面上形成氧化膜,如图 14.18 所示。

(2)侧壁刻蚀:对形成在整个表面上的氧化膜进行各向异性刻蚀,这样做可以仅在栅极侧壁处留下氧化物薄膜,形成栅极侧壁间隔条,如图 14.19 所示。这种不使用光刻胶图案的刻蚀称为回蚀。

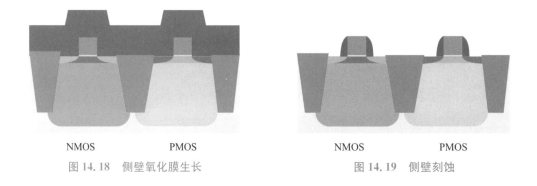

图 14.18　侧壁氧化膜生长　　　　　图 14.19　侧壁刻蚀

14.1.6　形成源、漏极

这一步是在 NMOS 区和 PMOS 区形成它们的源极和漏极。源极和漏极的形状相同,因为晶体管的结构通常是对称的。哪个是源极、哪个是漏极取决于电源的连接方向。

(1)PMOS 的源、漏极:形成光刻胶图案以覆盖 NMOS 区域,并且在 PMOS 区域中注入 P 型杂质(例如,硼 B)。完成后,去除光刻胶图案,如图 14.20 所示。

(2)NMOS 的源、漏极:形成光刻胶图案以覆盖 PMOS 区域,并且在 NMOS 区域中注入 N 型杂质(例如,磷 P、砷 As)。完成后,去除光刻胶图案,如图 14.21 所示。

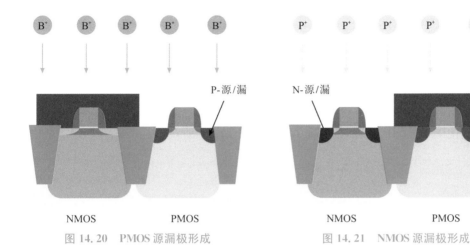

图 14.20　PMOS 源漏极形成　　　　　图 14.21　NMOS 源漏极形成

14.1.7　形成金属硅化物

在栅极(多晶硅)、源极和漏极(硅晶片)上形成硅化物(硅与金属的化合物)作为 MOS 晶体管的三个电极,以降低与稍后形成的金属布线层的接触电阻。这种硅化物的形成还具有降低电极电阻的作用。

(1)镍膜的形成:使用物理气相沉积(physical vapor deposition,PVD)方法把镍溅射在硅晶片表面上形成镍膜,如图 14.22 所示。

(2)镍金属硅化物的形成:加热表面涂有镍膜的硅晶片,硅和镍接触的部分会变成硅化镍,而氧化膜上的镍不发生反应,仍为镍,如图 14.23 所示。

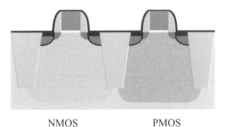

图 14.22　金属硅化物形成

(3)镍的去除:镍膜通过化学刻蚀选择性地被去除,硅化物残留在栅极、源极和漏极。通过这种方式形成的自对准硅化物(self aligned silicide)被称为金属硅化物(salicide),如图 14.24 所示。

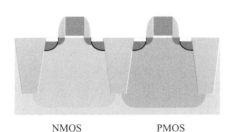

图 14.23　镍金属硅化物的形成

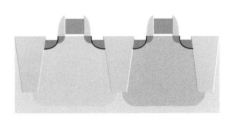

图 14.24　镍的去除

14.1.8　形成介质层

连接晶体管等元件的互连过程就是从这一步开始的。介质层沉积工艺步骤是通过

CVD 形成厚氧化硅膜等。下一步是介质层的磨平步骤,即对氧化硅膜进行磨平,用于晶片表面的薄膜平坦化。

(1)介质层形成:使用 CVD 方法在硅晶片表面上沉积形成氧化硅或类似材料的厚膜,如图 14.25 所示。

(2)介质膜磨平:沉积得到的介质膜表面不平整,会干扰后续的工艺步骤,所以需要对表面的氧化膜做 CMP 处理,使其平坦化,如图 14.26 所示。

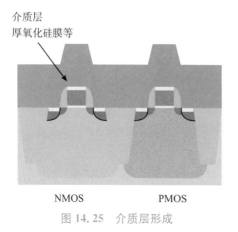

图 14.25　介质层形成

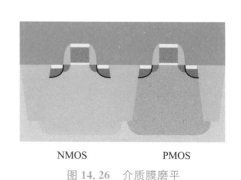

图 14.26　介质膜磨平

14.1.9　形成通孔

为了将晶体管的栅极、源极和漏极等电极连接到金属布线层,在介质膜中形成通孔并填充钨(W)。

(1)通孔光刻胶图案的形成:光刻形成用于通孔的光刻胶图案,如图 14.27 所示。

(2)通孔的刻蚀:使用通孔的光刻胶图案作为掩模,通过刻蚀处理在介电膜中形成通孔。刻蚀后,去除光刻胶图案,如图 14.28 所示。这些孔非常小且深(具有高深宽比),因此必须非常小心地控制孔的直径和深度。

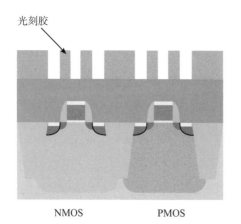

图 14.27　通孔的光刻胶图案的形成

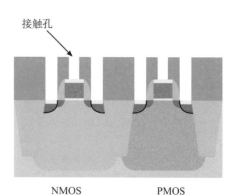

图 14.28　通孔的刻蚀

（3）钨栓填充：使用 CVD 方法在硅片表面形成钨膜，并填充接触柱孔，如图 14.29 所示。

（4）钨栓磨平：通过 CMP 方法磨平表面并去除多余的钨膜。这样钨材料只留在通孔中，如图 14.30 所示。

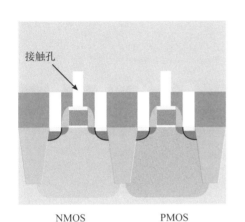

图 14.29　钨栓填充

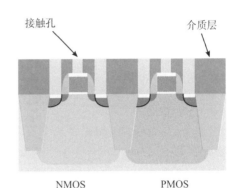

图 14.30　钨栓磨平

14.1.10　第一层金属层

沉积介质膜作为层间介质，通过光刻胶构图和刻蚀形成沟槽图案，通过电镀铜金属填充沟槽。仅用铜填充沟槽的方法称为单镶嵌。

（1）形成第一层金属层的介质层：使用 CVD 方法在硅晶片表面形成氧化硅或类似材料的厚膜，如图 14.31 所示。

（2）第一层金属层的沟槽光刻胶图案的形成：运用光刻，形成第一层金属层的沟槽光刻胶图案，如图 14.32 所示。

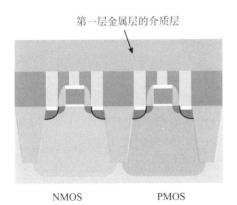

图 14.31　第一层金属层的介质层的形成

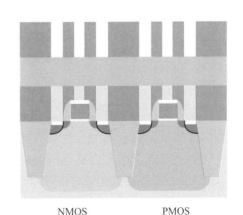

图 14.32　第一层金属层的沟槽
光刻胶图案的形成

(3)刻蚀第一层金属层的沟槽:使用第一层金属层的沟槽光刻胶图案作为掩模,通过刻蚀处理在介电膜中形成沟槽。刻蚀后,去除光刻胶图案,如图 14.33 所示。

(4)第一层金属层的铜填充:通过电镀形成铜层,并填充沟槽,如图 14.34 所示。

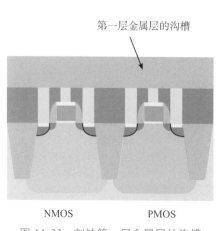

第一层金属层的沟槽

NMOS   PMOS

图 14.33　刻蚀第一层金属层的沟槽

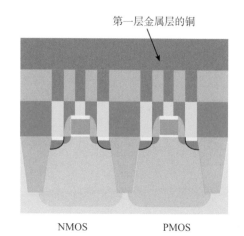

第一层金属层的铜

NMOS   PMOS

图 14.34　第一层金属层的铜填充

(5)第一层金属层的磨平:通过磨平金属层表面去除多余的铜,使得铜仅留在沟槽中,如图 14.35 所示。

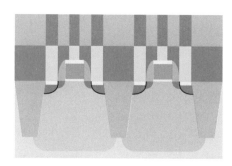

NMOS   PMOS

图 14.35　第一层金属层的磨平

14.1.11　第二层及后续金属层

沉积介质膜作为金属间介质,通过光刻胶构图和刻蚀形成沟槽和通孔图案,并通过电镀用铜金属填充沟槽和通孔。同时用填充沟槽和通孔的方法称为双镶嵌。

(1)第二层金属层介电薄膜的生长:使用 CVD 方法在硅晶片表面上形成氧化硅或其他低 κ 值材料的厚膜,如图 14.36 所示。

(2)第二层金属层通孔图案的形成:通过光刻,形成第二层金属层通孔光刻胶图案,如图 14.37 所示。

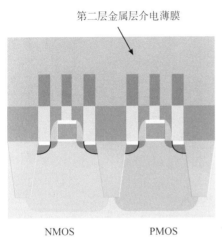

第二层金属层介电薄膜

图 14.36　第二层金属层介电薄膜的生长

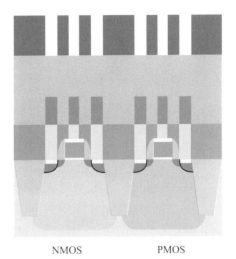

NMOS　　　　PMOS

图 14.37　第二层金属层通孔图案的形成

（3）第二层金属层的通孔刻蚀：使用通孔图案作为掩模，使用刻蚀处理在介质膜中形成通孔。刻蚀后，去除光刻胶图案，如图 14.38 所示。

（4）第二层金属层沟槽光刻胶图案的形成：通过光刻，形成第二层金属层沟槽光刻胶图案，如图 14.39 所示。

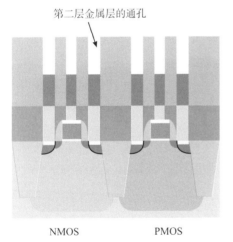

第二层金属层的通孔

NMOS　　　　PMOS

图 14.38　第二层金属层的通孔刻蚀

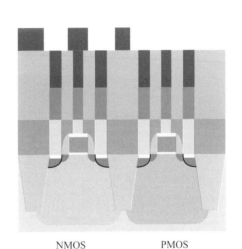

NMOS　　　　PMOS

图 14.39　第二层金属层沟槽
光刻胶图案的形成

（5）第二层金属层的沟槽刻蚀：使用第二层金属层沟槽图案作为掩模，通过刻蚀处理在介电膜中形成沟槽。刻蚀后，去除光刻胶图案，如图 14.40 所示。

（6）第二层金属层的铜填充：使用电镀形成铜膜，并填充通孔和沟槽，如图 14.41 所示。

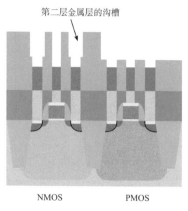 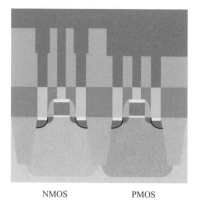

图 14.40　第二层金属层的沟槽刻蚀　　　图 14.41　第二层金属层的铜填充

（7）第二层金属层的铜磨平：通过 CMP 方法磨平表面去除多余的铜膜，铜仅留在通孔中，如图 14.42 所示。

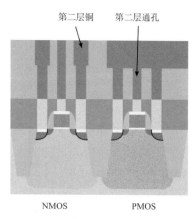

图 14.42　第二层金属层的铜磨平

根据电路规模，重复以上的步骤，形成第三层和后续的金属层互连结构。

14.2　常见存储器工艺简介

14.2.1　易失性存储器——动态随机存取存储器(DRAM)[1]

1. DRAM 介绍

DRAM(dynamic random access memory)是一种易失性存储器，这意味着当单元断电时数据会丢失。其电容器中的电荷会随着时间的推移而泄漏，这样它需要在电荷消失之前进行刷新，直到下次写入数据或者计算机断电才停止。每次读写操作都要刷新 DRAM 内的电荷，因此需要每隔几毫秒用单独的电源对单元充电，因此被称为动态(dynamic)存储器。因此 DRAM 被设计为有规律地读取其内容。DRAM 一般靠近中央处理器(CPU),因此性能至关重要。与计算机闪存器件(NAND)不同,每单元成本推动创新,必须优先考虑快速读写切换的速度。

　　DRAM 记忆单元的结构非常简单,由一个晶体管和一个存储电容所构成,简称为 1T/1C 结构,即一个晶体管(transistor)和一个存储电容(capacitor)。虽然后来陆续提出一些新的 DRAM 记忆单元结构,但是不论是元件数目还是线路数目方面,都比 1T/1C 结构复杂,因此即使是内存为 64～246MB 的 DRAM 也仍继续使用这种结构的记忆单元。构成 DRAM 基本单元必须具有下列部分:储存资料的电容、启动记忆单元的字元线和由记忆单元读写资料的位元线。因此 1T/1C 的 DRAM 单元是具有上述三个部分的最简单结构。其等效线路如图 14.43 所示,目前构成记忆单元所用的晶体管大部分是 NMOS 的晶体管,构成电容的两个电极中施加电压的电极称为单元电容板(cell plate,CP),另一边用来储存资料的电极则称为储存节点(storage node, SN)。记忆单元中的 MOS 晶体管又特别称为转移栅极(transfer gate)。简单地说,就是由一个 MOS 管和一个与源极相连的电容 C 构成的。

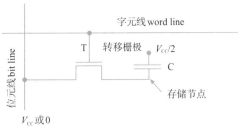

图 14.43　1T/1C 的 DRAM 单元原理

　　虽然 1T/1C 的基本单元没有变化,但 DRAM 的工艺技术却经历了许多代,如图 14.44 所示。早期的单元电容从极板式电容发展为现代的三维电容单元,即 3D 单元。3D 单元分为堆叠式单元和沟槽式单元。沟槽式(trench capacitor,TRC)工艺就是先做第一层电极板,然后沉积电介质,做第二层电极,最后在沟槽上部埋入连接线,实现和晶体管单元的连接。简单地说,就是电容的制作是在晶体管的制作之前完成的。沟槽式之后又发展出了衬底板(substrate-plate)式。堆叠式(stacked capacitor,STC)工艺与沟槽式相反,即在晶体管完成之后,再进行电容的制作。

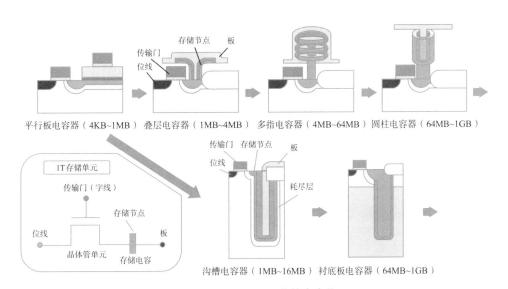

图 14.44　DRAM 工艺技术变化

注:左下角 1T/1C 的 DRAM 基本结构保持不变,但是制造工艺一直在进化。

堆叠式工艺主要分为两种类型：电容在位线下（capacitor under bitline，CUB）和电容在位线上（capacitor over bitline，COB）。现代 DRAM 的制造工艺和标准的 CMOS 工艺完全兼容，常见的方法为通过在 CMOS 基准工艺上添加深槽电容与堆栈电容流程来形成 DRAM 单元。图 14.45 显示了 COB 堆叠式工艺 DRAM 横截面。

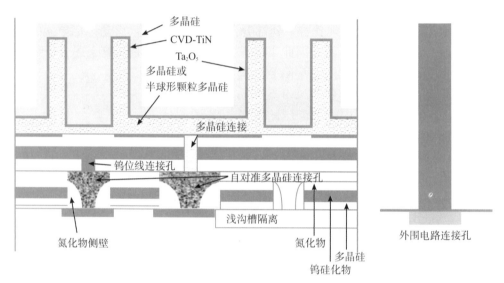

图 14.45　COB 堆叠式工艺 DRAM 横截面

2. DRAM 的制造工艺

由于篇幅限制，我们不介绍所有的 DRAM 工艺。图 14.46 所示为 COB 堆叠式 DRAM 单元的工艺过程。

14.2.2　非易失性存储器——快闪存储器

快闪存储器（flash memory），简称闪存，是一种电子式可清除程序化只读存储器，允许在操作中被多次擦或写，主要用于一般资料存储，以及在电脑与其他数字产品间交换传输资料，是非易失性固态存储最重要也最广为采纳的技术。如固态硬盘、笔记本电脑、数字随身听、数字相机、游戏主机、手机中均可有闪存。闪存是非易失性的存储器（non-volatile memory，NVM），是指当外部电压移除后，所存储的数据不会消失。

闪存根据架构的不同又分为 NOR（或非）与 NAND（与非）两种类型，如图 14.47 所示。NOR（或非）型与 NAND（与非）型闪存最主要的两个差异点如下：连接个别记忆单元的方法不同；读取写入存储器的接口不同［NOR（或非）型闪存允许随机存取，而 NAND（与非）型闪存只能允许页访问］。NOR（或非）型闪存内部记忆单元以平行方式连接到比特线，允许个别读取与程序化记忆单元。这种记忆单元的平行连接类

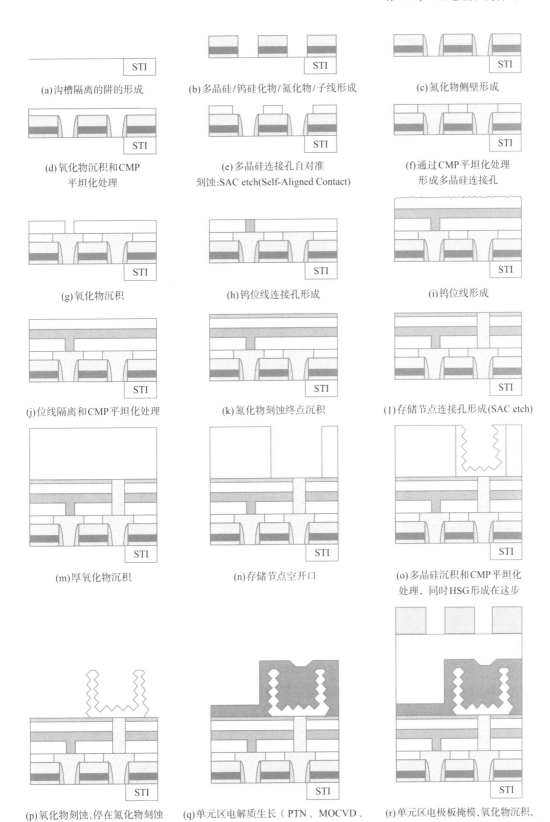

(a)沟槽隔离的阱的形成

(b)多晶硅/钨硅化物/氮化物/子线形成

(c)氮化物侧壁形成

(d)氧化物沉积和CMP
平坦化处理

(e)多晶硅连接孔自对准
刻蚀:SAC etch(Self-Aligned Contact)

(f)通过CMP平坦化处理
形成多晶硅连接孔

(g)氧化物沉积

(h)钨位线连接孔形成

(i)钨位线形成

(j)位线隔离和CMP平坦化处理

(k)氮化物刻蚀终点沉积

(l)存储节点连接孔形成(SAC etch)

(m)厚氧化物沉积

(n)存储节点空开口

(o)多晶硅沉积和CMP平坦化
处理，同时HSG形成在这步

(p)氧化物刻蚀,停在氮化物刻蚀
终点，同时HSG形成在这步

(q)单元区电解质生长（PTN、MOCVD、
Ta205）和单元区电极板沉积:CVD,TiN

(r)单元区电极板掩模、氧化物沉积,
连接孔CMP平坦化处理和金属线形成

图 14.46　COB 堆叠式 DRAM 单元的制造工艺

似于 CMOS 工艺 NOR(或非)逻辑门中的晶体管平行连接。从 NOR(或非)Flash 读取数据的方式与从 RAM 读取资料相近,只要提供数据的地址,数据总线就可以正确地导出数据。基于以上原因,多数微处理器可以将 NOR Flash 当作原地执行(execute in place,XIP)存储器使用。NAND(与非)型闪存内部记忆单元以顺序方式连接,类似于 NAND(与非)逻辑门,这种顺序连接方式所占空间较平行连接方式小,降低了 NAND(与非)型闪存的成本。NAND(与非)Flash 架构由东芝公司在 1989 发布,这种存储器的访问方式类似硬盘、储存卡之类的区块性存储设备,每个区块由数个页所构成。

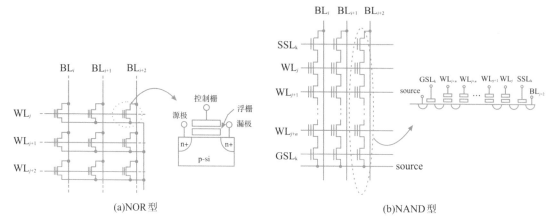

图 14.47　闪存结构

　　闪存的基本存储单元在浮栅金属氧化物半导体场效应晶体管,与标准 MOS-FET 类似,不同的是闪存的晶体管有两个而并非一个栅极。在顶部的是控制栅(control gate,CG),如同其他 MOS 晶体管。但是它下方则是一个以氧化物层与周围绝缘的浮栅(floating gate,FG)。这个 FG 放在 CG 与 MOSFET 沟道之间。由于这个 FG 在电气上是因绝缘层而独立的,所以进入的电子会被困在里面。在一般的条件下电荷经过多年都不会逸散。当 FG 抓到电荷时,它部分屏蔽掉来自 CG 的电场,并改变这个单元的阈值电压。在读出期间,利用 CG 的电压,MOSFET 沟道会变得能导电或保持绝缘。其视该单元的阈值电压而定(而该单元的阈值电压受到 FG 上的电荷控制)。这股电流流过 MOSFET 沟道,并以二进制码的方式读出、再现存储的数据。在每单元存储 1 比特以上的资料的多层单元(multi-level cell,MLC)器件中,更精确地测定 FG 中的电荷电势位,则以感应电流的量(而非单纯的有或无)达成。

　　常见的闪存存储单元工艺种类如图 14.48 所示,分别有浮栅极器件、氮化物做电荷陷阱器件、TANOS(TaN-Al$_2$O$_3$-SiN-oxide-Si)和 BE-SONOS(bandgap engineered silicon-oxide-nitride-oxide-silicon,即能带工程的 SONOS 结构)。

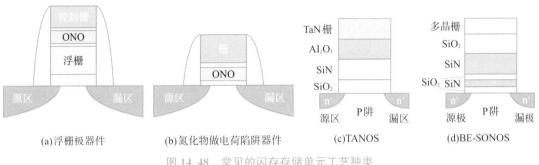

图 14.48　常见的闪存存储单元工艺种类

下面以 BE-SONOS 为例,简单介绍闪存存储单元工艺过程。BE-SONOS 工艺与现代其他 NVM 技术相比,优势在于,其与 CMOS 逻辑工艺完全兼容。在标准 CMOS 工艺之外,SONOS 技术则仅需额外加上 3～4 层光刻即可。在标准 CMOS 工艺上加入 SO-NOS 工艺时,不会改变标准 CMOS 器件的特性,也即与 CMOS 工艺兼容。SONOS 在 CMOS 标准逻辑工艺上额外加入的工艺步骤有:①氧化前清洗;②多晶沉积和掺杂;③掩模:图案化;④移除氧化物。这些工艺步骤在 N 阱和 P 阱工艺步骤之后,栅极工艺之前。

14.3　后摩尔定律时代的工艺发展方向

在后摩尔定律时代,技术路线基本按照两个不同的维度继续演进。

(1)"More Moore(延续摩尔)":继续延续摩尔定律的精髓,以缩小数字集成电路的尺寸为目的,同时器件优化重心兼顾性能及功耗。

(2)"More than Moore(拓展摩尔)":芯片性能的提升不再靠单纯的堆叠晶体管,而更多地靠电路设计以及系统算法优化;同时,借助于先进封装技术,实现异质集成(heterogeneous integration),即把依靠先进工艺实现的数字芯片模块和依靠成熟工艺实现的模拟/射频等集合到一起以提升芯片性能。

下面介绍 CMOS 逻辑工艺和存储工艺在后摩尔定律时代的发展方向。

14.3.1　逻辑工艺——HK/MG(高 κ 栅介质层/金属栅极)[2]

1. HK/MG(高 κ 栅介质层/金属栅极)简介

在摩尔定律时代,CMOS 器件栅介质层材料为二氧化硅,其等效氧化层厚度(EOT)以每一代约 0.7 等比缩小,一直到 130nm 节点左右,到了 90nm 和 65nm 节点处,微缩速度变慢,随着 CMOS 工艺特征尺寸继续按比例缩小到 45nm 节点及更小,二氧化硅作为栅介质层材料为了保持较高的控制电容已经变得太薄,无法满足栅极漏电流的要求。于是,我们需要采用既能保持较高的控制电容又能减少栅极漏电流和栅极电阻的高 κ 栅介质层(high-κ,HK),以及相对应的金属栅极(metal gate,MG)以保障和提高器件性能。

HK/MG(high-κ/metal gate,高κ栅介质层/金属栅极)技术有望实现晶体管的常规缩放以及因栅极泄漏的减少而降低器件的待机功耗。以 Intel 的技术路线图为例(见图 14.49),在 45nm 节点切换到HK/MG 技术可以恢复栅极介质缩放,同时将栅极漏电流降低至原来的 1/10 以下。传统的多晶硅栅极晶体管和 HK/MG 晶体管的横截面对比如图 14.50所示。

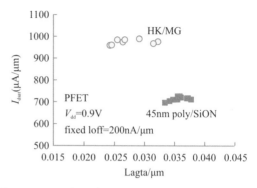

图 14.49　HK/MG 与 Poly/SION(多晶硅/氮氧化硅)的 I_{dsat} 对比

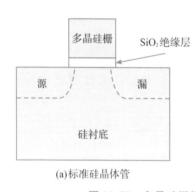

(a)标准硅晶体管

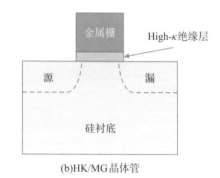

(b)HK/MG 晶体管

图 14.50　多晶硅栅极晶体管与 HK/MG 晶体管横截面对比

在器件层面,引入 HK/MG 实现的性能提升有两个方面。考虑到长沟道近似 I_{on} 的方程,HK/MG 通过更高的栅极电容增强了驱动电流,这是由于 SiO_2 上高κ电介质的介电常数 ε 更高,同时金属栅极导致的 T_{inv} 缩小(poly 耗尽抑制)。

$$I_{on}=\frac{\mu_{eff}C_{ox,inv}}{2}\frac{W}{L}(V_{gs}-V_T), C_{ox,inv}=\frac{\kappa\varepsilon_0 A}{T_{inv}} \tag{14.1}$$

关于高κ材料的选择,已经进行了多年的广泛研究。考虑到对栅极电介质的许多要求(例如势垒高度、介电常数、热稳定性、界面质量和栅电极兼容性),现在的普遍共识是,采用以 Hf 为基础的高κ薄膜(比如 HfSiO 和 HfO_2)。然而,对于金属栅极来说情况并非如此。这主要是由于各种工艺参数对栅叠层最终有效功函数的敏感性很高。在众多候选材料中,TiN 或 TaN 等氮化金属可以说是当今最常见的材料。这些高κ材料和金属栅极材料已被广泛应用在 48nm 以下的 CMOS 工艺节点中——可能就在读者此时手中的手机处理器中。

2. HK/MG 工艺步骤

在寻求 HK/MG CMOS 解决方案的早期,提出了一种基于多晶硅栅电极完全硅化的具有破坏性的方法,称为完全硅化(fully silicided,FUSI)栅极。这种方法起初因其集成简单而受到关注,但后来由于难以控制硅化物的物相以制造低阈值电压的器件而最终被放弃。

今天,仍有两种主要的集成选项:先栅极工艺,通常称为金属插入多晶硅(metal inserted poly-silicon,MIPS)和后栅极工艺,也称为替代金属栅极(replacement metal gate,RMG)[3]。术语"先"和"后"是指金属栅极的沉积步骤是在工艺流程中的高温活化退火之前还是之后。图 14.51 展示了先栅极工艺和后栅极工艺中等效氧化物厚度随等效功函数变化的情况。表 14.1 为先栅极工艺和后栅极工艺的工艺步骤对比。

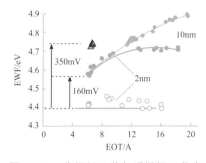

图 14.51 先栅极工艺与后栅极工艺中等效氧化物厚度随等效功函数的变化

表 14.1 先栅极工艺和后栅极工艺的工艺步骤对比

先栅极工艺	后栅极工艺
预清洗＋氧化硅	预清洗＋氧化硅
High-κ:原子层沉积 HfO_2,金属有机物化学气相沉积 HfSiO	High-κ:原子层沉积 HfO_2
Al、La 基物理气相沉积盖帽层	物理气相沉积 TiN 阻挡层
物理气相沉积金属栅	多晶硅掺杂＋快速热退火(>1000℃)
多晶硅掺杂＋快速热退火(>1000℃)	多晶硅无掩模刻蚀
预清洗＋物理气相沉积 TiN	物理气相沉积金属栅
金属氧化物半导体盖帽层图形化	预清洗＋物理气相沉积 TiN
氢退火(425℃)	金属氧化物半导体盖帽层图形化
电极	氢退火(425℃)
	电极

1)先栅极工艺

先栅极工艺最初是由美国的 Sematech 联盟和 Fishkill 联盟开发的,这种工艺集成方案和前代的多晶硅/二氧化硅工艺流程兼容度较高。一个典型的先栅极工艺的 HK/MG 模块各层的横截面如图 14.52 所示。HK/MG 模块在有源区模块形成之后首先沉积,然后形成源极/漏极模块。然而,由于源极/漏极的形成晚于 HK/MG 形成模块,源极/漏极掺杂分布的高退火温度对 HK/MG 特性及其可靠性产生严重影响。此外,先栅极 HK/MG 工艺依赖于非常薄的覆盖层,即用于 PMOS 的 Al_2O_3 层和用于 NMOS 晶体管的 LaO_x 层,如图 14.53 所示。这些覆盖层的作用是用来创建和调节设置器件阈值电压的偶极子。然而,HK/MG 器件的热不稳定性可能导致阈值电压偏移和栅极叠层重新生长。这个问题对于 PMOS 的影响尤为严重。

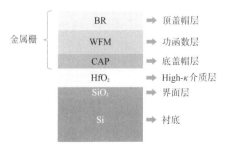

图 14.52 先栅极工艺 HK/MG 工艺横截面各层材料

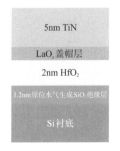

图 14.53 MG

在那些激进的更小的 EOT 器件中,RMG 后栅极工艺技术可以提供比 MIPS 的先栅极工艺技术更高的电子功函数(意味着更低的 PMOS 阈值电压)。需要注意的是,此特定问题本质上阻碍了将先栅极工艺在高性能 CMOS 器件制造中的应用。但是,对于低功耗或 DRAM 工艺而言,阈值电压和等效栅氧层厚度要求通常更低,先栅极工艺仍然是具有成本效益的、非常可行且有前景的 HK/MG CMOS 工艺集成解决方案[4-5]。与此同时,为高性能 CMOS 器件制造应用采用先栅极工艺的努力仍在持续。其中一种被提出用来解决 PMOS 高阈值电压问题的有希望的解决方法是,通过外延形成 PMOS 器件的锗硅(SiGe)沟道[6]。这种方法本质上降低了阈值电压(通过价带偏移),并呈现出比硅沟道更高的空穴迁移率的额外优点。然而,与这种外延形成锗硅沟道会产生相关的额外成本,而这往往会抵消先栅极相对于后栅极的更低的工艺复杂性的优势。

2) 后栅极工艺

为了克服先栅极集成方案的不足,提出了后栅极工艺集成方案。这种集成工艺方案最初由 Intel 开发,并运用在其 45 纳米工艺上(见图 14.53)。在后栅极工艺中,传统的多晶硅栅极和二氧化硅栅极介质仍然是先在晶圆衬底上形成,多晶硅栅极/二氧化硅栅极介质模块形成后,进行源极/漏极杂质掺杂,并进行在高温环境下的退火工艺激活工艺。然后,在多晶硅伪栅极上沉积金属前置介质层(PMD),其中 PMD 也称为层间介电零层(ILD0,ILD 是 inter-layer dielectric 的缩写)。使用多晶硅开放平面化(poly-open planarization,POP)CMP,暴露多晶硅栅极,用于后续去除多晶硅栅极/二氧化硅栅极介质工艺。最后,HK/MG 沉积在多晶硅伪栅极先前存在的位置,由于 HK/MG 模块晚于中间层工艺,因此称为后栅极工艺。Intel 在其 32nm 技术中引入了一种略微不同的方案,其中高 κ 介质最后沉积,恰好在金属栅电极之前,在完全去除伪栅极之后。因为当 EOT 减小时的高 κ 栅极电介质经历了高热步骤时,沟道载流子迁移率和器件可靠性可能会显著降低,就像在先栅极工艺的情况下一样,而这种将高 κ 介质最后沉积的新方法可以避免这一问题[7]。后栅极集成方案的实施避免了源极/漏极工艺的高退火温度对器件的损坏。因此,后栅极工艺集成方案对于 HK/MG 器件具有明显的性能优势,成为超过 28nm 节点以后的 HK/MG 的流行技术。

关于后栅极工艺,经常被提出的问题之一是它的工艺复杂性,其中最关键的是,双金属栅极的形成涉及一些关键的 CMP 步骤。为了保持足够的工艺窗口,这种方法需要更严格的设计规则(ripple down rules,RDR),如一维设计方法(其中门都在给定方向上对齐)。然而,在 28nm 节点,尤其是 22nm 节点,由于光刻限制,这种布局限制无论如何都将成为主流。因此,随着越来越多的 RDR 需要实施,栅极优先的更高设计灵活性可能会在未来的节点中消失。

中国台湾的联电公司公开了一种集成 HK/MG 的混合方法,其结合了先栅极工艺(对于 NMOS)和后栅极工艺(对于 PMOS)[8]。这允许在针对高性能应用时解决先栅极工艺的主要问题之一,即小 EOT 的栅极介质情况下的高 PMOS 阈值电压,同时避免了工艺步骤复杂的后栅极工艺(需要双层金属沉积和多次 CMP 步骤)。这种方法仍然是

基于先沉积高 κ 栅极材料的方案,因此除非在提高高 κ 层的热稳定性方面取得重大进展,否则这种方法对亚 32nm 节点的可扩展性可能会降低。因为在这些节点上,可靠性和载流子迁移率通常会大大降低。

在 22nm 节点以后,器件架构本身可能会从传统的平面变为多栅极,如下面提到的鳍式场效应晶体管,或全环绕栅极场效应晶体管(gate-all-around field-effect transistor,GAAFET),以进一步改善器件性能。这些 3D 器件可能会对 HK/MG 的整合战略产生重大影响。能肯定的是,基于 CMP 的方法(如在今天的 RMG 流程中)将变得极其复杂甚至不可能,使得先栅极工艺方案成为唯一的解决方案。图 14.54 为列举了几种工艺。

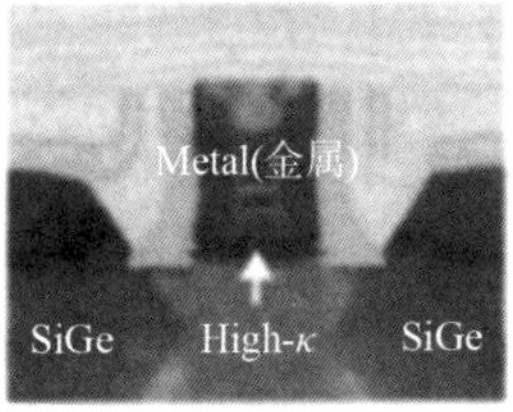

MIPS (先栅极工艺)	FUSI (全硅化工艺)	RMG (后栅极工艺)
28nm		Metal(金属) SiGe　High-κ　SiGe

	MIPS (先栅极工艺)	FUSI (全硅化工艺)	RMG (后栅极工艺)
栅极介质	先栅	先栅	先栅或后栅
栅极	先栅	后栅	后栅
优势	与传统工艺流程兼容度较高	集成简单; 热预算	热预算; 高应变嵌入式 SiGe S/D
限制因素	热预算; 难于调节器件的阈值电压; 在薄的等效栅氧层厚度下载流子迁移率和器件可靠性	难于控制硅化物的物相; 难于制造低阈值电压的器件	工艺复杂性,成本; 更为严格的设计规则

图 14.54　不同工艺对比

14.3.2　逻辑工艺——FinFET

1. FinFET 简介

逻辑 CMOS 晶体管的基本架构正在从 2D 平面转变为 3D,FinFET 技术因此被采用,以更好地控制短沟道效应,减小漏电流。器件设计和工艺技术变得更加复杂,需要更精细的技术。FinFET 是一种新的 CMOS 半导体晶体管。如图 14.55 所示,FinFET 与平面型 MOSFET 结构的主要区别在于其沟道由绝缘衬底上凸起的高而薄的鳍构成,源漏两极分别在其两端,三个栅极紧贴其侧壁和顶部,用于辅助沟道控制。这种鳍形结构增大了栅围绕沟道的面积,加强了栅极对沟道的控制,从而可以有效缓解平面器件中出现的短沟道效应,大幅改善电路控制并减小漏电流,也可以大幅缩小晶体管的栅极长度。也正由于该特性,FinFET 无须高掺杂沟道,因此能够有效降低杂质离子的散射效应,提高沟道载流子迁移率。

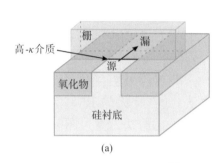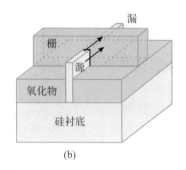

图 14.55 FinFET 结构

FinFET 器件相比传统的平面晶体管来说有明显优势。首先,FinFET 沟道一般是轻掺杂甚至不掺杂的,它避免了离散的掺杂原子的散射作用,同重掺杂的平面器件相比,载流子迁移率大大提高。另外,与传统的平面 CMOS 相比,FinFET 器件在抑制亚阈值电流和栅极漏电流方面有着绝对的优势。FinFET 的双栅或半环栅等鳍形结构增加了栅极对沟道的控制面积,使得栅控能力大大增强,从而可以有效抑制短沟效应,减小亚阈值漏电流。由于短沟效应的抑制和栅控能力的增强,FinFET 器件可以使用比传统更厚的栅极氧化物,这样 FinFET 器件的栅极漏电流也会减小。FinFET 可以真正扩大或缩小尺寸的极限,有效抑制次表面沟道的泄漏,明显降低晶体管关闭状态下的漏电流。对于 3D 鳍结构,与投影平面中的平面相比,晶体管的宽度(W)可以增加一倍,这可以提高饱和状态下导通状态的驱动电流。在相同的驱动电流下,无论平面晶体管的功率限制如何,FinFET 的供电电压都可以显著降低。现代集成电路对功耗的抑制强调能效比。由于 FinFET 在工艺上与 CMOS 技术相似,技术上比较容易实现,已被广泛应用于 16/14nm 技术节点及以上节点的 CMOS 集成电路制造中。

2. FinFET 集成工艺

FinFET 的工艺集成方案与平面晶体管 CMOS 逻辑工艺大部分兼容,因此这里只介绍 FinFET 和平面晶体管 CMOS 逻辑工艺不同的部分。通常,FinFET 晶体管的关键制造步骤包括通过间隔转移光刻(spacer-transfer lithography,STL)在衬底上形成硅鳍,浅沟槽隔离(STI)形成回刻蚀,3D 伪栅极形成和平坦化,3D 间隔形成,3D 选择性外延生长(selective epitaxial growth,SEG)源漏极、3D HK/MG 形成以及后段(back end of the line,BEOL)金属化和接触柱技术。与平面晶体管制造相比,它增加了一些额外的工艺步骤。了解 FinFET 的集成过程非常有意义。未来的下一代器件,如后续即将介绍的全环栅极(GAA)纳米线/片晶体管仍依赖于当前的 FinFET 集成流程。

1)用于体鳍形成的侧墙转移光刻(sidewall transfer lithography,STL)

将等离子增强型化学气相沉积形成的氧化物、低压化学气相沉积(LPCVD)的多晶硅和等离子增强型化学气相沉积的氮化硅 SiN_x 依次沉积在硅晶圆片上,用于形成刻蚀硬掩模(etch hard mask,EHM)。在 EHM 和图案后,沉积另一层 SiN$_x$ 作为氧化物/多晶硅/SiN$_x$ 核心层结构的侧边间隔。在对间隔层和多晶硅干法刻蚀后,形成 3D 硅鳍片,硅鳍片宽度取决于 SiN$_x$ 侧边间隔的厚度,如图 14.56 所示。鳍片宽度可能超出光刻分辨率限制,通常小于 10nm。

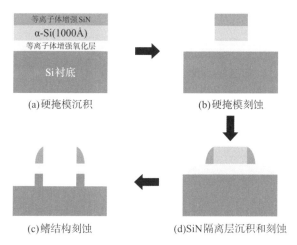

图 14.56　用于体鳍形成的 STL

2) STI 形成和凹陷

对于相邻的鳍片隔离,高深宽比工艺(high aspect ratio process,HARP)氧化物沉积被广泛使用,因为 HARP 在 3D 鳍片上具有良好的阶梯覆盖。用于 HARP STI 的氧化物是通过次大气压化学气相沉积(SACVD)的方法,以四乙氧基硅烷(tetra ethyl ortho silicate,TEOS)为前体和臭氧 O$_3$ 反应沉积的产物。在隔离氧化物退火之后,利用化学机械研磨对 3D 鳍上沉积的电介质进行平坦化。在接下来的步骤中,氧化物被精确回蚀,并最终形成具有浅沟槽隔离结构的鳍片,如图 14.57 所示。

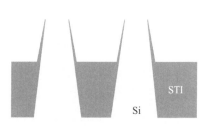

图 14.57　STI 在 3D 鳍片上的形成和回蚀

3) 3D 伪栅极的形成

在具有 STI 的 3D 鳍片上,首先在表面形成薄氧化物。然后,在鳍片上沉积非晶硅(α-Si)作为伪栅极。接下来的步骤——伪栅极的刻蚀,是最具挑战性的。因为在刻蚀过程中需要保护顶部伪栅极和侧壁,伪栅极的底部需要很强的刻蚀能力,以防止硅残留,并且暴露出的部分没有工艺损伤。3D 伪栅极的形成如图 14.58 所示。

4) 源/漏极的 3D 选择性外延生长(SEG)

在 3D 鳍片上,通常需要在源极/漏极区域进

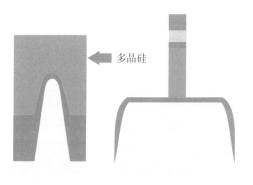

图 14.58　3D 伪栅极的形成

行 SEG 以减小接触电阻。通常使用 SiH_2Cl_2、GeH_4 和 HCl 气体。特别是对于 PMOS 源/漏,会将 B_2H_6 混入反应的载气中。由于 HCl 气体的作用,锗硅 SiGe 具有外延选择性,其中多晶 SiGe 的刻蚀速率高于 SiGe 单晶的 HCl 刻蚀速率。在整个过程中,稀释保护气体始终含有 N_2 或 H_2。由于 Si〈111〉晶格平面上的生长速度最慢,如图 14.59 所示,最终形成的 3D 鳍片上的 SiGe 形状更像钻石。最终形成的薄膜中的应力不仅取决于工艺条件,而且受鳍片表面质量的影响很大。

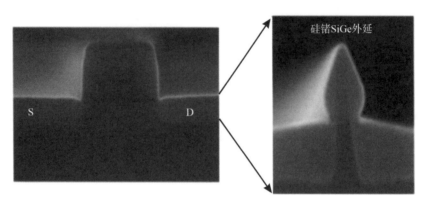

图 14.59　3D 鳍片上的 SEG SiGe

14.3.3　逻辑工艺——GAAFET

1. GAAFET 的简介

随着更新制造工艺的出现和对高效设备的需求,器件尺寸变得更小。但是,晶体管的微缩会导致短沟道效应加剧,量子隧穿导致的泄漏和迁移率下降。FinFET 通过引入 3D 配置而不是平面器件,提供了一种更好地控制器件动态的方法。FinFET 因设计参数而具有高度可扩展性,减小了漏电流,并提供了更短的开关时间。

但 FinFET 技术已经达到尺寸阈值,因此减小尺寸变得越来越困难,性能提升也不可观。对漏电流的控制减少了,短沟道效应妨碍了晶体管的工作条件。尽管集成电路芯片制造技术允许制造 3nm 节点的 FinFET,然而,随着尺寸的减小,生产成本却没有显著降低。

第一个全环绕栅极场效应晶体管(GAAFET)于 1988 年问世,它是一种垂直纳米线 GAAFET,被称为环绕栅极晶体管(surrounding gate transistor,SGT)。GAAFET 技术在功能上类似于 FinFET 晶体管,但栅极材料从所有方向四面八方环绕着沟道。通常,根据设计,GAAFET 可以有两个或四个栅极。GAAFET 技术被认为是 FinFET 技术的升级版,因为它在更小的尺寸节点上(例如低于 7nm)提供更好的器件性能。纳米线和纳米片结构用于制造 GAA 晶体管。根据实施方式,GAAFET 结构的对齐可以平行或垂直于衬底。还可以控制纳米片的数量和宽度,用以更好地控制和调节器件特性。GAA 技术有助于进一步降低器件工作电压,这在 FinFET 中因设计限制而受到限制。GAAFET 晶体管提供更好的栅极管理并使器件高效。由于改进了沟道尺寸和布局,漏电流很小,短沟道效应无关紧要。

图 14.60 突出显示了不同类型 CMOS 逻辑工艺器件结构之间的差异。其中,图(a)是平面型 CMOSFET,图(b)是上面提到的 FinFET,图(c)是 GAAFET,GAAFET 与 FinFET 相比,栅极在四个侧面接触使用纳米线和纳米片形成的沟道,从而比 FinFET 更好地控制沟道特性。GAAFET 器件没有从衬底延伸出的鳍片,而是使用一层层叠在一起的硅层,并保持一定间距。

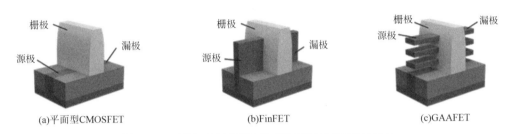

图 14.60　平面 CMOSFET、FinFET 和 GAAFET 的对比

2. GAAFET 的工艺

尽管 GAAFET 器件比之前的 FET 设计表现出更好的性能,但这些器件的制造复杂性也更高。

在工艺流程中,纳米片 FET 从在基板上形成超晶格结构开始。外延工艺在衬底上沉积交替 SiGe 和硅层。至少,堆叠将由三层 SiGe 和三层硅组成。

下一步是在超晶格结构中形成微小的纳米鳍片。每个鳍都是分开的,它们之间有一个空间。由于尺寸过于微小,光刻步骤中必须使用极紫外(extreme ultraviolet,EUV)光刻对鳍进行图案化,然后进行刻蚀工艺。接下来的内部垫片的形成是最困难的步骤之一。首先,使用横向刻蚀工艺使超晶格结构中的 SiGe 层的外部回刻蚀。这会产生小空间,在这些空间中填充电介质材料。这里的回刻蚀工艺非常困难,因为要在纳米片穿过侧壁间隔层的地方使牺牲外延层回刻蚀,然后用介质内部间隔层替换该外延层,而且最重要的是,这里没有刻蚀停止层。这个工艺步骤相当重要,内部间隔隔离工艺模块可控制有效栅极长度,并将栅极与源极/漏极外延隔离。在这个模块中,SiGe 层被缩进,然后内部隔离物被沉积和回刻。在内部间隔层形成的每个步骤中,对凹痕和最终间隔层凹槽的形状和特征尺寸的精确控制对于确保正确的器件性能至关重要。此外,堆栈中的每个单独通道都需要控制。然后是形成源/漏极,接着是沟道释放工艺。为此,使用刻蚀工艺去除超晶格结构中的 SiGe 层。之后是构成通道的硅基层或薄片。这里的工艺难点在于,这一步是 GAA 结构彼此分离的地方,这可能导致具有挑战性的埋藏缺陷类型,例如纳米片之间的残留物、纳米片损坏或与纳米片本身相邻的源极/漏极区域的选择性损坏。另外,沟道的释放需要单独控制材料高度、角腐蚀和通道弯曲角度。接下来的步骤是,将高 κ 栅极介质材料和金属栅极材料沉积在结构中。最后,形成铜互连,从而形成纳米片 GAAFET。GAAFET 的基本工艺流程如图 14.61 所示。

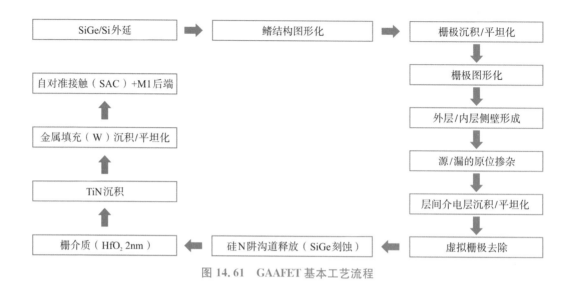

图 14.61　GAAFET 基本工艺流程

14.3.4　下一代 DRAM 的工艺方向

DRAM 架构在过去十年中几乎保持不变,尺寸随着每个连续的器件节点成比例缩小。然而,对于 20nm 以下的节点,这种微缩路线正在达到其物理极限。如果 DRAM 要跟上逻辑芯片工艺的进步,很快就需要进行重大改变。

下一代 DRAM 单元将需要新的材料和架构来应对器件缩小带来的挑战。随着层厚或线宽降低到阈值以下,金属线的电阻率会因表面散射、薄膜粗糙度和晶界缺陷而急剧且非线性地增加。钨(W)迄今为止仍然是标准选择,而现在正在评估新的材料,以尽量减小随着尺寸缩小而增加的有效阻力。电容器可能会从圆柱形变为柱形,因而需要改进材料特性。

随着单元尺寸的缩小,相邻单元之间的串扰成为一个更大的问题。解决这个问题的一种方法是在位线之间放置一个气隙以最小化寄生电容。具有低介电常数的金属间电介质(inter-metal dielectric,IMD)还可以最大限度地减少串扰。常见的低 κ 电介质比它们的前辈更具多孔性,需要通常与 DRAM 制造无关的分子前体。现有的 DRAM 工艺继续微缩的主要挑战在于光刻环节。

不断缩小的 DRAM 尺寸正在改变光刻图案和曝光。例如,在自对准双图案化(self-aligned double patterning,SADP)的沉积和刻蚀步骤期间控制关键尺寸会产生套刻精度控制问题。随着间距接近 193i 光刻的成像分辨率限制,引入极紫外光刻(EUVL)或应用自对准四重图案化(SAQP)是两种被考虑的方法,以避免在 16nm 和以下节点处的套刻精度问题变得更加严重。

晶圆片上的杀手缺陷和潜在缺陷的最大允许尺寸因每个前进的节点而减小。需要采取积极措施来降低超净间内所有工艺设备的缺陷普遍性。所有先进设备都应采取适当的过滤和净化策略,以避免液相和气相污染物进入工艺材料。[10]

与化学机械研磨(CMP)相关的金属污染对于 DRAM 尤其重要,因为 CMP 步骤发生在靠近晶体管的地方。小尺寸 W 的 CMP 需要复杂的浆料,需要 CMP 后清洁。清洁化学品必须适合 CMP 工艺,以充分去除残留物。

DRAM 工艺继续改进所需要的颠覆性变革必然涉及材料和工艺的变化。设想的颠覆性解决方案要么改变 DRAM 架构(例如 3D 晶体管),要么将不同的存储技术整合到 DRAM 器件中。

包括相变存储器(phase-change memory,PCM)和多种 RAM 变体在内的几种新兴存储器技术处于各种成熟状态,并且都比 DRAM 具有非易失性的优势。但是,尽管速度和耐用性有所提高,但由于成本高昂,有些还没有成功取代 DRAM。然而,鉴于行业趋势将逻辑和存储器更紧密地结合在一起以改善延迟并创建执行逻辑任务的存储器单元[11],新兴的存储器技术可能会占据上风。

总之,未来几年,DRAM 制造将继续发展以满足高性能设备的需求。下一代 DRAM 单元将需要新的材料和架构来应对器件缩小带来的挑战。

解决方案范围是从更换字线金属到完全重新思考器件架构。做出重大改变需要芯片制造商仔细考虑速度、成本和耐用性之间的关系。

14.3.5　3D 闪存工艺

1. 使用 3D 闪存的意义

现有的包括 BE-SONOS 的 2D 闪存结构在 1x 纳米节点上出现了密度集成的问题,即面临着和逻辑电路持续微缩相同的问题,现有的结构已经不能支持继续微缩尺寸下的性能要求了。业界为此开发了 3D NAND 闪存结构,以解决更低的每比特成本实现更高密度时遇到的问题。2012 年,韩国三星公司发布了世界上第一个 3D NAND 闪存芯片,这是第一个使用 32 层单层单元结构(single-level cell,SLC)的芯片,其中存储单元垂直堆叠成多层。这是比现有的 2D 闪存更先进的一种闪存结构。

为了从 2D 闪存过渡到 3D 闪存,工艺过程中需要添加多层存储单元,以及各层之间的互连。一个典型的 3D NAND 闪存芯片有 32 层、48 层、64 层、96 层甚至 128 个单独的层。与 2D 闪存相比,添加层使得 3D 闪存的制造更加困难和耗时。然而,多层结构使得在具有更短连接路径的存储器件内能够实现更高的位密度,从而带来更好的性能。

3D 闪存的优点如下:首先在容量方面,与 2D NAND 闪存相比,3D NAND 闪存具体更大的存储容量或数据密度。堆叠多层存储单元以创建三维存储矩阵为相同的芯片面积——占用空间带来更大的存储容量。同样,更密集的芯片可以内置到更密集、更高容量的设备中。其次,从成本方面,闪存遵循与其他存储技术相同的每字节成本关系,与 2D NAND 闪存相比,3D NAND 闪存可以大大降低每字节成本。性能和功率方面,当存储单元以 2D 矩阵布局时,将位移入和移出单元的距离是有限的。这个距离相当于时间——或延迟。为了增加 2D 矩阵的存储容量,这些距离以及延迟也必须增加,从而有效降低更大 2D NAND 闪存设备的性能。最后,3D 闪存通过堆叠和互连闪存存储单元层,可以缩短物理距离,从而缩短延迟,以在更高的存储容量下保持更高的性能。另外,3D NAND 闪存可以单次写入,功耗比 2D NAND 低 50%。

2. 3D 闪存的制造工艺

今天的 3D NAND 闪存工艺技术在栅极的形成工艺上,朝着两个方向发展:电荷陷阱工艺技术与浮栅技术工艺。一方面,三星、SK 海力士和东芝等公司正在使用电荷陷阱闪存技术。该技术使用氮化硅的非导电层。该层包裹在单元的控制栅极周围,进而捕获电荷以保持单元完整性。相比之下,Intel 和美光公司选择不使用电荷陷阱。相反,他们已将运用在 2D 闪存的浮栅结构扩展到 3D NAND 闪存上。在浮栅中,栅极实际上是一个导体,而看起来像浮栅的电荷陷阱层是绝缘体。浮栅涉及一些困难的图案化步骤,在制作垂直孔的侧面时很难图案化,必须经历很多附加的流程步骤。相对比而言,电荷陷阱的优点是不必对其进行图案化,它的缺点是电荷传输效率问题,这实际上也是一个成本问题。图 14.62 显示了不同公司所用的 3D NAND 工艺技术。

	三星	东芝	海力士	美光
				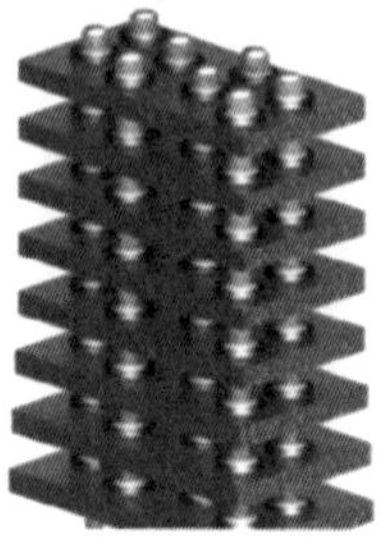
架构	TCAT 架构	BiCS 架构	3D-FG(浮栅)	3D-FG(浮栅)
单元结构类型	TANOS 结构的 GAAFET	SONOS 结构的 GAAFET	浮栅极器件	浮栅极器件
工艺	后栅极	前栅极	前栅极	前栅极

图 14.62　现代 3D NAND 闪存结构

以位列堆叠(bit column stacked,BiCS)架构为例,3D NAND 闪存的工艺步骤如下:首先在硅晶圆衬底上制造一层 CMOS 逻辑芯片作为外围逻辑,并在衬底上产生导电路径以连接成对的相邻列,然后用一层二氧化硅绝缘。将导电多晶硅层沉积在其顶部以形成第一字线和控制栅极,并且使二氧化硅层生长在多晶硅顶部以使其与将沉积在其上方的多晶硅层绝缘。这将重复多次,成对的多晶硅和二氧化硅层层叠在整个晶片上,形成薄片。这有点像蛋糕坯和糖霜交替层叠的夹心蛋糕,如图 14.63(a)所示。

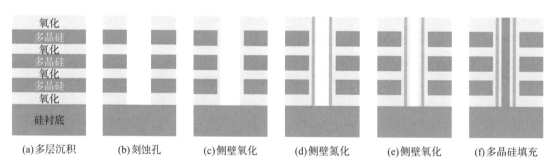

图 14.63　BiCS 构架 3D NAND 闪存的基本工艺步骤

一旦在晶片上沉积了所需数量的这些层,就会在晶片上图案化圆孔阵列,然后将这些孔刻蚀通过所有层到达基板。图 14.63(b)中显示了一个孔。这种类型的刻蚀是类似 DRAM 沟槽单元的技术,只需要一个掩模步骤就能为器件中的所有层形成孔。即使串可能有 16、32、64 或更多晶体管,它也只是一个掩模步骤。与当今的 2D NAND 制造工艺相比,这是非常经济的光刻技术。

接下来制作浮栅极和沟道孔的内壁。首先,涂二氧化硅层[见图 14.63(c)]以创建栅极电介质(控制栅极和浮栅之间的电介质)。可以把它想象成一个衬在洞里的管子。其次,通过在二氧化硅上沉积氮化硅层来制作浮栅,在管内形成一个管[见图 14.63(d)]。另一个氧化物层沉积在氮化硅上以形成隧道电介质[见图 14.63(e)]——三个同心管中的第三个,排列在孔壁上。最后,通过将多晶硅沉积到其中[见图 14.63(f)]来填充整个孔(或在这些同心管在侧壁上分层后留下)。BiCS 技术是一种电荷陷阱技术,它使用的是绝缘层,因此即使每个单元的电荷陷阱之间没有区别,两个相邻的电荷陷阱也不会相互干扰。这一层根本不需要图案化。

3. 3D 闪存的工艺挑战

3D NAND 闪存的存储单元的结构相对简单和容易理解,但是无论哪种架构,无论是采用电荷陷阱工艺技术还是浮栅工艺技术,3D NAND 闪存的制造工艺过程都是非常困难和复杂的,需要数千个单独的工艺才能将原始晶圆加工成完整的晶粒裸片或芯片。制造过程中任何部分的错误或污染都可能产生缺陷,可能导致整个芯片无法使用。良好的制造需要非凡的污染预防措施、极高的制造控制和材料纯度。下面主要介绍现代 3D 闪存工艺的难点和挑战。

1) 交替层的堆叠沉积

在 2D NAND 中,制造工艺依赖于先进的光刻技术。不过,在 3D NAND 中,供应商正在使用后缘 40nm 至 20nm 设计规则。先进的光刻技术仍在使用,但这不是最关键的步骤。对于 3D NAND 而言,挑战从光刻工艺转移到沉积工艺和刻蚀工艺。事实上,3D NAND 为业界引入了许多新的、困难的工艺步骤。通过将位串移动到第三维,这项技术减轻了许多图案微缩挑战,但它引入了几个相当复杂的新流程。这些过程的一致性是至关重要的,这里的挑战集中在几个关键过程的可变性控制上。

3D NAND 流程从衬底开始。然后,供应商面临流程中的第一个主要挑战——交替堆叠沉积。使用化学气相沉积(CVD),交替堆叠沉积涉及在基板上逐层沉积和堆叠薄膜的过程。

这个过程很像制作夹心蛋糕。简单来说,就是在基板上沉积一层材料。然后,另一层材料沉积在其上。该过程重复多次,直到给定的器件具有所需的层数。不同的制造商使用一组不同的材料来创建层堆栈。例如,三星公司在硅衬底上沉积了交替的氮化硅和二氧化硅层,东芝的 3D NAND 技术由导电多晶硅和绝缘二氧化硅的交替层组成。交替堆叠沉积必须具有良好的均匀性和低缺陷率。所有沉积层的均匀性必须很好,这样才会有良好的应力控制。因为交替的薄膜是不同的,对于每一层薄膜,都可能存在因不匹配而导致的应力问题。而随着 3D NAND 闪存的层数增加,工艺难度和挑战也在不断升级。

2）高深宽比刻蚀

在交替堆叠沉积步骤之后，在表面上施加硬掩模，并图案化形成需要的孔。这里到了工艺流程中最难的部分——高深宽比刻蚀，即从器件顶部到衬底刻蚀微小的沟槽或通道。为了说明这一步的复杂性，举例来说，某类型 3D NAND 芯片在同一芯片中有 250 万个微小通孔，它们中的每一个都必须平行且均匀。今天的高深宽比刻蚀工具可以满足 32 层和 48 层器件的要求。对于这些芯片，深宽比范围为从 30∶1 到 40∶1。这种刻蚀过程很复杂，而保持统计学上的大量刻蚀过程相当可观的一致性对于存储设备的性能有非常苛刻的要求。而 64 层及以上，对于目前的刻蚀能力来说太高了，刻蚀和硬掩模技术不一定适用于 60∶1 或 70∶1 的高深宽比。

因此，NAND 供应商同时遵循两条路径。第一条路径是，等待下一代高深宽比刻蚀工具和其他技术的到来。然后，如果刻蚀机按时准备就绪，则可以按以下顺序扩展今天的 3D NAND：32 层和 48 层，到 64 层，到 96 层，然后到 128 层。而在第二条路径中，NAND 制造商也将开发下一代串堆叠技术。串堆叠技术简单来说就是将多个 3D NAND 闪存器件堆叠在一起，每个器件可能被绝缘层隔开。比如，制造商将开发 48 层 3D NAND 闪存器件，它将经历前面提到的工艺流程，例如交替层沉积、刻蚀等。供应商将使用相同的流程制造另外的 48 层 NAND 芯片，然后将它们堆叠在一起。该工艺不限于 48 层芯片。如果该技术可用，制造商可以堆叠 64 层、96 层甚至 128 层的芯片。从理论上讲，一般会选择使用 32 层和 48 层芯片进行串堆叠，因为与 96 层或 128 层芯片相比，单个 32 层或 48 层器件的应力较小

不过，最终带有串堆叠的 3D NAND 可能会在 300 层或接近 300 层时达到极限。堆叠时的缺陷导致的良率损失继续增加，那将是一种限制。另外，所有堆叠的薄膜材料都会受到应力的限制。可以肯定的是，字符串堆叠仍然存在许多未知数和挑战。即使没有字符串堆叠，该行业也面临一些挑战。无论哪种情况，业界都必须继续掌握和完善 3D NAND 的各个工艺步骤。否则，这项技术的成本仍然很高。

3）金属沉积

在栅极完成后，下一步工艺——通孔的形成也具有挑战性。需要金属沉积步骤，用金属导体回填 3D NAND 闪存器件。

一般还是采用钨作为材料来回填通孔孔洞。这是一个棘手的沉积步骤，因为这是一个非视线沉积。如果没有正确的工艺流程设计，可能会导致在沉积过程中错误地镀出金属钨的前体金属，这些金属会在进入接触柱孔洞中时立即脱落，造成接触柱空隙。

本章小结

本章主要介绍了产业主流 CMOS 逻辑和存储器的制造成套工艺。同时对先进工艺技术也做了简要的介绍。希望读者在阅读本章后可以了解成套工艺流程的基本知识。由于成套工艺流程非常冗长，所以关键的短流程工艺模块详细讨论留在后面章节，如浅沟槽隔离、栅极、源漏、金属硅化物和接触孔短流程工艺模块将在下面章节一一介绍。

参考文献

[1] Chapman D B，Hardee K C，Pineda J. Dynamic random access memory：US5077693[P]. 1991. 12. 31.

[2] Robertson J，Wallace R M. High-κ materials and metal gates for CMOS applications[J]. Materials Science and Engineering R-Reports,2015,88：1-41.

[3] Henson K，Bu H，Na M H，et al. Gate length scaling and high drive currents enabled for high performance SOI technology using High-κ/metal gate[C]. IEDM Technology digest,2008.

[4] Ranade P，Ghani T，Kuhn K，et al. High performance 35nm LGATE CMOS Transistors featuring NiSi metal gate（FUSI），uniaxial strained silicon channels and 1. 2nm gate oxide[C]. IEDM Technology digest,2005.

[5] Ragnarsson L A，Li Z，Tseng J，et al. Ultralow-EOT（5Å）gate-first and gate-last high performance CMOS achieved by gate-electrode optimization[C]. IEDM Technology digest,2009.

[6] Arnaud F，Liu J，Lee Y M，et al. 32nm General purpose bulk CMOS technology for high performance applications at low voltage[C]. IEDM Technology digest,2008.

[7] Tomimatsu T，Goto Y，Kato H，et al. Cost-effective 28nm LSTP CMOS using gate-first metal gate/high-κ technology[C]. VLSI Technology digest,2009.

[8] Harris H R，Kalra P，Majhi P，et al. Band-engineered Low PMOS VT with high-κ/metal gates featured in a dual channel CMOS integration scheme[C]. VLSI Technology digest,2007.

[9] Choi K，Jagannathan H，Choi C，et al. Extremely scaled gate-first high-κ/metal gate stack with EOT of 0. 55nm using novel interfacial layer scavenging techniques for 22nm technology node and beyond[C]. VLSI Technology digest,2009.

[10] Lai C M，Lin C T，Cheng L W，et al. A novel hybrid high-κ/metal gate process for 28nm high performance CMOSFETs[C]. IEDM Technology digest,2009.

[11] Auth C，Cappellani A，Chun J S，et al. 45nm high-κ＋metal gate strain-enhanced transistors[C]. VLSI Technology digest,2008,128-129.

思考题

1. 有哪些器件隔离方式？在现代集成电路工艺中最常用的是什么？为什么？
2. 为什么第一层接触柱填充的是金属钨，而随后的金属填充用的是铜呢？
3. 常见的存储器有哪些？并概括各自的特点。

致谢

本章内容承蒙丁扣宝、许凯、余兴等专家学者审阅并提出宝贵意见,作者在此表示衷心感谢。

作者简介

陈一宁: 新加坡南洋理工大学博士,浙江大学微纳电子学院特聘研究员。从事超大规模集成电路相关的电子器件大数据研究和开发工作,在 *Applied Physics Letters* , *IEEE Transactions on Electron Devices* 等期刊发表论文多篇。主导开发多个大生产工艺项目,如 65/55 纳米和 45/40 纳米节点 CMOS 低功耗逻辑工艺优化和良率提升,Smart Analysis 全套芯片良率大数据解决方案等。

第 15 章

浅沟槽隔离工艺

（本章作者：程然）

在器件微缩化的工艺进程中，产业界在集成电路大生产的各个环节都遇到了一系列的技术挑战。从成套工艺中的隔离部分来讲，器件和芯片的微缩化也导致隔离技术从 300nm 工艺制程前的局部硅氧化(local oxidation of Si, LOCOS)隔离工艺往浅沟槽隔离(STI)工艺过渡，以实现更高封装密度的晶体管集成。隔离工艺的出现主要是由于电路中不同器件部分的电压条件不同，必须要对器件进行绝缘即隔离处理，以保证器件在工作过程中不会发生相互干扰。因此，隔离工艺是集成电路芯片制造过程中必不可少的环节。隔离工艺牵涉到薄膜沉积、光刻、刻蚀、化学机械研磨(chemical mechanical polishing, CMP)、填充等多个步骤，因此，调整隔离工艺的参数是一个需要多步工艺协同完成的过程，而良好的隔离技术能够在有效提高良率的同时保证芯片的良率。最早用于集成电路制造的隔离技术是 PN 结隔离技术，它是利用 PN 结反向偏置时呈高电阻性起到隔离作用的。PN 结隔离技术工艺制程步骤简单，相应地，成本也较低，但是利用 PN 结隔离技术制造的集成电路的密度非常低，只被广泛应用于低成本的晶体管级联逻辑(transistor-transistor logic, TTL)集成电路。此外，如果利用 PN 结隔离技术制造互补金属氧化物半导体(complementary metal oxide semiconductor, CMOS)工艺集成电路，集成电路中的低阻通路导通会形成闩锁效应，导致局部 CMOS 电路过热烧毁，所以它并不适合制作比较先进的、高密度的 CMOS 器件和双极型晶体管-互补金属氧化物半导体(bipolar CMOS, BiCMOS)工艺集成电路。为了在更高的集成度上实现隔离工艺，LOCOS 隔离技术逐渐被采用。由于利用 LOCOS 隔离技术制造的集成电路能实现较高的集成度，所以 LOCOS 隔离技术被广泛应用于 0.3μm 工艺制程及以上的 CMOS 和 BiCMOS 集成电路制造中。随着微缩化进程的进一步推进，在 0.25μm 以下的工艺制程中，没有鸟嘴形貌的 STI 工艺是实现更高密度集成的必然选择。STI 技术在 20 世纪 80 年代出现，用于 STI loop 的刻蚀，沟槽填充和 CMP 等工艺随着微缩化进程从 0.25μm 被推进至亚 10nm 而不断优化，使得 STI 技术在后摩尔时代仍然能够用于器件之间的电学隔离。

本章主要讲解 STI 的刻蚀工艺、沟槽填充和氧化物退火的工艺参数及 CMP 的工艺参数考量，并介绍 STI 技术的发展历程。

15.1 STI 技术的发展历程

集成电路隔离技术最初采用 PN 结隔离技术,之后发展到 LOCOS 和 STI 隔离技术。其中,STI 隔离结构在晶体管中的位置如图 15.1 所示。如上所述,PN 结隔离工艺简单,成本低,良率高,但是利用 PN 结隔离技术制造的集成电路集成度非常低,结电容大并且高频性能差。此外,它会引起 CMOS 自身固有的寄生导通,形成电源与地之间的 PN×PN 低阻通路,导致 CMOS 集成电路的烧毁,即闩锁效应。因此,它并不适合于制造比较先进的、高密度的 CMOS,而只能被用于低成本的 TTL 集成电路。

为了实现适用于高密度集成、寄生电容较小的隔离工艺,20 世纪 70 年代半导体研发人员在 LOCOS 的基础上开发出 LOCOS 隔离技术方案。LOCOS 隔离技术与 PN 结隔离技术非常类似,就是把 PN 结隔离技术中的 P 阱(PW)保护环换成氧化物,即形成了 LOCOS 隔离。部分研究认为,LOCOS 隔离技术是 PN 结隔离技术的副产物,其中的氧化物能够很好地隔离器件,和 PN 隔离相比,能够有效降低结电容,同时改善闩锁效应和寄生 N 型金属氧化物半导体(N-type metal oxide semiconductor, NMOS)等问题。但是,LOCOS 隔离技术在进一步微缩化的工艺方向面前存在两个问题,即鸟嘴效应和白带效应[1-2]。鸟嘴效应,是指其鸟嘴状的结构会严重影响 LOCOS 隔离技术制造的可集成度。而白带效应,是指在用氮化硅作阻挡层生长氧化层时,氮化硅边缘下面的硅表面会形成一层热生长的氮氧化物,氮化硅与高温的湿氧气氛反应生成氨气,氨气扩散到硅/二氧化硅界面并在那里分解,从而导致白带的形成。这层氮化物在硅片的表面看起来像是一条绕在有源区边缘的白带,故而称其为白带效应。这一现象将导致有源区内后续生长点的热氧化层(如栅氧)的击穿电压降低,会影响栅氧化层的击穿电压。此外,LOCOS 隔离技术最小隔离距离大概是 $0.6\mu m$,LOCOS 场氧的鸟嘴向每个方向的横向凹进的宽度是 $0.3\mu m$,所以 LOCOS 最小的器件与器件的距离是 $1.2\mu m$,它严重影响集成电路的集成度。由于存在鸟嘴效应,LOCOS 只被广泛应用于工艺特征尺寸 $0.3\mu m$ 以上的 CMOS 和 BiCMOS 技术。因此,新的隔离技术仍然被不断探索,用于实现更高集成密度的 CMOS 电路。20 世纪 80 年代,研究人员开发出了 STI 技术方案,能够用于实现 0.25nm 以下工艺制程中的器件隔离工艺。早期的 STI 技术面临着一系列问题,例如在没有 CMP 全局平坦化技术的时候,需要光刻和刻蚀去除多余的氧化物,因此,产品良率非常低,并且不适合用于实际集成电路生产。1983 年,IBM 发明了 CMP 技术,为 STI 技术的实用化提供了技术方面的可能性。1994 年,CMP 技术被应用于 STI 技术的实际生产中。STI 技术与 LOCOS 隔离技术非常类似,只不过 STI 是采用凹进去的沟槽结构,场区的氧化物采用高密度等离子体化学气相沉积(high density plasma CVD, HDP CVD)的方式沉积,有效避免了鸟嘴效应和白带效应。由于 STI 技术的器件密度非常高,其被广泛应用于工艺特征尺寸小于 $0.3\mu m$ 的集成电路制造中,并沿用至今。

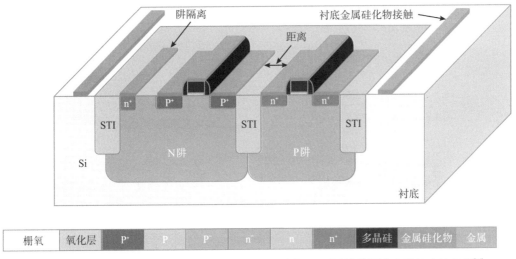

| 栅氧 | 氧化层 | P⁺ | P | P⁻ | n⁻ | n | n⁺ | 多晶硅 | 金属硅化物 | 金属 |

图 15.1　由 CMOS 场效应管构成的反相器的剖面结构图,以及浅槽隔离在器件中的位置[1]

15.1.1　STI 工艺流程

STI 技术首先利用各向异性的干法刻蚀技术在隔离区域刻蚀出深度大概为 $2\sim3\mu m$ 的浅沟槽,然后利用 HDP CVD 沉积 SiO_2,再通过 CMP 平台化技术对 STI 进行平坦化处理,去除多余的氧化层,直至 Si_3N_4 层。最后去除 Si_3N_4 层和前置氧化层。为了更好地理解 STI 隔离技术,以下我们将分步骤对亚 100nm CMOS 工艺中的 STI 工艺展开介绍。

(1)生长前置氧化层。利用常压化学气相沉积法(atmosphere pressured CVD, APCVD)在高温 H_2O 或 O_2 的环境中形成一层 SiO_2 薄层,厚度约为 $100\sim200Å$。因为衬底硅的晶格常数与 Si_3N_4 的晶格常数不同,沉积前置氧化层的目的是缓冲 Si_3N_4 层对衬底的应力,避免直接生长 Si_3N_4 层在衬底中形成应力,进而导致硅衬底中的晶格位错。较厚的氧化层可以有效地缓解 Si_3N_4 层对衬底的应力。图 15.2 是沉积完前置氧化层后的衬底剖面图。

图 15.2　沉积完前置氧化层后的衬底剖面图

(2)生长 Si_3N_4 层。在本道工艺中,利用低压化学气相沉积法(low pressure CVD, LPCVD)淀积一层厚度约为 $0.1\sim0.2\mu m$ 的 Si_3N_4 层,它是场区离子注入的阻挡层和 STI CMP 的停止层。图 15.3 是沉积 Si_3N_4 层后的衬底剖面图。

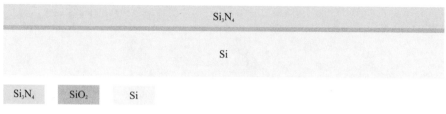

图 15.3　沉积 Si_3N_4 层后的衬底剖面图

（3）浅槽区域光刻处理和刻蚀。通过光刻技术（曝光、显影、坚膜等工序）将有源区（active area，AA）掩模版上的图形转移到光刻胶上，通过等离子体刻蚀，定义出 AA 区域，深度约为 $0.4\mu m$。图 15.4 是 AA 定义了浅槽区域的衬底剖面图。

图 15.4　AA 定义了浅槽区域的衬底剖面图

（4）场区侧壁氧化修复刻蚀损伤。本步骤将利用 APCVD 热氧化生长一层厚度大概为 100Å 的 SiO_2 薄层（即图 15.5 中的 Lining OX 区域），用于修复 STI 侧壁的刻蚀损伤，使沟槽底部和顶部的拐角圆一些，防止 STI 的拐角太尖，导致边缘击穿漏电，同时可以防止后续场区离子注入的光刻胶污染硅衬底。SiO_2 薄膜又可以作为后续 HDP CVD 工序的缓冲，用于保护硅衬底。图 15.5 是热氧化后的衬底剖面图。

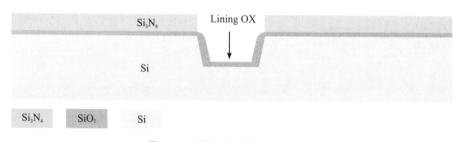

图 15.5　热氧化后的衬底剖面图

（5）利用 HDP CVD 沉积场区 SiO_2，形成场区氧化物隔离结构。利用 HDP CVD 淀积一层很厚的 SiO_2 层，厚度约为 $5000\sim6000\text{Å}$。进行 HDP CVD 沉积可防止 CVD 填充时洞口过早封闭，产生空洞现象。另外，此步骤中只有 HDP CVD 的台阶覆盖率非常好，才能有效地填充 STI 的空隙。图 15.6 是沉积 SiO_2 的衬底剖面图。

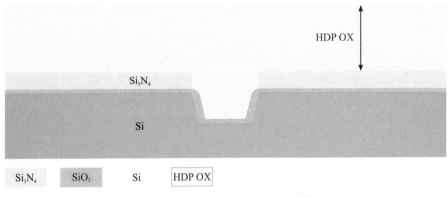

图 15.6　沉积 SiO_2 的衬底剖面图

（6）利用 CMP 进行 STI 氧化物平坦化，去除多余的氧化物。通过 CMP 进行 STI 全局平坦化，把 Si_3N_4 作为 STI CMP 的停止层。当终点侦测器侦测到 Si_3N_4 反射回来的信号时，为了保证氧化硅完全去除，还需要再研磨一段时间。由于 Si_3N_4 的硬度较大，而沟槽区域的 SiO_2 研磨速率更大，所以 STI 区域的 SiO_2 会比 Si_3N_4 区域低一点。图 15.7 是 STI CMP 后的衬底剖面图。

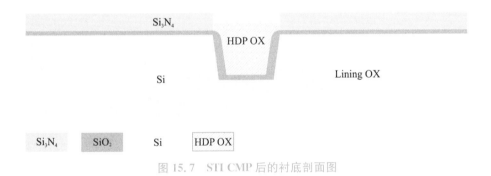

图 15.7　STI CMP 后的衬底剖面图

（7）利用湿法刻蚀去除 Si_3N_4。利用热 H_3PO_4 与 Si_3N_4 反应去除晶圆上的 Si_3N_4。图 15.8 是去除 Si_3N_4 后的衬底剖面图。

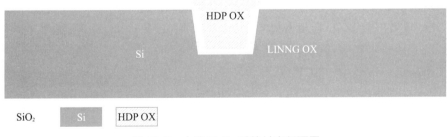

图 15.8　去除 Si_3N_4 后的衬底剖面图

在利用 STI 技术的 CMOS 工艺集成电路中，与 LOCOS 隔离技术类似，也要考虑 NMOS 的漏端与 N 阱之间的穿通问题，以及 PMOS 漏端与 P 阱之间的穿通问题。如图

15.9 所示,在 0.18μm 工艺中,1.8V/3.3V 器件之间形成的 PN 结经过偏置电压设置,都处于零偏或者反偏状态,因此可以达到相互隔离的效果。相反的,如图 15.10 所示,3.3V NMOS 漏端接 3V 电压与 3.3V 电压的 NW 之间就存在穿通问题。NMOS 漏端与 PW 形成耗尽区,同时,3.3V NW 与 PW 之间也形成了耗尽区。当它们的耗尽区相互靠近时,相互间的势垒高度开始减小,电子就更容易通过隧穿形成漏电流。P 型金属氧化物半导体(PMOS)漏端与 P 阱的穿通问题也是类似的情况。

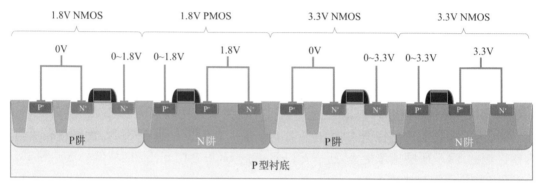

图 15.9　0.18μm、1.8V/3.3V 工艺技术的器件偏置电压设置

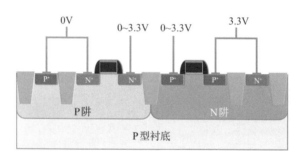

图 15.10　3.3V NMOS 漏端接 3V 电压与 3.3V 电压的 NW 之间的穿通问题示意图

利用 STI 技术,也存在场效应晶体管的寄生形成漏电的问题,这一点与 LOCOS 隔离技术类似。当金属引线从 NMOS 的漏端与 PMOS 的 NW 之间的 PW 上方跨过时,如图 15.10 所示,会在原有 NMOS 上方形成寄生场效应管。目前,在 STI 技术中,已经可以有效地解决低压条件下的寄生场效应晶体管问题。但是对于 HV-CMOS 和双极型晶体管-互补型场效应管-双扩散型晶体管(Bipolar-CMOS-DMOS,BCD)集成电路,较高的电压依然会导致寄生场效应晶体管的开启。

为了解决这一问题,在 HDP CVD 沉积之前,工艺研发人员会增加一道场区离子注入工艺,用于提高寄生场效应晶体管的阈值电压,增加寄生器件的开启电压,进而有效地改善寄生的场效应晶体管所导致的漏电问题。

15.1.2　STI 技术在微缩化进程中的问题和展望

在后摩尔时代,STI 作为深亚微米 CMOS 工艺制程中仍然被采用的隔离技术,面临着诸多挑战。例如,STI 沟槽中填充的氧化物,其热力膨胀系数与硅衬底不同,导致隔离层内产生压应力挤压邻近 MOS 器件的有源区,引起器件的电学参数发生变化,即称为 STI 应力效应或者扩散效应(length of diffusion effect,LOD)。该效应影响器件的饱和电流(I_{dsat})和阈值电压(V_{th})。如图 15.11 所示是 MOS 受 LOD 效应的剖面图。图 15.12 对比了有源区受 LOD 效应应力随 STI 到有源区内部的距离变化。对于 A,距离 s 是 $5\mu m$;对于 B,距离 s 是 $2.4\mu m$;对于 C,距离 s 是 $1.4\mu m$;对于 D,距离 s 是 $0.6\mu m$;对于 E,距离 s 是 $0.3\mu m$。随着 STI 距离的微缩化,有源区应力逐渐增加。NMOS 的速度会随着应力的增大而减小,而 PMOS 的速度会随着应力的增大而增大。这就极大地增加了电路设计的不确定性。此外,在边缘形貌、刻蚀、沟槽填充及平坦化方面,STI 在微缩化进程中也面临着诸多挑战,需满足集成度、寄生、器件良率、成本等方面的诸多要求。

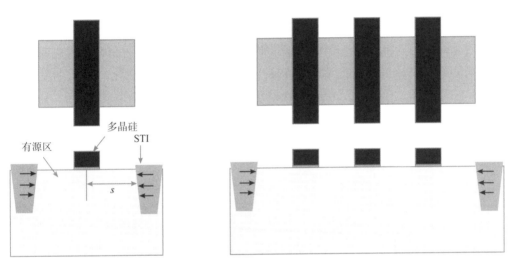

图 15.11 MOS 受 LOD 效应的剖面图

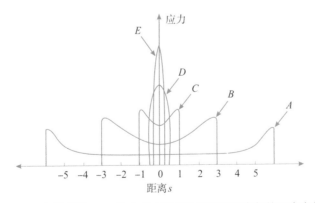

图 15.12 有源区受 LOD 效应应力随 STI 到有源区内部的距离变化[1]

随着器件尺寸进入纳米时代,并伴随着 FLD OX 氧化硅(SiO_2)的表面平坦化技术的发展,浅沟槽隔离技术被逐步应用。这种工艺是一种完全平坦的、无鸟嘴结构的新型隔离工艺,能够回避高温工艺,降低成本,因此成为在亚微米、深亚微米、纳米工艺节点中不可或缺的隔离技术。但在刻蚀、边缘形貌、缝隙填充(gap fill)及 CMP 方面,仍然存在很大的技术优化空间,以进一步提升工艺的集成度和良率[3]。

15.2 STI 的刻蚀工艺考量

15.2.1 浅沟槽隔离刻蚀的发展

浅沟槽隔离刻蚀从亚微米级工艺发展至现在的 14nm 工艺,工艺流程日臻成熟。如图 15.13 所示,首先以氮化硅为硬掩模,通过硅的干法刻蚀,形成浅沟槽[见图 15.13 (a)][2]。然后以磷酸和稀释的氢氟酸对硬掩模进行侧向刻蚀[见图 15.13(b)]。其目的是通过硬掩模的侧向刻蚀,扩大沟槽的上开口,减小深宽比,使后续气相沉积氧化硅的填充工艺不易产生空洞。更重要的是,使硅沟槽与硬掩模的尖角能够暴露出来,在后续的衬里氧化时[见图 15.13(c)],尖角可以钝化,减少尖角所造成的漏电。衬底氧化的作用主要是修复在刻蚀过程中造成的体硅沟槽表面的损伤,通过氧化的方式使硅尖角变得圆滑。然后采用化学气相沉积氧化硅填充沟道至过填充[见图 15.13(d)]。采用平坦化工艺,去除掉多余的氧化硅,使硬掩模表面暴露。硅沟槽中氧化硅的上表面至硅的上表面的垂直距离,定义为台阶高度(step height)。因为沟槽中氧化硅的高度在后续的栅氧化层的图形定义中仍然有损耗,所以要严格控制浅沟槽隔离形成阶段的台阶高度,以保证在后续工艺损耗后仍能保持平坦度,避免影响后续的图形工艺。沟槽氧化硅的高度可以用氢氟酸湿法刻蚀控制,也可以采用远距离等离子体(remote plasma)作为干法清洗工艺。最后用磷酸去掉氮化硅硬掩模层,形成完整的浅沟槽隔离或者有源区定义。从图 15.13 可以看出,硬掩模层的厚度决定了台阶高度,而 CMP 后的湿法刻蚀可以微调台阶高度。在浅沟槽隔离刻蚀工艺中,有源区的图形定义和硅沟槽形状控制是面临的主要挑战。有源区的图形定义决定了后续器件沟道的尺寸,特别是沟道长度,而硅沟槽的形貌决定了后续的氧化硅填充是否良好、有无空洞缺陷。此外,硅沟槽的转角是否圆滑决定了尖端漏电的性能。尖锐的顶角容易在浅沟槽隔离侧壁上形成高的边缘电场,

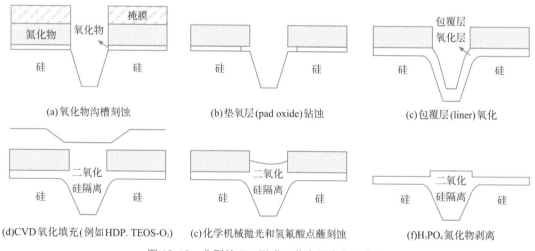

(a)氧化物沟槽刻蚀   (b)垫氧层(pad oxide)钻蚀   (c)包覆层(liner)氧化

(d)CVD氧化填充(例如HDP. TEOS-O₂)   (c)化学机械抛光和氢氟酸点蘸刻蚀   (f)H₃PO₄氮化物剥离

图 15.13 典型的 STI 形成工艺主要步骤示意图

导致击穿漏电,在漏端电流-栅极电压(drain current-gate voltage,I_d-V_g)曲线上形成双驼峰(double hump)。侧壁氧化物退火和硬掩模拉回技术(pull back)可在一定程度上减弱漏电,但是无法改善由局部应力差引起的窄沟道宽度效应,而用圆滑的顶角(top corner rounding)可以解决这个问题。

15.2.2 掩模对浅沟槽隔离刻蚀的影响

在浅沟槽隔离的刻蚀中,依据刻蚀硅过程中所用掩模的种类,可以分为软掩模(soft mask)层和硬掩模(hard mask)层。不同的掩模材料会导致最终的浅沟槽隔离性能存在差异。软掩模刻蚀的硅沟槽,大尺寸和小尺寸开口的硅沟槽深度差异约为整体深度的10%,而采用硬掩模的方法沟槽深度差异只有整体深度的 3.5%[4]。这是因为在软掩模硅刻蚀中,软掩模中的碳原子进入沟槽中,与刻蚀副产物形成聚合物。在开口小的沟槽中聚合物不容易被带走,阻碍后续的刻蚀反应;而开口大的沟槽,聚合物容易被去除,因此形成较大的深度差异。硬掩模由于不提供额外的碳元素,在硅刻蚀反应中会形成较少的聚合物,因此不同开口的硅沟槽深度差异并不明显。同时,由于硬掩模刻蚀过程中产生较少的聚合物,缺乏对侧壁的保护,造成顶端和底部硅转角比较尖锐。这一问题在软掩模刻蚀过程中较为不明显。

如前所述,台阶高度是浅沟槽隔离工艺中的一项重要的参数。而硬掩模的高度一定程度上决定了台阶高度。硬掩模厚度均匀度变差直接导致了台阶高度均匀度变差,影响后续多晶硅栅的刻蚀。表 15.1 对比了硬掩模和软掩模对后续台阶高度均匀性的影响。可以看出,采用硬掩模将不利于保持良好的台阶均匀性。在较先进技术节点的逻辑工艺中,浅沟槽隔离层的刻蚀,会采用双层结构作为硬掩模层,通常为氧化硅/氮化硅。在浅沟槽隔离层刻蚀过程中,先完全使用氧化硅作为掩模;而在后续湿法清洗中再完全去除氧化硅,从而缩小台阶高度的差异。综上,软掩模和硬掩模刻蚀方法各有优势,硬掩模法具有较好的深度负载性能,而软掩模法则具有更好的台阶高度均匀度和更圆滑的顶角。在刻蚀过程中,应根据具体需求进行调整。

表 15.1 硬掩模和软掩模对后续台阶高度均匀度的影响[4]

掩模	大尺寸沟槽台阶高度均匀度	小尺寸沟槽台阶高度均匀度
Si 底部抗反射涂层(bottom anti-reflective coatings,BARC)硬掩模	1.6%	1.9%
Si 底部抗反射涂层软掩模	1.4%	1.6%

15.2.3 刻蚀参数对 STI 刻蚀的影响

在 STI 刻蚀过程中,通常情况下,图形密集区浅沟槽开口尺寸小、深宽比高,需要严格地控制侧壁角度,以保证在后续的氧化硅介质填充时不会产生空洞,造成漏电失效。浅沟槽隔离侧壁角度的负载如图 15.14 所示,密集图形与稀疏图形的深度和侧壁角度(side wall angle,SWA)等物理参数不同。在硅刻蚀过程中,本部分以氟基气体、溴化氢(HBr)、氮气(N_2)的气体组合作为研究对象。

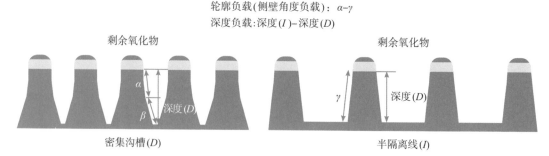

图 15.14　STI 刻蚀过程中的负载效应

表 15.2 列出了刻蚀参数对硅刻蚀过程中密集图形和稀疏图形负载的影响,其中 F 代表在刻蚀气体中氟基气体的流量;N_2 为气体中氮气的流量;Br 代表 HBr 气体流量;气压为腔体压力。实验设计方法的分析结果表明,含氟气体流量及偏置电压与浅沟槽侧壁角度的负载效应成正比,即增加含氟气体和偏置电压会严重恶化负载效应。

表 15.2　刻蚀参数对 Si 刻蚀工艺的影响[4]

参数	F	N_2	气压	源功率	偏置电压	Br	偏压/压力	偏压/源功率	N_2/Br
深度负载	↑↑↑			↑↑		↑	↑↑	↑	
侧壁角度负载	↑↑	↑			↑↑		↑↑↑	↑↑	↑↑
侧壁角度	↑	↓		↓↓	↑↑		↑↓↓	↑↑↑	↓
双斜率	↑		↓↑↓	↓			↓↓↓		↓

从原理上讲,负载效应受到各向同性刻蚀、各向异性刻蚀、保护性聚合物附着和输送效率等因素的综合影响。在图形密集区,侧壁的比例要远远大于图形稀疏区。刻蚀过程中,如果各向同性刻蚀占据主导地位,较少的聚合物附着在侧壁上,则侧壁会持续向两侧推进,这时负载效应不明显。在密集图形区,如果各向同性刻蚀或者副产物保护发生变化,较大的侧壁面积可以分担并弱化其对侧壁角度的影响。而对于稀疏图形区,由于侧壁面积小,因此侧壁角度对于聚合物的改变非常敏感。氮气会与侧壁的体硅发生反应,形成氮化硅,增加了对侧壁的保护,因此侧壁角度负载效应会相应随之变差。增加偏置电压会增强离子的方向性,在图形密集区,浅沟槽的开口尺寸变小,由于掩模的遮蔽效应,导致大量离子轰击在掩模上或者沟槽底部,无法作用于侧壁刻蚀,导致侧壁角度的负载效应进一步恶化。同时,含氟气体的加入会恶化侧壁角度的负载效应,这是因为实验使用的是氧化硅在上、氮化硅在下的双层硬掩模结构。刻蚀时,含氟气体与氧化硅反应,在形成四氟化硅(SiF_4)的同时,会释放出氧原子。氧原子与浅沟槽侧壁的硅形成保护侧壁的氧化硅,造成负载效应变差。此外,腔体压力和偏置电压的交互作用,对侧壁角度负载效应的影响要远大于两者单因素本身对负载效应的影响。氮气与 HBr 气体流量的比值也同样显示出相对单因素更强的交互作用。由以上的讨论可以发现,浅沟槽侧壁角度负载是由众多刻蚀参数共同作用的结果。其中氮气的流量属于弱影响因素,偏置地压、含氟气体及 N_2/HBr 等因素属于中等影响因素,而偏置电压与压力的交互作用属于强影响因素。

15.2.4　浅沟槽隔离刻蚀参数对器件性能的影响

STI 是形成 CMOS 器件的第一步骤,因此,浅沟槽隔离层的物理性能好坏将直接影响整个器件的性能和良率。晶体管导通时的电流与有源区宽度 W(即浅沟槽隔离刻蚀中定义出的线条的关键尺寸)成正比,而和沟道长度 L 成反比。此外,沟槽深度对器件性能也具有很大影响。沟槽深度和夹断电阻及击穿电压成正比。传统的 CMOS 结构,先形成沟槽隔离,再形成阱,阱电压也会受到沟槽深度的影响,其中,P 阱电阻与沟槽深度有着明显的依赖关系。此外,沟槽越深,隔离性能越好,CMOS 中的静态漏电流也越小。

但是当集成电路尺度大幅缩小后,无限制地增加沟槽深度将极大增加后续的氧化硅填充难度。可能形成的空洞,对 STI 的隔离效果将产生负面影响。因此,选取合适的沟槽深度才能实现有效的有源区隔离。在 28nm 及更低的尺度下,填充所要求的深宽比会更大,因此,工艺上会选取填充能力更强的氧化物来进行浅沟槽填充。同时,对浅沟槽刻蚀中的剖面形貌也需要进一步设计优化。例如,沟槽的剖面形貌越倾斜,对于氧化硅填充越有利;而这种倾斜的形貌对于隔离则是不利的,深宽比达不到要求会造成沟道与沟道之间漏电。因此,需要综合考虑剖面形貌,既要有利于后续填充,又要起到隔离作用,防止漏电,同时需要保证浅沟槽的剖面轮廓平滑以保证填充效果。现有的工艺中通常利用光学关键尺寸(optical critical dimension,OCD)来监测沟槽轮廓,以保证 STI 沟槽的质量达到后续工艺的要求。

15.2.5　浅沟槽隔离刻蚀中的负载调节考虑

浅沟槽隔离刻蚀工艺中的负载调节一直是大规模集成电路制造中一个不可忽略的问题。对于特殊的图形,器件的负载控制显得尤为重要。

1. 关键尺寸

浅沟槽隔离刻蚀后的关键尺寸测量包括存储的 SRAM 区域(pull up/pull down/passing giate)和外围逻辑电路区域的几种有代表性的图形的测量(密集线条/稀疏线条/稀疏沟槽)。

2. 沟槽深度

沟槽深度的负载不仅与刻蚀条件相关,而且与有源区的关键尺寸相关。在浅沟槽隔离刻蚀时,沟槽深度的负载往往取决于沟槽宽度的大小。在传统刻蚀条件下,沟槽越宽,深度越深。稀疏排列的有源区沟槽深度通常会大于密集区有源区的深度。我们通过计算稀疏区深度和密集区深度的差值来定义密集区和孤立区的深度负载。

调节沟槽深度负载通常有以下几种方法:

(1)刻蚀气体的调节。通常条件下,浅沟槽隔离层的刻蚀气体基本是基于三氟化氮(NF_3)/HBr 或者氯气(Cl_2),也会存在一些有特殊需求的硅衬底刻蚀,会用到一些特殊的气体。调节沟槽深度负载可以通过调节刻蚀气体来实现。通常来说,基于 Cl_2 的气体组合在浅沟槽隔离刻蚀中会产生很大的密集区/孤立区的深度负载,基于常见的两种卤族元素搭配的气体组合(A 和 B)在浅沟槽隔离刻蚀中产生的密集区/孤立区的深度负载会相对较小。在刻蚀的底部圆滑(bottom rounding)过程从基于单一卤族元素的气体 A 工艺换成两种卤族元素搭配的气体组合(A 和 H)工艺时,密集区/稀疏区的深度负载将减小 20％[4]。

(2)刻蚀参数的调节。调节浅沟槽刻蚀中的参数,也可以调整密集区和稀疏区的深度负载。如通过减小变压器耦合等离子体(transformer coupled plasma,TCP)功率来降低腔室压力或者增加刻蚀中的偏置电压,两者均可以减小密集区和稀疏区的深度负载。密集区和稀疏区的深度负载也会受到有源区线条关键尺寸的影响,通常的刻蚀条件下,随着线条尺寸的缩小,密集区和孤立区的深度负载也会减小。

沟槽深度的负载通常是由不同的局部透射率造成的,其差异会引起等离子刻蚀过程中的电子、活性基团、副产物等因素的不同表现。当密集区的线条尺寸缩小时,该图形区域对应的局部透射率会变大,密集区会逐步向稀疏区转变,因此密集区和稀疏区的负载会变小。

15.3 沟槽填充和氧化物退火的工艺参数考量

随着器件尺寸的不断微缩化,沟槽的深宽比将逐渐增加。而这些深宽比增加的沟槽也给填充工艺带来了越来越大的挑战。在大于 $0.8\mu m$ 的间隙中填充绝缘介质时,普遍采用等离子体增强化学气相沉积(plasma enhanced chemical vapor deposition,PECVD);然而对于小于 $0.8\mu m$ 的间隙,采用单步 PECVD 工艺填充间隙时会在其中产生空洞。PECVD 技术需要加上反复沉积、刻蚀、沉积的方法实现更小尺寸的填充[5]。也就是说,在初始沉积完成时,趁着填孔尚未发生夹断,紧跟着进行刻蚀工艺以重新打开间隙入口,之后再次沉积以完成对整个间隙的填充[4]。HDP-CVD 技术工艺可以实现

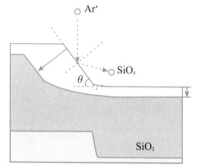

图 15.15 用于 HDP-CVD 沟槽填充的衬底在 SiO_2 沉积后以及刻蚀后的剖面图

在同一个反应腔(chamber)中原位地进行沉积和刻蚀的工艺,如图 15.15 所示。通过控制间隙的拐角处沉积刻蚀比(deposition etch ratio),使得净沉积速率接近零,从而提高其填充能力。该技术能够适应深宽比在 6:1 左右的填充需求,并满足 90nm 技术节点的需求。当集成电路发展到 65nm 技术节点时,HDP 工艺技术已经不能满足小尺寸沟槽的填充需求[6]。一种新的填充工艺技术,即高深宽比工艺(high aspect ratio process,HARP)被采用。臭氧和 TEOS 的热化学反应,是在没有等离子体的辅助下完成的。同时该工艺需要沟槽具有特定的形貌,如特定角度的 V 字形沟槽,以完成没有空洞的填充。该技术能够适应深宽比在 7:1 以上的需求。2008 年,应用材料公司又推出 eHARP 工艺技术以适应 32nm 工艺的需求。然而,在整个 HDP-CVD 的工艺中,牵涉到的沉积刻蚀机制相对复杂,相关参数的变化也会影响最终的填充效果。

表 15.3 评估了工艺参数对间隙填充形貌的影响。工艺参数包括成膜压力、射频功

率和沉积溅射比(deposition-sputtering ratio,D-S ratio)。该表总结了填充的实验条件和结果填充特性在很大程度上取决于射频功率和沉积溅射比:通过增加总射频功率和降低沉积溅射比,能够改善填充特性。通过扫描电镜(SEM)观察缓冲氢氟酸(buffered hydrofluoric acid,BHF)湿法刻蚀试样的横截面,能够发现随着沉积溅射比的降低和溅射条件的增强,沟槽中的空洞尺寸减小。然而,上部 STI 硅氮化物膜的肩部部分被剪断(clipping)的现象加剧。在沉积溅射比为 4.5 的情况下,可以观察到氮化硅层边缘的削减。在沉积溅射比为 5.0 时可以忽略。实验证明,在一个孤立图案的开放区域一侧,该现象会更加明显。这种剪断现象在形成沟道时会使离子注入过程中的离子被部分遮挡,从而在栅电极形成中产生多晶硅残留物,并导致器件工作故障。因此,为了控制剪断现象,沉积溅射比需要在工艺过程中调整到最优值。

表 15.3　不同 HDP-CVD 的工艺条件对沉积速率 D/R、溅射速率 S/R 以及空洞尺寸的影响[7]

工艺参数	工艺条件	影响		
		沉积速率	溅射速率	空洞尺寸
源功率	3500~6200W	↑	↓	↓↓
偏置功率	1200~2500W	↓	↑↑	↓
气压	0.5~1.7Pa	↑	—	↑
沉积溅射比	4~6.5	↑	↓	↑↑

在控制单一变量的情况下,研究发现,当沟槽间的空间减小、深宽比增加时,底部覆盖率显著增加。此外,在高射频功率下,即使沟槽间的空间很小,底部覆盖率的下降比率也很小,即 STI 底部的沉积量比低射频功率下的沉积量大。从这一结果来看,当射频功率增加时,底部沉积速率增加,间隙填充特性改善。沟槽内的底部沉积速率是完成沟槽填充的一个重要因素。此外,随着射频功率的增加,底部沉积速率的增加被推测是由等离子体密度增加导致进入衬底部分的离子数量增加引起的。

此外,溅射的角度依赖性也被认为会阻碍沟槽上部突出部分的形成,从而影响间隙填充特性,如图 15.16 所示。在一些工艺中,SiO₂ 在侧壁上部会形成凸起部分。这被认为是由沟槽上部喷枪刻蚀颗粒的重新沉积引起的。这种再沉积被认为是沟槽内部空隙形成的直接原因,也是导致间隙填充过程延迟的因素之一,如图 15.16 所示。根据这些研究结果,以下被认为是 HDP-CVD 的重要机制:①溅射的角度依赖性;②侧壁和沟槽底部沉积速率的平衡(离子沉积反应和径向沉积反应之间的平衡);③促进悬挑形成的再沉积。随着溅射能量增加,入射角度增加。同时,当源射频功率改变时,等离子体密度改变,导致基板上产生的自偏压值和离子通量同时发生变化。随着等离子体密度的增加,衬底上产生的自偏压降低。因此,离子入射到基质上的能量

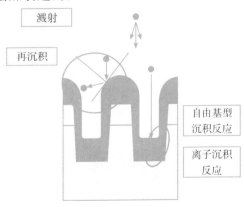

图 15.16　溅射角度对二氧化硅形貌的影响

降低。此外,当薄膜沉积压力增加时,最大入射角度减小,这主要是由于等离子体密度和自偏置值的变化,使入射离子能量降低,离子通量增加。

此外,工艺参数对于平衡侧壁和沟槽底部的沉积速率也有一定的影响。当入射离子的垂直比例较高且自由基(radical)型沉积为主要沉积模式时,各向异性比会随着源的功率增加而增加。随着电源功率的增加,等离子体密度增加,导致离子沉积反应增加。同时,随着沉积压力的增加,各向异性比略有下降。虽然等离子体密度被认为是由于成膜压力的增加而增加的,但平均自由程的减小和聚集引起的散射会增强。这反过来又减少了入射到STI底部的离子。

从填充机理与工艺参数之间的上述关系来看,为了改善填充特性,有必要采用入射角度能量比较大且各向异性也较大的条件来实现缝隙填充(gap fill)。实现这一目标的过程包括:①增加入射到基底上的离子数;②增加离子能量;③抑制离子碰撞和散射。为了实现这一目标,HDP-CVD需要:①增加源功率;②通过增加源功率降低成膜压力;③增加偏置功率。然而,离子能量的增加可能会增加基底损伤。为了优化填充特性,上述①和②是更为优越的工艺条件。利用优化条件,表15.4列出了薄膜沉积条件和生长薄膜的形貌。对于在中间条件下生长的氧化膜,在浅槽内可以观察到明显的空隙。然而,在源功率增加和成膜压力降低的膜生长条件下,无空隙填充得以实现。此外,从gap fill后的隔离漏电特性来讲,最优条件和中间条件之间的差异可以忽略不计,特别是退火后,两者漏电电流的差异更小。然而,$0.13\mu m$制程的氧化层并不能防止沉积损伤[5-7]。考虑到沉积损伤的机理,需要对STI工艺过程中的损伤进行更进一步的详细分析,包括分析反应离子刻蚀(RIE)损伤或STI沟槽拐角效应的影响。

表15.4　不同工艺条件下的 $0.13\mu m$ 制程的空隙填充截面图[7]

	标准条件	高射频功率	高射频功率＋低气压
射频功率/W	4400	5000	6600
偏置功率/W	2000	2000	1900
沉积压力/mTorr	4	4	2.1

15.4　CMP 的工艺参数考量

15.4.1　STI CMP 的要求和演化

STI CMP是第一种用于半导体制造的CMP工艺。STI CMP工艺的目标是去除浅沟槽中填充的多余电介质,并通过在晶体管之间创建电介质隔离来分离两个相邻的有源器件区域。随着微缩化进程的推进,CMP工艺逐渐转移到更小的技术节点,由于晶体管区域之间的接近度较小,因此对STI CMP的性能要求变得更加严格。STI CMP的第一步是在氧化研磨步骤之前将体电介质平面化(见图15.17)。通常,由于高密度等离子体氧化膜具有优越的材料强度,因此在STI中用作电介质。然而,近年来,化学气相沉积氧化物因其在较小的技术节点中具有良好的沟槽填充能力而被越来越多地使用。由于进入氧化层的数量较大,大部分氧化层通常可以通过平坦化降至 $500\sim1000\text{Å}$ 的厚度,在第一个电介质平坦化步骤中,通常使用相对较高的下压力[$2\sim4$psi(pounds per square inch,磅每平方英寸)]来最大化氧化层去除率。硅胶研磨颗粒过去经常用于最大限度地提高氧化物去除率,主要因为其消耗成本较低。近年来,氧化铈(CeO_2)研磨颗粒由于更高的材料去除率(material removal rate,MRR)和对氮化物表面更好的材料去除选择性而成为第一道 CMP 步骤的首选工艺。从 STI-CMP 的第一个步骤开始,最重要的工艺性能是保持剩余氧化膜的良好均匀性,同时减少研磨划痕。第一个步骤后的任何氧化物不均匀性都会转化为 STI CMP 第二个步骤后剩余活性氮化物的高度不均匀性。大块氧化膜的平面化不足也会导致 STI CMP 第二个步骤后活性区域上存在残留氧化物。活性氮化物上的任何残留氧化物都会导致不完整的氮化物带,因此无法在这些硅衬底区域形成晶体管。

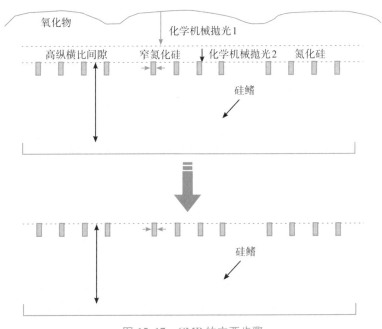

图 15.17　CMP 的主要步骤

　　STI CMP 的第二个步骤是去除剩余的氧化物并暴露活性氮化物,同时尽量减少沟槽中氧化物的凹陷。由于 STI CMP 的第二个步骤与活性氮化物区接触,所以任何研磨划痕都有可能对器件质量造成损害,并最终影响晶圆成品率。在 STI CMP 的第二个步骤中,MRR 对活性氮化物的选择性也非常重要,良好的选择性可以在不过度研磨或侵蚀氮化物的情况下控制平坦化速度。或者说,在这一过程中,氮化物去除率需要最小化,同时在 STI CMP 的第二个步骤中保持较高的氧化物去除率。由于去除率选择性不足而导致的高活性氮化物损耗会导致氮化物损耗不均匀,这可能会转移到 STI 氧化物和晶片内或晶圆内的活性硅区域之间的不均匀间隙。STI 区域的任何不均匀台阶高度都会导致晶体管栅极高度的不均匀,从而导致 MOL 部分的栅极不完全接触。在 STI CMP

工艺中,能够停在氮化物上的这一要求非常重要,因为台阶高度或研磨划痕会直接影响器件的良率。实际上,在 STI CMP 第二个步骤之后,额外的氧化物被氢氟酸刻蚀掉,以消除活性氮化物顶部的残余氧化物。这一步骤被称为氧化物脱胶步骤。典型的氧化物脱胶步骤是一个湿法刻蚀过程,因此,由于湿法蚀刻的各向同性行为,任何浅微划痕都可能被放大。

15.4.2 研磨液的选择

初期的 STI CMP 沿用 ILD CMP 的研磨液,即将硅胶作为研磨颗粒(silica based slurry)[8]。硅胶研磨液的选择比很低(SiO_2:SiN_4≈4),研磨的终点控制能力较差,工艺窗口很窄。所以,研发人员不得不使用研磨前平坦化的方法,如反向光罩(reverse mask)等方法,而这样做也大大增加了工艺成本。于是,高选择比(SiO_2:SiN>30)的研磨液(high selectivity slurry,HSS)一直被探索着。用氧化铈作为研磨颗粒(ceria based slurry)是目前较为优化的研磨液选择。至今为止,使用氧化铈作为研磨颗粒的研磨工艺仍然是 STI CMP 的主流方法。然而,任何事物都具有多面性,氧化铈作为研磨颗粒的 CMP 工艺所产生的填充凹陷(20~60nm,约 $100\mu m$ 宽的沟槽)依然是它的弱点,不能满足微缩化进程对凹陷日益严格的要求。

在这样的情况下,固定研磨颗粒研磨工艺(fixed-abrasive STI CMP,FA STI CMP)被开发,其可以将凹陷降低至 10nm 以下(约 $100\mu m$ 宽的沟槽)。该技术的缺点也很明显,就是划痕类缺陷较多。

此外,新材料的使用也极大地推动了 CMP 技术的发展。在 45nm 及以下的工艺制程中,为了填充越来越小的沟槽,一种低压 CVD 工艺形成的氧化硅 HARP 代替了原先的 HDP。相比于 HDP,HARP 薄膜具有更高的覆盖层,这无疑增加了 STI CMP 的难度。结合 Ceria Based 研磨液和 FA STI CMP 的优点,可以有效地解决此问题:首先,利用 Ceria Based Slurry 高平坦效率的优点进行第一步的粗研磨,磨掉 HARP 较高的覆盖层;然后,利用 FA STI CMP 低凹陷的优点,进行第二步的细研磨。利用该方法,研磨后的划痕缺陷仍然是不可忽略的问题。此外,根据设计的综合要求和成本的考虑,也可以选择硅基研磨液+FA STI CMP 或者纯粹的 Ceria Based 研磨液或者硅和氧化铈基研磨液作为 HARP STI CMP 的解决方法,特别是后两者,都是较为常见的方法。

1. 二氧化硅的研磨机理

早期材料研磨模型显示,磨料在施加的力下渗入工作表面,并随衬垫移动,从而研磨表面。该模型最初用于金属,后来扩展到玻璃表面的研磨。根据玻璃在乙二醇和水混合物中的研磨速率,Silvernail 和 Goetzinger[9]确定了玻璃研磨用水的必要性。后来,研究人员提出存在于二氧化硅表面的 Si—O—Si 键与水反应,通过可逆聚合和解聚反应,表明

$$(SiO_2)_x + 2H_2O \longrightarrow (SiO_2)_{x-1} + Si(OH)_4$$

二氧化硅表面可以用不同的金属氧化物磨料研磨,如氧化铈、氧化锆、氧化钛和氧化钍,以及二氧化硅本身[10]。由于其无定型性质,二氧化铈被认为是一种比其他金属氧化物更好的研磨剂。Cook[11]提出,像氧化铈或氧化锆这样的研磨颗粒对氧化物有很大

的亲和力,他称之为"化学牙齿",这有助于打破二氧化硅表面的键。二氧化硅在水中的表面化学键会以—Si—OH 键终止。根据 Cook 提出的机理,当氧化铈分散在水中时,含有 Ce—OH 基团,这些基团与表面 Si—O—发生反应,形成 Ce—O—Si,随后将以 Si(OH)$_4$ 的形式释放到溶液中。

由于 Ce—O—Si 键比 Si—O—Si 键更牢固,因此二氧化铈可通过化学和机械作用研磨二氧化硅表面[见图 15.18(a)]。因此,SiO$_2$ 一次被去除一个分子,就像 Si(OH)$_4$ 一样。后来,Sabia 和 Stevens[10] 提出,二氧化铈磨料和二氧化硅之间的研磨是由工作表面上的颗粒之间的反应引起的,是由磨料表面上的 Ce^{3+} 导致的。后来,Hoshino 等人提出了一个不同的模型[12],其中 Si—O—Si 键与水中的羟基化氧化铈反应,形成 Ce—O—Si键,并以块状[见图 15.18(b)]的形式去除 SiO$_2$,而不是 Cook 提出[11]的以 Si(OH)$_4$ 单分子的形式去除 SiO$_2$。他们使用傅里叶变换红外光谱和电感耦合等离子体原子发射光谱对含有去除材料的研磨后浆料进行分析,结果支持这一假设。基于含有不同数量氧化铈磨料溶液的紫外-可见吸收光谱,Wang 等人[13] 指出,研磨液中二氧化铈浓度的降低导致了铈从 4 价到 3 价的转化,证明了三价铈的重要意义。

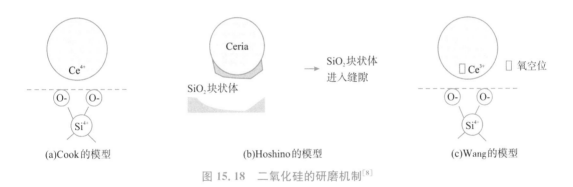

图 15.18　二氧化硅的研磨机制[8]

综上,不同于以机械作用为主导的氧化硅研磨液抛光,氧化铈基研磨液研磨以化学作用为主导,它的优势有:

(1)平坦效率高,能选择性地磨平凸面,对沟槽的保护性好。

(2)对氮化硅具有较高的选择比,在一定程度上能实现自动终止研磨。

(3)最大限度地减小不同图形密度区域的膜厚差值。

2. 氧化铈基和氧化硅基的研磨液的选择性比较

表 15.5[5] 提供了氧化铈基和氧化硅基的研磨液的选择性比较。氧化铈基研磨液的选择性普遍较高,研磨效果较好。在研磨液中研磨颗粒氧化铈粒子带正电荷,而这些研磨粒子是被带负电荷的添加剂粒子团团包围着的。在一定的外界压力下,研磨液碰到凸起的氧化硅表面时,因局部接触压力增高而产生挤压,把氧化铈粒子与添加剂粒子之间的结合力打破,释放出来的氧化铈粒子就对凸面产生磨削研磨效果,而浅槽隔离区表面因凹陷局部压力小,氧化铈始终被带负电荷的添加剂团团包围而很少有或几乎没有磨削研磨效果,由此持续不断地进行就达到了选择性地平整凸面、保护沟槽的效果。在研磨的初期阶段,平坦效率是由凸面上的局部压力与研磨液中的添加剂相互作用共同

主导的,直到晶片表面的台阶高度基本被磨平,当晶片表面的台阶高度基本平整后,进入研磨的后期阶段,这时氧化硅逐渐磨完而研磨终止层氮化硅露出表面。氧化硅表面带负电荷,而氮化硅表面带正电荷。这个阶段的研磨效率是由研磨液中的氧化铈粒子和添加剂粒子主导的,氧化铈研磨液显示了它对氮化硅的高选择比。由于氮化硅表面带正电荷,它的表面吸附了一层带负电荷的添加剂粒子,形成了坚固的保护层;同时也由于带正电荷的氧化铈粒子与氮化硅表面的相互排斥,氧化铈研磨液对氮化硅的研磨速率要远远低于对氧化硅,所以研磨能自动终止在氮化硅层上。因此,氧化铈基研磨液能够最大限度地减小不同图形密度区域的膜厚差异。

表 15.5　常见氧化铈基和氧化硅基研磨液的选择性比较[5]

序号	磨料	添加剂	pH	选择性
1	二氧化铈	邻苯二甲酸氢钾与含氟表面活性剂	6.5~7	68~246
2	二氧化铈	3-氨基乙基氨丙基三甲氧基硅烷	7	54~233
3	二氧化铈	聚丙烯酸铵	7.2	66
4	二氧化铈	有机多元醇	4 和 9.5	29~312
5	二氧化铈	丙烯酸	—	~179
6	二氧化铈	L-脯氨酸和其他氨基酸	6~11	42~306
7	二氧化铈	核酸与聚丙烯酸	3.5~5	17~47
8	二氧化铈	谷氨酸,邻氨基苯甲酸,吡咯-2-羧酸,3-羟甲基吡啶甲酸	5	16~266
9	二氧化铈	聚丙烯酸与 RE60(磷酸酯基化学品)	7	31
10	二氧化铈	聚羧酸铵	7~9	29~86
11	二氧化铈	聚丙烯酸	7	~50
12	二氧化铈	三乙醇胺	6~8	~60
13	二氧化铈	谷氨酸	5~7	>100
14	二氧化铈	天冬氨酸	4~5	~100
15	二氧化铈	盐酸吡啶,哌嗪,咪唑	4~5	>100
16	二氧化铈	皮考啉酸	4~5	~38
17	二氧化铈	烟酸	4~5	>100
18	二氧化铈	L-脯氨酸	4~10	>100
19	二氧化铈	γ 氨基丁酸	6~10	>100
20	二氧化硅	硝酸铈和乙酸	4.2	28
21	二氧化硅	三乙醇胺	~11	28
22	二氧化硅	十二烷基硫酸铵,十二烷基苯磺酸铵,十二烷基苯磺酸,十二烷基苯磺酸三乙醇胺	2.17~3.13	50~700
24	二氧化钛	L-脯氨酸	10	73

15.4.3　CMP 的未来与挑战

1. 减少缺陷

　　CMP(电介质或金属)工艺引起的缺陷可大致分为微划痕、凿痕和尖刺、残余颗粒和有机残留物。这些缺陷中的任何一种都可能导致产量损失,因此,减少甚或是消除缺陷是一个关键挑战。事实上,这是对维持收益率的一个无组织且令人担忧的问题,并且其仍然处于性能指标列表的第一位。有效的 CMP 工艺能将缺陷降至最低,并促进 CMP 后处理,以去除研磨后表面上的所有污染物。典型的商用氧化铈基浆料可能含有较大和(或)不规则形状的颗粒,这些颗粒更可能导致许多缺陷。使用点过滤可防止"大颗粒"到达研磨工具。因此,在线实时颗粒监测和反馈已变得相当重要,因为已知研磨液基本上是分散的球形氧化铈颗粒,且相对物理化。低缺陷、合理选择氧化铈颗粒尺寸和(或)使用窄尺寸氧化硅和氧化铈的混合物可以有助于在不牺牲氧化物去除速率(removal rate,RR)和选择性的情况下降低缺陷水平。原则上,高选择性或氮化物速率抑制是在第一次暴露氮化硅表面并使用过研磨去除铜 CMP 中的二次氧化物时,需要在去除氧化物覆盖层的最后阶段进行,这一过程通常是在以下步骤中完成的:第一阶段 CMP(当大部分铜被去除)和第二阶段软着陆步骤(通过随后或同时去除阻挡层来去除残余铜)。类似地,可以使用具有高氧化速率的氮化铈基研磨液去除大部分二氧化硅,这与氮化物速率有关,并且可以使用具有中等选择性的研磨液进行研磨,该研磨液可以最大限度地减少凹陷,产生良好的丝纹均匀性、低缺陷水平和易于 CMP 后清洁的情况,因为任何残留的氧化物都会阻止底层氮化物的腐蚀,从而干扰硅区域的暴露。通常使用过研磨度,但其代价是增加膜厚的不均匀性。另一种选择是使用稀释 HF 刻蚀去除残余氧化物。但众所周知,即使是氧化物中可能存在的最小裂纹,这种裂纹也会增长和扩展,这是一个关键的障碍。绿色化学品的发展导致浆料中使用生物相容添加剂,但这同时会导致浆料储存或运输通道和研磨设备中的生物污染,进而导致晶圆上的生物污染。在研磨液中加入生物灭除剂可以克服这一问题。此外,由于越来越小的磨料颗粒的使用变得越来越重要,必须消除风险。必须对重要性进行调查,并对其所有潜在环境进行调查。由于研磨液配方一直在变化,因此需要不断开发新方法,以正确处理使用过的研磨液,同时尽量消除工作场所或环境中的风险。在后 CMP 处理过程中,尤其是当这些研磨液颗粒在纳米尺寸时,研磨液自身及其改性形式的潜在毒性是一个严重问题,这要求严格的安全处理程序必须成为其安全性的一个组成部分。

2. 非二氧化硅隔离介质

碳氮化硅已被预测为未来的扩散阻隔介质,其使用需要以具有高碳氮化硅去除率和低二氧化硅去除率的 CMP 工艺为前提。在不同的 STI 集成方案中,类似的材料,例如硅氧氮化物或碳化硅,也可以用作电介质。这些或其他新材料的引入将需要新的材料,以及整个工艺配方的重新优化。例如,这些新材料使环境和终点检测方法变得更为复杂,尤其是当材料的光学特性或摩擦系数非常不同时,更为明显。此外,对于与底层氮化硅停止层一起使用的氧氮化硅等材料,其光学特性的差异可能不会太大,无法用光学方法做研磨终点识别。人们可能必须依靠荧光或温度作为参数来确定研磨终点。随着微缩化进程的推进,CMP 工艺将面临不止于上述两点的技术挑战,需要在工艺微缩化的过程中不断优化改进。

本章小结

本章着重介绍了隔离工艺(STI loop)在大规模集成电路工艺制造中的流程。随着器件微缩化进程的推进,PN 结隔离和 LOCOS 隔离技术已经不再适用。本章在开头部分,首先分析了 STI 技术的发展历程和必要性。之后,详细介绍了 8 英寸以上工艺制程中的常见 STI 工艺流程。之后,针对 STI 隔离工艺中的几个关键步骤,如浅槽刻蚀和填充、氧化层沉积和化学机械抛光等,做了工艺参数和工艺考虑标准的重点讲解,并分析不同参数对器件和电路特性的影响。在本章最后,我们对隔离工艺中的技术和材料发展做了初步的探讨。

参考文献

[1] 温德通. 集成电路制造工艺与工程应用[M]. 北京:机械工业出版社,2018.

[2] 张汝京. 纳米集成电路制造工艺[M]. 2 版. 北京:清华大学出版社,2017.

[3] Augendre E, Rooyackers R, Shamiryan D, et al. Controlling STI-related parasitic conduction in 90nm CMOS and below[C]. 32nd European Solid-State Device Research Conference,2002:507.

[4] 张海洋. 等离子体蚀刻及其在大规模集成电路制造中的应用[M]. 北京:清华大学出版社,2018.

[5] Wang M, Kim H, Lee Y B, et al. STI HARP gap-fill thickness uniformity improvement for 14nm nodes[C]. 29th Annual SEMI Advanced Semiconductor Manufacturing Conference (ASMC),2018:386.

[6] Tilke A T, Culmsee M, Jaiswal R, et al. STI gap-fill technology with high aspect ratio process for 45nm CMOS and beyond[C]. Annual SEMI Advanced Semiconductor Mannfacturing Conference (ASMC),2006:71.

[7] Nishimura H, Takagi S, Fujino M, et al. Gap-fill process of shallow trench isolation for 0. 13m technologies[J]. Japanese Journal of Applied Physics,2002,41(5R):2886-2893.

[8] Ramanathan S, Dandu P, Babu S. Shallow trench isolation chemical mechanical planarization: a review[J]. ECS Journal of Solid State Science and Technology,2015,4(11):5029-5039.

[9] Silvernail W L, Goetzinger N J. The mechanism of glass polishing[J]. The Glass Industry,1971,52:172-175.

[10] Sabia R, Stevens H J. Performance characterization of cerium oxide abrasives for chemical-mechanical polishing of glass[J]. Machining Science and Technology,2000,4(2):235-251.

[11] Cook L M. Chemical processes in glass polishing[J]. J. Non-Cryst. Solids. ,1990,120(1-3):152-171.

[12] Hoshino T, Kurata Y, Terasaki Y et al. Mechanism of polishing of SiO₂ films by

CeO$_2$ particles[J]. Journal of Non-crystalline solids, 2001, 283(1-3):129-136.

[13] Wang L, Zhang K, Song Z, et al. Ceria concentration effect on chemical mechanical polishing of optical glass [J]. Applied surface science, 2007, 253 (11): 4951-4954.

思考题

1.简述隔离工艺的发展进程,特别是浅沟槽隔离的产生原因。

2.简述浅沟槽隔离和 PN 结隔离的区别以及优点。

3.简述 55nm 技术节点下浅沟槽隔离的主要工艺步骤。

4.哪些刻蚀参数会对浅槽的刻蚀有影响? 浅沟槽的刻蚀沟槽中,刻蚀侧壁的角度以多少为最佳?

5.为什么浅沟槽填充后需要退火?

6.影响空隙填充的参数有哪些? 随着工艺微缩的加剧,如 FinFET 技术的引入,空隙填充需要考虑哪些问题?

7.简述 CMP 研磨的流程和重要性。

8.列举几种常见的研磨液及其优缺点。

9.CMP 在微纳尺寸晶体管工艺中需要面对哪些挑战?

致谢

本章内容承蒙丁扣宝、陶然、余兴等专家学者审阅并提出宝贵意见,作者在此表示衷心感谢。

作者简介

程然:浙江大学微纳电子学院副教授,博导。本科(荣誉学士)和博士毕业于新加坡国立大学计算机与电气工程系,从事新型Ⅳ族 MOS 器件领域的模型、工艺和先进测试技术方面的研究工作。在纳米级器件工艺研发以及超快速测试领域有着丰富的经验和突出的成果,发表论文及大会报告 50 余篇,曾多次受邀为国际半导体相关器件会议做大会报告,担任 IEEE 多个会议的 TPC 成员,主持多项国家级和省级科研项目,并获得多项国内和国际教学和科研奖项。

第 16 章

栅极工艺

（本章作者：张睿　李胜）

从晶体管诞生之初发展至今，栅极结构在 IC 工艺中的实际应用已经非常广泛，例如金属-氧化物-半导体（MOS）结构的栅极材料、Flash 结构浮栅（floating gate）、动态随机存储器（DRAM）的电容器、互连材料（重掺杂的多晶硅）、电阻（轻掺杂的多晶硅）、高压硅器件的钝化膜等都属于栅（gate）的相关范畴。本章将介绍场效应晶体管制造工艺过程中的栅极工艺模块。

16.1　引　言

在 IC 制造中，制程线宽通常被用来定义技术的工艺节点，其中在金属氧化物半导体场效应晶体管（metal-oxide-semiconductor field-effect transistor，MOSFET）中，栅极线宽长度（gate length）是所有工艺结构中最细小同时也是最难制作的，因此在引入鳍式晶体管结构之前，工程师一般以栅极的长度大小来代表半导体制程的进步程度。MOS 的损耗主要包括开关损耗和导通损耗，导通损耗是由于导通后存在导通电阻而产生的，一般导通电阻都很小。开关损耗是在 MOS 由可变电阻区进入夹断区的过程中，也就是 MOS 处于恒流区时所产生的损耗。开关损耗远大于导通损耗。减小损耗通常有两个方法：一是缩短开关时间；二是降低开关频率。在 40nm、28nm、7nm 工艺节点，甚至发展到 3nm 的工艺节点时，芯片性能不断提升，随之而来的就是栅极线宽长度变得越来越小。线宽变小，即晶体管变小，其工作需要的电压和电流就越低，开关的速度也就越快，使得可以在更高的频率下工作。在宽电压的应用场景中，由于栅极的控制电压存在较大的波动性，常需内置稳压管来限制栅极的控制电压以保证 MOS 管的安全工作。当驱动电压大于稳压管电压时，会额外增加晶体管的功耗。如果栅极控制电压不足，则会使晶体管开关不完全，也会增加晶体管功耗。另外 MOS 电性参数因为短沟道效应（SCE）而对制程线宽波动要求极为严苛，制程中线宽的大小直接影响开启电压的波动。制程中通常会避开开启电压下降太快的区域，这又涉及超浅 PN 结（ultra-shallow junction）制程。

不同的芯片应用对于制程需求各有不同,比如高压器件要考虑高电压环境,Flash 要关注氧化层中的电子隧穿,逻辑制程要兼顾效能和漏电流等。

要想进一步了解栅极的重要性,首先要理解常见的栅基本构型,下面以 MOSFET 结构举例。如图 16.1 所示,栅极控制着器件源漏的关闭和开启,是表征其典型作用的最重要组成。常用的有金属栅(metal gate)、多晶硅栅。

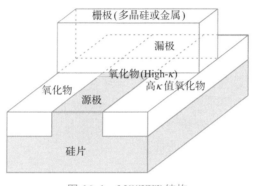

图 16.1　MOSFET 结构

16.2　栅极工程简介

随着工艺节点的推进,栅极的材料为了适应生产工艺的需求也在不断演进,MOS-FET 的栅极材料早期是金属铝(metal gate),到 8 寸的时候发展出了多晶硅栅(poly gate),但在发展到 12 英寸 45nm 以下节点时又开始往金属栅极的方向回归。20 世纪 70 年代,MOSFET 刚诞生的时候,工艺流程只包含 N/P 阱、N/P_源/漏、栅氧化层、接触、金属配线等基本层次,该流程为了防止引入表面电荷而采用低温沉积铝硅铜(AlSiCu),同时对于金属刻蚀(metal etch)的要求非常高。其流程是先做 N 阱和 P 阱的源漏并退火激活,再去做金属的栅,所以金属要预留对准偏差以保证能接触源漏(规定要小于 $0.5\mu m$)。其不仅浪费面积而且电容太大,同时导致栅诱导漏极泄漏电流(gate induced drain leakage,GIDL),漏电流较大。后来发展到先做栅极再做源漏(可以自对准),但源漏的掺杂必须经过 800℃ 以上的高温激活,但此时金属栅极的 AlSiCu 熔点只有 450℃,这直接推进了多晶硅栅的大规模应用(2μm 以上节点是金属栅极,1.5μm 以下节点是多晶硅栅)。

早期多晶硅栅都是采用掺杂多晶硅(制程温度为 540～560℃),在 $0.35\mu m$ CMOS 节点之前的掺杂,一般都是直接在沉积时通入 PH_3 或 $POCl_3$。掺杂可以改变半导体的功函数(work function),而多晶硅(N-多晶硅)和 P 阱与 N 阱的功函数之间相差约 0.6V,无法同时满足 N-Si 和 P-Si。工程师通过 Vth_IMP[打入硼(boron)]来补偿功函数差,但是会导致埋沟器件(buried channel PMOS,BC-PMOS)形成 V_{th} 滚降(roll-off)现象,即与 N 阱形成了一定深度的 PN 结,导致电场最小的位置由原来的沟道表面转移到 PN 结处,此时很容易发生源漏的空穴注入,导致空穴载流子迁移率急速增大。因为沟道里面原来的 N 型掺杂区被替代为轻微掺杂的 P 型区域,使得源漏极与沟道间的 PN 结隔离壁垒减弱,导致 V_{th} 降低,这种现象在 BC-PMOS 更为明显。在 $0.35\mu m$ 制程节点以下,工程师已无法单纯靠制程手段去管控 V_{th} 变化,直接在多晶硅栅沉积时因掺入 N 会受制于 PMOS,工程师们研发出双栅极(dual gate electrode)制程。沉积功能被更有优势的源漏注入所替代,此时 NMOS 的栅极是 N-多晶硅,而 PMOS 的栅极是 P-多晶硅,其消除功函数差异的同时,也对 V_{th} 的差异进行了优化。另外采用钛(Ti)硅化物/钴(Co)硅化物也可以解决栅极多晶硅的阻值无法有效下降的问题。但对于栅极多晶硅,掺入了源漏注入的硼很容易沿着晶格间隙(grain boundary)扩散进入栅氧和衬底而导致 V_{th} 变化。在 $0.18\mu m$ 时代,发展出两个方向来弥补这一缺陷:一方面多晶硅的沉积温度从原来常规的 $540\sim560℃$ 升到 $620\sim630℃$,用来减小晶格大小(grain size),抑制硼穿透效应(boron penetration);另一方面通过栅氧改进掺入 N_2O 生成含 N 的氧化物,在提高栅氧的介电常数的同时抑制硼穿透效应。

多晶硅栅在整个亚微米时代(sub-micron era)一直处于主导地位,遵循摩尔定律走到了如今的 5nm 时代,现在栅极材料又迎来了新的革命。通过掺杂(doping)来降低栅极多晶硅的阻值的手段在栅极电压下会发生掺杂浓度的变化,即多晶耗尽效应(poly depletion effect,PDE)。工程师又重新开始考虑回归到金属栅极的方向。但如此前描述的,金属栅极的主要问题仍然是与源漏极的交叠对准问题,首先面对的就是交叠电容(C_{ov})的 RC 延迟影响,以及能否承受高温的源漏退火激活。早期芯片制造厂商 IBM 公司就研发出一种方案,即先做栅极再做源漏,这就是栅极优先(gate-first)理论。其优点是制程上基本继承了原有的多晶硅栅工艺,节省研发制造成本。但缺点仍然是功函数差异,通常的解决方法是增加一道双次栅极光刻/刻蚀的制程并在 NMOS 的栅极介电层覆盖一层 La_2O_3(厚度小于 $10Å$),或在 PMOS 上覆盖一层氧化铝(Al_2O_3)。但它在刻蚀和去光阻时,要尤其注意对 NMOS 上的介质层厚度的控制。

16.3 栅氧化层

16.3.1 栅氧化层的一般性质

栅氧化层(gate oxide)也是我们俗称的器件介质层,在设计中常常会利用不同厚度的栅氧化层来调节栅极电压,实现对不同器件的开关需求,如图 16.2 所示。栅氧化层对载流子移动率和可靠性要求较高的通常以二氧化硅(SiO_2)为主。为了得到更高的电容值而趋向于更薄的氧化层。其中应用较多的多晶

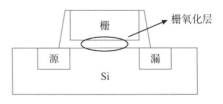

图 16.2 栅氧化层示意图

硅栅(poly gate),对栅极线宽(gate length)和多晶硅耗尽(poly depletion)的控制尤为重要。

栅极工艺的发展使得栅极面积越来越小,这也带来了一系列制程上的困难:①短沟道效应引起亚阈值特性的变坏和阈值电压随沟道长度的变化而变化,要求沟道掺杂达到或超过 $10^{18}\ \mathrm{cm}^{-3}$,杂质散射使载流子迁移率退化;②尽可能薄的栅氧厚度 T_{ox};③热载流子自热效应的限制;④阈值电压 V_{th} 和漏极电压在考虑噪声不敏感容限时的最低限制;⑤使寄生效应如源漏串联电阻等最小[1-2]。

如上所述,在传统的 poly/SiON 材料下方氧化物绝缘层(一般为二氧化硅和氮氧化硅)的厚度缩小是栅极面积做小遇到的主要困难。到 65nm 的时候需要的等效氧化的厚度(EOT)已经下降到 23Å(趋向于自然氧化层),此时的厚度会导致直接隧穿(量子隧道效应,quantum mechanical tunneling)漏电。目前主流的先进半导体制程中,仍然有持续减薄至厚度仅有 12Å(约等于 5 个原子的厚度)的栅氧化层的技术。处于这种尺寸时,所有的物理现象都要从量子力学范畴去考虑,例如电子的隧穿效应。当今集成电路芯片功耗的主要来源之一就是隧穿效应,即有些电子会以一定概率越过氧化层所形成的位能屏障(potential barrier)而产生

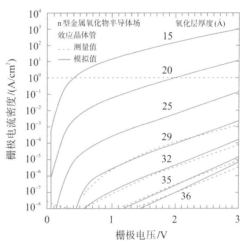

图 16.3　二氧化硅栅氧化层厚度减薄导致栅极漏电流增大

漏电流(见图 16.3)。更高的跨导(transconductance,指输出端电流的变化值与输入端电压的变化值的比值,是描述栅源电压对漏源电流控制能力的系数)被用来感应沟道反型[3],而跨导来自电容,要提升电容要么降低厚度,要么提高介电常数。既然厚度的降低遇到瓶颈,那么一些介电常数比传统二氧化硅材料更高的物质就被应用在栅氧化层中自然而然就成了优先选择,于是就有了 high-κ 栅极介电材料。例如,在 28nm 工艺节点导入的 HK/MG(high-κ/metal gate,高 κ 栅介质层/金属栅极)技术。

对于栅极,必须选择难熔金属(例如铝金属不能承受源漏激活的高温过程),而且必须有合适的功函数(自由载流子逃逸所需要的能量)来满足 V_{th} 需求。金属栅极的功函数必须能满足 PMOS 和 NMOS 的双向需求,而且和沟道中载流子的能量相匹配。金属栅极功函数与栅介质材料有关,通常会受到金属类型、沉积方式、晶体结构、介质材料以及制程的高温过程影响。工程师在相应工艺开发时,就会将此作为参考来选择最为合适的栅极材料。金属硅化物(salicide)使用在栅极上,可有效降低 MOS 的串联电阻,并进一步增加 MOS 操作的速度。$0.25\mu\mathrm{m}$ 以上的工艺是以钛硅化物为主,90nm 以上的技术节点使用钴硅化物,65nm 以下则转成镍硅化物。这些材料的转换主要是降低硅化物阻值和减少在小线宽栅极上缺陷的双重考虑。

16.3.2　栅氧化层制造工艺

时至今日,栅氧化层制造工艺不管是从设备、工艺、整合还是表征上,都越来越成熟。对于 55nm 节点,用氮氧化硅作为栅极氧化介电层的原因主要有两方面:一方面是因为

跟二氧化硅比,氮氧化硅具有较高的介电常数,在 $\varepsilon_{(SiO_2)}=3.9$ 和 $\varepsilon_{(Si_3N_4)}=7.8$ 之间随氮含量的多少成正比例变化,在相同的等效栅氧化层厚度下,氮氧化硅的物理厚度可以做到大于二氧化硅,相应的栅极漏电流也会大大降低;另一方面,氮氧化硅中的氮可以抑制 PMOS 多晶硅中的硼元素穿过栅氧化层到沟道而引起沟道掺杂浓度的变化,从而引起的热电子界面退化,提高器件阈值电压的控制。但一旦二氧化硅-硅界面附近囤积大量的氮元素,界面缺陷态就会增加且迁移率会降低,器件的性能反而开始退化。因此,作为栅极氧化介电层的氮氧化硅必须要有比较好的薄膜特性及工艺可控性,所以一般的工艺是先形成一层致密且薄的二氧化硅层,然后使二氧化硅发生氮化得到所需要的氮氧化硅。但是在实验中发现,平衡条件下的体材料中氮化硅(Si_3N_4)相和二氧化硅(SiO_2)相是不能共存的,这两个相总是被 Si_2N_2O 相隔开。Si_2N_2O 是 Si-N-O 系统中唯一稳定的热动力学结构。如图 16.4 所示,其包含四个相:Si(四面体结构)、SiO_2(方石英和磷石英,四面体结构)、Si_3N_4(畸变体结构)、Si_2N_2O(四面体结构)。在 $T=1400K$ 时,Si_2N_2O-SiO_2 相的边界处于 $10\sim18atm$,而目前的各种快速热退火设备中的氧分压大于该值,因此在体 SiO_2 中的氮在热力学中是属于不稳定状态的。但实际应用中,通过氮替换氧,可以实现由 SiO_2 到 Si_2N_2O 最终到 Si_3N_4 的相变,即在 SiO_2 薄膜中是可以引入氮的,其主要原因在于单原子能够动态地陷在表面附近的反应区域内。此时的氮处于非平衡态,但由非平衡态向平衡态转变的速率很小,于是一部分氮被陷。

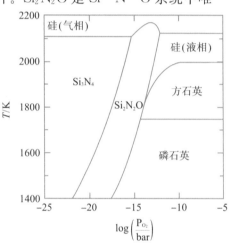

图 16.4　体 Si-N-O 系统的相图

　　一般热氧化二氧化硅在带隙(指价带顶端与传导带底端的能量差距,与导电性相关)中央的界面态密度为 $2\times10^{10}\ cm^{-2}/eV$,而大多数的高介电常数介质材料的界面态密度都会比二氧化硅的界面态密度高 $1\sim2$ 个数量级,而且平带电压的偏移大于 $300mV$。除了带隙外,与硅带边间的势垒(PN 结由电子、空穴的扩散所形成的阻挡层两侧的势能差)高度决定了热电子发射电流,故介质材料与硅的势垒高度应大于 1eV。某些材料中,导带和价带间的势垒是不对称的,通常比导带边的势垒要低一些。如五氧化二钽(Ta_2O_5)的带隙为 4.4eV,但其余硅导带间的势垒仅为 0.3eV。电子很容易通过势垒进入硅的导带,形成大的泄漏电流。

　　在 CMOS 栅极制程中,栅极下面的二氧化硅一般选择质量最高、厚度控制最精确、均匀性最好的炉管氧化方法,即在通氧气的炉管中,通过高温,让氧气和硅发生化学反应,生成薄薄的二氧化硅,然后在真空中利用化学气相沉积(CVD)技术,沉积多晶硅在晶圆上,即多晶硅生成。

　　硅栅自对准工艺(silicon gate self-aligned technology)是制作硅栅场效应晶体管的一种新工艺。自对准工艺是先在生长有栅氧化膜的硅单晶片上淀积一层多晶硅,然后在多晶硅上刻蚀出两个扩散窗口,杂质经窗口热扩散到硅单晶片内,形成源和漏扩散区,同时形成导电的多晶硅栅电极,其位置自动与源和漏的位置对准。硅栅除了使阈值电压降低外,还具有能比铝栅承受后续高温制程中的优点。如果实现栅极自对准,则其上又可多做一层互连引线,不仅可提高电路速度,而且能提高电路集成密度,增大版图设计的灵活性。硅栅工艺由于栅氧化生长后立即生长多晶硅,然后又覆盖一厚氧化膜才开窗孔,避免了铝栅 MOS 中在栅氧化后进行刻孔所带来的针孔和引入的污染,从而可大大提高电路的成品率和可靠性。

氮氧化硅栅极氧化介电层的制造工艺主要是通过对预先形成的 SiO_2 薄膜进行氮掺杂或氮化处理得到的,常用的氮氧化硅栅介质层制备方法有两大类,如图 16.5 所示。

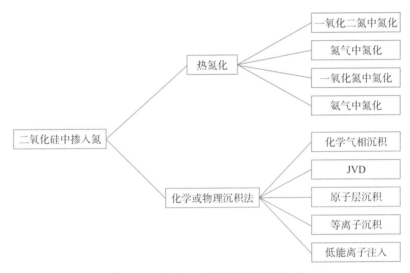

图 16.5　在 SiO_2 中掺入氮的常见方法

(1)热氮化/退火法主要是指在一氧化二氮(N_2O)、一氧化氮(NO)等气氛中热氧化生长二氧化硅,或将热氧化生长的二氧化硅通过在一氧化二氮、一氧化氮、氨气(NH_3)和氮气(N_2)等气氛中退火引入氮的方法。该方法一般先利用炉管的热处理形成氧化膜,然后选合适的含氮气体对上一步的二氧化硅氧化膜进行热处理氮化。该工艺可通过调整氨气和一氧化二氮的比例,控制氮氧化硅层的折射率和反射率。掺杂的氮含量受限于热处理缺陷,并不足以对硼元素产生积极影响,一般氮含量在 $10^{15}\,N/cm^2$ 的量级。热氮化法中氮含量的增加随退火温度的升高而增加,为了提高氮含量通常退火温度要大于 800 ℃。另外,掺杂的氮往往会更靠近二氧化硅和硅底材的位置附近而导致界面态不如纯氧化硅,因此载流子的迁移率会较差。为了改善这一现象,可利用快速升降温氧化(rapid thermal oxidation)加上电浆(plasma)进行掺氮,优点是载流子激活过程中能够抑制其扩散,减少漏电流,利于生长高质量薄膜。缺点是掺入的氮极不稳定,对均匀性的管控极其严苛。从发展过程来看,用热处理氮化得到的氮氧化硅制程工艺,主要是用于 0.13 μm 及以上的 CMOS 器件中栅极氧化介电层的制备。现在该快速升降温氧化(rapid thermal process,RTP)设备已经可以以非接触方式读取光谱强弱信号转化成温度信号,即通过闭环反馈实现温度实时控制。而且冷腔作业,节省资源。

(2)物理或化学沉积法主要包括化学气相沉积(CVD)、喷射蒸汽沉积(jet vapor deposition,JVD)、原子层沉积(atomic layer deposition,ALD)及等离子体氮化与低能 N 离子注入。物理或化学淀积法能够在 300~400℃ 的低温下实现氮化。但低温淀积形成的薄膜常常处于非稳态,通常会增加一步热退火过程以降低薄膜的缺陷和损伤。由于 SiO_xN_y 系统热动力学等方面的复杂性,不同的制备方法的生长机理不同,将产生不同的氮含量、氮分布和微观缺陷。图 16.6 所示为以上所列的不同掺氮工艺优缺点比较。

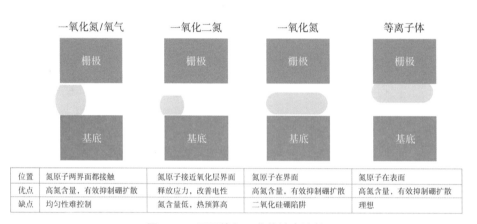

	一氧化氮/氧气	一氧化二氮	一氧化氮	等离子体
位置	氮原子两界面都接触	氮原子接近氧化层界面	氮原子在界面	氮原子在表面
优点	高氮含量,有效抑制硼扩散	释放应力,改善电性	高氮含量,有效抑制硼扩散	高氮含量,有效抑制硼扩散
缺点	均匀性难控制	氮含量低,热预算高	二氧化硅硼陷阱	理想

图 16.6　不同掺氮工艺优缺点比较

等离子体氮化工艺的出现主要是为了解决含氮浓度需求越来越高的问题,因为源漏极的掺杂浓度要随栅极氧化电介质层及多晶硅的厚度变薄而百分比变高,同时要求聚集在上表面以提升界面态。它利用氮气或氮气和惰性气体(如氦气或氩气)的混合气,通过线圈的射频电压产生射频电场,对自由电子加速后与气体分子碰撞,电子在非弹性碰撞下可以离子化气体分子。同时射频电流在线圈作用下产生射频磁场,在等离子体中随时间变化诱发新电场,让电子加速继续碰撞气体分子产生等离子体。形成的氮离子和含氮的活性分子/原子则通过表面势扩散至氧化硅表面,取代 Si—O 化学键部分氧原子,最后利用热退火形成晶格键。典型的等离子体氮氧化硅工艺如图 16.7 所示,该工艺相对于热氮法的可控性和重现性更好,且形成的氮氧化硅氮含量高、均匀性好。掺氮的结深非常浅,远离硅-二氧化硅的界面,浓度一般在 10^5 级别。如果要形成压应力性质的氮化硅薄膜,通常会采用双频射频电源的等离子增强气相沉积技术。通常可以产生更好的轰击效应,从而使得薄膜更为致密,并形成较大的压应力。

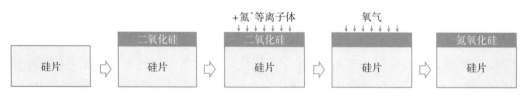

图 16.7　在二氧化硅(SiO_2)中掺入氮的等离子体(plasma)应用

当氮氧化硅栅极越来越薄时,氮氧化硅膜厚、组成成分、界面态等对器件电学性能的影响越来越重要。在工艺过程测试时,在光片上得到的表征往往会涉及多方面的综合,如表 16.1 所示为常见的栅极测试表征机台以及应用[4~7]。

表 16.1　常见的栅极测试表征机台以及应用

机台类型	应用	发展瓶颈
偏振光椭圆率测量仪	化学组分	量测的光斑变小/减少外部环境玷污/短波波段
透射电镜	界面形貌、界面缺陷	高分辨率
二次离子质谱	氮氧化硅介电层厚度、氮的浓度及分布	—
光电子能谱	测量膜厚、组成成分、氮的浓度随深度的分布测试	—
非接触式 C-V 测量仪	介电层的界面电荷、缺陷密度、漏电流特性	—

16.4　沟道应变

16.4.1　沟道应变的作用

晶体管的开关速度(响应频率)与载流子迁移率有关,而载流子迁移的快慢与栅极的宽度和材料相关。关于栅极材料方面,应变硅金属氧化物硅场效应晶体管(MOSFET)技术成为 45nm 节点后硅时代研究的热点[8]。应变硅技术是通过拉伸或压缩硅晶格达到在器件尺寸不变的情况下有效提升迁移速率的工艺方法。同时应变硅技术与传统硅工艺兼容,节约生产研发成本。从大的方向可分为全局应力(包括硅锗应力弛豫缓冲、绝缘体的应力硅技术等)和局部应力(包括浅槽隔离诱导应力、源漏极中映入硅锗引起的应力和应力衬垫层诱导的应力记忆等技术),全局的应力技术对于长沟道器件的性能有较明显的改善,但在短沟道情况下会引起器件性能的下降。应用于单晶硅上的机械应力将会改变原子内部的晶格间距,可以改变电子能带结构和密度,从而改变载流子的迁移率。载流子的迁移率为:

$$\mu = \frac{q\tau}{m^*} \tag{16.1}$$

式中:q 为电子电荷量;$1/\tau$ 为散射速率;m^* 为载流子的有效质量。从式(16.1)中可以看出,提高载流子的迁移率可以通过降低有效质量或散射速率的方法来实现。能带弯曲在当前的应力水平下起到显著作用,空穴迁移率的提高只能通过降低有效质量的方法来实现。

应力通常分为拉应力和压应力两种,代表了应力的两个方向,通常拉应力可以使得沟道区域中的分子排列更加疏松,从而提高电子的迁移率,适用于 NMOS 晶体管;而压应力使得沟道区域内的分子排布更加紧密,有助于提高空穴的迁移率,适用于 PMOS 晶体管。例如 NMOS 器件的驱动电流,随拉应力的增加而成正比例增加,而压应力却刚好相反。PMOS 器件对拉应力和压应力具备一定的选择性,会随着沟道选择的不同而决定是否发生变化,通常 PMOS 的变化方向反向于 NMOS 的变化方向。在所有的应力技术中,对于 PMOS 来说,选择性地外延生长硅锗源/漏是最有效的技术。应力对于电子和空穴载流子的影响是不同的,对于硅中电子载流子来说,应力将硅的一个六重简并的轨道分裂成一个低能量的二重简并轨道和一个能量较高的四重简并轨道。较低的两个轨道有更小的有效质量,从而有更高的迁移率。而对于空穴的情况,价带更为复杂,适合的应力使价带弯曲,有效质量减小,空穴的迁移率增大。对于纵向的应力,NMOS 受到拉力有较明显的电子载流子的迁移率增强,而 PMOS 受到压力有较明显的空穴迁移率增强。所以对于不同的器件需要施与不同的应力来实现性能的改善,有的应力方法能使 NMOS 和 PMOS 器件性能都有较明显的增强效应,而有的方法只对 NMOS 或者 PMOS 器件的性能有改善,如表 16.2 所示。对于不同的结构,选取合适的应力硅技术,需要在器件性能的改善、工艺复杂度与现有技术的兼容性等方面加以综合考虑[9]。

表 16.2　各种应力技术对于载流子速率的改善情况

应力技术类型	NMOS	PMOS
应力记忆技术(SMT)	7%～15%	—
单拉力 SiN	11%～19%	—
双应力	≈10%	18%～20%
应力临近技术(SPT)	—	≈20%
SiGe	—	20%～65%

16.4.2　沟道应变工艺技术

下面着重介绍几种应力技术的工艺特点和实际应用。

(1)应力记忆技术(SMT)是一种 CMOS 工艺引入的应力方法,其工艺流程一般为:①形成具有伪多晶硅的栅极结构;②侧墙之后沉积氧化硅和氮化硅;③对该氮化硅进行退火处理。在退火过程中氮化硅、栅极结构、沟道以及侧墙之间产生热应力和内应力效应,这些应力会被记忆在栅极结构的伪多晶硅和沟道中(应力记忆命名的由来),即便是在完成退火去除该氮化硅工序后,在 NMOS 沟道方向仍会保持张应力,从而影响 NMOS 器件的载流子迁移率(见图 16.8),其具体原理是硅氮化物的盖帽层产生对于 NMOS 的单轴拉应力。这种应力技术对于性能的改善和功耗的减小可以通过选取快速热退火处理(RTA)或选择能产生明显应力改变的材料来实现。应力记忆技术将会引起多晶硅产生沿 z 方向的拉力和沿 x 方向的压力,而这样的应力将会转移成沟道中沿 z 方向的压力和沿 x 方向的拉力,这种沟道中的拉力将会使 NMOS 器件的性能得到改善。对于多晶硅的离子注入,同样剂量,投影射程越大,应力记忆越明显,所以需要考虑应力转移的量。但在 28nm 及以下节点的 CMOS 器件制作工艺中,应力记忆效应在 NMOS 区通常很难达到预期的目标,主要原因是 NMOS 区的应力层厚度较小、应力层与沟道的距离偏大以及假多晶硅需要去除,均影响了应力记忆效应的发挥。因此,需要技术人员从前两种原因出发解决上述问题[10]。

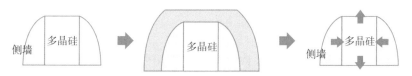

图 16.8　应力记忆技术应力转移示意图

SMT 根据对象的不同可分为非选择性的 SMT 和选择性的 SMT。非选择性 SMT 对于 NMOS 和 PMOS 都无差别地给予 SMT，NMOS 的性能和氮化硅的密度成正比，而 PMOS 的性能和氮化硅的密度成反比，但是 SMT 薄膜中氢的吸收会引起硼的损失，这会造成 PMOS 器件性能退化。不过对于低密度的氮化硅，NMOS 和 PMOS 的性能都可以通过紫外线修复得以改善。紫外光照射工艺可以打断氮化硅中原有的硅氢键和氮氢键，形成拉应力最高达 1.8GPa 的硅氮键。但缺点是有一定概率使氮化硅薄膜体积产生收缩，容易在凸起沟槽处形成裂缝，从而导致应力松弛效应。而在选择性 SMT 技术中，通过选择性地去除和保留不同器件上的氮化硅，可实现不同器件性能的改善。去除 PMOS 上的氮化硅而保留 NMOS 上的氮化硅可以使 NMOS 中的电子迁移率增加，从而使其电流驱动能力提高 15%，而对 PMOS 的性能没有影响。

目前 SMT 的主流技术实际上是在侧墙和自对准硅化物之间插入的工艺，在源、漏极离子注入完成之后，采用高应力水平的膜层（如高应力氮化硅）作为保护层，再对多晶硅栅极进行高温退火。

SMT 常见的工艺有两种：一种是在做完侧墙之后，会对源、漏极进行非晶化的离子注入，在生长完一层很薄的二氧化硅缓冲层之后，在整个晶片上沉积一层高应力氮化硅。通过一次光刻和干法刻蚀去除 PMOS 区域的氮化硅，通过酸槽洗掉露出来的二氧化硅，然后是高温退火（通常采用快速高温退火技术，甚至是毫秒级退火），有一次退火和二次退火之分。随后用磷酸将剩余氮化硅全部去除。第二种方法和第一种方法类似，区别在于不做光刻和干法刻蚀先行去除一部分区域，而统一在退火后去除，但对氮化硅薄膜的工艺要求较高。为了减小 SMT 对 PMOS 的副作用，氮化硅沉积后加紫外光照射可以减小氮化硅薄膜中的氢含量，将引起的硼离子损失减轻。

氮化硅低温相的点阵常数为 $a=0.758$nm，$c=0.5623$nm。它的介电常数高达 6~7，击穿场强为 1×10^7V·cm，可用化学气相沉积和溅射法制备。沉积氮化硅可以利用 NH_3 和 N_2 作为反应物，反应速度相对较快。在生成 Si_3N_4 后，还会含有一部分氢原子。此时的氢原子对氮化硅薄膜的致密度、折射率、应力大小有极大影响。工程师根据器件特性的需要，通过改变工艺参数（反应温度、气体流量、射频电源频率、功率和反应气压）来调整氢原子含量，从而得到理想性能的氮化硅薄膜。SMT 同时也考虑源/漏退火工艺，应力顶盖层（activation capping layer，ACL）底部的多晶硅栅极再结晶，该技术诱发的应力被记忆于 MOS 器件中，促使 MOS 器件的电性能改善 10%。而针对 PMOS 晶体管以及 NMOS 晶体管对不同应力的要求，还可在 MOS 器件上进行选择性的局部应变，提高 MOS 器件的电性能[11]。

（2）硅锗源/漏应力技术的产生[12-13]，是为了解决 SMT 只改善 NMOS，而 PMOS 改善不明显的问题。在高电场下，载流子散射比较严重，导致迁移率下降，而且氧化层界面散射也会严重,所以载流子迁移率会进一步下降。可以在沟道里用薄薄的锗(Ge)材料来提高载流子迁移率。

Intel 公司于 2003 年在 90nm 及以下节点中提出硅锗源/漏应力技术,通过在硅上外延生长硅锗使其对沟道产生直接的压应力,从而实现 PMOS 性能的改善(电流驱动能力提升 25%)。原理是利用锗(5.65Å)和硅(5.43Å)晶格常数的不同,在源漏区产生压应力(compressive stress),嵌入在源漏区,提高 PMOS 空穴的迁移率和饱和电流。与硅源/漏应力技术相比,硅锗源/漏能够引入单向压应力,而且能引入更大的能隙和更大的硼活化,减小扩展电阻。硅锗源/漏还可以实现双沟道的整合,对于高 κ 的栅极优先(gate-first)技术,高 κ 介质具备较高的等效氧化层厚度(EOT),可通过单金属双帽层结构来实现对 PMOS 器件性能的改善。但缺点是工艺复杂,硅帽层的厚度对性能产生负面影响。在硅锗源/漏应力技术中,应力和对短沟道的控制取决于工艺过程参数的良好控制,例如硅/硅锗界面预清洗,硅锗块体外延生长,外延生长深度、厚度和形状以及硅锗中锗的含量。在处理过程中层的弛豫,也要考虑硅锗源/漏与沟道的距离对应力程度的影响。此外,嵌入式锗化硅(embedded-SiGe, eSiGe)的边缘效应(栅极长度的依赖性)和尺寸减小也会对性能产生影响,eSiGe 的成品率不足、仅对 PMOS 性能的改善和与先进的栅极淀积技术(HK/MG)的兼容性问题都是需要工程师后续改善的方向[14-16]。

由于硅锗直接对沟道产生应力作用,硅锗源/漏的轮廓会影响引入沟道的应力水平。各种形状和不同位置的硅锗源/漏对应力的改善也不相同,一般来说,硅锗与沟道的距离越小,对沟道的压应力越明显。对于形状的研究也一直在改进,Σ形状的 SiGe 源/漏的应力表现明显[17],但需要特殊工艺来实现。首先是通过反应离子刻蚀得到图形,具体步骤如图 16.9 所示,Si 的离子注入被用于非晶化处理,然后使用沿硅晶体的(111)方向的有强选择性的湿刻方法形成Σ形状的硅锗源/漏。对于更小尺寸的情况,又有一种两个台阶形状的硅锗源/漏:在侧墙(offset spacer),先形成稍浅的台阶,然后利用一个侧墙形成一个更深的台阶。使用这种技术,对于 PMOS 可以有一个 100% 的驱动电流改善。

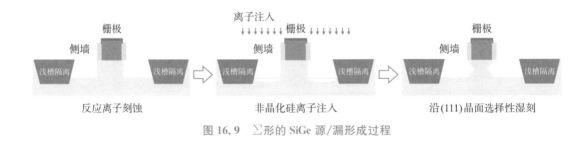

图 16.9 Σ形的 SiGe 源/漏形成过程

外延生长过程中控制锗的含量会带来更大的应力,有平直的(flat)和阶梯式的(graded)两种,还可以原位掺杂硼离子[18]。一般来说,SiGe/Si 异质结是一个亚稳态,在加热过程中通过形成类似位错(阶梯式选择性锗硅外延工艺可避免)、堆积缺陷等,本身趋向于弛豫。这些缺陷可能会增强掺杂物扩散的影响,因为在生长 SiGe 后需要进行退火处理,会引起硅与硅锗之间的相互扩散,这个扩散会引起载流子迁移率的退化,导致驱动电流的减小。因此,形成高质量的 SEG 硅锗层需要额外的处理过程,例如利用氢氟酸(HF)在硅锗 SEG 之前的原位低温湿法预清洗。该预清洗可以去除像氧和碳这些界面的杂质,也可修复由反应离子刻蚀引起的损伤。SEG 硅锗层的质量也依赖于凹进的形状,特别是凹进晶体平面,硅凹穴多时会有更低的浓度和更小的生长速率。有报道称硅锗的形貌会在硅的(110)衬底上有退化,而在硅的(100)衬底上有明显的改善。在酸槽预处理后,原位氢气的时间和温度也是制程管控的重点。外延生长过程好的选择性控制需要优化氯化氢(HCl)的流量速率和硅锗源/漏中锗的分布图形。通过改变锗的流速实现的缓变锗成分图形可以将更多的应力引进沟道中(驱动电流比非缓变的硅锗源/漏大15%)。这类图形还可以阻止掺杂物的扩散和增大热处理窗口。该外延生长过程还需考虑锗硅的形成。通常在锗硅上有一个牺牲硅帽层结构以抑制硅化物形成。硅锗工艺常见的检测项目以及机台类型如表 16.3 所示。

表 16.3 硅锗工艺常见的检测项目以及机台类型

机台类型	应用
X 射线衍射	厚度和浓度的离线测定
俄歇电子能谱/二次离子质谱	浓度和深度分布
扫描电子显微镜	轮廓和形态
透射电子显微镜	轮廓和晶格缺陷
光学颗粒测定仪	微粒和玷污的标定
椭圆偏振仪	锗硅厚度和锗含量
拉曼(Raman)光谱	应力

如上所述,锗硅源漏工艺提高 PMOS 器件的性能明显。但对于 NMOS 器件,必须要有拉应力才能提高电子的载流子迁移率,从原理上可以把硅锗嵌入从源漏改成到沟道下面实现拉应力,但遇到制程困难,后来就发展出在 NMOS 周围增加一个氮化硅(Si$_3$N$_4$)来产生额外的应力。该方法能够让器件全部产生压应力或全部产生拉应力,也可以分别对 PMOS 产生压应力而对 NMOS 产生拉应力,但该工艺制作的晶体管对多晶硅区域的不匹配影响特别大,即 0.18μm 及其以下技术存在的扩散区长度效应(length of drain/diffusion,LOD);沟道长度 L 的方向上有源区边缘离沟道边缘的距离对器件电流的影响,这个器件影响在 SPICE 仿真里面在 BSIM 4.0 以上的模型就有,所以在模拟(analog)电路仿真很关注不匹配的时候[如电流镜(current mirror)、差分对(differential pair)和模数/数模(ADC/DAC)等电路]一定要带入参数分析。主要是因为旁边都是浅沟槽隔离,里面的高浓度等离子体二氧化硅产生了拉应力。

锗硅源漏工艺发展中,通过去除虚拟栅电极可以进一步提升应力效果。通过释放栅极带来的排斥力,使其获得了更强的作用于沟道的横向压应力,使沟道的晶格发生形变,晶格变小,从而获得更高的沟道应变和空穴迁移率。以大马士革结构方式制造 PMOS 器件举例,它的作用机理可以参考图 16.10,在去除虚拟栅电极后,可以在栅电极处的凹槽部位填充多晶硅或金属栅。而且其所提高的应力都可以最终被保留,从而提高该结构的驱动电流[19]。

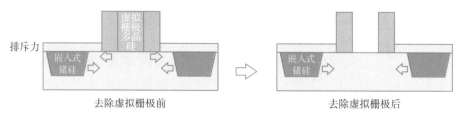

图 16.10　去除虚拟栅电极前后的效果图

（3）碳硅源漏工艺是锗硅源漏工艺的进化版，通过对晶格常数的优化获得性能的提升[20]。即通过改变硅导带的能带结构，降低电子的电导有效质量和散射概率。硅的晶格常数是 5.43Å，碳的晶格常数是 3.57Å，硅与碳的不匹配率是 34.27%，因此碳化硅（SiC）的晶格常数小于纯硅，并且碳的晶格常数远小于硅的晶格常数，所以在需要同等拉应力效果的情况下，碳化硅只需很少的碳原子就可达到很高的应力。该工艺受限于在源漏区的凹槽中无法选择性生长碳硅外延生长，但工程师们在实际模拟中发现，化学气相沉积（CVD）工艺可在不同区域获得不同晶态的碳硅[21-22]，例如在单晶硅上得到单晶态，同时在隔离薄膜上得到非晶态，通过不同的刻蚀率，就可以在源漏区选择性生长出外延碳硅薄膜。但该工艺的难点在于如何控制高温退火时掺入的碳原子在晶格中固定。特别对于高浓度的碳硅薄膜，在 990℃ 的尖峰退火工艺后，掺杂 1%～2% 原子的碳化硅薄膜将失去约 10%～30% 的应变，因此往往借助于有更高的升温和降温速率的毫秒退火工艺[23]。当半导体工艺发展到 45nm 节点以下时，双极应力刻蚀阻挡层通过采用压应力氮化硅来提升（100）晶面硅衬底上（110）晶向的 PMOS 器件的空穴迁移率。图 16.11 所示即为覆盖双极应力刻蚀阻挡层的补偿式金属氧化物半导体场效应晶体管器件。其对 NMOS 和 PMOS 器件的驱动电流影响与薄膜厚度和应力大小呈正相关。器件性能的提高依赖于薄膜本身的应力、厚度，并与沟道的接近程度有关。

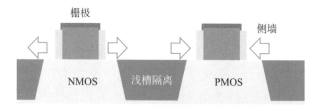

图 16.11　双极应力刻蚀阻挡层的补偿式金属氧化物半导体场效应晶体管器件示意图

（4）应力临近技术（SPT）是指把应力薄膜位置更加靠近沟道的方法，是近年来在先进逻辑芯片工艺上广泛应用的技术[24]。其技术原理是在栅极和源漏区金属化（silicide）以后，用等离子设备蚀刻方法去除部分或全部侧墙，在随后沉积的应力层或者双应力层的应力能更有效地施加到沟道区。传统的 SPT 流程在金属硅化物形成之后，对侧墙隔离层进行刻蚀。在这个过程中，由于金属硅化物暴露在刻蚀气氛当中，所以硅化物必然存在一定的损伤，最终反映到器件上的电阻变大。如果要进一步提升，则需在沟道中施加更大的应变或通过减薄侧墙宽度来获得。因此为了避免硅化物的损伤太严重，侧壁的去除量要进行控制。通常看到的都是对侧壁氮化硅层进行部分刻蚀，而不是完全去除。而且减薄会导致自对准硅化物与沟道连通存在风险。通过 SPT，NMOS 的性能可以提高 3%。而在 PMOS 方面，因为应力临近技术的引入，性能提升更加明显。搭配 SiGe 技术，应力临近技术可以提升 40% 的性能。应力临近技术的作用也与栅极的周期尺寸或者密集程度相关。密集的栅极电路，引入应力临近技术后性能提升 28%，相比稀疏栅极电路 20% 的提升，性能改善更加明显。这是因为在密集的栅极电路里，栅极与栅极的空间狭小，应力层沉积后的体积在引入应力临近技术前后差异明显，而应力层体积和应力层的应力施加紧密相关。

16.5　栅极光刻

光刻的工艺流程通常分为八个步骤：表面预处理、涂胶（coater）、曝光前烘焙（soft bake）、曝光（exposure）、曝光后烘焙（hard bake）、显影（develop）、显影后烘焙（hard bake）、测量（metrology），如图 16.12 所示。

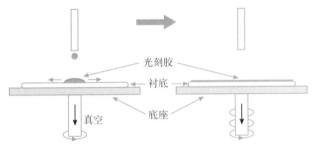

图 16.12　涂胶过程示意图

光刻胶工艺对于栅极至关重要，通常均匀性（CDU）的需求 3sigma 会小于目标值的 6%，甚至更高的要求，因此对光刻胶的涂布均匀性提出了较高的要求，在小于 3% 厚度均一性的业内标准需求下，需要更稳定的机台和工艺来达到进一步的提升。光刻胶厚度均匀性调整会涉及环境与晶圆的温度，以及涂胶模块的排气流量和压力。而线宽的降低同样会带来降低涂胶缺陷的问题。尽管有了底部抗反射层，还是会有一定量的剩余光从光刻胶底部反射上来。由于随着光刻胶的厚度变化，不同反射光的相位发生周期性的变化而产生干涉，而干涉对能量的重新分配会导致进入光刻胶内部的能量随着光刻胶的厚度变化发生周期性的变化，于是线宽便会随着光刻胶的厚度变化而发生周期性的变化，即我们常说的摇摆曲线（swing cure）。此时对于做不同图形便有了摇摆曲线选择的问题。在栅极中我们要求凸起线条的稳定性要优先保证，而且尽可能保持在较小线宽，因此通常会选择光刻胶厚度随特征尺寸变化周期的波谷作为光刻胶厚度，避免选择急剧变化区域。

对于栅极来说，光刻胶种类的选择是保证最终图形的起始条件，而光刻胶特性中最重要的是需要考量灵敏度的多少。灵敏度通常指单位面积上入射的使光刻胶全部发生反应的最小光能量和最小电荷量（对电子束胶），称为光刻胶的灵敏度，记为 S，也就是前面提过的 D_{100}。S 越小，则灵敏度越高。灵敏度太低会影响生产效率，所以通常希望光刻胶有较高的灵敏度。但灵敏度太高会影响分辨率,通常负胶的灵敏度高于正胶[25]。

一般来讲,在 90nm、65nm、45nm 以及 32nm 节点,栅极层的特征尺寸(critical dimension,CD)窗口代表了节点的工艺窗口。通常光刻工艺的参数窗口与评价指标从以下两个基本维度出发:曝光能量宽裕度(EL)和焦深(DOF)。EL 是指在线宽允许变化范围内(通常指线宽的 ±10%),曝光能量相对应的最大偏差与最佳能量的比例。对于 90nm、65nm 以及 32nm 节点,栅极光刻的 EL 一般为 15%~20%。

在 Gate OPC 中,常常要注意以下几点:①光刻胶是为孤立以及半孤立的线条优化的。②想提高线条的对比度,可以使用透射衰减掩模版。③掩模版上使用了正向的线宽偏置,使得倾向于过度曝光(改善 LWR)来充分发挥偏向线的光刻胶的性能。而且光刻胶灵敏度不能太高,否则孤立的线条就会被过度曝光而形貌不佳。与 OPC 一起使用的方法还有移相掩模(PSM)、离轴曝光技术(off axis illumination)、亚分辨率辅助图形技术(SRAF)等。

16.6 栅极刻蚀

在集成电路制造中,刻蚀是一种在暴露的硅衬底或晶圆表面未保护的薄膜上去除材料的工艺。干法刻蚀应用取决于最终器件速度、能量消耗和其他因素。干法刻蚀因为其各向异性刻蚀的优点,在线宽趋于越来越小的发展中的应用地位无可替代。随着新结构和新材料的迭代,干法刻蚀也不断改进工艺以应对日新月异的制程需求。例如,应力薄膜刻蚀、选择性外延(SiGe)的源漏刻蚀等技术开发。在逻辑器件中,栅极的特征尺寸均匀性是最关注的指标[26]。

栅极刻蚀以前通常采用无机硬掩模技术[27-28],但该抗蚀膜会形成各向异性的条纹,造成栅侧壁粗糙,在发展到 65nm 及以下工艺节点时,光刻胶厚度减小、氟化氩(ArF)光刻胶抗蚀不佳、栅氧化物厚度减小和预掺杂技术等成为栅极制造流程的主流,其对栅极刻蚀的要求又上了一个台阶。多晶硅栅的主要成分是多晶硅,因为多晶硅在热磷酸中的腐蚀速率是与预掺杂剂量相关的,在完成硬掩模去除步骤时,例如蚀刻气体为氯气(Cl_2)、溴化氢(HBr)等卤族元素气体会与 N 型掺杂的磷(P)或砷(As)的多晶硅产生相互吸引的库仑力,增加蚀刻率,产生颈缩现象。颈缩是由多晶硅栅的掺杂浓度造成的刻蚀速率差,多与重掺杂有关。多晶硅栅的底部存在脚和缺口会趋向于非对称的源、漏,容易引起栅-LDD(轻掺杂漏)重叠减少,这将导致更高的源侧 R_s 电阻和更高的漏侧衬底电流 I_{sub}。

栅极干法刻蚀对关键工艺参数要求也越来越高,如多晶硅栅刻蚀的均匀性、由密集到稀疏区的刻蚀偏差(TPEB)、线宽粗糙度(LWR)以及多晶硅栅形状(特别是底部形状)等。多晶硅栅的均匀性直接和漏饱和电流(I_{dsat})有关,正比于器件的有效沟道长度。TPEB 也会决定 V_{min} 的结果。LWR 与晶体管的阈值电压变化相关,能明显地增大关态电流的泄漏。在 65nm 及以下工艺节点,还必须考虑减小多晶硅栅形貌的变化[29]。

多晶硅栅极大小直接影响了 CMOS 器件的电学性能,而栅极侧壁形貌又直接关系到栅极性能的优劣,因此多晶硅栅极需要一个陡直的侧壁形貌。这种侧壁形貌主要就是由硬质掩模层刻蚀传递到多晶硅栅极上的,因此硬质掩模层侧壁形貌也就决定了最终多晶硅侧壁形貌。在等离子体刻蚀中，需要不断地有侧壁保护层进行保护才能取得陡直的侧壁形貌，更需要赋予高偏压来增加异向刻蚀能力。一般方法都是在硬质掩模层刻蚀步骤中采用高的偏压来获得强的纵向物理轰击强，偏压越大对应的物理轰击能力越强，表现的刻蚀速率也越强。但考虑衬底与界面的相互作用，实际制程中通常会有轻微过度的侧墙钝化，形成了锥形的形状。另外，宽的栅顶部为后续的硅化物工艺提供了足够的表面。

在刻蚀打开底部抗反射涂层（BARC）时，利用实验设计（DOE）对偏置电压、腔室压力和晶圆温度中挑选最佳条件组合，可以得到最佳的 CDU、TPEB 和 LWR。其中晶圆温度对均匀性的影响非常明显，不同的温度可以改变片内 BARC 刻蚀行为，从而改变片内多晶硅栅的均匀性。TPEB 和 LWR 通常无法完全兼顾，TPEB 更倾向于高压和低偏置，但会使 LWR 变差。LWR 的改善要考虑不同的气体组合，HBr—基可以提供更强的光刻胶的侧墙保护，因此采用 HBr—基做 BARC 效果优于 Cl_2—基。多晶硅栅的形状主要依赖于主刻蚀步骤。其中双多晶硅栅可以通过氟基气体（$NF_3/CF_4/SF_6$，对多晶硅是否掺杂不敏感）组合多晶硅栅主刻蚀气体（$HBr/Cl_2/O_2$）来制造，但因为容易产生聚合物，会导致多晶硅栅出现栅层材料残余（footing），特别是在过刻蚀过程中，轰击的能量不能太高，否则硅凹陷会偏大（见图 16.13）。对

预掺杂多晶硅栅，可以采用退火使掺杂剂引入的多晶硅栅形状畸变减弱。也可以通过侧墙角（SWA）看到多晶硅栅形状基本取决于主刻蚀和过刻蚀的刻蚀均匀性。多晶硅栅上任何小的缺口或者脚都会改变栅的有效长度。当本征薄膜应力变为更大的压缩应力时，可以改善底部形状残余的问题，甚至消除多晶硅栅的残余。局部的刻蚀可能会取决于多晶硅薄膜与衬底界面处的应力。除了上述问题，线边缘的收缩、线端头的二维刻蚀、栅刻蚀后出现的硅凹陷和刻蚀步骤中的硅的氧化/消耗，都可以通过刻蚀步骤得到某种程度的改进。

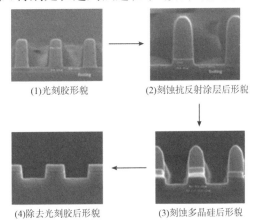

(1)光刻胶形貌　(2)刻蚀抗反射涂层后形貌

(4)除去光刻胶后形貌　(3)刻蚀多晶硅后形貌

图 16.13　栅极材料残余对 CD Gain 的影响

16.6.1　栅极干法刻蚀

多晶硅刻蚀工艺包括了复杂的多步骤刻蚀，依次主要是 BARC（底部抗反射涂层刻蚀）、HM（无机硬质掩模层刻蚀）、BT（氧化硅刻蚀）和 ME（多晶硅刻蚀），每一步刻蚀过程都会产生大量的刻蚀副产物，具体如表 16.4 所示。这些副产物气体在被分子泵抽离的过程中部分会回流重新淀积在托臂上方的顶边环表面，随着 RF 时数增加顶边环表面淀积的聚合物也就越来越多，从而产生刻蚀缺陷的微粒子来源。从 20 世纪 70 年代早期开始，以四氟化碳/氧气（CF_4/O_2）为刻蚀剂的干法刻蚀已经广泛地应用于刻蚀高分辨的图形，并且仍然流行于当今 32nm 工艺节点的氧化物刻蚀中。刻蚀目前的用途主要分为介质蚀刻（dielectric etch，oxide）、导体蚀刻（conductor etch，如 Si、Poly、Metal）、去光阻（strip/ashing）。

表 16.4 栅极刻蚀主要用到的气体与相应副产物

衬底反应物	气体	主要副产物
底部抗反射涂层刻蚀	O_2/CF_4	$C_xCl_y/CF_x/C—C_x$
无机硬质掩模层刻蚀 (oxide/SiN)	$HBr/C_xF_y/C_xHF_y$ （不同的数字代表 F-C 比）	$SiO_xBr_y/SiBr_x/CF_y—SiO_x$
多晶硅刻蚀(Poly、Si)	$Cl_2/HBr/O_2/CF_4$ (HBr 生成聚合物，通入 F-base 控制 profile)	$SiO_xF_y/SiO_xF_y/SiO_xCl_y/SiBr_xCl_y$
氧化硅刻蚀(oxide)	$SF_6/N_2/C_xF_y/C_xHF_y$ (F-C ratio)	$CH_xF_y—SiO_z$

在栅极的干法刻蚀中，重点在于对二氧化硅、氮化硅以及多晶硅调试不同工艺气体类型，典型的选择方案如表 16.5 所示。

表 16.5 栅极刻蚀主要的气体选择方案

刻蚀对象	典型气体	选择性
二氧化硅	SF_6、CF_4/O_2	偏各向同性，侧向刻蚀严重，对硅选择性较差
	CF_4/H_2，CHF_3/O_2	偏各向异性，对硅有选择性
	$CHF_3/C_4F_8/CO$	偏各向异性，对氮化硅选择性好
氮化硅	CF_4/O_2	偏各向同性，对硅的选择性差，对二氧化硅选择性好
	CF_4/H_2	偏各向异性，对硅的选择性好，对二氧化硅选择性差
	CHF_3/O_2	偏各向异性，对硅、二氧化硅的选择性都好
多晶硅	SF_6、CF_4	偏各向同性，侧向同性，对二氧化硅的选择性差
	CF_4/H_2，CHF_3	偏各向异性，对二氧化硅没有选择性
	CF_4/O_2	偏各向同性，对二氧化硅选择性好

干法刻蚀工艺过程如图 16.14 所示。干法刻蚀工艺通常由四个基本状态构成：刻蚀前、部分刻蚀、刻蚀到位和过刻蚀（刻蚀的不均匀性/生长的薄膜不平）。其主要评价参数有刻蚀速率、选择性、深宽比、终点探测、CD 均匀性和负载效应。表 16.6 所示为几种常见的评价项目。

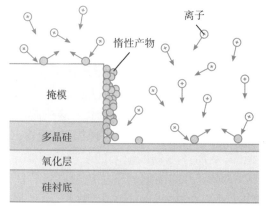

图 16.14 多晶硅刻蚀的示意图

表 16.6　刻蚀几种常见的评价项目

项目	解释	数学公式
刻蚀速率	刻蚀过程中去除硅片表面材料的速度	$=\Delta T/t$ ΔT 为去除材料厚度；T 为刻蚀时间
负载效应	刻蚀速率和刻蚀面积成反比	
各向异性	取决于垂直方向和横向平面的刻蚀比	$=1-R_l/R_v$ R_v 为垂直方向刻蚀速率；R_l 为水平方向刻蚀速率
选择比	同一条件下,各材料的刻蚀速率比	$=E_f/E_r$ E_f 为被刻蚀材料刻蚀速率；E_r 为抗刻蚀材料刻蚀速率

　　多晶硅栅蚀刻中,Cl_2、HBr 和 HCl 是硅栅刻蚀的主要气体,Cl_2 和硅反应生成具有挥发性的 $SiCl_4$,而 HBr 和硅反应生成的 $SiBr_4$ 同样具有挥发性。通常会在这些主刻蚀气体中加入小流量的氧气,一方面是为了在侧壁生成氧化硅从而增加对侧壁的保护;另一方面也提高了对栅氧化层的选择比。在标准的 ICP 双耦合刻蚀腔体中,$HBr-O_2$ 的组合通常能达到大于 100∶1 的选择比。为避免伤及栅氧化层,任何带 F 基的气体如 CF_4、SF_6 和 NF_3 都不能在过刻蚀的步骤中使用。HBr/O_2 过刻蚀量需严格控制,以 30% 为宜,过少会有栅极材料残余,过多则上部颈缩,即使过刻蚀采用了 HBr/O_2,仍容易导致硅穿孔和硅损伤硅穿孔。主刻蚀步骤刻蚀过量,往往是栅氧化硅 HBr/O_2 工艺不够优化,导致刻蚀选择比下降。刻蚀前的键能是 Si—Si 和 Si—O,刻蚀后的键能是 C—O、Si—F、Si—Cl 和 Si—Br,由于 Si—Si(54)键能最小,Si—F(132)、Si—Cl(96)和 Si—Br(88)键能均比 Si—Si(54)大,所以含 F、Cl 和 Br 的气体均能刻蚀多晶硅。Si—O(111)键能比 Si—Cl(96)、Si—Br(88)大,而比 Si—F(132)小,所以含 Cl 和 Br 的气体刻蚀 Si—Si 键的同时,不能刻蚀 Si—O 键。C—O(257)键能最大,当反应气体中有 C 时,Si—O(111)键会断裂生成 C—O(257)键。综上所述,选用 Cl_2 和 HBr 容易获得高选择比,而含 C、F、Cl 的气体选择比较低。实际的刻蚀方法(etch recipe)会分主要刻蚀(main etch,ME)和过度刻蚀(over etch,OE),ME 主要考虑刻蚀速率(etch rate),而 OE 主要考虑选择比(selectivity),ME 和 OE 选择的气体一般不同。

　　硅损伤(Si recess)与刻蚀选择比无直接关联,但会导致器件饱和电流下降,需严格控制。产生原因是 HBr 中的 H 离子在电场作用下加速,穿过栅氧化层(1～2nm),注入体硅约 10nm,产生错位。多晶硅栅下面的栅氧层厚度随着制程线宽缩小而不断变薄,在多晶硅栅刻蚀过程中,如果选择比不高,容易吃穿栅氧,造成器件失效。解决方案是降低偏置电压,因此可降低加速氢离子的电场强度,最终降低体硅损伤,在同步脉冲等离子体刻蚀中,体硅损伤层的厚度只有传统的 20%。

　　干法刻蚀的反应终点,是用来确保以最小的或者是所希望的目标材料以下的过刻蚀量将所有的目标材料从晶圆表面刻蚀掉。不同物质的等离子会有不同波长的光,被激发的电子会再与周边的离子复合(recombination)回到电中性过程中必须以光的形式释放能量(light emission),所以反应物和副产物气体形成的等离子体的光波长是不一样的。如多晶硅刻蚀,副产物应该是 SiF_4 气体的等离子波长,对此侦测信号突然下降就可判定刻蚀终点。另外等离子体里面还有个名词叫作表面电壳层,是因为电子放电结束产生的黑暗区域,电子比离子跑得快,所以有一段距离的电子还没来得及与离子复合就跑出去了,到后面才开始复合产生放电发光效应,该区域就是 Sheath,主要靠电场大小来平衡。除此之外,还有激光干涉、质谱分析等手段同样可以监测。

干法刻蚀的负载效应(loading effect),是指局部刻蚀气体的消耗大于供给引起的刻蚀速率下降或分布不均的效应。可以分为 3 种:宏观负载效应(macro loading)、微观负载效应(micro loading)以及与刻蚀深宽比相关的负载效应(aspect ratio dependent etching,ARDE)。在栅极干法刻蚀工艺当中,不同图形的设计面积和图形密集度会受到宏观负载和微观负载的影响。其中在微观负载中,各单位面积上的反应刻蚀剂不同,而且图形密集度也导致副产物抽走的困难度不一样,所以刻蚀速率不同导致的结果形貌就会变差。一般来说,密集的图形会比孤立图形具有更垂直的侧墙形状。通常被认为是因为在孤立图形区域中有更多的聚合物产生[30-32]。

当前广泛使用的多晶硅栅极刻蚀工艺中,栅极关键尺寸的大小是由硬质掩模层(hard mask,HM)关键尺寸大小来传递的,而硬质掩模层的关键尺寸大小调整由多晶硅栅极刻蚀工艺步骤中硬质掩模层的修饰(hard mask trim,HM trim)步骤时间来决定。在 $0.18\mu m$ 节点以下的工艺中,在光刻后和刻蚀前之间存在一步线宽修剪(trim)刻蚀工艺,使得栅极制程要求一般为常规光刻线宽的 70%。光刻胶修剪技术可以提高光刻系统加工特征尺寸图形性能,它可以实现栅线条制造的高分辨率。首先在多晶硅栅电极表面覆盖一层如 Si_3N_4 的硬掩模材料,然后利用标准的曝光工艺获得一定的光刻胶图形,接着利用 RIE 工艺对曝光形成的光刻胶图形进行修剪。在修剪过程中,随着光刻胶厚度的减薄,图形的宽度也在相应地缩小。最后利用修剪后的光刻胶图形作掩蔽,对 SiN 硬掩模层进行刻蚀,形成硬掩蔽膜图形。通过调整 HM trim 工艺步骤的刻蚀时间来控制硬质掩模层关键尺寸大小的目的,从而达到控制最终多晶硅栅极关键尺寸的大小目的。但是通过刻蚀过程来削减硬掩模,其消减的过程不是完全线性的,因此当需要削减的时间较长时,对 CD 的控制会不精确,而且刻蚀削减所形成的硬掩模形貌不够保型,对后续多晶硅栅的刻蚀会产生不利的影响。因此特征尺寸修正步骤往往需要较少副产物的高 C/F 比气体(CF_4、NH_3 等),以及较好各向同性刻蚀。

由于反应生成物影响着刻蚀腔体内壁,而刻蚀腔体内壁环境又与等离子体的成分相互作用,刻蚀过程中每一个工艺和硬件参数都影响着刻蚀的稳定性,为了实现非等向刻蚀,需要钝化层保护侧壁,而形成侧壁钝化层的聚合物,又可能成为腔室或晶圆表面的污染物。侧壁钝化是指刻蚀反应产生的非挥发性的副产物,如侧壁表面的氧化物或氮化物会在待刻蚀物质侧表面形成钝化层,侧壁钝化层受到较少的离子轰击,阻止了这个方向刻蚀的进一步进行。刻蚀缺陷是由 HM 刻蚀步骤中离子轰击聚合物溅射到晶圆表面产生的,通过调整 HM 刻蚀步骤偏压降低离子轰击强度,可成功地消除刻蚀制程中反应生成物转变为微粒子污染[33-34]。

MOS 管的栅极关键尺寸是衡量集成电路设计和制造工艺水平的重要参数。但是特征尺寸越小,栅极的尺寸容差要求就变得越严格,尤其是大尺寸的 12 英寸晶圆硅片的应用,使得工艺控制变得更加苛刻。例如按照刻蚀容差绝对值应控制在 10% 之内,对于 45nm 工艺节点,容差绝对值要小于 5nm。在先进的多晶硅栅极工艺中,刻蚀腔之间 CD 偏差值匹配度已经小于 1nm。与此同时,由于堆叠结构越来越复杂,刻蚀过程中反应物和生成物也相应地增加,另外刻蚀反应腔体也要承担更多的工艺刻蚀内容。刻蚀的一致稳定性控制要求不仅是针对硅晶片上的不同区域,更是针对刻蚀反应腔维护保养的前后一致性。CD均匀性要保证芯片功能正确,以保证相似的刻蚀特性结果。在干法刻蚀中,相对于仅能控制不同环形区域传统静电吸盘,多区温控静电吸盘(electrostatic chucks, ESC)可以控制晶片上不同区域的温度,通过控制线条侧壁上副产物的吸附,实现控制线条的特征尺寸。而进一步的网格型温控静电吸盘可以控制更小的区域,改善不对称的CD差异,通过数据收集和软件分析,得出带预补偿能量的曝光条件,可改善30%的CD均匀性。

　　台阶高度对多晶硅栅的蚀刻影响有:浅沟槽隔离的台阶高度表征了多晶硅生长前的晶片表面形貌,其中浅沟槽隔离区的多晶硅栅的侧壁角度为86°,有源区中央的多晶硅栅侧壁角度为89°。其中有源区密度差异导致浅沟槽隔离后CMP中的负载效应,影响多晶硅膜厚度差异,最终栅极侧壁角度不同而表现出特征尺寸差异。因此,复合材料对于台阶的优化是一种良好的选择(见图16.15)。

(a) 复合材料的台阶掩模方式　　　　(b) 单一材料的台阶掩模方式

图 16.15　刻蚀材料台阶示意图

　　多晶硅栅极的线宽粗糙度与刻蚀工艺有关,低频线宽粗糙度与曝光显影有关(对多晶硅栅影响最大)。等离子体后光刻处理(plasma post lithography treatment,PPLT)通过对光阻线条进行等离子体处理或等离子体带状束掺杂处理,修复光阻边缘形貌。等离子体处理一般采用 H_2 或 HBr 等离子体,优点是气体激发后产生的 UV&VUV 使光阻重融(reflow),缺点是等离子体中的离子和自由基作用于光阻,在光阻表面形成类石墨层,限制光阻进一步重融。气体中的 H 原子可以去除一定量的类石墨层,延长重融过程,但 H 原子会造成额外的光阻损耗,脉冲型 HBr 等离子体处理工艺通过低的占空比控制可以减少类石墨层的生成(减少气体分子化学活性,以减少 $C_xH_yO_z$ 分解成 C_x 和 CH_x),Ar 等离子体也可产生 VUV,引发光阻重融,惰性气体对光阻损耗不明显,但没有气体去除类石墨层,LWR 改善局限于 10%。

　　多晶硅栅极的双图形刻蚀:①线条末端回缩(line end shortness,LES)。由于曝光显影工艺限制,线条末端光阻侧壁倾斜凸出,在蚀刻过程中受到 3 个方向的刻蚀,光阻后退很快,多晶硅栅线条末端若在刻蚀工艺中后退过多,将导致栅极长度不足以跨越有源区。线条末端回缩与图形刻蚀定义的初始刻蚀步骤工艺紧密相关,使用不同底部抗反射层刻蚀气体,线条末端的回缩性能差异很大,使用氟基气体的底部抗反射层刻蚀工艺,线条末端的回退程度远远小于 HBr/Cl_2 类刻蚀工艺(光阻重融收缩使线条末端回退更剧烈)。②双图形切断工艺(double patterning)。从 28nm 开始引入此工艺避免多晶硅线条末端的过分收缩。P1:第一次曝光及刻蚀形成长线条图形。P2:第二次曝光,旋涂工艺沉积下层(旋涂中间层含硅底部反射层),使平坦化,然后旋涂光阻并做切割孔的曝光工艺,最后刻蚀切割多晶硅栅。这种双图形工艺有效地规避了一次图形工艺中,黄光工艺曝光在栅极长度和宽度两个方向上的缩微限制。同时通过刻蚀切割工艺的优化,即在等离子表面处理机刻蚀气体中加入能产生厚重聚合物的气体,可以将多晶硅栅头对头的距离缩小到 20nm 以下,满足了有源区持续缩微的需要。采用双图形刻蚀的工艺中,切割工艺的工艺窗口是必须考虑的,通常会将切制工艺的全部图形利用设计规则(design rule)全部落在氧化硅上,从而在硬掩模切割的步骤中施加足够的过刻蚀量,以达到完全切割的目的,增大工艺的工作窗口。但是如果没有通过设计规则来规避它,即如果存在双图形均曝开的区域,且多晶硅下是有源区的衬底的设计,那么在切断工艺中就需要控制过刻蚀量以避免下层的硅衬底受损伤。当尺寸进一步微缩,切断工艺的深宽比进一步增大,对于等离子表面处理机干法刻蚀后的清洗工艺增加了不少挑战,在更先进工艺中的双图形,双图形步骤的安放、填充材料都将会有所变化。

16.6.2　栅侧墙刻蚀

栅侧墙刻蚀如图 16.16 所示,侧墙主要是指在栅氧周围生长出的自对准的绝缘结构,用以保护栅氧,减少漏电流,降低热载流子效应[35-36]。先用热氧化法生长一层二氧化硅(TEOS)作为氮化硅刻蚀停止层,也将用作氮化硅与硅之间的缓冲层,然后再生长一层氮化硅(NIT),在氮化硅的上面还要生长一层二氧化硅。经刻蚀就形成了 O—N—O 结构的侧墙。它可用来限定 LDD 结和深源/漏结宽度。它的宽度、高度和物理特性,成为等比例缩小 CMOS 技术的关键。为了缓解结等比例缩小趋势,并不以结电阻为代价来减小重叠电容,在栅的侧壁形成了偏移间隔,从 90nm CMOS 工艺节点以后,它已经得到广泛的应用。需要谨慎地平衡偏移间隔和源/漏扩展,以避免源到漏的重叠不够造成的驱动电流损失或者明显的短沟效应。为了在采用偏移间隔 CMOS 工艺中得到可以接受的重复性和参数离散,偏移间隔宽度的均匀性必须控制在至少小于 1nm。更宽的侧墙可以减小短沟效应,降低侧墙下面的寄生源/漏电阻,并且更能耐受造成二极管漏电流加大的 NiSi 的横向过生长,或者接触刻蚀钉子效应,但它限制了侧墙宽度的缩小,并且对硅化物的形成和层间介质间隙的填充提出了挑战。除此之外,在不同图形尺寸和密度的情况下,侧墙材料沉积保形性较差,也会对侧墙的宽度和高度的均匀性产生不良影响。不同的侧墙结构可以用来调整晶体管的源/漏结,使其具有最大的驱动电流,同时保持低的晶体管寄生电容。清洁模式刻蚀机在侧墙刻蚀可以减小腔室记忆效应,控制均匀性。更好的偏移间隔均匀性和更小的形状偏差的协同效果,会影响注入离子在多晶硅栅内部扩散的分布,从而缩小栅漏交叠电容的变化范围。

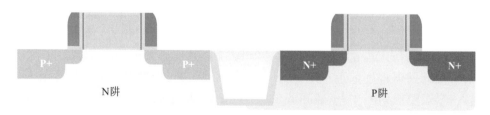

图 16.16　典型的偏移间隔和氧氮化硅侧墙示意图

典型的侧墙形成的工艺步骤包含：①侧墙生长之前清洗；②二氧化硅炉管区 700℃生长，厚度控制在(150±15)Å(具体厚度因产品类型而异)；③炉管区 650℃生长氮化硅，厚度在(300±30)Å；④炉管区 680℃生长二氧化硅，厚度控制在(400±40)Å；⑤侧墙刻蚀，刻蚀 400Å 的二氧化硅和 300Å 的氮化硅；⑥刻蚀后的清洗及残留物的去除，主要是使用磷酸、双氧水和氢氟酸等。侧墙的特点是先用热氧化法于 700℃下生长一层 150Å左右的二氧化硅侧壁作为刻蚀氮化硅的停止层，也作为氮化硅的缓冲层以减小氮化硅对硅的应力。然后淀积一层 300Å 左右(不能太厚)的氮化硅，它太厚会对下层衬底的二氧化硅结构造成损伤。但是侧墙又不能太薄，所以在氮化硅的上面还要再淀积一层二氧化硅[(400±40)Å]，这样就形成了 O—N—O 结构。侧墙刻蚀时干刻到衬底的二氧化硅后即停止，再用湿刻的方法刻蚀衬底的二氧化硅，衬底的二氧化硅仍留一部分作为 SN^+、SP^+ 的离子注入掩蔽层。侧墙的优点在于工艺流程在较低的温度下完成，避免了对其他结构的破坏；防止了对有源区的损害；减小了短沟道效应，降低了关断电压。

侧墙刻蚀与其他的如介质刻蚀、硅刻蚀和金属刻蚀尽管在不同的下层材料上停止反应并要求形成不同的纵向轮廓，但是其原理还是相同的，所以侧墙刻蚀也要满足干法等离子体刻蚀一系列的要求：①图形转移的精确性和精度。侧墙具有其天然的优越性，因为它是自对准刻蚀，所以图形转移的精确性和精度主要由前一步栅线条决定；只要精确控制好侧墙生长的二氧化硅和氮化硅厚度以及蚀刻的速率。②对下层的选择比。侧墙在刻蚀最上层二氧化硅时有中间层氮化硅做选择比刻蚀，刻蚀中间层氮化硅时有底层二氧化硅做选择比刻蚀，因此高选择比对于侧墙刻蚀非常关键。③刻蚀的均匀性。指侧墙的蚀刻率、关键尺寸、选择比等的均匀性。④刻蚀剖面的控制。侧墙要求具有一定的大小以严格分开场区与有源区，为之后的离子注入做准备，所以对肩膀状剖面要求较高。

侧墙包含两层二氧化硅和一层氮化硅，二氧化硅等离子体干法刻蚀工艺最常用的刻蚀气体为氟碳化合物、氯的碳氢化合物，即在碳氢化合物中有一个或几个氢原子被氟原子替代，如 CF_4、C_3F_8、C_2F_6、C_4F_6、CHF_3、CH_3F、CH_2F_2、CSF_8 等。其中所含的碳可以帮助去除氧化层中的氧，产生的副产物为 CO 及 CO_2。CF_4 为最常用的气体，可以提供很高的刻蚀速率，但对多晶硅的选择比很低。另一常用的气体是 CHF_3，有很高的聚合物生成速率。O—N—O 侧墙的二氧化硅的主刻蚀正是采用了 CF_4 和 CHF_3 的混合气体作为刻蚀气体，其刻蚀的主要过程：

$$CF_4^* + e \longrightarrow CF_3^* + F^* + e$$
$$CF_3^* + e \longrightarrow C + F^* + e$$
$$CHF_3 + e \longrightarrow CHF_2^* + F^* + e$$
$$CHF_3 + e \longrightarrow CF_3^* + H^* + e$$
$$F^* + H^* \longrightarrow HF^*$$
$$SiO_2 + CHF_2^* \longrightarrow SiF_4 + HF + CO + CO_2$$
$$SiO_2 + CF_3^* \longrightarrow SiF_4 + COF_2 + CO + CO_2$$

其中，标星号的 CF_3^*、F^*、H^* 表示具有强化学反应活性的活性基。反应生成的 SiF_4、CO、CO_2 等挥发性气体被真空系统抽离反应腔体。可见刻蚀二氧化硅主要靠氟原子活性基，因此反应气体中氟活性原子的比例越大越有利于刻蚀反应。也常用氟碳比(F/C)

模型来衡量刻蚀反应,这称为氟碳比模型。一般情况下,氟碳比越大,形成的聚合物越少,刻蚀速率越大;氟碳比越小,形成的聚合物越多,刻蚀速率越小。在侧墙二氧化硅主刻蚀中还加入了氢气,以增加物理蚀刻的效果。氩的原子量比较大,在电场和磁场的作用下,氢可以轰击晶圆的表面,以增强物理溅射的效果,达到各向异性的刻蚀效果。这样还比较容易生成衬肩形状侧墙的刻蚀效果。

在过刻蚀中为了提高对氮化硅的选择比,主要选用的气体是 C_4F_8、CO 和 Ar。过刻蚀是为了保证所有区域都被刻蚀干净,以弥补薄膜的不均匀性。过刻蚀的一个重要特点是高选择比,因为不能伤到下层的氮化硅。C_4F_8 是主要的刻蚀气体,含 F 量很高,在高电场下,解离成等离子体和活性基,包含 CF^*、CF_2^*、CF_3^* 等,进行化学刻蚀。而且在过刻蚀反应过程中,CF^* 基团是最关键的因子,F 起主要刻蚀作用,但它与二氧化硅和氮化硅反应的速率相差不大,因此刻蚀速率选择比低;而 C 的作用是生成 C—H 聚合物等,从而利于提高刻蚀选择比,但过多的聚合物又会阻碍刻蚀。因此为了做好它们的平衡,添加了辅助气体 CO 来平衡碳和氟的比例。同时由于二氧化硅经离子轰击较容易解离出氧离子或原子,因此在过刻蚀过程中加入 CO 和氧反应提高了二氧化硅的刻蚀速率。Ar 是惰性气体,既可以稀释反应气体,又因为其大质量可以轰击被刻蚀体的表面,提高了刻蚀的速率。

侧墙刻蚀中的氮化硅的反应离子刻蚀一般都采用物理和化学作用相结合的刻蚀方法。其原理是反应腔体中的气体在高频电场的作用下被解离,产生等离子体。等离子体中含有离子、电子及游离基等,可与被刻蚀晶圆表面的原子发生化学反应,形成挥发性物质,达到刻蚀的目的。同时,高能高子(比如 Ar)在一定的电场和磁场作用下,轰击晶圆的表面,进行物理轰击和刻蚀,使得反应离子刻蚀具有很好的各向异性。

在侧墙氮化硅刻蚀中,因为不能过多地损伤下层的二氧化硅,所以氮化硅对二氧化硅的选择比非常重要。主刻蚀用来提升刻蚀的效率,但因两层厚度都很薄而且二氧化硅的选择比不高,所以考虑采用短时间的主刻蚀加长时间的过刻蚀的方法。能刻蚀氮化硅的气体很多,通常能产生氟、氯活性基的气体均可以刻蚀氮化硅,如 CHF_3、CH_3F、CF_4、SF_6、NF_3 等,氟碳化合物是刻蚀氮化硅的常用气体。侧墙氮化硅的主刻蚀采用了 CF_4 作为刻蚀气体。刻蚀氮化硅的主要过程为:

$$CF_4 + e \longrightarrow CF_3^* + F^* + e$$
$$Si_3N_4 + F^* \longrightarrow SiF_4 + N_2$$

其中,标星号的 CF_3^*、F^* 表示具有强化学反应活性的活性基。反应生成的 SiF_4、N_2 等挥发性气体被真空系统抽离反应腔体,完成对氮化硅的刻蚀。可见刻蚀氮化硅的主要是氟原子活性基。在主刻蚀中还加入了氩气,以增加物理刻蚀的效果。氩的原子量比较大,在电场和磁场的作用下,氩可以轰击晶圆的表面,以增强物理反应的效果,达到各向异性刻蚀的效果。

在过刻蚀中为了提高对二氧化硅的选择比,主要选用的气体是 CH_3F 和 O_2。过刻蚀是为了保证所有区域都被刻蚀干净,以弥补薄膜的不均匀性。由于不能伤到下层的二氧化硅,所以过刻蚀已经不再使用磁场,以减小离子的密度和轰击的能力,提高选择比。过刻蚀采用的气体之一是 CH_3F,因其较低的氟碳比而生成较多聚合物,加上 CH_3F

富足的氢,使其对二氧化硅的刻蚀速率大大降低。在过刻蚀中还加入了 O_2,对氮化硅刻蚀速率的提高有明显的作用。

FinFET 中的多晶硅栅极刻蚀,可以分为两种,一是多晶硅关键尺寸大于硬掩模时,偏置侧墙在后续的 P 型硅锗凹槽(PMOS silicon recess,PSR)刻蚀中将会受到更多的消耗,导致偏置侧墙的厚度不足以保护顶部的多晶硅,而且在后续硅锗外沿生长中,在多晶硅顶部将有很大概率生长出硅锗外沿,形成缺陷,造成器件失效。二是多晶硅关键尺寸小于硬掩模时,多晶硅在刻蚀后出现较严重的底部长角底部的偏置侧墙会在 PSR 刻蚀中受到更多损耗,导致后续 P 型硅锗凹槽蚀刻中受到更多的消耗,在硅锗外延中,在多晶硅底部生长出硅锗缺陷。硬掩模有效高度不够,顶部的多晶硅生长出硅锗缺陷。

在未来先进工艺的全环栅极(gate-all-around,GAA)结构中,内侧墙工艺(inner spacer SiGe recess)刻蚀工艺,往往会优先考虑以下几点:①高选择比硅锗刻蚀,对硅要求很高的选择比(>150∶1),以减少硅沟道损失;②各向同性精确控制刻蚀,横向去除硅锗,精准控制内侧墙的宽度、均匀性,减少对栅长均匀性的影响;③高选择比内侧墙刻蚀,需精准控制内侧墙厚度及均匀性,导通电阻(Ron)与内侧墙间的厚度强相关,同时保证硅沟道外漏、无残留、无破坏;④对硅/二氧化硅/硅锗都有高的选择比,且各向同性。

在侧墙刻蚀工艺中,还有很多尤其要注意的工艺事项。例如在 NMOS 中,低刻蚀速率偏移刻蚀结果优于采用常规介质刻蚀机的高速率刻蚀,但快速的硼扩散使得 PMOS 对偏移间隔均匀性和形状的偏差不敏感。在有着同样的侧墙宽度的情况下,氧化物/氮化物(ON)薄膜存在不同的机械应力而更具可靠性。在侧墙刻蚀中,如果在侧墙刻蚀和湿法去胶间的等待时间比较长,留在 SiN 上的 CH_xF_y 将腐蚀 SiN 薄膜,因此制程中要尤其注意队列时间的控制。另外,在预刻蚀方案中,NF_3/O_2 被用来清洗腔室,以减小因腔室记忆效应导致的侧墙顶部损失。而在后刻蚀中,为了获得对称的侧墙高度,利用未偏置的 O_2 来缓和腔室记忆效应。

16.6.3　新技术刻蚀的未来发展方向和挑战

(1)硅凹槽刻蚀[37]:在前面章节提到,通过将硅锗薄膜嵌入 PMOS 的源漏区,获得应力效应的技术,在侧墙刚刚形成后,需要在 PMOS 区引入衬底凹槽刻蚀和选择性外延硅锗沉积。通常在导体刻蚀机中利用 HBr/O_2 气体进行硅凹槽刻蚀。但在其过程中,由于 HBr/O_2 在多晶硅栅和硅之间的刻蚀选择性较低,为了保护顶部而通常在多晶硅栅的顶部增加一个附加层,比如氮化硅层。硅槽的深度可以由 OCD 来检测。

考虑空穴迁移率、短沟效应和源/漏电阻等方面,工程师研发出了如图 16.17 所示的

图 16.17　硅凹槽刻蚀和 SiGe 选择性外延沉积示意图

硅沟槽的几种形状。Σ形的硅锗源/漏比常规的硅锗源/漏增强100％的应力。但其在32nm及其以下工艺节点仍然无法满足要求,故又提出了两层台阶式硅锗源/漏的方案(见图16.18)。利用不同的侧墙宽度形成两层台阶式硅锗源/漏的结构可用干法刻蚀形成,第一个深的硅沟槽用常规的硅凹槽刻蚀形成,接着干法刻蚀实现侧墙CD的收缩,然后制作出有两层台阶的第二个浅硅槽。

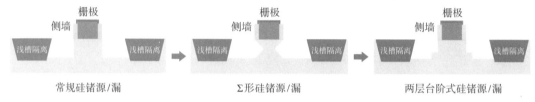

图16.18　常规硅锗源/漏、Σ形硅锗源/漏和两层台阶式硅锗源/漏示意图

　　GAA工艺中的多层硅/硅锗高质量低温外延对Ge的扩散氧化问题,对常规高温工艺提出新要求。引入的应力问题,也带来对工艺中的缺陷控制,以及对良率可靠性的工艺提出新的要求。IMEC采用氮化硅内衬防止STI HDP等后续工艺中锗扩散,减少工艺中的晶态缺陷。硅锗刻蚀的形貌以及对硅表面的损伤决定后续源漏外延质量。当制备多种宽度纳米片器件时,刻蚀的时间等条件是由最宽的纳米片决定的。

　　去胶时衬底的再次氧化会造成硅和锗硅的损失,衬底再次氧化行为高度依赖各种灰化工艺参数,其中预热中的高压和主灰化步骤的低压可以有效地预示硅/锗硅的损失。当氧气/发泡气体的比率升高时,因氮化硅损失,偏置间隔的CD继续收缩。理想的去胶方案不仅要求无残余物,而且对衬底的损失最小。较少的过灰化时间得到更好的残余物去除表现,在32nm工艺中,氢基的灰化工艺可以用来减少硅的损失。氧等离子中的CH_4可以将光刻胶中的氢提取出来,产生HF,可用来除去含有坚硬的光刻胶层的硅或者二氧化硅。使用发泡气体与光刻胶反应,生成含有可挥发的有机化合物的胺,它的H元素与注入的离子反应,形成可挥发的化合物。在45nm工艺中,为了实现无残余物,高剂量离子注入后采用CH_4和发泡气体去胶。

　　(2)尖峰退火前,通过干法刻蚀(SMT刻蚀),局部除去应力薄膜,可以有效释放氧化物下面的氢(SiN层覆盖),保持PMOS源区和漏区的硼活性[38]。通常的做法是在SiN应力薄膜下面,先生长一层薄氧化层作为停止层(要求高刻蚀选择比)。采用低压($<20mTorr$)和CF_4的短时间主刻蚀,同时采用CHF_3和CH_2F_2的高选择比过刻蚀。SMT刻蚀可以在导体刻蚀机中进行,剩下的SiN覆盖层最后用湿法除去(见图16.19)。

　　(3)应力近临技术的刻蚀[39]:自对准硅化物完成后,接触孔刻蚀停止层(CESL)形成前的侧墙去除(见图16.20)。在源/漏注入和退火时,侧墙不仅用来控制短沟效应,也用来使自对准硅化物和栅之间保持适当的距离,防止结漏电。在做SPT工艺时,NO侧墙的SiN区域被全部或者部分去除。在部分SPT中,剩余的SiN层宽度是SPT前宽度的30％～60％。全侧墙去除使得沟道和应力层的距离最短,然而它也使得栅到漏的距离最短。这有可能会增加寄生电容(米勒电容),特别是在密集图形的地方。

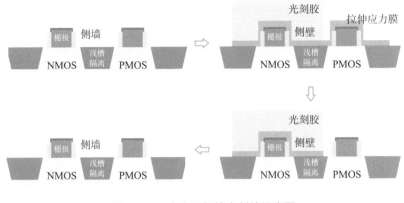

图 16.19　应力记忆技术刻蚀示意图

图 16.20　应力近临技术刻蚀示意图

在大多数情况下,SPT 刻蚀等同于 SiN 刻蚀,可以在导体刻蚀机中采用氟基气体来进行刻蚀,如 CHF_3、CH_2F_2 和 CH_3F。SiN 对氧化物的选择性必须大于 5,以减小氧化物侧墙的顶部损失,从而确保对多晶硅栅的有效侧墙保护。高压和零偏置功率可以保证各向同性刻蚀,以减小自对准硅化物的损失。在 SPT 刻蚀中,自对准硅化物的损失需要控制在 10% 以下。在部分 SPT 刻蚀中,要使用少许的偏置功率达到目标的剩余 SiN 宽度。在全 SPT 刻蚀中,要利用更长的过刻蚀时间来解决稀疏和稠密特征的刻蚀负载,这往往导致严重的自对准硅化物损失和更高的方块电阻。带有可灰化部分的三重和四重侧墙是一种可解决的方案。例如由氧化物、可灰化部分、SiN 层和氧化物组成的四重侧墙,对外层的薄氧化层 SPT 刻蚀时间很少。

(4)双应力层的刻蚀[40-41]:在双应力工艺中,衬底先沉积 SiN 层,接着沉积一层薄氧化层(刻蚀停止层)(见图 16.21)。因此,对于双应力首先要考虑氧化层的刻蚀,避免自对准硅化物损失,又不能消耗掉过多的 SiN 层,通常采用高选择性的 C_4F_6 作为主刻蚀气体,以低压、大功率的条件进行氧化物刻蚀。然后在导体刻蚀机中采用类似 $CH_3F/CHF_3/CH_2F_2$ 刻蚀有压缩应力的 SiN 层刻蚀和拉伸应力的 SiN 层刻蚀。其中拉伸和压缩层交界部分的形状控制将影响到接触孔在自对准硅化物区域的落位。拉伸层的斜坡侧墙可以实现对拉伸应力的 SiN 层刻蚀,同时减少在交界处的凸起。如果交界面恰好在多晶硅栅的顶部,利用 CMP 也可以减小凸起。

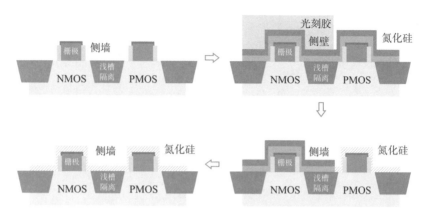

图 16.21 双应力层形成示意图

由于最终栅的 CD 是一个决定 CMOS 器件特性的关键参数,它的控制激发了 21 世纪初期 APC 的应用。在过去的十年中,APC 在刻蚀领域在无干扰监测 OCD 的辅助下,已经扩展到侧墙刻蚀。控制的目标包括 CD、侧墙角度和深度。

前反馈:测量曝光显影后光阻的特征尺寸,将其与目标值的差异反馈到多晶硅蚀刻的修整时间,有效消除曝光显影带来的光阻特征尺寸误差,刻蚀机可以根据前道光刻的 ADI CD 自动地优化刻蚀时间(见图 16.22)。

后反馈:蚀刻后特征尺寸与目标值的差异,反馈到修整曲线的修正,可以消除由于蚀刻腔体条件变化对特征尺寸的影响,除了来自 ADI CD 的不确定性外,衬底变化的影响,像浅槽高度、AA 宽度,也是不容忽视的。衬底的不确定性引起了主刻蚀时间和过刻蚀步骤中刻蚀速率的变化,前者关系到终点曲线探测周期的变化,后者与多晶/氧化物界面的氧化有关。通过 APC,这个问题可以部分地改进,因为浅槽隔离的高度可以在刻蚀前监测到,通过调节从主刻蚀到过刻蚀的工艺时间,便可以执行前馈刻蚀控制[42-43]。主刻蚀和过刻蚀步骤的变化会导致侧壁角度的改变。

图 16.22 不定形碳图形化的多晶硅栅刻蚀的前馈控制示意图

16.7 栅极湿法刻蚀

在半导体制造中有两种基本的刻蚀工艺,其中在湿法刻蚀中,液体化学试剂(如酸、碱和溶剂等)以化学方式去除硅片表面的材料。它是一种纯化学刻蚀,具有优良的选择性,刻蚀完当前薄膜就会停止,而不会损坏下面一层其他材料的薄膜。但由于所有的半导体湿法刻蚀都具有各向同性,所以无论是氧化层还是金属层的刻蚀,横向刻蚀的宽度都接近于垂直刻蚀的深度。导致上层光刻胶的图案与下层材料上被刻蚀出的图案会存在一定的偏差,无法高质量地完成图形转移的任务。因此随着特征尺寸的减小,湿法刻蚀一般被用于工艺流程前面的晶圆片准备、清洗等不涉及图形的环节。目前在图形转移中,氮化硅、多晶硅、金属以及合金材料等多采用干法刻蚀技术,而二氧化硅多采用湿法刻蚀技术,有时金属铝也采用湿法刻蚀技术。不过随着新材料的演进,由于刻蚀选择性方面的优势,在 45nm 逻辑技术节点以下采用高介电常数栅氧和金属栅极材料时,也研究了湿法刻蚀的可行性。例如一些新材料如镧(La)金属栅极材料因为无法产生挥发性化合物,只能尝试采用湿法刻蚀实现图形转移。

湿法目前最广泛的应用在于清洗处理,不但要求有高的污染去除效能,而且要有低的材料硅、氧化硅等损失(90nm CMOS 1.0Å;65nm CMOS 0.5Å)和器件损伤。栅极制程中,栅极介电层厚度的减少和金属栅替代多晶硅栅等变化,也对湿法清洗带来很多不便和挑战。一方面,湿法可以用来清洗薄膜污染。晶片膜层在刻蚀或生长时,受表面污染离子、外来材料、内部应力等因素的影响,造成外层膜位错、破坏、变形,甚至变性,进而导致后续制程的胶残留、膜层离子黏附或沉积缺陷等。另一方面,颗粒清洗也是湿法的重要应用,颗粒尺寸如果超过器件最小特征尺寸的 50%,就有导致器件失效的可能。因此,湿法可以用来预防在膜层沉积时颗粒共生,成为掩埋缺陷,影响光刻图像转移等。此外,金属污染清洗也是湿法应用的重点。芯片污染膜在很多方面影响集成电路的正常加工和器件性能。如受金属污染的栅氧化层,漏电流会增大,良率降低。金属和离子污染会引起有关器件操作方面的问题。氧化层中少量钠就会引起 MOS 场效应管开启电压的不稳定,也可降低闸氧化层的击穿电压。此外,湿法也用来清洗自然氧化层。利用化学溶液 NH_4OH 和 HF 清除自然氧化层,因为后面一道工艺是淀积 NiPt,把硅表面的氧化物清除,使 NiPt 跟衬底硅和多晶硅的清洁表面接触,更易形成金属硅化物,所以淀积 NiPt 前再过一道酸槽清除自然氧化层。

16.7.1　栅极湿法刻蚀工艺

目前刻蚀工艺大多集中在二氧化硅(SiO_2)和氮化硅(SiN)刻蚀。由于在实际制程中,两种薄膜大多相邻,刻蚀工艺会对两者均有影响。根据不同应用,刻蚀工艺需要保证不同的二氧化硅/氮化硅刻蚀选择比(selectivity)。如形成 SiN 侧墙(spacer)时,需要较高的氮化硅/二氧化硅选择比以避免浅沟槽隔离氧化物被过度刻蚀。去除栅极(gate)表面自然氧化层时,要求较高的二氧化硅/氮化硅选择比,以避免造成 SiN 侧墙损伤。

现有技术方案大多只能满足一种应用,例如一种常用的技术方案是利用氢氟酸溶液(HF)和热磷酸溶液(H_3PO_4)分别刻蚀二氧化硅和氮化硅。刻蚀产物均为水溶性物质,反应结束后利用去离子水(DI water)清洗。其反应原理如下:

$$HF + SiO_2 \longrightarrow SiF_4 + H_2O$$
$$H_3PO_4 + SiN + H_2O \longrightarrow Si(OH)_4 + NH_4H_2PO_4$$

湿法刻蚀通常是将腐蚀剂溶于溶液中,对晶圆表面相接触进行反应,之后利用去离子清洗吹干。对于二氧化硅常使用氢氟酸溶液刻蚀,生成的反应物 SiF_4 溶解在溶液中,氢氟酸溶液刻蚀二氧化硅时,对氮化硅的选择比能达到 10：1。而刻蚀氮化硅时,会利用热磷酸溶液,生成的反应物 $Si(OH)_4$ 和 $NH_4H_2PO_4$ 溶解在水溶液中。热磷酸刻蚀氮化硅时,对二氧化硅的选择比能达到 150：1。通过改变氢氟酸和热磷酸腐蚀时间,可以有效调节氧化硅/氮化硅选择比,从而有效调节氮化硅和二氧化硅的刻蚀量。

晶片湿法刻蚀一般可分为四步：①溶液中反应物扩散到溶液和晶面的边界层；②反应物与晶面薄膜接触发生反应后生成气体或其他副产物；③膜层减薄或去除；④生成物由边界层进入溶液排出。湿法刻蚀主要受四个因素影响：溶液浓度、反应时间、反应温度、搅拌速率。刻蚀溶液的温度越高或浓度越浓湿法反应速率越高,但一旦反应速率过高则会造成严重的膜层粗糙、底切现象或膜层脱落等缺陷。适当的搅拌可帮助反应具有更有效的接触,搅拌在原有扩散的基础上,产生的对流可减小边界层的厚度。

硅的湿法刻蚀包括单晶硅刻蚀和多晶硅刻蚀。最常用的酸性氧化物刻蚀液是硝酸(HNO_3)和氢氟酸(HF)的混合物[44],如下式：

$$Si + HNO_3 + 6HF \longrightarrow H_2SiF_6 + HNO_2 + H_2O + H_2$$

H_2SiF_6 酸性较 HF 强,使用时酸槽 pH 值可能会升高；在缓释氧化物刻蚀剂(BOE)中,超过 2% 的氟硅酸铵就会出现沉淀。硅也可采用碱性刻蚀液,如氢氧化钾、氢氧化氨或四甲基羟胺(TMAH)溶液等。器件生产中,则倾向于弱碱,如 SC1 中的 NH_4OH 刻蚀硅均匀性较好,同时减少表面颗粒。在 H_2O_2 浓度一定时,在一定范围内 NH_4OH 对 Si 的刻蚀率呈线性增长；另外刻蚀率稳定时,硅表面粗糙度随着 NH_4OH 浓度升高而变差[45]。在后栅极制程中多晶硅的去除常用氢氧化氨或四甲基羟胺(TMAH)溶液,通过控制溶液的温度和浓度来调整刻蚀对多晶硅和其他材料的选择比。

氧化硅的膜层有很多种。刻蚀速率会受到薄膜的组成、密度、溶液浓度和离子植入深浅等因素影响。因此,膜层不同选择的加工工艺不同,例如对热氧化层、闸介电层等会采用炉管,其特点是在硅基体上生长氧化硅、热预算高、膜层致密、品质好。而对闸副侧壁(offset)、闸主侧壁(spacer)的膜层会采用 CVD 的膜层,其特点是松软、热预算低、品质相对炉管稍差。

氧化硅的湿法刻蚀,最常用的刻蚀剂是氢氟酸溶液,其与氧化硅反应,生成气体四氟化硅(SiF_4)或氟硅酸(H_2SiF_6),对于前段、中段制程用到的氧化硅,低浓度 HF 溶液的刻蚀率呈线性关系。反应式为：

$$SiO_2 + 4HF \longrightarrow SiF_4 \uparrow + 2H_2O$$

缓释氧化物刻蚀剂(BOE)是 HF 和 NH_4F 的混合物,在氧化硅湿法刻蚀时能保证 HF 刻蚀时氟离子浓度,保持溶液 pH 值稳定。而且刻蚀率稳定,不侵蚀光阻。缺点是无法保证膜层均匀度和粗糙度。

栅极多晶硅刻蚀阻挡和 NMOS 应力记忆技术(SMT)阻挡等往往会用到氮化硅,主要考虑临近膜层的刻蚀选择比。氮化硅湿法去除一般采用热磷酸溶液,49% HF 对氮化硅(炉管或 CVD)有高的刻蚀率,对氧化硅更高,因而不适宜制程应用。控制 85% 的浓磷酸混入少量水,温度范围在 150~170℃时,对炉管氮化硅的刻蚀率大约为 50Å/min。而对 CVD 氮化硅会更高,但要注意制程中的回火步骤会极大地影响刻蚀率。如下式,氮化硅和水作为反应物,磷酸作为催化剂：

$$Si_3N_4 + 6H_2O \longrightarrow 3SiO_2 + 4NH_3$$

金属刻蚀主要用于金属硅化物的形成。Salicide 工艺技术不仅在多晶硅栅上形成金属硅化物,而且在源和漏有源区也会形成金属硅化物,它同时改善晶体管的栅、源和漏有源区的等效串联电阻和接触孔的接触电阻。主要采用的金属是钛(Ti)、钴(Co)、镍(Ni)和镍铂合金(NiPt)等,到 32nm 以下 CMOS 器件,开始用金属栅极替代多晶硅栅极。MOS 电极的原理是金属会自对准在有硅的地方反应,形成阻值较低的金属硅化物,此时湿法刻蚀用来去除没反应的金属。例如 Ti 只会与有源区或者多晶硅的硅反应形成高阻态的金属硅化物 Ti_2Si,它是体心斜方晶系结构(C49 相),不会和氧化硅反应生成金属硅化物,所以可以利用选择性湿法刻蚀去除表面的 TiN 薄膜和氧化硅上没有反应的 Ti 薄膜,防止桥连短路。常用的是高温高浓度的 SC1($NH_4OH/H_2O_2/H_2O$)和 SPM(sulfuric peroxide mixture,$H_2SO_4/H_2O_2/H_2O$ 混合液)去除[46-47]。在形成金属硅化物的制程中,由于第二次快速热退火-2 温度很高(750~950℃),可以将 C49 相的高阻态金属硅化物 Ti_2Si 转化为低阻的 C54 相(面心斜方晶系结构)金属硅化物 $TiSi_2$,其热力学特性很好。如果只通过一次快速热退火生成低阻的金属硅化物 $TiSi_2$,在高温的环境下,硅可以沿着 $TiSi_2$ 的晶粒边界进行扩散,导致氧化硅边界上面的 $TiSi_2$ 过度生长,此时湿法刻蚀无法去除氧化物上的金属硅化物,而造成短路。在高介金属栅极(HKMG)制程中,为提升器件性能,氮化钛可作为金属栅极内防扩散层,或用作刻蚀终止层,也可调节 MOS 功函数,还可在后端用作刻蚀金属阻挡等。这里的 TiN 刻蚀去除,一般多用 SC1。反应如下:

$$Ti + H_2O_2 + 2H_2SO_4 \longrightarrow TiO_2 + Ti(SO_4)_2 + 4H_2O$$

$$TiN + 3H_2O + H_2O_2 \longrightarrow TiO^+ + 3OH^- + NH_4OH$$

随着硅化物厚度的降低或者线宽的减小,Ti-Salicide 由 C49 相位转化为 C54 相位的临界温度 T_1 会升高,而 C54 相位发生团块化的临界温度 T_2 反而会降低,以至于会出现 $T_1 = T_2$ 的临界点,甚至会出现 T_2 小于 T_1 的情况。如果出现 T_2 小于 T_1 的情况,Ti-Salicide 出现 C49 相位后就会直接发生团块化,根本就不存在 C54 相位这个区间,即没有降低金属硅化物电阻的工艺条件,所以只有大尺寸的工艺才会采用 Ti-Salicide 工艺技术,例如特征尺寸为 0.25~0.5μm 的工艺技术。钴被认为是有效替代钛的金属,特征尺寸为 65nm~0.18μm 的工艺技术都采用 Co-Salicide 工艺技术。表现出低电阻、薄厚度和低热处理温度等优点,从而避免短通道效应。区别在于在形成自对准时是钴原子进入硅内,而钛金属硅化物是硅进入钛。同样,没有参与反应的钴的去除仍然是 SC1 和 SPM。当逻辑 CMOS 制程推进到 65nm 以下时,需要特别考虑热量的问题,所以选择 NiPt-Salicide 工艺技术,因为其快速热退火工艺温度比 Co-Salicide 工艺低。此时添加 5%~10% 铂有利于保证浅接面的均匀性,阻止 Ni 在 Si 中的快速扩散,从而避免产生肩膀型的镍硅化物栅极。没有反应的 NiPt,一般用盐酸基体的水溶液去除,如下面两种方法[48]:

① 稀王水在 85℃ 配比 Pt,比例为 37%HCl:70%HNO$_3$:H$_2$O。反应如下:

$$Pt + 4HNO_3 + 6HCl \longrightarrow H_2PtCl_6 + 4NO_2 + 4H_2O$$

② 盐酸和双氧水的混合物,反应如下:

$$Pt + 2H_2O_2 + 6HCl \longrightarrow H_2PtCl_6 + 4H_2O$$

但含 HCl 的刻蚀溶液,会严重地侵蚀 Ni(Pt)Si 或 Ni(Pt)SiGe,使金属硅化物阻值升高。目前常用的高温硫酸和双氧水混合液,应用于 45nm NiPt 硅化物制程的清洗,获得的器件无论在物理性能或电性方面都好于传统 HCl 基体液处理[49]。它的反应如下:

$$Pt + H_2SO_4 + H_2O_2 \longrightarrow Pt(OH)_2^+ + PtO^+ + H_2SO_3$$

此外,自对准硅化物阻挡层(self-aligned block,SAB)工艺中需要干法刻蚀和湿法刻蚀相结合的技术。SAB 技术是为了得到高阻抗的有源区电阻、高阻抗的多晶硅电阻和高性能的 ESD 器件,需要形成较高阻抗的非金属硅化物区域。其利用金属只会与多晶硅和有源区硅反应而不会与介质层反应的特点,在进行硅化物工艺流程前淀积一层介质层覆盖在非硅化物区域。SAB 薄膜的材料包括富硅氧化物(silicon rich oxide,SRO)、SiO_2、SiON 和 Si_3N_4。SAB 的工艺流程包括利用 PECVD 淀积硅化物例如 SRO 或者 SiO_2,还有 SAB 光刻处理(保留非硅化物区域光刻胶,去掉硅化物区域光刻胶),以及 SAB 刻蚀处理(去掉硅化物区域的氧化硅,为下一步形成硅化物做准备)。SAB 如果直接用干法刻蚀完全去除氧化硅会损伤衬底硅,导致最终形成的 Salicide 电阻偏高。而湿法刻蚀是利用化学反应去除氧化硅,不存在物理轰击,所以不会损伤衬底。但湿法刻蚀的横向刻蚀会渗透到栅氧里面导致漏电,器件失效。所以 SAB 刻蚀步骤需要干法刻蚀和湿法刻蚀相结合。

16.7.2 栅极光阻去除

含栅氧化层的半导体器件(晶圆),例如双栅(dual gate,DG)晶体管器件,在栅氧化层之后的制造过程中遇到覆盖栅氧化层的光阻层有问题,或者半导体器件表面残留较多的颗粒导致表面不干净,或者半导体器件表面被擦伤等意外情况,在进行重做工艺时,需要进行清洗处理。清洗液会与栅氧化层发生反应,造成栅氧化层的损失,栅氧化层的损失(具体为厚度的损失)会影响半导体器件的电性能。另外,重做工艺中还存在光阻层去除不彻底、光阻层残留的问题。瑟思(SEZ)集团的专有技术 enhanced sulfuric acid(ESA)去除工艺能够利用一系列以硫酸为主的化学试剂,缩减在光阻去除机或者批式环境中实施的光阻去除工艺步骤:光阻重修、刻蚀植入后和光阻去除以及在等离子光阻去除工艺之后的残留物去除等。也有采用部分灰化(partial ashing)加湿法清洗的方法,即先采用等离子灰化工艺去除离子注入过程中在光刻胶表面形成的硬质表层,再使用 SOM 清洗剂清洗光刻胶,能够完全去除光刻胶,并且能够有效防止衬底表面的硅大量流失,避免严重凹陷的出现。

栅极光阻去除采用的无机氧化去除,常用的溶液配比是 98% H_2SO_4 和 31% H_2O_2,温度为 110~200℃。无机氧化通过氧化剂 H_2SO_4 氧化有机物成 CO_2,缺点是 H_2O_2 在高温下分解产生的副产物 H_2O 需要定时添加化学品保持浓度。也可用 O_3 替代 H_2O_2 的 SOM 溶液,主要应用在栅极 SiO_2 的湿法刻蚀和重曝光的光阻去除中,利用 O_3 分解的氧原子和有机光阻反应,可免 H_2SO_4 使用,残留硫含量低,但时间较 SPM 长。但热硫酸基会严重地侵蚀暴露的材料,特别是栅金属,因此后高介电常数金属栅极(HKMG last)形成光阻的去除往往采用有机相光阻去除。有机相溶去除光阻是靠打断光阻分子结构实现的。早期的有机去除剂苯基系列,如乙基氧代环唑星溶剂(ethyl ket cyclazocine,EKC,是一种光刻胶去除剂)早期系列,渐渐被对环境友好的少苯或无苯有机系列取代[如 N-甲基吡咯烷酮(N-methyl pyrrolidone,NMP)]。

氧电浆灰化合并无机氧化也是一种栅极硅光阻的去除方法(见图 16.23),这种刻蚀轮廓要求刻蚀时刻蚀气体和其他参数适度调配,有利于含碳副产物黏附于侧壁,进而保护侧壁免受持续刻蚀的侵蚀,只朝一个垂直方向刻蚀,尽可能 90°垂直。刻蚀副产物既含碳又含硅的副产物覆盖在刻蚀后的光阻表面、侧壁和底部,一般使用氧电浆灰化去除光阻,剩下的残留物应用湿法组合(SPM>DHF>RCA)去除。SPM 去除灰化后的残留碳,DHF(diluted hydro fluoric,稀 HF)去除含硅副产物,RCA 去除金属离子和颗粒。在低端制程以前,较少考虑硅的损失,但 65nm 以后的 CMOS 制程,源极和漏极硅的损耗对器件的特性影响很大,所以氧电浆灰化未来可能会被其他方法取代,如全湿法去除,如图 16.24 所示。

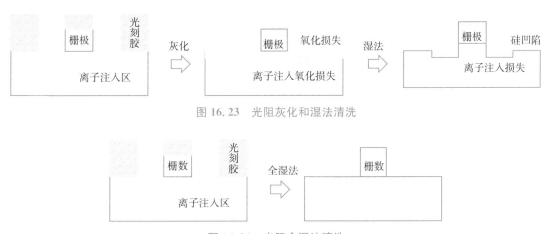

图 16.23　光阻灰化和湿法清洗

图 16.24　光阻全湿法清洗

污染清洗中的测量与表征:衡量晶片是否达到洁净标准,或者评估清洗及湿法刻蚀是否有效,都需要合适的测量与表征[50-52],总结于表 16.7 中。

表 16.7　污染清洗中的测量与表征

仪器类型	应用
扫描电子显微镜	晶片缺陷
全反射 X 荧光光谱	检测晶片表面金属组分浓度
四探针	测量薄膜或扩散层片电阻
椭圆偏光厚度测量	薄膜特性
汞探针	静电电荷
二次离子质谱仪	掺质的化学浓度
俄歇电子能谱	晶片表面的有机物
傅里叶变换红外吸收光谱仪	低(超低)介电常数的改变

本章小结

本章讲解了 MOSFET 器件栅极工程相关的物理和材料考量,以及形成栅极结构过程中采用的常规方法和工艺流程。栅极工程是集成电路制造流程中最重要的一环,因此栅极结构制造必须考虑材料物理化学特性、工艺窗口和器件结构设计等多维度的兼容性。通过本章的学习,可以从这几方面深入了解栅极结构制造过程中的考量标准。

参考文献

[1] Winstead B, Ravaioli U. Simulation of schottky barrier MOSFET's with a coupled quantum injection/monte carlo technique[J]. IEEE Transaction on Electron Devices,2000,47(6):1241-1246.

[2] 朱巧智,田明,刘巍. 28nm PMOSFET 器件短沟道效应机理研究与优化[J].集成电路应用,2019,36(7):28-30.

[3] Sansen W M C. Analog Design Essentials[M]. New York:Springer-Verlag Publish,2006.

[4] Green M L, Gusev E P, Degraeve R, et al. Ultrathin (<4nm) SiO₂ and Si—O—N gate dielectric layers for silicon microelectronics:understanding the processing, structure, and physical and electrical limits[J]. Journal of Applied Physics,2001,90(5):2057-2121.

[5] Tamura Y, Shigeno M, Ohkubo S, et al. Impact of nitrogen profile in gate oxynitride on complementary metal oxide semiconductor characteristics[J]. Japaness Journal of Applied Physics,2000,39(4B):2158-2161.

[6] Jin Y, Chen C C, Chang V S, et al. Direct measurement of gate oxide damage from plasma nitridation process[C]. 8th International Symposium on Plasma-and Process-Induced Damage,2003:126-129.

[7] He Y G, Kuo J R, Chen Y, et al. Anomalous off-leakage currents in CMOS devices and its countermeasures[C]. 9th China Semiconductor Technology International Conference (CSTIC),2010.

[8] Mohta N, Thompson S E. Mobility enhancement-the next vector to extend moore's law[J]. IEEE Circuits and Devices Magazine,2005,21(5):18-23.

[9] Chen C H. Stress memorization technique (SMT) by selectively strained-nitride capping for sub-65nm high-performance strained-si device application[C]. Symposium on VLSI Technology Digest of Technical Papers,2004.

[10] 陈大鹏,叶甜春. LPCVD 制备纳米硅镶嵌结构氮化硅膜及其内应力[J].半导体学报,2001,22(12):1529-1533.

[11] 王晓泉,汪雷,席珍强,等. PECVD 淀积氮化硅薄膜性质研究[J].太阳能学报,2004,25(3):341-344.

［12］ Ikeda K，Miyashita T，Ohta H，et al. Integration strategy of embedded SiGeS/D CMOS from viewpoint of performance and cost for 45nm-node and beyond［C］. International Symposium on VLSI Technology，Systems and Applications，2008.

［13］ Ghani T，Armstrong M，Auth C，et al. A 90nm high volume manufacturing logic technology featuring novel 45nm gate length strained silicon CMOS transistors ［C］. IEEE International Electron Devices Meeting，2003：978-980.

［14］ Tamura N，Shimamune Y，Maekawa H. Embedded silicon germanium（eSiGe） technologies for 45nm nodes and beyond［C］. International Workshop on Junction Technology，2008.

［15］ Thong J T L，Choi W K，Chong C W. TMAH etching of silicon and the interaction of etching parameters［J］. Sensors and Actuators A：Physical，1997，63（3）：243-249.

［16］ Sui Y Q，Han Q H，Zhang H，et al. A study of sigma-shaped silicon trench formation［J］. ECS Transactions，2013，52（1）：331-335.

［17］ 田志，谢欣云. 应力技术改善 CMOS 器件性能研究进展［J］. 中国集成电路，2012，21（5）：26-33.

［18］ Han J P，Utomo H，Teo L W. Novel enhanced stressor with graded embedded SiGe source/drain for high performance CMOS devices［C］. IEDM，2006.

［19］ Wang J，Tateshita Y，Yamakawa S，et al. Novel channel-stress enhancement technology with eSiGe S/D and recessed channel on damascene gate process and highperformance pFETs［C］. Symposium on VLSI Technology，2007.

［20］ Flachowsky S，Illgen R，Herrmann T，et al. Detailed simulation study of embedded SiGe and Si：C source/drain stressors in nanoscaled silicon on insulator metal oxide semiconductor field effect transistors［J］. Journal of Vacuum Science & Techmology B，2009，28（1）：C1G12-C1G17.

［21］ Bauer M，Weeks D，Zhang Y. Tensile strained selective silicon carbon alloys for recessed source drain areas of devices［J］. ECS Transactions，2006，3（7）：187-196.

［22］ Peters L，Strained silicon：essential for 45nm［J］. Semiconductor International，2007，30（3）：40-42.

［23］ Maynard H，Hatem C，Gossmann H J，et al. Enhancing tensile stress and source/drain activation with innovation in ion implant and millisecond laser spike annealing［C］. 16th IEEE International Conference on Advanced Thermal Processing of Semiconductors，2008.

［24］ Eiho A，Sanuki T，Morifuji E，et al. Management of power and performance with stress memorization technique for 45nm CMOS［C］. Symposium on VLSI Technology，2007.

［25］ 韦亚一. 超大规模集成电路先进光刻理论与应用［M］. 北京：科学出版社，2016.

［26］ Bera K，Rauf S，Ramaswamy K，et al. Control of plasma uniformity in a capacitive discharge using two very high frequency power sources[J]. Journal of Applied Physics,2009,106(3):033301-033301-7.

[27] Jin W. Study of Plasma-surface kinetics and feature profile simulation of poly-silicon etching in Cl₂/HBr Plasma[D]. Boston. USA. Massachusetts Institute of Technology,2003.

[28] Huang Y, Du S S, Zhang H Y, et al. 65nm poly gate etch challenges and solutions[C]. International Conference on Solid-state and Integrated-Circuit Technology,2008.

[29] Suzuki K, Itabashi N. Future prospects for dry etching. Pure and Applied Chemistry,1996,68(5):1011-1015.

[30] 崔铮. 微纳米加工技术及其应用[M]. 3 版. 北京:高等教育出版社,2017.

[31] 迈克尔·夸克. 半导体制造技术[M]. 韩郑生,译. 北京:电子工业出版社,2015.

[32] 斯蒂芬·A. 坎贝尔. 微纳尺度制造工程[M]. 严利人,张伟,等译. 北京:电子工业出版社,2011.

[33] 张庆钊,谢常青,刘明,等. 硅栅干法刻蚀工艺腔室表面附着物研究[J]. 微细加工技术,2007,(2):45-48.

[34] 陈乐乐,朱亮,包大勇,等. 蚀刻腔条件对刻蚀工艺的影响研究[J]. 半导体技术,2008,33(12):1088-1090.

[35] Eriguchi K, Matsuda A, Nakakubo Y, et al. Effects of plasma-induced Si recess structure on n-MOSFET performance degradation[J]. IEEE Electron Device Letters,2009,30(7):712-714.

[36] Dharmarajan E, Song S, Mclaughlin L, et al. Spacer etch optimization on high density memory products to eliminate core leakage failures[C]. IEEE International Symposium on Semiconductor Manufacturing,2007.

[37] Thompson S, Armstrong M, Auth C, et al. A 90nm logic technology featuring strained silicon [J]. IEEE Transactions on Electron Devices, 2004, 51 (11): 1790-1797.

[38] Liao C C, Chiang T Y, Lin M C, et al. Benefit of NMOS by compressive SiN as stress memorization technique and its mechanism[J]. IEEE Electron Device Letters,2010,31(4):281-283.

[39] Tan S S, Fang S, Yuan J, et al. Enhanced stress proximity technique with recessed S/D to improve device performance at 45nm and beyond[C]. International symposium on VLSI technology, systems and applications,2008.

[40] Leobandung E. High performance 65nm SOI technology with dual stress liner and low capacitance SRAM cell[C]. VLSI Symposia Technical Digest,2005.

[41] Yang H S, Malik R, Narasimha S. et al. Dual stress liner for high performance sub-45nm gate length SOI CMOS manufacturing [C]. IEDM Technical Digest,2004.

[42] Ringwood J V，Lynn S，Bacelli G，et al. Estimation and control in semiconductor etch：practice and possibilities[J]. IEEE Transactions on Semiconductor Manufacturing，2010，23(1)：87-98.

[43] Parkinson B R，Lee H，Funk M，et al. Addressing dynamic process changes in high volume plasma etch manufacturing by using multivariate process control[J]. IEEE Transactions on Semiconductor Manufacturing，2010，23(2)：185-193.

[44] Plummer J D，Deal M，Griffin P. Silicon VLSI Technology：Fundaments，Particle and Modeling[M]. Upper Saddle River：Prentice Hall Press，2000.

[45] Kobayaski H，Ryuta J，Shimanuki T S. Study of Si etch rate in various composition of SC1 solution[J]. Japanese Journal of Applied Physics，1993，32(1A)：45-47.

[46] Verhaverbeke S，Parker J. A model for the etching of Ti and TiN in SC1 solutions [C]. Symposium on Science and Technology of Semiconductor Surface Preparation，1997.

[47] Leonhard D. Pushing the piranha chemistry to strip higher dosed photoresist[C]. Proceedings of Surface Preparation & Cleaning Conference，2010.

[48] Rand M J，Roberts J F. Observations on the formation and etching of platinum silicide[J]. Applied Physics Letters，1974，24(2)：49-51.

[49] Chen Y W，Ho N T，Lai J，et al. Advances on 45nm SiGe-compatible NiPt salicide process[J]. Solid State Phenomona，2009，145-146：211-214.

[50] Xu K. Nano-sized particles：quantification and removal by brush scrubber cleaning [D]. Leuven：Katholieke Universiteit Leuven，2004.

[51] Klockenkamper R. Total-Reflection X-Ray Fluorescence Analysis[M]. New York：John Wiley and Sons，1997.

[52] Pak H K，Law B M. 2D imaging ellipsometric microscope[J]. Review of Scientific Instruments，1995，66(10)：4972-4976.

思考题

1. 栅极光刻过程中可能出现几种缺陷？分析这几种缺陷对器件结构和电学性能可能的影响。

2. OPC 是栅极光刻中的必备技术，分析平面结构器件和 FinFET 器件栅极 OPC 可能存在的异同。

3. 采用高 κ 栅氧能够增大栅极电容密度，解释为何在采用高 κ 介质的技术节点中仍然需要在沟道表面保留氧化硅界面层。

4. 分别采用多晶硅栅极和金属栅极时，哪种结构的器件性能更高？为什么？

致谢

本章内容承蒙丁扣宝、程然、余兴等专家学者审阅并提出宝贵意见，作者在此表示衷心感谢。

作者简介

张睿: 教授,博士生导师,毕业于日本东京大学电子工程专业。主要从事集成电路制造工艺、半导体器件物理领域的研究,曾获北京市科学技术奖三等奖、IEEE Paul Rappaport Award、VLSI Sympsia 最佳论文奖等学术奖励十余项。研发成果被《日本产业经济》、*Semiconductor Today* 等多家主流媒体专题报道,并被国际电子器件会议(IEDM)评价为"世界上运算速度最快的 Ge pMOSFET"。

李胜: 硕士,浙江创芯集成电路有限公司光刻技术经理。从事集成电路光刻制造相关领域的工艺制程和技术研发工作。精通曝光、匀显、量测、Frame 设计等一系列光刻制程技术;具有涉及逻辑、存储和功率器件等一系列产品的丰富制造研发经验,参与 55nm 逻辑芯片、N1X DARM 存储芯片以及 $0.15\mu m$ 功率器件的研发工作;同时两次参与 FAB 建厂,具备完整的集成电路生产流程知识储备;获授权中国发明专利 3 项;目前兼任浙江大学微纳电子学院创新平台导师。

第 17 章

源漏工艺

(本章作者:许凯　张运炎　张亦舒)

在多晶硅栅形成后,实际上是将 MOSFET 有源区分成自对准的栅源漏三个功能区。本章的源漏工艺实际上就是利用自对准工艺和离子注入分别对 NMOS 和 PMOS 晶体管的源漏区掺杂形成源漏极。NMOS 器件制备 N^+/P 结,PMOS 器件制备 P^+/N 结。随着器件尺寸逐步缩小,热载流子(注入)效应(hot carrier inject,HCI)和短沟道效应(short channel effect,SCI)等小尺寸效应愈加明显,严重影响器件的性能。另外,在大生产制造过程中,由于离子注入的剂量涨落,源漏工艺模块带来的随机误差对良率的影响最大。为此,源漏工艺也在不断演进以满足器件目标的要求。

本章将较为详细地讨论源漏工艺。首先引入轻掺杂漏区离子注入来降低热载流子效应,然后讨论在深亚微米器件中,通过晕环离子注入来降低源漏穿通,最后介绍源漏重掺杂工艺来降低寄生电阻,保证电流的驱动能力。

17.1　轻掺杂漏区离子注入

为了提升器件的性能和单位面积的密度,器件的尺寸不断缩小,但器件的参数并非按照等比例缩放。随着器件缩微带来的器件沟道电场强度越来越大,尤其是漏端附近,当器件的特征尺寸处于亚微米和深亚微米时,会出现热载流子(注入)效应。

为了更好地理解热载流子效应,需要先理解 MOSFET 的工作原理。MOSFET 的典型 *I-V* 特性曲线如图 17.1 所示,分为线性区、非线性区和饱和区。当栅电压大于阈值电压时,随着源和漏之间的电压增加,漏极附近的反型层电荷密度受到漏极电势的影响而变小,漏极电流曲线逐渐变缓直到沟道被夹断,继续增大源漏电压,夹断点向源极移动。由于夹断点与漏极之间形成的耗尽区电阻比沟道电阻

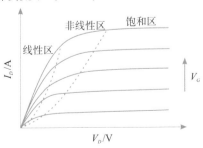

图 17.1　NMOSFET 典型 *I-V* 特性曲线

大得多,因而源漏间所加的电压大部分落在了耗尽区。随着源漏所加电压越来越大,耗尽区的宽度也增加,但增加的宽度不足以抵消加于源漏的电压,导致这部分耗尽区的电场强度越来越大。进入这部分耗尽区的载流子会经过加速成为高能载流子,也称为热载流子,热载流子可以越过 Si/SiO$_2$ 势垒,进入栅极成为栅电流,也会与晶格发生碰撞电离,产生新的热电子和热空穴。注入栅极的热载流子会产生界面态和缺陷,引起栅氧化层损伤,造成器件性能退化、失效和可靠性降低。

对于给定的源漏偏压,当器件 *I-V* 曲线处于饱和区时,施加在夹断点与漏极之间的电势差是固定的,为了抑制热载流子效应,可以改变这部分耗尽区的电场强度分布。注意到,由于漏极的重掺杂,漏极与衬底之间形成突变结而导致电场强度在漏极突变以及电场峰值较大。研究人员的策略是将突变结改为缓变结,使得在相同电势差情况下,电场分布变化趋于平缓,降低漏极附近的电场峰值,抑制热载流子效应。缓变结的实现,是利用了轻掺杂漏区(low doping drain,LDD)离子注入工艺技术。图 17.2 所示是 NMOS LDD 工艺流程,下面以此为例具体阐述 LDD 的工艺步骤。

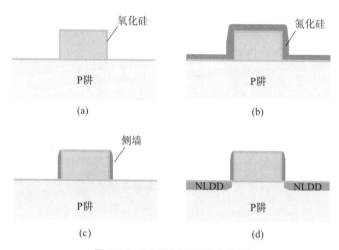

图 17.2　NMOS LDD 工艺流程

如图 17.2(a)所示,多晶硅栅氧化生成一层薄 SiO$_2$,既可以修复表面刻蚀损伤,也可作为侧墙 Si$_3$N$_4$ 的缓冲层。在深亚微米工艺中,为了降低源漏与栅极的寄生电容和栅诱生漏极漏电流(GIDL),必须减少多晶硅栅与 LDD 结构的交叠,研究人员开发出偏移侧墙(offset spacer)工艺,即在 LDD 离子注入前,沉积薄 SiO$_2$ 和 Si$_3$N$_4$,形成薄侧墙。薄侧墙结构灵活地调整多晶硅栅和 LDD 的距离,调节器件性能,整个工艺过程不需要掩模版,成本低廉且简单。

如图 17.2(b)所示,利用 LPCVD 沉积一层薄 Si$_3$N$_4$,与薄氧化层形成 SiO$_2$/Si$_3$N$_4$ 结构,作为侧墙,控制 LDD 离子注入对器件沟道长度的影响。利用 SiO$_2$/Si$_3$N$_4$ 复合结构作为侧墙,而非只用 SiO$_2$ 层,一方面是因为干法刻蚀没有刻蚀停止层,容易损伤衬底,另一方面当形成接触填充金属后,源漏与栅极之间存在漏电问题,而 Si$_3$N$_4$ 的电性隔离特性要比 SiO$_2$ 更优越。

如图 17.2(c)所示,通过各向异性干法刻蚀形成薄侧墙,作为用来限定 LDD 的自对准结构,减少栅极与 LDD 的交叠。由于在垂直方向上侧墙较厚,在刻蚀同样厚度的情况下,栅极侧壁会留下一定厚度的 SiO_2/Si_3N_4,形成侧墙结构。这里刻蚀的要求与多晶硅栅的刻蚀类似,要有优良刻蚀剖面的方向性和材料刻蚀速率的选择性。在刻蚀过程中,要求对多晶硅的刻蚀尽可能小,以便作为刻蚀停止层。

如图 17.2(d)所示,LDD 离子注入,减弱热载流子效应。这里相当于利用多晶硅栅作为掩模,对 NMOS 器件进行适当能量和剂量的离子注入。NLDD 通常离子注入 As,PLDD 离子注入 BF_2。剂量大约在 $5 \times 10^{13} \sim 5 \times 10^{14} \, cm^{-2}$ 范围,能量约为几十 keV。对于一定沟道长度,LDD 的结深和漏致势垒降低(drain induced barrier lowering,DIBL)效应成正比。尤其是当器件特征尺寸进入纳米量级时,为了减少源漏穿通,LDD 要相应地变浅,这种超浅结的实现也是一个明显的挑战。因此,在深亚微米器件中,LDD 离子注入的能量比较低,结深比较浅,同时配合晕环离子注入(详见 17.2 节),可以抑制 DIBL 效应。

这里需要特别提及的是自对准工艺,它贯穿整个掺杂工艺,是实现优化杂质分布的基本途径。随着器件尺寸的不断缩小,优化杂质的横向和纵向的分布成了实现器件性能最优的关键。早期晶体管的不同区域是经过多次光刻与掺杂工艺形成的。例如 MOS晶体管的源漏区和栅极是经过两次光刻形成的,双极型晶体管的发射区、基区和集电区则是经过三次相互对准的光刻和掺杂工艺形成的。这种非自对准的工艺在进行多次光刻时难免产生边界偏差,因而存在寄生效应大、尺寸难以缩微等缺点。而自对准工艺则克服了上述缺点。如 17.2(d)所示,以 NMOS 晶体管为例,在 LDD 离子注入时,多晶硅栅起到类似掩模的作用,可以阻挡 LDD 工艺的杂质注入栅氧化层和沟道区。这种自对准多晶硅栅工艺可以有效地界定源漏及其扩展区,结合掺杂工艺,可以调控杂质在横向与纵向的分布,益于器件的尺寸缩微和优化迭代。

17.2　晕环离子注入

随着 CMOS 集成电路工艺特征尺寸的不断缩小,短沟效应对器件性能的影响已不容忽视,表现出驱动能力降低、器件提前进入饱和的现象,因此,对器件性能产生开/关态电流比降低的退化影响。此外,短沟器件还存漏致势垒降低(DIBL)效应的影响表现在器件阈值因受工作电压影响而发生偏移,导致泄漏电流增加、栅控能力减弱的现象。

短沟道器件的漏致势垒降低效应可以在轻掺杂漏 LDD 结构中采用晕环[halo,或者称口袋(pocket)]离子注入来抑制。它能提高衬底与源漏交界面的掺杂浓度,使得源漏极间的载流子浓度增大,形成强度大于载流子扩散运动的内电场,从而减小源漏耗尽区的宽度,令源极和漏极的耗尽区的宽度小于器件的沟道长度,防止源漏穿通,抑制短沟道器件的 DIBL 效应[1]。晕环离子注入的类型与衬底相同,例如 NMOS 的晕环注入类型是 P 型,而 PMOS 的晕环离子注入类型是 N 型。

如图 17.3 所示,晕环离子注入时,离子注入的方向与晶圆并不是垂直的,而是存在一定角度。掺杂时会转动晶圆,从而形成一个类似口袋的掺杂区。这就是晕环离子注入也被称为口袋离子注入的由来。晕环离子注入的深度比 LDD 离子注入深,从而有效地降低了源极和漏极的耗尽区横向扩展,起到防止源漏穿通现象的作用。

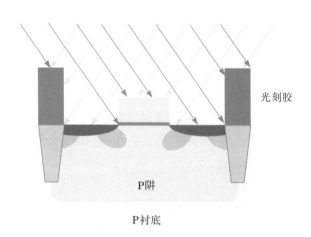

图 17.3　晕环离子注入

晕环离子注入仅仅应用于短沟道器件,以 $0.18\mu m$ 1.8V/3.3V 工艺技术为例,晕环离子注入只会应用在 1.8V 器件,而 3.3V 不是短沟道器件,所以不需要晕环注入。

以 NMOS 器件为例,首先,在衬底上生成氧化硅层,沉积多晶硅,光刻形成栅极;其次,栅两边进行离子注入,形成源、漏极;然后,在栅两侧沉积侧墙材料;再进行晕环离子注入等形成 Halo 区;最后,进行第二次源漏注入。晕环离子注入主要工艺流程如图17.4 所示。

栅氧化,形成栅图形
As$^+$ S/D 扩展注入
侧壁
B11$^+$ Halo 大角度斜注入
As$^+$ S/D 注入,退火
其他

图 17.4　晕环离子注入主要工艺流程[2]

17.2.1　晕环离子注入工艺对短沟器件性能的改善和负面作用

晕环离子注入区的杂质注入分布情况和其几何形状,决定了其性能的改善程度。模拟结果表明,当晕环离子注入的角度、能量和剂量增加时,器件的阈值电压和开关比也随之提高,而泄漏电流和阈值漂移也相应降低,因此能有效抑制短沟道效应,例如漏致势垒降低(DIBL)效应。然而,这也导致了器件驱动电流的降低。因此,晕环离子注入对器件的性能有改善作用,也有负面影响,需要根据器件的实际需求进行权衡。

17.2.2 晕环离子注入工艺对电学性能的影响

器件尺寸不断等比例缩小,一方面使得电路
的集成度不断提高,同时阈值电压也不断降低,导
致漏电流不断增加。另一方面,器件尺寸的减小还
造成沟长不断缩小,导致亚阈值斜率变得平缓。这
些问题在器件经过晕环离子注入工艺后能够得到
有效改善。与其他器件结合在一起时,晕环离子注
入结构会对其他器件带来有利影响。有研究通过
对图 17.5 所示的器件结构进行模拟来探索晕环离
子注入对异质栅非对称晕环离子 SOI MOSFET 的
亚阈值特性影响。结果表明,增加晕环离子注入的
掺杂浓度可以减小亚阈值电流[3]。此外,扩大晕环

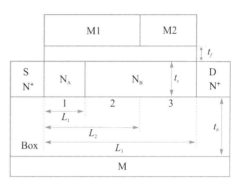

图 17.5 异质栅非对称 Halo SOI MOSFET
结构示意图

离子注入区域的尺寸,也能抑制质栅非对称晕环离子 SOI MOSFET 结构的亚阈值电流退
化。上述结果表明,晕环离子注入对一些混合结构,比如该研究中的异质栅非对称晕环离
子 SOI MOSFET 结构,在性能提升上有类似单独的晕环离子注入结构器件的影响效果。

有效减小亚阈值电流,或抑制亚阈值电流退化在模拟/混合信号电路领域非常重
要,能大幅度降低电路的功耗。对晕环离子注入区域尺寸为 100nm 的 CMOS 器件(见
表 17.1)亚阈值性能的研究发现,晕环离子注入能抑制模拟/混合信号电路的功耗[4],将
其减小至原来的 57%。另外,在使用横向不对称沟道(lateral asymmetric channel,LAC)
技术时,更是能将电路的功耗降低到 40%。特别是电流源 CMOS 放大器,在进行晕环离
子注入的情况下,也对其 P 和 N 沟器件使用 LAC 掺杂技术,可以使得亚阈区的电压增
益增大幅度超过 100%。

表 17.1 器件的工艺参数和电源电压

参数	数值
$L_G/\mu m$	0.1
V_{dd}/V	1.2
t_{ox}/nm(模拟)	3
V_T/V(模拟)	0.3
X_j/nm	30

17.2.3 晕环离子注入工艺结构的影响

不同器件结构经晕环离子注入后,衬底载流子分布不同,进而能决定器件的性能状
况。例如,对于不同栅长的 NMOSFET,晕环离子注入后空穴浓度沿沟道方向的分布也
会不同,从而导致了短沟道器件和长沟道器件的不同性质[5]。长沟道器件进行晕环离子
注入后,源、漏端的空穴分布是分开的;短沟道器件则相反,源、漏端的晕环离子注入分布
重合,空穴浓度增加。

17.2.4 晕环离子注入与低功耗趋势的关系

晕环离子注入工艺在模拟/混合信号电路中获得极低的功耗效果,但这需要在较低功耗约束下抑制关态泄漏电流。在对非对称晕环离子掺杂、沟长为 25nm 的 MOSFET 器件的关态电流的研究中发现,器件反向偏置时,漏极和衬底 PN 结的带间隧穿电流可以忽略不计,亚阈值泄露也相对较低。与对称晕环离子注入的器件性能相比,电路中非对称的晕环离子注入结构器件稳态功耗较低,而两者的瞬态功耗几乎相同。在环形振荡电路中,非对称晕环离子注入也比对称晕环离子注入性能更好[6]。上述结果表明,非对称晕环离子注入器件对低功耗低泄漏器件的应用方面具有降低器件稳态功耗和降低振荡器延迟两方面的优势。表 17.2 是 MOSFET 器件研究中的工艺参数。

表 17.2 器件工艺参数

参数	数值
冶金沟长/nm	25
多晶掺杂栅长/nm	45
物理氧化厚度/nm	1.2
源/漏扩展/nm	14
栅电极厚度/nm	90
有源多晶掺杂/cm^{-3}	5×10^{20}
源/漏扩展掺杂/cm^{-3}	1×10^{20}
沟道和体、衬底均匀掺杂/cm^{-3}	1×10^{15}
V_{dd}/V	0.9

17.2.5 晕环离子注入结构在无线通信方面的应用

无线通信应用推动着系统级芯片设计的发展,射频和模拟-混合信号会和数字电路以同样的工艺出现在同一芯片上。然而,当模拟和射频电路使用长沟道器件时,晕环离子注入结构对器件的性能的影响可能是负面的。与晕环离子注入结构在短沟道器件中能够产生抑制 DIBL 效应的积极作用相反,在长沟道器件中,晕环离子注入结构会导致器件的输出电阻严重退化。对均匀掺杂浓度为 $9.7 \times 10^{17} cm^{-3}$ 的器件、体掺杂浓度为 $4 \times 10^{17} cm^{-3}$ 的 LAC 结构,以及高斯晕环离子注入的峰值浓度为 $3.9 \times 10^{18} cm^{-3}$ 的器件分别进行模拟,给出的 I-V 特性曲线如图 17.6 所示。由图中可以看出,相较于非均匀掺杂,晕环离子注入后器件的输出电阻降低了 40% 左右。

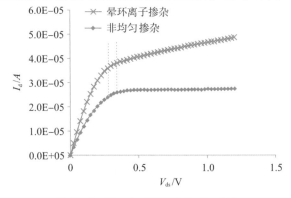

图 17.6 $V_{gs} = 0.6V$ 时的 I_{ds}-V_{ds} 曲线
($W = 1\mu m$, $L = 1\mu m$, $t_{ox} = 1.2nm$)[7]

17.2.6　晕环离子注入对 Ge 晶体管的影响

Ge 的电子和空穴的迁移率约分别为 Si 的两倍和四倍,有望实现更高性能的 MOS 器件。在 Ge 中采用晕环离子注入能有效改进和控制短沟道效应,且不会显著降低器件驱动电流。采用如图 17.7 所示的结构进行实测,其结果表明当栅的长度短于 $0.25\mu m$ 时,晕环离子注入能极大地抑制 Ge MOS-FET 的短沟效应,使 V_{th} 的值从 207mV 降至 36mV,DIBL 从 230mV/V 降至 54mV/V,源端测得的关态电流(没有阈值调整工艺时)大约下降 3 个数量级。

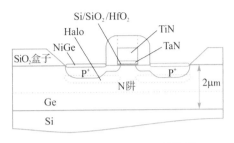

图 17.7　Ge PMOSFET 结构图
(省略背面金属化)

同时,晕环离子注入的引入导致等比例缩小的大幅改善,表现在 $L=125nm$ 时亚阈斜率约为 100mV/dec(从源电流求得 $V_d=-1.0V$),而没有 Halo 注入的值大约是 300mV/dec[8]。

17.2.7　总　结

综上所述,晕环离子结构由于与平面 CMOS 工艺的兼容性,以及确切的抑制短沟效应和 DIBL 效应的作用,在大于等于 22nm 工艺线中得到广泛关注。实际的应用情况,将取决于晕环离子注入的角度、能量和剂量,由晕环离子注入对衬底载流子浓度分布的影响决定。非对称晕环离子注入与异质栅工艺同时使用,或与 SOI、GeSi 等工艺结合使用,晕环离子结构可应用于亚阈值区工作的电路,例如,射频和模拟/混合-信号电路,提高器件稳态工作性能。非对称晕环离子注入结构还具有降低器件功耗,降低环形振荡器延迟的优势。然而,由于晕环离子结构在长沟器件中的输出电阻退化问题,在无线通信应用中,应避免与数字电路的工艺相同但沟长不同的情况。

在低功耗应用中,由于晕环离子注入可能增加功耗,所以可通过采用非对称晕环离子注入来抑制,并且这种非对称的结构还具有延迟上的优势。

17.3　源漏重掺杂

在 LDD 结构形成后,注入离子浓度较低,导致源漏接触电阻较高。为了降低器件源漏有源区的串联电阻,提高器件的速度,需要在器件的源漏有源区进行重掺杂。但是重掺杂的源漏离子注入工艺会把离子注入 LDD 结构的扩展区,从而影响轻掺杂的 LDD 结构[9-10]。为了解决这个问题,需要在源漏重掺杂之前,进行侧墙工艺。侧墙工艺是指形成环绕多晶硅栅的氧化介质层,从而保护 LDD 结构。侧墙的形成主要由两个工艺步骤形成:首先沉积一层薄二氧化硅,然后再利用各向异性干法刻蚀技术去除表面的二氧化硅层。由于刻蚀的各向异性,刻蚀工具使用离子溅射去除了绝大部分二氧化硅层,待多晶硅露出来之后即可停止回刻蚀,但这时并不是所有的二氧化硅都被除去了,多晶硅栅的侧墙上保留了一部分二氧化硅[11]。侧墙工艺是不需要掩模版的,只是利用各向异性干法刻蚀的回刻蚀技术形成的。图 17.8 是侧墙工艺的简单示意图。其中图 17.8(a) 是沉积厚度为 s_1 的介质,图 17.8(b) 是回刻蚀后形成的隔离侧墙结构。因为介质层的厚度为 s_1,多晶硅栅的厚度为 s_2。利用各向异性的干法刻蚀,刻蚀方向是垂直向下的,刻蚀会在多晶硅表面停止,从而刻蚀厚度为 s_1,那么多晶硅栅的侧壁介电质的纵向厚度为 s_2。此时的侧墙横向宽度比 s_1 略小,这是由沉积的介质层厚度决定的。

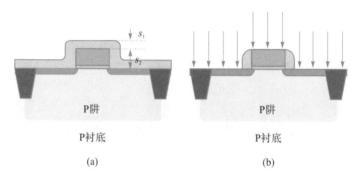

图 17.8 0.8μm 及以下制程技术的隔离侧墙工艺[9]

随着工艺制程的不断微缩,侧墙介质层的材料需要不断更新迭代。对于工艺节点是 0.8μm 以下的制程,沉积的隔离侧墙介质层是二氧化硅[12]。但是对于工艺节点是 0.35μm 及以下的制程,二氧化硅作为侧墙介质层材料已经无法满足器件电性的要求。利用二氧化硅和氮化硅组合来代替二氧化硅逐渐成为主流。首先用 LPCVD 沉积一层厚度大约为 200Å 的 SiO_2 层作为 Si_3N_4 的应力缓解层,然后沉积大约 1500Å 的 Si_3N_4 层,利用各向异性的干法刻蚀来刻蚀 Si_3N_4 层,并最终停在 SiO_2 层上。在深亚微米工艺制程上使用 SiO_2 和 Si_3N_4 组合的原因是利用 SiO_2 作为刻蚀阻挡层,从而避免干法刻蚀损伤硅衬底,同时 Si_3N_4 可以起到很好的电性隔绝作用。对于深亚微米的工艺制程技术如果仍然使用 SiO_2 作为介质层,由于栅极和漏极的接触填充之间距离较近,而 SiO_2 不能充当很好的隔离介质层,栅极与漏极的接触填充金属之间会存在严重的漏电问题。而对于新的侧墙介质层 SiO_2 和 Si_3N_4,由于 Si_3N_4 具有比 SiO_2 更好的电性隔离特性,因而能大大缓解这一问题。

当工艺制程微缩到 0.18μm 及以下时,利用 SiO_2 和 Si_3N_4 作为侧墙介质层会出现新的问题。厚度为 1500Å 的 Si_3N_4 的应力太大,导致器件产生形变,从而使器件饱和电流降低,漏电流增大[13-14]。为了解决这个问题,需要降低 Si_3N_4 的厚度。因而采用三明治结构 $SiO_2/Si_3N_4/SiO_2$ 代替 SiO_2 和 Si_3N_4 作为侧墙介质层。$SiO_2/Si_3N_4/SiO_2$ 结构也叫 ONO(oxide nitride oxide)。首先利用 LPCVD 沉积一层厚度大约为 200Å 的 SiO_2 层作为 Si_3N_4 应力缓解层,然后沉积大约 400Å 的 Si_3N_4 层,最后利用 TEOS 发生分解反应生成厚度大约为 1000Å 的 SiO_2 层。

当工艺制程继续微缩到 90nm 及以下时,栅极与漏极的寄生电容 C_{gd} 开始逐渐增大并影响器件的速度。为了降低栅漏之间的寄生电容 C_{gd},必须增大栅极和漏极 LDD 结构的距离,所以需要进行双重侧墙。具体工艺步骤如下:

(1)先沉积一层大约 17Å 的氧化硅层覆盖在多晶硅和衬底硅表面(见图 17.9)。

图 17.9　第一层补偿侧墙隔离层沉积氧化硅

(2)然后沉积大约 90Å 的 Si_3N_4 层(见图 17.10)。

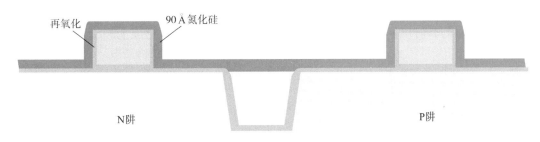

图 17.10　第一层补偿侧墙隔离层沉积氮化硅

(3)利用各向异性的干法刻蚀技术刻蚀 Si_3N_4,停在 SiO_2 层,形成第一层补偿侧墙,再进行 LDD 离子注入(见图 17.11)。

图 17.11　利用各向异性干法刻蚀形成第一层补偿侧墙隔离层

(4)对于第二重主侧墙,首先利用 LPCVD 沉积一层厚度约为 90Å 的 SiO_2 层作为 Si_3N_4 的应力缓解层(见图 17.12)。

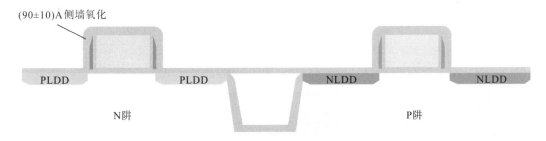

图 17.12　第二层主侧墙隔离层沉积氧化硅

(5)然后沉积一层厚度大约为 420Å 的 Si_3N_4 层(见图 17.13)。

图 17.13　第二层主侧墙隔离层沉积氮化硅

(6)利用各向异性的干法刻蚀技术刻蚀 Si_3N_4,停在 SiO_2 层,形成主侧墙(见图 17.14)。

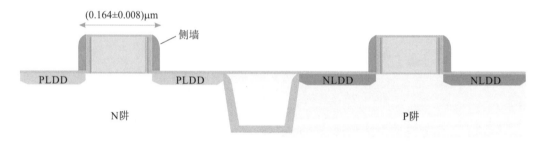

图 17.14　利用各向异性干法刻蚀技术形成第二层主侧墙隔离层

栅侧墙隔离完成后,开始进行 N 及 P^+ 的源/漏极重掺杂离子注入。源漏两端形成反掺杂,会在栅源极区以及栅漏极区之间形成二极管。源极区域与漏极区域产生电隔离,始终是反向偏置的,并且晶体管只能通过在栅极施加电压使栅极下方的薄层沟道反转来导通。具体步骤如下:

1. N^+ 源/漏极离子注入

N^+ 源/漏极离子注入是为 P 阱 NMOS 晶体管的源漏进行离子重掺杂(见图 17.15)。首先将掩模版上有源区的图案转移到衬底上形成 N^+ 源/漏极图案,光刻曝光显影出图案,N 阱区域被光刻胶覆盖。N^+ 离子多采用砷离子,通过离子注入方法利用高电流将中等剂量的砷离子注入有源区形成 N^+ 源/漏极的重掺杂,在此过程中设定的注入能量值和离子的剂量决定了源漏区的深度,同时影响着整个晶体管的性能。相对较浅的源漏区深度(仍比 LDD 区深)有利于减小短沟道效应[15-17]。

图 17.15　P 阱 NMOS 晶体管区域源漏重掺杂

2. 去 N^+ 源/漏除光刻胶

通过干法刻蚀将衬底上的光刻胶在等离子气氛中轰击去除,或者采用湿法刻蚀把化学清洗液喷洒于衬底表面,通过化学反应去除光刻胶。

3. P^+ 源/漏极离子注入

P^+ 源/漏极离子注入是为 N 阱 PMOS 晶体管的源漏进行离子重掺杂(见图 17.16)。首先将掩模版上有源区的图案转移到衬底上形成 P^+ 源/漏极图案,光刻曝光显影出图案,P 阱区域被光刻胶覆盖。P^+ 离子多采用二氟化硼离子,通过离子注入方法利用高电流将中等剂量的二氟化硼离子注入有源区形成 P^+ 源/漏极的重掺杂,重掺杂源节深度同 NMOS 源漏区要求。

图 17.16　N 阱 PMOS 晶体管区域源漏重掺

4. 去除 P^+ 源/漏除光刻胶

通过干法刻蚀或湿法刻蚀去除光刻胶,同 N^+ 源/漏除光刻胶去除方法。

5. 源漏区重掺杂退火激活

N^+ 和 P^+ 源漏区离子注入完成后,由于高能及高剂量注入,源漏区域硅晶圆表面的晶格结构会被完全破坏,从而使晶体结构转变为非晶态,此时需将硅片置于快速退火装置中退火,退火过程的两个主要目的可以概括为激活掺杂杂质和修复晶格损伤。快速热退火通常温度在 800℃ 以上的氢气环境中,并且需要在很短的时间内进行,从而抑制横向扩散。此外,通过控制加速度能量,可以将注入的初始深度确定为所希望的深度,这样横向扩散的影响可以忽略不计。非晶化晶圆表面可以通过高温退火过程来恢复原始晶体结构。硅原子在具有最小键能的位置对齐,从而最终恢复晶体硅。然而,这还不足以获得通过在半导体中掺杂而降低的电阻率。注入的掺杂剂也需要热能找到它们参与与硅原子共价键合的能量稳定位置,以便注入的杂质充当施主和受主,实现激活。

本章小结

本章讨论了源漏工艺。首先引入轻掺杂漏区离子注入来降低热载流子效应,然后讨论了在深亚微米器件中,通过晕环离子注入来降低源漏穿通,最后介绍了源漏重掺杂工艺来降低寄生电阻,保证电流的驱动能力。

参考文献

[1] Stephen A. Campbell. 微电子制造科学原理与工程技术[M]. 曾莹,等译. 北京:电子

工业出版社,2003.

[2] 汪洋,王兵冰,黄如,等. Sub-100nm NMOS Halo 工艺优化分析[J]. 固体电子学研究与进展,2006,26(4):445-449.

[3] 栾苏珍,刘红侠,贾仁需,等. 异质栅非对称 Halo SOI MOSFET 亚阈值电流模型[J]. 半导体学报,2008,29(4):746-750.

[4] Chakraborty S, Mallik A, Sarkar C K, et al. Impact of halo doping on the subthreshold performance of deep-submicrometer CMOS devices and circuits for ultralow power analog/mixed-signal applications[J]. IEEE Transactions on Electron Devices,2007,54(2):241-248.

[5] Hueting R J E, Heringa A. Analysis of the subthreshold current of pocket or halo-implanted nMOSFETs[J]. IEEE Transactions on Electron Devices,2006,53(7): 1641-1646.

[6] Bansal A, Roy K. Asymmetric halo CMOSFET to reduce static power dissipation with improved performance[J]. IEEE Transactions on Electron Devices,2005,52 (3):397-405.

[7] Mudanai S, Shih W K, Rios R, et al. Analytical modeling of output conductance in long-channel halo-doped MOSFETs[J]. IEEE Transactions on Electron Devices, 2006,53(9):2091-2097.

[8] Nicholas G, Jaeger B D, Brunco D P, et al. High-performance deep submicron Ge pMOSFETs with halo implants[J]. IEEE Transactions on Electron Devices,2007, 54(9):2503-2511.

[9] Wang H C H, Wang C C, Diaz C H, et al. Arsenic/phosphorus LDD optimization by taking advantage of phosphorus transient enhanced diffusion for high voltage input/output CMOS devices[J]. IEEE Transactions on Electron Devices,2002,49(1): 67-71.

[10] Hur J, Jeong W J, Shin M, et al. Off-state leakage in MOSFET considering source/drain extension regions[J]. Semiconductor Science and Technology,2021, 36(8):085018(11pp).

[11] 余山,章定康,黄敏. 侧墙工艺研究及其在集成电路中的应用[J]. 微电子学与计算机,1993(2):42-44.

[12] Mori S, Matsukawa N, Kaneko Y, et al. Novel process and device technologies for submicron 4Mb CMOS EPROMs[C]//International Electron Devices Meeting. IEEE,1987.

[13] Goss M, Thornburg R. The challenges of nitride spacer processing for a 0.35μm CMOS technology[C]//Advanced Semiconductor Manufacturing Conference & Workshop. IEEE,1997.

[14] Chen C H, Lee T L, Hou T H, et al. Stress memorization technique (SMT) by selectI-vely strained-nitride capping for sub-65nm high-performance strained-Si de-

vice application[C]//VLSI Technology，2004. Digest of Technical Papers. 2004 Symposium on. 2004:56-57.

[15] Eiho A，Sanuki T，Morifuji E，et al. Management of power and performance with stress memorization technique for 45nm CMOS[C]. IEEE Symposium on Vlsi Technology. IEEE,2007:218-219.

[16] Yu B，Wann C. Short-channel effect improved by lateral channel-engineering in deep-submicronmeter MOSFET's[J]. IEEE Transactions on Electron Devices，1997,44(4):627-634.

[17] Sleva S，Taur Y. The influence of source and drain junction depth on the short-channel effect in MOSFETs[J]. IEEE Transactions on Electron Devices,2005,52(12):2814-2816.

思考题

1. 引入 LDD 工艺的目的及其制造流程是什么？
2. 自对准工艺的意义是什么？
3. LDD 工艺对 MOSFET 器件性能的影响有哪些？
4. 漏致势垒降低(DIBL)效应会对器件产生什么影响？可以怎么抑制？
5. 简述晕环离子注入与 LDD 的区别。
6. 简述晕环离子结构对器件电学性能的影响。
7. 简述晕环离子结构对异质栅非对称晕环离子 SOI MOSFET 的亚阈值特性的影响。
8. 侧墙工艺的目的是什么？
9. 工艺制程微缩到 0.18μm，侧墙工艺采用什么结构？

致谢

本章内容承蒙丁扣宝、程勇鹏、余兴等专家学者审阅并提出宝贵意见，作者在此表示衷心感谢。

作者简介

许凯：博士、博导，浙江大学杭州国际科创中心研究员。长期从事微电子学与集成电路制造相关领域的科研工作。主持和参与了国家自然科学基金、国家重点研发计划、省级基金以及企业合作等多个科研项目。发表 SCI 论文 70 余篇，获授权专利(含美、日专利)6 项。

张运炎：博士、博导，浙江大学微纳电子学院校百人计划研究员、国家某市委基金人才、浙江省"创新长期"学者、"启真"学者；长期从事微电子学与光电子学相关领域的教学科研工作，面对新型先进集成电路技术；主持国家重大项目一项、学院青年专项一项；在 *Nano Today*、*ACS Nano*、*Nano Letters*、*Small* 等期刊发表了 80 余篇同行评审学术论文，包含一作/通信作者论文 SCI 论文 33 篇；指导学生获全国"创芯"大赛三等奖一项。

张亦舒：浙江大学微纳电子学院科创百人计划研究员。长期从事神经形态计算芯片方面的研究，近五年发表论文 20 篇，其中包括《自然通讯》《先进材料》等期刊。在新加坡工业研讨会上，研究成果多次荣获 AMD、联发科和意法半导体等国际知名半导体公司颁发的海报奖。另外曾荣获 2019 年度国家优秀自费留学生奖学金。同时兼聘至省级技术创新中心——浙江省集成电路创新平台，从事全国唯一的 12 英寸 55nm 先进集成电路设计与制造成套工艺技术的研究开发工作。

第 18 章

金属硅化物工艺

（本章作者：陈一宁 罗悦宁）

　　金属硅化物是指过渡金属与硅形成的硬质化合物，它的导电性一般介于硅与金属之间[1]，兼有硬度高和耐磨耐腐蚀等优点，常常作为许多超高温涂层材料的发展对象[2-5]。难熔金属硅化物具有以下优点和作用：①降低接触电阻。②作为金属与有源层的黏合剂。③高温稳定性好，抗电迁移性能好。④可直接在多晶硅上沉积难熔金属，经加温处理形成硅化物，工艺与现有硅栅工艺兼容。

　　此外，在双极集成晶体管（bipolar junction transistor，BJT）中，金属硅化物常被人们用于制备肖特基二极管、双极晶体管基极、发射极和集电极等的接触结构，它的体电阻率和接触电阻率低、工艺可加工性大、与硅平面工艺兼容性好、热稳定性高，可以极大地提升器件的工作速度。在互补金属氧化物半导体（complementary metal oxide semiconductor，CMOS）工艺中，金属硅化物作为金属通孔与源漏栅极接触的连接体，能显著降低有源区的接触电阻和器件 RC 延时，在大规模集成电路（large scale integration，LSI）和超大规模集成电路（very large scale integration，VLSI）的 CMOS 集成电路中占据十分重要的地位[6]。

　　本章将较为详细地讨论半导体工艺从亚微米到深亚微米并逐渐向纳米级的发展，围绕金属硅化物的应用，介绍多晶硅金属硅化物（poly-silicide，polycide）、自对准金属硅化物（self-aligned silicide，salicide）、自对准硅化物阻挡层（SAB）工艺流程，详细阐述金属硅化物从 Ti、Co 到 Ni 的发展历程，并展望未来技术发展趋势。

18.1　Silicide 概述

18.1.1　铝栅及其 Si/Al 界面

　　场效应管（metal-oxide-semiconductor field-effect transistor，MOSFET）普及初期，栅极材料主要是金属铝，铝是硅微电子学的主要互连材料。纯铝通常不被使用，而是一种含 0.5%～1%铜的铝合金（用于减少堆积、排空和电迁移），有时会含有约 1%的 Si。Al 的电阻低、不与氧化物反应、稳定性好。栅介质材料主要为 SiO_2，它能和硅衬底之间形成十分优良的 Si/SiO_2 界面[6]。硅化铂、硅化钯等金属硅化物常常被用在硅和铝栅极之间用来减小接触电阻、防止 Al—Si 互扩散，如图 18.1(a) 所示。当 Al 引线未对准接触区而大大增加接触电阻时，如果在硅和铝栅极之间使用金属硅化物，如图 18.1(b) 所示，能减少 Al 针刺的形成，实现低电阻结构。

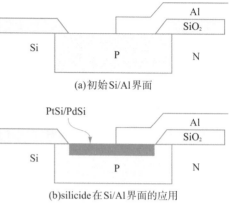

(a) 初始 Si/Al 界面

(b)silicide 在 Si/Al 界面的应用

图 18.1 silicide 应用前后的 Si/Al 界面

随着 CMOS 工艺持续向亚微米级推进，由于铝熔点较低(660℃)，而源漏退火激活的温度需要达到 900℃。而且形成源漏有源区之后，往往还需要经过光刻以及刻蚀工艺，才能形成铝栅。所以，导致源漏有源区与铝栅的套刻不齐的问题越发严重，造成了器件尺寸和一些电性参数上的误差，不再能满足工艺精度的需要。

多晶硅的熔点(1410℃)比铝高很多，而且多晶硅栅与硅的工艺兼容，耐高温退火。它的工艺制程在形成源漏有源区之前进行，和源漏是自对准的，不存在套刻不齐的问题。由于多晶硅本身属于半导体的范畴，通过掺杂，可以调节相应 MOS 器件的阈值电压以及功函数，所以可以用多晶硅栅来取代金属铝栅[7]。

18.1.2 多晶硅工艺

由于多晶硅的电阻率过高，栅极等效串联电阻变大，十分影响器件的高频特性。所以当 MOS 器件特征尺寸发展到亚微米级($0.8\sim0.1\mu m$)时代，人们决定采用金属硅化物结构取代高掺杂多晶硅，降低多晶硅电阻。金属硅化物能够承受较高加工温度(约 1000℃)的氧化环境，并且具有更低的电阻率。人们首先考虑的是难熔金属硅化物，例如 WSi_2、$MoSi_2$ 和 $TaSi_2$。将它们作用到栅极上主要有两种工艺：第一种是直接作栅互连材料来替代重掺杂多晶硅；第二种是掺杂多晶硅做复合栅结构。在高温氧化氛围下，多晶硅原子可以穿过硅化物形成一层氧化层，容易得到高质量的自钝化层，防止多晶硅中的杂质挥发。由于多晶硅和 Polycide 双层结构具有良好的工艺兼容性和优良的界面特性，所以得到了人们广泛的重视[7]。

这种复合双层薄膜结构的电阻比多晶硅的电阻低很多，可以达到一个数量级以上，在降低栅极互连电阻的同时也能保持硅界面的良好特性，被称为多晶硅工艺[8]。在多晶硅工艺中使用的金属硅化物需要具有高热稳定性的特点，最常使用的材料就是二硅化钨(WSi_2)。二硅化钨的热稳定性较好，工艺温度变化时，阻值不发生变化，并且适用于干式蚀刻工艺刻蚀图案。钨可以通过氢还原反应 $WF+3H \longrightarrow W+6HF$ 沉积。值得注意的是，多晶硅工艺只在多晶硅栅极上生成金属硅化物，如图 18.2 所示，这种方式在降低栅极电阻的同时不改变源漏区电阻，能够保持

多晶硅

图 18.2 Polycide 复合栅结构示意图[9]

多晶硅、二氧化硅和单晶硅三者之间优良的界面特性。

　　形成硅化物的工艺方法主要有两种:第一种依赖于金属薄膜和底层 Si 之间的反应,也是最重要的基础方法,即自对准工艺。第二种方法涉及金属和硅原子共沉积,是通过这两种元素的共溅射来实现。其结果会在晶圆片的整个表面覆盖一层"覆盖层"沉积,随后进行制模使用。本章只讨论自对准工艺。大致工艺流程为:首先利用低压化学气相沉积(low-pressure chemical vapor deposition,LPCVD)多晶硅薄膜,然后用同样的方法再沉积一层 WSi_2 薄膜。其中可以用气体源 SiH_2Cl_2 和 WF_6 反应生成 WSi_2。

　　以下详细介绍多晶硅工艺。

　　首先,在前序工艺基础上,生成如图 18.3 所示的氧化层后,继续进行多晶硅栅极的制作。值得一提的是此图中前一步需要进行双栅氧氧化,也就是将器件分为薄栅氧层和厚栅氧层两个区域。后续通过栅结构的工艺形成不同工作电压的 CMOS 器件,可以把薄栅氧器件(低压器件)和厚栅

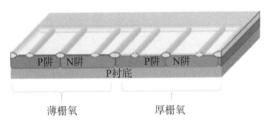

图 18.3　生长完成的薄栅氧与厚栅氧

氧器件(中压或高压器件)集成在同一块芯片上。双栅氧工艺为器件集成提供更大选择组合空间、实现更宽泛的应用,在 CMOS 器件制备中得到广泛应用。当然还可以对它进行一些改进或采用其他实现方法。

　　多晶硅栅工艺的目的是形成 MOS 器件的多晶硅栅极,栅极的作用是控制器件的导通状态。此衬底的多晶硅是未掺杂的,还需后续的离子注入进行掺杂。多晶硅的特点主要是可以通过掺杂杂质的类型和浓度来改变其电学特性以及功函数,从而相比于金属栅极更好地实现调节器件阈值电压的功能。步骤分为:沉积多晶硅和 WSi_2 双层结构;利用掩模版形成栅极光刻图案,保留栅区光刻胶,显影;刻蚀栅极以外多余部分的多晶硅和 WSi_2 双层,光刻胶用于保护栅极;最后洗去光刻胶,得到双层的栅极[10]。具体流程如下:

　　(1)沉积多晶硅栅。利用 LPCVD 沉积一层多晶硅,利用 SiH_4 在 630℃ 左右发生热分解并沉积在加热的晶圆表面,形成厚约 2000Å 的多晶硅,反应方程式为:$SiH_4 \Longrightarrow Si$(多晶)$+2H_2(g)$。

　　(2)沉积 WSi_2。通过 LPCVD 沉积 WSi_2 薄膜,在 400℃ 左右,利用 SiH_4 和 WF_6 反应产生 WSi_2,其反应方程式为:$WF_6+2SiH_4 \Longrightarrow WSi_2+6HF+H_2$。由此形成多晶硅和金属硅化物叠层结构。图 18.4 为沉积多晶硅以及沉积 WSi_2 的示意图。

图 18.4　沉积多晶硅以及沉积 WSi_2 的示意图

(3)清洗。清洁表面。

(4)栅极光刻处理。把掩模版上的图形转移到晶圆,其电路版图如图18.5所示。掩模版需要保留栅极区域光刻胶,如图18.6所示。最终显影如图18.7所示。这一步即形成多晶硅和金属硅化物叠层后,用光刻胶保护起来,以便进行下一步刻蚀。

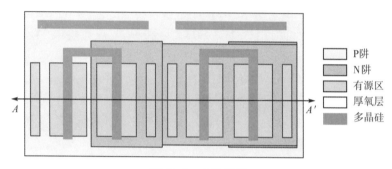

图 18.5　电路版图

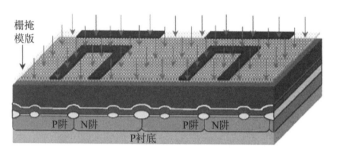

图 18.6　栅极光刻

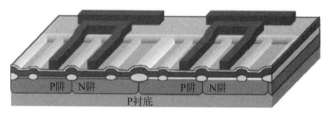

图 18.7　栅极显影

(5)测量光刻栅的关键尺寸。包括栅光刻和套刻,收集数据,检查曝光显影后的图形。

(6)栅极刻蚀。干法刻蚀掉没有光刻胶覆盖的多晶硅,形成器件的栅极,刻蚀气体为氯气(Cl_2)和氢溴酸(HBr)。需要注意刻蚀顺序,首先用 Cl_2 刻蚀掉 WSi_2,再用 HBr 刻蚀掉多余的多晶硅。终点侦查器检测出刻蚀到氧化层的成分时停止刻蚀,但为防止多晶硅残留导致短路,还要继续刻蚀一段时间,称为"过刻蚀"(over etch)。刻蚀如图18.8所示。

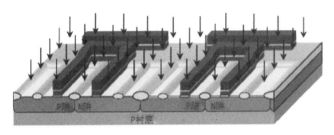

图 18.8　栅刻蚀

（7）去除光刻胶。采用干/湿法刻蚀除去保护栅的光刻胶，露出栅极。由此最终形成 WSi$_2$ 和多晶硅的双层栅极结构，如图 18.9 所示。

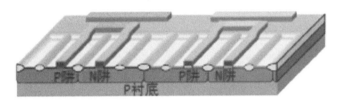

图 18.9　Polycide 栅极

18.1.3　Salicide 工艺

虽然多晶硅工艺能降低栅级互连电阻，但是不能降低源漏区的电阻。如果源漏区不采用硅化物，硅和金属之间的界面接触电阻以及寄生电阻都会阻碍器件的速度提升。此外，多晶硅工艺氧化过程中，容易形成多孔二氧化硅或者金属硅化物在栅极周围，在进行热处理过程中，可能造成硅化物薄膜剥落。于是，人们想到了同时采用两种硅化物的工艺方法——salicide，如图 18.10 所示。其中源漏区考虑的关键因素是良好的热稳定性、接触电阻率低和良好的可扩展性、均匀性好、界面粗糙度低等。在此工艺中，第一种硅化物用于制备栅电极，

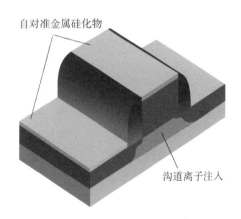

图 18.10　Salicide 工艺结构示意图

属于高温金属硅化物，例如 WSi$_2$；第二种硅化物用于制备源漏区接触电极，选择较低形成温度的硅化物，例如 PtSi。

　　Salicide 常用的金属材料有 Ti、Co、Ni(NiPt) 等。这些金属材料只和硅反应，不受氧化物或氮化物等介质材料的影响，所以也称为自对准金属硅化物。Salicide 也是硅金属化的工艺，值得注意的是，salicide 工艺是源漏离子注入工艺的后一步工艺，它需要在晶体管的源、漏、栅极同时形成自对准金属硅化物，从而极大地减小源漏栅的串联电阻。

Salicide 基本工艺步骤是首先利用物理气相沉积(physical vapor deposition,PVD),在多晶硅栅和有源区上沉积一层金属,然后进行两次快速热退火处理(RTA)和一次湿法选择刻蚀,最终在多晶硅栅和源漏表面形成 salicide。具体流程将在 18.4 节 Ni Salicide 中论述。

18.1.4 SAB 工艺技术

虽然金属硅化物可以降低电路的串联电阻,但是它对静电保护器件(electrostatic discharge protection devices,ESD)有害,达到同一阻值需要比非金属硅化物更大的面积。除此之外,ESD 电流还容易沿着低电阻的金属硅化物表面聚集流动,如图 18.11 所示,容易造成器件烧毁。

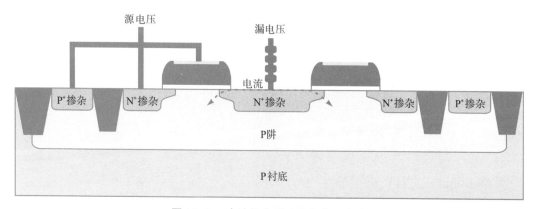

图 18.11　电流沿金属硅化物表面流动

所以 salicide 工艺中,在使用自对准金属硅化物技术时,需要同时辅以 SAB 技术。也就是在进行 salicide 之前,为了防止某些不需要形成 salicide 的区域(non-salicide)被金属硅化,需要先沉积一层介质层的技术。这层金属经热处理后可以只与源漏栅区的硅反应生成金属硅化物,未反应的金属采用选择腐蚀的方法除去[11]。这是因为沉积的金属只与源漏区体硅和栅区多晶硅反应,而不和侧墙反应。所以很容易去除侧墙上的金属,而将源漏栅上的金属硅化物留下,这个过程不增加额外掩模,完全依靠栅极及侧墙。

SAB 的流程包括 LPCVD 沉积 SAB 层、SAB 光刻处理、SAB 干/湿法刻蚀处理。形成 SAB 薄膜的材料有富硅氧化物(SRO)、SiO_2、SiON、Si_3N_4,采用等离子体增强化学气相沉积法(plasma enhanced chemical vapor deposition,PEVCVD)沉积。阻挡层在 180～130nm 时采用 oxide,在 65nm 以下则采用 oxide/nitride 层。形成阻挡层后,在 1000℃下快速退火后,除去要形成自对准金属硅化物区域的阻挡层。在 65nm 以下的工艺中,还可以加入新工序来有效去除冗余。SAB 具体常见流程在 18.4 节 Ni Salicide 中将得到论述。

18.1.5 三种常用 Silicide

在各种难熔金属中,本章主要从金属硅化物的与硅接触电阻低、耗硅量少、与硅晶附着力好等方面综合考虑来选择合适的接触材料。在集成电路工艺中,用于自对准金属硅化物的金属材料经历了由 Ti 到 Co,再到 Ni 的转变。其各自硅化物物理性质参数对比如表 18.1 所示。

表 18.1　常用金属硅化物物理性质参数比较

硅化物类别	C54-TiSi$_2$	CoSi$_2$	NiSi
方块电阻/($\mu\Omega \cdot$ cm)	15~25	15~20	10~20
形成温度/℃	750~850	600~750	300~500
熔点/℃	1500	1326	992
单位厚度金属消耗的硅厚度	2.2	3.6	1.8
单位厚度硅化物消耗的硅厚度	0.91	1.03	0.83
单位厚度金属生成硅化物厚度	2.4	3.5	2.2
单位厚度硅生成硅化物厚度	1.1	0.97	1.2
最终界面位置与金属厚度的比值	C54-TiSi$_2$→78%	CoSi→82% CoSi$_2$→110%	Ni$_2$Si→42% NiSi→80%
主导的形成机制	成核	成核/扩散	扩散
与 N-Si 间的肖特基势垒高度/eV	0.6	0.64	0.67
局限性	相变	小线宽薄膜电阻	高温稳定性

在表 18.1 中,方块电阻是指在电流的传输方向上取一段长度为 L 的导体,将它的电阻定义为:

$$R=\rho \times \frac{L}{S}=\rho \times \frac{n \times W}{d \times W}=n \times \frac{\rho}{d}$$

式中:$L=n \times W$(ρ 为导体电阻率;W 为导体宽度;d 为导体厚度;n 为导体长宽比),如图 18.12 所示。那么这段长度为 L 的导体的电阻就等于 n 与 R_s 的积,其中 $R_s=\frac{\rho}{d}$ 也称为薄层电阻或方块

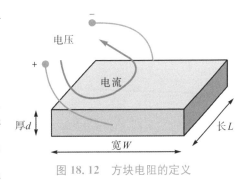

图 18.12　方块电阻的定义

电阻。在 CMOS 工艺制程中,多晶硅栅的厚度为 2.5~3kÅ,对于厚度为 3kÅ 的多晶硅,方块电阻高达 36Ω/□。而 Polycide 的方块电阻只有 3Ω/□。

18.2　Ti 金属硅化物及其工艺流程

18.2.1　Ti silicide

钛通常用作触点、通孔和互连的底层,它与其他材料有良好的附着力,能够减少天然氧化物,并且具有良好的电接触性能。钛的化学气相沉积很困难,它通常通过溅射沉积、标准磁控溅射、准直、电离溅射,以获得良好的接触覆盖。在常见 Co、Ir、Ni、Ti、Pt、Ta、W 等金属硅化物中,二硅化钛的电阻率较低,大约为 $13\sim16\mu\Omega \cdot$ cm[12]。同时由于 TiSi$_2$ 具有电阻率低、热稳定性好及亲氧特性等优点,Ti 可以有效清除接触区域上的残

余氧化层，这是其他硅化物无法做到的。所以最早选择它作为自对准金属硅化物材料[13]。$TiSi_2$ 在被广泛应用于 Salicide 工艺的同时也能被用于多晶硅工艺。

硅化钛电阻率低、热稳定性好，且与硅工艺兼容，与 Si、SiO_2 都有良好的接触，在 $0.25\sim0.5\mu m$ 的亚微米级 MOS 工艺中被广泛使用（在集成电路中，人们把特征尺寸在 $0.8\sim0.35\mu m$ 的工艺称为亚微米级工艺，$0.25\mu m$ 及其以下称为深亚微米级工艺，而 $0.05\mu m$ 及其以下称为纳米级工艺）。在形成 $TiSi_2$ 时，每消耗 1nm Ti，就会消耗 2.27nm Si，生成 2.51nm 的钛硅化物。在钛硅化物的不同晶相中，Ti_2Si 是体心正交的 C49 晶相，$TiSi_2$ 是面心正交的 C54 晶相，C54 晶相 $TiSi_2$ 具有比 C49 晶相 Ti_2Si 更低的阻值。硅化钛低温时主要为 C49 相，温度高于 800℃后，才开始生成 C54 相。在硅化钛工艺中，一般都采用两步快速热退火处理（RTA 或 RTP）[14]。这是因为如果只经历一步退火过程，那么这步退火工艺温度会很高，导致氧化硅边界上的 $TiSi_2$ 过度生长，后续的湿法刻蚀无法刻蚀掉 SAB 上的金属硅化物，造成器件短路，如图 18.13(a) 所示。使用两步退火处理既能降低由初温过高而导致的硅化物横向过量生长现象，避免桥连失效，又能保证 C49 晶相完全转化成 C54 晶相，如图 18.13(b) 所示。第一步退火温度通常选择 $450\sim650℃$，同时在氮气气氛中进行，经历第一步退火得到 C49 晶相的 $TiSi_2$；再经历第二步退火（$800\sim900℃$）最终转变成低阻相[15]。

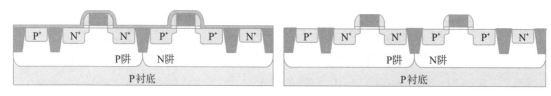

(a)一步快速热退火   (b)两步快速热退火

图 18.13　不同步数退火后形成的金属硅化物[16]

但是随着器件尺寸线宽的减小，人们发现，钛硅化物的电阻在达到一定尺寸后，出现了急剧上升的现象。尤其是当线宽小于 $0.35\mu m$ 后，高阻相转化为低阻相的临界点温度 T_1 变高，而 C54 晶相聚集团块化的温度 T_2 会降低，如图 18.14 所示。当这两个温度逐渐趋于相等时，甚至还会出现 C49 晶相还未转化为 C54 晶相就直接团块化的现象。所以人们认为硅化钛只适用于特征尺寸为 $0.5\sim0.25\mu m$ 的工艺。在线宽小于 $0.2\mu m$ 后，方

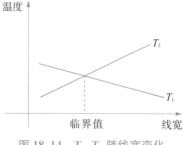

图 18.14　T_1、T_2 随线宽变化

块电阻急剧增加，低阻态相成核十分困难，只存在高阻态相[15]。随着器件尺寸的不断缩小，人们发现钛硅化物最终的低阻晶相的成核密度与线条和厚度有关，线条过窄、厚度过薄都会使电阻急剧增加。

钛硅沉积过程如图 18.15 所示。人们发现，出现上述现象的原因主要是 C54 晶相的生长受成核过程控制，它的成核点通常位于 C49 晶粒的三岔点，但 C49 晶粒尺寸一般在 $0.2\mu m$ 左右。因此当线宽减小到深亚微米以下时，C49 晶粒就与线条的横向尺寸相差不

大,导致 C54 晶相的成核点密度很低、生长困难,TiSi 无法完全转化为 C54 晶相。此外,生长硅化钛薄膜时,由于硅原子是主动扩散源,所以扩散后可能与侧墙上的钛原子反应形成硅化钛薄膜,使栅上的薄膜出现中间厚但两边薄的现象,方块电阻急剧升高,出现"桥连""空洞"问题[17]。因此在线宽达到 0.2μm 以下后,无法再继续沿用钛硅化物。

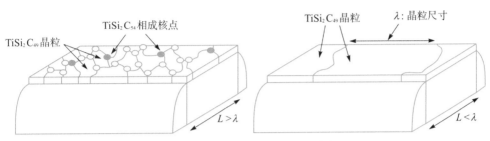

图 18.15　钛硅沉积过程示意图[18]

18.2.2　Ti 金属硅化物的工艺制程

一次自对准金属(Ti)硅化物工艺如下:

(1)在源漏区注入离子、形成源漏结,在多晶硅的侧壁上生成侧墙,如图 18.16(a)所示。

(2)对硅表面进行非晶化注入,打乱表面晶向,方便形成低电阻的金属硅化物。

(3)通过金属溅射在硅表面沉积形成金属层 Ti,如图 18.16(b)所示。

(4)第一次退火。在金属与硅表面反应形成高阻 C49 Ti_2Si,SAB 区域的金属 Ti 被保留。

(5)化学药剂 APM($NH_4OH : H_2O_2 : H_2O = 1 : 1 : 5$)选择性去除未反应的金属,金属硅化物层覆盖露出的源漏区。

(6)第二次退火。促使高阻 C49 Ti_2Si 向低阻 C54 $TiSi_2$ 转化。

(7)化学药剂去除多余 Ti,如图 18.16(c)所示。

(8)沉积物理介质相关层(physical media dependent,PMD)在硅片表面,刻蚀出接触孔[19]。

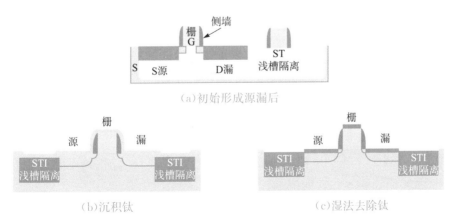

(a)初始形成源漏后

(b)沉积钛　　　　　　　　　　(c)湿法去除钛

图 18.16　两次快速热退火形成硅化钛工艺

18.3　Co 金属硅化物及其工艺流程

18.3.1　Co silicide

到了 $0.18\mu m$ 以后,人们想到了用钴硅化物替代钛硅化物的办法,钴硅化物能够较好地解决在 $0.18\mu m\sim90nm$ 的工艺要求。与钛硅化物工艺相比,具有更好的化学稳定性,不受成核过程限制,对线条横向尺寸的要求不高。同时,窄多晶硅线条上 $CoSi_2$ 栅结构边缘较之于 $TiSi_2$ 更厚,导致同样厚度的钴膜的薄层电阻有所下降。在相同的硅化物厚度下,$CoSi_2$ 比 $TiSi_2$ 表现出了更低的应力水平[20]。

与 $TiSi_2$ 工艺相似,$CoSi_2$ 一般也采用两步退火工艺。第一步退火温度相对较低(400~500℃),形成富钴硅化物,采用较低的温度能够抑制硅化物的横向生长。通过湿法选择腐蚀去掉未参加反应的金属钴,再进行第二步高温(600~800℃)热退火,形成低阻的 CoSi。当温度达到 550℃ 以上时,由于 $CoSi_2$ 的形成,薄片电阻降低。700℃时,整个钴层转化为 $CoSi_2$,电阻率为 $16\mu Q\cdot cm$,与 $TiSi_2$ 的值 $13\sim15\mu Q\cdot cm$ 近似。沉积的 Co 层通常被 TiN 覆盖,防止 Co 和氧在退火环境中发生反应,从而确保完全厚度的 Co 与 Si 反应。从 20nm Co 开始,Co‐Si 反应的薄片电阻随 RTP 温度的变化而变化。$CoSi_2$ 相较于 $TiSi_2$ 的优势在于 $CoSi_2$ 退火温度有所降低,而且在相同尺寸下其未出现线宽效应[21],如图 18.17 所示。

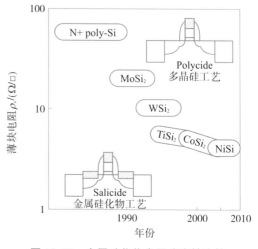

图 18.17　金属硅化物发展稳定性比较

然而,在薄膜生长过程中,钴硅化物与钛硅化物的方块电阻与线宽由于有相似的变化关系,$0.18\sim0.13\mu m$ CMOS 钴硅化物工艺中,也开始出现 PN 结漏电增加、两层多晶硅电容漏电增加、片电阻均匀性变差、接触孔接触电阻的性能退化等问题[22]。所以引入 $CoSi_2$ 工艺并没有真正解决器件特征尺寸不断减小带来的一系列问题,只是将关注点从 $TiSi_2$ 的横向尺寸减小转移到了与 $CoSi_2$ 相关的纵向结深和栅厚度减小带来的影响上。与钛相比,钴的耗硅量更大,而且无法清除硅上的残余氧化层,因此钴硅化物工艺对硅的表面沾污情况要求更高。以上这些都会导致生成薄膜电阻升高,生成的钴硅化物不再能满足更先进制程的要求。

当器件尺寸降到 65nm 以下时,随着结深的不断变浅,钴硅化物的结漏电现象越来越严重[22],因此面临着一些新的挑战:

(1)钴硅化物窄线宽效应造成与 $TiSi_2$ 相似的结果,电阻急剧增加。

(2)低尺寸下有源区掺杂深度在变浅,钴硅化物 $CoSi_2$ 对于硅的消耗太大,过度的硅消耗使得 Co 深入体硅中造成极大漏电流,尤其是在绝缘体上硅(SOI)器件中硅的消耗更为明显,如果 $CoSi_2$ 层过厚,在接触到二氧化硅层时,会造成器件性能的大幅退化。

(3)随着源漏 SiGe 选择性外延技术的引入,Ge 在 CoSi 中高度溶解,在 $CoSi_2$ 中却溶解度很低,不仅造成第一步退火 Ge 在 CoSi 中溶解,而且第二步退火高阻相 CoSi 转变成低阻相 $CoSi_2$ 的温度会进一步增加。

18.3.2 Co 金属硅化物的工艺制程

钴硅化物具体工艺过程示例如下:

(1)离子注入形成源漏区,再注入特定元素到衬底中形成阻挡层。

(2)清洁硅片表面。可以利用稀释后的氢氟酸去除晶圆表面的氧化层。

(3)通过 PVD 或其他方法在硅片的表面沉积所需金属 Co,约 200Å,如图 18.18 所示。

(4)第一次快速热退火(约 550℃)。在较低温度下,金属 Co 与晶圆表面裸露的硅发生反应形成高电阻的硅化钴。表面覆盖有二氧化硅或其他薄膜的地方,不发生反应。

(5)SC1 溶剂选择性刻蚀掉 SAB 表面的残余金属 Co。

(6)第二次热退火(约 740℃)。钴硅化物从 Co_2Si 转化为 $CoSi_2$,形成低电阻二硅化钴[23]。

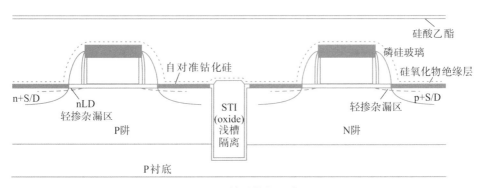

图 18.18 钴硅化物形成图

18.4 Ni 金属硅化物及其工艺流程

18.4.1 Ni silicide

当进入 65nm 及以下制程时,开始使用镍作为接触材料,镍硅化物成了更好的自对准金属硅化物。在形成硅化物之前,通过改变硅中掺杂剂的浓度,可以将镍硅化物的功函数从 4.3eV 调整到 5.1eV。硅化镍的功函数可调性使其成为一种广泛研究的金属栅接触材料。此外,如图 18.19 所示,在镍硅化物的扩散中,镍原子是主动扩散源,大大减少了桥连和空洞现象的发生。而在钴硅化物和钛硅化物中,硅原子是主动扩散源。镍原子扩散时会产生空位,留在金属层中。在后续湿法刻蚀时金属层可以被去除,但空位会出现在硅衬底中。

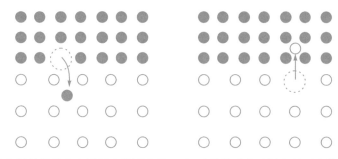

(a)金属扩散后在金属层内留下空位　(b)硅扩散后在硅层中留下空位

图 18.19　金属和硅原子各自主导扩散图

镍硅化物跟钴硅化物相比,主要表现出以下优势:

(1)热预算低,方便控制因为注入离子的激活退火过程而造成的镍扩散。镍原子在硅衬底中的溶解度和扩散速度比钴原子大得多,与钴硅化物相比,镍硅化物形成低阻态需要的热预算更低。如图 18.20 所示,镍硅化物的低阻态是 NiSi,最低的形成温度为 350℃ 左右,而钴硅化物的低阻态 $CoSi_2$ 的形成温度在 600℃ 以上。

(2)相同长度下,NiSi 的电阻总是比 $CoSi_2$ 更低,如图 18.21 所示。

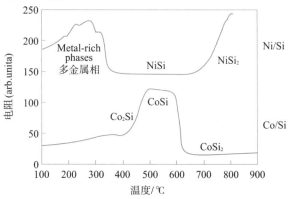

图 18.20　钴硅化物和镍硅化物随温度的转变过程

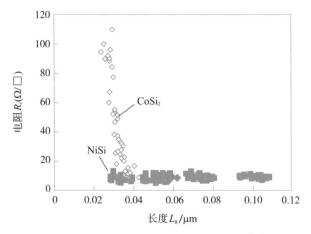

图 18.21　$CoSi_2$ 与 NiSi 各长度性能比较[24]

（3）耗硅量更少。与 $TiSi_2$ 相比，NiSi 减少量可以达到 30% 以上，如图 18.22 所示。因为镍硅化物的电阻比钴硅化物低，所以同等电阻下镍硅化物的厚度比钴硅化物要小，消耗的硅要少。

（4）镍硅化物的形成是由扩散控制的，而钛硅化物和钴硅化物是成核控制的，所以镍硅化物界面更加平滑；而且由于镍是主扩散元素，需要的反应温度也不高，所以栅极和源漏极的 Si 向侧墙的扩散速率非常低，降低了桥连现象发生的可能。

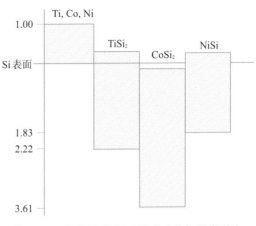

图 18.22　不同金属耗硅形成硅化物厚度对比

（5）和锗硅工艺兼容。镍硅化物有富金属相 Ni_2Si、NiSi 和 $NiSi_2$ 三种。在硅工艺中，通常选择与相图中最富硅相所对应的硅化物，该组合物一般具有 MSi_2 结构。由于三者中 NiSi 晶相的阻值是最低的，形成 NiSi 晶相所需温度只有 350℃ 左右，没有必要在更高的温度下继续转化为 $NiSi_2$ 相。一是由于它的阻值最低，所需厚度最薄；二是 NiSi 中硅元素的密度更小。所以从这两个方面来说，NiSi 都是最优选择。镍硅化物一般也采用两步退火工艺。在两步法 RTP 过程中，采用第一步（RTP1）控制 Ni 的反应量。然后在选择性蚀刻中去除隔离层顶部的多余镍。第二个 RTP 步骤（RTP2）用于驱动完全反应，形成目标所需的硅化物厚度。镍硅化物一直到线宽缩小到 30nm 时，都没有出现线宽效应[25]。

然而，在镍硅化物的应用中也出现了一些问题。镍原子是主扩散源，比较活跃，所以与 Co 或 Ti 硅化物相比，NiSi 的问题恰恰相反。高温下的硅化镍不稳定，很容易转变为高电阻相，也可能发生过度扩散损伤器件性能[26]。由于 Ni 是主要扩散源，所以可以向周围区域扩散，小结构发生过度硅化，导致形成的 NiSi 薄膜比预期的厚。为了增强硅化镍的热稳定性，可以采用镍合金的方法，例如镍铂、镍钯，Ni 与 10%Pt 或 Ta 合金化对硅化物性能的影响如图 18.23 所示。从转变曲线（退火和选择性去除未反应金属后硅化片电阻随退火温度的变化）可以看出，Ni 合金硅化物比纯 Ni 硅化物更稳定。这个研究表明，Pt 的加入可以提高 NiSi 薄膜的热稳定性，防止其向 $NiSi_2$ 转变。此外，Pt 和 Ta 的加入也能提高 NiSi 的热稳定性。与 Ta 相比，铂可以更好地降低镍原子的动能和侵蚀能力[27]。

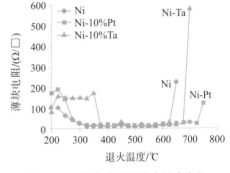

图 18.23　镍合金不同退火温度电阻

需要注意的是，发展到 16/14nm 节点，TiSi 取代 NiSi 重新成了集成电路主流技术。其原因主要有：16/14nm 的硅化物厚度变得很薄，体电阻不再是决定源漏接触电阻的重要部分，TiSi 在 NMOS 中肖特基势垒较低，具有更低的接触界面电阻，因此总接触电阻更低；TiSi 工艺比 NiSi 简单，只需要一次退火，多余的 Ti 可作为接触黏结层,减少步骤,降低成本;NiSi 的 piping 和 spiking 现象比较严重,改用 TiSi 能降低漏电。

18.4.2 Ni 金属硅化物的 Flow 工艺制程

深亚米级 CMOS 的标准前段工艺技术流程,按顺序主要有:衬底制备、有源区工艺、浅沟槽隔离(STI)工艺、双阱工艺、栅氧化层工艺、多晶硅栅工艺、轻掺杂漏(lightly doped drain,LDD)工艺、侧墙工艺、源漏离子注入工艺、Salicide 工艺等,本节将详细介绍 Salicide 工艺。

Salicide 工艺是在所有离子注入工艺完成以后进行的,经过了高温激活过程,因此需要注意后续工艺的热预算要尽量低,不然可能影响到前序离子的扩散。以下以镍硅化物为例,详细介绍最后一步 Salicide 工艺流程。

1. SAB

(1)沉积 SAB。以 SiO_2 为例,利用 PECVD 沉积一层 SiO_2,以便后续选择性区分 Salicide 区域与 Non-Salicide 区域。

(2)SAB 光刻。用 SAB 掩模版定义出金属硅化物(salicide)区域与 SAB(non-salicide)区域。保留未反应区域的光刻胶,去除形成了金属硅化物区域的光刻胶。

(3)SAB 刻蚀。利用干法刻蚀与湿法刻蚀结合,对暴露在外的 Salicide 区域的 SiO_2 刻蚀以露出需要形成 Salicide 的有源区和多晶硅栅。

(4)去除所有光刻胶。Non-salicide 区域上有 SiO_2 层保护其不与金属反应,Salicide 区域的硅暴露在外,可进一步形成金属硅化物[28]。

需要注意的是,SAB 刻蚀需要用到干法刻蚀与湿法刻蚀两种方法。干法刻蚀利用带电粒子轰击去除氧化硅,属于各向异性刻蚀,方向垂直向下,容易把控尺寸。但是由于存在物理轰击的过程,所以可能损伤衬底,导致最终 salicide 电阻偏高;湿法刻蚀采用化学反应刻蚀,各向同性,方向控制性差,还可能导致横向刻蚀的出现,最终得到的尺寸可能与原设计图形有偏差,损伤器件性能。

2. Salicide

(1)清洗硅表面自然氧化层。清洗硅表面自然氧化层时,传统工艺一般用氩等离子电浆来轰击硅片;后来为了避免程控集成器件(programmed integrated device,PID)缺陷,普遍采用 SiCoNi 清洁工艺进行清洁。

(2)以镍硅化物为例,沉积 NiPt 和 TiN。溅射沉积一层约 100Å 的 NiPt,再沉积一层约 250Å 的 TiN。TiN 的作用有:防止 NiPt 在快速热退火之前暴露在外而被氧化;防止 NiPt 在后续的快速热退火过程中流动导致金属硅化物厚度不均匀;由于钛的亲氧特性,氮化钛层很容易吸附铂化钛下面的残余氧,更好地形成硅化氮,如图 18.24 所示。

(3)第一步 Salicide 快速热退火处理(RTP1)。在 N_2 气氛中约 200~300℃下快速退火,作用时间几十秒,使 NiPt 与硅反应生成高阻的 Ni_2Si。

(4)选择性刻蚀。湿法刻蚀清除 TiN 和未与硅反应的 NiPt,如图 18.25 所示。

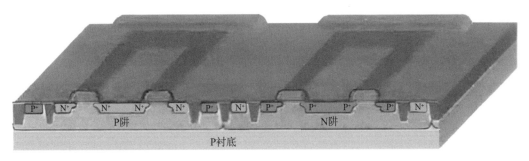

图 18.24　沉积 NiPt 和 TiN

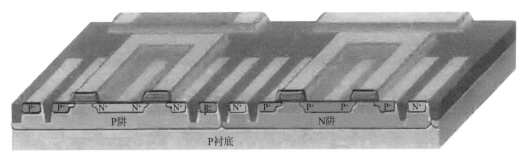

图 18.25　选择性刻蚀

(5)第二步快速热退火(RTP2)。在 N_2 气氛中,高温约 400~450℃ 环境下退火,作用时间约 30s,可将高阻态的 Ni_2Si 转化为低阻态的 NiSi。

需要注意的是,NiSi 并不是稳定的,当温度升高时就会发生凝聚现象,继续反应形成高阻硅化镍,因此第二次快速退火以及后续工艺热预算温度需要严格把控。在镍硅化物工艺中一般要掺入一定的 Pt,用 NiPt 而不用纯 Ni 是因为纯 Ni 易扩散深入侵蚀衬底导致漏电问题,掺入 5%~10% 的 Pt 可改善此问题。到了更先进的 28nm 中,激光退火可以更精确地控制 NiSi 的退火时间,得到更高质量的 NiSi。

18.4.3　镍硅化物工艺难点

硅化物材料主要经历了从钛硅化物到钴硅化物再到镍硅化物的演变。而出现这些变化的主要原因都是成核密度低,导致无法在小结构中形成需要的低电阻率硅化物。这一问题首先出现在线宽小于 200nm 的低电阻率 C54 $TiSi_2$ 中,随后出现在线宽小于 40nm 的低电阻率 $CoSi_2$ 中。本节主要需要解决 NiSi 的可伸缩性和热稳定性问题。

将镍硅化物集成到 CMOS 工艺的过程中,如果工艺控制不当,容易发生结块的现象。不仅增加了片状电阻,而且会导致不连续硅化镍的形成。在互补型金属氧化物半导体的实现过程中,出现不连续硅化镍的现象是一个非常严重的问题[28]。结合镍硅化物工艺过程的各个特征,如图 18.26所示,想要进行大规模生产,必须考虑解决以下这些问题:

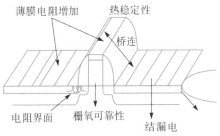

图 18.26　salicide 工艺常见问题

（1）在 Ni-Silicide 中 Ni 和 Si 在镍硅化物表面与氧发生反应，即使少量的氧渗透进 NiSi 薄膜层也会强烈地影响漏电流水平[25]。

（2）Ni 主扩散，要控制扩散方向，保持薄膜均匀性，同时避免不必要的扩散，还要控制扩散速率、避免扩散过深形成管道造成漏电流，以及产生 Si-Silicide 界面缺陷。

（3）更高温下 NiSi 容易团块化，而且可能和衬底反应转变为高阻 NiSi$_2$，这样也会导致尖峰管道缺陷[30]。

18.4.4 改善各种工艺缺陷的方法

在硅化镍工艺流程中，P 型半导体元件容易向下生长产生尖峰缺陷，导致源漏极区与基底严重漏电。而 N 型半导体元件容易往水平方向扩散而产生管道缺陷，导致起始电压下降。为了尽量减少尖峰缺陷，需要使硅表面缺陷尽量少。而要减少镍硅化物的管道缺陷，需要达到硅内部缺陷尽量少的条件。位错是最典型的硅内部缺陷，它形成于前段工艺，所以后续退火一般不能完全修复内部缺陷。人们可以通过在刻蚀、退火等过程中采用合适的工艺条件来解决这些问题，如下所述。

1. 刻蚀残余金属的注意事项

湿法刻蚀清除第一步退火后剩余的 TiN 和未与硅反应的 NiPt，要保证在不过度刻蚀损伤 RTP1 后形成的暴露的富镍硅化物（Ni$_2$Si/Ni$_3$Si$_2$）的情况下，必须完全去除 TiN/NiPt 残留物。图 18.27 显示一些典型刻蚀不完全造成的缺陷。包括过度刻蚀导致硅化物损坏从而引起更高的接触电阻，较厚的金属残留物直接引起栅和源漏的桥接，较稀薄的金属残留物引起的结漏。因此，该步湿法刻蚀是十分重要的环节之一。

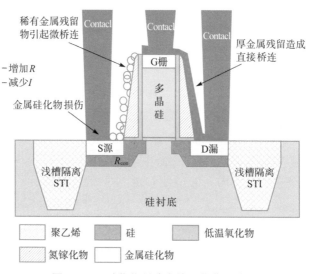

图 18.27 硅化物制造中的一些典型缺陷

Pt 是一种十分稳定、不活泼的贵金属，通常只与腐蚀性酸发生反应，但传统酸洗会造成内层富镍硅化物的刻蚀。此步湿法蚀刻工艺要求在去除铂残留物的同时，不损害更脆弱的富镍硅化物和其他暴露的表面材料。硫酸和过氧化氢混合配备的食人鱼溶剂

(SPM)广泛应用于半导体制造的金属刻蚀和有机物去除[31]。

2. 退火及其改进

Salicide 工艺一般都采用两次独立的 RTP 步骤。值得注意的是两次退火环境都在 N_2 气氛中进行,防止后续氧对于硅化物薄膜质量的影响,同时氮元素即使掺入也可以进一步抑制沉积过程中氧造成的金属硅化物薄膜影响。这是因为退火处理工艺中只要存在超过 10ppm 的氧化杂质,就有可能会导致在暴露的硅表面发生一些氧化反应,氧与硅化物反应将会阻碍硅化镍的生成。退火处理的过程中如果惰性气体的流量越大,氧化杂质的含量就会越高,那么腔体内的压力也会越大,镍原子顺着缺陷扩散导致尖峰缺陷或管道缺陷产生,从而影响生成硅化镍的质量、增加生产成本[32-35]。第一次退火一般采用超低温处理。RTP1 使 Ni 扩散到 Si 中形成富金属的 Ni_2Si。这一步技术关键点主要在于如何形成一个既薄又富金属的硅化物,同时还要避免 Ni 的过度扩散形成管道以及缺陷。完成 RTP1 后湿法刻蚀掉多余未反应金属,并进入 RTP2 阶段。这一阶段的技术关键点主要在于实现 Ni_2Si 到 NiSi 充分且均匀的相变,不能产生 NiSi 的聚集和团块化,如图 18.28 所示。同时要准确控制退火温度和退火时间,过高的热能吸收将造成 NiSi 向 $NiSi_2$ 相的转变,阻值增大并产生尖刺。如果在 SiGe 中,还会出现空洞的缺陷,如图 18.29 所示。

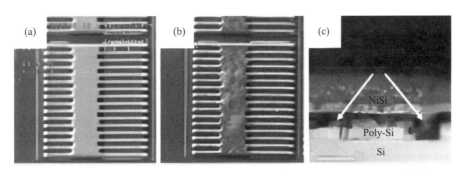

(a)正常的 NiSi 表面　　(b)SEM 下 NiSi 的聚集　　(c)TEM 下 NiSi 聚集横截面

图 18.28　NiSi 聚集

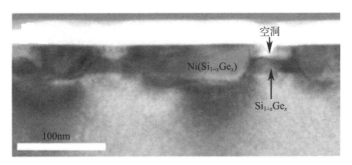

图 18.29　NiSiGe 中的空洞

上述采用的是传统的均温退火。均温退火 RTP2(在 400~450℃ 下 RTP),在达到 28nm 以下时,NiSi - Si 界面的粗糙度就难以控制了,很容易发生硅过度扩散。因此,可以在退火工艺上进行改进以达到更好的效果。

除均温退火工艺外的退火工艺还有：

(1)尖峰快速退火：在温度快速爬升到峰值温度(一般在1000~1100℃)后，驻留较短时间，再快速降温。尖峰退火一般用于修复晶格损伤和杂质激活，杂质能否激活则取决于峰值温度。

(2)闪光退火。随着器件特征尺寸减小到28nm，传统的均温热退火和尖峰热退火不再能满足热预算的需求时，需要探寻其他热预算更小的退火方法。闪光退火是一种毫秒数量级的退火方法，它采用卤素灯的闪光瞬间来迅速加热退火。其工艺时间一般在2~30ms。由于Ti和Co在盐化过程中容易高温氧化，所以必须非常小心，使晶圆片在高温处理系统中不会氧化薄膜。在这样的RTP系统中，晶圆可以冷加载，热处理可以在受控的环境中进行。

(3)激光退火(laser anneal,LSA)：通过使用不同波长和扫描模式的激光束对硅片表面进行扫描，退火时间可达到毫秒级甚至飞秒级。主要作用于源漏区和多晶硅杂质的激活、杂质分布的控制、缺陷的修复、镍硅化物的成相等[36]。

(4)激光毫秒退火(millisecond laser annealing,MSA)能够保证硅相变过程有较低的热预算，能达到高温，以及短的作用时间，可抑制因热能导致的NiSi团块化，且抑制镍的进一步扩散。相比于传统的均温RTP，在MSA过程中，NiSi的团聚机理可能不同。用激光毫秒退火(MSA)取代传统的快速热退火(RTA2)，能大大提高CMOS驱动电流、降低结漏电流。近年来，硅化物晶粒与Si衬底的外延排列，证明了超薄Ni(Pt)Si薄膜具有较高的形态稳定性[37]。传统热退火过程中，材料纹理和界面能量吸收是导致NiSi团聚的主要因素[37]，而MSA中其团聚机理可能在于过高的温度和表面极大的应力[37,38]。

3. 衬底预非晶化处理

前文提到镍硅原子在镍硅化物表面可能会与氧反应，而且哪怕少量的氧也能严重影响镍硅薄膜层的质量，如图18.29所示。所以在沉积完金属层后再沉积一层TiN，可以隔绝外界的氧。另外，由于钛相对于氧有亲和力，利用它可以吸附残余氧。掺入氮元素也能抑制薄膜中氧的影响。TiN层能在后续退火工艺中限制镍的扩散，保证镍硅化物的均匀厚度，抑制侧墙或者浅沟槽隔离处的镍原子在源漏栅上的主动扩散[39]。也可以在NiPt沉积前做一个能量较小的冷冻离子注入(cryo-IMP)对衬底进行预非晶化处理，这样可以改善NiSi$_2$尖峰外延生长[25]，但是能量不宜过大，否则会产生额外损伤。NiSi$_2$与Si晶格常数相当，与硅外延相似，NiSi$_2$沿(100)晶相外延生长速度快，沿(111)面生长最慢。因此沉积NiPt前进行小的离子注入破坏衬底硅的单晶结构，也可以抑制NiSi$_2$在衬底上的外延生长，从而改善尖峰的出现。

18.5 Ni与GeSi的金属硅化物及其工艺

CMOS器件的经典尺寸降尺度的局限性迫使科学家和工程师为了保持器件性能的持续改进而提出创新技术。这引起了许多材料创新，如在MOSFET的通道区域使用应变硅(通过用 $Si_{1-x}Ge_x$ 在源和漏区域或通过使用氮化物应力源)和用高 κ/金属栅极替换 SiO_2/多晶硅栅极,限制使用硅化物作为接触材料应用到源和漏区域。目前为了提高 PMOS 速度,人们常在源和漏区域应用 $Si_{1-x}Ge_x$ 材料,如图 18.30 所示。

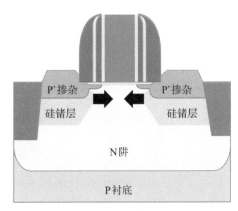

图 18.30　PMOS 嵌入应力材料

与 Si 相比,Ge、GeSi 或异质结构 Ge/Si 是更有吸引力的替代品,因为它们在应变和带隙方面的灵活性更大,以及其在 PMOS 器件中,$Si_{1-x}Ge_x$ 和纯锗具有更高的载流子迁移率。作为富锗源和漏区接触材料,它可以以类似自排列的方式形成,如图 18.31 所示[39-41]。

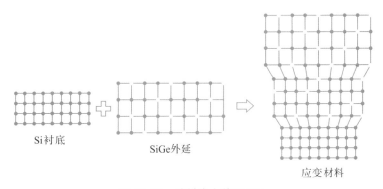

图 18.31　硅衬底上外延 SiGe

在对单晶硅的金属半导体接触的研究中人们已经发现,镍金属相比 Ti、Co、Pt 等有着很大的优势,包括较低的热预算、较低的硅消耗量、能够克服窄线条效应、较低的机械应力等。而目前在锗硅上进行的研究说明,镍仍然是形成锗硅金半接触的很好选择。对 20% 锗含量的单晶 SiGe 衬底上镍硅化物的形成进行分析。在 200~850℃ 范围内,研究一步硅化过程。图 18.32 显示了 10nm Ni 与掺 As 和掺 B 的 SiGe 反应的转换曲线,从上往下依次为掺 B 的 Si、掺 B 的 SiGe、掺 As 的 Si、掺杂 As 的 SiGe。同时给出了 10nm Ni 与纯 Si 反应的相应曲线。Si 和 SiGe 的相变曲线特征相似,在低温下形成富镍相。可以观察到,低电阻镍单一硅化物的形成被 Ge 的存在延迟到更高的温度(约 350℃ 或

300℃）。当温度升高时,薄片电阻会急剧增加。锗硅化物薄膜的热降解温度比纯 NiSi 薄膜低。

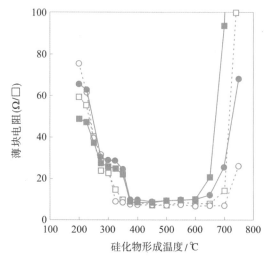

图 18.32　硅化物的转变曲线

镍铂与硅衬底反应,反应温度低,形成的自对准金属硅化物具有电阻低、膜质均匀等优点。但它可能会沿着 Si 周期性晶格的特定方向生长,形成倒刺形结构,导致器件短路的发生。而硅锗衬底因为高空穴迁移率而被应用在源漏极,提高了器件的一些性能[42-44]。

在引进源漏锗硅外延技术后,还需要在锗硅层上沉积一层低阻镍硅化物。其中单晶硅覆盖层可以简化这步工艺。由于这层覆盖层的厚度、锗硅中的锗浓度,都会影响到镍硅化物的阻值及其热稳定性,所以需要注意找到最佳的工艺条件。

Ti、Co、Pt 等金属通过类似传统的镍硅化物工艺的方法就可以在锗硅上形成金半接触,主要工艺过程如下:第一步,金属沉积前预清洗,去除前一步的残留氧化层;第二步,金属沉积;第三步,退火形成合金;第四步,残余金属去除。最终形成如图 18.33 所示的器件结构。

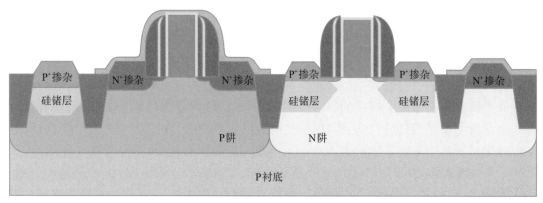

图 18.33　SiGe 嵌入的 MOS 结构图

18.6 未来技术趋势

随着大规模集成电路 CMOS 器件特征尺寸的不断缩小,传统的多晶硅与二氧化硅栅结构遇到了过高的栅泄漏以及多晶硅耗尽效应等技术挑战。为了消除这些效应,降低栅薄层电阻,人们开始尝试用金属作栅电极的方法。由于金属和栅介质兼容性好,能有效地消除费米钉扎效应,所以目前高 κ/金属栅结构已经成为替代传统栅结构的选择,并在 45nm 技术节点得到了使用[45,46]。

人们还发现了一些可以应用于集成电路 CMOS 器件的新材料。例如,由于金属硅结对半导体器件的操作至关重要,要求低阻金属端子取代晶体管中的高掺杂硅。需要通过金属和硅之间的低肖特基势垒进行有效的电荷注入。而铕(Ⅱ)化合物因其广泛的电学、磁性和光学性质而闻名。但铕硅体系,特别是 $EuSi_2$ 还远未得到充分研究。通过查阅相关资料,人们发现硅化铕($EuSi_2$)作为一种新型的纳米电子学中与 Si 接触的多功能材料,其外延 $EuSi_2$/Si 结易于制造,且无异相。$EuSi_2$/N-Si 结的肖特基势垒被确定为所有硅化物中最低的,并且在 SB-MOSFET 技术中存在可能的应用[47]。而在衬底材料的发展上,近年来,GaSb 因其高的体电子空穴迁移率和光电子特性引起了人们的极大兴趣。特别是高空穴迁移率使 GaSb 在 Ⅲ-Ⅴ 材料的 PMOSFET 和全集成 CMOS 应用前景大好。然而,GaSb MOSFET 的器件技术还没有完全发展。通过查阅相关资料得知,自对准 Ni-GaSb 合金 SID 的 GaSb PMOSFET,可以允许在低至 250℃ 的温度下制造 MOSFET[48]。

目前,硅平面(CMOS)技术在集成电路中尝试将最小元件尺寸从 10nm 减小到 5nm,这个发展面临着各种问题,比如性能的微小提高如何与电多层互连中电阻损耗和功耗的增加相匹配。人们认为可以通过光学互连技术(在 CMOS 技术框架内的 Si IC 中的电子芯片之间)来解决。因此,实现硅电子-光子集成电路的新方法可能是未来十年的主要任务[49]。

本章小结

本章讨论半导体工艺从亚微米到深亚微米并逐渐向纳米级的发展,围绕金属硅化物的应用,介绍了多晶硅金属硅化物(poly-silicide,polycide)、自对准金属硅化物(self-aligned silicide,salicide)、自对准硅化物阻挡层(self-aligned block,SAB)工艺流程,详细阐述了金属硅化物从 Ti、Co 到 Ni 的发展历程,展望了未来技术发展趋势。

参考文献

[1] 马剑华,谷云乐,钱逸泰. 金属硅化物纳米材料的化学合成[J]. 无机化学学报,2004, 20(9):1009-1012.

[2] 庄乔乔,张培磊,刘晓鹏. 激光熔覆镍基硅化物涂层研究现状[J]. 热加工工艺,2017, 46(20):16-19,24.

［3］陈瑞润,陈德志,王琪,等. Nb－Si 基超高温合金及其定向凝固工艺的研究进展［J］. 金属学报,2021,57(9):1141-1154.

［4］贾丽娜,翁俊飞,沙江波,等. Nb－Si 金属间化合物基超高温合金研究进展［J］. 中国 材料进展,2015,34(5):372-378.

［5］蔡圳阳,沈鸿泰,刘赛男,等. 难熔金属合金及其高温抗氧化涂层研究现状与展望 ［J］. 中国有色金属学报,2020,30(9):1991-2010.

［6］孔祥涛. 65nm 以下 CMOS 镍硅化物中镍过度扩散的工艺优化［D］. 上海:复旦大 学,2009.

［7］中芯国际集成电路制造(上海)有限公司. 铝金属栅极的形成方法:CN201010603682.7 ［P］. 2012-07-04.

［8］王大海,万春明,徐秋霞. 自对准硅化物工艺研究［J］. 微电子学,2004,34(6):631- 635,639.

［9］朱赛宁,聂圆燕,陈海峰. WSI Polycide 工艺的研究［J］. 电子与封装,2012,12(3): 29-32.

［10］Koike H,Unno Y,Matsuoka F,et al. Dual-polycide gate technology using re- growth amorphous-Si to suppress lateral dopant diffusion［J］. IEEE Transactions on Electron Devices,1997,44(9):1460-1466.

［11］何瑞. Si(110)衬底上镍硅化物形成研究［D］. 上海:复旦大学,2010.

［12］黄榕旭,蒋聚小,郑国祥,等. VLSI 中钛硅化物肖特基接触特性与退火条件［J］. 固 体电子学研究与进展,2001,21(4):415-423.

［13］何杰,刘仲春,栾洪发,等. 两步退火形成钛硅化物和氮化物的研究［J］. 真空科学与 技术,1996,16(3):193-197.

［14］Quirk M,Serda J. 半导体制造技术［M］. 韩郑生,等译. 北京:电子工业出版 社,2015.

［15］王大海,万春明,徐秋霞. 自对准硅化物工艺研究［J］. 微电子学,2004,34(6):631- 635,639.

［16］温德通. 集成电路制造工艺与工程应用［M］. 北京:机械工业出版社,2018.

［17］Mao S J,Luo J. Titanium-based ohmic contacts in advanced CMOS technology ［J］. Journal of Physics D:Applied Physics,2019,52(50):503001.

［18］Morimoto T,Ohguro T. Self-aligned nickel-mono-silicide technology for high- speed deep submicrometer logic CMOS ULSI［J］. IEEE Transactions on Electron Devices,1995,42(5):915-922.

［19］晏江虎. 自对准硅化钛工艺(Ti Salicide)的应用和优化［D］. 上海:复旦大学,2005.

［20］Kital J A,Hong Q Z,Yang H,et al. Advanced salicides for 0.10μm CMOS:co salicide processes with low diode leakage and Ti salicide processes with direct for- mation of low resistivity C54 TiSi$_2$［J］. Thin Solid Films,1998,332(1/2):404-411.

［21］陆涵蔚,曹俊,吴兵. 90nm CMOS 工艺平台金属硅化物工艺优化及其表征［J］. 集成 电路应用,2019,36(9):17-19.

[22] 初曦. 深亚微米集成电路中自对准钴硅化物的工艺研究及优化[D]. 北京:中国科学院大学,2011.

[23] 上海华虹(集团)有限公司,上海集成电路研发中心有限公司. 通过预处理实现界面更加平滑的钴硅化物工艺:CN200310108839.9[P]. 2003-11-25.

[24] 张汝京. 纳米集成电路制造工艺[M]. 北京:清华大学出版社,2017.

[25] 王昌锋. 40 纳米镍硅化物工艺研究[D]. 上海:复旦大学,2014.

[26] Iwai H,Ohguro T,Ohmi S. NiSi salicide technology for scaled CMOS[J]. Microelectronic engineering,2003,60(1/2):157-169.

[27] 中芯国际集成电路制造(上海)有限公司. 生成镍合金自对准硅化物的方法:CN201010524969.0[P]. 2012-05-16.

[28] 张卫. 集成电路新工艺技术的发展趋势[J]. 集成电路应用,2020,37(4):4-9.

[29] Kudo S,Hirose Y,Ogawa Y,et al. Study of formation mechanism of nickel silicide discontinuities in high-performance complementary metal-oxide-semiconductor devices[J]. Japanese journal of applied physics,2014,53(2):21301.1-21301.5.

[30] Kobayashi K,Watanabe H,Maekawa K,et al. Oxygen distribution in nickel silicide films analyzed by time-of-flight secondary ion mass spectrometry[J]. Micron,2010,41(5):412-415.

[31] Chu M M,Chou J H. Advances in selective wet etching for nanoscale NiPt salicide fabrication[J]. Japanese Journal of Applied Physics,2010,49(65):06GG16.1-06GG16.5.

[32] 中国科学院微电子研究所. 金属硅化物制造方法:CN201210118972.1[P]. 2013-10-30.

[33] 上海华力微电子有限公司. 自对准硅化镍的制备方法. CN201410491170.4[P]. 2015-02-11.

[34] 虞海香. 自对准多晶硅化物加工期间镍基硅化物横向侵入的方法:CN201210433706.8[P]. 2013-02-06.

[35] 上海华力微电子有限公司. 减少自对准硅化镍尖峰缺陷和管道缺陷的方法:CN201410331759.8[P]. 2014-10-01.

[36] 邱裕明. 40 纳米新型注入与退火工艺的研究与应用[D]. 上海:上海交通大学,2016.

[37] Gregoire M,Beneyton R,Morin P. Millisecond annealing for salicide formation:Challenges of NiSi agglomeration free process[C]. 2011 IEEE International Interconnect Technology Conference,2011.

[38] Adams B,Jennings D,Ma K,et al. Characterization of Nickel Silicides Produced by Millisecond Anneals[C]. 15th IEEE International Conference on Advanced Thermal Processing of Semiconductors-RTP,2007.

[39] De Schutter B,De Keyser K,Lavoie C,et al. Texture in thin film silicides and germanides:A review[J]. Applied Physics Reviews,2016,3(3):031302.

［40］ Cheng C H，Hsin C L. A novel silicide and germanosilicide by NiCo alloy for Si and SiGe source/drain contact with improved thermal stability［J］. Crystengcomm，2014，16(48)：10933-10936.

［41］ 上海华力集成电路制造有限公司. 镍硅化物的制造方法：CN201910742951.9［P］. 2019-11-19.

［42］ 上海华力微电子有限公司. 在硅锗层上形成镍自对准硅化物的工艺方法：CN201310258323.6［P］. 2013-10-02.

［43］ 上海华力微电子有限公司. 一种改善半导体自动对准镍硅化物热稳定性的工艺方法：CN201110206424.X［P］. 2012-04-25.

［44］ Carron V，Nemouchi F，Milesi F，et al. Thermal stability enhancement of Ni-based silicides，germano-silicides and germanides using W and F implantation for 3D CMOS sequential integration［C］//International Workshop on Junction Technology. IEEE，2014.

［45］ 祁路伟. 高 κ/金属栅器件的正栅压温度不稳定特性(PBTI)及对覆盖层氮化钛的依赖性研究［D］. 北京：中国科学院大学，2016.

［46］ 中芯国际集成电路制造(上海)有限公司. 一种金属栅的制作方法：CN201110256164.7［P］. 2013-03-13.

［47］ Averyanov D V，Tokmachev A M，Karateeva C G，et al. Europium silicide-a prospective material for contacts with silicon［J］. Scientific Reports，2016，6(1)：1-9.

［48］ Zota C B，Kim S H，Asakura Y，et al. Self-aligned metal S/D GaSb p-MOSFETs using Ni-GaSb alloys［C］. Device Research Conference (DRC)，2012 70th Annual. IEEE，2012.

［49］ Galkin N G，Shevlyagin A V，Goroshko D L，et al. Prospects for silicon-silicide integrated photonics［J］. Japanese Journal of Applied Physics，2017，56(5S1)：05DA01 1-6.

思考题

1. 什么是自对准硅化物？

2. 多晶硅作为栅极材料的优势有哪些？

3. 简述 Polycide 和 salicide 结构及工艺？分别有什么特点？

4. 进行两次快速热退火的优势是什么？

5. SAB 技术的作用是什么？

6. 随着工艺的迭代，金属硅化物的演变趋势和原因是什么？

7. 欧姆接触和肖特基接触的区别有哪些？

8. 在金属硅化物之前，如何降低接触电阻？

9. 钛金属硅化物工艺可能出现哪些问题？

10. 未来工艺中金属硅化物的发展趋势是什么？

致谢

本章内容承蒙丁扣宝、许凯、余兴等专家学者审阅并提出宝贵意见,作者在此表示衷心感谢。

作者简介

陈一宁:新加坡南洋理工大学博士,浙江大学微纳电子学院特聘研究员。从事超大规模集成电路相关的电子器件大数据研究和开发工作,在 *Applied Physics Letters*,*IEEE Transactions on Electron Devices* 等期刊发表论文多篇。主导开发多个大生产工艺项目,如 65/55nm 和 45/40nm 节点 CMOS 低功耗逻辑工艺优化和良率提升,Smart Analysis 全套芯片良率大数据解决方案等。

罗悦宁:浙江大学微纳电子学院硕士研究生。目前在制作所 CMOS 平台进行集成电路大数据研究等相关领域工作,深入产业链学习 55nm 芯片工艺 flow,研究晶圆缺陷处理的流程及定位分析等。

第19章

接触孔工艺

（本章作者：高大为　吴永玉）

在集成电路制造中，工艺流程分为前段工艺（front end of line，FEOL）和后段工艺（back end of line，BEOL）两个部分[1]。前段工艺用于完成晶体管制作，后段工艺用于完成晶体管之间的金属布线互连。在这个过程中，接触孔工艺作为前后段工艺衔接的重要部分[2]，用于连接晶体管有源区与第一金属层。在大生产成套工艺流程中接触孔工艺缺陷经常是良率杀手之一。在这个工艺模块中，接触电阻（contact resistance，Rc）和套刻对准（overlay）是接触孔工艺中需要着重关注的两个部分。

电路信号的传输速度取决于电阻与电容的乘积，在接触孔工艺中如何降低接触电阻就成了一个比较重要的问题[3]。对此，可以主要从接触孔材料、接触孔的关键尺寸等方面考虑。

本章主要论述接触孔工艺制造流程，以55nm接触孔制造工艺为切入点，详细介绍在接触孔工艺制造过程中各环节的重点及难点。通过工艺整合来优化各个工艺步骤，才能制造出符合要求的接触孔。

19.1　接触孔工艺简介

在接触孔材料方面，采用金属镍硅化物代替之前的金属钴硅化物可以获得更小的接触电阻[4]；采用金属钨代替之前的金属铝作为接触孔的填充材料也可以获得较强抗电迁移能力、更小的电阻率以及更高的台阶覆盖率[5]；在不影响填充能力的前提下，通过降低具有高阻特性的黏合层Ti/TiN的厚度也可以达到降低电阻的目的。

在接触孔关键尺寸方面，随着技术节点的缩小，多晶硅到接触孔的距离越来越小。减小接触孔的关键尺寸有助于减少多晶硅和接触孔之间桥联的问题，但是关键尺寸的减小会导致接触孔与多晶硅及有源区的接触面积减小，从而增加接触电阻。与此同时，降低层间介质的厚度同样有助于电阻的降低。因此，需要找到合适的工艺窗口来平衡这些因素之间的关系。

　　光刻工艺中的套刻对准步骤对接触孔工艺有较大的影响,特别是对静态随机存取存储器(static random-access memory,SRAM)区域。静态随机存取存储器通过晶体管密度的提高来增加缓存的容量,因此静态随机存取存储器设计可不遵循最小设计规则,由此对工艺提出了很高的挑战。在静态随机存取存储器区域中,当接触孔与栅极套刻对准时,如果出现较大的偏差,则容易使接触孔和栅极之间发生桥联短路的问题,从而导致器件失效。当接触孔与有源区套刻对准时,一部分有源区上的接触孔跟有源区重叠,若产生对准偏差,后续刻蚀过程中会刻蚀掉一部分浅沟槽隔离(STI)上的氧化物,从而增加了漏电,进而加大了器件功耗。

19.2　接触孔工艺流程

　　55nm 接触孔工艺采用金属钨作为填充材料,在器件与第一层金属之间采用介质材料,来形成层间介质层(inter-layer dielectric,ILD),从而达到电性隔离和降低金属与衬底之间的寄生电容的目的。55nm 接触孔工艺的工艺步骤如下。

19.2.1　清洗

　　在化学气相沉积(chemical vapour deposition,CVD)之前,要对晶圆表面进行清洗以得到洁净的表面。

19.2.2　沉积具有拉应力的氮化物层

　　如图 19.1 所示,采用化学气相沉积一层氮化物作为后续刻蚀接触孔的刻蚀停止层,同时引入应力。早期工艺中对器件的工作速率要求不是很高,因此在这一步骤中采用的是氧化物加氮化物的组合,主要目的是起到电性隔离的作用。加入氧化层的目的一方面是将其作为刻蚀停止层;另一方面是因为氮化物与硅衬底的晶格常数和热膨胀系数不匹配,氮化物与硅直接接触会产生较大的应力,容易导致在硅衬底上产生裂纹和大量位错或缺陷。因此,需要在衬底上生长一层氧化物来缓解氮化物与硅衬底之间的应力。随着技术节点不断缩小,对〈100〉晶向的硅片施加拉应力可以显著提升其沟道的电子迁移率,从而提升器件的驱动电流。因此,在这一步骤中去除了氧化物以充分利用氮化物的应力作用,控制好沉积工艺各项指标从而控制应力大小,有效地提升 NMOS 器件的工作速率。

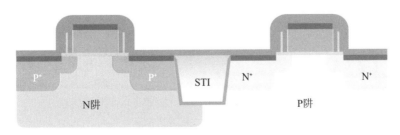

图 19.1　生长具有拉应力的氮化物

19.2.3　HDP CVD PSG

如图 19.2 所示,采用高密度等离子体化学气相沉积工艺(high density plasma chemical vapour deposition,HDPCVD)沉积磷硅玻璃(PSG),将其作为第一层层间介质层。磷硅玻璃是在未掺杂硅酸盐玻璃(undoped silicate glass,USG)中掺磷形成的,可以有效地吸收固定离子(主要为 Na^+)以及阻挡水汽。在该步骤中,主要从间隙填充能力(gap fill)、等离子体损伤、薄膜均匀性三个方面对高密度等离子体化学气相沉积工艺进行优化。

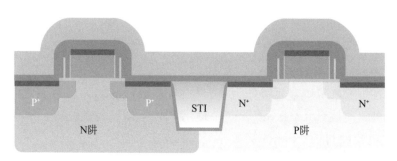

图 19.2　生成磷硅玻璃层

19.2.4　沉积 TEOS

如图 19.3 所示,采用等离子体增强化学气相沉积(PECVD)工艺生长正硅酸乙酯(TEOS),将其作为第二层层间介质层。为了解决高密度等离子体化学气相沉积工艺中等离子体密度过大、薄膜均匀性不佳、沉积时间过长的问题,55nm 工艺采用 PSG＋TEOS 的组合作为层间介质。

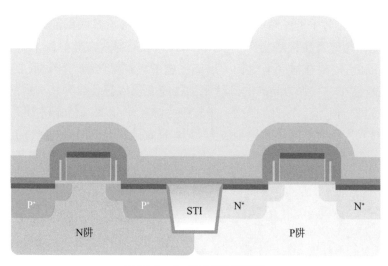

图 19.3　生成正硅酸乙酯层

19.2.5　CMP

如图 19.4 所示,通过化学机械研磨(chemical mechanical polishing,CMP)调整层间介质层的高度,实现表面平坦化。在氧化物的研磨过程中,主要通过调整研磨时间达到指定的介质层高度,最后清洗去除表面的研磨液。

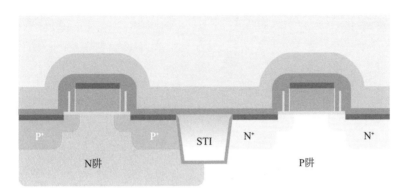

图 19.4　化学机械研磨调整高度

19.2.6　沉积氧化物

如图 19.5 所示,采用等离子体增强化学气相沉积形成一层氧化物,其可以作为光刻的抗反射涂层以减少反射,减小驻波效应,同时也可以修补化学机械研磨工艺对表面的损伤。

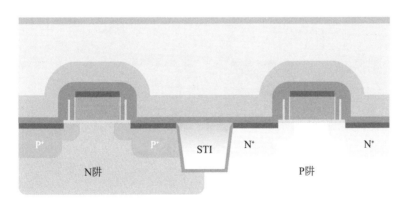

图 19.5　生成等离子体增强的氧化物

19.2.7　光刻

如图 19.6 所示,通过光刻胶旋涂、前烘、对准与曝光、后烘、显影、坚膜等步骤,将掩模上的图形转移到光刻胶上。非接触孔区域上保留光刻胶,接触孔区域上的光刻胶通过显影去除,后续将通过刻蚀工艺形成接触孔。

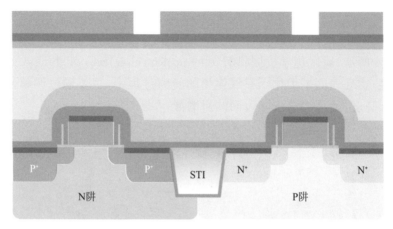

图 19.6　光刻形成接触孔图案

19.2.8　刻蚀、清洗

如图 19.7 所示,采用 CF_4 等气体形成的等离子体轰击晶圆去除无光刻胶覆盖区域的介质层,形成高深宽比的接触孔。在形成接触孔后通过干法刻蚀和湿法刻蚀去除光刻胶和抗反射涂层,随后将晶圆放入清洗槽中清洗,最后在物理气相沉积(physical vapor deposition,PVD)金属前用氩离子溅射去除表面的氧化物。

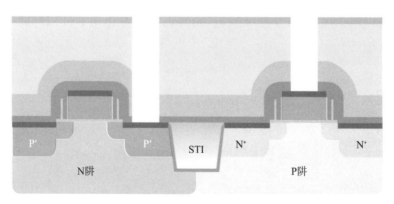

图 19.7　刻蚀形成接触孔图案

19.2.9　沉积黏合层(glue layer,GL)

如图 19.8 所示,利用物理气相沉积工艺溅射沉积 Ti 和 TiN 层。Ti/TiN 层主要有两方面的作用:一方面,由于钨与氧化物的黏附性很差,如果直接将钨填充进氧化物,形成的介质层中钨层非常容易脱落,因而需要 Ti/TiN 作为黏附层,防止钨层的脱落;另一方面,Ti/TiN 层作为阻挡层,可有效地防止钨扩散至器件有源区内,对器件性能造成损害。

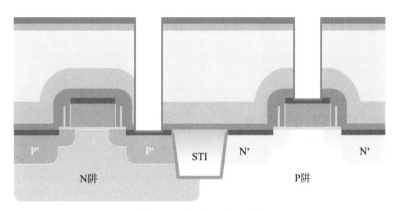

图 19.8　沉积 Ti/TiN 层

19.2.10　沉积钨层

如图 19.9 所示,采用化学气相沉积工艺沉积金属钨,填充接触孔。这个过程主要分为两步,第一步是利用六氟化钨(WF_6)、硅烷(SiH_4)和乙硼烷(B_2H_6)在一定温度和压力下反应沉积一层钨籽晶层,第二步是利用六氟化钨(WF_6)和氢气(H_2)沉积大量的钨。

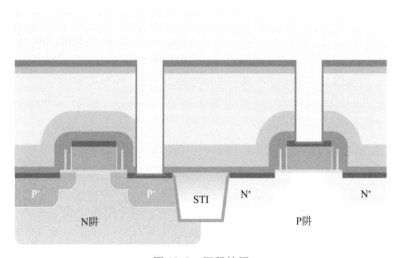

图 19.9　沉积钨层

19.2.11　化学机械研磨

如图 19.10 所示,利用化学机械研磨去除表面多余的钨层和 Ti/TiN 层,防止钨残留导致不同区域的接触孔短路,同时也使表面平坦化。正硅酸乙酯层是化学机械研磨的停止层,考虑到工艺的容忍度,当终点检测器检测到正硅酸乙酯的成分时,会再进行一定时间的研磨,确保钨没有残留。

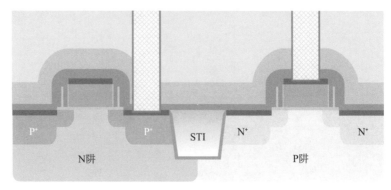

图 19.10　钨的化学机械研磨

19.3　氮化硅沉积(SiN DEP)

氮化硅作为接触孔刻蚀停止层(contact etch stop layer,CESL),其主要作用是便于对接触孔刻蚀工艺的控制。在接触孔刻蚀中,由于栅极自身高度的原因,为了实现栅极和有源区同时刻蚀出接触孔且不对栅极造成过度刻蚀,必须沉积一层氮化硅作为刻蚀停止层。刻蚀过程是先同时在栅极跟有源区上方一起刻蚀氧化硅,刻蚀一段时间后停止在有源区跟栅极上方距离氮化硅一段距离处;因为在过刻蚀过程中对氧化硅选择性低,对氮化硅选择性高,因此在过刻蚀过程中,栅极区域会率先刻蚀至氮化硅上方,有源区会继续刻蚀氧化硅,最后停止在氮化硅处,这样栅极和有源区都停止在氮化硅处,最后栅极和有源区同时开始刻蚀氮化硅,形成接触孔。

随着 CMOS 技术发展到 90nm 技术节点以下,低沟道迁移率、短沟道效应和寄生电容成为导致器件性能下降的主要原因,因此氮化硅被赋予了更多的使命。业界在器件表面沉积高应力氮化硅薄膜,在器件沟道内引入高应力,提高了器件电子或空穴迁移率,提升了器件性能。

氮化硅作为刻蚀阻挡层的同时,还要提供足够的应力,因此选择合适的厚度非常关键。在一定厚度范围内氮化硅的厚度跟应力成正比,厚度越大,氮化硅提供的应力越大,但是如果氮化硅过厚,在栅极与栅极之间,栅极侧壁的氮化硅会相连,甚至产生气泡(void),导致较差的填充效果,不利于后续接触孔刻蚀工艺,增加接触孔刻蚀负担。当氮化硅沉积厚度大于 100nm,氮化硅提供的应力将趋于饱和而不再增加,因此氮化硅沉积厚度通常处于 20nm 至 100nm 之间[6-7]。氮化硅另一个关键的点在于根据工艺需要来调节应力大小和应力种类(拉应力还是压应力),对 NMOS 而言,拉应力可以显著提升沟道的电子迁移率,而 PMOS 则需要压应力来提升沟道的空穴迁移率,所以 NMOS 表面需要沉积提供拉应力的氮化硅,PMOS 表面需要沉积提供压应力的氮化硅[8]。

在 55nm 逻辑工艺中,采用化学气相沉积方法生长氮化硅,以硅烷和氨气为主要反应物,硅烷跟氨气分别提供氮化硅所需的硅原子跟氮原子,反应温度通常为 350~500℃,反应压力会根据产品不同而略有调整。其反应式如下:

$$SiH_4 + NH_3 \longrightarrow Si_3N_4(固态) + 副产物(气态) \quad (反应温度 350 \sim 500℃)$$

为确保氮化硅薄膜质量,设备配有抽气泵,在反应腔体压力达到要求后才会通入由氩气稀释至一定体积分数的硅烷和高纯氨气,以确保氮化硅薄膜质量,到达晶圆表面的气体与等离子体中的电子频繁碰撞,气体分子离解为活性基团,然后活性基团发生反应,形成均匀的氮化硅薄膜,副产物随氩气排出反应腔室。沉积过程中反应腔室温度控制在一定温度,反应气体流量维持在一定值。

氮化硅薄膜中含有氢离子,主要以 Si—H 和 N—H 的形式存在,氢离子含量的多少会影响氮化硅薄膜的应力。在应力调节方面,通常等离子体增强化学气相沉积氮化硅的应力随着温度升高而升高,这是因为温度升高会使 Si—H 键和 N—H 键断裂加剧,使得氮化硅薄膜中 H 更容易剔除,从而更容易获得较高的应力。但是氮化硅沉积工艺反应温度不能过高,其原因是前道工艺镍硅化物已经形成,镍硅化物热稳定性较差,此处温度过高会导致低阻态金属镍硅化物向高阻态转变,造成接触电阻(Rc)增加,影响器件速度,因此 55nm 逻辑工艺沉积反应温度须控制在一定温度以下。氮化硅的应力是压应力还是拉应力主要取决于氮化硅薄膜表面的空洞。当薄膜的空洞较多时,空洞周围的薄膜分子以相互吸引力来维持薄膜的状态,薄膜呈现拉应力;当游离的 Si 或 N 单质填充到空洞中时,游离的单质分子对空洞周围的薄膜分子产生挤压力,薄膜呈现压应力。改变反应气体的流量比将直接影响薄膜游离的 Si 或 N 单质含量及 Si 或 N 含量比,比如 SiH_4/NH_3 流量比较大时,将有大量游离的 Si 或 N 单质进入薄膜内部,从而使薄膜形成较大的压应力[9]。

调整氩气稀释的硅烷流量和射频功率可沉积出不同性能的氮化硅薄膜,较小的 SiH_4/NH_3 流量比下氮化硅薄膜沉积速率较低,得到的氮化硅薄膜台阶覆盖性较好;同样射频功率是影响氨基硅烷密度和离子在等离子体中的运动能量的主要因素,较高的射频功率可提高等离子体中氨基硅烷的形成,也可增强等离子体对衬底的离子轰击效应,提高薄膜的致密性。通过减小气体流量比以及提高射频功率,循环多次沉积,可以提高薄膜的质量,减少气泡。如表 19.1 和文献[11]所示,工艺生产工程中需要综合调节反应温度、反应压强、射频源频率、射频源功率、SiH_4 与 NH_3 的流量比来获得合适的氮化硅应力。

表 19.1　张应力与压应力的影响因素[10]

变量(增加)	张应力趋势	压应力趋势
反应温度	增加	增加
反应压强	增加	减小
射频源频率	增加	无变化
射频源功率	减小	增加
电极间距	无变化	减小
惰性气体流量	无变化	增加
$SiH_4 + NH_3$ 流量	降低	减小
SiH_4 与 NH_3 的流量比	降低	减小

　　随着工艺制程的发展,氮化硅薄膜的应力需求越来越高,使得紫外光照射工艺也被用来调节压力。紫外光照射工艺能打断硅氢键和氮氢键,形成更强的硅氢键以满足更高压力的需要(见图19.11)。在紫外光照射工艺中,氮化硅通常会分多次进行沉积(2~3次),每沉积完一次,进行一次紫外光照射,这样得到的氮化硅质量好于单次沉积加单次紫外光照射的氮化硅[12]。

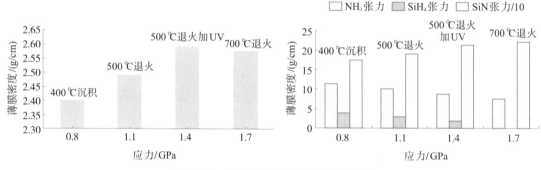

图 19.11　紫外光照射与应力的关系[12]

　　在90nm技术节点,沉积氮化硅只是单纯地作为接触孔刻蚀阻挡层,因为氮化硅应力过大,所以通常在器件表面先沉积一层氧化硅,再沉积氮化硅,形成O—N结构。对于65/55nm CMOS工艺来说,采用的是〈100〉的晶圆,在器件表面直接沉积氮化硅,既起刻蚀阻挡层的作用,又可以提升〈100〉晶面衬底硅上〈100〉晶向的NMOS的电子迁移率,而对PMOS没有负面影响。当半导体工艺发展到40nm以下时,出于对器件工作速率的要求,需要刻蚀阻抗层同时对NMOS和PMOS起作用,即将提供张应力、压应力的氮化硅薄膜同时引入CMOS工艺,使拉应力薄膜单独作用于NMOS器件上而PMOS器件上形成压应力薄膜。双应力技术使NMOS和PMOS的有效驱动电流分别提高了15%和32%,饱和驱动电流分别提升了11%和20%,PMOS中空穴的迁移率也提升了60%之多。这种技术制作工艺相对简单,具有大规模生产的能力。其制作工艺如下:首先,在栅极和源漏电极硅化制作后,先在NMOS和PMOS上方都沉积一层均匀的张应力氮化硅薄膜;其次,把PMOS上方的薄膜图形化并刻蚀掉;再次,在所有器件上方沉积一层均匀的压应变氮化硅薄膜;最后,把在NMOS沟道区域部分图形化并刻蚀掉压应变氮化硅薄膜[13-14],如图19.12所示。

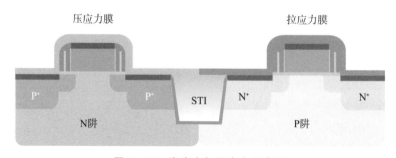

图 19.12　张应力与压应力示意图

在双应力薄膜的基础上还发展出了新的技术,即减薄应力薄膜和栅极之间的侧墙,使得从应力薄膜到沟道之间的距离接近达到应力转移最大化。这种将应力薄膜放置于更加靠近沟道的方法叫应力临近技术(SPT)。其工艺是在应力薄膜沉积之前加一道湿法刻蚀去除部分侧墙,然后进行双应力薄膜的沉积,但需要注意的是侧墙去除工艺要减少对金属硅化物造成的损伤,防止欧姆电阻增加,影响器件性能。

19.4　层间介质层沉积

随着技术节点的不断缩小,器件所能承受的热量也越来越低。在 55nm 技术节点,由于高密度等离子体化学气相沉积工艺在低热预算(300～400℃)下有着良好高深宽比间隙的填充能力,因此业界采用高密度等离子体化学气相沉积工艺沉积磷硅玻璃,将其作为层间介质的第一层。在高密度等离子体化学气相沉积工艺中采用 SiH_4、O_2、PH_3、He。气体 SiH_4、O_2、PH_3 用于沉积,气体 He 和 O_2 用于溅射。高密度等离子体化学气相沉积采用沉积和溅射结合的方式,因而具有良好的间隙填充能力,可以较好避免气泡现象的产生,如图 19.13 所示。

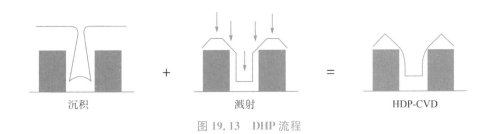

沉积　　　+　　　溅射　　　=　　　HDP-CVD

图 19.13　DHP 流程

为了得到较好的沉积刻蚀比(DS ratio),必须考虑沉积-溅射过程中影响间隙填充能力的几个关键问题:①再沉积问题。随着接触孔尺寸越来越小,轰击掉的物质容易溅射到接触孔的另一侧并且沉积形成薄膜。当薄膜的厚度到达一定程度时会使接触孔提前封闭从而导致空洞的产生。②侧墙、帽冠厚度。侧墙和帽冠的厚度增加,在填充过程中容易出现空洞。③顶部突出(overhang)厚度。由于在接触孔顶部拐角处沉积速度快,因而在拐角处很容易提前封闭,若没有合适的溅射速率,极易出现空洞。为解决上述关键问题,主要从反应气体流量、射频功率、硅片温度等方面考虑以优化沉积刻蚀比。

在沉积过程中,气体流量的控制是一个非常关键的因素。业界常用的 SiH_4 和 O_2气体比例为 0.62,在该比例下生成的薄膜台阶覆盖率高且不易产生空洞。如果气体比例偏高,一方面,由于沉积的薄膜厚度偏大,在溅射的过程中,再沉积量会进一步增大,使接触口顶部提前封闭,从而导致空洞现象的发生;另一方面,气体比例偏高则使沉积和溅射过程中的等离子体密度增加,很容易造成等离子体诱发损伤。如果气体比例偏低,一方面,由于沉积/溅射的次数增多,虽然能达到良好的间隙填充能力,但是制造成本也随之增加;另一方面,在等离子体轰击下的时间过长也容易造成等离子体诱发损伤。此外,在沉积之前先在接触孔表面生长一层薄的氧化物衬垫以避免等离子体对器件区域的损伤。层间介质层是采用高密度等离子体化学气相沉积工艺沉积的磷硅玻璃(PSG)薄膜,因此需要在反应气体中加入 PH_3。PH_3 的比例要严格控制,一般加入约 4% 的磷。磷过多会析出,磷过少会降低吸附金属阳离子的能力。此外,磷含量分布不均还会对后续的化学机械研磨平坦化工艺和接触孔刻蚀工艺造成不利影响。

薄膜的均匀性是衡量层间介质层的关键因素。在 55nm 技术节点,业界采用等离子体增强化学气相沉积工艺生长正硅酸乙酯,使其作为层间介质层的第二层层间介质。第一层层间介质磷硅玻璃是采用高密度等离子体化学气相沉积工艺生成的,而高密度等离子体化学气相沉积工艺容易出现晶圆内侧与外侧生成的薄膜厚度不一致现象,造成薄膜厚度变化使表面平整度降低。随着节点缩小,层间介质层的所需厚度也逐步减少,这种因厚度变化所造成的表面不平整而带来的问题也越来越明显,会导致后续化学机械研磨不平整进而对光刻工艺造成影响。在 55nm 技术节点,通过调节反应腔体顶部/侧壁的气体流量以及功率来控制的薄膜均匀性相对会有局限性。此外,若用高密度等离子体化学气相沉积工艺,沉积整个层间介质层,长时间高密度等离子的轰击容易造成器件的等离子体损伤。因此,先采用高密度等离子体化学气相沉积工艺沉积磷硅玻璃,而后用等离子体增强化学气相沉积工艺生成正硅酸乙酯的方法来制备层间介质层。化学气相沉积工艺生成正硅酸乙酯的过程中,晶圆内外侧薄膜厚度变化相对较易控制,有利于形成平整的表面,而且化学气相沉积工艺中等离子体密度不是很大,因而发生等离子体损伤的可能性大大降低。此外,高密度等离子体化学气相沉积工艺的生长速率很小,在填充间隙之后若再采用高密度等离子体化学气相沉积工艺,则会因工艺时间过长而导致成本上升。考虑到等离子体增强化学气相沉积工艺生长正硅酸乙酯的速率较小,生长的薄膜均匀性好,等离子体损伤小,因而在 55nm 工艺节点,业界采用磷硅玻璃与正硅酸乙酯的组合作为层间介质。

在不同的节点,层间介质所用的材料以及工艺各不相同。在 $0.18\mu m$ 技术节点,化学机械研磨工艺和高密度等离子体工艺技术还没完全成熟且对热预算要求不高时,硼磷硅玻璃(BPSG)因其具有较好的填充能力和平坦化效果而被作为层间介质的首选材料。业界采用常压化学气相沉积(atmospheric pressure chemical vapor deposition,APCVD)方法来制备硼磷硅玻璃:SiH_4 和 O_2 在一定温度和压强下发生反应,然后在沉积的过程中加入 PH_3 和 B_2H_6 以生成硼磷硅玻璃薄膜。在反应腔内新生成的硼磷硅玻璃薄膜十分疏松,孔洞没有完全闭合且薄膜表面不平坦,需要经过高温回流来缓解这种现象。硼磷硅玻璃中掺硼可以降低回流温度,掺磷可吸收金属阳离子(主要是 Na^+)。如果不加硼和磷,回流温度大约需要 1100℃,这种高温处理容易引起杂质浓度再扩散和硅片变形。为了达到平坦化的目的,业界会使用掺杂了 3% 硼和 4% 磷的硼磷硅玻璃膜。

在这种成分下,薄膜的结构稳定性是最好的。如果杂质总含量超过 10%,薄膜吸水性将增强,杂质会不断扩散析出,形成气泡缺陷(bubble defect),影响器件的性能。

随着半导体器件的尺寸越来越小,半导体器件的热预算也越来越低,因此硼磷硅玻璃薄膜的退火温度也随之降低。低温度的退火会直接影响硼磷硅玻璃薄膜致密化和气泡闭合的效果,使间隙填充效果越来越差,因而在 90nm 及以下技术节点开始采用高密度等离子体化学气相沉积方式生长层间介质层。

随着技术节点进一步缩小,器件对高密度等离子体化学气相沉积工艺造成的等离子体损伤越来越敏感。在 45nm 及以下技术节点,业界主要采用美国应用材料公司 AMAT 研发的高深宽比工艺(high aspect ratio process,HARP)来制备层间介质层。这项技术采用了 O_3 和正硅酸乙酯的热化学反应来取代等离子体进行层间介质层的生长,有效地解决了高密度等离子体化学气相沉积工艺中的等离子体损伤以及常规亚常压化学气相沉积工艺反应速率低的问题。AMAT 的高深宽比工艺采用三步沉积法。第一步采用较高的 O_3/TEOS 比值得到非常薄的成核层;第二步采用较高的 O_3/TEOS 比值、较小速率填充满整个间隙;第三步提高 TEOS 的流量,降低 O_3/TEOS 比值以获得较大沉积速率,完成大量的薄膜沉积。

19.5　层间介质层平坦化

在完成沉积正硅酸乙酯之后,其薄膜表面存在一定程度的高低起伏,如图 19.14 所示。这种不平整的薄膜会导致后续光刻难以聚焦,因此必须通过化学机械研磨工艺进行表面研磨以达到平坦化。研磨速率、平整度与均匀性、表面缺陷是层间介质层制程中最需要关注的问题。

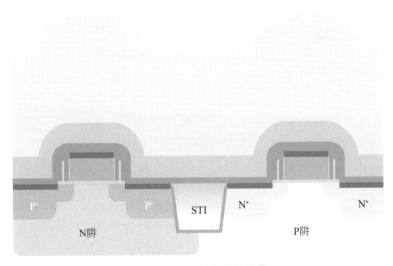

图 19.14　层间介质层堆叠

在之前浅槽隔离的工艺中,通过化学机械研磨的方式去除多余的氧化物。在这个过程中,采用终点检测的方式来判断化学机械研磨是否已将氧化物研磨至所需厚度。在接触孔工艺的制程中,层间介质层的化学机械研磨不是采用终点检测的方式,而是通过时间控制的方式研磨至指定高度。研磨时间可以通过下式来计算:

$$T=\frac{A-B}{v} \tag{19.1}$$

其中,A 为研磨前厚度;B 为研磨后厚度;v 为研磨速率。从公式(19.1)可以看出,研磨速率的控制是一个非常关键的要点。氧化物的研磨速率用普雷斯顿(Preston)方程来表示。Preston 方程如下:

$$R=kpv \tag{19.2}$$

其中,k 是一个系数,其跟研磨液、抛光垫成分、研磨材料硬度等相关;p 表示所施加的压力;v 表示硅片和抛光垫的相对速度。

Preston 方程表明,研磨速率跟很多因素都有关系,比如对研磨后的平整度与均匀性有较大的影响。在层间介质层制程中,影响研磨速率最主要的因素是研磨头压力的控制。如图 19.15 所示[15],化学机械研磨研磨头有五个独立的气路[16]:气路 5(zone 5)一般控制 0~40mm 左右的圆形区域,气路 4(zone 4)一般控制 40~100mm 左右的环形区域,气路 3(zone 3)一般控制 100~130mm 左右的环形区域,气路 2

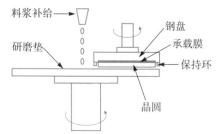

图 19.15 化学机械研磨装置[15]

(zone 2)一般控制 130~145mm 左右的环形区域,剩余由气路 1(zone 1)控制。通过调节不同区域的气体流量以实现不同的压力,压力越大则研磨速率越大。此外,研磨头中五个独立气路可以根据实时测量结果来做调整。

如图 19.16 所示,在硅片中存在高低起伏的区域,必须给予不同的研磨速率才能实现平坦化的目的。以直径为 300mm 的晶圆为例,从晶圆中央到边缘的不同位置对应不同的压力,根据晶圆实际情况,通过调节不同区域的压力分别控制硅片表面不同区域的研磨速率以实现表面平坦化。此外,在这个过程中,抛光垫转动速度在一定范围的提升有利于研磨速率的提升。但是,抛光垫转动速度的提升要确保使研磨液均匀地到达抛光垫与晶圆的接触面,否则会导致化学机械研磨效果下降。

温度、研磨液对研磨速率也会产生一定程度的影响。如图 19.17 所示,温度上升会导致研磨的去除速率上升,因不同区域的温度不同,所以研磨速率不均匀。氧化物的研磨以机械研磨为主,在这个过程中温度会更容易上升。因此在层间介质层研磨过程中,要避免过久的研磨,研磨时间大致控制在一分钟左右。研磨机台内部会有冷凝液,可以起到一定程度的降温作用。研磨液也是影响化学机械研磨工艺研磨速率的重要因素之一,不同研磨材料要选取不同的研磨液。层间介质层研磨的是氧化物,因而要选取氧化物研磨液。它是一种带有悬浮二氧化硅离子的碱性溶液,其 pH 值控制在 11 附近。

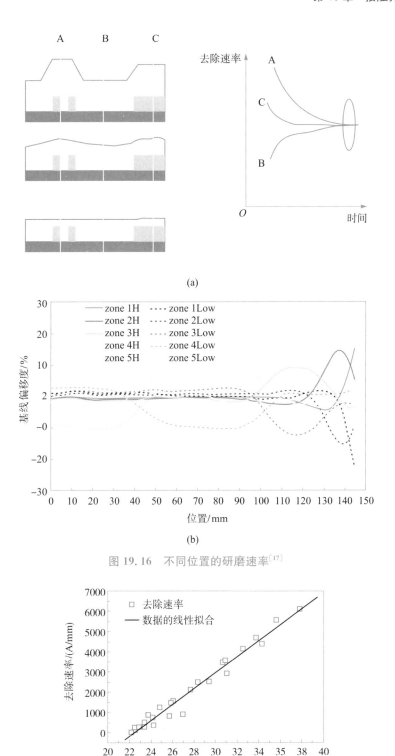

图 19.16　不同位置的研磨速率[17]

图 19.17　温度对研磨速率的影响[17]

　　层间介质层沉积的氧化物厚度与研磨的氧化物厚度之间的比例关系对薄膜表面平坦度存在影响。如图 19.18 所示,化学机械研磨机台内主要有三个研磨盘,依次为 pad 1、 pad 2 和 pad 3。在氧化物的研磨过程中，pad 1 和 pad 2 具有同等效果，pad 3 用于修复和清洗。假设台阶高度为 H 时，一般沉积的氧化物厚度应大于 $3H$。其中，为了确保表面平坦，研磨去除的氧化物量必须大于 $2H$，且研磨之后多晶硅上的氧化物厚度不得低于 H。因此，沉积的氧化物厚度要结合实际台阶高度以及机台性能才能确定。此外，在 pad 1 与 pad 2 研磨盘内，各自研磨的厚度对每小时的出片量（wafer per hour，WPH）有影响。以研磨 $3H$ 厚度的氧化物为例，需要在 pad 1 和 pad 2 研磨盘中均匀分配研磨的厚度才能最大化地提升 WPH，即 pad 1 与 pad 2 盘各研磨 $1.5H$ 厚度的氧化物。若在 pad 1 与 pad 2 研磨台内研磨厚度不同，则研磨时间必然不同。由于只有三个研磨盘全部完成研磨时，所有研磨头和晶圆才会同步移动到下一个研磨台，所以当一个研磨量较小的研磨台研磨完成时，另外一个研磨量较大的研磨台还在运作，这将导致研磨量较小的研磨台被闲置。只有在研磨量较大的研磨台完成研磨后才能进行后续步骤的情况显然会增加整体研磨时间，减少出片量。

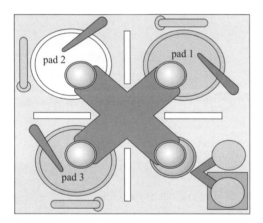

CMP金属间介质层工艺要点

IBM经验公式	最小值	安全值
金属层厚度	t	t
金属残留量	$a>1/(2t)$	$a>t$
去除量	$b>t$	$b>2t$
金属间介质层初始量	$a+b>3/(2t)$	$a+b>3t$

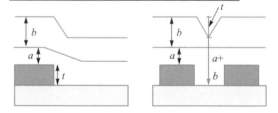

图 19.18　研磨装置组成[18,19]

片内非均匀性（within wafer nonuniformity，WIWNU）和片间非均匀性（wafer to wafer nonuniformity，WTWNU）是衡量化学机械研磨工艺的重要指标。片内非均匀性是指通过测量一个硅片上多个点的薄膜厚度变化来反映非均匀性；片间非均匀性是指通过测量多个硅片之间的膜层厚度来反映非均匀性。在研磨过程中影响均匀性的因素很多，主要有研磨垫的旋转速度、研磨头不同区间（zone）的压力、研磨液的分布、研磨垫的表面粗糙度等。对于片内非均匀性而言，研磨头不同区间的压力是主导因素，通过调节不同区间的压力可以实现较好的片内均匀性。对于片间非均匀性而言，它的调节主要是依靠工艺自动控制系统（auto process control，APC）。该系统通过对研磨时间的动态调整来实现较好的片间均匀性。

表面缺陷是化学机械研磨过程中较易出现的现象。图 19.19 为刮伤，另外还有颗粒残留等现象，这些缺陷会对良率和可靠性造成不利影响。缺陷产生的原因有很多种，如研磨液颗粒结团、生产环境的颗粒和脏污、化学机械研磨修整盘上掉落的金刚石等。解决这类问题，必须采用优化研磨液、增加清洗步骤、改进设备内部等措施。

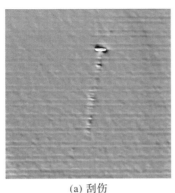

(a) 刮伤　　　　　　　　　　　(b) 颗粒

图 19.19　研磨缺陷

不同技术节点对层间介质层化学机械研磨制程的要求各不同。随着台阶高度增加,层间电介质层沉积厚度也需要相应提高,从而研磨量也会增加。在 90nm 技术节点,层间电介质层需研磨约 4100Å 的氧化物;而在 55nm 技术节点,台阶高度减小使层间电介质层沉积厚度也减小,层间电介质层只需研磨约 3900Å 的氧化物。此外,层间介质层在化学机械研磨之后剩余的氧化物的厚度主要是根据不同节点对电阻电容(RC)延迟的要求以及刻蚀的深宽比来决定的。技术节点的缩小,对研磨后的平整度的要求也进一步提升。对于 8 寸晶圆,一般研磨头采用三个区域的压力控制就能达到对应要求;对于 12 英寸晶圆,一般研磨头采用五个区域的压力控制;对于 12 英寸晶圆中更先进节点的工艺时,化学机械研磨制程采用七个区域的压力控制:在 40/28nm 及以下节点,为提高化学机械研磨后表面平整度,特别是边缘的平整度,一般会将边缘的 Zone1 划分成三个新的区域,进一步加强对晶圆边缘化学机械研磨制程的控制。研磨头划分更多区域主要是考虑平整度对刻蚀形貌的影响。在晶圆边缘区域的刻蚀形貌是最难控制的,其对化学机械研磨后氧化物表面平整度的敏感度很高。化学机械研磨制程中均匀性的控制在不同阶段采用的方式也不同。在 90nm 技术节点,化学机械研磨后片间的均匀性主要通过对不同研磨头区域的压力、研磨液选取、研磨台转速等因素的综合调整来实现合理的均匀性控制。在 55/65nm 及以下技术节点,随着器件性能的要求越来越高,制程的要求也在不断提高,依赖化学机械研磨设备参数的静态调整已经不足以达到均匀性的要求,因而业界引入了先进过程控制(advanced process control,APC)系统。APC 系统可以在化学机械研磨过程中,通过对研磨量、研磨速率、研磨时间等因素的动态调整使研磨后的晶圆表面薄膜厚度接近目标值以达到均匀性要求。

19.6　接触孔光刻

接触孔光刻是接触孔工艺的关键所在,直接决定版图设计的接触孔目标图形(包括形状和关键尺寸)能否精准转移到晶圆表面,同时决定接触孔层与上下层图形的对准精度。接触孔关键尺寸的精准转移主要受掩模版、光刻胶、照明条件三大因素影响;对准精度主要与对准标识(alignment mark)和对准系统相关。随着工艺节点由亚微米进入深亚微米再推进到纳米级,接触孔的关键尺寸(CD)和间距(pitch)越来越小。为了达到接触孔目标图形的精准实现(包括精准转移和精确对准),光刻技术不断改进。针对关键尺寸,光刻技术的改进主要有掩模版图形修正、光刻胶和照明条件优化,而针对对准精度,接触孔光刻技术的提升主要包括对准标识设计和对准层的选择。

掩模版设计图形上定义了接触孔的尺寸,55nm 逻辑工艺中接触孔的设计尺寸约为90nm,接触孔的间距约为110nm。曝光过程中由于光学系统的不完善性和衍射效应,光刻胶上产生的接触孔图形与掩模版上的图形不完全一致。为了解决该问题,需要对接触孔的设计图形进行光学邻近修正(optical proximity correction,OPC),使投影到光刻胶上的图形与掩模版图形一致。55nm 逻辑工艺接触孔光学邻近修正是基于模型的修正,根据已经建立好的光学邻近修正模型对接触孔进行修正,得到修正后图形,如图19.20 所示[20],在接触孔四周加上亚衍射散射条,提高焦深,改善光强分布,提高成像质量,45°角处的小块散射条加强了该方向边缘的光刻空间像对比度,增大了工艺窗口,减小了接触孔之间的差异。

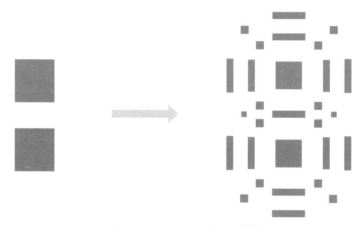

图 19.20　CT OPC 修正图[20]

掩模版的另一个关键点是掩模版误差增强因子(mask error enhancement factor,MEEF),指晶圆上曝出的尺寸对掩模版尺寸的偏导数,由光学系统的衍射造成且会因为光刻胶对空间像的有限保真度而变大。当图形尺寸远大于光刻机的分辨率时,掩模版误差增强因子较小,基本上为 1,并且会随着掩模版上尺寸的减小而变大。对于 55nm 逻辑工艺接触孔图形而言,掩模版误差因子通常大于 1。掩模版上尺寸的偏差会导致晶圆上尺寸的偏差,且掩模版误差增强因子值较大的部位,在接触孔曝光时更容易出现问题,形成坏点。通过光学邻近修正,采用添加亚分辨率辅助图形(SRAF)达到减小掩模版误差增强因子的目的,插入的亚分辨率辅助图形与原来图形之间的距离通常较小,SRAF 尺寸的细微调整都会导致成像行为发生较大的变化,通常较小尺寸的亚分辨率辅助图形对应较小的掩模版误差增强因子,亚分辨率辅助图形不宜过小,需满足掩模版的规则(见图 19.21)。

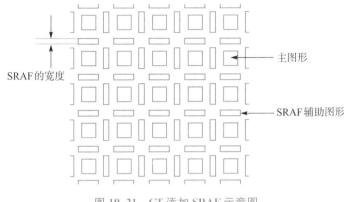

图 19.21　CT 添加 SRAF 示意图

光刻胶是影响关键尺寸的重要因素。对接触孔光刻而言,接触孔光刻胶及其厚度的选择是关键。光刻胶层能够产生的最小图形通常被作为光刻胶分辨率的参考,在晶圆上最关键的器件和电路的尺寸是图形化工艺的目标。产生的图形或间距越小,需要的光刻胶分辨率越高。55nm 逻辑工艺中接触孔的尺寸为 90nm,需采用 ArF 光刻胶来实现接触孔目标尺寸。接触孔的形貌与接触孔间距受到光刻胶驻波效应(standing wave)和前层层间介质层厚度及表面情况的影响比较大,因此接触孔的光刻胶需要具备较高的分辨率。与有源区和栅极图形设计不同的是,接触孔的图形多为二维阵列设计,图形密度较大,光较难穿过这些小孔到达光刻胶,因此需要接触孔的光刻胶具有较高的灵敏度。需要注意的是,过高的灵敏度会影响光刻胶的分辨率。与有源区和栅极的光刻类似,接触孔的光刻胶必须足够厚来实现阻挡接触孔刻蚀的功能。但不同的是,接触孔刻蚀深宽比较高,接触孔光刻胶需要合适的厚度,如果光刻胶厚度过大,会使分辨率降低,无法得到接触孔图形,且会增加接触孔刻蚀负担;如果光刻胶厚度过小,则无法起到刻蚀阻挡层的作用,可能造成接触孔顶部开口过大,影响后续接触孔金属填充,导致相邻接触孔间距减小。

接触孔是在 X 方向上和 Y 方向上对称的正方形,工艺难点在于正方形四个角。为了兼顾 45°角上的分辨率问题,采用的照明条件为环形照明(annular),有利于接触孔图形的工艺窗口的控制,曝光后在光刻胶上形成的图形是圆孔。

前面提到的对准精度是衡量接触孔光刻工艺的关键参数。对准指的是层与层之间的套准,一般要求层与层之间的套刻精度控制在晶圆最小尺寸的 25%～30%。接触孔的对准主要是与有源区(AA)和多晶硅栅极(poly)的对准,通过对掩模版放置的对准标识进行识别,计算对准精度是否满足工艺要求。对准标识必须满足:①标识不容易在工艺流程中损坏;②便于放置在掩模版上,不影响器件;③能有效地被对准光学系统探测到且提供最大的信号强度。接触孔层的对准标识通常设计成由许多宽度一样的小段组成的长段标识,其中小段图形由接触孔二维阵列组成(见图 19.22)。

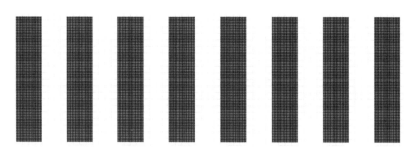

图 19.22 接触孔对准标识

与 AA 和 poly 对准标识不同的是,接触孔的对准标识采用的是接触孔本层光罩同样的色调(tone),即明调(clear tone);而 AA 和 poly 的对准标识采用的是与本层光罩相反的色调(tone),即暗调(dark tone)。这样设计的目的是便于对准系统进行识别,提高识别灵敏度。

在进行接触孔掩模版对准时,晶圆上已经存在 AA 跟 poly 的图形层,对准时容易出现接触孔(CT)到多晶硅栅极(poly)和接触孔到有源区(AA)的偏移(见图 19.23),接触孔到多晶硅栅极和接触孔到有源区的偏移会严重影响后续工艺。

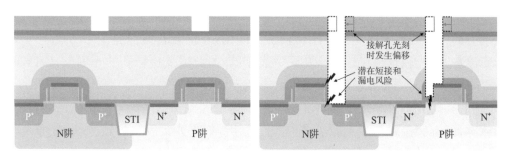

(a) 接触孔光刻正常位置   (b) 接触孔光刻发生非正常偏移

图 19.23 接触孔光刻发生非正常偏移导致短路和漏电风险

如果接触孔与多晶硅栅极出现偏移,就会造成接触孔与多晶硅栅极之间的跨连,造成器件失效,影响良率。而接触孔到有源区的偏移,会有两种情况:一种是往多晶硅栅极方向偏移,使得接触孔与多晶硅栅极的间隙减小,容易造成接触孔到多晶硅栅极之间的氧化层侧壁失效,导致器件失效。尤其是静态随机存取存储器(SRAM)区域,接触孔到多晶硅栅极的距离更小,更容易造成接触孔与多晶硅栅极之间击穿。另一种是往浅槽隔离方向偏移,会影响接触孔刻蚀,因为接触孔刻蚀的后阶段是针对接触孔刻蚀截止层的刻蚀,对接触孔刻蚀截止层选择比高,对硅和氧化硅选择比小,接触孔偏移会刻蚀有源区附近的浅槽隔离,后续填充金属工艺过程中金属会进入浅槽隔离,导致器件漏电增加。当对接触孔这层进行掩模版对准时,主要选择将接触孔与多晶硅栅层进行对准。对准曝光之后计算套刻精度,然后再次在接触孔对准时调整偏移量,使得套刻精度在要求范围内。

在层间介质层化学机械研磨工艺完成后,氧化硅平面已经平坦化,接下来要进行的就是接触孔光刻工艺。55nm 逻辑工艺中,接触孔光刻工艺流程与前面有源区和栅极光刻流程类似。首先进行清洗以去除晶圆表面可能存在的缺陷,清洗后的晶圆表面湿润,黏附性较差,不利于光刻胶的涂布,可采用低温烘焙使晶面表面干燥形成厌水性表面以增加其黏附性。除了低温烘焙疏水化处理外,还可以使用六甲基二硅胺烷[分子式为 (CH₃)₃SiNHSi(CH₃)₃]的蒸汽处理晶圆表面,将表面的亲水性氢氧根(OH)通过化学反应置换为疏水性的 OSi(CH₃)₃,以达到改善表面的目的。

晶圆表面前处理完成后会涂布一层抗反射涂层(ARC),目的是减少反射,减小驻波效应,以增大光刻工艺窗口。涂覆完抗反射涂层后准备涂覆光刻胶,将前期选好的光刻胶滴在晶圆中心,晶圆保持一定的速度旋转。光刻胶在离心力的作用下均匀涂覆。要注意的是,高速转动的晶圆会使光刻胶在晶圆边缘堆积,形成隆起,因此通常将溶剂直接喷洒到晶圆正面和背面的边缘附近将其去除,即洗边。对于 55nm 工艺来说,接触孔的设计尺寸较小,主流采用的是 ArF 光刻胶,即在晶圆表面铺上厚度合适的光刻胶,然后进行光刻胶烘焙,蒸发掉光刻胶里面的溶剂,因为溶剂会影响曝光过程,所以必须将其去除。

光刻胶烘焙后就是对准与曝光。将掩模版放到晶圆上预先设定的位置,然后由镜头将掩模版上的图形通过光刻转移到晶圆上。在进行接触孔掩模版对准时,晶圆上已经有有源区和栅极的图形,在进行接触孔光刻对准时主选对栅极的对准。对准完成后,便开始曝光,采用环形照明,光能量激活光刻胶中的光敏感成分,发生光化学反应。曝光过程中,选择合适的曝光能量和焦深进行曝光。曝光完成后,对光刻胶再次烘焙,通过加热使光化学反应充分完成,然后进行显影,采用碱性的四甲基氢氧化铵水溶液清洗,掩模版的图形便在晶圆上的光刻胶薄膜上以有无光刻胶的凹凸形状显示。之后对接触孔的尺寸以及套刻精度进行测量,若得到的数据满足要求,则表明完成了接触孔光刻工艺。

19.7 接触孔刻蚀

在接触孔刻蚀工艺中,关键尺寸的均匀性、接触孔的深宽比、侧壁形状的控制、刻蚀选择比、金属硅化物的消耗量等对工艺稳定性有着至关重要的作用。随着工艺节点的不断缩小,接触孔沉积材料、刻蚀步骤、刻蚀所用气体等都在不断变化以满足实际工艺的要求。随着节点的缩小,由于光刻工艺的限制,接触孔刻蚀后的关键尺寸比刻蚀之前需要缩小约 38nm。为了形成关键尺寸较小的接触孔,业界通常利用刻蚀过程中产生的附着于侧壁上的聚合物来缩小接触孔的尺寸,因此采用先刻蚀接触孔刻蚀停止层再去除光刻胶的方法。

在 55nm 技术节点,层间介质采用的是磷硅玻璃与正硅酸乙酯的组合,氮化物作为接触孔刻蚀停止层。刻蚀过程如图 19.24 所示,主要有以下五步:第一步,光刻显影完成之后,刻蚀打开底部抗反射涂层(bottom anti-reflection coating,BARC)。第二步,进行主刻蚀(main etch)。此步骤通过调整气体的比例来控制刻蚀的形貌。当刻蚀至多晶硅上方时,停止刻蚀,需要调整气体种类以及比例。第三步,进行过刻蚀(Over Etch)。在此步骤中,刻蚀选择比的控制非常重要。当刻蚀至多晶硅上方时,调整气体种类以及比例,使气体刻蚀氧化物速率大而氮化物速率小。调整完气体种类以及比例后,继续刻蚀。此时,源漏端上方接触孔内继续刻蚀氧化物,而多晶硅上方接触孔内即将刻蚀到氮化物。由于刻蚀气体对氮化物刻蚀不敏感,因而多晶硅上接触孔内氮化物只被刻蚀了一点。当源漏端上方接触孔刻蚀至氧化物与氮化物交界处时,刻蚀停止在氮化物上。在过刻蚀步骤中,氮化物起刻蚀停止层的作用。第四步,进行衬垫去除(liner removal,LRM)氮化物。此步骤与第三步一样,调整气体种类以及比例,使气体刻蚀氮化物速率大而刻蚀金属硅化物速率小。刻蚀至氮化物与金属硅化物交界处时,刻蚀停止在金属硅化物上。此外,刻蚀氮化物所产生的聚合物的数量远小于刻蚀金属硅化物所产生的聚合物的数量,因此,在刻蚀氮化物时刻蚀可以继续而刻蚀金属硅化物时刻蚀停止,这更容易得到较高的刻蚀选择比。第五步,进行灰化处理(ashing)去除光刻胶和底部抗反射涂层。

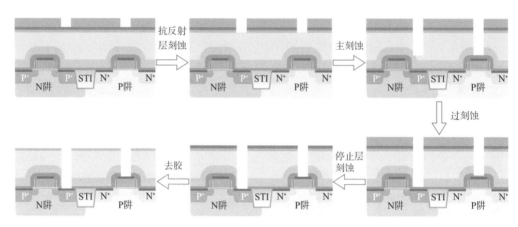

图 19.24　接触孔刻蚀流程

　　55nm 刻蚀过程有两个明显的特点。第一,为了充分利用聚合物,采用先刻蚀接触孔刻蚀停止层,然后去除光刻胶的方式。第二,刻蚀停止层由原来的氧化物和氮化物的组合改为氮化物。这两个不同点给 55nm 接触孔刻蚀工艺带来了新的挑战,主要体现在以下几个方面:①节点缩小会使栅极到接触孔的距离也进一步缩小,虽然通过聚合物来缩小接触孔尺寸在一定程度上缓解了这种情况,但是栅极到接触孔的距离仍有很大的挑战,特别是在工艺窗口较小时。接触孔圆度和侧壁形状太差时,容易在多晶硅栅和接触孔之间发生桥联短路。如何在刻蚀的过程中控制好侧壁的形貌以及接触孔的关键尺寸就成了一个难点。②主刻蚀阶段的刻蚀气体对氮化物的选择比不高,一旦刻蚀条件没有控制好,就会刻蚀到多晶硅上的氮化物以及多晶硅,从而对器件造成破坏性的损害,同时刻蚀过程中还需要确保足够的过刻蚀的工艺窗口。如何调整工艺各项参数确保该阶段刻蚀停止在多晶硅上的氮化物的上方就成了一个非常关键的问题。③在过刻蚀阶段,如何选取刻蚀气体以及相应气体比例以提高对刻蚀停止层氮化物的选择性是另外一个关键难点。

　　针对上述问题,主要从改变刻蚀气体种类和刻蚀气体比例方面来解决。在刻蚀气体中,CF_4 气体是主要的刻蚀气体。随着节点进一步缩小,为了产生更多的聚合物以实现关键尺寸的缩小,在刻蚀气体中引入了 CHF_3 或 CH_2F_2 气体。这些气体的引入会在接触孔刻蚀的过程中使侧壁产生聚合物,以达到收缩接触孔尺寸的目的,从而实现关键尺寸的缩小。相关研究表明,不同的刻蚀气体以及不同气体比例对接触孔刻蚀都会产生影响。如表 19.2 所示[21],无论气体的比例如何,CHF_3 或 CH_2F_2 气体的加入都会提高对光刻胶的刻蚀选择比以及尺寸均匀性。此外,在 CF_4 气体中加入 CHF_3 比加入 CH_2F_2 具有更好的接触孔圆形度。图 19.25 显示了不同气体加入时接触孔的顶视图。如图 19.25(b)所示,当 $CF_4/CHF_3=5$ 时,其接触孔尺寸相对均匀且刻蚀后更接近关键尺寸,接触孔圆孔度也更佳。

表 19.2　接触孔刻蚀气体比例对接触孔刻蚀后尺寸和圆形度的影响[21]

条件	刻蚀气体	刻蚀气体比例	AEI CD/nm	CDU/nm	圆形度/nm	光刻胶选择刻蚀比
1	CF_4	无	$a+8$	6	0.4	2.4
2	CF_4+CHF_3	$CF_4:CHF_3=10$	$a+4$	6	0.5	1.8
		$CF_4:CHF_3=5$	a	4	0.5	1.2
		$CF_4:CHF_3=3.3$	$a-1$	4	0.9	1
3	$CF_4+CH_2F_2$	$CF_4:CH_2F_2=20$	$a+3$	7	1.5	0.9
		$CF_4:CH_2F_2=10$	a	6	1.9	0.8
		$CF_4:CH_2F_2=6.66$	$a-5$	5	2.1	0.6

注:a 值是最终 CD 目标值。

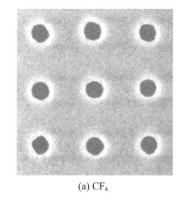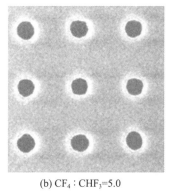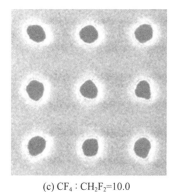

(a) CF_4　　　　　　(b) $CF_4:CHF_3=5.0$　　　　　　(c) $CF_4:CH_2F_2=10.0$

图 19.25　不同气体之间形成的接触孔顶视图[19]

在不同阶段采用不同刻蚀选择比的气体进行刻蚀。在对层间介质材料氧化物进行主刻蚀时,采用对刻蚀停止层氮化物选择比较低的气体进行刻蚀。这个过程中,氧气的比例要进行合理的调整。氧气主要用于跟聚合物反应来控制刻蚀尺寸、刻蚀深度、接触孔开通情况等。如表 19.3 所示[21],氧气过多会使更多的氧与侧壁和底部聚合物反应,导致刻蚀深度和接触孔尺寸难以控制;而氧气过少会使聚合物聚集在接触孔底部,致使接触孔未开通,因此氧气的比例至关重要。在这个过程中还需要调节源功率与偏置功率的比值来控制好刻蚀的关键尺寸以及侧壁形貌。如表 19.4 所示[21],随着源/偏压 (source/bias)比值的降低,刻蚀出的侧壁形貌更接近于垂直。在主刻蚀过程中,特别需要关注刻蚀速率的问题。不同刻蚀气体有着不同的刻蚀速率,必须通过对刻蚀气体以及气体比例的优化来得到适合工艺要求的刻蚀速率。在已知刻蚀速率的情况下,通过控制刻蚀时间使刻蚀停止在多晶硅上的氮化物的上方。此外,射频功率、反应腔压强、直流偏压都会影响刻蚀速率,只有综合各个因素才能得到合适的刻蚀速率。在实际主刻蚀的过程中,不同区域的薄膜厚度以及刻蚀速率都存在一定程度的波动,必须留出足够的刻蚀窗口,确保不刻蚀到氮化物上。由于这个过程的刻蚀气体对氮化物的选择比较低,一旦刻蚀到氮化物上,就很容易造成氮化物的大量损失。氮化物剩余量不足会导致后续刻蚀氮化物时容易刻蚀到多晶硅,从而损坏器件。在完成主刻蚀之后进行过刻蚀步骤。在过刻蚀过程中,刻蚀选择比非常重要。此步骤需要改变刻蚀气体以及气体比例来提高对刻蚀停止层氮化物选择比,确保刻蚀停止在氮化物上而不损伤到金属硅化物。

表 19.3 氧气的含量对接触孔刻蚀的影响[21]

氧气使用/sccm	$\alpha-4$	$\alpha-2$	α	$\alpha+4$
开孔总数	>10	~5	0	0
最终接触孔关键尺寸/nm	$a-5$	$a-3$	a	$a+3$

注:α 值为氧气优化使用量,a 值是最终 CD 目标值。

表 19.4 源功率与偏置功率的比值对侧壁形状的影响[21]

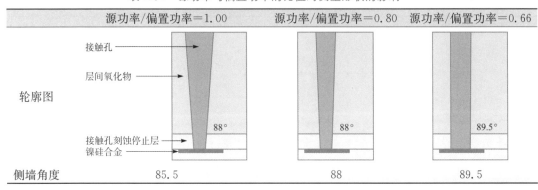

	源功率/偏置功率=1.00	源功率/偏置功率=0.80	源功率/偏置功率=0.66
轮廓图	88°	88°	89.5°
侧墙角度	85.5	88	89.5

在接触刻蚀停止层氮化物的刻蚀过程中,需要再次改变气体种类和气体比例,提高对金属硅化物的刻蚀选择比,从而使刻蚀停止在金属硅化物上且不过多刻蚀金属硅化物。相关研究表明,在这个过程中,容易在接触孔刻蚀停止层氮化物与介质层之间出现一种缺口现象,如图 19.26 所示[22]。相关实验研究表明,这种现象的产生一方面是因为引入了具有拉应力的接触孔刻蚀停止层氮化物,而这层氮化物薄膜不致密,在衬垫去除的步骤中使刻蚀速率进一步增加,从而让刻蚀选择比难以控制。另一方面是在干法刻蚀之后进行了湿法清洗步骤,而湿法清洗中溶剂会与残留在接触孔侧壁上的聚合物

图 19.26 接触孔侧壁缺口现象[22]

发生反应,导致氮化物被进一步刻蚀。针对这个问题,通过在刻蚀后进行表面处理(post etch treatment,PET)工艺去除接触孔侧壁的聚合物,可以有效地改善这种缺口现象。

随着技术节点进一步缩小,接触孔关键尺寸也随之进一步缩小。为了提高光刻工艺中图形转移的质量,光刻所需的光刻胶厚度也要进一步减小,这会使刻蚀过程中对光刻胶的选择比提出了更高的要求。在 40nm/28nm 技术节点,为了更好地传递图形可以开始使用多层掩模技术。这种技术的引入能减小光刻胶厚度,有利于图像的转移,并有

效降低接触孔边缘粗糙度以及提高接触孔圆孔度,使图形转移能力更加可靠与稳定。

19.8　接触孔清洗

接触孔刻蚀完成后,需要清洗去除残余物后,接触孔才能进行黏合层的沉积。在接触孔刻蚀工艺中,刻蚀气体多为 CF_4、CH_2F_2 等。刻蚀过程先刻蚀掉光刻胶,然后刻蚀氧化硅,在刻蚀氧化硅绝缘介质层形成接触孔之前,通常会对刻蚀腔室进行清洗,但这种方法清洗能力不强,刻蚀腔室侧壁仍残留过多的聚合物,后续刻蚀形成接触孔时,会使刻蚀腔侧壁形成的聚合物积聚过多,导致晶圆表面产生较多的颗粒。接触孔刻蚀产生的污染多为有机物和金属污染,这些污染很容易造成其表面缺陷及孔内污染,出现堵孔等不良现象,严重影响后续工艺的进行[23]。

接触孔清洗的药液为 SPM(sulfuric peroxide mixture,$H_2SO_4/H_2O_2/H_2O$ 混合液)和 SC1(standard clean 1,$NH_4OH/H_2O_2/H_2O$ 混合液,标准 1 号清洗液)的组合,接触孔刻蚀后的清洗工艺中需要考量的是 SPM 的清洗时间和清洗温度。在刻蚀至金属硅化物时,为了保证接触孔的功能正常(这里是过刻蚀的),对金属硅化物表面会有少量刻蚀。如果 SPM 的清洗时间过短,清洗温度过低,导致残留物不能完全去除,会影响后续黏合层的沉积,造成良率损失[24]。

如果 SPM 的清洗时间过长,清洗温度过高,一是会对层间介质层氧化硅和接触孔刻蚀阻挡层氮化硅造成损坏,而引起上面提到的缺口/钨突起现象[24],如图 19.27 所示,导致工艺窗口变窄,存在良率和可靠性问题;二是前道接触孔刻蚀结束后,金属硅化物会裸露,过度清洗会导致金属硅化物氧化,使其从低阻态转变为高阻态,导致 Rc 增高,对良率造成影响,如图 19.27 所示。

针对 SPM 的清洗时间和清洗温度,必须做相应的工艺实验来检验工艺窗口,选择合适的参数进行工艺流程,保证清洗干净且不会造成金属氧化物氧化,不会造成钨塞形态和阻值异常,如图 19.28 所示为正常钨塞形态。

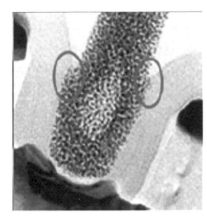

图 19.27　接触孔清洗结果[24]　　　　　图 19.28　正常的钨塞形态

55nm 逻辑工艺中接触孔刻蚀后产生的残留物包含光刻胶有机物、氧化硅颗粒、硅化镍金属颗粒等。清洗方式采用的是 SPM＋APM(SC1)清洗方法[SPM,采用普遍使用的浓度,98％H_2SO_4：31％H_2O_2 为 5：1,温度一般为 95～180℃,主要用于有机物的去除,经常与去离子水(DIW)配合使用;SC1,也叫氨水溶液(ammonia-peroxide mixture, APM),普遍使用 NH_4OH：H_2O_2：H_2O 为 1：2：50 或者 1：2：100,温度是室温至35℃,主要用于有机物、金属、颗粒的去除,可单独使用也可组合使用],即先用 SPM 进行去胶和金属污染清洗,并用高纯去离子水冲洗;再用 APM 清洗;然后用高纯去离子水冲洗,去除接触孔刻蚀后的光刻胶、金属污染和残留颗粒。

55nm 接触孔清洗工艺普遍开始使用单片旋转喷淋清洗机台(single-wafer)(见图19.29)[5]。晶圆正面朝上紧固放置于旋转平台上,平台转动后依序移动到位置 1/3/2 分别进行药液喷洒、去离子水喷洗和 N2 干燥,期间工作台转速会根据不同阶段也会发生相应变化。优点是制程时间短,药品和纯水耗费低,而且单片清洗与批量清洗相比可以避免交叉污染,能有效去除刻蚀反应残余物以及减轻颗粒回黏概率。这里需要注意的是不能采用异丙醇(iso-propyl alcohol, IPA)干燥,因为接触孔深宽比大,用 IPA 干燥可能会使得 IPA 残留在接触孔内而无法去除,造成清洗不彻底,影响后续工艺[23]。

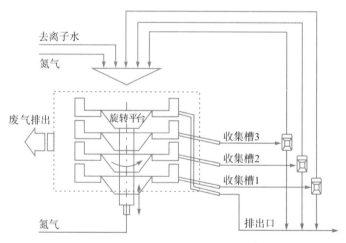

图 19.29　单片旋转喷淋清洗机台[5]

在 90nm 技术节点,接触孔刻蚀后清洗工艺中选择的清洗方式为 SPM＋SC1 清洗方法。普遍采用批浸泡式清洗机(wet bench),即将一批晶圆依次进入化学药液、水洗和干燥槽,完成清洗及干燥过程。

与单片清洗相比,批量清洗是整批晶圆同时清洗,因此存在药液分布的问题,导致晶圆间存在差异,且在干燥过程中,处于中间的晶圆表面难以完全干燥,容易留下水渍从而产生缺陷。单片清洗的清洗效果要好于批量机台,如图 19.30[25]所示,批量清洗后的缺陷多于单片,单片清洗有助于晶圆良率提升[23]。

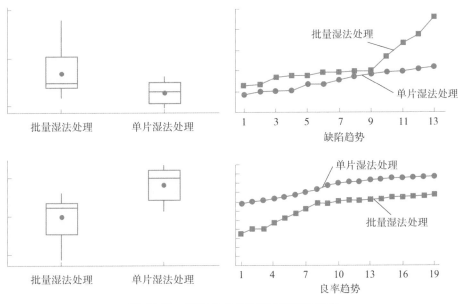

图 19.30 清洗方式对缺陷和良率的影响

65nm/55nm 技术节点的接触孔的清洗药液跟 90nm 技术节点没有区别,仍为 SPM+SC1,只是清洗时间跟清洗温度有差异。在清洗机台方面,由于接触孔尺寸变小,批量机台的清洗能力已无法达到工艺要求,所以业界主要采用单晶圆机台进行清洗。在 55nm 以下,40～28nm 技术节点仍然采用单晶圆清洗机台,但因为晶圆上的图形越来越复杂,接触孔尺寸进一步缩小,并考虑到硫酸使用及后处理成本高等因素,业界采用 DI-O_3 以替代 SPM 进行接触孔的清洗。

19.9 接触孔黏合层沉积

在沉积金属钨之前必须先沉积接触孔黏合层,这是因为化学气相沉积的钨与侧壁氧化硅的黏合能力较差,容易发生剥离;沉积金属钨的反应物之一——WF_6 可与接触孔底部的硅发生反应,影响金属硅化物;化学气相沉积钨的成核过程需要衬垫层。接触孔黏合层需要具有黏合和阻挡两个作用,所以接触孔黏合层的材料要具备良好的热稳定性和阻挡性能,与钨以及浅槽隔离层要有良好的黏附性、良好的侧壁覆盖率、良好的薄膜连续性。目前使用最广泛的接触孔黏合层材料为 Ti/TiN,其中 Ti 与 SiO_2 直接接触,起到黏合作用,TiN 沉积在 Ti 表面,起到阻挡作用。

Ti 作为黏合层金属,与氧化硅直接接触,起到黏合作用,Ti 在高温下会与 SiO_2 发生反应,生成含 Ti 的低阻硅氧化物。业界研究发现,厚度较大的 Ti 可以提高 TiN 和金属钨的薄膜质量。然而,如果钛太厚,占据接触孔的空间较大,则填充钨时可能出现顶部先填充好而底部产生空洞的现象,影响器件性能。钨对 TiN 的衬垫性比较好,而 TiN 对氧化硅的衬垫性较差,需要沉积 Ti 作为 TiN 的衬垫层。TiN 这层薄膜对于沉积在它上面的金属钨层,既作为扩散阻挡层又作为衬垫层,应当注意的是,当它作为扩散阻挡层时,主要有以下两个目的：

(1)防止底层的 Ti 与 WF_6 接触发生如下反应：$2WF_6 + 3Ti \longrightarrow 2W + 3TiF_4$。这种反应会导致沉积的 W 在沉积层表面产生火山口缺陷突起[26]。

(2)保护 WF_6 不与硅发生反应：杂质在 TiN 中的扩散激活能很高（例如 Cu 在 TiN 薄膜中的扩散激活能是 4.3eV，而在金属中的扩散激活能一般只有1~2eV），硅是无法穿透 TiN 层的，TiN 还可以阻挡 WF_6 向硅中扩散。

黏合层需要合适的厚度才能起到黏合和阻挡的作用，一方面太厚的话，一是黏合层在接触孔中占据空间过大，Rc 变大；二是黏合层在接触孔顶部形成凸起，造成钨沉积时底部未填满、顶部已经封口，出现缝隙。另一方面黏合层太薄的话，难以提供黏合和阻挡的作用。黏合层沉积的难点在于达到合适厚度以满足填洞的要求。

55nm 逻辑工艺中，接触孔清洗工艺结束后，就进入黏合层沉积工艺。在进行黏合层沉积之前先对晶圆进行处理，即前处理，以达到黏合层沉积要求。前处理包括加热除去层间介质层水汽和用 Ar 轰击除去晶圆表面氧化层。前处理完成后，开始 Ti 沉积。Ti 沉积采用金属离子等离子体（IMP）物理气相沉积（PVD）工艺。在真空反应室中，Ti 金属靶材位于晶圆上方且是电接地的，首先将氩气通入真空反应室中，电离成正电荷，带正电荷的氩离子被接地的金属靶材吸引，加速冲向靶材。在加速过程中氩离子受到引力作用，获得动能，轰击靶材，引起靶材上原子分散，Ti 原子进入反应室，在金属离子等离子体腔体中间部位加射频技术来离化 Ti，同时在底座上接入射频源以产生偏置电压吸引 Ti 原子，使得更多的 Ti 原子以垂直角度沉积在晶圆表面，形成 Ti 膜。

沉积完 Ti 膜后，开始沉积 TiN。TiN 属于一种过渡金属的氮化物，在固态时具有金黄色的金属光泽，金属的 d 轨道相互重叠，有类似金属的导电性，因此也被称为金属型氮化物。它有较高的熔点和硬度，具有特殊的光学、电学性能，是热和电的良导体，有较高的化学及热力学稳定性和特殊的机械性能，被广泛用于扩散阻挡层。TiN 沉积采用的是金属有机物化学气相沉积（metal-organic chemical vapor deposition，MOCVD），MOCVD 制备的半导体薄膜材料具有质量高、稳定性好、重复性好等优点。TiN 沉积以四二甲基氨基钛（TDMAT）为反应物，在一定的压力跟温度下使其分解，得到含有杂质且膜质疏松的高阻态 TiN，其反应如下：

$$Ti[N(CH_3)_2]_4 \longrightarrow TiC_xN_yH_z + NH(CH_3)_2 + NH_2CH_3 + NH(CH_2)_2 + other$$

分解得到的氮化钛薄膜电阻很高，因此后续要进行 N_2/H_2 射频电浆处理去除杂质，得到低阻、致密的 TiN，其反应如下：

$$TiC_xN_yH_z + N_2 + H_2 \longrightarrow TiN + C_xH_y + (CH_3)2NH + other$$

N_2/H_2 射频电浆处理的时间是影响氮化钛电阻的关键因素。

如图 19.31 所示，横坐标为电浆处理时间，纵坐标为薄膜电阻 Rs，从图中可以看出 TiN 薄膜电阻随处理时间的增加而减少，最后趋于稳定[26,27]。沉积氮化钛会进行多次循环以更为彻底地去除杂质，但会因为耗时而引起生产成本的上升。

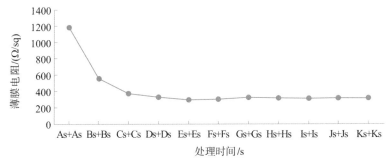

图 19.31　N_2/H_2 射频电浆处理时间与薄膜电阻的关系图[27]

在沉积 TiN 的步骤中,最主要的因素是沉积温度。如图 19.32 所示,沉积时反应温度越高,沉积速率就越高,但台阶覆盖率(step coverage)会变差,因此 TiN 的 MOCVD 反应温度需要在沉积速率和台阶覆盖之间平衡[5],选择合适的温度,比如不建议超过 450℃。

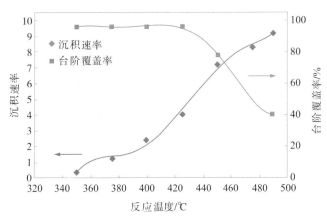

图 19.32　沉积速率/填充效果与反应温度的关系[5]

完成了钛和氮化钛沉积后,黏合层沉积工艺结束,如图 19.33 所示。

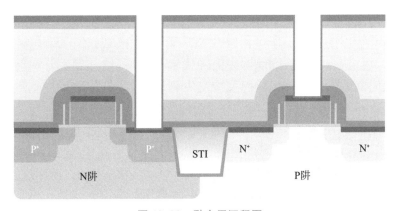

图 19.33　黏合层沉积图

19.10　接触孔钨栓沉积

接触孔作为连接前段器件跟后段铜互连的通道,影响器件的运行速度。为了提升器件的运行速度,需要接触孔的电阻极小。前面已经提到接触孔的电阻与黏合层相关,而接触孔的填充金属更是决定电阻大小的关键。金属钨作为接触孔的填充金属,具有的优点包括:①电阻率低,通过还原沉积形成的钨薄膜的电阻率为 $7\sim12\mu\Omega\cdot cm$;②热稳定性较高,在常用金属中钨的熔点最高;③应力较低,具有较高的台阶覆盖率和良好的空隙填充能力。

随着接触孔孔径的不断减小,深宽比逐渐增大,在钨沉积过程中,接触孔顶部会先发生反应,钨在顶部生长比底部快,且接触孔中间的钨是从侧壁向中心生长的,可能会出现中间尚未填满而顶部已经封口的现象,产生缝隙或者空洞[27],可参考第 4 章图4.32。

钨的不完全填充不仅影响化学机械研磨,而且影响后段铜互连。对于钨化学机械研磨工艺而言,钨的不完全填充会造成化学机械研磨缺陷过多;对于后段铜互连来说,因为钨是与铜的阻挡层直接接触的,钨不完全填充,会造成铜的阻挡层在空隙处缺失,而铜的扩散能力极强,在外界条件作用下,铜会扩散到接触孔底部或器件内,造成器件失效。综上,钨沉积的关键点在于提高填充能力和降低电阻。金属钨是采用 CVD 的方式沉积的,主要有两个步骤:第一步是成核(nucleation),第二步是体沉积(bulk deposition)。对于成核,有两个主要的方向:①尽量减小成核层的厚度,因为成核层的阻值较体层高,所以要在满足台阶覆盖能力的要求下尽量减小成核层的厚度。②增大成核层的晶粒度,晶粒越大,阻值越低。对于体沉积主要的改进工艺是 coolfill,顾名思义就是把反应温度降低,从而降低沉积速率,提高填洞能力。

在 55nm 逻辑工艺中,接触孔在沉积完 Ti/TiN 黏合层后,开始沉积钨。钨的成核层采用脉冲成核层(pulse nucleation layer,PNL)工艺。晶圆放置在反应室加热台上,控制在一定温度下,反应气体分别通过不同的管路通入,先打开管路的进口阀门,关闭反应室内气体管路的出口阀门,使管路内的气体积聚产生一定的压力,然后打开出口阀门时,使气体能作为一个脉冲快速进入反应室。首先打开 B_2H_6 的反应室出口阀门,使B_2H_6 快速流入反应室,充分浸润晶圆表面和接触孔内部,使其发生分解反应,待反应结束后通入一段时间的惰性气体以排除反应室中剩余 B_2H_6 气体和反应副产物;然后在另一条管路中打开进口阀通入 WF_6,积聚一定压力后,打开反应室出口阀,使定量的 WF_6快速流入反应室内,与之前分解的 B 原子发生反应,生成 W 原子,形成一层薄薄的钨薄膜层,待反应结束后通入一段时间的惰性气体以排除反应室中剩余反应气体和反应副产物气体;再在另外的管路中打开进口阀通入 SiH_4,积聚一定压力后,打开反应室出口阀,使得 SiH_4 快速流入反应室,SiH_4 通入结束后再用前面的方式通入 WF_6,使其发生反应。成核过程发生的反应如下:

$$B_2H_6 \longrightarrow 2B+6H(分解反应)$$

$$WF_6(g)+B \longrightarrow W(s)+BF_6(g)$$
$$2WF_6(g)+3SiH_4(g)\longrightarrow 2W(s)+3SiF_4(g)+6H_2(g)$$

如此交替通入 SiH_4 和 WF_6 发生反应,最终形成厚度均匀的约为 100Å 的成核层[26]。

生长完成核层,晶圆被转移到更高温度的加热台上,控制在一定温度下。反应室内再通入 H_2 和 WF_6,发生反应进行钨沉积,得到的钨厚度约为 2500Å,如图 19.34 所示。反应如下:

$$WF_6(g)+3H_2(g)\longrightarrow W(s)+6HF(g)$$

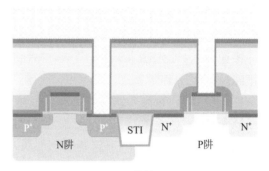

图 19.34　钨填充结果

在钨沉积的成核步骤中,通过调节 B_2H_6 的气体流量和 SiH_4/WF_4 反应次数来调节薄膜的电阻和台阶覆盖率。在沉积反应之前,增加 B_2H_6 气体流量,可以使晶圆表面和接触孔底部及侧壁得到充分浸润,发生分解,后续与 WF_6 接触后,能够较快地发生反应。沉积的薄膜,其电阻随着 B_2H_6 气体流量增加而减小,其厚度随着 B_2H_6 气体流量增加而减小,台阶覆盖率更高。

成核层的厚度是由 B_2H_6、SiH_4 和 WF_6 的间歇性脉冲次数决定的,一般可以通过调整脉冲次数来控制成核层的厚度。随着脉冲次数的增加,成核层的厚度也呈线性递增的趋势。

成核层过厚,对后续的钨的快速沉积填充也是不利的。一方面成核层长厚需要更多的反应周期,对于制造工艺来说降低了效率,增加了成本;另一方面,成核层决定后续钨薄膜的生长,因此成核层加厚相当于接触孔深宽比增加,减小了后续 H_2 和 WF_6 反应的窗口。脉冲成核层的填充一方面是覆盖一层种子层,另一方面也相当于减小了接触孔的尺寸,脉冲次数的提升不能提高钨的填充能力。因此,成核层钨填充需选择合适的脉冲次数,在整个接触孔表面填充一层比较薄的、结构致密的、台阶覆盖率高的、均匀的钨薄膜。

在快速沉积阶段,反应温度越高,沉积速率越高,但是沉积速率高代表着台阶覆盖率低,但是如果一味降低温度来提升台阶覆盖率会造成沉积效率降低和晶粒尺寸变小、电阻变大的问题,因此需要选择合适的温度;在此阶段也可以增加 WF_6 的流量,通过大流量的 WF_6 参与反应,提升台阶覆盖率。还可以通过调节反应室的压力来达到目的,一般来说压力越高,钨填充越好。

在 90nm 技术节点以前,钨成核沉积主要是采用 SiH_4 跟 WF_6 反应,在沉积钨薄膜之前,先向反应室通入适量的 SiH_4,充分浸润晶圆表面和接触孔内部,然后通入 SiH_4 和 WF_6 进行成核反应。钨沉积前要有充分的 SiH_4 浸润,因为它会影响到成核层的钨膜填充。成核层在钨填充里面是关键的一步。其厚度对填充能力影响不大,但会影响到接触孔的电性能。它的晶粒表面状态会影响到最终的填充效果。成核层反应的温度越高,SiH_4 流量越大,形成的钨薄膜晶粒越小,所以其填孔能力也越强,但副作用是温度高,阶梯覆盖率低。此反应中的关键点是控制反应气体流量比和控制反应压力,因此 SiH_4 和

WF$_6$的气体流量必须合适。WF$_6$比例过大,虽然能提高薄膜的台阶覆盖率,但是会增加薄膜的应力;SiH$_4$比例过大,会在晶圆上方发生反应,使钨薄膜无法在晶圆表面沉积,容易形成颗粒缺陷。为提高接触孔的台阶覆盖率,SiH$_4$和WF$_6$的成核反应需在相对低的压力下进行。

40nm及以下技术节点,会在90~55nm技术节点采用B$_2$H$_6$、SiH$_4$和WF$_6$反应的基础上,将B$_2$H$_6$完全代替SiH$_4$,采用B$_2$H$_6$、WF$_6$反应。气体通入方式采用前面提到的脉冲快速流入,即先通入B$_2$H$_6$气体,在晶圆表面和接触孔内部充分浸润后,通入惰性气体排除反应室中剩余B$_2$H$_6$气体和反应副产物气体,然后通入WF$_6$,与B$_2$H$_6$气体分解的B发生反应,然后再通入惰性气体排除反应室中剩余B$_2$H$_6$气体和反应副产物气体。如此循环多次,完成钨成核沉积。

B$_2$H$_6$和WF$_6$反应成核和工艺温度(280~310℃)低于B$_2$H$_6$、SiH$_4$和WF$_6$反应沉积温度(380~420℃),因此采用B$_2$H$_6$、WF$_6$反应沉积钨成核层可降低工艺热预算。另外B$_2$H$_6$和WF$_6$反应不仅可以提高钨薄膜的台阶覆盖率,还可使得产生的形核层晶粒尺寸变大,降低钨薄膜电阻[28]。

19.11　接触孔钨栓平坦化

钨沉积结束后,晶圆表面覆盖了一层高低不平的钨薄膜层,需要进行平坦化工艺,对钨层进行化学机械平坦化的作用有两个:①为后段铜互连提供平坦的平面;②将接触孔以外的钨层研磨去除,接触孔才能起到连接前段器件和后段铜的作用。

钨化学机械研磨工艺主要包括两部分:第一部分是金属研磨,去除表面大部分的钨层和阻挡层;第二部分是氧化物研磨,控制钨的局部突出。钨化学机械研磨主要是通过电化学腐蚀和机械研磨相结合,达到去除表面钨、阻挡层和氧化物的目的。研磨过程中常见的问题是有钨塞凹陷或腐蚀等缺陷,如图19.35所示[29]。

这种缺陷会增加接触电阻,造成器件与金属线连接失败,严重影响产品良率。采用钨塞高选择比的氧化物研磨液是解决问题的关键。随着半导体工艺节点的发展,接触孔尺寸已经缩小到28nm以下,接触孔深宽比超过4∶1,对钨塞高选择比的氧化物研磨技术的精确

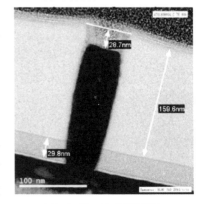

图19.35　钨塞凹陷[29]

控制的要求也变得越来越苛刻。随着器件的缩小,氧化物研磨步骤可能会使致密的钨塞过度突出,容易导致缺陷被困在钨塞上。在氧化物研磨步骤完成后立即进行化学清洁工艺对于减少磨料颗粒和有机残留物也是非常重要的。

55nm逻辑工艺中,接触孔在钨沉积后进行钨的化学机械研磨平坦化。钨化学机械研磨过程主要由三个步骤组成:①粗抛阶段,主要作用是粗抛去除大部分表面钨层,使用酸性研磨液;②以精抛为主,去除表面部分钨层和钨阻挡层,使用酸性研磨液;③为氧

化物研磨,氧化物具有高选择性,从而形成钨塞结构,此阶段使用碱性研磨液。晶圆进入化学机械研磨工艺机台,翻转背面朝上固定于研磨头(head)上。机台共有三个腔体,腔体内有研磨盘。研磨盘上放置研磨垫。研磨液出口位于研磨垫上方。首先进入第一个腔体:旋转的研磨头以一定的压力压在旋转的研磨垫上,同时两者反向旋转。研磨液采用的是酸性研磨液。研磨颗粒是 SiO_2,氧化剂是 H_2O_2。研磨液以一定的流速滴在研磨垫上,在研磨垫离心力的作用下,均匀分布在垫上,在晶圆和研磨垫之间形成一层研磨液液体薄膜。研磨液中的化学成分与晶圆表面的钨层产生化学反应,其反应如下:

$$W + H_2O_2 \longrightarrow WO_3 + H_2O$$
$$WO_3 + HCl \longrightarrow WCl_6(可溶) + H_2O$$

研磨液中的 H_2O_2 将钨表面氧化,形成钨氧化膜。这层氧化膜被研磨液中的研磨颗粒机械研磨掉,然后与研磨液中的酸结合,形成可溶于水的钨盐,其可溶入流动的液体中被带走。氧化膜被去除后,氧化剂又氧化新露出来的钨,再次被机械研磨掉,如此重复进行,第一个腔体的研磨是根据研磨量来确定研磨时间的,目的是除去表面较厚的钨层,如图 19.36 所示。

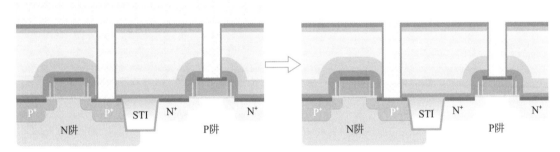

图 19.36　钨研磨过程

在第一个腔体研磨结束后,晶圆会被转移进入第二个腔体,使用与第一个腔体研磨头相同的研磨液、研磨液流速以及压力,继续研磨,去除剩余的钨层以及阻挡层,露出氧化硅表面,如图 19.37 所示。

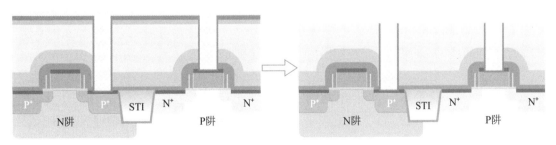

图 19.37　阻挡层研磨过程

在第二个腔体中,研磨盘上有集成激光模块,提供终点检测功能,研磨完钨层和阻挡层后,露出氧化硅表面,通过金属光线反射来判断研磨终点,如图 19.38 所示[30]。

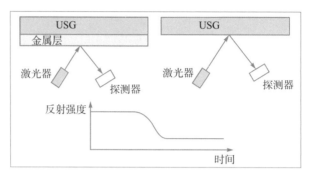

图 19.38 研磨终点监控示意图

接下来进入第三个腔体进行氧化层研磨。研磨头使用的压力比前两个腔体要小。研磨液采用针对氧化层的碱性研磨液,以一定的流速滴在研磨垫上,进行研磨,除去少量氧化层,调整钨栓突出量。该腔体的研磨是根据时间来确定研磨量的。该腔体需要考虑的是研磨速率、研磨选择性的调整能力、表面形貌修正能力以及抗腐蚀和缺陷的控制能力,如图 19.39 所示。

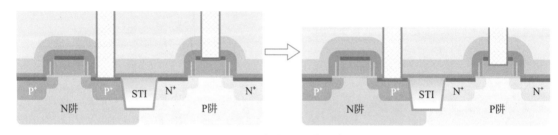

图 19.39 氧化层研磨示意图

研磨完毕后需要快速进入清洗流程以尽量减少表面颗粒以及可能的化学污染,晶圆被传输进入水槽,用去离子水浸泡,超声清洗一段时间后再用水刷清洗晶圆的正反两面。清洗液采用的是柠檬酸,后续再用去离子水冲洗后进行自旋干燥。

钨化学机械研磨在单位时间内硅片产出率较低,因此提高研磨速率是工艺的目标所在,提高研磨速率的同时也要考虑研磨均匀性。一般会通过综合调节压力、转速、温度、研磨液浓度、研磨液流量等来调节研磨速率及均匀性[31]。

在 90nm、55nm、40nm 技术工艺节点,钨化学机械研磨主流工艺还是三个步骤:①采用酸性研磨液,研磨除去钨层,根据时间确定研磨终止点;②采用酸性研磨液,研磨除去钨层及钨阻挡层,根据激光检测曲线确定研磨终止点;③采用碱性研磨液,研磨除去氧化层,调整钨栓的露出,根据时间确定研磨终止点。工艺技术的发展在于优化工艺过程,提高研磨速率,提高均匀性,减少凹陷划痕缺陷,找到化学作用和机械作用的最佳平衡点。

本章小结

本章论述了接触孔工艺制造流程,以 55nm 接触孔制造工艺为切入点,介绍了在接触孔工艺制造过程中各环节的重点及难点。只有通过工艺整合来优化各个工艺步骤，才能制造出符合要求的接触孔。

参考文献

［1］温德通. 集成电路制造工艺与工程应用［M］. 北京：机械工业出版社，2018.

［2］Chou P Y，Tsai W C，Yau J C，et al. Improvement of striation and CD shrink by etch process on 65nm ArF contact［C］. Proceedings of International Symposium on Dry Process，2006.

［3］Sun S C. Process Technologies for Advanced Metallization and Interconnect Systems［C］. IEEE International Electron Devices Meeting（IEDM），1997.

［4］Funk K，Pages X，Kuznetsov V I，et al. NiSi contact formation-process integration advantages with partial Ni conversion［C］. 12th IEEE International Conference on Advanced Thermal Processing of Semiconductors，2004.

［5］张汝京. 纳米集成电路制造工艺［M］. 2 版. 北京：清华大学出版社，2017.

［6］Thompson S，Sun G，Wu K，et al. Key differences for processinduced uniaxial vs. substrate-induced biaxial stressed Si and Ge channel MOSFETs［C］. IEDM Technical Digest，2004.

［7］Eneman G，Jurczak M，Verheyen P，et al. Scalability of Strained Nitride Capping Layers for Future CMOS Generations［C］. Proceedings of ESSDERC，Grenoble，France，2005.

［8］Mayuzumi S. High-performance metal/high-k n-and p-MOSFETs with top-cut dual stress liners using gate-last damascene process on（100）substrates［J］. IEEE Transactions on Electron Devices，2009，56（4）：620-626.

［9］Jeong J W，Rosenblum M D，Juris P，et al. Hydrogenation of defects in edge defined film fed grown aluminum enhanced plasma enhanced chemical vapor deposited silicon nitride multicrystalline silicon［J］. Journal of Applied Physics，2000，87（10）：7551-7557.

［10］S. F. Nelson，K. Iamail，J. O. Chu et al. Room-temperature electron mobility in strained Si/SiGe heterostructures. Appl. Phys. Lett. 1993，63. 367-369.

［11］董拓. SiN 膜应力研究与工艺实现［D］. 上海：复旦大学，2011.

［12］Belyansky，Chace M，Gluschenkov O，et al. Methods of producing plasma enhanced chemical vapor deposition silicon nitride thin films with high compressive and tensile stress［J］. Journal of Vacuum Science & Technology，A. ，2008，26（3）：517-521.

［13］Davis C，Ku J H，Schiml T，et al. Stress proximity technique for performance improvement with dual stress liner at 45nm technology and beyond［C］. Symposium on VLSI Technology，2006. Digest of Technical Papers，2006.

［14］Yuan J，Tan S，Lee Y，et al. A 45nm low cost low power platform by using integrated dual-stress-liner technology[C]. Symposium on VLSI Technology, 2006. Digest of Technical Papers, 2006.

[15] Castillo-Mejia D, Kelchner J, Beaudoin S. Polishing pad surface morphology and chemical mechanical planarization[J]. Journal of the Electrochemical Society, 2004, 151(4):G271-G278.

[16] Wang T Q, Lu X C, Zhao D W, et al. Contact stress non-uniformity of wafer surface for multi-zone chemical mechanical polishing process[J]. Science China Technological Sciences, 2013, 56(8):1974-1979.

[17] 郑萍. 直线浅沟道隔离平坦化技术的研究与应用[D]. 成都:电子科技大学,2011.

[18] Zhang L, Zhu Y F, Fang J X. Study and improvement on tungstenrecess in CMP process [C]. 2019 China Semiconductor Technology International Conference, 2019.

[19] Park B, Lee H, Kim Y, et al. Effect of process parameters on friction force and material removal in oxide chemical mechanical polishing[J]. Japanese Journal of Applied Physics, 2008, 47(12):8771-8778.

[20] 韦亚一. 超大规模集成电路先进光刻理论与应用[M]. 北京:科学出版社,2016.

[21] Wang X, Zhang H, Chang S, et al. Impact of etching chemistry and sidewall profile on CD uniformity and contact open in advanced logic contact etch[J]. Electrochemical Society Transactions, 2010, 27(1):737-741.

[22] Wang X P, Huang Y, Han Q H, et al. Dry etching solutions to contact hole profile optimization for advanced logic technologies [J]. Electrochemical Society Transactions, 2012, 44(1):351-355.

[23] 张海洋,尹晓明,孙武. 清洗刻蚀腔室侧壁聚合物的方法及接触孔的形成方法: CN102091703 A[P]. 2011-06-15.

[24] Lin Y H, Wang X P, Chen L, et al. Contact process optimization for 40nm CMOS yield improvement [J]. Electrochemical Society Transactions, 2013, 52 (1): 619-623.

[25] Archer L, Kim H K, Song J K, et al. Single-wafer process for improved metal contact hole cleaning[J]. Equipment for Electronic Products Manufach uring, 2007, 149:12-15,30.

[26] 张冠群. 铜互连技术中接触孔钨填充工艺研究[D]. 上海:复旦大学,2013.

[27] Gao L, Zhang Y Y, Bao Y, et al. Tungsten voids improvement by optimizing MOCVD-TiN barrier layer plasma treatment at 28nm technology node[C]. 2017 China Semiconductor Technology International Conference, 2017.

[28] Xu J H, Jing X Z, Fu X N, et al. An optimizedI W process for metal gate electrode gap filling application[C]. 2015 China Semiconductor Technology International Conference, 2015.

[29] Zhang L, Zhu Y F, Fang J X. Study and improvement on tungsten recess in CMP

process[C]. 2019 China Semiconductor Technology International Conference,2019.

[30] 萧宏. 半导体制造技术导论[M]. 电子工业出版社,2013.

[31] 张映斌. 钨化学机械抛光工艺优化研究[D]. 上海:复旦大学,2005.

思考题

1. 何谓 ILD 与 IMD? 其目的是什么?

2. 一般介电层 ILD 由哪些层次组成?

3. 简单说明 contact(CT)的形成步骤。

4. 黏合层的沉积所处的位置、成分、薄膜沉积方法是什么?

5. 为何各金属层之间的连接大多采用 CVD 的钨插塞?

6. 在量测 Contact/Via(是指 metal 与 metal 之间的连接)的接触窗开得好不好时,我们利用的是什么电性参数?

7. 什么是 Rc? Rc 代表什么意义? 影响 contact (CT) Rc 的主要原因可能有哪些?

致谢

本章内容承蒙丁扣宝、程勇鹏、张运炎、何学缅等专家学者审阅并提出宝贵意见,作者在此表示衷心感谢。也感谢王江红、滕巧等同事在本章编写过程中提供的帮助。

作者简介

高大为:研究员,博士生导师。1998 年毕业于日本九州大学电子工程专业。浙江大学微纳电子学院先进集成电路制造技术研究所所长,主要负责浙江省集成电路创新平台的建设。曾在东芝半导体、中芯国际等公司担任技术及管理职务。获杭州市特聘专家称号("521"计划)。研发项目曾获教育部科学技术进步一等奖、国家科学技术进步二等奖;项目成果得到了高通的认证和订单,开创了国产芯片成功打入世界顶级手机市场的先例。

吴永玉:浙江省 CMOS 集成电路成套工艺与设计技术创新中心、浙江创芯集成电路有限公司资深研发总监。长期工作在集成电路制造领域,深度参与国内首套拥有自主知识产权的 55 纳米低漏电逻辑工艺研发和产线建设。共参与和主持 10 余项逻辑工艺和特色工艺平台的研发,具有半导体产业界技术研发的丰富经验,获授权专利 20 余项。

第 20 章

金属互连工艺

（本章作者：薛国标　陈冰　李云龙）

晶体管层制造好后，通过钨等金属制造接触孔连接晶体管和首层布线，然后通过多层金属布线和过孔进行电气互连，用于连接晶体管等器件的多层金属布线的制造工艺，主要包括互连线间介质沉积、金属线形成、引出焊盘形成。金属互连中采用的导体有钨、铜、铝等金属，绝缘体则有氧化硅、氮化硅、高介电常数膜、低介电常数膜、聚酰亚胺等。早先的芯片用铝布线，现在产业高端（300mm）产品的芯片（$0.13\mu m$ 技术节点以下）基本上都采用铜替代铝。铜具有非挥发性，无法刻蚀，故采用类似景泰蓝的工艺，即先在介质上制备沟槽和通孔，然后将铜嵌入后磨平（又称大马士革工艺）。

本章将重点介绍铜互连的集成工艺以及工艺与可靠性的相互作用，并简要介绍互连技术的未来发展趋势和对新型互连架构的展望。

20.1　互连的基本功能与结构

芯片片上互连是超大规模集成电路的关键技术之一，它负责集成电路芯片中各器件之间的电信号传输以及电源连接。复杂电路的布线需要采用多层布线来实现，常见的逻辑芯片的后段通常都含有超过 10 层的互连金属层（见图 20.1）。互连层内导线的布线需要遵循一定的规则，传统的布线规则为采用垂直/水平布线的曼哈顿架构（Manhattan architecture），其缺点是总线长较长。为了缩短布线总长，在上层互连层采用对角布线方式的 X 架构（X architecture）逐渐得到更多的应用。

芯片片上互连的信号延迟和功耗在很大程度上取决于金属导线的电阻和金属导线之间的绝缘材料即线间电介质的电容。在 $0.13\mu m$ 技术之前，铝和氧化硅一直是芯片片上互连的主体材料，其中铝被广泛用作互连中的金属导体，而基于氧化硅的电介质被用作金属导线之间的绝缘体。电信号在芯片不同模块和器件间传输时的时间延迟，主要包括 CMOS 器件自身的时延和互连时延。其中单位长度的互连时延主要受几个材料与结构参数影响，包括金属导体的电阻率、导线的线宽、线间电介质的介电常数以及导线

22nm制程

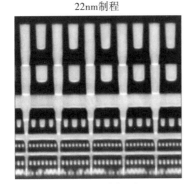

80nm最小间距

14nm制程

52nm(0.65×)最小间距

图 20.1　Intel 22nm 与 14nm 技术的芯片截面[1]

线间距。随着芯片中晶体管关键尺寸的不断微缩,其整体性能、功耗、面积(performance,power,area,PPA)等指标不断提高,同时后段互连金属层的布线间距需要进行相应的微缩,以适应更高的 CMOS 器件布线密度。但是,互连金属层导线的线宽和线间距的微缩增加了互连金属的电阻(R)以及金属导线间电容(C),使得信号在互连中传输的时延变得比有源器件的更高,片上互连的信号传输延迟和功耗逐渐成为限制芯片性能持续提升的瓶颈之一。为了缓解这一趋势,新的导体和绝缘体材料被引入超大规模集成电路的互连结构中,其中铜因其低电阻率($1.67\mu\Omega\cdot cm$)而被用来替代铝($2.67\mu\Omega\cdot cm$),而低 κ 电介质被用来替代氧化硅以降低互连的电容。与铝相比,铜有几个明显优点,即更低的电阻率、更高的熔点和更高的抗电迁移能力。新的金属互连集成工艺即铜大马士革(Damascene 镶嵌)工艺于 1997 年在 IBM 研发成功并投入应用,沿用至今,铜互连仍然是超大规模集成电路的最主要互连技术。然而,铜并不是铝的完美替代品,铜无法像铝一样用干法刻蚀,铜对柔软的低 κ 电介质的附着力较差,容易通过电介质层扩散,并在使用条件下与硅发生反应,这可能会污染前段(front-end-of-the-line,FEOL)工艺中的 CMOS 器件。因此,需要在铜线和绝缘电介质之间插入扩散阻挡层,以阻止铜向周围扩散,而扩散阻挡层会减小铜导线的有效截面积,使铜互连的整体电阻率升高。因此,铜互连的集成工艺需要随着技术节点的进步不断更新和优化,在关键尺寸的微缩和互连时延的增长之间达成妥协。

低 κ 电介质被引入互连结构的首要条件是其介电常数需要低于氧化硅。电介质整体介电常数 ε_r 通常取决于三个极化结构,即电极化(α_e)、畸变极化(α_d)以及方向极化(μ),其关系可以通过以下的 Debye 方程表示[2]:

$$\frac{\varepsilon_r-1}{\varepsilon_r+2}=\frac{N}{3\varepsilon_0}\left(\alpha_e+\alpha_d+\frac{\mu^2}{3kT}\right) \tag{20.1}$$

其中,ε_0 是真空介电常数;N 是分子密度;k 是玻尔兹曼常数;T 是绝对温度(K)。

除了改变材料特性外,另一种常见的降低电介质介电常数的方法是在材料中引入微孔隙,因为空气的介电常数(介电常数为 ε_1)接近于真空的介电常数(介电常数为 $\varepsilon_0=1$),介质材料本体(介电常数为 ε_2)与微气隙混合后其有效介电常数(介电常数为 ε_r)会随之降低,具体等式如下[2]:

$$\frac{\varepsilon_r - 1}{\varepsilon_r + 2} = P \frac{\varepsilon_1 - 1}{\varepsilon_1 + 2} + (1 - P) \frac{\varepsilon_2 - 1}{\varepsilon_2 + 2} \quad (20.2)$$

因为空气的介电常数接近于 1,所以将等式的右侧简化后变为(其中 P 为材料的孔隙率,$0 \leqslant P < 1$):

$$\frac{\varepsilon_r - 1}{\varepsilon_r + 2} = (1 - P) \frac{\varepsilon_2 - 1}{\varepsilon_2 + 2} \quad (20.3)$$

可以看出,随着孔隙率的增加,电介质材料的有效介电常数 ε_r 会随之降低。但是,孔隙率的增加会降低电介质的机械性能和可制造性,具体将在本章后面的工艺集成部分进行讨论。

20.2 铜大马士革工艺

铜的电阻率比铝低(铜是 $1.67 \mu\Omega \cdot cm$,铝是 $2.67 \mu\Omega \cdot cm$),并且具有更高的电迁移抵抗力(铜的晶格扩散激活能为 2.2eV,晶界扩散结合能为 $0.7 \sim 1.2eV$,铝分别为 1.4eV 和 $0.4 \sim 0.8eV$),有较高的可靠性,但是铜也有自身明显的缺点:第一是黏附性差,铜与硅基板之间的结合强度不高,容易脱落;第二是铜容易在硅和硅化物上扩散,导致集成电路失效;第三是易氧化性,铜在空气中易氧化,而且生成的氧化铜不够致密,无法防止进一步氧化;第四是缺少有效的铜刻蚀的方法。因此在很长一段时间内,铝及其合金被广泛采用,实现由大量晶体管及其他器件所组成的集成电路互连。但是随着工艺技术的发展,晶体管尺寸不断缩小,电阻电容(resistive capacitors,RC)延迟已经严重影响集成电路的性能,90nm 及以下工艺开始选用铜作为金属互连材料替代铝,并且选取低 κ 材料作为介电层,主要方法就是采用铜大马士革工艺[3](单镶嵌工艺和双镶嵌工艺)和 CMP(chemical mechanical polish,化学机械研磨)技术相结合。

大马士革镶嵌本来是指将多种金属镶嵌在一起,用于制作精美的工艺品,比如将金线或者银线通过敲打的方式,嵌入钢片中。铜互连线的镶嵌工艺,正是借鉴了这一思想,先是在介质表面刻蚀沟槽,形成孔洞,然后铜沉积在沟槽中,随后通过铜 CMP 工艺去除晶圆表面大量的铜,即可以得到所需的金属图案,避免了铜刻蚀的过程。与传统的铝互连工艺相比,铜互连工艺减少了工艺步骤 $20\% \sim 30\%$ 的潜力,降低了工艺难度,从而降低了芯片生产成本,减少了生产过程中的装配产量的错误源。这对芯片的大规模生产也具有非常大的益处。

目前后段工艺中的第一层金属层 M1(metal one,位于接触孔工艺之上)主要采用单镶嵌工艺。在 M2~Mx 层的沉积中,因为有通孔(via)层和金属层,所以主要采用双镶嵌工艺,这里的双就是指同时形成通孔层和金属层两层。双镶嵌工艺还可进一步细分,主要有先通孔(via first)、先沟槽(trench first)和自对准(self-aligned)三类。

20.2.1　单镶嵌工艺

此处以 M1 金属层沉积介绍单镶嵌工艺。

整个 M1 工艺可细分为薄膜沉积、曝光显影、介质层刻蚀、阻挡层沉积、种子层沉积、铜电镀、化学机械研磨等步骤。下面详细介绍每个步骤。

(1)如图 20.2 所示，先在接触孔上方沉积氮掺杂碳化硅(nitrogen-doped carbonate，NDC，SiCN)层，金属间介质(inter-metal dielectric，IMD)层和四乙氧基硅烷，或称正硅酸乙酯(TEOS)层，均采取等离子体增强化学气相沉积工艺(PECVD)沉积所得。NDC 是刻蚀阻挡层，作为介质层刻蚀停止层，并防止铜原子扩散；IMD 层采用低 κ 材料，作为金属间的介质材料；TEOS 作为黏附层覆盖低 κ 材料硅氮烷聚合物(black diamond，BD)，增强底部抗反射涂层(bottom anti-reflective coatings，BARC)与 BD 层的黏附能力，防止出现薄膜剥落。55nm 工艺中低 κ 材料 BD 主要采用的是 SiCON。

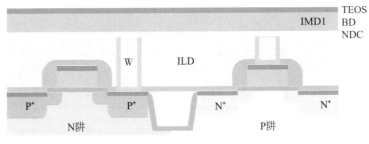

图 20.2　沉积薄膜层

(2)如图 20.3 所示，旋涂 BARC 和光刻胶(PR)，并进行曝光显影。

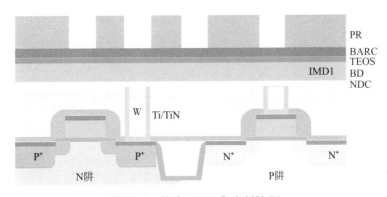

图 20.3　旋涂 BARC 和光刻胶 PR

(3)刻蚀 M1 层。如图 20.4 所示，一步刻蚀 TEOS/BD/NDC 层，形成 M1 沟槽。需要通过刻蚀打通刻蚀阻挡层，使接触孔(CT)的 W 露出表面，与后面的 M1 实现连接。这里有几项参数特别需要注意，分别是层间介质层(inter-layer dielectric，ILD)损失量、TiN 残留量以及侧壁的角度。

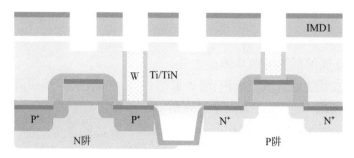

图 20.4   M1 刻蚀

（4）沉积金属阻挡层 TaN/Ta,如图 20.5 所示。

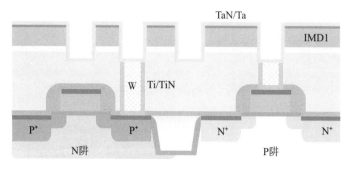

图 20.5   沉积金属阻挡层

（5）沉积铜金属互连层。主要分为三步,铜种子层生长、铜电化学镀膜（electro-chemical plating,ECP）工艺处理以及铜 CMP 工艺处理,如图 20.6 所示。

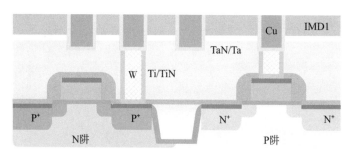

图 20.6   沉积铜金属互连层

20.2.2   双镶嵌工艺——先通孔（via first）

双镶嵌工艺中的先通孔技术,就是先开通孔,再开金属沟槽。下面以 M2 金属层为例子介绍。其主要工艺步骤为薄膜沉积、通孔曝光和刻蚀、金属沟槽曝光和刻蚀、阻挡层沉积、种子层沉积、铜电镀、化学机械研磨抛光。

（1）沉积 NDC/TEOS/IMD/TEOS 层,如图 20.7 所示。

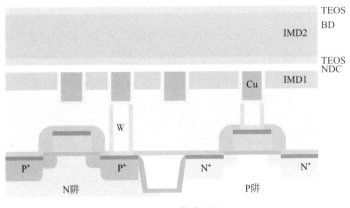

图 20.7 薄膜沉积

(2)通孔光刻,如图 20.8 所示。旋涂 BARC 和光刻胶(PR),并进行曝光显影。

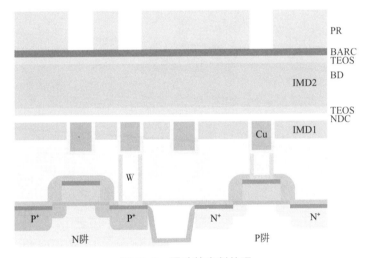

图 20.8 通孔的光刻处理

(3)通孔刻蚀,停到 NDC 层,并保留一定厚度的 NDC 层,如图 20.9 所示。

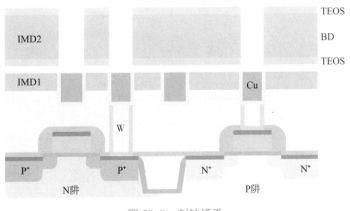

图 20.9 刻蚀通孔

（4）填充 BARC 并沉积低温二氧化硅（low temperature oxides，LTO）层，其中 LTO 作为刻蚀硬掩模层，如图 20.10 所示。这里因为要填充 BARC，在之后的沟槽刻蚀中通孔里面很容易有 BARC 残留，这也是先通孔的一个缺点。

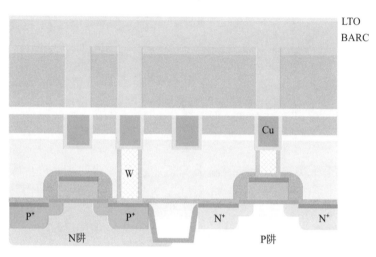

图 20.10　通孔填充

（5）进行沟槽部分的曝光显影，如图 20.11 所示。

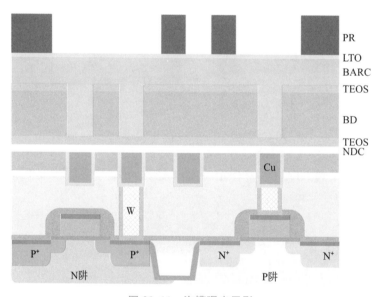

图 20.11　沟槽曝光显影

（6）沟槽刻蚀。如图 20.12 所示，先刻蚀得到沟槽，再去除通孔里面的 BARC。这里沟槽刻蚀的深度需要根据实际情况调整刻蚀工艺配方进行控制，对刻蚀工艺要求更高。为了更好地实现深度的控制，可以在 BD 层中间加一层刻蚀阻挡层，如 SiN 层等，这样就可以使沟槽刻蚀停止，避免过刻蚀导致深度不受控。不过加一层阻挡层也会增加 IMD 层整体的 κ 值，要根据实际需求做权衡。

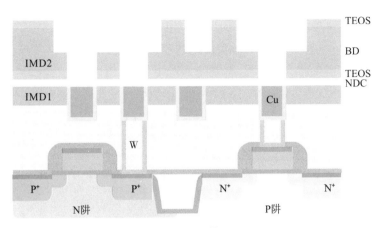

图 20.12 沟槽刻蚀

(7)阻挡层/铜沉积,并进行铜 CMP 处理,如图 20.13 和图 20.14 所示。基本方法与前面 M1 中使用的方法一致,不做具体介绍。M3~Mx 工艺方法一致。

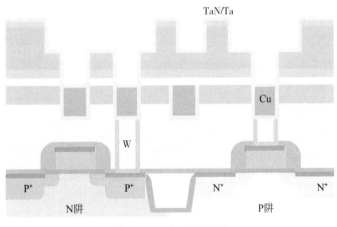

图 20.13 沉积阻挡层

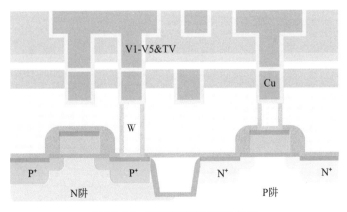

图 20.14 沉积铜和铜 CMP 处理

在55nm工艺中,先通孔较为主流,但是其存在缺陷:一是在通孔中的BARC不容易完全去除,会造成一定的残留;二是存在沟槽尺寸扩张现象(见图20.15),容易引发互连线桥状短路风险,无法满足更先进节点的使用要求。

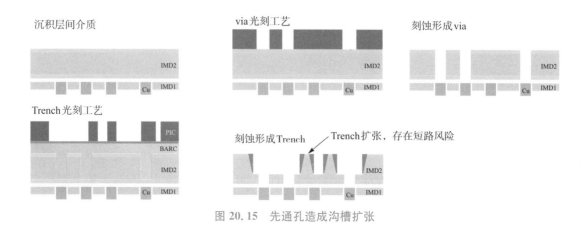

图 20.15　先通孔造成沟槽扩张

20.2.3　双镶嵌工艺——先沟槽(trench first)

双镶嵌工艺中的先沟槽技术,就是先刻蚀沟槽,再刻蚀通孔。其主要工艺步骤为薄膜沉积、沟槽曝光和刻蚀、通孔曝光和刻蚀、阻挡层沉积、种子层沉积、铜电镀、化学机械研磨。

(1)沉积 NDC/IMD/TEOS/TiN/SiO_2 层,如图 20.16 所示。这里的 TiN 层可以作为金属硬掩模层,用于优化光刻和刻蚀工艺分辨率,更好地控制沟槽和通孔图形尺寸,提高光刻线条精度,但在刻蚀后需要去除。最上面的 SiO_2 层主要用来隔绝 PR 层和 TiN 层,避免 PR 和金属硬掩模层直接接触,也可以有较好的黏附作用。

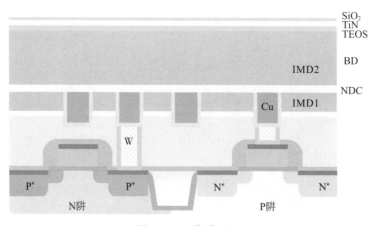

图 20.16　薄膜沉积

（2）对沟槽进行光刻处理并进行硬掩模刻蚀,将光刻胶上的图形转写到硬掩模上,原位对上层剩余的 PR 和 BARC 进行灰化、剥离,如图 20.17 所示。

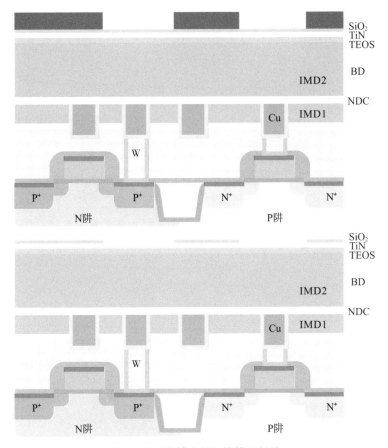

图 20.17　沟槽光刻和掩模层刻蚀

（3）沟槽刻蚀。金属掩模版的开口往下刻蚀介电层得到沟槽结构,如图 20.18 所示。可以在介电层内部增加一层刻蚀阻挡层（SiN 等）,有利于更好地控制刻蚀深度。

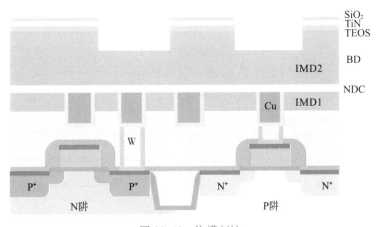

图 20.18　沟槽刻蚀

（4）填充 PR 和 BARC 并进行通孔的光刻处理，如图 20.19 所示。

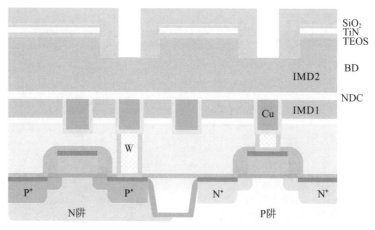

图 20.19　通孔光刻

（5）通孔刻蚀并去除 PR 和 BARC，得到沟槽和通孔结构，如图 20.20 所示。

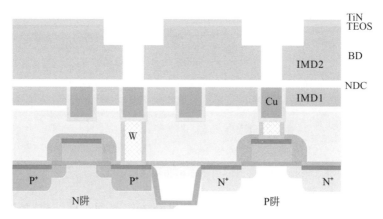

图 20.20　通孔刻蚀

（6）金属沉积（阻挡层/铜沉积）并进行 CMP 处理，如图 20.21 所示。

先沟槽不存在沟槽扩张现象，可在更先进节点使用。但是在通孔光刻时，PR 会填充在沟槽里面，导致 PR 很厚，曝光显影更困难。

在先沟槽的工艺基础上，进一步改善实现沟槽和通孔的一步刻蚀（all in one），有助于解决 PR 填充带来的问题，并且刻蚀效果更好。

①沉积 NDC/IMD/TEOS/TiN/SiO_2 层。

②对沟槽进行光刻处理并进行硬掩模刻蚀，将光刻胶上的图形转写到硬掩模上，原位对上层剩余的 PR 和 BARC 进行灰化、剥离。

③通孔的光刻处理：先不做沟槽的刻蚀，再次进行曝光显影，形成通孔的图形，如图 20.22 所示。

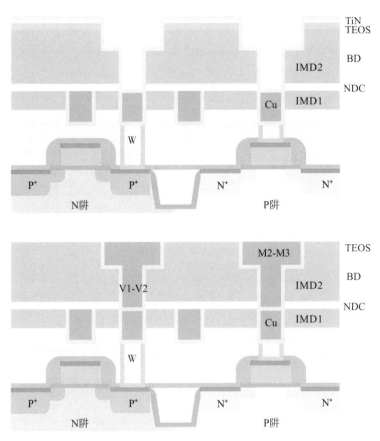

图 20.21　金属沉积及 CMP 处理

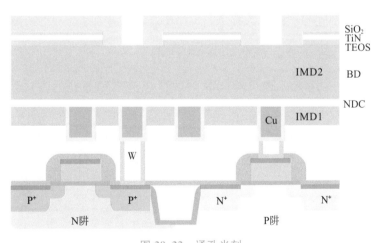

图 20.22　通孔光刻

④一步刻蚀得到沟槽和通孔结构。先刻蚀出部分的通孔图形,而后在去除 PR 和 BARC 之后,继续一步刻蚀形成沟槽和通孔的结构,如图 20.23 所示。

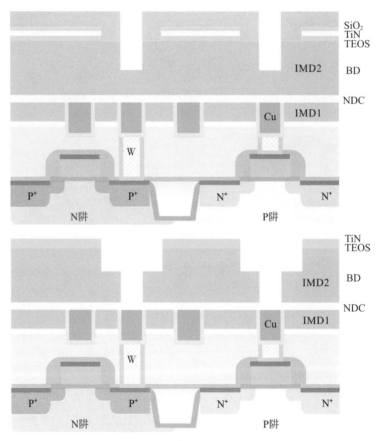

图 20.23 沟槽和通孔的一步刻蚀

⑤金属沉积(阻挡层/铜沉积),并进行 CMP 处理。

20.2.4 双镶嵌工艺——自对准(self-aligned)

在双镶嵌工艺中,还有一种可以同时刻蚀形成沟槽和通孔的方法,称为自对准方法。具体工艺流程如下。

(1)沉积 NDC/BD/SiN 层,如图 20.24 所示。SiN 作为刻蚀阻挡层,也可以选取其他材料,如 NDC 等。

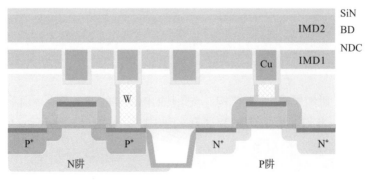

图 20.24 薄膜沉积

(2)对阻挡层进行光刻刻蚀,形成通孔大小的图案,如图 20.25 所示。

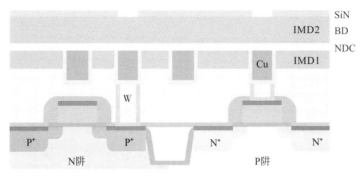

图 20.25　阻挡层刻蚀

(3)沉积 BD/TEOS/TiN/SiO$_2$ 层,如图 20.26 所示。

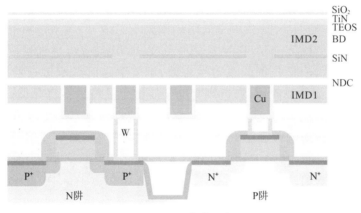

图 20.26　薄膜沉积

(4)沟槽光刻,如图 20.27 所示。

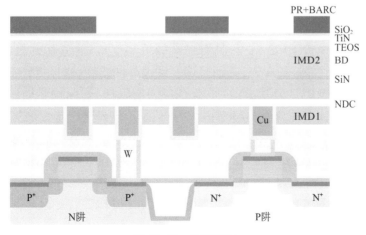

图 20.27　沟槽光刻

(5)一步刻蚀沟槽和通孔。直接往下刻蚀得到沟槽结构,到达刻蚀阻挡层后,继续刻蚀得到通孔结构,从而实现一步刻蚀。阻挡层沉积和金属沉积等后续步骤和双镶嵌工艺中的先沟槽技术一致。

20.2.5 铜阻挡层、种子层及电镀铜

在铜工艺中,阻挡层主要有两个作用:①防止后续沉积的铜进入其他被覆盖的膜层(SiCOH 等);②可以较好地黏附铜。阻挡层的选择和接触孔工艺一样采用双层结构,但是材料有所不同。这是因为铜原子的活性较高,容易在介电材料中扩散,形成可移动的一价金属铜离子,破坏介质层的绝缘性能,导致漏电流上升,阈值电压发生电压漂移,从而引起致命的电迁移失效,尤其是当用到低介电常数的介电材料和超低介电常数的介电材料时,铜扩散的问题将更加严重。传统的阻挡材料(如 Ti、TiN)已经不能满足要求。同时阻挡层本身需要具备良好的热稳定性,与铜以及介电层材料有良好的黏附性,并且有良好的保形性和台阶覆盖能力,与铜的 CMP 工艺兼容。目前 TaN/Ta 作为铜的阻挡材料应用最为广泛,实验表明铜在 Ta 和 TaN 薄膜中的扩散激活能很高,完全满足扩散阻挡层的要求[4]。非晶 TaN 薄膜可有效阻挡铜原子扩散,TaN 和 Ta 相比,防铜离子扩散的能力更强,增加金属互连层 TaN 比例有助于阻挡铜扩散,增加可靠性。TaN 和介质也有良好的黏附性,但是与铜的黏附性较差,不能满足后续铜种子层沉积的均匀性,因此选取 Ta 层作为铜的黏附层,靠近铜有助于获得大晶粒的铜籽晶层。作为金属阻挡层,也需要有较低的通孔电阻,但是相对而言,阻挡层材料基本阻值较高,增加了连线的电阻,对通孔的电阻有决定性的影响。在达到预期阻挡性能的前提下,我们要适当控制阻挡层的厚度。阻挡层材料多用物理气相沉积(physical vapor deposition,PVD)工艺制备沉积,但是一般的溅射工艺保形性较差,因此主要应用离子化 PVD 工艺方法沉积,后续又开发了自离化等离子体(SIP)的 PVD 系统,进一步改善了阻挡层沉积工艺。SIP 中单纯提高离子化浓度得到的是较多的底部沉积,而侧壁沉积却很少。改善这种沉积的方法就是利用反溅射(resputter)技术,在衬底偏压作用下,通过氩离子溅射刻蚀,通孔底部沉积的阻挡层材料被反溅射到通孔侧壁,实现通孔内薄膜沉积厚度的重新分布,这样就可以得到更薄的底部沉积和更厚的侧壁沉积了,也有利于改善阻挡层均匀性,降低接触电阻。随着器件尺寸微缩,原子层沉积(atomic layer deposition,ALD)技术也被用来沉积阻挡层,保形性优于 PVD 制程,具有极大的填洞优势,能够达到极好的侧壁覆盖。另外,ALD 能够形成很薄(10Å 左右)而且连续性很好的薄膜,这样可以增加铜线的有效截面积,减小铜线的电阻。但是 ALD 也有自身的局限性,如和种子层之间黏附性的问题,沉积过程中气体往多孔介质材料中扩散的问题等,需要进一步发展完善。

具体的沉积过程如图 20.28 所示,先沉积 TaN,再沉积 Ta,然后做刻蚀穿透沟槽底部的阻挡层薄膜,再快速沉积一层薄的金属 Ta。快速镀 Ta 工艺仅仅为了保护双大马士革工艺的边角完整性,特别是在刻蚀过程中,很有可能变薄,可以提高工艺和器件的可靠性。TaN/Ta 的沉积设备可以同时实现沉积和刻蚀,并且多采用磁控溅射的方法。

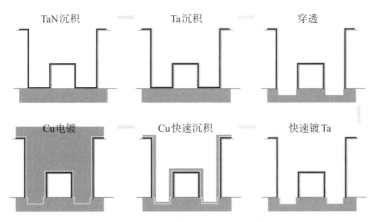

图 20.28　阻挡层和铜沉积工艺

沉积过程为:直流电溅射 Ta;交流电提供偏压,确保覆盖率良好;设置腔体为沉积模式,提高沉积均一性。

刻蚀过程为:降低直流功率,减少 Ta 溅射,防止线圈上的 Ta 被二次溅射到靶材上;交流偏压使得 Ar 刻蚀/溅射已经沉积在晶圆上的 Ta;直流线圈也提供 Ta,防止通口和沟道的边角被刻蚀掉;射频在低直流功率下维持等离子体;设置腔体为清洁模式以防止在靶材边缘的 Ta 被二次沉积。

如图 20.29 所示,目前在研发铜的直接电镀,即不沉积铜种子层,直接在阻挡层上电镀铜,这就要求阻挡层有更低的电阻和抗氧化能力,即使目前使用的 Ta 也难以满足该条件,钌(Ru)比 Ta 对于铜有更好的黏附性,有望实现直接电镀[5]。但是 Ru 没办法有效阻挡铜原子,可以和 TaN 形成双层结构。不过 Ru 的 CMP 存在问题,酸性条件下抛光研磨会产生有毒气体 RuO_4;而碱性条件下抛光速率慢,容易形成缺陷,影响可靠性。除了双层阻挡层,单层阻挡层的研究也是一大热点,因为制备两层薄阻挡层工艺难度大,成本也更高。单层阻挡层的材料主要是合金薄膜,如 RuTa 合金、CoTi 合金等,合金薄膜可以同时实现黏附和阻挡的双重效果,也有助于实现铜直接电镀。

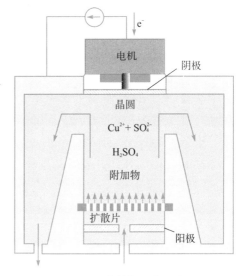

图 20.29　电镀铜工艺示意图

种子层和阻挡层沉积类似,采用 SIP 溅射工艺,或者 ALD 工艺,形成良好的台阶覆盖能力。保形、均匀、低电阻率的薄铜种子层是保证电镀铜工艺实现沟槽无缝填充的必要条件。厚度为 500～2000Å,太厚的种子层会导致开口太小,增加电镀铜的难度(容易直接封口,在内部留下空洞)。如果种子层太薄,侧壁覆盖太少,载流性很差,在电镀过程也会形成缺陷,对互连线的稳定性造成不良影响。种子层的主要目的是提供成核点以形成大量铜的晶粒和薄膜,保证后续 ECP 的正常沉积以及沉积的均匀性。和其他金属

(Ti,Ta)相比,铜更易于离化,自离化的等离子体最稳定,离化率也最高。铜的沉积还要注意避免铜的团聚,不连续的铜薄膜在电镀的时候载流性能会大大降低,所以要求晶圆的底座有良好的散热性能。在溅射工艺中,也会运用反溅射方法,增强种子层的侧壁覆盖。

ECP工艺是铜大马士革工艺中最重要的一环。其基本原理为:将已经做好阻挡层和铜种子层的硅片晶圆正面朝下浸入硫酸铜溶液中,背面通过金属环连接电源负极,作为阴极,铜块作为阳极预先放入镀液中以产生电镀所需的铜离子,在外加直流电源的作用下,溶液中的铜离子向阴极移动并在阴极(硅片)表面形成铜膜。电镀可以实现完美填充。但是由于阻挡层和铜种子层本身存在一定的工艺缺陷,会产生悬垂效应,因此在填充过程中容易产生孔洞。

为了消除孔洞,硫酸铜溶液中会加入氯离子和氢离子,并加入多种有机添加剂,一般含有加速剂、抑制剂和整平剂等,这几种分子离子共同作用,能改善均匀性和填充,同时控制铜的晶粒尺寸[6]。氢离子作为溶液中的电荷载流子,可以提高溶液的离子电导率,减少电镀过程中的电场变化;氯离子容易吸附于阳极和阴极表面,在阳极表面蓄积,促进阳极溶解,在阴极表面捕捉溶液中的铜离子,促进电子传输[7]。

加速剂主要是一些分子量较小的有机高分子化合物,容易到达沟槽内部,从而提高铜的填充效果。最常用的加速剂分子为 3-巯基-1-丙烷磺酸钠(3-mercapto-1-propane-sulfonic acid sodium salt,MPS)和聚二硫二丙烷磺酸钠(sodium 3,3′-dithiodi propane sulfonate,SPS),与沟槽表面和底部位置的二价铜离子反应生成一价铜离子,促进铜还原,提高沉积速率,从而实现沟槽的保形生长,不过该过程需要溶液中存在氯离子[8]。

抑制剂和整平剂分子量较大,可以抑制铜膜的生长,其中前者主要阻止电镀过程中过早封口,增加化学电镀的填充能力,而后者可以抑制由于表面微观结构的不均匀而造成的过度电镀效应,即抑制表面前凸体的生长,从而减小随后的化学机械研磨的工艺难度。聚乙二醇(poly ethylene glycol,PEG)是最常用的一种抑制剂,还有聚丙二醇(poly propylene glycol,PPG)或者共聚物(PPG/PEG)。同样,抑制剂作用过程中需要氯离子:铜、氯离子和抑制剂反应形成三者的络合物,阻挡铜表面的电荷交互。最常见的整平剂为健那绿(Janus green B,JGB,化学式常为:$C_{30}H_{31}ClN_6$,是专一性染色线粒体的活细胞染料),为季铵盐,带正电荷,因此被认为优先吸附高电荷密度区域,如阴极尖端、凸起之处,从而实现整平的效果,但是具体的作用机理还不明确[9]。电镀工艺得到的铜与低 κ 介质有更好的工艺兼容性,通常形成〈111〉方向的织构,有利于获得好的电导率,并且有所谓的"自退火"效应[10],从而形成大的铜晶体颗粒,降低材料电阻率,并且相对于小晶粒,大晶粒的研磨速率可以提高 20% 以上。另外,大晶粒降低了薄膜中晶界的数量,可以大大提高铜线电迁移可靠性。

PVD制备的铜种子层在生长过程中会长到硅片晶圆的边缘甚至背面区域,容易对后续工艺机台造成污染。边缘区域的铜种子层表面均匀性差,影响电镀铜的形成,并且容易造成薄膜剥落。因此在ECP之后一般需要进行洗边(edge bevel remove,EBR)处理。主要操作为:镀有铜的硅片正面朝上,在卡槽内高速旋转,一定比例的双氧水和硫酸的混合溶液从硅片边缘的喷嘴喷出,把硅片边缘一圈的铜去除,洗边之后,阻挡层仍然保留在硅片上。电镀铜通过"自退火"效应可以得到较大的铜晶粒,一般还需要进行额外的退火处理进一步增大晶粒的尺寸。在合适条件下退火之后,薄膜电阻率可以提升20%左右,晶粒大小可以达到 $1\mu m$ 以上。不过退火也会带来一些其他问题,由于晶粒变大,铜的张应力迅速增加(300MPa),带来晶圆的变形,也影响后续工艺制程,如 CMP 和光刻。退火也会带来一定的缺陷问题,如果退火条件过于强烈,会使铜线中的微缺陷增加,有可能迁移聚集形成大的孔洞,导致线路失效。使用特定的添加剂杂质有助于阻挡微缺陷的迁移,从而使铜线有比较好的应力迁移性能。但杂质的增多又降低了铜线的电子迁移性能。因此退火工艺的优化也是 ECP 中重要的一环。

ECP 工艺之后就是铜的 CMP 工艺,其主要运用 CMP 工艺先以较高的速率去除晶圆表面阻挡层以上的大部分铜,然后以较小的速率去除残余铜和阻挡层[11],最终实现表面的平整化。铜研磨工艺常采用双氧水作为氧化剂,铜在溶液中氧化形成一价和二价铜离子,在酸性溶液中可以获得较高的研磨速率,近中性或者碱性的溶液中研磨速率低,需要加入络合剂,生成可溶的络合物,有助于提高研磨速率。SiO_2 是最常用的磨料,磨料粒径小,且在不同的条件下都具有良好的悬浮性,研磨后可得到良好的表面状态。在去除残留铜的过程中很容易产生过研磨,因此阻挡层研磨要求研磨液有更好的速率选择性,使得阻挡层的研磨速率大于铜,即采用两种研磨液,修正残余铜研磨过程中出现的蝶形坑和蚀坑等缺陷。另外,low-κ 材料机械强度更低,因此要求阻挡层研磨要采用更小的应力,以防止 low-κ 介质层变形或者剥落,并要求尽量减少对介质层的结构和性质的破坏以免影响 κ 值。

20.2.6　low-κ 介质层

如前所述,电路信号传输速度取决于寄生电阻与寄生电容两者的乘积,其中寄生电阻问题来自线路的电阻性,因此必须借助低电阻、高传导线路材质,即采用铜替换铝。在降低寄生电容方面,由于工艺上和导线电阻的限制,无法考虑借助几何上的改变来降低寄生电容值。由于寄生电容 C 正比于电路层隔绝介质的介电常数 κ,因此,选择 low-κ 材料是降低寄生电容的最有效的方法之一。在外电场作用下,介电常数的大小决定介质材料内电荷和场强的变化,与材料的极化特性相关,极性分子和强极化材料的介电常数高,反之低。降低 κ 值主要有两个方向:一是降低材料极化程度;二是降低材料密度。保证低介电常数的同时,又要有良好的工艺集成相容性,并且有一定的机械硬度和抗击穿能力,是 low-κ 材料的研究方向,也极具挑战性。

SiO_2 的介电常数为 4,掺氟的氧化硅的介电常数是 3.5,可以应用于 $0.13\mu m$ 工艺节点;而 BD 等的介电常数可以进一步降至 3 左右,成为业界 90nm 以后普遍选择的 IMD 层材料。掺碳以后部分 Si—O 键被 Si—C 键取代,一来原子间距增大,二来 Si—C 键极性弱于 Si—O 键,均有利于 κ 值的降低。通过一定的工艺条件的改善优化(调节碳含量),可以进一步降低至 2.7,能够满足 90nm、65nm 和 45nm 技术要求。BD 薄膜可以通过八甲基环化四硅氧烷(octamethyl cyclotetrasiloxane,OMCTS)前驱物反应制备得到,采用 PECVD 工艺方法。八甲基环化四硅氧烷在常温条件下是液体,沸点是 $175\sim176℃$,分子量是 296.62。通过载气 He 把 OMCTS 输入反应腔中,其具体反应如下:

$$[(CH_3)_2SiO]_4 + O_2 + He \longrightarrow SiOCH + Byproduct$$

为了获得具有更小介电常数的 low-κ 材料($\kappa \leqslant 2.5$,称为超低 κ 介质),可以通过在有机硅化合物玻璃中对 low-κ 材料[如二乙氧基甲基硅烷(diethoxy methyl silane,DEMS)]进行紫外光热处理,里面含有的致孔剂就会分解成小分子,扩散出薄膜,最终形成多孔结构。

除了多孔结构,也可以通过引入空气隙(air gap)降低 κ 值,因为空气的介电常数是最低的。一种常用的方法是在铜电镀及 CMP 之后,进行适量的介质层回刻处理,从而得到深宽比相对较大的狭窄沟槽,在此基础上进一步沉积介质层薄膜,运用介质层工艺特点(在狭窄沟槽中难以实现完美填充的特性),产生孔洞,从而形成空气隙结构。

不过由于低介电常数的实现,再加上多孔结构或者空气隙的形成,它的薄膜整体比较疏松,机械硬度降低,因此更容易受到后续刻蚀以及 CMP 的破坏从而影响形貌,实际介电常数变高,因此在 low-κ 材料的开发应用中需要同时考虑低介电常数带来的优势以及缺点,从而得到更有实际应用价值的介电层材料。

20.3　钝化层和铝板工艺

在金属互连之后,需要进行钝化层以及最后铝板层的制备,隔离芯片与外界环境,并实现晶圆可接受度测试(wafer acceptable test,WAT)等的测试需求。

(1)钝化层沉积:如图 20.30 所示,一般交替沉积 SiN/SiO$_2$,或者沉积较厚的 SiN/SiO$_2$ 作为钝化层材料(采用 PECVD),保护芯片内部结构,防止环境中的水汽进入器件。

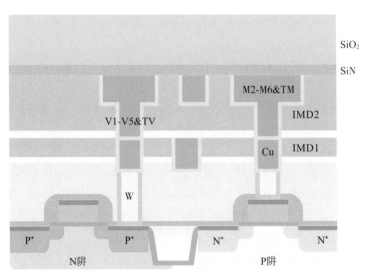

图 20.30　钝化层沉积

（2）钝化层刻蚀，如图 20.31 所示。

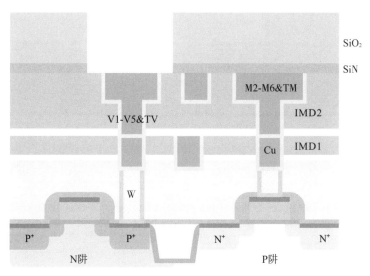

图 20.31　钝化层刻蚀

（3）铝板沉积，如图 20.32 所示。

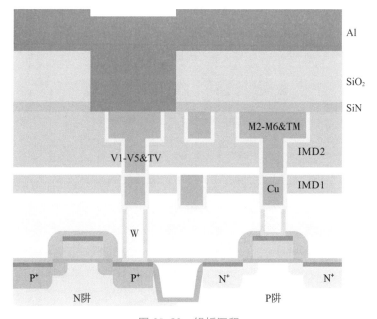

图 20.32　铝板沉积

（4）铝板光刻和刻蚀，如图 20.33 所示。

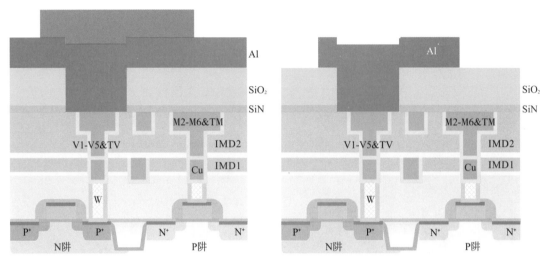

图 20.33 铝板光刻和刻蚀

（5）覆盖层 SiN/SiO₂ 沉积，如图 20.34 所示。

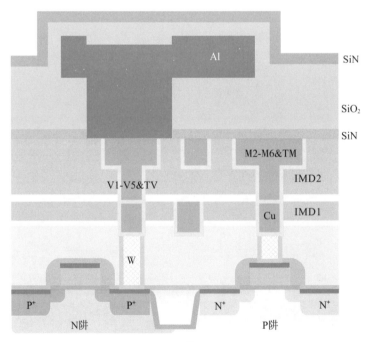

图 20.34 覆盖层沉积

（6）覆盖层刻蚀，如图 20.35 所示。

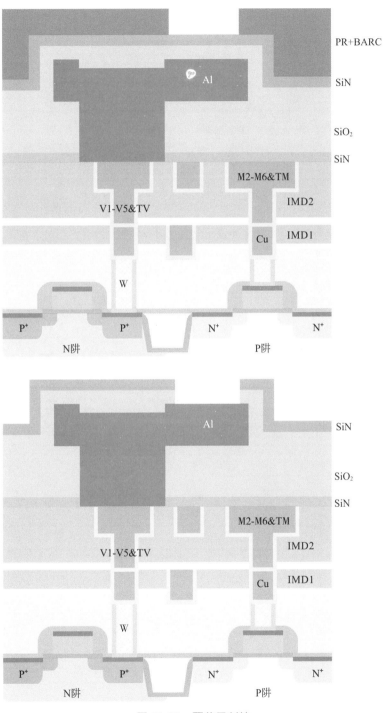

图 20.35　覆盖层刻蚀

最终形成的后段结构示意图如图 20.36 所示。

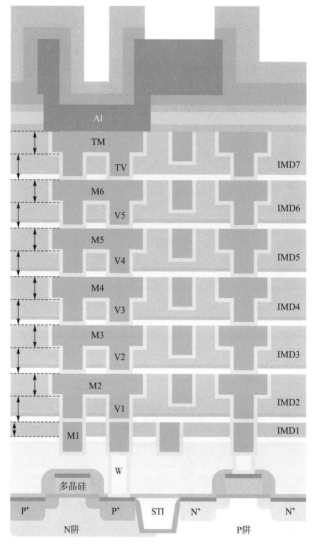

图 20.36　BEOL 整体结构示意图

20.4　新型互连技术及其未来

20.4.1　low-κ 电介质向气隙技术的演化

为了进一步减少互连的 RC 时延,研究人员尝试采用各种新型材料和工艺方法降低介电材料的 κ 值。而降低电介质介电常数最直接的方法是在铜导线之间引入气隙,使其主体材料介电常数值下降到接近真空的最低介电常数值 1,这也是所有电介质中最低的介电常数。如图 20.37 所示,在铜互连技术早期已经有研究团队通过在大马士革工艺中使用一些电介质牺牲层后用气隙代替它来实现这一点。仿真结果也同时表明(见图 20.38)，通过部分或者完全引入气隙，可以有效降低互连介质的介电常数。

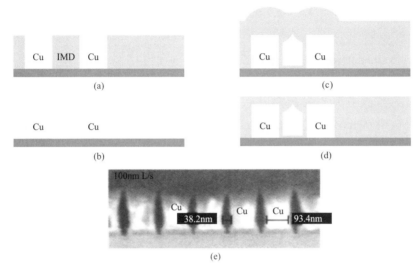

图 20.37 通过 nonconformal 化学气相沉积工艺形成气隙的工艺流程和实际结构截面[12]

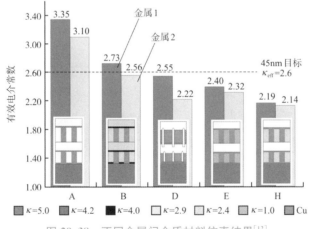

图 20.38 不同金属间介质材料仿真结果[12]

然而，在将气隙引入真正的 CMOS 量产芯片之前，还有许多工艺与可靠性问题需要解决。因此，首先实现气隙的地方不是布线最密集的 M1 层，而是布线密度较小的金属层。如图 20.39 所示，Intel 在 14nm 量产芯片技术中在 M4 和 M6 互连层引入了气隙技术来降低互连时延。

20.4.2 基于铜的新型互连集成技术

作为工业界广泛应用的金属材料之一，

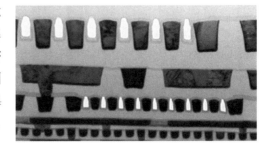

图 20.39 Intel 在 14nm 逻辑芯片技术中，在 M4 和 M6 互连层中应用气隙技术来降低有效 κ 值[13]

铜在芯片互连中同样保持了顽强的生命力。从 1997 年首次应用于互连结构至今,在过去的二十多年中铜始终保持先进互连结构中的绝对统治地位。在可预见的将来,铜仍将会是互连中最主要的金属导体。与此同时,新型的互连结构被逐渐引入传统的铜大马士革结构中,使芯片互连的整体性能得到不断提升。

铜互连的电阻主要由三部分构成,包括体电阻率、界面反射电阻率和晶界散射电阻率[14]。降低超窄铜互连中有效电阻率的一种方法是减少晶界处的电子散射,即增大纳米级互连中的铜晶粒尺寸。然而,在铜大马士革工艺中,铜金属线在线间电介质形成的沟槽中沉积和结晶。狭窄的沟槽限制了铜晶粒的生长,这意味着随着铜线宽度的减小,铜晶粒尺寸也减小,并且在晶界处更多的电子散射似乎是不可避免的。

然而,如果颠倒铜互连的大马士革集成工艺顺序,即首先沉积铜然后再刻蚀,那么初始铜晶粒尺寸将不受互连线宽的限制,从而可以增大铜晶粒尺寸和减少铜晶界处的电子散射。这条集成工艺路线的实施可行性很大程度上取决于铜干法刻蚀设备和工艺开发。铜干法刻蚀副产物通常是非挥发性的,这使得连续刻蚀工艺非常有挑战性。研究表明,44nm 线宽的铜互连可以通过直接干法刻蚀进行图案化,并实现相应的较低电阻率和良好的电迁移性能,如图 20.40 和图 20.41 所示。

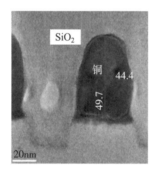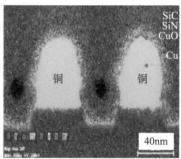

图 20.40　直接刻蚀的铜互连的 TEM 横截面和 EDS 映射[15]

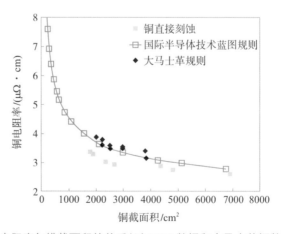

图 20.41　铜电阻率与横截面积的关系(以 ITRS 数据和大马士革铜数据为基准)[15]

20.4.3　非铜的互连材料

自然界中只有银具有比铜更低的电阻率。但是研究表明,在微观尺度下,铜的电阻率却并不是一直都能胜过除银以外的其他金属。如图 20.42 所示,当金属薄膜的厚度降到 10nm 以下,包括钼在内的多种金属都有相当甚至低于铜的电阻率。因此,开发基于其他金属的互连工艺也是一个重要的研究方向。

此外,碳纳米(碳纳米管、石墨烯等)技术也具有作为互连导体材料的潜力。其中,碳纳米管的自组装等特性尤其适合未来互连技术中的纳米级通孔结构。随着碳纳米技术的发展,碳纳米

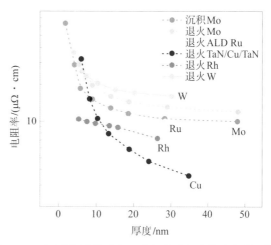

图 20.42　不同金属薄膜电阻率与薄膜厚度的变化曲线[16]

材料在大尺寸硅片上的生长或转移工艺逐渐成熟,未来有望应用于射频芯片等技术领域。

20.4.4　新型互连架构的开发

在未来芯片技术中,大马士革结构将继续承担主要的信号传输功能,但新型的互连架构的开发已经成为许多研究机构的开发重点。譬如,跨越多层互连层的高深宽比超级通孔能够简化互连的布线复杂度;而具有薄膜晶体管(thin-film transistors,TFT)器件的互连架构将能够使互连结构智能化,通过关闭不必要的芯片功能模块可以在算力和能耗之间进行更好的优化,极大地提高互连的功能性和降低互连结构的能耗(见图 20.43)。而将非易失性存储器件集成于互连结构中也是未来互连与存储技术互相融合的一个趋势。比如 Intel 最新的内存产品 Optane 128Gb XPoint 内存中,存储阵列介于 Metal 4 和 Metal 5 之间。

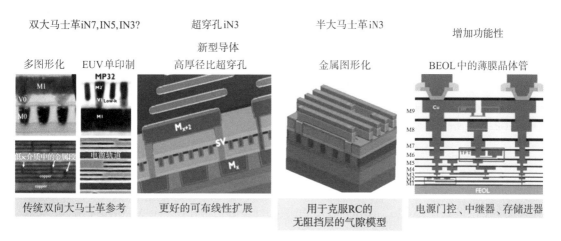

图 20.43　比利时微电子研究中心 IMEC 对芯片后段技术规划[17]

本章小结

金属互连是先进芯片制造流程中的关键技术之一,其性能已经成为限制芯片技术进一步演化的瓶颈。本章系统介绍了先进芯片互连技术中普遍采用的铜镶嵌(大马士革)工艺流程,包括单镶嵌工艺和双镶嵌工艺,并详细比较了双镶嵌工艺中的两种主流流程,即先通孔和先沟槽流程。除了铜互连技术外,本章还简要介绍了目前新型芯片互连导体材料的研究进展和对新型互连架构的展望。希望读者通过本章的学习,能够对铜互连技术中的典型材料和工艺流程有比较系统的了解,并能较好地掌握互连工艺对芯片互连可靠性的影响。

参考文献

[1] Smith R. Intel's 14nm technology in detail[EB/OL]. August 11,2014 12:45 pm. http://www. anandtech. com/show/8367/intels-14nm-technology-in-detail.

[2] Maex K, Baklanov M R, Shamiryan D, et al. Low dielectric constant materials for microelectronics[J]. Journal of Applied Physics,2003,93(11):8793-8841.

[3] 王增林. 化学镀铜技术的最新进展[C]. 第13届全国电子电镀学术年会暨绿色电子制造技术论坛论文集,2007.

[4] Zhao C,Tokei Z, Haider A, et al. Failure mechanisms of PVD Ta and ALD TaN barrier layers for Cu contact applications[J]. Microelectronic Engineering,2007,84(11):2669-2674.

[5] van der Veen, Marleen H, Jourdan N, et al. Barrier/liner stacks for scaling the Cu interconnect metallization[C]. Proceedings of IEEE International Interconnect Technology Conference,2016.

[6] 刘烈炜,郭沨,田炜,等. 酸性镀铜添加剂及其工艺的发展回顾[J]. 材料保护,2001,34(11):19-20.

[7] Nagy Z,Blaudeau J P, Hung N. C., et al. Chloride-ion catalysis of the copper deposition reaction[J]. Journal of The Electrochemical Society,1995,142(6):L87-L89.

[8] Bozzini B, Durzo L, Romanello V, et al. Electrodeposition of Cu from acidic sulfate solutions in the presence of bis-(3-sulfopropyl)-disulfide (SPS) and chloride ions[J]. Journal of the Electrochemical Society,2006,153(4):C254-C257.

[9] 金磊,杨家强,杨防祖,等. 芯片铜互连研究及进展[J]. 电化学,2020,26(4):521-530.

[10] Rosenberg R, Edelstein D C, Hu C K, et al. Copper metallization for high performance silicon technology[J]. Annual Review of Materials Science,2000,30(1):229-262.

[11] Qu Z, Zhao Q, Meng Y, et al. In-situ measurement of Cu film thickness during the CMP process by using eddy current method alone[J]. Microelectronic Engineering,2013,108:66-70.

[12] Hoofman R, Daamen R, Micheton J, et al. Alternatives to low-κ nanoporous ma-

terials：dielectric air-gap integration［J］. Solid State Technology，2006，49（8）：55-58.

［13］ Fischer K，Agostinelli M，Allen C，et al. Low-κ interconnect stack with multi-layer air gap and tri-metal-insulator-metal capacitors for 14nm high volume manu-facturing［C］. 2015 IEEE International Interconnect Technology Conference and 2015 IEEE Materials for Advanced Metallization Conference（IITC/MAM），2015.

［14］ Wu W，Brongersma S H，Hove M V，et al. Influence of surface and grain-bound-ary scattering on the resistivity of copper in reduced dimensions［J］. Applied Phys-ics Letters，2002，84（15）：2838-2840.

［15］ Wen L，Yamashita F，Tang B，et al. Direct Etched Cu characterization for Ad-vanced Interconnects［C］. 2015 IEEE International Interconnect Technology Con-ference and 2015 IEEE Materials for Advanced Metallization Conference（IITC/MAM），2015.

［16］ Founta V，Witters T，Mertens S，et al. Molybdenum as an alternative metal：thin film properties［C］. 2019 International Interconnect Technology Conference（IITC），2019.

［17］ Tokei Z. Scaling the BEOL-a toolbox filled with new processes，boosters and con-ductors［EB/OL］. February 8. 2020. https：//www. semiconductor-digest. com/scaling-the-beol-a-toolbox-filled-with-new-processes-boosters-and-conductors/.

思考题

1. 铜大马士革工艺有什么优势？具体可以分为哪几种？
2. 请简述不同铜大马士革工艺的流程。
3. 请简述 Ta/TaN 阻挡层的优点及其存在的问题和未来的发展方向。
4. 请简述电镀铜工艺的基本原理及添加不同添加剂的作用。
5. 籽晶层怎样影响电镀铜互连线？要做出结构很强的电镀层，应当选择薄的还是厚的籽晶层？
6. 请说明使用低介电质材料的作用。如何有效降低介电常数？难点是什么？
7. 请查阅相关材料，设计一种基于铜刻蚀技术的互连集成工艺路线，并讨论可能的技术问题。
8. 思考一下，如果碳纳米管成为未来互连结构中的通孔材料，哪些方面会成为碳纳米管通孔的工艺开发重点。
9. 互连工艺可靠性主要和哪些因素有关，具体表现是怎么样的？

致谢

本章内容承蒙丁扣宝、张亦舒、卑多慧等专家学者审阅并提出宝贵意见，作者在此表示衷心感谢。

作者简介

薛国标：浙江大学和普渡大学联合培养博士，从事集成电路制造领域半导体薄膜沉积和工艺集成研发工作。曾任浙江大学微纳电子学院新百人计划研究员，英特尔半导体研发工程师等。发表高影响因子论文 15 篇（他引次数＞450,h 因子 12）。曾作为英特尔第五代 3D NAND 产品研发中最重要的一步 CVD 工艺的负责人，成功实现业内第一台同类型设备的引进和试生产；曾作为 55nm CMOS 工艺集成负责人，两个月实现 SRAM 通线。

陈冰：浙江大学微纳电子学院副教授，先进集成电路制造技术研究所副所长。北京大学博士，美国密歇根大学博士后。长期从事新型存储器模型模拟、阵列电路设计优化及存算一体化器件及其应用方面的工作。发表期刊和会议论文 100 余篇，其中在集成电路器件领域最具权威的国际会议 IEDM 上发表论文 10 篇；在专业顶级期刊 IEEE EDL/TED 上发表论文 20 篇,获授权专利 30 余项。

李云龙：浙江大学求是特聘教授、博士生导师，国家级人才计划入选者。本科和硕士毕业于清华大学，博士毕业于比利时鲁汶大学(KUL)。曾在比利时微电子研究中心(IMEC)从事了 20 年芯片前沿领域的研发工作，涉及先进芯片工艺流程中的多个关键环节，在先进芯片互连工艺与可靠性、晶圆 3D 堆叠技术与可靠性、基于标准晶圆工艺和"芯粒"先进封装技术的特殊成像器件集成等领域有突出成绩,著有 100 余篇国际期刊和会议论文以及完成多项专利申请和授权。

第五篇 集成电路芯片制造实例

本篇详细介绍了一个单片机芯片的制造过程,包括晶圆片衬底制造、芯片设计、芯片制造、芯片封装和印刷电路板组装等主要步骤。其中,从晶圆原片到集成电路芯片晶粒的基本制造过程,在 14 章已经基本提及。本篇以一个基于嵌入式闪存工艺技术的单片机芯片晶粒制造过程为例,着重于在 14 章的基准逻辑工艺的基础上增加的部分。在单片机集成电路芯片中,数字电路和模拟电路组成主要器件类型,如逻辑电路器件、高压器件和闪存器件等。需要注意的是,在深埋 N 阱上制造高压器件和闪存器件可以提高其性能和稳定性。本篇还回答了一些与单片机芯片制造相关的问题,例如摩尔定律的终结、常见单元结构及其制造工艺流程等。通过本篇内容,读者可以深入了解集成电路芯片的制造过程,并对单片机芯片有更深入的了解。本篇内容对于从事电子工程、计算机科学等相关领域的专业人士以及对单片机芯片感兴趣的读者都有一定的参考价值。

第 21 章

集成电路芯片制造实例

（本章作者：陈一宁）

前面介绍了集成电路芯片制造的工艺流程，而从一捧沙子到集成了数十亿个甚至上百亿个晶体管的实际的集成电路芯片，不仅仅需要芯片制造工艺，而且大致要经过晶圆片衬底制造、芯片设计、芯片制造、芯片封装和印刷电路板组装这几个主要的步骤。

本章以一个单片机芯片为例，略过晶圆片衬底制造的过程，首先简单回顾前文并简单介绍一个单片机芯片晶粒的制造过程，接着讲述了将晶粒封装成芯片的工艺过程，以及将芯片组装到印刷电路板的组装工艺。

21.1　集成电路芯片制造实例分析

集成电路芯片制造厂商从芯片设计者处拿到图形数据（graphic database system file，GDS）描述语言文件，并且从晶圆原片生产者中采购了合适和足够数量的晶圆原片（也称衬底）后，就可以开始集成电路芯片晶粒的制造了。

从晶圆原片到集成电路芯片晶粒的基本制造过程，在 14 章已经基本提及。下面以 40nm 节点互补金属氧化物半导体（complementary metal oxide semiconductor，CMOS）工艺为例，介绍一个基于嵌入式闪存工艺技术的单片机芯片晶粒制造过程，着重于在第 14 章的基准逻辑工艺的基础上增加的部分。

21.1.1　深埋 N 阱（buried N well）

一个单片机集成电路芯片主要由数字电路和模拟电路组成，具体到器件类型，如图 21.1 所示，可以分为逻辑器件、高压器件和闪存器件。需要注意的是图 21.1 只是二维横截面的示意图，仅为方便读者了解单片机工艺用途，实际的情况要复杂得多。基于嵌入式闪存工艺技术的单片机芯片需要把高压器件和闪存器件与基准逻辑工艺的逻辑工艺做在同一块芯片内，类似于一个片上系统[1]。这需要高压器件和闪存器件的工艺最大限度地和基准逻辑工艺兼容，并且高压器件和闪存器件与基准逻辑工艺器件不能互相干扰。

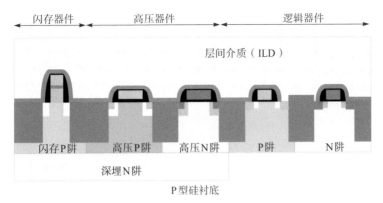

图 21.1　单片机芯片器件构成二维横截面示意图

比较常用的一个工艺手段是,将高压 P 型器件、高压 N 型器件和闪存器件都做在深埋 N 阱上,使这些器件与基准逻辑工艺器件互相隔离[2]。深埋 N 阱步骤在完成浅沟槽隔离(STI)之后(见图 21.2)。

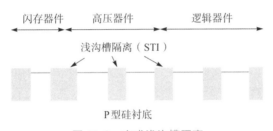

图 21.2　完成浅沟槽隔离

首先在完成浅沟槽隔离的 P 型硅衬底上,使用低压化学气相沉积(low pressure chemical vapor deposition,LPCVD)生长一层薄的氮化硅层,再使用传统化学气相沉积生长一层二氧化硅(见图 21.3)。这个氮化硅-二氧化硅层作用有两个:一是保护基准逻辑工艺器件部分不被所有深埋 N 阱器件制作工艺部分影响;二是作为深埋 N 阱离子注入步骤的光刻胶的基底材料[3]。

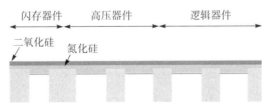

图 21.3　生长氮化硅-二氧化硅保护层

接下来,沉积光刻胶,使用一层深埋 N 阱掩模,使用光刻,曝光后使光刻胶图案化,只覆盖逻辑器件部分。以磷为材料,使用高能量高剂量的离子注入步骤在未被光刻胶覆盖的部分注入深埋 N 阱的离子,然后退火激活离子[4],形成深埋 N 阱,如图 21.4 所示。

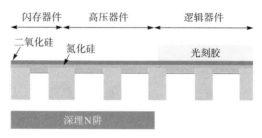

图 21.4 深埋 N 阱工艺

21.1.2 高压器件 P 阱

沉积光刻胶,使用一个高压 P 阱掩模,使用光刻,曝光后使光刻胶图案化,覆盖除了 N 型高压器件以外的所有区域。然后进行高压 P 阱的离子注入和退火激活,如图 21.5 所示。

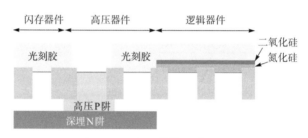

图 21.5 高压器件 P 阱工艺

21.1.3 高压器件 N 阱

沉积光刻胶,使用一个高压 N 阱掩模,使用光刻,曝光后使光刻胶图案化,覆盖除了 P 型高压器件以外的所有区域。然后进行高压 N 阱的离子注入和退火激活,如图 21.6 所示。

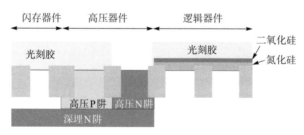

图 21.6 高压器件 N 阱工艺

21.1.4 闪存器件 P 阱

沉积光刻胶,使用一个闪存 P 阱掩模,使用光刻,曝光后使光刻胶图案化,覆盖除了 N 型高压器件以外的所有区域。然后进行高压 P 阱的离子注入和退火激活,如图 21.7 所示。

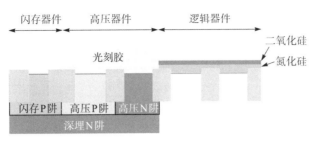

图 21.7　闪存器件 P 阱工艺

21.1.5　深埋 N 阱保护和基准逻辑器件制造

在深埋 N 阱上的闪存器件和高压器件中制作完毕后,原本用来保护逻辑器件区域的二氧化硅-氮化硅层已经由湿法和干法刻蚀去除,并沉积上栅极多晶硅,如图 21.8 所示。

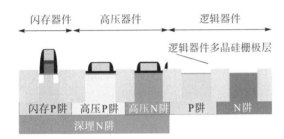

图 21.8　深埋 N 阱上的闪存器件和高压器件制作完毕

在进行深埋 N 阱器件保护之前,我们要先对 P 阱的逻辑器件进行预掺杂。这是为了减小 NMOS(N-metal-oxide-semiconductor)器件的栅极耗尽效应[5]。如图 21.9 所示,使用预掺杂掩模,通过光刻,图案化光刻胶,遮挡除了基准 NMOS 以外的所有器件。然后通过离子注入对 NMOS 栅极进行预掺杂。

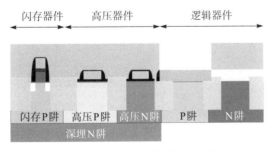

图 21.9　NMOS 逻辑器件栅极预掺杂

沉积一层厚的有机介质层,然后使用逻辑区掩模,通过光刻,覆盖除了逻辑器件区域以外的所有部分。这样在进行逻辑器件制作时的工艺步骤不会影响深埋 N 阱上的闪存和高压器件,如图 21.10 所示。

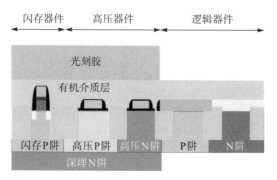

图 21.10 深埋 N 阱器件保护

通过逻辑器件栅极掩模,图案化栅极,进行逻辑器件栅极刻蚀,然后去除所有有机介质层和光刻胶,如图 21.11 所示。

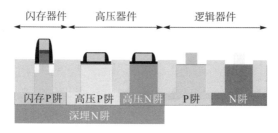

图 21.11 逻辑电路器件栅极形成

接下来进行常规的基准逻辑器件的低掺杂源漏极离子注入和激活、侧边间隔形成、源漏极离子注入和激活、硅化物形成,以及层间介质(inter-layer dielectric,ILD)沉积等步骤,如图 21.11 所示。然后就是标准 CMOS 后端金属化互连的步骤,此处不再赘述。

在晶圆片的所有晶粒上的全部器件制作完成后,效果大致如图 21.12 所示。

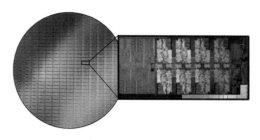

图 21.12 芯片晶粒制造完成后的晶圆片示例

21.2 集成电路芯片的封装和测试

在 21.1 节中提到,集成电路芯片制造厂商负责将晶圆原片制造成成品晶圆片,成品晶圆片包含了许多个晶粒裸片。集成电路芯片封装是芯片制造的最后阶段,其中晶粒裸片块被封装在支撑壳中,以防止物理损坏和腐蚀。这种称为"封装"的外壳支撑着将器件连接到电路板的电触点。通常意义上,晶粒裸片在经历了封装和之后的测试后,才被称为"芯片"。

封装对于芯片来说是必需的,也是至关重要的。封装也可以说是指安装芯片用的外壳,它不仅起着保护芯片和增强导热性能的作用,而且还起着沟通芯片内部世界与外部电路的桥梁和规范功能的作用。

21.2.1　封装的定义

所谓"封装技术"是一种将集成电路用绝缘的塑料或陶瓷材料打包的技术。以中央处理器(central processing unit,CPU)为例,我们实际看到的体积和外观并不是真正的CPU内核的大小和面貌,而是CPU内核等元件经过封装后的产品。因为芯片必须与外界隔离,以防止因空气中的杂质对芯片电路的腐蚀而造成电气性能下降。同时,封装后的芯片也更便于安装和运输。由于封装技术的好坏还直接影响到芯片自身性能的发挥和与之连接的印制电路板(printed circuit board,PCB)的设计和制造,其重要性不言而喻。封装在处理和安装到印刷电路上的过程中及以后的运输和具体应用中应保护芯片免受机械应力(振动、从高处坠落)、环境应力(如湿度和污染物)和静电放电(electrostatic discharge,ESD)的影响。此外,封装是芯片用于电气测试、老化测试和下一级互连的机械接口。封装还必须满足芯片的各种性能要求,包括物理、机械、电气和热学要求。封装必须符合质量和可靠性规范,以及成为最终产品的具有成本效益的解决方案。封装通常由集成电路芯片制造商交给单独的外包半导体组装和测试商(outsourced semiconductor assembly and testing,OSAT)完成,也有些集成电路芯片制造商选择自己完成。由于对比于芯片设计和制造环节,封装工艺相对简单,其曾经被认为是芯片制造中非关键的一个部分。现在封装技术在各个层面都必不可少。

常见的封装工艺分为三种:基于铅框架塑料封装、塑料球栅阵列(ball grid array,BGA)封装、密闭封装[5],如图 21.13 所示。无论是何种封装工艺,在将晶圆片上的晶粒进行封装之前,都需要进行晶粒准备。

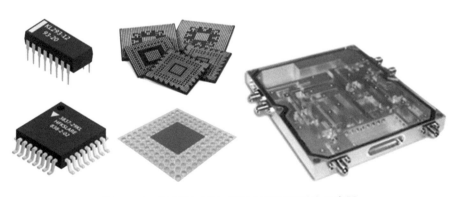

图 21.13　铅框架、BGA、密封封装工艺对比示意图

晶粒准备工艺是集成电路芯片封装工艺的前置过程,对于所有的芯片封装工艺流程都是通用的。它包括两个主要步骤:晶圆片安置和晶圆片锯切。晶圆片安置是将晶圆片安装在与环相连的塑料带上的过程。此步骤是提供支持以协助从晶圆片上将晶粒裸片切割下来,并贴附在背带上的晶圆片处理过程。晶圆片安置是在晶圆被切割成单个晶粒裸片之前完成的。在晶圆安装过程中,晶圆框架和晶圆片被贴在切割胶带上。晶圆框架可以由任何材料制成,只要它耐热、耐腐蚀、耐弯曲和翘曲即可。切割胶带或晶圆片薄膜可以是一面带有黏合剂的聚氯乙烯材料,用于将晶圆片和晶圆框架固定在一起。在晶圆片安置机内,晶圆安置过程从框架装载开始,接着是晶圆片装载,然后将胶带贴在晶圆片和晶圆框架上。之后的步骤是切掉多余的胶带,最后卸载已安装的晶圆片。在晶圆安置过程中应非常小心,以防止晶圆破裂、破损、气泡捕获、划痕和胶带起皱。晶圆片锯切是使用机械锯或激光将晶圆片切割成单个晶粒裸片的过程。这是集成电路封装和测试前的必要步骤。晶圆片锯切包括以下步骤:将安装在框架上的晶圆片定位以进行切割;然后使用高速旋转的金刚石砂轮根据客户所需的厚度和尺寸切割晶圆片;最后清洁晶圆片,通过高转速旋转晶圆片使晶圆片干燥,再吹干。晶圆片锯切设备由自动化搬运设备、锯片和图像识别系统组成。图像识别系统映射晶圆片表面以识别要切割的区域,称为锯道。通常在锯切过程中,在晶片上使用去离子水洗去颗粒(硅粉尘),并在切割过程中起润滑作用。晶粒准备工艺完成后,进入晶粒封装工艺。鉴于 BGA 和密闭封装的工艺步骤和基于铅框架塑料封装类似(这两种封装的工艺基本步骤见图 21.14),此处着重介绍基于铅框架后塑料封装工艺。

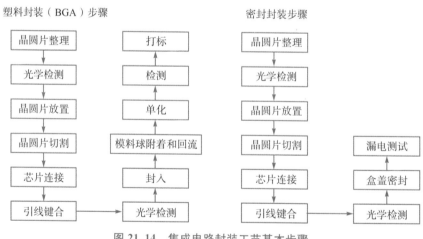

图 21.14　集成电路封装工艺基本步骤

21.2.2　塑料封装工艺(基于铅框架)

1.芯片连接

首先将晶圆片经过整理、光学检测、放置并切割成一块块芯片,接下来就可以进行芯片连接了。芯片连接提供硅芯片和基板之间的机械支撑,即铜框架或者塑料、陶瓷基板。管芯附着对器件的热性能和某些应用的电气性能也很关键。芯片连接贴装设备被配置为可以同时处理传入的晶圆和基板。运用设备中的图像识别系统识别要从晶圆背衬/安装胶带上移除的单个芯片,同时将芯片附着材料以受控的数量分配到基板上。非刺穿针有助于分离单个芯片,以便由芯片连接器拾取头的夹头拾取。最后,芯片在基板上以正确的方向和位置对齐。

环氧树脂和氰酸酯树脂是两种常见的用作芯片和引线框架之间芯片连接附着剂聚合物类型。根据铅框架设计,附着剂材料可能直接与铜、镀银或镀钯通过黏附相结合。芯片贴装材料中会填充微小银颗粒以提高散热性能。附着剂材料以受控量从注射器中分配。这些材料有明确的保质期,因此在制造环境中处理时必须遵循推荐的指南。放置芯片后,芯片附着物被固化;典型的固化温度在 125～175℃ 范围内。一些功率器件芯片的封装使用软焊料作为管芯和铜框架之间的管芯附着材料。这些材料以铅锡为基础,与聚合物芯片连接附着材料相比,可提供更为出色的机械结合和散热性能。需要使用晶圆背面金属来形成焊料和晶圆之间的结合,在界面之间形成金属间层(分别是在焊料和晶片背金属之间以及焊料和铜框架之间),以提供芯片连接所需的机械强度。焊料芯片连接中使用的温度范围为 260～345℃(根据所使用的焊料而定),焊片贴装设备以线或带的形式将焊料分配到铜框架上。

2. 引线键合

引线键合是提供一种从集成电路芯片器件到基板的电气连接/铜框架的最常见的方法[6]。引线键合工艺达到高吞吐量,是在成本上可以接受的基础。高速引线键合设备中有将基板/铜框架送入工件的处理系统区域。图像识别系统确保模具定向匹配特定设备的绑定图,引线一次黏合一根线。

如图 21.15 所示,引线键合的具体过程如下:使用金线和铜线作为引线,这些引线通过陶瓷毛细管送入。再通过温度和超声波能量的组合形成金属丝焊。对于每个互连,形成两个键合,一个在管芯,另一个在框架/基板上。第一个键合的形成是通过电熄火(electric flame off,EFO)形成金属焊球,然后将之放置在直接接触芯片的焊盘开口,在负载下(键合力)和超声波能量下在几毫秒内(称为键合时间)就能在铝键合焊盘金属处形成球键合,形成 Au-Al 金属间化合物层,从而在芯片的焊盘上进行连接。将线提起以形成环,并将其与铜框架/基板的所需键合面积接触形成楔形接合。这里需要控制的关键工艺参数包括黏合温度、超声波能量、键合力和时间,这些都需要精密的控制以形成具有一定可靠性的铜框架/基板连接。第一次键合时的球键合可靠性和第二次楔形键合对芯片或基板/铜框架的任何移动都非常敏感。所以在引线键合操作中,芯片和基板/铜框架必须保持稳定。关于可靠性的下一个主要问题是脆性金属间化合物(比如 $AuAl_2$)的形成。金元素和铝元素的金属间化合物的形成有 5 个不同的阶段(Au_5Al_2、Au_2Al、$AuAl_2$、$AuAl$ 和 Au_4Al),温度是决定金铝化合物相变的最终形态的关键。所以如果键合是在高温(350℃)下加热 5 小时,它将形成脆性的 Au—Al 键并形成空隙,这将导致器件故障。我们希望形成具有可靠键合的化合物,如 Au_5Al_2 和 Au_2Al,所以一般采用超声波形成铝线键合,应用超声波能量形成楔形键,这样能防止热量从铝线扩散到焊盘中。

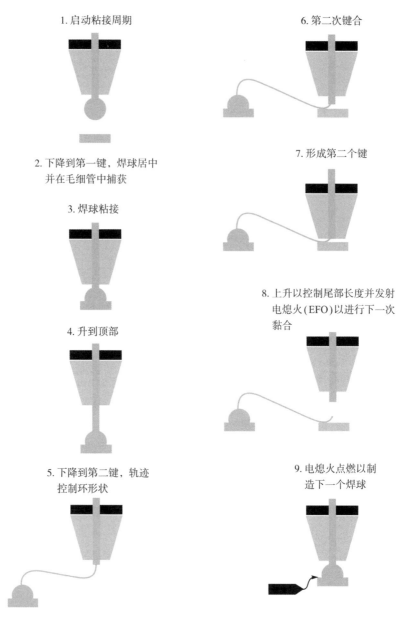

1. 启动粘接周期

6. 第二次键合

2. 下降到第一键，焊球居中
并在毛细管中捕获

7. 形成第二个键

3. 焊球粘接

8. 上升以控制尾部长度并发射
电熄火(EFO)以进行下一次
黏合

4. 升到顶部

5. 下降到第二键，轨迹
控制环形状

9. 电熄火点燃以制
造下一个焊球

图 21.15　引线键合的步骤

3. 成型

　　模塑料在机械和环境方面保护设备免受外部环境的影响。通常情况下，传递成型工艺用于封装大多数塑料包装。该过程涉及粒状模塑料的液化和转移，液化导致低黏度，使之容易流入模腔并完全封装器件的材料。粒状模塑料转移后不久进入模腔，固化反应开始，模塑料的黏度增加，直到树脂系统变硬。进一步的固化循环发生在外面模具，以确保模具化合物完全固化。优化工艺参数以确保完全填充模具型腔和消除模具中的空隙化合物。模具工艺的另一个关键是设计模具工具。流道和闸门的设计使流动的模具化合物进入模腔是完整的，没有空洞的形成。根据线间距，进一步优化模具工艺以防止可能的电气故障。受控的工艺参数是传输速率、温度和压力。这里的主要工艺参数是温度和时间，这些决定了最终的固化形貌，并决定了最终性能，从而影响模制封装的可靠性。

4. 去毛刺

去毛刺工艺去除可能会因成型工艺而堆积在引线框架上的多余的模具化合物。去毛刺用小颗粒介质轰击包装表面玻璃颗粒，用以准备用于电镀的引线框架和用于标记的模具化合物。铅饰面引线涂层允许封装和印刷电路板之间的机械和电气连接。基于引线框架的封装最常使用锡铅焊锡电镀作为最终的铅饰面，也可提供镍钯饰面。在电镀过程中，引线框条需通过预处理、冲洗、电镀、干燥和检查等一系列步骤。此过程中需要仔细监控一系列化学成分和电镀参数，例如电压、电流密度、温度和时间。最终成品的质量参数由外貌、可焊性、成分和厚度来评价。

5. 修剪和形成

修剪和形成是将引线框与铅引线框条单独分开。首先，该过程包括去除电隔离引线的阻隔板。其次，引线被放置在工具中，切割并机械成型为指定的形状（比如 J 形弯曲）。单个芯片从引线框条中分离出来，检查引线共面性，并将其放置在托盘或引管中。引线成型工艺对于实现表面贴装工艺所需的引线共面至关重要。不可忽略的一点是，修剪工具的定时清洗和维护对于确保质量同样必不可少。

6. 打标

最后，将生产商或者产品的标记打在封装好的芯片上。标记允许产品差异化，一般使用墨水或激光方法在封装好的芯片上打标记。其中，激光打标在许多产品中是首选，因为其有更高的吞吐量和分辨率。

21.2.3　先进封装工艺

先进封装工艺技术是后摩尔时代的集成电路芯片工艺的一大技术亮点。理论上来说，当芯片在每个工艺节点上缩小越来越困难，也越来越昂贵之际，如果我们有办法将多个芯片放入先进的封装中，就不必再费力缩小芯片了（当然缩小芯片尺寸也同样重要）。下面对下一代先进芯片封装工艺做简要概述。

1. 2.5D 封装

2.5D 封装是传统 2D 集成电路封装技术的进步，可实现更精细的线路与空间利用。在 2.5D 封装中，裸片堆叠或并排放置在具有硅通孔（through silicon via，TSV）的中介层顶部。其底座，即中介层，可提供芯片之间的互连。

2.5D 封装通常用于高端专用集成电路（application specific integrated circuit，ASIC）、现场可编程逻辑门阵列（field programmable gate array，FPGA）、图形处理器（graphics processing unit，GPU）和内存立方体。2008 年，赛灵思（Xilinx）公司将其大型 FPGA 划分为四个良率更高的较小芯片，并将这些芯片连接到硅中介层。2.5D 封装由此诞生，并最终广泛用于高带宽内存（high bandwidth memory，HBM）处理器集成。

"2.5D"起源于带有硅通孔（TSV）的3D封装在当时还很新并且仍然非常困难。芯片设计人员意识到3D集成的许多优势可以通过将晶粒裸片并排放置在中介层上而不是垂直堆叠来实现。如果间距非常小且互连非常短，则可以将组件封装为单个组件，与类似的2D电路板组件相比，该组件具有更好的尺寸、重量和功率特性。这种集成被戏称为"2.5D"。现在看来，2.5D已被证明远不止是3D封装的一个过渡技术，它具有一些好处：中介层可以支持异构集成，即不同间距、尺寸、材料和工艺节点的裸片的集成；将裸片并排放置而不是堆叠可减少热量积聚；升级或修改2.5D封装的组件就像更换新组件和改造中介层一样简单，这比返工整个3D封装或者片上系统（system on chip，SoC）更快、更简单。一个典型的2.5D封装如图21.16所示。

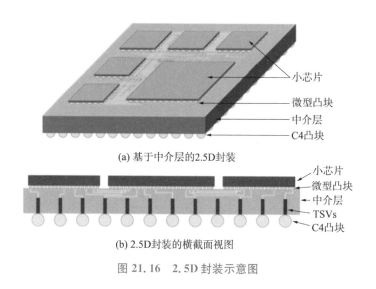

(a) 基于中介层的2.5D封装

(b) 2.5D封装的横截面视图

图 21.16　2.5D 封装示意图

2. 3D 封装

3D封装是指一种3D集成方案，它可以依赖于传统的互连方法，例如引线键合和倒装芯片，以实现垂直堆叠[3]。广义的3D封装可以包括3D系统级封装（system in package，SiP）、3D晶圆级封装（wafer level package，WLP）、与引线键合互连的堆叠存储器芯片封装以及与引线键合或倒装芯片互连的封装上封装（package on package，PoP）。

最常见的3D封装是3D堆栈封装，指的是使用TSV互连堆叠集成电路芯片。硅通孔技术是2.5D和3D IC封装中的关键技术。集成电路产业一直使用主机内存缓冲器（host memory buffer，HMB）技术生产3D封装的动态随机存储器（dynamic random access memory，DRAM）芯片。

在3D集成电路芯片封装中，逻辑裸片堆叠在一起或与存储裸片堆叠在一起，无须构建大型的SoC片上系统。裸片之间通过有源中介层连接。2.5D IC封装是通过导电凸块或TSV将元件堆叠在中介层上，3D封装则是将多层硅晶圆与采用TSV的元件连接在一起。2.5D封装和3D封装两者的比较如图21.17所示。

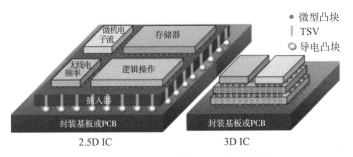

图 21.17　2.5D 封装和 3D 封装比较

3. 小芯片(chiplet)

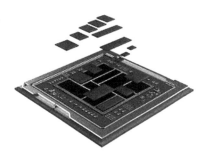

小芯片是 3D 封装的另一种形式,可以实现 CMOS 器件与非 CMOS 器件的异构集成。换句话说,它们是封装中的多个较小的 SoC,也叫作小芯片,而不是一个大的 SoC。如图 21.18 所示,未来的芯片库中有一系列模块化芯片,可以采用两个或者多个小芯片通过 3D 封装互连技术来做集成。将大型 SoC 分解为较小的小芯片,与单颗芯片相比具有更高的良率和更低的成本。小芯片使设计人员可以充分利用各种 IP,而不用考虑采用何种工艺节点以及采用何种技术制造。他们可以采用多种材料,包括硅、玻璃和层压板,来制造芯片。

图 21.18　基于小芯片的系统是由中介层上的多个小芯片组成的

21.3　印刷电路板组装工艺

经历过封装和测试后的芯片虽然在理论上可以使用了,但是在实际生活中,一个集成电路产品往往需要许多颗芯片组装在印刷电路板(PCB)上一起发挥复杂的功能。一个或多个集成电路芯片以及其他组件和连接器安装在印刷电路板上,并与细铜带连接以满足应用需求[7]。印刷电路板的一个非常常见的用途是作为计算机和手机的主板。

图 21.19 显示了一个手机的内部结构,可以看见,组成手机核心结构主板的印刷电路板上组装了数粒芯片,每粒芯片既有各自的功能也能相互传递信息。将芯片安装到印刷电路板上的工艺被称为印刷电路板组装工艺。裸板上的铜线被称为走线,将连接器和芯片组件相互连接起来。它们在这些功能之间运行信号,允许印刷电路板以专门设计的方式运行。这些功能从简单到复杂不等。

那么这些组装好的印刷电路板究竟是如何制造的呢?印刷电路板组装是一个简单的过程,由几个自动和手动步骤组成。流程的每一步,电路板制造商都有手动和自动选项可以选择。为了帮助读者从头到尾更好地了解印刷电路板组装工艺流程,我们在下面详细解释了每个步骤。

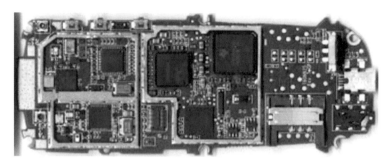

图 21.19　印刷电路板

21.3.1　印刷电路板的结构和类型

印刷电路板组装工艺总是从印刷电路板的最基本单元——基底开始的。基底由四层材料组成，每一层在最终印刷电路板的功能中都扮演着重要的角色。

1. 基底层的组成

1）基板

这是印刷电路板的基础材料，它使印刷电路板具有刚性。

2）铜

印刷电路板的每个功能面都添加了一层薄薄的导电铜箔——如果是单面印刷电路板，则在一侧；如果是双面印刷电路板，则在两侧。这是铜走线层。

3）阻焊层

铜层顶部是阻焊层，它赋予每块印刷电路板特有的绿色。它隔绝了铜走线与导电材料接触，防止短路。换句话说，焊料将所有组件保持在原位。阻焊层中的孔是使用焊料将组件连接到电路板上的地方。阻焊层是印刷电路板组装工艺顺利制造的关键步骤，因为它可以防止在不需要的部件上发生焊接，避免短路。

4）丝印

白色丝印是印刷电路板板上的最后一层。该层以字符和符号的形式在印刷电路板上添加标签。这有助于提示印刷电路板板上每个组件的功能。

2. 印刷电路板的类型

印刷电路板的类型主要有 3 种。

1）刚性印刷电路板

最常见的印刷电路板基板类型是刚性基板，占印刷电路板组装工艺的大部分。刚性印刷电路板的实心核心赋于电路板刚度和厚度。这些不易弯折叠的印刷电路板底座由几种不同的材料组成。最常见的是玻璃纤维，也称为"FR4"（耐燃材料等级的代号）。较便宜的印刷电路板由环氧树脂或酚醛树脂等材料制成，但它们的耐用性不如 FR4。

2）柔性印刷电路板

柔性印刷电路板具有比刚性印刷电路板更高的柔韧性。这些印刷电路板的材料往往是可弯曲的高温塑料，如 Kapton 聚酰亚胺。

3) 金属芯印刷电路板

这些板是典型 FR4 板的另一种替代品。这些板由金属芯制成,比其他板更容易散热。这有助于散热并保护对热更敏感的电路板组件。

21.3.2　现代印刷电路板组装工艺

行业流行的组装技术有两种。

1. 表面贴装技术

有些非常小的敏感元件,例如电阻器或二极管,会自动放置在电路板表面上。以这种方式安装的电子元件称为表面贴装器件(surface-mount device,SMD),如图 21.20 所示。

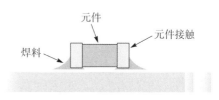

图 21.20　表面贴装技术

2. 通孔技术

适用于带有引线或导线的组件,这些组件必须通过将它们插入板上的孔来安装在板上。额外的引线部分必须焊接在电路板的另一侧,如图 21.21 所示。该技术应用于包含要组装的电容器、线圈等大型组件的印刷电路板组件[8]。

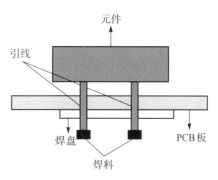

图 21.21　通孔技术

21.3.3　实际印刷电路板组装工艺步骤

1. 焊膏模板

印刷电路板组装的第一步是在板上涂上焊膏。这个过程就像对衬衫进行丝网印刷,不同的是,在印刷电路板上放置的不是掩模版,而是一个薄的不锈钢模板。这允许组装人员仅将焊膏涂在预期印刷电路板的某些部分。这些部件是组件将位于成品印刷电路板的位置。焊膏本身是一种灰色物质,由微小的金属球组成,也称为焊料。这些微小金属球的成分是 96.5% 的锡、3% 的银和 0.5% 的铜。焊膏将焊料与助焊剂混合,助焊剂是一种化学物质,可帮助焊料熔化并黏合到电路板表面。焊膏显示为灰色焊膏,必须在正确的位置以正确的量涂抹在板上。在专业的印刷电路板组装工艺生产线中,机械夹具将印刷电路板和焊接模板固定到位,涂抹器将焊膏以精确的量放置在预期区域。然后机器将糊状焊膏涂抹在模板上,并均匀地涂抹在每个开放区域。移除模板后,焊膏保留在预定位置。

2. 取放

将焊膏涂到印刷电路板上后,印刷电路板组装工艺线转移到贴片机上。自动机器设备将表面贴装元件或表面贴装器件(SMD)放置在准备好的印刷电路板上。当今印刷电路板上非连接器组件中,大多都属于 SMD。然后在下一步的印刷电路板组装工艺中将这些 SMD 焊接到电路板的表面上。传统的工艺中,这是使用一对镊子完成的手动过程,组装人员必须手动拾取和放置组件。如今自动机器臂取代了人手,并且比人手更精确、更一致。拾放过程中,该设备通过拿起带有真空夹具的印刷电路板并将其移动到拾放站,在此之后,自动机器臂将印刷电路板定位在工作站上,并开始将表面组装技术(SMT)应用到印刷电路板表面。这些元件放置在预编程位置的焊膏顶部。

3. 回流焊接

一旦焊膏和表面贴装元件全部就位,它们就需要留在那里。这意味着焊膏需要固化,将元件黏附到电路板上。印刷电路板组装通过称为"回流"的过程来完成。取放过程结束后,印刷电路板被转移到传送带上。这条传送带穿过一个大型回流炉。这个像大型烤箱一样的回流炉由一系列加热器组成,这些加热器逐渐将电路板加热到 250℃ 左右,这足够熔化焊膏中的焊料。

当焊料熔化以后,印刷电路板将继续在回流炉中移动。它通过一系列冷却器加热器,使熔化的焊料以受控方式冷却和固化。这会创建一个永久性焊点,将 SMD 连接到印刷电路板。许多印刷电路板组装工艺在回流过程中需要特殊处理,尤其是双面印刷电路板组装。双面印刷电路板组装需要分别对每一面进行模板印刷和回流。首先对零件较少和较小的一面进行模板印刷、放置和回流,然后是另一面。

4. 检验和质量控制

表面贴装元件在回流过程后焊接到位并不代表印刷电路板组装工艺完成。组装板还需要进行功能测试。通常,回流过程中的移动会导致连接质量差或完全没有连接,造成开路。放错位置的组件有时会连接不应连接的电路部分,造成短路。

检查这些错误和未对准情况可能涉及几种不同的检查方法。最常见的检查方法包括:

1) 人工检查

尽管自动化和智能制造的发展趋势即将到来,但在印刷电路板组装过程中仍然依赖人工检查。对于小批量,设计人员目视检查是确保回流工艺后印刷电路板质量的有效方法。然而,随着检查的电路板数量的增加,这种方法变得越来越不切实际和不准确。观察如此小的组件超过一个小时会导致光学疲劳,从而导致检查不准确。

2) 自动光学检测

自动光学检测是更适合大批量印刷电路板组装工艺的检测方法。自动光学检测机(automated optical inspection,AOI)使用一系列高功率相机来"看"印刷电路板。这些摄像头以不同的角度排列以查看焊接连接。不同质量的焊料连接以不同的方式反射光,使 AOI 能够识别质量较低的焊料。AOI 以非常高的速度执行此操作,使其能够在相对较短的时间内处理大量印刷电路板[9]。

3) X 射线检查

另一种检查方法涉及 X 射线。这是一种不太常见的检查方法——它最常用于更复杂或分层的印刷电路板。X 射线允许观察者看穿层并可视化较低层以识别任何潜在的隐藏问题。

故障板将会被送回清除和返工或报废。无论检查是否发现这些错误,该过程的下一步都是测试零件以确保它完成它应该做的事情。这涉及测试印刷电路板连接的质量。对需要编程或校准的电路板,要用更多步骤来测试其正确的功能。此类检查可在回流工艺后定期进行,以识别潜在问题。这些定期检查可以确保尽快发现并修复错误,这有助于制造商和设计人员节省时间、劳动力和材料。

5. 插入通孔元件

根据印刷电路板组装工艺下的电路板类型,电路板可能包含除通常 SMD 之外的各种组件,包括电镀通孔(plating through hole,PTH)组件或通孔直插式元件组件。

电镀通孔组件是印刷电路板上的一个孔,它一直电镀穿过电路板。印刷电路板上的组件使用这些孔将信号从电路板的一侧传递到另一侧。在这种组件存在的情况下,有可能会对焊膏产生影响,因为焊膏会直接穿过孔而没有机会黏附。

PTH 元件不使用焊膏,而是在后期的印刷电路板组装过程中需要一种更专业的焊接方法,即手动焊接或波峰焊接。手动焊接插入通孔是一个简单的过程。通常,单个工作站的一名人员负责将一个组件插入指定的 PTH。完成后,电路板被转移到下一个工位,在那里另一个人正在插入不同的组件。对于需要装备的每个 PTH,循环继续。这可能是一个漫长的过程,具体取决于在印刷电路板组装工艺的一个周期内需要插入多少PTH 组件。大多数公司为此特别尝试避免使用 PTH 组件进行设计,但 PTH 组件在印刷电路板设计中仍然很常见。波峰焊是手动焊接的自动化版本,但涉及一个非常不同的过程。一旦 PTH 组件就位,电路板就会被放到另一个传送带上。传送带穿过一个专门的烤箱,在那里一波熔化的焊料会冲刷板的底部。这一次焊接了电路板底部的所有引脚。这种焊接对于双面印刷电路板几乎是不可能的,因为焊接整个印刷电路板那一侧会使任何精密的电子元件失去作用。在此焊接过程完成后,印刷电路板可以继续进行最终检查,或者如果印刷电路板需要添加额外零件或另一面组装,则可以执行前面的步骤。

6. 最终检查和功能测试

在印刷电路板组装工艺的焊接步骤完成后,最终检查将测试印刷电路板的功能。这种检查被称为"功能测试"。该测试使印刷电路板经受住了考验,模拟了印刷电路板运行的正常环境。在此测试中,电源和模拟信号通过印刷电路板,同时测试人员监视印刷电路板的电气特性。如果这些特性中的任何一个,包括电压、电流或信号输出,显示出不可接受的波动或超出预定范围的峰值,则印刷电路板测试失败。然后可以回收或报废故障印刷电路板,这取决于具体的接受标准。测试是印刷电路板组装过程中最后也是最重要的一步,因为它决定了过程的成败。这种测试也是在整个组装过程中定期测试和检查如此重要的原因。

7. 组装工艺的后清洗

印刷电路板组装过程中,焊膏会留下一定量的助焊剂,而人工操作可能会将手指和衣服上的油和污垢转移到印刷电路板表面。全部完成后,可能看起来有点暗淡,这既是美观问题,也是实际问题[10]。

在印刷电路板上停留数月后,助焊剂残留物开始散发出气味并发黏。它也会变酸,随着时间的推移会损坏焊点。此外,当新印刷电路板的出货量被残留物和指纹覆盖时,客户满意度往往会受到影响。由于这些原因,在完成所有焊接步骤后清洗产品很重要。

使用去离子水的不锈钢高压清洗设备是去除印刷电路板残留物的最佳工具。在去离子水中清洗印刷电路板不会对器件构成威胁。这是因为对电路造成损坏的是普通水中的离子,而不是水本身。因此,去离子水对印刷电路板进行循环洗涤时无害。清洗后,使用压缩空气进行快速循环干燥,使成品印刷电路板为包装和运输做好准备。

本章小结

本章以一个单片机芯片为例,介绍了芯片晶粒的制造过程,讲述了将晶粒封装成芯片的工艺过程,以及将芯片组装到印刷电路板的组装工艺。

参考文献

[1] Rigo S, Azevedo R, Santos L. Electronic System Level Design[M]. Dordrecht: Springer, 2011.

[2] Singh D, Chandel R. Register-Transfer-Level Design for Application-Specific Integrated Circuits[M]. Singapore: Springer, 2020.

[3] Khan M U, Xing Y, Ye Y, et al. Photonic integrated circuit design in a foundry+fabless ecosystem[J]. IEEE Journal of Selected Topics in Quantum Electronics, 2019, 25(5): 1-14.

[4] Borland J O. Low temperature activation of ion implanted dopants: a review[C]. Extended Abstracts of the Third International Workshop on Junction Technology, 2002.

[5] Liu Y. Power Electronic Packaging: Design, Assembly Process, Reliability and Modeling [M]. Springer Science & Business Media, 2012.

[6] Pak J S, Kim J, Cho J, et al. PDN impedance modeling and analysis of 3D TSV IC by using proposed P/G TSV array model based on separated P/G TSV and chip-PDN models[J]. IEEE Transactions on Components, Packaging and Manufacturing Technology, 2011, 1(2): 208-219.

[7] Jillek W, Yung W K C. Embedded components in printed circuit boards: a processing technology review[J]. International Journal of Advanced Manufacturing Technology, 2005, 25: 350-360.

[8] Hirafune S, Yamamoto S, Wada H, et al. Packaging technology for imager using through-hole interconnections in Si substrate[C]. Proceedings of the Sixth IEEE CPMT Conference on High Density Microsystem Design and Packaging and Component Failure Analysis (HDP'04), 2004.

[9] Moganti M, Ercal F, Cihan H. Dagli, shou tsunekawa, automatic PCB inspection algorithms: a survey[J]. Computer Vision and Image Understanding, 1996, 63(2): 287-313.

[10] He X, Zhou L, Shen J. A study for a typical leakage failure of PCBA with no-cleaning process[C]. 2016 17th International Conference on Electronic Packaging Technology (ICEPT), 2016.

思考题

1.请思考为什么要将闪存器件和高压器件做在深埋 N 阱上,而逻辑器件不这么做。

2.请列举几种常见的单元结构,并描述其制造工艺流程。

3.在进行深埋 N 阱器件保护之前,我们通常先对 P 阱的逻辑器件进行预掺杂,请描述这个步骤的作用。

4.在基于嵌入式闪存工艺技术的单片机芯片晶粒制造过程中,哪些步骤对芯片良率的影响最大?

5.请简述集成电路芯片封装的作用。

6.引线键合工艺中主要的影响参数有哪些?

7.怎样避免键合过程中脆性金属间化合物的产生?

8.3D 封装与传统封装相比它的优势是什么?

9.印刷电路板基底分为哪几层? 各自的功能是什么?

10.对于小型敏感元件电阻器或二极管,应采用何种组装技术?

11.请简述印刷电路板组装的七个工艺步骤。

12.焊膏的组成成分是什么? 如何创建永久性焊点?

13.为什么 PTH 元件不使用焊膏焊接? 如何焊接 PTH 元件?

14.为什么用去离子水清洗印刷电路板不会对设备构成威胁?

致谢

本章内容承蒙丁扣宝、彭蠡、崔元正及唐德明等专家学者审阅并提出宝贵意见,作者在此表示衷心感谢。

作者简介

陈一宁:新加坡南洋理工大学博士,浙江大学微纳电子学院特聘研究员。从事超大规模集成电路相关的电子器件大数据研究和开发工作,在 *Applied Physics Letters*, *IEEE Transactions on Electron Devices* 等期刊发表论文多篇。主导开发多个大生产工艺项目,如 65/55 纳米和 45/40 纳米节点 CMOS 低功耗逻辑工艺优化和良率提升,Smart Analysis 全套芯片良率大数据解决方案等。

第 22 章

集成电路芯片的应用场景及未来发展

（本章作者：陈一宁）

经过设计、制造、封装并且组装在印刷电路板上的集成电路芯片成品就可以实际工作了。随着芯片的广泛应用，芯片的发展遵循着摩尔定律不断发展，尽管摩尔定律将达到物理极限，但集成电路制造领域的技术仍将继续进步，包括新的芯片架构、材料体系、量子计算等。

本章介绍集成电路芯片的应用实例，论述摩尔定律的终结问题，并介绍未来的纳米电子器件及 450mm 直径晶圆片等集成电路制造的新领域。

22.1 芯片产品应用场景

本节以单片机（MCU）成品芯片为例介绍集成电路芯片的基本模块部分来解释它如何实际工作。

如图 22.1 所示，一个典型的单片机（MCU）成品芯片基本上包括中央处理器（CPU）、内存、时钟电路和外围电路(包括输入/输出端口、模拟数字转换器 ADC、数字模

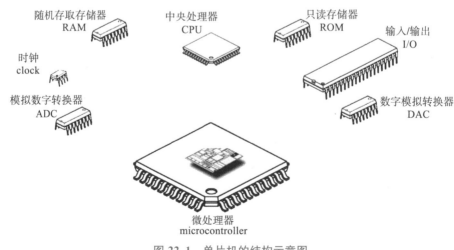

图 22.1　单片机的结构示意图

拟转换器 DAC、运算放大器等)部分。如果将单片机比作人,那么 CPU 是负责思考的,存储器是负责记忆的,时钟电路相当于负责产生心跳频率,外围设备相当于负责视觉的感官系统及控制手脚动作的神经系统[1]。

22.1.1　单片机芯片结构和工作原理

下面从单片机芯片的结构来讲解它的工作原理,芯片在单片机里的作用如图 22.2 所示。

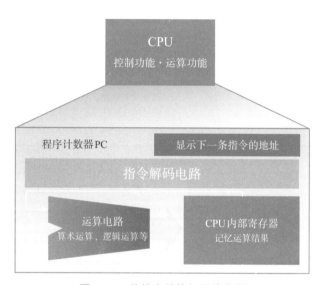

图 22.2　芯片在单片机里的作用

1. 中央处理器 CPU 构成

尽管我们说 CPU 相当于人的大脑,但是严格意义上来说,单片机芯片的 CPU 却不能像人的大脑一样,能有意识地自发思考。CPU 只能依次读取并执行事先存储在内存中的指令组合(程序)。当然 CPU 执行的指令并不是"走路""讲话"等高难度命令,而是一些非常简单的指令,像从内存的某个地方"读取数据"或把某个数据"写入"内存的某个地方,或做加法、乘法和逻辑运算等。然而这些简单指令的组合,却能实现许多复杂的功能。下面我们从 CPU 的构成来了解它的作用。

1) 程序计数器

CPU 读取指令时需要知道要执行的指令保存在内存的什么位置,这个位置信息称为地址(相当于家庭住址)。程序计数器(program counter,PC)就是存储地址的寄存器。通常,PC 是按 1 递增设计的,也就是说,当 CPU 执行了 0000 地址中的指令后,PC 会自动加 1,变成 0001 地址。每执行一条指令 PC 都会自动加 1,指向下一条指令的地址。可以说,PC 决定了程序执行的顺序。

2) 指令解码电路

指令解码电路可解读从内存中读取的指令的含义。运算电路是根据解码结果进行操作的。指令解码电路的工作原理就是从被符号化(被加密)的指令中,还原指令。

3）运算电路

运算电路（arithmetic and logic unit, ALU）是指完成运算的电路，能进行加法、乘法等算术运算，也能进行 AND、OR、BIT-SHIFT 等逻辑运算。运算是在指令解码电路的控制下进行的。通常运算电路的构成都比较复杂。

4）CPU 内部寄存器

CPU 内部寄存器是存储临时信息的场所，有存储运算值和运算结果的通用寄存器，也有一些特殊寄存器，比如存储运算标志的标志寄存器等。也就是说，运算电路进行运算时，并不是在内存中直接运算的，而是将内存中的数据复制到通用寄存器，在通用寄存器中进行运算的。

5）CPU 的工作原理

我们通过一个具体运算"3＋4"来说明 CPU 的操作过程。现在假设保存在内存中的程序和数据如表 22.1 和表 22.2 所示。

表 22.1　单片机 CPU 内存中的程序

地址	指令（为二进制，为了方便理解以文字解释）
0000	读取 0100 地址的内存，存入寄存器 1
0001	读取 0101 地址的内存，存入寄存器 2
0002	将寄存器 1 与寄存器 2 的值相加，结果存入寄存器 1

表 22.2　单片机 CPU 内存中的数据

地址	数据
0100	3
0101	4

要进行一个简单的"3＋4"加法运算需要以下几个步骤。

步骤 1：当程序被执行时，CPU 就读取当前 PC 指向的地址 0000 中的指令（该操作称为指令读取）。经过解码电路解读后，这条指令的意思是"读取 0100 地址中的内容，然后保存到寄存器 1"。于是 CPU 就执行指令，从 0100 地址中读取数据，存入寄存器 1。这时寄存器 1 的信息 0→3（由 0 变为 3）。由于执行了 1 条指令，因此，程序计数器 PC 的值变为 0001。

步骤 2：由于 PC 的值为 0001，因此 CPU 就读取 0001 地址中的指令，经解码电路解码后，CPU 执行该指令。然后 PC 再加 1。

寄存器 2：0→4（由 0 变为 4）。

PC：0001→0002。

步骤 3：由于 PC 的值为 0002，因此 CPU 从 0002 地址中读取指令，送给指令解码电路。解码的结果是：将寄存器 1 和寄存器 2 相加，然后将结果存于寄存器 1。

寄存器 1：3→7。

PC：2→3。

于是 3＋4 的结果 7 被存于寄存器 1，加法运算结束。CPU 的基本工作原理就是这样,依次处理每一条简单的指令。

2. 内存

内存是单片机的记忆装置,主要记忆程序和数据,大体上分为 ROM(read-only memory)和 RAM(random access memory)两大类。

1) 只读内存 ROM

ROM 是只读内存的简称。保存在 ROM 中的数据不能删除,也不会因断电而丢失。ROM 主要用于保存用户程序和在程序执行中保持不变的常数。很多 MCU 都使用闪存作为自己的 ROM。闪存是一种非易失性存储器,与 RAM(可随机读写内存)不同,即使单片机芯片关闭,它也能长时间保留其数据。这会保留你可能已上传到单片机芯片的已保存程序。闪存一次写入一个"块"或"扇区",因此当你只需要重新写入一个字节时,闪存却需要重新写入该字节所在的整个块,这样会更快磨损。EEPROM(电可擦可编程只读存储器)是另外一种 MCU 的内存 ROM 选择,EEPROM 就像闪存一样,是一种非易失性存储器,即使在关机后也能保留其数据。不同之处在于,虽然闪存会重新写入"块"字节,但 EEPROM 可以随时重新写入任何特定字节。与闪存相比,这延长了 EEP-ROM 的寿命,但也意味着价格更高。

2) 随机读写内存 RAM

RAM 是可随机读写内存的简称,可以随时读写数据,但关机后,保存在 RAM 中的数据也随之消失。其主要用于存储程序中的变量。在单芯片单片机中,常常用 SRAM(静态随机存取存储器)作为内部 RAM。SRAM 允许高速访问,但内部结构太复杂,很难实现高密度集成,不适合用作大容量内存。除 SRAM 外,DRAM(动态随机存取存储器)也是常见的 RAM。DRAM 的结构比较容易实现高密度集成,因此,比 SRAM 的容量大。但是,将高速逻辑电路和 DRAM 安装于同一个晶片上较为困难,因此,一般在单芯片单片机中很少使用,基本上都用作外围电路。

(1)时钟电路。单片机芯片需要时钟来执行所有任务。为了向单片机提供时钟,需要将晶体振荡器驱动到 CPU。时钟源可以是外部的,如晶体振荡器,这时候晶体的选择决定了单片机芯片想要运行的速度,振荡的频率范围一般在 MHz;时钟源也可以是内部的,如 RC 振荡器。不同的单片机将有不同的时钟选项。一些先进的 MCU 甚至提供内部 PLL(锁相环)或 FLL(锁频环)来将时钟倍增到更高的频率[2]。

(2)外围电路。

①输入输出端口,通常称为 GPIO(通用输入输出)端口。这意味着这些端口可以用作输入或输出。一些微型 MCU 支持备用 GPIO。它们可用于多种功能。MCU 可通过写入特定配置寄存器将其配置为输入或输出引脚,该引脚可以从引脚读取或写入高电平或低电平的状态,从而可以与外部设备进行交互,比如各种接口(LED、LCD 和触摸屏)、电机等。输入/输出端口也可用于输入感应和切换。

②寄存器,用于存储元素的数据。它存储一个 8 位长度的二进制数。单片机芯片配备了各种通用和外围寄存器。通用寄存器包括程序计数器(PC)和用于存储数据和指令的堆栈指针。而外围寄存器对于配置单片机芯片中的硬件很有用。

③模数转换器（ADC），是通过传感器将温度、湿度和压力等物理参数转换为模拟信号。ADC将此模拟信号转换为数字字节。模拟信号可以是电压、电流或电阻的形式。它有一个内部时钟，用于测量由MCU提供的时钟周期并使用自己的时钟进行采样。时钟周期数代表模拟电压的数字表示。

④数模转换器（DAC），与ADC相反。DAC将数字数据转换为模拟电压形式。DAC的一些应用包括数字信号处理、电机控制、音乐播放器、数字电位器等。

⑤串行总线接口，是单片机芯片中的串行通信，一次发送一位数据。它使用单片机芯片板，将IC与印刷电路板（PCB）上的信号迹线连接起来。对于IC，它们使用串行总线传输数据以减少封装中的引脚，从而使其更具成本效益。IC中串行总线的示例是SPI或I²C。

⑥输入/输出端口，是单片机芯片用来连接实际应用程序的端口。输入端接收现实世界中的变化，包括温度感应到运动感应，再到按钮等。然后输入进入CPU并决定如何处理该信息。当需要根据输入的某个值执行某个命令时，它会向输出端口发送一个信号，信号范围从简单的LED（发光二极管）灯熄灭，到使某个部分电路运行。

单片机芯片在实际运用到具体应用时需要开发，这里的开发过程并不是一般意义上的从任务分析开始。我们假设已设计并制作好硬件，那下面就是编写软件的工作。在编写软件之前，首先要确定一些常数、地址，事实上这些常数、地址在设计阶段已被直接或间接地确定下来了。如当某器件的连线设计好后，其地址也就被确定了，当器件的功能被确定下来后，其控制字也就被确定了。然后用文本编辑器（如EDIT、CCED等）编写软件，编写好后，用编译器对源程序文件编译、查错，直到没有语法错误，除了极简单的程序外，一般应用仿真机对软件进行调试，直到程序运行正确为止。运行正确后，就可以写片（将程序固化在EEPROM中）。在源程序被编译后，生成了扩展名为HEX的目标文件，一般编程器能够识别这种格式的文件，只要将此文件调入即可写入单片机。

在实际应用中，单片机自动完成赋予它的任务的过程，也就是单片机执行程序的过程，即一条条执行的指令的过程。所谓指令，就是把要求单片机执行的各种操作用命令的形式写下来，这是在设计人员赋予它的指令系统时所决定的，一条指令对应着一种基本操作；单片机所能执行的全部指令，就是该单片机的指令系统，不同种类的单片机，其指令系统亦不同。为使单片机能自动完成某一特定任务，必须把要解决的问题编成一系列指令（这些指令必须是选定单片机能识别和执行的指令），这一系列指令的集合就成为程序，程序需要预先存放在具有存储功能的部件——存储器中。存储器由许多存储单元（最小的存储单位）组成，就像大楼房有许多房间一样，指令就存放在这些单元里，单元里的指令取出并执行就像大楼房的每个房间被分配到了唯一的一个房间号一样，每一个存储单元也必须被分配到唯一的地址号，该地址号称为存储单元的地址。这样只要知道了存储单元的地址，就可以找到这个存储单元，其中存储的指令就可以被取出，然后再被执行。

22.1.2　单片机芯片的应用实例

前面提到，单片机芯片的应用范围非常广泛，可以用于测控系统（工业控制系统、自适应控制系统、数据采集系统等）、智能仪表、机电一体化产品、智能接口等。具体到单片机芯片的应用模式，可以分为简单应用（如控制基本设备）和高级应用（从设备获取反馈并根据反馈执行操作）两大类。下面举一些简单的单片机芯片应用实例。

1. 计数操作控制

最早的单片机芯片应用之一是序列计数器。一些特种单片机芯片具有称为"计时器"的特殊功能，可用于计算操作序列。单片机芯片还可以根据出现的次数决定任何操作。这可以使用图 22.3 来说明。在该图中，假设有一个"检测器"，而当一个人走过大门时发送一个从低到高的脉冲，则单片机芯片会计算（使用计时器功能）通过大门的人数。当特定数量的人通过大门时，向输出端发出一个电流信号，输出端连接的蜂鸣器就会被激活。

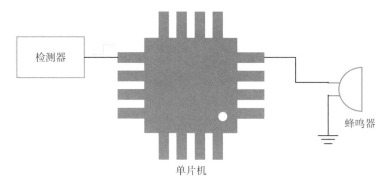

图 22.3　使用单片机芯片技术控制蜂鸣器

2. 生成特定频率信号

在实际应用中，有些进程可能需要单独的时钟才能工作。在这种情况下，如果单片机芯片仍然在预定义的特定频率下运行，则可能根本没有帮助。因此，单片机芯片提供了一种使用"定时器"在输出端生成多个时钟脉冲的功能（通过单片机开发，也即单片机编程以后）。这个时钟脉冲可以是 1Hz 甚至更高。在图 22.4 中，单片机芯片生成三个不同的时钟信号，驱动三个不同的处理器进程。

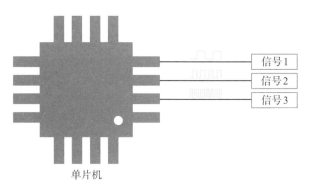

图 22.4　单片机芯片生成多个时钟信号驱动多个进程

3. 支持 TTL 器件

通常,传感器不能予以晶体管到晶体管逻辑(TTL)电平运行的设备连接,如个人电脑(PC)。因此在此类应用中,单片机芯片可以为计算机提供支持。将模拟或数字传感器与单片机芯片连接,一旦从传感器接收到数据,并被编译,它就会通过串行通信接口发送到计算机。重要的是,单片机芯片工作在 CMOS 级别,而计算机工作在 TTL 级别。因此,为了在两种类型的设备之间传输数据,需要一个电平转换器来实现这一点。图22.5 显示了一个示例图,其中从传感器读取数据,经过初步处理后,将其发送到计算机。

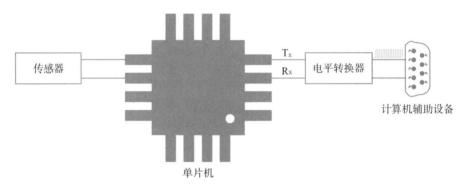

图 22.5　通过单片机芯片从传感器接收信息并传递到计算机

4. 控制交流电设备

单片机芯片提供了一种借助继电器控制交流设备的简便方法。如图 22.6 所示,这是一个稍微复杂的单片机芯片应用程序。图中显示了一个简单的交流控制电路,其中的交流电灯泡可以用任何交流设备替换(通过更改正确的继电器)。单片机芯片只是向继电器发送一个直流信号,从而改变其开关的位置,而在继电器的另一端,连接了交流设备,可以根据接触开关的位置来进行打开和关闭的操作。通过使用适当的继电器,我们可以使用单片机芯片控制这些交流电设备。

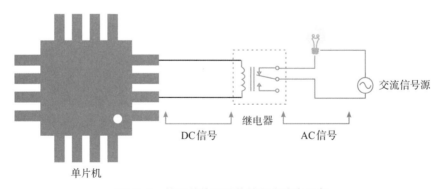

图 22.6　使用单片机芯片控制交流电设备

5. 实时电气设备控制

单片机芯片还可用于控制不同的设备,如微波炉。如图 22.7 所示,单片机芯片可用于获取用户的输入以设置时间、启动和停止操作。而在它的输出端,它可以在 7 段显示器上显示状态,可以使用继电器操作转盘和灯。

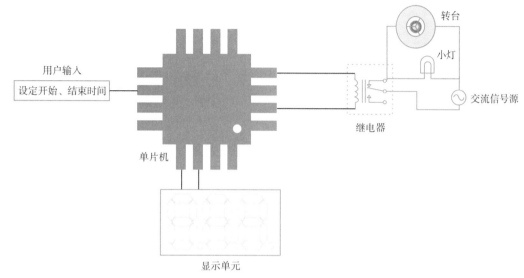

图 22.7　使用单片机芯片控制微波炉的真实应用

6. 光感测控装置

如前所述,单片机芯片用于读取传感器读数。因此,可以将其连接光传感器,以便检测光强度并自动控制路灯等设备。这也有助于节省电力,比如在白天外界光线足够的情况下永远不会开灯。

7. 温度传感与控制装置

另一个使用传感器的单片机芯片应用可能是需要温度控制的设备,如空调。单片机芯片可用于测量当前温度,并根据温度值打开或关闭相应的设备。

8. 火灾探测报警到控制室

单片机芯片可以发挥重要作用,在发生火灾时采取快速行动。单片机芯片可以使用热量和烟雾传感器检测火灾。单片机芯片可以使用 Wi-Fi、移动网络直接与消防部门控制室连接。这样,消防部门的响应时间可以最小化,损失也可以减少。

9. 数据通信

数据通信是使用多个设备的任何系统的重要组成部分。单片机芯片有多种协议来传输和接收数据,包括串行通信、SPI、I²C。后者有助于在多个设备之间进行通信,这使得单片机芯片成为设备通信的更好选择。

10. 速度计和自动制动

众所周知,目前的汽车正在朝着自动驾驶汽车的方向发展。单片机芯片有多种用途,如速度计和自动制动。超声波传感器可用于检测汽车的速度,而自动制动算法也可以基于超声波传感器开发。

22.2 摩尔定律的终结

2016 年,国际半导体技术路线图(international technology roadmap for semiconductors,ITRS)在自 1998 年以来使用摩尔定律推动半导体集成电路行业发展后,制定了最后一次基于摩尔定律的技术路线图[3]。它的研发计划不再以摩尔定律为中心,而是进一步概述了所谓的"拓展摩尔(More than Moore)"的战略。在该战略中,应用程序的需求推动了芯片开发,而不是专注于半导体微缩,应用驱动程序的范围从智能手机到人工智能再到数据中心。同年,IEEE 启动了一项路线图计划,名为"重启计算",命名为器件和系统国际线路图(international roadmap for devices and systems,IRDS)。

早在 2005 年 4 月,摩尔定律的提出者戈登·摩尔在接受采访时表示,摩尔定律对于集成电路晶体管的这种预测不能无限期地持续下去,因为晶体管最终会达到原子级微型化的极限。他预测到达极限的时间大概还有 20 年,也就是说摩尔定律将会在 2025 年左右终结。光速是有上限并且恒定的,因此自然限制了单个晶体管可以处理的计算数量。毕竟,信息的传递速度不可能超过光速。目前,信息比特是由穿过晶体管的电子建模的,因此计算速度受到电子穿过物质速度的限制。导线和晶体管的特点是电容 C 和电阻 R。随着晶体管小型化,R 上升而 C 下降,执行正确计算变得更加困难。如果我们继续使芯片微缩小型化,最终会面对海森堡的测不准原理,它限制了量子水平的精度,从而限制了晶体管的计算能力。有科学家通过计算得出,仅仅基于海森堡的测不准原理,摩尔定律将在 2036 年过时,这比戈登·摩尔的预测晚了 10 年。

另一个慢慢扼杀摩尔定律的因素是与能源、冷却和制造相关成本的不断增长,构建新的中央处理器(central processing unit,CPU)或图形处理器(graphic processing unit,GPU)可能会花费更多。制造一个新的 10nm 工艺节点芯片的成本约为 1.7 亿美元,一个 7nm 节点的芯片的成本接近 3 亿美元,一个 5nm 芯片的成本超过 5 亿美元。这些数字只是一个大约数,只会随着一些专门的芯片而增长。

尽管摩尔定律将达到物理极限,但许多预测者对集成电路制造领域的技术进步仍然持乐观态度,包括新的芯片架构、材料体系、量子计算等。

22.3 未来的纳米电子器件

要解决集成电路的规模限制和惊人的成本提升,需要改变传统集成电路制造产业的基本生产方式,许多研究人员认为,这种改变将转向纳米电子学。结合化学、物理、生物和工程学、纳米电子学可以提供降低制造成本的方案,并且可以允许集成电路扩展到超出现代晶体管的限制。在纳米电子技术方面,急需转变的是制造方法的革新。

任何纳米电子电路的基本要素都是用于构建它的器件,这些要素包括硅晶体管和铜线。对于纳米电子学,铜线将被碳纳米管(carbon nanotube,CNT)或硅纳米线(silicon nanowire,SNW)取代,因为它们化学组装的尺寸比铜线小得多,可以采用光刻等工艺制成。有许多技术可以代替晶体管作为基本逻辑器件,包括负差分电阻器、纳米线或碳纳米管晶体管、量子细胞自动机、可重构开关等,这些器件提供几纳米的尺寸,可以自组装。

22.3.1　碳纳米管

碳纳米管简单来说是圆柱形碳分子,它的结构赋予纳米管非凡的强度,使得它优于其他材料被考虑作为提高纳米电子电路耐用性的选择。碳纳米管最吸引人的是独特的电学属性。根据结构的不同,可以表现为金属线管或者半导体。

1. 碳纳米管的制备

碳纳米管于 1991 年作为电弧放电制作 C60 巴基球的实验副产品被发现[4],单壁碳纳米管的结构如图 22.8 所示。自被偶然发现以来,人们还发现了另外两种制备碳纳米管的方法:激光烧蚀(laser ablation)和催化剂增强化学气相沉积(catalyst-enhanced chemical

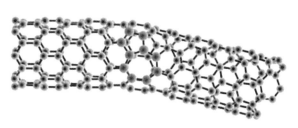

图 22.8　单壁碳纳米管

vapor deposition,CCVD)。电弧放电制备方法是将两个碳棒首尾相连置于惰性气体中,位置大约相距 1mm,然后在两根碳棒之间产生电弧,使一根棒汽化,汽化蒸发的碳元素会重新组合而形成纳米管。激光烧蚀方法的机制相同,使用激光来代替电弧汽化碳棒,激光烧蚀方法生产的碳纳米管比电弧放电方法更纯。但是,这两种方法有一个共同的缺点是:除了产生碳纳米管外还产生碳片、富勒烯和无规则碳结构,因此需要单独的纯化步骤从这些不同的碳结构化合物的集合中提取碳纳米管。该纯化步骤通常是将这些碳结构化合物置于溶剂中,并将纯化的纳米管沉积在基板上,这样会导致纯化的碳纳米管的位置排列是随机的。而使用 CCVD 方法,通过碳纳米管的生长可以解决纳米管的放置问题,可将之置于所需的最终位置。在 CCVD 中,使用光刻技术将催化剂颗粒放置在硅晶圆片的特定位置,并将气态碳通过硅晶圆片,这样催化剂会诱导碳纳米管原位生长。除了在特定位置生长纳米管外,CCVD 的另一个优点是不产生其他碳结构副产品。

除此之外,还有其他制备不同结构碳纳米管的方法,而碳纳米管的特性也和它的结构有紧密的关系。碳纳米管根据其"手性"不同可以是金属型,也可以是半导体型。在图 22.9 中,如果将碳纳米管视作一张由六边形单元结构石墨烯片卷起来的管,那么简单来说,碳纳米管的"手性"表现为:如果将石墨烯片沿着 x 轴卷起来形成碳纳米管,那么它将表现出金属的特性;如果是沿着 y 轴,则表现出半导体的特性。

影响其电学性质的纳米管的第二个结构特性是壁的数量,由此也可以将纳米管分为单壁碳纳米管

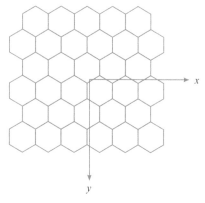

图 22.9　CNT 的手性

(SWCNT)和多壁碳纳米管(MWCNT)。它们的主要区别在于管的直径。单壁碳纳米管的直径一般在 0.7~2.0nm,而多壁碳纳米管通常在 10~20nm,这取决于壁的数量。而碳纳米管的禁带宽度与管的直径成反比。众所周知,禁带宽度越低,材料的导电性越好。单壁纳米管拥有较小的直径,使其禁带宽度处于有利于晶体管或二极管应用的数值,而多壁碳纳米管的直径较大,降低了其禁带宽度,以至于无论其手性如何都表现得像金属。

2. 碳纳米管电子器件

目前,碳纳米管最有前景的用途是作为晶体管组件来组成电子器件。从图 22.10 中可以看出,碳纳米管场效应晶体管(CNTFET)类似于 MOSFET。在这里,硅材料的载流子通道被碳纳米管取代。大多数碳纳米管场效应晶体管使用 SWCNT 制造,因为它们的禁带宽度在半导体材料的范围内。虽然也有研究发现,如果将多壁纳米管部分塌陷或压碎,也可以制备晶体管,但这对于大规模量产来说是不太切实际的,因为每个纳米管必须单独折叠或从许多"正常"纳米管中选择。

现在已经有两种类型的碳纳米管晶体管被制造出来。图 22.10(a)显示了具有背栅极的 CNTFET(栅极位于通道下方而不是上方),它使用硅衬底来控制碳纳米管的载流子传导。使用一个背栅更容易制造,但缺点是无法控制单个晶体管,因为衬底是所有晶体管共享的。这种配置方法有利于研究,但可能不是大规模量产的候选。另一个方法使用位于碳纳米管顶部的栅极,被称为第二代 CNTFET,如图 22.10(b)所示。它与具有背栅极的同类产品相比,有两个优势:最明显的优势是能够单独控制晶体管,因为栅极是隔离开的;另一个优势是顶部的栅极还允许使用更薄的栅极氧化物,这意味着控制电压可以更低。此外,碳纳米管本质上是 P 型的,但它们可以被改变成 N 型半导体[5]。然而,实际的问题是将一个 N 型碳纳米管暴露在空气中,它会被氧化从而恢复到其原生的 P 型。覆盖碳纳米管栅极是将其与氧气隔离的好方法。个体栅极控制,以及分别形成 P 型和 N 型,都给了 CNTFET 以互补对排列形成类似现在的 CMOS 结构提供了希望。现实情况下,使用现在的 CMOS 工艺技术制造这些具有顶栅的 CNTFET 要比想象的困难得多。

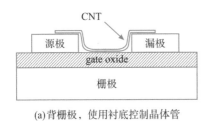

(a)背栅极,使用衬底控制晶体管　　　　　(b)顶栅极,使用传统栅极控制晶体管

图 22.10　基于碳纳米管的晶体管

碳纳米管晶体管具有足够优秀的特性,吸引了世界上许多半导体公司持续多年投资,来研究它们作为现代晶体管的替代品。这种晶体管的第一个优点是碳纳米管的小尺寸。碳纳米管的小直径意味着通道的所有部分都靠近栅极尺寸,这样更容易控制。第二个使用碳纳米管作为晶体管的优势在于管结构,它们表现出电子的弹道传输。由于

管中的所有原子都与相同数量的邻居原子键合,所以没有电子背散射。弹道电子传输意味着带有碳纳米管的 CNTFET 将有更高的导通电流,而且导通电流不受载流子通道长度的影响。而对于传统的 MOSFET,导通电流随着载流子通道长度(源极和漏极之间的距离)的减少而增加。一个未解决的问题是,将碳纳米管用于晶体管通道的情况下如何增加通道的宽度。在电路设计中,为了增加晶体管的电流驱动能力,需要增加晶体管载流子通道的宽度。使用 CNTFET,因为碳纳米管尺寸已经确定,实现这一目标的唯一方法是"铺设"碳纳米管并排排列,然而目前没有实现此操作的技术。

另一个利用碳纳米管强度特性的有前景的应用是利用它们的电气特性之一作为非易失性存储器件。第一个提议是 SWCNT 阵列,每个碳纳米管的一端都有触点(见图 22.11),一层碳纳米管位于基板上,而另一层悬浮在第一层上。为了写入内存,两个电荷相反的碳纳米管被吸引到一起,一旦互相接触,范德华力的分子键合力就会将它们保持在一起,即使相反的电荷被释放也是如此。这时两个碳纳米管彼此之间具有低电阻,并且被考虑在"1"位。在碳纳米管没有弯曲的位置,因为没有连接在垂直的碳纳米管之间,存在高电阻是"0"位。要读取一个存储单元格,则将电流向下发送到一个碳纳米管,如果在正交碳纳米管的输出上检测到电流,则两个碳纳米管有连接,为"1",反之为"0"。擦除时,可以将相同的电荷放置在两个接触的碳纳米管上将它们分开并擦除"1",机械力使两个碳纳米管保持分离。在没有外加电荷的情况下,碳纳米管保持范德华力或机械力的配置形态的特性,使碳纳米管存储器具有非易失性。

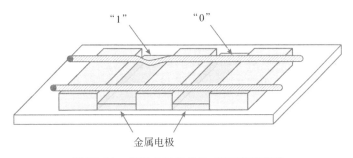

图 22.11　使用金属电极的 CNT 存储器件

22.3.2　半导体纳米线

半导体纳米线(nano wire,NW)可用作互连线以承载信号和连接有源设备。NW 是由半导体材料制成的细长导线,例如使用硅材料或锗材料已经能制造出直径小至 3nm 和长度高达数百微米的纳米线。

半导体纳米线的生长是通过激光烧蚀、化学气相沉积、气-液-固态(vapor-liquid-sol-id,VLS)合成等方法或这些方法的组合来实现的。如果将纳米线用作半导体,生长过程需要控制纳米线的掺杂水平沿其长度进行调控。一种这样控制生长的方法是 VLS 合成法(见图 22.12)。VLS 生长是一种使用液体催化剂作为籽晶(如金或铁)生长晶体结构的方法。使用液体催化剂时,催化剂放置在充满气化的半导体纳米线结晶材料(硅或锗材料,加上可能的掺杂物)的腔室中。腔室温度需要保持足够高,使催化剂保持在液态。

液体催化剂会吸收气化的物质直到它变得过饱和,这样纳米线会以固体晶体开始形成。纳米线将继续增长,直到催化剂完全冷却并变成固体,或气化的结晶材料用完。

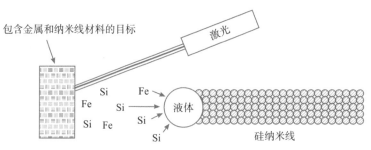

图 22.12　一种硅纳米管的生长方法:VLS 合成法

催化剂的大小决定了纳米线的直径。催化剂由金或铁等金属组成,可通过激光烧蚀来制备包含金属的纳米线材料。激光烧蚀被用来制备纳米级直径的催化剂团簇,然后通过 VLS 增长定义所产生的导线的大小,保证了纳米线相对稳定的电气特性。

当使用 VSL 生长,并使用硼或磷作为掺杂材料时,生成的纳米线将变成半导体。P 型或 N 型半导体取决于掺杂物的种类。此外,有些纳米线的掺杂可能非常重,以至于它们开始表现得像金属。纳米线的控制生长还允许掺杂浓度沿着纳米线的长度变化,这是通过控制在特定时间间隔气化不同掺杂剂量的硅来完成的。

纳米线也可以在制备后涂上不同的材料,得到具有半导体芯线和绝缘覆层的导线。为了形成这个覆盖层,在纳米线生成的同时,使用一种气化的绝缘新材料,使其与整条纳米线结合,在其表面形成薄而均匀的覆盖膜。如果覆盖层由绝缘材料制成(例如二氧化硅),它可以使碳纳米管电隔离。纳米管的绝缘覆盖层有助于隔离重叠相交的纳米线,或者帮助电隔离平行的纳米线以形成一个阵列。

22.3.3　纳米线晶体管

上面提到,纳米线的掺杂浓度是可以随着长度而控制的。通过控制掺杂分布,可以将有源器件集成到纳米线中。降低生长气氛中掺杂原子的浓度一段时间,可以使某段长度的纳米线的掺杂浓度变小。如果另一根线被放在这个顶部区域,并且用绝缘体分隔两条线,这就创建了一个纳米线晶体管。为了控制电流,可以将电压加在上面的纳米线上(类似于传统晶体管的栅极),这样下面的纳米线中的载流子会被耗尽,而其余部分不受影响,因为浓度载流子足够高,不会耗尽。另一种创建器件的方法,它不需要另一条控制线,而是创建一个 PN 结二极管。这可以以两种不同的方式完成:最简单的方法是简单地交叉一个 P 型和一个 N 型半导体纳米线,并创建连接。两根纳米线相互接触的地方会形成 PN 结。使用纳米线创建 PN 结二极管的另一种方法是通过使用 P 型掺杂剂生长部分纳米线,然后切换到 N 型掺杂剂用于剩余的纳米线生长。

也有使用纳米线作为通道的实验型纳米线,类似于使用碳纳米管所做的工作。纳米线晶体管相比于碳纳米管晶体管有几个优点:一是当纳米线暴露在空气中时,仍将保持各自的 N 型或 P 型,而碳纳米管将从 N 型转变为 P 型;二是能够控制掺杂浓度,从而控制半导体性(也即传导性),而前面提到的碳纳米管,传导性取决于管的手性,目前在制造过程中无法很好地控制。

由于纳米线可以生长数百微米长,这使得它们可以作为电子器件互连线的候选。但是,纳米线作为互连线的一个问题是,随着它们的尺寸的减小,纳米线表现出不寻常的电气特性。与表现出弹道传导的碳纳米管不同,纳米线的传导受边缘效应的影响。碳纳米管的管状结构决定了所有原子都与其他原子完全键合(在无缺陷结构中)。然而,由于纳米线是实心线,因此边缘上的原子没有完全结合。纳米线的核心是金属属性的,因此可以导电,导线最外面的原子,由于没有完全键合,因此会包含很多晶格缺陷,这样会降低导线的导电性。随着纳米线的尺寸的缩小,线材表面的原子代表更多的整体结构,边缘效应更加突出,能降低纳米线的整体导电性。

从外观和一些性质上看,纳米线和碳纳米管似乎非常相似。两者都能够形成尺寸为纳米级和微米级的有源器件和互连线。然而,有一些差异使纳米线比碳纳米管更有前途。虽然碳纳米管的物理强度高,它们的金属形式具有优良的导电性能,但是无法生长具有所需特性的碳纳米管,这是阻止其大规模生产的主要障碍。当前用于制造碳纳米管的方法可同时生产半导体和金属结构,而它们的半导体特性甚至因管而异,这不符合量产所需要的工艺稳定性要求。另外,通过非常严格地控制纳米线的掺杂水平控制其不同段的导电性,而控制掺杂程度将沿着纳米线的长度变化。而碳纳米管要么全是半导体的,要么全是金属的。如前所述,这种掺杂控制为纳米线提供了更多有源器件的可能性。此外,构建纳米线的常规阵列的技术比构造碳纳米管的更加成熟。

22.3.4 分子器件

有些分子结构可用作有源器件。这些分子表现为二极管或可编程开关,可以构成引线之间的可编程连接。化学家设计了这些基于碳的分子,使其具有与其固态对应物相似的电特性。与固态器件相比,分子器件有一个巨大的优势,就是它们的尺寸。数以千计的分子可以夹在两条交叉的微尺度线之间创建一个很小面积的有源器件。当前的由传输晶体管组成的超大规模集成电路的交叉点,比互连导线交叉或通孔大 $40\sim100$ 倍。分子装置安装在导线之间,就可以节省大量面积。据估计,使用纳米线和分子开关与基于 22nm 的传统 SRAM 设计相比,面积减小了 70% 左右。除了尺寸小之外,分子装置往往是非易失性的,分子的构型在没有电的情况下保持结构稳定,而在存在电刺激的情况下,可编程分子装置可以实现"开"和"关",这可以用来执行逻辑计算。

1. 分子二极管

二极管是一种通常用作单向阀的器件,仅允许电流从一个方向流入。现代二极管是通过配对 N 型和 P 型半导体制成的器件。二极管一般不用作逻辑器件,因为它们是静态器件,会消耗大量电力。静态器件不能"开"和"关",只有在正偏压下才导通,否则不导通。如果二极管可以关闭,那么即使在正电压偏置下也不会导通,这会使它们有更大的用途。而基于分子开发的分子二极管就有这样的功能。分子谐振隧穿二极管(resonant tunneling diode,RTD)表现出可开启和可关闭的负微分电阻(negative differential resistance effect,NDR)特性。如图 22.13 所示,显示 NDR 器件的 *I-V* 曲线区域具有负斜率,称为 NDR 区域。负斜率表示电流随着电压的增加而降低。*I-V* 曲线有两个重要的电压点:峰值电压和谷值电压。峰值电压为电流达到峰值时(电流最高点)的电压;谷值电压是指当电压高于峰值电压时,器件的电流值达到最低点的电压。由峰值电流和谷值电流的定义可知,即为分子二极管所能达到的最高和最低的电流值。RTD 的一个重要指标是峰值电流与谷值电流的比率,即峰谷比(peak-to-valley ratio,PVR)。PVR 越

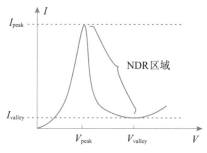

图 22.13 表现出负微分电阻特性的分子谐振隧穿二极管

大,就越容易区分这两种状态,二极管性能就越优越。分子二极管在低温下已观察到 1000∶1 的 PVR,但在室温下 PVR 降低到 1.5∶1。

如前所述,分子 RTD 的一个重要特征为可以"关"。该分子具有两种不同的稳定构型。在它的"开"状态导电,而在"关"状态下,它具有非常高的电阻,即使二极管两端有很大的电压,仍只能传导非常小的电流。施加高于某个阈值的电压会改变该分子的构型。对于图 22.13 中的 RTD 分子,存在阈值,以打开分子转变为"开"和"关"的状态。一旦分子被设置成"开"和"关"的状态,它需要在操作电压(小于阈值电压)下工作以避免切换配置。

分子 RTD 已用于构建锁存器。一个分子锁存器使用两个 RTD,一个用作驱动器 RTD,另一个用作负载 RTD(见图 22.14)。V_{ref} 有三个"平衡"值,其中通过两个 RTD 的电流是相等的。这意味着在没有任何输入电流的情况下,两个 RTD 之间的数据节点将处于平衡状态,其中两个是稳定的。在图 22.14 中表示为"0"和"1",代表锁存器的状态。第三个则不稳定,当闩锁处于此状态时,任何左移或右移将导致通过一个 RTD 的电流大幅增加,通过另一个的电流减小,从而改变数据节点电压。

为了在锁存器中存储一个新值,电压值需要被降低到 V_{mono},如图 22.14 所示。当锁存器已达到新的稳定态,电压会返回到 V_{ref} 值。从 in 节点进入锁存器的输入电流如果高于某个阈值,V_{out} 会很高并且锁存器将稳定在"1"状态。同样,如果输入电流低,V_{out} 降低,锁存器将稳定在"0"状态。这些分子锁存器已被用于制作 V_{ref} 是时钟信号的存储单元,锁存器的存储信息在每个时钟周期刷新。

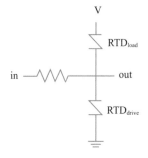

(a)使用RTD制作的分子闩电路图

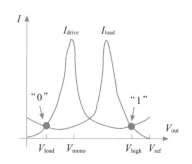

(b)负载电压-电流曲线

图 22.14 负载 RTD 电路和电压-电流曲线示意图

2. 分子开关

　　除了分子二极管,分子器件还可以做成简单的分子开关。最广为人知的分子开关称为轮烷(rotaxanes)和链烷(catenanes),它们是两个或多个分子组件通过机械连接制成的,组件可以相互移动而不破坏共价键。链烷是由两个或多个互锁的大环组成的机械互锁的分子结构,即包含两个或多个交织环的分子。如果不破坏大环的共价键,则无法分离互锁的环,如图 22.15(a)所示。轮烷由至少一个被捕获在杆上的环(称为大环)组成,并有两个笨重的末端,可防止环"滑"掉[见图 22.15(b)],可以想象成一个哑铃形分子穿过一个"大环"。

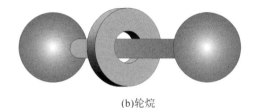

(a)链烷　　　　　　　　　　　　　　　(b)轮烷

图 22.15　链烷和轮烷

　　某些轮烷和链烷分子已被证明,是可以编程打开和关闭的分子开关。它们显示出滞后 *I-V* 曲线,并具有两个稳定状态(见图 22.16)。在这种情况下,滞后性意味着器件在不同的电压下进行开和关。在图 22.16 中,分子开始在大约 1V 时导通(开启),并在大约 1.5V 时停止导通(关闭)。分子开关用较高的电压"开"和"关",并用较小的工作电压运行。例如,有的链烷分子开关以 2V 打开,在 2V 关闭,读取电压大约为 0.1V。对于轮烷分子开关,一个环旋转通过另一个,环在杆上来回滑动,这些分子本质上是具有两个稳定态可变电阻器,可以在两个电阻之间切换值。轮烷在"开启"和"关闭"状态之间的电阻差异为 200 倍。另外,由于它们是电阻器,因此电流可以双向通过分子,与上面讨论的二极管的电子单向流动相反。

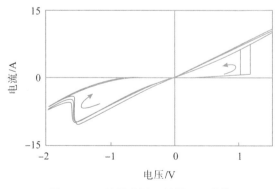

图 22.16　链烷分子开关的 *I-V* 曲线

　　由于这些分子开关在两个方向上传导电流,这可能会限制哪些应用可以使用分子开关。虽然基于这些的架构已经提出了分子开关,但是电阻表现本身由于信号衰减的原因,并不能直接作为逻辑计算的器件。这些分子开关必须是与其他器件结合以创建逻辑。目前的技术条件下,分子开关可能更适合每次只需要通过一个晶体管对存储设备信息进行读取的情况。

22.4 450mm 直径晶圆片

22.4.1 增加晶圆片面积的意义

一个单位晶圆制造步骤(如刻蚀步骤)可以生产的芯片数量,与晶圆片面积的增加成正比,而单位制造步骤的成本上升速度比晶圆面积要慢,这是增加晶圆片尺寸的成本基础。2000 年初开始从 200mm 晶圆转换为 300mm 晶圆,每个芯片的价格降低了约30%~40%。更大直径的晶圆允许每个晶圆有更多的裸片。表 22.3 显示了所有尺寸的晶圆所能放置的裸片数(假设裸片面积为 100mm²)。因此,将 300mm 晶圆过渡为450mm 晶圆似乎是理所当然的下一步技术迭代方式。从历史上看,转向更大的晶圆是芯片制造厂和晶圆制造厂降低价格和提高产量的关键方式。使用更大的晶片有一些内在的优势。如果代工厂能够将 450mm 晶圆的每小时晶圆生产率保持在接近 300mm 晶圆的生产率,那么它每小时可以生产更多的芯片。这有助于降低成本,前提是半导体经济健康且代工厂利用率高。每小时能够生产更多芯片还可以关闭旧生产线,从而节省工厂成本。更大的晶圆意味着大型芯片处理器在晶圆边缘周围的面积不会太大,从而减少整体浪费。

表 22.3 不同直径的晶圆片比较

晶圆直径	厚度/μm	推出年份	典型重量/g	裸片数量/100mm²
1 英寸(25mm)	无数据	1960	无数据	无数据
2 英寸(51mm)	275	1969	无数据	9
3 英寸(76mm)	375	1972	无数据	29
4 英寸(100mm)	525	1976	10	56
5 英寸(125mm)	625	1981	无数据	95
150mm(5.9 英寸,通常称为 6 英寸)	675	1983	无数据	144
200mm(7.9 英寸,通常称为 8 英寸)	725	1992	53	269
300mm(11.8 英寸,通常称为 12 英寸)	775	2002	125	640
450mm(17.7 英寸)(未实现)	925	未实现	342	1490
675mm(26.6 英寸)(未实现)	不详	未实现	不详	3427

22.4.2 450mm 晶圆的挑战

限制从 300mm 到 450mm 硅晶圆片过渡的主要原因是经济因素和技术因素。经济方面,尽管可能提高生产力,但投资带来的回报可能会不足,这是实现 450mm 硅晶圆片最大的阻力。技术方面,还存在如何处理增加的裸片之间、边缘到边缘的晶圆片厚度变化,以及额外的边缘缺陷等相关问题;另外还存在 450mm 直径晶锭制备,和芯片制造厂处理更重的 450mm 晶圆而带来的运输问题。

450mm 晶圆制造厂的成本的增加主要在用于更大晶片的更高成本的半导体制造设备的成本增加,设备成本相对于用于 300mm 的设备预计将上涨 20％～50％。但是,由于每片晶圆上的裸片数目增加,预计与 300mm 晶圆片相比,450mm 晶圆片每个裸片的价格仅降低 10％～20％。

从历史来看,从 200mm 到 300mm 需要晶圆制造厂进行重大的更改,从 300mm 到 450mm 也一样。比如,200mm 晶圆中的芯片制造厂的内部晶圆传输很多时候是手动的,300mm 则是全自动的。这里的部分原因是载 1Lot(套)25 片 200mm 晶圆时,一个标准机械端口(standard mechanical interface,SMIF)晶圆舱重约 4.8kg,而 300mm 晶圆的前开式统一晶圆舱(front opening unified pod,FOUP)在装载 25 片(1 个 Lot)300mm 晶圆中时重约 7.5kg,而手动搬运时需要工厂工人花费大约两倍的体力,大幅增加疲劳度。300mm FOUP 带有把手,因此仍然存在手动移动的可能。但是到了 450mm 晶圆片时,装载 25 片 450mm 晶圆片的 FOUP 重达 45kg,这种情况下就需要起重机来手动搬运FOUP,并且 FOUP 中不再有手柄(因为不可能手动搬运),而需要使用全自动材料处理系统移动 FOUP。这些系统的研发和实现都需要大量的资金和人力投入,这大大增加了450mm 晶圆制造厂的成本。

从晶锭来说,在直径上升到 450mm 时,晶锭将增重 3 倍(总重量为 1 吨),冷却时间延长 2～4 倍,工艺时间也将加倍,晶锭制造厂商也需要更新全套设备和系统。

总而言之,450mm 晶圆旨在进一步扩大 300mm 晶圆片的成本节约,但高成本和不确定性似乎注定了这一努力收效甚微,直径 450mm 晶圆片的开发需要大量的工程、时间和成本来克服。

本章小结

尽管摩尔定律将达到物理极限,但集成电路制造领域的技术仍将继续进步,包括新的芯片架构、材料体系、量子计算等。本章介绍了集成电路芯片的应用实例,论述了摩尔定律的终结问题,并简要介绍了未来的纳米电子器件及 450mm 直径晶片等集成电路制造的新领域。

参考文献

[1] 游乙龙,卢梓江,吴粤娟,等. 单片机技术及应用[M]. 北京:机械工业出版社,2017.

[2] 余锡存,曹国华,等. 单片机原理及接口技术[M]. 西安:西安电子科技大学出版社,2014.

[3] Graef M. More than moore white paper[R]. 2021 IEEE International Roadmap for Devices and Systems Outbriefs,2021:1-47.

[4] Iijima S,Ichihashi T. Single-shell carbon nanotubes of 1-nm diameter[J]. Nature,1993,363(6430):603-605.

[5] Mai C K,Russ B,Fronk S L,et al. Varying the ionic functionalities of conjugated

polyelectrolytes leads to both p-and n-type carbon nanotube composites for flexible thermoelectrics[J]. Energy & Environmental Science,2015,8(8):2341-2346.

思考题

1. 市面上常见的单片机型号有哪些？
2. 一个完整的单片机最小系统应该包含哪些部分？
3. 请列举单片机中的内存组成及其功能。
4. 单片机时钟电路的晶振频率选择应该考虑哪些因素？
5. 尝试描述一下单片机实现加法运算的工作原理。
6. 为什么说摩尔定律将达到物理极限？集成电路制造下一步的发展方向是什么？
7. 碳纳米管作为晶体管有什么特有的优势？
8. 半导体纳米线是如何生长的？有哪些生长方法？
9. 请比较纳米线和碳纳米管的异同。
10. 简述增加晶圆片面积的意义。

致谢

本章内容承蒙丁扣宝、崔元正、张序清和唐德明等专家学者审阅并提出宝贵意见，作者在此表示衷心感谢。

作者简介

陈一宁：新加坡南洋理工大学博士，浙江大学微纳电子学院特聘研究员。从事超大规模集成电路相关的电子器件大数据研究和开发工作，在 *Applied Physics Letters*，*IEEE Transactions on Electron Devices* 等期刊发表论文多篇。主导开发多个大生产工艺项目，如 65nm/55nm 和 45nm/40nm 节点 CMOS 低功耗逻辑工艺优化和良率提升，Smart Analysis 全套芯片良率大数据解决方案等。

第六篇 制造设计一体化

本篇主要介绍工艺和设计的沟通桥梁——设计制造一体化技术的必要性、流程与关键环节,对于新工艺的探索与优化具有重要指导意义。在介绍设计制造一体化技术之前,先介绍了了解集成电路的设计流程以及这个阶段需要的工艺支持。其中第 23 章介绍了集成电路芯片的分类,包括 ASIC、FPGA、SoC、微处理器和单片机等,并以一个单片机为例,讲述了数字电路设计流程和模拟电路设计流程,介绍了工艺设计套件和标准单元库法。第 24 章则强调了为什么要在工艺和设计独立优化的流程中引入设计制造一体化技术,介绍了从芯片设计到生产的过程中,设计工程师和工艺工程师交互沟通的重要性,并介绍了可制造性设计的概念以及设计制造一体化流程、设计制造一体化关键环节等。最后还介绍了适用于 5nm 以下先进工艺节点的系统-技术联合优化。

第 23 章
集成电路芯片设计

（本章作者：陈一宁）

集成电路芯片根据最终用途的不同分为很多种类，如专用集成电路（application specific integrated circuit，ASIC）、现场可编程门阵列（field programmable gate array，FPGA）、系统单晶片（system on chip，SoC）、微处理器（micro processor unit，MPU）和单片机（micro controller unit，MCU）等。

本章以一个单片机（MCU）为例，主要讲述数字电路设计流程、模拟电路设计流程，介绍工艺设计套件和标准单元库法。

23.1 产品调研和系统细化分析

一个单片机芯片由处理器单元、内存模块、通信接口和外围器件组成，可包含数字电路和模拟电路。单片机的应用范围广泛，包括工业控制系统、移动设备、汽车、马达控制等，如图 23.1 所示。

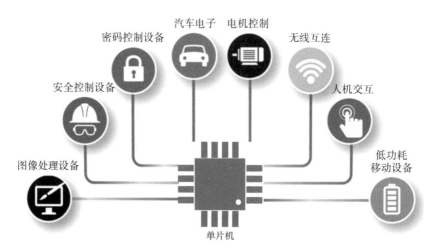

图 23.1 单片机的应用范围

当晶圆原片被运送到集成电路芯片制造厂后,就可以开始芯片的制造了。但是,集成电路芯片制造商是按照什么"图纸"来制造的呢?这就涉及集成电路芯片的设计了。

一个集成电路可以分为数字电路和模拟电路部分,常见的设计方法是将数字电路和模拟电路分开设计。首先,在所有的产品设计开始之前,都需要做产品的调研和系统细化分析。

单片机(MCU)用于专用终端产品("电器"),旨在执行某项特定功能和任务[相比之下,微处理器(MPU)旨在执行许多通用功能]。所以,当设计一款集成电路芯片时,首先要进行产品的调研和系统细化分析,以确定产品的详细功能。产品调研以市场调查为起点,确定潜在客户并预测未来需求。衡量未来的需求还将影响客户如何使用 MCU 产品,并致力于满足产品要求以更好地吸引客户。产品调研分析还包括竞争分析(市场上同类或相似芯片的情况)、平均售价、五年收入预测、产品进入市场时间、性能、成本和进度的优先顺序等。在集成电路设计公司中,管理层和分析人员通常会为设计团队起草一份提案,以开始设计新芯片并适应行业细分。上层设计人员将在此阶段决定芯片将如何运行。这一步是决定集成电路功能和设计的地方。之后会最终确定产品的功能详细,包括产品的高层次定义、所需特性/功能、操作电压和温度、关键性能参数(如速度、功率、芯片尺寸等),按优先顺序排列、性能参数的目标范围(它将有一个限制,低于该限制,产品将不可行)。设计人员将为整个项目制定功能要求、验证测试平台和测试方法,然后将初步设计转化为系统级规范[1]。以上所有的工作完成并确定了所需要设计的产品的各项性能指标后,就可以开始集成电路芯片的设计了。

23.2　数字电路设计流程

图 23.2 显示了一个集成电路芯片数字电路设计的基本流程。粗略概括,集成电路芯片数字电路设计可以分为三个部分[1]:电子元器件系统级设计、寄存器传输级(register-transfer level,RTL)设计和物理设计。

23.2.1　电子元器件系统级设计

最初的芯片设计过程始于系统级设计和微架构规划。集成电路设计人员将为整个项目制定功能要求、验证测试平台和测试方法,然后将初步设计转化为系统级规范。设计人员可以使用多种语言和工具来创建此描述(示例包括 C/C＋＋模型、SystemC、SystemVerilog 事务级模型、Simulink 和 MATLAB),并利用仿真工具通过模型进行仿真。对于纯设计和新设计,系统设计阶段是规划指令集和操作的阶段,并且在大多数芯片中,现有指令集都经过修改以获得更新的功能[2]。此阶段的设计通常是语句,例如以 MP3 格式编码或实现 IEEE 浮点运算。在设计过程的后期阶段,这些看似简单的陈述语句中的每一个都有可能会扩展到数百页的文本文档。

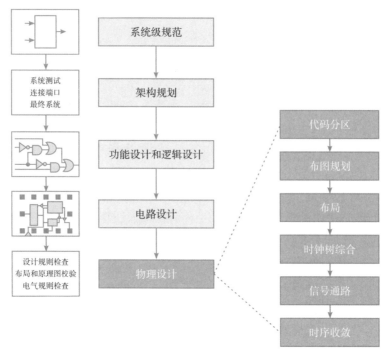

图 23.2　数字电路设计的基本流程

23.2.2　寄存器传输级(RTL)设计

在对系统设计达成一致后,寄存器传输级(RTL)设计人员随后以 Verilog、System-Verilog 或 VHDL 等硬件描述语言实现功能模型。使用加法器、移位器和状态机等数字设计组件以及流水线、超标量执行和分支预测等计算机架构概念,RTL 设计人员将功能描述分解为芯片上组件的硬件模型。其中,状态机主要由状态寄存器和组合逻辑电路等构成,能够根据控制信号的状态进行状态转换;流水线设计就是把规模较大、层次较多的组合逻辑电路分为几级,每一级插入寄存器暂存中间数据,以此改善电路性能;超标量执行可令一个核同时可以处理两条指令;分支预测器猜测条件表达式的分支中哪一条最可能发生,然后推测执行这一条的指令来避免流水线停顿造成的时间浪费。系统设计中描述的每一个简单的语句都可以很容易地变成数千行 RTL 代码,这就是为什么要验证 RTL 在用户可能抛出的所有可能情况下都做正确的事情是极其困难的。

为了减少功能错误的数量,一个单独的硬件验证小组将采用 RTL 设计测试平台和系统,以检查 RTL 在许多不同条件下是否实际执行了相应的步骤,归类为功能验证领域。这里可以使用许多技术,它们都不是完美的,但它们都很有用——广泛的逻辑模拟、形式验证方法、硬件模拟、类似 lint 的代码检查、代码覆盖率等。这里的一个小错误可能会使整个芯片功能异常甚至失效。比如,著名的奔腾处理器芯片 FDIV 错误事件,在英特尔首次推出奔腾处理器的前几天,其技术人员发现奔腾芯片的除法运算存在一些偏差即 FDIV 缺陷,这个漏洞(bug)会导致电脑出现死机之类的情况,因此英特尔在其发售不到一个月后便召回了所有 CPU。这种错误导致除法结果产生误差的概率仅仅为百万分之 61,发生率很低,但还是会对芯片产品造成严重的影响。这个事件导致英特尔公司在直到芯片投入生产数月后,还被迫提供免费更换所有售出的芯片的服务,损失了数亿美元。

23.2.3　物理设计

RTL 只是芯片运行实际功能的行为模型。它与芯片在现实世界中的材料、物理和电气工程方面的运行方式没有任何联系。出于这个原因,IC 设计过程的下一步,即物理设计阶段,是将 RTL 映射到所有电子器件的实际表示中,例如将进入芯片的电容器、电阻器、逻辑门和晶体管。

下面以 MCU 为例,列出了物理设计的主要步骤。在实践中,需要大量的迭代来确保同时满足所有设计目标。这本身就是一个难题,称为设计闭环。

(1)逻辑综合[2]:将 RTL 映射到芯片目标的门级网表中,综合过程分为转换、优化、映射。综合工具先将 RTL 代码转化成通用的布尔等式,再根据设计者施加的延时、面积等约束条件对网表进行优化,最后将 RTL 网表映射到工艺库上,成为一个门级网表。

(2)布局规划:给芯片的门级网表分配一个总区域,分配输入/输出(I/O)引脚并放置大型对象(如阵列、内核等)。

(3)布局:布局阶段主要进行标准单元的摆放,网表中的逻辑门被分配到芯片区域上的非重叠位置。

(4)逻辑/布局优化:迭代逻辑和布局转换以达成性能和功率的限制。

(5)时钟插入:在设计中引入时钟信号布线(通常是时钟树),EDA 工具将时钟的所有延时做到相同长度,称为时钟综合。

(6)布线:将分布在芯片核内的模块、标准单元和接口单元按逻辑关系进行互连,添加连接网表中各种逻辑门的连线,使其满足各种约束条件。

(7)布线后优化:消除性能(时序收敛)、噪声(信号完整性)和良率(可制造性设计)违规。

(8)最终检查:由于错误代价高昂、检查错误耗时,因此广泛采用的措施是做规则检查,确保正确完成逻辑映射,以及检查是否切实遵守了制造规则。

(9)掩模生成:在掩模数据准备中,设计数据被转化为光掩模数据。掩模数据准备也称为布图后处理,是将包含多边形集的文件从集成电路布图转换为光掩模编写器,可用于生成物理掩模的指令集的过程。通常,对芯片布图的层次进行完善和添加,以便将物理布图转换为用于掩模生产的数据。掩模数据准备需要一个 GDSII 或 OASIS 格式的输入文件,并生成一个特定于掩模编写器的专有格式的文件。

23.3　模拟电路设计流程

在基于微处理器和软件的设计工具出现之前,模拟集成电路是使用手工计算和工艺套件设计的。这些集成电路是低复杂性的电路,例如运算放大器,通常涉及不超过十个晶体管和很少的连线[3]。要实现可制造的 IC,通常需要反复的试错过程和器件尺寸的"过度设计"。重复使用经过验证的设计允许在先验知识的基础上构建越来越复杂的集成电路。当廉价的计算机处理在 20 世纪 70 年代变得可用时,人们编写了计算机程序来辅助进行模拟电路设计,其精度比手工计算的实际精度更高。第一个用于模拟 IC 的电路仿真器称为集成电路仿真程序(SPICE)。计算机电路仿真工具能够实现比手工计算更高的集成电路设计复杂性,从而使模拟集成电路的设计变得易于实现。

由于在模拟设计中必须考虑许多性能限制,因此手动设计今天仍然很普遍。因此,模拟电路的现代设计流程具有两种不同的设计风格——自顶向下和自底向上。自顶向下的设计风格使用类似于传统数字流程的基于优化的工具。自底向上的设计重复使用"专家知识"以及先前在项目描述中构思和捕获的解决方案和仿真的结果。

模拟电路设计最关键的挑战涉及构建在半导体芯片上的各个器件的可变性。与板级电路设计允许设计人员根据目标值选择每个已经过测试和分级的器件不同,集成电路上的器件参数值可能离散很大,这是设计人员无法控制的。例如,一些集成电路电阻器的变化范围为 ±20%,集成三极管的 β 值可以在 $20 \sim 100$ 变化。由于掺杂梯度的原因,每个器件的特性甚至都会发生明显变化。这种可变性的根本原因是许多半导体器件对加工过程中无法控制的随机变化高度敏感。扩散时间、不均匀掺杂水平等的细微变化都会对器件特性产生很大影响。一些用于减少器件变化影响的设计思想和技术是:使用电阻比(容易做到非常匹配),而不是绝对电阻值;使用几何形状相互匹配的器件,使它们具有相匹配的变化;把器件做大,使相对变化成为整个器件属性的一个微不足道的部分;将大型器件(如电阻器)分割成多个部分并将它们交织在一起以削弱工艺离散造成的变化;使用器件对称布局来消除必须高度匹配器件(如运算放大器的晶体管差分对)的变化等。

模拟电路设计流程大致如图 23.3 所示。

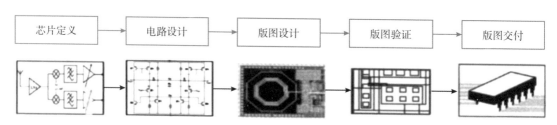

图 23.3　模拟电路设计流程

23.3.1　设计电路原理图

确保所有仿真都是正确的,并且电路的行为符合要求。

23.3.2　布局生成

在制造电路时,每个电子器件在现实生活中都有一个物理结构。例如,电阻器是多晶硅的长线,金属-绝缘层-金属(metal-insulator-metal, MIM)电容器是两个金属层,中间有绝缘体。晶体管具有更复杂的结构,包括掺杂区、金属和多晶层。所有器件都设置在一起并按照原理图连接进行布线。对匹配的晶体管或器件需要特别小心,并且必须添加一些额外的结构,如保护环或非功能性结构。

23.3.3 设计规则检查

设计规则检查(design rule check,DRC)通常使用 EDA 工具进行。检查正确的布局布线规则,例如相同图层多边形之间的空间距离等。层密度(标记为"R")问题在此处被暂时忽略,因为它们将在稍后解决。

23.3.4 版图与原理图一致性检查

版图与原理图比较(layout versus schematic,LVS),是将版图与电路原理图进行比较,确保版图组件之间的连接与原理图中绘制的完全相同。此处是可能出现电气短路或开路的地方。

23.3.5 天线效应检查

要检查在与栅相连的金属层上是否存在天线效应。例如有大块金属或长连线存在,则该层金属就会像天线一样收集带电载流子。载流子积累多了以后就会有高电压出现,击穿相连的栅氧化层,使器件永久失效。

23.3.6 模块拼装

如果芯片由各种模块组成,那么就将它们放在一起。此外,还定义引脚数和引脚的输入/输出属性。

23.3.7 虚拟填充

之前的版图绘制,每一个版图层次都不可能被填充到 100%。在芯片制造过程中,希望所有图层都能被填充得不是太满也不是过于稀疏。除了关键区域,填充可以使用 SKILL 脚本自动完成。这是解决 DRC"密度"错误的地方。

23.3.8 最后的 DRC 和 LVS

如果前 3 个步骤执行正确,则此检查不是必要的。但在进行了小的更改后仔细检查所有内容是一个很好的做法。建议执行包含了所有模型的 LVS 检查。

23.3.9 导出到 GDS 文件并发送

最终版本在 EDA 工具中以 GDS 的格式导出并保存。最后将此 GDS 文件发送给集成电路芯片制造商。

23.4 工艺设计套件

工艺设计套件(PDK)是由芯片制造商开发的基本组件库,用于开放访问其通用制造工艺。它是一套数据文件,包含了工艺支持的器件信息、工艺信息、物理规则等,是芯片设计和制造的桥梁。可以将 PDK 与一组构建块进行比较,其中库中的每个组件都是一个单独的块。设计人员可以使用这些模块为各种应用构建多种类型的集成电路。当设计人员在选择的平台上使用预定义的、经过测试的组件时,通用技术有助于降低成本。芯片设计者也可以扩充 PDK,根据他们的特定设计风格和市场对其进行定制。

通常的设计制造流程是:芯片制造商将开发完的 PDK 文件交给芯片设计商,芯片设计人员依靠 PDK 进行设计、仿真、绘制版图和验证设计,然后将设计交回芯片制造商生产芯片。PDK 中的数据依赖于芯片制造商工厂的工艺变化,是在设计过程中早期选择的,并受芯片市场需求的影响。完备准确的 PDK 非常重要,将增加首次流片成功的机会。设计师也可以创建自己的构建块,但设计师必须遵循代工厂的设计规则才能使用来自特定代工厂的定制组件。其中,设计规则通常包括材料类型和厚度、器件之间的最小距离、最大蚀刻深度、金属层数、特征尺寸(栅极、孔、有源区域等的尺寸)等。

一个典型的 PDK 包括以下项目。

23.4.1 原始器件库

原始器件库包括器件符号、器件参数、参数化单元(parameterized cell,Pcell)。

Pcell 是工艺设计包中的核心,是一个广泛用于集成电路自动化设计的概念。Pcell 代表电路的一部分或组件,其结构取决于一个或多个参数。因此,它是由电子设计自动化(EDA)软件根据这些参数的值自动生成的单元。例如,可以创建一个晶体管 Pcell,然后使用具有不同用户定义的长度和宽度的晶体管实例。在电子电路设计中,单元是功能的基本单元,可以多次放置或实例化给定的单元。Pcell 比非参数化单元更灵活,因为不同的实例可能具有不同的参数值,因而具有不同的结构。通过使用 Pcell,电路设计人员可以轻松地生成大量不同的结构,这些结构仅在几个参数上有所不同,从而提高了设计效率和一致性。Pcell 的实质是一段编程代码,通常用 SKILL 或 Python 语言编写(亦有使用图形用户界面或基于预定义函数库的专用 Pcell 设计工具生成)。此代码生成构成电路的掩模设计的实际形状。

23.4.2 设计规则手册

设计规则手册(design rule manual,DRM)是一份对用户友好的包含所有设计规则的手册,通常伴有图解文本描述。DRM 用于开发设计规则验证平台。

设计规则是半导体制造商提供的一系列参数,使设计人员能够验证掩模组的正确性。设计规则依赖于特定的半导体制造工艺。设计规则集指定了某些几何和连接性限制,以确保有足够的余量来解决半导体制造过程中的离散性,从而确保大多数器件正常工作。

最基本的设计规则如图 23.4 所示。第一个是单层规则,其中的宽度规则指定设计中任何形状的最小宽度,间距规则指定两个相邻对象之间的最小距离。另外,还有两层规则,是指存在于两层之间的关系。例如,覆盖规则可能指定一种类型的对象(如通孔),

必须由金属层覆盖,金属与所覆盖的通孔间必须有一定的边距。这些规则将适用于半
导体制造工艺的每一层。一般而言,底层具有较小的规则,而高层具有较大的规则。

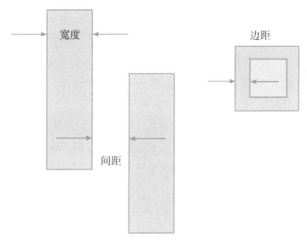

图 23.4　三类基本设计规则

最小面积规则,顾名思义是指某一个区域所能制造出的最小面积。基本设计规则
通常根据可扩展参数 λ 来定义,因此设计中的所有几何公差都可以定义为 λ 的整数倍。
这简化了现有芯片布局向更新工艺的迁移。随着一代一代新半导体工艺的出现,设计
规则手册变得越来越复杂。

23.4.3　验证平台

验证平台包括设计规则检查(design rule check,DRC)、版图与原理图一致性(LVS)
验证、天线规则验证、电气规则验证、物理参数提取等。

设计规则检查的主要目标是实现芯片设计的高整体良率和可靠性。如果违反了设
计规则,则设计出来的电路可能无法正常工作。为了实现提高芯片良率这一目标,DRC
已经从简单的测量和布尔检查发展到更多涉及修改现有特征、插入新特征以及检查整
个设计的工艺限制(如层密度)的规则。完整的版图不仅包括设计的几何表示,还包括为
设计、制造提供支持的数据。虽然设计规则检查不能验证设计是否能正确运行,但它们
的构建是为了验证结构是否满足给定设计类型和工艺技术的工艺约束。DRC 软件通常
将 GDS 格式的版图和选择用于制造的半导体工艺的规则列表作为输入。根据这些,它
会生成设计者可能会或可能不会选择更正的设计规则违规报告。通常情况下,我们进
行一定程度的设计规则豁免(design rule waiver),以牺牲良率为代价来提高性能或元件
密度。设计规则豁免针对不会显著影响可制造性或性能的物理和电气规则违规进行协
商。但是,为了确保结果的可信度,豁免系统必须能够处理通常遇到的所有类型的设计
豁免。DRC 是一项计算量非常大的任务。通常 DRC 先在芯片的每个子部分运行,以最
大限度地减少在顶层检测到的错误数量,并且 DRC 可能会在设计完成之前运行数次。
电路设计中 DRC 的一些例子包括有源区与有源区间距、阱与阱间距、晶体管的最小沟道

长度、最小金属宽度、金属与金属间距、金属填充密度（用于使用 CMP 的工艺）、聚合物密度、静电放电保护和输入/输出规则和天线效应等。

成功的 DRC 可确保芯片电路的版图能被成功制造，但是它不能保证芯片是否真的能代表我们想要制造的电路。这时就需要使用 LVS。LVS 软件是一类电子设计自动化验证软件，用于确定特定的集成电路版图是否对应于所设计的原始原理图或电路图。LVS 软件可识别代表电路元器件的版图形状，以及它们之间的连接。形成的网表由 LVS 软件与对应的原理图或电路图的网表进行比较。LVS 检查包括以下三个步骤：

（1）提取。软件程序获取一个数据库文件，其中包含在版图绘制期间形成的所有代表电路的层。然后，它通过许多基于区域的逻辑操作运行数据库，以确定版图中由其构造层表示的半导体组件。基于区域的逻辑操作使用多边形区域作为输入，并从这些操作生成输出多边形区域。这些操作用于定义器件识别层、器件的端子、布线导体和过孔结构以及引脚的位置。形成器件的层可以执行各种测量，并且这些测量数据可以附加到这些器件上。代表良好布线导体的层通常由金属制成。这些层之间的垂直连接通过通孔完成。

（2）缩减。在缩减期间，如果可能，软件将提取的组件组合成串联和并联组合，并生成版图数据库的网表。在相对应的原理图网表上执行类似的缩减。

（3）比较。将提取的版图网表与从电路原理图中获取的网表进行比较。如果两个网表匹配，则电路通过了 LVS 检查。在这一点上，它被称为"LVS clean"（在数学上，版图和原理图网表通过执行图形同构检查来比较它们是否等效）。

在大多数情况下，版图第一次无法通过 LVS 检查，需要版图工程师检查 LVS 软件的报告并更改版图。LVS 检查期间遇到的典型错误包括：

①短路：不应连接的两根或多根电线连在了一起。

②开路：应连接的电线未连在一起，或仅部分连接，或组件悬空。

③组件不匹配：使用了不正确类型的组件（例如，使用了错误的低阈值器件而不是标准阈值器件）。

④缺少组件：版图中遗漏了预期的组件。

⑤参数不匹配：网表中的组件可以包含属性。LVS 工具可以将这些属性与所需的容差进行比较。如果不满足此容差，则认为 LVS 运行存在属性错误。检查的参数可能不完全匹配，但如果 LVS 工具容差允许，仍可能通过。

23.4.4　天线规则检查

天线基本上是一个面积比较大的金属互连，即像连接到晶体管栅极的多晶硅或金属这样的导体。在某些制造步骤（例如使用高度电离物质进行刻蚀的等离子刻蚀）过程中，导体上可能会发生电荷积累。如果电荷积累到一定程度，就会发生放电，对晶体管栅极氧化物造成永久性的物理损坏。这种现象被称为天线效应。可以通过添加一个小型天线二极管来解决天线问题，以安全地对地放电，或者通过向上布线到另一个金属层然后再向下布线来拆分天线。天线比率定义为构成天线的导体的物理面积与天线连接到的栅极氧化物的面积之比。天线规则检查就是检查与天线效应相关的布局和天线比率是否符合规范。

23.4.5 电气规则检查

电气规则检查(electrical rule check,ERC)验证电源和接地连接的正确性,以及信号转换时间、电容负载和扇出是否超过了适当的界限。这包括:检查阱和衬底区域的接触,从而确保其与电源和地有正确的连接;检查未连接的输入或短路的输出;栅极不应直接连接到电源;检查 Tie-high and Tie-Low 单元对应的电源连接和接地连接;检查易受静电放电(electro-static discharge,ESD)损坏的结构等。因为 ERC 是基于对芯片正常运行所需的电压条件的,因此它们可能会对具有多个电源或者负电源的芯片发出许多错误警告。

23.4.6 工艺技术数据

工艺技术数据包括掩模层、掩模层名称、层/目的描述对、颜色、填充和显示设置、工艺局限、电气规则等。

23.4.7 规则文件

规则文件包括库交换格式(library exchange format,LEF)和工具相关规则格式。LEF 是 ASCII 码(美国信息交换标准代码)格式的集成电路物理布局的规范。它包括有关器件的设计规则和抽象信息。LEF 仅具有该级别所需的基本信息,以服务于相关计算机辅助设计(computer aided design,CAD)工具的目的。它通过仅提供抽象视图来帮助节省资源,从而消耗更少的内存开销。

23.4.8 原始器件的仿真模型(SPICE 或 SPICE 衍生产品)

原始器件的仿真模型包括晶体管、电容器、电阻器、电感器等。

23.5 标准单元库

在集成电路设计中,标准单元法是一种最普遍的数字电路设计方法。标准单元法是设计抽象的一个示例,其中低级规模的集成电路版图被封装到抽象逻辑表示(如与非门)中。这种方法使一个设计人员可以专注于数字设计的高级(逻辑功能)方面,而另一位设计师则专注于物理实现方面。随着半导体制程的进步,标准单元法已帮助设计人员将芯片从相对简单的功能电路(数千个门)扩展到复杂的数百万个门的片上系统(SoC)级别。

标准单元是一组晶体管和互连结构,是底层电子逻辑功能的集合,提供布尔逻辑功能(如 AND(与)、OR(或)、XOR(异或)、XNOR(同或)、NOT(非))或存储功能(触发器或锁存器)。最简单的单元是基本 NAND(与非)、NOR(或非)和 XOR(异或)布尔函数的直接表示,尽管通常使用复杂得多的单元(如 2 位全加器或多路复用 D 输入触发器)。标准单元的布尔逻辑函数被称为它的逻辑视图,函数行为以真值表或布尔代数方程(用于组合逻辑)或状态转换表(用于顺序逻辑)的形式捕获。这些标准单元被设定为有固定的高度(pitch)、可变宽度,这使它们能够成行放置,从而简化了自动化数字布图的过程。这些标准单元通常是优化的全定制布图,可最大限度地减少延迟和减小面积。

一个典型的标准单元库包含两个主要组件[3]:单元数据库和时序摘要。单元数据库由许多视图组成,通常包括版图、原理图、符号、摘要和其他逻辑或模拟视图。由此,可以以多种格式捕获各种信息,包括 LEF 格式和 Milkyway 格式,其中包含有关单元版图的简化信息,用于自动化放置和布线工具。时序摘要通常采用 Liberty 格式,为每个单元提供功能定义、时序、功率和噪声的信息。

通常,标准单元的初始设计是在晶体管级别开发的,以晶体管网表或示意图的形式表示。网表是晶体管的节点描述,它们相互连接,还包含它们到外部环境的端口。可以使用许多不同的计算机辅助设计(CAD)或电子设计自动化(EDA)程序生成示意图,这些程序为此网表的生成过程提供图形用户界面(GUI)。设计人员通过语句输入激励(电压或电流波形),然后计算电路的时域(模拟)响应,使用其他 CAD 程序(如 SPICE)来仿真网表的电子行为[4]。仿真验证了网表是否实现了所需的功能并预测了其他相关参数,例如功耗或信号传播延迟。

由于逻辑和网表视图仅对抽象(代数)仿真有用,而不是对器件制造,因此也必须设计标准单元的物理表示,也称为版图视图,这是设计中最低级别的抽象设计。从制造的角度来看,标准单元的超大规模集成电路版图是最重要的视图,因为它最接近标准单元的实际"制造蓝图"。版图分为单元(cell)(对应于晶体管器件的不同结构)、互连布线层和通孔层(将晶体管结构连接在一起)。互连布线层通常被编号并且具有表示每个顺序层之间的特定连接的特定通路层。出于设计自动化的目的,版图中也可能存在非制造层,但许多明确用于布局布线(place and routing,PNR)CAD 程序的层通常包含在单独但相似的抽象视图(即拓扑版图)中。抽象视图通常包含比版图少得多的信息,并且可以识别为版图提取格式文件(LEF)或等效文件。

创建版图后,通常使用其他 CAD 工具来执行许多常见的验证。首先进行设计规则检查(DRC)以验证设计是否满足代工厂对版图的要求。其次将该网表的节点连接与原理图网表的节点连接进行比较,以验证连接模型是否等效(LVS)。接着执行寄生参数提取(parasite extraction,PEX)以从版图中生成具有寄生属性的 PEX 网表。然后可以再次仿真 PEX 网表(因为它包含了寄生特性)以实现更准确的时序、功率和噪声模型的验证。这些模型通常以 Synopsys Liberty 格式表征,但也可以使用其他 Verilog 格式。最后强大的版图自动布局布线工具就这样将所有内容整合在一起,并以自动化方式生成了超大规模集成电路版图。

本章小结

本章以一个单片机(MCU)为例,主要讲述了数字电路设计流程、模拟电路设计流程,介绍了工艺设计套件和标准单元库法。

参考文献

[1] Shuyan Fan. The application of VHDL in digital integrated circuit design[C]. Proceedings of 2019 3rd International Conference on Mechanical and Electronics Engineering (ICMEE 2019). Clausius Scientific Press,2019:108-111.

[2] Scarabottolo I,Ansaloni G,Constantinides G A,et al. Approximate logic synthesis: A survey[J]. Proceeding of the IEEE,2020,108(12):2195-2213.

[3] Vijay Kumar Sharma,Manisha Pattanaik. Design of low leakage variability aware ONOFIC CMOS standard cell library[J]. Journal of Circuits,Systems and Computers,2016,25(11):1650134-1650134.

[4] Rawat Amita, Sharan Neha, Jang Doyoung, et al. Experimental validation of process—induced variability aware SPICE simulation platform for sub-20 nm FinFET technologies [J]. IEEE Transactions on Electron Decices,2021,68(3): 976-980.

思考题

1.数字电路的设计流程是什么样的？其中的物理设计部分又包含哪些具体的步骤？

2.三类基本设计规则是哪三类？遵从该规则的意义是什么？

3.一个典型的 PDK 有哪些组成部分？

致谢

本章内容承蒙丁扣宝、韩雁、谭年熊等专家学者审阅并提出宝贵意见,作者在此表示衷心感谢。

作者简介

陈一宁：新加坡南洋理工大学博士,浙江大学微纳电子学院特聘研究员。从事超大规模集成电路相关的电子器件大数据研究和开发工作,在 *Applied Physics Letters*,*IEEE Transactions on Electron Devices* 等期刊发表论文多篇。主导开发多个大生产工艺项目,如 65nm/55nm 和 45nm/40nm 节点 CMOS 低功耗逻辑工艺优化和良率提升,Smart Analysis 全套芯片良率大数据解决方案等。

第 24 章
设计制造一体化(DTCO)

在芯片设计和生产流程中,芯片设计者将完成物理验证的设计结果以版图的形式交给代工厂,代工厂根据版图对晶圆进行加工。在这一过程中,芯片设计者并不知晓设计是否会带来制造问题,同样的,制造者也并不清楚设计所实现的具体功能、时序、功耗以及面积要求。芯片设计者与制造者之间的信息存在鸿沟会带来芯片最终性能不达到最优或上市时间延长等风险。因此,随着技术节点的不断演进,设计制造一体化(design technology co-optimization,DTCO)也随之产生。本章将从可制造性设计概况与关键技术、DTCO 流程、DTCO 关键环节等方面介绍这项技术;还将介绍在 5nm 以下先进工艺节点中出现的系统设计与工艺协同优化(system technology co-optimization,STCO)。

24.1　可制造性设计(DFM)概况

当前和未来逻辑工艺节点扩展的核心是需要根据设计级别标准评估和选择技术选项,这些标准体现在经常引用的性能、功耗和面积(PPA)指标中。虽然以实现某些电路级性能指标为目标来引导工艺技术的概念不是新的,但为实现这些目标而设计的可制造性设计法已经发生了决定性的转变,集成电路产业仍然一直在优化这些方法,使其更加有效地适应未来要求。

在整个平面互补金属氧化物半导体(complementary metal oxide semiconductor,CMOS)器件等比缩放的时代,工艺节点保留了与栅极长度的最小临界尺寸相关的物理意义,并且通过以摩尔定律描述的速率逐步减小临界尺寸来推进缩放。如今,逻辑工艺节点的缩放具有明显不同的特征,工艺节点命名与物理尺寸分离,缩放由一组不同的因素控制。

与非传统平面 CMOS 工艺,如鳍式场效应晶体管(fin field-effect transistor,Fin-FET)、全栅场效应晶体管(gate-all-around FET,GAAFET)、三维与非闪存(3D NAND)等相关的先进工艺开发中,开发和制造成本以及复杂度大大上升,特别是在光刻方面,小尺寸实现正常运行的晶体管和后端金属互连已经逼近了物理限制。

纳入新逻辑工艺节点的候选技术包括新的晶体管架构和其他旨在实现面积增益或减小可变性的创新,称为缩放增强器,通常在生产线中段(middle-of-line,MOL)的互连中实现。然后将新的晶体管架构和缩放增强器体现在新的标准单元设计中,以通过模块级设计实验进行评估。加工线的不可用和晶圆成本促使使用仿真工具来指导开发,尤其是在早期的探索阶段[1]。

在了解 DTCO 技术之前,首先需要了解可制造设计(design for manufacturability,DFM)技术。DFM 是一系列应用于版图设计的、用来控制晶圆上得到的 IC 图形,从而使得产品的良率最优化的规则、工具和方法的统称[2]。其涵盖的内容非常广泛,包括如下最常见的两个概念。

24.1.1　推荐设计规则

芯片设计者在画完版图后需要进行设计规则验证。设计规则包括最小宽度(width)、最小间距(space)、最小交叠(overlap)、最小包含(enclosure)等。为了确保版图满足工艺上的可制造性,最终的版图必须符合这些设计规则。而推荐设计规则是设计者在达到 DRC 最低设计要求的前提下,进一步优化设计,主要用来解决限制良率但又无法通过有效的数学模型来精确建模的问题,例如快速退火的温度均匀性、硅化物薄层电阻阻值的波动、应变硅中压力的影响等。主要做法包括:

(1)采用比最小线宽/线间距更宽的线宽/线间距;

(2)改善线条图形的密度均匀性;

(3)不同光刻层的布线尽可能均匀。

在具体实现中,上述工艺因素的影响将会用推荐值来体现。以线宽为例,线宽超过该推荐值,良率将不再提高。因此,任何位于允许最小线宽和推荐值之间的线宽值都将提高良率。同时,根据不同的失效机理的重要性(某一项特性的工艺步骤更容易导致线路间的电学短路或开路)来排出不同参数的推荐设计规则之间的优先级。

这样的方式存在的问题是,对具有大量参数的推荐设计规则进行优化的过程比单纯增加线宽或线间距要复杂得多,对于这种复杂版图的优化,不借助自动化的工具将难以实现。

24.1.2　光刻友好型设计

光刻友好型设计(lithography-friendly design,LFD)的目的是利用含有光学规则检查(optical rules check,ORC)的光刻模型来提前查看可能的热点区域(hotspots)。热点区域是指在芯片设计版图上的某些区域,即便经过了 DRC,但由于其狭窄的工艺窗口,仍然可能导致在芯片制造时出现问题,甚至导致芯片失效。与 DRC 的检测方式不同,光刻友好型设计的检测对象不再是设计者绘制出的版图,而是通过光刻模型对版图进行仿真,以此来分析仿真结果中可能存在的热点区域。具体流程如图 24.1 所示。

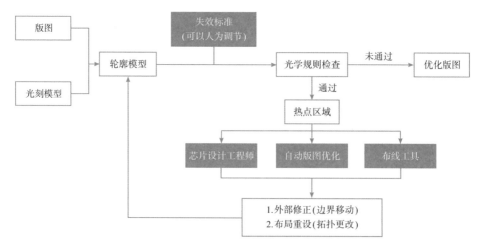

图 24.1　LFD 检测流程

首先人为设定失效标准,接下来任何超出失效标准的版图布局布线都会在仿真报告中被认定为热点区域,反馈给芯片设计工程师。集成的光刻友好型设计检测平台还会包括自动的版图调整或布线的优化策略。

在光刻友好型设计模型中必须考虑工艺参数(如曝光剂量、聚焦偏差、掩模版尺寸误差等)的变化,根据参数的变化范围,将仿真得到的图形轮廓最外侧和最内侧之间区域涂为阴影区域,这个阴影区域称为工艺变化带宽(process variation band,PV-band)。PV-band 内包括了仿真得到的所有可能的图形轮廓。在光刻参数的统计分布已知的前提下,通过评估不同概率下得到的工艺变化带宽图形质量,就能定量地评估工艺参数变化对良率的影响。

一个好的可制造设计主要包括以下几个特征:

(1)保持或提高设计生产率和质量;

(2)尽量避免设计师受工艺变更的影响,维持稳定的设计环境;

(3)尽可能简化设计规则,最大限度地减小复杂性,避免错误。

可制造性设计可以恰当地描述为一种基于软件的方法,用于开发新的半导体工艺节点,全面考虑技术元素如何影响电路性能[1]。可制造性设计的应用以更低的成本为目标,它的支柱是技术和设计活动本身。其中一种可制造性设计技术包括在集成电路芯片开发的物理设计阶段,以确保可以准确地将设计制造出来。在较大的节点上,集成线路制造过程中的大多数缺陷是由超出标准公差的工艺步骤造成的,即宏观层面的变化,或在光刻图形转化步骤中随机粒子中断了通过掩模的光流或被嵌入晶圆本身的某一层中[3]。我们可以通过统计过程控制(SPC)的运用和建立超洁净室分别有效地控制这两种机制获得高产出。

然而,随着 CMOS 工艺节点越来越小,从 90nm 节点移动到 65nm、40nm、32nm、28nm、20nm 和 16/14nm 节点以下时,光刻步骤将使用极紫外(extreme ultraviolet,EUV)光刻以利用更短波长的光刻工艺。当光与接近光波长尺寸的物体和狭缝相互作用时,衍射效应变得显著。半导体制程已经远远超出了这个门槛。从 130nm 到 65nm 节点,芯片制造行业已经开始使用分辨率增强技术(RET),包括光学邻近校正技术,来有效地处理衍射效应引起的失真。这涉及对预期的光失真进行建模并对掩模进行更改以对其进行校正,从而使晶圆上的最终曝光图案符合预期。对于芯片设计人员来说,幸运的是这些步骤是在版图送出流片之后进行的,对设计没有影响,所有的工作都是芯片制造者进行的。但是对于芯片设计人员来说,坏消息是一旦进入更小的节点,RET 就无法解决所有问题了[4]。因此,芯片制造厂必须添加设计规则,这样的结果是,设计人员需要进行设计更改,以消除或修改版图中无法准确制造的部分。在每个更小的节点,可制造性设计规则变得更加复杂,影响范围也扩大了。例如,在 20nm 节点处,通常放置在版图中以提高整个芯片金属一致性的填充形状规则变得更加复杂,并且填充多边形的数量增加了一到两个数量级。下面列举了一些有关可制造性设计方法的更多详细信息。

24.2　DFM 关键技术

24.2.1　光刻热点分析和光刻检查

光刻热点分析涉及模拟光的扩散和光的变化,如焦深和光强度,对晶圆上预期图形形状再现的影响。光刻分析工具收集有关设计在一系列不同条件下产生的数据,例如剂量、焦点、掩模位置和偏差的变化,而不仅仅是在最佳设置下。这些变化被称为“工艺窗口”。然后,该工具预测版图的特定区域,由于其上一些形状或形状的配置,可能会导致缺陷,例如互连线被挤压、断裂或短路[5]。工艺窗口的影响在制造版图的图形描述上显示为条带。条带显示了在不同的工艺窗口变量值下晶圆上将会呈现的特征。设计人员可以查看热点和过程变量带,并在需要时对版图进行改进[3]。

24.2.2　CMP 热点分析

CMP(chemical mechanical polish)热点分析寻找设计中由于化学机械研磨而出现缺陷的概率高于平均水平的区域。由于不同的材料在 CMP 工艺下会表现出不同的刻蚀速率,因此保持整个芯片的密度平衡很重要,以防止可能导致金属互连短路和开路的凸块和凹陷[8,9]。CMP 分析测量版图的各个方面,以确保芯片在多层构建上均匀平整[6]。典型的测量包括最大和最小金属(铜)密度、定义窗口上的密度梯度、芯片上的密度变化以及窗口内多边形的总周长,以识别出具有既定指南之外的特征的区域,并根据需要进行修改。

需要注意的是,通常在设计过程结束时执行的“填充”程序在设计的任何空白区域添加非功能性形状,最初旨在提高整个金属密度的均匀性,通过仿真获得可能实际形成的 CMP 结果。在高级节点中,这种填充的作用会更加复杂,因此需要更精密的 CMP 热点分析技术。

24.2.3　关键区域分析

关键区域分析(critical area analysis,CAA)会查看 IC 的物理版图,以确定是否存在由于随机颗粒而容易出现高于平均缺陷率的区域[7]。例如颗粒可能导致芯片互连的短路或开路时,在互连线靠近在一起或线宽最小的情况下,更有可能发生。CAA 根据版图形状的间距和尺寸,以及洁净室环境中颗粒的浓度和尺寸分布,确定所谓的"关键区域"。而设计人员可以对此进行修改,例如通过将连线进一步分开或利用空白空间加宽连线,以最大限度地减少这些关键区域。

24.2.4 通孔增强

作为较小的节点,由于在接触孔应力点处积聚的气泡或接触孔位置处的随机颗粒,接触孔形成不良导致了大量缺陷,比如连接断开或连接电阻过大。此外,与连接线重叠不足的通孔过渡也会显著增加产量损失[8]。一个简单的解决方案是在每个过渡处放置两个通孔,但将每个通孔加倍会对设计尺寸产生影响。此外,更改通孔可能导致需要重新进行布线设计,并可能导致 DRC 违规。

特殊的可制造性设计工具可以识别通孔转换,并在特定版图的上下层中需要对第二个通孔插入的位置提出建议,以及可以通过利用空白之处在不增加面积的情况下添加通孔的位置。它们还可以通过正确排布通孔走向,即与现有互连线一致,将寄生影响降至最低。此类工具还可以扩大金属在通孔上的重叠面积,以提高连通性及减小缺陷产生的可能性。

24.2.5 关键特征分析

关键特征分析(critical feature analysis,CFA)是在掩模中寻找难以在晶圆上复现的特定形状或形状组,这些特定形状或形状组更有可能导致 IC 出现缺陷。这些特征通常通过模拟(如此处描述的光刻热点分析)或对测试芯片的物理故障分析来识别[9]。有多种方法可以指定和识别这些特征。设计人员可以在物理验证期间检查传统的设计规则。然而,在标准的设计规则检查(DRC)工具中使用基于表格的方法来定义最复杂的关键特征非常困难,甚至在某些情况下是不可能的。如果工具支持,另一种可用方法是编写一个方程来描述关键特征。然后,检查工具识别这些规则方程指定的所有特征。尽管这对某些类别的关键特征很有用,但它无法解决不适合算法描述的特征。为此,研究者开发了一种基于模式识别的新方法(参见 24.2.6)。

24.2.6 模式匹配

如关键特征分析中所述,一些关键特征无法用简单的方式描述——它们太复杂了。为了帮助设计人员找到这些复杂的特征,物理验证和可制造性设计工具现在采用模式匹配技术。也就是说,设计人员可以简单地复制已被识别为问题的特定特征(版图的一部分)并将其放入模式库中。然后,可制造性设计工具可以在整个版图中搜索库中所有出现的模式[10]。当然,该工具必须足够智能,以考虑到图案的不同方向和位置,甚至是设计者给出的图案尺寸的微小变化。一旦确定了问题特征,设计人员就可以采取适当的措施来修改或消除它们。

24.2.7 可制造性设计评分

从前面的讨论中可以明显看出,可制造性设计不是一种单一的技术或工具——它实际上是要在设计过程中解决各种制造问题和限制。可制造性设计实践最终侧重于提高产出和防止产品交付给客户后可能出现的缺陷。不幸的是,这也意味着更多的工作,意味着更多的工程成本和延迟上市时间——典型的工程权衡问题。设计师需要一种方法来判断何时"足够了"[10],这就是可制造性设计评分的目的。它是一种方法,它使用一组物理版图的测量来确定设计是否足够好以实现可接受的良率,或者确定花费额外的时间和精力来解决设计中剩余的一些可制造性问题以提高产出,是否是一项合算的投资。这些方法往往是集成电路芯片制造商驱动的,因为这些方法基于集成电路芯片制造商指定的设计规则,而这些规则来源于他们在每个节点上生产芯片和测试芯片的经验与数据。

24.3 DTCO 概况

24.3.1 DTCO 原理

可制造设计建立了从制造厂到设计者之间的单向交流途径。但是过于苛刻的设计规则会影响电路设计的效率以及电路的性能,同时可制造设计通常发生在设计后期,而一些新技术的引入(如 16/14nm 的 FinFETs)要求设计和工艺在技术定义的早期就能有更多的交流。因此,可制造设计不再能满足集成电路发展的需要,在这样的背景下,DTCO 技术被提出。

不同于可制造设计,DTCO 的目标不仅仅是向设计人员提供制造过程中的约束,而是在设计工程师的需求和制造工程师的关注重点之间协商出一个更优的折中方案。设计制造一体化的核心不是一个特定的解决方案,甚至不是一个严格的工程方法。从根本上说,它是设计师和制造工程师之间的桥梁,它主要实现两个目标:

(1)实现具有竞争力的技术架构定义;

(2)避免由于激进的制造假设引起产品投放市场延期或者良率下降等风险。

图 24.2 直观体现了 DTCO 的原理。设计制造一体化是指通过建立一个双向平台,使得设计方和制造方可以进行共同优化。当设计工程师在尝试先进技术节点时,可以通过早期识别来克服一些先进制造工艺中可能存在的技术瓶颈。而制造工程师也通过了解芯片设计的目标,来做出相应的工艺调整。设计制造一体化主要应用于新工艺技术节点开发的早期,并贯穿于整个研发过程。

图 24.2 设计制造一体化原理示意图

下面以金属层优化为例介绍一种基于标准单元的设计制造一体化方法[11]。在制造掩模之前,评估和优化标准单元能够获得更大的工艺窗口。该方法需要在流片之前增加一个额外的学习周期,但能够有效降低工艺研发的成本。具体流程如图 24.3 所示。

（1）根据上一个节点标准单元库进行等比例微缩，并随机地排列来模拟数字电路物理设计中的布局流程。

（2）提取关键层进行光学仿真，检测标准单元中的坏点，并对坏点进行修复，进而达到优化标准单元的目的。

（3）流片并进行检测，即根据晶圆数据来进一步优化标准单元。

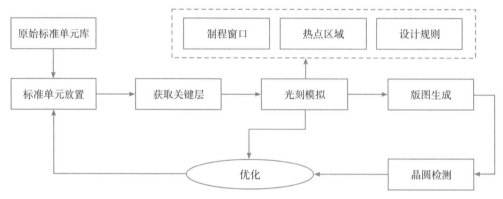

图 24.3　基于标准单元优化的设计制造一体化流程

24.3.2　传统平面工艺 DTCO 技术

摩尔定律指出，每一次全新技术节点都将带来一倍的晶体管密度增益，而这一增速是提升芯片性能和降低制造成本之间妥协的结果。但当通过常规的晶体管尺寸微缩越来越难以获得理想性能增益时，设计制造一体化的作用被逐渐凸显。

下面以栅极间距对于设计性能的影响为例，说明设计制造一体化的重要性。有实验测试了在 28nm 测试芯片中不同栅极间距对于最终性能的影响[12]，结果证明，适当提高栅极间距带来的性能提高可以抵消由此带来的标准单元库面积的增加。同时，更好性能的晶体管可以减少中继器的插入，从而实现更小的电路块。但是，在芯片设计制造流程中，由于需要考虑光刻限制，栅极间距在设计的早期就会被确定下来并且在之后也难以修改。因此，首先需要光刻工程师提供设计规则和坏点图形库给设计工程师。设计工程师在对栅极间距进行优化时，设计者就必须在早期对硬件建模，通过了解技术选择对于产品设计效果的影响，从而确定晶体管的特征，以期达到最好的效果。这一事实说明，在早期进行学习从而为制造开发提供信息是十分重要的。

图 24.4 给出了经典 DTCO 设计流程[13]。工艺制造者通过基于半导体工艺的计算机辅助设计（technology computer aided design，TCAD）器件仿真获得其电学特性并建立集成电路仿真程序（SPICE）器件模型，光刻工程师提供设计规则和坏点图形库，由此能够获得标准单元库以及工艺设计套件（PDK）。将这些文件交付给设计工程师，再由设计工程师通过电路仿真及物理实现对特定电路的 PPA 进行特性分析，判断设计是否满足要求，如果不能满足设计要求，则将设计结果反馈给制造方，进行迭代修改。

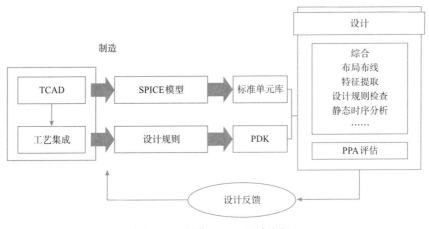

图 24.4 经典 DTCO 设计流程

24.3.3 鳍形结构工艺 DTCO 技术

28nm 以下的技术使得 DTCO 出现了应用和效益的拐点,特别是在 16/14nm 节点引入了 FinFET。FinFET 使用鳍形结构作为有源结构,将鳍形结构的间隙作为沟槽隔离结构,使其在微缩尺寸方面产生了比传统 MOSFET 更好的性能。但其更为复杂的结构也给 DTCO 增加了新的复杂性,这就要求尽早评估更高级别的设计指标,以实现预期的工艺产品尺寸缩放。

FinFET 器件中栅长、栅侧墙值(spacer)宽度及源漏接触区面积是三个决定器件性能的重要参数。栅长越长,器件的亚阈值特性越好,但栅电容越大;栅侧墙越宽,可靠性和电容特性越好;源漏接触区面积越大,则源漏接触电阻越小。上述三个参数之间存在设计冲突,因此需要通过优化找到一个既能满足电路电性要求,同时工艺制造也能支撑的器件结构。

在以前的技术中,标准单元设计者可以从 PDK 文件获得第二金属层(M2)间距和器件特性,然后独立确定采用哪种单元高度作为标准单元库的最佳结果。单元高度以 track 数为单位,track 是标准单元库尺寸的一个计量单位,通常定义为 M2 层的间距值。然而,在一个单元内加入离散数量的鳍形结构的附加约束改变了这一点[12]。对于 Fin-FET 结构,track 高度由标准单元有源区所能容纳的鳍数目所决定。而如果 FinFET 鳍形结构的鳍距等于 M2 间距,则可以保留现有的范例。但是在低功耗标准库中,通常需要将鳍距降低到 M2 间距以下,以期达到更好的散热效果。因此在 FinFET 设计中,鳍形结构的数量及位置都可以进行微调,这种微调与标准单元结构的评估相关,包括电源轨道构建、晶体管接触等,需要通过此评估来确定哪种配置方案可以使得更多的单元结构都满足电路设计规则。为了得到足够准确且优化的配置,必须评估对于数百个关键单元的总体影响。因此,在对于 FinFET 器件进行量化设计时,必须考虑构建完整单元库的最小金属周期以及确定鳍形结构的光刻掩模图像。

24.3.4 环栅器件工艺 DTCO 技术

集成电路按摩尔定律揭示的行业发展规律向前推进,电路功耗不断降低,速度不断提高,面积进一步减小,器件特征尺寸也按等比例缩小(理论上逐步逼近物理极限),三维结构的新型器件不断涌现。随着 FinFET 鳍片厚度进一步缩小,晶体管的寄生电阻显著增加,器件特性退化。同时由于工艺难度提升,工艺波动影响愈发严重,FinFET 达到了其物理极限[14-16],一种新型器件——环栅器件 GAAFET 随之产生。根据国际器件与系统路线图的预测,在 3nm 及以下的节点,环栅器件将成为主流器件架构[17]。相比 FinFET 三面栅包围的结构,环栅器件具有四面包围的特征,栅控能力更强,能够提供更高的器件饱和电流,同时相比 FinFET 鳍形沟道结构,环栅器件的电容存在较大的优化空间。通过选择合适的尺寸结构方案,环栅器件可以满足 3nm 的性能要求,并且在更低的技术节点下仍有发展空间[18,19]。

环栅器件按沟道方向可以分为水平环栅和垂直环栅两种结构,按沟道形状可以分为纳米线环栅(nano wire field effect transistor,NWFET)和纳米片环栅(nano sheet field effect transistor,NSFET)等。其中,垂直环栅不会受到接触栅周期(contact gate pitch,CGP)的限制,能够提供更小的电路面积,但是相较水平环栅工艺难度也更高。而纳米片器件相比纳米线形状沟道,可以提供更大的饱和电流。因此,在 3nm 工艺节点下水平纳米片环栅器件成为主流的选择。

根据欧洲微电子研究中心的技术目标,深纳米工艺代的 MOSFET 器件相比于上一技术节点需要满足:基于器件的环振电路工作频率提升 20%,功耗损失减小 40%,而器件的面积减少 40%[20,21]。这意味着器件设计与优化不能再仅考虑器件的特性,而是需要结合逻辑电路,考虑其在电路级的表现。电学特性优异的器件未必能同时获得良好的电路功耗-频率-面积特性,因此需要通过 DTCO 的研究方法,全面把握和调控器件特性,从而得到满足要求的器件工艺设计方案。

如图 24.5 所示是一种针对 3nm 纳米片环栅器件的电路-器件-工艺协同优化设计流程[22]。DTCO 设计需要通过电路的性能、功耗和面积,探究器件和工艺的优化方案,因此需要基于 NSFET 进行电路仿真。首先,针对 3nm 工艺节点对 NSFET 器件进行 TCAD 仿真建模,通过迭代优化后得到一组结构尺寸方案称为标准器件,并通过仿真得到其电学特性。之后,利用集约模型提取、中后段互连寄生电容的仿真抽取以及后段寄生电阻的等效估算等仿真计算,可以得到典型电路的仿真特性,从电路的角度出发探究器件的性能。通过电路的性能、功耗、面积特性仿真,判断器件结构是否满足技术要求。如果满足,则输出结构工艺方案;如果不满足,则重新进行优化。

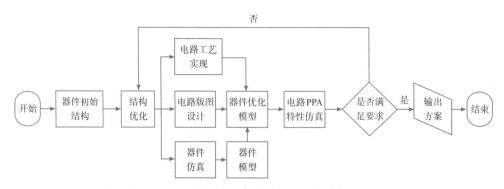

图 24.5　3nm 纳米片环栅器件协同设计优化流程图

当前针对环栅器件的 DTCO 设计流程还在不断发展优化,设计人员希望在保证仿真准确性的前提下,减少时间和运算成本。Feng P 等研究人员基于 TCAD 实现了 5nm节点 FinFET、纳米板(nanoslab)型环栅、六边形环栅以及纳米环(nanoring)型环栅的DTCO 设计[23]。随着器件结构的巨大变化,3nm 技术节点的 DTCO 技术还需要更多的探索尝试,DTCO 的概念需要被进一步地扩充进化,需要融进更多新兴技术,从而实现更高层次的融合协同设计。

24.4　DTCO 流程

24.4.1　确定工艺设计目标

工艺设计目标即新技术节点的设计规则文件,包括最小金属间距、栅宽等,通常都是由上一代技术节点设计规则等比例缩小得到初始版本,然后再结合工艺制造难度、器件性能等指标进行修改迭代。根据摩尔定律,逻辑电路的面积每 18 个月缩小 50%,相邻技术节点之间线间距缩小到原来的 70%。在先进节点中,70% 的缩放间距只能为确认工艺设计目标提供一个粗略的指导。典型 DTCO 流程中的工艺设计目标确认主要包括以下四个方面。

1. 缩放目标确认

缩放目标即新工艺设计规则的金属层最小间距相较上一代工艺缩减的百分比,现有光刻、工艺和设备解决方案的局限性以及互相制约的工艺设计参数,在设定缩放目标时起着重要作用。在确定新工艺的缩放尺寸后,方案实施过程中可能需要额外的工艺成本或设计限制来补偿过度缩放的间距。

在图 24.6 中,Intel 14nm 技术将 22nm 中的双向 M1 层分解为单向 M0 和 M1层[24]。虽然这种分解需要额外的金属层来实现标准单元,但如果适当优化,它可以实现标准单元高度缩放,使标准单元高度的降低大于间距缩放(pitch scale)因子。这种"轨道高度缩放"(track-height scaling)使间距缩放和金属轨道数量同时减少,以最小间距缩放实现模块面积的大幅减小成为 DTCO 的一个关键要素。

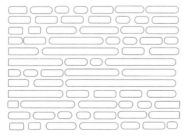

(a)Intel 22nm双向M1层技术　　(b)Intel 14nm高密度标准　　(c)Intel 14nm高密度标准
　　　　　　　　　　　　　　单元单向M0技术　　　　　单元单向M1技术

图 24.6　缩放对金属走向的影响[24]

2. 标准单元互连工艺

如果引入新的技术元素,则必须在工艺团队的供给和设计团队的需求之间建立有针对性的交互通道。例如,为了对扩散区、多晶硅接触孔(poly contact)和布线层次(wiring levels)的设计规则进行补偿,在工艺方面使用局部互连取代接触孔,即额外引入一个合金层,其通过特殊工艺形成有源区和 M1 层连接,该层可作为 M0 层,与 M1 通过 VIA0 通孔连接。这种取代必须考虑哪些层在局部互连区连在一起,哪些层之间是彼此绝缘的,这是早期 DTCO 需要考虑的一个重要方面。

图 24.7(a)是高度为 7.5 track 10nm 工艺下的双向 M1[25] 的与或非门(and-or-inverter,AOI),由于超过了光栅技术的物理极限,在 7nm 工艺节点下需要采取新的刻蚀方式。图 24.7(b)至(d)为单向金属单元结构的演变,其将标准单元内部的布线拆分为水平方向的 M0 层和垂直方向的 M1 层,提供足够的连接引脚,体现了对于局部互连设计和工艺细节的共同优化。图 24.7(e)通过金属间距和单元高度缩放实现了 56% 的面积缩减。随着局部互连、三维布线堆叠和工艺细节的共同优化,标准单元内部布线密度得到显著优化。

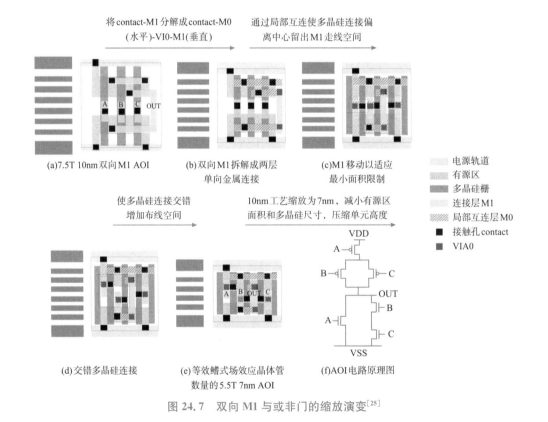

(a)7.5T 10nm 双向 M1 AOI   (b)双向 M1 拆解成两层 单向金属连接   (c)M1 移动以适应 最小面积限制

(d)交错多晶硅连接   (e)等效鳍式场效应晶体管 数量的 5.5T 7nm AOI   (f)AOI 电路原理图

图 24.7 双向 M1 与或非门的缩放演变[25]

3. 标准单元布局风格

光刻原理中决定间距目标的瑞利准则系数可以用来建立下一个技术节点中必要的方向限制、几何限制(可支持的晶体管特征类型和宽长比)和间距限制。

标准单元轨道高度缩放是整个 DTCO 技术的一个重要组成部分,如图 24.8(a)所示是 Intel 不同技术节点下的标准单元轨道高度。Intel 推出的单向 M0/M1 技术使金属层更紧凑,提高了面积利用率,有源栅极上接触(contact over active gate,COAG)技术将栅极接触孔做到有源区上方,在很大程度上实现了轨道高度缩放。单向性布局仅对设计规则施加端到端的约束,如图 24.8(c)所示,而双向设计则同时施加端到端和端到侧的约束,如图 24.8(b)所示。端到侧约束限制了轨道高度(track height),因此即使 EUV 具有卓越的光刻性能,标准单元设计也不会恢复到双向布局风格。

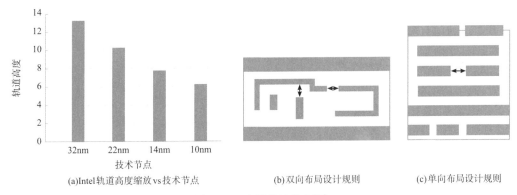

(a)Intel轨道高度缩放vs技术节点　　　　(b)双向布局设计规则　　　　(c)单向布局设计规则

图 24.8　布局设计优化[24]

4. 可选结构

在工艺设计目标中,最终需要确定技术节点所支持的功能性结构。结构在这里被定义为涉及多个层(layer)、包含多个设计规则、具有特定功能的版图布局。讨论选取哪一个结构实现特定的功能与单独讨论设计规则相比,更能推动整个项目进度。

图 24.9 说明了 NAND2 标准单元的布局改变[26]。图(a)显示了先进节点中用于扩展密集设计中连接的两种典型前段工艺(front end of line,FEOL)结构:①通过有源区接触孔连接到电源轨(power rails);②用于将接触孔偏离多晶硅中心的短多晶硅接线片

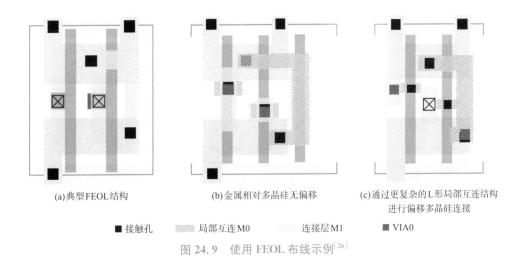

(a)典型FEOL结构　　　(b)金属相对多晶硅无偏移　　　(c)通过更复杂的L形局部互连结构
　　　　　　　　　　　　　　　　　　　　　　　　　　　　　　　进行偏移多晶硅连接

■ 接触孔　　▨ 局部互连M0　　▨ 连接层M1　　■ VIA0

图 24.9　使用 FEOL 布线示例[26]

(poly tabs)。图(b)和图(c)说明了用局部互连替换这些连接的两个简单布局示例。假设局部互连本质上是双向的,会将其接触到的所有有源区和多晶硅相连。这一层的覆盖面积很大,因此需要在它和 M1 层之间添加 VIA0 层,以保持 M1 层的利用率。

如图 24.10(a)所示是选择一种接触方式的过程,可以通过在扩散隔离处跳过 2 个器件,实现共享面积增加。如图 24.10(b)所示是通过将单元边界移动到两个冗余多晶硅(dummy poly)之间,金属 1 轨道与器件轨道对齐。

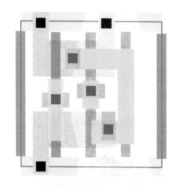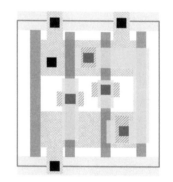

(a)扩散隔离处跳过2个器件,　　　　(b)单元边界移动到两个冗余多晶硅栅之间,
实现共享面积增加　　　　　　　金属1轨道与器件轨道对齐

图 24.10　两种接触方式[26]

缩放目标中包含两个早期阶段权衡设计效益与风险的构造示例:偏移多晶硅连接(offset poly connections)和单扩散隔断(single diffusion break)。

偏移多晶硅连接就是使多晶硅延伸出来一部分与 M1 层进行打孔连接,或者通过局部互连使多晶硅连接偏移中心,与之对应的是对齐(aligned)连接,即直接在长方形的多晶硅上打孔与 M1 相连。偏移连接的优势是在设计上能够实现更多的布线堆叠(writing stacks),但由于多晶硅栅与 M1 接触变差,增大了工艺风险。虽然如图 24.11 中显示的双侧偏移多晶硅连接(two-sided offset poly connection)结构有助于实现预期的缩放,但在技术发展周期的早期,当经验数据仍然非常少时,必须评估其可制造性。

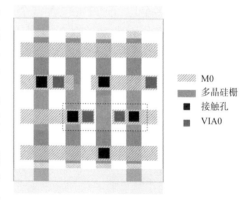

图 24.11　双侧偏移多晶硅连接布局[25]

单间距扩散隔断(single pitch diffusion breaks)通过消除每个单元边界的空多晶硅轨道(poly track)来形成更多更窄的浅沟槽隔离,以减小栅极阵列面积,提高 FinFET 工艺中器件的密度。但这种方式容易导致源漏极不对称和漏电且刻蚀难度大,为了改善漏电流的问题,目前主要采用高 κ 栅介质材料代替传统的二氧化硅栅介质材料,并使用金属作为栅电极,以避免高 κ 材料与传统栅电极材料发生费米能级钉扎效应和硼渗透效应。

每一个制造组件的主要工艺过程选择(方向性与间距、单层掩模或双层掩模)都是定义工艺制造技术的基础,必须在最早期阶段确定,以平衡成本、技术风险和设计能力。评估这些选择的方法是:根据对工艺制造和集成能力的粗略估计,设计一组小型电路,然后使用这些布局来测试工艺约束条件,同时对生产芯片的最终质量进行基准测试。根据测试结果对该芯片布局结构进行迭代修改,以实现既满足可制造性又符合设计目标的解决方案。

24.4.2　工艺结构设计

设计团队需要根据前述步骤选择的缩放目标和拓扑约束探索各种单元架构。这些单元架构研究为所有要映射的逻辑单元建立基准模型,并突出了技术定义中主要的连接性挑战。设计目标必须与光刻和工艺缩放限制的可制造性约束相平衡[27],所以在工艺设计的早期阶段,单元结构设计至关重要,其中包括器件的结构探索和设计规则的优化。

1. 设计驱动的工艺结构探索

标准单元器件的结构主要包括栅长、相邻多晶硅周期、金属间距等参数。如图24.12 所示为标有关键结构尺寸的反相器的标准单元布局结构。为了减小多晶硅间距尺寸,栅极长度或栅极到接触点的间距会被缩小,这会影响标准单元的 X 维度尺寸。标准单元的 Y 维度尺寸由金属间距和扩散区宽度等决定。由于 X 维度和 Y 维度的每个关键特征参数都是由工艺提供的,因此它们与技术定义的早期阶段的设计密切相关。DTCO 通过对性能、功耗、面积和成本的评估来确定器件的关键尺寸参数。

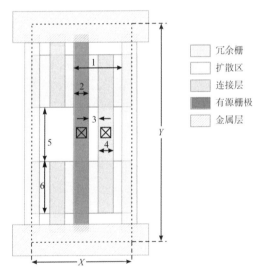

冗余栅
扩散区
连接层
有源栅极
金属层

1—相邻多晶硅周期;2—栅长;3—栅极-连接层间距;4—连接层宽度;5—N/P扩散区间距;6—扩散区宽度。

图 24.12　标有关键结构尺寸的反相器的标准单元布局结构示意图

美国高通公司在 2019 年的 VLSI Symposium 上发表了使用 EUV 7nm 工艺的处理器中 DTCO 案例分析[28],其 7nm 的关键设计之一是支持双多晶硅间距(CPP64 和CPP57)。尽管存在着间距引起的集成挑战,但通过一系列流程优化,CPP64 工艺制造的标准单元速度比同样面积下的 CPP57 提高了 10%。基于 CPP64 间距规则的标准单元用于高性能场景,而 CPP57 则适用于低功耗需求。与以前基于 10nm 工艺的芯片相比,在相同功率下,采用了 7nm 双多晶硅间距设计的 CPU 总体性能提高了 30%以上。

由于具有电容小、有效通道宽度大和设计灵活的特点,GAA 工艺被用来改善性能、功耗和面积[29]。FinFET 通过增加鳍的数目来增大晶体管的宽度,从而增大电容来改善性能。而 GAA 通过增大片状纳米晶的宽度来线性地增大晶体管的宽度。由于结构不同,GAA 晶体管的交叠电容(overlap capacitance)随有效通道宽度(W_{eff})变化的曲线较FinFET 晶体管的更平缓。因为 GAA 在相同交叠电容下能提供更大的电流,GAA 的设计比 FinFET 更容易实现高性能优化。此外,FinFET 晶体管的交叠电容与晶体管的鳍的数目成比例增加,而 GAA 晶体管的交叠电容随着有效通道宽度增加而变得更平缓,这有助于实现高性能和低功耗设计,DTCO 专注在 3nm GAA 工艺上最大化这些优点。

2. 设计规则优化

传统上,设计规则是芯片设计和制造工艺之间公认的连接。除了器件的结构探索,DTCO 还包括对设计规则的优化。DTCO 更全面地关注设计和工艺的综合需求。DTCO 的设计规则优化包括:①识别和启用高价值结构;②特定结构的验证;③设计自动化中的复杂性、效益成本和设计方法学[30]。

十多年来,人们一直在研究工艺和设计规则之间的 DTCO,以便在芯片尺寸和良率方面提供更好的解决方案。随着工艺技术的进步,所考虑的设计规则已经多样化扩展,从基本设计规则到复杂、多模式规则等。DTCO 研究中需要建立的最重要的技术之一是建立能快速准确地评估和探索设计规则的框架。目前已有团队开发出完整的、全自动化的设计规则评估框架来促进设计制造协同优化的过程[31]。该框架探讨了设计规则的变化,并评估了设计规则违规的数量和类型以及由此对单元/芯片布局区域的影响。准确地说,该 DTCO 设计规则评估框架的核心为自动单元布局生成器,能支持使用 FinFET 晶体管、复杂设计规则和双图案光刻的先进工艺技术,并且该自动单元布局生成与设计规则评估框架紧密集成,具有多种分析功能,使 DTCO 过程更快、更高效。

DTCO 的目标是构建一个完全集成的框架,使耗时的设计规则评估迭代过程完全自动化,通过自动化各种设计规则的探索和评估来实现加速。以图 24.13 所示的设计规则探索的概念流程图为例,中间的 DTCO 框架以单元库网表、设计规则和单元库的特定架构为输入,然后通过在更改设计规则的同时重复生成单元布局来探索各种布局,并根据设计规则违规次数和单元/芯片面积来衡量布局质量。

24.4.3 标准单元与 SRAM 等库优化

标准单元逻辑与静态随机存取存储器(SRAM)、模拟组件是现代集成电路的三个关键组件。其中,集成电路中的大多数数字逻辑块都是通过使用标准单元库和物理综合实现的。FinFET 器件、局部互连等概念正在被广

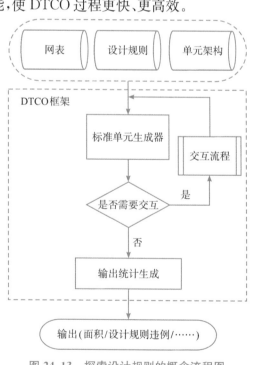

图 24.13 探索设计规则的概念流程图

泛应用于 20nm 以下的工艺中。此时若仍使用传统的分辨率有限的光刻技术,则需要多个掩模来绘制单个设计层,增加了制造成本和布局布线的复杂性,因此标准单元与 SRAM 等库单元的 DTCO 优化十分重要[32]。

1. 标准单元

标准单元是技术定义、电路设计和物理综合之间联系的核心,标准单元逻辑的效能和可制造性对集成电路至关重要。由于传统的标准单元设计方法无法适应不断变化的技术要求,并且它们将直接影响制造成本、设计效率和周转时间,所以如何重新优化传统的标准单元设计方案是至关重要的。标准单元的 DTCO 全流程如图 24.14 所示。

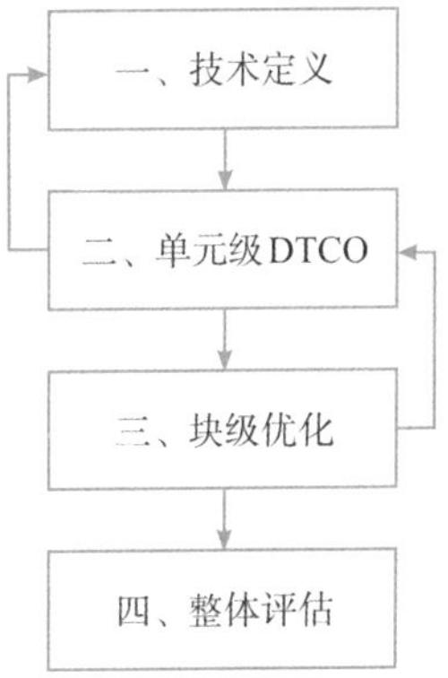

第一步:技术定义。一个优良的技术定义不仅可以大大节省成本,并且便于设计人员的操作。技术定义指定了流程中不同金属层的方向性、连接性、宽度与间距。技术定义虽然在趋同的过程中是迭代的,却可以显著地减少设计人员迭代的次数。

第二步:单元级 DTCO。根据第一步得到的初步的技术定义,设计人员创建标准单元体系结构,并设计少量具有代表性的单元。这些单元是经过特殊设计的,能够优化有效面积、减少寄生、降低制造复杂性、提高鲁棒性等。经过几次使用不同技术定义的迭代之后,就可以确定良好的标准单元体系结构,并将其传递到块级进行评估。

第三步:块级优化。较为关键的块级考虑引脚可访问性、电源轨道鲁棒性等。

第四步:整体评估。标准单元架构可以通过两种方式进行评估。其一,使用标准环形振荡器进行芯片特性化测试;其二,通过物理综合逻辑块来评估标准单元库的块级行为[33]。

图 24.14　标准单元的 DTCO 全流程

从初步的技术定义出发,到与单元设计人员进行多次迭代之后确定最终的技术定义,除了需要考虑典型的标准单元设计因素,如轨道高度、有效面积率和寄生效应之外,单元级设计目标的标准单元架构还需要考虑块级因素。

标准单元设计为设计和工艺提供了协同优化空间。标准单元库高度的优化将直接影响性能,引脚可访问性优化和电源轨道鲁棒性的结构调整均会对布线产生一定的影响。

标准单元库高度优化希望在尽可能不影响性能的前提下,减小标准单元的面积。对于新的工艺节点,有源区面积十分重要,这直接决定了晶圆单位面积上的晶体管个数,进而决定了该工艺节点的流片成本。有源区面积由标准单元的轨道(track)高度决定,标准单元库的轨道高度通常用标准单元库的实际高度除以金属层密度得到的整数值。

以 7-track 和 9-track 的标准单元为例,9-track 会用于高速模块,其时序特性比较好,面积较大,适合时序紧张的模块使用,7-track 则相反。一般而言,一个设计里面会用到多个不同类型的 track,从而尽可能使设计的性能和面积达到最优。图 24.15 为 7-track 二输入与非门示意图。

标准单元库的压缩受到很多因素的限制,比如面积、延迟、引线连接、布线等。设计人员需要平衡上述参数,从而得到更符合设计需求的标准单元库。

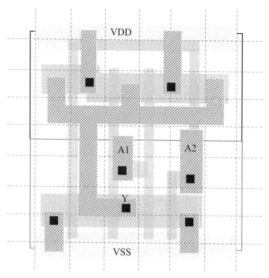

图 24.15　7-track 二输入与非门示意图

随着超大规模集成电路技术的发展进步,标准单元高度所占的轨道高度越来越低,所占的轨道数目也会随之减少,这将会导致引脚可访问性和布线等一系列问题。若连接数量过多,或者摆放不合理,将会增加标准单元附近布线的难度。因此,对于标准单元库引脚可接入性的研究是至关重要的。

标准单元的输入和输出引脚上的连接,是物理综合流程中详细布线(detail route)上极具挑战性的步骤之一。在布线工具的自动布线算法不断进步的同时,优化标准单元的引脚可接入性能能显著缓解标准单元附近的详细布线问题。

一个引脚连接点可以视为引脚 X 与引脚 Y 的轨道之间的交叉点。一般来说,一个标准单元内,其输入引脚的数目多于输出引脚的数目。四输入与非门 NAND 4×1 的引脚连接如图 24.16 所示,其中包含 4 个输入引脚 A、B、C、D,1 个输出引脚 Z,标准单元高度为 12 个 M2 轨道高度。

每个引脚接入点的数量是量化引脚可访问性的一个重要指标。在实际情况中,输入/输出引脚的接入点选取并非随意而为。然而,由于金属密度等限制条件,如果引脚过于密集,通过引脚接入点接入引脚可能会使其相邻的其他引脚接入点失效。

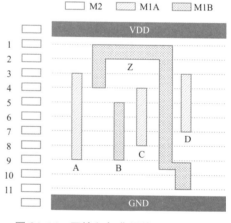

图 24.16　四输入与非门的 NAND 4×1 引脚连接示意图

值得一提的是,输入/输出引脚的接入点并不包含两端,比如图 24.16 的输入引脚 A 的可接入点数为 5,而并非 7。输入/输出引脚越短,接入点的选择便越少,较差的可接入性并非标准单元库设计优化的初衷;输入/输出引脚越长,接入点的选择便越多,布线难度也会随之降低,但这将要求标准单元的高度增加,不利于时序的调整,降低其设计效率。故此,标准单元接入点的数目的权衡,须视情况而定。

对标准单元进行缩放可以有效缓解引脚的可访问性问题。对标准单元进行缩放，需要考虑版图和工艺等因素的影响；而通过压缩标准单元内各个引脚的大小，降低布线难度，则可形成新的标准单元库。若一味只顾着降低布线难度，将每个引脚的可接入点降至 1 个，不仅会提高制造的难度，也不利于可接入点的灵活选取。实验表明，当每个引脚的访问点数不少于 3 个时，标准单元库是可行的[34]。

现代芯片中的电源分配网络一般从最顶层的金属层开始，一直延伸到标准单元的电源轨道。在标准单元布局中设计电源轨道首要考虑的是电迁移现象(electromigration, EM)。随着电源轨道宽度的迅速缩小，特别是 M1 层，将导致电源轨道的载流能力急剧下降，产生严重的电迁移现象，从而影响芯片寿命。

另外，还需要考虑电源轨道的电压降(IR drop)效应。电压降效应指的是从芯片源头供电电压到标准单元端所承载的电压会有一个降低。比如芯片源头外接输入电压 $V_{dd}=1V$，$V_{ss}=0V$，这个电压到某标准单元后，其 V_{dd} 若只剩 $0.8V$，V_{ss} 变为 $0.2V$，此时其得到的电压就只有 $0.6V$，电压降为 $0.4V$。若电压降过大，可能会导致芯片工作故障。

这些问题均可以通过更宽的电源轨道来解决。更宽的电源轨道虽然可以提高鲁棒性，却消耗了部分布线资源。电源轨道的鲁棒性和布线资源的合理权衡至关重要。

2. SRAM

除了标准单元库的优化之外，SRAM 的优化在 DTCO 中也占据着相当大的分量。

随着集成电路的发展与工艺的进步，器件可靠性与稳定性愈发不可忽视。厂家可以通过加工来减小晶圆全局的变化，但局部的变化更多来源于底层金属，需要系统地进行评估。有很多因素都影响着局部的变化，比如随机离散掺杂(random discrete dopants, RDD)、金属栅极晶粒尺寸(metal gate granularity, MGG)、氧化缺陷，以及外延生长引起的厚度变化等。以下将对鳍式场效应晶体管静态随机存储器(FinFET SRAM)与纳米片静态随机存储器(nanosheet SRAM, NS SRAM)进行比较分析，其中，NS SRAM 具有更大的设计优化空间。

Karner 等人用 TCAD 工具对随机离散掺杂因素和金属栅极晶粒尺寸因素在 FinFET SRAM 与 NS SRAM 的情况下进行仿真分析，仿真结果表明，金属栅晶粒尺寸是芯片局部变化的主要来源，而随机离散掺杂因素起着次要的作用。在标准硬掩模工艺中，降低金属栅晶粒尺寸对于降低 FinFET SRAM 和 NS SRAM 晶粒异变性至关重要[35]。

Asen Asenov 等人在研究了三种 SRAM 单元构型的静态噪声容限(static noise margin, SNM)和写噪声容限(write noise margin, WNM)之后，得出结论：在不考虑局部变化影响的情况下，静态噪声容限是影响单元噪声裕度性能的限制因素；如果考虑到局部变化等因素，单元噪声裕度性能将逐渐由写噪声容限主导影响[36]。

针对寄生电容和寄生电阻，Luo 等人深入研究了其对 6T-SRAM 性能的影响。他们的实验指出，寄生电容不利于 6T-SRAM 的读写操作，而寄生电阻对 6T-SRAM 的影响是双面的，可以对寄生电阻进行优化，用来提高 6T-SRAM 的性能[37]。

24.4.4　模块级工艺优化

在标准单元级完成充分的设计工作后，其面积等指标得到了一定的优化，但是还有一些物理设计流程上的挑战,必须在模块级得到解决后才能证明标准单元优化的有效性。标准单元的版图和设计规则需要经历模块级单元排布要求等设计规则的测试,标准单元的引脚数量等优化在模块级的可布线性也需要进行验证。

先进节点工艺下,标准单元级别的面积优化并不一定会带来模块级的面积优化。在先进的技术节点中,为了获得更好的可制造性,单向布线通常是高密度金属层的首选。单向布线技术有着算法简单、对布线工具友好的优势,但同时也限制了标准单元引脚的可访问性。随着标准单元高度的降低、引脚的减少,其局部的可布线性和引脚可访问性也在变差。因此,在模块级的优化时,可能需要占用更多的布线资源使得各个逻辑单元之间的连接通畅。并且,在布线阶段,较低金属层上的布线密度和资源竞争也越来越高,需要一些DTCO的方法来解决单向布线的资源竞争,例如图24.17所示的基于单向布线的DTCO技术[38]。

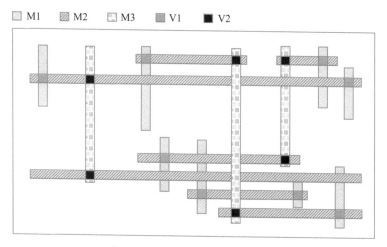

图 24.17　单向布线技术示例[38]

此外,在常规的布线流程中,还可以新增引脚访问优化和评估环节,以确保标准单元级优化的有效性,并加以迭代,如图24.18所示。

传统布线流程中用添加冗余通孔以提高芯片良率的方法在先进节点下也不再适用,其同样需要DTCO的新型技术[39],以减少潜在的通孔缺陷和互连线缺陷对良率带来的影响。

模块级优化位于整个DTCO流程的末端,所需的标准单元库和SRAM等IP已经确定,如果实现得太晚并且发现了一些需要迭代的问题,则很有可能拉长整个设计周期。因此,如何进行快速的模块级优化也是DTCO中的一大挑战。除了流程结构上的改进,评估的时间也需要得到优

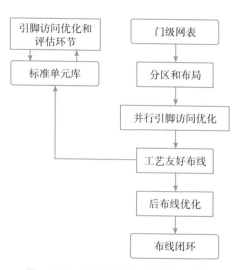

图 24.18　增加引脚访问优化评估的
改进布线流程

化,其中一种可以应用的方式便是使用机器学习辅助方法加速优化和评估的模块级 DT-CO[40],采用如图 24.19 所示的流程框架[41],以便快速地产生用于实验的标准单元库并进行布线评估。K_{th} 表示 DRC 违例数目少于规定阈值时设计中可容纳的最大标准单元数目。

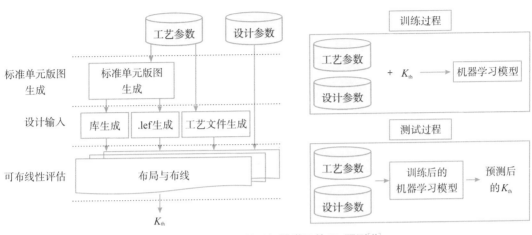

图 24.19　流程及基于机器学习的 K_{th} 预测[41]

　　将不同的标准单元高度(cell height,CH)、相邻多晶硅周期(contact poly pitch,CPP)、金属周期(metal pitch,MP)和是否在电源地引脚(power ground pin,PGpin)使用埋轨电源技术(buried power rails,BPR)等作为变量,在相同设计下评估其可布线性,九个标准单元库的相关工艺参数定义如表 24.1 所示。结果表明标准单元高度小于 120nm 时,只有四条可用轨道,由于布线困难会导致模块级的面积增加。埋轨电源技术可以对当前标准单元高度下的面积进行改善,但是,当标准单元高度进一步减小时,埋轨电源技术带来的收益也逐渐减小。提高金属周期与相邻多晶硅周期的比值也可以减小模块级的面积。上述 DTCO 方法还可以进一步扩展到评估模块级的功率性能等指标。使用机器学习以加快这一评估过程,评估结果可以反馈到标准单元级,从而得到进一步的优化。

表 24.1　九个标准单元库中的相关参数的定义

Name	Fin	CPP	MP	PGpin	CH/T	CH/nm
Lib1	2	40	20	BPR	5	100
Lib2	2	40	20	M1	6	120
Lib3	3	40	20	BPR	6	120
Lib4	3	40	20	M1	7	140
Lib5	2	39	20	BPR	5	130
Lib6	2	39	26	M1	6	156
Lib7	3	39	26	BPR	6	156
Lib8	3	39	26	M1	7	182
Lib9	2	40	24	BPR	5	120

24.4.5 典型 DTCO 流程比较

1. Synopsys DTCO 流程

Synopsys 公司提供的 DTCO 流程可帮助晶圆厂减少工艺开发时间和成本。在 DT-CO 开发流程中,Synopsys 提供了一系列工具用于评估流程中的各项技术或参数,如图 24.20 所示,例如 Proteus Mask Synthesis 和 Sentaurus Lithography 可用于开发新的图案化技术,Quantum ATK 可用于新材料建模,Sentaurus TCAD 和 Process Explorer 可用于评估并优化新的晶体管架构,Mystic 可用于提取紧凑型模型。基于上述评估产生工艺参数后将派生新的设计规则,设计者根据此设计规则设计新工艺下的标准单元库并通过布局布线、寄生参数提取、时序验证及物理验证等物理实现流程进行性能、功耗和面积评估[42]。

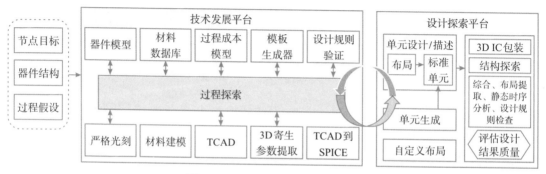

图 24.20　Synopsys DTCO 工具[42]

在这样的流程中,DTCO 主要体现在设计端与工艺端的交互过程中,如图 24.21 所示。设计端在接收到的标准单元库和工艺设计组件基础上进行设计,并将设计的结果与瓶颈反馈给工艺端,工艺端基于反馈的结果进行工艺参数的优化,从而提升整个工艺的水平[43]。

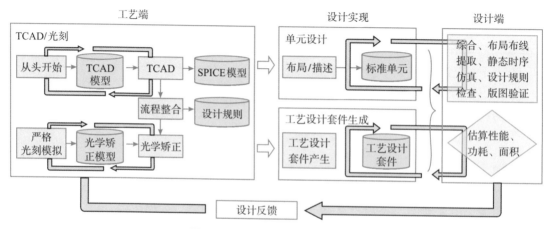

图 24.21　Synopsys DTCO 流程[43]

2. Cadence DTCO 流程

Cadence 公司的 DTCO 流程如图 24.22 所示,其基本方法是对实际设计进行多次实验,并了解各类因素对设计的性能、功率、面积和成本等结果的影响及其影响方式,从而对这些因素进行优化[44]。

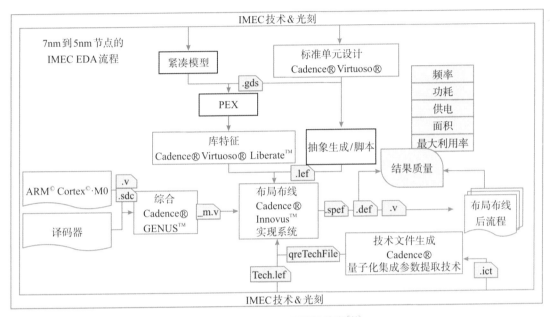

图 24.22　Cadence DTCO 流程[44]

迭代主要发生在以下几个部分:

(1)采用标准单元设计的反馈回路:如果存在大量设计规则检查违例,则需要更改库的架构。如果只是少量单元存在违例,那么这些单元应该被重新设计。

(2)器件反馈回路:为各种器件选择方案反馈性能、功耗和面积信息,以便做出正确的选择。

(3)材料/后段工序反馈回路:为各种导体和电介质选择方案反馈性能、功耗和面积信息,以便选择更优的导体和电介质。

(4)光刻和设计规则反馈回路:比较不同图案选项的效果。

(5)EDA 工具反馈回路:为各种 EDA 工具的选择方案反馈性能、功耗和面积信息。

24.5　DTCO 关键环节

器件模型和标准单元库是工艺代工厂和电路设计者之间的桥梁,电路设计者只关心库中器件的各种参数,例如,晶体管级别的参数——阈值电压、寄生电容、漏电流等,门级的参数——建立保持时间、驱动负载能力、高度等,这关系到电路的性能与设计的复杂度。如果在新工艺建立初期,设计者能够通过仿真、测试等方式获取这些参数,及时向工艺制造者反馈,就有可能发现工艺缺陷或完善器件模型。从另外的角度,设计者可以站在设计角度向工艺厂提出一些参数的优化要求,而不仅仅是单向满足工艺厂的设计规则要求,从而实现信息的双向交互。

在工艺流程建立过程中,DTCO可以从器件结构优化、标准单元库优化以及设计规则优化三方面入手。本节将会介绍电路设计者如何协同工艺制造者对器件模型、标准单元库的设计参数以及设计规则进行优化,从而可以在新工艺创建初期就进行干涉,尽可能早地将工艺信息和电学性能要求结合起来,在尽可能小的工艺复杂度及面积代价下实现更优的电学性能。

图24.23是器件模型研究过程的流程图,传统流程中,这些步骤都是由工艺制造者完成的,通过直接对制造完成的器件进行测试或是在器件仿真工具上进行数学仿真得到所需参数数据。但是这种直接的片外测试很难产生足够高频的控制信号或是噪声干扰太大导致测量精度和测量结果的准确性都很低,此时需要电路设计者参与协助完成仿真和片上测试的步骤以获取更准确的器件参数信息,使器件模型更加精确完善。

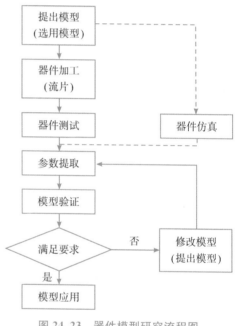

图 24.23 器件模型研究流程图

24.5.1 基于建模仿真的协同优化

前沿逻辑芯片的制造可以细分为三个独立的部分,即前段工序(FEOL)、中间工序(MOL)和后段工序(BEOL),涵盖了芯片从晶体管加工到顶层互连布线的全过程。DTCO要从每个阶段入手,对于前段工序主要是器件结构的优化,即建立准确的器件模型,优化器件面积及电学性能;对于后段工序主要是采用新材料和新的集成方案,互连线寄生参数提取与布线规则优化;而中间工序则是指有源互连层和栅互连层,其优化与设计规则息息相关[46]。

1. 器件结构、标准单元的 DTCO

在新的 CMOS 工艺发展的早期阶段,DTCO 主要是基于 TCAD 仿真进行的。TCAD 是一类半导体工艺仿真及器件仿真工具,用于辅助设计新工艺新器件结构,在新工艺建立的 DTCO 流程中发挥重要作用,可以大大缩小新工艺的开发周期及成本。它的原理是根据提供的工艺参数通过数值方法求解泊松方程、连续性方程等半导体物理方程,计算和预测特定结构器件的电学特性。

基于建模仿真的 DTCO 流程如图 24.24 所示,总体可以分为工艺仿真、器件仿真和电路仿真三个阶段。下面将展开介绍这三个阶段,并结合一个 3nm 的 GAA-NSFET 器件例子介绍实际的基于建模仿真的 DTCO 流程[47]。

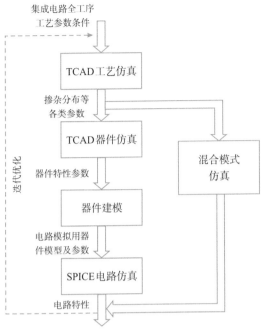

图 24.24　基于建模仿真的 DTCO 流程

1) 工艺仿真

在工艺仿真阶段,主要使用 SEMulator 3D 等半导体虚拟制造平台,通过输入设计数据(GDS/OASIS)和工艺流程描述预测三维集成结构[48];然后进行电极定义、参数提取等工作生成相应的参数库文件,用于后面的模型建立。

表 24.2 所示是标准 NSFET 的工艺设计参数。标准单元的尺寸由接触栅周期(CGP)和鳍周期(fin pitch,FP)决定,为了缩小标准单元尺寸同时满足 PPA 要求,需要引入基于 TCAD 仿真的 DTCO 以优化参数设计。工艺仿真使用 3-D Sentaurus TCAD 工具,关键物理模型包括应力模型、弹道模型以及量子约束模型。

表 24.2　GAA-NSFET 的工艺设计参数

NSFET 工艺设计参数	英文及简称
接触栅周期	contact gate pitch,CGP
鳍周期	fin pitch,FP
金属周期	metal pitch,MP
栅长	gate length,Lg
高介电常数侧墙长度	length of high-κ spacer,LspHK
低介电常数侧墙长度	length of low-κ spacer,LspLK
源/漏区长度	source/drain length,LSD
纳米板厚度	nanosheet thickness,TNS
纳米板宽度	nanosheet width,WNS
纳米板侧墙	nanosheet spacer,NSS

2) 器件仿真

为了仿真工艺参数变化对器件性能的影响,需要仿真器件紧凑模型的电学特性,用于新工艺技术开发初期准确评估工艺角。器件仿真工具包括 GARAND、Sentaurus 等,它们拥有大多商业 TCAD 工具的接口。GARAND 对各种变量源进行组合仿真得到紧凑模型的直流分析 I-V 特性曲线及交流分析 C-V 特性曲线,Sentaurus 同样能进行器件电学特性仿真。通过这些信息可以评估器件的电学性能,构建 SPICE 器件模型,这对器件结构的 DTCO 至关重要。另外,使用蒙特卡洛仿真能够仿真载流子漂移扩散、应力环境导致的工艺和统计学变化[49]。与统计性变化有关的参数包括随机离散掺杂、栅极边缘粗糙度和金属栅粒度等[49]。受这些参数影响最显著的是静态随机访问存储器,因为低泄漏对控制 SRAM 待机(standby)功率至关重要。

纳米器件模拟器(nano device simulator, NDS)是一种以耦合多子带玻尔兹曼输运方程确定性解为中心的器件仿真器[50],能精确仿真量子限制、晶体取向、载流子散射和短沟道效应对器件性能的影响,为 TCAD 模型建立提供了平台,也为经验模型和紧凑模型的校准提供了参考。

GAA-NSFET 经过器件仿真提取出器件的电学特性,包括阈值电压、亚阈值摆幅、饱和漏源电流以及漏致势垒降低效应等。然后基于标准 BSIM-CMG 模型[51]建立 GAA-NSFET 的紧凑模型,并将 TCAD 的直流和交流仿真结果与标准 BSIM 模型进行比较,来判断模型准确性(见图 24.25)。

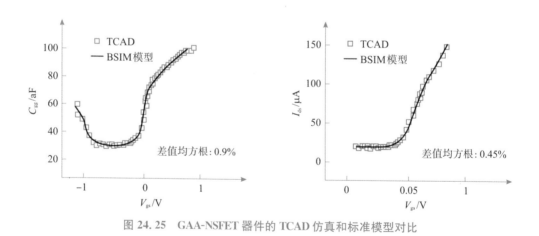

图 24.25 GAA-NSFET 器件的 TCAD 仿真和标准模型对比

3) 电路仿真

最后阶段使用电路级仿真器 SPICE 进行电路仿真,验证模型准确性。SPICE 的工作原理是给定已知的器件特性模型,通过基尔霍夫定律等电路分析基础公式计算出给定电路的输入输出特性等,用于辅助电路设计。SPICE 的仿真结果要和器件设计目标做对比,如果不满足则需返回到工艺设计阶段进行修正优化。

为了有效规避参数提取、器件建模过程中造成的误差,混合模式仿真应运而生,即将 TCAD 集成到 SPICE 中[52],器件在真实的偏置条件下直接进行 TCAD 数值计算,即时展示器件内部的电场分布、电势分布、载流子分布以及温度分布情况,极大提高了器件设计的准确性,缩短了器件设计周期。

在进行电路仿真前还需要获取器件及互连线的寄生电容、电阻等参数。GAA-NSFET 器件构成的反相器包括六个寄生电容,通过仿真提取。图 24.26 是反相器寄生电容示意图。使用建立的反相器模型搭建一个环形振荡器进行电路级仿真,可获取不同参数配置下的性能-功耗-面积特性,并调节参数值进行折中优化。

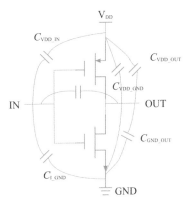

图 24.26　GAA-NSFET 器件构成的反相器寄生电容示意图

2. 设计规则优化的 DTCO

DTCO 有一项重要的作用是设计规则优化,这可以使设计者在电路设计时考虑工艺的影响,同时,工艺厂可以在定义工艺技术前通过有利于设计的版图布局进行开发[17]。尤其是当后端布线宽度达到纳米级别时,就会需要全新的关键设计规则,而这些规则无法用已有的工艺规则来评估[46]。设计规则对芯片面积、性能、可靠性等有关键影响。面积评估主要与版图逻辑生成和金属线拥塞程度相关,为了压缩面积,版图拓扑逻辑生成技术应包括晶体管配对、晶体管折叠、晶体管链堆叠,以及对触发器链的分割和排序。代表性的设计规则有最小面积规则、线端规则、通孔规则、平行行程长度和台阶高度等[65]。

基于设计规则优化的 DTCO 流程如图 24.27 所示。首先是收集和编写设计规则,最关键的设计参数是最小金属线宽和周期,初始的新技术节点设计规则可以由上一版等比例缩小得到。然后生成大量的随机逻辑版图,并对不同形状类型的图形根据可能出现次数的多少赋予不同的权重值,同时采用基于版图的结构生成器(layout-based structure generation,LSG)将二维的版图结构转换为三维的物理结构[48]。接下来对版图进行预处理和特殊图形提取,包括删除异常图形、对关键图形进行拆分等操作,建立版图敏感点信息库。根据上一步提取的信息计算工艺窗口,调整

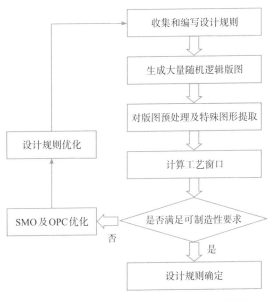

图 24.27　基于设计规则优化的 DTCO 流程

设计规则或不断调整图形位置和尺寸,做光源掩模协同优化(SMO)及光学邻近校正(optical proximity correction,OPC)仿真,重复上述步骤直至满足可制造性要求[53]。

24.5.2 基于迭代测试的协同优化

基于建模仿真的 DTCO 流程有其局限性,比如版图和仿真环境都是通过计算生成的理想结果,并没有考虑工艺偏差。但是随着特征尺寸的减小,工艺波动的影响越来越大,首先,即使具有完全相同的物理结构的器件也会因为随机掺杂波动和线条边缘粗糙程度等因素而产生随机或统计性的性能差异;其次,制造过程的不均匀性也会造成芯片间的系统差异[54]。

为了保证新工艺的成品率,必须对典型电路因工艺偏差而失效的情况进行测试分析,再回到 TCAD 仿真步骤寻找原因,通过测试结果和仿真结果的对比对提取模型和仿真环境进行校准,从而能够根据测试结果修改完善工艺步骤,尽可能降低工艺偏差,将这个过程进行反复迭代,直至整个流程收敛,使新工艺成熟可用。另外,对这种工艺可变性的测量有助于评估不同工艺设计规则或制造过程的优缺点,从而对工艺制程进行优化。

获得工艺制造偏差信息的一种方法是使用扫描电子显微镜(SEM)和透射电子显微镜(TEM)直接对制造完成的器件进行结构观察,但这种方法具有固有的破坏性、昂贵且耗时[55]。因此,更常采用芯片测试系统对大规模的待测器件或电路进行电学参数的测试,从而获取大量参数信息,并对这些数据进行分析,通过反向建模过程推断出工艺制造缺陷。如图 24.28 所示是一个简单的芯片测试系统,由待测芯片的 PCB 板、脉冲信号发生器、电压源、示波器、控制端等连接构成。

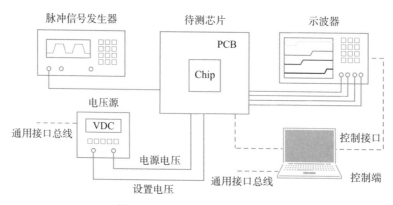

图 24.28　简单的芯片测试系统

寄生电容、晶体管阈值电压、标准单元延迟等因为便于测试而成为常用的反映工艺偏差的电学参数。如图 24.29 所示是一个 MOSFET 和 FinFET 最常用的等效电路模型,其中的栅源电容 C_{gs}、栅漏电容 C_{gd}、漏电流 I_{ds}、阈值电压 V_{th} 等都是需要测量的关键参数。标准单元的时序信息主要通过延迟模型提供,其中非线性延迟模型(non-linear delay model,NLDM)的上升下降延迟通过二维查找表的方式获得,查找表的索引是输入电平转换时间和输出容性负载。但随着工艺制程向着更先进的节点推进,二维的非线性延迟模型精度已经难以满足仿真需求,因此又发展了新的复合电流源

(composite current source,CCS)模型,固定输入电平转换时间和输出负载值,电流值随时间变化,每个 pin 都有多个这样的查找表,不同查找表的输入电平转换时间和输出负载值不同,因此构成了三维查找表。这些查找表中的延迟时间值也需要通过实际测量确定。

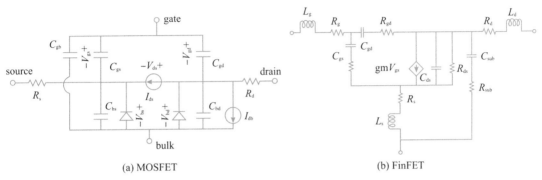

图 24.29　MOSFET 和 FinFET 的等效电路模型

新工艺设计初期为了节约成本和压缩设计周期,多采用仿真的方式提取电学参数反馈到工艺参数中,工艺参数包括掺杂浓度、侧墙厚度、栅氧化层厚度、金属层宽度、标准单元高度等。但新工艺投入正式生产前必须经过反复的迭代测试过程以确保工艺成熟度。测试最简单直接的方法是将待测器件或电路直接生产出来,在片外通过探针的方式控制测试偏置条件,通过示波器等读出所需测量信号。但对于先进的工艺节点,器件的各种寄生参数都达到了非常小的数量级,片外测量很难达到这样的精度,因此测量偏差非常大,而片上测量因为有可以在片内生成高频控制信号、提高信噪比、精度更高等优点而成为更好的选择。

在这套不断迭代的流程中,为了缩短收敛周期,加州大学的 Cheng 等人提出了一种 DTCO 敏感度预测框架,它提供了工艺成型过程中的块级变化梯度信息,此外还开发了机器学习模型,该模型结合了自举聚合和梯度提升技术来提高预测精度[56]。

24.5.3　关键参数实测与工艺优化

标准单元和 SRAM 占据了片上系统(SoC)芯片绝大部分的面积,对芯片设计和性能影响十分显著,其竞争力不仅取决于 PPA 特性,还取决于与 EDA 工具的适配度[55]。对于器件结构、标准单元以及 SRAM 的电路和版图优化都是 DTCO 的关键环节。本小节分别以晶体管级参数,栅极寄生电容、门级参数,标准单元延迟时间、IP 级特性,SRAM 稳定性为例介绍关键器件参数的实际测量方法,并通过这些测量结果反向推断工艺制造过程或模型建立过程中的缺陷,从而能够完善 DTCO 的验证环节,使工艺更加成熟可靠。

1. MOSFET 栅极寄生电容的实测

寄生电容和电阻是先进工艺节点的性能限制因素,并且能准确地反映出工艺偏差,因此实现对寄生电容的准确测量是 DTCO 的重要环节之一。测量电容通常采用充电电荷法（charge-based capacitance measurement，CBCM），如图 24.30 所示。其原理是通过周期信号控制 MOS 开关的栅极电压使其导通或关断，从而对待测电容进行周期性的充放电，并通过电流表监测充电电流，因此可以根据 $I \times (1/f) = C_{dut} \times V_{DD}$ 计算出待测电容值[57]。但随着晶体管尺寸的逐渐缩减，晶体管寄生电容已经达到 fF 级别，传统的 CBCM 方法测量精度有限，无法满足要求。文献[58]提出了一种自微分充电电荷法，将单个传输管换成传输门，并优化了测量步骤，能够极大减小微分误差，而且能够引入片上高频时钟进行控制测试，将随机误差降低到可忽略水平。

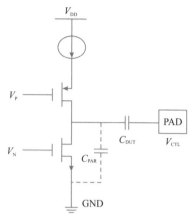

图 24.30 传统充电电荷法结构[57]

自微分法分为三个步骤，其电路原理图及控制信号波形如图 24.31 所示。

（1）将待测 MOS 管源漏衬三端相连并接到一个恒定的电压 V_1，使控制栅端的导通电压 V_{b1} 从 0 至 V_{DD} 进行扫描，记录 I_{dut} 的 I-V 曲线为 I_{step1}；

（2）将 V_{b2} 接到 V_2，同样扫描 V_{b1}，记录 I_{dut} 的 I-V 曲线为 I_{step2}；

（3）V_{b2} 接一个幅值为 V_{DD} 的时钟，并且与另外两个时钟不交叠，V_{b1} 接恒定电平 V_{DD}，使得无论充电阶段还是放电阶段，待测 MOS 管栅端电压与源漏衬电压相等从而屏蔽掉待测电容，仅测出电荷注入效应引起的误差电流 I_{step3}。

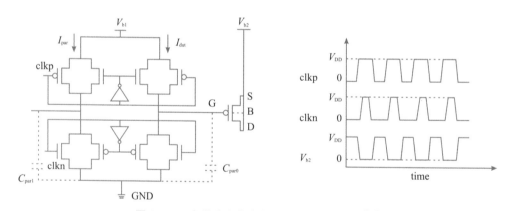

图 24.31 自微分充电电荷法结构与控制波形[58]

各个电流的表达式如下：

$$I_{step1} = \int_{-V_1}^{V_{b1}-V_1} C_{dut} dV \cdot f + \int_0^{V_{DD}} C_{par0}(V_G) dV \cdot f + I_{err0} \tag{24.1}$$

$$I_{step2} = \int_{-V_2}^{V_{b1}-V_2} C_{dut} dV \cdot f + \int_0^{V_{DD}} C_{par0}(V_G) dV \cdot f + I_{err0} \tag{24.2}$$

$$I_{step3} = \int_0^{V_{DD}} C_{par1}(V_G) dV \cdot f + I_{err1} \tag{24.3}$$

步骤 1 和步骤 2 仅存在 V_{b2} 的改变，这个变化不会影响电荷注入等效电容 C_{par} 和其他误差电流 I_{err}，因此 $I_{step1} - I_{step2}$ 得到的电流差值只与 C_{dut} 相关，如果 V_1 和 V_2 足够接近，那么这个电流相减的过程可以看成是一个微分过程,因此能够得到电容-电压曲线,令 $V_0 = \dfrac{V_1+V_2}{2}$, $\Delta V = V_1 - V_2$,上述电流相减的结果即为

$$C_{\mathrm{dut}} - C_{\mathrm{dut}|V_{GB}} = -V_0 = -\frac{I_{\mathrm{step1}} - I_{\mathrm{step2}}}{\Delta V \cdot f} \tag{24.4}$$

那么只需要先测量得到 $C_{\mathrm{dut}|V_{GB}} = -V_0$ 就可以计算 C_{dut},这是一个恒定值,图 24.32 是计算这个恒定值的示意图,长方形阴影部分的面积可以用 $(C_{\mathrm{dut}|V_{GB}} = -V_0) \times V_{DD}$ 表示,Area1 的面积等于 $C_{\mathrm{dut}} - C_{\mathrm{dut}|V_{GB}} = -V_0$ 这条曲线从 $-V_0$ 到 $V_{DD} - V_0$ 的积分,Area2 的面积等于 C_{dut} 从 $-V_0$ 到 $V_{DD} - V_0$ 的积分,可以直接用传统的 CBCM 法测得,因此,$C_{\mathrm{dut}|V_{GB}} = -V_0$ 的表达式如下:

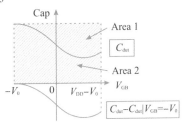

图 24.32　电容-电压波形示意图

$$C_{\mathrm{dut}|V_{GB}} = -V_0 \cdot V_{DD} = \int_{-V_0}^{V_{DD}-V_0} \frac{I_1 - I_2}{\Delta V \cdot f} \mathrm{d}V + \frac{I_{\mathrm{dut}} - I_{\mathrm{par}}}{f} \tag{24.5}$$

由于传统的 CBCM 方法控制波形比较复杂,只能由片外产生,因此控制信号的频率一般在 1MHz 左右,此时如果需要测量 $\mathrm{fF}(10^{-15})$ 级别的电容,那么充放电电流大小大概在 $\mathrm{aA}(10^{-10})$ 级别,已经和片外噪声相近,会导致无法准确读出待测电流。上述的自微分法则因为控制波形为恒定幅值的时钟,可以很方便地在片内生成,因此可以将控制频率提升至 500MHz,从而大大提高了充放电电流值,显著增加了测量精度。

与寄生电容相关的工艺参数有多晶硅宽度、沟道与沟槽宽度、栅极氧化层厚度、PN 结掺杂轮廓等。在经过实际测量得到大量数据后对工艺偏差进行分析,验证仿真结果的准确性,再追溯到工艺参数设计或模型建立阶段进行优化,重新进行仿真测试验证直至达到设计目标。

2. 标准单元上升下降延迟时间及建立保持时间实测

传统的时序参数测量方式通常基于 SPICE 模型进行仿真,或通过示波器直接进行片外测试,这些方法严重地限制了测量精度,并且准确性难以保障,而且过长的连接线将会对待测信号产生干扰导致失真,因此片上测量技术成为最优选择。集成电路越来越朝着高速高频的方向推进,标准单元的时序参数已经达到了亚皮秒级别,这意味着如何对信号波形进行准确采样成为片上示波的难点所在。

如果希望在单周期内对待测信号完成采样,根据奈奎斯特定理,采样信号频率至少应为原始信号最高频率分量的两倍,显然,我们很难实现一个如此高频的采样信号。等效采样技术适用于周期信号的采样[59],其原理是采样信号和被采样信号存在微小的频率差,在一个周期内采样信号只会采样待测信号的一个点,下一个周期则采样其临近点,从而通过多个周期得到待测波形的全部信息。

文献[60]利用等效采样技术原理提出了一个片上皮秒精度时序测量系统,如图 24.33 所示。系统主要由信号生成单元、驱动调节单元、负载测量单元、时域放大器和过采样单元组成。

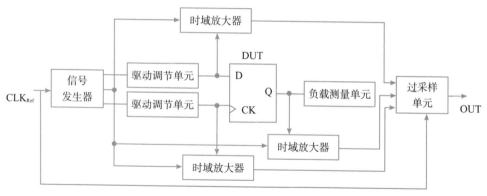

图 24.33 片上高精度时序测量系统模块图[60]

信号生成单元的主要功能就是基于待测信号的频率生成对应的采样信号,为了利于片上集成,采用直接数字合成器(direct digital synthesizer,DDS)来生成采样信号。DDS 是一种用于从一个固定频率的基准时钟产生任意波形的频率合成器[61],通常由基准时钟(reference clock)、相位累加器(phase accumulator)、相位-幅值转换器(phase-to-amplitude converter)、数字模拟转换器(digital-to-analog converter)和低通滤波器(low pass filter)等组成,如图 24.34 所示。

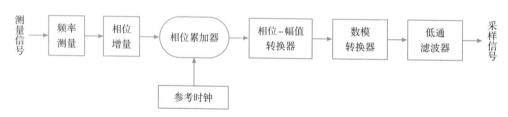

图 24.34 直接数字合成器的组成模块图[61]

驱动调节单元由可配置的开关电容矩阵组成,配置信息由外部控制字写入。负载测量单元利用前面提到的 CBCM 技术实现对负载电容值的测量。

时域放大器利用等效采样技术实现了待测信号在时域的放大,利用低频采样信号实现了对待测信号的高精度数据采集,基本的采样保持电路如图 24.35 所示。因为等效

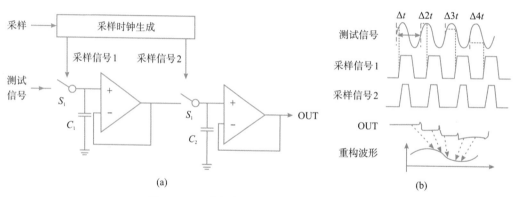

图 24.35 时域放大器采样原理及控制信号

采样技术仅适用于周期性信号,对于上升下降沿等非周期性时序信号可以采用多路并联同时测量各临近点波形信息的方法,这个方法可以大大提高测量速度,但也因此增加了芯片面积等开销。

过采样单元的使用是为了在皮秒级精度时序测量系统中减小噪声干扰从而提高信噪比,其主要由模数转换器、采样同步单元和数字滤波器等组成,其中过采样同步单元包括外部控制字、计数器以及数字比较器,如图 24.36 所示。采样同步单元对参考时钟进行计数,并将计数结果与外部控制字设置值进行比较,从而产生用于辅助定位待测周期性波形信号起始点的同步信号。

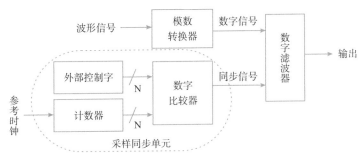

图 24.36　过采样单元的基本组成模块

与标准单元的延迟特性相关的工艺因素主要有:工艺偏差,如多晶硅厚度、注入区浓度等;器件的阈值电压;器件的温度特性,如载流子迁移速度等。标准单元延迟信息的准确测量不仅能够为工艺偏差分析提供有利依据,而且还能通过迭代的方式为标准单元库的面积、性能、时序等特性的工艺优化提供指导。

3. SRAM 特性测试

SRAM 的版图具有高度的规律性并紧密排布,其设计规则是整个工艺制程中最严格的,因此,SRAM 的良率以及尺寸大小是衡量一个工艺厂的制程能力的重要依据,同时工艺厂也会通过 SRAM 的良率及性能变化来反馈制程的问题所在。

对 SRAM 的测试主要关注晶体管级别的参数测量以及存储单元级别的参数测量,由晶体管性能变化导致的 SRAM 稳定性变差是限制电路集成度以及最小供电电压的重要因素。SRAM 测量的关键参数包括静态噪声容限、读写噪声容限、读电流、写翻转电压(write trip voltage,WTV)、保持电压以及各晶体管阈值电压、导通电流等。SRAM 静态特性测量普遍有两种方式,一种是不改变原有的紧密版图结构,仅通过字线、位线、电源、地等几个对外接口作为控制端和测量端。图 24.37 为测量字线 WL 写翻转电压的示意图[62],目的是测量写入状态下能够使单元存储节点翻转的最小字线电压,能够表征 SRAM 单元的写能力。测量过程是首先对存储单元的存储节点预写入"0""1",将存 0 端的位线拉高到 V_{DD},另一端位线接 V_{ss},逐渐增加字线端的电压值,同时监测位线的充放电电流,直至超出某个规定值,代表存储节点发生翻转,记录此时的字线电压值。这种方法的优点是不更改 SRAM 的紧凑的物理版图结构,测试结果更接近实际情况,适合测量大规模阵列,测量速度快;缺点是测量精度不够,测量特性参数有限,只能测量存储单元级参数。

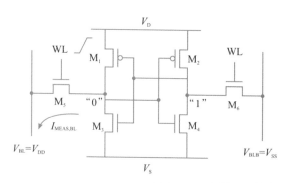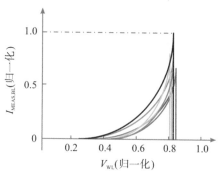

图 24.37　字线写翻转电压测试结构及 *I*-*V* 曲线

　　另一种 SRAM 单个存储单元的测试结构如图 24.38 所示,每个晶体管的源、漏、栅端都通过两个传输门分别接到 force 置位端和 sense 测量端[63]。在进行阵列测量时,每次选中一个单元即令该单元的所有传输门导通,这样就能实现对每个晶体管控制的同时,对该端口电压进行监测以获取实际的电压值。这个结构不仅能测量存储单元级的特性如噪声裕度等,还能测量晶体管级别的参数,如各个晶体管阈值电压。以测量晶体管 M_3 的阈值电压为例,将 VS1_F 接到低电平 GND,GQ_F 接到 0.3V 电位,扫描 GQB_F,观测 GQ_S 端充放电电流变化,调整 GQ_F 电位获取多条 I_d-V_g 曲线,再通过恒定电流法确定阈值电压,如图 24.39(a)所示。测量读噪声裕度的方法是令 VD1_F 和 VD2_F 接高电平 VDD,VS1_F 和 VS2_F 接低电平 VSS,WL、GBL_F、GBLB_F 均接高电平 VDD,由 VSS-VDD 分别扫描 GQ_F 和 GQB_F,观测另一存储节点 GQB_S 和 GQ_S 电压变化,得到蝶形曲线,如图 24.39(b)所示。

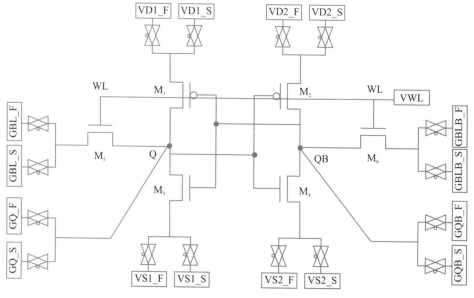

图 24.38　SRAM 阵列单元连接结构[63]

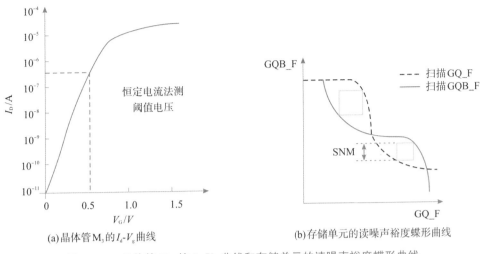

(a)晶体管 M_3 的 I_d-V_g 曲线　　　　(b)存储单元的读噪声裕度蝶形曲线

图 24.39　晶体管 M_3 的 I_d-V_g 曲线和存储单元的读噪声裕度蝶形曲线

　　晶体管阈值电压的工艺影响因素包括栅氧化层厚度、背栅掺杂、沟道宽度、栅极材料的温度特性等。SRAM 的静态噪声容限与晶体管阈值电压、驱动管和存取管的尺寸、电源电压等密切相关。SRAM 是 SoC 系统的重要组成部分,通常占据很大的芯片面积,而且其最低供电要求通常是整颗芯片的最低要求,也是工艺制程中要求最严格的部分,因此对 SRAM 的性能参数的测量对 DTCO 测试迭代优化环节具有重要意义。

24.6　STCO 概况

　　随着先进半导体节点的不断推进以及工艺的日益复杂,仅依靠经典摩尔定律所描述的平面尺寸下降带来的收益越来越小,最大化先进半导体节点给芯片带来的性能改善越来越得到重视。如前述章节所讨论的,从 21 世纪 10 年代后期起,电路设计与工艺协同优化 DTCO 逐步成为主流技术[64],该技术通过工艺器件仿真,实现在晶圆生产前的早期探索阶段就进行有效评估并选择出新的晶体管架构、材料和工艺步骤,促成了 FinFET 和 GAAFET 的诞生,将工艺尺寸推进到小于 5nm 的水平[65]。

　　据统计,在小于 10nm 工艺节点中,单纯特征尺寸微缩带来的芯片性能成本收益占总体收益的比例越来越低,而基于 DTCO 的收益则比例越来越高,如图 24.40 所示。用图 24.41 所示的小于 10nm 节点 FinFET 工艺的电路微缩过程来举例说明,除了经典的摩尔微缩(沟道长度)外,通过 DTCO 引入的器件间距缩小亦大幅提高了单位面积的器件数量[66]。简而言之,当器件本身越来越小后,器件的摆放及布局布线的重要性更加突出,其设计及优化能使得芯片整体面积大幅降低。

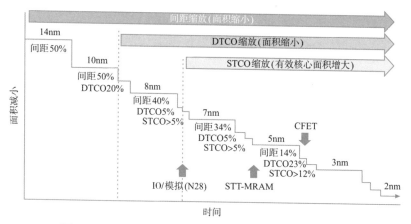

图 24.40　工艺尺寸下降条件下芯片面积微缩成果的占比

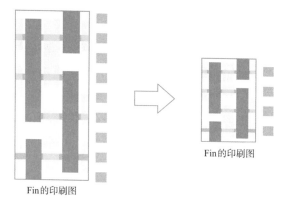

图 24.41　基于 DTCO 的尺寸微缩

　　然而,过去十年中与经典的摩尔尺寸微缩结合良好的 DTCO 技术在小于 5nm 的节点范围面临新的挑战,基于 2D 优化的 DTCO 的潜力逐渐发挥到了极致。其具体原因是,基于 DTCO 的平面工艺尺寸进展,在完成 FEOL 步骤即器件制造后,BEOL 在垂直方向上的尺寸也会随着器件单元厚度的减小而微缩,后端总尺寸以金属连线层数乘以金属层间距表示。而金属垂直间距很难随着平面微缩减小而同步缩小。另外,随着 Fin-FET、GAA 等器件的出现,FEOL 器件在平面微缩的同时,在垂直方向上的高度降低日益困难,甚至有进一步增高的趋势。这两种趋势共同造成了可用金属连线层数不足,造成布局布线变得困难,反过来影响电路模块设计区域器件密度的提升,造成在二维平面(2D)方向上进行微缩优化的 DTCO 技术逐步走向饱和。如何在器件尺寸及体积无法再大幅降低的情况下继续推进性能及成本收益成为必须研究解决的问题。

　　近年来 STCO 技术从前沿技术研发逐渐走向生产实际,其核心思路:一是变 2D 平面优化为三维立体(3D)优化,促进器件本身和布局布线面积降低[67];二是从改善系统性能出发,变芯片级设计-工艺优化为系统级优化。具体来说,在系统层面上,将不同电路功能模块当作可以在不同工艺下实现的芯粒,将新器件及其 3D 优化、芯片设计 3D 优化与系统封装 3D 优化统筹考虑,把系统功能及构架作为单芯片设计的需求牵引,将先进工艺推动的已经得到充分优化的单芯片功能模块作为系统中可以使用的功能组件,进行如图 24.42 所示的系统-电路-器件双向协同优化。

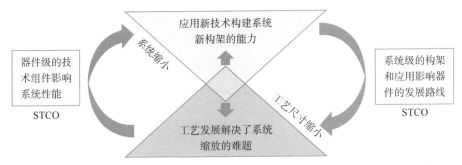

图 24.42　STCO 的系统-电路-器件双向协同优化

STCO 的关键技术包括:①器件的 STCO 优化;②数字电路的 STCO 优化;③模拟及 I/O 接口电路的 STCO 优化;④封装及系统的 STCO 优化。这些内容将在下一节中详细介绍。

24.7　STCO 关键技术

STCO 以 3D 立体的方式展开优化,在器件层面、电路层面及系统封装层面均有具体的内容和应用方式,本节对这几个方面给予概述。

24.7.1　器件的 STCO 优化

与 DTCO 相比,STCO 最鲜明的特点就是 3D 立体优化,在器件层面上目前出现的技术主要有垂直场效应晶体管(vertical-FET,VFET)和互补型场效应晶体管(complementary-FET,CFET)。

VFET 由 IBM 和三星共同研发,是 GAA-FET 的进一步发展。如图 24.43 所示,它用垂直站立结构来制造晶体管,使电流垂直流过晶体管的漏极、栅极和源极[68]。这大大减小了单个晶体管在 X-Y 平面上的面积,从而允许在 2D 平面上安装更多的晶体管。注意这种新型 VFET 虽然与较老的耗尽型结型晶体管结构有类似之处,但原理完全不同。

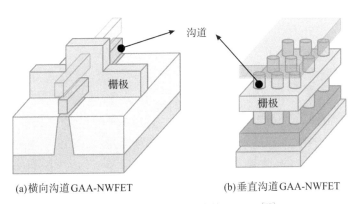

(a)横向沟道 GAA-NWFET　　　　(b)垂直沟道 GAA-NWFET

图 24.43　垂直沟道晶体管(VFET)[68]

　　CFET 技术则更进一步地将两个互补的 PMOS 管和 NMOS 管上下层叠放置,如图 24.44 所示,通过三维堆叠具有不同导电类型的晶体管来有效减小标准单元面积[69]。除此之外,与传统工艺相比,CFET 还将部分走线转移到垂直方向上,位于器件区内部,简化了系统层面走线,而布局布线问题正是小于 5nm 节点中的关键问题。基于该器件的自动化标准单元库利用这种优势,以布局布线为主要导向,能以最少的标准单元上方走线通道数,实现最大限度的管脚可访问性(pin accessibility),同时达到最高的布通率(routability)。

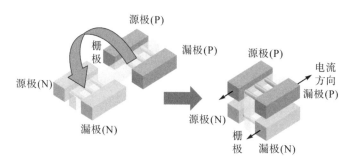

图 24.44　垂直堆叠互补晶体管(CFET)[69]

24.7.2　数字电路及布局布线的 STCO 优化

　　早在 20 世纪 70 年代末期,基于 3D 集成的单封装多芯片技术就被用于增加内存容量,如 Intel 使用封装两片 4k bit 的 DRAM 构成 8k bit 的 DRAM。时至今日,内存模块依然是先进工艺尺寸不断进展的主要动力之一。当前,以磁阻随机存储器(magnetoresistive random access memory,MRAM)为代表的新一代存储器件发展迅速,有望逐渐取代传统存储器。

　　磁阻随机存储器是利用磁性薄膜材料的电阻随薄膜磁化方向的不同而发生变化来实现数据存储的存储器,凭借读取速度快、集成密度高、功耗低、可靠性强等优势,磁阻随机存储器成为未来通用存储器的重要候选技术之一[70]。从产业链来看,磁阻随机存储器产业链上游为原材料供应层,包括半导体材料、晶体管、塑料材料、和特殊的磁性薄膜材料等,而与标准 CMOS 相比,其器件制备过程中具有诸多技术难点。

　　从原则上讲,MRAM 制造工艺可兼容现有的 CMOS 制造技术和工艺,但因其磁性材料刻蚀时不易挥发,可能沉积在晶圆上产生黏性物,导致短路,造成整体良率下降。在可以预见的将来,MRAM 将在专用工艺上制造,并通过基于 3D 封装的 STCO 方法与其他数字电路结合。如图 24.45 所示,3D 序列制造是一种新型制造工艺[71],能够在同一晶圆上制造多层晶体管,如第一层为标准 CMOS 工艺逻辑器件构成的 CPU,而第二层则为专用工艺制备的 MRAM 单元,最后进行接触通孔和系统布局布线。

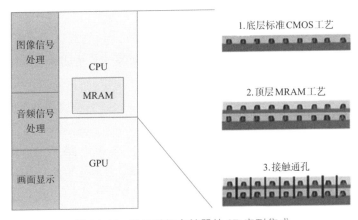

图 24.45　磁阻随机存储器的 3D 序列集成

　　另外,在传统设计中,存储器阵列放置在它对应的核心逻辑区域旁边,导致平均互连线长度取决于两个器件之间的间距和单个芯片上的凸块间距。如果将存储器在一片晶圆上以存储器优化工艺制造(不限于 MRAM),而核心逻辑在另一片晶圆上制造,并使用功能分区和晶圆到晶圆键合技术将存储器垂直堆叠在逻辑元件的顶部,将获得多项收益,如减小芯片面积,提高性能,同时降低功耗。除了内存外,其他特殊电路单元如 MEMS 亦可通过这种工艺进行集成,这种 STCO 技术极大地改善了数字电路性能,提高了单位面积功能。

　　布局布线问题是小于 5nm 工艺节点中的关键问题,为片上有源器件提供电源和参考电压的供电网络占用大量布局布线资源,通常信号和电源网络都在后段工序 BEOL 中处理。而供电网络本质上是一个与信号网络完全分开的互取网络,这为 3D 系统级优化提供了思路。这一问题的解决方案为 ARM 公司与 IMEC 联合提出的 3nm 工艺下的埋入式电源线结合背面金属层供电的技术。如图 24.46 所示,芯片主要的电源总线位于衬底下方,并通过穿越衬底的硅通孔将供电线连接到器件周围的埋入式电源线上,这种电源线“埋”在 BEOL 金属堆栈下方,通常与 FinFET 晶体管“鳍片”本身齐平。这种技术可以释放上层金属,使它们全部用于信号走线,从而解决限制处理器性能的密集逻辑连线资源问题。同时,在这种 STCO 技术中可使用更厚的金属走线以降低寄生电阻电压降。

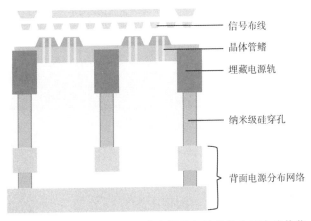

图 24.46　利用背面金属层走电源线与地线的布局布线优化

24.7.3　模拟及 I/O 接口电路的 STCO 优化

与数字电路相比,模拟电路的大多数性能并不随着工艺节点的下降而提高。如信号链电路的主要性能指标是信噪比,信号幅值由电源电压决定,而热噪声水平则与晶体管跨导呈反比例关系。随着工艺尺寸下降、电源电压降低,若要保持信噪比不变则必须降低噪声,这就需要使用更大的电流,而且由于晶体管 G_m 与电流平方律关系,这种电流往往增长更快。

因此,工艺尺寸降低对于以信噪比为主要性能的模拟电路来说,并不能减小噪声,降低功耗,同时由于广泛存在片上电阻、电容器件,模拟电路的面积也很难随着工艺尺寸的进步而同步缩小。目前普遍认为 28~40nm 节点能在模拟电路(包括 I/O 器件)的性能与成本间取得较好的平衡,这与数字电路不断减小的工艺尺寸形成反差。

如图 24.47 所示,基于多裸片 2.5D 集成的 STCO 技术能较好地解决这一问题[72]。与传统的封装集成系统相比,这种集成多了一层转接板(interposer),若干个芯片并排排列在转接板上,再通过传统的硅通孔(TSV)、微凸点(bump)和再分布层(redistribution layer,RDL)等,实现芯片与芯片、芯片与封装基板间更高密度的互连。

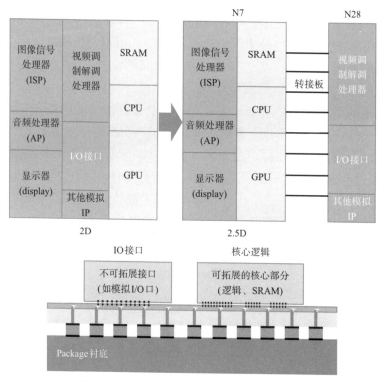

图 24.47　模拟电路与 I/O 器件的 2.5-D 集成

24.7.4　封装及系统的 STCO 优化

2.5D 集成的封装技术虽然能够实现更高密度的互连,但是对于高性能要求的模拟集成电路如射频(radio frequency,RF)电路会带来封装寄生效应,导致电路性能下降。

为了优化电路设计流程,需要对集成电路系统设计与封装进行 STCO 优化。这种优化需要仿真软件提供集成的设计环境,可以对 2.5D 硅转接板进行建模与仿真。它所采用的集成电路与封装协同设计流程使得设计人员可以在电路设计的同时,掌握封装效应对电路性能的影响,据此对电路系统设计与封装方式进行优化,从而最大限度地避免设计中的错误,减少电路设计迭代次数。

图 24.48 显示了在 Xpeedic Metis 软件平台中的电路与封装模型。其中图 24.48(a)所示是 2.5D 集成所使用的硅转接板;图 24.48(b)所示是采用微凸点方式与转接板相连接的电路的整体模型,其中电路芯片位于顶层,包含若干片上电感。在该软件中,会对所采用的电路与封装连接方式进行多物理场建模,提取寄生参数及电磁模型,基于该建模对电路性能进行仿真分析,实现电路与封装的协同设计优化。这种电路与封装结合的 STCO 优化使设计人员能同时对电路与封装进行设计与验证,避免封装重新设计,降低风险与设计成本。

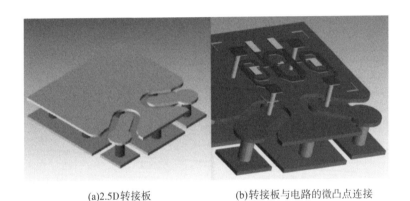

(a)2.5D转接板　　　　　　　(b)转接板与电路的微凸点连接

图 24.48　2.5D 转接板及转接板与电路的微凸点连接

24.7.5　STCO 流程

以 SoC 为例来说明上述 STCO 关键技术的应用,由于 SoC 是一种包含多种功能的系统,其各个模块在工艺尺寸微缩的条件下面积、性能和成本变化均不同,需要在多个层面上进行全面的考虑与优化。在制造工艺层面上,应该考虑各种可能的新结构、新器件来优化性能,如对尺寸微缩敏感的随机存储器等,并在设计工具中提供其模型;在电路系统层面上,需要对不同的模块进行划分,再选择最佳工艺进行设计,如模拟前端及I/O 模块可在较传统的工艺上实现;最后,在集成封装层面上则需要选择不同的封装策略[73],利用可能的堆叠形式,将各个模块重新组合起来,在成本和性能之间达到最佳的平衡。表 24.3 给出了部分基于 STCO 的 SoC 优化技术路径。

表 24.3　基于 STCO 的 SoC 优化技术路径

技术层次	技术
器件层面	纳米孔 GAA 管、垂直 GAA 管、垂直互补晶体管、磁阻器件
电路层面	CPU/GPU 进行经典摩尔微缩、模拟与 I/O 在传统工艺设计
系统封装层面	裸片堆叠(die to die)、晶圆堆叠(wafer to wafer)、2.5D/3D 堆叠、背面金属线供电

STCO 的系统芯片设计全流程如图 24.49 所示。与传统的 IC 设计制造流程相比,基于 STCO 的系统芯片设计流程体现了电路系统与工艺的深度融合[74]。设计工程师在系统规划初期就引入与制造工艺和封装技术相关的体系构架规划,比如对于不同功能的模块选取不同的工艺和器件等。在此基础上,利用包含多物理场的新型系统设计仿真软件进行电路性能与功耗分析,而传统的 IC 设计则成为系统设计的一个子模块,为系统仿真分析提供可靠的功能模块。随后在各个芯片裸片制造完成后先分别进行验证,顺利通过后再进行 2.5D/3D 封装构成系统,最终通过系统级验证。

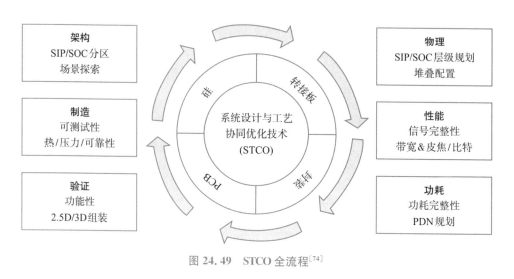

图 24.49　STCO 全流程[74]

STCO 流程的引入,呈现软件与硬件、电路与系统、芯片与封装、设计与制造深度融合的特点,体现了先进工艺集成电路设计的多学科交叉融合特性。STCO 技术发展方兴未艾,将推动芯片与系统的性能进一步提高,同时也需要更多具备半导体工艺和电路设计知识与技能的复合型人才。

本章小结

本章介绍了可制造性设计(DFM)的概况及关键技术,设计制造一体化 DTCO 的概况、基本流程以及关键环节,一个新工艺的建立可以从器件结构优化、标准单元库和特殊 IP 的优化以及设计规则优化入手,设计者介入其中的关键手段为建模仿真和迭代测试。对于小于 5nm 的工艺节点,基于 2D 优化的 DTCO 的潜力逐渐发挥到了极致,由此发展了三维立体优化的 STCO 技术,变芯片级设计-工艺优化为系统级优化。

参考文献

[1] Brandenburg J, Camposano R, Gianfagna M, et al. DFM: where's the proof of value? [C]. 2006 43rd ACM/IEEE Design Automation Conference, 2006: 1061-1062.

[2] Liebmann L W, Vaidyanathan K, Pileggi L. Design Technology Co-Optimization in the Era of Sub-Resolution IC Scaling[M]. Bellingham: SPIE Press, 2016.

[3] Eissa H, Salem R F, Arafa A, et al. Parametric DFM solution for analog circuits:

electrical-driven hotspot detection, analysis, and correction flow[J]. IEEE Transactions on Very Large Scale Integration (VLSI) Systems,2013,21(5):807-820.

[4] Rodriguez N, Song L, Shroff S, et al. Hotspot prevention using CMP model in design implementation flow[C]. 9th International Symposium on Quality Electronic Design (isqed 2008),2008:365-368.

[5] Gower-Hall A, Gbondo-Tugbawa T, Weng J P, et al. Understanding, modeling, and detecting pooling hotspots in copper CMP[C]. 13th International Symposium on Quality Electronic Design (ISQED),2012:208-215.

[6] Joseph K K S, Heng T B, Hanno M. Critical Area Analysisof IC layout for automotive application[C]. 2016 IEEE International Conference on Semiconductor Electronics (ICSE),2016:296-299.

[7] Ning W G, Zhao Q, Zheng K, et al. Stress control of plasma enhanced chemical vapor deposited SiO_2 film in through silicon via process[C]. 2014 15th International Conference on Electronic Packaging Technology,2014:313-316.

[8] Vaidyanathan R, James C J. Independent Component Analysis for Extraction of Critical Features from Tongue Movement Ear Pressure Signals[C]. 2007 29th Annual International Conference of the IEEE Engineering in Medicine and Biology Society,2007:5481-5484.

[9] Park J W, Todd R, Song X. Geometric pattern match using edge driven dissected rectangles and vector space[J]. IEEE Transactions on Computer-Aided Design of Integrated Circuits and Systems,2016,35(12):2046-2055.

[10] Y. Preet, "Tutorial T5: The World beyond DRC: Design for Manufacturing (DFM)-Impact on Yield & Reliability for Advanced Technology Nodes and Their Elucidations," 2017 30th International Conference on VLSI Design and 2017 16th International Conference on Embedded Systems (VLSID), Hyderabad, India, 2017, pp. xxxviii-xxxviii, doi: 10. 1109/VLSID. 2017:95.

[11] Zhao L, Chen Y, Su X, et al. Enhancing manufacturability of standard cells by using DTCO methodology [M]. Design-Process-Technology Co-optimization for Manufacturability XI. SPIE,2017,10148:423-429.

[12] Yeric G, Cline B, Sinha S, et al. The past presentand future of design-technology co-optimization[C]. Proceedings of the IEEE 2013 Custom Integrated Circuits Conference. IEEE,2013:1-8.

[13] Zhang Z, Wang R, Chen C, et al. New-generation design-technology co-optimization (DTCO): Machine-learning assisted modeling framework[C]. 2019 Silicon Nanoelectronics Workshop (SNW). IEEE,2019:1-2.

[14] Nagy D, Espineira G, Indalecio G, et al. Benchmarking of FinFET, nanosheet, and nanowire FET architectures for future technology nodes[J]. IEEE Access, 2020,8:53196-53202.

［15］Bardon M G，Schuddinck P，Raghavan P，et al. Dimensioning for power and performance under 10nm：The limits of FinFETs scaling［C］. 2015 International Conference on IC Design & Technology (ICICDT)，2015：1-4.

［16］Mohseni J，Meindl J D. Scaling limitsof rectangular and trapezoidal channel FinFETs［C］. 2013 IEEE 3rd Portuguese Meeting in Bioengineering (ENBENG). IEEE，2013：1-3.

［17］IRDS. IEEE International Roadmap for Devices and Systems (IRDSTM) 2020 Edition［DB/OL］.［2020-10-10］https：//irds. ieee. org/editions/2020.

［18］Yoon J S，Jeong J，Lee S，et al. Systematic DC/AC performance benchmarking of sub-7-nm node FinFETs and nanosheet FETs［J］. IEEE Journal of the Electron Devices Society，2018，6：942-947.

［19］Huynh-Bao T，Sakhare S，Yakimets D，et al. A comprehensive benchmark and optimization of 5-nm lateral and vertical GAA 6T-SRAMs［J］. IEEE Transactions on Electron Devices，2015，63(2)：643-651.

［20］Veloso A，Huynh-Bao T，Matagne P，et al. Nanowire & nanosheet FETs for ultra-scaled，high-density logic and memory applications［J］. Solid-State Electronics，2020，168：107736.

［21］Yakimets D，Bardon M G，Jang D，et al. Power aware FinFET and lateral nanosheet FET targeting for 3nm CMOS technology［C］. 2017 IEEE International Electron Devices Meeting (IEDM). IEEE，2017：1-4.

［22］Wang M，Sun Y，Li X，et al. Design technology co-optimization for 3nm gate-all-around nanosheet FETs［C］. 2020 IEEE 15th International Conference on Solid-State & Integrated Circuit Technology (ICSICT). IEEE，2020：1-3.

［23］Feng P，Song S C，Nallapati G，et al. Comparative analysis of semiconductor device architectures for 5-nm node and beyond［J］. IEEE Electron Device Letters，2017，38(12)：1657-1660.

［24］Wei A，Wallace C，Phillips M，et al. Advanced node DTCO in the EUV era［C］. Proceedings of the IEEE International Electron Devices Meeting (IEDM)，December 12-18，2020，San Francisco，USA：917-920.

［25］Liebmann L，Zeng J，Zhu X，et al. Overcoming scaling barriers through design technology cooptimization［C］. Proceedings of the 36th IEEESymposium on VLSI Technology，June 14-16，2016，Honolulu，HI：112-113.

［26］Northrop G. Design technology co-optimization in technology definition for 22nm and beyond［C］. Proceedings of the 2011 Symposium on VLSI Technology-Digest of Technical Papers，June 14-16，2011，Kyoto，Japan：112-113.

［27］Liebmann L，Pileggi L，Vaidyanathan K. Design Technology Co-optimization in the Era of Sub-Resolution IC Scaling［M］. Bellingham：SPIE Press，2016.

［28］Ming C，Hyunwoo P，Jackie Y，et al. 7nm Mobile SoC and 5G platform technology and design co-development for PPA and manufacturability[C]. Proceedings of the 2019 Symposium on VLSI Technology, June 6-14, 2019, Kyoto, Japan: 104-105.

[29] Taejoong S, Hakchul J, Giyoung Y, et al. 3nm Gate-All-Around (GAA) Design-Technology Co-Optimization (DTCO) for succeeding PPA by technology[C]. Proceedings of the 2022 IEEE Custom Integrated Circuits Conference (CICC), April 24-27, 2022, California, USA:1-7.

[30] Liebmann L, Topaloglu R. Design and technology co-optimization near single-digit nodes[C]. Proceedings of the 2014 IEEE/ACM International Conference on Computer-Aided Design (ICCAD), November 2-6, 2014, California, USA:582-585.

[31] Kyeongrok J, Seyong A, Jungho D, et al. Design rule evaluation framework using automatic cell layoutgenerator for design technology co-optimization[C]. Proceedings of the IEEE Transactions on Very Large Scale Integration (VLSI) Systems, June 6-14, 2019, Kyoto, Japan:1933-1946.

[32] Friedrich J. Puri R, Brandt U, et al. Design methodology for the IBM POWER7 microprocessor[J]. IBM Journal of Research and Development,2011,5(3):9:1-9:14.

[33] Vaidyanathan K, Liebmann L, Strojwas A, et al. Sub-20nm design technology co-optimization for standard cell logic[C]. IEEE/ACM International Conference on Computer-Aided Design (ICCAD),2014:124-131.

[34] Fang S R, Tai C W, Lin R B. On benchmarking pin access for nanotechnology standard cells[C]. IEEE Computer Society Annual Symposium on VLSI,2017:237-242.

[35] Karner M, Rzepa G, Baumgartner O. Variability-aware DTCO flow: Projections to N3 FinFET and nanosheet 6T SRAM[C]. International Conference on Simulation of Semiconductor Processes and Devices,2021:15-18.

[36] Asenov A, Cheng B, Wang X, et al. Variability aware simulation based design-technology cooptimization (DTCO) flow in 14nm FinFET/SRAM cooptimization[J]. IEEE Transactions on Electron Devices,2015,62(6):1682-1690.

[37] Luo Y, Yan G, Cao L, et al. Influence of parasitic capacitance and resistance on performance of 6T-SRAM for advanced CMOS circuits design[C]. 2022 China Semiconductor Technology International Conference (CSTIC),2022:1-3.

[38] Xu X Q, Pan D Z. Toward unidirectional routing closure in advanced technology nodes[J]. IPSJ Transactions on System LSI Design Methodology,2017,10:2-12.

[39] Seoa J, Shin Y. Routability enhancement through unidirectional standard cells with floating metal-2[C]. Proc SPIE,2017.

[40] Chidambaram C, Kahng A B, Kim M, et al. A novel framework for DTCO: fast and automatic routability assessment with machine learning for sub-3nm technolo-

gy options[C]. 2021 Symposium on VLSI Technology,2021:1-2.

[41] Outokesh M, Ajarostaghi S S M, Bozorgzadeh A, et al. Numerical evaluation of the effect of utilizing twisted tape with curved profile as a turbulator on heat transfer enhancement in a pipe[J]. Journal of Thermal Analysis and Calorimetry,2020, 140(3):1537-1553.

[42] Synopsys. Reduce Process Development Time and Cost[EB/OL]. [2022-11-11]. https://www. synopsys. com/silicon/tcad/dtco. html.

[43] Synopsys. Synopsys DTCO Flow: Technology Development[EB/OL]. [2022-11-11]. https://www. synopsys. com/silicon/resources/articles/dtco-flow. html.

[44] Cadence. CDNLive: Design Technology Co-Optimization for N7 and N5[EB/OL]. [2022-11-11]. https://community. cadence. com/cadence_blogs_8/b/breakfastbytes/posts/cdnlive-imec-and-cadence-flows-for-n7-and-n5.

[45] IMEC. A 3D technology toolbox in support of system-technology co-optimization [EB/OL]. [2022-11-11]. https://www. imec-int. com/en/imec-magazine/imecmagazine-july-2019/a-3d-technology-toolbox-in-support-of-system-technology-co-optimization.

[46] Park H, Chang K, Jeong J, et al. Challenges on DTCO methodology towards deep submicron interconnect technology[C]. Proceedings of the 18th International SoC Design Conference (ISOCC), October 06-09, 2021. Jeju Island, Korea.

[47] Sun Y B, Wang M, Li X L, et al. Improved MEOL and BEOL parasitic-aware design technology co-optimization for 3nm gate-all-around nanosheet transistor[J]. IEEE Transactions on Electron Devices,2022,69(2):462-468.

[48] Stanojevic Z, Strof G, Steiner K, et al. Cell designer-a comprehensive TCAD-based framework for DTCO of standard logic cells[C]. Proceedings of the 48th European Solid-State Device Research Conference (ESSDERC), September 03-06, 2018. Dresden, Germany.

[49] Gerrer L, Andrew R B, Campbell M,et al. Accurate simulation of transistor-level variability for the purposes of TCAD-based device-technology cooptimization[J]. IEEE Transactions on Electron Devices,2015,62(6):1739-1745.

[50] Stanojevic Z, Tsai C M, Strof G, et al. Nano device simulator-a practical subband-BTE solver for path-finding and DTCO[J]. IEEE Transactions on Electron Devices,2021,68(11):5400-5406.

[51] Wang X S, Dave R, Wang L P, et al. Process informed accurate compact modelling of 14-nm FinFET variability and application to statistical 6T-SRAM simulations[C]. Proceedings of theInternational Conference on Simulation of Semiconductor Processes and Devices (SISPAD), September 06-08, 2016. Nuremberg, Germany.

[52] Karner M, Rzepa G, Baumgartner O, et al. Variability-aware DTCO flow: pro-

jections to N3 FinFET and nanosheet 6T SRAM[C]. Proceedings of the International Conference on Simulation of Semiconductor Processes and Devices (SISPAD)，September 27-29，2021. Dallas，TX，USA.

[53] Duan Y L，Su X J，Chen Y，et al. Design technology co-optimization for 14/10nm metal1 double patterning layer[C]. Proceedings of the Conference on Design-Process-Technology Co-optimization for Manufacturability X(SPIE)，March 16，2016. San Jose，CA.

[54] Mauricio J，Moll L and Gómez S. Measurements of process variability in 40-nm regular and nonregular layouts[J]. IEEE Transactions on Electron Devices，2014，61(2)：365-371.

[55] Lim J J，Johari N A，Rustagi S C，et al. Characterization of interconnect process variation in CMOS using electrical measurements and field solver[J]. IEEE Transactions on Electron Devices，2014，61(5)：1255-1261.

[56] Cheng C K，Ho C T，Holtz C，et al. Machine learning prediction for design and system technology co-optimization sensitivity analysis[J]. IEEE Transactions on Very Large Scale Integration (VLSI) Systems，2022，30(8)：1059-1072.

[57] Chang Y W，Chang H W，Hsieh C H，et al. A novel simple CBCM method free from charge injection-induced errors[J]. IEEE Electron Device Letters，2004，25(2)：262-264.

[58] Zhang P Y，Wan Q，Feng C H，et al. Gate capacitance measurement using a self-differential charge-based capacitance measurement method [J]. IEEE Electron Device Letters，2015，36(12)：1271-1273.

[59] Takamiya M，Mizuno M and Nakamura K. An on-chip 100GHz-sampling rate 8-channel sampling oscilloscope with embedded sampling clock generator[C]. Proceedings of the IEEE International Solid-State Circuits Conference(ISSCC)，February 07，2002. San Francisco，CA.

[60] Zhang P Y，Feng C H and Wang H. On-chip picosecond resolution timing measurement using time amplifier[J]. Electronics Letters，2015，51(18)：1416-1418.

[61] Vankka J，Waltari M，Kosunen M，et al. A direct digital synthesizer with an on-chip D/A-converter[J]. IEEE Journal of Solid-State Circuits，1998，33(2)：218-227.

[62] Guo Z，Carlson A，Pang L T，et al. Large-Scale SRAM Variability Characterization in 45nm CMOS[J]. IEEE Journal of Solid-State Circuits，2009，44(11)：3174-3192.

[63] Bin S Y，Lin S F，Cheng Y C，et al. Predicting shot-level SRAM read/write margin based on measured transistor characteristics[J]. IEEE Transactions on Very Large Scale Integration (VLSI) Systems，2016，24(2)：625-637.

[64] IRDS International Roadmap for Devices and Systems：More-than-moore white paper[R]. International Roadmap for Devices and Systems (IRDS™)，2020.

［65］Kim R，Sherazi Y，Debacker P，et al．IMEC N7 N5 and beyond：DTCO STCO and EUV insertion strategy to maintain affordable scaling trend［C］．SPIE，vol. 10588，Oct. 2018.

［66］Sherazi S M Y，Cupak M，Weckx P，et al．Standard-cell design architecture options below 5nm node：The ultimate scaling of FinFET and nano-sheet［C］．SPIE，vol. 10962，2019.

［67］Cheng C K，Ho C T，Holtz C，et al．Machine Learning Prediction for Design and System Technology Co-Optimization Sensitivity Analysis［J］．IEEE Transactions on Very Large Scale Integration（VLSI）Systems，2022，30(8)：1059-1072.

［68］Loubet N，Hook T，Montanini P，et al．Stacked nanosheet gate-all-around transistor to enable scaling beyond FinFET［C］．Symposium on VLSI Technology，2017.

［69］Cheng C K，Ho C T，Lee D，et al．Complementary-FET（CFET）standard cell synthesis framework for design and system technology co-optimization using SMT［J］．IEEE Transactions on Very Large Scale Integration（VLSI）Systems，2021，29(6)：1178-1191.

［70］Swerts J，Liu E，Couet S，et al．Solving the BEOL compatibility challenge of top-pinned magnetic tunnel junction stacks［C］．IEEE International Electron Devices Meeting（IEDM），2017.

［71］Franco J，Witters L，Vandooren A，et al．Gate stack thermal stability and PBTI reliability challenges for 3D sequential integration：demonstration of a suitable gate stack for top and bottom tier nMOS［C］．IEEE Reliability Physics Symposium（IRPS），2017.

［72］Chen W C，Chen S H，Hellings G，et al．External I/O interfaces in sub-5nm GAA NS technology and STCO scaling options［C］．Symposium on VLSI Technology，2021.

［73］Pantano N，Neve C R，van der Plas G，et al．Technology optimization for high bandwidth density applications on 3D interposer［C］．Electronic System-Integration Technology Conference（ESTC），2016.

［74］Mallik A，Vandooren A，Witters L，et al．Theimpact of sequential-3D integration on semiconductor scaling roadmap［C］．IEEE Electron Devices Meeting（IEDM），2017.

思考题

    1.请简要描述可制造性设计在设计中的意义。

    2.请简要描述可制造性设计的步骤和流程。

    3.如何评价一个可制造性设计的好坏？

    4.请概述标准单元库的 DTCO 流程。

5.请举例说明工艺优化过程中面积缩放所用到的 DTCO 技术。

6.请简述基于建模仿真的半导体器件的 DTCO 流程。

7.请尝试设计一个测量 CMOS 晶体管栅极电容和阈值电压的电路进行仿真并将仿真结果与 SPICE 模型参数进行对比。

8.请说明 STCO 和 DTCO 的主要区别。

致谢

本章内容承蒙丁扣宝、韩雁、谭年熊等专家学者审阅并提出宝贵意见,作者在此表示衷心感谢。

作者简介

张培勇:博士、博导,浙江大学微纳电子学院教授。长期从事国产嵌入式 CPU 和系统芯片(SoC)领域的研究,负责或主参"核高基"国家科技重大专项、国家重点研发计划等项目多项,主持国家自然科学基金集成电路工艺参数测量相关项目三项。出版《国产嵌入式 CPU》(国家"十三五"规划教材)一本,指导学生四次获得全国大学生集成电路创新创业大赛全国总决赛一等奖。

陈一宁:新加坡南洋理工大学博士,浙江大学微纳电子学院特聘研究员。从事超大规模集成电路相关的电子器件大数据研究和开发工作,在 *Applied Physics Letters*,*IEEE Transactions on Electron Devices* 等期刊发表论文多篇。主导开发多个大生产工艺项目,如 65nm/55nm 和 45nm/40nm 节点 CMOS 低功耗逻辑工艺优化和良率提升,Smart Analysis 全套芯片良率大数据解决方案等。

缩略语英汉对照表

AA	active area	有源区
ACL	activation capping layer	应力顶盖层
ADC	analog to digital converter	模拟数字转换器
ADI	after develop inspection	显影后检测
AFM	atomic force microscope	原子力显微镜
ALD	atomic layer deposition	原子层沉积技术
Alt. PSM	alternating phase shift mask	交替相移掩模版
ALU	arithmetic and logic unit	算术和逻辑单元
AMC	airborne molecular contamination	空气传播分子污染物
AMU	analyze magnetic unit	分析磁性单元
AOI	automatic optical inspection	自动光学检测机
AOI	and-or-inverter	与或非门
APC	advanced process control	先进过程控制
APCVD	atmospheric pressure CVD	常压化学气相沉积
APM	ammonia-peroxide mixture	氨水溶液，也叫标准1号液
APT	atom probe tomography	原子探针层析技术
AR	aspect ratio	深宽比
ARDE	aspect ratio dependent etching	与深宽比相关的刻蚀
ASCII	american standard code for information interchange	美国信息交换标准代码
ASIC	application specific integrated circuit	专用集成电路
ASML	Advanced Semiconductor Material Lithography	阿斯麦公司
Att. PSM	attenuated phase shift mask	强度衰减的相移掩模版
BARC	bottom anti-reflective coatings	底部抗反射涂层
BCD	bipolar-CMOS-DMOS	双极型晶体管-互补型场效应管-双扩散型晶体管
BC-PMOS	buried channel PMOS	埋沟器件
BD	black diamond	硅氮烷聚合物
BEOL	back-end-of-the-line	后段工艺
BE-SONOS	bandgap engineered silicon-oxide-nitride-oxide-silicon	能带工程的非挥发性存储器结构
BFI	bright field inspection	明场缺陷检测
BGA	ball grid array	球栅阵列

BHF	buffered hydro fluoric	缓冲氢氟酸
BiCMOS	bipolar-CMOS	双极型晶体管-互补金属氧化物半导体集成器件
BiCS	bit column stacked	位列堆叠
BiM	binary masks	双极型掩模板
BJT	bipolar junction transistor	双极集成晶体管
BOE	buffered oxide etch	缓释氧化物刻蚀(剂)
BPSG	doped B and P silicate glass	硼磷硅玻璃
BSIM-CMG	Berkeley common-gate multi-gate MOSFET model	伯克利共栅-多栅模型
BT	break through	氧化硅刻蚀
BTI	bias temperature instability	偏压温度不稳定性
CAA	critical area analysis	关键区域分析
CAD	computer aided design	计算机辅助设计
CAR	chemically amplified resist	化学放大光刻胶
CBCM	charge-based capacitance measurement	充电电荷法
CCD	central composite design	中心复合设计
CCP	capacitively coupled plasma	电容耦合等离子体
CCS	composite current source	复合电流源
CCVD	catalyst-enhanced chemical vapor deposition	催化剂增强化学气相沉积
CD	critical dimension	关键尺寸
CDFEC	circuit dependent focus edge clearance	与电路相关的硅片边缘焦距非测量区
CD-SAXS	critical dimension small angle X-ray scattering	特征尺寸小角度 X 射线散射仪
CD-SEM	critical dimension-scanning electron microscope	特征尺寸测量用扫描电子显微镜
CESL	contact etch stop layer	接触孔刻蚀停止层
CFA	critical feature analysis	关键特征分析
CFET	complementary-FET	互补型场效应晶体管
CG	control gate	控制栅
CGP	contacted gate pitch	接触栅周期
CH	cell height	标准单元高度
CLM	chromeless mask	无铬掩模板
CMOS	complementary metal oxide semiconductor	互补金属氧化物半导体
CMP	chemical mechanical polish	化学机械研磨
CNT	carbon nanotubes	碳纳米管
CNTFET	carbon nanotube field-effect transistor	碳纳米管场效应晶体管
COB	capacitor over bitline	电容在位线上
COG	chrome on glass	铬版(光刻板)
CP	cell plate	单元电容板
CPL	coupled defect level	耦合缺陷水平
CPP	contacted poly pitch	相邻多晶硅周期
CPU	central processing unit	中央处理器

CUB	capacitor under bitline	电容在位线下
CVD	chemical vapor deposition	化学气相沉积
DAC	digital to analog converter	数字模拟转换器
DARC	dielectric anti-reflective coating	无机抗反射层
DB	die to database	芯片到数据库
DD	die to die	芯片到芯片
DDS	direct digital synthesizer	直接数字合成器
DEMS	diethoxy methyl silane	二乙氧基甲基硅烷
DFI	dark field inspection	暗场缺陷检测
DFM	design for manufacturability	可制造设计
DG	dual gate	双栅
DHF	diluted hydro fluoric	稀氢氟酸
DIBL	drain induced barrier lowering	漏致势垒降低
DIW	deionized water	去离子水
DNQ-Novolac	diazido-ort/io-naphtho quinone/novolac photoresists	重氮萘醌-酚醛树脂型光刻胶
DOE	diffractive optical element	衍射光学元件
DOE	design of experiments	试验设计
DOF	depth of focus	聚焦深度
DRAM	dynamic random access memory	动态随机存储器
DRC	design rule check	设计规则检查
DRM	design rule manual	设计规则手册
D-S ratio	deposition-sputtering ratio	沉积溅射比
DSD	(three-level) definitive screening design	(三水平)确定性筛选设计
DSL	dual stress liner	双应力层技术
DSW	direct step on wafer	晶片步进式直接曝光
DTCO	design technology co-optimization	设计制造一体化
DUV	deep ultra-violet	深紫外
EBR	edge bead removal	硅片边缘去胶
ECP	electro chemical plating	电化学镀膜
ECR	electron cyclotron resonance	电子回旋共振
EDA	electronic design automation	电子设计自动化
EDS	energy dispersive X-ray spectroscopy	能量色散 X 射线谱法
EFO	electric flame off	电熄火
EHM	etch hard mask	刻蚀硬掩模
EKC	ethyl keto cyclazocine	乙基氧代环唑星溶剂(一种光刻胶去除剂)
EL	exposure latitude	曝光能量宽裕度
EM	electrical migration	电迁移
EOT	equivalent oxide thickness	等效氧化层厚度
EP	electroplating process	电镀工艺
EPE	edge placement error	边缘位置误差

EPROM	erasable programmable read-only memory	可擦写可编程只读存储器
ERC	electrical rule check	电气规则检查
ESC	electrostatic chucks	静电吸盘
ESD	electro-static discharge	静电放电
ESD IMP	ESD implantation	ESD 离子注入
eSiGe	embedded-SiGe	嵌入式锗硅
EUV	extreme ultraviolet	极紫外
EUVL	extreme ultraviolet lithography	极紫外光刻
FCVD	furnace chemical vapor deposition	流动式化学气相沉积技术
FDC	fault detection and classification	故障检测和分类
FDSOI	fully depleted silicon on insulator	全耗尽绝缘体上硅
FEM	focus energy matrix	焦距能量矩阵
FEOL	front-end-of-the-line	前段工序
FG	floating gate	浮栅
FinFET	fin field-effect transistor	鳍式场效应晶体管
FLC	fuzzy logic controller	模糊逻辑控制器
FLL	frequency-locked loop	锁频环
FOUP	front opening unified pod	前开式统一晶圆舱
FP	fin pitch	鳍周期
FPGA	field programmable gate array	现场可编程逻辑门阵列
FR4	flame retardant 4	一种不易燃的玻璃纤维
FSG	fluorosilicate glass	氟硅酸盐玻璃
FT	final test	终测
FUSI	fully silicided	完全硅化
GAA	gate-all-around	全环栅极
GDS	graphic database system file	图形数据库系统文件
GDSII	graphic database system file Ⅱ	图形数据库系统文件Ⅱ
GIDL	gate induced drain leakage	栅致漏极泄漏
GIF	graphics interchange format	图形交换格式
GPIO	general-purpose input output	通用输入输出
GPU	graphics processing unit	图形处理器
GUI	graphical user interface	图形用户界面
HARP	high aspect ratio process	高深宽比工艺
HBM	high bandwidth memory	高带宽内存
HCI	hot carrier inject	热载流子注入
HDP	high density plasma	高密度等离子体
HDP CVD	high density plasma chemical vapor deposition	高密度等离子体化学气相沉积
HK/MG	high-κ/metal gate	高 κ 栅介质层/金属栅极
HM	hard mask	硬质掩模层
HMDS	hexa-methyl di-silane	六甲基二硅烷
HPL	high performance low power	高性能低功耗
HSS	high selectivity slurry	高选择比研磨液

HTCVD	high temperature CVD	高温化学气相沉积
HV	high voltage	高压
I2C	inter-integrated circuit	集成电路总线
IAD	ion-assisted deposition	离子辅助沉积
IBAD	ion beam-assisted deposition	离子束辅助沉积
ICP	inductively coupled plasma	电感耦合等离子体
ICP-MS	inductively coupled plasma mass spectrometry	电感耦合等离子体质谱法
ILD	inter-layer dielectric	层间介质层
ILS	image log slope	图像对数斜率
IMD	inter-metal dielectric	金属间电介质层
IMEC	interuniversity microelectronics centre	欧洲微电子研究中心
IMP	ionized metal plasma	离子化金属等离子体
IO	input output	输入输出
IP	internet protocol	网络之间互连的协议
IPA	iso-propyl alcohol	异丙醇
IPVD	ionized physical vapor deposition	离子物理气相沉积
IRDS	international roadmap for devices and systems	器件与系统国际线路图
ISO	iso metric view	无透视三维视图
ISSG	in-situ steam generation	原位水汽生成
ITRS	international technology roadmap for semiconductor	国际半导体技术路线图
IVD	ion vapor deposition	离子气相沉积
JGB	janus green B	健那绿 B,专一性染色线粒体的活细胞染料
JVD	jet vapor deposition	喷射蒸汽沉积
LAC	lateral asymmetric channel	横向不对称沟道
LCD	liquid crystal display	液晶显示器
LCVD	laser-induced CVD	激光诱导化学气相沉积
LDD	low doping drain	低掺杂漏端
LED	light emitting diode	发光二极管
LEF	library exchange format	库交换格式
LELE	litho-etch-litho-etch	光刻-蚀刻-光刻-蚀刻(双重成像技术)
LER	line edge roughness	线边缘粗糙度
LES	line end shortness	线条末端回缩
LFD	lithography-friendly design	光刻友好型设计
LMC	lithography manufacturability check	光刻可制造性检验
LOCOS	local oxidation on silicon	硅的局部氧化(隔离)
LOD	length of diffusion	扩散效应
LPCVD	low pressure CVD	低压化学气相沉积
LPV	linear parameter-varying	线性变参数
LRM	liner removal	衬垫去除(衬管移除)

LSA	laser anneal	激光退火
LSG	layout-based structure generation	基于版图的结构生成器
LSI	large scale integration	大规模集成电路
LSL	lower spec limit	参数规格下限
LTCVD	low temperature CVD	低温化学气相沉积
LTO	low temperature oxides	低温二氧化硅
LVS	layout versus schematic	版图与原理图比较
LWR	line width roughness	线宽粗糙度
MCU	micro controller unit	单片机
ME	main etch	多晶硅刻蚀
MEEF	mask error enhancement factor	掩模版误差增强因子
MEF	mask error factor	掩模版误差因子
MERIE	magnetically enhanced rie	磁增强反应离子刻蚀
MES	manufacturing execution system	制造执行系统
MFC	mass flow controller	质量流量控制器
MGG	metal gate granularity	金属栅极晶粒尺寸
MIM	metal-insulator-metal	金属-绝缘层-金属
MIPS	metal inserted poly-silicon	先栅极工艺
MIS	metal-insulator-semiconductor	金属-绝缘层-半导体
MLC	multi-level cell	多层单元
MOCVD	metal-organic chemical vapor deposition	金属有机物化学气相沉积
MOL	middle-of-line	生产线中段
MOS	metal oxide semiconductor	金属氧化物半导体(晶体管)
MOSFET	metal-oxide-semiconductor field-effect transistor	金属氧化物半导体场效应晶体管
MP	metal pitch	金属周期
MPS	3-mercapto-1-propanesulfonic acid sodium salt	3-巯基-1-丙烷磺酸钠
MPU	micro processor unit	微处理器
MRC	mask rule check	掩模规则检查
MRR	material removal rate	材料去除速率
MSA	millisecond laser annealing	激光毫秒退火
MTT	mean-to-target	均值偏差
MWCNT	multi-walled carbon nano-tubes	多壁碳纳米管
MWCVD	micro-wave CVD	微波化学气相沉积
NA	numerical aperture	数值孔径
NBE	neutral beam etching	中性束蚀刻
NBTI	negative bias temperature instability	负偏压温度不稳定性
NDC	nitride doped silicon carbide	氮掺杂碳化硅
NDR	negative differential resistance	负微分电阻
NDS	nano device simulator	纳米器件模拟器
NILS	normalized image log slope	归一化图像光强对数斜率
NLDM	non-linear delay model	非线性延迟模型
NMOS	N-type metal oxide semiconductor	N型金属氧化物半导体

NMP	N-methyl pyrrolidone	N-甲基吡咯烷酮
NS SRAM	nano sheet SRAM	纳米片静态随机存储器
NSFET	nano sheet field effect transistor	纳米片环栅
NVM	non-volatile memory	非易失性的存储器
NW	N well	N 阱
NW	nano wire	纳米线
NWFET	nano wire field effect transistor	纳米线环栅
OASIS	open artwork system interchange standard	开放式绘图系统交换标准
OCD	optical critical dimension	光学关键尺寸
OD	optical diameter	光学直径
OE	over etch	过度刻蚀
OED	oxidation enhanced diffusion	氧化增强扩散
OMCTS	octamethyl cyclotetrasiloxane	八甲基环化四硅氧烷
OMOG	opaque moSi on glass	不透明硅化钼光刻板
ONO	oxide nitride oxide	$SiO_2/Si_3N_4/SiO_2$ 结构
OPC	optical proximity correction	光学邻近修正
OPE	optical proximity effect	光学邻近效应
ORC	optical rules check	光学规则检查
ORD	oxidation retarded diffusion	氧化阻滞扩散
OSAT	outsourced semiconductor assembly and testing	外包半导体组装与测试商
OX	oxide	氧化物
PAB	post-apply bake	涂胶后烘焙
PAC	photo-active compound	光敏感化合物
PAG	photo acid generator	光致产酸剂
PBTI	positive bias temperature instability	正偏置温度不稳定性
PC	program counter	程序计数器
PCB	printed circuit board	印刷电路板
Pcell	parameterized cell	参数化单元
PDA	photo-diode array	光电二极管阵列检测器
PDE	poly depletion effect	多晶耗尽效应
PDK	process design kit	工艺设计套件
PDN	power delivery network	电源分配网络
PECVD	plasma enhanced chemical vapor deposition	等离子体增强化学气相沉积
PEG	poly ethylene glycol	聚乙二醇
PET	post etch treatment	刻蚀后进行表面处理
PETEOS	plasma enhanced tetraethyl ortho silicate	等离子体增强正硅酸乙酯
PEX	parasite extraction	寄生参数提取
PG pin	power ground pin	电源地引脚
PID	programmed integrated device	程控集成器件
PIE	process integration engineers	工艺整合工程师
PIII	plasma immersion ion implantation	等离子体浸没离子注入器
PLC	programmable logic controller	可编程逻辑控制器

PLL	phase-locked loop	锁相环
PMD	pre-metal dielectric	金属沉积前的介电质层
PMD	physical media dependent	物理介质相关层
PMOS	P-type metal oxide semiconductor	P 型金属氧化物半导体
PNA	post nitridation anneal	氮化后热退火处理
PNL	pulsed nucleation layer	脉冲成核层
PNR	place and routing	布局布线
POP	poly-open planarization	多晶硅开放平面化
PoP	package on package	封装上封装
PPA	performance and power and area	性能、功耗、面积
ppb	part per billion	十亿分之一
PPG	poly propylene glycol	聚丙二醇
PPLT	plasma post lithography treatment	等离子体后光刻处理
PR	photoresist	光刻胶
PSG	phospho silicate glass	磷硅玻璃
PSM	phase shift mask	相移掩模
PSR	PMOS silicon recess	P 型硅锗凹槽
PTH	plating through-hole	电镀通孔
PV-band	process variation band	工艺变化带宽
PVD	physical vapor deposition	物理气相沉积
PVR	peak-to-valley ratio	峰谷比
PW	P well	P 阱
RAM	random access memory	随机读写内存
RC	resistive capacitors	电阻电容
RDD	random discrete dopants	随机离散掺杂
RDR	ripple down rules	波动下降规则
RET	resolution enhancement technology	分辨率增强技术
RF	radio frequency	射频
RIE	reactive ion etch	反应离子刻蚀
RMG	replacement metal gate	后栅极工艺,也称为替换金属栅
ROM	read only memory	只读存储器
RR	removal rate	去除速率
RS	sheet resistance	方块电阻
RSM	response surface method	响应曲面方法
RTA	rapid thermal anneal	快速热退火处理
RTCVD	rapid thermal CVD	快速升温的化学气相沉积
RTD	resonant tunneling diode	谐振隧穿二极管
RTL	register-transfer level	寄存器传输级
RTN	rapid thermal nitriding treatment	快速热氮化处理
RTO	rapid thermal oxidation	快速热氧化
RTP	rapid thermal process	快速热退火技术
RVE	results viewing environment	结果视查环境

SAB	self-aligned block	自对准硅化物阻挡层
SACVD	sub-atmospheric chemical vapor deposition	次大气压化学气相沉积
SADP	self-aligned double patterning	自对准双重成像技术
SAQP	self-aligned quadruple patterning	自对准四重成像技术
SB-MOSFET	schottky barrier MOSFET	肖特基势垒场效应管
SC1	standard clean 1	$NH_4OH/H_2O_2/H_2O$ 混合液（标准 1 号清洗液）
SCE	short channel effect	短沟道效应
SDE	Sentaurus Structure Editor	Sentaurus 结构编辑器
SEG	selective epitaxial growth	选择性外延生长
SEM	scanning electron microscope	扫描电子显微镜
SGT	surrounding gate transistor	环绕栅极晶体管
SiCoNi	silicon-cobalt-nickel	硅-钴-镍（一种预清洗工艺）
SIMOX	separation by implantation of oxygen	注氧隔离技术
SIMS	secondary ion mass spectroscopy	二次离子质谱测定法
SIP	self ionized plasma	自离子化等离子体
SiP	system in package	系统级封装
SL	STARlight	图像反射-透射特征
SLC	single-level cell	单层单元结构
SM	stress migration	应力迁移
SMD	surface-mount device	表面贴装器件
SME	subject matter expertise	主题专业知识
SMIF	standard mechanical interface	标准机械端口
SMO	source mask optimization	光源-掩模协同优化
SMT	stress memorization technique	应力记忆技术
SN	storage node	储存节点
SNM	static noise margin	静态噪声容限
SNW	silicon nanowire	硅纳米线
SoC	system on chip	片上系统/系统单晶片
SOI	silicon on insulator	绝缘体上硅
SOM	$H_2SO_4/O_3/H_2O$ solution	$H_2SO_4/O_3/H_2O$ 溶液
SONOS	silicon-oxide-nitride-oxide-silicon	一种非挥发性存储器结构
SPC	statistical process control	统计过程控制
SPI	serial peripheral interface	串行外设接口
SPICE	simulation program with integrated circuit emphasis	集成电路仿真程序
SPM	sulfuric peroxide mixture	$H_2SO_4/H_2O_2/H_2O$ 混合液
SPS	sodium 3,3'-dithiodi propane sulfonate	聚二硫二丙烷磺酸钠
SPT	stress proximity technology	应力临近技术
SRAF	sub-resolution assistant feature	亚分辨率辅助图形
SRAM	static random-access memory	静态随机存取存储器
SRH	Shockley-read-hall	肖克莱复合模型

SRO	silicon rich oxide	富硅氧化物
SSL	single stress liner	单应力层技术
STC	stacked capacitor	堆叠式电容
STCO	system technology co-optimization	系统设计与工艺协同优化
STI	shallow trench isolation	浅沟槽隔离
STL	spacer-transfer lithography	间隔转移光刻
STL	sidewall transfer lithography	侧墙转移光刻
SWA	side wall angle	侧墙角
SWB	Sentaurus workbench	Sentaurus 工作平台
SWCNT	single walled carbon nanotubes	单壁碳纳米管
TANOS	TaN-Al_2O_3-SiN-oxide-Si	一种存储器结构
TC	thermo couple	热电偶
TCAD	technology computer aided design	基于半导体工艺的计算机辅助设计
TCP	transformer coupled plasma	变压器耦合等离子体
TCVD	thermal CVD	热化学气相沉积
TDDB	time dependent dielectric breakdown	介质经时击穿
TDMAT	tetrakis dimethyl amino titanium	四二甲基氨基钛
TEM	transmission electron microscope	透射电子显微镜
TEOS	tetraethyl orthosilicate	正硅酸乙酯(四乙氧基硅烷)
TF	time-to-failure	失效时间
TFT	thin-film transistors	薄膜晶体管
TMB	trimethyl boron	三甲基硼
ToF-SIMS	time-of-flight secondary ion mass spectrometry	飞行时间二次离子质谱仪
TPEB	through-pitch etch bias	由密集到稀疏区的刻蚀偏差
TRC	trench capacitor	沟槽式电容
TSMC	Taiwan Semiconductor Manufacturing Company	台湾积体电路制造股份有限公司
TSV	through silicon via	硅通孔
TTL	transistor-transistor logic	晶体管级联逻辑
UPS	uninterruptible power supply	不间断电源
USG	un-doped silicate glass	非掺杂硅酸盐玻璃
USL	upper spec limit	参数规格上限
VDMOS	vertical double diffuse MOS	垂直双扩散 MOS 管
VFET	vertical-FET	垂直场效应晶体管
VHDL	very high speed IC hardware description language	超高速集成电路硬件描述语言
VLS	vapor-liquid-solid	汽-液-固态
VLSI	very large scale integration circuit	超大规模集成电路
VUV	vacuum ultraviolet	真空紫外
WAT	wafer acceptable test	晶圆可接受度测试
WCVD	W chemical vapor deposition	钨化学气相沉积
WER	wet etch rate	湿刻蚀速率

WIP	work-in-process	在制品
WIWNU	within wafer nonuniformity	片内非均匀性
WLP	wafer level package	晶圆级封装
WNM	write noise margin	写噪声容限
WPH	wafer per hour	每小时的出片量
WTV	write trip voltage	写翻转电压
WTWNU	wafer to wafer nonuniformity	片间非均匀性
XIP	execute in place	原地执行
XPS	X-ray photoelectron spectroscopy	X射线光电子能谱仪